Konzepte und Studien zur Hochschuldidaktik und Lehrerbildung Mathematik

Reihe herausgegeben von

Thomas Bauer, Fachbereich Mathematik und Informatik, Universität Marburg, Marburg, Hessen, Deutschland

Albrecht Beutelspacher, Justus-Liebig-Universität Gießen, Buseck, Deutschland

Rolf Biehler, Universität Paderborn, Paderborn, Deutschland

Andreas Eichler, FB 10/Didaktik der Mathematik, University of Kassel, Kassel, Hessen, Deutschland

Lisa Hefendehl-Hebeker, Institut für Mathematik, Universität Duisburg-Essen, Essen, Deutschland

Reinhard Hochmuth, Institut für Didaktik der Mathematik und Physik, Leibniz Universität Hannover, Hannover, Niedersachsen, Deutschland

Jürg Kramer, Institut für Mathematik, Humboldt-Universität zu Berlin, Berlin, Berlin, Deutschland

Susanne Prediger, Fakultät für Mathematik, IEEM, Technische Universität Dortmund, Dortmund, Deutschland

Die Lehre im Fach Mathematik auf allen Stufen der Bildungskette hat eine Schlüssel-rolle für die Förderung von Interesse und Leistungsfähigkeit im Bereich Mathematik-Naturwissenschaft-Technik. Hierauf bezogene fachdidaktische Forschungs- und Entwicklungsarbeit liefert dazu theoretische und empirische Grundlagen sowie gute Praxisbeispiele.

Die Reihe „Konzepte und Studien zur Hochschuldidaktik und Lehrerbildung Mathematik" dokumentiert wissenschaftliche Studien sowie theoretisch fundierte und praktisch erprobte innovative Ansätze für die Lehre in mathematikhaltigen Studien-gängen und allen Phasen der Lehramtsausbildung im Fach Mathematik.

Reinhard Hochmuth · Rolf Biehler ·
Michael Liebendörfer · Niclas Schaper
(Hrsg.)

Unterstützungsmaßnahmen in mathematikbezogenen Studiengängen

Konzepte, Praxisbeispiele und
Untersuchungsergebnisse

Hrsg.
Reinhard Hochmuth
Institut für Didaktik der Mathematik und
Physik, Leibniz Universität Hannover
Hannover, Niedersachsen, Deutschland

Rolf Biehler
Institut für Mathematik
Universität Paderborn
Paderborn, Nordrhein-Westfalen, Deutschland

Michael Liebendörfer
Institut für Mathematik
Universität Paderborn
Paderborn, Nordrhein-Westfalen, Deutschland

Niclas Schaper
Institut für Humanwissenschaften,
Universität Paderborn
Paderborn, Nordrhein-Westfalen, Deutschland

ISSN 2197-8751   ISSN 2197-876X   (electronic)
Konzepte und Studien zur Hochschuldidaktik und Lehrerbildung Mathematik
ISBN 978-3-662-64832-2   ISBN 978-3-662-64833-9   (eBook)
https://doi.org/10.1007/978-3-662-64833-9

Die Deutsche Nationalbibliothek verzeichnet diese Publikation in der Deutschen Nationalbibliografie; detaillierte bibliografische Daten sind im Internet über http://dnb.d-nb.de abrufbar.

Planung/Lektorat: Iris Ruhmann
Springer Spektrum ist ein Imprint der eingetragenen Gesellschaft Springer-Verlag GmbH, DE und ist ein Teil von Springer Nature.
Die Anschrift der Gesellschaft ist: Heidelberger Platz 3, 14197 Berlin, Germany

Vorwort

Die Mathematikanforderungen in universitären Studiengängen stellen für viele Studierende eine erhebliche Hürde dar, und bei nicht wenigen führen diese bekanntermaßen zum Studienabbruch oder -wechsel. Mit dieser Situation sind Studierende und Lehrende unzufrieden. Mit der Auflegung des Bund-Länder-Programms „Qualitätspakt Lehre" eröffneten sich für die im Bewerbungsverfahren erfolgreichen Universitäten neue finanzielle Möglichkeiten, Maßnahmen zur Verbesserung der Lehre über alle Fächer und Studiengänge hinweg zu ergreifen. Insbesondere wurden im Rahmen dieses Programms zahlreiche Maßnahmen in der Mathematik hinsichtlich des Übergangs von der Schule zur Universität also für den Einstieg und das erste Studienjahr entwickelt und implementiert. Diese sollten nicht nur dazu führen, die Zahl der Studienabbrüche zumindest zu verringern, sondern darüber hinaus Studierende dabei unterstützen, Mathematik mit Blick auf jeweilige Studiengangsziele effektiver und erfolgreicher zu lernen. Es ist unbestritten, dass mathematische Kompetenzen in vielen Fächern von grundlegender Bedeutung sind und, das sollte zumindest einmal erwähnt werden, darüber hinaus das Erkennen und Verstehen mathematischer Zusammenhänge ein zu individueller Zufriedenheit und Freude beitragendes Erleben sein kann.

In der Folge der Bereitstellung der Mittel war und ist es naheliegend zu fragen, wie sich die Konzepte umsetzen ließen und in der Umsetzung weiterentwickelt haben, inwieweit implementierte Maßnahmen ihre angestrebten Ziele erreichten und welche Gestaltungsaspekte gegebenenfalls zum Erreichen einer gewünschten Wirkung beigetragen haben. Dies in Kooperation mit Partnern aus schließlich 17 Universitäten systematisch zu untersuchen war zentrales Ziel unserer Projekte: Mit Fokus auf die Studiengänge Bachelor Mathematik, Lehramt Gymnasium Mathematik und ingenieurwissenschaftliche Studiengänge und die Maßnahmentypen Vorkurse, Brückenvorlesungen und Lernzentren wurden diese Fragen zunächst im WiGeMath-Projekt (2015 bis 2018) intensiv beforscht und teilweise beantwortet (siehe Abschn. 1.3). Dem Transfer und seinen Gelingensbedingungen, der sich als erfolgreich erwiesenen Konzepte sowie von Instrumenten zur lokalen Evaluation usw., widmete sich dann das Anschlussprojekt WiGeMath-Transfer (2018 bis 2020) (siehe Abschn. 1.4).

Was liegt nun näher als erfolgreiche Konzepte, Praxisbeispiele und Untersuchungs-ergebnisse aus diesen Projekten einer breiteren interessierten Öffentlichkeit in einer Veröffentlichung zur Verfügung zu stellen? Der vorliegende Band präsentiert eine Viel-zahl theoretisch fundierter und empirisch geprüfter „Good Practice"- Beispiele für Unterstützungsmaßnahmen und Überblicksbeiträge zu übergreifenden Ergebnissen und geeigneten Erhebungsinstrumenten. Die Good-Practice-Beispiele, Evaluationsansätze und -methoden werden dabei so dargestellt, dass sie Lehrenden zur Orientierung bei der konkreten Umsetzung eigener Maßnahmen dienen können und (hoffentlich) zur Umsetzung beschriebener Gestaltungsansätze oder Weiterentwicklung für die eigene Lehre motivieren. Die Beispiele und Überblickskapitel werden dabei für potentielle Anwender*innen verständlich und adressatengerecht präsentiert.

Der Band startet mit drei einleitenden Kapiteln: Im ersten werden zunächst Ziel-setzungen und Vorgehen in WiGeMath und WiGeMath-Transfer beschrieben. Für den Transfer von Maßnahmen kann es nützlich sein, diese hinsichtlich relevanter Kriterien, etwa der Zielsetzung und Gestaltung, einzuordnen. So können sich potentielle Anwender*innen z. B. zielorientiert darüber informieren, ob eine bestimmte Maßnahme interessant und, bezüglich deren lokalen Kontexte, passend sein könnte. Grundlagen und Aufbau eines entsprechenden Rahmenmodells zur Einordnung von Maßnahmen werden im 2. Kapitel beschrieben. Darin fixierte Kategorien werden in der Folge dann auch in den Beschreibungen der Good-Practice-Beispiele unserer Projektpartner adressiert. Die Evaluation von Maßnahmen hinsichtlich ihrer Ziele oder darüber hinaus auch die empirische Überprüfung ihrer Überlegungen zu Wirkzusammenhängen, die etwa in die Gestaltung einer Maßnahme einfließen, ist häufig gewünscht, aber in der Regel nicht so einfach umzusetzen. Lehrende haben oft kreative Ideen für die Gestaltung der Lehre, aber bezüglich der Evaluation wenig Erfahrung. Im Kap. 3 haben wir deshalb in WiGeMath entwickelte und erprobte Evaluationsansätze und -methoden zusammen-getragen, jeweils eingebettet in grundlegende Ideen ihrer Zielsetzungen und Möglich-keiten. Um ggf. erhobene Datensätze einordnen zu können, ist es nötig, psychometrische Eigenschaften der Instrumente und nach Möglichkeit auch Vergleichsdaten usw. zur Verfügung zu haben. Auf Basis unserer zahlreichen Erhebungen haben wir deshalb ein solches Skalenhandbuch erstellt, auf das unter dem Titel *Dokumentation der Erhebungs-instrumente des Projekts WiGeMath* online zugegriffen werden kann.[1]

Die Darstellungen der Good-Practice-Beispiele bilden das Zentrum dieses Bandes. Wir haben diese entsprechend ihrer Zuordnung zu einem der Maßnahmentypen Vor-kurse, Brückenvorlesungen und Lernzentren zusammengestellt. In jeweils eigenen Kapiteln des WiGeMath-Teams werden zunächst der jeweilige Maßnahme Typ charakterisiert sowie die zugehörigen Good-Practice-Beispiele hinsichtlich Ziel-setzungen, Merkmalen und Rahmenbedingungen eingeordnet. Dabei wird überblicks-artig auch auf den nationalen und internationalen Forschungsstand und auf unsere

---

[1] https://dx.doi.org/10.17170/kobra-202205176188

Projektergebnisse eingegangen. Die Darstellungen der Good-Practice-Beispiele folgen einer im Wesentlichen einheitlichen Strukturierung: Nach einer Einleitung zum jeweiligen Hintergrund werden Ziele sowie Merkmale und Rahmenbedingungen anhand von Kategorien des Rahmenmodells beschrieben. Anschließend wird auf spezifische Gestaltungsaspekte bzw. Schwerpunkte der jeweiligen Maßnahme eingegangen und über Ergebnisse zur Evaluation berichtet, die teilweise auch über die Evaluation durch das WiGeMath-Projekts hinausgehen. Abschließend wird jeweils ein aussagekräftiges Fazit gezogen. Je nach Maßnahmentyp veranschaulichen so zwischen 6 und 8 Good-Practice-Beispiele die jeweiligen Maßnahmen unserer Kooperationspartner.

Ohne die Förderung durch das BMBF hätten wir dieses interessante Projekt nicht durchführen können. Deshalb geht ein großer Dank von uns an das BMBF und den DLR-Projektträger sowie an die umsichtig und immer konstruktiv agierende Koordinierungsstelle der Förderlinie, hier insbesondere an Prof. Dr. Anke Hanft. Ganz besonders bedanken wir uns aber auch bei den vielen WiGeMath- und WiGeMath-Transfer-Partnern, mit denen wir teilweise mehr als 5 Jahre kooperiert haben, viele gemeinsame Workshops durchgeführt haben und ohne deren durchgehende Diskussions- und Auskunftsbereitschaft vieles nicht möglich gewesen wäre. Es war uns immer bewusst, dass die Evaluation von Maßnahmen ihr Vertrauen erfordert und wir hoffen, dass wir diesem (fast) immer gerecht geworden sind. Nicht zuletzt wollen wir uns bei unserem norwegischen Freund und Kollegen Frode Rønning bedanken. Er hat uns auf dem gesamten Weg beratend begleitet und war entscheidend für die gelingende Kooperation mit MatRIC[2], von der wir mehr profitiert haben als diese von uns.

Dürften wir uns zum Abschluss etwas wünschen, dann wäre es, dass dieser Band dazu beiträgt, die Umsetzung weiterer für die Studierenden hilfreicher Maßnahmen anzuregen und bestehende zu optimieren. Der Erfolg des Studiums ist für die Studierenden individuell wichtig und gleichermaßen gesellschaftlich wünschenswert. Wir denken dabei aber auch an die Lehrenden, an Mathematikkolleginnen und -kollegen, denen die Lehre mit erfolgreichen Studierenden ebenfalls viel Freude und Befriedigung bringt.

Hannover
Paderborn

Reinhard Hochmuth
Rolf Biehler
Michael Liebendörfer
Niclas Schaper

---

[2] MatRIC – Centre for Research, Innovation and Coordination of Mathematics Teaching (https://www.matric.no).

Inhaltsverzeichnis

Teil I
Der WiGeMath-Ansatz für eine theoretisch fundierte Begleitforschung zu Unterstützungsmaßnahmen

Einführung in das WiGeMath-Projekt: Wirkung und Gelingensbedingungen von Unterstützungsmaßnahmen für mathematikbezogenes Lernen in der Studieneingangsphase

Reinhard Hochmuth, Rolf Biehler, Niclas Schaper, Michael Liebendörfer, Christiane Büdenbender-Kuklinski, Elisa Lankeit, Johanna Ruge und Mirko Schürmann

Zusammenfassung

Der vorliegende Band berichtet Ergebnisse aus den Projekten WiGeMath (Wirkung und Gelingensbedingungen von Unterstützungsmaßnahmen für mathematikbezogenes Lernen in der Studieneingangsphase) (2015-2018) und WiGeMath-Transfer (2018-2020). Beide Projekte wurden im Rahmen einer vom BMBF initiierten Förder-

R. Hochmuth (✉)
Institut für Didaktik der Mathematik und Physik, LeibnizUniversität Hannover, Hannover, Niedersachsen, Deutschland
E-Mail: hochmuth@idmp.uni-hannover.de

R. Biehler
Fakultät für Elektrotechnik, Universitaet Paderborn, Paderborn, Nordrhein-Westfalen, Deutschland
E-Mail: biehler@math.upb.de

N. Schaper
Institut für Humanwissenschaften, Universität Paderborn, Paderborn, Nordrhein-Westfalen, Deutschland
E-Mail: niclas.schaper@upb.de

M. Liebendörfer
Institut für Mathematik, Universität Paderborn, Paderborn, Nordrhein-Westfalen, Deutschland
E-Mail: michael.liebendoerfer@math.upb.de

R. Hochmuth et al. (Hrsg.), *Unterstützungsmaßnahmen in mathematikbezogenen Studiengängen*, Konzepte und Studien zur Hochschuldidaktik und Lehrerbildung Mathematik, https://doi.org/10.1007/978-3-662-64833-9_1

linie zur Begleitforschung von durch den Qualitätspakt Lehre (QPL) finanzierten Maßnahmen gefördert. Im spezifischen Fokus standen mathematikbezogene Unterstützungsmaßnahmen in der Studieneingangsphase. In diesem Einführungskapitel werden zunächst Charakteristika der Mathematiklehre am Übergang von der Schule zur Hochschule skizziert und der Forschungsstand zu Ursachen und Bedingungen darauf bezogener Problemlagen beschrieben. Zu diesen zählen die hohen Abbruchquoten sowie insbesondere die Diskontinuität im Übergang von der Schule zur Hochschule, d. h. der Bruch in der Art der Mathematik und in den Lehr- und Lernmethoden. Mit Blick darauf wurden im Rahmen von QPL Vorkurse eingeführt, Lehrveranstaltungen im ersten Studienjahr umgestaltet und teilweise durch Brückenkurse ergänzt, sowie Lernzentren etabliert. Zentrales Ziel der WiGeMath-Projekte war, die genannten Maßnahmen systematisch zu beschreiben, zu analysieren, zu vernetzen sowie auf ihre Wirkungen und Gelingensbedingungen zu untersuchen und zu optimieren. Vor diesem Hintergrund wird dann zunächst das WiGeMath-Projekt (2015–2018), die beteiligten Akteure, seine spezifischen Ziele und Arbeitsschritte, beschrieben. Danach wird das Anschlussprojekt WiGeMath-Transfer (2018–2020) vorgestellt, das den Fokus auf die Verbreitung der Projektergebnisse und die Gewinnung weiterer Projektbeteiligter richtete. Abschließend beschreiben wir die Struktur des vorliegenden Bandes, der zentrale Ergebnisse beider Projekte sowie zahlreiche Good-Practice-Beispiele in systematisierter Weise einer breiteren Öffentlichkeit zugänglich macht.

C. Büdenbender-Kuklinski
Institut für Didaktik der Mathematik und Physik, Leibniz Universität Hannover, Hannover, Niedersachsen, Deutschland
E-Mail: kuklinski@idmp.uni-hannover.de

E. Lankeit
Institut für Mathematik, Universität Paderborn, Paderborn, Nordrhein-Westfalen, Deutschland
E-Mail: elankeit@math.upb.de

J. Ruge
Hamburger Zentrum für Universitäres Lehren und Lernen (HUL), Universität Hamburg, Hamburg, Deutschland
E-Mail: johanna.ruge@uni-hamburg.de

M. Schürmann
Institut für Humanwissenschaften, Universität Paderborn, Paderborn, Nordrhein-Westfalen, Deutschland
E-Mail: mirko.schuermann@upb.de

1.1 Einleitung

Mit dem Bund-Länder-Programm Qualitätspakt Lehre (QPL) des Bundesministeriums für Bildung und Forschung im Jahr 2011 sollte durch eine bessere personelle Ausstattung der Hochschulen und geeignete Maßnahmen (etwa durch eine Optimierung der didaktischen Ansätze) eine Verbesserung der Lehre und der Studienbedingungen erreicht werden. Für das Fach Mathematik lässt sich feststellen, dass sowohl die tatsächliche Umsetzung der Maßnahmen und deren Beurteilung durch Studierende, die die Wirksamkeit wie auch Gelingensbedingungen einzelner Maßnahmen betrifft, zunächst im Rahmen des Qualitätspakts kaum untersucht wurden. Dass eine systematische Begleitforschung zumeist nicht stattfand bzw. unzureichend blieb, gilt allerdings nicht nur für die Mathematik, sondern auch für andere Fächer.

Angesichts der erheblichen finanziellen Mittel für den QPL war somit die Ausschreibung des BMBF einer Förderlinie zur Begleitforschung der Qualitätspaktmaßnahmen sinnvoll und folgerichtig. An der entsprechenden Ausschreibung im Jahr 2014 haben sich die Professoren Hochmuth (Leibniz Universität Hannover), Biehler und Schaper (beide Universität Paderborn) erfolgreich mit einem Antrag zur standortübergreifenden Evaluation von Unterstützungsmaßnahmen in der Eingangsphase mathematikbezogener Studiengänge beteiligt. Bei der Antragstellung konnte auf eine erfolgreiche Zusammenarbeit in zahlreichen Entwicklungs- und Forschungsprojekten im Rahmen des Kompetenzzentrums Hochschuldidaktik Mathematik (khdm) verwiesen werden (Hochmuth et al., 2020). So ist etwa der Forschungsstand in Deutschland zu mathematikbezogenen Maßnahmen beim Übergang von der Schule zur Hochschule und im ersten Studienjahr beispielsweise in Tagungsbänden des khdm dokumentiert (Bausch et al., 2014; Hoppenbrock et al., 2016; Göller et al., 2017).

Zentrales Ziel des WiGeMath-Projekts war es, einen substantiellen Beitrag zu einer systematischen Begleitforschung entsprechender Unterstützungsmaßnahmen in der Eingangsphase mathematikbezogener Studiengänge zu leisten. Im Fokus der Forschung standen vielfältige Maßnahmen des QPL zur Verbesserung problematischer Lehr-Lern-Situationen beim Übergang Schule-Hochschule und während des ersten Studienjahres in stark mathematikhaltigen Studiengängen. Zu diesem Zweck kooperierte das Projekt mit Partnern von 11 weiteren Universitäten aus 6 Bundesländern, die solche Maßnahmen durchführten.

Das WiGeMath-Projekt fokussierte auf Lehrveranstaltungen zur Mathematik für den Mathematik-Bachelor, die i. d. R. zugleich das gymnasiale Lehramt Mathematik (BaGym) angeboten werden sowie auf die Mathematikausbildung in den Ingenieurwissenschaften (IngMath). Die untersuchten Maßnahmen erstreckten sich auf die Typen Vorkurse, Brückenvorlesungen, semesterbegleitende Maßnahmen und Lernzentren. In der wechselseitigen Beziehung und Kontrastierung von BaGym und IngMath sollten Gemeinsamkeiten, die sich aus dem Fach Mathematik und der Studieneingangsphase ergeben, aber auch Unterschiede in den fachlichen Anforderungen und Motivationslagen der Studierenden in den Blick genommen werden.

Einführend werden in diesem Beitrag zunächst Charakteristika der Mathematiklehre an deutschen Universitäten im Übergang von der Schule zur Hochschule skizziert. Die Darstellung umfasst den Forschungsstand zu Ursachen und Bedingungen von Problemen und darauf bezogener Maßnahmen (Abschn. 1.2). Vor diesem Hintergrund wird anschließend das WiGeMath-Projekt (2015–2018) mit seinen Zielen, beteiligten Akteuren, zentralen Arbeitsschritten und Ergebnissen beschrieben (Abschn. 1.3). Weitere Details, insbesondere auch zu Ergebnissen einzelner Maßnahmetypen, finden sich in den Kapiteln 4, 12, 13 und 20 dieses Bandes. Danach wird das Anschluss-Projekt WiGeMath-Transfer (2018–2020) dargestellt, bei dem es vor allem um die Aufbereitung der Forschungsergebnisse aus der ersten Projektphase für Transferzwecke und den Aufbau eines hochschulübergreifenden Netzwerkes zur Förderung des Austausches und Nutzung von Transferergebnissen durch weitere in der ersten Projektphase nicht beteiligte Hochschulen geht (Abschn. 1.4). Abschließend wird ein kurzer Überblick über die weiteren Kapitel bzw. Beiträge des vorliegenden Bandes gegeben, der wichtige Ergebnisse aus beiden Projekten im Hinblick auf Transferaspekte enthält (Abschn. 1.5).

1.2 Hintergrund: Zum Übergang Schule-Hochschule in der Mathematik

Die Mathematik hat in den MINT-Fächern unterschiedliche Funktionen. Im Fachstudium und in der (gymnasialen) Lehramtsausbildung stellt sie einen eigenständigen Studieninhalt dar. Dieser Inhalt wird in den Lehrveranstaltungen zunächst aus seiner inneren Logik heraus behandelt, aber kaum mit außermathematischen Anwendungen verbunden. Es geht also um eine Einführung in Mathematik als Wissenschaft. Dagegen sind Anwendungen in den INT-Fächern von zentraler Bedeutung; sie werden aber nicht immer explizit in den Mathematikvorlesungen im „Service" aufgegriffen. Als „Service" der Mathematik werden diese Veranstaltungen in der Regel von Fachwissenschaftler*innen der Mathematik angeboten, die mathematische Begriffe und Werkzeuge erläutern, die in Anwendungssituationen zur Modellierung verwendet werden können und in denen konkrete Berechnungen angestellt werden. Der Typ von Mathematik in den Serviceveranstaltungen unterscheidet sich in der Regel von den Veranstaltungen im Bachelor für Mathematik. Es wird weniger Wert auf formale Beweise und noch weniger auf den Erwerb von Beweiskompetenz durch Studierende gelegt. Demgegenüber stehen praktische Rechenfertigkeiten und die Interpretation von mathematischen Aussagen im Vordergrund. Die Mathematik betont in den verschiedenen Studiengängen also unterschiedliche Fachaspekte. Auch wenn die Übergangsproblematik in beiden Bereichen oft vergleichbare Symptome zeigt (z. B. hohe Fachwechsel- und Abbruchquoten), ist die Betrachtung der jeweiligen unterschiedlichen Hintergründe hochschuldidaktisch hilfreich und notwendig.

1.2.1 Die Übergangsproblematik in der Mathematik

Studiengestaltung im Fachstudium und Gymnasiallehramtsstudium

Das Fachstudium bietet eine Einführung in die wissenschaftliche Mathematik, die perspektivisch auch dazu befähigen soll, sich an der forschenden Mathematik zu beteiligen. Das verlangt zum einen eine stärker formale und theoretische Fundierung der Mathematik als in der Schule. Z. B. basiert hier die Einführung und Verwendung mathematischer Begriffe strikt auf ihrer Definition und konzeptionellen Vernetzung der Begriffe im Rahmen einer innermathematischen Theorie (Hefendehl-Hebeker, 2016). Dadurch gewinnt das Beweisen erheblich an Gewicht. Problemlösen erfolgt im Zuge der Beweistätigkeiten. Dabei werden Problemlöseprozesse weniger explizit angeleitet (Mason, 2002, S. 166–179), und es werden weniger Hilfestellungen (Gueudet, 2008) gegeben als in der Schule. Gerade diese Spezifität der Mathematik verlangt von den Studierenden eine erhebliche Umstellung ihrer Arbeitsweisen beim Übergang in die Hochschule. Die Inhalte des ersten Semesters sind begrifflich zwar teilweise aus der Schule bekannt, z. B. Ableitung und Integral, viele Begriffe sind aber neu. Alle Inhalte werden allerdings neuartig behandelt; teilweise müssen Begriffsvorstellungen, wie sie im Schulunterricht entwickelt werden, sogar explizit als unzutreffend bezeichnet werden (z. B. Stetigkeit als Durchzeichenbarkeit).

Zur neuen Art von Mathematik an der Hochschule gehören eine hochgradige Abstraktion und eine neue Sprache (Hefendehl-Hebeker, 2016). Die Abstraktion äußert sich in einer weniger anschauungsgebundenen Begriffsbildung mit stärkerer Betonung der innermathematischen Konstruktion von Begriffen. Zudem richten sich Fragen in der Hochschulmathematik vermehrt auf den Aufbau der Theorie. Daraus resultiert eine oft möglichst allgemeine Formulierung von Aussagen. Konkrete Zahlen kommen fast nur in Beispielen vor. Es muss daher ständig mit Zeichen operiert werden, die nicht nur Funktionen und Variablen, sondern z. B. auch Mengen, Abbildungen oder Matrizen repräsentieren. Es entsteht eine Sprache aus vielen Symbolen und deren Kombination mit sehr geringer Redundanz, die sich nur mit sehr genauem Lesen und Kenntnis aller verwendeten Zeichen erschließt.

Organisatorisch teilen sich das Hauptfach- und das Gymnasiallehramtsstudium traditionell dieselben Veranstaltungen. Allerdings wird im ersten Semester des Lehramtsstudiums häufig nur eine der beiden einführenden Fachveranstaltungen (Analysis I, Lineare Algebra I) besucht. Seit der Umstellung auf Bachelor/Master werden zunehmend ergänzende Veranstaltungen für Lehramtsstudierende im ersten Semester angeboten, die in der Regel einen etwas geringeren zeitlichen Umfang haben. Sie werden oft explizit als „Brückenvorlesungen" konzipiert. Darauf wird im Folgenden noch detaillierter eingegangen.

Studiengestaltung in der Mathematik im Service

In der Service-Mathematik werden oft vergleichbare Themen wie in Fachvorlesungen behandelt (z. B. komplexe Zahlen, Differential- und Integralrechnung). Sie hat aber ihre eigenständigen Ziele und gewachsenen Formen (Alpers, 2018, 2020). Beispielsweise liegt in den Vorlesungen sehr viel weniger Gewicht auf Beweisen (vgl. z. B. Alpers, 2014; Papula, 2018) und auch von den Studierenden wird eigenes Beweisen kaum verlangt (Gill & O'Donoghue, 2009). Der Fokus liegt klar auf rechnerischen Fertigkeiten auf der Basis eines soliden, teilweise anschaulich bleibenden Begriffsverständnisses (Alpers, 2014, 2018). In dieser Hinsicht ist die Service-Mathematik zwar näher an der Schulmathematik als die Fachmathematik. Die Unterschiede zur Schulmathematik sind dennoch erheblich; insbesondere arbeitet auch die Service-Mathematik mit abstrakten Begriffen und häufigem Gebrauch von Symbolen. Manche neuen Begriffe, wie z. B. Differentialgleichungen, werden sogar früher eingeführt als in der Fachmathematik. Die genauen Unterschiede zu fachmathematischen Praktiken und die Unterschiede zwischen der mathematischen Praxis in der Mathematik für Ingenieure und der mathematikhaltigen Praxis in den Ingenieurwissenschaften ist Gegenstand aktueller Forschungen, u. a. im khdm-Projekt KoM@ING (z. B. Kortemeyer, 2019; siehe auch Hochmuth & Peters, 2020; Hochmuth & Schreiber, 2015 und zu den Unterschieden der Anforderungen auch Biehler, 2018; Castela & Romo Vázquez, 2011; Hochmuth & Peters, im Druck).

Bemerkenswerterweise wird ein Anwendungsbezug in Veranstaltungen der Service-Mathematik zwar grundsätzlich vorgesehen (die Inhalte werden in der Regel mit den Fachbereichen für Ingenieure abgesprochen), aber in den Mathematikveranstaltungen oft nicht explizit hergestellt (Gill & O'Donoghue, 2009). Anwendungen tauchen in Lehrbüchern oft nachgelagert auf und sind dort bereits stark abstrahiert beschrieben, z. B. ohne einen Anwendungszweck zu nennen (Papula, 2015, 2018). Wie dieser oft als mangelhaft angesehenen Situation durch die verstärkte Kontextualisierung von Anwendungsaufgaben und ihrer Integration in die Mathematikvorlesungen entgegengewirkt werden kann, zeigen Arbeiten von Wolf und Biehler (2016) und Wolf (2017). Anwendungen der Mathematik können außerdem schon früh in Projektarbeiten thematisiert werden (Rooch et al., 2014).

Veranstaltungen in der Service-Mathematik werden häufig als große Vorlesungen gehalten und für mehrere Studiengänge gemeinsam angeboten, an denen Studierende mit unterschiedlichen Studienzielen und teils sehr unterschiedlichen Studienvoraussetzungen teilnehmen (siehe z. B. Wolf, 2017). Lehrende stehen häufig unter einem großen Zeitdruck, die Vielzahl vorgesehener Themen abzuhandeln (Harris & Pampaka, 2016). Dies könnte auch erklären, warum in den Veranstaltungen wenig Interaktion stattfindet (Gill & O'Donoghue, 2009; Harris & Pampaka, 2016).

Empirische Analysen zur Übergangsproblematik
Die fachlichen Anforderungen in den ersten Mathematikveranstaltungen schlagen sich in besonders hohen Fachwechsel- und Studienabbruchquoten in den MINT-Fächern nieder. Dabei weist die Mathematik selbst die höchsten Werte auf (Heublein & Schmelzer, 2018). Ein Abbruch oder Fachwechsel erfolgt verhältnismäßig früh, im Master sind die

Abbruchquoten in den MINT-Fächern hingegen eher gering. Als Hauptursachen werden häufig Leistungs- und Motivationsprobleme angeführt.

Im Hauptfach- und Gymnasiallehramtsstudium lassen sich sowohl der Abschlusserfolg in Analysis 1 (Rach & Heinze, 2017), die Noten in Analysis 1 und Linearer Algebra 1 (Halverscheid & Pustelnik, 2013a, b) als auch die Studienabbruchneigung (Hochmuth et al., 2018) teilweise mit dem geringen Vorwissen bzw. den schulischen Leistungen der Studierenden erklären. Dabei scheint besonders eine gute Vernetzung des Wissens über Inhalte, Darstellungen und Verfahren wichtig (Rach & Ufer, 2020).

Die Aufnahme des Konstrukts ‚mathematische Weltbilder' in Regressionsmodelle kann die Varianzaufklärung der Klausurnoten des ersten Semesters noch verbessern (Geisler & Rolka, 2021): Unter mathematischen Weltbildern wird dabei implizites Wissen über Mathematik verstanden, welches Vorstellungen über das Wesen der Mathematik (z. B. Mathematik als formales System oder als Prozess), das (Schul- bzw. Hochschul-) Fach Mathematik sowie Vorstellungen über die Natur mathematischer Aufgaben bzw. Probleme etc. (z. B. dass mathematische Herleitungen und Beweise nicht wichtig sind) umfasst. In der Studie von Geisler und Rolka (2021) haben niedriger ausgeprägte statische Beliefs zum Wesen von Mathematik (im Sinne eines Belief, das auf formale Aspekte der Mathematik ausgerichtet ist und eine Orientierung an Prozeduren und Rechenschemata beinhaltet) eine höhere Klausurleistung erklären können.

Eine entsprechende Aufklärung des Modulerfolgs über das Mathematikinteresse zum Studienbeginn scheint dagegen kaum zu gelingen (Kosiol et al., 2019; Rach, 2014). Es zeigt sich aber, dass das Interesse an Mathematik, insbesondere an Beweisen und formaler Darstellung, ca. 20 % der Varianz der späteren Studienzufriedenheit aufklären kann (Kosiol et al., 2019). Studierende, die ihr Studium früh abgebrochen haben, hatten nach der Studie von Geisler (2020) am Studienanfang ein geringeres Interesse an Universitätsmathematik und zudem ein geringer ausgeprägtes mathematisches Selbstkonzept. Außerdem stimmten sie dynamischen Beliefs von Mathematik (d. h. Beliefs, die den Anwendungsaspekt und den prozesshaften Charakter der Mathematik betonen) weniger zu. Neben den geringen Ausprägungen solcher Merkmale zu Studienbeginn können auch Verschlechterungen der affektiven Einstellung zur Mathematik im Verlauf des ersten Semesters die Stärke der Abbruchgedanken erklären (Schnettler et al., 2020).

Qualitative Arbeiten von Göller (2020) und Liebendörfer (2018) verdeutlichen, wie Vorwissen und affektive Variablen in mathematischen Lernprozessen zum Tragen kommen. Dabei erweist sich die wöchentliche Bearbeitung von Übungsaufgaben als Schwachpunkt, die oft mit erheblichen Schwierigkeiten bei der Aufgabenbearbeitung und Motivationsverlusten verbunden ist. Erfolgreiche Studierende gehen dabei nicht nur flexibler mit den Inhalten um, sie zeigen auch eine Bereitschaft zum Knobeln und Interesse an mathematischen Aufgaben ohne einen Fokus auf schematische Lösungsverfahren (Göller, 2020). Motivation kann nur erhalten bleiben, wenn Studierende zumindest eigenständig über die Aufgaben nachdenken können (Liebendörfer, 2018). Dies ist aber längst nicht immer so; viele Studierende schreiben die Lösungen zumindest teilweise ab (Liebendörfer & Göller, 2016) und haben kaum Aussicht auf den Modulerfolg, wenn sie nicht zumindest ernsthaft versuchen, die Lösungen eigenständig nachzuvollziehen (Rach & Heinze, 2017).

Die Vielschichtigkeit der Schwierigkeiten wird beispielhaft an der Arbeit von Ostsieker (2020) zur Folgenkonvergenz sichtbar. Sollen Studierende sich diesen Begriff erarbeiten, müssen Vorstellungen zu diesem Begriff, der in der Schule angelegt wurde, überwunden werden, ebenso Vorstellungen zur Rolle von Definitionen in der Mathematik. Eine spezifische Lernumgebung, wie sie von Frau Ostsieker entwickelt wurde, die diese Schwierigkeiten explizit thematisiert, kann beim Lernen sichtbar helfen. Dazu müsste aber mehr Zeit in der Lehre darauf verwendet werden.

In den INT-Fächern ist der Stand der Forschung zu dieser Thematik weniger ausdifferenziert (Hochmuth, 2020), die Bedeutung affektiver Merkmale scheint aber ähnlich hoch (Fellenberg & Hannover, 2006; Heublein et al., 2010). Die Mathematik kann als Grundlagendisziplin jedenfalls „für nicht wenige zum Stolperstein für eine Fortsetzung des Studiums" werden (Heublein et al., 2010, S. 158). Kortemeyer (2019) konnte auch hier bei üblichen Aufgaben vielschichtige Fehlerquellen aufzeigen, etwa Verwechslungen beim Arbeiten mit indizierten Variablen oder die unsichere Beherrschung von Berechnungsverfahren (Doppelbrüche, Wurzelgesetze) und bei der Bedienung des Taschenrechners. Spezifisch für die Anwendungswissenschaft ‚Elektrotechnik' finden sich Schwierigkeiten z. B. bei der Verwendung mehrdeutiger Symbole (z. B. i als komplexe Einheit oder Stromstärke) und bei der Verbindung von Mathematik und dem jeweiligen Anwendungskontext. Insofern stellen sich jeweils unterschiedliche Herausforderungen.

Die erwähnten Problemlagen beim Übergang in die Hochschule werden international stets ähnlich beschrieben (z. B. Gill & O'Donoghue, 2009; Gueudet, 2008; Hochmuth et al., 2021; Hoyles et al., 2001; Liston & O'Donoghue, 2009, 2010), auch wenn sie in unterschiedlichen Bildungssystemen verschiedene konkrete Ausgestaltungen haben. Fortschritte sind also nicht durch wenige, pauschale Veränderungen im Bildungssystem zu erwarten und erfolgen vermutlich nur graduell.

1.2.2 Lösungsansätze durch praktische Maßnahmen

In den Hochschulen werden vielfältige Ansätze verfolgt, um den Übergang in ein mathematikhaltiges Studium zu erleichtern. Man versucht vielerorts, die Studierenden vor dem eigentlichen Studienstart besser zu qualifizieren, sie parallel zum Studienstart stärker zu unterstützen oder die Pflichtveranstaltungen hinsichtlich ihrer Anforderungen oder Gestaltung zu ändern. Ein Großteil der Maßnahmen lässt sich in die folgenden vier Kategorien einordnen, die wir in WiGeMath untersucht haben: Mathematische Vorkurse vor Beginn des Studiums, eigene Brückenvorlesungen für Studierende des ersten oder zweiten Semesters, semesterbegleitende Maßnahmen zu regulären Vorlesungen, die Studierende unterstützen sollen – z. B. Ergänzungsangebote in präsentem oder digitalem Modus –, ferner Lernzentren, die eigentlich auch semesterbegleitende Maßnahmen sind, die aber wegen ihrer Organisationsform als eigener Maßnahmetyp betrachtet werden. Im Folgenden charakterisieren wir diese Maßnahmetypen kurz und verweisen auf die späteren Kapitel zu den einzelnen Maßnahmetypen.

Vorkurse sollen in den Wochen vor dem Studienbeginn die wichtigsten Inhalte aus der Schulmathematik auffrischen oder auch im Vorgriff ausgewählte Themen aus dem ersten Semester propädeutisch behandeln. Sie finden sich teilweise schon seit vielen Jahren an deutschen Universitäten, aber scheinen in den vergangenen Jahren überall systematisch ausgeweitet worden zu sein. In den letzten Jahren kamen vermehrt digitale oder digital gestützte Angebote zur Studienvorbereitung dazu (z. B. Fischer, 2014). Das khdm hat seine erste nationale Tagung im Jahre 2011 dem Schwerpunkt Vorkurse gewidmet und erstmals einen bundesweiten Austausch über didaktische Konzepte und Inhalte sowie Erfahrungen und Evaluationen zu mathematischen Vorkursen organisiert (Bausch et al., 2014), der dann in einer zweiten nationalen Tagung fortgesetzt wurde (Hoppenbrock et al., 2016).

Neben der fachlichen Studienvorbereitung bieten Präsenzformate der Vorkurse auch die Möglichkeit, die Universität und andere Studierende kennen zu lernen, bevor die regulären Lehrveranstaltungen beginnen. Die Erforschung der Wirkung von Vorkursen ist schwierig, unter anderem weil die Teilnahme an solchen Maßnahmen freiwillig ist und festgestellte Unterschiede in den Studienleistungen deshalb nicht direkt auf die Teilnahme zurückgeführt werden können: Teilnehmer*innen und Nicht-Teilnehmer*innen könnten sich in studienrelevanten Merkmalen systematisch unterscheiden. Forschung zu Vorkursen wird in Kap. 12 aufgearbeitet.

Einige Universitäten haben in innovativen Projekten die gesamte Studieneingangsphase in Zusammenhang mit der Mathematikausbildung umstrukturiert und zum Teil ein Nulltes Semester oder das Studieren mit unterschiedlichen Geschwindigkeiten eingeführt. Dazu gehören die RWTH Aachen, die TU Berlin und die TU München. Ferner haben dazu die Universität Stuttgart und das KIT Karlsruhe das MINT Kolleg Baden-Württemberg gegründet, das in die Untersuchungen des WiGeMath-Projekts einbezogen werden konnte (z. B. Haase, 2014).

Umgestaltungen der traditionellen Eingangsveranstaltungen gab es immer mal wieder (z. B. Fischer et al., 1975; Steinbauer et al., 2014). Ein vielbeachteter Ansatz zur Innovation von Lehrveranstaltungen speziell für das gymnasiale Lehramt war das Projekt Mathematik Neu Denken (z. B. Beutelspacher et al., 2011). Solche Umgestaltungen gewinnen dann an Bedeutung, wenn sie curricular verbindlich verankert werden, wie z. B. die von Grieser (2015) und die von Hilgert et al. (2015) entwickelten Brückenvorlesungen speziell für das Lehramt an Gymnasien. Allgemein spricht man von Brückenvorlesungen bei Lehrveranstaltungen, die durch Vorlesungen oder andere Elemente eine Brücke zwischen Schule und Hochschule, zwischen Mathematik und Anwendungsfächern oder zwischen Bachelor und Master schlagen. Entsprechend zeigen sie sehr verschiedene Foki und Ansatzpunkte. Ihre Ziele reichen von einer Veränderung affektiver Merkmale bis zum besseren Verständnis von Beweisen oder der Kenntnis verschiedener Problemlösestrategien und sollen im übergeordneten Sinne dadurch zur Linderung der

Übergansproblematik beitragen. Veranstaltungen im ersten Semester legen dabei ihren Fokus im Allgemeinen nicht auf die Behandlung neuer mathematischer Inhalte, sondern wollen den Studierenden die neuen mathematischen Arbeitsweisen oder den Aufbau der Mathematik an der Hochschule näherbringen. Auch Brückenvorlesungen für Ingenieure verfolgen durchaus verschiedene Ziele und Konzepte. So werden z. B. Veranstaltungen studienbegleitend oder für Studierende angeboten, die im ersten Versuch eine Klausur nicht bestanden haben (Haase, 2017). Weiteres zum Stand der Forschung über Brückenvorlesungen wird in Kap. 13 berichtet.

Mancherorts werde auch einer Veranstaltung zugeordnete semesterbegleitende Maßnahmen entwickelt, z. B. durch besondere Online-Materialien oder Zusatzkurse zur Unterstützung der Studierenden. Eine spezielle semesterbegleitende Maßnahme, die im WiGeMath-Projekt evaluiert wurde, wird in Kap. 19 beschrieben.

Individuelle Unterstützung wird zunehmend durch Lernzentren angeboten. Solche Zentren sind im englischsprachigen Raum schon länger verbreitet und werden auch in Deutschland zunehmend errichtet (Lawson et al., 2019; Schürmann et al., 2020). Sie sind im Regelfall veranstaltungsübergreifend konzipiert, bieten oft die Möglichkeit zum eigenständigen Arbeiten von Lerngruppen in entsprechenden Räumlichkeiten des jeweiligen Lernzentrums. Außerdem gehört zu Lernzentren in aller Regel auch Beratung bei fachlichen Problemen. Zur guten Gestaltung und Wirkung von mathematischen Lernzentren ist in Deutschland bislang wenig publiziert worden. Weitere Details zu Gestaltung und Wirkung von Lernzentren ist in Kap. 20 zu finden.

1.2.3 Zum Stand bisheriger Begleitforschung beim Start des WiGeMath-Projektes

Die Unterstützungsmaßnahmen zeigten ein hohes innovatives Potential, waren aber konzeptionell wenig aufeinander bezogen. Sie schienen lokal zu helfen, wurden aber wenig systematisch auf allgemeine Gestaltungsprinzipien oder Wirkungen untersucht. Allerdings lagen eine Reihe von Evaluationen vor. Berichte über Begleitforschung sind z. B. in Tagungsbänden zu den beiden erwähnten khdm-Arbeitstagungen dokumentiert (Bausch et al., 2014; Hoppenbrock et al., 2013, 2016). Dort werden Erfahrungen aus Sicht der Lehrenden und Studiengangsverantwortlichen genauso geschildert wie qualitative oder quantitative empirische Ergebnisse aus der Beforschung implementierter Maßnahmen. Ein Vergleich von Maßnahmen erschien aufgrund ihrer heterogenen Anlage und der seinerzeitigen Begleitforschung eher nicht möglich. Methodisch wurden beispielsweise oft einfache Ansätze von Lehrevaluationen oder offene Fragen auf Fragebögen genutzt. Bezüge zu theoretisch fundierten Konstrukten oder die Verwendung validierter Erhebungsinstrumente (z. B. Interesse-Fragebögen wie von Schiefele et al., 1993) fanden sich nur selten. Stattdessen wurden oft Fragen mit spezifischem Bezug zu den Besonderheiten der jeweiligen Maßnahmen verwendet. Die meisten Projekte verliefen gemäß den dazu vorliegenden Selbstberichten erfolgreich. Entsprechend fokussierte die Darstellung oft die spezifischen Innovationen der Projekte und ihre Stärken. Positive wie negative Nebenwirkungen wurden nur selten betrachtet. Zudem wurden wesentliche Bedingungen oft nur dann dokumentiert, wenn sie handlungsleitend erschienen.

Die Ergebnisse ließen sich daher kaum vergleichen. Fortschritte in der Vergleichbarkeit hätten erst in einem einheitlichen Rahmen erreicht werden können, der wesentliche Charakteristika adressiert und die Darstellung einzelner Maßnahmen strukturiert. Zusammen mit den uneinheitlichen Erhebungsinstrumenten war ein systematischer Vergleich innovativer Projekte natürlich schwierig. Besondere Schwierigkeiten schien die Leistungserfassung zu bereiten. Dazu wären eigentlich Daten zu den fraglichen Maßnahmen von Nöten, werden aber wegen nachvollziehbaren methodischen Problemen nur selten erfasst. Insofern hätte es als erstem Schritt möglichst einheitlicher Instrumente bedurft. So beschränkten sich die lokalen Untersuchungen in der Regel auf ad hoc gestaltete Leistungstests und Zufriedenheitseinschätzungen beteiligter Akteure. Auf der Basis vielfältiger und nicht selten impliziter Ziele und Bedingungen der einzelnen Maßnahmen führte dies zwar zu zahlreichen Detailergebnissen, die aber kaum aufeinander beziehbar und verallgemeinerbar waren. Systematische Ergebnisse auf Basis präziser Wirkungshypothesen und deren Einordnung in übergreifende Perspektiven konnten so nicht gewonnen werden. Eine Entwicklung übergreifender Theorien zur Wirkung und Gelingensbedingungen hatte deshalb kaum stattgefunden. Dies könnte auch ein Grund dafür sein, warum innovative Projekte zwar häufig durchgeführt wurden, aber erfolgreiche Maßnahmen oder Elemente nur selten an andere Hochschulen transferiert wurden (und werden).

1.3 Das WiGeMath-Projekt (2015–2018): Ziele, Akteure und Vorgehen

1.3.1 Ziele

Zur Linderung der im Abschn. 1.2.1 beschriebenen Problemlagen wurden an den Universitäten in Deutschland in den letzten Jahren zahlreiche Maßnahmen entwickelt und umgesetzt (siehe Abschn. 1.2.2). Dies gilt vor allem seit dem QPL. Insbesondere für das Fach Mathematik lässt sich feststellen, dass, wie in Abschn. 1.2.3 beschrieben, sowohl die Wirksamkeit wie auch Gelingensbedingungen einzelner Maßnahmen bzw. Maßnahmetpyen zunächst kaum untersucht wurden. So blieb offen, zu welchen nachhaltigen Effekten die ergriffenen Maßnahmen führten und ob diese generalisiert werden konnten. Darüber hinaus fehlte ein Orientierungsrahmen, in den sich die verschiedenen Projekte im Hinblick auf ihre mathematikspezifischen Ziele, Maßnahmenbündel, institutionellen Rahmenbedingungen und Wirkungshypothesen einordnen ließen. Ein solcher wäre aber für einen fruchtbaren wissenschaftlichen und lehrpraktischen Austausch und Transfer zwischen Hochschulangehörigen und Hochschulen hilfreich gewesen.

Vor diesem Hintergrund verfolgte das WiGeMath-Projekt zwei zentrale übergeordnete Ziele: Zum einen sollte mit Partnern aus möglichst vielfältigen Projekten
ein Orientierungsrahmen in Gestalt eines Rahmenmodells zur Einordnung einzelner Maßnahmen entwickelt werden. Zum anderen sollten empirische Studien auf der
Grundlage verallgemeinerter Modelle zur Wirkung von Maßnahmen durchgeführt
werden. Letztere sollten Aussagen zu Wirkungen einzelner Maßnahmen an Universitäten
erlauben und damit potentiell auch vor Ort zu deren Optimierung beitragen. Insbesondere sollten Modelle entwickelt und Studien durchgeführt werden, um Hypothesen
und deren Prüfung zu ermöglichen, die über Maßnahmen an einzelnen Universitäten
hinausgingen.

Rahmenmodellierungen und Wirkungsforschungen verfolgen naturgemäß verschiedene Ziele und erfordern unterschiedliche Vorgehensweisen. Sie verweisen aber
auch aufeinander. So wurde im WiGeMath-Projekt in einer ersten Phase zunächst ein
Rahmenmodell entwickelt, auf Grund dessen Analysen von Unterstützungsmaßnahmen
mit Blick auf deren tatsächliche Umsetzung und deren Wahrnehmung durch beteiligte
Lehrende und Studierende durchgeführt wurden. In einer zweiten Phase folgten dann
die Erarbeitung von Wirkmodellen und entsprechende Wirkungsstudien. Die Ergebnisse
der Rahmenmodellierung stellten dafür insofern eine wichtige Voraussetzung dar, da sie
dazu beitrugen, die Ziele der Maßnahmen und ihrer Gestaltungsformen zu präzisieren
sowie vor dem Hintergrund fachdidaktischer Konzeptualisierungen wissenschaftlich
einzuordnen. Auf dieser Grundlage konnten anschließend Wirkmodelle konzipiert und
auf geeignete empirische Erhebungsinstrumente entweder in vorliegender Form direkt
oder zweckentsprechend adaptiert zurückgegriffen werden. Die Rahmenmodellierung
und die Einordnungen von Maßnahmen waren darüber hinaus hilfreich, Ergebnisse der
Wirkungsforschung für die Partner und mit Blick auf deren Ziele und Fragen aufzubereiten, Interpretationen anzubieten sowie Empfehlungen zu geben.

Vor diesem Hintergrund erfolgte der Forschungsprozess in folgenden Teilschritten:

1. Entwicklung eines Rahmenmodells zur Beschreibung und Analyse verschiedener
   Unterstützungsmaßnahmen,
2. Entwicklung und Zusammenstellung von Instrumenten zur systematischen Wirkungs-
   und Bedingungsanalyse,
3. systematische Erhebungen zur Wirkungs- und Bedingungsanalyse und
4. Empfehlungen zur Konzeption und Gestaltung mathematikbezogener Unterstützungsmaßnahmen in der Studieneingangsphase.

An das Ziel 4 knüpfte das Nachfolgeprojekt WiGeMath-Transfer an, auf dessen spezifischen Ziele und Vorgehensweisen wir in Abschn. 1.4 eingehen.

Im nächsten Abschnitt beschreiben wir kurz die Partner des Projekts WiGeMath und
deren jeweilige Beteiligung an den untersuchten Maßnahme(type)n. Im darauffolgenden
Abschn. 1.3.3 werden Abfolge und Zueinander der Schritte im Projektverlauf skizziert.

Auf die Entwicklung des Rahmenmodells wird im Detail in Kap. 2 eingegangen, auf die Wirkungsforschung im Allgemeinen und ihre Instrumente in Kap. 3. Details zu Maßnahmetypen in den Schritten 2 und 3 finden sich in den Kapiteln, die in die maßnahmetypspezifischen Konzepte und Forschungen einführen, Details der Projekte jeweils nachfolgend in der Darstellung von Good-Practice-Beispielen. Auf Ergebnisse der Wirkungs- und Bedingungsanalysen aus den maßnahmetypübergreifenden Erhebungen wird im Folgenden ebenfalls nur kurz eingegangen. Dazu sind weitere Publikationen in Vorbereitung.

1.3.2 Beteiligte Akteure

Das WiGeMath-Team der Universitäten Hannover und Paderborn kooperierte mit Projektbeteiligten aus 11 weiteren Universitäten aus 6 Bundesländern, die mathematikbezogene QPL-Projekte und weitere Maßnahmen in der Studieneingangsphase durchführten. Die drei Antragsteller selbst brachten einander ergänzende Kompetenzen für die Projektarbeit ein: Rolf Biehler (Mathematik und Mathematikdidaktik mit Schwerpunkt Mathematikdidaktik), Reinhard Hochmuth (Mathematik und Mathematikdidaktik mit Schwerpunkt Mathematik), Niclas Schaper (Psychologie und Hochschuldidaktik). Die Maßnahmetypen Vorkurse, Lernzentren und semesterbegleitende Maßnahmen wurden federführend vom Paderborner Teilprojekt untersucht, Brückenvorlesungen waren Gegenstand der Untersuchungen des Teilprojekts in Hannover. Daneben war Hannover als Verbundprojektleitung federführend für eine Reihe organisatorischer Aufgaben verantwortlich, unter anderem für die Durchführung von Workshops mit den Projektbeteiligten. Die Untersuchungsmethoden wurden in enger Abstimmung der Projektbeteiligten entwickelt und Ergebnisse gemeinsam diskutiert.

Den Antrag des Vorhabens unterstützten fachlich einschlägige Angehörige von 13 Universitäten, einschließlich des MINT-Kollegs der Univ. Stuttgart und des Karlsruher Institut für Technologie, mit „letter of intents". Sie fungierten als Ansprechpartner*innen für an ihrer Universität durchgeführte mathematikbezogene QPL-Projekte. Insbesondere erklärten sie sich bereit, Kontakte zu Lehrenden, Studierenden und Akteuren in QPL-Projekten und anderen Maßnahmen herzustellen, bei der praktischen Durchführung der Untersuchungen zu helfen, bei der adaptiven Entwicklung von Evaluations- und Beurteilungsinstrumenten mitzuwirken, den Einsatz der Instrumente im Kontext der lokalen Maßnahmen zu unterstützen und an einem Netzwerk zur gemeinsamen Optimierung und reflektierten Einordnung von Maßnahmen teilzunehmen. Ansprechpartner*innen im Rahmen der Antragstellung und für die tatsächlich an der Umsetzung des Projekts beteiligten Universitäten waren: Prof. Dr. Karsten Urban (Ulm), Prof. Dr. Herold Dehling (Bochum), Prof. Dr. Hans-Georg Rück (Kassel), Prof. Dr. Daniel Grieser (Oldenburg), Prof. Dr. Johanna Heitzer (Aachen), Prof. Dr. Gabriele Kaiser (Hamburg), Prof. Dr. Hans-Georg Weigand (Würzburg), Prof. Dr. Regina Bruder (TU Darmstadt), Prof. Dr. Thomas Bauer (Marburg), Dr. Claudia Goll (MINT-Kolleg Baden-

Württemberg: Universität Stuttgart und Karlsruher Institut für Technologie) (für weitere beteiligte Personen siehe Hochmuth et al., 2018, S. 3). Die durch das Netzwerk von Partnern abgedeckten Studienrichtungen und untersuchten Maßnahmetypen finden sich in der Tab. 1.1.

1.3.3 Vorgehen

Das Rahmenmodell und die darauf basierenden Wirkungs- und Bedingungsanalysen orientierten sich an einem evaluationsmethodischen Ansatz, der auf dem Modell der theoriegeleiteten Evaluation von Chen (1990) sowie dem daraus abgeleiteten 3P-Modell zur Evaluation hochschuldidaktischer Weiterbildung nach Thumser-Dauth (2007) beruht. Die im Wesentlichen handlungstheoretisch begründeten Zugänge zielten vor allem darauf, Maßnahmen in ihrer lokalen Spezifität zu erfassen sowie eine systematische Erhebung und Nutzung von Daten zu ermöglichen. Die Ausdifferenzierung von Beschreibungskategorien und ihre Einbettung in die wissenschaftliche Literatur trugen wesentlich dazu bei, die Beschränkung bisheriger Erhebungen zur Evaluation der Unterstützungsmaßnahmen auf Zufriedenheitseinschätzungen der beteiligten Akteure zu überwinden. Die Verknüpfung kategorialer Bezüge mit konkreten Sichtweisen der Akteure auf Ziele und Gestaltungsmerkmale jeweiliger Maßnahmen erlaubte es, systematische und präzise Wirkungshypothesen zu den jeweiligen Maßnahmen zu

Tab. 1.1 Überblick zu den kooperierenden Hochschulstandorten, den Studienrichtungen sowie untersuchten Maßnahmetypen

Hochschul-standorte	Studienrichtung		Maßnahmentyp			
	BaGym	IngMath	Vorkurs	Sem.-begl. Maßnahmen	Lernzentrum	Brückenvorlesung
Aachen		x	x			
Bochum		x	x			
Darmstadt	x	x	x		x	
Hamburg	x		x			
Hannover	x	x	x			x
Kassel	x	x	x			x
Marburg	x			x		
Oldenburg	x		x		x	x
Paderborn	x	x	x		x	x
Stuttgart		x	x		x	x
Ulm		x			x	
Würzburg	x	x	x		x	x

formulieren und sie entsprechend zu überprüfen. Vor diesem Hintergrund erfolgte die Auswahl geeigneter Erhebungsinstrumente sowie deren Anpassung bzw. Neuentwicklung. Neben Untersuchungen zur Qualität der Umsetzung von Maßnahmen aus Sicht der Maßnahmeverantwortlichen sowie der Lehrenden und der Studierenden ermöglichte das Rahmenmodell ein forschungsmethodisches und theoriebezogenes Vorgehen bei der Analyse von Wirkungs- und Bedingungszusammenhängen. Im Folgenden skizzieren wir die Realisierung dieser Anliegen und orientieren uns dabei an den in Abschn. 1.3.1 genannten Teilzielen, die in Form von vier Arbeitspaketen im Projektverlauf umgesetzt wurden.

Entwicklung eines Rahmenmodells

Unseren Ausgangspunkt bei der Erarbeitung des Modells bildeten zunächst theoretische und modellhafte Annahmen zur strukturierten Beschreibung von Lehr- und Lernaktivitäten (z. B. Wildt, 2006 oder Winteler, 2004). Die Weiterentwicklung des ersten Beschreibungsrasters erfolgte dann in folgenden Schritten: i) Dokumentenanalyse (Dokumente zu Projektzielsetzungen, Lehr-Lernmaterialien etc.) zur kategorialen Differenzierung; ii) Interviews mit Verantwortlichen der kooperierenden QPL Projekte; iii) diskursive Bearbeitung im Rahmen eines Expertenworkshops mit QPL-Vertretern.

Im Schritt i) wurden hauptsächlich solche Ursachen für Übergangsprobleme über alle mathematikhaltigen Studiengänge hinweg berücksichtigt, die auf Unterschiede der Schul- und Hochschulmathematik und deren verschiedenartigen Lehr-Lernkulturen zurückgehen (vgl. dazu etwa Gueudet, 2008). Hinzu kamen jeweils aus der Literatur bekannte studiengangspezifische Ursachen: Im Bachelor und gymnasialen Lehramt Mathematik und in ingenieurwissenschaftlichen Studiengängen zählen dazu insbesondere Passungsprobleme, d. h. ob der Studiengang in Bezug auf die geforderten Voraussetzungen und Anforderungen zu dem jeweiligen Studierenden passt, sowie damit teilweise zusammenhängende Motivationsprobleme der Studierenden. Hinsichtlich der spezifischen Gestaltung und Umsetzung der Maßnahmen wurden Unterschiede in Inhalten, Abläufen, Dauer und der gewählten didaktischen Formate und Medien betrachtet.

Auf dieser Grundlage wurden im Schritt ii) Interviews mit Projektbeteiligten durchgeführt. Deren Auswertung mit theoriegeleiteten Inhaltsanalysen diente einer ersten empirischen Erprobung des Rahmenmodells und dessen Modifizierung. In einem Expert*innenworkshop im September 2015 (Schritt iii) wurde das Rahmenmodell schließlich ausführlich mit den assoziierten Projektbeteiligten diskutiert. Dabei wurden u. a. aus Sicht der Beteiligten Defizite in den Beschreibungen einzelner Maßnahmen benannt, die zu einer weiteren Überarbeitung des Rahmenmodells führten.

Das um ein Glossar und Leitfragen ergänzte Rahmenmodell erlaubte, das Maßnahmenspektrum sowohl im Kontext der BaGym-Studiengänge als auch bei den ingenieurwissenschaftlichen Studiengängen in prototypischer Form zu erfassen und konkrete Modellierungen einzelner Maßnahmen mit den Projektbeteiligten zu konsentieren. Das Rahmenmodell ermöglichte damit, relevante Gestaltungsaspekte, Einflussfaktoren und Wirkvariablen zu identifizieren und zu differenzieren.

Während die Maßnahmetypen der einbezogenen Projekte nicht selten auf ähnliche bzw. gleiche Wirkvariablen auf Studierendenebene zielten, unterschieden sie sich untereinander erheblich. Dies legte nahe, modellhafte Beschreibungen für jeden Maßnahmentyp getrennt zu entwickeln.

Weitere Details zur Entwicklung des Rahmenmodells und ausführliche Überlegungen zum theoretischen Hintergrund finden sich in Kap. 2.

Entwicklung und Zusammenstellung von Instrumenten zur systematischen Wirkungs- und Bedingungsanalyse

Der zweite übergeordnete Schritt betraf die Entwicklung und Zusammenstellung von Instrumenten zur systematischen Wirkungs- und Bedingungsanalyse. Die relevanten Konstrukte dafür ergaben sich im Zusammenhang mit den mittels der Rahmenmodellierung identifizierten Gestaltungs- und Wirkmerkmalen der Unterstützungsmaßnahmen: das Instrumentarium sollte zum einen (im Rahmen von Progammevaluationen) die Perspektiven der Lehrenden und Studierenden zu Ausmaß und Qualität der Umsetzung intendierter Gestaltungskonzepte, zum anderen die vielfältigen Ziele, zentralen inhaltlichen und didaktischen Gestaltungskonzepte sowie Rahmenbedingungen zur Umsetzung der Maßnahmen erfassen. Als personenbezogene Einflussvariablen wurden unter anderem identifiziert: Mathematische Vorkenntnisse und Fertigkeiten, Lernmotivation und -einstellungen in Bezug auf Mathematik (Interesse, extrinsische Anreize), akademisches Selbstkonzept in Bezug auf mathematische Kompetenzen, epistemologische Überzeugungen in Bezug auf Mathematik und die Mathematiknutzung, Prüfungsängstlichkeit, volitionale Aspekte und Dispositionen. Insgesamt konnte eine Vielzahl bereits vorhandener Erhebungsinstrumente zur Erfassung dieser Einflussvariablen direkt genutzt oder adaptiert werden.

Auf dieser Grundlage wurden dann mit Blick auf Fragestellungen und Wirkungshypothesen zu jedem Maßnahmentyp Fragebögen für Studierende, Dozierende und die Tutoren als quantitative Untersuchungsinstrumente entwickelt. Für alle Instrumente wurden Skalen- und Kodierhandbücher erstellt, um die Auswertung der im nächsten Schritt erhobenen Daten zu erleichtern und um eine weitere Verwendung der Instrumente außerhalb des WiGeMath-Kontextes zu ermöglichen. Außerdem wurden zur Erfassung individueller Lehr- und Lernziele der untersuchten Veranstaltungen Interviewleitfäden zur Befragung der Dozierenden entwickelt.

Im Kap. 3 finden sich ausführlicher allgemeine Informationen zu ausgewählten Konstrukten und Skalen etc. Bezogen auf den jeweiligen Maßnahmentyp werden die eingesetzten Untersuchungsinstrumente jeweils in gesonderten Einführungskapiteln beschrieben. Ihre Verwendung wird schließlich in den Kapiteln zu den einzelnen Good-Practice-Beispielen dargestellt.

Systematische Erhebungen zur Wirkungs- und Bedingungsanalyse: Maßnahmenspezifische Analysen

Parallel zur Entwicklung und Zusammenstellung von Instrumenten wurde im dritten Schritt mit den systematischen Erhebungen zur Wirkungs- und Bedingungsanalyse bei einem breiten Spektrum von Maßnahmen in beiden Studiengangsbereichen (BaGym und IngMath) begonnen. Ein erster Untersuchungskomplex bestand im Sinne der Programmevaluation in der Analyse von Ausmaß und Qualität der Umsetzung der Maßnahmen. Im Vordergrund standen hierbei vor allem die Wahrnehmung und Bewertung der Ziele, der didaktischen und organisatorischen Gestaltungsaspekte sowie eine Bewertung des subjektiven Nutzens der Maßnahmen aus der Sicht der Lehrenden und der Studierenden. In einem zweiten Komplex wurde die Wirksamkeit ausgewählter Maßnahmen untersucht. In diesem Zusammenhang wurden vor allem Fragen zur Wirkung verschiedener Maßnahmen auf die Entwicklung von kognitiven, affektiven und motivationalen Variablen untersucht. Entweder wurde die Wirkung der Maßnahme für sich (im Vergleich zu einer No-Treatment-Kontrollgruppe) oder im Vergleich verschiedener Varianten einer Maßnahme analysiert. Interventionsstudien bestanden in der Regel aus Prä- und Posttests, bei denen im Prätest der Ausprägungsgrad der relevanten abhängigen Variablen vor Beginn der Maßnahme sowie ausgewählte Prädiktorvariablen und im Posttest der erreichte Variablenwert nach Abschluss der jeweiligen Maßnahme gemessen wurde.

Einzelheiten bezüglich beider Untersuchungskomplexe werden mit Bezug auf die Maßnahmetypen in den jeweiligen Einführungskapiteln (Kap. 12, 13 und 20) beschrieben. Dort zu finden sind sowohl detaillierte Angaben zur Vorgehensweise als auch zu zentralen Ergebnissen. Darüber hinaus finden sich weitere Details zu beiden Aspekten in den einzelnen Beschreibungen der Good-Practice-Beispiele.

Systematische Erhebungen zur Wirkungs- und Bedingungsanalyse: Maßnahmenübergreifende Analysen

Die Erhebungen zur Wirkungs- und Bedingungsanalyse umfassten als dritten maßnahmetypübergreifenden Komplex schließlich Untersuchungen zum Einfluss von personen- und umfeldbezogenen Faktoren auf verschiedene Variablen der Studienzufriedenheit bzw. des Studienerfolgs. Dabei wurden insbesondere studiengangsübergreifende Wirkfaktoren von mathematikbezogenen Lehrveranstaltungen vor dem Hintergrund folgender Modelle und Studien adressiert: 1) verschiedene Varianten des Angebots-Nutzungs-Modells (Helmke, 2002) sowie deren Anwendung im Lehramtsstudium (Watson et al., 2015) und 2) Erkenntnisse von Schulmeister (2014) zu Determinanten des Studienerfolgs. Dazu zählten Untersuchungen zu Fragestellungen wie „Inwiefern werden verschiedene „Learning Outcomes" von Studierenden durch bestimmtes Nutzungsverhalten (Studier-/Lernverhalten) vorhergesagt?" oder „Welche Aussagekraft besitzen Lernaktivitäten und -strategien zur Vorhersage bestimmter Learning Outcomes?". Befragt wurden insgesamt 2365 Studierende aus 44 mathematikbezogenen Lehrveranstaltungen des ersten und höherer Semester an sieben Universitäten (Bochum, Hannover, Kassel, Oldenburg, Paderborn, Ulm, Würzburg). Als Untersuchungsinstrument wurde ein Fragebogen zu 62 Merkmalen entworfen, der für jeden Erhebungsstandort angepasst wurde, um etwa Modulnoten oder die Nutzung der jeweiligen Maßnahmen standortspezifisch zu erfassen.

Auf der Grundlage dieser Daten wurden mittels Regressionsanalysen Faktoren zur Erklärung von Studienabbruchneigung untersucht. Erste Ergebnisse legen nahe, dass ältere Studierende eine geringere Abbruchneigung besitzen. Dies spricht für eine zunehmende Festlegung auf das gewählte Studium mit höherem Alter. Als wichtigster Faktor in diesem Modell erweist sich die Zufriedenheit mit den Studieninhalten (Westermann et al., 1996). Auch der signifikant positive Zusammenhang zwischen Studienabbruchneigung mit mathematikbezogener Angst unterstreicht den Einfluss affektiv-motivationaler Variablen (vgl. Heublein et al., 2010).

Darüber hinaus wurden auf Basis theoretischer Überlegungen Hypothesensysteme formuliert und als Strukturgleichungsmodelle mittels einer konfirmatorischen Kausalanalyse überprüft. Erste Ergebnisse legen nahe, dass Studienzufriedenheit im Fach- und Gymnasiallehramtsstudium zu einem erheblichen Teil durch fachliches Interesse erklärt werden kann, wohingegen bei Ingenieursstudierenden die eigene Anstrengung nicht das Interesse, dafür aber eine hohe Anstrengung beim Lernen die spätere Studienzufriedenheit erklären kann. Befunde, dass ein Schwerpunkt in Brückenvorlesungen im Lehramtsstudium auf der Förderung motivationaler Variablen liegt, während in der Ingenieursmathematik mehr das regelmäßige Arbeiten fokussiert wird, scheinen dazu zu passen. Einige weitere Details zum Vorgehen und ersten Ergebnissen dieser Untersuchungen finden sich bei Hochmuth et al., (2018, S. 67 ff.). Eine umfangreiche Veröffentlichung der Ergebnisse dieser Teilstudie befindet sich in Vorbereitung.

Empfehlungen zur Konzeption und Gestaltung mathematikbezogener Maßnahmen

Auf Grundlage der Untersuchungsergebnisse wurden abschließend Empfehlungen zur Konzeption und Gestaltung mathematikbezogener Unterstützungsmaßnahmen in der Studieneingangsphase für beide Studiengangsbereiche (BaGym und IngMath) erarbeitet. Diese wurden auf einen abschließenden Workshop im Juni 2018 den Projektbeteiligten präsentiert, in Diskussionen weiterentwickelt, konsentiert und dokumentiert. Standortbezogene Empfehlungen für einzelne Maßnahmen wurden für die jeweiligen Projektpartner in eigenen Berichten zusammengefasst und diesen zur Verfügung gestellt.

Zentrale standortübergreifende und maßnahmetypbezogene Empfehlungen waren:

- Studierende evaluieren Vorkurse insgesamt positiv. Allerdings wünschen sie sich meist mehr Zeit für die Behandlung der Themen. Dies spricht tendenziell für längere Vorkurse. Vorkursdozentinnen und -dozenten sollten ihre jeweiligen Ziele gegenüber Studierenden explizieren und dabei auch Aspekte wie soziale Eingebundenheit, Lernstrategien und Arbeitsweisen berücksichtigen. Arbeitsaufträge an Studierende sollten möglichst klar kommuniziert werden.

- Lernzentren werden ebenfalls von Studierenden sehr positiv wahrgenommen. Sie scheinen durchaus, wie intendiert, eher leistungsschwächere Studierende zu erreichen. Beratungen durch studentische Tutor*innen werden tendenziell als hilfreicher eingeschätzt als Beratungen durch Mitarbeiterinnen oder Mitarbeiter. Weiterhin spricht der Einbezug und die Integration von Lernzentren in vorhandene Lehr- und Lernsettings für eine höhere Effektivität.
- Auch bezüglich Brückenvorlesungen wird eine Anbindung an die üblichen Grundlagenveranstaltungen befürwortet. Wichtig erscheint vor allem eine gute Balance bezüglich der Höhe der Anforderungen. Dies gilt insbesondere im Hinblick auf das Beweisen. Als positiv wird von Studierenden vor allem eine offene und kommunikative Lernatmosphäre geschätzt. Eine erfolgreiche Teilnahme an Brückenvorlesungen in der Ingenieurmathematik hängt insbesondere mit der Fähigkeit zu selbstständigem Lernen zusammen.

Detailliertere Beschreibungen der Empfehlungen finden sich in Hochmuth et al. (2018, S. 76–79). Eine weitere Ausarbeitung der Empfehlungen und eine Aufarbeitung der Ergebnisse von WiGeMath für den Transfer wurden zu zentralen Zielen des im nächsten Abschnitt beschriebenen Anschlussprojekts.

1.4 Das WiGeMath-Transfer Projekt (2018–2020)

1.4.1 Zielsetzung

Das Anschlussprojekt „WiGeMath-Transfer" war vor allem auf die Aufbereitung der Forschungsergebnisse aus der ersten Projektphase für Transferzwecke und den Aufbau eines hochschulübergreifenden Netzwerkes zum Austausch mit und den Transfer an in der ersten Projektphase nicht beteiligte Hochschulen gerichtet. Im Zentrum standen mit Vorkursen, Brückenvorlesungen und Lernzentren drei der vier untersuchten Maßnahmetypen (die semesterbegleitenden Maßnahmen wurden nicht weiter betrachtet) für die Studiengänge Mathematik Bachelor und Unterrichtsfach Mathematik für gymnasiales Lehramt sowie Serviceveranstaltungen der Mathematik für Ingenieursstudierende. Die Aufbereitung der Forschungsergebnisse für weitere Anwender*innen der genannten Maßnahmen im Studieneingang war in verschiedener Hinsicht notwendig. Dies war zwar für die erste Projektphase angedacht, konnte aber nur in Ansätzen realisiert werden. Es bedurfte daher einer zusätzlichen Phase, um den Transfer systematisch und nachhaltig zu realisieren.

Für den Aufbau eines Netzwerks von Anwender*innen an deutschen Universitäten wurden sowohl die bereits bestehenden Kooperationen mit den Partnern aus der ersten Projektphase vertieft als auch neue weitere Partner gewonnen. Dabei wurden getrennte Netzwerke zu Vorkursen, Brückenvorlesungen und Lernzentren geknüpft. Damit sollten die WiGeMath-Transferaktivitäten und -angebote ausgeweitet und die Transfermaterialien mit neuen Partnern auf ihre Umsetzbarkeit und Nutzeradäquatheit hin erprobt werden. Einerseits wurden die bisherigen Partner weiterhin bei der Verstetigung bzw. Weiterentwicklung ihrer Maßnahmen in der zweiten Projektphase unterstützt. Andererseits wurden gemeinsam mit den Partnern Ergebnisse der ersten Projektphase so aufbereitet, dass sie durch bislang nicht beteiligte Partner genutzt werden können. Dies betraf sowohl Konzeption, Gestaltung und Umsetzung von Maßnahmen in mathematik-bezogenen Studiengängen als auch die Ansätze zur Evaluation und Wirkungsforschung in WiGeMath.

1.4.2 Vorgehen

Die Transferziele und -aktivitäten wurden in folgenden Arbeitsschritten bzw. Arbeits-paketen konkretisiert und umgesetzt:

Kickoff-Workshop zum Transferprojekt

Zu Beginn des Transferprojekts wurde ein *Kickoff-Workshop* mit den bisherigen und den neuen Projektbeteiligten zu allen Maßnahmen durchgeführt. In diesem Rahmen wurde den Beteiligten der Transferansatz des Projekts vorgestellt und mit ihnen diskutiert. Besprochen wurde, inwieweit die neuen Beteiligten das Vorgehen für sinnvoll und ziel-führend hielten, welche Hinweise zur Optimierung sie geben konnten und welche Rollen und Aufgaben sie bei der Mitwirkung am Transfervorhaben übernehmen konnten bzw. dazu bereit waren. Daraufhin wurde das weitere Vorgehen angepasst.

Aufbau der maßnahmespezifischen Netzwerke und Vereinbarung des Vorgehens

Der zweite Arbeitsschritt diente dem *Aufbau von Netzwerken zu verschiedenen Maßnahmetyp*en. Außerdem musste mit den Partnern abgestimmt werden, wie bei der *Ausarbeitung der Transferkonzepte und -materialien mit den beteiligten Partnern* des jeweiligen Maßnahmetyps vorgegangen werden sollte. In einem weiteren Workshop mit allen Transferpartnern wurde daher überwiegend in Gruppen zu den ausgewählten Maßnahmetypen gearbeitet. Der Workshop diente u. a. dem vertieften Kennenlernen der beteiligten Partner und der Vorstellung der jeweiligen Konzepte am jeweiligen Standort. Hinzu kam der Austausch von Erfahrungen mit verschiedenen Gestaltungs-aspekten (z. B. Einsatz von Tutorinnen und Tutoren bei der Beratung von Besuchern von mathematischen Lernzentren). Insbesondere ging es um die gemeinsame Verabredung und Planung folgender Arbeitsschritte:

- eine Einordnung der jeweiligen Maßnahmen der Partner anhand des in WiGeMath entwickelten Rahmenmodells und die Vorbereitung einer Art Checkliste für die Planung bzw. Optimierung eigener Maßnahmen/Angebote;

- die Besprechung und Vorbereitung, wie die Good-Practice-Beispiele für die jeweiligen Maßnahmetypen im Rahmen dieses Herausgeberbandes als Modelle zur Orientierung weiterer Anwender*innen dokumentiert werden können;
- die Sichtung, Auswahl und nutzergerechte Aufbereitung der Instrumente für die Evaluation und Wirkungsanalyse der Maßnahmen der unterschiedlichen Typen.

Während des Projekts wurde außerdem überlegt, inwieweit die Netzwerke zu den einzelnen Maßnahmetypen erweitert werden können. Dies wurde in dem Auftakt-Workshop und den nachfolgenden Workshops diskutiert. Im Rahmen der Netzwerkgruppe Lernzentren konnten im Projektverlauf dazu bereits erste Ergebnisse erzielt werden: Einerseits wurde eine Recherche zu den in Deutschland sowohl an Universitäten als auch Fachhochschulen bestehenden mathematischen Lernzentren durchgeführt (Schürmann et al., 2020). Die Homepages entsprechender Lernzentren wurden dazu ausgewertet und vertiefende Interviews mit dort genannten Ansprechpartnern geführt. Auf dieser Grundlage konnten ein Überblick über den Bestand an Lernzentren in diesem Bereich gewonnen und deren Gestaltungsmerkmale analysiert werden. Zum Abschluss der Transferphase wurde eine erste Tagung zum Zwecke des Aufbaus eines deutschlandweiten Netzwerks mathematischer Lernzentren veranstaltet, an der sich insgesamt ca. 40 Lernzentren beteiligten. Ergebnis war der Wunsch, diesen Austausch fortzusetzen und die Vernetzung auszubauen. Weiterhin wurden Kontakte zum „Sigma-Netzwerk" der britischen und irischen mathematischen Lernzentren geknüpft und verschiedene Gelegenheiten zum Austausch und zur Verabredung weiterer Kooperationen – u. a. eine internationale Studie zu Beratungsangeboten an mathematischen Lernzentren – genutzt.

Ausarbeitung der transorientierten Darstellung der Good-Practice-Beispiele

In weiteren nach Maßnahmetypen getrennten Workshops wurde die *adressatengerechte und transferorientierte Darstellung der Good-Practice-Beispiele* mit den beteiligten Partnern erörtert. Zielsetzung war es, die Orientierung bei der Umsetzung und Optimierung von Maßnahmen neuer Anwender*innen und entsprechender Gestaltungsansätze anzuregen und anzuleiten. Der Austausch zwischen den Projektbeteiligten wurde vertieft, ein gegenseitiges Review von ersten Darstellungsentwürfen vereinbart und in späteren Workshops reflektiert. Die Darstellung der Good-Practice-Beispiele orientierte sich dabei an Gliederungsaspekten, die mit Bezug auf das WiGeMath-Rahmenmodell mit den Projektbeteiligten gemeinsam erarbeitet wurden: 1) Einleitung zu Bedarf und – soweit vorhanden – theoretischem Hintergrund der jeweiligen Maßnahme, 2) Zielsetzungen, 3) strukturelle Merkmale und Rahmenbedingungen im Hinblick auf Lehrpersonal, Nutzergruppen und ggf. räumliche Bedingungen, 4) didaktische Merkmale des Maßnahmekonzepts, 5) Besonderheiten des Ansatzes wie die Einbettung der Maßnahmen in den jeweiligen Kontext, Gestaltungsmerkmale und Ergebnisse eigener Evaluationen, 6) Bezug zum WiGeMath-Projekt, z. B. Konsequenzen aus den Ergebnissen der WiGeMath Evaluationsuntersuchungen aus der ersten Phase und 7) Fazit sowie Lessons Learned zu Stärken und Grenzen des jeweiligen Ansatzes und zentrale

Umsetzungserfahrungen. Auf dieser Grundlage wurde für jede Maßnahme und jeden Maßnahmetyp eine Profildarstellung zur Umsetzung der Gestaltung der jeweiligen Maßnahme erarbeitet.

Praxisorientierte und adressatengerechte Aufbereitung der Evaluationsinstrumente und -konzepte

In einem parallelen Arbeitsschritt ging es um die *praxisorientierte und adressaten- gerechte Aufbereitung der im WiGeMath-Projekt (2015–2018) entwickelten Evaluationsinstrumente und -ansätze.* Pro Maßnahmetyp wurden diese Instrumente und Untersuchungsdesigns den Transferpartnern zunächst vorgestellt. Anschließend wurde diskutiert, was davon für die Praxis der Partner interessant, adaptationsfähig und dokumentationswürdig erschien. Dies umfasste einerseits die klassische Dokumentation und nutzergerechte Beschreibung der Fragebogenskalen und -items sowie andererseits die punktuelle Weiterentwicklung der Evaluationsansätze/-verfahren, wie z. B. den Ein- satz von vertiefenden qualitativen Interviews mit Studierenden und Dozierenden von Brückenvorlesungen. Außerdem wurden die Verfahren zur Auswertung der Daten und die Kriterien zur Interpretation der Ergebnisse erläutert und für eine einfache Hand- habung aufbereitet. Nicht zuletzt ging es auch um praktische Empfehlungen, z. B. zur Teilnehmergewinnung und um Anleitungen zur Planung und Umsetzung der Evaluationsvorhaben. Ergebnis dieses Arbeitsschritts war nicht nur eine umfangreiche nutzerorientierte Dokumentation der Erhebungsinstrumente, sondern auch ein umfang- reiches Kapitel zu grundlegenden Fragen der Evaluation und Wirkungsforschung von Maßnahmen zur Unterstützung der Lehre in der Mathematik (siehe Kap. 3).

Erprobung der Umsetzbarkeit der entwickelten Transfermaterialien und -ansätze

In diesem Arbeitsschritt wurden die entwickelten *Gestaltungsansätze und Transfer- materialien* – aufbauend auf den Good-Practice-Beispielen – auf ihre *Umsetzbarkeit bei neu hinzugekommenen Transferpartnern erprobt.* Zu diesem Zweck wurden vor allem Beratungsformate entwickelt, mit denen die Transferpartner bei der Konzeption und Umsetzung neuer oder zu verändernder Maßnahmen von Mitgliedern des WiGeMath-Teams begleitet wurden. Der Fokus der Beratung lag dabei nicht nur auf der Realisierung einer wirkungsvollen didaktischen Gestaltung, sondern richtete sich insbesondere auch auf relevante Rahmenbedingungen, wie z. B. Größe und Voraus- setzungen der Lerngruppe.

Außerdem erhielten die Transferbeteiligten insbesondere im Rahmen der Work- shops Gelegenheit, sich mit anderen Transferbeteiligten, die bereits über Erfahrung in vergleichbaren Maßnahmen verfügten, vertiefend auszutauschen.

Erprobung der Umsetzbarkeit der Evaluationsansätze und -instrumente

In diesem Schritt wurden die entwickelten und überarbeiteten *Evaluationsinstrumente und -ansätze des jeweiligen Maßnahmetyps hinsichtlich ihrer Umsetzbarkeit weiter erprobt.* Interessierte Partner wurden für die Erprobung gewonnen und bei der

Umsetzung ihrer Evaluationsvorhaben beraten. Begleitend wurde ausgewertet, welche Fragen und Probleme bei der Umsetzung auftraten und wie damit umgegangen wurde. Solche Fragen und Probleme wurden außerdem in den Workshops mit allen Transferbeteiligten diskutiert. Auf dieser Grundlage wurden schließlich die Evaluationsinstrumente und -manuale überarbeitet.

Abschlussworkshop zum Transferprojekt

In einem *abschließenden Workshop* wurden allen Partnern und der interessierten Fachcommunity die Ergebnisse der Transferaktivitäten zu den einzelnen Maßnahmetypen präsentiert. Außerdem gab ein hochschuldidaktischer Experte einen Überblick zu Transferansätzen und -konzepten in der Hochschullehre. Den Abschluss des Workshops bildete ein Ausblick auf den Herausgeberband zu den Ergebnissen des Transferprojekts. Außerdem wurden Perspektiven zur weiteren Vernetzung aufgezeigt.

1.4.3 Akteure

Wie für das Ausgangsprojekt konnten auch für das Transfervorhaben WiGeMath fachlich einschlägige Lehrende verschiedener Universitäten gewonnen werden. Als Projektpartner erklärten sie sich dazu bereit, ihre Maßnahmen im Rahmen der Workshops vorzustellen, ihre Erfahrungen mit den Gestaltungsansätzen auszutauschen und sich an einem Netzwerk zur gemeinsamen Optimierung und Einordnung von Maßnahmen zu beteiligen. Außerdem trugen sie zu einer Dokumentation und Darstellung ihrer Maßnahmen in Form von Good-Practice-Beispielen bei. Einige Partner willigten darüber hinaus ein, ihre Maßnahmen mit den WiGeMath-Instrumenten zu evaluieren und damit die Evaluationsinstrumente für einen praxisgerechten Einsatz weiter zu entwickeln und zu erproben.

Am Transfervorhaben waren einerseits eine Reihe von Partnern beteiligt, die bereits an der ersten Projektphase beteiligt waren: Hierzu gehörten die Carl von Ossietzky Universität Oldenburg mit Prof. Dr. Daniel Grieser, Dr. Sunke Schlüters, Dr. Antje Beyer sowie Vertreter*innen der Fachschaft für Mathematik, die Technische Universität Darmstadt mit Prof. Dr. Regina Bruder und ihrem Team, die Universität Ulm mit Prof. Dr. Karsten Urban, Klaus Stolle und Stefan Hain, die Universität Marburg mit Prof. Dr. Thomas Bauer und seinem Team, die Universität Würzburg mit Prof. Dr. Hans-Georg Weigand, Dr. Jens Jordan, Dr. Florian Möller und Dmitri Nedrenco, die Universität Kassel mit Prof. Specovius-Neugebauer und Prof. Dr. Andreas Eichler, das MINT-Kolleg Baden-Württemberg mit Dr. Domnic Merkt und Dr. Markus Lilli. Als neue Transferpartner waren außerdem beteiligt die Freie Universität Berlin mit Prof. Dr. Christian Haase und Benedikt Weygandt, die Universität Halle-Wittenberg mit Prof. Dr. Rebecca Waldecker, Mara Jakob und Dr. Inka Haak sowie die Technische Universität Clausthal mit Dr. Jörg Kortemeyer, ferner die Universität Koblenz-Landau mit Dr. Regula Krapf.

Auch drei der vier Antragsteller brachten ergänzend Maßnahmen ihrer Universitäten ein, die entsprechende Unterstützungsmaßnahmen repräsentieren: Universität Paderborn mit Prof. Dr. Rolf Biehler und Jun.-Prof. Dr. Michael Liebendörfer, Dr. Leander Kempen, Dr. Yael Fleischmann, Elisa Lankeit und Anja Panse sowie die Universität Hannover mit Prof. Dr. Reinhard Hochmuth, Christiane Kuklinski und My Hanh Vo Thi.

1.5   Überblick über die weiteren Kapitel

Die Darstellung von Ergebnissen des WiGeMath-Transferprojekts durch das WiGeMath-Team und die beteiligten Partner an den anderen Hochschulen in diesem Band dient nicht nur der Kommunikation der Ergebnisse, sondern stellt selbst eine Maßnahme zum Transfer dar. Ziel ist es, theoretisch fundierte und empirisch geprüfte „Good Practice"-Beispiele für Unterstützungsmaßnahmen im Bereich der Mathematik zu präsentieren und einen Überblick zu übergreifenden Ergebnissen und im Projekt entwickelten Instrumenten der beiden WiGeMath-Projekte zu geben. Dabei werden die Good-Practice-Beispiele zu den einzelnen Maßnahmetypen, aber auch der Evaluationsansätze und -methoden so dokumentiert und dargestellt, dass sie zur Orientierung bei der konkreten Umsetzung eigener Maßnahmen dienen können und zur Umsetzung entsprechender Gestaltungsansätze und -elemente motivieren. Maxime der Darstellung ist, die Beispiele und Überblickskapitel für weitere Anwender*innen verständlich und adressatengerecht zu präsentieren. Am Anfang stehen drei einleitende Kapitel zu Zielsetzungen und zum Vorgehen in den beiden Projektphasen, zu Grundlagen und Aufbau des Rahmenmodells sowie einer Beschreibung der in WiGeMath entwickelten und erprobten Evaluationsansätze und -methoden. Es folgen die Good-Practice-Beispiele zu den einzelnen Maßnahmetypen. Die entsprechenden Darstellungen der Good-Practice-Beispiele folgen einer einheitlichen Gliederung: Nach einer Einleitung zum Hintergrund werden Ziele sowie Merkmale und Rahmenbedingungen anhand von Kategorien des Rahmenmodells beschrieben. Anschließend wird auf besondere Gestaltungsaspekte bzw. Schwerpunkte der jeweiligen Maßnahme eingegangen und über Ergebnisse zur Evaluation berichtet, die über die Evaluation durch das WiGeMath-Projekts hinausgehen. Abschließend werden die Bezüge zum WiGeMath-Projekt herausgearbeitet und ein Fazit gezogen. Alle drei Maßnahmetypen (Vorkurse, Brückenvorlesungen, Lernzentren) enthalten jeweils zwischen 6 und 8 Good Practice-Beispiele, die die Maßnahmen der Kooperationspartner des Transferprojekts veranschaulichen. Sie werden jeweils durch ein eigenes Kapitel eingeleitet, das den jeweiligen Maßnahmetyp als hochschuldidaktische Unterstützungsmaßnahme charakterisiert. In diesem Zusammenhang wird außerdem eine Verortung der verschiedenen Good-Practice-Beispiele im Rahmenmodell im Hinblick auf Zielsetzungen, Merkmale und Rahmenbedingungen der Maßnahmen vorgenommen. Außerdem werden der nationale und internationale Forschungsstand und die Ergebnisse des Projekts WiGeMath zu jedem Maßnahmetyp überblicksartig präsentiert und diskutiert.

Literatur

Alpers, B. (2014). *A mathematics curriculum for a practice-oriented study course in mechanical engineering in engineering education.* SEFI. http://sefi.htw-aalen.de/Curriculum/Mathematics_curriculum_for_mechanical_engineering_February_3_2014.pdf.

Alpers, B. (2018). Different views of mathematicians and engineers at mathematics: The case of continuity: proceedings. In *The 19th SEFI mathematics working group seminar on mathematics in engineering education* (S. 127–132). https://www.isec.pt/EVENTOS/SEFIMWG2017/documents/Proceedings_SEFIMWG2018.pdf.

Alpers, B. (2020). *Mathematics as a service subject at the tertiary level – A state-of-the-art report for the mathematics interest group* (S. 38). European Society for Engineering Education (SEFI). http://sefi.htw-aalen.de/Curriculum/Mathematics_as_a_Service_Subject_at_tertiary_level_SEFI_version_final_20200103.pdf.

Bausch, I., Biehler, R., Bruder, R., Fischer, P. R., Hochmuth, R., Koepf, W., Schreiber, S., & Wassong, T. (Hrsg.). (2014). *Mathematische Brückenkurse: Konzepte, Probleme und Perspektiven.* Springer Spektrum.

Beutelspacher, A., Danckwerts, R., Nickel, G., Spies, S., & Wickel, G. (2011). *Mathematik Neu Denken – Impulse für die Gymnasiallehrerbildung an Universitäten.* Vieweg + Teubner.

Biehler, R. (2018). Die Schnittstelle Schule – Hochschule – Übersicht und Fokus. *Der Mathematikunterricht, 64*(5), 3–15.

Castela, C., & Romo Vázquez, A. (2011). Des Mathematiques a l'Automatique: Etude des Effets de Transposition sur la Transformee de Laplace dans la Formation des Ingenieurs. *Research in Didactique of Mathematics, 31*(1), 79–130.

Chen, H. T. (1990). *Theory-driven evaluations.* Sage.

Fellenberg, F., & Hannover, B. (2006). Kaum begonnen, schon zerronnen? Psychologische Ursachenfaktoren für die Neigung von Studienanfängern, das Studium abzubrechen oder das Fach zu wechseln. *Empirische Pädagogik, 20*(4), 381–399.

Fischer, P. R. (2014). *Mathematische Vorkurse im Blended-Learning-Format: Konstruktion, Implementation undwissenschaftliche Evaluation.* Springer Fachmedien. https://doi.org/10.1007/978-3-658-05813-5.

Fischer, H., Glück, G., & Schmid, P. (1975). *Anfängerstudium in Mathematik: Beschreibung und Evaluation eines Unterrichtsversuchs in Tübingen.* Arbeitsgemeinschaft für Hochschuldidaktik.

Geisler, S. (2020). Early dropout from university mathematics: The role of students' attitudes towards mathematics. In M. Inprasitha, N. Changsri, & N. Boonsena (Hrsg.), *Interim proceedings of the 44th conference of the international group for the psychology of mathematics education. interim volume* (S. 189–198). PME.

Geisler, S., & Rolka, K. (2021). "That wasn't the math I wanted to do!" – Students' beliefs during the transition from school to university mathematics. *International Journal of Science and Mathematics Education, 19,* 599–618. https://doi.org/10.1007/s10763-020-10072-y.

Gill, O., & O'Donoghue, J. (2009). A theoretical characterisation of service mathematics. *Quaderni di Ricerca in Didattica (Matematica),* 105–112. http://math.unipa.it/~grim/TSG24_ICMI11_Gill&O%27Donoghue_QRDM_Supl4_09.pdf.

Göller, R., Biehler, R., Hochmuth, R., & Rück, H.-G. (Hrsg.). (2017). *Didactics of mathematics in higher education as a scientific discipline – Conference proceedings. Khdm-report 17-05.* Universität Kassel. urn:Nbn:De:Hebis:34-2016041950121.

Göller, R. (2020). *Selbstreguliertes Lernen im Mathematikstudium.* Springer Fachmedien. https://doi.org/10.1007/978-3-658-28681-1.

Grieser, D. (2015). Mathematisches Problemlösen und Beweisen: Entdeckendes Lernen in der Studieneingangsphase. In J. Roth, T. Bauer, H. Koch, & S. Prediger (Hrsg.), *Übergänge konstruktiv gestalten: Ansätze für eine zielgruppenspezifische Hochschuldidaktik Mathematik* (S. 87–102). Springer Spektrum.

Gueudet, G. (2008). Investigating the secondary-tertiary transition. *Educational Studies in Mathematics, 67,* 237–254. https://doi.org/10.1007/s10649-007-9100-6.

Haase, D. (2014). Studieren im MINT-Kolleg Baden-Württemberg. In I. Bausch, R. Biehler, R. Bruder, P. R. Fischer, R. Hochmuth, W. Koepf, S. Schreiber, & T. Wassong (Hrsg.), *Mathematische Vor- und Brückenkurse: Konzepte, Probleme und Perspektiven* (S. 123–136). Springer Fachmedien. https://doi.org/10.1007/978-3-658-03065-0_9.

Haase, D. (2017). Integrated course and teaching concepts at the MINT-Kolleg Baden-Württemberg. In R. Göller, R. Biehler, R. Hochmuth, & H.-G. Rück (Hrsg.), *Didactics of mathematics in higher education as a scientific discipline* (S. 473–476). Universität Kassel. https://kobra.bibliothek.uni-kassel.de/handle/urn:Nbn:De:Hebis:34-2016041950121.

Halverscheid, S., & Pustelnik, K. (2013a). Studying math at the university: Is dropout predictable? *Proceedings of the 37th Conference of the International Group for the Psychology of Mathematics Education "Mathematics Learning Across the Life Span", PME, 37*(2), 417–424.

Halverscheid, S., & Pustelnik, K. (2013b). Studying math at the university: Is dropout predictable? In A. Lindmeier & A. Heinze (Hrsg.), *Proceedings of the 37th conference of the International Group for the Psychology of Mathematics Education "Mathematics learning across the life span", PME 37* (Bd. 2, S. 417–424). PME.

Harris, D., & Pampaka, M. (2016). 'They [the lecturers] have to get through a certain amount in an hour': First year students' problems with service mathematics lectures. *Teaching Mathematics and Its Applications: International Journal of the IMA, 35*(3), 144–158. https://doi.org/10.1093/teamat/hrw013.

Hefendehl-Hebeker, L. (2016). Mathematische Wissensbildung in Schule und Hochschule. In A. Hoppenbrock, R. Biehler, R. Hochmuth, & H.-G. Rück (Hrsg.), *Lehren und Lernen von Mathematik in der Studieneingangsphase* (S. 15–30). Springer Fachmedien. http://link.springer.com/10.1007/978-3-658-10261-6_2.

Helmke, A. (2002). Kommentar: Unterrichtsqualität und Unterrichtsklima: Perspektiven und Sackgassen. *Unterrichtswissenschaft, 30*(3), 261–277.

Heublein, U., & Schmelzer, R. (2018). *Die Entwicklung der Studienabbruchquoten an den deutschen Hochschulen* [DZHW-Projektbericht]. DZHW. https://www.dzhw.eu/pdf/21/studien-abbruchquoten_absolventen_2016.pdf.

Heublein, U., Hutzsch, C., Schreiber, J., Sommer, D., & Besuch, G. (2010). *Ursachen des Studienabbruchs in Bachelor-und in herkömmlichen Studiengängen.* HIS Hochschul-Informations-System GmbH. http://www.his-hf.de/pdf/pub_fh/fh-201002.pdf.

Hilgert, J., Hoffmann, M., & Panse, A. (2015). *Einführung in mathematisches Denken und Arbeiten – Tutoriell und transparent.* Springer.

Hochmuth, R. (2020). Service-courses in university mathematics education. *Encyclopedia of Mathematics Education,* 770–774.

Hochmuth, R., & Peters, J. (2020). About the "mixture" of discourses in the use of mathematics in signal theory À propos du «mélange» de discours dans l'utilisation des mathématiques en théorie du signal. *Educação Matemática Pesquisa: Revista do Programa de Estudos Pós-Graduados em Educação Matemática, 22*(4), 454–471.

Hochmuth, R., & Peters, J. (im Druck). About two epistemological related aspects in mathematical practices of empirical sciences. In *Advances in the anthropological theory of the didactic and their consequences in curricula and in teacher education: Research in didactics at university level.* CRM Barcelona.

Hochmuth, R., & Schreiber, S. (2015). Conceptualizing societal aspects of mathematics in signal analysis. In S. Mukhopadhyay & B. Greer (Hrsg.), *Proceedings of the eighth international mathematics education and society conference* (Bd. 2, S. 610–622). Ooligan Press.

Hochmuth, R., Biehler, R., Schaper, N., Kuklinski, C., Lankeit, E., Leis, E., Liebendörfer, M., & Schürmann, M. (2018). *Wirkung und Gelingensbedingungen von Unterstützungsmaßnahmen für mathematikbezogenes Lernen in der Studieneingangsphase (Abschlussbericht).* Universität Hannover. https://doi.org/10.2314/KXP:1689534117.

Hochmuth, R., Liebendörfer, M., Biehler, R., & Eichler, A. (2020). Das Kompetenzzentrum Hochschuldidaktik Mathematik (khdm). *Neues Handbuch Hochschullehre, 95,* 117–138.

Hochmuth, R., Broley, L., & Nardi, E. (2021). Transitions to, across and beyond university. In V. Durand-Guerrier, R. Hochmuth, E. Nardi & C. Winsløw (Hrsg.), *Research and development in university mathematics education* (S. 191–215). Routledge. https://doi.org/10.4324/9780429346859.

Hoppenbrock, A., Schreiber, S., Göller, R., Biehler, R., Büchler, B., Hochmuth, R., & Rück, H.-G. (2013). *Mathematik im Übergang Schule/Hochschule und im ersten Studienjahr – Extended Abstracts zur 2. khdm-Arbeitstagung.* Universität Kassel. https://kobra.bibliothek.uni-kassel.de/handle/urn:Nbn:De:Hebis:34-2013081343293.

Hoppenbrock, A., Biehler, R., Hochmuth, R., & Rück, H.-G. (Hrsg.). (2016). *Lehren und Lernen von Mathematik in der Studieneingangsphase – Herausforderungen und Lösungsansätze.* Springer Spektrum.

Hoyles, C., Newman, K., & Noss, R. (2001). Changing patterns of transition from school to university mathematics. *International Journal of Mathematical Education in Science and Technology, 32*(6), 829–845. https://doi.org/10.1080/00207390110067635.

Kortemeyer, J. (2019). *Mathematische Kompetenzen in Ingenieur-Grundlagenfächern: Analysen zu exemplarischen Aufgaben aus dem ersten Jahr in der Elektrotechnik.* Springer Spektrum. https://doi.org/10.1007/978-3-658-25509-1.

Kosiol, T., Rach, S., & Ufer, S. (2019). (Which) mathematics interest is important for a successful transition to a university study program? *International Journal of Science and Mathematics Education, 17*(7), 1359–1380. https://doi.org/10.1007/s10763-018-9925-8.

Lawson, D., Grove, M., & Croft, T. (2019). The evolution of mathematics support: a literature review. *International Journal of Mathematical Education in Science and Technology.* https://doi.org/10.1080/0020739X.2019.1662120.

Liebendörfer, M. (2018). *Motivationsentwicklung im Mathematikstudium.* Springer Fachmedien. https://doi.org/10.1007/978-3-658-22507-0.

Liebendörfer, M., & Göller, R. (2016). Abschreiben – Ein Problem in mathematischen Lehrveranstaltungen? In W. Paravicini & J. Schnieder (Hrsg.), *Hanse-Kolloquium zur Hochschuldidaktik der Mathematik 2014 Beiträge zum gleichnamigen Symposium am 7. & 8. November 2014 an der Westfälischen Wilhelms-Universität Münster* (S. 119–141). WTM-Verlag für wissenschaftliche Texte und Medien.

Liston, M., & O'Donoghue, J. (2009). Factors influencing the transition to university service mathematics: Part 1 – A quantitative study. *Teaching Mathematics and its Applications, 28*(2), 77–87. https://doi.org/10.1093/teamat/hrp006.

Liston, M., & O'Donoghue, J. (2010). Factors influencing the transition to university service mathematics: Part 2 a qualitative study. *Teaching Mathematics and Its Applications, 29*(2), 53–68. https://doi.org/10.1093/teamat/hrq005.

Mason, J. (2002). *Mathematics teaching practice: Guide for university and college lecturers.* Horwood Pub. in Association with the Open University.

Ostsieker, L. (2020). *Lernumgebungen für Studierende zur Nacherfindung des Konvergenzbegriffs: Gestaltung und empirische Untersuchung.* Springer Fachmedien. https://doi.org/10.1007/978-3-658-27194-7.

Papula, L. (2015). *Mathematik für Ingenieure und Naturwissenschaftler – Anwendungsbeispiele.* Springer Fachmedien. https://doi.org/10.1007/978-3-658-10107-7.

Papula, L. (2018). *Mathematik für Ingenieure und Naturwissenschaftler: Ein Lehr- und Arbeits-buch für das Grundstudium. Band 1: Mit 643 Abbildungen, 500 Beispielen aus Naturwissen-schaft und Technik sowie 352 Übungsaufgaben mit ausführlichen Lösungen* (15., überarbeitete Aufl.). Springer Vieweg.

Rach, S. (2014). *Charakteristika von Lehr-Lern-Prozessen im Mathematikstudium: Bedingungs-faktoren für den Studienerfolg im ersten Semester.* Waxmann.

Rach, S., & Heinze, A. (2017). The transition from school to university in mathematics: Which influence do school-related variables have? *International Journal of Science and Mathematics Education, 15*(7), 1343–1363. https://doi.org/10.1007/s10763-016-9744-8.

Rach, S., & Ufer, S. (2020). Which prior mathematical knowledge is necessary for study success in the university study entrance phase? Results on a new model of knowledge levels based on a reanalysis of data from existing studies. *International Journal of Research in Undergraduate Mathematics Education.* https://doi.org/10.1007/s40753-020-00112-x.

Rooch, A., Kiss, C., & Härterich, J. (2014). Brauchen Ingenieure Mathematik? – Wie Praxisbezug die Ansichten über das Pflichtfach Mathematik verändert. In I. Bausch, R. Biehler, R. Bruder, P. R. Fischer, R. Hochmuth, W. Koepf, S. Schreiber, & T. Wassong (Hrsg.), *Mathematische Vor- und Brückenkurse: Konzepte, Probleme und Perspektiven* (S. 398–409). Springer Fachmedien. https://doi.org/10.1007/978-3-658-03065-0_27.

Schiefele, U., Krapp, A., Wild, K. P., & Winteler, A. (1993). Der „Fragebogen zum Studien-interesse" (FSI). *Diagnostica, 39*(4), 335–351.

Schnettler, T., Bobe, J., Scheunemann, A., Fries, S., & Grunschel, C. (2020). Is it still worth it? Applying expectancy-valuetheory to investigate the intraindividual motivational process of forming intentions to drop out from university. *Motivation andEmotion, 44*(4), 491–507. https://doi.org/10.1007/s11031-020-09822-w.

Schulmeister, R. (2014). Auf der Suche nach Determinanten des Studienerfolgs. In *Studienein-gangsphase in der Rechtswissenschaft* (S. 72–205). Nomos Verlagsgesellschaft.

Schürmann, M., Gildehaus, L., Liebendörfer, M., Schaper, N., Biehler, R., Hochmuth, R., Kuklinski, C., & Lankeit, E. (2020). Mathematics learning support centres in Germany – An overview. *Teaching Mathematics and its Applications, 40*(2), 99–113. https://doi.org/10.1093/teamat/hraa007.

Steinbauer, R., Süss-Stepancik, E., & Schichl, H. (2014). Einführung in das mathematische Arbeiten – Der Passage-Point an der Universität Wien. In I. Bausch, R. Biehler, R. Bruder, P. R. Fischer, R. Hochmuth, W. Koepf, S. Schreiber, & T. Wassong (Hrsg.), *Mathematische Vor- und Brückenkurse: Konzepte, Probleme und Perspektiven* (S. 410–423). Springer Fachmedien. https://doi.org/10.1007/978-3-658-03065-0_28.

Thumser-Dauth, K. (2007). *Evaluation hochschuldidaktischer Weiterbildung. Entwicklung, Bewertung und Umsetzung des 3P-Modells.* Kovac.

Watson, C., Seifert, A., & Schaper, N. (2015). Institutionelle Lerngelegenheiten und der Erwerb bildungswissenschaftlichen Wissens – Ergebnisse einer Studie zur Wirksamkeit der bildungs-wissenschaftlichen Studiengänge bei Bachelorstudierenden. *Lehrerbildung auf dem Prüfstand, 8*(2), 135–164.

Westermann, R., Elke, H., Spies, K., & Trautwein, U. (1996). Identifikation und Erfassung von Komponenten der Studienzufriedenheit. [Identifying and assessing components of student satisfaction.]. *Psychologie in Erziehung und Unterricht, 43*(1), 1–22.

Wildt, J. (2006). Ein hochschuldidaktischer Blick auf Lehren und Lernen. Eine kurze Einführung in die Hochschuldidaktik. In B. Behrendt, J. Wildt & B. Sczcyrba (Hrsg.), *Neues Handbuch Hochschullehre (Griffnummer 2 00 06 01).* Josef Raabe.

Winteler, A. (2004). *Professionell lehren und lernen: Ein Praxisbuch.* Wissenschaftliche Buchgesellschaft.

Wolf, P. (2017). *Anwendungsorientierte Aufgaben für Mathematikveranstaltungen der Ingenieurstudiengänge – Konzeptgeleitete Entwicklung und Erprobung am Beispiel des Maschinenbaustudiengangs im ersten Studienjahr.* Springer Spektrum. https://doi.org/10.1007/978-3-658-17772-0.

Wolf, P., & Biehler, R. (2016). *Anwendungsorientierte Aufgaben für die Erstsemester-Mathematik-Veranstaltungen im Maschinenbaustudium (V.2). khdm-Report: Nr. 04-16.* Quelle: http://nbn-resolving.de/urn:Nbn:De:Hebis:34-2016010549550.

Ein Rahmenmodell für hochschuldidaktische Maßnahmen in der Mathematik

2

Michael Liebendörfer, Reinhard Hochmuth, Rolf Biehler, Niclas Schaper, Christiane Büdenbender-Kuklinski, Elisa Lankeit, Johanna Ruge und Mirko Schürmann

Zusammenfassung

In diesem Kapitel wird das Rahmenmodell für hochschuldidaktische Maßnahmen in der Mathematik vorgestellt, das im WiGeMath-Projekt zunächst entwickelt und dann als Grundlage für die weitere Beforschung der im Projekt beteiligten Maßnahmen genutzt wurde. Nach einer Skizzierung des theoretischen Hintergrunds,

M. Liebendörfer (✉)
Institut für Mathematik, Universität Paderborn, Paderborn, Nordrhein-Westfalen, Deutschland
E-Mail: michael.liebendoerfer@math.upb.de

R. Hochmuth
Institut für Didaktik der Mathematik und Physik, Leibniz Universität Hannover, Hannover, Niedersachsen, Deutschland
E-Mail: hochmuth@idmp.uni-hannover.de

R. Biehler
Institut für Mathematik, Universität Paderborn, Paderborn, Nordrhein-Westfalen, Deutschland
E-Mail: biehler@math.upb.de

N. Schaper
Institut für Humanwissenschaften, Universität Paderborn, Paderborn, Nordrhein-Westfalen, Deutschland
E-Mail: niclas.schaper@upb.de

C. Büdenbender-Kuklinski
Hannover, Lower Saxony, Deutschland
E-Mail: kuklinski@idmp.uni-hannover.de

R. Hochmuth et al. (Hrsg.), *Unterstützungsmaßnahmen in mathematikbezogenen Studiengängen*, Konzepte und Studien zur Hochschuldidaktik und Lehrerbildung Mathematik, https://doi.org/10.1007/978-3-662-64833-9_2

auf der die Rahmenmodellierung beruht, wird das Vorgehen bei der Erarbeitung des Modells dargestellt. Anschließend werden die Kategorien des Rahmenmodells eingehender beschrieben. Abschließend wird die Verwendung des Rahmenmodells diskutiert. Das Rahmenmodell wurde im Laufe des Projekts mehrfach angepasst. Gegenüber Vorversionen (z. B. Liebendörfer et al., 2017) unterscheidet sich das hier dargestellte Rahmenmodell daher in der Benennung und Systematik mancher Kategorien.

2.1 Grundlagen der Rahmenmodellierung

2.1.1 Ziele für ein Rahmenmodell

Zentraler Ausgangspunkt für die Entwicklung des WiGeMath-Rahmenmodells waren fehlende theoretische Konzeptionen zur Evaluation oder hypothesengeleiteten Beforschung von mathematikbezogenen Unterstützungsmaßnahmen. Es mangelte somit an einem konsentierten Bezugsrahmen, in dem sich die einzelnen Unterstützungsmaßnahmen geeignet einordnen und auf dieser Grundlage standortübergreifend beforschen ließen. Vor diesem Hintergrund war es u. E. daher erforderlich, ein übergreifendes Rahmenmodell für mathematische Unterstützungsmaßen zu entwerfen, das einen allgemeinen Rahmen für die theoriegeleitete Rekonstruktion bzw. systematische Beschreibung solcher Maßnahmen bietet. Dieses Modell muss für die verschiedenen Aspekte der mathematischen Unterstützungsmaßnahmen jeweils Beschreibungskategorien in einer strukturierten Form anbieten. Hierzu sollte somit eine hierarchisch strukturierte Liste solcher Beschreibungskategorien generiert werden, die eine differenzierte Analyse und Charakterisierung wichtiger konzeptioneller und evaluationsrelevanter Elemente der Unterstützungsmaßnahmen erlaubt.

Zur Entwicklung des Rahmenmodells bzw. zur Herleitung der Beschreibungskategorien wurde der programmtheoretische Evaluationsansatz nach Chen (1990,

E. Lankeit
Institut für Mathematik, Universität Paderborn, Paderborn, Nordrhein-Westfalen, Deutschland
E-Mail: elankeit@math.upb.de

J. Ruge
Hamburger Zentrum für Universitäres Lehren und Lernen (HUL), Universität Hamburg, Hamburg, Deutschland
E-Mail: johanna.ruge@uni-hamburg.de

M. Schürmann
Institut für Humanwissenschaften, Universität Paderborn, Paderborn, Nordrhein-Westfalen, Deutschland
E-Mail: mirko.schuermann@upb.de

2012; vgl. auch Thumser-Dauth, 2007) herangezogen. Dieser Ansatz empfiehlt als Teil der Evaluation und Voraussetzung für wirkungsbezogene Evaluationsmaßnahmen zunächst eine umfassende Beschreibung der Interventionsmaßnahme aus Sicht der Beteiligten. Demgemäß sollte sie in einem ersten Schritt hinsichtlich ihrer Ziele, Gestaltungsmerkmale und Rahmenbedingungen charakterisiert werden, um hierauf weitere Evaluationsschritte aufzubauen. In diesem Zusammenhang wurden vor allem die Wahrnehmung und Bewertung der im Kontext der Maßnahmen umgesetzten Ziele, der didaktischen und organisatorischen Gestaltungsaspekte aus der Sicht sowohl der Lehrenden als auch der Studierenden und eine Bewertung des subjektiven Nutzens der Maßnahmen ebenfalls aus beiden Perspektiven ermittelt und untersucht. Zudem sollten anhand des Rahmenmodells auch die Effektivität bzw. Wirksamkeit der Unterstützungsmaßnahmen bzw. Maßnahmetypen analysiert werden. Hierbei standen vor allem Fragen im Vordergrund, wie sich verschiedene Unterstützungsmaßnahmen bzw. Maßnahmetypen auf die Entwicklung von kognitiven, affektiven und motivationalen Variablen auswirken. Abschließend sollte auch untersucht werden, wie sich mathematik-bezogene Unterstützungsmaßnahmen generell, d. h. Maßnahmetyp übergreifend auf die Studierenden auswirken. Die letzteren beiden Aspekte erforderten somit auch die Ableitung von Modellen für eine wirkungsbezogene Evaluation auf einer Maßnahmetyp bezogenen und einer Maßnametyp übergreifenden bzw. generalisierten Ebene.

Folglich wurde im Kontext des WiGeMath-Projekts der programmtheoretische Ansatz abgewandelt, indem nicht einzelne Interventionsmaßnahmen im Zentrum solcher Interventionsanalysen standen. Vielmehr sollte ein übergreifendes Rahmenmodell mit relativ generischen Beschreibungskategorien entwickelt werden, anhand dem die einzelnen mathematischen Unterstützungsmaßnahmen systematisch hinsichtlich Zielsetzungen, Gestaltungsmerkmalen und Rahmenbedingungen analysiert und charakterisiert werden können. Die einzelnen Programmtheorien sollten sich also im Rahmenmodell abbilden lassen (vgl. Abb. 2.1).

Das Rahmenmodell war damit die zentrale Grundlage für die Konzeption von Evaluationsansätzen insbesondere für mathematikbezogene Unterstützungsmaßnahmen. D. h. auf der Grundlage des Rahmenmodells wurden die relevanten Variablen identifiziert, die einerseits für die Evaluation der Umsetzung und Qualität der Gestaltungsaspekte und andererseits zur Evaluation der Maßnahmewirkungen unter Berücksichtigung relevanter Einflussfaktoren der Maßnahmen herangezogen wurden.

Zunächst standen diese evaluationsmethodischen Aspekte bzw. Zwecke im Vordergrund. Die weitere Ausarbeitung und intensive Beschäftigung mit dem Rahmenmodell nicht nur im engeren Kreis des Forschungsteams, sondern auch zusammen mit den assoziierten Projektpartnern verdeutlichte aber, dass das Rahmenmodell auch weitere Aspekte bzw. Zwecke wirkungsvoll unterstützt. Unter anderem diente es zum Vergleich der standortspezifischen Gestaltungsansätze eines Maßnahmetyps – insbesondere um deren Unterschiedlichkeiten und Gemeinsamkeiten herauszuarbeiten und damit auch um

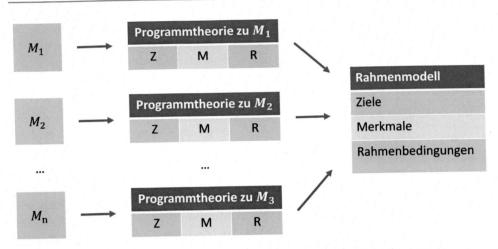

Abb. 2.1 Schematische Darstellung des Vorhabens, aus einzelnen Maßnahmen M_i Programmtheorien zu erarbeiten, die zu einem Rahmenmodell integriert werden

unterschiedliche Wirkungen unter Berücksichtigung der unterschiedlichen Gestaltungsaspekte, besonders aber unterschiedlicher Rahmenbedingungen erklären zu können. Schließlich zeigte sich auch, dass das Rahmenmodell als konzeptionelles Tool geeignet ist, um Anwender bei der Neugestaltung von Unterstützungsmaßnahmen zu orientieren, aber auch um einen Transfer von spezifischen Gestaltungsansätzen auf einen anderen Anwendungskontext und darüber hinaus die selbstkritische Reflexion des eigenen Gestaltungsansatzes bei standortspezifischen Maßnahmen zu unterstützen. Insbesondere im Rahmen der Transferprojektphase standen diese Funktionen des Rahmenmodells in Form des Transfers, der Selbstreflexion und der Orientierung bei einer Neugestaltung im Vordergrund.

Vor dem Hintergrund dieser Ziele bzw. Verwendungszwecke ergeben sich ergänzende Anforderungen an ein übergreifendes Rahmenmodell. So sollen die gefundenen Beschreibungskategorien einerseits umfassend und andererseits Maßnahmen übergreifend relevant sein. Hier ist z. B. abzuwägen, inwieweit Kategorien in das Rahmenmodell aufgenommen werden, die zunächst nur für einzelne Maßnahmen von Bedeutung scheinen. Zudem müssen alle Kategorien im Rahmenmodell aus den Beschreibungen der einzelnen Maßnahmen abstrahiert und dabei vereinheitlicht werden. Vergleiche von Maßnahmen und übergreifende Wirkmodelle sollten auf einheitlichen Begriffen fußen, die daher etwas an unmittelbarer Nähe zur jeweiligen Maßnahme einbüßen können. Diese Kategorien sollen außerdem möglichst anschlussfähig an die bestehende Literatur sein, sodass auch in Bezug auf diesen Aspekt eine Vereinheitlichung und Verwendung von konsistenten Begriffen anzustreben ist.

2.1.2 Der programmtheoretische Ansatz

Zur Herleitung der Beschreibungskategorien wurde der programmtheoretische Evaluationsansatz herangezogen. Chen (1990, 2012), der diesen *Ansatz einer theoriegeleiteten Evaluation* entwickelt hat, weist darauf hin, dass rein methoden- und wirkungsorientierte Evaluationsansätze zwar das Erreichen von Zielen und Interventionsergebnissen betrachten, dabei jedoch oftmals nicht sensibel für den organisationalen Kontext und seine Einflussfaktoren sind, die (vollständige) theoretische Basis einer Intervention vernachlässigen und die Wirkmechanismen oder Kausalitäten hinter den beobachteten Effekten nicht erforschen. Sein *konzeptueller Ansatz der Programmtheorie* soll daher einen Orientierungsrahmen für ganzheitliche Evaluationen von Interventionen liefern, in denen auch untersucht wird, wie ein bestimmtes Interventionsprogramm unter welchen Rahmenbedingungen konzipiert und umgesetzt wurde.

Chen (1990) nimmt in seiner 'Theory-driven Evaluation' (theoriegesteuerte Evaluation) an, dass sechs Domänen von Programmtheorien beschrieben werden können, die für eine ganzheitliche und umfassende Evaluation von Interventionsansätzen zu berücksichtigen sind. Die ersten drei Theoriedomänen sind sog. *normative Theorien,* das heißt in ihnen wird die Struktur des Programms bzw. die Gestaltung des Interventionsansatzes, wie sie sein soll, und seiner Rahmenbedingungen, wie sie (zunächst) angenommen werden, beschrieben. In der ersten Domäne wird die *Theorie über die Ergebnisse* beschrieben, d. h. welche Ziele mit dem Programm verfolgt werden. In der zweiten Domäne wird die *Verfahrenstheorie* entwickelt bzw. erarbeitet. Diese bezieht sich darauf, wie die Interventionsmaßnahme gestaltet sein soll (z. B. durchzuführende Aktivitäten, einzusetzende Materialien). In der dritten Domäne, der *Theorie über die Implementierungsumgebung,* wird schließlich beschrieben, unter welchen Rahmenbedingungen das Programm zu realisieren ist (z. B. Zusammensetzung der Teilnehmer, Kompetenzen der Programmdurchführenden). Weitere drei Theoriedomänen beziehen sich nach Chen auf die kausalen Zusammenhänge zwischen Input und Output des Programms (s. a. Kap. 3). Diese Domänen standen bei der Ausarbeitung des Rahmenmodells als konzeptionelle Grundlage nicht im Fokus. Angemerkt sei an dieser Stelle, dass sich hier eine begriffliche Uneindeutigkeit im Ansatz von Chen (1990) ergibt: Der Begriff ‚Programmtheorie' wird sowohl für den Ansatz der theoriegeleiteten Evaluation als gesamtheitlicher methodischer Ansatz verwendet. Er wird aber auch für die Charakterisierung der jeweiligen Theorien in Bezug auf die zu evaluierenden Interventionsmaßnahmen genutzt – auch diese werden als Programmtheorien bezeichnet. Im Folgenden wird daher von der allgemeinen Programmtheorie gesprochen, wenn auf den gesamten methodischen Ansatz der theoriegeleiteten Evaluation Bezug genommen wird, und von (einer) maßnahmespezifischen Programmtheorie(n), wenn Bezug genommen wird auf die verschiedenen Theorien zur Charakterisierung der interventionsspezifischen Variablenzusammenhänge.

Im Folgenden sollen die drei normativen Theoriedomänen des Chen'schen Evaluationsansatzes konkreter charakterisiert werden, da sie eine wesentliche konzeptionelle Grundlage für die Strukturierung und Ausarbeitung des Rahmenmodells waren.

Bei der ‚Theorie über die Ergebnisse' steht eine (normative) Evaluation der Ziele im Vordergrund. Hierbei werden sowohl die in der Programmbeschreibung erwünschten bzw. intendierten Ergebnisse, die das Programm erzielen soll (normative Ziele), zum Gegenstand der Evaluation gemacht, wie auch die möglicherweise von den Programmentwicklern (zunächst) nicht intendierten, aber aktuell auftretenden oder durch andere Interessensgruppen verfolgten Ergebnisse des Programms. Haben verschiedene Interessensgruppen, wie zum Beispiel Initiator*innen, Kostenträger*innen oder Teilnehmende unterschiedliche Ziele, wäre eine Evaluation nur eingeschränkt aussagekräftig, wenn die von den Programmentwickelnden intendierten Ziele zwar erreicht werden, andere Interessensgruppen aber eigentlich andere Ziele angestrebt haben.

Bei der ‚Verfahrenstheorie' steht eine (normative) Evaluation des Verfahrens, d. h. der Programmaktivitäten und Materialien, die den Teilnehmenden angeboten und bereitgestellt werden, im Mittelpunkt. Dabei geht es u. A. um die Übereinstimmung beziehungsweise die Diskrepanz zwischen dem unter normativen und theoretischen Gesichtspunkten konzipiertem Interventionsansatz und den tatsächlich implementierten Maßnahmen bzw. Interventionsansatz. Unter dem ‚normativen Verfahren' versteht man die in der Programmkonzeption festgeschriebene spezifische Programmtheorie über das Verfahren, während das ‚implementierte Verfahren' das aktuell umgesetzte Programm ist. Diskrepanzen zwischen dem normativen und dem implementierten Verfahren sind nicht unüblich, da die Implementierung von sozialen Interventionsprogrammen oftmals kompliziert und schwierig ist.

Bei der ‚Theorie über die Implementierungsumgebung' fokussiert die allgemeine Programmtheorie von Chen (1990) auf eine Bewertung der aktuellen Rahmenbedingungen, wobei u. A. auch Bezug genommen wird auf die Differenzen zu den in der spezifischen Programmtheorie über die Implementierungsumgebungen angenommenen Bedingungen, unter denen das Programm umzusetzen ist. Ohne diese Art der Evaluation wäre es unklar, unter welchen Bedingungen die Evaluationsergebnisse entstehen und wie ggf. bestimmte Effekte zu interpretieren sind. Informationen über die Implementierungsbedingungen können somit helfen, die Ergebnisse einer Evaluation der Effekte zu interpretieren und Hinweise auf die Generalisierbarkeit der Ergebnisse geben. In Bezug auf diesen Bereich der normativen Evaluation wird von der allgemeinen Programmtheorie empfohlen auf folgende Aspekte Bezug zu nehmen:

- Teilnehmende der Intervention (wobei neben soziodemographischen Aspekten auch die Einstellungen zu Themen, die für die Programmdurchführung relevant sind, sowie die Motivation der Teilnehmenden, am Programm teilzunehmen, deren sozialer Hintergrund oder Bildungshintergrund sowie deren Akzeptanz der Interventionsmaßnahmen zu ermitteln sind),
- Programmdurchführende (bei dieser Gruppe sind neben deren Qualifikationen und Fähigkeiten auch die Motivation für die Durchführung der Maßnahme oder die Einstellung zu Themen, auf die sich das Programm bezieht, von Bedeutung),

- Rahmen, in dem die Programminhalte vermittelt werden (darunter sind Gruppengröße, die Veranstaltungszeit, der Veranstaltungsort und die Hilfsmittel für den Unterricht, aber auch das soziale Klima in der Gruppe zu fassen),
- die Organisation, d. h. die Strukturen und Prozesse, die nötig sind, um das Programm umzusetzen (z. B. strukturelle und personelle Ressourcen oder Technik),
- sowie möglich programmrelevante interorganisationale Beziehungen (z. B. zwischen Programmdurchführenden und der Organisationsleitung).

2.1.3 Ausweitung des Ansatzes für die Rahmenmodellierung

Die allgemeine Programmtheorie nach Chen (1990) dient der Evaluation einer einzelnen Maßnahme. Das angestrebte Rahmenmodell sollte dagegen einen übergeordneten Orientierungsrahmen liefern, der bei der Erhebung und beim Vergleich solcher maßnahmespezifischen Programmtheorien hilfreich ist. Das Rahmenmodell muss dafür Kategorien und Ausprägungen enthalten, mit denen sich die jeweiligen Programmtheorien der einzelnen Maßnahmen beschreiben lassen, dabei aber auch über die Maßnahmen hinweg vereinheitlichte Begriffe nutzen. Diese Begriffe sollten sowohl für praktisch Handelnde nutzbar als auch anschlussfähig an wissenschaftliche Konzepte/Theorien aus der Mathematikdidaktik und z. B. auch der Psychologie sein. Zudem galt es, eine Balance zwischen Reichweite und Präzision einerseits und Übersichtlichkeit andererseits zu finden. Dabei war nicht nur zu berücksichtigen, welche Relevanz die Kategorien für die jeweiligen Maßnahmen haben, sondern auch, inwieweit sie für den Vergleich zwischen Maßnahmen von Bedeutung sind. Mit Blick auf den letzten Aspekt können bei einer vergleichenden Betrachtung von Maßnahmen sogar Kategorien relevant erscheinen, die aus der Perspektive einzelner Maßnahmen nicht bedeutsam sind.

Die Erarbeitung und Formulierung des Rahmenmodells kann daher methodisch auf der Erhebung einzelner maßnahmespezifischer Programmtheorien aufbauen, erfordert aber ergänzende Arbeitsschritte zur Zusammenführung, Auswahl und Vereinheitlichung der Kategorien. Vor diesem Hintergrund wird im Folgenden beschrieben, wie das Rahmenmodell erarbeitet, ausgestaltet und eingesetzt wurde.

2.2 Erarbeitung eines Rahmenmodells

2.2.1 Methodologische Vorüberlegungen

Die Erarbeitung des Rahmenmodells fand auf zwei korrespondierenden Ebenen statt. Auf der untergeordneten Ebene wurden in enger Orientierung an Chen (1990) spezifische Programmtheorien einzelner Maßnahmen erhoben. Auf der übergeordneten Ebene wurde darüber hinaus und mit Bezugnahme auf die untergeordnete Ebene das Rahmenmodell als kategorialer Orientierungsrahmen für die Evaluation der mathematischen Unterstützungsmaßnahmen erarbeitet.

Die Erarbeitung der Programmtheorien einzelner Maßnahmen auf der unter-geordneten Ebene erfolgte empirisch und kann nach Chen (1990) vielfältige Quellen einbeziehen. Zur Erhebung der Ziele können z. B. neben der Auswertung von Dokumenten zu den Zielen eines Interventionsansatzes auch mündliche oder schriftliche Befragungen bei unterschiedlichen Beteiligten der Maßnahme durchgeführt werden. Die sog. ‚normative Verfahrenstheorie' wird in der Regel anhand von einschlägigen Dokumenten zur Konzeption der Maßnahmen abgeleitet und formuliert. Zur Erhebung der ‚normativen Theorie der Implementierungsumgebung' müssen zunächst die zentralen Dimensionen der Implementierung festgelegt werden. In Bezug auf eine Beschreibung der Rahmenbedingungen kann auf eine Vielfalt von unterschiedlichen Aspekten Bezug genommen werden. Die Auswahl entsprechender Beschreibungskategorien zur Charakterisierung der Rahmenbedingungen hängt daher stark von der Natur des Programms und den Merkmalen und Bedürfnissen der beteiligten Interessensgruppen ab.

Die übergeordnete Erarbeitung des Rahmenmodells erfolgte durch eine Synthese der einzelnen maßnahmespezifischen Programmtheorien. Dabei wurden Elemente der Programmtheorien, denen für das Rahmenmodell vor dem Hintergrund der in Kap. 1 beschriebenen Übergangsproblematik eine gewisse Relevanz zugesprochen wird, zunächst ausgewählt und gruppiert. Aus ihnen wurden dann in abstrahierter Form Kategorien gewonnen, sodass einzelne Theorieelemente der maßnahmespezifischen Programmtheorien sich als Ausprägungen entsprechender Kategorien wiederfinden. Diese Formulierung von abstrahierten Kategorien sollte zudem in einer an die Literatur anschlussfähigen Form stattfinden. Die Relevanz für und Passung der abstrakten Kate-gorien zu den Elementen der jeweiligen Programmtheorie (zumindest zu einem gewissen Grad) können mithilfe der Projektbeteiligten kommunikativ validiert werden. Die Anschlussfähigkeit an die Literatur kann in Fachcommunities diskutiert werden. Daher schien ein Vorgehen sinnvoll, bei dem die maßnahmespezifischen Programmtheorien und das Rahmenmodell im Rahmen einer Vorstellung und Diskussion der Ansätze in einer Fachcommunity wechselweise ausgearbeitet werden und abgeschlossen werden. Das Vorgehen lässt sich grob in drei Phasen gliedern, die im Weiteren beschrieben werden:

1. Die Erstellung eines ersten Rahmenmodells auf Basis theoretischer Überlegungen sowie mithilfe von Dokumentenanalysen und Interviews mit Projektpartnern
2. Die kommunikative Validierung des Rahmenmodells in Workshops mit den Projekt-partnern und durch vollständige Verortung von Maßnahmen im Rahmenmodell auf Basis von Interviews mit Projektpartnern
3. Die Vorstellung und Diskussion des Rahmenmodells vor der Fachöffentlichkeit

Diese Phasen sind in Abb. 2.2 dargestellt. Ausgehend von den Maßnahmen M_1 bis M_n wurden im ersten Schritt jeweilige Programmtheorien erarbeitet und sodann zu einem Rahmenmodell integriert. Dieses Modell wurde kommunikativ validiert, was sowohl eine Darstellung des Modells gegenüber den Beteiligten der Maßnahmen als auch Modi-fikationen am Modell aufgrund ihrer Rückmeldungen umfasst (Schritt 2). Vergleichbar wurde in Schritt 3 das Modell der Fachöffentlichkeit präsentiert, die ebenfalls Rückmeldungen gab, die prinzipiell zu Veränderungen am Modell hätten führen können. Ein strikt lineares Vorgehen war damit aber nicht geplant, weil alle Phasen zu Veränderungen des Rahmenmodells beitragen können, die z. B. die Zusammenführung der Programmtheorien modifizieren könnten.

2.2.2   Methodisches Vorgehen

In einem ersten Schritt wurde ausgehend von theoretischen und modellhaften Beschreibungen von hochschulischen Lehr- und Lernaktivitäten (z. B. Wildt, 2006 oder Winteler, 2004) ein erstes Beschreibungsraster für die Unterstützungsmaßnahmen entwickelt. Dabei wurden neben Merkmalen der Unterstützungsangebote und deren Rahmenbedingungen nicht nur Wirkungsvariablen aufgenommen, die selbständige Ziele der Unterstützungsmaßnahmen darstellen, sondern auch solche, die zur Aufklärung von Wirkungsketten dienen können (z. B. Lernstrategien oder Selbstwirksamkeitserfahrung). In diesem Sinne wurden auch Variablen aufgenommen, die die Lernaktivitäten im Rahmen der Maßnahmen beschreiben (z. B. zeitlicher Umfang).

Parallel zu diesem deduktiven Vorgehen wurden induktiv Ansatzpunkte für Kategorien anhand konzeptioneller Beschreibungen ausgewählter mathematischer Unterstützungsmaßnahmen gewonnen. Als erster Schritt wurde eine fallbezogene, qualitative Analyse von Dokumenten durchgeführt (Döring & Bortz, 2016, Abschn. 10.6). Sofern Dokumente zu den Maßnahmen existierten, wurden diese zunächst gesichtet und Inhalte entsprechend dem Ansatz von Chen (1990) den Zielen, der Durchführung und den Rahmenbedingungen der Maßnahmen zugeordnet. Weiter wurden die als relevant für das Modell eingeschätzten Informationen extrahiert. Dabei wurde „Relevanz" vergleichsweise weit gefasst (z. B. die Erfassung des Umgangs mit Indexverschiebungen als eine mathematische Grundtechnik unter den Zielen der Maßnahme), weil für das Rahmenmodell in weiteren Arbeitsschritten ohnehin von konkreten Maßnahmebeschreibungen abstrahiert werden sollte. Die herangezogenen Dokumente waren vielfältig und umfassten z. B. Informationsmaterialien für Studierende, Beschreibungen und Informationen zur Maßnahme auf Homepages der Partner, Studienordnungen und Modulbeschreibungen, Antragsdokumente, Lernmaterialien oder wissenschaftlichen Publikationen. Die Maßnahmen waren unterschiedlich detailliert dokumentiert, sodass nur exemplarische Analysen von solchen Maßnahmen vorgenommen wurden, die bereits besser dokumentiert waren.

Im Kontext dieses Schrittes wurden die Grenzen einer Dokumentenanalyse sichtbar. Dokumente über solche Unterstützungsmaßnahmen sind nicht immer erhältlich, oft unvollständig, man kann sie nicht tiefergehend befragen und vor allem sind sie in einem spezifischen sozialen Kontext für einen gewissen Zweck entstanden, der meist nicht auf eine systematische Beschreibung des Lehr-/Lerndesigns gerichtet ist (vgl. Bowen, 2009; Prior, 2016). Für den Entwurf des Rahmenmodells sind die resultierenden Einschränkungen aber insofern gering, da zunächst nur Kategorien entwickelt werden

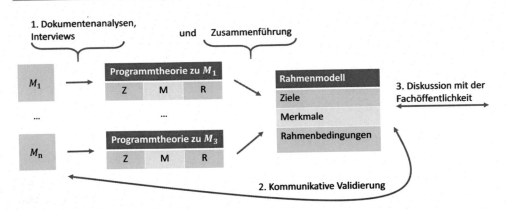

Abb. 2.2 Schematische Darstellung der Phasen zur Erarbeitung des Rahmenmodells

mussten, anhand denen sich Maßnahmen generell beschreiben lassen. Inwieweit die Beschreibungen der Unterstützungsmaßnahmen auch zutreffend und aktuell sind oder nur für gewisse Zwecke formuliert wurden (z. B. Werbung von Studierenden oder Kommunikation von Forschung), war daher zweitrangig. Erheblich war dagegen die Einschränkung, dass die vorhandenen Dokumente die Maßnahmen oft nur sehr grob beschrieben haben. Dies betrifft sowohl die Frage, welche Aspekte überhaupt genannt wurden, als auch die Präzision, mit der diese Aspekte ausgeführt wurden. Vor diesem Hintergrund wurde festgelegt, dass auch Ziele, Vorgehensweisen, etc. aufgegriffen werden sollten, die aus den Dokumenten nur indirekt erschlossen werden konnten, d. h. nicht explizit als solche genannt wurden. Zudem wurden Aspekte, die in den Dokumenten als Ziele der Maßnahmen genannt wurden, teilweise unter anderen Kategorien erfasst, wenn sie aus Sicht des Projektteams z. B. eher Verfahrensaspekte beschrieben.

Der deduktive und induktive Ansatz zur Kategorienableitung wurde anschließend zusammengeführt. Oftmals konnten Elemente der maßnahmespezifischen Programmtheorien, die mithilfe des induktiven Ansatz identifiziert wurden, als spezifische Ausprägungen bereits vorhandener, Kategorien im deduktiv gewonnenen Modell eingeordnet werden, die dann zur Ausdifferenzierung oder Ergänzung der deduktiven Kategorie genutzt wurden. Dabei wurde deutlich, dass verschiedene Maßnahmetypen den Kategorien unterschiedliche Bedeutung zumessen. Beispielsweise ist das Vorwissen der Studierenden für Vorkurse und Brückenvorlesungen eine bedeutende Kategorie im Zusammenhang mit den Rahmenbedingungen. Bei einzelnen Lernzentren war es auch bedeutsam das Vorwissen der Studierenden bei der Maßnahmenkonzeption zu berücksichtigen. Grundsätzlich sind Lernzentren aber auf eine leistungsheterogene Zielgruppe von Studierenden ausgerichtet, sodass das Vorwissen in entsprechenden Beschreibungen dieser Maßnahmen keine bedeutsame Kategorie ist.

2.2.3   Aufstellung eines ersten Rahmenmodells

Eine erste empirische Erprobung und Umsetzung des Rahmenmodells erfolgte durch insgesamt zehn maßnahmenspezifische Interviews mit Verantwortlichen verschiedener mathematischer Unterstützungsmaßnahmen. Diese leitfadengestützten Experteninterviews (Helfferich, 2014) wurden teils in face-to-face Situationen, teils auch telefonisch erhoben, überwiegend per Audiomitschnitt dokumentiert und transkribiert. Der Leitfaden startete zunächst mit der offenen Frage nach relevanten Beschreibungen oder Veränderungen der Unterstützungsmaßname in jüngerer Zeit vor; dann folgte eine Erörterung der Maßnahme entlang der Haupt- und Unterkategorien des provisorischen Rahmenmodells und abschließend eine offene Nachfrage in Bezug auf ergänzende Aspekte. Dabei konnten die offenen Punkte aus der Dokumentenanalyse oftmals durch Nachfragen und gemeinsame Erörterungen ausgeglichen werden. Die Auswertung folgte einer theoriegeleiteten Inhaltsanalyse mit dem Ziel, die vorhandene Kategorienstruktur des Rahmenmodellentwurfs zu überprüfen und ggf. zu modifizieren oder zu ergänzen, sodass alle aus Sicht der Interviewten und Forschenden relevanten Ziele, Vorgehensweisen und Rahmenbedingungen der untersuchten Unterstützungsmaßnahmen im Rahmenmodell verortet werden konnten. Infolge entstanden in einem Zwischenschritt drei spezifische Rahmenmodelle für Vorkurse, Lernzentren und Brückenvorlesungen, anhand denen die standortspezifischen Unterstützungsmaßnahmen verortet werden konnten. Diese jeweils spezifisch ausdifferenzierten Modelle wurden dann wieder zusammengefasst, wobei Abwägungen nötig waren, welcher Detailgrad für ein übergreifendes Rahmenmodell adäquat ist. Zudem wurde sowohl bei der Ausarbeitung maßnahmetypspezifischer Modelle als auch bei deren Integration in ein Gesamtmodell versucht, den im ersten, deduktiven Arbeitsschritt bereits hergestellten Anschluss an bekannte Konzepte aus der Mathematikdidaktik, Psychologie oder ähnlichen Disziplinen zu erhalten.

Im Kontext dieses Zwischenschritts wurde sowohl bei der Dokumentenanalyse als auch bei den Interviews deutlich, dass ein Schwerpunkt der jeweiligen Konzeptionsbeschreibungen auf der Darstellung bzw. Explikation der Verfahrenstheorie liegt. Hierzu fanden sich stets Beschreibungen zur Gestaltung der Maßnahmendurchführung, die oftmals auch ausführlich und detailliert waren. Ziele und Rahmenbedingungen wurden hingegen nicht immer explizit angegeben bzw. beschrieben. Dies mag unterschiedliche Gründe haben. Die Zielsetzungen der Maßnahmen wurden oftmals eher implizit deutlich, d. h. sie wurden nicht immer explizit dokumentiert und konsentiert. Beispielsweise war für Vorkurse klar, dass angehende Studierende fachlich auf das Studium vorbereitet werden sollten, was sich z. B. aus Skripten oder Übersichten zu behandelten Themen klar rekonstruieren ließ. Eine explizite Dokumentation entsprechender Zielsetzungen schien allerdings seitens der Maßnahmen in vielen Fällen verzichtbar, weil die Rolle von Vorkursen selbstverständlich schien. Jedoch zeigte sich bei genauerer Betrachtung eine große Varianz bei der Maßnahmenausrichtung, etwa bezüglich der Ausrichtung auf die wiederholende Behandlung von Schulmathematik oder die propädeutische Behandlung von Hochschulmathematik oder auch bezüglich möglicher Nebenziele wie der Förderung einer Lerngruppenbildung oder in Bezug auf das Erlernen von Lern- und Problemlösestrategien. Solche impliziten Ziele konnten bei allen Maßnahmetypen mehr oder weniger deutlich aus der entsprechenden Verfahrensbeschreibung abgeleitet werden, wobei nicht immer trennscharf zu klären war, inwieweit die Ziele hier der Maßnahme oder einzelnen Lehrenden zuzuordnen sind. Für die theoriegeleitete Evaluation nach Chen (1990) sind solche Ziele von Maßnahmen jedenfalls differenziert zu ermitteln; auch für das Rahmenmodell ist dieser Kategorienbereich in hohem Maße relevant. Anders war die Lage bei der Beschreibung von maßnahmespezifischen Rahmen-bedingungen: Hier wurden oftmals nur solche Punkte benannt oder beschrieben, die je nach Standort als besonders erwähnenswert erachtet wurden. In den Interviews wurden daher gezielt bestimmte Rahmenbedingungsaspekte mit Bezug auf andere Maßnahmen dieses Typs angesprochen, um über den Vergleich mit anderen Maßnahmen herauszu-arbeiten, welche Unterschiede in den Rahmenbedingungen das unterschiedliche Vor-gehen jeweils begünstigen oder erklären.

2.2.4   Kommunikative Validierung durch Expertenworkshops und Interviews

In einem dritten Schritt wurde das Rahmenmodell im Rahmen eines Expertenwork-shops mit WiGeMath-Partnern validiert bzw. weiterentwickelt. Nach einer Vor-stellung des allgemeinen Rahmenmodells in der damaligen Fassung wurden in maßnahmentypspezifischen Arbeitsgruppen Ergebnisse zur Spezifizierung des Rahmen-modells unter Berücksichtigung der maßnahmespezifischen Besonderheiten präsentiert und zur weiteren Verfeinerung und Optimierung der Modellkategorien diskutiert. Dabei zeigte sich, dass das zu dem Zeitpunkt vorliegende Modell nebst Glossar noch nicht aus-reichend zur Maßnahmebeschreibung ausgearbeitet war – beispielsweise, weil Begriffe nicht hinreichend verständlich waren. Zudem wurde von den Teilnehmenden für jede Kategorie des Rahmenmodells auf einer Skala (1–4) eingeschätzt, wie relevant diese Kategorie zur Beschreibung ihres Maßnahmetyps aus ihrer Sicht ist. Entsprechende Einschätzungen des Kernprojektteams wurden vorab ermittelt und wurden den Projekt-partnern präsentiert, sodass abweichende Einschätzungen mit den Partnern diskutiert werden konnten. In der Folge wurden einige Modifikationen vorgenommen. Sie betreffen z. B. Ausdifferenzierungen und Konkretisierungen von Kategorien und Unter-kategorien (z. B. die Unterscheidung der mathematischen Arbeitsweisen in fachspezi-fische und überfachliche Arbeitsweisen). Außerdem wurden auf Basis der Ergebnisse dieses Austauschs mit den Projektpartnern begriffliche Klärungen und Abgrenzungen der Kategorien sowie Umstrukturierungen und Ergänzungen der Kategorienstruktur vor-genommen. Zudem wurden die Beschreibungen und Definitionen von Begrifflichkeiten im Rahmen des Glossars erweitert und in das Rahmenmodell aufgenommen.

Um sicherzustellen, dass sich im Rahmenmodell hinsichtlich seines Umfangs und der Klarheit seiner Kategorien alle als relevant erachteten Aspekte einer Maßnahme einordnen lassen, wurde anschließend eine zweite Runde an Experteninterviews mit Vertreter*innen aller Maßnahmetypen zur Verortung ihrer Maßnahmen im Rahmenmodell durchgeführt. Dabei sollten die Maßnahmen ins Modell eingeordnet werden und festgestellt werden, ob wichtige Aspekte fehlen. Auf dieser Grundlage wurde das Rahmenmodell wiederum überarbeitet. Der Veränderungsbedarf für das Modell war allerdings gering: zwei Kategorien wurden ergänzt, eine gestrichen und zwei Kategorien wurden umbenannt. Insgesamt schien das Rahmenmodell nun alle von als relevant erachteten Aspekte abzudecken. Abschließend wurde das überarbeitete Rahmenmodell in einem zweiten Workshop den WiGeMath-Partner:innen vorgestellt und verabschiedet.

2.2.5 Vorstellung vor der Fachöffentlichkeit

Zur Absicherung der Anschlussfähigkeit des Modells an die mathematikdidaktische Forschung wurde der Teilbereich der Maßnahmenziele des Rahmenmodells auf einer Fachtagung vorgestellt (CERME 10; Liebendörfer et al., 2017). Die dortige Diskussion unterstrich die vielseitigen Einsatzzwecke aber auch die Grenzen dieses Ansatzes (vgl. die Diskussion am Ende dieses Kapitels). Dabei wurde besonders die Formulierung systembezogener Ziele als gewinnbringender Ansatz hervorgehoben (vgl. die Beschreibungen unten). Insgesamt erwiesen sich die für die mathematikdidaktische Diskussion Kategorien als anschlussfähig und bereichernd. Veränderungen des Modells vor dem Hintergrund dieser Vorstellung ergaben sich daher nicht.

2.2.6 Finalisierung

Das Rahmenmodell besteht aus einer strukturierten Zusammenfassung von Kategorien. Im gesamten Prozess wurden die Strukturen des Modells verfeinert, erläuternde Definitionen und Leitfragen für die Kategorien ausformuliert und konsentiert sowie exemplarische Beschreibungen und Analysen von mathematischen Unterstützungsmaßnahmen vorgenommen. Eine entsprechende Ausarbeitung des Rahmenmodells bildete dann auch den Abschluss der Modellierung.

Strukturgebend für das Rahmenmodell sind entsprechend der Gliederung der Programmtheorie nach Chen (1990) die drei Bereiche: Zielkategorien, Maßnahmenmerkmale und Rahmenbedingungen (I–III) mit den jeweiligen Ober- und Unterkategorien. Die Oberkategorien sind in Abb. 2.3 dargestellt. Darüber hinaus wurden in Teilbereichen des Modells auch auf einer weiteren Subebene Merkmalsfacetten für eine differenziertere Beschreibung der Maßnahmen definiert. Die Kategorien sind als begriffliches Instrumentarium zur Erhebung von maßnahmespezifischen Programmtheorien zu verstehen und wurden daher insbesondere aus Sicht der Maßnahmeverantwortlichen bzw. Gestaltenden formuliert.

Rahmenmodell	
I Ziele	1. Lernziele 2. Systembezogene Ziele 3. Zielqualitäten
II Merkmale	1. Strukturelle Merkmale 2. Didaktische Elemente 3. Merkmale der Lehrpersonen 4. Genese und Entwicklung der Maßnahme 5. Einbettung der Maßnahme 6. Organisatorische Merkmale
III Rahmenbedingungen	1. Statistische Merkmale von Studierenden 2. Räumliche Bedingungen 3. Finanzielle und personelle Bedingungen 4. Merkmale der Lehr-/Lernkultur

Abb. 2.3 Oberkategorien des Rahmenmodells

Das Rahmenmodell soll daher eine Verortung der jeweiligen Programmtheorie einer oder mehrerer Maßnahmen erlauben. Es umfasst daher mehr Kategorien, als man für die Beschreibung der jeweils einzelnen Maßnahme gewöhnlich braucht. Die Vielzahl der abzubildenden Aspekte hat eine Strukturierung in mehrere Ebenen nahegelegt. Diese Strukturierung und der Detailgrad der Kategorien sollen unter anderem für die Evaluation einzelner Maßnahmen und den Vergleich verschiedener Maßnahmen zweckmäßig sein.

Bei der Rahmenmodellierung zeigte sich wiederholt der dynamische Charakter von Unterstützungsmaßnahmen. Ziele, Vorgehensweisen und sogar Rahmenbedingungen (z. B. bezüglich des Lehrteams) einer Maßnahme können sich im Laufe ihrer Durchführung ändern. Für die Aufstellung des Rahmenmodells mit seinem übergreifenden Charakter waren solche Änderungen manchmal sogar hilfreich, weil sie zusätzlich relevante Kategorien aufzeigen können. Methodisch herausfordernd war gelegentlich die Rekonstruktion von maßnahmespezifischen Programmtheorien, die nie vollständig schriftlich dokumentiert waren. So wurden etwa bestimmte Lernziele teilweise erst im Arbeitsmaterial für Studierende sichtbar, die dann in Interviews mit Verantwortlichen weiter geklärt wurden. An das Rahmenmodell kann daher nicht der Anspruch gestellt werden, alle möglichen Ziele, Merkmale oder Rahmenbedingungen von Unterstützungsmaßnamen abzubilden. Vielmehr liefert das Modell eine Reihe an Kategorien, die von Projektpartner:innen oder dem WiGeMath-Team als relevant eingeschätzt wurden, um aktuelle mathematische Unterstützungsmaßnahmen konzeptionell angemessen zu beschreiben oder zu vergleichen. Auf Basis der beschriebenen Vorarbeiten ist aber anzunehmen, dass gute Voraussetzungen dafür bestehen, dass die meisten relevanten Aspekte angesprochen werden.

Das Rahmenmodell wurde zum Ende des WiGeMath-Transfer-Projekts basierend auf dem weiteren Einsatz des Modells einer letzten Revision unterzogen. Daher können sich einzelne Kategorien oder Beschreibungen von Zwischenversionen unterscheiden.

2.3   Das Rahmenmodell

Das Rahmenmodell liefert einen kategorialen Bezugsrahmen für die Verortung von Maßnahmen. Die Darstellung des Rahmenmodells erfolgt entsprechend der Gliederung der Programmtheorie in die drei Teile Zielsetzungen, Maßnahmekategorien und -merkmale sowie Rahmenbedingungen. Das Rahmenmodell strukturiert somit eine Vielzahl an Beschreibungskategorien für Maßnahmen, die ermöglichen sollen, die Wirklichkeit abzubilden, liefert aber keine darüber hinausgehende Theorie (z. B. bezüglich Erklärungen oder Prognosen). Aufgrund der Vielzahl an Kategorien werden diese im Rahmen des Beitrags nur kurz besprochen.

Entsprechend der Erarbeitung des Modells und seiner Zielsetzung wird jeweils kurz dargestellt, was die Kategorie umfasst, warum bzw. wofür die Kategorie in unserem Forschungsvorhaben relevant ist und inwieweit Anschluss an Konzepte in der einschlägigen Literatur besteht. Kategoriennamen sind dabei **fett** hervorgehoben. Etwas ausführlicher dargestellt werden die Kategorien zu den Lernzielen von Maßnahmen. Diese sind erstens für diese besonders wichtig, weil sich die Gestaltung der Maßnahme an ihnen ausrichtet und sie auch im Kern der Evaluation stehen. Zweitens hat sich in der Erarbeitung des Modells gezeigt, dass sie nicht immer leicht zu beschreiben sind. Bei den Experteninterviews fiel es z. B. einigen Personen leichter, Vorgehen oder Rahmenbedingungen der Maßnahmen zu beschreiben, und man war sich dabei begrifflich auch deutlich schneller einig als bei vielschichtigen Begriffen wie Verstehen und Motivation, die bei den Lernzielen eine Rolle spielen. Eine kompakte Darstellung des Rahmenmodells mit allen Kategorien und Kurzbeschreibungen findet sich im Anhang zu diesem Kapitel.

2.3.1   Ziele

Zielkategorien beschreiben, was die Maßnahmen mehr oder weniger explizit erreichen wollen. Untergliedert haben wir sie in Lernziele, die individuelle Veränderungen der Studierenden abbilden, systembezogene Ziele, die sich auf das Funktionieren des Hochschulsystems beziehen, und Zielqualitäten, die die vorab identifizierten Ziele auf einer Meta-Ebene einordnen bzw. bewerten.

2.3.1.1 Lernziele

Lernziele beziehen sich auf die mithilfe der Unterstützungsmaßnahmen zu erreichenden Veränderungen im Wissen, Handeln und in den Einstellungen der Lernenden bzw. Teilnehmenden. Sie sollten Ausgangspunkt der didaktischen Gestaltung der Lehr-/Lernumgebung und des Lernprozesses sein. Alle Lernziele knüpfen an die in der Literatur ausführlich diskutierten Schwierigkeiten beim Übergang in ein mathematikhaltiges Studium an, die auch in Kap. 1 dargestellt wurden. Für alle Maßnahmen war daher selbstverständlich, dass Lernziele angestrebt werden.

Wissensbezogene Lernziele umfassen sowohl das deklarative als auch das prozedurale Wissen, das durch die Maßnahme aufgebaut wird. Die Kategorie **Schulmathematisches Wissen und Fähigkeiten** bezieht sich alle Inhalte und Techniken, die grundsätzlich im schulischen Mathematikunterricht vermittelt werden bzw. wurden. Dabei kommt es nicht unbedingt darauf an, dass die Studierenden diese Inhalte tatsächlich in ihrem Unterricht behandelt haben. Beispielsweise fallen auch Themen aus dem Bereich der Trigonometrie darunter, die früher im Lehrplan standen, mittlerweile aber vielerorts gestrichen sind. Die Einordnung als schulmathematisches Wissen verdeutlicht, dass solche Ergänzungen als Schulmathematik behandelt werden, z. B. durch überwiegend anschauliche Begriffsbildung. Das Bedürfnis nach einer Abgrenzung zum hochschulischen Mathematikwissen wurde z. B. anhand verschiedener Vorkurse deutlich, die hier klar unterschiedliche Schwerpunkte hatten. Schulmathematisches Wissen wird auch in der Literatur viel diskutiert. So schrieb etwa schon Gundlach (1968, S. 24): „Fast die Hälfte der Abiturienten, die in die Anfängervorlesung für Mathematik kommen, ist nicht in der Lage, eine einfache Aufgabe der Bruchrechnung zu lösen". Auch aktuell werden ähnliche Lücken im vorausgesetzten Wissen beschrieben (vgl. Kap. XX). Schulisches Vorwissen erweist sich in aktuellen Arbeiten als der mit Abstand bedeutendste Prädiktor des Studienerfolgs (Halverscheid & Pustelnik, 2013; Rach & Ufer, 2020). **Hochschulisches Mathematikwissen und -fähigkeiten** umfassen dagegen die Inhalte, die in den regulären Mathematikveranstaltungen des Studiengangs vermittelt werden. Sie sind vielfältig und spezifisch für die jeweilige Zielgruppe, sodass eine standardisierte Ausdifferenzierung nicht weiter sinnvoll schien. Besonders betrachtet wird allerdings die Beherrschung der **Fachsprache,** was unter anderem Symbole (z. B. das Summenzeichen), Abkürzungen (z. B. „oBdA") und fachliche Grundbegriffe (z. B. injektiv) umfasst. Die Fachsprache wurde hervorgehoben, weil sie in dieser Erfassung nicht an konkrete Themengebiete oder Lehrveranstaltungen geknüpft ist, sondern sich nur auf die übergreifenden Elemente bezieht. Solches hochschulisches Mathematikwissen soll in manchen Vorkursen und oft auch in Brückenvorlesungen vermittelt werden. Der Umgang mit der Fachsprache stellt Studierende regelmäßig vor Schwierigkeiten (vgl. Liebendörfer, 2018, Abschn. 2.3.3) und wird eigens in Literatur zur Studienunterstützung thematisiert (Beutelspacher, 2004; Vivaldi, 2014).

Handlungsbezogene Lernziele beziehen sich auf Fähigkeiten des mathematischen Arbeitens und Lernens sowie die konkrete Gestaltung von Lern- und Arbeitsprozessen. Solche Ziele werden von allen Maßnahmetypen verfolgt, wenn auch mit verschiedenem Fokus. **Mathematische Arbeitsweisen** beschreiben Tätigkeiten für die Erarbeitung von mathematischen Inhalten und die Lösung mathematischer Probleme. Sie umfassen insbesondere Problemlösefähigkeiten wie die Verwendung von Heuristiken. Diese werden schon lange als wichtig für die Mathematik beschrieben (Polya, 1945; Schoenfeld, 1985), insbesondere beim Beweisen an der Hochschule (Weber, 2005). Zu den Arbeitsweisen zählen aber auch das (lokale) Definieren, Erarbeiten von Beispielen und Gegenbeispielen, Aufstellen von Vermutungen und das Beweisen sowie Herangehensweisen an Übungsaufgaben. Solche Arbeitsweisen werden in Ratgeberliteratur beschrieben

(Alcock, 2017; Houston, 2012; Mason et al., 2008) und wurden in einigen Brückenvorlesungen zum zentralen Inhalt der Veranstaltungen (vgl. Teil III). Dagegen beschreiben die **universitären Arbeitsweisen** fachunspezifische Aspekte wie Zeitmanagement, Selbstorganisation, Selbstregulation oder das Anfertigen und Organisieren von Notizen, die insbesondere am Studienanfang optimiert werden können (Dehling et al., 2014). **Lernstrategien** umfassen Tätigkeiten, die für den Aufbau von mathematischem Wissen dienen wie beispielsweise das Zusammenfassen wichtiger Inhalte, das Planen, Überwachen und Bewerten von Lernen, oder das Üben und Auswendiglernen. Auch sie können Leistung im mathematikhaltigen Studium erklären (Griese, 2017; Liebendörfer et al., 2022). Während sich die bislang genannten Lernziele auf den Aufbau von Fähigkeiten oder Routinen beziehen, beschreibt die Kategorie **Lern- und Arbeitsverhalten** die tatsächliche Ausübung. Relevant sind hier insbesondere der Lernrhythmus (wann wird gelernt), der Lernaufwand (wie viel wird gelernt), die Lernmaterialien (womit wird gelernt), das Lernumfeld (wo und mit wem wird gelernt) und die Angebotsnutzung. Diesbezügliche Ziele hatten vorwiegend individuell arbeitende semesterbegleitende Maßnahmen oder Lernzentren.

  Einstellungsbezogene Lernziele beziehen sich auf eine Veränderung der Einstellung zur Mathematik. Eine irgendwie geartete positive Einstellung zur Mathematik wurde von allen Maßnahmetypen verfolgt. Dabei wird Einstellung hier wie im Folgenden ersichtlich weiter gefasst als üblicherweise psychologisch definiert. Umfasst und unterschieden werden z. B. **Mathematische Beliefs,** insbesondere mathematische Weltbilder (Törner & Grigutsch, 1994). Typische Auffassungen betreffen z. B., inwieweit Mathematik eine Sammlung von Verfahren (Toolbox-Beliefs) oder auch ein Spiel zum Erkunden und (Nach-)Erfinden von Strukturen ist (Prozess-Beliefs). Solche Weltbilder können beeinflussen, wie Studierende Mathematik wahrnehmen und wie sie mathematisch arbeiten. Die Passung individueller Weltbilder zur dargebotenen Mathematik kann daher die Motivationsentwicklung und den Studienabbruch teilweise erklären (Geisler & Rolka, 2020; Liebendörfer & Schukajlow, 2017). **Affektive Merkmale** beschreiben emotionale Einstellungen zur Mathematik. Darunter fällt z. B. das Interesse an Mathematik, das von aktueller Forschung thematisiert wird (z. B. Kosiol et al., 2019; Liebendörfer, 2018; Rach, 2014; Ufer et al., 2016). Es ist konzeptionell z. B. klar von Selbstwirksamkeitserwartung (SWE) zu unterscheiden, die das Gefühl beschreibt, zukünftige Herausforderungen meistern zu können (Bandura, 1993). Auch negative Affekte wie Mathematik-Angst (Iwers-Stelljes et al., 2014) gehören dazu. Gerade bei motivationalen Variablen ist der Rückgriff auf theoretisch ausgearbeitete Konzepte hilfreich, weil sie in der Alltagssprache nur unscharf gegeneinander abgegrenzt sind, aber im Lernprozess sehr unterschiedlich wirken können. Daneben wird die subjektive **Berufsrelevanz** der Mathematik erfasst, die eine persönliche Bedeutung der Inhalte für den späteren Beruf beschreibt. Davon abzugrenzen ist die **Studienrelevanz,** die z. B. gegeben ist, wenn mathematische Inhalte als Grundlage für weitere Lehrveranstaltungen angesehen werden. **Mathematisch Enkulturation** beschreibt die Einführung in eine Gemeinschaft im Sinne soziokultureller Theorien (z. B. Wenger, 1998). Dies bezieht sich unter anderem auf die willentliche Teilnahme an „authentischen" Aktivitäten der neuen, hochschulmathematischen Kultur. Enkulturation umfasst die Übernahme von Werten, Zielen, Vorgehensweisen und eine Anpassung der eigenen Identität. Sie hat damit enge Beziehungen zu Beliefs, insbesondere zum Problemlösen und Beweisen (Perrenet & Taconis, 2009), aber auch Aspekte der eigenen Identität (Kaspersen et al., 2017).

2.3.1.2 Systembezogene Zielsetzungen

Systembezogene Zielsetzungen orientieren sich nicht an einzelnen Studierenden, sondern am Funktionieren des universitären Systems. Diese Art von Zielen schien nötig, weil aus dem Vorgehen verschiedener Maßnahmen deutlich wurde, dass sich der Erfolg einer Maßnahme nicht unbedingt durch die Betrachtung der einzelnen Studierenden bewerten lässt. Während mit Blick auf Einzelne beispielsweise jede Förderung von Wissen hilfreich und Vermeidung von Studienabbruch sinnvoll ist, können auf Systemebene die besondere Förderung benachteiligter Gruppen oder die Erreichung eines als akzeptabel empfundenen Ausmaßes von Studienabbruch angestrebt werden. Systembezogene Ziele sind daher auf der Ebene von Gruppen und aus der Sicht von Institutionen formuliert.

Die Zielkategorie „**Kenntnis-/Fertigkeitsvoraussetzungen schaffen**" bezieht sich darauf, dass aufbauende Veranstaltungen nach der Studieneingangsphase gewisse Kenntnisse oder Fertigkeiten als bereits gelernt annehmen können. Dieses Ziel haben vor allem Vorkurse verfolgt. Dazu gehört, dass den Studierenden die Möglichkeit zum Lernen dieser Inhalte bekommen haben und ein gewisser Anteil eines Semesters dieses Ziel tatsächlich erreicht hat, sodass diese Inhalte als geteiltes Wissen angenommen werden können. Dies betrifft die **Verbesserung von Schulwissen und -fertigkeiten als Voraussetzung für das Studium** wie beispielsweise Rechnen mit Brüchen, Sinus, Cosinus und Lösen von Gleichungssystemen, insbesondere wenn bekannt ist, dass größere Anteile der Studierendenschaft nicht über solches Wissen verfügen. In geringerem Ausmaß betrifft es auch in Brückenvorlesungen **über Schulwissen hinausgehende Voraussetzungen für Folgeveranstaltungen,** beispielsweise logische und mengentheoretische Grundlagen oder die Vermittlung von Beweistechniken wie die vollständige Induktion, die für andere Studierende in Parallelveranstaltung thematisiert werden.

Die Zielkategorie „**Formalen Studienerfolg verbessern**" bezieht sich auf objektiv messbare Studienerfolgskriterien wie die **Studienabbruchquote,** also den Anteil der ursprünglich zum Semesterbeginn immatrikulierten Studierenden, die das Studium nach dem Semester abgebrochen haben. Zudem gehören **Bestehensquoten/Leistungen** dazu, also der Anteil der Studierenden, der ein gewisses Modul bestanden hat; außerdem die Verteilung der Noten der Studierenden. Diese Verbesserung formalen Studienerfolgs ist ein häufig genanntes Ziel von Vorkursen, etwas seltener oder weniger prominent auch von anderen Maßnahmen (die z. B. auch gute Studierende noch besser machen wollen).

Daneben umfassen die systembezogenen Ziele mehrere Kategorien, die Rahmenbedingungen für das selbstgesteuerte Lernen der Studierenden adressieren. Die Zielkategorie „**Feedbackqualität erhöhen**" bezieht sich darauf, dass Studierende eine qualitativ bessere Rückmeldung erhalten sollen, was insbesondere Lernzentren leisten könnten. Daneben können Maßnahmen „**soziale und studienbezogene Kontakte fördern**", also z. B. die Bildung von Lerngruppen – hier insbesondere die Vorkurse. Die **Förderung bestimmter Studierendengruppen** bezieht sich z. B. auf Frauen, die in mathematikhaltigen Studiengängen oft unterrepräsentiert sind, aber auch Studierende, die ihr Studium mit Nebentätigkeiten finanzieren, Kinder haben oder eingeschränkte Sprachkenntnisse haben – also vielen Formen von Diversität (Zevenbergen, 2002). Solche Schwerpunkte legen manche semesterbegleitenden Maßnahmen, die individuell wirken sollen. Das **Transparentmachen der Studienanforderungen** beschreibt, dass Maßnahmen einen **Einblick in die universitären Anforderungen** geben, vor allem vorausschauend in Bezug auf die fachlichen Voraussetzungen und Anforderungen im weiteren Studienverlauf. Dies ist beispielsweise ein Ziel einiger Vorkurse. Zudem kann ein Ziel insbesondere semesterbegleitender Maßnahmen sein, die **Lehrqualität zu verbessern,** was sich vor allem auf die Evaluation durch Studierende bezieht.

Die systembezogenen Ziele finden sich so ähnlich teils auch als Lernziele und jedenfalls oft auch in der Literatur wieder. Die systembezogene Perspektive ist für die allgemeine Hochschuldidaktik nicht neu (Flechsig, 1975; Webler & Wildt, 1979) und werden auch aktuell gelegentlich betont (Reinmann, 2015). In der mathematikbezogenen Hochschuldidaktik sind uns allerdings keine expliziten Thematisierungen in Publikationen bekannt, sodass hier keine einschlägigen Verweise gegeben werden konnten. Die Einordnung spiegelt wider, dass fast alle Maßnahmen als Ergänzung und Unterstützung konzipiert waren, um zu sichern, dass man für den weiteren Studienverlauf das bereits vorhandene Lehrsystem weiterbetreiben kann.

2.3.1.3 Zielqualitäten

Zielqualitäten beziehen sich auf die zuvor genannten Ziele. Auch wenn sie grundsätzlich für jedes einzelne Ziel betrachtet werden könnten, werden diese Kategorien vor allem in der Gesamtschau aller Ziele einer Maßnahme verwendet. Die Kategorie der Zielqualitäten entstand aus der Erfahrung, dass Ziele nicht immer klar oder transparent dokumentiert sind. Dies kann im Sinne einer flexiblen Anpassung der Ziele an die tatsächlich erreichbaren Möglichkeiten sogar sinnvoll sein. Für die Evaluation einer Maßnahme sind Zielqualitäten allerdings von hoher Bedeutung, sodass sie im Rahmenmodell aufgenommen wurden.

Die **Klarheit der Ziele** wird an den SMART-Dimensionen gemessen, die ursprünglich aus der Unternehmensführung kommen (z. B. Hettl, 2013). Das Akronym SMART steht für die Dimensionen „Spezifisch", „Messbar", „Akzeptiert", „Realistisch" und „Terminiert" zur Bewertung von Zielformulierungen im Projektmanagement. Ein Ziel ist **spezifisch** formuliert, wenn es Antworten auf die W-Fragen beinhaltet: Was genau soll erreicht werden? Warum ist das wichtig? Wer ist dafür verantwortlich und wer wird mit einbezogen? Welche Voraussetzungen und welche Einschränkungen sind gegeben? Ein Ziel ist **messbar,** wenn die Erreichung des Ziels oder von Zwischenzielen direkt oder indirekt über Indikatoren gemessen werden kann. So ist beispielsweise das Ziel „die Abbruchquoten zu verringern" direkt und das Ziel „die Zufriedenheit der Studenten zu erhöhen" indirekt über eine Befragung mit geeigneten Items messbar. Ein allgemein formuliertes Ziel wie „die Lehre zu verbessern" ist hingegen weder direkt noch indirekt messbar. Ein Ziel ist **akzeptiert,** wenn die handelnden Personen die Zielsetzung anerkennen und annehmen. In Abgrenzung zum unten folgenden Akteursbezug bezieht sich die Akzeptanz hier nur auf die Personen, die die Maßnahme umsetzen, und nicht auf die Studierenden. Ein Ziel ist **realistisch,** wenn es mit den zur Verfügung stehenden Ressourcen (finanziell, strukturell, Mitarbeiterzahl und -qualifikation, etc.) in der vorgegebenen Zeit umsetzbar erscheint und berücksichtigt, dass nicht alle Einflussfaktoren kontrolliert werden können. Ein Ziel ist **terminiert,** wenn es einen Zeitplan dafür gibt, wann die Erreichung der Ziele oder Zwischenziele gemessen werden. Besonders klar schienen die Ziele häufig von Vorkursen, insbesondere, wenn sie als Weiterentwicklung von Vorläuferkursen entstanden. Dagegen wurden die erreichbaren Ziele von Brückenvorlesungen oft erst in den ersten Umsetzungsjahren ausgelotet, entsprechend waren die Ziele weniger klar formuliert.

Die Kategorie **Akteursbezug** erweitert und differenziert die Unterkategorie zur Akzeptanz von SMARTen Zielen, indem alle bei der Festlegung und Umsetzung der Ziele betroffenen Akteure in den Blick genommen werden. Dabei werden sowohl individuelle Akteure (einzelne Personen wie Lehrende oder einzelne Studierende) als auch kollektive Akteure (Institutionen, Zusammenschlüsse individueller Akteure wie Arbeitsgruppen, Gremien oder Studienkohorten, etc.) berücksichtigt. **Aus der Perspektive welchen Akteurs sind die Ziele formuliert?** Sind es beispielsweise Ziele von Institutionen wie die Senkung der Abbruchquoten, Ziele der Lehrenden wie größere Motivation bei den Studierenden oder Ziele der Studierenden wie eine intensivere individuelle Betreuung? **Welche Akteure bestimmen über die Ziele?** Werden die Ziele beispielsweise durch eine Institution vorgegeben oder bestimmen Lehrende und Maßnahmenteilnehmer gemeinsam über (Teil-)Ziele? **Sind die Ziele transparent, sodass alle Akteure die Ziele kennen?** Sind die Ziele insbesondere den teilnehmenden Studierenden explizit bekannt? **Wer schließt sich den Zielen an?** Diese Unterkategorie korrespondiert mit der Akzeptanz SMARTer Ziele und verallgemeinert sie auf alle Akteure.

2.3.2 Maßnahmekategorien/-merkmale

Die Maßnahmekategorien und -merkmale entsprechen der normativen Verfahrenstheorie von Chen (1990). Sie gliedern sich in strukturelle Merkmale, die Format und zeitliche Struktur betreffen, didaktische Elemente, die zu großen Teilen Lehrmethoden betreffen, und Merkmale der Lehrpersonen. Dazu kommen die Genese und Entwicklung der Maßnahme, ihre Einbettung an der Hochschule und organisatorische Merkmale, die nicht normativ gemeint sein können, aber ergänzend als wichtig eingeschätzt wurden, um Maßnahmen und ihre Wirkung zu vergleichen. Diese letzten drei Kategorien können für die Betrachtung kurzer Zeiträume auch als Rahmenbedingung aufgefasst werden und waren im Rahmenmodell zunächst auch als solche geführt. Unter einer Entwicklungs- perspektive rechnen wir sie aber der Maßnahme selbst zu.

2.3.2.1 Strukturelle Merkmale

Die Strukturellen Merkmale beschreiben die Maßnahmen eher auf einer oberflächlichen Merkmalsebene. Sie sind für alle Maßnahmetypen relevant.

Unter **Format** fassen wir eine grobe Einordnung wie beispielsweise: Vorlesung mit Übung, Lernzentrum oder Vorkurs, sowie die Gliederung der Maßnahme in verschiedene Teile eigenen Formats.

Die **zeitliche Struktur** beschreibt darauf aufbauend den **Zeitpunkt,** wann die Maßnahme relativ zum Semester beginnt und endet (vor, während oder nach dem Semester, vier Wochen nach Semesterbeginn, zwei Wochen vor den Prüfungen, etc.)? Außerdem umfasst sie den **Ablauf,** also die zeitliche Strukturierung der Maßnahme in einzelne Durchführungen. Eine Veranstaltung könnte z. B. von Beginn des Semesters bis zum Semesterende an jeweils zwei Tagen pro Woche eine Vorlesung und pro Woche eine Übung umfassen. Die **Dauer** und der **zeitliche Umfang** der Maßnahme beziehen sich sowohl auf die Präsenzzeiten (bei Vorlesungen, Übungen, Vorkursen) und die Öffnungs- zeiten (bei Lernzentren, Sprechstunden, etc.) als auch auf eventuell intendierte Vor- und Nachbereitungszeiten.

2.3.2.2 Didaktische Elemente

Die didaktischen Elemente betreffen das konkrete Lehrhandeln in den oben beschriebenen Strukturen. Die **Lernzielexplizierung** betrifft die Frage, inwieweit und wie Lern- ziele gemeinsam mit den Teilnehmenden der Maßnahme ausgehandelt, formuliert oder zumindest transparent dargestellt werden. **Didaktische und methodische Prinzipien** können einer Maßnahme (oder Teilen der Maßnahme) zugrunde gelegt werden. Beispiele sind das Spiralprinzip, das Prinzip der minimalen Hilfe, das Konzept gestufter Hilfen oder des strategischen Rückzugs oder auch das Lernen am Modell. Die **Art, Anzahl und Umfang von Übungsaufgaben** umfasst sowohl (Übungs-)Aufgaben, die während der Maßnahme (gemeinsam) durchgeführt werden als auch Aufgaben und Übungen zur Vor- und Nachbereitung. Die **Art, Anzahl und Umfang der Interaktions- und Sozial- formen** umfasst z. B. Methoden wie Frontalunterricht, Gruppenarbeit, Gruppenpuzzle, Peer-Instruction oder Flipped-Classroom. Die **Art, Anzahl, Umfang & Herkunft der Lehr-/Lernmaterialien** bezieht sich unter anderem auf Skripte, zur Verfügung gestellte Literatur und Texte, Übungsaufgaben, Musterlösungen, Videos, etc. Die **Art und der Umfang der medialen Unterstützung (eLearning-Elemente)** betrifft beispielsweise Methoden der virtuellen Lehre oder des blended Learnings, Lernplattformen wie Moodle oder Kommunikationsforen zur Bildung von Learning Communities. Die **Art, Anzahl und Umfang der Lernkontrollen und des Feedbacks** umfasst sowohl studienwirk- same Prüfungen und Leistungen (Klausur, mündliche Prüfung, Hausarbeit, Bearbeitung von Übungszetteln, Portfolios etc.) als auch begleitende Überprüfungen des Lernerfolgs und andere Formen des Feedbacks (diagnostische Pre- und Post-Test bei einem Vorkurs, unbewertete Zwischentests, Self-Assessment, Probeklausur, etc.). Die **Adaptivität** gibt an, inwieweit vorgesehen ist, dass die Maßnahme sich auf die spezifischen Teilnehmenden und Ereignisse im Verlauf der Durchführung einstellt. Gibt es beispielsweise Justierungen abhängig von den (erhobenen oder angenommenen) Voraussetzungen der Teilnehmenden, von Wünschen der Teilnehmenden oder abhängig von Zwischentests?

Diese Kategorien sind für die verschiedenen Maßnahmetypen unterschiedlich relevant, z. B. werden in Lernzentren keine Lernziele vorab formuliert und in Vorkursen sind mediale Unterstützung oder Lernkontrollen teils kaum relevant. In ihrer Allgemeinheit sind sie anschlussfähig an Literatur, die sich dann aber vor allem auf die konkreten und individuell sehr verschiedenen Ausprägungen der Kategorien beziehen.

2.3.2.3 Merkmale der Lehrpersonen/der Lehrteams

In die **Anzahl und Arbeitszeit der Lehrpersonen** gehen alle Personen, die an der Durchführung der Maßnahme beteiligt sind (Koordination, Lehre, Betreuung, etc.) und deren **wöchentliche Arbeitszeit** ein. Das **Betreuungsverhältnis** ist der Quotient aus Teilnehmerzahl und der Summe der wöchentlichen Arbeitszeit über alle Lehrenden. Oft ist es hilfreich, die Arbeitszeit hier differenzierter im Hinblick auf Vorbereitungszeit und Betreuungszeit zu betrachten. Unter **Status bzw. Rolle** wird gefasst, ob die Mitwirkenden z. B. Professorin oder Professor sind, wissenschaftliche Mitarbeitende oder Hilfskräfte. Die **Aufgabenteilung des Lehrteams** beschreibt, welche hierarchische Struktur bei den Lehrenden vorliegt, welche Aufgabenverteilungen und z. B. auch Kommunikationskanäle es gibt. Unter **Qualifikation** verstehen wir formale Qualifikationen wie Habilitation, Promotion, (Hochschul-)Abschlüsse, Zertifikate, Schulungen oder Lehrjahre. Die **Motivation** der Durchführenden kann für den Erfolg der Maßnahme bedeutend sein. Welche Motivation liegt bei den Durchführenden vor? Ist den Durchführenden die Maßnahme wichtig und wollen sie sie durchführend? Haben sie sich selbst für die Beteiligung an der Maßnahme eingesetzt oder wurde ihnen die Durchführung der Maßnahme zugeteilt? Als **Lehrkompetenzen** fassen wir Kompetenzen der lehrenden Personen auf, die über formale Qualifikationen hinausgehen und für die Umsetzung der Maßnahme wichtig sind, wie beispielsweise Empathie oder Selbstreflexion. Die **Lehreinstellung** der Lehrenden betrifft Auffassungen über die Rollen der verschiedenen Beteiligten und die Gestaltung effektiver Lehre. Sie kann stärker lehrenden-zentriert (Vorlesung, Übungen zu festen Zeiten) oder studierenden-zentriert (Lernzentren, adaptive Lernsysteme, etc.) sein. Die **Verfügbarkeit von qualifizierten Personen** betrifft die Frage, ob ausreichend qualifiziertes Personal zur Durchführung der Maßnahme zur Verfügung steht. Dies betrifft nicht nur hauptamtlich Lehrende, sondern z. B. auch qualifizierte Hilfskräfte für Tutorien, Korrekturen oder Sprechstunden.

2.3.2.4 Genese, Einbettung und organisatorische Merkmale

Die Kategorie **Genese und Entwicklung** beschreibt die Entstehung und Veränderung der Maßnahme gegebenenfalls über Jahre (oder Durchführungen) hinweg. Dies betrifft z. B.

Vorgängermaßnahmen, aus denen sich die Maßnahme entwickelt hat und Änderungen im Laufe der Zeit.

Die **Einbettung der Maßnahme** beschreibt organisatorische Aspekte, wie sich die die Maßnahme z. B. zum weiteren Studienangebot und anderen Unterstützungsmaßnahmen verhält. Unter **Wahl-, Wahlpflicht oder Pflichtangebot** wird erfasst, ob die Maßnahme verpflichtend für alle Studierenden oder einen Teil (falls ja, welchen) der Studierenden ist. Die **Akzeptanz und Unterstützung** für die Maßnahme von der Fakultät oder dem Institut drückt sich implizit z. B. in Wertschätzung durch Kollegen oder Berücksichtigung des Arbeitsaufwandes bei der Verteilung anderer Aufgaben oder explizit z. B. durch finanzielle Mittel, Infrastruktur, etc. aus. Die **inhaltliche Anknüpfung oder Verbindung der Maßnahme zum Curriculum** kann z. B. gegeben sein, wenn die erfolgreiche Bewältigung inhaltlich oder prüfungsrechtlich eine Voraussetzung für weitere Lehrveranstaltungen ist. **Extrinsische Anreize** für die Teilnahme an der Maßnahme können neben solchen prüfungsrechtlichen Voraussetzungen beispielsweise Credit-Points oder Bonuspunkte für eine Klausur sein. Die **Einbettung in ein Maßnahmenpaket** bezieht sich auf das Zusammenwirken der Maßnahme mit anderen Maßnahmen, die zusammen ein Maßnahmenpaket bilden. Solche Maßnahmen sind z. B. oft aufeinander abgestimmt (hinsichtlich der Ziele, Inhalte, Methoden, Verknüpfungen, etc.) und werden koordiniert.

Organisatorische Merkmale betreffen die Strukturierung der Maßnahme im Kontakt mit den Studierenden. **Anmeldungsmodalitäten** beziehen sich z. B. darauf, ob sich die Teilnehmenden zu einem bestimmten Zeitpunkt verbindlich anmelden müssen (ähnlich eines Seminars), die Maßnahme offen für eine Teilnahme ab einem späteren Zeitpunkt ist oder sogar offen für die spontane Teilnahme wie beispielsweise bei einem Lernzentrum. **Auswahlmodalitäten** beschreiben Kriterien und Vorgehensweisen für die Auswahl von Teilnehmenden bzw. Beschränkung deren Teilnahme auf bestimmte Zeiten oder Beteiligungsformen. **Vorinformationen** für die Studierenden beschreiben Informationen, die noch vor einer Beteiligung an der Maßnahme herausgegeben werden.

2.3.3   Rahmenbedingungen

Rahmenbedingungen entsprechen bei Chen (1990) der *Theorie über die Implementierungsumgebung.* Anders als bei Chen beschreiben diese Kategorien hier aber nicht die Annahmen oder Vorgaben an eine Umgebung, sondern dienen nur der Beschreibung der tatsächlichen Umgebung, also die von den Akteuren auch mittelfristig kaum veränderlichen Umstände, die für die Maßnahmen bedeutsam sein können. Dies betrifft gleichermaßen Eigenschaften der Studierenden (wenn sie erstmalig in Kontakt mit der Maßnahme treten), räumliche Bedingungen, finanzielle und personelle Bedingungen der Maßnahme sowie Merkmale der Lehr-/Lernkultur.

Unter die **statistischen Merkmale von Studierenden** fallen Größen wie Alter, Geschlecht, Art und Zeitpunkt der Hochschulzugangsberechtigung, Aspekte sozialer Herkunft, Wohnsituation, familiäre Situation oder zum Studium zur Verfügung stehende

Zeit. Weniger objektive Eigenschaften wie Einstellungen, Selbstwirksamkeitserwartung und Kontrollüberzeugung werden separat betrachtet (s. u.). Dazu werden die **Studiengänge** erfasst. Diese Merkmale bilden z. B. bei semesterbegleitenden Maßnahmen für spezifische Gruppen eine erste Grundlage, um die Gestaltung der Maßnahme anzupassen.

Das **mathematische Vorwissen** der Teilnehmenden umfasst beispielsweise das Absolvieren eines Mathematik-Leistungskurses oder Grundkurses und die Abiturnote in Mathematik. Das Vorwissen kann jedoch auch über (selbst gestaltete) Tests erhoben werden. Hierbei wird neben einer zentralen Tendenz der Gruppe oft auch die Streuung bedacht, denn die Lehrgestaltung für heterogene Gruppen z. B. in Vorkursen ist besonders herausfordernd. Die Erfassung des Vorwissens ist Gegenstand aktueller Forschung (Besser et al., 2020), ohne dass bisher ein einheitliches Verständnis für oft übereinstimmend klingende Berichte existiert, nach denen das Vorwissen gering oder zu gering sei.

Unter **Einstellungen bezüglich Mathematik** können insbesondere die einstellungsbezogenen Lernziele (s. o.) erneut auftreten. Als Rahmenbedingung werden sie insofern betrachtet, also nicht unbedingt ihre Veränderung im Fokus steht, sondern Einstellungen auch die Teilnahme an einer Maßnahme beeinflussen können. Hervorgehoben ist dabei die **mathematische Selbstwirksamkeitserwartung** als Überzeugung, bei mathematischen Herausforderungen angemessene Resultate erzielen zu können. Manche Maßnahmen können sich speziell auf Studierende mit geringer Selbstwirksamkeitserwartung beziehen oder diese kann eine Herausforderung für das Gelingen darstellen. Das trifft auch auf **Kontrollüberzeugungen** zu (Kovaleva et al., 2012), die nicht spezifisch für Mathematik sind, sich aber vergleichbar auf die Kontrollierbarkeit der Ereignisse bezieht. Hinzu kommen konkreten **Erwartungen an Lehrangebot, Unterstützungsangebote und Lehrende,** die Studierende haben, z. B. bezüglich Inhalten, Durchführung, Lehrpersonen und ihren Rollen. Gelegentlich treten auch **Deutschkenntnisse** der Teilnehmenden als relevante Rahmenbedingung auf. Das **Ausmaß der Beteiligung** der Studierenden bezieht sich auf den Anteil der Studierenden der Kohorte (z. B.: Anmeldezahl), die an der Maßnahme teilnehmen, und wie intensiv sie diese typischerweise nutzen (z. B.: Anwesenheitsquoten). Diese Rahmenbedingungen können sowohl die Durchführung als auch die Wirkung einer Maßnahme beeinflussen.

Daneben sind die **räumlichen Bedingungen** wichtig. **Art und Lage** sind insbesondere für freiwillige Maßnahmen bedeutsam, die niederschwellig erreichbar sein sollen. Das **Fassungsvermögen** hat sich z. B. bei Lernzentren als beschränkende Rahmenbedingungen gezeigt. Die **Flexibilität der Möblierung** kann auch in normalen Lehrveranstaltungen den methodischen Spielraum beschränken.

Auch die **Finanziellen und personellen Bedingungen** sind unter den Rahmenbedingungen erfasst. Sie betreffen die **Herkunft** der Mittel, die eng mit **Umfang und Flexibilität** des Budgets zusammenhängt. Daneben werden selten **Eigenbeteiligungen** von Studierenden gefordert. Die **Verfügbarkeit qualifizierten Personals** betrifft häufiger Tutorinnen und Tutoren, die für eine gewisse Maßnahme sowohl fachlich als auch didaktisch hinreichend qualifiziert sein müssen. Sie umfasst aber auch wissenschaftliche Mitarbeitende.

Epistemologische Aspekte der Fachkultur beziehen sich auf Annahmen über die „Natur" des Wissens und die Wissensentstehung in der Mathematik. Diese Kategorie ist in erster Linie für die programmtheoretische Beschreibung von Brückenvorlesungen relevant, da hier entsprechende Aspekte der Fachkultur (z. B. was Mathematik oder mathematisches Arbeiten ausmacht) implizit oder explizit von den Lehrenden im Rahmen solcher Veranstaltungen angesprochen werden. Im Fach Mathematik haben sich unter anderem zwei grundsätzliche Leitvorstellungen (mathematische Weltbilder) herauskristallisiert, nach denen Mathematik entweder gegeben ist und entdeckt wird oder von Menschen konstruiert wird. Daneben gibt es Vorstellungen, die Mathematik primär eher als individuelle kognitive Konzepte etc. oder als institutionell bestimmte Praktiken verstehen.

Die **Erwartungen an Studierenden und Lehrende** beziehen sich vor allem auf Werthaltungen, Überzeugungen und Verhaltensstandards bzw. -konventionen, die diese in ihrer jeweiligen Rolle in den zu analysierenden Lehrarrangements berücksichtigen sollten. Generell wird hier zwischen lehrendenorientierten und studierendenorientierten Überzeugungen und Verhaltensprinzipien unterschieden. Im ersten Fall sind die Lehrenden vor allem für eine strukturierte und didaktisch effektive Vermittlung des Lehrstoffs zuständig. Die Lernenden sollen den Stoff aufnehmen und in ihre Wissensstrukturen integrieren. Bei der studierendenzentrierten Orientierung haben die Lernenden eine deutlich aktivere Rolle. Sie sollen sich aktiv im Rahmen bestimmter Lernaktivitäten und Aufgaben- bzw. Problemstellungen mit den anzueignenden Wissens- und Fähigkeitsfacetten auseinandersetzen, während die Lehrenden in diesem Zusammenhang eine eher unterstützende und beratende Funktion haben. Dementsprechende Lehre wird in der Literatur oft unter dem Stichwort „active learning" besprochen (z. B. Rosenthal, 1995). Vonseiten der Lehrenden wurde insbesondere in Vorkursen und Brückenvorlesungen betont, dass klare Erwartungen hinsichtlich einer aktiven Rolle der Studierenden existieren. Dabei scheinen zumindest einige Studierende eher mit einer Erwartung passiven Lernens an solchen Maßnahmen teilzunehmen. Dann kann z. B. die gezielte Aktivierung als Reaktion auf eine solche Maßnahme verstanden werden.

2.4   Diskussion: Einsatzmöglichkeiten des Rahmenmodells

2.4.1   Bewertung des Rahmenmodells aus programmtheoretischer Perspektive

Das Rahmenmodell wurde zunächst mit dem Ziel konstruiert, möglicherweise bedeutsame Kategorien für die Evaluation von Maßnahmen, die Wirkungsforschung und den Vergleich mehrerer Maßnahmen sichtbar zu machen (vgl. Abschn. 2.1.1). Dabei sollte ein einheitlicher, konsentierter, kategorialer Rahmen geschaffen werden, der es erlaubt, die verschiedenen Maßnahmen vergleichend zu verorten und Evaluationsdesigns bezüglich der Umsetzung und Wirkung abzuleiten.

Das Rahmenmodell zur programmtheoretischen Evaluation der Konzeption und Umsetzung von mathematikbezogenen Unterstützungsmaßnahmen unterstützt u. E. daher eine umfassende, systematische sowie konzeptgestützte Evaluation von Zielen, Gestaltungsaspekten und Rahmenbedingungen der Maßnahmen. Das im Rahmenmodell erarbeitete Kategoriensystem gibt damit nicht nur gezielte Hinweise zur Auswahl entsprechender Evaluationsmerkmale, sondern stellt auch einen fundierten konzeptionellen Rahmen für einen vergleichenden Evaluationsansatz der Maßnahmen eines Typs zur Verfügung. Inwieweit der Rahmen auch für die Ableitung maßnahmeübergreifender Vergleiche genutzt werden kann, wird zurzeit erprobt. Damit wird insbesondere die Generalisierbarkeit der Evaluationsergebnisse auf verschiedenen Ebenen (Maßnahmetyp bezogen oder Maßnahmetyp übergreifend) wirkungsvoll unterstützt. Ein standortübergreifender Ansatz zur Evaluation von Maßnahmen eines bestimmten Typs von Unterstützungsmaßnahmen konnte damit insbesondere für Vorkursangebote und Lernzentren umgesetzt werden – für Brückenkurse war dies aufgrund der Verschiedenartigkeit der inhaltlichen und didaktischen Ansätze in diesem Bereich nicht sinnvoll. Nur in Ansätzen ist allerdings gelungen, mithilfe des Rahmenmodells Evaluationsansätze zum Vergleich der normativen Aussagen zur Maßnahmenkonzeption mit der tatsächlichen Umsetzung der Maßnahmen in Bezug auf Ziele, Gestaltungsaspekte und die Gestaltung der Rahmenbedingungen zu realisieren. Hierzu lagen bei den meisten Unterstützungsmaßnahmen zu wenig ausgearbeitete Unterlagen in Bezug auf die Maßnahmekonzeption vor. Daher wurde der Schwerpunkt auf die vergleichende Einordnung der Maßnahmen anhand der Modellkategorien und die vergleichende Bewertung bestimmter Gestaltungskriterien gelegt.

Vor dem Hintergrund, dass mit dem Rahmenmodell nun ein strukturierter Ansatz zur Planung und Reflexion von mathematikbezogenen Unterstützungsmaßnahmen entwickelt wurde (s. u.), ist zu erwarten, dass die Maßnahmeanbieter in Zukunft ihre Ansätze systematischer und fundierter planen und ausarbeiten können bzw. werden. Hierdurch wird die Frage einer vergleichenden Gegenüberstellung von konzeptionellen Intentionen und der tatsächlichen Umsetzung in einem bestimmten Kontext vermutlich in Zukunft bedeutsamer und kann anhand des programmtheoretischen Ansatzes und des Rahmenmodells angegangen werden. In den weiteren Kapiteln dieses Buchs wird immer wieder auf dieses Modell zurückgegriffen, was dazu beitragen soll, einen einheitlicheren Blick auf die Gesamtheit der Maßnahmen zu bekommen.

2.4.2 Einsatz des Rahmenmodells für Reflexion und Planung

Ungeachtet seiner Ausrichtung auf den Hauptzweck – d. h. der Evaluation – kann das Rahmenmodell auch als Werkzeug für die Reflexion von Maßnahmen sowie deren Veränderung bzw. die Planung neuer Maßnahmen genutzt werden. Dieser Aspekt hat sich

schon in den ersten Schritten der Modellerarbeitung gezeigt, aber auch bei der Vorstellung auf einer Fachtagung (vgl. Abschn. 2.2.4). Lehrende und Mitarbeitende in
den Maßnahmen können mithilfe des Modells oft besser reflektieren, welche Ziele,
Merkmale oder Rahmenbedingungen sie haben und welche davon für ihre Arbeit wesentlich sind oder sein sollten. In Kenntnis der Kategorien wurden einige Beschreibungen
von Maßnahmen in den Interviews noch reichhaltiger oder entstanden Ideen für
Änderungen. Zudem kann die explizite Auflistung z. B. von Zielen oder möglichen
Besonderheiten der Studierenden bei Abwägungen helfen, etwa ob man gewisse
Studierendengruppen (etwa leistungsschwache oder -starke) auf Kosten anderer Gruppen
stärker bedient.

Daher kann das Rahmenmodell auch für die Planung einer neuen Unterstützungsmaßnahme hilfreich sein, sowohl für die Identifikation wesentlicher Aspekte zur
Konzeption der Maßnahme als auch z. B. bei der Suche nach bereits beschriebenen
Maßnahmen, die für gewisse Aspekte als Vorbild dienen können. Hierzu finden sich entsprechende Beispiele in den weiteren Kapiteln dieses Herausgeberbandes.

2.4.3   Grenzen des Einsatzes

Bei der Arbeit mit dem Rahmenmodell hat sich gezeigt, dass es gut als Werkzeug geeignet ist, um Unterstützungsmaßnahmen in der Hochschulmathematik zu
beschreiben. Es wurde aber auch ersichtlich, dass die vorgegebenen Kategorien immer
noch vergleichsweise abstrakt sind, sodass Maßnahmen noch mit stets individuellen
Ausprägungen zu den jeweiligen Kategorien beschrieben werden müssen. Es liefert
damit nur den kategorialen Beschreibungsrahmen, aber keine bereits standardisierten
Beschreibungselemente, die als mehr oder weniger zutreffend eingeschätzt werden
könnten. Dennoch hat das Rahmenmodell einigen Umfang und allein das Durchdenken aller einzelnen Kategorien kann erheblich Zeit kosten. Zudem zeigte sich, dass
viele Kategorien nicht immer anwendbar sind. Beide Punkte verdeutlichen eine Vielfalt an Aspekten, bezüglich derer sich Maßnahmen unterscheiden können. Es ist daher
nicht auszuschließen, sondern eher anzunehmen, dass sich weitere Kategorien finden
lassen, die für gewisse Betrachtungen relevant sind. Die Arbeit mit dem Rahmenmodell
hat dabei auch gezeigt, dass die Vielfalt der Kategorien so groß ist, dass ein kompakter,
systematischer Vergleich auf ein oder zwei Seiten nicht möglich ist.

Bei möglichen Erweiterungen wird eine weitere Grenze vermutlich noch an Sichtbarkeit gewinnen: Die einzelnen Kategorien wurden durch Abstraktion konkreter
Maßnahmen gewonnen und sind insofern theoretisch aufgeladen, als sie an verschiedene
Zweige der psychologischen, hochschuldidaktischen und fachdidaktischen Forschung
angeschlossen wurden. Dadurch bestehen Bezüge in verschiedene Paradigmen, die
sich kaum zu einem wissenschaftstheoretisch kohärenten Gesamtbild fügen lassen
werden. Das Rahmenmodell liefert also zunächst nur einen pragmatischen Ansatz für
Perspektiven bei der Evaluation, aber keine vereinheitlichte Theorie der Wirksamkeit

von hochschuldidaktischen Maßnahmen. In den Kategorien liegen allerdings Ansatzpunkte für die Entwicklung hochschuldidaktischer Theorien, die anhand der Verbindung mehrerer Kategorien entwickelt werden könnten.

Darauf bezugnehmend soll an dieser Stelle noch einmal der intendierte Gebrauch des Modells festgehalten werden. Der eingangs dieses Kapitels beschriebene Zweck einer vergleichenden Evaluation wird leicht missverstanden als Ausrichtung auf eine Bewertung von Maßnahmen und ihren Wirkungen. Etwas verkürzt ausgedrückt könnte man erwarten, dass das Rahmenmodell als Werkzeug dazu dienen soll, festzustellen, welche Maßnahme nun die bessere sei. Ein solch wertender Gebrauch ist jedoch nicht Intention des Modells (Niss, 2015). Vor allem erscheint er uns auch kaum möglich. Die Maßnahmen sind in ihren Zielen, Umsetzungen und Rahmenbedingungen zu verschieden, um mit einfachen Vergleichen arbeiten zu können. Zudem können Maßnahmen verschiedene, teils sogar konträre Zielsetzungen haben, sodass die Zieldimensionen des Rahmenmodells nicht für alle Maßnahmen per se erstrebenswert sind. Beispielsweise könnten Toolbox-Beliefs für anwendungsorientierte Mathematik als erstrebenswert angesehen werden, während sie im Kontext eines Fachstudiums eher irrelevant oder bei großer Ausprägung sogar als hinderlich angenommen werden könnten. Anhand des Rahmenmodells lässt sich nicht einfach bestimmen, welche Kategorien im jeweiligen Kontext überhaupt eine Bedeutung haben. Dies ergibt sich erst aus der Betrachtung und Reflexion der Maßnahme vor dem Hintergrund kontextspezifischer Ziele und Rahmenbedingungen. Dies verdeutlicht auch, dass das Rahmenmodell keine Checkliste sein kann, auf der man möglichst viele Punkte abhaken soll. Die einzelnen Beschreibungen zu den Kategorien können höchst unterschiedlich ausfallen, die Kategorien lassen sich also nicht durch vorgegebene Ausprägungskategorien oder -stufen beschreiben. Zudem können Maßnahmen, die gezielt nur eine Zieldimension ansprechen, genauso sinnvoll sein wie eine andere Maßnahme, die einen Mix aus vielen Zielen verfolgt.

Vergleiche mithilfe des Rahmenmodells beziehen sich also auf Qualitäten (im Sinne von Beschaffenheiten), die zu den Kategorien jeweils beschrieben werden können. Dabei verdeutlichen die Kategorien zu den Rahmenbedingungen, dass im Feld eine erhebliche Varianz der Ausgangssituationen vorzufinden ist. Der Vergleich von Maßnahmen und ihrer Wirkung mag allenfalls etwas über die Potentiale eines Maßnahmetyps aussagen, scheint aber kaum oder auch gar nicht geeignet für einen Vergleich der Leistungsfähigkeit konkreter Umsetzungen. In diesem Sinne kann das Rahmenmodell nur einen kleinen Beitrag zur Gestaltung einer evidenzbasierten Lehre leisten. In der Literatur dazu wird z. B. die Notwendigkeit betont, nicht nur das Ergebnis, sondern auch den Prozess einer Intervention genau zu betrachten und Rahmenbedingungen auf ihre Bedeutung hin zu reflektieren (Connolly et al., 2018; Koutsouris & Norwich, 2018). Das Rahmenmodell könnte in diesem Sinne helfen, mehr aus Feldversuchen zu lernen. Allerdings scheint die durch WiGeMath verdeutlichte Vielfalt an wesentlichen Zielen oder Rahmenbedingungen im Feld so groß zu sein, dass empirische Evidenz für ein gewisses Vorgehen kaum bestimmt werden kann. Wichtiger bleiben daher die Funktionen des Modells, eine Maßnahme in ihrer Gestaltung, Durchführung und Wirkung vor dem Hintergrund der lokalen Bedingungen zu verstehen und zu optimieren.

Anhang: Rahmenmodell

I. Ziele

1. Lernziele	2. Systembezogene Ziele	3. Zielqualitäten
1.1 Wissensbezogene Lernziele 1.1.1 Schulmathematisches Wissen und Fähigkeiten 1.1.2 Hochschulisches Mathematikwissen und -fähigkeiten 1.1.3 Fachsprache 1.2 Handlungsbezogene Lernziele 1.2.1 Mathematische Arbeitsweisen 1.2.2 Universitäre Arbeitsweisen 1.2.3 Lernstrategien 1.2.4 Lern- und Arbeitsverhalten 1.3 Einstellungsbezogene Lernziele 1.3.1 Mathematische Beliefs 1.3.2 Affektive Merkmale 1.3.3 Berufsrelevanz 1.3.4 Studienrelevanz 1.3.5 mathematische Enkulturation	2.1 Kenntnis-/Fertigkeitsvoraussetzungen schaffen 2.1.1 Verbesserung von Schulwissen und -fertigkeiten als Voraussetzung für das Studium 2.1.2 Über Schulwissen hinausgehende Voraussetzungen für Folgeveranstaltungen 2.2 Formalen Studienerfolg verbessern 2.2.1 Studienabbruchquote 2.2.2 Bestehensquoten/Leistungen 2.3 Feedbackqualität erhöhen 2.4 Soziale und studienbezogene Kontakte fördern 2.5 Förderung bestimmter Studierendengruppen 2.6 Transparentmachen der Studienanforderungen 2.7 Lehrqualität verbessern	3.1 Klarheit der Ziele 3.1.1 Spezifisch 3.1.2 Messbar 3.1.3 Akzeptiert 3.1.4 Realistisch 3.1.5 Terminiert 3.2 Akteursbezug 3.2.1 Wessen Ziele sind das? 3.2.2 Wer bestimmt die Ziele? 3.2.3 Wer kennt die Ziele (Transparenz)? 3.2.4 Wer schließt sich den Zielen an?

II. Maßnahmekategorien /-merkmale

1. Strukturelle Merkmale	2. Didaktische Elemente	3. Merkmale der Lehrpersonen/der Lehrteams
1.1 Format 1.2 Zeitliche Struktur 1.2.1 Zeitpunkt 1.2.2 Ablauf 1.2.3 Dauer/Umfang	2.1 Lernzielexplizierung 2.2 didaktische und methodische Prinzipien 2.3 Art, Anzahl und Umfang von Übungsaufgaben 2.4 Art, Anzahl und Umfang der Interaktions- und Sozialformen 2.5 Art, Anzahl, Umfang & Herkunft der Lehr-/Lernmaterialien 2.6 Art und Umfang der medialen Unterstützung (eLearning-Elemente) 2.7 Art, Anzahl und Umfang der Lernkontrollen und des Feedbacks 2.8 Adaptivität	3.1 Anzahl der Lehrenden, Wochenarbeitszeit und Betreuungsverhältnis 3.2 Status bzw. Rolle 3.3 Aufgabenteilung des Lehrteams 3.4 Qualifikation (fachlich, fachdidaktisch, hochschuldidaktisch) 3.5 Motivation 3.6 Lehrkompetenz 3.7 Lehreinstellung 3.8 Verfügbarkeit von qualifizierten Personen

4. Genese und Entwicklung der Maßnahme	5. Einbettung der Maßnahme	6. Organisatorische Merkmale
Ohne Unterkategorien	5.1 Wahl-, Wahlpflicht oder Pflichtangebot 5.2 Akzeptanz und Unterstützung der Maßnahme in der Fakultät/Organisation 5.3 inhaltliche Anknüpfung oder Verbindung der Maßnahme zum Curriculum 5.4 Extrinsische Anreize 5.5 Einbettung in Maßnahmenpaket	6.1 Anmeldungsmodalitäten 6.2 Auswahlmaßnahmen 6.3 Vorinformationen

III. Rahmenbedingungen

1. Charakteristika der Studierendenkohorte	2. Räumliche Bedingungen	3. Finanzielle und personelle Bedingungen	4. Merkmale der Lehr-/Lernkultur
1.1 Statistische Merkmale von Studierenden 1.2 Studiengänge 1.3 Mathematisches Vorwissen/ Leistungsvarianz 1.4 Einstellung bezüglich Mathematik 1.5 Selbstwirksamkeit in Bezug auf Mathematik 1.6 Kontrollüberzeugung 1.7 Erwartungen an Unterstützungsangebot sowie Lehrangebot und Dozenten 1.8 Deutschkenntnisse 1.9 Ausmaß der Beteiligung	2.1 Art und Lage des Raums 2.2 Fassungsvermögen 2.3 Flexibilität der Möblierung	3.1 Herkunft 3.2 Umfang & Flexibilität des Budgets 3.3 Eigenbeteiligung von Studierenden 3.4 Verfügbarkeit qualifizierten Personals	4.1 Epistemologische Aspekte der Fachkultur 4.2 Erwartungen an Studierende und Lehrende im Fach

Literatur

Alcock, L. (2017). *Wie man erfolgreich Mathematik studiert*. Springer Spektrum. http://link.springer.com/10.1007/978-3-662-50385-0.

Bandura, A. (1993). Perceived self-efficacy in cognitive development and functioning. *Educational Psychologist, 28*(2), 117–148. https://doi.org/10.1207/s15326985ep2802_3.

Beutelspacher, A. (2004). *Das ist o.B.d.A. trivial!: Eine Gebrauchsanleitung zur Formulierung mathematischer Gedanken mit vielen praktischen Tipps für Studierende der Mathematik und Informatik*. Vieweg.

Besser, M., Göller, R., Ehmke, T., Leiss, D., & Hagena, M. (2020). Entwicklung eines fachspezifischen Kenntnistests zur Erfassung mathematischen Vorwissens von Bewerberinnen und Bewerbern auf ein Mathematik-Lehramtsstudium. *Journal für Mathematik-Didaktik*. https://doi.org/10.1007/s13138-020-00176-x.

Bowen, G. A. (2009). Document analysis as a qualitative research method. *Qualitative Research Journal, 9*(2), 27–40. https://doi.org/10.3316/QRJ0902027.

Chen, H.-T. (1990). *Theory-driven evaluations*. Sage.

Chen, H.-T. (2012). Theory-driven evaluation: Conceptual framework, application and advancement. In R. Strobl, O. Lobermeier, & W. Heitmeyer (Eds.), *Evaluation von Programmen und Projekten für eine demokratische Kultur* (pp. 17–40). Springer Fachmedien. https://doi.org/10.1007/978-3-531-19009-9_2.

Connolly, P., Keenan, C., & Urbanska, K. (2018). The trials of evidence-based practice in education: A systematic review of randomised controlled trials in education research 1980–2016. *Educational Research, 60*(3), 276–291. https://doi.org/10.1080/00131881.2018.1493353.

Dehling, H., Glasmachers, E., Griese, B., Härterich, J., & Kallweit, M. (2014). MP2-Mathe/Plus/Praxis: Strategien zur Vorbeugung gegen Studienabbruch. *Zeitschrift für Hochschulentwicklung, 9*(4), 39–56.

Döring, N., & Bortz, J. (2016). *Forschungsmethoden und Evaluation in den Sozial- und Humanwissenschaften*. Springer. http://link.springer.com/10.1007/978-3-642-41089-5.

Flechsig, K.-H. (1975). *Handlungsebenen der Hochschuldidaktik*. https://ub-deposit.fernuni-hagen.de/receive/mir_mods_00000204.

Geisler, S., & Rolka, K. (2020). "That wasn't the math I wanted to do!" – Students' beliefs during the transition from school to university mathematics. *International Journal of Science and Mathematics Education*. https://doi.org/10.1007/s10763-020-10072-y.

Griese, B. (2017). *Learning strategies in engineering mathematics*. Springer Fachmedien. https://doi.org/10.1007/978-3-658-17619-8.

Gundlach, K.-B. (1968). Kenntnisse der Abiturienten und Studienerfolg in den Anfängervorlesungen im Fach Mathematik. *Mathematisch-Physikalische Semesterberichte, XV*, 20–31.

Halverscheid, S., & Pustelnik, K. (2013). Studying math at the university: Is dropout predictable? *Proceedings of the 37th Conference of the International Group for the Psychology of Mathematics Education "Mathematics Learning Across the Life Span", PME, 37*(2), 417–424.

Helfferich, C. (2014). Leitfaden- und Experteninterviews. In N. Baur & J. Blasius (Hrsg.), *Handbuch Methoden der empirischen Sozialforschung* (S. 559–574). Springer Fachmedien. http://link.springer.com/10.1007/978-3-531-18939-0.

Hettl, M. K. (2013). Ziele müssen »smart« sein. *Sozialwirtschaft, 23*(1), 19–20. https://doi.org/10.5771/1613-0707-2013-1-19.

Houston, K. (2012). *Wie man mathematisch denkt: Eine Einführung in die mathematische Arbeitstechnik für Studienanfänger*. Spektrum Akademischer.

Iwers-Stelljes, T., Koch, K.-C., Krauthausen, G., Löser, S., Nolte, M., & Wagner, A. C. (2014). Introvision zur Reduktion von Mathematikangst bei Lehramtsstudierenden: Qualitative Ergebnisse einer Pilotstudie. *Lernen und Lernstörungen, 3*(1), 7–21. https://doi.org/10.1024/2235-0977/a000050.

Kaspersen, E., Pepin, B., & Sikko, S. A. (2017). Measuring STEM students' mathematical identities. *Educational Studies in Mathematics, 95*(2), 163–179. https://doi.org/10.1007/s10649-016-9742-3.

Kosiol, T., Rach, S., & Ufer, S. (2019). (Which) mathematics interest is important for a successful transition to a university study program? *International Journal of Science and Mathematics Education, 17*(7), 1359–1380. https://doi.org/10.1007/s10763-018-9925-8.

Koutsouris, G., & Norwich, B. (2018). What exactly do RCT findings tell us in education research? *British Educational Research Journal, 44*(6), 939–959. https://doi.org/10.1002/berj.3464.

Kovaleva, A., Beierlein, C., Kemper, C. J., & Rammstedt, B. (2012). *Eine Kurzskala zur Messung von Kontrollüberzeugung: Die Skala Internale-Externale-Kontrollüberzeugung-4 (IE-4)* (Nr. 2012/19; GESIS-Working Papers).

Liebendörfer, M. (2018). *Motivationsentwicklung im Mathematikstudium*. Springer Fachmedien. https://doi.org/10.1007/978-3-658-22507-0.

Liebendörfer, M., & Schukajlow, S. (2017). Interest development during the first year at university: Do mathematical beliefs predict interest in mathematics? *ZDM Mathematics Education, 49*(3), 355–366. https://doi.org/10.1007/s11858-016-0827-3.

Liebendörfer, M., Hochmuth, R., Biehler, R., Schaper, N., Kuklinski, C., Khellaf, S., Colberg, C., Schürmann, M., & Rothe, L. (2017). A framework for goal dimensions of mathematics learning support in universities. In T. Dooley & G. Gueudet (Hrsg.), *Proceedings of the tenth congress of the European society for research in mathematics education (CERME10, February 1–5, 2017)* (S. 2177–2184). DCU Institute of Education & ERME.

Liebendörfer, M., Göller, R., Gildehaus, L., Kortemeyer, J., Biehler, R., Hochmuth, R., Ostsieker, L., Rode, J., & Schaper, N. (2022). The role of learning strategies for performance in mathematics courses for engineers. *International Journal of Mathematical Education in Science and Technology, 53*(5), 1133–1152. https://doi.org/10.1080/0020739X.2021.2023772.

Mason, J., Burton, L., & Stacey, K. (2008). *Mathematisch denken, Mathematik ist keine Hexerei* (5., verbesserte Aufl.). Wissenschaftsverlag.

Niss, M. (2015). Prescriptive modelling – Challenges and opportunities. In G. A. Stillman, W. Blum, & M. Salett Biembengut (Hrsg.), *Mathematical modelling in education research and practice: Cultural, social and cognitive influences* (S. 67–79). Springer International Publishing. https://doi.org/10.1007/978-3-319-18272-8_5.

Perrenet, J., & Taconis, R. (2009). Mathematical enculturation from the students' perspective: Shifts in problem-solving beliefs and behaviour during the bachelor programme. *Educational Studies in Mathematics, 71*(2), 181–198. https://doi.org/10.1007/s10649-008-9166-9.

Polya, G. (1945). *How to solve it: A new aspect of mathematical method*. Princeton University Press.

Prior, L. (2016). *Using documents in social research*. Sage.

Rach, S. (2014). *Charakteristika von Lehr-Lern-Prozessen im Mathematikstudium: Bedingungsfaktoren für den Studienerfolg im ersten Semester*. Waxmann.

Rach, S., & Ufer, S. (2020). Which prior mathematical knowledge is necessary for study success in the university study entrance phase? Results on a new model of knowledge levels based on a reanalysis of data from existing studies. *International Journal of Research in Undergraduate Mathematics Education*. https://doi.org/10.1007/s40753-020-00112-x.

Reinmann, G. (2015). *Neu erfinden oder fündig werden?* https://gabi-reinmann.de/?p=5105.

Rosenthal, J. S. (1995). Active learning strategies in advanced mathematics classes. *Studies in Higher Education, 20*(2), 223–228.

Schoenfeld, A. H. (1985). *Mathematical problem solving*. Academic Press.

Thumser-Dauth, K. (2007). *Evaluation hochschuldidaktischer Weiterbildung. Entwicklung, Bewertung und Umsetzung des 3P-Modells*. Kovac.

Törner, G., & Grigutsch, S. (1994). „Mathematische Weltbilder" bei Studienanfängern – Eine Erhebung. *Journal für Mathematik-Didaktik, 15*(3–4), 211–251.

Ufer, S., Rach, S., & Kosiol, T. (2016). Interest in mathematics = interest in mathematics? What general measures of interest reflect when the object of interest changes. *ZDM Mathematics Education, 49*(3), 397–409. https://doi.org/10.1007/s11858-016-0828-2.

Vivaldi, F. (2014). *Mathematical writing*. Springer. http://link.springer.com/10.1007/978-1-4471-6527-9.

Weber, K. (2005). Problem-solving, proving, and learning: The relationship between problem-solving processes and learning opportunities in the activity of proof construction. *The Journal of Mathematical Behavior, 24*(3–4), 351–360. https://doi.org/10.1016/j.jmathb.2005.09.005.

Webler, W.-D., & Wildt, J. (Hrsg.). (1979). *Wissenschaft, Studium, Beruf: Zu den Bedingungs-, Analyse- und Handlungsebenen der Ausbildungsforschung und Studienreform*. Arbeitsgemeinschaft für Hochschuldidaktik.

Wenger, E. (1998). *Communities of practice: Learning, meaning, and identity*. Cambridge University Press.

Wildt, J. (2006). Ein hochschuldidaktischer Blick auf Lehren und Lernen. Eine kurze Einführung in die Hochschuldidaktik. In B. Behrendt, J. Wildt, & B. Sczcyrba (Hrsg.), *Neues Handbuch Hochschullehre* (Griffnummer 2 00 06 01). Josef Raabe.

Winteler, A. (2004). *Professionell lehren und lernen: Ein Praxisbuch*. Wissenschaftliche Buchgesellschaft.

Zevenbergen, R. (2002). Changing contexts in tertiary mathematics: Implications for diversity and equity. In D. Holton, M. Artigue, U. Kirchgräber, J. Hillel, M. Niss, & A. Schoenfeld (Hrsg.), *The teaching and learning of mathematics at university level* (Bd. 7, S. 13–26). Kluwer Academic Publishers. https://doi.org/10.1007/0-306-47231-7_2.

Evaluation von Unterstützungsmaßnahmen in mathematikbezogenen Studiengängen

Mirko Schürmann, Michael Liebendörfer, Christiane Büdenbender-Kuklinski, Elisa Lankeit, Johanna Ruge, Niclas Schaper, Rolf Biehler und Reinhard Hochmuth

Zusammenfassung

Dieser Beitrag stellt eine Einführung zur Evaluation von Unterstützungsmaßnahmen in mathematikbezogenen Studiengängen dar. Detailliert werden qualitative Ansätze zur Planung und Durchführung von Interviews und Beobachtungsstudien sowie quantitative Ansätze der Item- und Skalenentwicklung sowie -nutzung inklusive der Adaptation bestehender Skalen an die Untersuchungsziele erläutert und beispielhaft für durchgeführte Analysen im Rahmen des Projekts WiGeMath beschrieben. Im Beitrag wird der aus dem Projekt heraus entwickelten Ansatz zur Evaluation vorgestellt und

M. Schürmann (✉)
Institut für Humanwissenschaften, Universität Paderborn, Paderborn, Nordrhein-Westfalen, Deutschland
E-Mail: mirko.schuermann@upb.de

M. Liebendörfer
Institut für Mathematik, Universität Paderborn, Paderborn, Nordrhein-Westfalen, Deutschland
E-Mail: michael.liebendoerfer@math.upb.de

C. Büdenbender-Kuklinski
Institut für Didaktik der Mathematik und Physik, Leibniz Universität Hannover, Hannover, Niedersachsen, Deutschland
E-Mail: kuklinski@idmp.uni-hannover.de

E. Lankeit
Institut für Mathematik, Universität Paderborn, Paderborn, Nordrhein-Westfalen, Deutschland
E-Mail: elankeit@math.upb.de

R. Hochmuth et al. (Hrsg.), *Unterstützungsmaßnahmen in mathematikbezogenen Studiengängen*, Konzepte und Studien zur Hochschuldidaktik und Lehrerbildung Mathematik, https://doi.org/10.1007/978-3-662-64833-9_3

darüber hinaus allgemeine Erläuterungen zur Methodik gegeben. Dies soll Leser*innen dazu befähigen, selbst eigene Evaluationen in diesem Kontext durchführen zu können. Darüber hinaus dient es dem Verständnis der im Projekt WiGeMath durchgeführten Evaluationsstudien und soll eine Grundlage für die folgenden Kapitel darstellen, in denen die drei Maßnahmetypen (Vorkurse, Brückenvorlesungen und Lernzentren) mit den jeweiligen Forschungsergebnissen und spezifischen Beschreibungen einzelner Good-Practice-Beispiele vorgestellt werden. Dafür wird zunächst das im Projekt WiGeMath zugrunde gelegte Evaluationsmodell Chen (Theory-driven evaluation. Sage, California, 1990) und Thumser-Dauth (Evaluation hochschuldidaktischer Weiterbildung. Entwicklung, Bewertung und Umsetzung des 3P-Modells. Kovac, Hamburg, 2007) vorgestellt. Anhand praktischer Beispiele wird aufgezeigt, wie die Planung, Entwicklung und Umsetzung sowie Auswertung einer Evaluation von hochschulischen Unterstützungsmaßnahmen im Sinne dieses Modells erfolgen kann.

3.1 Hintergrund und theoretischer Rahmen

3.1.1 Zur Evaluation von Unterstützungsmaßnahmen im Bereich Mathematik

Bei der Durchführung einer Maßnahme tauchen regelmäßig für Geldgeber, die eigene Hochschule, Kolleginnen und Kollegen und nicht zuletzt die Durchführenden selbst Fragen auf, ob diese Maßnahme weitergeführt werden soll und wie diese oder weitere Maßnahmen gestaltet werden sollen. Man könnte eine Maßnahme nach eigenem Empfinden schnell als „gut" oder „effektiv" einordnen, für eine wissenschaftliche

J. Ruge
Hamburger Zentrum für Universitäres Lehren und Lernen (HUL), Universität Hamburg, Hamburg, Deutschland
E-Mail: johanna.ruge@uni-hamburg.de

N. Schaper
Institut für Humanwissenschaften, Universität Paderborn, Paderborn, Nordrhein-Westfalen, Deutschland
E-Mail: niclas.schaper@upb.de

R. Biehler
Institut für Mathematik, Universität Paderborn, Paderborn, Nordrhein-Westfalen, Deutschland
E-Mail: biehler@math.upb.de

R. Hochmuth
Institut für Didaktik der Mathematik und Physik, Leibniz Universität Hannover, Hannover, Niedersachsen, Deutschland
E-Mail: hochmuth@idmp.uni-hannover.de

Evaluation ist aber eine vertiefte Betrachtung notwendig. Sie sollte zumindest die Ziele, das geplante Vorgehen und Bedingungsfaktoren in den Blick nehmen, um dazu die Fragen beantworten zu können, ob sich die Maßnahme wie gedacht umsetzen lässt und letztlich die Frage, ob die Erreichung der angestrebten Ziele (oder ggf. weiterer Effekte) durch die Maßnahme bewirkt werden und diese ggf. auch an anderen Standorten einsetzbar ist. Aus wissenschaftlicher Perspektive ist dies ebenso relevant, wie z. B. die Identifikation von Wirk- und Bedingungsfaktoren im Lernprozess von Studierenden, die an Unterstützungsmaßnahmen teilnehmen.

Die abschließende Bewertung einer Maßnahme hängt wesentlich ab von der Bewertung und Gewichtung der erzielten Ergebnisse, ggf. auch von der Sicherheit der Aussagen über die Zielerreichung und den dafür eingesetzten Mitteln. Wie bei der Erarbeitung des Rahmenmodells (Kap. 2) deutlich wurde, können Maßnahmen sehr unterschiedliche Ziele verfolgen und Lehrende diese Ziele unterschiedlich gewichten. Je nach Gewichtung der Ziele kann dieselbe Maßnahme also als mehr oder minder erfolgreich eingeschätzt werden. So eine Bewertung stand nicht im Mittelpunkt des WiGeMath-Projektes. Dieses Kapitel thematisiert daher nur die Aspekte, die einer Bewertung zugrunde liegen. Wie können überhaupt die Ziele der Beteiligten rekonstruiert werden? Wie kann die Umsetzung einer Maßnahme evaluiert werden und welche Aussagen über mögliche Wirkungen sind möglich?

Gerade die Antworten auf die letzte Teilfrage fallen oft unbefriedigend aus. Dies wird beispielsweise mit Blick auf die Evaluationsmethoden deutlich. Nur in den seltensten Fällen wird eine randomisiert kontrollierte Studie möglich sein, bei der die Teilnehmenden zufällig in eine Experimentalgruppe und eine Kontrollgruppe eingeteilt werden. Sofern der Besuch z. B. eines Vorkurses oder Lernzentrums freiwillig ist, unterscheiden sich die Studierenden, die das Angebot nutzen, von den anderen oft auch in persönlichen Merkmalen wie dem Fachinteresse oder einer zusätzlichen Belastung durch z. B. Nebenjobs. In solchen Situationen lässt sich nicht sagen, ob spätere Unterschiede, etwa in der Studienleistung, auf die Maßnahme selbst oder die weiteren Personenmerkmale und -variablen zurückgeführt werden können, sofern diese nicht zusätzlich detailliert erfasst und in Analysen als Einflussfaktoren berücksichtigt oder kontrolliert werden. Ein weiteres methodisches Problem betrifft den hohen Anteil von Studienabbrechern und Fachwechslern in der Mathematik. Dies verschärft die bekannten Schwierigkeiten, Kohorten in längsschnittlichen Untersuchungen möglichst vollständig zu befragen. Beispielsweise nahmen in einer WiGeMath-Untersuchung zur Ingenieursmathematik am Anfang des zweiten Studiensemesters 178 Studierende teil, in der Semestermitte noch 130 und am Ende des Semesters nur noch 93 (Kuklinski et al., 2020). Dabei handelte es sich nicht immer um dieselben Studierenden, sodass ein echter Längsschnitt über die drei Zeitpunkte nur von 49 der ursprünglichen 178 Studierenden ausgewertet werden konnte. Die Aussagekraft solcher Daten ist somit eingeschränkt.

Sollte deshalb auf die Evaluationen von Unterstützungsmaßnahmen verzichtet werden? Das ist natürlich nicht so, denn lehrpraktische Entscheidungen müssen auf jeden Fall getroffen werden und zwar vor dem Hintergrund des bestmöglichen

Kenntnisstandes. Auch wenn viele Fragen nicht mit Sicherheit beantwortet werden können, lassen sich zumindest Anhaltspunkte für Aussagen zur Wirksamkeit finden. Zudem sollten bei der Evaluation die Ziele und Rahmenbedingungen mitberücksichtigt und dokumentiert werden. Dies ermöglicht zumindest plausible Aussagen zu vorliegenden Wirkungsweisen und erweitert in jedem Fall den Erkenntnisstand zur Maßnahmenwirkung und bildet damit eine validere Grundlage für lehrpraktische Entscheidungen als ohne entsprechende Evaluationen.

Dieses Kapitel enthält zu den aufgeworfenen Fragen und Aufgaben einige Hinweise und Erfahrungen aus dem WiGeMath-Projekt. Im Folgenden werden zunächst Grundlagen zur Evaluation von Unterstützungsmaßnahmen (Abschn. 3.1.2) beschrieben, soweit sie in WiGeMath relevant waren, sodass auf dieser Basis auch eine Anwendung der berichteten Verfahrensweisen in weiteren Evaluationsuntersuchungen durch Leser*innen dieses Bandes erfolgen kann. Hierzu wird auf die Ansätze von Chen (1990) und Thumser-Dauth (2007) eingegangen, auf die im WiGeMath-Projekt im Hinblick auf grundsätzliche Aspekte der Evaluation und des Evaluationsdesigns besonders Bezug genommen wurde. Dieser Ansatz einer theoriegeleiteten Evaluation macht deutlich, wie und warum zusätzlich zur Wirkung die Rahmenbedingungen und die Umsetzung einer Maßnahme bei einer Evaluation in den Blick genommen werden sollten. In Abschn. 3.2 werden die Evaluationsanliegen dann mit konkreten Methoden zur Datengewinnung verbunden und deren Einsatzmöglichkeiten bei der Evaluation von Unterstützungsmaßnahmen in Abschn. 3.3 beschrieben. Ausgewählte Methoden, die im WiGeMath-Projekt besondere Anwendung gefunden haben, werden im Abschn. 3.4 vorgestellt. In Abschn. 3.5 wird sodann eine beispielhafte Anwendung der bis dahin vorgestellten Ansätze in Verbindung mit der Evaluation eines Vorkurses vorgestellt. Wie die beschriebenen Evaluationsergebnisse interpretiert werden können, wird in Abschn. 3.6 besprochen. Inwieweit sich insgesamt für innovative Projekte in der Hochschulmathematik trotz der genannten Hindernisse hilfreiche Evaluationsmöglichkeiten mit Blick auf die Fortführung oder Anpassung von Maßnahmen ergeben, wird abschließend in Abschn. 3.7 diskutiert.

3.1.2 Theoretische Grundlagen der Evaluationsforschung

Der Begriff Evaluation wird sowohl umgangssprachlich als auch im wissenschaftlichen Kontext unterschiedlich definiert und verwendet. Im alltäglichen Gebrauch wird Evaluation als Bewertung oder Beurteilung eines Gegenstands, Programms, einer Maßnahme oder Dienstleistung, sowie vieler weiterer Objekte verwendet. Im wissenschaftlichen Sprachgebrauch ist diese inhaltliche Bedeutungszuweisung ähnlich, sie wird jedoch um weitere wichtige Merkmale ergänzt. Ein wichtiges Charakteristikum ist dabei das systematische und planvolle Vorgehen. So definiert das Joint Committee on Standards for Educational Evaluation nach Beywl (2000) Evaluation als „systematische Untersuchung der Verwendbarkeit oder Güte eines Gegenstands" (S. 25). Als

Gegenstände werden dabei im pädagogischen Bereich vorwiegend Bildungsmaßnahmen oder Programme verstanden. Um diesem wissenschaftlichen Sprachgebrauch noch mehr Rechnung zu tragen, wird häufig der Begriff der wissenschaftlichen Evaluation oder Evaluationsforschung verwendet. So definieren Rossi et al. (1988): „Evaluationsforschung […] als systematische Anwendung sozialwissenschaftlicher Forschungsmethoden zur Beurteilung der Konzeption, Ausgestaltung, Umsetzung und des Nutzens sozialer Interventionsprogramme" (S. 3). Döring und Bortz (2016) erweitern diese Definition noch um die Beschreibung mehrerer Evaluationsgegenstände und betonen den Rückgriff auf wissenschaftliche Methoden und Theorien.

„Evaluationsforschung – Die Evaluationsforschung widmet sich der Bewertung von Maßnahmen, Programmen (Maßnahmenbündeln), aber auch von anderen Evaluationsgegenständen. Dabei wird auf technologische oder auch grundlagenwissenschaftliche Theorien zurückgegriffen. Evaluationsforschung operiert meist stärker theorieanwendend als theorieentwickelnd." (Döring & Bortz, 2016, S. 977).

Im Bereich der Evaluationsforschung bestehen unterschiedliche Evaluationsansätze. Diese unterscheiden sich in den Zielsetzungen, den Definitionen und Methoden und werden meistens noch durch verschieden Evaluationsmodelle präzisiert. Döring und Bortz (2016) fassen die vorhandenen Ansätze in folgenden vier Gruppen zusammen und definieren diese als:

Ergebnisorientierter Evaluationsansatz: Er ist in der Praxis sehr verbreitet und konzentriert sich meist auf zwei Merkmale der zu evaluierenden Maßnahme: ihre Wirksamkeit (Effektivität) sowie das Verhältnis von Nutzen und Kosten (Effizienz).
Systemischer Evaluationsansatz: Dieser geht einen Schritt weiter und betrachtet den Evaluationsgegenstand umfassender, also untersucht nicht nur die Ergebnisse der Maßnahme, sondern auch die Eingangs- und Kontextbedingungen sowie die Art und Weise der Umsetzung der Maßnahme. Eine systemische Evaluation liefert also potenziell ein recht umfassendes Bild der Maßnahme.
Theorieorientierter Evaluationsansatz: Er ist noch anspruchsvoller und analysiert im Detail die Ursache-Wirkungs-Mechanismen, die innerhalb einer Maßnahme greifen und für die unterschiedlichen Effekte einer Maßnahme verantwortlich sind.
Akteursorientierter Evaluationsansatz: Dieser ist schließlich dadurch gekennzeichnet, dass seine Forschungsaktivitäten in den Dienst einzelner Stakeholder-Gruppen gestellt werden (klientenorientierte Modelle) oder alle Stakeholder gleichermaßen aktiv einbeziehen sollen bis hin zur Steuerung der Evaluation durch die Stakeholder."
(Döring & Bortz, 2016, S.996).

Diese einzelnen Ansätze schließen sich nicht gegenseitig aus, vielmehr ergänzen sie einander und fokussieren unterschiedliche Schwerpunkte in der Evaluation. So steht beim ergebnisorientierten Ansatz meistens die Untersuchung der Wirksamkeit in Form von Outcomes, der Effizienz oder Effektivität im Vordergrund. Systemische Ansätze versuchen hingegen darüber hinaus noch wichtige Rahmenbedingungen und Umsetzungsfaktoren zu berücksichtigen. Akteursorientierte Ansätze sind durch die Multiperspektivität der verschiedenen involvierten Personengruppen gekennzeichnet

(z. B. Studierende, Lehrende, Tutor*innen und weitere Hochschulangehörige). Theorie-basierte Ansätze versuchen zusätzlich a priori Wirkmechanismen zu beschreiben, die im Rahmen der Evaluation überprüft werden. Grundlage dafür ist eine genaue Beschreibung der zu untersuchenden Maßnahme, mit genauen Annahmen beispielsweise darüber, wie und warum bei welcher Zielgruppe Wirkungen erzielt werden können. Unserer Ansicht nach liegt in der Anwendung dieses Ansatzes zur Evaluation mathematischer Unterstützungsmaßnahmen ein besonderer Mehrwert aufgrund folgender Aspekte:

a) die ausführliche Beschreibung und Definition der Unterstützungsmaßnahme,
b) die Annahmen über Wirkungen und Wirkungszusammenhänge,
c) eine Berücksichtigung möglicher einflussnehmender Rahmenbedingungen,
d) die Beschreibung der Zielgruppen und weiterer relevanter Personengruppen (Akteure),
e) eine spezifische Analyse der Wirkungen und Effekte sowie
f) die Nutzung der Ergebnisse für die Veränderung der Unterstützungsmaßnahme sowie zur Gestaltung neuer Maßnahmen.

Im folgenden Abschnitt werden diese Aspekte in der Beschreibung der theorie-orientierten Ansätze nach Chen (1990) und Thumser-Dauth (2007) detaillierter vor-gestellt und die Nutzungsmöglichkeiten für die Untersuchung von mathematischen Unterstützungsmaßnahmen beschrieben.

3.1.3 Theorieorientierte Evaluationsansätze

Als theoretische Grundlage für die Evaluation von Unterstützungsmaßnahmen kann das 3P-Modell von Thumser-Dauth (2007) genutzt werden. Dieses beschreibt eine Programmevaluation für hochschuldidaktische Weiterbildungsmaßnahmen basierend auf Chens Ansatz der „theory-driven evaluation" (1990). Chen postuliert in seinem Ansatz sechs verschiedene Theoriebereiche und skizziert dazu jeweils sechs ent-sprechende Evaluationstypen, um diese Theorien prüfen zu können. Die ersten drei Bereiche bezeichnet er als normative Theorien und deren Evaluation, die letzten drei als kausale Theorien mit den entsprechenden Evaluationstypen. Diese systematische Betrachtung einzelner Interventionen auf diesen unterschiedlichen Theorieebenen erlaubt bei Evaluationen eine strukturierte Analyse von Wirkungsketten, die insbesondere dann relevant ist, wenn erwartete Wirkungen (teilweise) ausbleiben. Zudem ist eine differenzierte Betrachtung der unterschiedlichen Evaluationsebenen beim Vergleich von Maßnahmen, und um verallgemeinernde Aussagen über die Maßnahmen ableiten zu können, sehr hilfreich.

Die Beschreibung der normativen Theorien einer Maßnahme sollte nach Chen (1990) in drei Bereichen vorgenommen werden: Sie sollte Informationen über die Ziele (1), die Gestaltungsmerkmale und die Form der Durchführung (2) sowie die erforderlichen Rahmenbedingungen einer Interventionsmaßnahme (3) beinhalten. Im Rahmen der zugehörigen normativen Evaluationsansätze können die Bereiche auf drei Stufen untersucht werden, z. B. durch die Untersuchung der Maßnahmenziele, des Vergleichs von konzeptionell geplanten und tatsächlichen Gestaltungsmerkmalen und Durchführungsformen sowie des Vergleichs von erforderlichen und tatsächlichen Umsetzungs- und Rahmenbedingungen der Maßnahme. Darüber hinaus können nach Chen (1990) anhand der kausalen Theoriebeschreibungen Annahmen zu den Wirkungen und Effekten einer Maßnahme auf die zu erreichenden (Lern-)Ergebnisse (4), zu den Wirkmechanismen einer Maßnahme (5) sowie zu deren Übertragbarkeit und Generalisierung auf weitere Anwendungskontexte (6) getroffen werden. Durch die kausale Evaluation werden diese Annahmen untersucht, z. B. durch die Erfassung kausaler Effekte, die Analyse von Wirkmechanismen und Prozessen sowie die Generalisierbarkeit der Maßnahme auf andere Gruppen oder Bereiche.

Ausgehend vom Chen'schen Evaluationsansatz (1990) unterscheidet Thumser-Dauth (2007) in ihrem 3 P-Modell zur Evaluation hochschuldidaktischer Weiterbildungen drei Ebenen voneinander. Die erste Ebene der Programmtheorien geht dabei auf Chens (1990) Ansatz zurück und umschreibt Maßnahmen bezüglich der Ziele, der Verfahren, der Rahmenbedingungen und der intendierten Effekte. Die weitere Unterscheidung zwischen der Programmumsetzung und Programmwirkung ist jedoch neu. Auf diesen beiden Ebenen werden Evaluationstypen beschrieben, die jeweils Bezug nehmen auf die Programmtheorien der ersten Ebene.

> „Durch die Untergliederung der Evaluationstypen in zwei Ebenen wird der Tatsache Rechnung getragen, dass hochschuldidaktische Weiterbildung in der Regel in zwei Schritten erfolgt. Zunächst werden durch die Intervention lediglich die Lehrenden als direkte Zielgruppe fokussiert […]. In einem zweiten Schritt rücken die Studierenden als indirekte Zielgruppe in den Mittelpunkt, da hochschuldidaktische Weiterbildung letztendlich immer das Ziel hat, die Lehre und damit die Studien- beziehungsweise Lernbedingungen und -leistungen der Studierenden zu verbessern" (Thumser-Dauth, 2007, S. 77).

Diese Besonderheit von hochschuldidaktischen Weiterbildungen betrifft in ähnlicher Weise mathematische (hochschulische) Unterstützungsmaßnahmen. Auf der Ebene der Programmtheorien werden Unterstützungsmaßnahmen konzipiert und beschrieben (z. B. mathematische Vorkurse, mathematische Lernzentren), im Rahmen der Programmumsetzung werden erst ausführende Akteure instruiert oder geschult (z. B. Dozent*innen, Tutor*innen), dann erfolgt die Umsetzung der Maßnahme, deren Wirkung letztendlich bei den Studierenden erzielt werden soll. Die Evaluation von Unterstützungsmaßnahmen kann nach diesem Modell folglich auf drei Ebenen erfolgen, der Evaluation der Programmtheorien, der Programmumsetzung und -durchführung sowie der Programmwirkungen.

3.1.4 Anwendung der Evaluationsansätze von Chen (1990) und Thumser-Dauth (2007) im WiGeMath-Projekt

Im Rahmen des WiGeMath-Projektes wurden zunächst Programmtheorien über die Maßnahmen bezüglich der Ziele, der Verfahren, der Rahmenbedingungen und der Effekte rekonstruiert. Anschließend wurden die Programmumsetzung und die Programmwirkungen insbesondere aus Sicht der involvierten Akteure evaluiert. Zur Erfassung der Programmtheorien wurde im Projekt zunächst ein maßnahmenübergreifendes Rahmenmodell (Kap. 2) entwickelt, das zur Rekonstruktion von Zielen, Maßnahmemerkmalen, Rahmenbedingungen und Wirkungsvariablen für unterschiedliche Maßnahmetypen genutzt wird. Die zu untersuchenden Unterstützungsmaßnahmen und Maßnahmetypen wurden anhand dieses Rahmenmodells eingeordnet und systematisch im Hinblick auf die Modellkategorien charakterisiert bzw. beschrieben. Auf dieser Grundlage wurden dann Annahmen über Zielerreichung und Wirkungen getroffen und für systematische Evaluationen genutzt.

Die entsprechenden Unterstützungsmaßnahmen wurden somit bezüglich ihrer jeweiligen Ziele evaluiert, was eine Berücksichtigung der spezifischen Rahmenbedingungen und Maßnahmemerkmale erforderte, die im Rahmenmodell abgebildet werden. Zur Prüfung der Zielerreichung wurden daneben einschlägige Theorien zu den jeweiligen Inhalten herangezogen, z. B. Motivationstheorien oder fachdidaktische Theorieelemente zu mathematischen Weltbildern.

3.2 Methoden zur Evaluation mathematischer Unterstützungsmaßnahmen

Eine der klassischsten und wohl geläufigsten Differenzierung zur Beschreibung und Durchführung von Evaluationen ist die zwischen formativer und summativer Evaluation.

> „Die gestaltende bzw. formative Evaluation („formative evaluation") erfüllt v. a. eine Optimierungsfunktion: Es geht darum, die Maßnahme zu verbessern. Dementsprechend sollen die Evaluationsergebnisse bei einer formativen Evaluation primär von den Maßnahmenbeteiligten genutzt werden. In der Regel ist dabei eine kontinuierliche Rückmeldung von Evaluationsergebnissen in die Praxis hilfreich, so dass in mehreren Rückkopplungsschleifen Verbesserungen vorgenommen und geprüft werden können." (Döring & Bortz, 2016, S. 990).

Formative Evaluationen sind daher meistens durch mehrere Erhebungen bei unterschiedlichen Akteuren und Akteurinnen (z. B. Studierenden, Lehrenden, Tutor*innen) und durch die unmittelbare Rückmeldung der Ergebnisse, meistens noch im laufenden Prozess der Einführung einer Maßnahme, gekennzeichnet. Dies ermöglicht eine rasche Umsetzung von Veränderungsbedarfen einer Maßnahme, die durch die Anwendung von vornehmlich qualitativen Erhebungsmethoden identifiziert wurden.

Besteht jedoch das Ziel einer Evaluation darin, Wirkungen nachzuweisen oder Entscheidungen zur Fortführung oder zur Beendigung einer Maßnahme herbeizuführen, bietet sich die Form der summativen Evaluation an. Nach Döring und Bortz (2016) hat die „bilanzierende bzw. summative Evaluation („summative evaluation") v. a. eine Kontroll- und Legitimationsfunktion: Es geht darum, die Maßnahme zusammenfassend zu bewerten und auf diese Weise Rechenschaft abzulegen" (S. 990). Erhebungen in summativen Evaluationen erfolgen daher meistens zum Abschluss oder nachlaufend zur Durchführung einer Maßnahme durch die Anwendung von überwiegend quantitativen Erhebungsmethoden.

Die Methoden zur Evaluation können grundsätzlich in die zwei große Verfahrensgruppen, der qualitative und quantitative Methoden, eingeteilt werden, die sich in der Zielsetzung, der Untersuchungsplanung, der Erhebung und den zu generierenden Daten sowie insgesamt durch die Forschungslogik unterscheiden.

Qualitative Evaluationsmethoden eignen sich insbesondere, um offene Fragestellungen zu untersuchen, die mithilfe von zu erhebenden Informationen beantwortet werden sollen. Sie gehen zum Beispiel der Zielsetzung nach, Maßnahmen besser zu beschreiben oder strukturieren zu können, Prozesse zu analysieren oder Annahmen über Wirkungen von beteiligten Akteuren erfassen zu können. Typische Beispiele für qualitative Erhebungsverfahren sind:

- Interviews, die mit Einzelpersonen (z. B. als narratives Interview oder Expert*inneninterview) oder mit mehreren Personen (z. B. Gruppeninterviews/Fokusgruppen) durchgeführt werden,
- Beobachtungen, die in unterschiedlichen Formen (offen/verdeckt, teilnehmend/nicht teilnehmend) mit unterschiedlichen Varianten (per Video, durch Beobachter*innen) angewendet werden,
- Dokumentenanalysen, die eine Untersuchung unterschiedlicher Quellen und Materialien (z. B. Modulbeschreibungen, Lehr- und Lernkonzepte, Maßnahmenbeschreibungen) vorsehen.

Diese Verfahren generieren qualitatives Datenmaterial, welches durch entsprechende Auswertungsmethoden vor dem Hintergrund der jeweiligen Zielsetzung und Fragestellung bearbeitet wird. Typische Beispiele zur Auswertung qualitativer Daten sind:

- Narrative Ansätze (Flick, 2016),
- Hermeneutische Ansätze (Oevermann, 1973),
- Konversations- oder Diskursanalytische Ansätze (Flick, 2016),
- Inhaltsanalytische Ansätze (Mayring, 1994),
- Grounded-Theory-Ansätze nach Glaser und Strauss bzw. Holton (Glaser & Holton, 2004).

Qualitative Evaluationsmethoden unterscheiden sich darüber hinaus bei der Anwendung und Durchführung durch den Grad der Strukturiertheit (vgl. Kuckartz et al., 2008 für eine Einführung in qualitative Evaluationsmethoden). Sie können sehr offen sein, wie bei einem narrativen Gespräch, oder auch hoch strukturiert, beispielsweise in einer teilnehmenden Beobachtung mit Protokollbögen, in denen gewisse Verhaltensweisen notiert und damit abzählbar gemacht werden Abschn. 3.4.2.2). Sind diese Verfahren hoch strukturiert, so werden diese auch als quantitative Beobachtung oder quantitative Interviews bezeichnet (vgl. Döring & Bortz, 2016). Der Übergang zu quantitativen Erhebungsmethoden der Evaluation ist somit fließend und keineswegs nur anhand der gewählten Erhebungsmethode zu definieren.

> „Tatsächlich liegt das zentrale Unterscheidungskriterium [zwischen qualitativen und quantitativen Ansätzen, Anm. d. A.] auf der Ebene der Forschungslogik bzw. der wissenschaftstheoretischen Begründung des Vorgehens. Aus der jeweiligen Forschungslogik ergibt es sich dann, dass im sog. quantitativen Ansatz primär mit numerischem Datenmaterial und im sog. qualitativen Ansatz primär mit verbalem Datenmaterial gearbeitet wird." (Döring & Bortz, 2016, S. 33).

Die Forschungslogik qualitativer Ansätze zielt meistens auf ein vertieftes Verstehen, also Herstellen von Sinnbezügen, des Forschungsgegenstands unter Berücksichtigung verschiedener Qualitäten (im Sinne von Beschaffenheiten) von Daten. Beispielsweise können Dokumentenanalysen von Maßnahmekonzepten durch Interviews mit den Maßnahmeverantwortlichen ergänzt werden, um z. B. unklare oder abstrakte Ziel- und Durchführungsbeschreibungen zu klären und zu konkretisieren und um implizite Ziele zu identifizieren und zu benennen. Qualitative Forschung weist daher vielfältige Methoden bei der Datenerhebung und -auswertung auf, mit denen z. B. unerwarteten Befunden unmittelbar im Forschungsprozess nachgegangen werden kann. Sie bietet damit oft methodische Flexibilität, verlangt aber umso mehr ein systematisches Vorgehen und eine transparente Dokumentation der Methodenanwendung. Quantitative Ansätze folgen in der Regel einem deklarativen und (hypothesen-)prüfenden Ansatz, um den Forschungsgegenstand standardisiert beschreiben oder spezifische Vermutungen zum Forschungsgegenstand überprüfen zu können, die eine standardisierte Erfassung voraussetzen. Dabei werden häufig große und repräsentative Stichproben angestrebt. Typische Beispiele für Erhebungsmethoden in quantitativen Evaluationsansätzen sind:

- Befragungen in Form des Einsatzes von Fragebögen in Face-to-Face-Befragungen, Onlinebefragungen, telefonischen oder postalischen Befragungen,
- Tests, z. B. in Form von, Wissens-, oder Performanztests,
- weitere Messungen, z. B. in Form von Körperreaktionen (Vitalfunktion, Augenbewegungen, Hautleitfähigkeit) oder Lärm- und Geräuschpegeln.

Durch den Einsatz entsprechender Erhebungsinstrumente werden Rohdaten erzeugt, die mit unterschiedlichen Verfahren vor dem Hintergrund der folgenden Perspektiven ausgewertet werden können:

- Deskriptive Datenanalyse, zur Beschreibung von Sachverhalten und deren Quantifizierung,
- Explorative Datenanalyse, zur Erschließung und Erkundung von z. B. Themenfeldern oder zur Theoriebildung,
- Hypothesenprüfende Datenanalyse, zur Prüfung zuvor aufgestellter Annahmen, zum Beispiel zu Wirkungen und Effekten einer Maßnahme.

Für die Datenanalyse werden unterschiedliche und vielfältige statistische Methoden verwendet, die in Abhängigkeit der oben benannten Perspektiven, der Art und Verteilung des Datenmaterials (z. B. Skalenniveaus von Variablen und deren Verteilungsformen) sowie der intendierten Aussagen (z. B. Wirkungszusammenhänge oder modelltheoretische Vorhersagen) ausgewählt werden. Eine umfassende Aufzählung und Beschreibung entsprechender statistischer Auswertungsmethoden kann hier nicht geleistet werden, dafür verweisen wir auf einschlägige Lehr- und Grundlagenbücher (z. B. Backhaus et al., 2016; Bortz & Schuster, 2010; Moosbrugger & Kelava, 2012).

Die Hinzunahme einer weiteren Perspektive auf denselben Gegenstand erlaubt oft vertiefte Einsichten durch die Kombination verschiedener qualitativer und quantitativer Methoden. Dabei existieren viele Möglichkeiten, etwa die qualitative Überprüfung der Validität eines Messinstruments (Berger & Karabenick, 2016), die qualitative Untersuchung atypischer Fälle einer vorangegangenen quantitativen Studie (z. B. Fälle, die nach Teilnahme an einer Maßnahme keine oder besonders große Leistungszuwächse hatten), oder die quantitative Überprüfung von Hypothesen, die zuvor mittels qualitativer Methoden gewonnen wurden. Eine zentrale Herausforderung liegt bei solchen Mixed-Methods-Ansätzen in der Integration der Ergebnisse in ein Gesamtbild, das mehr als nur die aufeinanderfolgende Darstellung der beiden Einzelstudien ist. Eine ausführlichere Erläuterung von Mixed-Methods-Ansätzen am Beispiel der Lehrerbildung in der Mathematik findet sich bei Kelle und Buchholtz (2015).

3.3 Nutzung von Evaluationsmethoden zur Evaluation von Unterstützungsmaßnahmen

In der nachfolgenden Tabelle (Tab. 3.1) sind für die drei Evaluationseben nach Chen (1990) und Thumser-Dauth (2007) die Zielsetzungen der jeweiligen Evaluationsebenen sowie mögliche Erhebungs- und Auswertungsmethoden beschrieben.

Sofern nicht schon umfassende und detaillierte Maßnahmebeschreibungen, beispielweise in Form von Konzepten oder Modulbeschreibungen, vorliegen, gilt es auf der *ersten Ebene der Programmtheorie*, wesentliche Aspekte der Unterstützungsmaßnahme zu rekonstruieren oder die vorliegenden Informationen zu nutzen und z. B. gemäß den vorgeschlagenen Merkmalen des Rahmenmodells (Kap. 2) zu beschreiben. Durch Dokumentenanalysen können entsprechende Informationen aus bereits vorliegenden Materialien zur Unterstützungsmaßnahme identifiziert werden. Liegen keine umfassenden Informationen

Tab. 3.1 Übersicht zu Zielsetzungen, Evaluationsmethoden, Auswertungsoptionen und deren Verortung auf den drei Evaluationsebenen nach Chen (1990) und Thumser-Dauth (2007)

Evaluationsebenen	Zielsetzungen	Erhebungsmethoden	Auswertungsoptionen
1. Programmtheorie	Beschreibung und/oder Rekonstruktion von: • Zielen, • Gestaltungs- und Rahmenbedingungen, • intendierten Wirkungen und Ergebnissen, • zu erzielenden Effekten, • Wirkmechanismen sowie • der Übertragbarkeit und Generalisierung, einer Maßnahme	• Dokumentenanalysen • Interviews • Befragungen	• Inhaltsanalytische Ansätze • Grounded-Theory-Ansätze • Diskursanalyse • Rekonstruktiv-hermeneutische Verfahren
2. Programm-umsetzung und -durchführung	Erfassung und Beschreibung der: • konkreten Umsetzung, • bestehenden oder beeinflussenden Rahmenbedingungen einer Maßnahme	• Beobachtungen • Befragungen	• Inhaltsanalytische Ansätze • Grounded-Theory-Ansätze • Rekonstruktiv-hermeneutische Verfahren • Deskriptive Datenanalyse • Explorative Datenanalyse
3. Programm-wirkungen	Messung und Untersuchung von: • (nicht) intendierten Wirkungen und Effekten, • Wirkungsmechanismen, • Übertragbarkeit auf andere Settings und Gruppen, • Generalisierbarkeit der Wirkungen, einer Maßnahme	• Tests • Befragungen	• Grounded-Theory-Ansätze • Rekonstruktiv-hermeneutische Verfahren • Deskriptive Datenanalyse • Explorative Datenanalyse • Hypothesenprüfende Datenanalyse

vor, so gilt es, diese zu erfassen oder in einem gemeinsamen Prozess mit beteiligten Akteur*innen der Maßnahme zu rekonstruieren. Dazu eignen sich insbesondere offene oder leitfadengestützte Interviews (Abschn. 3.4.2), die anschließend inhaltsanalytisch zur

Beschreibung von Maßnahmemerkmalen gemäß dem Rahmenmodell ausgewertet werden. In gleicher Weise kann man zur Identifikation oder Rekonstruktion von intendierten Wirkungen, Effekten und Wirkmechanismen vorgehen. Standardisierte Befragungen von Akteuren zur Beschreibung der Programmtheorie sind manchmal geeignet, wenn bereits Informationen zur Maßnahme vorliegen, es aber ergänzend um die Einschätzung einzelner Aspekte aus verschiedenen Perspektiven geht. So können zum Beispiel verschiedene Ziele einer Unterstützungsmaßnahme beschrieben sein; diese können jedoch von den verschiedenen involvierten Akteur*innen (z. B. Dozent*innen und Tutor*innen) unterschiedlich in ihrer Wichtigkeit bewertet werden oder ggf. in Anteilen auch nicht bekannt oder bewusst sein.

Auf der *zweiten Ebene der Programmumsetzung und -durchführung* wird versucht, die konkrete Realisierung einer Unterstützungsmaßnahme und bestehende oder beeinflussende Rahmenbedingungen zu erfassen und zu beschreiben. Dies kann beispielsweise durch teilnehmende Beobachtungen in den jeweiligen Veranstaltungen einer Unterstützungsmaßnahme (z. B. in einer Vorlesung oder Übung) erfolgen oder durch schriftliche Befragungen (z. B. von Studierenden) realisiert werden. Informationen zu den Rahmenbedingungen können sowohl mit den genannten Methoden generiert werden, als auch durch spezifische Messungen (z. B. Geräuschpegel und deren Verläufe in Veranstaltungen). Die Auswertung der durch die genannten Erhebungsmethoden gewonnenen Daten erfolgt anschließend zum Beispiel deskriptiv oder inhaltsanalytisch sowie nach Grounded-Theory-Ansätzen und rekonstruktiv-hermeneutischen Verfahren. Ein Beispiel für solche Evaluationsstudien ist bei Bormann et al. (2016) beschrieben. Darüberhinausgehend könnten beispielsweise Zusammenhänge zwischen den Rahmenbedingungen und Durchführungsaspekten einer Unterstützungsmaßnahme explorativ analysiert werden.

Auf der *dritten Evaluationsebene zur Untersuchung der Programmwirkungen* besteht die primäre Zielsetzung darin, die Wirkungen und Effekte sowie Wirkungsmechanismen einer Unterstützungsmaßnahme zu identifizieren. Darüber hinaus können je nach Untersuchungsdesign und -gruppen Aussagen zur Übertragbarkeit auf andere Settings und Gruppen sowie zur Generalisierbarkeit getroffen werden. Zur Erhebung der Evaluationsdaten eignen sich Testverfahren, die für die Messung der entsprechenden Wirkvariablen konzipiert und entsprechend valide sind (Abschn. 3.4.3). Sollten keine entsprechenden Verfahren vorliegen, müssen diese entwickelt oder auf der Basis subjektiver Einschätzung erfasst werden (Abschn. 3.4.3.1). Die Auswertungen der meistens umfassenden Daten zur Programmwirkung erfolgen einerseits deskriptiv, um diese in einem ersten Schritt beschreiben zu können. So können zum Beispiel Mittelwerte und Standardabweichungen als beschreibende Parameter (Wirkvariablen) der einzelnen Untersuchungsgruppen erste Hinweise auf die möglichen Wirkungen der Unterstützungsmaßnahme liefern. Um die identifizierten Unterschiede oder Zusammenhänge statistisch abzusichern, sind entsprechende hypothesenprüfende Verfahren notwendig. So können zur Bestimmung des Unterschieds zwischen teilnehmenden Studierenden einer Unterstützungsmaßnahme sowie einer Vergleichsgruppe verschiedene

Propensity-Score-Matching-Methoden angewendet werden (Abschn. 3.4.3.3) und anschließend Mittelwertunterschiede, Effektgrößen, ein- oder mehrfaktorielle Varianzanalysen oder komplexe Modellvergleiche durchgeführt werden. Sollten vorab keine spezifischen Wirkungsannahmen vorliegen, können Evaluationsdaten zu Wirkvariablen auch explorativ ausgewertet werden. Diese Ergebnisse lassen dann jedoch nur begrenzte Aussagen zur Übertragbarkeit und Generalisierung zu.

Eine konkrete beispielhafte Beschreibung zur Nutzung dieses Ansatzes für die Evaluation eines Vorkurses wird in Abschn. 3.5 dargestellt. Vorab möchten wir in den folgenden Abschnitten grundlegende Aspekte der Evaluation vertiefen, an Beispielen aus dem Projekt WiGeMath erläutern und wichtige Punkte benennen, die es dabei zu beachten gilt, sowie Hinweise zur Auswertung und Interpretation liefern.

3.4 Entwicklung von Evaluationsdesigns und -instrumenten, Untersuchungsplanung und Durchführung sowie deren Auswertung

3.4.1 Untersuchungsdesign

Zunächst ist unter Berücksichtigung der Forschungsfragen und der jeweiligen organisatorischen Gegebenheiten das Forschungsdesign festzulegen. Design und Methoden sollen sich am Ende an den Forschungsfragen ausrichten, aber natürlich müssen die Forschungsfragen auch so gewählt werden, dass sie sinnvoll erforscht werden können. Für qualitative Erhebungen muss man aufgrund des höheren Erhebungsaufwands immer in Erhebungszeiträumen planen, während quantitative Erhebungen in der Regel zu einzelnen Zeitpunkten erfolgen können. Man unterscheidet dann zwischen längs- und querschnittlichen Designs. Bei einer Längsschnittstudie werden zu verschiedenen Zeitpunkten dieselben Zielgruppen befragt, bei einer Querschnittstudie findet nur eine Erhebung zu einem Zeitpunkt statt. Mit einer solchen Querschnittstudie können Zusammenhänge aufgezeigt werden, sie können aber kaum kausal interpretiert werden. Mit einer Längsschnittstudie können Entwicklungen untersucht werden, beispielsweise qualitative Beschreibungen zur Auffassung von Mathematik oder der Vergleich verschiedener affektiver Merkmale vor und nach Besuch eines Vorkurses. Um nachhaltige Effekte sichtbar zu machen sind auch Designs denkbar, bei denen sich zusätzlich zu einer Pre- und Post-Erhebung auch weitere Follow-Up-Befragungen zu späteren Zeitpunkten anschließen.

Um in quantitativen Designs Wirkungen nachweisen zu können, ist eine Kontrollgruppe, die der untersuchten Kohorte möglichst ähnlich ist und nicht an der Maßnahme teilnimmt, optimal. Der Goldstandard in der Forschung ist dabei eine randomisierte Zuteilung zu Versuchs- und Kontrollgruppe, die sich in der Hochschulforschung jedoch normalerweise aus ethischen und organisatorischen Gründen nicht realisieren lässt, da man beispielsweise die Unterstützungsmaßnahmen zu Studienbeginn mög-

lichst vielen Studierenden zur Verfügung stellen möchte. Eine randomisierte Kontrollgruppe kann man beispielsweise erhalten, wenn eine Maßnahme nur begrenzte
Kapazität hat und es mehr Studierende als verfügbare Plätze gibt, diese könnten dann
als eine „Warte-Kontrollgruppe" fungieren, die erst zu einem späteren Zeitpunkt an
der Maßnahme teilnimmt, aber schon zu Beginn in die Evaluation aufgenommen
wird. Auch wenn dies nicht immer möglich ist, kann man zumindest eine Vergleichsgruppe erhalten, indem man Studierende von verschiedenen Universitäten vergleicht,
von denen eine die Maßnahme anbietet und die andere nicht (wie beispielsweise bei
Brückenvorlesungen im WiGeMath-Projekt). Bei den im WiGeMath-Projekt untersuchten Unterstützungsmaßnahmen entscheiden sich die Studierenden oftmals freiwillig und selbstständig für oder gegen die Teilnahme an der Maßnahme, sodass hier
auch Selektionseffekte auftreten können, also Unterschiede zwischen Nutzerinnen und
Nutzern zu Nichtnutzerinnen und Nichtnutzern nicht nur auf die Maßnahme zurückgeführt werden können. Dies ist in der Auswertung angemessen zu berücksichtigen, entweder durch Beschränkung der Forschungsfragen auf Unterschiede statt auf Wirkungen
oder durch statistische Methoden wie Propensity Score Matching (Abschn. 3.4.3.3).

Als Beispiel für die Umsetzung eines längsschnittlichen Designs findet sich im
WiGeMath-Projekt Forschung im Bereich der Vorkurse mit Pre-Post-Design und zusätzlicher Follow-Up-Befragung. Die Vorkursteilnehmenden wurden am Anfang und am
Ende des Vorkurses und zusätzlich in der Mitte des ersten Semesters befragt. Zu diesem
dritten Zeitpunkt wurden darüber hinaus Studierende im ersten Semester, die nicht
am Vorkurs teilgenommen hatten, miteinbezogen, um einen Vergleich zwischen Teilnehmer*innen und Nichtteilnehmer*innen zu ermöglichen.

Querschnittliche Designs wurden im Bereich der Lernzentren im WiGeMath-Projekt
angewendet. So wurden Studierende, die die Lernzentren nutzten, mithilfe von im
Lernzentrum ausgeteilter Fragebögen befragt. Zusätzlich wurden Befragungen aller
Studierender der jeweiligen Lernzentrumszielgruppen in Lehrveranstaltungen des
zweiten Semesters durchgeführt, sodass Nichtnutzerinnen und -nutzer der Lernzentren
befragt wurden und dies vergleichend beschrieben werden konnte.

3.4.2 Qualitative Evaluationsdesigns und -methoden

Qualitative Evaluationsmethoden kommen im Kontext einer Programmevaluation, wie
in Abschn. 3.3 beschrieben, vor allem mit Bezug auf die ersten beiden Evaluationsebenen zum Einsatz. Um alle Evaluationsebenen adressieren zu können, wird zumeist
eine Kombination aus qualitativen und quantitativen Erhebungs- und Auswertungsmethoden eingesetzt. Um eine Programmevaluation durchführen zu können, müssen
zunächst die verfolgten Zielsetzungen der Maßnahme rekonstruiert werden. Dazu
und auch für weitere Evaluationsschritte bietet es sich an, sowohl schriftliche als auch
mündliche Quellen zu nutzen. Im Rahmen des WiGeMath-Projekts wurden beispielsweise Prüfungsordnungen und Modulbeschreibungen als schriftliche Quellen für die

Rekonstruktion der Ziele und die Gestaltung von Maßnahmen genutzt (Dokumenten-analyse). Anschließend wurden Interviews geführt, um die anhand der schriftlichen Quellen identifizierten Ziel- und Gestaltungsaspekte zu konkretisieren und zu klären. Für die Evaluation der Umsetzung einer Maßnahme eigenen sich außerdem Beobachtungs-methoden.

In den Interviews zur programmtheoretischen Rekonstruktion wurde im Bereich der Brückenvorlesungen beispielsweise von Lehrenden häufig geäußert, dass der Schul-bezug von behandelten Themen deutlich gemacht werden sollte, dass die richtige Ver-wendung von Fachsprache explizit thematisiert werden sollte, dass die Studierenden stärker mit einbezogen werden sollten und dass der Vorlesungscharakter aufgebrochen werden sollte. Um die Umsetzung solcher Gestaltungsmerkmale, bei denen es schwierig scheint, sie mithilfe mündlicher oder schriftlicher Befragungen zu überprüfen, wurden Beobachtungsstudien durchgeführt (siehe Abschn. 3.4.2.2).

Qualitative Methoden können auch im Rahmen eines qualitativen Evaluations-paradigma genutzt werden (vgl. von Kardoff & Schönberger, 2020). Inner-halb dieses Evaluationsparadigma stehen Prozesse und Wirkmechanismen einer Interventionsmaßnahme im Vordergrund. Die betrachtenden Zielgruppen der Evaluation werden hier als mitgestaltende Teilnehmende, bzw. Expert*innen für ihre Situation und ihr darauf bezogenes Handeln (siehe Expert*inneninterviews), verstanden. Inner-halb des WiGeMath-Transfer-Projektes kam ein solches qualitatives Evaluationspara-digma in Kassel (vgl. Kap. 15) zum Einsatz. Die Wirkungsanalyse richtet sich hier auf eine Identifikation von Spannungsfeldern bei der Umsetzung der Maßnahme, anhand derer Gelingensbedingungen für die Wirkung der Maßnahme auf den Ebenen der Anforderungen an Studierende, Lehrende und Aufgabenstellungen abgeleitet werden konnten. In Bezug auf die Gelingensbedingungen lässt sich außerdem der Lehr-Lern-Kontext bewerten, inwiefern dieser Bedingungen für eine Umsetzung bietet. Anhand einer solchen Wirkungsanalyse lassen sich somit praktische Konsequenzen ableiten, indem die Möglichkeiten innerhalb bestehender Rahmenbedingungen ausgelotet werden. Es lässt sich zudem eine Kritik an bestehenden Lehr-Lern-Verhältnissen formulieren, um so notwendige Weiterentwicklungen und Veränderungen von Rahmenbedingungen zu forcieren.

3.4.2.1 Interviews

Interviews folgen fast immer vorab überlegten Erzählanreizen, die (wenn es sich nicht nur um einen Startimpuls handelt) in einem Interviewleitfaden aufgeführt sind. Solche Interviews werden in der Literatur sehr uneinheitlich bezeichnet, z. B. als halboffen, standardisiert oder auch teilstandardisiert oder schlicht als Leitfadeninterviews (Döring & Bortz, 2016; Gläser & Laudel, 2009; Meuser & Nagel, 1991). Die Benennungen variieren dabei in Abhängigkeit von der Art der Umsetzung im Rahmen der Interviews, z. B. wie offen die Fragen gestellt sind und ob spontan weitere Fragen zugelassen werden können oder ihre Reihenfolge geändert werden kann.

Leitfadeninterviews

Leitfadeninterviews bieten sich an, wenn grob bekannt ist, was erfragt werden soll (z. B. die Ziele und Merkmale der Maßnahme), aber gleichzeitig genügend Freiraum im Erzählstrang der Interviewten gelassen werden soll, dass diese alle ihnen wichtig erscheinenden Punkte möglichst unbeeinflusst nennen. Im WiGeMath-Projekt wurden Leitfadeninterviews eingesetzt, um die Unterstützungsmaßnahmen hinsichtlich ihrer zentralen Gestaltungsmerkmale zu rekonstruieren und anhand der Kategorien des Rahmenmodells zu verorten. Dozierende der Unterstützungsmaßnahmen wurden dazu befragt, welche Ziele mit der Veranstaltung verfolgt wurden und wie die Veranstaltung gestaltet werden sollte, um diese Ziele zu erreichen.

Den generellen Empfehlungen folgend (z. B. Gläser & Laudel, 2009) soll der Leitfaden dabei helfen, das wissenschaftliche Forschungsinteresse in praktisch verständliche Fragen zu übersetzen, die zu verwertbaren Antworten führen. Er sollte also stichwortartige oder ausformulierte Erzählimpulse in der Sprache der Befragten beinhalten. Man könnte z. B. erörtern, ob die Förderung gewisser Beliefs ein besonderes Ziel einer Maßnahme darstellt. Die Frage „Wollen Sie Prozess-Beliefs fördern?" wäre zwar naheliegend, aber die Antwort nicht unbedingt hilfreich, etwa wenn die befragte Person ein kurzes „ja" oder „nein" äußert. Jedenfalls wäre so eine Antwort auch mit einem kurzen Fragebogen zu gewinnen gewesen. Um die Maßnahmenziele besser zu erfassen, wären Gewichtungen, Zielkonflikte und Konkretisierungen zu einzelnen Zielbereichen wünschenswert, die sich aus Erzählungen ableiten lassen. Eine offene Frage („Wie wichtig sind …") und ggf. eine alltagsnähere Sprache („Weltbilder, dass man Mathematik selbst erschaffen und entdecken kann?") können hier helfen. In unserer Praxis zeigte sich, dass den Befragten gar nicht alle Ziele bewusst waren und auch nicht explizit zwischen den Beteiligten ausgehandelt wurden, sondern z. B. anhand von Beschreibungen gewisser Ideale gemeinsam rekonstruiert werden müssen. Entsprechen konnten sich Fragen darauf richten, was Studierende nach Abschluss der Maßnahme tun sollten oder unter welchen Umständen eine Maßnahme obsolet wäre. Der Interviewleitfaden sollte dabei eine möglichst natürliche Ordnung haben, z. B. anhand der Chronologie von erfragten Ereignissen oder einer inneren Logik der Befragungsthemen bzw. -thematik. In unseren Interviews zur Einordnung einer Maßnahme basierte der Leitfaden auf dem WiGeMath-Rahmenmodell.

Das Rahmenmodell war dann auch das wichtigste Werkzeug zur Auswertung, bei der die Äußerungen verschiedenen Punkten aus dem Rahmenmodell zugeordnet wurden. Eine solche Zusammenfassung der Äußerungen sollte zur Vermeidung unbewusster Verzerrungen gewissen Regeln folgen und kann dann als qualitative Inhaltsanalyse eingeordnet werden (Mayring, 1994). Neben der Verwendung vorhandener, aus bestehenden Konzepten abgeleiteter Kategorien können dabei natürlich auch neue Kategorien aufgestellt bzw. aus dem Datenmaterial abgeleitet werden. Die Auswertung von Interviews variiert je nach Fragestellung und vorliegendem Material. Neben kodierenden Verfahren (wie der qualitativen Inhaltsanalyse) kommen auch stärker interpretative Verfahren (wie die objektive Hermeneutik) oder Typenbildungen in Betracht, die ggf. auch kombiniert werden können. Zentrales Prinzip ist stets die Angemessenheit der Methode für die Beantwortung der Forschungsfrage. Zur Erhebung einer Programmtheorie wird man in aller Regel weniger auf latente Sinnstrukturen in den Äußerungen der Befragten abzielen und daher stärker auf kodierende Verfahren wie die qualitative Inhaltsanalyse setzen.

Expert*inneninterviews

Um einen tiefergehenden Einblick in die Umsetzung der Maßnahme zu erhalten, bieten sich Expert*inneninterviews mit den verschiedenen in die Lehre involvierten Akteuren und Akteurinnen an (Gläser & Laudel, 2009; Meuser & Nagel, 1991). Im Rahmen von Expert*inneninterviews werden die Akteure als Expertinnen und Experten ihrer eigenen Situation betrachtet. Solche Interviews sind häufig auch Leitfadeninterviews (Gläser & Laudel, 2009), aber stärker als die oben beschriebene Form auf die Erfahrungen und der Expertise von Expert*innen ausgerichtet, d. h. sie sind oft inhaltlich tiefgehender und Vertrauen auf die Relevanz der Themensetzungen der jeweiligen Interviewpartner*innen und sollten daher methodisch etwas flexibler gestaltet werden. Im universitären Kontext handelt es sich bei in die mathematische Lehre involvierten Akteuren und Akteur*innen üblicherweise um die für die Planung und Durchführung der Veranstaltung verantwortlichen Dozentinnen und Dozenten und Tutorinnen und Tutoren, die die Übungsgruppen durchführen. Interviews mit diesen beiden Expert*innengruppen können verschiedene Einblicke in die Umsetzung der Veranstaltung bieten und aufzeigen, welche Hürden und erfolgversprechenden Momente bei dem Versuch der Umsetzung der Zielsetzungen auftreten und wie diese miteinander zusammenhängen.

Werden die Interviews flankierend zur Durchführung der Veranstaltung durchgeführt, können Prozesse oder Entwicklungen abgebildet werden (vgl. Kap. 15). Es bietet sich hier beispielsweise an, Interviews am Anfang, in der Mitte und am Ende des Semesters durchzuführen.

Expert*inneninterviews mit den für die Veranstaltung verantwortlichen Dozentinnen und Dozenten können beispielsweise Einblicke gewähren und zur Identifikation von Indikatoren für Gelingensbedingungen (bzw. der Erreichung der Zielsetzung zuwiderlaufenden Aspekten) genutzt werden, wie z. B. die Folgenden:

- *Die Motivation, eine Lehrinnovation durchzuführen bzw. fortzuführen:* Dieser Aspekt kann Aufschluss darüber bieten, inwieweit der bisher eingeschlagene Weg intuitiv als passend erlebt wird, um die eigenen mit der Veranstaltung verbundenen Zielsetzungen zu erreichen.
- *Fachliche und didaktischen Begründungen für Umsetzungsentscheidungen:* In den Entscheidungen und Begründungen wie etwas umgesetzt wird, oder warum von einem ursprünglichen Plan abgewichen wurde, finden sich verschiedene Aspekte, die Hinweise auf Unvereinbarkeiten in der Umsetzung mehrerer Zielsetzungen gleichzeitig – also Aspekte die innerhalb des Planungsspielraumes der Unterstützungsmaßnahme adressiert werden können – oder mit den vorgefundenen

Rahmenbedingungen (Unvereinbarkeiten mit Rahmenbedingungen können sich auch in Form von Bedenken bezüglich Veränderungen im Vergleich zu traditionellen Veranstaltungen oder anderen Lehrveranstaltungen äußern) enthalten – also Aspekte, die außerhalb der Unterstützungsmaßnahme liegen und dementsprechend nicht allein innerhalb dieser bearbeitet werden können.

Tutorinnen und Tutoren korrigieren häufig die bearbeiteten Übungsblätter der Studierenden, die auch an ihren Tutorien teilnehmen. Daher haben Tutorinnen und Tutoren einen Überblick über Entwicklungen in ihrer Studierendengruppe. Sie können Auskünfte über die Passung zwischen z. B. Vorlesung, Übungsblättern und Tutorien geben – also Aspekte die innerhalb der Unterstützungsmaßnahme adressiert werden. Hierzu bietet es sich an, die Tutorinnen und Tutoren zu befragen nach der Umsetzung der Übungen, auftretenden Hürden (mit dem Format der Übungsgruppen als auch fachliche Hürden in Aufgabenstellungen) und Umgangsweisen mit diesen und Entwicklungen in den Übungsgruppen (bspw. Teilnahme).

Bei der Durchführung der Interviews ist zu beachten, dass sowohl Dozentinnen und Dozenten als auch Tutorinnen und Tutoren als Expert*innen angesprochen werden sollten. Die Interviewten sollten nicht das Gefühl haben, bewertet (bzw. kontrolliert) zu werden. Es geht darum, ihre Erfahrungen mit Umsetzung und Perspektive zu erfahren, um Indikatoren für ein Gelingen bzw. dem Gelingen entgegenstehende Aspekte herauszuarbeiten.

Die Auswertung der Interviews sollte sich auf den Zusammenhang der verschiedenen Elemente der Unterstützungsmaßnahme konzentrieren. Hierzu können verschiedene analytische Werkzeuge genutzt werden, um tiefer in das Material einzusteigen. So können beispielsweise visuelle Anordnungen der Beziehung der einzelnen Zielsetzungen zueinander Einblick in die innere Struktur der Maßnahme bieten. Anhand von kontrastiven Fallvergleichen können Umsetzungshürden und Potentiale des jeweiligen Vorgehens rekonstruiert werden. Bei kontrastiven Fallvergleichen vergleicht man zwei oder mehr Fälle anhand verschiedener Dimensionen miteinander. Fälle können hier beispielsweise Aufgabenstellungen, Übungsblätter oder Lehr-Lern-Situationen sein. Man versucht zwischen den einzelnen Fällen Gemeinsamkeiten, aber auch größtmögliche Unterschiede herauszuarbeiten, um herauszufinden, bei welchen Fallcharakteristika oder auch Kombinationen von Charakteristika, welche Hürden auftreten. Um diese herauszuarbeiten, ist ebenso ein Vergleich mit spekulativen Fällen erlaubt. Vor allem, wenn Entwicklungen betrachtet werden, lassen sich Umgangsweisen mit Hürden herausarbeiten. So berichteten Tutorinnen und Tutoren über von Ihnen vorgenommenen Anpassungen in der Gestaltung der Übungen (vgl. Kap. 15). Diese ließen sich auf die Ziele der Veranstaltung und Schwierigkeiten von Studierenden zurückbeziehen. Die verschiedenen Anpassungen geben somit Aufschluss über verschiedene Möglichkeiten, um den auftretenden Schwierigkeiten in der Programmumsetzung begegnen zu können. Personalisierende Zuschreibungen sollten dabei jedoch vermieden werden. Einen einführenden Überblick zu verschiedenen qualitativen Auswertungswerkzeugen zur Strukturierung und Systematisierung des Datenmaterials bieten Miles et al. (2014).

Diese Form der Evaluation führt somit nicht zu summativen Ergebnissen, sondern konzentriert sich auf eine formative Rückmeldung über die Bemühungen zur Etablierung von Unterstützungsmaßnahmen. Es erlaubt die jeweiligen Zielsetzungen (die sich bspw. anhand des WiGeMath-Rahmenmodells spezifizieren lassen) in ihrer Dynamik unter-einander zu fassen. Bewertet werden können die Ergebnisse nur anhand der jeweiligen Relevanzsetzungen der jeweiligen Unterstützungsmaßnahme.

3.4.2.2 Beobachtungen

Beobachtungen bieten sich bei Evaluationen vor allem an, um das Handeln von Personen in Lehrveranstaltungen zu erfassen und zu analysieren. Im Vergleich zu Interviews sind Beobachtungen durch Dritte weniger anfällig für Erinnerungslücken und bewusste oder unbewusste Auslassungen, Ergänzungen oder Verzerrungen. Beispielsweise wurden im WiGeMath-Projekt Beobachtungen im Anschluss an Interviews geführt, in denen Gestaltungsmerkmale von den Interviewten genannt wurden, deren Umsetzung sich mit-hilfe von Beobachtungen besser evaluieren ließen als mit mündlichen oder schriftlichen Befragungen.

Beobachtungsplanung

Allgemein lassen sich Beobachtungen nach dem Grad ihrer Strukturierung, dem Beobachtungsort, dem Involviertheitsgrad des Beobachters und der Transparenz der Beobachtung charakterisieren (die Ausführungen in diesem Absatz beziehen sich i. A. auf (Döring & Bortz, 2016)).

- Beim Grad der Strukturierung geht es darum, ob Beobachtungsrichtlinien vor-gegeben werden und wie stark diese festgelegt sind. Unstrukturierte Beobachtungen bieten sich vor allem dann an, wenn eher explorativ geforscht wird. Bei engeren Fragestellungen sind strukturierte Beobachtungen besser geeignet. Im Fall von Beobachtungen im Rahmen des WiGeMath-Projekts wurde eine Form der strukturierten Beobachtung gewählt, da die Forschungsfragen durch den Evaluations-ansatz nach Thumser-Dauth (2007) und die lokale Theorie zur Maßnahmenumsetzung festgelegt waren.
- Beim Beobachtungsort geht es um die Entscheidung, ob die Beobachtungen im Feld oder im Labor durchgeführt werden. Feldstudien ermöglichen es, Individuen in mög-lichst unbeeinflussten Umständen zu beobachten, während im Labor Einflussvariablen gezielt verändert werden können, um so deren Wirkungen zu beforschen. Bei den Beobachtungen im Rahmen des WiGeMath-Projekts ging es gerade darum, die tat-sächliche Durchführung und Gestaltung der Veranstaltungen zu evaluieren, weswegen eine Feldbeobachtung nötig war.
- Der Involviertheitsgrad des Beobachters beschreibt, ob der Beobachter selbst am Beobachtungsgeschehen teilnimmt (teilnehmende Beobachtung) oder

als Außenstehender beobachtet (nicht-teilnehmende Beobachtung). Bei den Beobachtungen im Rahmen des WiGeMath-Projekts sollten die Veranstaltungen in einem möglichst ungestörten Umfeld beobachtet werden, so dass es sich anbot, Studierende in den Vorlesungen als Beobachter einzusetzen, die sich von den regulär teilnehmenden Studierenden wenig unterschieden. Somit wurden teilnehmende Beobachtungen durchgeführt.

- Bei der Transparenz der Beobachtungen geht es darum, ob den Beobachteten bewusst ist, dass sie beobachtet werden (offene Beobachtung) oder nicht (verdeckte Beobachtung). Bei offenen Beobachtungen kann es zum sogenannten Hawthorne-Effekt kommen, der beschreibt, dass Beobachtete ihr Verhalten aufgrund der Beobachtungssituation verändern. Verdeckte Beobachtungen sind ethisch hingegen nicht immer vertretbar. Da bei den Beobachtungen im Rahmen des WiGeMath-Projekts nicht Personen, sondern Veranstaltungsmerkmale im Fokus der Beobachtungen standen, wurde ein gemischter Ansatz verfolgt. Mit den Dozierenden der Veranstaltung waren die Beobachtungen abgesprochen, mit den Studierenden aber nicht.

Im Fall der Beobachtungen im Rahmen des WiGeMath-Projekts sollten somit teilnehmende, offene, strukturierte Beobachtungen in der Feldsituation durchgeführt werden. Zur Strukturierung bietet es sich an, Beobachtungsbögen zu nutzen, die auf die Forschungsfragen abgestimmt sind. Generell sollte sich mithilfe des Beobachtungsbogens nach dessen Ausfüllen eine Aussage treffen lassen, die die Forschungsfragen beantwortet. Der Bogen muss also sehr genau am Forschungsanliegen orientiert sein. Gleichzeitig sollte er handhabbar sein. Man unterscheidet bei der Datenerfassung durch Beobachtungen insbesondere Zeitstichproben und Ereignisstichproben. Bei Zeitstichproben wird in festgelegten zeitlichen Abschnitten überprüft, ob ein festgelegtes Merkmal bzw. Merkmalsmuster/-Szenario auftritt, während bei einer Ereignisstichprobe die Häufigkeit gezählt wird, dass ein Merkmal bzw. Merkmalsmuster auftritt. Im Fall der Beobachtungen im Rahmen des WiGeMath-Projekts wurde mit Zeitstichproben gearbeitet, wobei die Zeitabschnitte jeweils fünf Minuten umfassten (s. u.).

Der WiGeMath-Beobachtungsbogen wurde vom WiGeMath-Team entwickelt. Dabei gab es zunächst eine erste Version, die auf dem Rahmenmodell und den im Interview als relevant erkannten Kategorien basierte. Diese Version wurde dann von studentischen Hilfskräften zur Beobachtung einer Vorlesung in Hannover getestet und danach optimiert, wodurch der hier vorgestellte Beobachtungsbogen entstand. Generell ist es sinnvoll, Beobachtungsbögen zunächst auf deren Handhabbarkeit zu testen, bevor sie in der eigentlich interessierenden Beobachtungssituation genutzt werden (s. u.). Ein exemplarischer Ausschnitt aus dem WiGeMath-Beobachtungsbogen ist in Abb. 3.1 dargestellt. Die darin enthaltenen Kategorien werden im Folgenden erklärt.

Der zentrale Zweck der WiGeMath Beobachtungsbögen lag darin, Unterschiede in der Durchführung, den Inhalten und der Teilnahme in den beforschten prozessorientierten Brückenvorlesungen gegenüber klassischen Mathematikvorlesungen

		Fachsprache	Auswendig-lernen/ Merken	Medien	Interaktionsform	Problemlösung/ Aufgabenlösung
Zeit: 0.00 Min.- 5.00 Min.	Themen:	☐ Erklärung:	☐ Definition:	☐ Tafel ☐ OHP ☐ Power- point	☐ Dozentenvortrag mit Gesicht zur Tafel ☐ Dozentenvortrag mit Gesicht zum Publikum	☐ Studenten suchen nach Lösung ☐ Dozent gibt Hilfestellungen bei der Lösungsfindung → Art:
Expliziter Schulbezug			☐ Beweis-schema:	☐ PC-Simulation ☐ AB	☐ Dozent stellt Fragen ☐ Studenten antworten ☐ Student fragt, Dozent antwortet	
Expliziter Berufsbezug		☐ Übersetzung:		☐ Taschen-rechner ☐ Tablet-PC	☐ Student fragt, Student antwortet ☐ Diskussion	☐ Studenten stellen Lösung vor ☐ Dozent stellt Lösung vor
Expliziter Universitäts-bezug			☐ Rechenregel:		☐ Einzelarbeit ☐ Partnerarbeit ☐ Gruppenarbeit	☐ Falsche Lösungsansätze werden verfolgt

Abb. 3.1 Ausschnitt aus der Beobachtungstabelle

festzustellen. In den WiGeMath Beobachtungsbögen wurden zu Beginn das Datum und der Beginn der Sitzung dokumentiert sowie die geschätzte Teilnehmeranzahl in dieser Sitzung. Anhand dieser Angaben sollte später festgestellt werden, inwiefern sich Teilnehmendenzahlen im Laufe des Semesters ggf. verringerten. Nach dem Ende der Sitzung wurde die Abschlusszeit eingetragen. Weiterhin wurden die Themen der Vorlesung im Verlauf der Sitzung notiert, um Schlussfolgerungen darüber ziehen zu können, inwiefern neue hochschulmathematische Themen behandelt wurden, eher Methoden als Themen an sich im Vordergrund standen oder schulmathematische Themen wiederholt wurden. Dabei sollten in chronologischer Reihenfolge des Sitzungsablaufs alle Themen, Unterthemen und zentralen Ergebnisse (Theoreme, Rechenregeln, Beweisschemata) stichwortartig aufgelistet werden und jeweils nummeriert werden. Eventuelle Bemerkungen des/der Beobachter*in sollten ebenfalls während der Sitzung notiert werden unter Angabe der Zeit des Ereignisses, auf das sie sich bezogen.

Die weiteren Kategorien sollten in fünfminütigen Zeitabschnitten dokumentiert werden. Beispielhaft soll im Folgenden dargestellt werden, wie die Kategorien dabei für die Beobachter definiert wurden (für eine beispielhafte Auswertung einer Beobachtung mit entsprechenden Kategorien vgl. Kap. 16; vgl. auch Kuklinski et al., 2019):

- Expliziter Schulbezug wurde vermerkt, wenn mindestens einmal im jeweiligen fünfminütigen Zeitabschnitt vom Dozenten/von der Dozentin angesprochen wurde, dass das behandelte Thema auch in der Schule behandelt wird. In diesem Fall wurden alle mit Schulbezug genannten Themen aufgelistet.
- Unter Fachsprache wurde das Kästchen „Erklärung" angekreuzt, wenn der Dozent/ die Dozentin innerhalb der fünf Minuten mindestens einmal fachsprachliche Elemente erklärte. Dies konnten Zeichen sein, wie das Summen- oder Produktzeichen, Operatoren wie das Integralzeichen, Quantoren wie $\forall$ sowie logische Ausdrücke, wie z. B. Negation. Alle erklärten Elemente wurden aufgelistet. Eine Erklärung beinhaltet, dass angesprochen wurde, wie man das Element korrekt verwendet. Wurde das Element hingegen nur „übersetzt" in die deutsche Schriftsprache, dann wurde das Kästchen „Übersetzung" angekreuzt. Auch hier wurden entsprechend alle übersetzten

Elemente aufgelistet. Wenn ein Element sowohl übersetzt als auch seine Verwendung erklärt wurde, wurden beide Kästchen angekreuzt und das Element unter beiden Punkten aufgelistet.

- Es sollten alle Interaktionsformen, die in den jeweiligen fünfminütigen Codierphasen auftraten, angekreuzt werden. Zudem sollte diejenige Form, die in diesen fünf Minuten vorherrschte, besonders gekennzeichnet werden (farbig/unterstrichen). Falls der Dozent/die Dozentin einen Vortrag hielt und dabei abgewandt war von den Studierenden, so wurde ein Kreuz gesetzt bei „Dozentenvortrag mit Gesicht zur Tafel". Blickte er/sie während des Vortrags ins Publikum, so wurde „Dozentenvortrag mit Gesicht zum Publikum" angekreuzt. Bei jeglicher Art von Fragen, die der Dozent/die Dozentin an die Studierenden richtete, wurde ein Kreuz bei „Dozent stellt Fragen" gesetzt. Nur wenn er/sie daraufhin auch eine Antwort von Studierenden erhielt, wurde zusätzlich „Studenten antworten" angekreuzt. Zudem konnte es vorkommen, dass ein/e Student*in eine Frage stellt, die vom Dozenten/von der Dozentin beantwortet wurde („Student fragt, Dozent antwortet") oder von einem Kommilitonen/einer Kommilitonin („Student fragt, Student antwortet"). Das Merkmal „Diskussion" wurde nur bei Plenumsdiskussionen kodiert. Zudem gab es die üblichen Kategorien „Einzelarbeit", „Partnerarbeit" und „Gruppenarbeit".

Beobachtungsdurchführung

Um eine Aussage zur Reliabilität von Beobachtungsergebnissen treffen zu können, bietet es sich an, mehrere Beobachter einzusetzen, die unabhängig voneinander zeitgleich beobachten. So kann man im Nachhinein die Beobachtungsergebnisse vergleichen. In den Beobachtungen im Rahmen des WiGeMath-Projekts wurde jede Veranstaltung unabhängig von zwei studierenden Hilfskräften beobachtet. Diese bekamen zunächst den Beobachtungsbogen und eine dazugehörige Anleitung, sie wurden außerdem anhand einer aufgezeichneten Vorlesung geschult, was generell empfohlen werden kann. Oft bietet es sich an, die Forschungsfragen für sie offenzulegen, um ein bestmögliches Verständnis für die Beobachtungsziele zu schaffen.

Bei den Beobachtungen im Rahmen des WiGeMath-Projekts gab es drei Termine, an denen die Veranstaltungen von je zwei Studierenden beobachtet wurden. Sofern Zeitstichproben angestrebt werden, sollte wegen der Vergleichbarkeit der einzelnen Intervalle auf einen gleichzeitigen Start der Beobachtungen geachtet werden. Dies war in unseren Erhebungen nicht gelungen, sodass wir zwar vergleichbare Gesamtergebnisse bekommen haben, aber die Reliabilität der Messung aufgrund unterschiedlicher Erhebungsintervalle nicht geprüft werden konnte. Dies könnte grundsätzlich mithilfe von standardisierten Koeffizienten geschehen (z. B. Cohens Kappa; vgl. Döring & Bortz, 2016, S. 346 f.).

Auswertung und Interpretation von Beobachtungen

Die ausgefüllten Beobachtungsbögen müssen anschließend ausgewertet und interpretiert werden. Es wurden dann Diagramme erstellt, an denen die Unterschiede in der Durchführung und Gestaltung zwischen Brückenvorlesungen und traditionellen Vorlesungen sichtbar gemacht werden konnten. Dabei wurde einerseits verglichen, wie viele Studierende an den einzelnen Terminen in den Sitzungen anwesend waren, insbesondere im Vergleich zu zwei traditionellen Vorlesungen, wobei festgestellt werden konnte, dass die Teilnehmerzahlen in traditionellen Veranstaltungen stark abnehmen, nicht aber in den Brückenveranstaltungen (wobei bedacht werden muss, dass in den Brückenvorlesungen von Anfang an sehr viel weniger Studierende anwesend waren aufgrund der Auslegung der Veranstaltungen als eher schulnahe Veranstaltungen). Die Themen wurden rein deskriptiv beschrieben, wobei abgeglichen werden konnte, ob Themen behandelt wurden, die von den Dozierenden im einführenden Interview vor dem Semesterstart geplant worden waren. In den restlichen Kategorien wurden die Vorkommnisse ausgezählt und die Ergebnisse jeweils rein deskriptiv mit denen traditioneller Veranstaltungen verglichen.

Generell lassen sich die Beobachtungsergebnisse aus stark strukturierten Beobachtungen gut mithilfe quantitativer Auswertungsmethoden auswerten. Bei eher unstrukturierten, explorativen Beobachtungen bieten sich qualitative Datenanalyseverfahren an (s. o.).

3.4.3 Quantitative Evaluationsdesigns und -methoden

Neben den beschriebenen qualitativen Methoden wurden im WiGeMath-Projekt auch umfangreiche quantitative Designs umgesetzt. Eine detaillierte Darstellung entsprechender Untersuchungsdesigns und -durchführungen erfolgte bereits im Abschlussbericht zum Projekt WiGeMath (Hochmuth et al., 2018), auf den hierzu verwiesen werden kann. Darüber hinaus ist in der khdm-Reihe unter https://dx.doi.org/10.17170/kobra-202205176188 umfangreiches Zusatzmaterial zu den im Projekt verwendeten Skalen und Instrumente verfügbar. So stehen neben der Benennung der jeweils in den Evaluationen der Unterstützungsmaßnahmen verwendeten Instrumenten, ausführliche Skalenbeschreibungen, Kodierhandbücher und Vergleichswerte sowie Informationen zur Testgüte der eingesetzten Skalen zur Verfügung. Im Folgenden werden daher Hinweise und Erfahrungen zur Entwicklung oder Nutzung von Messinstrumenten sowie zur Durchführung und Auswertung der Ergebnisse beispielhaft beschrieben.

3.4.3.1 Nutzung von Skalen und deren Anpassung an verschiedene Kontexte sowie die Eigenentwicklung von Skalen

Grundsätzlich können viele Variablen mit einem einzelnen Item (d. h. einer Frage im Fragebogen) erhoben werden. Dies betrifft manifeste, d. h. direkt beobachtbare Variablen wie Alter und Geschlecht, zudem haben wir gute Erfahrungen mit Einzelfragen zum Verhalten in der Vergangenheit gemacht, etwa ob ein Lernzentrum besucht wurde oder ob Studierende Lösungen von Übungsaufgaben abgeschrieben haben (Liebendörfer & Göller, 2016). Teils können auch latente Variablen, also solche, die nicht direkt beobachtbar sind, mit Einzelitems erhoben werden (z. B. Zufriedenheit, vgl. Döring & Bortz, 2016, S. 265 ff.).

Allerdings werden für komplexere latente Variablen in aller Regel mehrere Items verwendet. Döring und Bortz (2016, S. 267 ff.) nennen als Gründe, dass Messfehlern, beispielsweise hervorgerufen durch Missverständnisse, vorgebeugt wird, dass sich die Qualität der Messung über den statistischen Zusammenhang dieser Items zu einem gewissen Anteil prüfen lässt und vor allem, dass mehrere Facetten eines Konstrukts nicht in einer Einzelfrage abgedeckt werden können. Beispielsweise erhebt man bei der Messung des Interesses am Studienfach sowohl eine emotionale Komponente als auch eine wertbezogene Komponente (Schiefele et al., 1993a, b). Wenn Studierende bezüglich der Komponenten unterschiedliche Einschätzungen haben, kann dies mithilfe nur einer Frage nicht erfasst werden.

Wenn man eine grobe Vorstellung darüber hat, welche Variablen (Konstrukte) erhoben werden sollen, empfiehlt sich die Recherche nach geeigneten Instrumenten. Einige Instrumente zu den Studien in diesem Buch sind, wie bereits oben erwähnt, in der khdm-Reihe (https://www.khdm.de/publikationen) dokumentiert. Zudem finden sich öffentlich zugängliche Datenbanken im Internet (etwa DaQS; https://daqs.fachportal-paedagogik.de/), in denen entsprechende Instrumente dokumentiert sind. Auf den ersten Blick mag die Suche nach geeigneten Skalen eher als zu aufwendig erscheinen, schließlich kann man in kurzer Zeit auch selbst ein paar Items formulieren, die einem möglicherweise sogar passender für das zu erfragende Konstrukt scheinen. Allerdings ist diese persönliche Einschätzung, wie ein Item verstanden wird, eben subjektiv. Skalen zeichnen sich dadurch aus, dass sie für andere Forschende und die Befragten eine einheitliche Beschreibung des entsprechenden Konstruktes und dessen Operationalisierung haben. Allein dies zu prüfen und nachvollziehbar darzustellen, übersteigt den Aufwand der Recherche in der Regel erheblich. Die Verwendung etablierter Skalen ist daher in mehrerer Hinsicht vorteilhaft. Sie ist in der Regel ökonomischer, da die Zeit für die auf-wändige Entwicklung und Vortestung eigener Skalen entfällt (vgl. unten zur eigenen Entwicklung). In den meisten Fällen können etablierte Skalen zu Forschungszwecken kostenfrei genutzt werden oder stehen frei zur Verfügung. Eine Nutzung etablierter Skalen ist auch weniger fehleranfällig, da meistens Informationen zu klassischen Test-gütekriterien z. B. der Reliabilität und Validität vorliegen. Die durch den Einsatz dieser Skalen resultierenden Ergebnisse sind somit vertrauenswürdiger, als jene die durch kurzfristig entwickelte Skalen entstanden sind. Die Gefahr, dass sich im Nachgang einer Erhebung zeigt, dass eine Skala unbrauchbar ist (z. B. nicht intern konsistent ist oder Decken- bzw. Bodeneffekte aufweist), wird damit minimiert. Zudem liegen oftmals auch Vergleichswerte von anderen Stichproben vor, die bei der Einschätzung der eigenen Ergebnisse helfen. Nicht zuletzt gewährleistet man damit auch, dass die eigene Forschung besser anschlussfähig an andere Studien zu demselben Thema bzw. denselben Forschungsfragen ist.

Anpassung von bereits bestehenden Skalen an den Kontext

Spezifische Skalen zur Mathematik an Hochschulen sind allerdings rar. Oft bietet sich dann die Anpassung einer Skala aus einem verwandten Bereich an. Im WiGeMath-Projekt wurden beispielsweise verschiedene Skalen aus dem Schulkontext übernommen und an den Hochschulkontext angepasst. So wurden in der Formulierung der Items zur wahrgenommenen sozialen Eingebundenheit nach Rakoczy et al. (2005) „Mathematik-unterricht" durch „Vorkurs" und „Kollegen" oder „die anderen in der Klasse" (im Sinne von „Mitschüler") durch „Kommilitonen" oder „Mitstudierende" ersetzt. Zusätzlich wurden hier die Zeitformen verändert, da die Abfrage am Ende des Vorkurses erfolgte und somit nach der Vergangenheit gefragt wurde. Die genauen Anpassungen können Tab. 3.2 entnommen werden.

Änderungen sollten dabei so gering wie möglich ausfallen, z. B. sollte auch das Antwort-format erhalten bleiben. Je nach Ausmaß der Veränderungen und Bedeutung der Skala für die Forschung sollte die Skala empirisch geprüft werden, bevor sie eingesetzt wird.

Eigenentwicklung von Skalen

Als Alternative bleibt, Skalen selbst zu entwickeln. Das kann je nach Anspruch unter-schiedlich aufwendig erfolgen. Im WiGeMath-Projekt wurden beispielsweise die Items zur Erfassung der Erwartungen an Vorkurse in Anlehnung an das Rahmenmodell mit eher geringem Aufwand neu formuliert und wurden daher nur vorsichtig interpretiert. Eine vollständige Übersicht der im WiGeMath-Projekt entwickelten Skalen wurde im Abschlussbericht veröffentlicht (Hochmuth et al., 2018). Ein praktisches Beispiel für eine detaillierte und umfangreiche Beschreibung der Skalenentwicklung existiert bei-spielsweise für den LimSt-Fragebogen zur Erhebung von Lernstrategien im Studium (Liebendörfer et al., 2021).

Da man bei Evaluationsuntersuchungen in der Regel eine klare Vorstellung vom zu erhebenden Konstrukt hat, bietet sich die deduktive Skalenbildung an, die bei Bühner (2011) detailliert beschrieben ist. Dabei werden Items ausgehend von einer möglichst präzisen Konstruktdefinition entworfen. Bei der Wahl des Antwortformats wird eine höhere Anzahl an Antwortoptionen mit höherer Reliabilität und Validität verbunden, vor

Tab. 3.2 Adaption der Skala zur wahrgenommenen sozialen Eingebundenheit

Originalformulierung (Rakoczy et al., 2005, S. 178)	WiGeMath-Formulierung für Vorkurse
Im Mathematikunterricht werde ich von den anderen in der Klasse als Kollege/Kollegin behandelt	Im Vorkurs wurde ich von anderen als Kommilitone behandelt
Im Mathematikunterricht habe ich das Gefühl, dass mir die anderen in der Klasse helfen würden, wenn es nötig wäre	Im Vorkurs hatte ich das Gefühl, dass die anderen Kommilitonen mir helfen würden, wenn es nötig wäre
Im Mathematikunterricht fühle ich mich von den anderen in der Klasse verstanden	Im Vorkurs fühlte ich mich von den anderen Mitstudierenden verstanden
Im Mathematikunterricht habe ich das Gefühl dazuzugehören	Im Vorkurs hatte ich das Gefühl dazuzugehören

allem wenn nicht mehr als sieben Antwortoptionen vorhanden sind. Die Beschriftung/ Benennung der einzelnen Antwortstufen wird von Bühner (2011) zur Erhöhung der Validität empfohlen. Eine nicht benannte Mittelkategorie kann unterschiedlich aufgefasst werden, etwa als Enthaltung, sodass ihr Einsatz wohlüberlegt sein sollte.

Danach sollte geprüft werden, inwieweit Studierende die Fragen verstehen und mit den Antwortkategorien zurechtkommen (Bühner, 2011; vgl. auch Jonkisz et al., 2012). Beispielsweise können Studierende jeweils für sich den Fragebogen ausfüllen und dabei unverständliche Fragen markieren oder anderweitige Unklarheiten notieren. Im Anschluss können diese Punkte gemeinsam mit dem/der Versuchsleiter*in besprochen werden.

Auf jeden Fall ist zu klären, dass die Antworten auf die Items das zugrundeliegende Konstrukt widerspiegeln, also ob die Skala *valide* ist. Zur Absicherung der Validität kann beispielsweise mithilfe von Interviews eine kognitive Validierung durchgeführt werden (Berger & Karabenick, 2016; Karabenick et al., 2007). Zur Validitätsprüfung kann bei einem Einsatz einer neuen Skala im Vergleich mit anderen Skalen zudem die Konstruktvalidität betrachtet, die sich in theoretisch begründeten Korrelations- und Faktorstrukturen oder Mittelwertunterschieden verschiedener Gruppen widerspiegelt.

Daneben muss eine Skala *reliabel* sein, ihre Varianz sollte sich also nur geringfügig aus Messfehlern (also im Wesentlichen aus Unterschieden zwischen den Befragten) ergeben (vgl. Döring & Bortz, S. 442 ff.). Dazu hat sich etabliert, zumindest die interne Konsistenz einer Skala zu prüfen. Ausgehend von der Idee, dass die Items ja (fast) dasselbe messen, wird geprüft, ob sie miteinander hoch korrelieren. Dabei wird in der Regel der Kennwert Cronbachs α betrachtet. In der Literatur wird eine Untergrenze von 0,70 diskutiert (Cho & Kim, 2015; Cortina, 1993; Schmitt, 1996). Da die Daten bei Evaluationen nicht für individuelle Aussagen, sondern nur auf der Ebene von Gruppen ausgewertet werden, können hier auch etwas geringere Werte akzeptabel sein (vgl. Döring & Bortz, 2016, S. 443). Zudem erzielen Skalen mit größerer Zahl an Items bei gleicher mittlerer Korrelation ein höheres Alpha (Cho & Kim, 2015; Cortina, 1993; Schmitt, 1996). Für eine tiefergehende Prüfung sollte man auch die in der Regel angenommene Eindimensionalität des Konstrukts in den Blick nehmen, also z. B. eine konfirmatorische oder explorative Faktorenanalyse mit den Items der Skala durchführen. Ein hoher Wert für Cronbachs α kann nämlich z. B. auch mit Skalen erreicht werden, die in zwei hochreliable, positiv korrelierende Teilskalen zerfallen (Simms, 2008).

Nicht passende Items werden in diesem Prozess der Reliabilitätsprüfung im Sinne der internen Konsistenz der Skala an verschiedenen Stellen ausgeschlossen; d. h., dass man mit einem größeren Pool an Items beginnen sollte. Oft will man für effizientere Erhebungen am Ende die Skalen auf drei bis fünf Items kürzen. Dafür empfehlen Döring und Bortz (2016, S. 270), diejenigen Items mit den höchsten Trennschärfen (also Korrelationen mit der Summe der anderen Items) auszuwählen. Allerdings kann die Verkürzung der Skala nur anhand von Kennwerten die Validität einschränken. Man sollte daher bei den Kürzungen von Items darauf achten, dass alle wichtigen Aspekte des Konstrukts abgedeckt bleiben (Simms, 2008). Der Entwicklungsprozess einer Skala und der Prozess der Itemreduktion sollte, wenn möglich, vor dem Einsatz zur Evaluation z. B. im Rahmen einer Vorstudie (Pretest) erfolgen (vgl. Döring & Bortz, 2016; Rost, 2004).

Im Projekt WiGeMath genutzte Skalen und Instrumente

Im Rahmen des WiGeMath Projektes wurden auf der Grundlage von Recherchen zu bewährten Skalen, quantitative Untersuchungsinstrumente in Form von Fragebögen für die Studierenden, die Dozierenden und die Tutor*innen der Unterstützungsmaßnahmen zusammengestellt, um relevante Konstrukte für die Umsetzungs- und Wirkungsanalyse erfassen zu können. In der nachfolgenden Tabelle sind die erfassten Konstrukte, die Anzahl der Items und Quellenangaben zu den Referenzinstrumenten sowie die spezifische Verwendung der entwickelten Instrumente im Rahmen der drei untersuchten Maßnahmetypen aufgeführt. Weitere Informationen zu den Skalen, deren Testgüte im Rahmen der verwendeten WiGeMath-Studien sowie den zugehörigen Referenzwerten sind im Rahmen der khdm-Publikationsreihe online abrufbar (https://www. khdm.de/publikationen). In den nachfolgenden Buchkapiteln werden darüber hinaus Evaluationsergebnisse zu den drei Maßnahmentypen berichtet, in denen diese Skalen und Instrumente verwendet wurden (Tab. 3.3).

Tab. 3.3 Übersicht zu den im WiGeMath Projekt verwendeten Skalen und Instrumenten

Konstrukt	Anzahl Items	Operationalisierung, bzw. Quelle	Maßnahmetyp:
Allgemeine Selbstwirksamkeitserwartung	3	ASKU (Beierlein et al., 2012)	Vorkurse Brückenvorlesungen Lernzentren
Mathematische Selbstwirksamkeitserwartung	4	Entnommen aus PISA 2003 (Ramm et al., 2006) nach Baumert et al. (2009)	Vorkurse Brückenvorlesungen Lernzentren
Wahrgenommene soziale Eingebundenheit	4	Adaptiert nach (Rakoczy et al., 2005, S. 53 f.)	Vorkurse
Beliefs • (Werkzeug-, System-, Prozess- und Anwendungsaspekt.)	20	Entnommen aus (Grigutsch et al., 1998)	Brückenvorlesungen
Emotionen • mathematikbezogene Angst • mathematikbezogene Freude	3 6	Biehler. et al. (2018) nach Götz (2004, S. 358) sowie entnommen aus PISA 2003 nach Pekrun et al. (Ramm et al., 2006, S. 252 ff.)	Vorkurse, Brückenvorlesungen Lernzentren
Erleben von Basic Needs: Kompetenz, Autonomie und soziale Eingebundenheit	18 (3 × 6)	Basic Needs – (Longo et al., 2016) (eigene Übersetzung)	Brückenvorlesungen

(Fortsetzung)

Tab. 3.3   (Fortsetzung)

Konstrukt	Anzahl Items	Operationalisierung, bzw. Quelle	Maßnahmetyp:
Lernstrategien • Beweise • Runterbrechen • Beispiele • Lernen mit Kommilitonen	12	LIMST (Liebendörfer et al., 2021)	Vorkurse Brückenvorlesungen Lernzentren
Selbstkonzept Mathematik	5	Pisa 2006 (Frey et al., 2009, S. 86)	Vorkurse Brückenvorlesungen Lernzentren
Selbstkonzept Mathematik	3	LIMST abgewandelt von Schöne et al. (2002): Skalen zur Erfassung des schulischen Selbstkonzeptes (SESSKO)	Vorkurse Brückenvorlesungen Lernzentren
Selbstregulation des Lernens	5	Skalenhandbuch der COACTIV-Studien (Baumert et al., 2009, S. 164)	Vorkurse Lernzentren
Studieninteresse Mathematik • gefühlsbezogene Valenz • wertbezogene Valenz • intrinsischer Charakter	9	Der Fragebogen zum Studieninteresse (FSI) (Schiefele et al., 1993a, b) (Anhang S. 350 f.)	Vorkurse Brückenvorlesungen Lernzentren
Konzeptionelles Arbeiten mit Mathematik	20	(Kaspersen, 2015)	Brückenvorlesungen
Motivationale Regulation • intrinsische • identifizierte • introjizierte • externale	17	Entnommen (Müller et al., 2007)	Brückenvorlesungen
Studienzufriedenheit: • Studieninhalte • Studienbedingungen • Studienbelastungen • Studienabbruch	12 insges.: 3 3 3 3	(Westermann et al., 1996) Anhang, ab Seite 20 f.	Vorkurse Lernzentren
Zielorientierung	16	(Spinath et al., 2012)	Brückenvorlesungen
Lernaktivitäten Lernstrategien in Bezug auf Übungsblätter	25 6	Eigene Übersetzung (Farah, 2015) Rach (adaptiert) (Rach & Heinze, 2017)	Brückenvorlesungen

3.4.3.2 Durchführung

Mit der Festlegung von Erhebungsdesign und Instrumenten ist der theoretische Teil der Befragung oft abgeschlossen, aber es stehen praktische Fragen an. Dafür wird zunächst auf die Akquise von Befragungsteilnehmerinnen und -teilnehmern unter besonderer Berücksichtigung von möglichen Anreizsystemen eingegangen und dann die Befragungsart (Papier- oder Onlinebefragung) sowie die Befragungsdauer thematisiert. Bei der Konzeption und Durchführung der Erhebungen ist jeweils auf geltende Datenschutzbestimmungen zu achten.

Akquise von Befragungsteilnehmerinnen und -teilnehmern

Bei einer Befragung möchte man möglichst viele Teilnehmende aus der Zielgruppe erreichen, um präzisere Ergebnisse zu erhalten und um Verzerrungen der Ergebnisse durch die Zusammensetzung der Stichprobe zu minimieren, sodass die Ergebnisse gut verallgemeinert werden können. Bei freiwilliger Teilnahme ohne Anreize besteht oftmals die Gefahr, dass nur die besonders motivierten oder nur diejenigen, die besonders zufrieden oder unzufrieden sind, teilnehmen und man so keine repräsentative Stichprobe erhält. Um solche Verzerrungseffekte zu vermeiden, gibt es verschiedene Strategien. Im WiGeMath-Projekt hat es sich bewährt, Evaluationen nach Möglichkeit in Präsenzveranstaltungen, die von möglichst vielen Studierenden der Zielgruppe besucht werden, durchzuführen. An Evaluationen, die in der gewöhnlichen Präsenzveranstaltung durchgeführt werden, beteiligen sich in der Regel fast alle Anwesenden. Dies gilt, falls für die Befragungen Zeit während der Veranstaltung zur Verfügung gestellt wird und diese nicht im Anschluss stattfinden: Werden die Studierenden gebeten, nach der Vorlesung länger zu bleiben, um einen Fragebogen zu beantworten, bleibt in der Regel nur ein kleiner Teil. Es sollte dabei ein Termin gewählt werden, bei dem davon auszugehen ist, dass eine substantielle Anzahl an Teilnehmerinnen und Teilnehmern anwesend sein wird; beispielsweise empfiehlt es sich bei Vorkursen oft, nicht den letzten Vorkurstag sondern einen etwas früheren Zeitpunkt (je nach Länge des Vorkurses und Forschungsinteresse beispielsweise den vorletzten Tag) auszuwählen. Dabei ist es wichtig, auf welche Art die Evaluationserhebung erläutert bzw. anmoderiert wird: Den Teilnehmerinnen und Teilnehmern sollte erklärt werden, warum es (für wen) wichtig ist, dass sie an der Befragung teilnehmen, das führt zu höherer Motivation, teilzunehmen, und damit zu höheren Rücklaufquoten.

Kann keine Zeit in Präsenzveranstaltungen zur Verfügung gestellt werden, so kann stattdessen eine Onlineumfrage (s. späterer Abschnitt) durchgeführt werden. Hierbei ist jedoch mit deutlich geringeren Rücklaufquoten zu rechnen. Lütkenhöner (2012) verglich die Rücklaufquoten von Online- und Papiererhebungen in dreizehn verschiedenen Veranstaltungen und ermittelte durchschnittliche Rücklaufquoten von 72 % bei Papiererhebungen und 19 % bei Onlineerhebungen, wobei die Rücklaufquoten als Verhältnis von der Anzahl der Befragungsteilnehmerinnen und -teilnehmer zur Anzahl der Klausurteilnehmerinnen und -teilnehmer operationalisiert und damit vermutlich überschätzt wurde.

Um der geringen Rücklaufquote bei Onlinebefragungen entgegenzuwirken, sind verschiedene Maßnahmen denkbar, die jedoch alle nicht zu einer ähnlich hohen Ausschöpfungsquote wie bei Befragungen in den Präsenzveranstaltungen führen. Der Link zur Onlinebefragung sollte über die üblichen Kommunikationskanäle der Lehrveranstaltung verteilt werden, zusätzlich sollte persönlich in der Lehrveranstaltung auf die Umfrage hingewiesen werden. Auch hier haben die Art der Anmoderation bzw. Information der Studierenden Einfluss auf die Anzahl der Teilnehmenden. Hilfreich zur Akquise von Teilnehmerinnen und Teilnehmern ist außerdem die Schaffung eines Anreizsystems, sodass die Teilnehmenden selbst einen Nutzen aus ihrer Befragungsteilnahme ziehen. Darauf wird im folgenden Abschnitt genauer eingegangen.

Denkbar ist außerdem auch die Kombination von Präsenz- und Onlinebefragung, bei der zunächst eine Präsenzbefragung durchgeführt wird und zusätzlich ein Link zur selben Befragung im Onlineformat an die Studierenden geschickt wird, die in der Präsenzveranstaltung nicht anwesend waren. Bei der Art der Befragung ist natürlich auch die Zielgruppe und das Forschungsinteresse zu beachten, beispielsweise bietet sich für einen Onlinekurs eine Onlinebefragung stärker an.

Sowohl bei Onlinebefragungen als auch bei der Kombination von Online- und Präsenzbefragungen sollte die Möglichkeit geschaffen werden, doppelte Teilnehmerinnen und Teilnehmer zu entfernen, beispielsweise durch einen individuellen Code oder das Setzen von Cookies.

Setzen von Anreizen

Für Anreizsysteme gibt es verschiedene Modi, z. B. die Verlosung von Gewinnen unter den Befragungsteilnehmerinnen und -teilnehmern oder die gleichmäßige Verteilung von Teilnahmeprämien an alle Teilnehmenden. Dabei ist das Projektbudget unter Berücksichtigung der erwarteten Anzahl an Befragungsteilnehmerinnen und -teilnehmern zu beachten. Denkbar ist beispielsweise die Verlosung von Geld oder Gutscheinen unter denjenigen, die die Befragung vollständig beantworten. Bei Präsenzbefragungen können auch kostengünstige Anreize wie Süßigkeiten zusammen mit den Fragebögen ausgegeben werden. Alternativ zu materiellen Anreizen können auch zusätzliche Angebote nach Teilnahme an der Befragung gemacht werden, z. B. eine Fragestunde in der Klausurvorbereitung oder Bonuspunkte für Studienleistungen, sofern dies legitim erscheint (z. B. weil die Teilnahme an der Befragung eine Reflexionsleistung über die Lehre beinhaltet).

Werden solche Anreizsysteme genutzt, muss deren Eignung insbesondere in Hinblick darauf geprüft werden, ob die gesamte Zielgruppe dadurch gleichermaßen angesprochen wird oder durch den Anreiz Verzerrungseffekte auftreten. So spricht beispielsweise eine Wiederholungsveranstaltung vor der Klausur vor allem die motivierten, weniger leistungsstarken Studierenden an, während ein Buchgeschenk, das über die Inhalte des Curriculums hinausgeht, vermutlich eher von leistungsstarken, besonders interessierten Studierenden geschätzt wird.

Dabei hilft es nach unserem Eindruck, den Anreiz nicht als gleichwertige Gegenleistung zu verstehen und zu kommunizieren, sondern als symbolischen Dank, bei dem die Forschenden versuchen, den Befragten im Rahmen der Möglichkeiten etwas zurückzugeben.

Art der Befragung

Es ist möglich, die Befragung per Paper-Pencil- oder Onlinebefragung (z. B. LimeSurvey, Unipark) zu gestalten. Wie bereits oben beschrieben, sind bei Onlinebefragungen, die außerhalb von Präsenzveranstaltungen durchgeführt werden, geringe Rücklaufquoten zu erwarten. Bei Onlinebefragungen, die in der Veranstaltung durchgeführt werden, muss auf die Serverkapazität geachtet werden, da viele Personen gleichzeitig ihre Fragebögen abschicken. Zusätzlich haben wir die Erfahrung gemacht, dass bei Onlinebefragungen, die in Präsenzveranstaltungen durchgeführt werden, oftmals weniger Freitextfelder beantwortet werden. Diesen Effekt führen wir zum Teil darauf zurück, dass die Umfragen am Smartphone beantwortet werden, wo die Texteingabe umständlicher ist. Dies kann in Teilen dadurch vermieden werden, dass die Teilnehmerinnen und Teilnehmer vorher darauf hingewiesen werden, ein geeignetes Gerät mitzubringen. Ein Nachteil von Paper–Pencil-Befragungen ist, dass die Antworten vor der Auswertung noch digitalisiert werden müssen, was Zeit und Arbeitskapazität kostet. Mit Optical Mark Recognition- (OMR-)Software und Geräten kann dies vereinfacht werden. Im WiGeMath-Projekt wurde beispielsweise teilweise mit EvaSys gearbeitet, eine LaTeχ-kompatible Alternative ist SDAPS. Soll OMR verwendet werden, sollte bei der Erstellung der Evaluationsfragebögen bereits mit den entsprechenden Programmen gearbeitet werden. Eine händische Kontrolle der Scans sollte in jedem Fall zusätzlich erfolgen.

Gestaltung des Fragebogens

Bei der Gestaltung des Fragebogens, egal ob bei Papier oder digitalen Befragungen, sollte aus datenschutzrechtlichen und motivationalen Gründen zunächst der Zweck der Befragung für die Studierenden kurz, aber verständlich erläutert werden. Bei Papierfragebögen empfehlen sich auch Ausführungen dazu, dass nur eine Antwortoption gewählt werden kann und wie man ggf. eine Antwort korrigiert, am besten mit einem Beispiel. Der Datenschutz verlangt außerdem in der Regel Auskünfte über die Freiwilligkeit der Teilnahme und die Art der Verwendung der erhobenen Daten sowie eine Ansprechperson für Fragen oder z. B. Wünsche nach der Löschung personenbezogener Daten. Ohnehin empfiehlt es sich, möglichst wenige Daten zu erheben, die eine Identifikation der betreffenden Person durch Dritte ermöglichen. Klarnamen oder Matrikelnummern sind normalerweise nicht notwendig und datenschutzrechtlich problematisch.

Will man aber in längsschnittlichen Designs Daten derselben Person über Messzeitpunkte hinweg verbinden, braucht man eine eindeutige Zuordnung. Dafür empfiehlt es sich, einen individuellen Code für die Teilnehmer*innen zu nutzen, den nur die befragte Person weiß bzw. generieren kann. In manchen Veranstaltungen werden solche Codes

z. B. über Lernsysteme wie ILIAS generiert und verwendet, um Studierenden Klausur-ergebnisse zurückzumelden. Sofern angenommen werden kann, dass alle Befragten ihren Code wissen, ist dessen Verwendung für die Befragung eine optimale Lösung, obwohl dadurch eine mögliche Identifizierbarkeit von Studierenden möglich ist. Dies sollte mit einem Datenschutzbeauftragten besprochen werden. Ansonsten empfiehlt sich eine Anleitung, wie Studierende einen individuellen Code generieren können oder die Zuweisung von festen, zufällig generierten Codes. Im WiGeMath-Projekt haben wir beispielsweise aus je den ersten beiden Buchstaben des Vornamens der Mutter und des Vaters (bzw. einer Person, die wie eine Mutter/ein Vater war) und dem Tag des Geburtsdatums einen sechsstelligen Code generieren lassen. Auch hier wird ein Beispiel zur Verdeutlichung empfohlen, dass Spezialfälle wie Umlaute, Akzente und die Behandlung einstelliger Zahlen als zweistellig enthält (z. B. „Désirée, Ömer, 05.07.2001 => DEÖM05"). Allerdings haben nach unserer Erfahrung bei Befragungen ab ca. 250 Personen manchmal mehrere Befragte denselben Code, z. B. Zwillinge. In diesen Fällen muss der Code also ggf. erweitert oder verändert werden. Auch werden sich stets ein paar Studierende finden, die zwar die weiteren Fragen beantworten, aber den Code nicht angeben wollen oder diesen nicht sorgfältig oder wahrheitsgemäß aus-füllen.

Danach bietet sich eine Gliederung des Fragebogens in einen biographischen Teil (Alter, Geschlecht, Studiengang etc.) und einen Teil mit Fragen zur Maßnahme an. Die Items können innerhalb der jeweiligen Teile zur Vermeidung von Konsistenzeffekten, also der Ausrichtung einer Antwort an der Antwort auf eine vorherige Frage, auf den Fragebögen randomisiert angeordnet werden (Jonkisz et al., 2012, S. 68).

Befragungsdauer

Befragungen sollten nicht zu lange dauern. Bei Präsenzveranstaltungen geht die Befragung oft auf Kosten der Lehrzeit und unabhängig vom Format der Befragung, sind Studierende eher bereit, an einer kurzen Befragung teilzunehmen, insbesondere wenn angekündigt wird, wie viel Zeit die Teilnahme in Anspruch nimmt. In zeitintensiven Befragungen nehmen am Ende die Testmotivation und Konzentration der Teilnehmenden ab und die letzten Fragen werden dann manchmal nicht oder nicht immer ernsthaft beantwortet. In den WiGeMath-Befragungen konnte z. B. ein Rückgang in der Anzahl der Antworten von den ersten bis zu den letzten Fragen auf den Fragebögen festgestellt werden. Bei langen Fragebögen sollte daher überlegt werden, die wichtigsten Fragen an den Anfang zu stellen.

Als gute Faustregel für die Schätzung der Bearbeitungszeit ergab sich bei uns die Annahme von zehn Sekunden pro Item (bei kurzen Statements oder einfachen Fragen), dazu kommt das Lesen von einleitenden Texten. Möglich sind aber auch kompliziertere Berechnungen, die die Länge von Texten und Antwortoptionen berück-sichtigen, beispielsweise kann man auch eine Minute pro 150 Wörter auf dem Frage-bogen einschließlich aller Texte rechnen (Puleston, 2012). Für den Zeitaufwand in Präsenzveranstaltungen muss für die Planung berücksichtigt werden, dass das Verteilen und Einsammeln von Fragebögen ebenfalls Zeit in Anspruch nimmt. Insbesondere für Befragungen in Hörsälen sollten mehrere Personen für das Austeilen eingeplant werden. Wir haben die Erfahrung gemacht, dass eine Bearbeitungsdauer von mehr als 20 min vermieden werden sollte, schon 15 min werden von einigen Befragten als unangenehm lang empfunden. Wenn die Befragung nicht in der eigenen Veranstaltung durchgeführt wird, muss die Bearbeitungsdauer außerdem mit den Dozierenden abgesprochen werden.

3.4.3.3 Auswertungen und Ergebnisinterpretationen

Hat man die Daten erst einmal in der Hand oder auf dem Server, beginnt die Auswertung. Dafür sollten die Daten zunächst auf eine sinnvolle Bearbeitung durch die Teilnehmenden geprüft werden. Gerade in größeren Befragungen und bei längeren Fragebögen finden sich unserer Erfahrung nach immer wieder einzelne Personen, die von Anfang an oder ab einer bestimmten Frage visuelle Muster ankreuzen (z. B. abwechselnd stets die erste oder letzte Antwortoption). Solche Daten mit auffälligen Antworttendenzen oder -mustern müssen aus dem Datensatz entfernt werden. Darüber hinaus sollten die Daten auf Plausibilität geprüft werden. Wird z. B. von einer Person angegeben, an einer Veranstaltung nicht teilgenommen zu haben, so dürfen auch keine Daten zur Beurteilung der Veranstaltung von dieser Person vorhanden sein. Zusätzlich empfiehlt es sich, die vorhandenen Daten hinsichtlich fehlender Werte und deren Mustern zu untersuchen (Abschn. 3.4.3.3). Anschließend sollte die Qualität der Messung beispielsweise anhand der folgenden statistischen Kennwerte geprüft und dokumentiert werden.

Wie bereits bei der Skalenentwicklung beschrieben, sollte zur Prüfung der *Reliabilität* jeder Skala Cronbachs Alpha berechnet werden, wobei Werte von mindestens 0,70 empfohlen werden (Cho & Kim, 2015; Cortina, 1993; Schmitt, 1996), evtl. können aber auch Werte um 0,65 akzeptiert werden. Zur Prüfung der Eindimensionalität eingesetzter Skalen sollten die Korrelationen der Items untereinander mindestens bei 0,15 liegen (Simms, 2008). Alternativ lässt sich die Eindimensionalität einer Skala auch über eine konfirmatorische Faktoranalyse absichern (Döring & Bortz, 2016).

Zur Sicherung der *Objektivität* ist die Durchführung des Verfahrens zu beschreiben (Döring & Bortz, 2016). Bezüglich der Durchführungsobjektivität ist z. B. festzuhalten, ob ein Fragebogen vor Ort mit Stift und Papier und ohne Zeitdruck eingesetzt wird. Die computergestützte Auswertung der Skalenmittelwerte sichert Auswertungsobjektivität.

Umgang mit fehlenden Daten

Schon bei Erhebungen zu einem Zeitpunkt werden nicht alle Studierenden alle Fragen zulässig beantwortet haben. Bei längsschnittlichen Untersuchungen fehlen in der Regel noch deutlich mehr Daten, weil Studierende überhaupt nicht mehr an der Befragung teilnehmen oder Studierende später auftauchen, die nicht an der ersten Befragung teilgenommen haben. Ein großes Problem ist dabei der in mathematikhaltigen Fächern bekanntermaßen hohe Schwund im ersten Jahr. Wie geht man damit um? Weit verbreitet ist der Ansatz, Fälle mit unvollständigen Daten von Analysen auszuschließen. Dies ist der einfachste Weg, um überhaupt Ergebnisse berechnen zu können, er hat aber seine Schwächen. Um dies zu verstehen hilft es, die Arten fehlender Werte zu strukturieren.

In der einschlägigen Literatur zu auswertenden statistischen Verfahren werden verschiedene Arten unterschieden, wie fehlende Daten beschaffen sein können (Graham, 2009, 2012; Peugh & Enders, 2004; Schafer & Graham, 2002). Grundsätzlich geht es dabei um die Frage, ob die Tatsache, dass die Ausprägung einer Variablen einer Person fehlt, mit dem Wert dieser oder anderer Variablen für diese Person statistisch zusammenhängt. Dass kein solcher Zusammenhang besteht, lässt sich bei gezielten Datenausfällen annehmen, wenn z. B. in einem Rotationsdesign von Anfang an geplant war, dass zufällig bestimmte Teilnehmende gewisse Fragen oder Aufgaben nicht bekommen. Manchmal besteht zwar ein Zusammenhang, er lässt sich aber in Kenntnis vorhandener Werte abschätzen. Dies könnte z. B. der Fall sein, wenn Studierende aus einem gewissen Studiengang seltener zur zweiten Befragung kommen und generell ein niedrigeres Selbstkonzept haben. Hier besteht dann ein statistischer Zusammenhang zwischen dem Fehlen von Werten zum Selbstkonzept und deren Höhe; denn es fehlen insbesondere unterdurchschnittliche Werte. Dies kann im Weiteren auch zu Verzerrungen von z. B. Korrelationskoeffizienten führen. Mithilfe statistischer Methoden lassen sich solche Verzerrungen oft zumindest teilweise korrigieren.

Falls kein Zusammenhang zwischen dem Fehlen von Angaben und ihrem Wert besteht, kann man die unvollständigen Fälle löschen und erhält mit einer verkleinerten Stichprobe unverzerrte Aussagen. Falls aber ein solcher Zusammenhang besteht, kann man zwar Aussagen über die verkleinerte Stichprobe ableiten, aber diese lassen keine verallgemeinerbaren Aussagen über die Grundgesamtheit zu. Häufig strebt man aber solche verallgemeinernden Aussagen an. Daher lohnt sich die Betrachtung statistischer Verfahren, die darauf ausgelegt sind, relevante Kenngrößen (z. B. Mittelwerte, Standardabweichungen oder Regressionskoeffizienten) weniger verzerrt zu schätzen. Überwiegend wird dabei auf zwei Verfahren zurückgegriffen.

Bei der *multiplen Imputation* werden in einem Datensatz plausible Werte für die fehlenden Werte generiert, z. B. durch lineare Regressionen mithilfe anderer Variablen. Um dabei neben Mittelwerten auch Varianzen realistisch zu schätzen, generiert man mehrere Datensätze, bei denen die Schätzwerte streuen. Die Analysen werden dann in allen Datensätzen parallel durchgeführt, um eine Reihe plausibler Kennwerte abzuleiten. Bei der Interpretation der Ergebnisse ist unwesentlich, dass die generierten Einzelfälle in aller Regel nicht exakt den fehlenden Daten entsprechen. Man verwendet die Imputation nur, wenn es nicht um Erkenntnisse über Einzelfälle geht, sondern um Kenngrößen für die ganze Stichprobe. Viele, aber nicht alle Auswertungsverfahren sind für die Verwendung multipler Imputationen in Softwarepaketen wie R oder SPSS ausgelegt.

Bei *Maximum-Likelihood-Schätzungen* arbeitet man mit dem unveränderten Datensatz, also mit unvollständigen Daten. Dieser Ansatz ist häufig bei der Arbeit mit Strukturgleichungsmodellen zu finden. Dabei werden Parameter für ein vordefiniertes Modell so bestimmt, dass die beobachteten Daten besonders plausibel sind. Hier kann man auch unvollständige Daten in der Regel problemlos einbeziehen. Die Maximum-Likelihood-Schätzung ist in vielen Paketen zu Pfadmodellen implementiert (z. B. AMOS, MPlus).

Beide Verfahren unterscheiden sich in den Ergebnissen kaum. Falls es keine Zusammenhänge zwischen dem Fehlen von Werten und ihren Ausprägungen gibt, setzen sie nur die Muster fort, die sich in den vollständigen Fällen finden. Gibt es aber solche Zusammenhänge, können beide Verfahren gegenüber dem Löschen von Daten häufig die Verzerrungen reduzieren und damit zu Interpretationen führen, die eher für die Grundgesamtheit sprechen. Forschende sollten daher bei der Arbeit mit unvollständigen Datensätzen abwägen, ob sich der erhöhte Aufwand (in der Auswertung und ggf. auch in der Kommunikation der Ergebnisse) nicht mit Blick auf stärkere Ergebnisse lohnt.

3.4.3.4 Auswertungsstrategien und typische Schwierigkeiten

In diesem Abschnitt werden Auswertungsstrategien für quantitative Daten besprochen. Zunächst werden Beschreibungen der Daten, Vergleiche innerhalb oder zwischen Studien sowie ggf. die Testung von Vorhersagen über lineare Regressionen kurz besprochen.

Auf deskriptiver Ebene können zunächst Mittelwerte beschrieben werden. Über Streumaße kann auch die Heterogenität in der Stichprobe sichtbar gemacht werden. Solche Informationen können z. B. die Notwendigkeit von Maßnahmen begründen, ihre Ausgestaltung beeinflussen oder zur Identifikation von Risikogruppen genutzt werden. In Vorkursen zeigt sich z. B. häufig, dass das Vorwissen im Mittel oft deutlich unter den Erwartungen liegt und stark variiert, etwa, wenn einige Studierende schon vor dem Vorkurs leistungsstärker waren als andere nach dem Vorkurs. Auch längsschnittliche Beschreibungen, d. h. von der Entwicklung bzw. Veränderung von Variablen in Stichproben können hilfreich sein, um z. B. ein Problemfeld zu strukturieren. Dabei kann die normale Lehre schon vor Einrichtung einer Maßnahme beforscht werden, um die Entwicklung unter gewöhnlichen Umständen zu beschreiben.

Indizien für die Wirksamkeit einer gesamten Maßnahme oder ausgewählter Elemente können durch den Vergleich von Teilgruppen oder den Vergleich mit Befunden aus anderen Studien gewonnen werden, insbesondere, wenn ähnliche Konstrukte (bestenfalls mit denselben Instrumenten) erhoben wurden. In der längsschnittlichen Beforschung von Vorkursen und Brückenvorlesungen hat sich beispielsweise ein Rückgang der Ausprägung motivationaler Variablen zwischen der Erhebung zu Beginn und am Ende der Maßnahme gezeigt. Dieser sollte aber nicht als Wirkung der Maßnahme interpretiert werden. Ein Vergleich mit der Motivationsentwicklung zu Beginn eines traditionellen Studiums zeigt dort einen deutlich stärkeren Rückgang. Vorkurse scheinen also den Eingangsschock vorweg zu nehmen und Brückenvorlesungen reduzieren den Rückgang motivationaler Aspekte deutlich (vgl. Kap. 14; Brückenvorlesung Berlin). Studierende schreiben in Brückenvorlesungen im Vergleich zu traditionellen Fachveranstaltungen zudem ihre Übungsaufgaben deutlich weniger ab (Liebendörfer & Göller, 2016). Um solche Vergleiche zu erleichtern, stellen wir Werte aus unseren Erhebungen bereit, die Rahmen der khdm-Reihe (https://www.khdm.de/publikationen) mit umfangreichen Zusatzmaterial verfügbar ist.

Prognostische Aussagen können insbesondere mithilfe längsschnittlicher Daten gewonnen werden. Hat man ein Untersuchungsdesign, das den Einfluss von Drittvariablen ausschließt (randomisierte Einteilung), kann man sie kausal interpretieren. Aber auch in Designs, die weniger in die Zusammensetzung der Untersuchungsgruppen eingreifen, ist die Frage aufschlussreich, woran man z. B. Studierende erkennt, die später hohen Klausurerfolg haben. Entsprechende Hypothesen können mit linearen Regressionen geprüft werden, die im Fall komplexerer Zusammenhänge oft in Strukturgleichungsmodellen abgebildet werden. Bei der Evaluation können solche Designs bzw. Auswertungsverfahren z. B. eingesetzt werden, um zu prüfen, inwieweit die Regelmäßigkeit, mit der Studierende einen Vorkurs besucht haben, die spätere Leistung erklärt (vgl. Büchele, 2020). In Ingenieurs-Brückenvorlesungen hatte sich gezeigt, dass eine erhöhte Frustrationsresistenz, also hartnäckiges Arbeiten trotz Frustration, im Semesterverlauf die späteren Noten zu einem gewissen Teil erklären kann (Kuklinski et al., 2020).

Es hat sich bereits angedeutet, dass gerade in der Beforschung von Unterstützungsmaßnahmen zum Übergang in ein mathematikhaltiges Studium spezifische Probleme auftauchen, die kurz besprochen werden sollen, auch wenn die Forschung hier nicht immer klare Lösungen anbieten kann.

Die *Teilnahmeentscheidung* bezüglich einer Maßnahme ist u. a. ein Aspekt, der mit spezifischen Problemen bei der Auswertung verbunden ist. Diese Entscheidung kann mit Eigenschaften zusammenhängen, die einen Einfluss auf die Ergebnisse einer späteren Evaluation der Maßnahme haben, sodass diese sowohl über die Teilnahmeentscheidung als auch über die Wirkung der Maßnahme erklärt werden könnten. Beispielsweise könnten Studierende, die an einem Vorkurs teilgenommen haben, ein größeres Vorwissen haben, weil sich leistungsstärkere eher für einen Vorkurs entscheiden, oder weil sie im Vorkurs viel dazugelernt haben. Eine eindeutige Zuschreibung ist in solchen Situationen nicht möglich. Ein statistisches Verfahren, mit dessen Hilfe vergleichbare Treatment- und Kontrollgruppen geschaffen werden können, ist das Propensity Score Matching (Rosenbaum & Rubin, 1983). So kann man beispielsweise Vorkursteilnehmende mit Studierenden vergleichen, die an keinem Vorkurs teilgenommen haben (s. Kap. 12). Man geht dabei davon aus, dass die Studierenden sich nicht zufällig, sondern aufgrund bestimmter Eigenschaften, die erhoben wurden, für oder gegen die Teilnahme an der Maßnahme entschieden haben. Der „Propensity Score" ist dann die durch logistische Regression berechnete Wahrscheinlichkeit, zur Treatment-Gruppe zu gehören (in diesem Beispiel also: am Vorkurs teilzunehmen). Es gibt dann verschiedene Matching-Methoden wie beispielsweise das Nearest-Neighbour-Verfahren, bei denen jeder Person aus der Treatmentgruppe eine Person (oder auch mehrere Personen, je nach Einstellung) aus der Kontrollgruppe zugeordnet wird. So werden die Teilstichproben parallelisiert und ein „quasiexperimentelles" Design ermöglicht. Die parallelisierten Gruppen können nun miteinander verglichen werden. Weitere Hinweise zur Durchführung des Propensity Score Matchings, insbesondere auch zu diagnostischen Methoden, um die Güte des Matchings zu beurteilen, sind bei Stuart (2010) zu finden; eine schrittweise Anleitung zur Umsetzung in R bei Randolph und Falbe (2014). Wichtig ist beim Propensity Score Matching, dass Variablen, die mit der Teilnahmeentscheidung und den zu evaluierenden Aspekten eng zusammenhängen, sowohl bei den Teilnehmenden als auch bei den Nichtteilnehmenden erhoben wurden. Wenn das nicht möglich ist, kann man versuchen, einen Prozess zu identifizieren, der mithilfe theoretischer Argumente auf eine Wirkung schließen lässt. Wenn innerhalb von Vorkursen mit Vor- und Nachtests ein Leistungs-zuwachs gemessen wurde, kann plausibel argumentiert werden, dass die meisten Nicht-Teilnehmenden vermutlich keinen Leistungszuwachs im selben Zeitraum hatten und so auf eine Wirkung im Vergleich geschlossen werden. Offen bleibt dann aber z. B. die Frage, ob ein langfristiger Mehrwert nachweisbar ist oder die erarbeiteten Unterschiede im Semesterverlauf verloren gehen.

Herausfordernd ist auch die *Wirkungszuschreibung* zu einzelnen Elementen eines Maßnahmenbündels, z. B. wenn in einer Vorlesung verschiedene neue Methoden gleich-zeitig eingesetzt werden. Hierzu könnten experimentelle Designs verwendet werden, in denen die einzelnen Elemente einer Maßnahme kontrolliert variiert und anschließend analysiert werden. In der Praxis sind solche Designs jedoch nur selten umsetzbar. Anhaltspunkte können aber die Auskünfte der Befragten ergeben, welche Elemente sie selbst als hilfreich erlebt haben (vgl. Kuklinski et al., 2019 für Brückenvorlesungen) oder wie sie gewisse Angebote genutzt haben. Solche Befragungen liefern keine Wirkungs-nachweise, aber plausible Indizien, die diskutiert und für weitere Entscheidungen über die Gestaltung einer Maßnahme genutzt werden können.

Ein *Stichprobenproblem* ergibt sich aus den hohen Abbruchquoten in mathematik-haltigen Studiengängen. Auch unter Zuhilfenahme von Missing-Data-Techniken lässt sich in der Regel nicht sagen, wie sich eine Maßnahme auf Studierende ausgewirkt hat oder hätte, die nicht mehr dabei sind. Fortgesetzt werden ja allenfalls Muster, die sich in den vorhandenen Daten zeigen und oft sollen genau die Variablen analysiert werden, die mit Studienabbruch oder Fachwechsel im Zusammenhang stehen, bezüglich derer die Nicht-befragten also möglicherweise abweichende Muster haben. Dieses Problem lässt sich nicht zur vollen Zufriedenheit lösen. Um über eine allgemeine Wirkung einer Maßnahme zu sprechen, sollte man sich trotzdem nicht auf diejenigen Studierenden beschränken, die sie erfolgreich durchlaufen. Auch hier kann es sinnvoll sein, durch die Maßnahme initiierte Prozesse stärker zu beleuchten, um argumentativ auf eine Wirkung zu schließen. Etwa kann man erheben, ob ein Lernzentrum den Studierenden überhaupt bekannt ist, ob bzw. wie oft sie es nutzen und welche Lernprozesse dort angeregt werden. Hilfreich kann auch sein, den Unterschied zwischen Personen mit vollständigen Daten und Personen mit fehlenden Daten herauszuarbeiten. Damit kann die Risikogruppe charakterisiert werden, um auf mögliche Mechanismen für den Studienabbruch zu schließen. Dabei sollten eher kurze Abstände zwischen Befragungen gesetzt werden, um entscheidende Ver-änderungen noch abbilden zu können. Letztlich müssen manchmal auch die Forschungs-fragen anders gestellt werden. Man kann sich z. B. vorstellen, dass Daten zur Frage, ob gewisse Studierende ein Angebot als hilfreich empfinden, nur von einer Teilgruppe vor-liegen. Stellt sich nun heraus, dass die anderen bereits den Studiengang gewechselt haben, so fehlen nicht einfach Daten, sondern die gewünschten Daten wären gar nicht mehr sinnvoll. Hier kann man ggf. anhand anderer Daten (Übungsaufgaben, Klausuren) erschließen, ob die Studierenden nur nicht für die Befragung erreicht wurden, oder auch gar nicht mehr sinnvoll zur Sache befragt werden können. Vor diesem Hintergrund könnten die Forschungsfragen nach der Wirkung für Studierende, die im Studiengang bleiben, und dem Einfluss auf den Verbleib im Studiengang getrennt betrachtet werden.

Abschließend sei die *Veränderung von Konstrukten* im Studienverlauf als weitere Herausforderung bei der Auswertung von Evaluationsdaten genannt. Wenn wir z. B. Studierenden dieselben Fragen zu verschiedenen Zeitpunkten im Studienverlauf stellen, können sie dabei über unterschiedliche Dinge nachdenken. Beispielsweise unterscheidet sich ein am Studienanfang erfragtes Interesse an Mathematik (ohne Spezifizierung, ob hier eher Schul- oder Hochschulmathematik gemeint ist) von einem später erfragten Interesse an Hochschulmathematik, auch wenn Studierende sich bei ersterem wohl stärker auf die Hochschulmathematik beziehen (Ufer et al., 2017). Auch Einstellungen zum Beweisen oder Beliefs beziehen sich stark auf den Gegenstand „Mathematik", der sich gerade am Studienanfang deutlich ändert. Insofern sollten bei der Erhebungsplanung möglichst konstruktspezifische Instrumente verwendet werden. Zudem sollte bei der Interpretation die Möglichkeit betrachtet werden, dass sich Konstrukte auch dann verändern, wenn Messwerte stabil bleiben, weil z. B. mathematische Weltbilder reichhaltiger werden. Methodisch kann man auf Basis quantitativer Daten Veränderungen der Beziehungen zwischen Items derselben Skalen analysieren, um solche Phänomene zu identifizieren (vgl. Frenzel et al., 2012, für konzeptuelle Änderungen im Mathematikinteresse von Schülerinnen und Schülern). Zudem kann qualitative Forschung verdeutlichen, was die Messwerte aussagen, und ggf. darüber hinaus gehende Einblicke geben. In jedem Fall muss die Veränderung solcher Konstrukte bei der Diskussion der Ergebnisse in Betracht gezogen werden.

3.5 Beispielhafte Anwendung verschiedener Evaluationsmethoden zur Evaluation von Unterstützungsmaßnahmen

Zur weiteren Veranschaulichung der Nutzung von Evaluationsmethoden zur Evaluation von Unterstützungsmaßnahmenoben wird im folgenden Abschnitt anhand einer Zielsetzung eines Vorkurses eine entsprechende Evaluation, wie sie im WiGeMath Projekt umgesetzt wurde, beschrieben. Die Beschreibung orientiert sich an den in Abschn. 3.3 dargestellten Modell.

Stufe 1 (Programmtheorie): Identifikation von Maßnahmezielen und Rahmenbedingungen
Im Paderborner Präsenzvorkurs für angehende Mathematik-, Lehramts- und Informatikstudierende war ein Ziel, die Studienvorbereitung der Studierenden sowohl bezüglich inhaltlicher als auch bezüglich organisatorischer Aspekte zu erhöhen, so dass als Wirkung

und Effekt des Vorkurses eine höhere Studienvorbereitung von Vorkursteilnehmenden im Vergleich zu Nichtteilnehmenden intendiert war. Die Ziele sowie die intendierten Wirkungen und Rahmenbedingungen konnten in offenen Interviews mit Verantwortlichen durch die anschließende inhaltsanalytische Auswertung, die sich am Rahmenmodell orientierte, identifiziert werden: So handelte es sich in diesem Beispiel um einen vierwöchigen Vorkurs mit jeweils drei Präsenztagen pro Woche, an denen in vierstündigen Vorlesungen und zweistündigen Übungen erste Inhalte der Hochschulmathematik behandelt wurden. Der Dozent war dabei ein wissenschaftlicher Mitarbeiter. Die Übungen wurden von ihm sowie von studentischen Tutorinnen und Tutoren betreut. Darüber hinaus gab es Übungsaufgaben, die abgegeben werden konnten und dann korrigiert wurden. Inhaltlich sollte ein Fokus auf das Erlernen hochschulmathematischer Inhalte sowie einen Einblick in die hochschulmathematische Lehre gelegt werden.

Stufe 2 (Programmumsetzung und -durchführung): Erfassung und Beschreibung der konkreten Umsetzung
Zur Evaluation der konkreten Umsetzung des Vorkurses wurden die Vorkursteilnehmenden am Ende des Vorkurses befragt. Es wurden auf Grundlage des Rahmenmodells im Projekt entwickelte Skalen verwendet, mit denen Teilnehmende auf sechsstufigen Skalen angeben konnten, in welchem Umfang etwas im Vorkurs stattgefunden hatte, beispielsweise zu welchem Grad sie Metastrategien für das Studium kennengelernt, schulmathematische Inhalte vertieft oder den Umgang mit fachsprachlichen Texten erlernt hatten. Abb. 3.2

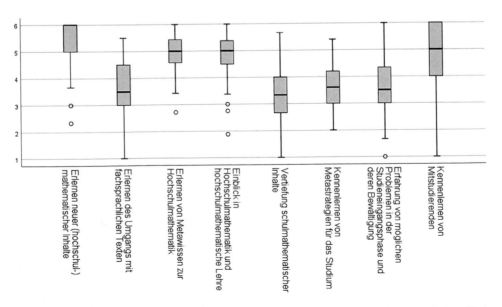

Abb. 3.2 Bericht der Teilnehmenden über im Vorkurs stattgefundene Aktivitäten, auf einer Skala von 1 („trifft gar nicht zu") bis 6 („trifft vollständig zu"). (n = 90)

zeigt die zugehörigen Boxplots der Antworten der Teilnehmenden in der Ausgangsbefragung ($n = 90$).

*Stufe 3 (Programmwirkung): Messung und Untersuchung der intendierten Wirkungen
und Effekte*
Die Einschätzung der eigenen Studienvorbereitung wurde mit einer selbstentwickelten
Skala operationalisiert, die aus elf Items besteht und Aspekte der fachlichen, arbeits-
technischen und organisatorischen Vorbereitung enthält. Diese wurden zum einen zu
Beginn und am Ende des Vorkurses erhoben, sodass eine Veränderung dieser Merkmale
durch die Vorkursteilnahme gemessen werden konnte. Zum anderen wurden in der
Mitte des ersten Semesters die Studienanfängerinnen und Studienanfänger befragt, die
am Vorkurs teilgenommen oder nicht teilgenommen hatten, um eine retrospektive Einschätzung ihrer Studienvorbereitung zu Beginn des ersten Semesters (also ggf. nach
dem Vorkurs) einzuholen. Mit Hilfe des Propensity Score Matchings auf Grundlage
der Kovariaten Alter (bis zwanzig oder älter), Jahr des Schulabschlusses, Niveau des
letzten Mathematikkurses (Grund- oder Leistungskurs), Geschlecht, Studiengang, letzte
Mathematiknote und Durchschnittsnote im Schulabschluss konnten dann vergleichbare
Gruppen geschaffen werden, deren retrospektive Einschätzung der eigenen Studienvorbereitung zu Studienbeginn verglichen werden konnte. Weitere Details zur Methode
sowie Vergleiche des gematchten und ungematchten Datensatzes sind in Kap. 12 zu
finden.

Die Entwicklung der Einschätzung der eigenen Studienvorbereitung wurde nur für
diejenigen betrachtet, die sowohl zu Beginn des Vorkurses als auch am Ende des Vorkurses an der Befragung teilgenommen und ihre Einschätzung zur Studienvorbereitung
angegeben hatten ($n = 68$). Es zeigte sich eine Zunahme der Studienvorbereitung von
$M_{t1} = 3,24$ ($SD = 0,71$) auf $M_{t2} = 4,03$ ($SD = 0,65$), was einer Effektstärke (Cohens *d*)
von 1,2 und somit einem starken Effekt entspricht. Mit dem nichtparametrischen
Wilcoxon-Test für abhängige Stichproben konnte mit $p < 0,001$ ein statistisch signifikanter Unterschied zwischen diesen Mittelwerten festgestellt werden. Der Unterschied zwischen vorher und nachher kam also höchstwahrscheinlich nicht durch Zufall
zustande. Insofern konnte also eine Wirkung des Vorkurses auf die Einschätzung der
eigenen Studienvorbereitung der Teilnehmenden nachgewiesen werden.

Ein Vergleich der retrospektiven Einschätzung der eigenen Studienvorbereitung
zu Beginn des Semesters, abgefragt in der Mitte des Semesters, zeigt ein ähnliches,
aber weniger deutliches Ergebnis. Hier wurden die Gruppen der Teilnehmenden und
Nichtteilnehmenden mit Hilfe von Propensity Score Matching parallelisiert und die
Einschätzung der Studienvorbereitung der beiden Gruppen miteinander verglichen. In
der Gruppe der Teilnehmenden ($n = 27$) lag die Einschätzung der eigenen Studienvorbereitung bei $M = 3,18$ ($SD = 0,88$), in der Gruppe der Nichtteilnehmenden ($n = 27$)
bei $M = 2,86$ ($SD = 0,87$). Nach dem nichtparametrischen Mann–Whitney-U-Test ist
das Ergebnis mit $p = 0,203$ jedoch statistisch nicht signifikant, sodass hier kein Unterschied nachgewiesen werden kann. Anhand der Werte lässt sich auch sehen, dass die

Vorkursteilnehmenden ihre eigene Studienvorbereitung zu Beginn des Semesters rückblickend als schlechter einschätzen als direkt nach dem Vorkurs. Hier ist unklar, ob am
Vorkursende eine Über- oder rückblickend eine Unterschätzung der eigenen Studienvorbereitung stattgefunden hat.

3.6   Interpretation von Evaluationsergebnissen

Im Rahmen der Evaluation von mathematischen Unterstützungsmaßnahmen gilt es
abschließend, die vorliegenden Untersuchungsergebnisse aufzubereiten, zu interpretieren
und diese mit beteiligten Akteur*innen zu besprechen. Auf diesen Prozess möchten wir
abschließend näher eingehen.

Die *Aufbereitung* der jeweiligen Evaluationsergebnisse sollte so erfolgen, dass
sowohl der Prozess der Datenerhebung (z. B. Fragestellung, Operationalisierung, Durchführung und Auswertung) als auch zentrale Ergebnisse so dargestellt werden, dass sie
nachvollziehbar und ggf. vergleichbar mit anderen Ergebnissen sind sowie evtl. auch
replizierbar sind (z. B. Untersuchung einer ähnlichen Maßnahme in einer anderen
Studierendengruppe).

Die *Interpretation* der gewonnenen Ergebnisse kann sich am Grundsatz von Mixed-
Methods-Ansätzen (Kuckartz, 2014) orientieren. Diese Ansätze beschreiben die
Kombination verschiedener quantitativer und qualitativer Forschungsmethoden, sodass
eine Forschungsfrage durch mehrere Forschungsmethoden beleuchtet werden kann
(Abschn. 3.2). Das Zusammentragen dieser Ergebnisse kann zu einer umfassenderen
Beantwortung der Forschungsfrage und zur Interpretation der Ergebnisse genutzt
werden.

So können erste inhaltlichen Schlüsse aus der Beantwortung der grundlegenden
Fragestellungen (ggf. Hypothesen) durch die erzielten Informationen aus dem Ein-
satz der entsprechenden Evaluationsmethoden auf den drei Stufen gezogen werden.
Werden beispielsweise auf der ersten Stufe sehr unterschiedliche Zielsetzungen
von Dozent*innen für eine Unterstützungsmaßnahme benannt, so gilt es, diese
Informationen für die Interpretationen der Ergebnisse auf der zweiten und dritten
Stufe zu nutzen. So könnten im Rahmen der Untersuchung der Durchführung einer
Maßnahme unterschiedliche inhaltliche Schwerpunkte beobachtet worden sein.
Durch die Untersuchung der Maßnahmewirkungen auf der dritten Stufe zeigten sich
ggf. Unterschiede in den angenommenen Effekten zwischen diesen verschiedenen
Kursen der Unterstützungsmaßnahme. In der Interpretation der Ergebnisse kann dann
angenommen werden, dass die unterschiedlichen Zielsetzungen der Dozent*innen
zu verschiedenen inhaltlichen Schwerpunkten der Maßnahme führten und letztlich in
den betroffenen Gruppen auch zu verschieden Wirkungseffekten führten. Dieses einfache Beispiel zeigt, dass die umfassende und abschließende Interpretation der Ergebnisse, die aus der Anwendung verschiedener Evaluationsmethoden auf den drei Stufen

erzielt wurden, besonders wichtig ist, um Aussagen zur validen Bewertung einer Unterstützungsmaßnahme treffen zu können.

Die besondere Herausforderung der Ergebnisinterpretation besteht jedoch oft darin, scheinbar widersprüchliche oder nicht intendierte Ergebnisse zu deuten. So kann zum Beispiel die in der Evaluation zuvor nicht geplante Ausweitung der Studierenden-gruppen eines Vorkurses durch die Einführung als Pflichtveranstaltung dazu führen, dass insbesondere weniger motivierte und leistungsschwächere Studierende am Vorkurs teilnehmen (müssen). Im Vergleich zu anderen (freiwilligen) Kursen im Rahmen einer Evaluation könnte dann aber auch eine insgesamt geringere mathematische Leistung oder Motivation am Ende des Vorkurses beobachtet werden, die insbesondere durch diese Studierenden hervorgerufen wurde. Diese sollte natürlich nicht als Wirkung des verpflichtenden Vorkurses gedeutet werden, sondern durch die besonderen Rahmen-bedingungen erklärt werden. Das Beispiel verdeutlicht, dass über Wirkungen von komplexen Maßnahmen ohne Beachtung von Rahmenbedingungen kaum sinnvoll gesprochen werden kann, und dass man im Rahmen von Evaluationen schon aufgrund der unterschiedlichen Rahmenbedingungen kaum zu dem Ergebnis kommen kann, eine Maßnahme sei ungeachtet der Umstände besser als eine andere. Zudem können sich ungeplante Ereignisse in den Ergebnissen niederschlagen.

Eine gute Methode, um Hilfestellung zur Interpretation von Ergebnissen zu erhalten, ist der *Austausch mit den beteiligten Akteur*innen*. So können beispielsweise die vor-liegenden Ergebnisse den involvierten Dozent*innen und Tutor*innen im Rahmen einer Präsentation vorgestellt werden und diese anschließend diskutiert und dann gemeinsam mögliche weitere Interpretationsansätze identifiziert und diskutiert werden. Anhand dieses Vorgehens können unter Umständen weitere Informationen zu Rahmen-bedingungen und zur Programmumsetzung und -durchführung erzielt werden, die für die Deutung der Ergebnisse genutzt werden können. So treten manchmal besondere (kritische) Situationen auf, die weder geplant noch evaluiert wurden. Diese können aber mitunter nicht intendierte Effekte und veränderte Wirkungen erzielen. Die beteiligten Akteur*innen einer Maßnahme erinnern sich meistens gut an die Umsetzung und Durch-führung und insbesondere an besondere Situationen, die unter Umständen ebenjene Ergebnisse hervorgerufen haben. Dies kann dann als weiterer möglicher Interpretations-ansatz genutzt werden.

3.7 Abschluss/Fazit/Zusammenfassung/Ausblick

Auch wenn wir im Rahmen von Evaluationsstudien versuchen, einen möglichst umfassenden Blick auf die zu evaluierenden Unterstützungsmaßnahmen zu werfen, so können wir uns der ‚Wahrheit' jedoch nur durch Berücksichtigung der verschiedenen Programmevaluationsebenen annähern. Oftmals bleibt trotz intensiver Planung und Umsetzung einer Evaluation ein gewisser Grad an Ungenauigkeit oder fehlenden Informationen bestehen. Wie in diesem Kapitel beschrieben, gilt es trotzdem, diese fehlenden Informationen bestmöglich zu reduzieren bzw. entsprechende Zugänge zu schaffen, diese Informationen zu beschaffen. Es gilt ferner, durch weitere Untersuchungen und Evaluationsstudien zu mathematischen Unterstützungsmaßnahmen den Ergebnisstand bzw. die Evidenzlage zu solchen Maßnahmen zu erweitern und damit eine verbesserte Ausgangslage für den Einsatz und die Gestaltung entsprechender Unterstützungsmaßnahmen zu schaffen. In diesem Beitrag haben wir daher viele grundlegende Informationen und Erfahrungen, die wir im Projekt WiGeMath gesammelt haben, so zusammengestellt und aufbereitet, dass diese für weitere Studien genutzt werden können. Begleitend zu dieser Buchveröffentlichung steht auch weiteres digitales Material in der khdm Reihe unter https://dx.doi.org/10.17170/kobra-202205176188 zur Verfügung. Dort finden sich u. a. die im Projekt verwendeten Instrumente, Vergleichswerte und Testgütekennwerte, die für weitere Evaluationen von mathematischen Unterstützungsmaßnahmen genutzt werden können. Für eventuelle Fragen stehen die Autor*innen dieses Beitrags und die Leiter des Projekts WiGeMath gerne zur Verfügung.

Literatur

Backhaus, K., Erichson, B., Plinke, W., & Weiber, R. (2016). *Multivariate Analysemethoden. Eine anwendungsorientierte Einführung*. Springer.

Baumert, J., Blum, W., Brunner, M., Dubberke, T., Jordan, A., & Klusmann, U. (2009): *Professionswissen von Lehrkräften, kognitiv aktivierender Mathematikunterricht und die Entwicklung von mathematischer Kompetenz (COACTIV). Dokumentation der Erhebungsinstrumente*. Max-Planck-Institut für Bildungsforschung.

Beierlein, C., Kovaleva, A., Kemper, C., & Rammstedt, B. (2012): *Ein Messinstrument zur Erfassung subjektiver Kompetenzerwartungen. Allgemeine Selbstwirksamkeit Kurzskala (ASKU)*. https://nbn-resolving.org/urn:nbn:de:0168-ssoar-292351.

Berger, J.-L., & Karabenick, S. A. (2016). Construct validity of self-reported metacognitive learning strategies. *Educational Assessment, 21*(1), 19–33. https://doi.org/10.1080/10627197.2015.1127751.

Beywl, W. (2000). *Handbuch der Evaluationsstandards. Die Standards des „Joint Committee on Standards for Educational Evaluation"*. Leske + Budrich.

Biehler, R., Hänze, M., Hochmuth, R., Becher, S., Fischer, E., Püschl, J., & Schreiber, S. (2018). Lehrinnovation in der Studieneingangsphase „Mathematik im Lehramtsstudium" – Hochschuldidaktische Grundlagen, Implementierung und Evaluation – Gesamtabschlussbericht des BMBF-Projekts LIMA 2013 – Reprint mit Anhängen. https://kobra.uni-kassel.de/handle/123456789/11018.

Bormann, I., Hamborg, S., & Heinrich, M. (2016). *Governance-Regime des Transfers von Bildung für nachhaltige Entwicklung*. Springer VS. https://doi.org/10.1007/978-3-658-13223-1.

Bortz, J., & Schuster, C. (2010). *Statistik für Human- und Sozialwissenschaftler* (7., vollständig überarbeitete und erweiterte Aufl.). Springer.

Büchele, S. (2020). Should we trust math preparatory courses? An empirical analysis on the impact of students' participation and attendance on short- and medium-term effects. *Economic Analysis and Policy, 66*, 154–167. https://doi.org/10.1016/j.eap.2020.04.002.

Bühner, M. (2011). *Einführung in die Test- und Fragebogenkonstruktion* (3., aktualisierte und erweiterte Aufl.). Pearson.

Chen, H.-T. (1990). *Theory-driven evaluation.* Sage.

Cho, E., & Kim, S. (2015). Cronbach's Coefficient Alpha: Well Known but Poorly Understood. *Organizational Research Methods, 18*(2), 207–230. https://doi.org/10.1177/1094428114555994.

Cortina, J. M. (1993). What is coefficient alpha? An examination of theory and applications. *Journal of applied psychology, 78*(1), 98–104. https://doi.org/10.1037/0021-9010.78.1.98.

Döring, N., & Bortz, J. (2016). *Forschungsmethoden und Evaluation in den Sozial- und Humanwissenschaften.* Springer. http://link.springer.com/10.1007/978-3-642-41089-5.

Farah, L. (2015). Étude et mise à l'étude des mathématiques en classes préparatoires économiques et commerciales. point de vue des étudiants, point de vue des professeurs. Universite Paris. Diderot (Paris 7) Sorbonne Paris Cite.

Flick, U. (2016). *Qualitative Sozialforschung Eine Einführung.* Rowohlt.

Frenzel, A. C., Pekrun, R., Dicke, A.-L., & Goetz, T. (2012). Beyond quantitative decline: Conceptual shifts in adolescents' development of interest in mathematics. *Developmental Psychology, 48*(4), 1069–1082. https://doi.org/10.1037/a0026895.

Frey, A., Taskinen, P., Schütte, K., & Deutschland PISA-Konsortium. (2009). *PISA 2006 Skalenhandbuch. Dokumentation der Erhebungsinstrumente.* Waxmann.

Glaser, B., & Holton, J. (2004). Remodeling grounded theory. *Forum Qualitative Sozialforschung, 5*(2). https://doi.org/10.17169/fqs-5.2.607.

Gläser, J., & Laudel, G. (2009). *Experteninterviews und qualitative Inhaltsanalyse: Als Instrumente rekonstruierender Untersuchungen.* Springer.

Götz, T. (2004). *Emotionales Erleben und selbstreguliertes Lernen bei Schülern im Fach Mathematik.* Utz.

Graham, J. W. (2009). Missing data analysis: Making it work in the real world. *Annual Review of Psychology, 60*(1), 549–576. https://doi.org/10.1146/annurev.psych.58.110405.085530.

Graham, J. W. (2012). *Missing data.* Springer. http://link.springer.com/10.1007/978-1-4614-4018-5.

Grigutsch, S., Raatz, U., & Törner, G. (1998). Einstellungen gegenüber Mathematik bei Mathematiklehrern. *Journal für Mathematik-Didaktik, 19*(1), 3–45. https://doi.org/10.1007/bf03338859.

Hochmuth, R., Biehler, R., Schaper, N., Kuklinski, C., Lankeit, E., Leis, E., Liebendörfer, M., & Schürmann, M. (2018). *Wirkung und Gelingensbedingungen von Unterstützungsmaßnahmen für mathematikbezogenes Lernen in der Studieneingangsphase (Abschlussbericht).* Universität Hannover. https://doi.org/10.2314/KXP:1689534117.

Jonkisz, E., Moosbrugger, H., & Brandt, H. (2012). Planung und Entwicklung von Tests und Fragebogen. In H. Moosbrugger & A. Kelava (Hrsg.), *Testtheorie und Fragebogenkonstruktion: Mit 41 Tabellen* (2., aktualisierte und überarbeitete Aufl., S. 27–74). Springer. https://doi.org/10.1007/978-3-642-20072-4_3.

Karabenick, S. A., Woolley, M. E., Friedel, J. M., Ammon, B. V., Blazevski, J., Bonney, C. R., Groot, E. D., Gilbert, M. C., Musu, L., Kempler, T. M., & Kelly, K. L. (2007). Cognitive processing of self-report items in educational research: Do they think what we mean? *Educational Psychologist, 42*(3), 139–151. https://doi.org/10.1080/00461520701416231.

Kaspersen, E. (2015). Using the Rasch model to measure the extent to which students work conceptually with mathematics. *Journal of Applied Measurement, 16*(4), 336–352.

Kelle, U., & Buchholtz, N. (2015). The combination of qualitative and quantitative research methods in mathematics education: A "mixed methods" study on the development of the professional knowledge of teachers. In A. Bikner-Ahsbahs, C. Knipping, & N. Presmeg (Hrsg.), *Approaches to qualitative research in mathematics education: Examples of methodology and methods* (S. 321–361). Springer. https://doi.org/10.1007/978-94-017-9181-6_12.

Kuckartz, U. (2014). *Mixed Methods. Methodologie, Forschungsdesigns und Analyseverfahren*. Springer. https://doi.org/10.1007/978-3-531-93267-5.

Kuckartz, U., Dresing, T., Rädikesr, S., & Stefer, C. (2008). *Qualitative Evaluation-Der Einstieg in die Praxis* (2. aktualisierte Aufl.). VS, Verl. für Sozialwiss.

Kuklinski, C., Liebendörfer, M., Hochmuth, R., Biehler, R., Schaper, N., Lankeit, E., Leis, E., & Schürmann, M. (2019). Features of innovative lectures that distinguish them from traditional lectures and their evaluation by attending students. *Proceedings of CERME 11*.

Kuklinski, C., Leis, E., Liebendörfer, M., & Hochmuth, R. (2020). Erklärung von Mathematikleistung im Ingenieursstudium. In A. Frank, S. Krauss, & K. Binder (Hrsg.), *Beiträge zum Mathematikunterricht 2019 53. Jahrestagung der Gesellschaft für Didaktik der Mathematik*. WTM-Verlag.

Liebendörfer, M., & Göller, R. (2016). Abschreiben – Ein Problem in mathematischen Lehrveranstaltungen? In W. Paravicini & J. Schnieder (Hrsg.), *Hanse-Kolloquium zur Hochschuldidaktik der Mathematik 2014 Beiträge zum gleichnamigen Symposium am 7. & 8. November 2014 an der Westfälischen Wilhelms-Universität Münster* (S. 119–141). WTM-Verlag für wissenschaftliche Texte und Medien.

Liebendörfer, M., Göller, R., Biehler, R., Hochmuth, R., Kortemeyer, J., Ostsieker, L., Rode, J., & Schaper, N. (2021). LimSt – Ein Fragebogen zur Erhebung von Lernstrategien im mathematikhaltigen Studium. *Journal für Mathematik-Didaktik, 42*(1), 25–59. https://doi.org/10.1007/s13138-020-00167-y.

Longo, Y., Gunz, A., Curtis, G., & Farsides, T. (2016). Measuring need satisfaction and frustration in educational and work contexts. The Need Satisfaction and Frustration Scale (NSFS). *Journal of Happiness Studies, 17*(1), 295–317. https://doi.org/10.1007/s10902-014-9595-3.

Lütkenhöner, L. (2012). Effekte von Erhebungsart und-zeitpunkt auf studentische Evaluationsergebnisse. http://hdl.handle.net/10419/64618.

Mayring, P. (1994). Qualitative Inhaltsanalyse. In A. Boehm, A. Mengel, & T. Muhr (Hrsg.), *Texte verstehen: Konzepte, Methoden, Werkzeuge* (S. 159–175). UVK Univ.-Verl. Konstanz. https://nbn-resolving.org/urn:nbn:de:0168-ssoar-292351.

Meuser, M., & Nagel, U. (1991). ExpertInneninterviews – Vielfach erprobt, wenig bedacht: Ein Beitrag zur qualitativen Methodendiskussion. In D. Garz & K. Kraimer (Hrsg.), *Qualitativ-empirische Sozialforschung: Konzepte, Methoden, Analysen* (S. 441–471). Westdeutscher. https://www.ssoar.info/ssoar/handle/document/2402.

Miles, M. B., Huberman, A. M., & Saldana, J. (2014). *Qualitative data analysis. A methods sourcebook*. Sage.

Moosbrugger, H., & Kelava, A. (2012). *Testtheorie und Fragebogenkonstruktion*. Springer. https://doi.org/10.1007/978-3-642-20072-4.

Müller, F., Hanfstingl, B., & Andreitz, I. (2007): Skalen zur motivationalen Regulation beim Lernen von Schülerinnen und Schülern. Adaptierte und ergänzte Version des Academic Self-Regulation Questionaire (SRQ-A) nach Ryan & Conell. In *Wissenschaftliche Beiträge aus dem Institut für Unterrichts- und Schulbeiträge* (1).

Oevermann, U. (1973). Fragment, unveröff. Manuskript, Frankfurt a. M.. Aktualisierte Version unter dem Titel: „Zur Analyse der Struktur sozialer Deutungsmuster". *Sozialer Sinn, 1*(2001), 3–33. http://d-nb.info/974366234/34.

Peugh, J. L., & Enders, C. K. (2004). Missing data in educational research: A review of reporting practices and suggestions for improvement. *Review of educational research, 74*(4), 525–556. https://doi.org/10.3102/00346543074004525.

Puleston, J. (2012). Question science: How to calculate the length of a survey [Blog-Eintrag]. http://question-science.blogspot.com/2012/07/how-to-calculate-length-of-survey.html. Zugegriffen: 6. Mai 2020.

Rach, S., & Heinze, A. (2017). The transition from school to university in mathematics: Which influence do school-related variables have? *International Journal of Science and Mathematics Education, 15*(7), 1343–1363. https://doi.org/10.1007/s10763-016-9744-8.

Rakoczy, K., Buff, A., & Lipowsky, F. (2005). Dokumentation der Erhebungs- und Auswertungsinstrumente zur schweizerisch-deutschen Videostudie „Unterrichtsqualität, Lernverhalten und mathematisches Verständnis", 1. Befragungsinstrumente. https://doi.org/10.25656/01:3106.

Ramm, G., Prenzel, M., Baumert, J., Blum, W., Lehmann, R., Leutner, D., et al. (2006). *PISA 2003. Dokumentation der Erhebungsinstrumente.* Waxmann.

Randolph, J. J., & Falbe, K. (2014). A step-by-step guide to propensity score matching in R. *Practical Assessment, Research & Evaluation, 19.* https://doi.org/10.7275/n3pv-tx27.

Rosenbaum, P., & Rubin, D. (1983). The central role of the propensity score in observational studies for causal effects. *Biometrika, 70*(1), 41–55. https://doi.org/10.1093/biomet/70.1.41.

Rossi, P. H., Freeman, H. E., & Hofmann, G. (1988). *Programm-evaluation.* Enke.

Rost, J. (2004). *Lehrbuch Testtheorie – Testkonstruktion.* Springer.

Schafer, J. L., & Graham, J. W. (2002). Missing data: Our view of the state of the art. *Psychological Methods, 7*(2), 147–177. https://doi.org/10.1037//1082-989X.7.2.147.

Schiefele, U., Krapp, A., Wild, K., & Winteler, A. (1993a). Der „Fragebogen zum Studieninteresse" (FSI). *Diagnostica, 39*(4), 335–351.

Schiefele, U., Krapp, A., Wild, K. P., & Winteler, A. (1993b). Der 'Fragebogen zum Studieninteresse' (FSI). *Diagnostica, 39*(4), 335–351.

Schmitt, N. (1996). Uses and abuses of coefficient alpha. *Psychological assessment, 8*(4), 350–353. https://doi.org/10.1037/1040-3590.8.4.350.

Schöne, C., Dickhäuser, O., Spinath, B., & Stiensmeier Pelster, J. (2002). *Skalen zur Erfassung des schulischen Selbstkonzepts: SESSKO.* Hogrefe.

Simms, L. J. (2008). Classical and modern methods of psychological scale construction. *Social and Personality Psychology Compass, 2*(1), 414–433. https://doi.org/10.1111/j.1751-9004.2007.00044.x.

Spinath, B., Stiensmeier-Pelster, J., Schöne, C., & Dickhäuser, O. (2012). *Skalen zur Erfassung der Lern-und Leistungsmotivation. SELLMO; Manual.* Hogrefe.

Stuart, E. A. (2010). Matching methods for causal inference: A review and a look forward. *Statistical Science: A Review Journal of the Institute of Mathematical Statistics, 25*(1), 1–21. https://doi.org/10.1214/09-STS313.

Thumser-Dauth, K. (2007). *Evaluation hochschuldidaktischer Weiterbildung. Entwicklung, Bewertung und Umsetzung des 3P-Modells.* Kovac.

Ufer, S., Rach, S., & Kosiol, T. (2017). Interest in mathematics = interest in mathematics? What general measures of interest reflect when the object of interest changes. *ZDM Mathematics Education, 49*(3), 397–409. https://doi.org/10.1007/s11858-016-0828-2.

von Kardorff, E., & Schönberger, C. (2020). Qualitative Evaluationsforschung. In G. Mey & K. Mruck (Hrsg.), *Handbuch Qualitative Forschung in der Psychologie* (S. 135–157). Springer. https://doi.org/10.1007/978-3-658-26887-9_26.

Westermann, R., Heise, E., Spies, K., & Trautwein, U. (1996). Identifikation und Erfassung von Komponenten der Studienzufriedenheit. *Psychologie in Erziehung und Unterricht, 43*(1), 1–22.

Teil II
Vorkurse

Mathematik-Vorkurse zur Vorbereitung auf das Studium – Zielsetzungen und didaktische Konzepte

4

Elisa Lankeit und Rolf Biehler

Zusammenfassung

In diesem Buchkapitel werden verschiedene Mathematikvorkurse, die am WiGeMath-Transferprojekt beteiligt waren, vorgestellt, und mit Hilfe des WiGeMath-Rahmenmodells analysiert und verglichen. Hiermit soll auch exemplarisch die Nützlichkeit des Rahmenmodells als Mittel zur Analyse und Reflexion von Vorkursen generell aufgezeigt werden. Das Rahmenmodell wurde hier neu auch auf einige Vorkurse angewendet, die nicht bei der Entwicklung des Modells beteiligt waren. Wir zeigen exemplarisch auf, wie das Rahmenmodell als Klassifikations- und Reflexionsinstrument genutzt und konkretisiert werden kann, um eigene Vorkurse einzuordnen und deren Zielsetzung didaktisch reflektiert zu erfassen. Hiermit soll auch ein Beitrag zur theoretischen Fundierung von Vorkursen geleistet werden. Im Hinblick auf das Transferanliegen dieses Buches werden anschließend kurz bewährte Elemente von Vorkursen zusammengestellt, wie sie sich aus den Diskussionen mit den Transferpartnerhochschulen ergeben haben. Das Kapitel endet mit einer kurzen Vorstellung der folgenden Buchkapitel zu den einzelnen Vorkursen, für die dieses Kapitel auch eine Einführung darstellt.

E. Lankeit (✉) · R. Biehler
Paderborn, Nordrhein-Westfalen, Deutschland
E-Mail: elankeit@math.upb.de

R. Biehler
E-Mail: biehler@math.upb.de

© Der/die Autor(en), exklusiv lizenziert an Springer-Verlag GmbH, DE, ein Teil von Springer Nature 2022
R. Hochmuth et al. (Hrsg.), *Unterstützungsmaßnahmen in mathematikbezogenen Studiengängen,* Konzepte und Studien zur Hochschuldidaktik und Lehrerbildung Mathematik, https://doi.org/10.1007/978-3-662-64833-9_4

117

4.1   Vorkurse in Deutschland

Seit Langem sind Schwierigkeiten im Übergang von der Schule zur Hochschule in mathematikhaltigen Studiengängen bekannt und vielfach beschrieben (Hoppenbrock et al., 2013). Um den Übergang zu erleichtern, werden an fast allen deutschen Universitäten und Fachhochschulen Mathematikvorkurse angeboten (Biehler et al., 2014). Dabei gibt es idealtypisch zwei Traditionen: zum einen die Erleichterung des Übergangs in die Hochschulmathematik, wie beispielsweise im Rahmen des Bielefelder „Mathematischen Vorsemesters" ab 1970 (Universität Bielefeld, 1972), und zum anderen die Idee des Ausgleichs schulmathematischer Defizite, wie zum Beispiel in Esslingen seit 1983 (Abel & Weber, 2014), um einmal zurück in die Vergangenheit zu blicken.

Die Beschäftigung mit der Gestaltung und Evaluation von Mathematik-Vorkursen war bereits in der Gründungsphase des khdm ab 2010 ein wichtiges Anliegen. Eine khdm-Arbeitsgruppe stellte sich dieser Aufgabe und die erste nationale Konferenz zur Hochschuldidaktik Mathematik im Jahre 2011 widmete sich schwerpunktmäßig diesem Thema (vgl. den Tagungsband von Bausch et al., 2014). Seit 2003 wurde an der Universität Kassel, später gemeinsam mit der TU Darmstadt, der Leibniz-Universität Hannover und der Universität Paderborn, der Vorkurs VEMINT (www.vemint.de) entwickelt, und zwar sowohl das multimediale Vorkursmaterial als auch unterschiedliche Lehr-Lern-Szenarien für die Nutzung des Materials in voruniversitären Vorkursen. Eine umfassende didaktische Analyse und eine empirische Evaluation der VEMINT-Vorkurse an der Universität Kassel wurde von Fischer (2014) vorgelegt (vgl. auch Biehler et al., 2014, und Bausch et al., 2014, Biehler et al., 2012). Zu Vorkursen am khdm finden sich auch mehrere Beiträge in dem Band mit Good-Practice Beispielen aus dem khdm (Biehler et al., 2021). In der VEMINT-Familie gibt es mittlerweile weitere Varianten, den studiVEMINT-Vorkurs (www.go.upb.de/studivemint) und den ve&mint Vorkurs (www.ve-und-mint.de).

Eine große Vielzahl an weiteren Vorkursen wird beispielsweise in den Sammelbänden von Bausch et al. (2014) und Hoppenbrock et al. (2016) vorgestellt. Neben den VEMINT-Materialien und den darauf aufbauenden Materialien des Projekts studiVEMINT (Biehler, 2017) gibt es mittlerweile viele weitere Onlinematerialien für Vorkurse wie beispielsweise den Online-Mathematik-Brückenkurs OMBplus (www.ombplus.de, Roegner et al., 2014), videogestütztes Onlinematerial der Hochschule für Angewandte Wissenschaften Hamburg im viaMINT-Projekt (https://viamint.haw-hamburg.de, Landenfeld et al., 2014) sowie der optes-Onlinekurs für angehende Studierende eines technischen Studiengangs (Roos et al., 2021) und zahlreiche weitere (z. B. Derr et al., 2016; Heiss & Embacher, 2016).

Unter Mathematikvorkursen verstehen wir im WiGeMath-Projekt i. d. R. mehrwöchige Kurse, die von den Universitäten für angehende Erstsemesterstudierende vor Beginn des regulären Semesters veranstaltet werden und in denen mathematikbezogene Kompetenzen vermittelt werden sollen. Es kann sich dabei um Präsenzkurse, bei denen die Kurse real an der Universität stattfinden, Onlinekurse, bei denen die Universität E-Learning-Material und eine Plattform, auf der die Materialien bearbeitet werden, ggf. mit zusätzlicher Rahmung wie wöchentlichen Aufgaben, bereitstellt, sowie um Blended-Learning-Formate handeln. Die meisten deutschen Universitäten und Hochschulen bieten mittlerweile solche Mathematikvorkurse für mathematikbezogene Studiengänge an. Meist sind dies freiwillige Angebote für die Studienanfängerinnen und Studienanfänger, es kann sich aber auch um Pflichtmaßnahmen für Teilgruppen handeln. Die Teilnahme steht grundsätzlich allen Studienanfängerinnen und Studienanfängern bestimmter Studiengänge offen. Diese Angebote sind in der Regel für die Teilnehmerinnen und Teilnehmer kostenfrei, es gibt jedoch Ausnahmen.

4.2   Vorkurse der Partneruniversitäten im WiGeMath-Transfer-Projekt

In den folgenden Kapiteln werden Mathematikvorkurse der Universitäten Clausthal, Darmstadt, Hannover, Kassel, Koblenz-Landau, Oldenburg, Paderborn und Würzburg vorgestellt. Dabei sind sowohl Online- als auch Präsenzkurse sowie Blended-Learning-Formate vertreten. Einige dieser Universitäten bieten noch weitere Vorkurse für andere Zielgruppen und/oder in anderen Formaten an, die in diesem Buch nicht dargestellt werden. Die Dauer der ausgewählten Kurse reicht von zwei bis fünf Wochen, wobei jeweils nicht immer an jedem Wochentag auch Veranstaltungen stattfinden. Tab. 4.1 zeigt eine Übersicht über die verschiedenen Vorkurse. Die jeweiligen Zielsetzungen und inhaltlichen Ausrichtungen werden in den nachfolgenden Abschnitten gegenübergestellt.

4.3   Vergleichende Analyse ausgewählter Vorkurse anhand ihrer Zielsetzungen und Inhalte

4.3.1   Methode und Instrument für die vergleichende Analyse ausgewählter Vorkurse anhand ihrer Zielsetzungen

Für eine vergleichende Gegenüberstellung der vorgestellten Vorkurse nehmen wir eine Einordnung der Zielsetzungen anhand des WiGeMath-Rahmenmodells vor (s. Kap. 2). Für diese Einordnung sind wir folgendermaßen vorgegangen. Die Partnerinnen und Partner, die auch die Buchkapitel zu den jeweiligen Vorkursen beigesteuert haben, bewerteten zu Beginn des WiGeMath-Transferprojekts im Januar 2019 in einer Onlineabfrage die jeweiligen Zielsetzungen für ihre eigenen Vorkurse. Dazu wurde ihnen das Rahmenmodell mit den angegebenen Erläuterungen zur Verfügung gestellt. Darüber hinaus wurde dieses in Gesprächen erläutert und auf Rückfragen geantwortet, sodass ein gemeinsames Kategorienverständnis erlangt wurde.

Tab. 4.1 Übersicht über die im Buch vorgestellten Vorkurse

Standort	Kürzel	Präsenz/Online	Dauer	Zielgruppe	Kapitel
Clausthal	C	Präsenz	3 Wochen	Alle Studiengänge, die Mathematik gebrauchen können (MINT und Wirtschaft)	5
Darmstadt	D	Online	5 Wochen	Mathematik (Fachbachelor und gymnasiales Lehramt), Informatik, Ingenieursstudiengänge	6
Hannover	H	Präsenz	2 Wochen	Ingenieursstudiengänge	5
Kassel	KS1	Präsenz mit Blended-Learning-Elementen	5 Wochen	Ingenieursstudiengänge	7
	KS2	Präsenz	4 Wochen	Lehramt Mathematik, Physik und Chemie an Grund-, Haupt- und Realschulen	
Koblenz	KO	Präsenz	2 Wochen	Lehramt Mathematik (außer Grundschule), Informatik	8
Oldenburg	O	Präsenz	2 Wochen	Mathematik (Fachbachelor und gymnasiales Lehramt)	9
Paderborn	PO	Blended Learning mit Schwerpunkt Online	4 Wochen	Fast alle, die Mathematik im Studium gebrauchen können (außer Physik und Wirtschaft)	10
	PP	Blended Learning mit Schwerpunkt Präsenz	4 Wochen	Ingenieursstudiengänge	
Würzburg	W	Präsenz	2 Wochen	*Pflicht für:* Mathematik (Fachbachelor und gymnasiales Lehramt), *Außerdem empfohlen für:* Informatik, nicht-vertieftes Mathematiklehramt	11

Da der Vorkurs in Clausthal und Hannover von demselben Dozenten gehalten wurde, wurde er als ein Vorkurs behandelt. Auch die beiden für dieses Projekt ausgewählten Kasseler Kurse wurden unter dem Aspekt der Zielsetzung als ein Kurs berücksichtigt. Zu jedem im Rahmenmodell formulierten Ziel wurde dann systematisch bewertet, ob es sich um Hauptziele des Vorkurses (Code 4), wichtige weitere Ziele (Code 3), untergeordnete Ziele (Code 2) oder nicht verfolgte Ziele (Code 1) handelt. Es wurden dabei keine Vorgaben gemacht, wie oft bestimmte Codes vergeben werden durften, so dass z. B. von den Vorkursen eine jeweils unterschiedliche Anzahl von Hauptzielen genannt werden konnte.

Im WiGeMath-Rahmenmodell werden verschiedene mögliche Zielsetzungen von Unterstützungsmaßnahmen benannt. Dabei werden Lernziele und systembezogene Zielsetzungen unterschieden. (Im nachfolgenden Abschnitt zitieren wir, wenn wir eine Passage durch Anführungszeichen hervorheben, immer wörtlich aus dem Dokument des Rahmenmodells (siehe Anhang zu Kap. 2), um das Instrument, das den Vorkursverantwortlichen vorlag, vorzustellen, so dass die erfolgte Einordnung besser nachzuvollziehen ist.) Die Unterscheidung zwischen Lernzielen und systembezogenen Zielsetzungen wird im Rahmenmodell folgendermaßen formuliert:

> „Lernziele beziehen sich auf die zu erreichenden Lernergebnisse in den Unterstützungs-maßnahmen. Hierbei handelt es sich um Zielsetzungen, die von den individuellen Lernenden bzw. Teilnehmenden im Kontext des jeweiligen Lernarrangements angestrebt werden sollten und Leitlinien bzw. Ausgangspunkt der didaktischen Gestaltung der Lehr-/Lernumgebung und des Lernprozesses sind. Systembezogene Zielsetzungen orientieren sich nicht an einzelnen Studierenden, sondern am universitären System, sind also auf der Ebene von Gruppen und aus der Sicht von Institutionen formuliert."

Die Lernziele gliedern sich nach wissens-, handlungs- und einstellungsbezogenen Lernzielen, wobei diese Kategorien weitere Subkategorien beinhalten. Die systembezogenen Zielsetzungen im Rahmenmodell beinhalten das Schaffen von Kenntnis- oder Fertigkeitsvoraussetzungen, die Verbesserung des formalen Studienerfolgs, die Erhöhung der Feedbackqualität, die Förderung sozialer und studienbezogener Kontakte, die Förderung bestimmter Studierendengruppen (z. B. solche mit Migrationshintergrund oder solche ohne Allgemeine Hochschulreife), das Transparentmachen von Studienanforderungen und die Verbesserung der Lehrqualität, wobei auch hier zum Teil Subkategorien vorhanden sind. Die Kategorien und Subkategorien werden im Folgenden genauer erläutert.

Die wissensbezogenen Lernziele wurden den Partnerinnen und Partnern folgendermaßen erläutert:

> „Mit wissensbezogenen Lernzielen sind sowohl das deklarative als auch das prozedurale Wissen gemeint, das durch die Maßnahme vermittelt wird. Es geht darum festzulegen, welche Art von Wissen durch die Maßnahme vermittelt werden soll."

Diese werden im Rahmenmodell in drei Bereiche gegliedert, hier bezeichnet als *Schulmathematik*, *Hochschulmathematik* und *Fachsprache*. Die Kategorie *Schulmathematik* wurde folgendermaßen erklärt:

> „Schulmathematisches Wissen und Fähigkeiten umfassen alle Inhalte und Techniken, die im schulischen Mathematikunterricht vermittelt werden. Werden diese in der Maßnahme wiederholt, abgerundet oder vervollständigt?"

Typischerweise sind darunter auch Themen zu fassen, die mal zur Schulmathematik gehört haben können, wie der Logarithmus als Funktion oder Additionstheoreme in der Trigonometrie, die aber in vielen Lehrplänen, vor allem zum Basisniveau, nicht mehr enthalten sind. Schulmathematisch orientierte Vorkurse beinhalten aber eine jeweils spezifische Art und Weise, wie Schulmathematik für die Hochschule aufbereitet wird. Das Darstellungs- und Begründungsniveau kann dabei schon in Richtung hochschulmathematischer Verwendungsweisen gehen. Diese Interpretation der Kategorie „Schulmathematik" wurde so mit den Partnerinnen und Partnern abgesprochen.

Demgegenüber beinhaltet die Kategorie *Hochschulmathematik* die Förderung hochschulmathematischen Wissens und Fähigkeiten, also „die Inhalte, die in den regulären Veranstaltungen des Studiengangs im Bereich Mathematik vermittelt werden". Zur Kategorie *Fachsprache* wurde formuliert:

> „Unter Fachsprache werden Symbole (z. B. Summenzeichen), Abkürzungen (z. B. ‚oBdA') und fachliche Ausdrücke (z. B. ‚injektiv') der Mathematik verstanden".

Vorkurse lassen sich grob klassifizieren, ob sie inhaltlich eher schulmathematisch oder eher hochschulmathematisch orientiert sind. Vorkurse für Ingenieurstudierende sind in unserer Stichprobe eher schulmathematisch, Vorkurse für Studierende im Studiengang Bachelor Mathematik/Lehramt Gymnasien („BaGym") sind eher hochschulmathematisch orientiert.

Handlungsbezogene Lernziele beziehen sich laut Rahmenmodell „auf Fähigkeiten des mathematischen Arbeitens und Lernens sowie die konkrete Gestaltung von Lern- und Arbeitsprozessen." Hier unterscheiden wir zwischen der Vermittlung von mathematischen Arbeitsweisen, universitären Arbeitsweisen und Lernstrategien sowie der Verbesserung von Lern- und Arbeitsverhalten. Diese Unterscheidungen werden im Folgenden näher erläutert.

Mathematische Arbeitsweisen werden im Rahmenmodell in folgender Weise verstanden:

> „Mathematische Arbeitsweisen beschreiben Tätigkeiten für die Erarbeitung von mathematischen Inhalten und die Lösung mathematischer Probleme. Sie umfassen insbesondere Problemlösefähigkeiten (z.B. die Verwendung von Heuristiken), aber auch das (lokale) Definieren, Erarbeiten von (Gegen-)Beispielen, Aufstellungen von Vermutungen und das Beweisen sowie Herangehensweisen an Übungsaufgaben wie das Klären aller unklaren Begriffe in der Aufgabe."

Im Unterschied dazu bezeichnen *Universitäre Arbeitsweisen*

> „Arbeitsweisen, die nicht spezifisch für die Mathematik sind, aber trotzdem an der Uni gelernt werden müssen, wie zum Beispiel Zeitmanagement, Selbstorganisation, Selbstregulation oder Notizen machen und organisieren."

Hierzu gehört auch das Lernen gemäß der Aufteilung des Lehrbetriebs in Vorlesungen und Übungen, wie beispielsweise das Zuhören und Mitschreiben in Vorlesungen, das Nacharbeiten von Vorlesungen, das Bearbeiten und Abgeben von Übungsaufgaben sowie das konstruktive Interpretieren des erhaltenen Feedbacks durch Korrekturen. Dies kann in Vorkursen bereits simuliert und reflektiert werden. Diese vorkursspezifische Auslegung dieses Punktes des Rahmenmodells wurde so mit den Partnerinnen und Partnern besprochen.

Lernstrategien umfassen laut Rahmenmodell „Tätigkeiten, die für den Aufbau von mathematischem Wissen dienen wie beispielsweise das Zusammenfassen wichtiger Inhalte, das Planen, Überwachen und Bewerten von Lernen, den Einsatz von Visualisierungen." Die Subkategorie *Lern- und Arbeitsverhalten* bezieht sich „auf den Lernrhythmus (wann wird gelernt), den Lernaufwand (wie viel wird gelernt), die Lernmaterialien (womit wird gelernt), das Lernumfeld (wo und mit wem wird gelernt) und die Angebotsnutzung."

Einstellungsbezogene Lernziele bezogen auf Mathematik fassen ein Cluster von heterogenen Aspekten zusammen. Dabei wird Einstellung im Rahmenmodell weiter gefasst als üblicherweise psychologisch definiert. Es werden die Subkategorien *Beeinflussung von Beliefs, Veränderung affektiver Merkmale, Verdeutlichung von Berufs- oder Studienrelevanz* und *Förderung mathematischer Enkulturation* unterschieden. Zu *Beliefs* wird im Rahmenmodell formuliert:

„Bei uns werden nur Beliefs zum Wesen der Mathematik untersucht, auch mathematische Weltbilder genannt. Typische Auffassungen betreffen z.B., inwieweit Mathematik eine Sammlung von Verfahren ist (Toolbox-Beliefs) oder eine Denkweise, ein Spiel zum Erkunden und (Nach-)Erfinden von Strukturen ist (Prozess-Beliefs)."

Die nächste Subkategorie wird folgendermaßen erklärt:

„Affektive Merkmale beschreiben emotionale Einstellungen zur Mathematik wie beispielsweise Mathe-Angst, Selbstwirksamkeitserwartung oder Interesse."

Dazu gehört darüber hinaus auch mathematikbezogene Freude. Zur Verdeutlichung der Kategorien *Studien- und Berufsrelevanz* wurden den Partnerinnen und Partnern die Fragen „Ist es Ziel des Vorkurses, die Relevanz des Faches für die spätere Ausübung eines Berufs zu verdeutlichen?" und „Soll im Vorkurs auch verdeutlicht werden, wie wichtig die Inhalte und Strategien für das Studium sind?" gestellt. *Mathematische Enkulturation* zu fördern beinhaltet die Vermittlung eines Stücks „mathematischer Kultur". Dazu wurden die Partnerinnen und Partner gefragt:

„Inwieweit wollen Sie ein Stück mathematische Kultur vermitteln? (Also wie man denkt, was wichtige Ziele sind, die Haltung, etc.?)"

Die systembezogene Zielsetzung des *Schaffens von Kenntnis- und Fertigkeitsvoraussetzungen* „bezieht sich darauf, die Studierenden zu befähigen, den Veranstaltungen im ersten Semester folgen zu können." Das bezieht sich zum einen auf die Verbesserung von Schulwissen und -fertigkeiten als Voraussetzung, womit „Themenbereiche und

Methoden gemeint [sind], die nicht in den Anfängervorlesungen der Universität vermittelt werden, sondern an der Schule vermittelt worden sein sollten wie beispielsweise Rechnen mit Brüchen und das Lösen von Gleichungssystemen." Als Ziel wird oft der Ausgleich von schulmathematischen Wissensdefiziten und eine stärkere Homogenisierung der schulmathematischen Wissensvoraussetzungen genannt. Zum anderen geht es um über Schulwissen hinausgehende Voraussetzungen für Folgeveranstaltungen, was die systematische Auslagerung von Themen beinhaltet, „beispielsweise systematische Auslagerung von Themen wie Gruppen, Ringe oder Körper, die sonst in Folge- oder Parallelveranstaltung thematisiert werden."

Die Zielkategorie *Verbesserung des formalen Studienerfolgs* bezieht sich auf „objektiv messbare Studienerfolgskriterien". Dabei werden zum einen die *Senkung der Studienabbruchquote:*

> „Soll die Abbruchquote (Quote, wie viele der ursprünglich zum Semesterbeginn immatrikulierten Studierenden das Studium nach dem Semester abgebrochen haben) im Studium durch den Vorkurs gesenkt werden?"

und zum anderen die *Verbesserung von Bestehensquoten und Leistungen in den Modulen der ersten Semester* betrachtet:

> „Zielt der Vorkurs darauf ab die Quote, wie viele der zu einem Modul angemeldeten Studierenden die Bestehensgrenze erreicht haben zu verändern? Oder die Leistung der Studierenden zu steigern (z.B. Notendurchschnitt)?"

Die *Erhöhung der Feedbackqualität* beinhaltet, „dass die Studierenden durch den Vorkurs eine bessere Rückmeldung (Feedback) erhalten". Hierbei geht es allgemein darum, den Studierenden qualitativ bessere Rückmeldungen zu ihrem Leistungsstand zu geben. Das kann miteinschließen, dass sie eine Rückmeldung erhalten, ob das gewählte Studienfach das Richtige für sie ist.

Die *Förderung sozialer und studienbezogener Kontakte* kann im Vorkurs beispielsweise durch die „Förderung von sozialem Austausch, Gesprächen, fachlichen Hilfestellungen, Anregung zu Lerngruppen etc." geschehen.

Mit der *Förderung bestimmter Studiengruppen* ist gemeint, dass „bestimmte Gruppen von Studierenden (beispielsweise ausgewählt nach Geschlecht, Wohn- und Einkommenssituation, z. B. Studierende, die ihr Studium durch einen Job finanzieren müssen, Familienstand (z. B. Studierende mit Kindern), Sprachkenntnis etc.) besonders gefördert" werden sollen.

Das *Transparentmachen von Studienanforderungen* bedeutet, dass der Vorkurs einen „Einblick in die universitären Anforderungen [gibt], vor allem vorausschauend in Bezug auf die fachlichen Voraussetzungen und Anforderungen im weiteren Studienverlauf".

Die Zielkategorie *Verbesserung der Lehrqualität* beinhaltet das „Ziel der Institution, die Qualität von Veranstaltungen zu verbessern und eine bessere Bewertung durch die

Studierenden zu erhalten". Im Rahmenmodell bezieht sich dieser Punkt auf die Verbesserung der Lehrqualität im Gesamtsystem der Institution, es ist jedoch möglich, dass die Partnerinnen und Partner dies vor allem auf die Lehrqualität im Vorkurs bezogen haben.

4.3.2   Ergebnisse der vergleichenden Analyse ausgewählter Vorkurse anhand ihrer Zielsetzungen

Um die unterschiedliche Variation von Zielen zu verdeutlichen, haben wir in Abb. 4.1 und 4.2 in einem Sterneplot jeweils das Minimum, das arithmetische Mittel und das Maximum der jeweiligen Ziele in unserer Stichprobe von neun Vorkursen dargestellt. Das arithmetische Mittel ist dabei als Kennzahl der Verteilung informativer als der Median, auch wenn die vergebenen Codes nur ordinal zu interpretieren sind.

Hierbei ist bereits sichtbar, dass die Zielsetzungen der verschiedenen Vorkurse sich stark voneinander unterscheiden: Was in einem der Vorkurse als Hauptziel bezeichnet wird, wird von einem anderen Vorkurs möglicherweise gar nicht verfolgt. Es gibt jedoch auch Zielsetzungen, bei denen in den vorgestellten Vorkursen Einigkeit über deren Relevanz herrscht, z. B. die Verbesserung der Lehrqualität, welche für alle Vorkurse als

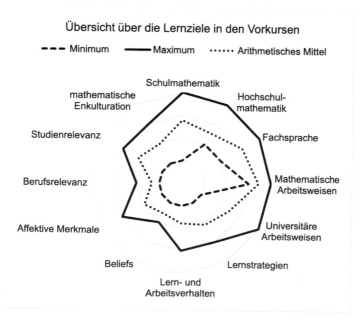

Abb. 4.1   Übersicht über die Lernziele der vorgestellten Vorkurse (Dozent*innensicht). 1 = kein Ziel (innere Netzlinie), 2 = untergeordnetes Ziel, 3 = wichtiges Ziel, 4 = Hauptziel (äußere Netzlinie)

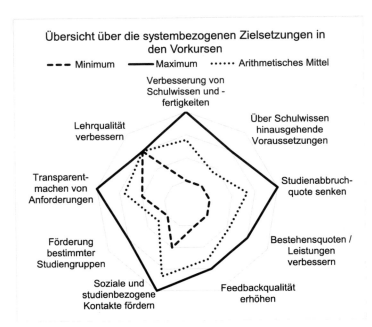

Abb. 4.2 Übersicht über die systembezogenen Zielsetzungen der vorgestellten Vorkurse (Dozent*innensicht) 1 = kein Ziel (innere Netzlinie), 2 = untergeordnetes Ziel, 3 = wichtiges Ziel, 4 = Hauptziel (äußere Netzlinie)

wichtiges Ziel (Code 3) benannt wurde, und die Vermittlung mathematischer Arbeitsweisen, die in allen Kursen mindestens ein wichtiges Ziel ist.

Um die Profile der Vorkurse vergleichbar zu machen, haben wir für jeden einzelnen Vorkurs zwei Netzdiagramme erstellt (Abb. 4.3, 4.4 und 4.5 für die Lernziele und Abb. 4.6 und 4.7 für die systembezogenen Zielsetzungen). In den Diagrammen sind diese Vorkurse bereits zu Clustern zusammengefasst, die weiter unten erläutert werden. Wie gesagt, werden die Vorkurse in Clausthal und Hannover werden dabei nicht voneinander unterschieden, da derselbe Dozent zuständig war (vgl. Kap. 5). Ebenso wurden die identischen Ziele der beiden für dieses Projekt ausgewählten Kasseler Vorkurse nur einmal erfasst, da hier eine verantwortliche Person für beide Kurse gleichermaßen antwortete. Im Diagramm für den Würzburger Vorkurs sind zwei Linien eingetragen, da dort der gleiche Vorkurs zweimal nacheinander von verschiedenen Dozenten angeboten wurde und sich die Zielsetzungen der beiden Dozenten leicht voneinander unterschieden. Daher sind für die Lernzielprofile und die Profile bezüglich der systembezogenen Zielsetzungen jeweils acht Diagramme (je eins davon mit zwei Linien) vorhanden.

Man kann nun die Profile miteinander vergleichen. Wir wollen die Netzdiagramme aber zu einem visuell gestützten Clustering nutzen. Es zeichnen sich – rein visuell – bei den Lernzielen drei Profilcluster ab, wobei die Kurse im Cluster 3 etwas heterogener aussehen:

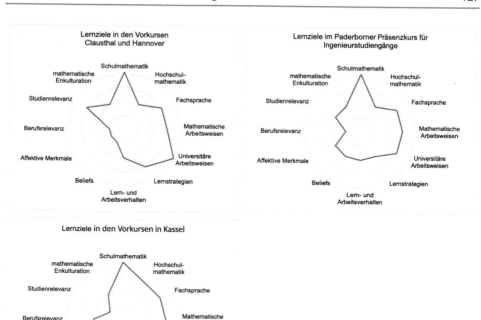

Abb. 4.3 Lernzielprofile der Vorkurse, Cluster 1

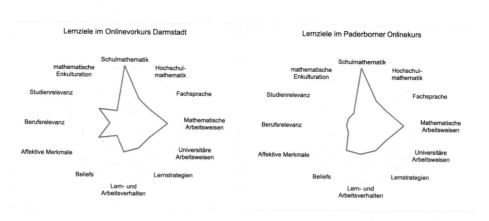

Abb. 4.4 Lernzielprofile der Vorkurse, Cluster 2

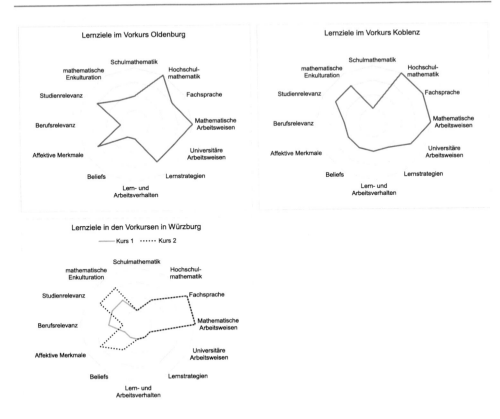

Abb. 4.5 Lernzielprofile der Vorkurse, Cluster 3

- Cluster 1 „Präsenz Ing": Clausthal/Hannover, Paderborn-Präsenzkurs (PP), Kassel
- Cluster 2 „Online Gemischt": Darmstadt (Onlinekurs), Paderborn-Onlinekurs (PO)
- Cluster 3 „Präsenz BaGym": Koblenz, Oldenburg, Würzburg

Beim ersten Cluster handelt es sich genau um die Präsenzkurse, die sich an angehende Studierende in den Ingenieursstudiengängen richten. In diesen Kursen sollen vor allem schulmathematische Kenntnisse und Fähigkeiten vermittelt werden. Zusätzlich spielen auch Fachsprache sowie mathematische und universitäre Arbeitsweisen mindestens eine wichtige Rolle. Beliefs oder affektive Merkmale zu beeinflussen, Berufsrelevanz zu verdeutlichen oder mathematische Enkulturation zu fördern, wird in diesem Cluster höchstens als untergeordnetes Ziel genannt. Im Bereich der einstellungsbezogenen Lernziele stechen die Vorkurse in Clausthal und Hannover hervor, da die Verdeutlichung der Studienrelevanz hier als wichtiges Ziel hervorgehoben wird.

Das zweite Cluster besteht aus den beiden Onlinekursen, die sich jeweils an gemischte Gruppen richten. Hier ist das jeweils einzige Hauptziel die Förderung von schulmathematischem Wissen und Fähigkeiten und das einzige wichtige Ziel die

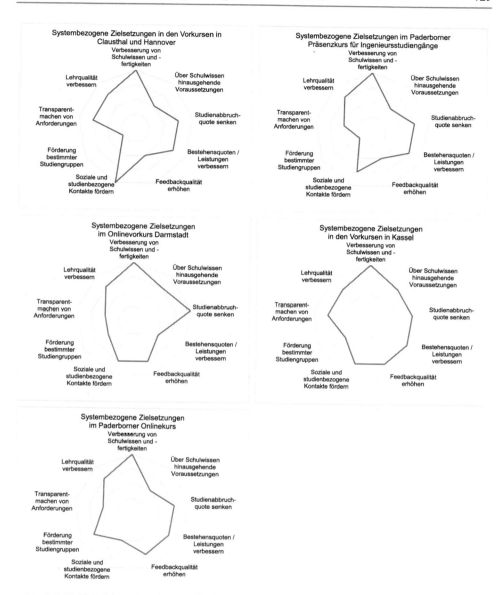

Abb. 4.6 Systembezogene Zielsetzungen der Vorkurse, Cluster A

Vermittlung mathematischer Arbeitsweisen. Die weiteren Lernziele sind je entweder untergeordnete oder keine Ziele dieser Vorkurse, wobei sich die Ausprägungen dabei zwischen den beiden Kursen leicht unterscheiden. Das zweite Cluster unterscheidet sich vom ersten Cluster vor allem durch die geringere Betonung von Fachsprache und universitären Arbeitsweisen.

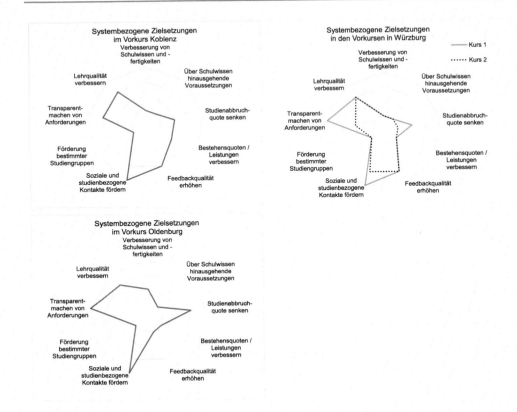

Abb. 4.7 Systembezogene Zielsetzungen, Cluster B

Das dritte Cluster in Bezug auf die Lernziele ist in sich weniger einheitlich, aber doch deutlich von den vorherigen abzugrenzen. Es besteht aus den Vorkursen in Koblenz, Oldenburg und Würzburg und damit genau aus denjenigen Präsenzvorkursen, die sich an die Zielgruppe „BaGym" richten, also an Mathematikfach- und -lehramtsstudierende für gymnasiales Lehramt sowie Informatikstudierende. Diesen Vorkursen ist gemeinsam, dass die Vermittlung von Schulmathematik eine untergeordnete oder keine Rolle spielt, während die Vermittlung von mathematischen Arbeitsweisen und Fachsprache ein wichtiges Ziel oder sogar Hauptziel ist. In zwei dieser Kurse (Oldenburg und Koblenz) wird zudem die Vermittlung von Hochschulmathematik als Hauptziel bezeichnet, wohingegen die Vermittlung von Hochschulmathematik in Würzburg ein untergeordnetes Ziel darstellt. Dies mag mit Blick auf die recht ähnlichen Inhalte (s. nächster Abschnitt) der Vorkurse zunächst erstaunen, lässt sich aber durch folgende Begründung verstehen: Im Würzburger Vorkurs werden zwar auch hochschulmathematische Inhalte behandelt, jedoch explizit nicht mit dem Zweck, dass die Teilnehmenden im Anschluss über diese Kenntnisse und Fähigkeiten verfügen, sondern, um anhand dieser Inhalte wesentliche mathematische Arbeitsweisen zu präsentieren.

Die Profile hinsichtlich systembezogener Zielsetzungen kann man z. B. so strukturieren, dass die ersten beiden Cluster der Klassifikation nach Lernzielen zu einem gemeinsamen Cluster A zusammengefasst werden können, davon getrennt zeigt sich weiterhin ein getrenntes Cluster B der BaGym-Kurse.

Das Cluster A enthält die Vorkurse aus Clausthal und Hannover, den Paderborner Präsenzkurs für Ingenieursstudiengänge, die beiden in diesem Projekt betrachteten Kasseler Vorkurse und die Onlinekurse aus Darmstadt und Paderborn. Dieses Cluster zeichnet sich hinsichtlich der systembezogenen Ziele dadurch aus, dass die Verbesserung von schulmathematischem Wissen und schulmathematischen Fähigkeiten als Hauptziel angegeben wird und die Senkung der Studienabbruchquote mindestens ein wichtiges Ziel darstellt. Im Hinblick auf die Bewertungen einzelner Zielkategorien gibt es innerhalb dieses Clusters Unterschiede. So wird die Förderung sozialer Kontakte in Hannover und Clausthal als Hauptziel, im Paderborner Onlinekurs hingegen als untergeordnetes Ziel identifiziert. In den übrigen Vorkursen dieses Clusters wird dies als ein wichtiges Ziel angegeben. Auch die Förderung bestimmter Studiengruppen ist zum Teil „kein Ziel" (Paderborner Präsenzkurs, Clausthal/Hannover), im Paderborner Onlinekurs aber sogar ein wichtiges Ziel.

Das Cluster B beinhaltet die Vorkurse für angehende BaGym-Studierende, nämlich die Vorkurse in Koblenz, Oldenburg und Würzburg. Diese zeichnen sich hinsichtlich der systembezogenen Ziele dadurch aus, dass die Verbesserung von Schulwissen und schulmathematischen Fähigkeiten kein oder nur ein untergeordnetes Ziel dieser Vorkurse ist und die wichtigsten Ziele in der Förderung sozialer Kontakte und dem Transparentmachen von Studienanforderungen bestehen.

Sowohl im Hinblick auf die Lernziele als auch die systembezogenen Zielsetzungen zeigen alle Cluster gewisse Gemeinsamkeiten: Die Vermittlung mathematischer Arbeitsweisen wird in allen hier vorgestellten Vorkursen, d. h. in den drei Clustern 1 bis 3, als ein mindestens wichtiges Ziel bezeichnet und ist damit als gemeinsames Ziel aller Vorkurse zu betrachten. Einigkeit herrscht im Rahmen der systembezogenen Zielsetzungen in Bezug darauf, dass durch die Vorkurse die Lehrqualität verbessert werden soll: Dies bezeichnen alle Vorkursverantwortlichen für ihre Vorkurse als wichtiges Ziel. Besonders wichtig ist auch die Förderung sozialer Kontakte, die nur in einem der Vorkurse (dem Paderborner Onlinekurs) nicht mindestens als wichtiges Ziel und in vier Kursen als ein Hauptziel genannt wird. In allen Kursen außer den beiden onlinebasierten Vorkursen wird außerdem das Vermitteln von Fachsprache als ein mindestens wichtiges Ziel hervorgehoben.

Eher weniger wichtige Zielsetzungen sind das Verdeutlichen der Berufsrelevanz von Mathematik oder die Förderung bestimmter Studiengruppen. Einstellungsbezogene Lernziele werden zwar nie als Hauptziele der Vorkurse genannt, zum Teil aber durchaus als wichtige Ziele identifiziert, beispielsweise die Verdeutlichung der Relevanz von Mathematik für das kommende Studium oder die mathematische Enkulturation.

4.3.3 Behandelte Inhalte in den Vorkursen

Neben den Zielsetzungen sollen hier auch die Inhalte, die in den Vorkursen behandelt werden, gegenübergestellt werden. Diese sind im Rahmenmodell nicht als explizite Kategorie vorhanden, stellten sich aber im Transferprojekt als wesentlicher Austauschpunkt über Vorkurse heraus. Im Folgenden wird sich zeigen, dass die Inhaltsauswahl eng mit den Zielsetzungen verknüpft ist.

4.3.3.1 Erhebung des inhaltlichen Vorkursprofils

Die Vorkursverantwortlichen wurden in einer ersten Stufe um eine Auflistung aller in ihren Vorkursen behandelten Themen gebeten. Aus dieser Auflistung wurde die Vereinigungsmenge gebildet, ggf. wurden leichte Umformulierungen der Themen vorgenommen.

Hieraus wurde ein Fragebogen erstellt, in welchem die Partnerinnen und Partner für ihre jeweiligen Vorkurse eintrugen, wie ausführlich die jeweiligen Themenbereiche behandelt werden. Dabei wurden die vier Stufen „gar nicht behandelt", „geringfügig vorhanden (weniger als eine Stunde thematisiert)", „vorhanden (eine bis drei Stunden thematisiert)" und „stark vorhanden (mehr als drei Stunden thematisiert)" unterschieden. Die Zeitangaben beziehen sich dabei jeweils auf die gesamte Vorkurszeit unabhängig von der Lehrform, also beispielsweise die Summe der in der Vorlesung, der Übung und im Selbststudium aufgewandten Zeit. Bei Onlinekursen oder anderen Kursen mit Selbststudiumsanteil wurde hier die „realistisch normativ zu erwartende Zeit" angegeben, also die Zeit, von der die Lehrenden finden, dass die Vorkursteilnehmerinnen und -teilnehmer dafür aufwenden sollten, die sie auch für realistisch halten.

4.3.3.2 Ergebnisse: Das inhaltliche Profil der Vorkurse

Die Antworten der Lehrenden sind in Abb. 4.8 zu sehen. Dabei sind die Vorkurse nach den Clustern, die sich aus den Lernzielen ergeben haben, gruppiert. Die beiden Onlinekurse (Darmstadt (D) und Paderborn (PO)) sprechen für unterschiedliche Zielgruppen jeweils unterschiedliche Modulempfehlungen aus, daher werden diese in der Übersicht noch weiter aufgeteilt. „D.1" bezeichnet dabei den Onlinevorkurs für die Ingenieursstudierenden in Darmstadt, „D.2" ist der Onlinevorkurs in Darmstadt für die Zielgruppe BaGym (Mathematik Bachelor und gymnasiales Lehramt, Informatik). Im Paderborner Onlinekurs werden dieselben Gruppen („PO.1" für Ingenieursstudierende, „PO.2" für die Gruppe „BaGym") sowie zusätzlich Lehramtsstudierende für die Schulformen Grundschule, Haupt-, Real- und Gesamtschule sowie Sonderpädagogik („PO.3") unterschieden. Die Vorkurse in Clausthal und Hannover wurden dabei aus oben beschriebenen Gründen zusammengefasst, was dadurch bestätigt wurde, dass der Dozent jeweils dieselben Themen mit denselben zeitlichen Angaben angegeben hat. Die Themengebiete in Abb. 4.8 sind in drei Bereiche aufgeteilt, welche durch dicke schwarze Linien voneinander abgetrennt werden: Themen, die nach den KMK-Bildungsstandards für den Mathematikunterricht der Sekundarstufen in der allgemeinbildenden Schule behandelt

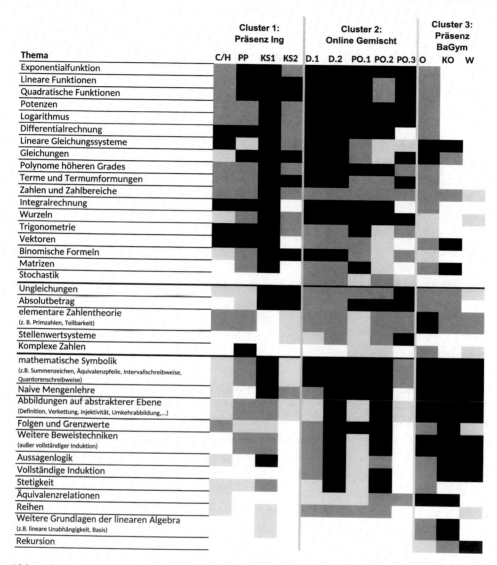

Abb. 4.8 Inhalte in den Vorkursen. Dabei entspricht weiß „gar nicht behandelt", hellgrau „geringfügig vorhanden (<1h)", dunkelgrau „vorhanden (1-3h)" und schwarz „stark vorhanden (>3h)"

werden sollen, Themen, die in der Regel nicht in der Schule behandelt werden, aber zum Verständnis keine anderen als die üblichen schulischen Grundlagen aus der Mathematik und Vorstellungen über Mathematik benötigen, und Themen der Hochschulmathematik. Dabei ist natürlich zu beachten, dass auch die Behandlung von Themen aus der Schule im Vorkurs auf einem anderen Niveau mit Blick auf die Hochschule stattfinden kann, wie oben beschrieben. Innerhalb der drei Bereiche sind die Themen nach dem Umfang und der Intensität der Behandlung in den Vorkursen sortiert.

Insgesamt am häufigsten bzw. intensivsten wird die mathematische Symbolik behandelt. Neben diesem Thema werden in allen Vorkursen Zahlen und Zahlbereiche, Ungleichungen und Abbildungen behandelt. Es gibt jedoch kein Thema, das in allen betrachteten Vorkursen mehr als geringfügig behandelt wird.

In den kürzeren (ein bis drei Wochen dauernden) Vorkursen (Clausthal, Hannover, Koblenz, Oldenburg, Würzburg) werden naturgemäß weniger verschiedene Themen behandelt als in den längeren (vier bis fünf Wochen dauernden) Vorkursen (Darmstadt, Kassel, Paderborn). Eine Ausnahme bilden die beiden Vorkurse für angehende Lehramtsstudierende an Grund-, Haupt- und Realschulen (KS2 und PO.3), in denen – angepasst an die Bedürfnisse dieser Zielgruppe – weniger Themen behandelt werden. Der Oldenburger Vorkurs ist ein Ausreißer in die andere Richtung: Trotz der eher kurzen Dauer von acht Tagen werden hier 32 der genannten 35 Themenbereiche besprochen, davon 28 mehr als nur geringfügig. Besonders viele verschiedene Themen werden neben dem Oldenburger Vorkurs auch in den Onlinekursen (mit Ausnahme von PO.3) behandelt. Die Onlinekurse aus Darmstadt und Paderborn zeigen bei gleicher Zielgruppe eine sehr ähnliche inhaltliche Ausrichtung.

Die Vorkurse aus dem Cluster 1 ähneln einander auch im Hinblick auf ihre Inhaltsauswahl stark. Das ist wenig überraschend, da alle auf dem Material des Projekts VEMINT aufbauen. Die Vorkurse in Clausthal bzw. Hannover, Paderborn (PP) und einer der Kasseler Vorkurse (KS1) richten sich ferner vornehmlich an angehende Studierende in ingenieurwissenschaftlichen Studiengängen. In all diesen Kursen werden Terme und Termumformungen, Zahlen und Zahlbereiche, verschiedene Funktionen (lineare und quadratische Funktionen, Polynome höheren Grades, Exponentialfunktion, Logarithmus), Potenzen, Trigonometrie, Vektoren und Differential- und Integralrechnung mehr als nur geringfügig, also jeweils in einem Umfang von mindestens einer Stunde, behandelt. Die Vorkurse in Clausthal bzw. Hannover und der Paderborner Präsenzkurs weichen nur geringfügig voneinander ab. Der Kasseler Vorkurs für Ingenieursstudierende (KS1) behandelt größtenteils die gleichen Themen, aber in stärkerem Umfang. Der Kurs „KS2", für den dieselben Zielsetzungen wie für „KS1" benannt wurden, der sich aber an eine andere Zielgruppe, nämlich Studierende im Haupt-, Real- und Grundschullehramt richtet, weicht von den anderen Kursen dieses Clusters insofern ab, als hier beispielsweise Integralrechnung, Vektoren, Matrizen, Stetigkeit und Beweistechniken nicht angesprochen werden.

Das Cluster 2 „Gemischt-Online" enthält genau die Onlinekurse. Auch hier nutzen alle dieselben Materialien, das VEMINT-Material. Die Modulempfehlungen unterscheiden sich jedoch sowohl zwischen den Standorten als auch zwischen den Zielgruppen leicht. Der Kurs „PO.3" ähnelt bezüglich der Inhaltsauswahl dem Kasseler Kurs „KS2" mit ähnlicher Zielgruppe. Die anderen Onlinekurse zeigen Ähnlichkeiten zum ersten Cluster, wobei im zweiten Cluster insgesamt mehr Themen ausführlicher behandelt werden. Die beiden Onlinekurse, die sich an Studierende der BaGym-Gruppe richten, behandeln Abbildungen auf abstrakter Ebene, Folgen und Grenzwerte, vollständige Induktion und weitere Beweistechniken sowie Aussagenlogik und Stetigkeit ausführlicher als die

Onlinekurse, die sich an Ingenieursstudierende richten, und die Vorkurse aus Cluster 1. Auch bei den BaGym-Onlinekursen werden aber auch die schulmathematischen Themen wie verschiedene Funktionstypen, Differential- und Integralrechnung ausführlich behandelt, auch Wurzeln, Stellenwertsysteme und Stochastik werden hier jeweils mehr als geringfügig thematisiert.

Im dritten Cluster sind die Präsenzkurse enthalten, die sich an BaGym-Studierende richten. Hier werden die Themen mathematische Symbolik, naive Mengenlehre, Abbildungen (auf abstrakter Ebene), elementare Zahlentheorie, vollständige Induktion, weitere Beweistechniken und Aussagenlogik mehr als geringfügig behandelt. Diese Auswahl zeigt bereits, dass hier ein stärkerer Fokus auf die Hochschulmathematik und die Fachsprache als auf die Wiederholung von Schulmathematik gelegt wird, was sich auch in den genannten Zielsetzungen widerspiegelt. Die Vorkurse aus Koblenz und Würzburg zeigen dabei eine stärkere Ähnlichkeit zueinander, wobei in Koblenz etwas mehr Themen angesprochen werden. Der Oldenburger Mathematikvorkurs unterscheidet sich von diesen beiden Vorkursen und ähnelt etwas mehr den beiden Onlinekursen mit Zielgruppe BaGym (D.2 und PO.2), indem hier auch verschiedene schulmathematische Themen wie Terme und Termumformungen, verschiedene spezielle Funktionen und Differential- und Integralrechnung als „vorhanden" (also in einem Umfang von mehr als einer Stunde behandelt) genannt werden. Auch dies passt zu den Zielsetzungen, denn im Gegensatz zu Würzburg und Koblenz wird die Wiederholung von Schulmathematik in Oldenburg als untergeordnetes Lernziel benannt.

Die Cluster, die aufgrund der benannten Lernziele gebildet wurden, lassen sich also auch in der Inhaltsauswahl wiederfinden, wobei das zweite Cluster (das die Onlinekurse enthält) sich in Bezug auf die Inhalte in zwei Untergruppen im Hinblick auf die Zielgruppen aufspalten lässt.

4.4 Zusammenfassung des Vorkursvergleichs und Einordnung in Bezug auf Ergebnisse der MaleMINT-Studie

Anhand des Rahmenmodells konnten drei verschiedene Cluster im Hinblick auf die Zielsetzungen von Mathematikvorkursen identifiziert werden:

1. Präsenzvorkurse, die sich an Ingenieursstudierende richten und einen starken Fokus auf die Wiederholung und universitäre Aufbereitung von Schulmathematik legen,
2. Onlinekurse mit gemischten Zielgruppen, die ebenfalls vor allem schulmathematisches Wissen und Fähigkeiten und darüber hinaus mathematische Arbeitsweisen vermitteln wollen, und
3. Präsenzvorkurse mit Zielgruppe BaGym, die den Schwerpunkt auf hochschulmathematisches Wissen, Fachsprache und mathematische sowie universitäre Arbeitsweisen legen.

Die Cluster finden sich auch in der inhaltlichen Ausgestaltung wieder: Während in den ersten beiden Clustern vornehmlich schulmathematische Themen behandelt werden, wird der Schwerpunkt im letzten Cluster eher auf hochschulmathematische Themen gelegt. Innerhalb der Cluster ist die Themenauswahl relativ ähnlich.

Im Folgenden sollen die gefundenen inhaltlichen Schwerpunkte und Zielsetzungen mit Ergebnissen der MaLeMINT-Studie in Beziehung gesetzt werden, welche während der Projektlaufzeit von WiGeMath abgeschlossen wurde. Im Projekt MaLeMINT (Mathematische Lernvoraussetzungen für MINT-Studiengänge, Neumann et al., 2017) wurden Erwartungen von Hochschullehrenden bezüglich der mathematischen Lernvoraussetzungen der Studienanfängerinnen und Studienanfänger in einer großen Stichprobe erhoben. Die in MaLeMINT genannten mathematischen Lernvoraussetzungen lassen sich dabei in die Kategorien Mathematische Inhalte, mathematische Arbeitstätigkeiten, Wesen der Mathematik und persönliche Merkmale aufteilen. Diese lassen sich auch in den Zielsetzungen im WiGeMath-Rahmenmodell in den wissensbezogenen, handlungsbezogenen und einstellungsbezogenen Lernzielen wiederfinden. Die Befragung in der MaLeMINT-Studie war dabei deutlich differenzierter als im WiGeMath-Rahmenmodell.

Die Ergebnisse zu Zielsetzungen und inhaltlichen Schwerpunkten in den Vorkursen stimmen im Wesentlichen überein mit den in MaLeMINT festgestellten Erwartungen von Hochschullehrenden. Die Inhalte, die in den ersten beiden Clustern (Präsenz- oder Onlinekurse für Ingenieursstudierende oder gemischte Zielgruppen) verstärkt behandelt werden, wie Terme, Zahlen, verschiedene Funktionen (insbesondere lineare und quadratische Funktionen), Trigonometrie, Vektoren und Differential- und Integralrechnung, wurden jeweils auch von Lehrenden in allen MINT-Studiengängen als wichtige Lernvoraussetzungen für den Studienbeginn genannt.

Die Inhalte, die im dritten Cluster (Präsenzkurse mit Zielgruppe BaGym) im Gegensatz zu den anderen ausführlich behandelt werden, wie Beweistechniken und Aussagenlogik, gehören zu den Inhalten, die von befragten Lehrenden in der MaLeMINT-Studie für Mathematikstudierende als erwünscht angesehen wurden, bei denen es für INT-Studierende aber keinen Konsens unter den Hochschullehrenden in Bezug auf deren Wichtigkeit gab.

Die Betonung verschiedener mathematischer Arbeitstätigkeiten in der MaLeMINT-Studie gehen einher mit der Zielsetzung der Vermittlung mathematischer Arbeitsweisen in den Vorkursen, die von allen Projektpartnern als mindestens wichtiges Ziel benannt wurde. Darüber hinaus wurden im Bereich der persönlichen Merkmale auch soziale Fähigkeiten wie „Bereitschaft zum Austausch mit Lehrenden und Studierenden über Mathematik" sowie „Teamfähigkeit (insb. Zum Bilden von und gemeinsamen Arbeiten in Übungsgruppen)" in der MaLeMint-Studie als erwünscht benannt. Entsprechend zeigte sich auch in unserer Erhebung, dass für fast alle Vorkursgestaltenden die Förderung sozialer Kontakte im Vorkurs wichtig bis sehr wichtig war.

Insgesamt passen die inhaltlichen Gestaltungen und Schwerpunktsetzungen in den Vorkursen somit zu den Erwartungen der Hochschullehrenden aus der MaLeMint-Stichprobe in dem Sinne, dass Themen bearbeitet werden, von denen viele Hochschullehrenden zu Beginn des Semesters erwarten, dass die Studierenden sicher darüber verfügen.

Inwiefern diese Ergebnisse auf alle Vorkurse deutschlandweit übertragbar sind, wurde im Rahmen dieses Projekts nicht untersucht. Die Darstellung in diesem Kapitel kann aber als Ansatzpunkt für einen größer angelegten Vergleich dienen. Das Rahmenmodell kann als Klassifikations- und Reflexionsinstrument genutzt werden, um eigene Vorkurse einzuordnen, und schafft insbesondere eine gemeinsame Sprache, in der über die Vorkurse gesprochen werden kann. Dies ist hier beispielhaft im Hinblick auf Zielsetzungen für die Vorkurse aus dem WiGeMath-Transferprojekt geschehen. Die einzelnen Kategorien bieten dabei einen Reflexionsanlass für die Schwerpunktsetzung im eigenen Vorkurs.

4.5 Exemplifizierung und Konkretisierung von Gestaltungskomponenten von Vorkursen – Beispiele für „good practice"

In den folgenden Buchkapiteln stellen sich die genannten Vorkurse ausführlicher mit Bezug auf das Rahmenmodell, ggf. auch hinsichtlich weiterer wichtiger Aspekte, vor, wobei auch Aspekte der Evaluation der Vorkurse im Hinblick auf die Ziele einbezogen werden. Dadurch werden die einzelnen Kategorien des Rahmenmodells weiter exemplifiziert und spezifiziert. Am Beginn eines jeden Kapitels steht dabei jeweils eine graphische Übersicht über die Zielsetzungen des Vorkurses sowie eine tabellarische Übersicht wichtiger Merkmale, um einen schnellen Überblick über den jeweiligen Kurs zu erhalten. In jedem Kapitel werden schließlich ein oder mehrere besondere Merkmale dieses Vorkurses besonders hervorgehoben und schwerpunktmäßig beschrieben (siehe Tab. 4.2), dabei handelt es sich um Beispiele für „good practice", die in ihrer Gesamtheit einen wichtigen Beitrag zu den Transferzielen des WiGeMath-Projektes für einen breiteren Adressatenkreis darstellen.

In Kap. 5, in dem die Vorkurse in Hannover und Clausthal vorgestellt werden, welche sich vornehmlich an angehende Studierende der Ingenieurswissenschaften richten, werden besondere Maßnahmen zur Förderung der sozialen Eingebundenheit beschrieben und somit konkrete Handlungsvorschläge zur Umsetzung der systembezogenen Zielsetzung „Soziale Kontakte fördern" exemplarisch aufgezeigt.

In Kap. 6 wird der Onlinevorkurs der TU Darmstadt dargestellt. Hierbei wird der Schwerpunkt der Darstellung auf die Bildung von funktionierenden Gruppen und die Organisation ihrer Zusammenarbeit in diesem Onlinekurs gelegt. Dazu wird sowohl auf den verwendeten Matchingalgorithmus zur Gruppenbildung als auch auf die Organisation des Vorkurses und die Rolle von durch die Gruppen zu bearbeitenden

Tab. 4.2 Schwerpunktsetzung der Buchkapitel

Schwerpunkt	Standort	Kapitel
Besondere Maßnahmen zur Förderung der sozialen Eingebundenheit (z. B. moderierte Kaffeepausen, weiteres Rahmenprogramm)	Clausthal/Hannover	5
Bildung von funktionierenden Gruppen und Organisation ihrer Zusammenarbeit in Onlinekursen	Darmstadt	6
Spezifische Fokussierung auf Wiederholung von Schulalgebra mit Blick aufs Studium	Kassel	7
Konzeption und Wirkung eines Vorkurses zur Einführung in die Hochschulmathematik unter Einbezug aktivierender Lehrmethoden	Koblenz-Landau	8
Vorkurse organisiert und durchgeführt von Studierenden: Wie geht das und wie sieht das aus?	Oldenburg	9
Unterschiede zwischen Vorkursen mit verschiedenen Adressatenkreisen: Auswahl und Gestaltung der Inhalte	Paderborn	10
Vorbereitung auf ein Mathematikstudium durch möglichst „vorlesungsnahe" Gestaltung und Fokus auf Beweise	Würzburg	11

Aufgaben ausführlich eingegangen. Dieser Schwerpunkt lässt sich im Rahmenmodell ebenfalls bei der Förderung sozialer Kontakte verorten, gleichzeitig aber auch bei handlungsbezogenen Lernzielen im Hinblick auf die Förderung universitärer Arbeitsweisen, insbesondere die Zusammenarbeit in Gruppen. Dazu kommt durch die Anlage der Aufgaben eine Förderung mathematischer Arbeitsweisen.

Kap. 7 berichtet genauer über ausgewählte Vorkurse der Universität Kassel und dabei insbesondere detailliert über eine Intervention sowie zugehörige Ergebnisse zur Förderung des Umgangs mit dem schulalgebraischen Thema der quadratischen Polynome und zeigt auf, wie man schulmathematische wissensbezogene Lernzielen im Detail fördern und evaluieren kann.

In Kap. 8 wird der Mathematikvorkurs in Koblenz vorgestellt, der sich an Mathematik- und Informatikstudierende richtet und inhaltlich einen klaren hochschulmathematischen Fokus hat. Der Schwerpunkt des Kapitels liegt auf der Beschreibung von aktivierenden Lehrmethoden wie der Integration von Übungsphasen in die Vorlesung und der Verwendung eines Lückenskripts.

Der Vorkurs in Oldenburg (Kap. 9) wird von Studierenden organisiert und durchgeführt. Die sich über Jahre entwickelte „good practice" eines solchen Vorkurstyps wird vorgestellt. Ein besonderes Augenmerk wird dadurch darauf gelegt, den Studienanfängerinnen und Studienanfängern auf Augenhöhe zu begegnen und auch soziale Kontakte zu fördern.

Zwei Vorkurse der Universität Paderborn (Kap. 10) werden hinsichtlich der adressatenspezifischen Auswahl der Inhalte sowie der aus den Zielgruppen resultierenden Gestaltungsunterschiede ausführlich thematisiert. Exemplarisch wird dabei das Themengebiet „Komplexe Zahlen" aufgegriffen und anhand von Arbeitsmaterialien illustriert, wie sich die Vorkursgestaltung für dieses konkrete Thema zwischen den beiden Adressatenkreisen unterscheidet. Dabei finden explizite Rückbezüge zu den jeweiligen – an den Zielgruppen orientierten – Zielsetzungen statt, die sich über wissensbezogene Lernziele hinaus auch auf universitäre und mathematische Arbeitsweisen sowie mathematische Enkulturation beziehen.

Der Schwerpunkt des Kapitels 11 (Vorkurse in Würzburg) wird hierbei auf die vorlesungsnahe Gestaltung des Vorkurses sowie den inhaltlichen Fokus auf das Thema *Beweisen* und dessen methodische und didaktische Umsetzung gelegt. Dabei werden Strukturen von Beweisen expliziert, beweisvorbereitende Aufgaben gestellt und mathematische Standardschlussweisen anhand von Knobelaufgaben eingeübt. Die übergeordnete Zielsetzung ist die Eingewöhnung in ein universitäres Mathematikstudium. Ersteres soll dabei durch das Nachahmen des Ablaufs in Vorlesung und Übung und auch die Bearbeitung von Übungsaufgaben, bei der zur Kooperation mit Kommilitoninnen und Kommilitonen angeregt wird, universitäre Arbeitsweisen fördern, das zweite ist im Bereich der mathematischen Arbeitsweisen anzusiedeln.

Das Kap. 12 stellt schließlich die Instrumente und die Ergebnisse zu den empirischen Studien zu Wirkungen und Gelingensbedingungen von Mathematikvorkursen aus dem WiGeMath-Projekt ausführlich dar.

Über die bereits genannten Good-Practice-Elemente hinaus, die in den folgenden Kapiteln ausführlicher dargestellt werden, wurden im WiGeMath-Transferprojekt die folgenden weiteren Empfehlungen aus der Praxis formuliert.

Einige Vorkurse haben gute Erfahrungen mit auf die Vorkursinhalte abgestimmten Ein- und Ausgangstests zum Wissensstand der Studierenden gemacht, die den Teilnehmer*innen sowie den Dozent*innen Feedback geben. Bei Onlinekursen bieten sich darüber hinaus auch Modultests für die einzelnen Themenbereiche an. Sollten Selbstlerntage existieren, so sollten diese mit Hilfe von konkreten Arbeitsaufträgen strukturiert werden (vgl. Kap. 10 und Fleischmann et al., 2021). Wenn möglich, sollten Materialien auch online angeboten werden, falls Studierende nicht während der gesamten Zeit des Vorkurses anwesend sein können. Über die fachlichen Inhalte hinaus ist es oftmals hilfreich und wird von den Studierenden sehr geschätzt, wenn auch allgemeine Informationen zum Studium und zur Studienorganisation gegeben werden. Eine Zusammenarbeit mit den Fachschaften kann dabei angestrebt werden. Dies ist natürlich besser umsetzbar, wenn nicht zu viele verschiedene Studiengänge den Vorkurs besuchen. Die Inhalte der Vorkurse sollten studiengangsspezifisch ausgewählt und mit den Dozent*innen der Vorlesungen im ersten Semester abgestimmt werden. Gerade in Übungsaufgaben lassen sich oftmals Differenzierungsmöglichkeiten schaffen. Wenn die Ressourcen vorhanden sind, sollte im Sinne des regelmäßigen Feedbacks und der Transparentmachung der Anforderungen auch eine Korrektur der Übungsaufgaben vorgenommen werden. Innerhalb der Vorlesungen wurden vielfach erfolgreich kognitiv aktivierende Elemente wie Audience Response Systeme (vgl. Kap. 5, 10 und 11 und Fleischmann et al., 2021) oder Murmelphasen eingesetzt. Im Hinblick auf die Übungsgruppen bei Präsenzkursen hat es sich als praktisch erwiesen, die Übungsgruppen nach Studiengängen einzuteilen und als Tutor*innen Studierende aus den jeweiligen Studiengängen einzusetzen, sofern dies möglich ist. Bei der Auswahl der Tutor*innen ist natürlich auf die Qualifikation, Motivation, Einstellung gegenüber Vorkursen und Mathematik zu achten, was es bei mathematikferneren Studiengängen zum Teil schwierig machen kann, gute Tutor*innen aus den passenden Studiengängen zu finden. Die Tutor*innen sollten in den Übungen offensiv Hilfe anbieten und minimale Hilfestellungen geben. In den Übungen sollte zur Arbeit in Gruppen ermuntert und der Austausch über Mathematik gefördert werden. Wie die Tutor*innen angemessen geschult werden können und welche Wirkung eine solche Schulung hat, ist eine offene Frage. In einigen Vorkursen hat sich eine Neubildung der Übungsgruppen nach der Hälfte der Zeit als nützlich für das Kennenlernen verschiedener Kommiliton*innen erwiesen (vgl. Kap. 9). Zur Förderung der sozialen Eingebundenheit bieten sich Unternehmungen auch außerhalb der eigentlichen Vorkursveranstaltungen wie beispielsweise ein Kneipenabend an, an denen sich auch das Lehrteam beteiligen sollte.

Literatur

Abel, H., & Weber, B. (2014). 28 Jahre Esslinger Modell – Studienanfänger und Mathematik. In I. Bausch, R. Biehler, R. Bruder, P. R. Fischer, R. Hochmuth, W. Koepf, S. Schreiber, & T. Wassong (Hrsg.), *Mathematische Vor- und Brückenkurse: Konzepte, Probleme und Perspektiven* (S. 9–19). Springer Fachmedien. https://doi.org/10.1007/978-3-658-03065-0_2

Bausch, I., Biehler, R., Bruder, R., Fischer, P. R., Hochmuth, R., Koepf, W., Schreiber, S., & Wassong, T. (2014). *Mathematische Vor- und Brückenkurse. Konzepte, Probleme und Perspektiven.* Springer Fachmedien. https://doi.org/10.1007/978-3-658-03065-0

Bausch, I., Fischer, P. R., & Oesterhaus, J. (2014). Facetten von Blended Learning Szenarien für das interaktive Lernmaterial VEMINT – Design und Evaluationsergebnisse an den Partneruniversitäten Kassel, Darmstadt und Paderborn. In I. Bausch, R. Biehler, R. Bruder, P. R. Fischer, R. Hochmuth, W. Koepf, S. Schreiber, & T. Wassong (Hrsg.), *Mathematische Vor- und Brückenkurse: Konzepte, Probleme und Perspektiven* (S. 87–102). Springer Fachmedien Wiesbaden. https://doi.org/10.1007/978-3-658-03065-0_7.

Biehler, R., Fischer, P., Hochmuth, R., & Wassong, T. (2012). Mathematische Vorkurse neu gedacht: Das Projekt VEMA. In M. Zimmermann, C. Bescherer, & C. Spannagel (Hrsg.) *Mathematik lehren in der Hochschule. Didaktische Innovationen für Vorkurse, Übungen und Vorlesungen* (S. 21–32). Franzbecker.

Biehler, R., Bruder, R., Hochmuth, R., & Koepf, W. (2014). Einleitung. In I. Bausch, R. Biehler, R. Bruder, P. R. Fischer, R. Hochmuth, W. Koepf, S. Schreiber, & T. Wassong (Hrsg.), *Mathematische Vor- und Brückenkurse. Konzepte, Probleme und Perspektiven.* (S. 1 – 6). Springer Fachmedien. https://doi.org/10.1007/978-3-658-03065-0_1

Biehler, R. (2017). *Das virtuelle Eingangstutorium Mathematik studiVEMINT – Struktur und Inhalt.* In: Leuchter, C., Wistuba, F., Czapla, C., & Segerer, C. (Hrsg.). (2017). Erfolgreich studieren mit E-Learning: Online-Kurse für Mathematik und Sprach- und Textverständnis (S. 18–30), RWTH Aachen University

Biehler, R., Eichler, A., Hochmuth, R., Rach, S., & Schaper, N. (Hrsg.) (2021). *Lehrinnovationen in der Hochschulmathematik: Praxisrelevant – didaktisch fundiert – forschungsbasiert.* Springer Spektrum. https://doi.org/10.1007/978-3-662-62854-6.

Derr, K., Jeremias, X. V., & Schäfer, M. (2016). Optimierung von (E-) Brückenkursen Mathematik: Beispiele von drei Hochschulen. In A. Hoppenbrock, R. Biehler, R. Hochmuth, & H.-G. Rück (Hrsg.), *Lehren und Lernen von Mathematik in der Studieneingangsphase* (S. 115–129). Springer Fachmedien. https://doi.org/10.1007/978-3-658-10261-6_8.

Fischer, P. (2014). *Mathematische Vorkurse im Blended-Learning-Format: Konstruktion, Implementation und wissenschaftliche Evaluation.* Springer Fachmedien.

Fleischmann, Y., Biehler, R., Gold, A., & Mai, T. (2021). Integration digitaler Lernmaterialien in die Präsenzlehre am Beispiel des Mathematikvorkurses für Ingenieure an der Universität Paderborn. In R. Biehler, A. Eichler, R. Hochmuth, S. Rach & N. Schaper (Hrsg.), *Lehrinnovationen in der Hochschulmathematik: praxisrelevant – didaktisch fundiert – forschungsbasiert* (S. 321–364). Springer Spektrum. https://doi.org/10.1007/978-3-662-62854-6_15.

Heiss, C., & Embacher, F. (2016). Effizienz von Mathematik-Vorkursen an der Fachhochschule Technikum Wien – ein datengestützter Reflexionsprozess. In A. Hoppenbrock, R. Biehler, R. Hochmuth, & H.-G. Rück (Hrsg.), *Lehren und Lernen von Mathematik in der Studieneingangsphase: Herausforderungen und Lösungsansätze* (S. 277–293). Springer Fachmedien. https://doi.org/10.1007/978-3-658-10261-6_18

Hoppenbrock, A., Schreiber, S., Göller, R., Biehler, R., Büchler, B., Hochmuth, R., & Rück, H.-G. (2013). Mathematik im Übergang Schule/Hochschule und im ersten Studienjahr. Extended Abstracts zur 2. khdm-Arbeitstagung. https://kobra.uni-kassel.de/handle/123456789/2013081343293

Hoppenbrock, A., Biehler, R., Hochmuth, R., & Rück, H.-G. (2016). *Lehren und Lernen von Mathematik in der Studieneingangsphase.* Springer Fachmedien. https://doi.org/10.1007/978-3-658-10261-6

Landenfeld, K., Göbbels, M., Hintze, A., & Priebe, J. (2014). viaMINT–Aufbau einer Online-Lernumgebung für videobasierte interaktive MINT-Vorkurse. *Zeitschrift für Hochschulentwicklung, 9*(5), 201–217. https://doi.org/10.3217/zfhe-9-05/12

Neumann, I., Pigge, C., & Heinze, A. (2017). *Welche mathematischen Lernvoraussetzungen erwarten Hochschullehrende für ein MINT-Studium?* IPN · Leibniz-Institut für die Pädagogik der Naturwissenschaften und Mathematik. https://www.ipn.uni-kiel.de/de/das-ipn/abteilungen/didaktik-der-mathematik/forschung-und-projekte/malemint/malemint-studie.

Roegner, K., Seiler, R., & Timmreck, D. (2014). Exploratives Lernen an der Schnittstelle Schule/Hochschule: Didaktische Konzepte, Erfahrungen, Perspektiven. In I. Bausch, R. Biehler, R. Bruder, P. R. Fischer, R. Hochmuth, W. Koepf, S. Schreiber, & T. Wassong (Hrsg.), *Mathematische Vor- und Brückenkurse. Konzepte, Probleme und Perspektiven.* (S. 181–198). Springer Fachmedien. https://doi.org/10.1007/978-3-658-03065-0_13

Roos, A.-K., Weigand, H.-G., & Wörler, J. F. (2021). Klassifizierung mathematischer Handlungsaspekte im optes-Vorkurs. In: R. Küstermann, M. Kunkel, A. Mersch, & A. Schreiber (Hrsg.), *Selbststudium im digitalen Wandel* (S. 63–82). https://doi.org/10.1007/978-3-658-31279-4_7

Universität Bielefeld, Fakultät für Mathematik, Projektgruppe Fernstudium. (1972). *Mathematisches Vorsemester.* Springer. https://doi.org/10.1007/978-3-662-12435-2

Studiensozialisation im Rahmen mathematischer Vorkurse

Jörg Kortemeyer

Zusammenfassung

Der Artikel beschreibt die Maßnahmen zur Unterstützung Studierender im Studieneinstieg im Rahmen des Mathematik-Vorkurses für die Studiengänge Maschinenbau, Produktion und Logistik, Nanotechnologie sowie Technical Education (d. h. Berufsschullehramt) an der Leibniz Universität Hannover (LUH) sowie des Vorkurses für sämtliche Studiengänge der Technischen Universität Clausthal (TUC). Der Vorkurs an der TUC hat sich dabei aus dem Vorkurs an der LUH entwickelt. Zum Vorkurs-Team an der Leibniz Universität Hannover gehörten im Studienjahr WS 2016/17 und SS 2017, in dem die beschriebenen Untersuchungen durchgeführt wurden, neben dem Autor ebenfalls Dipl.-Ing. Claudia Wonnemann vom Studiendekanat Maschinenbau, Prof. Dr. Anne Frühbis-Krüger (Forschungsgebiet Arithmetische/Algebraische Geometrie, Computeralgebra), die Arbeitsgruppe Studieninformation der Fakultät Maschinenbau und die studentischen Hilfskräfte, die die Übungen betreut haben. Der Artikel berichtet über die Gestaltung der Mathematik-Vorkurse an der LUH (seit 2013) und an der TUC (seit 2018). Der Autor hat von 2011 bis 2017 zudem den Vorkurs für Studierende der Ingenieurwissenschaften an der Universität Paderborn betreut.

J. Kortemeyer (✉)
Clausthal, Niedersachsen, Deutschland
E-Mail: joerg.kortemeyer@tu-clausthal.de

R. Hochmuth et al. (Hrsg.), *Unterstützungsmaßnahmen in mathematikbezogenen Studiengängen,* Konzepte und Studien zur Hochschuldidaktik und Lehrerbildung Mathematik, https://doi.org/10.1007/978-3-662-64833-9_5

	TU Clausthal (Stand 2019)	Leibniz Universität Hannover (Stand 2019)
Zielgruppe	Studierende der WiMINT-Studiengänge	Studierende der Fakultät für Maschinenbau sowie der Nanotechnologie
Format	Präsenz	
Ungefähre Teilnehmendenanzahl	150	350
Dauer	3 Wochen, davon 9 Präsenztage	2 Wochen, davon 8 Präsenztage
Zeit pro Tag	5 h	
Lernmaterial	Eigenentwicklung	
Lehrende	Mitarbeiter mit studentischen Hilfskräften	Studentische Hilfskräfte
Inhaltliche Ausrichtung	Schulmathematik unter Berücksichtigung der Inhalte mathematischer und ingenieurwissenschaftlicher Grundlagenveranstaltungen	
Verpflichtend	Nein	
Besonderes Merkmal	Studiensozialisation für ein Universitätsstudium	

5.1   Zielsetzungen

Der Artikel stellt verschiedene Maßnahmen vor, die im Rahmen eines Mathematik-Vorkurses die Studierenden dabei unterstützen sollen, ihre Kommilitoninnen und Kommilitonen kennenzulernen, mit ihnen gemeinsam an Mathematikaufgaben zu arbeiten und gleichzeitig eine Einführung in das Studieren an einer Universität zu erhalten. Die dargestellten institutionellen Rahmenbedingungen und Inhalte beziehen sich auf den Vorkurs für Studierende der Fakultäten für Maschinenbau und den Studiengang

Nanotechnologie an der Leibniz Universität Hannover sowie den Vorkurs für sämtliche Studienanfänger*innen an der Technischen Universität Clausthal. Als erster Punkt zur Unterstützung wird Peer Instruction (mittels Audience Response Systemen) vorgestellt. Darüber hinaus werden weitere Unterstützungsangebote zum Erlernen von Lernstrategien sowie zum Kennenlernen der Kommilitonen und erfahreneren Studierenden präsentiert. Im Anschluss werden Ergebnisse aus der fakultätsinternen Lehrevaluation präsentiert, die zeigen, dass die beschriebenen Maßnahmen von den Studierenden positiv bewertet werden. Studien aus dem WiGeMath-Projekt, die zu mehreren Zeitpunkten im ersten Studienjahr durchgeführt wurden, zeigen zudem bezogen auf soziale Eingebundenheit positive Effekte im Vergleich zwischen Teilnehmenden und Nicht-Teilnehmenden des Vorkurses.

Die vorgestellten Maßnahmen sollen die Studiensozialisation fördern und ein „Ankommen" an der Universität unterstützen. Es soll den Studierenden transparent gemacht werden, welche Anforderungen an sie gestellt werden und welche Angebote ihnen zur Verfügung stehen, um diese Anforderungen meistern zu können. Die Maßnahmen sollen ein Kennenlernen der Studierenden unterstützen, um die Übergangsproblematik von der Schule zur Hochschule abzuschwächen. Insbesondere im Maschinenbau gibt es hohe Wechselquoten in andere Studiengänge außerhalb des ingenieurwissenschaftlichen Bereiches und Studienabbruchquoten, die im Jahr 2006 beispielsweise bei 53 % lagen, vgl. Heublein et al. (2012). Die dem vorliegenden Text zugrundeliegende Hypothese ist, dass diese Quoten über eine bessere soziale Eingebundenheit der Anfängerstudierenden gesenkt werden können, da nach der Selbstbestimmungstheorie, vgl. Deci und Ryan (1985), soziale Eingebundenheit, Kompetenz und Autonomie die drei psychologischen Grundbedürfnisse sind, deren Befriedigung intrinsische Motivation fördert.

Die in diesem Text vorgestellten mathematischen Vorkurse haben als zentrales Ziel, mathematische Schulinhalte im Hinblick auf spätere Grundlagenveranstaltungen (wie die „Mathematik für Ingenieure" oder die „Technische Mechanik") aus einer universitären Perspektive aufzufrischen und zu ergänzen. Gleichzeitig erleben Studierende erstmals im Rahmen von Vorkursen, wie universitäre Lehre funktioniert, und schließen erste soziale Kontakte in dem neuen Umfeld der Universität. Das vorgestellte Unterstützungsangebot schließt zusätzlich eine Vielzahl an Maßnahmen mit ein, die die Sozialisation in der Studieneingangsphase erleichtern sollen und zusammen mit dem Studiendekanat Maschinenbau entwickelt wurden. Dieser Beitrag stellt zunächst die Inhalte der Präsenzveranstaltungen (Vorlesungen und Übungen) vor. Die beiden folgenden Abschnitte beschreiben dann die Maßnahmen zur sozialen Einbindung innerhalb und außerhalb der Präsenzveranstaltungen. Hierzu zählen u. a. der Einsatz eines Audience Response Systems, eine laufende Betreuung durch erfahrenere Studierende während der Pausen in der Vorlesung sowie eine Veranstaltung zu Lernstrategien. Darauffolgend werden Ergebnisse der Lehrevaluationen der Fakultät sowie aus der ersten Phase des WiGeMath-Projekts vorgestellt, die positive Effekte in Bezug auf Studiensozialisation unter Einsatz des LimSt-Fragebogens nachweisen, vgl. Liebendörfer et al. (2021). Dabei zeigten sich signifikante Unterschiede zwischen Teilnehmenden und Nicht-Teilnehmenden des Vor-kurses.

Zusätzlich wird ein Ausblick auf die Anpassung der Maßnahmen an die Studien-eingangsphase der Technischen Universität Clausthal gegeben, an der bereits ein umfangreiches Programm zur Studieneinführung, die sogenannte „Welcome Week", existiert. Diese wird in Zukunft stärker mit dem Mathematik-Vorkurs verzahnt, um die Studierenden gleichzeitig einerseits in universitäre Veranstaltungen mit Vorlesung und Übung einzuführen und andererseits eine Unterstützung beim Kennenlernen der künftigen Kommilitoninnen und Kommilitonen wie auch der Universität zu bieten.

5.2 Strukturelle Merkmale der beiden Kursvarianten

In diesem Abschnitt wird beschrieben, wie die Vorkurse organisiert, gestaltet und strukturiert sind. Aus Gründen der besseren Lesbarkeit wird die Beschreibung der beiden Vorkurse im Folgenden durchgehend im Präsens fortgesetzt, obwohl der Vorkurs an der LUH zum Zeitpunkt der Veröffentlichung dieses Beitrages vollständig in der Ver-gangenheit liegt, während die Tätigkeit des Autors an der TUC andauert. Damit soll die Beschreibung von Gemeinsamkeiten und Unterschieden der beiden Vorkurskonzepte ver-einfacht und die Zugänglichkeit des Beitrages für die Leserinnen und Leser unterstützt werden.

5.2.1 Die strukturellen Merkmale des Mathematik-Vorkurses für Ingenieure an der Leibniz Universität Hannover

Der Vorkurs an der Leibniz Universität Hannover wird in dieser Form seit dem Winter-semester 2013/14 an jeweils vier Tagen in den beiden Wochen vor Beginn der Vor-lesungszeit des Wintersemesters angeboten und hat damit einen Umfang von acht Tagen. Bis einschließlich Wintersemester 2016/17 hat der Autor des Beitrags die Vorlesung selbst gehalten. Der Vorkurs richtet sich an angehende Studierende der Studiengänge Maschinenbau, Produktion und Logistik, Nanotechnologie sowie des Berufsschullehr-amts für technische Fächer („Bachelor of Technical Education"). Das Konzept löste 2013 einen einwöchigen Vorkurs ab, der im Wesentlichen die Inhalte der „Mathematik für Ingenieure 1" vorwegnahm, wobei die Gesamtkohorte hierfür zufällig in zwei Teil-gruppen aufgeteilt wurde. Dieser Vorkurs bestand dann in den beiden Gruppen (mit einer Teilnehmendenzahl von jeweils 150 bis 200 Teilnehmenden) jeweils aus einer Mischung aus Vorlesungs- und Übungselementen. Im Zuge der im Folgenden beschriebenen Umgestaltung war es in der Konzeption ein Ziel, die Studierenden auch bezogen auf soziale Eingebundenheit im Studieneingang zu unterstützen.

Im Rahmen der Umgestaltung des Vorkurses wurde in Vorbereitung auf die typische Lehrform in technischen Fächern eine Gliederung in Vorlesung und Übung eingeführt, wobei die Vorlesung (mit ca. 350 Teilnehmenden) und die Übungen (mit pro Übung ca. 20 Teilnehmenden) zu demselben Thema jeweils an demselben Tag stattfanden. Die Vorlesung wurde in den Jahren 2013 bis 2016 vom Autor gehalten, der ein Diplom in Mathematik hat und seit 2018 in Hochschuldidaktik der Mathematik promoviert ist. Zudem ist er seit 2008 in der Mathematiklehre für Ingenieurstudierende tätig. Die Übungen werden von fachlich sehr guten Tutorinnen und Tutoren gehalten, welche häufig selbst noch im Jahr zuvor am Vorkurs teilgenommen haben und die „Mathematik für Ingenieure" erfolgreich bestanden haben. Die Übungen dienen zum eigenständigen Bearbeiten der Übungsaufgaben mit Unterstützung studentischer Hilfskräfte. Es werden Tutorinnen und Tutoren gewählt, deren eigene Vorkursteilnahme noch möglichst nicht lange zurücklag. Damit wird unterstützt, dass sie mit den möglichen Verständnishürden der Vorkursteilnehmerinnen und -teilnehmer noch gut vertraut sind.

Das Skript sowie die Übungsaufgaben zu dem Vorkurs werden zusätzlich in zeitlich parallelen Vorkursen anderer Fakultäten für Studierende der folgenden (Ingenieur-) Studiengänge eingesetzt: Bau- und Umweltingenieurwesen, Wirtschaftsingenieur, Geodäsie und Geoinformatik und Computergestützte Ingenieurwissenschaften. Auf diese Weise erreicht der Vorkurs in seinen drei verschiedenen Vorlesungsvarianten jedes Jahr mehr als 900 Teilnehmende. Diese abgestimmte Studienvorbereitung ist sinnvoll, da die genannten Studiengänge – neben Studiengängen aus dem Bereich der Elektrotechnik – auch später gemeinsam an derselben Mathematikvorlesung „Mathematik für Ingenieure" teilnehmen, welche in Kortemeyer und Frühbis-Krüger (2021) näher beschrieben ist. Diese Veranstaltung wurde 2011 für alle Ingenieurstudiengänge zusammengelegt, um beispielsweise die häufig auftretenden Studiengangswechsel zwischen verschiedenen ingenieurwissenschaftlichen Studiengängen zu erleichtern.

5.2.2 Die strukturellen Merkmale des Mathematik-Vorkurses an der Technischen Universität Clausthal

Der Autor ist zum Wintersemester 2018/19 an die Technische Universität Clausthal gewechselt und ist dort unter anderem für die Durchführung des mathematischen Vorkurses zuständig. An der TU Clausthal wurde 2018 eine Stelle dafür geschaffen, sich näher mit der Übergangsproblematik von der Schule zur Hochschule auseinanderzusetzen, da dort in den Jahren zuvor einerseits die Durchfallquoten in den mathematischen Grundlagenfächern immer stärker angestiegen waren und andererseits die Anzahl der Studierenden, die ihre Regelstudienzeit um mehr als vier Semester überschritten, deutlich zugenommen hatte. Im Rahmen dieser Stelle soll eine didaktische Optimierung der mathematischen Grundlagenveranstaltungen stattfinden, darüber hinaus eine Weiterentwicklung von Vorkursen und Brückenkursen, sowie der Aufbau eines mathematischen Lernzentrums.

Der Vorkurs an der TU Clausthal besteht aus insgesamt neun Terminen (mit Vorlesung und Übung), welche über drei Wochen jeweils Montag, Mittwoch und Freitag stattfinden. Im Vergleich zur Leibniz Universität Hannover gibt es eine deutlich veränderte Ausgangssituation, beispielsweise bezogen auf die Studierendenzahl. Zur Adaption des Vorkurskonzepts mit dem Ziel, ebenfalls positive Effekte bezogen auf die soziale Eingebundenheit im Studieneinstieg zu erhalten, müssen die lokalen Gegebenheiten und Randbedingungen berücksichtigt werden: Die Technische Universität Clausthal bietet neben Fächern aus allen MINT-Bereichen (einschließlich mathematischer Studiengänge wie Wirtschafts- und Technomathematik) auch BWL-Studiengänge an. Für alle Studiengänge gibt es einen gemeinsamen Vorkurs, wobei aus verschiedenen Gründen keine allgemeine Aufteilung in verschiedene, studiengangsbezogene Vorkurse erfolgen kann. Nach dem Vorkurs nehmen die Teilnehmenden an drei verschiedenen Mathematikveranstaltungen teil:

1. „Ingenieurmathematik" für Studierende von Studienfächern im Bereich der Ingenieurwissenschaften (wie Maschinenbau) und im Bereich der Physik (wie Energie und Materialphysik), die an der technisch ausgerichteten Universität die mit Abstand größte Mathematikveranstaltung ist
2. „Analysis und Lineare Algebra" für Studierende informatischer und mathematischer Studiengänge
3. „Mathematik für BWL und Chemie" für Studierende wirtschaftswissenschaftlicher Studiengänge und der Chemie

Analog zu anderen Universitäten stellen diese Veranstaltungen sehr unterschiedliche Anforderungen daran, was Studierende zum Bestehen benötigen. Dies macht einen gemeinsamen Vorkurs zu einer noch größeren Herausforderung, wobei die oben beschriebenen Grundlagenbereiche eine Bedeutung in allen drei Veranstaltungen haben.

5.3   Auswahl der Inhalte

In beiden Varianten des Vorkurses werden zunächst die typischen mathematischen Problembereiche gezielt angegangen, die sich immer wieder sowohl in Grundlagenvorlesungen zur Mathematik für Ingenieure als auch den ingenieurwissenschaftlichen Grundlagenfächern wie Technischer Mechanik, Elektrotechnik oder Physik zeigen. Diese Problembereiche, die insbesondere in schriftlichen Prüfungen deutlich werden, sind häufig eher Inhalten der Sekundarstufe I als dem Bereich der Sekundarstufe II zuzuordnen und werden im Allgemeinen nicht in den universitären Grundlagenvorlesungen zur Mathematik thematisiert. Ein Grund hierfür ist die thematische Fülle der Mathematik-Grundlagenveranstaltungen in Ingenieurwissenschaften, die sich daraus ergibt, dass mathematische Verfahren, die in ingenieurwissenschaftlichen Grundlagenveranstaltungen benötigt werden, in der Regel zuvor bereits in Mathematik-Veranstaltungen behandelt sein sollten. Eine detaillierte Aufstellung in Bezug auf die Grundlagen der Elektrotechnik findet sich in Kortemeyer (2019). Konkrete Beispiele sind hierfür:

- das Rechnen mit rationalen Zahlen,
- Verfahren zur Faktorisierung von Polynomen (pq-Formel, Horner-Schema etc.)
- die Potenzgesetze,
- Trigonometrie,
- das Aufstellen einer Geraden, wenn zwei Punkte gegeben sind.

Nach einer Behandlung der aufgezählten Punkte findet eine eher kalkülorientierte Wiederholung von Oberstufeninhalten aus dem Bereich der Analysis (Differenzieren, Integrieren) und der Analytischen Geometrie statt, da diese Kalküle in den ingenieur-wissenschaftlichen Grundlagenfächern durch die auftretenden Anwendungen früher benötigt werden, als sie in den begleitenden Mathematikveranstaltungen behandelt werden. Für diese Bereiche wird die zugrundeliegende Theorie jedoch anschließend im ersten Semester in der Mathematik-Grundlagenveranstaltung ausführlich dargelegt.

Ein erstes Eingehen auf das Führen von Beweisen, welches an der TU Clausthal für Erstsemester ausschließlich in der „Analysis und Lineare Algebra"-Veranstaltung, der kleinsten der drei Mathematik-Veranstaltungen, von zentraler Bedeutung ist, ist für die übrigen Studierenden kein relevanter Gegenstand der mathematischen Grundvorlesungen und kann daher nicht in einem gemeinsamen Vorkurs berücksichtigt werden.

Die beiden Versionen bauen auf dem insgesamt elftägigen Vorkurs „P1" an der Universität Paderborn auf, der vom Autor in den Jahren 2011 bis 2017 gehalten wurde. Dieser Vorkurs wird näher in Fleischmann und Kempen (Kap. 10 in diesem Band) beschrieben. Entsprechend des geringeren zeitlichen Umfangs fehlen in beiden beschriebenen Versionen die Themen „Komplexe Zahlen" sowie „Matrizen und Determinanten" gänzlich, während das Thema „Integralrechnung" in den Bereichen der Flächenberechnung sowie der Partialbruchzerlegung von zwei Tagen auf einen Tag ver-kürzt ist.

5.4   Didaktische Elemente: Einsatz von Peer Instruction

In beiden Varianten des Vorkurses erleben die neuen Studierenden in den meisten Fällen erstmals Lehre in Vorlesungen mit hunderten von Teilnehmenden. Während sie in der Schule individuelle Betreuung in ihren Kursen erlebt haben, erscheint eine solche individuelle Betreuung insbesondere in Vorkursen, die in vielen Fällen die erste universitäre Veranstaltung darstellen, sehr schwierig. Bei den neuen Studierenden soll dem Eindruck entgegengewirkt werden, dass Lernen an einer Universität vollkommen anonym in Massenveranstaltungen stattfindet und keine individuelle Unterstützung erfolgt. An diesem Punkt setzt die Verwendung des Paderborner Audience Response Systems PINGO an, vgl. Kundisch et al. (2017).

Audience Response Systeme (ARS) dienen in Lehrveranstaltungen dazu, die Interaktivität zwischen Dozierenden und Studierenden zu erhöhen. Hierzu kommen technische Geräte wie Smartphones, Tablets oder Computer zum Einsatz. Über solche Systeme können den Studierenden Fragen gestellt werden, z. B. als Single Choice (eine Antwort ist richtig), Multiple Choice (mehrere Antworten sind richtig), als Text- oder als numerische Eingabe. Mit Hilfe eines Audience Response Systems können Verständnisprobleme sehr schnell bereits während der Vorlesungen im Sinne eines Just-In-Time-Teachings, siehe Novak (2011), aufgedeckt und möglichst behoben werden.

Die Verwendung von ARS soll dabei an mehreren Punkten ansetzen, die sich gerade in Großveranstaltungen ergeben: Es gibt üblicherweise keine persönliche Rückmeldung der Studierenden. Häufig beteiligen sich bei Fragen nur wenige Studierende, deren Antworten kaum Rückschluss auf die Gesamtkohorte erlauben. Auch auf Fragen der oder des Dozierenden an die Zuhörerschaft bekommt er oder sie häufig keine Rückmeldung von den Studierenden, wobei den Dozierenden so in vielen Fällen unklar bleibt, ob die Fragen zu leicht oder zu schwer waren. Dadurch sind unmittelbare Anpassungen, z. B. bei allgemeineren Verständnisproblemen, kaum möglich.

Beim Einsatz eines Audience Response Systems können Fragen in Formen eingesetzt werden, wie sie für Übungen und Tutorien eher unüblich sind: Das schließt einfache Rechenaufgaben ein, z. B. „Was ist lg(1000)?", erlaubt Single-Choice-Fragen beispielsweise zu Ableitungen unter Verwendung typischer Fehler als Distraktoren und ermöglicht zudem auch Schätzaufgaben wie „7*pi ist ungefähr eine natürliche Zahl. Welche?". Letztere wurde in allen bisherigen Durchführungen von mehr als 80 % der Teilnehmenden richtig beantwortet und in der folgenden Veranstaltung zeigte sich, dass die Studierenden teilweise gelernt hatten, 22/7 als Näherung an Pi zu verwenden.

Die Verwendung eines Audience Response Systems ermöglicht überdies eine Reaktion auf die besondere Herausforderung, die sich durch die übliche Strukturierung von Vorkursen als Blockveranstaltungen ergibt. Weniger als bei den Veranstaltungen, die in der gesamten Vorlesungszeit stattfinden, können die Übungsaufgaben anhand der auftretenden Schwierigkeiten in der Vorlesung angepasst werden. So können beispielsweise zusätzliche Aufgaben gezielt an den Stellen eingesetzt werden, an denen sich Defizite zeigen. Bei der Abgabe und Korrektur von Übungsaufgaben, die üblicherweise erst nach Behandlung der Themen in der Vorlesung erfolgt, ist ein ähnliches Eingehen auf Defizite erst mit einem vergleichsweise großen zeitlichen Abstand und somit u. U. während der Behandlung eines Folgethemas möglich.

Peer Instruction, hier gewährleistet durch PINGO, bietet hierfür Lösungen, vgl. Mazur (2017). In den Vorkursvorlesungen wird üblicherweise folgendermaßen vorgegangen (es wird zunächst der Ablauf geschildert und dann Beispiele gegeben):

1. Schnelles Beantworten einer Frage durch die Studierenden: Diese Frage wird über den Beamer angezeigt und erscheint gleichzeitig auf dem internetfähigen Gerät,

sofern sich die Studierenden in der Umfrage mittels eines sechsstelligen Codes eingeloggt haben. Anschließend erhalten die Studierenden über Beamer eine Rückmeldung über die absoluten und prozentualen Anteile verschiedener Antworten an der Gesamtmenge der Antworten. Es erfolgt hier keine Rückmeldung zu den richtigen Antworten durch die Dozentin oder den Dozenten.

2. Aufforderung an die Studierenden durch den Dozenten oder die Dozentin: „Überzeugen Sie Ihren Nachbarn von Ihrer Antwort." Dabei ist aus Dozierendenposition meist an der zu- und abnehmenden Lautstärke erkennbar, wann die Diskussionen der Studierenden vorbei sind.

3. Durchführung einer weiteren Abstimmung zur erneuten Möglichkeit zur Eingabe der Antwort, um eventuelle Veränderungen des Antwortverhaltens zu sehen: In der überwiegenden Anzahl der Durchführungen nimmt dabei die Anzahl der richtigen Antworten zu. Dabei kann es vorkommen, dass sogar richtige Antworten, die zuvor nicht die größten Häufigkeiten hatten, nach der Peer Instruction dominieren.

4. Ergebnissicherung im Plenum: Die Lösung der Aufgabe wird vorgestellt, alternativ durch Studierende oder Dozentin bzw. Dozent. Bei einem deutlich überwiegenden Anteil richtiger Antworten kann dieses sehr schnell erfolgen. Bei einem Anteil richtiger Antworten im Bereich von 50 % gibt es eine gute Gelegenheit zu einer Diskussion im Plenum. Bei einem Anteil richtiger Antworten, der deutlich unter 50 % liegt, ist oft eine detailliertere Besprechung der Aufgabe durch die Dozentin oder den Dozenten sinnvoll.

Dozentinnen und Dozenten erhalten so ein Feedback von einem Großteil der Studierenden, d. h. nach Erfahrung im Bereich von mehr als 90 % der Teilnehmenden. Bezogen auf die Vermittlung mathematischer Inhalte haben die Dozierenden gleichzeitig den Vorteil, dass die besprochenen Inhalte vertieft und eingeübt werden und dass die gegenseitigen Erklärungen u. U. durch die Diskussion vorliegender kognitiver Konflikte das Verständnis zusätzlich fördern.

Eine Frage, die im Vorkurs in Paderborn eingesetzt wurde, war: „Was ist die erste Ableitung von $f(x) = e^2$ nach x?". Hierfür waren die Antwortmöglichkeiten: (a) e^2, (b) $2e^2$, (c) 0 und (d) Logarithmus. Die Resultate zeigen sich in dem folgenden Bild, wobei die erste Abstimmung (1.) hellgrau und die zweite Abstimmung (2.) dunkelgrau dargestellt ist (Abb. 5.1):

Während bei der ersten Durchführung die drei Antworten ungefähr gleich häufig genannt wurden, zeigt sich in der zweiten Durchführung eine deutliche Zunahme der richtigen Antwort (c) 0. Anschließend wurde dieses durch Studierende im Schritt 4 noch korrekt dadurch begründet, dass e^2 eine Konstante ist. Weitere Beispiele für Durchführungen finden sich in dem Webinar Kortemeyer (2018).

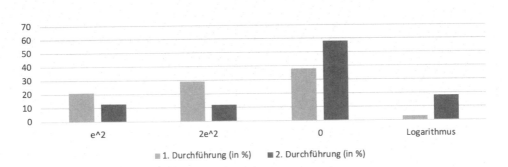

Abb. 5.1 Verteilung der Antworten nach erster und zweiter Durchführung

5.5   Good Practice: Förderung der Studiensozialisation

In diesem Abschnitt beziehen nach einer gemeinsamen Erläuterung des Abschnitts
5.5.1 zur „Peer Instruction" die Abschnitte 5.5.2 bis 5.5.4 auf den beschriebenen Vorkurs an der Leibniz Universität Hannover und der Abschn. 5.5.5 auf den Vorkurs an der
Technischen Universität Clausthal.

5.5.1   Peer Instruction als Mittel zur Förderung der
            Studiensozialisation

Die durch die Peer Instruction geförderte Interaktion zwischen den Studierenden ist
ein erster Aspekt für die intendierte Förderung der Studiensozialisation. Häufig kennen
sich die Studierenden insbesondere am Anfang des Vorkurses nicht und beginnen
wenige Gespräche mit ihren zum Großteil noch fremden Kommilitonen. Durch die
Diskussionen, die gleichzeitig auch den Einsatz mathematischer Argumentationen
trainieren, kommen die Studierenden ins Gespräch, wodurch das Eis gebrochen werden
soll, auch außerhalb des Kurses zu kommunizieren.

Eine weitere Maßnahme liegt in der Gestaltung der Übungen, welche an beiden Universitäten als Präsenzübungen für Kleingruppen mit bis zu 20 Teilnehmenden konzipiert
sind. Hier werden die angehenden Studierenden anhand ihrer Studiengänge auf die
Gruppen aufgeteilt. Dadurch soll gerade für angehende Studierende der Studiengänge
mit einer eher geringeren Anzahl Studierender sichergestellt werden, dass sie nicht
durch Zufall in unterschiedliche Gruppen eingeteilt werden, was ein Kennenlernen der
Mitstudierenden aus demselben Studiengang erschweren würde. Gleichzeitig werden
als Übungsleiterinnen und Übungsleiter bevorzugt Studierende aus höheren Semestern
desselben Studiengangs wie dem der Teilnehmenden eingesetzt. Damit können über
die mathematischen Inhalte hinaus allgemeinere Fragen zum Studium geklärt werden

bzw. auch Anwendungsmöglichkeiten der behandelten Inhalte in den ingenieurwissen-schaftlichen Grundlagenfächern aufgezeigt werden. Zusätzlich sollen die Phasen in den Übungen, in denen die Übungsblätter bearbeitet werden, das gegenseitige Kennenlernen fördern.

5.5.2 Unterstützungsangebote an der Leibniz Universität Hannover während der Zeit des Vorkurses

Während des gesamten Vorkurses gibt es Angebote, die vom Studiendekanat Maschinen-bau gestaltet werden. Während der täglichen Pausen in der Vorlesung findet das sogenannte „IK2" statt, wobei die Abkürzung für „Information, Kaffee, Kekse" steht. Dadurch kann ein Kontakt zu erfahreneren Studierenden aufgebaut werden. Hierzu werden vor den Vorkurspausen Stände aufgebaut, an denen sich die Studierenden Kaffee holen können, und gleichzeitig gibt es Tische, auf denen Teller mit Keksen und anderen Süßigkeiten stehen. An den Ständen und Tische stehen erfahrenere Studierende aus den vier Studiengängen im Vorkurs bereit, mit denen studienbezogene und allgemeinere Fragen geklärt werden können. Finanziert durch die Fakultät für Maschinenbau gibt es dieses Angebot gratis für die neuen Studierenden, die so auch hier miteinander in Kontakt kommen können. So haben die Studierenden täglich die Gelegenheit, neben der Auffrischung bzw. einem eventuellen Neuerwerb mathematischer Inhalte in den Vorlesungen und Übungen des Vorkurses, gleichzeitig auch direkt weitere Fragen zum Studium zu klären und Kontakte auch zu erfahreneren Studierenden zu knüpfen. Ein vergleichbares Angebot gibt es an der Technischen Universität Clausthal nicht.

5.5.3 Vortrag zu Lernstrategien unter Betonung der Vorteile gemeinschaftlichen Lernens

Während der Hannoveraner Version des Vorkurses gibt es zudem für alle Teilnehmenden des beschriebenen Vorkurses, d. h. in der Vorlesungskohorte, einen Vortrag zu Lern-strategien (Haupt & Small, 2014), welcher von Frank Haupt und Nathalie Small vom Zentrum für Schlüsselkompetenzen der Leibniz Universität Hannover gestaltet wurde. Dieser Lernstrategie-Vortrag findet zu Beginn der zweiten Woche des Vorkurses statt, so dass die Studierenden bereits erste Erfahrungen mit Lernprozessen an der Universität gemacht haben, auf welche im Vortrag Bezug genommen werden kann.

Der Vortrag wird ergänzt durch einen Abschnitt, der sich speziell mit dem Lernen von Mathematik auseinandersetzt und von dem Dozenten gehalten wird. Im Rahmen dieses Vortrages ergänzt der Dozent auch Informationen zur in Kortemeyer und Frühbis-Krüger (2021) dargestellten „Mathematik für Ingenieure" und deren Übungsbetrieb, und geht dabei vertieft auf hierfür nützliche Lernstrategien ein. Außerdem erläutert er die Organisation der späteren Mathematikveranstaltung, welche in der Lehre in die Elemente

Vorlesung, Hörsaalübung und Gruppenübung unterteilt ist und zu der es einige Zusatzangebote wie beispielsweise Lernhefte gibt. Zusätzlich werden noch Hinweise zu der
Nutzung von Skripten und Lehrbüchern gegeben. Von den Studierenden wird in Vorbereitung auf die Gruppenübungen erwartet, dass sie möglichst selbstständig an den
Übungsaufgaben arbeiten. Dadurch sollen sie ihre Defizite selbst bereits vor der Übung
erkennen und angehen, denn im Gegensatz zu anderen Universitäten (wie z. B. der TU
Clausthal) gibt es keine wöchentliche Abgabe und Bewertung von Übungsaufgaben.

Neben diesem Vortrag gibt es innerhalb der zwei Wochen des Vorkurses zusätzliche
Veranstaltungen, bei denen die Studierenden in lockerem Rahmen die Gelegenheit zum
gegenseitigen Kennenlernen haben: Am letzten Vorkurstag findet zum Abschluss ein
gemeinsames Grillen mit der Lehrperson der Vorlesung sowie den Tutor*innen aus den
Übungen sowie Studierenden aus höheren Semestern statt. Zusätzlich finden auch die an
vielen Universitäten üblichen Veranstaltungen zur Studieneinführung wie Erstsemester-
partys oder Kneipentouren statt, wobei auch hier die Lehrperson der Vorlesung sowie die
Tutorinnen und Tutoren aus den Übungen miteingebunden sind.

5.5.4 Vorlesungsbegleitung über Facebook (inzwischen eingestellt)

In den ersten Durchführungen des Vorkurses (in Kombination mit der „Mathematik
für Ingenieure") wurden zusätzlich noch Facebook-Gruppen eingesetzt, um die
Kommunikation zwischen den Studierenden zu erleichtern. Diese Gruppen hatten
anfangs teilweise vierstellige Teilnehmerzahlen und wurden z. B. von Studierenden
dazu genutzt, ihre abfotografierten Lösungen inklusive der Frage hochzuladen, ob ihre
Kommilitonen den Fehler entdecken können, der zu einem falschen Ergebnis führte.
Dieses führte teilweise zu langen Diskussionen über die Lösungen unter den Teilnehmenden. Die Nutzung derartiger Gruppen nahm allerdings immer mehr über die Jahrgänge ab, so dass dieses Angebot nicht fortgeführt wurde. Vermutlich wirkt sich hier aus,
dass die Nutzung von Facebook allgemein unter jungen Erwachsenen stark abgenommen
hat, vgl. z. B. Feierabend et al. (2018).

5.5.5 Unterstützungsangebote an der Technischen Universität Clausthal während der Zeit des Vorkurses

An der TU Clausthal gibt es traditionell eine sehr persönliche Betreuung durch Erstsemestertutorinnen und -tutoren, den sogenannten „Bärchenführerinnen und -führern",
die die Studierenden in Kleingruppen (teilweise im Verhältnis 1:1) durch die Vorkurs-
phase und die ersten Wochen des Studiums begleiten. Sie vermitteln die Informationen
zu den verschiedenen studienbezogenen Angeboten der TU Clausthal zur Unterstützung
der Studierenden und zu dem Leben in Clausthal-Zellerfeld. Zusätzlich gibt es für die

Studierenden in der Woche vor Vorlesungsstart die „Welcome Week", die ebenfalls dazu dient, verschiedene Angebote wie z. B. auch das Sport- und das Musikangebot der TU Clausthal vorzustellen.

Eine Herausforderung ist die Einbindung der klassischen Einführung durch die Erstsemestertutorinnen und -tutoren in die Gestaltung der Einführungsphase, denn hier sind umfangreiche terminliche Abstimmungen notwendig, um das in diesem Beitrag erläuterte große Potential zur Verbesserung der Studiensozialisation nutzen zu können. Die Sozialisation hat in den vergleichsweise kleinen Studiengangsgruppen an der TU Clausthal eine zentrale Bedeutung, um Erfolg im Studium zu unterstützen und die Standortvorteile (wie z. B. ein engeres Betreuungsverhältnis und eine hohe Erreichbarkeit der Lehrenden durch kleinere Lerngruppen) effektiv nutzen zu können.

5.6 Forschungsergebnisse zu dem Mathematik-Vorkurs an der Leibniz Universität Hannover

Die in diesem Abschnitt vorgestellten Forschungsergebnisse beziehen auf die Durchführung an der Leibniz Universität Hannover im Jahr 2016. Vergleichbare Ergebnisse für die TU Clausthal liegen noch nicht vor, weswegen kein entsprechender Abschnitt hierzu folgt.

5.6.1 Ergebnisse aus der Lehrevaluation der Maßnahmen durch die Fakultät Maschinenbau an der Leibniz Universität Hannover

Der folgende Abschnitt stellt die Ergebnisse der im Rahmen des Vorkurses der LUH im Jahr 2016 durchgeführten Evaluation dar. Hierbei wurden gezielt Ansichten zu den verschiedenen Maßnahmen abgefragt. An der Befragung, die am vorletzten Tag des Vorkurses in der Vorlesung stattfand, nahmen 252 Personen teil. Dabei wurden die einzelnen Maßnahmen auf einer Vierer-Likert-Skala mit $1 = $ „trifft gar nicht zu" und $4 = $ „trifft voll zu" folgendermaßen bewertet (Abb. 5.2):

Die Veranstaltung zu Lernstrategien im Studium ($M = 2,6$; $SD = 0,9$) und die Nützlichkeit der Ansprechpartnerinnen und Ansprechpartner im IK^2 ($M = 2,8$; $SD = 0,9$) wurden ausgeglichen bewertet, da die Mittelwerte in der theoretischen Skalenmitte von 2,5 bei einer 4er-Likert-Skala liegen. Die zeitliche Angemessenheit der Pausenbetreuung erhielt mit $M = 3,4$ und $SD = 0,7$ einen guten Mittelwert. Am besten bewertet wurde das durch den Vorkurs und die Zusatzangebote intendierte Zurechtfinden an der Universität ($M = 3,5$; $SD = 0,6$). An den Bewertungen zeigt sich, dass die Erstsemesterstudierenden die Maßnahmen eher heterogen bewerteten, wobei gerade der letzte Punkt auch verdeutlicht, dass schon ein zweiwöchiger Vorkurs in enger Planung mit derartigen Sozialisationsangeboten hier positive Effekte haben kann.

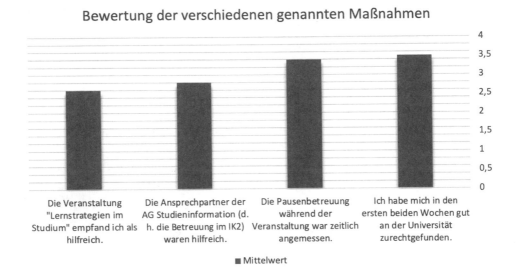

Abb. 5.2 Bewertung der verschiedenen genannten Maßnahmen

Weitere Informationen ergeben sich aus den Freitextantworten der Studierenden zu der nachfolgenden Frage: „Welche Anmerkungen und Verbesserungsvorschläge haben Sie zu dem gesamten Angebot in den beiden Vorkurswochen?". Hierbei sprachen sich mehrere Studierende für einen verlängerten Vorkurs aus, wobei fast ausschließlich eine Verlängerung auf drei Wochen vorgeschlagen wurde. Häufig wurde bei dieser Frage auch PINGO genannt und mit „gut" bzw. „sehr gut" bewertet. Dieses entspricht auch den Eindrücken des Autors als Dozent, da die Studierenden sehr aktiv in den PINGO-Phasen mitarbeiteten. Die Ergebnisse der Befragung decken sich mit den Eindrücken des Dozenten, die er bei den verschiedenen Gelegenheiten wie dem Grillen oder den Erst-semesterpartys gesammelt hat.

5.6.2   Erkenntnisse aus längsschnittlichen Studien aus dem WiGeMath-Projekt an der Leibniz Universität Hannover

Im Rahmen des WiGeMath-Projekts wurde der Vorkurs auch längsschnittlich untersucht, wobei hier der LimSt-Fragebogen, vgl. Liebendörfer et al. (2021), mehrfach eingesetzt wurde. Der LimSt-Fragebogen erhebt Lernstrategien in mathematikhaltigen Studien-gängen wie dem Fachstudium, dem Lehramtsstudium und den Ingenieur- und Natur-wissenschaften. Er berücksichtigt dabei typische Merkmale mathematischen Lernens im Hochschulbereich wie z. B. das Lernen durch Übungsaufgaben. Der Hannoveraner Vorkurs selbst wurde von 94,3 % der Teilnehmenden als „sehr gut" oder „gut" bewertet.

Darüber hinaus wurden Unterschiede zwischen Teilnehmenden und Nicht-Teilnehmenden analysiert.

Zur Analyse wurde ein Propensity Score Matching eingesetzt, bei dem vergleichbare Gruppen von Teilnehmenden und Nicht-Teilnehmenden bzgl. verschiedener Merkmale untersucht werden. Diese Merkmale waren hier: Studiengang, Jahr des Schulabschlusses, Niveau des letzten Mathematikkurses (GK/LK), Geschlecht, letzte Mathematiknote sowie die Abitur-Durchschnittsnote. Zum Vergleich der Gruppen wurde der Mann–Whitney-U-Test eingesetzt. Für die Variable „Soziale Eingebundenheit", die als eine von neun Variablen untersucht wurde, wurde für den Hannoveraner Vorkurs für eine Gruppe von 46 Studierenden (jeweils in der Gruppe der Teilnehmenden und in der Gruppe der Nicht-Teilnehmenden) auf einem Signifikanzniveau von 5 % Folgendes ermittelt: Die Teilnehmenden arbeiten mit einer Effektstärke von $d = 0{,}65$ mehr mit ihren Kommilitoninnen und Kommilitonen zusammen als die Nicht-Teilnehmenden, was ein mittlerer Effekt ist.

Auch wenn sich die durch Propensity Score Matching entstandenen Gruppen auf einem Signifikanzniveau von 5 % in keiner der oben genannten Variablen unterscheiden, ist mit dem festgestellten Unterschied zwischen Teilnehmenden und Nicht-Teilnehmenden in der sozialen Eingebundenheit noch nicht ersichtlich, ob sich dieser auf die Vorkursteilnahme zurückführen lässt. Daher wurde im WiGeMath-Projekt zusätzlich der Einfluss der Vorkursteilnahme untersucht, indem eine schrittweise lineare Regression für die soziale Eingebundenheit vorgenommen wurde. Als unabhängige Variablen wurden die oben genannten sechs Merkmale, d. h. Studiengang etc. (s. o.), sowie Vorkursteilnahme eingesetzt. Die Teilnahme am Vorkurs erklärt einen positiven Effekt auf die „soziale Eingebundenheit: Lernen mit Kommilitoninnen und Kommilitonen" (erklärte Varianz: 11 %, Regressionskoeffizient 0,9), d. h. 11 % der Varianz in der sozialen Eingebundenheit kommen durch die Teilnahme bzw. Nichtteilnahme am Vorkurs zustande. Jeweils weitere 6 % werden durch Geschlecht und Abschlussjahr erklärt, mit kleineren Koeffizienten. Das Modell erklärt insgesamt 22 % der Varianz in der sozialen Eingebundenheit. Das bedeutet, dass mit Hilfe der erhobenen Variablen (in einem linearen Modell) nicht vollständig vorhergesagt werden kann, in welcher Intensität die Studierenden zusammenarbeiten. Von den erhobenen Variablen hat die Vorkursteilnahme aber den größten Einfluss darauf.

5.7   Fazit

Der Artikel stellt Maßnahmen vor, die im Rahmen zweier mathematischer Vorkurse an der Leibniz Universität Hannover und an der Technischen Universität Clausthal eingesetzt werden, um neben der Auffrischung und Vertiefung mathematischer Inhalte zusätzlich die Studierenden bei der Sozialisation ins Studium zu unterstützen. Erhebungen zu dem Vorkurs an der Leibniz Universität Hannover zeigen einerseits eine positive Bewertung der Maßnahmen im Vorkurs, und andererseits konnten auch statistisch positive Effekte im Vergleich von Teilnehmenden zu Nicht-Teilnehmenden bezogen auf die soziale Eingebundenheit gemessen werden. Dieses zeigt, dass die intendierten Wirkungen tatsächlich sowohl in der Einschätzung der Studierenden als auch bei den Studien im Laufe des ersten Studienjahrs statistisch messbar sind.

Offene Fragen ergeben sich an zwei Stellen:

(1) Bislang wurden die Wirkungen der Maßnahmen an der TUC noch nicht näher untersucht. Es gibt zwar Vorlesungsevaluationen, die jedoch nicht gezielt die Maßnahmen erfassen. Zudem wurden keine längsschnittlichen Untersuchungen durchgeführt. Hier ist die Frage, inwiefern das im Vergleich zur LUH sehr unterschiedliche Unterstützungsprogramm Effekte hat und wie sich diese von denen an der LUH unterscheiden.
(2) Bei der Gestaltung des Vortrags zu Lernstrategien können neuere Quellen herangezogen werden: Einerseits können hierzu Ergebnisse aus Einsätzen des LimSt-Fragebogens, vgl. Liebendörfer et al. (2021), eingesetzt werden. Andererseits können in einer Umgestaltung des Vortrags Problemlösestrategien aus ingenieurwissenschaftlichen Grundlagenfächern, vgl. Kortemeyer (2019), herangezogen werden. Daraus ergibt sich die Frage, wie unter Verwendung dieser beiden Hilfsmittel Optimierungen an dem Vortrag vorgenommen werden können und welche Wirkungen diese haben.

5.8   Danksagungen

Mein Dank geht an das Studiendekanat Maschinenbau an der Leibniz Universität Hannover (unter Leitung von MSc. Lisa-Lotte Schneider) und im speziellen an Dipl.-Ing. Claudia Wonnemann, ohne die dieses umfangreiche Programm nicht möglich gewesen wäre. Zudem danke ich auch dem Institut für Mathematik an der TU Clausthal, insbesondere Professor Olaf Ippisch, für die Unterstützung bei der Reform des dortigen Vorkurses.

Literatur

Deci, E. L., & Ryan, R. M. (1985). *Intrinsic motivation and self-determination in human behavior*. Plenum Press. https://doi.org/10.1007/978-1-4899-2271-7
Feierabend, S., Rathgeb, T., & Reutter, T. (2018). *JIM-Studie 2018. Jugend, Information, Medien - Basisstudie zum Medienumgang 12-bis 19-Jähriger in Deutschland*. Medienpädagogischer Forschungsverbund Südwest.
Fleischmann, Y., & Kempen, L. (Kapitel 10 in diesem Band). Wiederholung von Schulmathematik oder Antizipation von Studieninhalten? – Adressatenspezifische Ausgestaltung mathematischer Vorkurse am Beispiel der Paderborner Vorkursvarianten.

Haupt, F., & Small, N. (2014). *Erfolgreich studieren. Powerpoint-Präsentation.* Zentrum für Schlüsselkompetenzen.

Heublein, U., Richter, J., Schmelzer, R., & Sommer, D. (2012). Die Entwicklung der Schwund- und Studienabbruchquoten an den Deutschen Hochschulen. *Forum Hochschule*(3).

Kortemeyer, J. (2018). Audience Response Systeme als Mittel zur Aktivierung in mathematischen Grundlagenveranstaltungen. https://flowcasts.uni-hannover.de/nodes/pdlgZ. Zugegriffen: 01. Okt. 2020.

Kortemeyer, J. (2019). *Mathematische Kompetenzen in ingenieurwissenschaftlichen Grundlagenveranstaltungen - Normative und empirische Analysen zu exemplarischen Klausuraufgaben aus dem ersten Studienjahr in der Elektrotechnik.* Springer Spektrum.

Kortemeyer, J., & Frühbis-Krüger, A. (2021). Mathematik im Lehrexport – ein bewährtes Maßnahmenpaket zur Begleitung von Studierenden in der Studieneingangsphase. In R. Biehler, A. Eichler, R. Hochmuth, S. Rach, & N. Schaper (Hrsg.), *Lehrinnovationen in der Hochschulmathematik — praxisrelevant - didaktisch fundiert - forschungsbasiert.* Springer Spektrum. https://doi.org/10.1007/978-3-662-62854-6_3

Kundisch, D., Neumann, J., & Schlangenotto, D. (2017). Please Vote Now! - A Field Report on the Audience Response System PINGO. In Ullrich, C., Wessner, M. (Hrsg.), *Proceedings of DeLFI and GMW Workshops.* TU Chemnitz.

Liebendörfer, M., Göller, R., Biehler, R., Hochmuth, R., Kortemeyer, J., Ostsieker, L., Rode, J., & Schaper, N. (2021). LimSt – Ein Fragebogen zur Erhebung von Lernstrategien im mathematikhaltigen Studium. *Journal für Mathematik-Didaktik 42*(1). https://doi.org/10.1007/s13138-020-00167-y.

Mazur, E. (2017). *Peer instruction: Interaktive Lehre praktisch umgesetzt.* Springer. https://doi.org/10.1007/978-3-662-54377-1_2

Novak, G. M. (2011). Just in time teaching. *New directions for teaching and learning, 2011*(128), 63–73. https://doi.org/10.1002/tl.469

Das Online-Vorkursangebot an der TU Darmstadt – Algorithmus zur Gruppenbildung und adaptive Diagnosetests

6

Ömer Genc, Henrik Bellhäuser, Johannes Konert, Marcel Schaub und Regina Bruder

Zusammenfassung

Das Online-Vorkursangebot an der TU Darmstadt wird im Rahmen von VEMINT durchgeführt und wird primär für Studierende der Mathematik, Informatik und den Ingenieurwissenschaften für eine Dauer von vier Wochen angeboten und mit einer tutoriellen Betreuung in Form von Chat- und Präsenzsprechstunden begleitet. Um auf die studienfachspezifischen Bedarfe eingehen zu können, werden zwei unterschiedliche Online-Kurse für Studierende der Mathematik bzw. Informatik und der Ingenieurwissenschaften angeboten. Die Unterscheidung in diesen zwei Kursen zeigt sich in einer studienfachsensiblen Schwerpunktsetzung von Mathematischen

Ö. Genc (✉)
Darmstadt, Hessen, Deutschland
E-Mail: genc@mathematik.tu-darmstadt.de

H. Bellhäuser
Mainz, Rheinland-Pfalz, Deutschland
E-Mail: bellhaeuser@uni-mainz.de

J. Konert
Hochschule Fulda, Fulda, Hessen, Deutschland
E-Mail: Johannes.Konert@Beuth-Hochschule.de

M. Schaub
Neu-Isenburg, Hessen, Deutschland
E-Mail: schaub@mathematik.tu-darmstadt.de

R. Bruder
Potsdam, Brandenburg, Deutschland
E-Mail: r.bruder@math-learning.com

© Der/die Autor(en), exklusiv lizenziert an Springer-Verlag GmbH, DE, ein Teil von Springer Nature 2022
R. Hochmuth et al. (Hrsg.), *Unterstützungsmaßnahmen in mathematikbezogenen Studiengängen,* Konzepte und Studien zur Hochschuldidaktik und Lehrerbildung Mathematik, https://doi.org/10.1007/978-3-662-64833-9_6

Kompetenzen und zu bearbeitenden Aufgaben. Ein Schwerpunkt des Vorkurses ist der Gruppenbildungsalgorithmus zur Bildung optimaler Lerngruppen für die Bearbeitung von Gruppenaufgaben während des Vorkurses. Darüber hinaus absolvieren alle Studierenden jeweils zu Beginn des Vorkurses einen digitalen adaptiven Eingangstest, der als Diagnoseinstrument etwaiger Lernschwierigkeiten fungiert. Zudem können über das eingebettete Feedback zu den Aufgaben den Studierenden Module zur weiteren Bearbeitung während des Vorkurses empfohlen werden.

Zielgruppe	Mathematik (LaG, BSc), Informatik (LaG, BSc), Maschinenbau, Bau- und Umweltingenieurwesen, Mechanik, Material –und Geowissenschaften, Elektro- und Informationstechnik, Wirtschaftsinformatik, Wirtschaftsingenieurwesen, Computational Engineering, Cognitive Science
Format	Online
Ungefähre Teilnehmendenanzahl	800
Dauer	Fünf Wochen
Zeit pro Tag	Flexible Zeiteinteilung möglich
Lernmaterial	VEMINT-Material, Eigenentwicklungen
Lehrende	Leitung: Professor Organisation und Durchführung: Ein Wissenschaftlicher Mitarbeiter Tutorielle Betreuung: Studentische Hilfskräfte
Inhaltliche Ausrichtung	Schulmathematik, Mathematische Arbeitsweisen, Universitäre Fachsprache
Verpflichtend	Keine Verpflichtung
Besonderes Merkmal	Gruppenbildung, Diagnose und Förderung

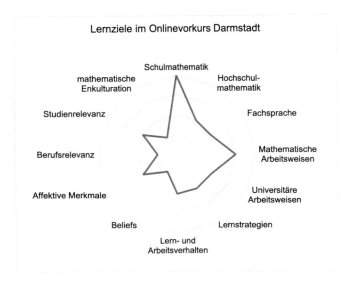

Lernziele im Onlinevorkurs Darmstadt

6.1   Einleitung und Bezug zum WiGeMath-Projekt

Der Mathematik-Vorkurs an der Technischen Universität Darmstadt wird als Online-Kurs im Rahmen von VEMINT durchgeführt. Das digitale Vorkursarrangement als Moodle-Kurs ermöglicht das Bilden geeigneter virtueller Lerngruppen und eine digitale Diagnose studienrelevanter Lernvoraussetzungen mithilfe adaptiver Testszenarios im Sinne eines elementarisierenden Testens.

Um das Bewältigen von Übergangsschwierigkeiten von der Schule zur Hochschule im Fach Mathematik beurteilen zu können, werden die Inhalte und die Organisation des Online-Vorkurses VEMINT in Darmstadt evaluiert. Dabei geht es in erster Linie um Akzeptanzbefragungen und Leistungstests bezüglich der Studierendenkohorte in Darmstadt und innerhalb der Teilnehmenden aller VEMINT-Vorkurse der kooperierenden Universitäten. Systematische Evaluationen und Untersuchungen u. a. bezüglich der Wirksamkeit von Vorkursen erfolgten im Projekt WiGeMath, in dessen Rahmen der VEMINT-Vorkurs in Darmstadt im Jahr 2016 evaluiert wurde (Biehler et al., 2017).

6.2   Zielsetzungen

Ziel des Online-Vorkursangebots VEMINT am Fachbereich Mathematik der TU Darmstadt ist die Verbesserung der mathematischen Studierfähigkeit von Studien-anfängerinnen und Studienanfängern. Fachliche Defizite in den schulischen Voraus-setzungen bezüglich *mathematischem Grundwissen und Grundkönnen* (siehe Abschn. 6.4), das für ein erfolgreiches mathematikaffines Studium notwendig ist, sollen überwunden und erste studienfachsensible Bezüge zur Hochschulmathematik hergestellt werden (Koepf, o. J.). Das Darmstädter Online-Vorkursangebot verfolgt nicht nur wissens- und handlungsbezogene Lernziele, sondern es soll auch auf die starke Heterogenität[1] von Kenntnis- und Fertigkeitsvoraussetzungen seitens der Studierenden eingehen.

6.3   Strukturelle Merkmale

Am Fachbereich Mathematik der TU Darmstadt wird jeweils vor Beginn des Wintersemesters in der ersten Septemberwoche ein freiwilliger Online-Vorkurs mit den VEMINT-Materialien im zeitlichen Umfang von fünf Wochen angeboten. Der Online-Vorkurs wird über das freie Kursmanagementsystem *Moodle* organisiert und veranstaltet. Teilnehmende Studierende erhalten im Zuge der Immatrikulation einen studiengangspezifischen Einschreibeschlüssel zur Anmeldung in einen der Kurse. Um auf die jeweiligen Bedarfe der Studierenden einzugehen und thematisch unterschiedliche Schwerpunkte setzen zu können, werden zwei verschiedene Online-Kursräume bereitgestellt: Ein Kursraum für Studierende der Ingenieurwissenschaften und ein Kursraum für Studierende der Mathematik bzw. Informatik.

Die erste der fünf Wochen wird als Anmeldephase genutzt, in der sich die Studierenden in die entsprechenden Kurse einschreiben und sich mit der Struktur der Online-Kurse vertraut machen können. Während der Anmeldephase müssen die Studierenden online einen diagnostischen Eingangstest bearbeiten und einen Fragebogen zu gruppenarbeitsrelevanten Persönlichkeitsmerkmalen ausfüllen, um passende Online-Lerngruppen zu ermöglichen (*Gruppenformation*, siehe Abschn. 6.6). Erst nach Absolvieren dieser beiden Elemente werden die Inhalte des jeweiligen Kurses freigeschaltet, weshalb die Bearbeitung des diagnostischen Eingangstests und des Fragebogens verpflichtend ist, um am Online-Vorkurs teilnehmen zu können. Während der vierwöchigen Laufzeit des inhaltlichen Vorkursangebots werden täglich zwei Chatsprechstunden online und zweimal wöchentlich Präsenzsprechstunden in den Räumlichkeiten der Universität angeboten. Darüber hinaus gibt es diverse Foren für technische, inhaltliche oder allgemeine Anliegen. Die Präsenzsprechstunden sind insbesondere für diejenigen Studierenden gedacht, die den persönlichen Kontakt zu den Tutorinnen und Tutoren suchen oder sich vor dem Beginn des ersten Semesters mit den Räumlichkeiten der Universität vertraut machen möchten.

Die mathematischen Vorkurse in Darmstadt werden online durchgeführt, sodass eine möglichst große Anzahl Erstsemesterstudierende die Möglichkeit haben, daran teilzunehmen. Angesichts von Praktika, Nebentätigkeiten oder sonstigen Gründen, die eine

---

[1] Diese Heterogenität lässt sich am Resultat des Eingangstests (siehe Abschn. 6.8) aufzeigen.

Präsenzteilnahme erschweren (z. B. fehlender Wohnort in Darmstadt), bieten Online-Kurse die Möglichkeit, die Vorkursinhalte zeitlich flexibel und mit teletutorieller Betreuung zu bearbeiten.

6.3.1   Merkmale der Lehrpersonen

Der Vorkurs wird von einem wissenschaftlichen Mitarbeiter (50 % Mitarbeiterstelle) mit abgeschlossenem gymnasialen Lehramtsstudium im Fach Mathematik organisiert, durchgeführt und evaluiert. Während der Durchführung des Vorkurses unterstützen fünf studentische Hilfskräfte mit einem Gesamtstundenkontingent von 200 h die Betreuung in den beiden Kursräumen. Bei den studentischen Hilfskräften handelt es sich vorzugsweise um Studierende höherer Semester aus den teilnehmenden Fachbereichen, um studien-fachsensibel auf die Bedarfe der Teilnehmenden eingehen zu können. Das Betreuungs-verhältnis aus Teilnehmerzahl und der Summe der wöchentlichen Arbeitszeit des Mitarbeiters und der Hilfskräfte ergibt für das Wintersemester 2019/2020 bei einer Teil-nehmerzahl von 634 einen Wert von neun Studierenden pro Wochenarbeitsstunde. Unter Berücksichtigung der erhöhten Arbeitszeit des wissenschaftlichen Mitarbeiters während der Laufzeit des Vorkurses (Arbeitszeitverlagerung), kann dieses Verhältnis einen Wert bis zu sieben Studierende pro Wochenarbeitsstunde erreichen.

6.3.2   Nutzergruppen

Am Online-Vorkurs in Darmstadt nehmen jährlich durchschnittlich 700–800 Studierende teil. Diese Studierendenkohorte verteilt sich primär auf die Fachbereiche Angewandte Geowissenschaften, Bau- und Umweltingenieurwesen, Informatik, Maschinenbau, Mathematik, Mechanik und Cognitive-Science und befindet sich im Regelfall im ersten Hochschulsemester mit einer Hochschulzulassungsberechtigung des Jahres, in dem der Vorkurs stattfindet. Im Wintersemester 2019/20 wurde diese Berechtigung zu 73 % aller Teilnehmenden am Online-Vorkurs in Hessen erworben. Die Teilnahme am Online-Vor-kurs ist für Studierende jeglichen Studienfachs möglich.

Zum Wintersemester 2020/21 nehmen erstmalig Studierende aus den Fachbereichen Materialwissenschaften und Elektro- und Informationstechnik sowie aus den Studien-bereichen Wirtschaftsinformatik und Wirtschaftsingenieurwesen am Online-Vorkurs teil.

6.3.3   Rahmenbedingungen

Beim Online-Vorkurs handelt es sich um eine freiwillige Veranstaltung vor Semester-beginn. Um eine möglichst große Anzahl Studierender über den Vorkurs zu informieren, kooperiert der Fachbereich Mathematik mit den jeweiligen Studienkoordinationen der teilnehmenden Fachbereiche. So werden die Studierenden mithilfe von Flyern und einem Anschreiben, das mit der Immatrikulationsbestätigung bzw. einem Willkommensschreiben versandt wird, über den Vorkurs informiert. Die Einschreibung in den Online-Vorkurs erfolgt in der Regel in der ersten Septemberwoche, wobei eine Anmeldung auch jederzeit während der Bearbeitungsphase des Vorkurses erfolgen kann. Der Kursraum bleibt zudem bis zum Ende des ersten Semesters online zugänglich, sodass die Teilnehmenden den Kursraum weiterhin als Nachschlagewerk nutzen können.

Die Teilnahmegebühren werden von den teilnehmenden Fachbereichen in unterschiedlichem Maße finanziert, sodass Studierende, je nach Fachbereich, entweder keine Teilnahmegebühr oder eine Teilnahmegebühr zwischen 15,- € und 25,- € zu entrichten haben.

6.4   Auswahl der Inhalte

Das Online-Vorkursangebot an der TU Darmstadt setzt die VEMINT-Materialien[2] (Koepf, o. J.) ein, die aus 72 digitalen Modulen aus den folgenden mathematischen Kerngebieten bestehen:

- Algebra und Rechengesetze (Körperaxiome, Gleichungen, Mengen, Lineare Gleichungssysteme, Vektor- und Matrizenrechnung)
- Analysis (Funktionen, Folgen und Reihen, Stetigkeit, Differenzierbarkeit und Integrierbarkeit)
- Stochastik (Wahrscheinlichkeitsbegriff, Zufallsvariablen und Wahrscheinlichkeitsverteilungen und Kombinatorik)
- Logik (Aussagen- und Prädikatenlogik und Schlussweisen)

Die Module legen dabei den Schwerpunkt auf das Wiederholen von Mathematischem Grundwissen und Grundkönnen der Sekundarstufen I und II. Mathematisches Grundwissen und Grundkönnen meint dabei *„jene mathematischen Kenntnisse, Fähigkeiten und Fertigkeiten, die bei allen Schülerinnen und Schülern am Ende der beiden Sekundarstufen in Form von mathematischen Begriffen, Zusammenhängen und Verfahren langfristig und situationsunabhängig, das heißt insbesondere ohne den Einsatz von Hilfsmitteln, verfügbar sein sollen.“* (Nach Bruder et al., 2015, S. 112 und Feldt, 2013, S. 309). Durch die Unterscheidung von zwei Online-Kursräumen für Studierende der Mathematik bzw. Informatik und der Ingenieurwissenschaften, ist es möglich, Inhalte nach thematischen Schwerpunkten zu differenzieren. So werden die Module des

---

[2]Das Virtuelle Eingangstutorium für Mathematik, Informatik, Naturwissenschaft und Technik entwickelt in Kooperation der Universitäten Kassel, Paderborn und der Technischen Universität Darmstadt interaktive Materialien für den Einsatz in Vorkursen (Fischer, 2014 und Biehler et al., 2014).

Themenkomplexes *Logik* für Studierende der Mathematik und Informatik stärker in den Fokus gerückt, als für Studierende der Ingenieurwissenschaften, denen zunächst Module zu *Rechengesetzen* empfohlen werden.

6.5   Didaktische Elemente

Alle Module des Online-Angebots sind eingebettet in ein modulares interaktives Skript, welches innerhalb des VEMINT-Konsortiums entwickelt worden ist. Ein Modul besteht aus einem Vortest, dem Modulinhalt (bestehend aus Hinführung, Erklärung, möglichen Anwendungen, Betrachtung typischer Fehler, Aufgaben und Zusammenfassung) und einem Nachtest. Die Modulstruktur ermöglicht mehrere Zugänge bei der Bearbeitung. Teilnehmerinnern und Teilnehmer, die sich einer Thematik widmen möchten, können mit der Hinführung und der Erklärung beginnen, wohingegen Studierende, die lediglich nachschlagen wollen, die Zusammenfassung lesen können. Diese Modulstruktur kann somit als ein binnendifferenzierendes Element betrachtet werden.

Zu Beginn und am Ende des Vorkurses müssen die Studierenden einen parallelisierten Test mit 20 Aufgaben in einem Zeitrahmen von 60 min bearbeiten, dessen Inhaltsgebiete und Stoffelemente eng an der obigen Definition von *Mathematischem Grundwissen und Grundkönnen* ausgerichtet sind.

Die Testaufgaben umfassen nicht nur kalkülorientierte Aufgaben, sondern prüfen auch, ob Konzepte verstanden wurden, die insbesondere in den mathematischen Pflichtveranstaltungen der ersten beiden Semester vorausgesetzt werden. Die technische Umsetzung dieser Aufgaben erfolgt mithilfe des Moodle-Plugins STACK (Sangwin, 2013). Mit STACK lassen sich mathematische Ausdrücke, wie beispielsweise Terme, Gleichungen, Matrizen oder Mengen eingeben und von einem eingebundenen Computer-Algebra-System auswerten. Auf diese Weise ist es möglich, die Eingabe der Teilnehmenden auf mathematische Eigenschaften zu prüfen und zu entscheiden, ob und in welchem Umfang die jeweilige Aufgabe korrekt gelöst worden ist. Dadurch lassen sich bisherige geschlossene Aufgabenstellungen öffnen und neue Aufgabenformate implementieren, die über eine reine Kalkülorientierung hinausgehen und die auch verschiedene Lösungen ermöglichen. Ein Beispiel einer solchen Aufgabe:

Geben Sie ein Beispiel für eine Funktion $f(x)$, die bei $x = 0$ stetig, aber nicht differenzierbar ist und bei $x = 2$ einen Extrempunkt hat.

Mithilfe von STACK ist es möglich, einen Abgleich möglicher typischer Fehler zu implementieren, sodass darauf aufbauend ein individuelles Feedback gestaltet werden kann (Schaub, 2019). Hierdurch erhalten die Studierenden bei der Bearbeitung des Eingangstests nicht nur bezüglich ihres individuellen Wissens- und Könnensstands passende Modulempfehlungen, sondern es wird auch ein angepasstes Feedback möglich, das sich auf die jeweiligen individuellen Eingaben und möglichen Fehler bezieht. Dies setzt voraus, dass eine Vielzahl möglicher Fehler im Test als Feedback antizipiert worden

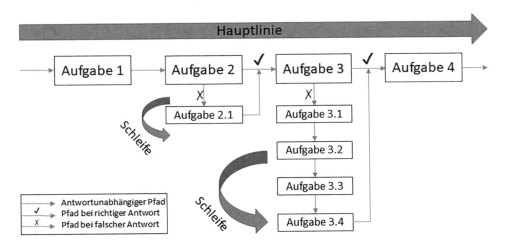

Abb. 6.1 Schema eines Elementarisierendes Tests

sind. Mögliche zu implementierte Fehler müssen hierbei theoretisch entwickelt und deren Validität empirisch untersucht werden (ebd.).

Der Eingangs- und der Ausgangstest wird in Darmstadt jeweils über ein im Rahmen des Bachelorpraktikums der Informatik neu entwickeltes Moodle-Plugin DDTA-Quiz[3] durchgeführt. Dieses Plugin ermöglicht das adaptive Diagnoseverfahren des „Elementarisierenden Testens" (Feldt-Caesar, 2017). Dieses Testprinzip basiert auf adaptiven Aufgabenpfaden, durch die individuelle Defizite im mathematischen Grundwissen und Grundkönnen identifiziert werden können.

Bei den eingesetzten Tests bearbeiten die Studierenden Aufgaben entlang einer sog. Hauptlinie. Handelt es sich bei einer Hauptlinienaufgabe um eine mehrschrittige Aufgabe und wird diese nicht korrekt gelöst, so wird man durch eine Schleife mit Elementaraufgaben geleitet (siehe Abb. 6.1).

Die Elementaraufgaben bilden die in der Hauptlinienaufgabe benötigten Stoffelemente und Handlungen separat ab als „Elementarbausteine". In der Beispielaufgabe zum Elementarisierenden Testen (siehe Abb. 6.2), wird die mehrschrittige Aufgabe zur Bestimmung des Flächeninhalts zwischen Funktionsgraph und x-Achse zerlegt in Elementarbausteine, in der die Studierenden zunächst eine quadratische Gleichung lösen und anschließend ein bestimmtes Integral bestimmen sollen. Die notwendigen Stoffelemente und Handlungen zum Lösen der anfänglich gestellten Aufgabe in der Hauptlinie werden auf diese Weise in den Elementaraufgaben abgebildet.

Um die Verfügbarkeit und Exaktheit als relevante Qualitätsmerkmale von Kenntnissen (bei Pippig nach Feldt-Caesar, 2017) für eine spezifische Kenntnis als Bedingung für

---

[3] Mehr Information unter: https://github.com/m-r-k/ddtaquiz.

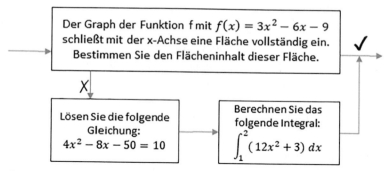

Abb. 6.2 Beispielaufgabe zum Elementarisierenden Testen

das Lösen einer Hauptlinienaufgabe prüfen zu können, erfordern die Elementaraufgaben das *Identifizieren* oder *Realisieren* eines einzelnen Stoffelements (ebd.). Dabei meint das *Identifizieren* eine „[…] Feststellung von Übereinstimmung oder Nichtübereinstimmung auf der Grundlage eines den jeweiligen Abbildungsmerkmalen entsprechenden Idealisierens der gegebenen Objektsituation" (Bruder & Brückner, 1989, S. 79). Das *Realisieren* wird verstanden als das „Transferieren, Konkretisieren oder Spezialisieren eines vorgegebenen (bzw. identifizierten) Handlungsgegenstandes […]" (ebd.). Auf diese Weise ist es möglich, defizitäre Kenntnisse über einzelne Stoffelemente zu lokalisieren und eine Diagnose zu präzisieren (Feldt-Caesar, 2017).

Den Studierenden werden dabei vorhandene defizitäre Stoffelemente zurückgemeldet und den Stoffelementen zugrundeliegende Module im Vorkurs zur Bearbeitung empfohlen. Das aufbereitete digitale Feedback erfolgt dabei nicht nur für jede einzelne Aufgabe, sondern auch domänenspezifisch zu ganzen Themengebieten.

Am Ende des vierwöchigen Online-Vorkurses bearbeiten die Studierenden einen zum Eingangstest parallelen Ausgangstest (d. h. mit ähnlichen Aufgabentypen wie im Eingangstest), um ihnen im Rahmen eines self-monitorings ihren individuellen Lernzuwachs sichtbar zu machen.

6.6 Algorithmus zur Lerngruppenbildung und kooperative Aufgaben

Im Rahmen der Online-Vorkurse in Darmstadt werden den Studierenden neben den VEMINT-Lernmodulen weitere Aktivitäten in Form von wöchentlich erscheinenden Gruppenaufgaben und Warm-Ups zur Bearbeitung zur Verfügung gestellt. Für die Bearbeitung der Gruppenaufgaben haben die Studierenden jeweils eine Woche Zeit und können diese entweder allein oder vorzugsweise in einer Kleingruppe von bis zu drei Personen bearbeiten und zur Bewertung abgeben. Insbesondere die Gruppenarbeit soll im Rahmen der Online-Vorkurse unterstützt werden.

Kooperatives Lernen ist eine effektive Lernstrategie und wird in der online-gestützten Hochschullehre vielfach eingesetzt. Vorteile zeigen sich sowohl in Leistungsmaßen (Johnson et al., 2014) als auch im emotional-motivationalen Bereich (Bernard et al., 2009). Dies gilt insbesondere für computer- bzw. online-gestützte Lernszenarien (computer-supported collaborative learning, CSCL). Allerdings zeigen empirische Studien immer wieder, dass eine produktive Interaktion zwischen Lernenden oft nicht spontan auftritt (Rummel & Spada, 2005), sodass Lehrende diverse didaktische Maßnahmen ergreifen sollten, um den Erfolg von Gruppenlernen sicherzustellen. Wenig Beachtung findet dabei bisher die Gruppenkomposition, also die Zusammensetzung der Lerngruppen, obwohl diese maßgeblich zum Erfolg von Lerngruppen beiträgt (Bell, 2007; Halfhill et al., 2005). Daher ist es zusätzliches Ziel im Rahmen des VEMINT Online-Vorkurses in Darmstadt die Lernenden für die Bearbeitung offener Aufgabenformate in Lerngruppen optimiert zusammenzuführen zur Steigerung individueller Lernzuwächse und zur Verbesserung der Abgabequote von Gruppenübungen.

Zur Optimierung der Lerngruppen wurde im Rahmen des Förderprojektes MoodlePeers[4] an der TU Darmstadt ein Moodle Plugin[5] entwickelt, welches unter anderem für das Lernszenario der Übungsgruppen (über mehrere feste Zeiträume Bearbeitung von wechselnden Aufgaben in Lerngruppen) eingesetzt werden kann. Für den Einsatz im Rahmen des Online-Vorkurses in Darmstadt wurde das Plugin so konfiguriert, dass in den gebildeten Lerngruppen der aus den Befragungsergebnissen der Lernenden generierte Index (ein Zahlenwert) für *Teamorientierung* und die *Motivation für die Vorkursziele* ebenfalls möglichst homogen sowie das *Vorwissen* in den abgedeckten Mathematikbereichen heterogen (ergänzend) innerhalb der Gruppen ist. Zusätzlich wird das Persönlichkeitsmerkmal der *Extraversion* heterogen über die Gruppen verteilt, da es mit Führungsqualitäten assoziiert wird (Kramer et al., 2014). Im Gegensatz dazu wird *Gewissenhaftigkeit* in den Gruppen homogen optimiert, um Konflikte bezüglich der Einhaltung von Fristen und der zu erreichenden Abgabequalität zu vermeiden (Prewett et al., 2009).

Das Moodle Plugin von MoodlePeers bietet die *Gruppenformation* als Kursaktivität innerhalb von Moodle an. Kursadministratoren können abzufragende Vorwissensbereiche sowie gewünschte Gruppengröße und Zeitpunkt der Gruppenbildung konfigurieren. Lernende machen zu den Optimierungskriterien Angaben über einen standardisierten Fragebogen und zu Vorwissensbereichen per Selbsteinschätzung. Der Fragebogen beinhaltet 50 Items inklusiver demographischer Angaben und kann in durchschnittlich 10 min bearbeitet werden. Der tatsächlich verwendete Index für das Vorwissen wird aus dem Resultat des Eingangstests gewonnen.

---

[4]Mehr Informationen unter: https://github.com/moodlepeers/.

[5]Frei verfügbar für Moodle unter: https://moodle.org/plugins/mod_groupformation, letzter Abruf 11.10.2019.

Im Rahmen des Vorkurses wurden jeweils nur Studierende passender Studiengänge in Lerngruppen von drei Personen innerhalb der ersten Kurswoche zusammengebracht. Ein Gruppenforum und Leitfragen dienten als Anregung für einen ersten Austausch. Die Gruppen bearbeiteten ab Woche zwei jeweils eine offene Aufgabenstellung gemeinsam und reichten eine Lösung über Moodle ein, die tutoriell bewertet und kommentiert wurde (digitales Feedback).

Mathematisches Kommunizieren, Problemlösen, Modellieren und Argumentieren üben, das ist das Ziel dieser Gruppenaufgabe. Dabei wurden für die zwei Online-Kurs-räume (für Studierende der Mathematik bzw. Informatik und der Ingenieurwissen-schaften) jeweils verschiedene auf die Voraussetzungen der Vorlesungen bestimme Gruppenübungen konzipiert (Schaub & Roder, 2017). Während für Studierende der Ingenieurwissenschaften mathematisches Modellieren und basale Inhalte als Schwer-punkte gewählt wurden, sind mathematisches Argumentieren und die Einführung von logischen Schlussweisen der Fokus für Studierende der Mathematik und der Informatik. Studierende der Ingenieurwissenschaften müssen beispielsweise einen Vorschlag ent-wickeln, wie aus einem DIN-A4-Blatt eine volumenmaximierte offene Zuckertüte (siehe Abschn. 6.7) konstruiert werden kann. Durch die Lösungsvielfalt der Aufgabe werden Gruppenprozesse und das Kommunizieren angeregt. In der gleichen Woche erhalten die Studierenden der Mathematik und Informatik als Gruppenaufgabe, die Dirichlet-Funktion (siehe Abschn. 6.7) auf verschiedenen Definitionsmengen hinsichtlich Stetig-keit und Differenzierbarkeit zu untersuchen und zu diskutieren. In den Aufgaben soll eine Auseinandersetzung mit grundlegenden fachlichen Inhalten auf einem erhöhten und auch formalen Niveau stattfinden. Es werden damit nicht nur Diskussionsanlässe geschaffen, die die Kompetenzen Kommunizieren und Argumentieren fordern und fördern, sondern es wird eine Annäherung an universitäre Denk- und Darstellungsweisen ermöglicht.

Um das Ausgangsniveau für die Bearbeitung der Gruppenaufgaben zu sichern, werden drei sogenannte *Warm-Ups* angeboten. Diese Warm-Ups bestehen aus sechs ver-schiedenen Aufgaben auf drei Schwierigkeitsniveaus, dargestellt durch eine aufsteigende Zahl von Sternen (eins bis drei). Von den insgesamt zehn möglichen Sternen sind mindestens fünf zu erreichen. In den einzelnen Warm-Ups wird jeweils eine Thematik näher behandelt, wobei die Aufgaben sich in den beiden Online-Kursen voneinander unterscheiden. Studierende der Mathematik und Informatik bearbeiten Warm-Ups zum Themenbereich *Logik, Folgen und Reihen,* sowie *Stetigkeit, Grenzwert und Differenzier-barkeit* und Studierende der Ingenieurwissenschaften zum Themenbereich *Funktionen, Logik* und *Folgen.* Beispielhaft sind zwei Aufgaben mit einer Bewertung von einem Stern (siehe Abb. 6.3) und drei Sternen (siehe Abb. 6.4) aus dem Themenbereich *Folgen.*

Durch eine automatisierte Rückmeldung können die Ergebnisse zur Selbstein-schätzung der Teilnehmenden verwendet werden. Die anschließende Gruppenauf-gabe geht deutlich über den Schwierigkeitsgrad des Warm-Ups hinaus. Im Gegensatz

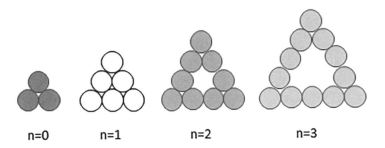

In der obigen Abbildung sind die ersten vier Anordnungen von Punkten abgebildet, bei denen die Anzahl der Punkte nach einer bestimmten Gesetzmäßigkeit zunimmt.
Erstellen Sie eine explizite und eine rekursive Formel für die Folge a_n, die beschreibt, wie viele Punkte in jeder Anordnung sind.

Abb. 6.3 Ein-Stern Aufgabe aus den Warm-Ups

zu den Gruppenaufgaben beinhalten die Warm-Ups nur Grund- und Umkehraufgaben. Die Warm-Ups können freiwillig bearbeitet werden und sind nicht verpflichtend für die Bearbeitung der Gruppenaufgabe.

6.7   Vorstellung Arbeitsmaterialien

Die in den beiden Online-Vorkursen wöchentlich erscheinenden Gruppenaufgaben unterscheiden sich in der thematischen Schwerpunktsetzung und in der Fokussierung der jeweils angesprochenen Kompetenz (vgl. Abschn. 6.6). Die folgenden beiden Gruppenaufgaben für Studierende der Ingenieurwissenschaften fokussieren das mathematische *Modellieren* und *Problemlösen* anhand offener Aufgabenstellungen, wie die Zuckertüte, deren Volumen maximiert werden soll oder einem Ruderer, dessen Bewegung auf einem Fluss mit oder entgegen einer Strömung untersucht werden soll:

Aufgabe zur Zuckertüte: Sie haben ein DIN A4- Blatt, aus dem Sie die eine möglichst große Zuckertüte basteln wollen. Stellen Sie Ihren Gruppenmitgliedern einen Vorschlag vor, wie man eine solche Zuckertüte herstellen könnte – geben Sie dabei auch die Maße der Zuckertüte an. Einigen Sie sich auf einen Vorschlag für die Abgabe und dokumentieren Sie diesen.

Aufgabe zum Ruderer: Ein Ruderer absolviert eine bestimmte Strecke auf einem See (stilles Gewässer) und rudert diese auch wieder zurück. Die gleiche Strecke rudert er auch auf einem Fluss (mit Strömung) sowohl hin als auch zurück. In welchem Gewässer

Die unten abgebildete Dreiecksspirale denkt man sich unendlich fortgesetzt.
Die Dreiecke sind alle rechtwinklig.
Berechnen Sie den Flächeninhalt der gesamten (d.h., die von allen
unendlich vielen Dreiecken bedeckte) Fläche. Die weiteren immer kleiner
werdenden Dreiecke überlappen sich mit den schon vorhandenen
Dreiecken. Bei Überlappung sollen die überdeckten Flächen mitberechnet
werden.

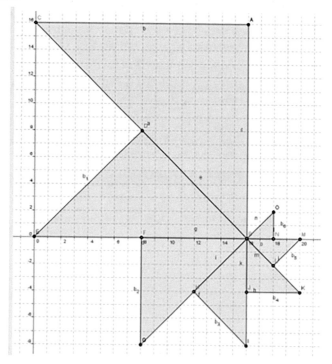

Abb. 6.4 Drei-Sterne Aufgabe aus den Warm-Ups

*ist der Ruderer schneller unter der Annahme, dass er konstant in beiden Gewässern
gleich viel Kraft aufbringt? Treffen Sie geeignete Annahmen!*

Die Aufgaben für Studierende der Mathematik und Informatik orientieren sich an das
mathematische *Argumentieren* und *Begründen,* sowie an erste mathematische Grundlagen auf höherem Niveau. So sollen in der ersten Gruppenübung einfache Begründungs-
aufgaben (siehe Abb. 6.5) bearbeitet werden und in der zweiten Übung grundlegende
mathematische Begriffe wie Stetigkeit und Differenzierbarkeit anhand der Dirichlet-
Funktion auf unterschiedlichen Definitionsmengen diskutiert werden.

Diese Gruppenübungen haben das Ziel, dass sich die Studierenden mit offenen
bzw. unbekannten Fragestellungen beschäftigen, deren Lösung oft nicht offensichtlich
oder eindeutig ist. Innerhalb der Gruppe soll insbesondere die Kommunikation über
mathematische Inhalte angeregt werden.

Aufgabe G1: Beweis – Was ist das?
Was macht einen mathematischen Beweis aus? Wie sollte ein mathematischer
Beweis gestaltet sein, damit andere ihn nachvollziehen können?

Aufgabe G2: Beweis – Ausführen
Beweisen Sie die folgende Aussage auf mindestens drei verschiedenen
Schlussweisen:

Die Summe drei aufeinanderfolgender natürlicher Zahlen ist durch drei teilbar.

Aufgabe G: Beweis – Fehler finden
Zu beweisen ist die folgende Aussage für jede natürliche Zahl:
$$1 + 2 + 3 + \cdots + n = \frac{n^2 + n + 2}{2}$$
Betrachten Sie den folgenden Beweis und finden Sie den Fehler! Begründen Sie,
warum der Beweis so nicht funktionieren kann.

Beweis durch vollständige Induktion:
Es ist zu zeigen, dass die Aussage für $n + 1$ stimmt, unter der Voraussetzung, dass
sie für n stimmt. Somit ist die obige Gleichung die *Induktionsvoraussetzung* (IV):
$$1 + 2 + 3 + \cdots + n = \frac{n^2 + n + 2}{2}$$
Nun betrachten wir die Gleichung für $n + 1$: *Induktionsschritt* (IS):
$$(1 + 2 + 3 + \cdots + n) + (n + 1) = \frac{(n + 1)^2 + (n + 1) + 2}{2}$$
Durch Einsetzen der IV kann gezeigt werden, dass die Aussage stimmt:
$$(1 + 2 + 3 + \cdots + n) + (n + 1) = \frac{(n + 1)^2 + (n + 1) + 2}{2}$$
$$\Leftrightarrow \frac{n^2 + n + 2}{2}(n + 1) = \frac{(n + 1)^2 + (n + 1) + 2}{2}$$
$$\Leftrightarrow n^2 + 3n + 4 = n^2 + 3n + 4$$

Damit ist die Aussage mithilfe der vollständigen Induktion bewiesen worden.

Abb. 6.5 Gruppenaufgabe I für Studierende der Mathematik und Informatik

6.8   Evaluationsergebnisse

Im Wintersemester 2015/2016 wurde im Rahmen des Online-Vorkurses in Darmstadt
eine Studie zur Wirksamkeit der oben beschriebenen Optimierungsfaktoren bezüglich
der Lerngruppenbildung durchgeführt. Diese Studie zeigte signifikant bessere Qualität
von abgegebenen Lösungen der wöchentlichen Mathematikaufgaben, höhere Zufriedenheit mit den zugewiesenen Lerngruppenmitgliedern und eine höhere Abgabequote der
Lösungen über die Laufzeit des Vorkurses hinweg im Vergleich zu zufällig gebildeten
Lerngruppen (Konert et al., 2016). Eine Limitation der Studie bestand allerdings darin,
dass alle Optimierungsfaktoren gleichzeitig und gleichrangig für die Gruppenformation

verwendet wurden. Dadurch konnte nicht differenziert werden, welche Faktoren von besonderer Bedeutung waren und ob überhaupt alle Faktoren berücksichtigt werden müssen. In einer Reihe von Nachfolgestudien wurden daher immer nur zwei Faktoren berücksichtigt und diese unabhängig voneinander variiert, um die Bedeutsamkeit der einzelnen Faktoren zu untersuchen. Im Vorkurs des Wintersemesters 2016/17 wurden beispielsweise Extraversion und Gewissenhaftigkeit ausgewählt und Studierende hinsichtlich dieser Ausprägungen unabhängig voneinander entweder homogen oder heterogen gematcht, d. h. in Lerngruppen zusammengeführt. Dabei zeigte sich, dass bei beiden Faktoren eine heterogene Verteilung vorteilhaft für die Gruppenleistung und die Zufriedenheit war (Bellhäuser et al., 2018). In der letzten Woche des Online-Vorkurses findet jeweils mithilfe digitaler Fragebögen eine Evaluation statt. Hierbei werden die Inhalte und die Organisation des Vorkurses evaluiert, um das Vorkurs-Prozedere sowie die Inhalte und deren Schwierigkeitsgrade von Jahr zu Jahr zu verbessern und an die Bedürfnisse der Studierenden anzupassen.

Die Evaluation bezüglich der Gruppenaktivität ergab unter anderem, dass ein Großteil (90 %) der Studierenden mit der Zusammenarbeit in der Gruppe, als auch mit den gemeinsam erzielten Leistungen zufrieden war.

Anhand des Box-Plots der Eingangstestresultate der Teilnehmenden des Vorkurses vom Wintersemester 2019/2020 lassen sich die unterschiedlich ausgeprägten Kenntnis- und Fertigkeitsvoraussetzungen darstellen (siehe Abb. 6.6). Auffällig hierbei ist, dass Studierende der Mathematik und Informatik (N = 407) mit 12 erreichten Punkten

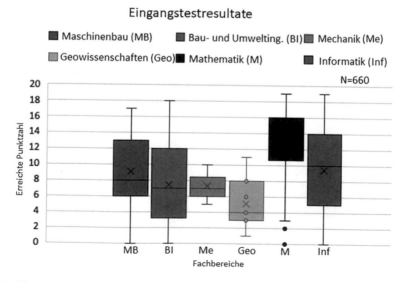

Abb. 6.6 Eingangstestresultate nach Fachbereichen getrennt vom WiSe 19/20

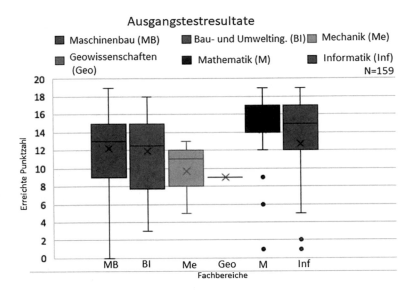

Abb. 6.7 Ausgangstestresultate nach Fachbereichen getrennt vom WiSe19/20

von 20 Punkten ein im Durchschnitt besseres Ergebnis im Eingangstest erzielten, als Studierende der Ingenieurwissenschaften (N = 253) mit 6,5 Punkten von 20 Punkten.

Bezüglich der Leistungsevaluation des Ein- und Ausgangstests vom Online-Vorkurs des Wintersemesters 2019/20 lässt sich für Teilnehmende jeden Fachbereichs im Mittel eine Steigerung der Leistung im Ausgangstest im Vergleich zum Eingangstest beobachten (siehe Abb. 6.7). Studierende der Mathematik und Informatik (N = 75) erzielten im Mittel 15,5 Punkte von 20 Punkten und Studierende der Ingenieurwissenschaften (N = 84) erzielten im Mittel 11,5 Punkte von 20 Punkten.

Für 99 eindeutig zuordenbare Studierende (63 % aller Teilnehmenden am Ausgangstest) lässt sich im Ausgangstest eine signifikante Steigerung feststellen. Somit kann allgemein von einer Steigerung der Leistung der Studierenden am Ende des Vorkurses im Vergleich zum Beginn gesprochen werden (siehe Abb. 6.8).

Die Anzahl der Teilnehmenden am Ausgangstest unterscheidet sich erheblich von der Anzahl der Teilnehmenden am Eingangstest. Dies ist zum einen dadurch zu erklären, dass die Bearbeitung des Ausgangstests keine weiteren Aktivitäten im Online-Vorkurs freischaltet und lediglich als Abschluss des Kurses gedacht ist und zum anderen, dass gegen Ende des Vorkurses weitere Einführungsveranstaltungen für die Erstsemesterstudierenden (Orientierungstage oder Programmiervorkurse) beginnen.

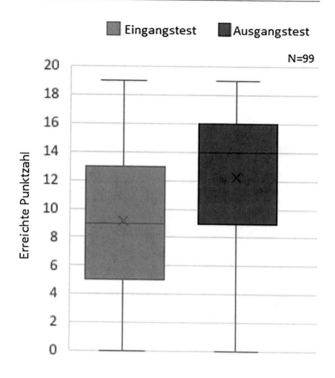

Abb. 6.8 Testergebnisse nach Ein- und Ausgangstest aller Teilnehmenden im WiSe19/20

6.9   Fazit

Die Evaluation zeigt, dass die Teilnehmenden die Online-Kurse als sehr positiv empfanden. Sie fühlten sich gut betreut und begrüßten den strukturellen Aufbau der Lernplattform. Für sich spricht die Tatsache, dass die überwiegende Mehrheit (laut Evaluation 95 %) der Studierenden die Online-Kurse an die zukünftigen Erstsemester weiterempfehlen würden. Die positive Leistungsevaluation bezüglich des Ein- und Ausgangstest des Online-Vorkurses lässt sich sowohl auf das Diagnosepotential des adaptiven Eingangstests, als auch der Lernmodule zurückführen.

Die technische Umsetzung des adaptiven Eingangstests bedarf einer stetigen Weiterentwicklung, um auf potentielle Lernschwierigkeiten seitens der Studierenden, die im Feedback der entsprechenden Aufgaben bislang noch nicht berücksichtigt wurden, adäquat eingehen zu können. Derzeit wird das entsprechende DDTA-Quiz Plugin für Moodle in einem weiteren Bachelorpraktikum der Informatik in Darmstadt weiterentwickelt.

Im Vorkurs des Wintersemesters 2019/20 wurde erstmals für den Gruppenbildungsalgorithmus der ermittelte Index für das Vorwissen durch das Eingangstestresultat jedes Studierenden ermittelt, statt wie bisher über eine Selbsteinschätzung. Für die Zukunft wird dieses Prozedere beibehalten, da sich – im Vergleich zu den Vorjahren – eine größere Zufriedenheit hinsichtlich der Gruppenarbeit und den in der Gruppe erzielten Resultaten ergaben.

Die unterschiedliche thematische Schwerpunktsetzung bezüglich der mathematischen Kompetenzen in den Gruppenübungen der beiden Online-Kurse hat sich als sinnvoll erwiesen. Lediglich die Auswahl der Aufgaben kann hierbei variiert werden.

Literatur

Bell, S. T. (2007). Deep-level composition variables as predictors of team performance: a meta-analysis. *The Journal of Applied Psychology, 92*(3), 595–615. https://doi.org/10.1037/0021-9010.92.3.595

Bellhäuser, H., Konert, J., Müller, A., & Röpke, R. (2018). Who is the perfect match? Effects of algorithmic learning group formation using personality traits. *Journal of Interactive Media (i-Com), 17*(1), 65–77. https://doi.org/10.1515/icom-2018-0004

Bernard, R. M., Abrami, P. C., Borokhovski, E., Wade, C. A., Tamim, R. M., Surkes, M. A., & Bethel, E. C. (2009). A meta-analysis of three types of interaction treatments in distance education. *Review of Educational Research, 79*(3), 1243–1289. https://doi.org/10.3102/0034654309333844

Biehler, R., Hochmuth, R., Schaper, N., Kuklinski, C., Lankeit, E., Leis, E., Liebendörfer, M., & Schürmann, M. (2017). *Projekt WiGeMath: Wirkung und Gelingensbedingungen von Unterstützungsmaßnahmen für mathematikbezogenes Lernen in der Studieneingangsphase - Präsentation Dritter KoBF Auswertungsworkshop*, Berlin. https://de.kobf-qpl.de/fyls/141/download_file_inline/. Zugegriffen: 22. Juli 2021.

Biehler, R., Bruder, R., Hochmuth, R., Koepf, W., Bausch, I., Fischer, P. R., Wassong T. (2014). VEMINT - Interaktives Lernmaterial für mathematische Vor- und Brückenkurse. In I. Bausch, R. Biehler, R. Bruder, P. R. Fischer, R. Hochmuth, Koepf W. et al. (Hrsg.), *Mathematische Vor- und Brückenkurse. Konzepte, Probleme und Perspektiven.* (S. 261–276). Springer Fachmedien Wiesbaden (Konzepte und Studien zur Hochschuldidaktik und Lehrerbildung Mathematik). https://doi.org/10.1007/978-3-658-03065-0_18

Bruder, R., Feldt-Caesar, N., Pallack, A., Pinkernell, G. & Wynands, A. (2015). Mathematisches Grundwissen und Grundkönnen in der Sekundarstufe II. In W. Blum et al. (Hrsg.), *Bildungsstandards aktuell: Mathematik in der Sekundarstufe II* (S. 108–124). Schrödel.

Feldt, N. (2013). Konkretisierung und Operationalisierung von Grundwissen und Grundkönnen durch ein theoriegeleitetes Vorgehen. In G. Greefrath (Hrsg.), *Beiträge zum Mathematikunterricht 2013. Vorträge auf der 47. Tagung für Didaktik der Mathematik; Jahrestagung der Gesellschaft für Didaktik der Mathematik vom 4.3.2013 bis 8.3.2013 in Münster* (S.308–311). WTM, Verl. für Wiss. Texte u. Medien; IEEM, Institut für Entwicklung und Erforschung des Mathematikunterrichts.

Feldt-Caesar, N. (2017). *Konzeptualisierung und Diagnose von mathematischem Grundwissen und Grundkönnen. Eine theoretische Betrachtung und exemplarische Konkretisierung am Ende der Sekundarstufe II.*). Springer Fachmedien Wiesbaden GmbH; Springer Spektrum (Perspektiven der Mathematikdidaktik). https://doi.org/10.1007/978-3-658-17373-9

Fischer, P. R. (2014). *Mathematische Vorkurse im Blended-Learning-Format. Konstruktion, Implementation und wissenschaftliche Evaluation.* Springer Spektrum (Studien zur Hochschuldidaktik und zum Lehren und Lernen mit digitalen Medien in der Mathematik und in der Statistik). https://doi.org/10.1007/978-3-658-05813-5

Halfhill, T., Sundstrom, E., Lahner, J., Calderone, W., & Nielsen, T. M. (2005). Group personality composition and group effectiveness: an integrative review of empirical research. *Small Group Research, 36*(1), 83–105. https://doi.org/10.1177/1046496404268538

Johnson, D. W., Johnson, R. T., & Smith, K. A. (2014). Cooperative learning: Improving university instruction by basing practice on validated theory. *Journal of Excellence in College Teaching, 25*(4), 85–118.

Koepf, W. (o. J.). Projektziele. Hg. v. VEMINT-Konsortium. http://www.vemint.de/. Zugegriffen: 20. June 2020.

Konert, J., Bellhäuser, H., Röpke, R., Gallwas, E., & Zucik, A. (2016). MoodlePeers: Factors relevant in learning group formation for improved learning outcomes, satisfaction and commitment in E-learning scenarios using GroupAL. In K. Verbert, M. Sharples, & T. Klobucar (Hrsg.), *Adaptive and Adaptable Learning: Proc. of the 11th European Conf. on Techn. Enhanced Learning (EC-TEL 2016)* (S. 390–396). Springer LNCS. https://doi.org/10.1007/978-3-319-45153-4_32

Kramer, A., Bhave, D. P., & Johnson, T. D. (2014). Personality and group performance: The importance of personality composition and work tasks. *Personality and Individual Differences, 58*, 132–137. https://doi.org/10.1016/j.paid.2013.10.019

Prewett, M. S., Walvoord, A. A. G., Stilson, F. R. B., Rossi, M. E., & Brannick, M. T. (2009). The team personality-team performance relationship revisited: the impact of criterion choice, pattern of workflow, and method of aggregation. *Human Performance, 22*(4), 273–296. https://doi.org/10.1080/08959280903120253

Rummel, N., & Spada, H. (2005). Learning to collaborate: an instructional approach to promoting collaborative problem solving in computer-mediated settings linked references are available on JSTOR for this article: learning to collaborate: an instructional approach to promoting colla. *The Journal of the Learning Sciences, 14*(2), 201–241. https://doi.org/10.1207/s15327809jls1402_2

Sangwin, C. J. (2013). *Computer aided assessment of mathematics*. Oxford University Press.

Schaub, M. (2019). *Erhöhung der Validität und der Fehleraufklärungsquote digitaler diagnostischer Testaufgaben durch STACK. In: Contributions to the 1st International STACK conference 2018.* Friedrich-Alexander-Universität Erlangen-Nürnberg.

Schaub, M., & Roder, U. (2017). Arbeit mit optimierten Lerngruppen im Online-Vorkurs Vemint. In U. Kortekamp & A. Kuzle (Hrsg.), *Beiträge zum Mathematikunterricht 2017. Vorträge zur Mathematikdidaktik (51. Jahrestagung der Gesellschaft für Didaktik der Mathematik)* (S. 841–844). WTM.

Schulalgebra studienreif: eine Studie im Rahmen der Mathematikvorkurse an der Universität Kassel

Nina Gusman und Andreas Eichler

Zusammenfassung

Am Beispiel der Mathematikvorkurse, die vom Fachbereich Mathematik und Naturwissenschaften angeboten werden, wird in diesem Artikel ein Weg vorgestellt, Studienanfängerinnen und Studienanfängern durch gezieltes, intensives und verständnisorientiertes Üben einen sicheren Umgang mit ausgewählten Inhalten der Schulalgebra zu ermöglichen und zu tragfähigen Prozeduren zu entwickeln. Anschließend werden Rechenwege der Teilnehmenden vor und nach dem durchgeführten Lernarrangement vorgestellt und diskutiert.

Universität Kassel	Ing-Vorkurs	L1-L2-Vorkurs
Zielgruppe	Ingenieurstudiengänge wie Bauingenieurwesen, Maschinenbau, Umweltingenieurwesen, Wirtschaftsingenieurwesen, und Orientierungsstudiengang plusMINT	Grundschullehramt, Lehramt für Haupt- und Realschulen sowie einige weitere Studiengänge mit geringen Mathematikanteilen
Format	Präsenzvorkurs	Präsenzvorkurs

N. Gusman (✉)
Universität Kassel, Kassel, Hessen, Deutschland
E-mail: gusman@mathematik.uni-kassel.de

A. Eichler
Kassel, Hessen, Deutschland
E-mail: eichler@mathematik.uni-kassel.de

© Der/die Autor(en), exklusiv lizenziert an Springer-Verlag GmbH, DE, ein Teil von Springer Nature 2022
R. Hochmuth et al. (Hrsg.), *Unterstützungsmaßnahmen in mathematikbezogenen Studiengängen*, Konzepte und Studien zur Hochschuldidaktik und Lehrerbildung Mathematik, https://doi.org/10.1007/978-3-662-64833-9_7

Universität Kassel	Ing-Vorkurs	L1-L2-Vorkurs
Ungefähre Teilnehmendenanzahl	250–350	120–130
Dauer	5 Wochen, davon 20 Präsenztage	4 Wochen, davon 12 Präsenztage
Zeit pro Tag	7 UE	5 UE
Lernmaterial	VEMINT-Material, zusätzliche Übungsaufgaben zur Schulalgebra	VEMINT-Material, zusätzliche Übungsaufgaben zur Schulalgebra
Lehrende	Wiss. Mitarbeiter/in, studentische Tutoren	Wiss. Mitarbeiter/in, studentische Tutoren
Inhaltliche Ausrichtung	Schulmathematik mit Ausblick auf Hochschulmathematik und mit einigen hochschulmathematischen Inhalten	Schulmathematik
Verpflichtend	nein, CP für plusMINT	nein
Besonderes Merkmal	Zusätzliches Übungsprogramm zu ausgewählten Inhalten der Schulalgebra	Zusätzliches Übungsprogramm zu ausgewählten Inhalten der Schulalgebra

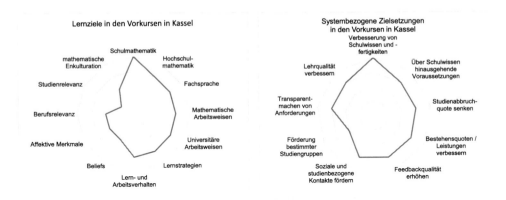

7.1   Einleitung

Der Übergang zwischen Schule und Hochschule gestaltet sich für viele Studienanfänge-rinnen und Studienanfänger problematisch (Gueudet, 2008). Besonders im mathematisch-naturwissenschaftlichen und technischen Bereich sind Studienabbruchquoten hoch (Heub-lein, 2014).

Motive für einen Studienabbruch scheinen dabei mit zu hohen Leistungsanforderungen in der mathematischen Ausbildung und mit mangelnder Studienmotivation in Beziehung zu stehen (Heublein, 2014). In verschiedenen Studien, beispielsweise bei Knospe (2012) bzw. bei Thomas et al. (2015), werden unter den fehlenden mathematischen Fertigkeiten insbesondere Grundfertigkeiten in verschiedenen Themengebieten genannt, zu denen zentral die Schulalgebra (Variablen, Termumformungen, Gleichungen) gehört.

Wir gehen von der These aus, dass gerade eine fehlende Sicherheit im Umgang mit der Schulalgebra und Termumformungen Studienanfängerinnen und Studienanfängern den Übergang zwischen Schule und Hochschule erschweren, da diese Inhalte zwar eine technische Grundlage vieler Überlegungen im Studieneinstieg in den Bereichen Analysis oder Lineare Algebra darstellen, aber im Studieneinstieg nicht mehr thematisiert werden. Daher ist das Ziel unserer Mathematikvorkurse, bei den Teilnehmenden im Sinne einer möglichst optimalen Studienvorbereitung Schwierigkeiten gerade im Bereich der Schulalgebra zu reduzieren, da diese gerade zu Beginn des Studiums einen geeigneten Zugang zu den universitären mathematischen Inhalten verhindern können.

Wir gehen weiterhin davon aus, dass eine nutzbare Schulalgebra im Studieneinstieg zwar auf konzeptuellem Wissen besteht (Rittle-Johnson & Schneider, 2015), dass diese aber bereits in Prozeduren übersetzt ist bzw. vor Beginn in adäquate Prozeduren übersetzt sein sollte (Anderson, 1982). In der zugrunde liegenden ACT-Theorie (ACT ist Abkürzung für Adaptive Control of Thoughts) von Anderson (1996) gehört zu der Entwicklung von Prozeduren deren mehrfache erfolgreiche Anwendung beispielsweise in Übungen, um spezifische Prozeduren in spezifischen Aufgabenkontexten sicher aufrufen zu können. In diesem Verständnis ziehen wir Parallelen zwischen der Schulalgebra zu Studienbeginn und der einfachen Addition oder Multiplikation in der Grundschule, in der eine Automatisierung der Grundrechenarten angestrebt wird. Ziel einer gefestigten Prozedur oder auch einer Automatisierung ist dabei die Entlastung des Arbeitsgedächtnisses bei der Bearbeitung komplexer Aufgaben (Schipper, 2009). Malle und Wittmann (1993) betonen, dass die Fähigkeit, komplexere Terme umzuformen, das Gedächtnis entlastet, da sie es übeflüssig macht, für jede vorkommende Variable eine eigene Formel zu merken. Durch das Umformen können außerdem verschiedene Zusammenhänge verschiedener Variablen herausgelesen werden (Malle & Wittmann, 1993).

Wir nehmen außerdem an, dass das Prinzip des operativen Übens (Aebli, 2011) tieferes Grundverständnis der zu übenden Operationen ermöglicht und damit zum größeren Lernerfolg der Teilnehmenden beiträgt. Zum operativen Üben gehören etwa Nachbaraufgaben oder Umkehraufgaben oder allgemeine Aufgaben, die systematisch zu einer schrittweisen Flexibilisierung der mathematischen Methoden führen können. Hier sind auch einfache Variationen von Aufgaben denkbar (Schupp, 2002), die in der Tradition des operativen Übens verstanden werden können.

In diesem Beitrag untersuchen wir einen möglichen Weg, einen Teil der Schulalgebra in einem Vorkurs durch gezieltes, intensives und operatives Üben bestimmter rechnerischer Methoden und mathematischer Arbeitsabläufe zu tragfähigen Prozeduren zu entwickeln. Dazu beschreiben wir den theoretischen Rahmen der aus konzeptuellem Wissen abgeleiteten Prozeduren sowie die Auswahl von bestimmten Inhalten aus der Schulalgebra. Anschließend gehen wir auf die Methode in einer quasi-experimentellen Studie ein und diskutieren qualitativ die Rechenwege der Teilnehmenden vor und nach der Intervention. Implikationen und weitere Forschungsfragen beschließen den Beitrag.

7.2 Strukturelle Merkmale und Rahmenbedingungen

Für Studienanfängerinnen und Studienanfänger der Universität Kassel bietet der Fachbereich Mathematik und Naturwissenschaften sieben verschiedene Mathematikvorkurse an, darunter vier Präsenzvorkurse und drei Onlinevorkurse, die auch Präsenzveranstaltungen beinhalten. Alle Vorkurse haben einen Vorlesungsanteil, der jeweils von einer wissenschaftlichen Mitarbeiterin bzw. von einem wissenschaftlichen Mitarbeiter in einem Hörsaal durchgeführt wird, und einen von studentischen Hilfskräften geleiteten Übungsanteil, der aus Präsenzübungen in mehreren Gruppen sowie aus selbstständigem Üben mit Hilfe der interaktiven VEMINT-Lehrmaterialien (VEMINT-Konsortium, 2012-2021) besteht. Die studentischen Hilfskräfte bilden ein großes Tutorenteam. Viele aus diesem Team übernehmen regelmäßig mehrere Jahre nacheinander die Betreuung der Übungen eines oder mehrerer Mathematikvorkurse und sammeln damit wertvolle Erfahrung für ihr späteres Berufsleben. Sie stehen im ständigen Kontakt zu den Lehrenden des Vorkurses, werden kontinuierlich informiert und angeleitet, so dass die Vorlesungen und die Übungsveranstaltungen aufeinander abgestimmt sind und einen systematischen und für die Teilnehmenden transparenten Lernprozess darstellen.

Die VEMINT-Lernmodule werden in die Moodle-Lernplattform eingebunden. Somit wird für jeden der Vorkurse ein Moodlekurs eingerichtet, über den das Lernen organisiert wird und die Kommunikation zwischen allen am Vorkurs Beteiligten (den Teilnehmenden, den Lehrenden, den studentischen Tutorinnen und Tutoren sowie dem Organisatorenteam) stattfindet.

Die VEMINT-Plattform bietet eine umfangreiche inhaltliche Grundlage für alle vom Fachbereich angebotenen Mathematikvorkurse. Jeder der Vorkurse wird für bestimmte Studiengänge empfohlen, so dass die Lehrinhalte auf diese Studiengänge abgestimmt sind und jeweils schwerpunktmäßig behandelt werden.

Alle Präsenzvorkurse dauern zwischen vier und sechs Wochen und finden unmittelbar vor dem Beginn der Lehrveranstaltungen des jeweiligen Semesters statt. Da viele Studienanfängerinnen und -anfänger um diese Zeit noch nicht in Kassel wohnen (können) bzw. berufstätig sind, werden für alle Studiengänge alternative Onlinevorkurse angeboten, die im Blended-Learning-Format erfolgen. Der Besuch der in die Onlinevorkurse eingeflossenen Präsenzveranstaltungen ist für alle Teilnehmenden der Vorkurse empfehlenswert, dennoch sind die Onlinevorkurse so aufgebaut, dass eine reine Onlineteilnahme ebenfalls möglich ist. Die Anzahl der Präsenztage verschiedener Onlinekurse ist (von sechs bis neun) unterschiedlich groß. An einem Präsenztag findet jeweils eine dreistündige Vorlesung und eine zweistündige Hörsaal-Übung für alle anwesenden Teilnehmenden statt. An den restlichen Tagen erfolgt das Selbstlernen mit Hilfe von den in den Moodlekurs integrierten VEMINT-Lehrmaterialien, zu dem die Teilnehmenden von den Lehrenden angeleitet werden.

Der Onlineanteil der Bleanded-Learning-Kurse ist vergleichsweise groß. Die Vorkurs-teilnehmerinnen und -teilnehmer werden deswegen durchgehend durch eine studentische Onlinetutorin oder durch einen Onlinetutor betreut. Die Teilnehmenden können bei Fragen die Onlinetutorin bzw. den Onlinetutor immer über den Moodlekurs kontaktieren. Allen Vorkurs-Teilnehmenden steht eine Chat-Möglichkeit zur Verfügung. Damit kann die Onlinetutorin bzw. der Onlinetutor bei Problemen schnell und gezielt die Teilnehmerinnen und Teilnehmer unterstützen.

Verschiedene Vorkurse haben außerdem unterschiedliche organisatorische Merkmale. Die Kontrollgruppe wurde aus dem Präsenzvorkurs für Elektrotechnik und Informatik, dem Präsenzvorkurs für Gymnasiallehramt und Studiengänge mit hoher mathematischer Anforderung und dem Onlinevorkurs für alle Ingenieurstudiengänge (siehe Anhang) gebildet. Nachfolgend werden die zwei Vorkurse beschrieben, die an der Intervention teilgenommen haben und zu der Treatmentgruppe gehörten.

Präsenzvorkurs für Ingenieurstudiengänge (Ing-Vorkurs)
Der Präsenzvorkurs für verschiedene Ingenieurstudiengänge (außer Elektrotechnik und Informatik) dauert fünf Wochen und ist der größte der angebotenen Vorkurse. Dieser Vorkurs hat zwischen 250 und 350 Teilnehmenden, die an vier Tagen pro Woche jeweils eine dreistündige Vorlesung und eine vierstündige Übung besuchen. Mittwochs findet das Selbstlernen mit Hilfe der VEMINT-Lernmaterialien statt. Die Übungen werden in den in mehreren Übungsräumen unter Anleitung von vielen studentischen Tutorinnen und Tutoren (eine Betreuungsperson pro etwa 20 Teilnehmenden) durchgeführt.

Ein großer Anteil der Teilnehmenden gehört den Erstsemestern der Studiengänge Bauingenieurwesen und Maschinenbau an. Auch den Studierenden des neu eingerichteten plusMINT-Studiengangs (Orientierungs-studium für die MINT-Studienfächer) wurde der Besuch dieses Vorkurses empfohlen. Der Präsenzvorkurs für Ingenieurstudiengänge hat die größte Anzahl der Präsenzveranstaltungen. Die für die Studie relevanten Lehrinhalte wurden im Laufe der ersten zwei Wochen intensiv behandelt. Der allgemeine Vorkurs-Lehrplan ist der Tab. 7.1 zu entnehmen.

Präsenzvorkurs für Grund-, Haupt- und Realschullehramt (L1-L2-Vorkurs)
Dieser Präsenz-Mathematikvorkurs für das Grundschullehramt und das Lehramt für Haupt- und Realschulen mit den Fächer Mathematik, Physik bzw. Chemie sowie für einige weitere Studiengänge mit geringen Mathematikanteilen zählt etwa 120 bis 130 Teilnehmerinnen und Teilnehmer. Die Präsenzveranstaltungen (jeweils eine dreistündige Vorlesung und eine zweistündige Übung) finden montags, mittwochs und freitags statt. An den restlichen Arbeitstagen bearbeiten die Teilnehmenden selbstständig die VEMINT-Lehrmaterialien, darunter die dort enthaltenen Vor- und Nachtests.

Im Vergleich zum Präsenzvorkurs für Ingenieurstudiengänge hat der L1-L2-Vorkurs deutlich weniger Präsenzveranstaltungen, aber auch einen nicht so umfangreichen Lehrplan. Der Anteil der elementarmathematischen Inhalte ist in diesem Vorkurs besonders groß, und die für die Studie ausgewählten Inhalte passten thematisch sehr gut in den regulären Vorkurs-

Tab. 7.1 Lehrinhalte (nach VEMINT-Materialien), die im Präsenzvorkurs für Ingenieurstudiengänge (Ing-Vorkurs) und im Präsenzvorkurs für Grund-, Haupt- und Realschullehramt (L1-L2-Vorkurs) regulär behandelt werden

Zentrale Themen	Ing-Vorkurs	L1-L2-Vorkurs
Mengen von Zahlen	X	X
Elementare Aussagenlogik	X	
Rechengesetze (darunter Binomische Formeln, Rechenregeln und Termumformungen, verschiedene Arten von Gleichungen, Ungleichungen, Betrag)	X	X
Potenzen (auch mit rationalen Exponenten)	X	X
Binomischer Lehrsatz	X	X
Elementare Geometrie		X
Funktionen und ihre Eigenschaften	X	X
Lineare, quadratische und höhere Funktionen (darunter Polynome, Exponential- und Logarithmusfunktion, trigonometrische Funktionen)	X	X
Differentialrechnung (darunter Funktionsuntersuchung)	X	X
Integralrechnung	X	
Lineare Gleichungssysteme	X	X
Vektorrechnung	X	

lehrplan (ebenfalls in der Tab. 7.1 aufgelistet) und konnten durchgehend während der Vorkursvorlesungen und -übungen (genauso wie im Präsenzvorkurs für Ingenieurstudiengänge) bearbeitet werden.

Die zentralen Themen der VEMINT-Lehrplattform, die im Präsenzvorkurs für Ingenieurstudiengänge (Ing-Vorkurs) und im Präsenzvorkurs für Grund-, Haupt- und Realschullehramt (L1-L2-Vorkurs) planmäßig behandelt werden, sind in der Tab. 7.1 dargestellt.

Die Lehrpläne aller sieben Mathematikvorkurse werden mit den jeweiligen Fachbereichen abgestimmt. Die Beschreibung der Vorkurse, die nicht an der Intervention teilgenommen haben, befindet sich im Anhang.

7.3 Individueller Schwerpunkt: Verbesserung des prozeduralen Wissens im Bereich von quadratischen Polynomen

7.3.1 Theoretischer Hintergrund

7.3.1.1 Prozeduren für die Schulalgebra

In der ACT-Theorie von Anderson (1996) wird zwischen deklarativem Wissen und prozeduralem Wissen unterschieden. Deklaratives Wissen besteht dabei aus Fakten, Regeln oder auch Zielen. Da deklaratives Wissen auch Netzwerke der in ihm enthaltenen Propositionen umfasst, hat Schneider (2006) das deklarative Wissen als Überbegriff des prozeduralen Wissens (Rittle-Johnson & Schneider, 2015) bezeichnet. Nach der ACT-Theorie werden nun auf der Basis des vorhandenen deklarativen Wissens die dort enthaltenen Propositionen in Prozeduren übersetzt, die die zeitintensive Interpretation des deklarativen Wissens mit der Zeit überflüssig macht (Anderson, 1982).

Die Prozeduren bestehen im einfachsten Fall aus elementaren Wenn-Dann-Sätzen. Bezogen auf eine algebraische Aufgabe könnte ein elementarer Wenn-Dann-Satz zunächst eine globale Strukturierung einer Aufgabe enthalten: Wenn eine quadratische Gleichung gelöst werden soll, dann ist ein Teilziel, zu verschiedenen Gleichungstypen verschiedene Lösungsansätze aufzurufen (vgl. auch Anderson, 1982). Weitere Wenn-Dann-Sätze müssten ergänzt werden, um eine Prozedur zu entwickeln, die eine Lösung beliebiger quadratischer Gleichungen erzeugt. Teile solch einer Prozedur können als Subroutinen bezeichnet werden, da sie für sich wiederum eine Prozedur im Sinne eines Systems von Wenn-Dann-Sätzen darstellt, etwa eine Lösung im Fall $x^2 - c = 0$.

Insgesamt wie auch in den einzelnen Bestandteilen hat eine Prozedur einen Bedingungsteil und einen Aktionsteil. Eine Situation wie die Stellung einer algebraischen Aufgabe führt zum Vergleich der Situation mit dem Bedingungsteil verschiedener Prozeduren, der Auswahl einer Prozedur und der Ausführung des entsprechenden Aktionsteils der Prozedur (Anderson, 1982). Sind verschiedene Prozeduren möglich, so wird in der ACT-Theorie angenommen, dass sich die bisher am erfolgreichsten ausgeführte Prozedur durchsetzt (ebd.). Fehler können im Abgleich einer Situation mit einer Prozedur vorkommen, wenn etwa der Bedingungsteil einer Prozedur zu viele Situationen zulässt, was etwa bei der Übergeneralisierung der Fall ist. Weitere Fehler können durch einen fehlerhaften Aktionsteil im Sinne fehlerhafter Teilziele oder Subroutinen bis hin zu fehlerhaften Fakten entstehen. Ein Beispiel für ein fehlerhaftes Teilziel, könnte durch folgenden Wenn-Dann-Satz dargestellt werden: Wenn die Form einer quadratischen Gleichung $ax^2 + bx + c = 0$ ist, ist es das Ziel, die p-q-Formel mit $p = a$ und $q = c$ anzuwenden. Ein fehlerhaftes Faktum wäre beispielsweise, dass 1 die Wurzel aus 4 ist. Den Prozess der Entwicklung einer Prozedur bezeichnet Anderson (1996) als Tuning, das die Adjustierung der Prozeduren bei Misserfolgen, also Fehlern, einschließt.

Insbesondere bei dem Erwerb von Wissen zu algebraischen Berechnungen oder Umformungen bietet die ACT-Theorie eine geeignete theoretische Grundlage für die Entwicklung der Vorkurse und der Evaluation der Lernergebnisse der angehenden Studierenden.

7.3.1.2 Operatives Üben

Damit ein neues Verfahren beherrscht und für die Anwendung sicher verfügbar gemacht wird und im Sinne einer Prozedur stabilisiert wird, sollte es nach Aebli (2011) bedeutungsnah durchgearbeitet werden, so dass die Anwendung später im beliebigen Kontext gelingen kann. Da echte Anwendungsprobleme die ganze Aufmerksamkeit der Lernenden verlangten, müsse die notwendige Operation so sicher beherrscht werden, dass sie bei der Lösung des Anwendungsproblems zur Verfügung steht und keine besondere Aufmerksamkeit für ihre Realisierung erfordert (Aebli, 2011).

Nach Aebli (2011) hängt der Lernfortschritt von der Anzahl der Wiederholungen ab. So müssten die Arbeitsschritte so automatisiert werden, dass sie nicht mehr vergessen werden können. Die Wiederholungen trügen aber nur dann zum Fortschritt bei, wenn das Üben fehlerfrei erfolgt und sich dadurch eine adäquate Prozedur etabliert.

Eine wichtige Grundregel sei es außerdem, die Wiederholungen richtig zu verteilen, und zwar „kurz aber häufig üben" (Aebli, 2011, S. 340). Diese Grundregel sorge für die größten Lernfortschritte und das bessere Behalten des Lernstoffs im Gedächtnis.

Das Übungsprogramm müsse außerdem so konzipiert werden, dass die Anforderungen von den Lernenden bewältigt werden können, um die Leistungsfähigkeit nicht zu übersteigen und die Teilnehmenden nicht zu entmutigen, so dass ein Erfolg ermöglicht wird (Aebli, 2011).

Das operative Üben erfolgt durch eine bestimmte strukturierte Zusammenstellung der Aufgabensequenz. Das eröffnet den Lernenden eine Möglichkeit, Relationen zwischen den neu erlernten Begriffen zu entdecken (Reiss & Hammer, 2013). „Wir werden [die Aufgabenbeispiele] daher umkehren und in der Abfolge der Teilschritte variieren und werden die 'verwandtschaftlichen Beziehungen' unter den Operationen sichtbar machen und ausnützen" (Aebli, 2011, S. 322).

Eine der Möglichkeiten, Aufgaben für das operative Üben zu erstellen, ist Aufgabenvariation. Aufgabenvariationen sind zum Beispiel möglich, wenn man die Parameterwerte ändert und dadurch den Einfluss der Parameter sichtbar macht (Reiss & Hammer, 2013). Unter Nachbaraufgaben versteht man Aufgaben, bei denen sich ein Parameter beispielsweise um eins unterscheidet, wie $7 + 7 = ?$, $7 + 8 = ?$ usw. (Zech, 2002). Bezogen auf die ACT-Theorie können dadurch Prozeduren durch Subroutinen, aber auch im Sinne der im Bedingungsteil passenden Situationen erweitert werden.

7.3.2 Beschreibung der Intervention

Neben der verwendeten VEMINT-Lernplattform und dem darauf basierenden, für verschiedene Vorkurse angepassten und individuellen Lehrplan wurde im Rahmen der Vorkurse eine auf bestimmte Inhalte der Schulalgebra fokussierte Studie durchgeführt. Das Ziel der Studie war, die Teilnehmenden ausgewählte Inhalte der Schulalgebra auf Basis des operativen Übens (Aebli, 2011) kontinuierlich im Laufe der Wochen bearbeiten zu lassen, bis sich gewisse automatische Abläufe verfestigt haben. Der Eingangs- und der Ausgangstest sollten überprüfen, ob es Unterschiede bei den Lösungen der Teilnehmenden vor und nach der Intervention bestimmter Aufgaben der Schulalgebra gibt, die die geübten Rechenschritte voraussetzen.

Als theoretische Grundlage für die Aufgaben, die im besonderen Maße im Rahmen der Studie behandelt wurden, wurde unter anderem der Satz von Vieta für quadratische Gleichungen sowie der damit verbundene Spezialfall des Fundamentalsatzes der Algebra (für Polynome 2. Grades) ausgewählt. Die Inhalte können beispielsweise bei Bronštejn und Semendjaev (1989) nachgeschlagen werden und sind nachfolgend zusammengefasst.

Satz von Vieta und Faktorisieren quadratischer Polynome

Satz von Vieta für quadratische Gleichungen:
Für die quadratische Gleichung $x^2 + px + q = 0$, $\quad p, q \in \mathbb{R}$ gilt:

▷ $x_2 + x_1 = -p$,

▷ $x_2 \cdot x_1 = q$,

wenn x_1 und x_2 die beiden Lösungen der Gleichung $x^2 + px + q = 0$ sind.

Spezialfall des Fundamentalsatzes der Algebra für Polynome 2. Grades:
$x^2 + px + q = (x - x_1)(x - x_2)$,
wenn x_1 und x_2 die beiden Lösungen der Gleichung $x^2 + px + q = 0$ sind.
$ax^2 + bx + c = a(x - x_1)(x - x_2)$
wenn x_1 und x_2 die beiden Lösungen der Gleichung $ax^2 + bx + c = 0$ sind. ◄

Der Satz von Vieta kann einen Weg bieten, quadratische Gleichungen schnell im Kopf zu lösen. Mindestens, wenn das Zahlenmaterial passend gewählt wird, kann das Lösen mit Hilfe vom Kopfrechnen besonders günstig angesehen werden.

Da Termumformungen grundsätzlich zu den Lehrplänen der beiden Treatment-Vorkurse gehören, konnte das operative Üben entsprechender Aufgaben ohne prinzipielle Veränderung des typischen Lehrplans und der Vorgehensweise in den Vorkursen der Treatmentgruppe untergebracht werden.

Die VEMINT-Materialien beinhalten ein großes Kapitel „Rechengesetze", in dem Binomische Formeln, Termumformungen und elementare Gleichungen ausführlich dargestellt sind und geübt werden können. Diese Inhalte werden in den ersten Tagen jedes Vorkurses behandelt und bieten den Teilnehmenden eine große Auswahl verschiedenster Rechenregeln und Aufgabenformate. Neben den anderen Themen der Schulalgebra findet das Faktorisieren quadratischer Polynome auch einen Platz in den VEMINT-Lernmaterialien. An dieser Stelle, und zwar bei der Behandlung der quadratischen Gleichungen, wurde das für die Studie entwickelte gezielte Übungsprogramm angesetzt. Die Inhalte wurden jeweils am Anfang des Vorkurses zuerst in der Vorlesung ausführlich und systematisch behandelt. In den weiteren Vorlesungen wurde der Satz von Vieta immer wiederholt, wenn das Lösen quadratischer Gleichungen oder das Faktorisieren quadratischer Polynome vorausgesetzt wurde. Außerdem wurden mehrere Übungszettel entwickelt, die nacheinander und kontinuierlich in mehreren Übungen parallel zu den anderen Inhalten zum Einsatz kamen. So wurde der Satz von Vieta im Laufe der Wochen neben den anderen weiterführenden Themen stetig wiederholt und mit Hilfe von verschiedenen Aufgabenformaten geübt.

Die gesamte Intervention fand im Laufe der ersten sieben Präsenzveranstaltungstage statt: Im Ing-Vorkurs wurden dafür die ersten zwei Wochen, im L1-L2-Vorkurs etwa zweieinhalb Wochen in Anspruch genommen.

Aufgaben zu den folgenden Themen wurden in dem Eingangs- sowie dem Ausgangstest der Studie verwendet:

1. Zerlegen quadratischer Polynome in Linearfaktoren, darunter Termumformungen, die das Faktorisieren quadratischer Polynome verschiedener Arten voraussetzen, zum Beispiel das Vereinfachen folgender Terme (unter der Vorrausetzung, dass die Variablen solche Werte annehmen, dass Divisionen durch Null ausgeschlossen sind):

   a. $\dfrac{x^2 - 18x + 81}{x - 9}$

   Das quadratische Polynom im Zähler ist ein volles Quadrat und kann mit Hife von der zweiten binomischen Formel faktorisiert werden:

   $$\frac{x^2 - 18x + 81}{x - 9} = \frac{(x - 9)^2}{x - 9} = x - 9$$

   b. $\dfrac{x^2 + 5x + 6}{x^2 + 4x + 4}$

   Das quadratische Polynom im Zähler muss nach dem Fundamentalsatz der Algebra in Linearfaktoren zerlegt werden (günstigerweise mit Hilfe des Satzes von Vieta), das quadratische Polynom im Nenner stellt ein volles Quadrat dar und kann mit Hilfe der ersten binomischen Formel faktorisiert werden:

   $$\frac{x^2 + 5x + 6}{x^2 + 4x + 4} = \frac{(x + 2)(x + 3)}{(x + 2)^2} = \frac{x + 3}{x + 2}$$

2. Lösen quadratischer Gleichungen unterschiedlicher Arten,
   zum Beispiel $-2x^2 + 8x + 24 = 0$
   Grundsätzlich darf die Gleichung mit Hilfe von einer der Lösungsformeln oder durch das Faktorisieren mit Hilfe des Satzes von Vieta gelöst werden.

3. Lösen von Gleichungen mit einer Variablen im Nenner, die teilweise auf eine quadratische Gleichung zurückführen und teilweise das Faktorisieren (vom Nenner) notwendig machen, wie zum Beispiel $\dfrac{2}{x - 5} = \dfrac{x}{x^2 - 25}$

   Der Nenner $x^2 - 25$ kann hier mit Hilfe der dritten binomischen Formel faktorisiert werden:

   $$\frac{2}{x - 5} = \frac{x}{x^2 - 25} \Leftrightarrow \frac{2}{x - 5} = \frac{x}{(x - 5)(x + 5)} \Leftrightarrow 2(x + 5) = x \Leftrightarrow x = -10$$

Der Arbeitsablauf, der im Laufe der Studie in der Experimentalgruppe geschult wurde, sollte folgende Schritte beinhalten:

(1) Faktorisieren mit Hilfe einer der drei aus der Schule bekannten binomischen Formeln (Scheid, 1990), falls möglich,
(2) Faktorisieren durch das Ausklammern der Variablen, falls das Absolutglied gleich Null ist,
(3) Faktorisieren mit Hilfe des Satzes von Vieta (und seinen Folgerungen), falls weder Schritt (1) noch Schritt (2) möglich sind.

Damit die Arbeitsabläufe eingeübt und in möglichst stabile Prozeduren übersetzt werden, wurde das gezielte mehrfache systematische Wiederholen derselben Denk- und Rechenschritte gefördert. Im Sinne des operativen Übens (Aebli, 2011) wurde eine konsequent aufgebaute Reihe der Übungsaufgaben zu den oben genannten Themen vorbereitet, wobei die Umkehraufgabe ein zentrales Prinzip war (zum Beispiel das Erstellen einer quadratischen Gleichung mit gegebener Lösungsmenge), und teilweise das Faktorisieren der quadratischen Polynome als einen der Teilschritte erfordert haben (zum Beispiel das Lösen quadratischer Ungleichungen oder Gleichungen mit einer Variablen im Nenner).

Bei jeder solchen Aufgabe wurde derselbe Denkschritt als Subroutine einer Prozedur vorausgesetzt: zwei Zahlen zu finden, die als Summe eine gegebene Zahl $-p$ und als Produkt eine gegebene Zahl q bilden. Bei einigen Aufgaben wurden die Teilnehmenden aufgefordert, eine Probe zu machen. So konnten die Denkschritte immer wieder vorwärts und rückwärts mehrfach wiederholt werden.

Die Aufgaben wurden systematisiert und die Reihenfolge so gewählt, dass bei jeder weiteren Aufgabenstellung ein weiterer Denkschritt bzw. derselbe Denkschritt rückwärts erforderlich war, zum Beispiel in der folgenden Reihenfolge: Eine der ersten Aufgaben war es, mehrere quadratische Gleichungen zu lösen, die bereits in Faktorform dargestellt waren: $x(x + 8) = 0$ (a). Danach wurden die Teilnehmenden aufgefordert, Gleichungen der Art $x^2 + 3x = 0$ (b) zu lösen, die nur mit einem Schritt in die Form (a) umzuwandeln waren. Zu der nächsten Aufgabe gehörten Gleichungen der Art $(x - 2)(x - 3) = 0$ (c), die sich von (a) nur darin unterschieden, dass die beiden Lösungen ungleich Null waren.

Zu jeder gezeigten Aufgabe wurden mehrere (teilweise bis zu 20) ähnliche Beispiele mit verschiedenen Koeffizienten erstellt und mehrmals im Laufe des Vorkurses eingesetzt und wiederholt. Wie das nachfolgende Beispiel zeigt, wurden dafür Variationen nach Schupp (2002), Umkehraufgaben nach Aebli (2011) und Nachbaraufgaben nach Zech (2002) verwendet.

Beispiel für Variationen, Nachbar- und Umkehraufgaben

1. Bestimmen Sie (im Kopf) alle Lösungen folgender Gleichungen. Multiplizieren Sie die Faktoren erst anschließend aus.

a. $(x - 2)(x - 3) = 0$
b. $(x + 2)(x + 3) = 0$
c. $(x + 2)(x - 3) = 0$
d. $(x - 2)(x + 3) = 0$
e. $(x - 3)(x + 3) = 0$
f. $(x - 3)(x - 3) = 0$
g. ...

(Variationen nach Schupp, 2002, Nachbaraufgaben nach Zech, 2002)

2. (Umkehraufgabe zu Beispiel 1)
   Erstellen Sie jeweils eine quadratische Gleichung der Form $x^2 + px + q = 0$ mit $p, q \in \mathbb{R}$ mit Hilfe des Satzes von Vieta mit der gegebenen Lösungsmenge. Lösen Sie anschließend die erstellten Gleichungen mit Hilfe von p-q- oder a-b-c-Formel.

   a. $\{4, 6\}$
   b. $\{-6, -4\}$
   c. $\{-4, 6\}$
   d. ...

   (Variationen nach Schupp, 2002 bzw. Umkehraufgabe nach Aebli, 2011)

◄

7.3.3 Evaluation

7.3.3.1 Studiendesign

Zu Beginn des jeweiligen Vorkurses (und zwar in der Treatment- und in der Kontrollgruppe) wurde derselbe Eingangstest durchgeführt. Im Laufe des Vorkurses wurde die Kontrollgruppe nach dem regulären Lehrplan zum größten Teil mit Hilfe von den VEMINT-Lehrmaterialien unterrichtet. In der Treatmentgruppe wurden die zusätzlichen Inhalte (wie im Abschn. 7.3.2 beschrieben) parallel zu den regulären Themen unterrichtet und geübt. Bei den Übungen wurden mehrere zusätzliche Übungszettel zum Einsatz gebracht. Der Eingangstest wurde während der Lehrveranstaltungen nicht explizit besprochen.

Am Ende des jeweiligen Vorkurses wurde derselbe Ausgangstest in der Treatment- und in der Kontrollgruppe geschrieben. Der Ausgangstest wurde aus dem Eingangstest (ausschließlich) durch die Änderung des Zahlenmaterials entwickelt, ohne den Schwierigkeitsgrad der Aufgaben zu beeinflussen. In diesem Beitrag werden die Rechenwege der Teilnehmenden der Treatmentgruppe sowie ihre typischen Fehler vor der Intervention in Fokus genommen und ihre Entwicklung von Eingangs- zu Ausgangstest ausschließlich qualitativ diskutiert. Mit den folgenden Betrachtungen sollen und können also keine Aussagen über die globale Wirksamkeit des Treatments gegeben werden, sondern wir betrachten allein lokal Änderungen bei einzelnen Studierenden.

7.3.3.2 Typische Fehler im Eingangstest

Das Lösen quadratischer Gleichungen sowie das Faktorisieren quadratischer Polynome scheint den Studierenden in unserer Stichprobe bereits bekannt zu sein. Möglicherweise sind ganz allgemein Schülerinnen und Schüler am Ende der Schulzeit gewohnt, zur Lösung quadratischer Gleichungen eine der Lösungsformeln (Scheid, 1990) anzuwenden. Mehrere Teilnehmende machen dabei unterschiedliche Fehler, auf die teilweise auch Malle und Wittmann (1993) aufmerksam machen. Die Lösungsformeln sind nachfolgend dargestellt.

Lösungsformeln für quadratische Gleichungen

Für die beiden Lösungen x_1 und x_2 der quadratischen Gleichung
$x^2 + px + q = 0$ mit $p, q \in \mathbb{R}$ gilt:
$$x_{1,2} = -\frac{p}{2} \pm \sqrt{\left(-\frac{p}{2}\right)^2 - q}$$
Für die beiden Lösungen x_1 und x_2 der quadratischen Gleichung
$ax^2 + bx + c = 0$ mit $a \in \mathbb{R} \setminus \{0\}$ und $b, c \in \mathbb{R}$ gilt:
$$x_{1,2} = \frac{-b \pm \sqrt{b^2 - 4ac}}{2a} \blacktriangleleft$$

Die nachfolgend eingefügten Lösungen der Teilnehmenden wurden den im Rahmen der Studie durchgeführten Tests entnommen. Die Lösungen sind zeichengetreu nachgezeichnet worden, um vollständige Anonymität herzustellen.

Im Eingangstest haben die meisten Teilnehmenden die entsprechenden Aufgaben gar nicht bearbeitet. Richtige Lösungen der Aufgaben, die das Faktorisieren quadratischer Polynome voraussetzen, wurden nur vereinzelt angefertigt. Unter den abgegebenen Lösungen wurden mehrfach die Fehler beobachtet, die nachfolgend als „typische Fehler" bezeichnet werden.

Nach Malle und Wittmann (1993, S. 188–190) besteht der Prozess des Gleichungslösens aus jeweils gegenseitiger Wechselwirkung dreier Komponenten „Erkennen von Termstrukturen", „Auswahl einer Regel aus einem Regelvorrat" und „Heuristischer Strategie". Diesen systematischen Zusammenhang bezeichnen die Autoren allerdings als eine idealisierte Darstellung des Gleichungslösens.

$$-2x^2 + 8x + 24 = 0$$

$$8x = -2x^2 - 24 \quad | :8$$
$$x = -\frac{2}{8}x^2 - 3$$

Ergebnis:
$$\boxed{x = -\frac{2}{8}x^2 - 3}$$

Abb. 7.1 Die Termstruktur des quadratischen Polynoms wurde nicht erkannt, daraufhin wurde keine sinnvolle Lösung angefertigt. (Lösung einer bzw. eines Teilnehmenden, Eingangstest)

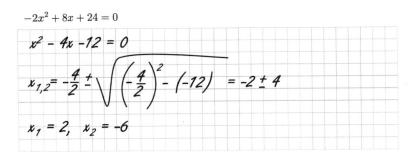

$$-2x^2 + 8x + 24 = 0$$

$$x^2 - 4x - 12 = 0$$

$$x_{1,2} = -\frac{4}{2} \pm \sqrt{\left(-\frac{4}{2}\right)^2 - (-12)} = -2 \pm 4$$

$$x_1 = 2, \quad x_2 = -6$$

Abb. 7.2 Die beiden Lösungen haben falsche Vorzeichen (Lösung einer bzw. eines Teilnehmenden, Eingangstest)

Im Beispiel in Abb. 7.1 wurde die Termstruktur des quadratischen Polynoms nicht erkannt bzw. ist bei den entsprechenden Studierenden die Prozedur zur Lösung einer quadratischen Gleichung nicht abrufbar.

Daraufhin wurde die Regel $A + B = C \quad \Leftrightarrow \quad A = C - B$ (Malle & Wittmann, 1993, S. 189) angewendet, die bei der gegebenen Termstruktur nicht zur Lösung der Gleichung führt. In diesem Fall wird also eine für andere Gleichungstypen sinnvolle Prozedur auf eine nicht passende Situation erweitert (fehlerhafter Bedingungsteil einer Prozedur).

Ein häufig beobachteter Fehler ist in der Abb. 7.2 dargestellt: Bei $\frac{p}{2}$ wird ein falsches Vorzeichen eingefügt, was zu falschen Vorzeichen bei den Lösungen führt.

Das Vertauschen des Vorzeichens im Sinne einer nicht adäquaten Subroutine innerhalb einer überwiegend adäquaten Prozedur ist ebenfalls bei $-q$ zu beobachten. Die Vertauschung ist den Studierenden in unserer Stichprobe auffallend oft dann passiert, wenn q negativ war.

Ein weiterer typischer Fehler ist in der Abb. 7.3 visualisiert. Vermutlich wurde vergessen, $\frac{p}{2}$ zu quadrieren bzw. ist eine Subroutine nicht vorhanden.

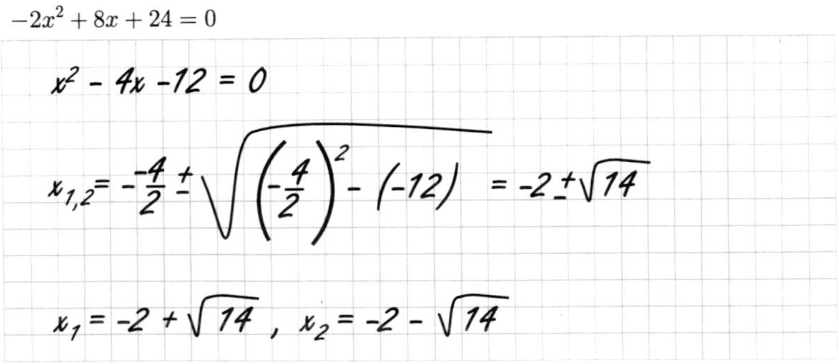

$$-2x^2 + 8x + 24 = 0$$

$$x^2 - 4x - 12 = 0$$

$$x_{1,2} = -\frac{4}{2} \pm \sqrt{\left(\frac{4}{2}\right)^2 - (-12)} = -2 \pm \sqrt{14}$$

$$x_1 = -2 + \sqrt{14}, \quad x_2 = -2 - \sqrt{14}$$

Abb. 7.3 $\frac{p}{2}$ wurde nicht bzw. falsch quadriert (Lösung einer bzw. eines Teilnehmenden, Eingangstest)

Weitere typische Fehler wurden in den Lösungen der Aufgaben beobachtet, die das Faktorisieren quadratischer Polynome als Zwischenschritt voraussetzen, um die gestellte Aufgabe zu lösen. Es handelt sich dabei um das Vereinfachen beispielsweise folgender Ausdrücke: $\frac{x^2 - 18x + 81}{x - 9}$, $\frac{x^2 + 5x + 6}{x^2 + 4x + 4}$ bzw. $\frac{x^2 - x - 20}{x^2 - 5x}$, wie es bereits im Abschn. 7.3.2 beschrieben wurde. Es handelt sich um das Faktorisieren der Polynome im Zähler und im Nenner, damit die Bruchterme gekürzt werden können. Folgende drei Fälle können hier unterschieden werden:

1. Das Polynom $x^2 - 5x$ kann einfach durch das Ausklammern von x faktorisiert werden: $x^2 - 5x = x(x - 5)$.
2. Polynome $x^2 + 4x + 4$ und $x^2 - 18x + 81$ stellen jeweils ein volles Quadrat dar und können mit Hilfe der esten bzw. zweiten binomischen Formel faktorisiert werden (gezeigt im Abschn. 7.3.2)
3. Polynome $x^2 + 5x + 6$ und $x^2 - x - 20$ müssen entweder mit Hilfe des Satzes von Vieta oder durch das Lösen der entsprechenden quadratischen Gleichung und das Aufschreiben der Faktorform nach dem Fundamentalsatz der Algebra in Linearfaktoren zerlegt werden (ebenfalls gezeigt im Abschn. 7.3.2). Dieser Schritt bereitet den Teilnehmenden Schwierigkeiten, wie das nachfolgende Beispiel zweier Lösungen im Eingangstest veranschaulicht.

Zwei Lösungen, die in der Abb. 7.4 dargestellt sind, gehören derselben Person. Zwar scheint den Teilnehmenden teilweise bewusst zu sein, dass der Zähler und der Nenner faktorisiert werden müssen, allerdings wissen sie vermutlich nicht immer, wie quadratische Polynome, die kein volles Quadrat darstellen, in Linearfaktoren zu zerlegen sind.

Der oder dem Teilnehmenden ist es also möglicherweise bewusst, dass der Zähler und der Nenner faktorisiert werden müssen, damit der Bruch gekürzt werden kann. Die beiden Polynome $x^2 - 18x + 81$ und $x^2 + 4x + 4$ wurden mit Hilfe der binomischen Formeln erfolgreich faktorisiert. Im linken Beispiel hat das auch gereicht, um die Aufgabe zu lösen. Das rechte Beispiel enthält das Polynom $x^2 + 5x + 6$, das kein volles Quadrat darstellt, und es wurde anscheinend keine Möglichkeit gefunden, dieses Polynom zu faktorisieren, so dass die Aufgabe nicht vollständig gelöst wurde. Hier ist also eine entsprechende Subroutine in der Prozedur zum Lösen quadratischer Gleichungen nicht vorhanden oder kann nicht abgerufen werden.

In der Abb. 7.5 sind zwei Beispiele für falsches Kürzen (ohne Beachtung von Regeln) dargestellt.

Diese Fehlerart wird von Malle und Wittmann (1993, S. 171) „Unzulässiges Strukturieren von Termen" genannt und ausführlich beschrieben. Außerdem findet man diesen Fehler unter „Verwendung inadäquater Schemata" Malle und Wittmann (1993, S. 176–177) als Beispiel für Streichschemata bzw. Weglassschemata. Im Sinne der ACT-Theorie wäre hier der gesamte Aktionsteil einer Prozedur zur Kürzung in Bruchtermen nicht adäquat. Nach

$$\frac{x^2 - 18x + 81}{x - 9} \qquad\qquad\qquad \frac{x^2 + 5x + 6}{x^2 + 4x + 4}$$

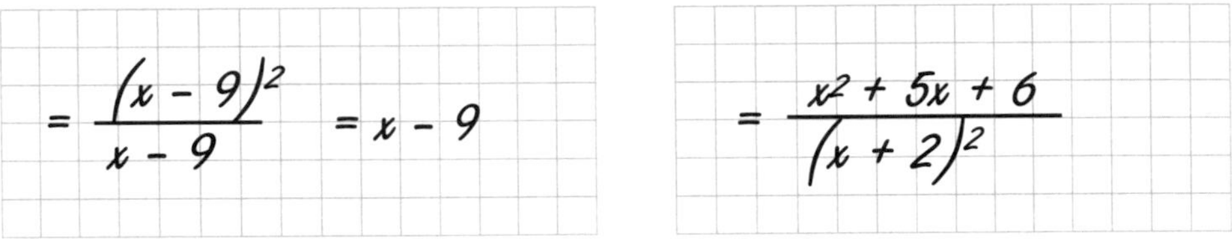

$$= \frac{(x - 9)^2}{x - 9} = x - 9 \qquad\qquad = \frac{x^2 + 5x + 6}{(x + 2)^2}$$

Abb. 7.4 Die Teilnehmenden wissen nicht, ob bzw. wie quadratische Polynome zu faktorisieren sind. Die beiden Lösungen gehören derselben Person (Eingangstest)

$$\frac{x^2 + 5x + 6}{x^2 + 4x + 4}$$

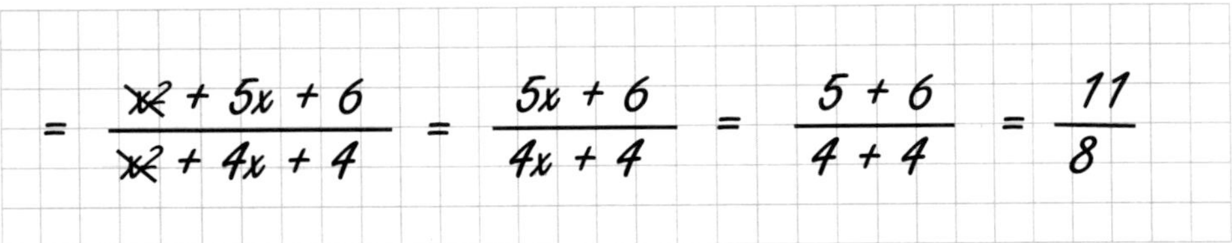

$$= \frac{\cancel{x^2} + 5x + 6}{\cancel{x^2} + 4x + 4} = \frac{5x + 6}{4x + 4} = \frac{5 + 6}{4 + 4} = \frac{11}{8}$$

$$\frac{x^2 - x - 20}{x^2 - 5x}$$

$$= \frac{\cancel{x^2} \cancel{-x} - 20}{\cancel{x^2} \cancel{-5x}} = \frac{-20}{5} = -4$$

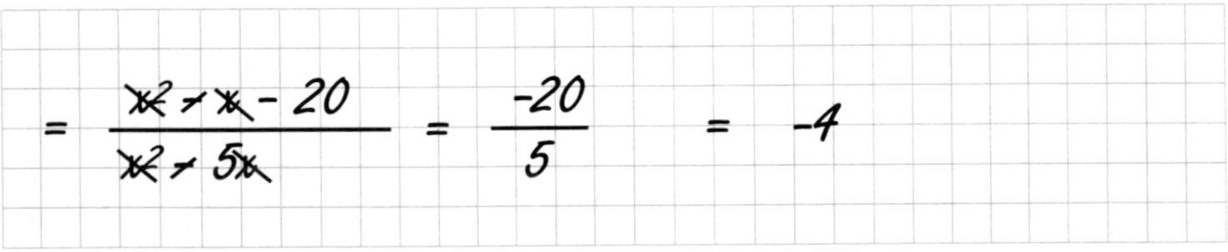

Abb. 7.5 Ein Beispiel für falsches Kürzen ohne Beachtung von Regeln (Lösung einer bzw. eines Teilnehmenden, Eingangstest)

gültigen Musterbeispielen entwickeln einige Lernende vermutlich ein Schema, nach dem sie gleiche Buchstaben bzw. Zahlen (in diesem Falle auch gleiche Potenten von x) uneingeschränkt streichen.

7.3.3.3 Beobachtungen im Ausgangstest

Im Ausganstest wurden mehrfach richtige Lösungen beobachtet, die nachfolgend exemplarisch dargestellt werden. Dass der Satz von Vieta einen günstigen Weg bieten könnte, quadratische Gleichungen schnell im Kopf zu lösen, scheint sich auch in der Lösung einer Teilnehmerin bzw. eines Teilnehmers nach der Übungsintervention (dargestellt in der Abb. 7.6) zu zeigen, in der das Wählen des Satzes von Vieta für die Lösung der quadratischen Gleichung

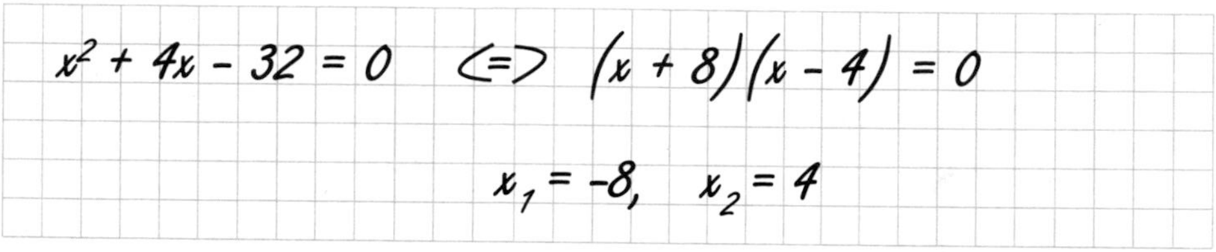

$$x^2 + 4x - 32 = 0 \iff (x + 8)(x - 4) = 0$$
$$x_1 = -8, \quad x_2 = 4$$

Abb. 7.6 Das Lösen quadratischer Gleichung durch Faktorisieren. (Lösung einer bzw. eines Teilnehmenden, Ausgangstest)

im Ausgangstest aufscheint. Da keine weiteren Rechenschritte bei der Lösung aufgeschrieben wurden, ist es anzunehmen, dass das quadratische Polynom im Kopf faktorisiert wurde.

Im beschriebenen Beispiel wurde das Zahlenmaterial günstig für das Kopfrechnen gewählt. Dabei gehen wir davon aus, dass mit wachsender Erfahrung der Teilnehmenden der Schwierigkeitsgrad der Aufgaben auch gesteigert werden kann.

Im Gegensatz zur auswendig gelernten Lösungsformel kann das Arbeiten mit dem Satz von Vieta tieferes Verständnis des Aufbaus der quadratischen Polynome fordern und fördern. Durch das gezielte Üben des Faktorisierens quadratischer Polynome, scheinen die Teilnehmenden geschult zu werden, die Struktur eines qudratischen Polynoms zu verstehen. So wurde im Vorkurs auch dazu angeleitet, immer eine Probe zu machen, selbst dann, wenn die Gleichung mit Hilfe einer Lösungsformel gelöst wurde, was zur Fehlerprävention dient.

$$\frac{x^2 + 5x + 6}{x^2 + 4x + 4}$$

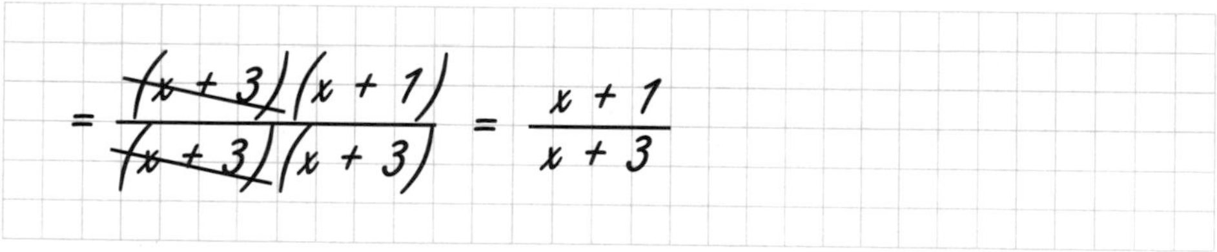

$$= \frac{(x + 3)(x + 1)}{(x + 3)(x + 3)} = \frac{x + 1}{x + 3}$$

$$\frac{x^2 + x - 12}{x^2 + 4x}$$

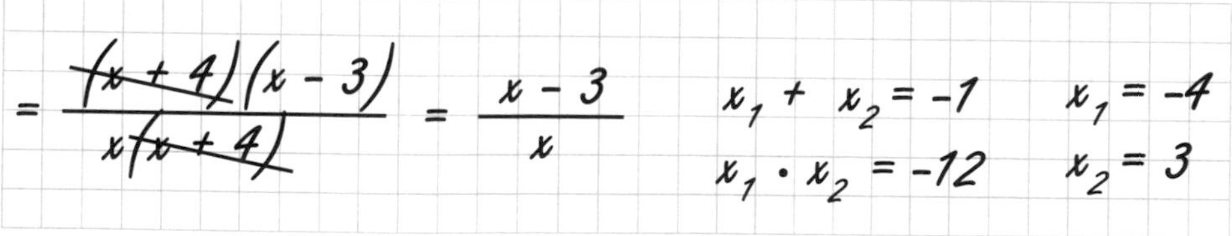

$$= \frac{(x + 4)(x - 3)}{x(x + 4)} = \frac{x - 3}{x}$$

$$x_1 + x_2 = -1 \qquad x_1 = -4$$
$$x_1 \cdot x_2 = -12 \qquad x_2 = 3$$

Abb. 7.7 Zwei richtige Lösungen im Ausgangstest von derselben Person, deren falsche Lösung im Eingangstest in der Abb. 7.5 dargestellt wurde

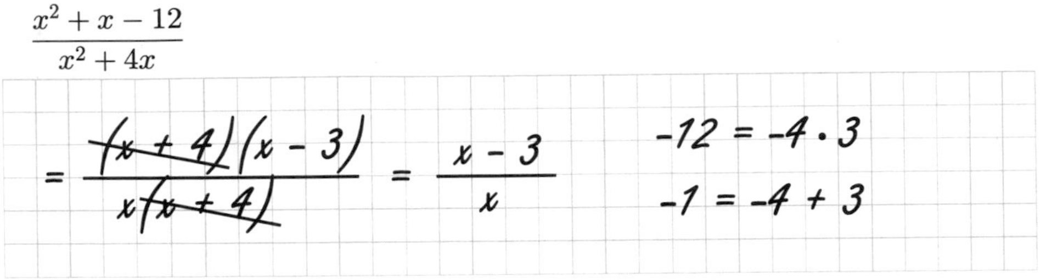

$$\frac{x^2 + x - 12}{x^2 + 4x}$$

$$= \frac{(x+4)(x-3)}{x(x+4)} = \frac{x-3}{x} \qquad \begin{array}{l} -12 = -4 \cdot 3 \\ -1 = -4 + 3 \end{array}$$

Abb. 7.8 Richtige Lösung einer bzw. eines Teilnehmenden, Ausgangstest. Es ist ersichtlich, dass der Satz von Vieta bei der Lösung verwendet wurde. Diese Teilnehmerin bzw. dieser Teilnehmer hat für die entsprechende Aufgabe im Eingangstest gar keine Lösung angegeben

In der Abb. 7.7 sind weitere richtige Lösungen (unter Anwendung des Satzes von Vieta) zweier Aufgaben des Ausgangstests präsentiert. Die falsche Lösung der entsprechenden Aufgaben des Eingangstests derselben Person ist in der Abb. 7.5 dargestellt.

Der Satz von Vieta bietet weiterhin eine schnelle Möglichkeit, mit einem Schritt quadratische Polynome zu faktorisieren, so dass sie in dieser Form weiterbearbeitet werden können (zum Beispiel bei unterschiedlichen Termumformungen oder bei der Untersuchung der quadratischen Funktionen und der Polynome höheren Grades.) Das scheint auch in Lösungen des Ausgangstests einzugehen: Ein Beispiel in der Abb. 7.8 zeigt, dass die Teilnehmerin bzw. der Teilnehmer des Ausgangstests den Satz von Vieta verwendet hat, um die Aufgabe korrekt zu lösen. Genau diese Teilnehmerin bzw. dieser Teilnehmer hat für die entsprechende Aufgabe im Eingangstest (den Ausdruck $\frac{x^2-x-20}{x^2-5x}$ zu vereinfachen) gar keine Lösung angegeben.

7.4 Zusammenfassung und Ausblick

Der Fachbereich Mathematik und Naturwissenschaften bietet ein umfangreiches und abwechslungreiches Vorkursprogramm, das auf der VEMINT-Lehrplattform basiert, für mehrere Studiengänge und beschult damit etwa eintausend Studienanfängerinnen und Studienanfänger der Universität Kassel pro Jahr. Für alle Studiengänge wird ein mit dem jeweiligen Fachbereich abgestimmter Lehrplan erarbeitet und eine Präsenz- und eine Onlinevariante des Mathematikvorkurses angeboten. Es wird in kleineren Übungsgruppen gearbeitet, die Onlineteilnehmerinnen und -teilnehmer werden ständig durch eine Onlinetutorin bzw. einen Onlinetutor betreut. Dadurch kann auf unterschiedliche Interessen und Bedürfnisse aller Teilnehmerinnen und Teilnehmer eingegangen werden.

Für alle Studienanfängerinnen und Studienanfänger ist ein sicherer Umgang mit Termumformungen besonders wichtig. Die Studie zeigte eine positive Wirkung des gezielten operativen Übens bestimmter Inhalte der Schulalgebra auf die Qualität der von den Teilnehmerinnen und Teilnehmer angefertigten Lösungen. Deswegen wird es zukünftig angestrebt, die Praxis des gezielten operativen Übens in den Vorkursen weiterzuentwickeln. Mittelfristig soll dabei auch die Einordnung von Fehlern im Sinne nicht adäquater Prozeduren im Sinne der ACT-Theorie ausgebaut werden und konstruktiv in die Gestaltung der Übungsbestandteile der Vorkurse eingehen. In der Studie wurden nur einzelne bestimmte Themen in Fokus genommen. Dafür wurden mehrere Aufgaben erstellt und ein systematisches Übungsprogramm exemplarisch für diese Themen entwickelt. Da es sich bei dem durchgeführten Übungsprogramm um einige grundlegende Themen der elementaren Algebra handelt, die in allen Vorkursen immer behandelt werden, wurden die anderen Vorkursinhalte nicht durch die Intervention beeinträchtigt. Es wäre grundsätzlich erstrebenswert, das Übungsprogramm auf weitere Inhalte der Schulalgebra auszuweiten. Da die Vorkurse nur vier bis sechs Wochen dauern, könnte es zu zeitlichen Problemen führen, alle Inhalte der Schulalgebra während des Vorkurses studienreif zu üben. Außerdem gehören zu den Vorkurslehrplänen auch andere mathematische Inhalte (außerhalb der Schulalgebra), von denen Studienanfängerinnen und Studienanfänger während des Studiums ebenfalls profitieren würden. Es muss also eine Auswahl von Themen getroffen werden, die im Laufe des Vorkurses, der nur einige Wochen dauert, erfolgreich erlernt werden können.

Anhang

Beschreibung der Vorkurse, die nicht an der Intervention teilgenommen haben

Präsenzvorkurs für Elektrotechnik und Informatik
Der Präsenz-Mathematikvorkurs P1 für die Studiengänge Elektrotechnik, Informatik und Mechatronik dauert sechs Wochen und hat ein 132-stündiges Programm, das aus Vorlesungen, Übungen und angeleitetem Lernen mit Hilfe der VEMINT-Lehrmaterialien in einem Computerraum besteht. Da der Vorkurs bis zu 130 Teilnehmerinnen und Teilnehmer zählt, wird er für das Übungsbetrieb in mehrere verschiedene Übungsgruppen aufgeteilt. Die Teilnehmerinnen und Teilnehmer bearbeiten Übungsaufgaben mit Hilfe jeweils einer Übungsleiterin oder eines Übungsleiters.

Auch bei der Bearbeitung der VEMINT-Materialien im Computerraum stehen die studentischen Hilfskräfte den Teilnehmenden zur Seite, um sie bei eventuellen Fragen zu unterstützen.

Der Präsenzvorkurs P1 wird zweimal pro Jahr, und zwar jeweils vor dem Winter- und vor dem Sommersemester angeboten.

Präsenzvorkurs für Gymnasiallehramt und Studiengänge mit hoher mathematischer Anforderung
Der Präsenz-Mathematikvorkurs P3 für die Bachelorstudiengänge Mathematik, Physik und Nanostrukturwissenschaften sowie das Gymnasiallehramt mit den Fächern Mathematik, Physik bzw. Chemie mit knapp hundert Teilnehmerinnen und Teilnehmern dauert vier

Wochen. Die Präsenzveranstaltungen (jeweils eine dreistündige Vorlesung und eine zwei-stündige Übung) finden montags, mittwochs und freitags statt. An den restlichen Arbeits-tagen bearbeiten die Teilnehmenden selbstständig die VEMINT-Lehrmaterialien, darunter die eingebauten Vor- und Nachtests.

Onlinevorkurs für alle Ingenieurstudiengänge
Dieser Onlinemathematikvorkurs wird für alle Ingenieurstudiengänge angeboten, und zwar als eine Blended-Learning-Alternative für den Präsenzvorkurs für Elektrotechnik und Infor-matik und für den Präsenzvorkurs für Ingenieurstudiengänge. Der Vorkurs dauert insgesamt vier Wochen und beinhaltet neun Präsenztage und hat ungefähr 200 Anmeldungen. Die Präsenzveranstaltungen dieses Blended-Learning-Kurses werden von etwa der Hälfte der Teilnehmerinnen und Teilnehmer kontinuierlich besucht.

Onlinevorkurs für Gymnasiallehramt und Studiengänge mit hoher mathematischer Anfor-derung
Dieser Vorkurs ist eine Blended-Learning-Alternative für den entsprechenden Präsenzvor-kurs. Er dauert vier Wochen und beinhaltet sechs Präsenztage, wobei am ersten Präsenztag nur eine dreistündige Vorlesung stattfindet. Die restlichen fünf Präsenztage sind wie oben beschrieben organisiert. Zu dem Vorkurs melden sich für gewöhnlich 50 bis 60 Studierende an.

Onlinevorkurs für Grund-, Haupt- und Realschullehramt
Dieser Vorkurs ist genauso wie der Onlinevorkurs für Gymnasiallehramt organisiert und stellt eine Blended-Learning-Alternative für den entsprechenden Präsenzvorkurs für Grund-, Haupt- und Realschullehramt dar. Der Vorkurs zählt 100 bis 130 Anmeldungen.

Literatur

Aebli, H. (2011). *Zwölf Grundformen des Lehrens: eine allgemeine Didaktik auf psychologischer Grundlage* (14th Aufl.). Klett-Cotta.

Anderson, J. R. (1982). Acquisition of cognitive skill. *Psychological Review, 89*(4), 369.

Anderson, J. R. (1996). Act: A simple theory of complex cognition. *American Psychologist, 51*(4), 355.

Bronštejn, I. N., & Semendjaev, K. A. (1989). *Taschenbuch der Mathematik* (24th Aufl.). Teubner.

Gueudet, G. (2008). Investigating the secondary–tertiary transition. *Educational Studies in Mathematics 67* (3), 237–254. https://doi.org/10.1007/s10649-007-9100-6

Heublein, U. (2014). *Die Entwicklung der Studienabbruchquoten an den deutschen Hochschulen: statistische Berechnungen auf der Basis des Absolventenjahrgangs 2012*. Dt. Zentrum für Hochsch.- und Wiss.-Forschung.

Knospe, H. (2012). Zehn Jahre Eingangstest Mathematik an Fachhochschulen in Nordrhein-Westfalen. In H. Ruhr-West (Hrsg.), *Proceedings zum 10. Workshop Mathematik in ingenieurwis-senschaftlichen Studiengängen* (S. 19–24).

Malle, G., & Wittmann, E. C. (1993). *Didaktische Probleme der elementaren Algebra*. Springer. https://doi.org/10.1007/978-3-322-89561-5

Reiss, K., & Hammer, C. (2013). Didaktische prinzipien. In *Grundlagen der Mathematikdidaktik: Eine Einführung für den Unterricht in der Sekundarstufe* (S. 65–80). Birkhäuser. https://doi.org/10.1007/978-3-0346-0647-9_6

Rittle-Johnson, B., & Schneider, M. (2015). Developing conceptual and procedural knowledge of mathematics. *Oxford handbook of numerical cognition,* 1118–1134. https://doi.org/10.1093/oxfordhb/9780199642342.013.014

Scheid, H. (1990). *Schüler-Duden. Die Mathematik* (5th Aufl.). Dudenverlag.

Schipper, W. (2009). *Handbuch für den Mathematikunterricht an Grundschulen*. Bildungshaus Schulbuchverlage Westermann Schroedel Diesterweg Schöningh Winklers GmbH.

Schneider, M. (2006). *Konzeptuelles und prozedurales Wissen als latente Variablen: Ihre Interaktion beim Lernen mit Dezimalbrüchen* (Dissertation, Technische Universität Berlin, Fakultät V - Verkehrs- und Maschinensysteme, Berlin). https://doi.org/10.14279/depositonce-1308

Schupp, H. (2002). *Thema mit Variationen oder Aufgabenvariation im Mathematikunterricht*. Franzbecker.

Thomas, M. O., de Freitas Druck, I., Huillet, D., Ju, M.-K., Nardi, E., Rasmussen, C. & Xie, J. (2015). Key mathematical concepts in the transition from secondary school to university. In S. J. Cho (Hrsg.), *The proceedings of the 12th international congress on mathematical education* (S. 265–284). https://doi.org/10.1007/978-3-319-12688-3_18

VEMINT-Konsortium. (2012–2021). *VEMINT*. https://www.vemint.de. Zugegriffen: 17. Febr. 2021.

Zech, F. (2002). *Grundkurs Mathematikdidaktik* (10. Aufl.). Beltz.

Konzeption und Wirkung eines Vorkurses zur Einführung in die Hochschulmathematik unter Einbezug aktivierender Lehrmethoden

Regula Krapf und Franzisca Schneider

Zusammenfassung

An der Universität Koblenz-Landau, Campus Koblenz, wurde im Wintersemester 2019/20 im Rahmen eines auf die Hochschulmathematik vorbereitenden Vorkurses ein Lehr-Lernkonzept entwickelt, welches durch den Einsatz eines Lückenskripts und durch die Einbindung kurzer Gruppenübungsphasen in die Vorlesung eine stärkere kognitive Aktivierung erzielen soll. Dabei handelte es sich um einen Präsenzvorkurs, welcher sich an Lehramtsstudierende mit Zielschularten Gymnasium, Realschule plus und Berufsbildende Schulen sowie an Studierende der Informatik und Computervisualistik richtete. In diesem Beitrag wird das didaktische Konzept des Vorkurses theoriebasiert erläutert sowie durch Best-Practice-Beispiele ergänzt. Zudem werden Evaluationsergebnisse präsentiert und weiterhin die Entwicklung mathematikbezogener affektiver Merkmale wie Interesse, Selbstkonzept, Selbstwirksamkeitserwartung, Freude und Angst im Verlauf des Vorkurses analysiert.

R. Krapf (✉)
Mathematisches Institut, Universität Bonn, Bonn, Nordrhein-Westfalen, Deutschland
E-mail: krapf@math.uni-bonn.de

F. Schneider
Mathematisches Institut, Universität Koblenz-Landau, Koblenz, Rheinland-Pfalz, Deutschland
E-mail: franzischneider@uni-koblenz.de

R. Hochmuth et al. (Hrsg.), *Unterstützungsmaßnahmen in mathematikbezogenen Studiengängen*, Konzepte und Studien zur Hochschuldidaktik und Lehrerbildung Mathematik, https://doi.org/10.1007/978-3-662-64833-9_8

Zielgruppe	Lehramt Mathematik, Informatik, Computervisualistik
Format	Präsenzkurs
Ungefähre Teilnehmerzahl	Ca. 100 Studierende
Dauer	Zwei Wochen
Zeit pro Tag	2 h Vorlesung + 2,5 h Übung
Lernmaterial	Eigenentwicklung
Lehrende	Eine Mitarbeiterin und studentische Hilfskräfte
Inhaltliche Ausrichtung	Hochschulmathematik
Ist der Vorkurs verpflichtend?	Nein
Besonderes Merkmal	Lückenskript, Übungsphasen in der Vorlesung

8.1   Einleitung

Im Übergang von der Schule zur Hochschule stehen Studienanfänger*innen im Fach Mathematik vor vielfältigen Herausforderungen. Zum einen unterscheidet sich der Lerngegenstand, die Hochschulmathematik, hinsichtlich Abstraktionsgrad, Fachsprache, Arbeitsweisen und soziomathematischen Normen, von demjenigen der Schule (Guedet, 2008). Anders als in der Schulmathematik spielen zudem Beweise in der universitären Mathematik eine zentrale Rolle, die gestellten Aufgaben erreichen ein höheres Komplexitätsniveau und die Präsentation der Lehrinhalte folgt einem deduktiv-axiomatischen Aufbau, dem sogenannten DTP-Format (Dreyfus, 1991; Weber, 2004)[1]. Andererseits verfügen Studierende oft über ein mangelhaftes Vorwissen aus der Schulmathematik (Lung, 2019). Diese Problematik kommt deutlich durch die in der Mathematik besonders hohen Abbruch- und Durchfallquoten (Dieter, 2012) zum Ausdruck. Um diese Schwierigkeiten zu lindern, werden an fast allen Hochschulen im deutschsprachigen Raum Mathematikvorkurse angeboten. Ein

---

[1] Die Bezeichnung „DTP-Format" steht für die Abfolge „Definition – Theorem – Proof", welche in hochschulmathematischen Lehrveranstaltungen üblich ist.

weiterer entscheidender Unterschied zwischen dem schulischen Mathematikunterricht und der Hochschullehre besteht in der Lehrmethodik. Mathematikvorlesungen sind in der Regel weniger lernendenzentriert, stärker produktorientiert und Interaktion zwischen Lehrenden und Lernenden findet nur in geringem Maß statt (Yoon et al., 2011; Dreyfus, 1991). Daher wurde im Koblenzer Vorkurs im Wintersemester 2019/20 ein Lehrkonzept implementiert, welches zwischen der an Schulen und Hochschulen üblichen Lehrmethodik vermitteln soll. So soll der Vorkurs einen ersten Schritt in einem Enkulturationsprozess darstellen. Dazu wurde ein Lückenskript eingesetzt, welches gleichzeitiges Mitdenken und Mitschreiben sowie eine Strukturierung der Vorlesung ermöglichen soll. Zusätzlich wurde die Vorlesung mehrfach durch kurze Gruppenübungsphasen unterbrochen, um eine kognitiv aktivierende Wirkung zu erzielen.

8.2   Theoretische Grundlagen

In den folgenden Abschnitten werden zunächst Unterschiede zwischen der an Schulen und an Hochschulen üblichen Lehrmethodik herausgearbeitet. Dadurch wird der Einsatz eines Lückenskripts motiviert, weswegen darauf aufbauend theoretische Grundlagen zu Lückenskripten präsentiert werden. Da im Rahmen dieses Beitrags auch die Veränderung mathematikbezogener affektiver Merkmale im Vorkursverlauf untersucht werden soll, werden abschließend empirische Erkenntnisse zur Entwicklung affektiver Merkmale in der Studieneingangsphase vorgestellt.

8.2.1   Lehrmethodik an Schulen und Hochschulen

Die Lehrmethodik an Schulen und Hochschulen unterscheidet sich deutlich, weswegen ein Vorkurs als Überbrückung hierbei eine Vermittlerrolle einnehmen kann. Während der Schulunterricht in der Regel lernendenzentriert gestaltet wird, so bestehen Mathematikvorlesungen an Hochschulen überwiegend aus Frontalunterricht und sind daher stärker lehrendenzentriert (Yoon et al., 2011; Bergsten, 2007). Ein entscheidender Unterschied besteht dabei in der Produktorientierung der Hochschulmathematik, welche üblicherweise in der Abfolge Definition – Satz – Beweis präsentiert wird, wobei Begriffsbildungsprozesse und die Entwicklung von Beweisideen nur in seltenen Fällen expliziert werden (Dreyfus, 1991; Rach et al., 2016). Dadurch wird die Mathematik als „fertiges Gebäude" vorgestellt, dessen Entstehungsgeschichte nicht transparent vermittelt wird. Die Einteilung von Lehrveranstaltungen in Vorlesung und Übungsbetrieb an Hochschulen führt zudem zu einer strikten Trennung zwischen Instruktion, welche überwiegend in Vorlesungen stattfindet, und Phasen der Eigenaktivität, welche in Übungen und im Selbststudium verortet werden. Im schlimmsten Fall kann dies zur Folge haben, dass Studierende wichtige Zusammenhänge zwischen

Theorie und Anwendungen und daher die Relevanz der Vorlesungsinhalte für die Übungen nicht ausreichend erkennen.

Auch der Medieneinsatz gestaltet sich an den beiden Bildungsinstitutionen unterschiedlich. Während an der Schule innerhalb einer Unterrichtsstunde mehrere Medienwechsel stattfinden können, so ist in mathematischen Vorlesungen der Tafelanschrieb auch im digitalen Zeitalter die dominante Vermittlungsform (Artemeva & Fox, 2011; Greiffenhagen, 2014). Die Tafelvorlesung hat im Vergleich zu Beamerpräsentationen, welche auch in der Mathematik zunehmend verbreitet sind, zahlreiche Vorzüge: So bieten Tafeln eine optimale Raumnutzung, da in großen Hörsälen oftmals mehrere übereinandergelagerte Tafeln vorkommen. Dadurch stehen Vorlesungsinhalte länger schriftlich zur Verfügung und vereinfachen die Referenzierung auf zuvor behandelte Definitionen und Sätze. Außerdem wird durch den Anschrieb und das Wischen der Tafel die Präsentationsgeschwindigkeit reguliert (Artemeva & Fox, 2011). Im Vergleich zu den vorab gestalteten Beamerfolien, welche eine statische Rolle einnehmen, betont der Tafelanschrieb stärker den Prozesscharakter der Mathematik, da Beweise und Beispiele „live" entwickelt werden können. Verbunden mit der Präsentationsform ist die Art der Materialbereitstellung. In Schulen folgt der Unterricht oftmals Schulbüchern oder Arbeitsblättern, welche sowohl Theorie als auch Übungsmaterial enthalten. An Hochschulen hingegen müssen Studierende entweder eigenständig eine Mitschrift anfertigen, oder sie erhalten, je nach Gestaltung der Vorlesung, ein Skript oder Beamerfolien. Dabei findet eine strikte Trennung zwischen Theorie und Übungen statt, welche in der Form von Übungsblättern zur Verfügung gestellt werden.

Durch die Trennung von Instruktions- und Übungsphasen ist die Präsentationsgeschwindigkeit an Hochschulen deutlich höher als an Schulen, wo die Theorievermittlung oft durch Übungsaufgaben unterbrochen wird. Dies sowie die hohe Informationsdichte in Mathematikvorlesungen kann zu einer Autonomiefrustration führen (Liebendörfer & Hochmuth, 2015). So können Studierende die Vorlesungsinhalte in der Regel nicht direkt während der Vorlesung durchdringen, sondern erst bei der Nachbereitung und der Bearbeitung des jeweiligen Übungsblatts, was sich als Überforderung in der Vorlesung äußern kann. Diese Problematik sowie auch die hohen Teilnehmerzahlen in Vorlesungen führen zu einer Verminderung der Interaktionen zwischen Lehrenden und Lernenden, da sich viele Studierende zu unsicher fühlen, um Fragen zu stellen oder auf Fragen der Dozierenden zu antworten (Yoon et al., 2011). Dies ist allerdings problematisch, da aktive und insbesondere interaktive Lernhandlungen zu einem höheren Lernerfolg führen als passive (Chi, 2009). Reines Zuhören hat demnach den geringsten Lerneffekt, während bereits das Anfertigen einer Mitschrift als aktive Lernhandlung angesehen wird. Demnach sollten auch Vorlesungen um interaktive Elemente angereichert werden, wodurch eine stärkere kognitive Aktivierung erzielt werden kann. Verhindert wird dies vor allem auch durch den hohen Druck, den Lehrende verspüren, möglichst viel Stoff in einer Vorlesung zu behandeln (Johnson et al., 2016). Gerade Vorkurse, die ohnehin freiwillige Zusatzangebote darstellen, verfügen über ein großes Potential für die Integration von interaktiven Phasen.

8.2.2 Lückenskripte

Da der Vorkurs eine Zwischenstufe auf dem Weg vom schulischen Mathematikunterricht zur Hochschulmathematik darstellt, wurde im Koblenzer Vorkurs eine entsprechende Lehr-Lernform gewählt, die sowohl Elemente der schulischen als auch der universitären Lehrmethodik enthält. Demnach orientiert sich der Ablauf der Vorlesung an den Arbeitsblättern, die vorab online zur Verfügung gestellt werden. Diese sind in der Form eines thematisch gegliederten Lückenskripts gestaltet, welches neben vorgegebenen Textbausteinen auch Lücken enthält, die im Verlauf der Vorlesung ausgefüllt werden. Die Verwendung eines solchen Lückenskripts stellt einen Mittelweg zwischen der eigenständigen Anfertigung einer Vorlesungsmitschrift und reinem Zuhören einer einem Skript oder Beamerfolien folgenden Vorlesung dar. Oftmals absorbiert das Mitschreiben des Tafelanschriebs die komplette Konzentration von Studierenden, wodurch gleichzeitiges Mitdenken erschwert wird (Yoon et al., 2011). Auf der anderen Seite führt Zuhören ohne Mitschreiben zu einer stärkeren Passivität. So stellt für Chi (2009) die Anfertigung von Notizen bereits eine aktive Lernhandlung dar, die auch das Erinnern an die vermittelten Inhalte erleichtert (Kiewra, 1985). Die Verwendung von Lückenskripten ist im deutschsprachigen Raum noch kaum verbreitet, eine Ausnahme bildet die Vorlesung „Einführung ins mathematische Denken und Arbeiten" an der Universität Paderborn (Panse, 2018). Die Studien von Cardetti et al. (2010) sowie Iannone und Miller (2019) aus dem englischen Sprachraum deuten jedoch auf eine positive Wirkung des Lückenskripteinsatzes hin: Auf diese Weise wird gleichzeitiges Mitdenken und Mitschreiben ermöglicht und die Studierenden können die Aufmerksamkeit über die gesamte Vorlesung aufrecht erhalten, ohne – im Idealfall – den roten Faden zu verlieren. Das Lückenskript kann daher auch zu einer aktiveren Beteiligung an der Vorlesung führen. Durch die Reduktion der mitzuschreibenden Inhalte haben die Studierenden zudem mehr Zeit, um sich auf verbal geäußerte metamathematische Bemerkungen der Lehrenden zu konzentrieren. So zeigen die Studien von Lew et al. (2016) sowie Fukawa-Connelly et al. (2017), dass metamathematisches Wissen, also insbesondere Wissen darüber, wie mathematische Probleme gelöst werden und wie mathematische Theorien gebildet werden (Vollrath & Roth, 2012, S. 46) oder auch Wissen über mathematisches Schreiben und mathematischen Stil, überwiegend mündlich vermittelt wird und so kaum in Notizen eingeht. Die Verwendung eines Lückenskripts erhöht die Chance, dass auch solche Kommentare festgehalten werden (Iannone & Miller, 2019). Ein weiterer Vorteil besteht darin, dass ein Lückenskript die Vorlesung strukturiert und diese Strukturhilfe den Studierenden bereits vor der Veranstaltung zur Verfügung steht (Cardetti et al., 2010). Ein Lückenskript kann auch, insbesondere in semesterbegleitenden Veranstaltungen, den Anreiz zur Teilnahme erhöhen, da man bei Nichtteilnahme nur über ein lückenhaftes Skript verfügt. Nicht zuletzt stellt ein Lückenskript auch ein sinnvolles Hilfsmittel für die Wiederholung der Vorlesungsinhalte und damit für die Klausurvorbereitung dar. Die Metastudie von Larwin und Larwin (2013) deutet zudem auch auf einen höheren Lernerfolg von Vorlesungen mit Lückenskript hin.

8.2.3   Entwicklung affektiver Merkmale

Im Folgenden möchten wir eine Zusammenfassung ausgewählter Aspekte bzgl. der Entwicklung affektiver Merkmale in der Studieneingangsphase im Fach Mathematik geben. Spezifisch sollen in unserem Kontext mathematisches Selbstkonzept, Selbstwirksamkeit, Interesse sowie mathematikbezogene Freude und Angst untersucht werden. Dabei beschreibt das Selbstkonzept selbstbezogene Vorstellungen, Einschätzungen und Bewertungen, welche sich auf einen gewissen Kontext, wie beispielsweise die Mathematik, beziehen (Möller & Trautwein, 2009). Unter Selbstwirksamkeitserwartung ist die subjektive Einschätzung einer Person zu verstehen, neuartige oder schwierige Anforderungssituationen aufgrund eigener Fähigkeiten bewältigen zu können (Jerusalem & Schwarzer, 2002). Interesse bezeichnet die intrinsische, spezifische Relation einer Person zu einem Gegenstand, welche zeitlich stabil sein kann. Sie hat sich in der Vergangenheit durch Beschäftigung mit diesem Gegenstand entwickelt und kann sowohl emotionale wie auch wertbezogene Komponenten aufweisen (Schiefele et al., 1993).

Nachfolgend fassen wir die die für unseren Artikel relevanten Ergebnisse der längsschnittlichen Studie des WiGe-Math-Projekts (Hochmuth et al., 2018; Lankeit & Biehler, 2018) kurz zusammen, dessen Skalen auch in der vorliegenden Studie eingesetzt wurden. Bei Vorkursen, in denen Themen der Hochschulmathematik vermittelt wurden und deren Zielgruppe aus Bachelorstudierenden der Mathematik sowie Mathematiklehramtsstudierenden bestand, konnte ein leichter Rückgang des mathematischen Selbstkonzepts, des Interesse und der mathematikbezogenen Freude festgestellt werden. Die Werte lagen allerdings allesamt trotz Rückgang oberhalb der theoretischen Skalenmitte. Hinsichtlich der Selbstwirksamkeitserwartung und der mathematikbezogenen Angst konnten keine eindeutigen Schlüsse gezogen werden. Als mögliche Ursachen werden ein vorgezogener „Eingangsschock" sowie der „Big-fish-little-pond-Effekt" diskutiert, wobei zweiterer den Effekt bezeichnet, dass das Selbstkonzept sinkt, wenn zum Vergleich eine leistungsstärkere Bezugsgruppe betrachtet wird. Weitere Studien, welche die Entwicklung affektiver Merkmale im ersten Semester untersuchen, bestätigen diese Befunde. So konnten Rach und Heinze (2013, 2017) nachweisen, dass das mathematische Selbstkonzept sowie das Interesse im Verlauf des ersten Fachsemesters sinkt. Eine weitere Interpretation besteht darin, dass sich der Lerngegenstand, auf den sich die untersuchten Merkmale beziehen, im Übergang von der Schule zur Hochschule verändert. So könnten sich die Studierenden in der Befragung zu Beginn des Vorkurses auf das Interesse an der Schulmathematik beziehen, während in der Ausgangsbefragung vorrangig das Interesse an der Hochschulmathematik bewertet wird (Ufer et al., 2017). Ufer et al. sowie die darauf aufbauenden Untersuchungen von Kosiol et al. (2019) konnten das Interesse an Schul- und Hochschulmathematik durch Betrachtung verschiedener Facetten der Mathematik trennen. Sie zeigten dabei, dass hohes Interesse an formalen mathematischen Strukturen und Beweisen mit Zufriedenheit der Studierenden und niedriges Interesse an diesen mathematischen Inhalten mit Demotivation bezüglich des Mathematikstudiums einhergehen. Weiterhin konnte bei Interesse an anwendungsorientierten Inhalten, welche eher in der Schulmathematik zu verorten sind, Gegenläufiges beobachtet werden. Eine direkte Korrelation zwischen erbrachten Prüfungsleistungen und dem spezifischen Interesse und Motivation konnte nicht nachgewiesen werden, wohl aber mit allgemeinem Interesse an der Mathematik.

Interessant ist auch die Frage, inwiefern sich innovative und insbesondere interaktive Lehrmethoden auf die Entwicklung affektiver Merkmale auswirken. In der Studie von Kuklinski et al. (2018) wurde das mathematische Selbstkonzept, die Selbstwirksamkeitserwartung sowie das Interesse in der innovativen, problem- und beweisorientierten, interaktiv gestalteten Lehrveranstaltung „Einführung ins mathematische Problemlösen und Beweisen" an der Universität Oldenburg (Grieser, 2016), sowie an eine darin angelehnte Veranstaltung an der Universität Kassel, erhoben. Während wie in traditionellen Lehrveranstaltungen das Interesse und die mathematikbezogene Freude zurückgingen, aber noch über der theoretischen Skalenmitte verblieben, so stagnierte das mathematische Selbstkonzept weitestgehend. Die Besonderheiten des Vorlesungskonzepts wurde von den Studierenden mehrheitlich als (sehr) hilfreich empfunden. Göller und Liebendörfer (2016) konnten zudem bei der problemzentrierten Vorlesung eine stärkere Eigenaktivität sowie eine geringere Überforderung durch vermindertes gegenseitiges Abschreiben der Lösungen sowie eine gleichbleibende Selbstwirksamkeitserwartung beobachten. In Anbetracht dieser Ergebnisse wäre beim vorliegenden Vorkurskonzept im Vergleich zu einem traditionellen Vorkurs ebenfalls ein schwächerer Rückgang des Selbstkonzepts zu erwarten.

8.3 Der Vorkurs: Konzeption und Durchführung

8.3.1 Ziele und Rahmenbedingungen

Bei der Vorkurskonzeption gilt es Greefrath et al. (2015) zufolge, die Rahmenbedingungen hinsichtlich Adressat*innen, Teilnahmeentscheidung und Lehr-Lernform zu berücksichtigen. Der im Folgenden beschriebene Vorkurs richtet sich an Lehramtsstudierende weiterführender Schulen (Gymnasien, Realschule plus und Berufsbildende Schulen) sowie Studierende der Bachelorstudiengänge Informatik und Computervisualistik. Beide Gruppen belegen im ersten Semester gemäß Studienverlaufsplan gemeinsam die Vorlesungen *Elementarmathematik vom höheren Standpunkt* sowie *Lineare Algebra/Analysis I* [2], auf welche der Vorkurs vorbereiten soll. Der Vorkurs ist als zweiwöchiger freiwilliger Präsenzkurs vor Semesterbeginn konzipiert, wobei täglich vormittags eine Vorlesung und nachmittags eine Übung angeboten wird. Die Präsenzvariante wurde im Gegensatz zu einem Online-Kurs bevorzugt, da dadurch auch soziale Ziele, wie die Vernetzung der Studierenden untereinander sowie mit Lehrenden, verfolgt werden können. Dennoch zeigen Studien (Hochmuth et al., 2018), dass es hinsichtlich Lernerfolg keinen signifikanten Unterschied zwischen

---

[2] An der Universität Koblenz-Landau, Campus Koblenz, wird seit dem Wintersemester 2019/20 eine zweiteilige Vorlesung *Lineare Algebra/Analysis I* und *Lineare Algebra/Analysis II* angeboten.

Präsenz- und E-Kursen gibt. Die Vorlesungen wurden von der Erstautorin gehalten, die Übungsstunden von erfahrenen studentischen Hilfskräften, darunter die Zweitautorin.

Vorkurse können einerseits durch die Wiederholung zentraler Inhalte der Schulmathematik eine Auffrischung bezwecken oder andererseits durch die Behandlung ausgewählter Themen der Hochschulmathematik auf die bevorstehenden Module des ersten Semesters vorbereiten. Im vorliegenden Vorkurs wurde dabei die zweite Variante gewählt und für die Wiederholung des Schulstoffs auf den Online-Mathematik-Brückenkurs OMB+[3] verwiesen. Behandelt wurden die Themen Logik und Beweismethoden, Mengenlehre, Relationen und Funktionen sowie Grundbegriffe der Analysis und Linearen Algebra. Ein besonderer Fokus wurde auf die Einführung der, in der Hochschulmathematik üblichen, symbolischen Fachsprache sowie auf Beweismethoden und die Vermittlung metamathematischen Wissens gelegt. Neben inhaltlichen Zielen verfolgt der Vorkurs aber auch weitere Intentionen: So soll er einen Einblick in die universitäre Lehrmethodik, insbesondere die Trennung von Modulen in die Teilveranstaltungen Vorlesung und Übung, gewähren. Die Gestaltung der Vorlesung orientiert sich dabei an derjenigen der Lehrveranstaltung *Elementarmathematik vom höheren Standpunkt*, welche von derselben Dozentin gehalten wird und in welcher ebenfalls ein Lückenskript eingesetzt wird. Weitere Ziele umfassen das Kennenlernen von Kommiliton*innen sowie Dozierenden und studentischen Hilfskräften, aber auch die Orientierung am Campus. Das von der Fachschaft Mathematik organisierte Rahmenprogramm mit Veranstaltungen wie Kneipenabend oder Uni-Rallye ermöglicht zudem einen ersten Eindruck des Studierendenlebens.

8.3.2 Das Vorlesungskonzept

Die Gestaltung der Vorlesung weist zwei Besonderheiten auf: Erstens wurde ein Lückenskript verwendet und zweitens wurden Übungsphasen in die Vorlesung integriert. Beide Lehrinnovationen sollen im Folgenden vorgestellt werden.

8.3.2.1 Das erstellte Lückenskript

Bei der Konzeption eines Lückenskripts gilt es auszuwählen, welche Textbausteine im Skript vorgegeben werden und welche sich für Lücken eignen. Im Koblenzer Vorkurs wurde, in Anlehnung an Iannone und Miller (2019), darauf geachtet, dass die theoretischen Inhalte, insbesondere Definitionen und Sätze, im Skript vollständig formuliert sind und diese an der Tafel durch Beweise, Beispiele und Skizzen ergänzt werden. Dies hat zum einen den Vorteil, dass das Lückenskript auch ohne die Lücken als kohärenter Text gelesen und nachvollzogen werden kann, und zum anderen, dass durch die Behandlung prozessorientierter Inhalte an der Tafel der dynamische Charakter der Mathematik stärker betont werden kann. So wird automatisch mehr Zeit für Beweise und Beispiele und deren Entwicklung als für statische Inhalte

---

[3] www.ombplus.de

wie Definitionen eingeplant. Die im Skript vorgefertigten Inhalte werden dabei mit Hilfe von Beamerfolien an die Wand projiziert, sodass durch die gleichzeitige Verwendung von Tafel und Beamer noch mehr Präsentationsraum genutzt werden kann. Wird beispielsweise ein Funktionsgraph skizziert, so empfiehlt sich eine Behandlung an der Tafel, da dadurch der Entstehungsprozess besser dokumentiert wird. In einem Lückenskript kann dabei aber das Koordinatensystem bereits vorgegeben werden, wodurch sich die Studierenden auf den zentralen Konstruktionsprozess des Graphen konzentrieren können.

In Abb. 8.1 findet sich ein Auszug aus dem Arbeitsblatt zum Thema Logik. Dabei ist die Struktur der Wahrheitstafel bereits vorgegeben, die Einträge werden aber an der Tafel ausgefüllt.

In Abb. 8.2 ist ein weiteres Beispiel dargestellt, welches aus dem Bereich der linearen Algebra stammt. Hier wird der Begriff eines von Vektoren $v_1, \dots, v_n$ erzeugten Untervektorraums eingeführt und anschließend anhand eines einfachen Beispiels illustriert. Während die Definition vollständig vorgegeben ist, gibt es für das Beispiel eine Lücke, welche an der Tafel ausgefüllt wird. Dabei werden die gesuchten Untervektorräume sowohl symbolisch als auch ikonisch dargestellt.

8.3.2.2 Die integrierten Übungsphasen

Obwohl das Lückenskript bereits eine aktive Mitwirkung in der Vorlesung erzielen kann, ermöglicht es dennoch per se keine Verzahnung von Theorie und Praxis. Um eine stärkere kognitive Aktivierung der Lernenden zu gewährleisten, werden Gruppenübungsphasen in die Vorlesung eingebunden. Dazu wurden Übungsaufgaben direkt in das Lückenskript integriert. Die Vorlesung folgt der Struktur des Lückenskripts und bei Erreichen einer Aufgabe wird die Instruktion durch eine ca. vier- bis zehnminütige Gruppenarbeitsphase unterbrochen. Pro

Definition 1 Zwei zusammengesetzte Aussagen A und B sind *logisch äquivalent*, falls sie dieselbe Wahrheitstafel haben. In diesem Fall schreiben wir $A \equiv B$.

Beispiel. Für alle Aussagen A und B gilt $\neg(A \wedge B) \equiv \neg A \vee \neg B$ sowie $\neg(A \vee B) \equiv \neg A \wedge \neg B$.

Beweis: Wir geben die Wahrheitstafeln an:

A B	$A \wedge B$	$A \vee B$	$\neg(A \wedge B)$	$\neg(A \vee B)$	$\neg A$	$\neg B$	$\neg A \vee \neg B$	$\neg A \wedge \neg B$
w w								
w f								
f w								
f f								

Abb. 8.1 Auszug aus dem Lückenskript zum Thema Aussagenlogik

Definition 2 Sei V ein $\mathbb{R}$-Vektorraum. Seien $v_1, \ldots, v_n \in V$. Dann heißt

$$\text{span}(v_1, \ldots, v_n) := \{v \in V \mid \exists \lambda_1, \ldots, \lambda_n \in \mathbb{R} : v = \lambda_1 v_1 + \ldots + \lambda_n v_n\}$$

der von $v_1, \ldots, v_n$ *erzeugte* (oder *aufgespannte*) Untervektorraum von V. Insbesondere ist $\text{span}(v_1, \ldots, v_n)$ der kleinste Untervektorraum von V, der $v_1, \ldots, v_n$ enthält. Ein Element $\lambda_1 v_1 + \ldots + \lambda_n v_n$ von $\text{span}(v_1, \ldots, v_n)$ wird als *Linearkombination* von $v_1, \ldots, v_n$ bezeichnet.

Beispiel. Es seien $v_1 = \begin{pmatrix} 1 \\ 0 \\ 0 \end{pmatrix}$ und $v_2 = \begin{pmatrix} 0 \\ 1 \\ 0 \end{pmatrix}$. Beschreiben Sie $\text{span}(v_1)$ und $\text{span}(v_1, v_2)$.

Abb. 8.2 Auszug aus dem Lückenskript zum Thema Grundbegriffe der linearen Algebra

Vorlesung sind ungefähr sechs solcher Übungseinheiten eingeplant. Um die Studierenden bei der Aufgabenbearbeitung zu unterstützen, sowie zur Klärung von Fragen, ist jeweils eine studentische Hilfskraft in der Vorlesung anwesend. Damit eine persönliche Betreuung aller Studierenden möglich ist, wird jede dritte Reihe des Hörsaals freigelassen, sodass die Hilfskraft und die Dozentin mit allen Studierenden Kontakt aufnehmen können. Im Anschluss an die Gruppenarbeit werden die Übungsaufgaben kurz im Plenum besprochen. Der Einbezug von Übungsphasen in die Vorkursvorlesung ermöglicht so einen Kompromiss zwischen der schulischen und universitären Lehrmethodik.

Bei der Konzeption der Übungsphasen gilt es, passende Aufgabenformate zu entwickeln. So eignen sich rechenintensive Kalkülaufgaben oder komplexe Beweisaufgaben kaum, da diese nicht in maximal zehn Minuten vollständig bearbeitet werden können. Ein Großteil der von uns eingesetzten Aufgaben verfolgt das Ziel, zu einer neuen Concept Definition ein geeignetes Concept Image aufzubauen. Dieses Begriffspaar wurde von Tall und Vinner (1981) zur Differenzierung zwischen der Definition eines Konzeptes und den durch eine Person mit diesem verbundenen ‚Vorstellungen' eingeführt. Während unter einer Concept Definition die fachmathematische Definition eines Konzepts zu verstehen ist, handelt es sich bei dem Concept Image um alle bei einer Person mit dem jeweiligen Konzept verbundenen Vorstellungen (etwa: inhaltliche Deutungen, Darstellungen, Eigenschaften, Beispiele und Nichtbeispiele). Zur Einführung eines neuen Begriffs in der Vorlesung wird dieser in der Regel durch eine kurze Aufgabe in Gruppenarbeit illustriert. Ein Beispiel stellt die folgende Aufgabe zu Funktionen und ihren Eigenschaften in Abb. 8.3 dar.

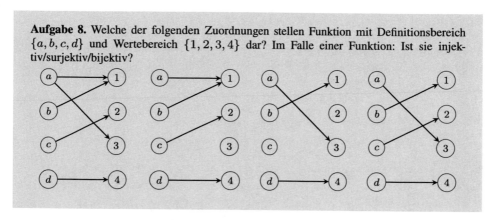

Aufgabe 8. Welche der folgenden Zuordnungen stellen Funktion mit Definitionsbereich $\{a, b, c, d\}$ und Wertebereich $\{1, 2, 3, 4\}$ dar? Im Falle einer Funktion: Ist sie injektiv/surjektiv/bijektiv?

Abb. 8.3 Aufgabe zum Thema Funktionen

Zum Begriffsverständnis gehört auch die Diskussion möglicher Fehlvorstellungen. So ist die Komplexität der Grenzwertdefinition für viele Studierende zunächst ein ‚Mysterium‘. Spielt man mit dieser Definition durch Weglassen oder Vertauschen von Quantoren, so kann dies einen Beitrag zur Klärung der Rolle jedes einzelnen Quantors leisten. Die dritte Formulierung in der in Abb. 8.4 angeführten Aufgabe kann beispielsweise das Verständnis der Notwendigkeit des Quantors $\forall \varepsilon > 0$ bewirken, da die Ersetzung dieses beliebigen $\varepsilon > 0$ durch eine feste kleine positive Zahl zur Definition eines Grenzwerts nicht ausreicht. So erfüllt die konstante Folge $a_n = 0,001$ die Bedingung 3 für $a = 0$, stellt aber keine Nullfolge dar.

Bei der Lösung dieser Aufgabe müssen die Studierenden erkennen, dass sie für jede Formulierung ein Gegenbeispiel angeben können, welches die entsprechende Eigenschaft erfüllt, aber keinen Grenzwert darstellt, oder umgekehrt.

Weitere Aufgabentypen ermöglichen die Entdeckung von Mustern, welche im Anschluss an die Gruppenarbeit im Plenum abstrahiert und allgemein formuliert werden. So lässt sich

Aufgabe 4. Diskutieren Sie, wieso die folgenden Alternativen zur Grenzwertdefinition nicht geeignet sind.

1. $\forall \varepsilon > 0 : \forall n \geq 0 : |a_n - a| < \varepsilon.$
2. $\forall \varepsilon > 0 : \exists N \in \mathbb{N} : \forall n \geq N : a_n - a < \varepsilon.$
3. $\exists N \in \mathbb{N} : \forall n \geq N : |a_n - a| < 0,01.$
4. $\exists N \in \mathbb{N} : \forall \varepsilon > 0 : \forall n \geq N : |a_n - a| < \varepsilon.$
5. $\forall \varepsilon > 0 : \forall N \in \mathbb{N} : \exists n \geq N : |a_n - a| < \varepsilon.$

Abb. 8.4 Aufgabe zum Grenzwertbegriff

Aufgabe 10. Wie lautet die Negation der folgenden Aussagen?

1. Alle Wege führen nach Rom.
2. Es gibt einen Weg nach Rom.

Abb. 8.5 Aufgabe zum Thema Prädikatenlogik

das Verhalten von Quantoren unter der Negation anhand des Sprichworts „Alle Wege führen nach Rom" erkunden (siehe Abb. 8.5). Idealerweise gelangt man dann zu der Feststellung, dass Existenz- und Allquantoren durch die Negationsbildung vertauscht werden.

Obschon komplexe Beweisaufgaben für die Behandlung in Gruppenübungsphasen größtenteils zu zeitintensiv sind, lassen sich dennoch einfache Beweise in weniger als zehn Minuten formulieren. Dazu eignen sich insbesondere Aufgaben, deren Beweis analog zu einem als Demonstrationsaufgabe vorgeführten Beispiel verläuft. Dadurch müssen die Studierenden den präsentierten Beweis genau analysieren und erkennen, an welchen Stellen dieser zu modifizieren ist. Die Aufgabe in Abb. 8.6 stellt ein erstes Beispiel für einen Kontrapositionsbeweis dar. Durch die vorgegebene Anleitung reduziert sich dies allerdings auf ein einfaches Paritätsargument, was bereits zuvor in ähnlicher Form (die Summe gerader Zahlen ist gerade) erläutert wurde.

Eine weitere Kategorie von Aufgaben bilden kurze Kalkülaufgaben. Neu eingeführte Algorithmen können anhand von einfachen Zahlenbeispielen verinnerlicht werden. Beim in Abb. 8.7 dargestellten Beispiel gilt es den Gauß-Algorithmus anzuwenden. Die Zahlen sind dabei so gewählt, dass eine erfolgreiche Bearbeitung der Aufgabe in wenigen Minuten möglich ist.

Bei einem *Kontrapositionsbeweis* zeigt man eine Implikation $A \Rightarrow B$, indem man verwendet, dass diese äquivalent zu $\neg B \Rightarrow \neg A$ ist. Man nimmt also an, dass die Behauptung B nicht gilt und beweist, dass dann A auch falsch ist.

Aufgabe 4. Geben Sie die Kontraposition der folgenden Aussage an, und beweisen Sie die Aussage mit einem Kontrapositionsbeweis.

Behauptung: Falls für ein $a \in \mathbb{Z}$ die Zahl a^2 gerade ist, so ist auch a gerade.

Kontraposition:

Beweis der Behauptung:

Abb. 8.6 Aufgabe zum Thema Beweismethoden

Aufgabe 3. Sind die Vektoren

$$v_1 = \begin{pmatrix} 1 \\ 2 \\ 3 \end{pmatrix}, \quad v_2 = \begin{pmatrix} 4 \\ 5 \\ 6 \end{pmatrix} \quad \text{und} \quad v_3 = \begin{pmatrix} 7 \\ 8 \\ 9 \end{pmatrix}$$

linear unabhängig? Bilden sie ein Erzeugendensystem von $\mathbb{R}^3$?

Abb. 8.7 Aufgabe zum Thema Grundbegriffe der linearen Algebra

8.3.3 Das Übungskonzept

Zur weiteren Übung, Vertiefung und Anwendung der in der Vorlesung vermittelten Lehrinhalte findet nachmittags jeweils eine zweieinhalbstündige Übung statt. Dazu sind die Studierenden in Übungsgruppen von je ca. zwanzig Studierenden eingeteilt und werden jeweils von einer studentischen Hilfskraft betreut. Jeden Tag wird ein neues Übungsblatt zur Verfügung gestellt, welches neben thematisch auf die Vorlesung abgestimmten Aufgaben auch Knobelaufgaben enthält. Die Studierenden werden aufgefordert, die Übungsblätter in Kleingruppen von zwei bis vier Teilnehmenden zu bearbeiten. Bei Fragen, Unklarheiten oder auch für kleine Hinweise erhalten die Studierenden Hilfestellungen der Übungsleiterin oder des Übungsleiters nach dem Prinzip der minimalen Hilfe (Zech, 2002, S. 309). Das Konzept besteht also darin, lediglich Denkhilfen bereitzustellen, sodass die Studierenden die Aufgaben möglichst eigenständig lösen können. Die aktive Förderung von Gruppenarbeit hat auch zum Ziel, bereits vor Semesterbeginn die Bildung von Lerngruppen und die gegenseitige Unterstützung der Studierenden zu begünstigen.

8.4 Evaluation

8.4.1 Forschungsfragen

Um die Wirkung des Vorkurses zu erheben, wurden das Lehr-Lernkonzept evaluiert und die Entwicklung mathematikbezogener affektiver Merkmale im Vorkursverlauf erfasst. Weiterhin wurde in der letzten Übungsstunde ein Abschlusstest angeboten, anhand welchem die Studierenden ein Feedback zu ihrem Lernstand erhalten konnten und der Kompetenzzuwachs der Zielgruppe erhoben werden konnte. Dabei ist davon auszugehen, dass die Studierenden über keine bis geringe Vorkenntnisse zu den im Vorkurs behandelten Themen verfügten. Im Rahmen dieses Beitrags sollen folgende Forschungsfragen geklärt werden:

1. Welche Erwartungen haben die angehenden Studierenden an den Vorkurs und inwiefern wurden diese erfüllt?

2. Wie wird das Lehr-Lernkonzept des Koblenzer Vorkurses im Wintersemester 2019/20 durch die angehenden Studierenden bewertet, insbesondere
   a. der Einsatz des Lückenskripts, und
   b. die Gruppenübungsphasen in der Vorlesung?
3. Wie entwickeln sich Selbstkonzept, Selbstwirksamkeitserwartung, Interesse sowie mathematikbezogene Freude und Angst bei den angehenden Studierenden im Vorkursverlauf?

Die Auswertung einer Beurteilung des Vorkurses durch die Studierenden und durch die studentischen Hilfskräfte mittels offener Fragen findet sich im Artikel von Krapf (2020).

8.4.2 Methodik

Zur Evaluierung des Vorkurskonzepts sowie zur Erhebung der Entwicklung affektiver Merkmale im Verlauf des Vorkurses wurde in der ersten (T_1) und in der letzten Vorlesung (T_2) jeweils eine Paper-and-Pencil-Umfrage durchgeführt. Diese Erhebungsmethode wurde gewählt, um eine möglichst hohe Beteiligung zu erreichen. Zum Abgleich der Daten beider Befragungen wurde ein personalisierter Code verwendet. Die Studierenden wurden darüber aufgeklärt, dass die Daten für hochschuldidaktische Forschung genutzt werden und nahmen freiwillig an der Studie teil. Während am ersten Termin 120 Studierende anwesend waren, so waren es beim zweiten Termin noch 85 Studierende. Insgesamt konnten 75 Codes von Studierenden abgeglichen werden, die an beiden Terminen anwesend waren. Im Folgenden wird die Stichprobe auf die an beiden Terminen anwesenden Studierenden eingeschränkt, da nur bei diesen Studierenden die Entwicklung mathematikbezogener affektiver Merkmale sowie ein Abgleich von Erwartungen und deren Erfüllung möglich ist. Die gesamte Stichprobe setzt sich aus zwei unterschiedlichen Gruppen zusammen, Lehramtsstudierende mit Zielschularten Gymnasium, Realschule plus und Berufsbildende Schulen (kurz Lehramt) sowie Studierende der Bachelorstudiengänge Informatik und Computervisualistik (kurz Informatik), und wird in Tab. 8.1 präsentiert.

Tab. 8.1 Stichprobe der an T1 und T2 anwesenden Studierenden

Gruppe	Anzahl	Geschlecht	Alter	Abiturnote	Mathematiknote	Leistungskurs
Lehramt	28	13 m/15 w	20,11	2,41	10,25	63,0 % LK
Informatik	47	36 m/11 w	20,50	2,50	9,00	62,2 % LK
Insgesamt	75	49 m/26 w	20,35	2,47	9,49	62,5 % LK

Während sich die Geschlechterverteilung bei den Lehramtsstudierenden fast ausgeglichen mit etwas mehr Studentinnen gestaltet, so sind die Informatikstudierenden überwiegend männlich. Sowohl die Abiturnote als auch die letzte schulische Mathematiknote (gemessen in Notenpunkten von 0 bis 15) weisen auf leicht bessere Eingangsvoraussetzungen der Lehramtsstudierenden hin. Da der Anteil der Studierenden, die einen Leistungskurs im Fach Mathematik belegt haben, bei beiden Gruppen vergleichbar ist, lassen sich die unterschiedlichen schulischen Leistungen auch nicht dadurch relativieren. Zur Evaluierung des Lückenskripts und der Gruppenübungsphasen sowie für die Erfassung der Erwartungen der Studierenden wurden basierend auf den theoretischen Ausführungen in Abschn. 2.2 (s. a. Iannone & Miller, 2019, Cardetti et. al, 2010) sowie den in Abschn. 3.1 formulierten Ziele des Vorkurses eigene Items entwickelt. Für die Erhebung mathematikbezogener affektiver Merkmale wurden etablierte Skalen des WiGeMath-Projektis (Hochmuth et al., 2018) eingesetzt. Die interne Konsistenz der Skalen (Cronbachs α zwischen .78 und .90) war jeweils akzeptabel bis gut.

8.5   Ergebnisse

8.5.1   Ergebnisse bzgl. der Erwartungen an den Vorkurs und deren Erfüllung

Um die Erwartungen der Teilnehmenden an den Vorkurs sowie deren Erfüllung zu erheben, wurden die Studierenden aufgefordert, fünf mögliche Zielsetzung am ersten Termin T_1 danach zu bewerten, inwieweit diese erwartet werden und am Zeitpunkt T_2 zu beurteilen, inwiefern diese Erwartungen erfüllt werden konnten. Davon entsprechen alle außer der Wiederholung der Schulmathematik den bei der Konzeption formulierten Intentionen des Vorkurses. Bei der Einladung wurden die Studierenden außerdem bereits darauf hingewiesen, dass der Schulstoff im Rahmen des Vorkurses nicht aufgefrischt wird. Dennoch wurde dies von einer Mehrheit der Studierenden erwartet; dieser Erwartung konnte der Vorkurs nach Einschätzung der Studierenden nicht gerecht werden. Die entsprechenden Ergebnisse werden in Abb. 8.8 dargestellt.

Die höchsten Zustimmungswerte erzielten die Vorbereitung auf die Hochschulmathematik sowie ein Einblick in die universitäre Lehrmethodik; beide Erwartungen konnten aus der Sicht der Studierenden mehrheitlich erfüllt werden. Ähnlich positiv schneidet die Vernetzung mit Studierenden ab, welche die Erwartungen übertreffen konnte. Die Erwartung ans Kennenlernen von Dozierenden, sowie auch deren Erfüllung, konnte immerhin einen Wert leicht oberhalb der theoretischen Skalenmitte erreichen.

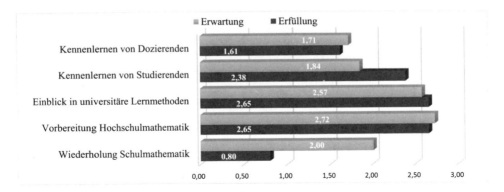

Abb. 8.8 Erwartungen an den Vorkurs und deren Erfüllung (Mittelwerte einer vierstufigen Skala von 0=nicht erwartet/nicht erfüllt bis 3 = erwartet/erfüllt, $N = 75$)

8.5.2 Ergebnisse bzgl. der Evaluation des Lehrkonzepts

Basierend auf den theoretischen Überlegungen in Abschn. 2.2 (s. a. Iannone & Miller, 2019, Cardetti et al., 2010) wurden Items auf vierstufigen Likert-Skalen (von 0 = „trifft nicht zu" bis 3 = „trifft zu") zur Beurteilung des Lückenskripts sowie der Gruppenübungsphasen während den Vorlesungen entwickelt. Die Ergebnisse der theoriebezogenen, geschlossenen Fragen sind in Tab. 8.2 und 8.3 dargestellt. Mit * markierte Fragen wurden zur Auswertung umgepolt.

Das Konzept des Lückenskripts wurde insgesamt als positiv, das der interaktiven Gruppenübungsphasen als sehr positiv bewertet. Alle Fragen wurden mit einem Mittelwert deutlich über der theoretischen Skalenmitte beantwortet, mit Ausnahme der durch das Lücken-

Tab. 8.2 Bewertung des Lückenskripts ($N = 74$)

Frage	M_2	SD_2
Die Gestaltung der Arbeitsblätter als Lückenskript war hilfreich.	2, 45	0, 54
Das Lückenskript hat mir geholfen, die Inhalte der Vorlesung zu verstehen.	2, 14	0, 91
Durch die Lücken im Skript konnte ich den Inhalten der VL besser folgen.	2, 18	0, 96
Durch die Lücken im Skript war ich aufmerksamer.	2, 03	1, 05
Durch die Lücken im Skript habe ich mich aktiver an der VL beteiligt.	1, 42	1, 09
Durch die Lücken im Skript war ich in der VL fast nur mit Abschreiben beschäftigt.*	1, 61	0, 96

Tab. 8.3 Bewertung der interaktiven Gruppenübungsphasen (ÜP) in der Vorlesung ($N = 74$)

Frage	M_2	SD_2
Die Übungsaufgaben auf den Arbeitsblättern waren hilfreich.	2, 45	0, 58
Durch die kurzen ÜP in der VL konnte ich den Stoff besser verstehen.	2, 38	0, 74
Die Arbeitsatmosphäre unter den Studierenden in den ÜP war kooperativ.	2, 59	0, 62
Der Austausch mit meinen Kommiliton*innen in den ÜP war hilfreich.	2, 54	0, 78
Die Unterbrechung der VL durch die ÜP haben den Informationsfluss gestört.*	2, 56	0, 65
Wenn ich Beispiele selbst erarbeitet habe, konnte ich sie besser verstehen.	2, 07	0, 82

skript gewonnenen aktiven Beteiligung, welche aber nur leicht unter der theoretischen Skalenmitte liegt. Besonders ist hervorzuheben, dass die Studierenden die Gruppenarbeitsphasen durch die Übungen im vorliegenden Lückenskript sowie den kooperativen Austausch untereinander als hilfreich empfanden, und dies ihrer Einschätzung zufolge zu einem besseren Verständnis des Stoffes führte.

Die Teilnehmenden wurden außerdem in einer vierstufigen Likert-Skala um eine Gesamtbewertung des Vorkurses gebeten, welche in Abb. 8.9 zu sehen ist. Weiterhin wurden die Studierenden im Rahmen einer vierstufigen Skala befragt, inwiefern sie die Vorkursteilnahme weiterempfehlen können. Dabei erreichte der Vorkurs insgesamt eine Weiterempfehlungsrate von 100,0 %, wobei 88,0 % der Teilnehmenden den Vorkurs uneingeschränkt weiterempfehlen würde.

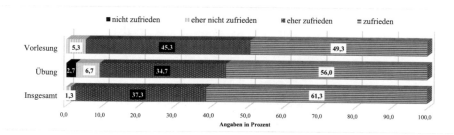

Abb. 8.9 Gesamtbewertung des Vorkurses (Häufigkeiten einer vierstufigen Skala, $N = 75$)

8.5.3 Ergebnisse bzgl. der Entwicklung affektiver Merkmale

Im Folgenden präsentieren wir die Ergebnisse hinsichtlich der Entwicklung mathematik-bezogener affektiver Merkmale im Verlauf des Vorkurses. Für die Erhebung der Selbst-wirksamkeitserwartung und des Selbstkonzepts wurden vierstufige, für das Interesse, die mathematikbezogene Angst und Freude sechsstufige Skalen (jeweils beginnend bei 0) ein-gesetzt. In den nachstehenden Tabellen sind jeweils der Mittelwert (M_1, M_2) und die Stan-dardabweichung (SD_1, SD_2) der zu beiden Zeitpunkten T_1 und T_2 durchgeführten Umfrage sowie die Differenz beider Mittelwerte (D) angegeben. Außerdem wird mit p der p-Wert im Wilcoxon-Test und mit d die Effektstärke Cohens d angeführt (Tab. 8.4).

Während des Vorkurses sind sowohl das mathematische Selbstkonzept als auch das Inter-esse an Mathematik hoch signifikant und mit geringer Effektstärke und die mathematikbe-zogene Freude mit sehr kleiner Effektstärke gesunken.

Bemerkenswert ist weiterhin, dass der Rückgang bei den Lehramtsstudierenden (siehe Tab. 8.5) bei insgesamt höheren Zustimmungswerten bei allen untersuchten affektiven Merk-malen größer ist als bei den Studierenden der Informatik und Computervisualistik (siehe Tab. 8.6). In der Gruppe der Lehramtsstudierenden fällt außerdem ein signifikanter, beson-ders starker Rückgang mit mittlerer Effektstärke des Interesse auf, welcher bei der Informa-tikgruppe geringer ausfällt und nicht signifikant ist. Es ist zudem bei den Lehramtsstudie-renden eine Zunahme der mathematikbezogenen Angst und eine Verringerung der Freude zu verzeichnen, die allerdings nicht signifikant sind.

Tab. 8.4 Entwicklung affektiver Merkmale (gesamte Zielgruppe), in der Klammer befindet sich die Anzahl eingesetzter Items; $*p < 0,05$, $**p < 0,001$ ($N = 75$)

Merkmal	M_1	SD_1	M_2	SD_2	D	p	d
Math. Selbstwirksam-keitserwartung (4)	1, 73	0, 47	1, 66	0, 47	−0, 06	0, 190	−0, 13
Math. Selbstkonzept** (8)	1, 99	0, 52	1, 83	0, 53	−0, 16	< 0, 001	−0, 30
Interesse an Mathematik** (9)	2, 81	1, 00	2, 55	1, 03	−0, 27	< 0, 001	−0, 26
Mathematikbezogene Angst (3)	2, 94	1, 14	2, 97	1, 14	0, 03	0, 840	0, 02
Mathematikbezogene Freude* (6)	2, 61	1, 01	2, 45	1, 06	−0, 16	0, 015	−0, 16

Tab. 8.5 Entwicklung affektiver Merkmale (Lehramt); $**p < 0,01$, $***p < 0,001$ ($N = 28$)

Merkmal	M_1	SD_1	M_2	SD_2	D	p	d
Math. Selbstwirksamkeitserwartung	1,75	0,34	1,64	0,34	−0,11	0,213	−0,31
Math. Selbstkonzept**	2,09	0,45	1,92	0,42	−0,17	0,002	−0,40
Interesse an Mathematik***	3,36	0,86	2,89	0,93	−0,48	< 0,001	−0,53
Mathematikbezogene Angst	3,02	1,10	3,31	0,85	0,29	0,29	0,24
Mathematikbezogene Freude	3,11	0,92	2,95	0,98	−0,16	0,136	−0,18

Tab. 8.6 Entwicklung affektiver Merkmale (Informatik); $**p < 0,01$ ($N = 47$)

Merkmal	M_1	SD_1	M_2	SD_2	D	p	d
Math. Selbstwirksamkeitserwartung	1,71	0,54	1,68	0,54	−0,04	0,456	−0,07
Math. Selbstkonzept**	1,92	0,55	1,78	0,58	−0,14	0,003	−0,25
Interesse an Mathematik	2,49	0,95	2,35	1,05	−0,14	0,065	−0,14
Mathematikbezogene Angst	2,90	1,20	2,77	1,25	0,13	0,485	−0,11
Mathematikbezogene Freude	2,30	0,96	2,14	1,00	−0,16	0,052	−0,16

8.6 Diskussion und Fazit

Die Intentionen des Lehrkonzepts, einerseits eine Zwischenstufe auf dem Weg von der schulischen zur universitären Lehrmethodik zu erreichen, sowie eine kognitive Aktivierung in der Vorlesung zu ermöglichen, wurden weitestgehend erfüllt, was auch durch die positive Beurteilung des Lehrkonzepts durch die Vorkursteilnehmenden bestätigt wird. Aufgrund der Lücken im Skript müssen die Studierenden den Stoff in einem derart reduzierten Maß mitschrieben, dass gleichzeitiges Mitdenken dennoch möglich ist. Dies stellt einen sinnvollen Kompromiss zwischen dem eigenständigen Anfertigen einer Vorlesungsmitschrift und dem passiven Verfolgen einer Vorlesung dar. Trotzdem gibt etwas weniger als die Hälfte der Teilnehmenden an, dass sie überwiegend mit Abschreiben beschäftigt sind. Dabei ist jedoch zu beachten, dass die Studienanfänger*innen über keine Vergleichswerte verfügen, da es sich um ihre erste Lehrveranstaltung im Rahmen des Studiums handelt. Um dort einen fundierten Vergleich zu klassischen Vorlesungsformaten zu ermöglichen, könnte eine erneute Befragung nach Ende des ersten Semesters weitere Erkenntnisse liefern. Die in der

Literatur (Iannone & Miller, 2019) angedeutete, durch das Lückenskript beförderte, aktive Beteiligung an der Vorlesung konnte allerdings nicht eindeutig bestätigt werden. Etwa die Hälfte der Teilnehmenden stimmten der Aussage zu, dass der Lückenskripteinsatz zu einer aktiveren Beteiligung führt. Die Gruppenübungsphase hingegen, die die aktive Beteiligung an der Vorlesung fördet, wurde von fast allen Studierenden durchgängig positiv bewertet. So geben die Studierenden an, dass sie die Inhalte durch die eigenständige Erarbeitung von Beispielen und durch die Gruppenarbeit besser verstehen. Die Kombination von universitären und schulischen Lehrmethoden scheint also nicht unbedingt zu einer aktiveren Beteiligung, aber zu besserem Verständnis der Inhalte zu führen.

Weiterhin wird deutlich, dass Präsenzkurse im Vergleich zu Online-Kursen durchaus einen Mehrwert bieten können, da neben der Vorbereitung auf die Hochschulmathematik auch der Wunsch der Studierenden, die universitäre Lehre sowie Kommiliton*innen und Lehrende kennen zu lernen, erfüllt werden konnte.

Die Gesamtbewertung des Vorkurses liegt deutlich über dem Durchschnitt derjenigen der im Rahmen des WiGeMath-Projekts untersuchten Vorkurse (Hochmuth et al., 2018). Umso schwieriger ist eine Einordnung des Rückgangs von Selbstkonzept, Interesse und Freude, welcher jedoch im Einklang mit den Ergebnissen von Hochmuth et al. (2018) steht. Die aufgrund der Studie von Kuklinski et al. (2018) formulierte Hypothese, dass ein aktivierendes Lehrkonzept die Verminderung des Selbstkonzepts abschwächen kann, lässt sich anhand der vorliegenden Daten nicht bestätigen. Der Rückgang steht zudem in einem scheinbaren Widerspruch zur Zufriedenheit mit dem Vorkurs und dessen Lehrmethodik. Sierpinska et al. (2008) gaben in einer Studie an einer US-amerikanischen Universität im Rahmen eines Brückenkurses unter anderem die erhöhte Präsentationsgeschwindigkeit sowie die Probleme beim Argumentieren und im Umgang mit mathematischer Gültigkeit („truth") als Ursachen für die von den Teilnehmenden empfundene Frustration an. Erstere dürfte in Koblenz eher eine geringe Rolle spielen, da das Tempo von fast allen Studierenden als angemessen bis leicht zu hoch eingeschätzt wurde. Die zweite Erklärung betrifft die Veränderung des Wesens der Mathematik und der damit verbundenen Arbeitsweisen im Übergang von der Schule zur Hochschule. So kann der erhöhte Abstraktionsgrad und die bedeutende Rolle von Beweisen zu einer Überforderung führen, die sich auch in einem geringeren Selbstkonzept erkennbar macht. Der sogenannte „Eingangsschock", welchen viele Mathematikstudierende in der Studieneingangsphase erleben, wird durch den Vorkurs vorgezogen. Dies könnte aber zur Folge haben, dass in den beiden Umfragen unterschiedliche Formen der Mathematik beurteilt werden: Während sich die affektiven Merkmale in der Eingangserhebung auf die Schulmathematik beziehen, könnten sie sich in der zweiten Erhebung auf die Hochschulmathematik beziehen (Ufer et al., 2017). Um diesen Effekt zu erfassen, würde sich zusätzlich die Erhebung von Beliefs zur Mathematik anbieten. Dass der Rückgang bei den Lehramtsstudierenden stärker ausfällt als bei den Studierenden der Informatik, könnte auch darauf zurückzuführen sein, dass sich erstere aktiv für das Fach Mathematik entschieden haben, was durch die höheren Eingangswerte im Vergleich zu denen der Informatikgruppe bestätigt scheint, und die Enttäuschung über den veränderten Lerngegenstand daher größer sein könnte. Die Studie von Ufer et al. (2017) zeigt, dass das Interesse an Hochschulmathematik bei Studierenden des Bachelorstudiengangs Mathematik, welcher in Koblenz nicht angeboten wird, zudem stärker ausgeprägt ist als bei Lehramtsstudierenden. Somit wäre es interessant zu untersuchen, ob das Lehrkonzept den Rückgang bei Fachstudierenden verringern könnte. Wegen des durch den Vorkurs vorgezogenen „Eingangsschocks" bei nur einem Teil der Erstsemesterstudierenden, also denjenigen, die am Vorkurs teilgenommen haben, könnten die Auswirkung von diesem auf das Lernverhalten sowie die damit verbundene Entwicklung der affektiven Merkmale im ersten Semester weiter untersucht werden.

Insgesamt kann der Vorkurs als erfolgreich gewertet werden, sowohl aus der Sicht der Studierenden als auch aus der Sicht des Lehrteams. Die Erwartungen der Teilnehmenden konnten, abgesehen von der Wiederholung des Schulstoffs, welche aber kein Ziel des Vorkurses darstellte, überwiegend erfüllt werden. Insbesondere die Interaktivität in der Vorlesung und die Anwesenheit einer Hilfskraft, die in den integrierten Übungsphasen Fragen beantworten konnte, stellte aus der Perspektive der Lehrenden eine Bereicherung für die Lernatmosphäre dar. Ebenso wurde eine stärkere Motivation der Studierenden im Vergleich zu den semesterbegleitenden Veranstaltungen wahrgenommen. Dies ist vor allem deshalb bemerkenswert, da die Erstautorin ebenfalls die Veranstaltung *Elementarmathematik vom höheren Standpunkt* regelmäßig hält, die von derselben Zielgruppe im ersten Semester belegt wird und in welcher ebenfalls ein Lückenskript eingesetzt wird. Der entscheidende Unterschied könnte in der Entschleunigung der Vorkursvorlesung liegen, welche durch die Integration von Übungsphasen eintritt und damit mehr Interaktivität ermöglicht.

Aufgrund des Erfolgs des Vorkurses wird geplant, das Konzept auch in den nächsten Jahren einzusetzen. Die Erstellung des Lückenskripts ist zwar sehr aufwändig, dieses kann allerdings in der Zukunft wiederverwendet und optimiert werden. Es gibt zahlreiche Möglichkeiten, wie das gesamte Konzept weiterentwickelt werden könnte, so bietet sich beispielsweise der vermehrte Einsatz von Schnittstellenaufgaben (Bauer, 2013) an, um eine stärkere Verzahnung von Schul- und Hochschulmathematik zu erzielen. Eine andere Weiterentwicklungsmöglichkeit zur Förderung der aktiven Beteiligung der Studierenden stellt eine intensivere Betreuung durch weitere studentische Hilfskräfte während der Vorlesung dar. Dadurch kann auf die Fragen aller Studierenden in den Übungsphasen eingegangen werden und die Studierenden können bestärkt werden, sich aktiv einzubringen. Durch die Einbindung der Gruppenarbeitsphasen wird eine unmittelbare Verbindung von Theorie und Praxis ermöglicht. Um diesen Effekt zu verstärken, könnten die Vorlesung verlängert und dafür die eigentlichen Übungen verkürzt werden. So bleibt mehr Zeit für die Gruppenarbeitsphasen, also die direkte Verknüpfung des theoretischen Wissens mit thematisch dazu abgestimmten Aufgaben, und die kürzeren Übungen in den Übungsgruppen können mehr der Festigung dienen. Alternativ bietet sich auch eine vollständige Aufhebung der Trennung von Vorlesung und Übung hin zu einer kompletten Vermischung von Wissensvermittlung und Arbeitsphasen hin. Die Erstautorin konnte damit bereits in einem Vorkurs für Studierende der Naturwissenschaften an der Universität Zürich sowie in einer Masterveranstaltung an der Universität Koblenz-Landau positive Erfahrungen sammeln. Die möglichen Weiterentwicklungen des Konzepts beschränken sich zudem nicht nur auf Vorkurse; auch eine Implementierung in Mathematikvorlesungen des ersten Semesters ist denkbar.

Literatur

Artemeva, N., & Fox, J. (2011). The writings on the board: The global and local in teaching undergraduate mathematics through chalk talk. *Written Communication, 28*(4), 345–379. https://doi.org/10.1177/0741088311419630

Bauer, T. (2013). Schnittstellen bearbeiten in Schnittstellenaufgaben. In C. Ableitinger, J. Kramer, & S. Prediger (Eds.), *Zur doppelten Diskontinuität in der Gymnasiallehrerbildung* (pp. 39–56). Springer Spektrum.

Bergsten, C. (2007). Investigating quality of undergraduate mathematics lectures. *Mathematics Education Research Journal 19*(3), 48–72. https://doi.org/10.1007/BF03217462

Cardetti, F., Khamsemanan, N., & Oregnero, M. C. (2010). Insights regarding the usefulness of partial notes in mathematics courses. *Journal of the Scholarship of Teaching and Learning, 10*(1), 80–92.

Chi, M. (2009). Active – constructive – interactive: A conceptual framework for differentiating learning activities. *Topics in Cognitive Science 1*(1), 73–105. https://doi.org/10.1111/j.1756-8765.2008.01005.x

Dieter, M. (2012). *Studienabbruch und Studienfachwechsel in der Mathematik: Quantitative Bezifferung und empirische Untersuchung von Bedingungsfaktoren (Unveröffentlichte Dissertation).* Universität Duisburg-Essen.

Dreyfus, T. (1991). Advanced mathematical thinking processes. In D. Tall (Ed.), *Advanced matheamtical thinking* (pp. 25–41). Kluwer.

Fukawa-Connelly, T., Weber, K. & Mejía-Ramos, J.P. (2017). Informal content and student note-taking in advanced mathematics classes. *Journal for Research in Mathematics Education 48*(5), 567–579. https://doi.org/10.5951/jresematheduc.48.5.0567

Göller, R. & Liebendörfer, M. (2016). Eine alternative Einstiegsvorlesung in die Fachmathematik – Konzept und Auswirkungen. In Institut für Mathematik und Informatik Heidelberg (Hrsg.), *Beiträge zum Mathematikunterricht 2016* (S. 321–324). WTM.

Greefrath, G., Hoever, G., Kürten, R. & Neugebauer, C. (2015). Vorkurse und Mathematiktests zu Studienbeginn – Möglichkeiten und Grenzen. In J. Roth, T. Bauer, H. Koch & S. Prediger (Hrsg.), *Übergänge konstruktiv gestalten. Ansätze für eine zielgruppenspezifische Hochschuldidaktik Mathematik* (S. 19–32). Springer Spektrum.

Greiffenhagen, C. (2014). The materiality of mathematics: Presenting mathematics at the blackboard. *The British Journal of Sociology 65*(3), 502–528. https://doi.org/10.1111/1468-4446.12037

Grieser, D. (2016). Mathematisches Problemlösen und Beweisen: Ein neues Konzept in der Studieneingangsphase. In A. Hoppenbrock, R. Biehler, R. Hochmuth, & H.-G. Rück (Eds.), *Lehren und Lernen von Mathematik in der Studieneingangsphase* (pp. 661–675). Springer Fachmedien.

Guedet, G. (2008). Investigating the secondary-tertiary transition. *Educational Studies in Mathematics 67*(3), 237–254. https://doi.org/10.1080/00207390902912878

Hochmuth, R., Biehler, R., Schaper, N., Kuklinski, C., Lankeit, E., Leis, E., Liebendöfer, M., & Schürmann, M. (2018). *Wirkung und Gelingensbedingungen von Unterstützungsmaßnahmen für mathmatikbezogenes Lernen in der Studieneingangsphase: Schlussbericht: Teilprojekt A der Leibniz Universität Hannover, Teilprojekte B und C der Universität Paderborn: Berichtszeitraum: 01.03.2015–31.08.2018.* TIB. https://doi.org/10.2314/KXP:1689534117

Iannone, P., & Miller, D. (2019). Guided notes for university mathematics and their impact on students' note-taking behaviour. *Educational Studies in Mathematics 101*, 387–404. https://doi.org/10.1007/s10649-018-9872-x

Johnson, E., Ellis, J., & Rasmussen, C. (2016). It's about time: The relationships between coverage and instructional practices in college calculus. *International Journal of Mathematical Education in Science and Technology 47*(4), 491–504. https://doi.org/10.1080/0020739X.2015.1091516

Kiewra, K. (1985). Providing the instructor's notes: An effective addition to student notetaking. *Educational Psychologist 20*(1), 33–39. https://doi.org/10.1207/s15326985ep2001_5

Kosiol, T., Rach, S., & Ufer, S. (2019). (Which) Mathematics interest is Important for a Successful Transition to a University Study Program?. *International Journal of Science and Mathematics Education 17*(7), 1359-1380. https://doi.org/10.1007/s10763-018-9925-8

Krapf, R. (2020). *Wie kann Interaktivität in Mathematikvorkursen gelingen?* (p. 2019). Eingereichter Beitrag zum Hanse-Kolloquium: Erfahrungen aus dem Koblenzer Vorkurs.

Kuklinski, C., Leis, E., Liebendörfer, M., Hochmuth, R., Biehler, M., Lankeit, E., Neuhaus, S., Schaper, N., & Schürmann, M. (2018). Evaluating innovative measures in university mathematics – the case of affective outcomes in a lecture focused on problem-solving. In V. Durand-Guerrier, R. Hochmuth, S. Goodchild & N. M. Hogstad (Hrsg.), *Proceedings of the second conference of the international network for didactic research in university mathematics* (S. 527–536). Universität Agder und INDRUM.

Lankeit, E., & Biehler, R. (2018). Wirkungen von Mathematikvorkursen auf Einstellungen und Selbst-konzepte von Studierenden. In Fachgruppe Didaktik der Mathematik der Universität Paderborn (Hrsg.), *Beiträge zum Mathematikunterricht 2018* (S. 1135 – 1138). WTM.

Larwin, K., & Larwin, D. (2013). The impact of guided notes on post-secondary student achievement: A meta-analysis. *International Journal of Teaching and Learning in Higher Education 25*(1), 47–58. https://doi.org/10.1353/etc.0.0066

Lew, K., Fukawa-Connelly, T. P., Mejía-Ramos, J .P., & Weber, K. (2016). Lectures in advanced mathematics: Why students might not understand what the mathematics professor is trying to convey. *Journal for Research in Mathematics Education 47*(2), 162–198. https://doi.org/10.5951/jresematheduc.47.2.0162

Liebendörfer, M., & Hochmuth, R. (2015). Perceived autonomy in the first semester of mathematics studies. In K. Krainer & N. Vondroà (Hrsg.), *Proceedings of the ninth congress of the european society for research in mathematics education* (S. 2180–2186). Charles University in Prague, Faculty of Education and ERME.

Liebendörfer, M., Kuklinski, C., & Hochmuth, R. (2018). Auswirkungen von innovativen Vorlesungen für Lehramtsstudierende in der Studieneingangsphase. In Fachgruppe Didaktik der Mathematik der Universität Paderborn (Hrsg.), *Beiträge zum Mathematikunterricht 2018* (S. 1175–1178). WTM.

Lung, J. (2019). *Schulcurriculares Fachwissen von Mathematiklehramtsstudierenden. Struktur, Entwicklung und Einfluss auf den Studienerfolg* Unveröffentlichte Dissertation, Julius-Maximilians-Universität Würzburg, Würzburg.

Möller, J., & Trautwein, U. (2009). Selbstkonzept. In E. Wild & J. Möller (Eds.), *Pädagogische Psychologie* (pp. 179–204). Springer Medizin Verlag.

Panse, A. (2018). Lehrinnovationen mit angehenden Gymnasiallehrern. In Fachgruppe Didaktik der Mathematik der Universität Paderborn (Hrsg.), *Beiträge zum Mathematikunterricht 2018* (S. 1371–1374). WTM.

Rach, S., & Heinze, A. (2013). Welche Studierenden sind im ersten Semester erfolgreich? Zur Rolle von Selbsterklärungen beim Mathematiklernen in der Studieneingangsphase. *Journal für Mathematik-Didaktik, 34*(1), 121–147. https://doi.org/10.1007/s13138-012-0049-3

Rach, S., & Heinze, A. (2017). The Transition from school to university in mathematics: which influence do school-related variables have? *International Journal of Science and Mathematics Education 15*(7), 1343–1363. https://doi.org/10.1007/s10763-016-9744-8

Rach, S., Siebert, U., & Heinze, A. (2016). Operationalisierung und empirische Erprobung von Qualitätskriterien für mathematische Lehrveranstaltungen in der Studieneingangsphase. In A. Hoppebrock, R. Biehler, R. Hochmuth & H.-G. Rück (Hrsg.), *Lehren und Lernen in der Studieneingangsphase. Herausforderungen und Lösungsanätze* (S. 601–618). Springer.

Schiefele, U., Krapp, A., Wild, K. P., & Wintler, K. (1993). Der Fragebogen zum Studieninteresse (FSI). *Diagnostica, 39*(4), 335–351.

Schwarzer, R., & Jerusalem, M. (2002). Das Konzept der Selbstwirksamkeit. In M. Jerusalem & D. Hopf (Eds.), *Selbstwirksamkeit und Motivationsprozesse in Bildungsinstitutionen* (pp. 28–53). Beltz.

Sierpinska, A., Bobos, G. & Knipping, C. (2008). Sources of students' frustration in pre-university level, prerequisite mathematics courses. *Instructional Science 36*(4), 289–320. https://doi.org/10.1007/s11251-007-9033-6

Tall, D., & Vinner, S. (1981). Concept image and concept definition im mathematics with particular reference to limits and continuity. *Educational Studies in Mathematics 12*(2), 151–169. https://doi.org/10.1007/BF00305619

Ufer, S., Rach, S., & Kosiol, T. (2017). Interest in mathematics = interest in mathematics? What general measures of interest reflect when the object of interest changes. *ZDM 49*(3), 397–409. https://doi.org/10.1007/s11858-016-0828-2

Vollrath, H.-J., & Roth, J. (2012). *Grundlagen des Mathematikunterrichts in der Sekundarstufe.* Spektrum Akademischer Verlag.

Weber, K. (2004). Traditional instruction in advanced mathematics courses: A case study of one professor's lectures and proofs in an introductory real analysis course. *Journal of Mathematical Behavior 23*(2), 115–133. https://doi.org/10.1016/j.jmathb.2004.03.001

Yoon, C., Kensington-Miller, B., Sneddon, J., & Bartholomew, H. (2011). It's not the done thing: social norms governing students' passive behaviour in large undergraduate mathematics lectures. *International Journal of Mathematics Education in Science and Technology 42*(8), 1107–1122. https://doi.org/10.1080/0020739X.2011.573877

Zech, F. (2002). *Grundkurs Mathematikdidaktik. Theoretische und praktische Anleitung für das Lehren und Lernen von Mathematik* (10. Bd.). Beltz.

Mathematikvorkurse organisiert und veranstaltet von Studierenden höherer Semester: Konzepte, Erfahrungen und Alleinstellungsmerkmale

9

Bettina Steckhan

Zusammenfassung

Der Mathematik-Vorkurs in Oldenburg gewährt den Studienanfängerinnen und Studienanfängern einen ersten umfassenden Einblick in die Hochschulmathematik. Das Alleinstellungsmerkmal des Vorkurses in Oldenburg ist, dass dessen Organisation und Durchführung vollständig in studentischer Hand liegt. Mitglieder des Fachschaftsrates Mathematik und Elementarmathematik organisieren den Vorkurs selbstständig. Dadurch ergeben sich einige Besonderheiten und Vorteile, die in diesem Beitrag ausführlich beleuchtet werden. So ist es beispielsweise durch die intensive Betreuung von erfahrenen Kommilitonen und Kommilitoninnen höheren Semesters möglich, individuell und lösungsorientiert auf Probleme der Studienanfängerinnen und Studienanfänger einzugehen. Die Skripte und Übungsaufgaben sind von Studierenden für Studierende erstellt. Dadurch kann auf häufig auftretende Verständnisprobleme und Fehlvorstellungen eingegangen werden, da diese den Erstellerinnen und Erstellern von ihren eigenen Anfängen als Erstsemester noch präsent sind. Außerdem bietet der jährliche Wechsel der hauptverantwortlichen Organisatorinnen und Organisatoren sowie das regelmäßige Feedback durch die Studienanfängerinnen, die Studienanfänger und das Tutor*innenteam die Chance, den Vorkurs kontinuierlich zu verbessern und weiterzuentwickeln.

B. Steckhan (✉)
Oldenburg, Niedersachsen, Deutschland
E-Mail: bettina.steckhan@uol.de

R. Hochmuth et al. (Hrsg.), *Unterstützungsmaßnahmen in mathematikbezogenen Studiengängen,* Konzepte und Studien zur Hochschuldidaktik und Lehrerbildung Mathematik, https://doi.org/10.1007/978-3-662-64833-9_9

Zielgruppe	Zwei-Fächer-Bachelor Mathematik, Fachbachelor Mathematik
Format	Präsenz
Ungefähre Teilnehmendenanzahl	160
Dauer	8 Tage
Zeit pro Tag	7 h
Lernmaterial	Eigenentwicklung
Lehrende	Studierende
Inhaltliche Ausrichtung	Hochschulmathematik
Verpflichtend	Nein
Besonderes Merkmal	Organisation und Durchführung allein durch Studierende

9.1   Einleitung

Ein Vorkurs, der allein durch Studierende organisiert wird – kann das gutgehen? Der Oldenburger Vorkurs liegt mitsamt seiner Organisation, seiner Umsetzung und seiner Leitung seit seiner Initiierung vor knapp 20 Jahren in studentischer Hand. Das zeichnet ihn im Vergleich zu anderen Vorkursen aus. Dieses Alleinstellungsmerkmal bietet neue Chancen für Erstsemester, aber auch Risiken. Wie ein solcher Vorkurs aussehen kann, wird im folgenden Artikel illustriert. Dabei liegt ein besonderes Augenmerk auf den organisatorischen Aspekten und auf didaktischen Elementen, die den Oldenburger Vorkurs besonders machen. Zuerst werden die Struktur und die Rahmenbedingungen des Vorkurses dargestellt. Vor diesem Hintergrund wird auf die verschiedenen Zielsetzungen eingegangen, welche als Ausgangspunkte für die Auswahl der mathematischen Inhalte dienen. Anschließend wird erläutert, mit welchen didaktischen Elementen diese vermittelt werden. Schließlich wird die Tradition des Vorkurses in studentischer Verantwortung und seine Entwicklung aufgezeigt. Abschließend werden in einem Ausblick Möglichkeiten zur Weiterentwicklung dargelegt.

9.2 Strukturelle Merkmale

Der Oldenburger Mathematik-Vorkurs beginnt montags drei Wochen vor Vorlesungsbeginn und damit zwei Wochen vor dem Start der Orientierungswoche. Es handelt sich um ein achttägiges Vorbereitungsprogramm, das innerhalb von zwei Wochen absolviert wird. Da der Tag der deutschen Einheit immer innerhalb der zwei Wochen vor der Orientierungswoche liegt, endet der Vorkurs je nach Lage des Feiertags in der Mitte oder am Ende der zweiten Woche. Damit liegt der Vorkurs ausschließlich in der vorlesungsfreien Zeit. Die Studierenden müssen jeweils den ganzen Tag für die Vorkurstage aufwenden und könnten dies neben einem parallelen Programm wie der Orientierungswoche nicht leisten.

Jeder Tag teilt sich in der Regel in zwei Sequenzen auf. Jede Sequenz besteht aus einer etwa einstündigen Vorlesung und einer sich direkt daran anschließenden Übung, die zwei Stunden dauert. Die Vorlesung und die jeweils darauffolgende Übung gehören thematisch zusammen. Die Einheiten sind durch eine Mittagspause von einer Stunde getrennt. Sowohl die Übung als auch die Vorlesung sind Präsenzveranstaltungen. Die Vorlesung dient der reinen Wissensvermittlung, während in der Übungszeit die Möglichkeit zum Vertiefen, Festigen und Anwenden des Wissens besteht. Die Übungszeit wird durch Arbeitsblätter mit inhaltlich passenden Aufgaben unterstützt, die in Kleingruppen, zu zweit oder allein bearbeitet werden können. Der Vorkurs sieht ein regelmäßiges Lernen und Arbeiten vor. Durch die täglichen Termine, die durch eine siebenstündige Präsenzzeit vorgegeben sind, sollen sich alle teilnehmenden Studierenden ausgiebig mit den Themen auseinandersetzen.

Erstsemester, die nicht oder nicht vollständig am Vorkurs teilnehmen können, werden medial unterstützt. Ihnen werden die Materialien online auf einer Lernplattform zur Verfügung gestellt, um das Lernen zu Hause zu ermöglichen. Die Skripte zu den Vorlesungen, die Übungszettel und die Lösungen der Aufgaben des aktuellen Tages, die zusätzlich Hinweise für die Tutorinnen und Tutoren enthalten, werden abends in der Lernplattform hochgeladen. Je nach Belieben der Studierenden können Vorlesungen und Aufgaben zu Hause wiederholt oder weiter bearbeitet werden. Vorausgesetzt oder erwartet wird dies aber nicht. Die Studierenden können sich auf diesem Wege daran gewöhnen, im Studium selbstbestimmt zu arbeiten und einschätzen zu lernen, wie viel Vor- und Nachbereitung sie aufwenden müssen und wollen.

9.2.1 Merkmale des Lehrteams

Innerhalb des Lehrteams gibt es drei Organisierende. Sie organisieren im Sommersemester vor Beginn des Vorkurses den gesamten Vorkurs: Die Finanzierung, die Buchung der Räumlichkeiten, den Kontaktaufbau und die Kommunikation mit angehenden Erstsemestern sowie potentiellen Tutorinnen und Tutoren, die Auswahl und Zuteilung der Übungsleitenden und die Pflege der Skripte, Aufgaben und Lösungen. Während des Vorkurses ist genau einer oder eine von ihnen als Tutor oder Tutorin tätig. Die anderen beiden sind Ansprechpartner und/oder -partnerinnen für die Tutoren und Tutorinnen, Erstsemester, die noch keiner Gruppe zugeordnet wurden, und in allgemeinen oder organisatorischen Fragen. Sie behalten den Überblick über die Durchführung des Vorkurses. Das Team wird von Tutorinnen und Tutoren ergänzt, die die Übungen leiten und konkrete Ansprechpersonen für die Erstsemester ihrer Gruppe sind. Unter den Organisierenden und den Übungsgruppenleitenden finden sich die Vortragenden. Sie sind unabhängig von ihrer Funktion als Tutorinnen, Tutoren oder Organisierende in einer oder mehreren Einheiten für die Gestaltung der entsprechenden Vorlesung zuständig.

Das Lehrteam setzt sich aus 15 Tutorinnen und Tutoren sowie den drei Organisatorinnen und/oder Organisatoren zusammen, wobei genau eine Person des Organisationsteams ein Tutorium übernimmt. Alle Angehörigen des Tutor*innenteams haben eine tägliche Präsenzzeit von sechs Stunden exklusive Pause sowie eine inhaltliche Vorbereitungszeit von etwa einer Stunde pro Tag. Geht man von einer Aufteilung der Vorkurstage in jeweils vier Tage pro Woche aus, so ergeben sich 28 Arbeitsstunden pro Woche. Dazu kommt für die Vortragenden eine Vorbereitungszeit von vier bis fünf Stunden für je eine Vorlesung. Für die – meist erfahrenen – Tutorinnen und Tutoren ergibt sich damit mit insgesamt zwei Vorträgen eine Arbeitszeit von etwa 32,5 h pro Woche.

Alle Tutorinnen und Tutoren werden in einem Vorbereitungstreffen, das etwa sechs Wochen vor Beginn des Vorkurses stattfindet, über das Organisatorische aufgeklärt. Dort werden Ablauf, Ziele, die Zuteilung der Tutor*innenpaare, die Raumaufteilung, die Aufteilung der Vorträge und die Verteilung sonstiger anfallender Aufgaben besprochen. Darüber hinaus besteht die Möglichkeit, Fragen zu klären. Das Tutor*innenteam bekommt somit die Gelegenheit, sich vor Beginn des Vorkurses kennenzulernen.

Alle Lehrenden sind Studierende. Die Kommunikation untereinander gestaltet sich dadurch unkompliziert und die Entscheidungswege sind kurz. Zu Beginn kommuniziert das Organisationsteam mit den Tutorinnen und Tutoren per E-Mail, schließlich wird eine WhatsApp-Gruppe eingerichtet, die einen schnellen Austausch insbesondere während des Vorkurses ermöglicht. Dadurch, dass alle Angehörigen des Tutor*innenteams wie die Organisierenden den Studierendenstatus besitzen, verläuft die Kommunikation nochmals deutlich unkomplizierter. Die Organisierenden sind Vorgesetzte des Tutor*innenteams, begegnen den Tutorinnen und Tutoren aber auf einer kollegialen Ebene. Bei ihnen laufen die Fäden zusammen. Sie sind Ansprechpartner und -partnerinnen für ihr Tutor*innenteam sowie für Externe, in der Vermittlung in Problemfällen und bei anfallenden Komplikationen. Sollten größere Probleme in der Übungsgruppe auftauchen, so fallen diese nicht mehr in den Aufgabenbereich der Tutorinnen und Tutoren, sondern der Organisierenden.

Die Leitung der acht Übungsgruppen übernehmen jeweils zwei Lehrpersonen. Dieses Paar ist möglichst heterogen. Die Organisierenden achten darauf, dass nach Möglichkeit ein*e Erfahrene*r und ein*e Unerfahrene*r, ein*e Fachbachelorstudierende*r und ein*e Zwei-Fächer-Bachelorstudierender*e sowie eine weibliche und eine männliche Person ein Tutorium leiten. Durch eine heterogene Gruppe sollen möglichst viele Bedürfnisse abgedeckt werden. Die Tutor*innenpaare können sich somit gegenseitig unterstützen und in ihren Stärken und Schwächen ergänzen. Die Kombination aus Personen mit und ohne Tutoriumserfahrung bietet mehrere Vorzüge und ist das wichtigste Kriterium in der Zusammenstellung der Paare. Zum einen werden neue Tutorinnen und Tutoren angelernt, die ihre Erkenntnisse in weiteren Vorkurstutorien oder aber als studentische Hilfskräfte während des Semesters nutzen können. Zum anderen leiten eine Person mit deutlich mehr Studienerfahrung und eine Person, die den Erstsemestern zeitlich näher ist und somit stärker eine Identifikationsfigur darstellt, die Übungsgruppen. Dadurch können Wissenslücken, die bei Personen mit weniger Studienerfahrung auftreten könnten, kompensiert werden. Voraussetzung an die Vortragenden ist eine besondere fachliche Kompetenz wie auch Tutoriums- sowie Vorkurserfahrung. Die Heterogenität bezüglich der Geschlechter und des Studiengangs in den Tutor*innenteams ist zweitrangig.

Weitere formale Qualifikationen müssen die Tutorinnen und Tutoren nicht erfüllen. Dennoch stützt sich die Auswahl des Teams auch auf Erfahrungen aus den vorherigen Jahren. Die Tutorinnen und Tutoren sollen sich fachlich mit der Thematik gut auskennen und Empathie mitbringen. Sie sollen interessiert daran sein, mit den Erstsemestern zu arbeiten, ihnen zu helfen und die Angst vor dem Studium zu mindern. Besonders die Erfahrenen sollen zudem didaktische Kompetenzen besitzen. Diese werden nicht formal überprüft, sondern deren Erfüllung ist auf Erfahrungswerte der letzten Vorkurse gestützt. Gerade die Erfareneren müssen die Kriterien erfüllen, da sie Lücken der Unerfahrenen in ihrem Tutorium kompensieren müssen. Die Organisierenden bemühen sich bei der Auswahl ihres Teams, die formalen Kriterien einzuhalten, und lassen ihre persönlichen Einschätzungen der fachlichen und didaktischen Kompetenzen in die Entscheidung einfließen.

In dieser Hinsicht kann sich die Frage nach fachlicher Kompetenz der Übungs-leitenden stellen. Ihre Kompetenz wird nicht überprüft, sondern durch Erfahrung der letzten Jahre mit den Tutorinnen und Tutoren und durch persönliche Einschätzungen beurteilt. Diese persönlichen Einschätzungen sind meist möglich, da es sich bei den Bewerbenden um Kommilitoninnen und Kommilitonen der Organisierenden handelt, die aus dem eigenen Studium bekannt sind. Eine objektive einheitliche Überprüfung der Einschätzungen könnte eine bessere fachliche Qualität der Tutorinnen und Tutoren gewährleisten. Dies ist in naher Zukunft jedoch nicht geplant, da die Umsetzung eines geeigneten Konzeptes nicht verfügbare personelle Kapazitäten erfordern würde. Außerdem sind Studierende fachlich nicht so qualifiziert wie wissenschaftliche Mit-arbeitende oder Professorinnen und Professoren. Dennoch bleibt der Vorkurs in Olden-burg in studentischer Hand, denn es werden nur sehr elementare Inhalte behandelt, die Mathematikstudierende nach erfolgreicher Absolvierung der ersten beiden Semester sehr gut kennen und anwenden können. Auch die didaktische Kompetenz wird von den Organisierenden beurteilt. Es findet also auch auf dieser Ebene keine professionelle Einordnung der Tutorinnen und Tutoren statt. Daher werden die Tutorinnen und Tutoren in Paare aufgeteilt. Ist eine oder einer der Übungsgruppenleitenden didaktisch oder fachlich weniger geeignet als erwartet, bleibt eine zweite Person, die dieser fehlenden Kompetenz durch Ausgleich entgegenwirken kann.

Da die Organisation des Vorkurses, die Planung, Vorbereitung und Durchführung umfasst, sehr aufwändig ist und ehrenamtlich neben dem Studium und ggf. einem Job geleistet wird, gestaltet sich die Besetzung des Organisationsteams manchmal als herausfordernd. Die Mitglieder des Fachschaftsrates zeichnen sich jedoch durch ihr ehrenamtliches Engagement aus, sodass dieser Posten bisher noch nie unbesetzt geblieben ist. Dass die Arbeit ehrenamtlich ist, hat Stärken und Schwächen. Die Organisierenden arbeiten aus persönlicher Überzeugung, was eine intrinsische Motivation für ein gutes Gelingen der Maßnahme ist. Da dies aber neben Job und Studium zu bewältigen ist, haben die Organisierenden nicht unbegrenzte Kapazitäten und können sich nicht so ungestört auf die Organisation fokussieren, wie es an der Universität Angestellte könnten, denen diese Aufgabe anvertraut wurde. Sie sind somit weniger belastbar und haben eine geringere (zeitliche) Verfügbarkeit, weil der Vorkurs nicht jederzeit höchste Priorität haben kann. Deshalb arbeiten die Organisierenden zu dritt zusammen. Sie können sich gegenseitig unterstützen und durch eine frühzeitige Planung Studium, Privatleben, Job und Vorkursorganisation gleichzeitig leisten.

Die Verfügbarkeit von qualifiziertem Personal ist von Jahr zu Jahr unterschiedlich. Die meisten Personen, die schon einmal ein Tutorium gegeben haben, wollen auch in den kommenden Jahren Teil des Teams werden. Somit haben viele der Bewerberinnen und Bewerber bereits Erfahrung mit einer Tutoriengestaltung. Da die Maßnahme jedoch in den Semesterferien stattfindet und ehrenamtlich ist, ist es manchen Personen nicht möglich, am Vorkurs mitzuwirken. Zu den Umständen, die die Unterstützung beim Vorkurs verhindern, gehören Praktika, Hausarbeiten, Nachschreibeklausuren und private Termine wie Urlaube, die mit dem Vorkurs kollidieren können. Werbung für die Einstellung von Tutorinnen und Tutoren wird über die Social-Media-Kanäle und die Homepage des Fachschaftsrates publiziert. Ist abzusehen, dass die Stellenbesetzung schwierig werden könnte, werden Plakate aufgehängt, mündlich Werbung in Vorlesungen gemacht, Flyer verteilt und persönlich Leute angesprochen, die sich eignen könnten. Mit diesen Bemühungen ist es bisher immer gelungen, die Stellen mit geeigneten Personen zu besetzen.

Sollten Tutorinnen und Tutoren in einem Block aufgrund von Krankheit, Klausuren o.Ä. ausfallen, springt jemand aus dem Organisationsteam ein. Damit ist es meist möglich, dass die Betreuung eines Tutoriums von zwei Personen gewährleistet ist. In seltenen Ausnahmefällen betreut ein oder eine Erfahrener oder Erfahrene für eine Übungseinheit oder einen Tag allein ein Tutorium.

Als teambildende Maßnahme unternimmt das Tutor*innenteam während des Vorkurses an einem Abend etwas gemeinsam.

9.2.2 Nutzendengruppen

An dem Mathematik-Vorkurs in Oldenburg nehmen jährlich etwa 160 Studierende teil, die Mathematik im Zwei-Fächer-Bachelor auf das gymnasiale Lehramt, auf das Berufs-schullehramt oder außerschulisch studieren, sowie Personen, die sich für einen Fach-bachelor im Fach Mathematik immatrikuliert haben. Diese Teilnehmendenzahlen beziehen sich auf die gesamten acht Tage. Einige können erst in der zweiten Woche teil-nehmen, andere nur in der ersten Woche. Wieder andere können den Vorkurs nur an aus-gewählten Terminen besuchen. Im Rahmen der WiGeMath-Evaluation, die im Jahr 2016 durchgeführt wurde, wurden in der Eingangsbefragung 127 Studierende befragt. Eine solche Befragung wurde seit 2016 nicht wieder durchgeführt, ähnliche Zahlen wären jedoch auch heute zu erwarten, da der Vorkurs sich organisatorisch nur gering verändert hat.

Zu Beginn der ersten Vorlesung sowie in der Mitte des Vorkurses erhalten die Teil-nehmenden am Hörsaaleingang einen kleinen Zettel mit einer mathematischen Aufgabe. Deren Lösung ist der Name ihrer Gruppe. Die Mathematik-Fachbachelor-Studierenden haben in der zweiten Woche ein eigenes Tutorium. Das liegt daran, dass nur circa 20 (2016 waren es 22) von ihnen am Vorkurs teilnehmen und in den gemischten Gruppen jeweils entsprechend wenig Fachbachelor-Studierende eingeteilt sind. In einem eigenen Tutorium können sie besser untereinander Lerngruppen bilden, da sie im ersten Semester nicht die gleichen Veranstaltungen wie die Zwei-Fächer-Bachelorstudierenden besuchen.

Die Altersspanne bewegt sich etwa zwischen 17 und 25 Jahren und es nehmen Erst-semester jeden Geschlechts teil. Im Jahr 2016 waren beispielsweise 74 % der Teil-nehmenden 20 Jahre alt oder jünger und 22,8 % zwischen 21 und 25 Jahren. Der Großteil aller Teilnehmenden ist demnach im Alter zwischen 17 und 20 Jahren. Es nehmen Teilnehmende jeden Geschlechts teil; das Verhältnis zwischen weiblichen (2016 58,3 %) und männlichen (2016 41,7 %) Teilnehmenden ist dabei meist ausgewogen. Viele haben ihre Hochschulzugangsberechtigung im selben oder vorigen Jahr erworben, 2016 waren es zum Beispiel 61,4 %. Einige haben aber auch schon ein Studium, eine Ausbildung oder erste Berufserfahrungen hinter sich. Die Hochschulzugangs-berechtigungen wurden in der Regel in Form eines Abiturs, eines Fachabiturs oder durch ein allgemeines Hochschulzugangsrecht erworben. Ihr mathematisches Vorwissen beziehen die Studierenden über ihre schulischen Kenntnisse. Die meisten Erstsemester haben ein Abitur und daher in einem Grund- oder Leistungskurs mathematisches Wissen gesammelt. Viele der Erstsemester sind bereits wohnhaft in Oldenburg und Umgebung, sodass Präsenz während des Vorkurses kein Problem darstellt. Die Vorkurstage beginnen um neun Uhr, sodass Pendlerinnen und Pendler ebenfalls am Programm teilnehmen können.

Voraussetzung für die Immatrikulation sind gute bis sehr gute Deutschkenntnisse, sodass bisher keine Probleme hinsichtlich Sprachbarrieren aufgetreten sind. Alternative Lehrmaterialien auf Englisch oder in anderen Sprachen sind bisher nicht vorhanden.

Zum Vorkurs melden sich etwa 170 Personen an. Darunter sind jedoch auch Anmeldungen von Studierenden, die nicht erscheinen oder einen Studiengang anstreben, für den die Inhalte nicht relevant sind. Abgesehen davon gibt es auch Studierende, die an der Maßnahme nicht bis zum Ende teilnehmen. Das hängt mit der Motivation zusammen, aber auch mit einer Desillusionierung, was das Studium betrifft. Einige erwarten ausschließlich Rechenaufgaben, die allein mit der Kenntnis von Formeln und Gleichungsumformungen gelöst werden können – eine Ausbildung, die der schulischen ähnelt. Werden diese Erwartungen an das Studium enttäuscht, sinkt auch die Motivation, weiter am Vorkurs teilzunehmen. Andere Personen melden sich nicht über das Anmeldeformular an, sondern erscheinen spontan zum Vorkurs und nehmen ohne Anmeldung teil. Aus diesen Gründen ergibt sich schließlich die genannte Zahl von etwa 160 Teilnehmenden am Vorkurs.

9.3   Zielsetzungen

Der Vorkurs in Oldenburg verfolgt das Hauptziel, den Studienanfängerinnen und Studienanfängern einen ersten Einblick in die Hochschulmathematik zu ermöglichen und zu fördern, dass erste Kontakte geknüpft werden können. Die Wiederholung und der Ausbau von schulmathematischem Wissen und Fähigkeiten stellt ein sekundäres Ziel dar. Dazu gehören Funktionen, Bildung und Verständnis von Ableitungen, Potenzgesetze, Umgang mit Beträgen, der Binomialkoeffizient, lineare Gleichungen, quadratische Ergänzung und die pq-Formel sowie Polynomdivision. Bereits vorhandene Kenntnisse werden durch die Einführung von verkürzenden Operatoren (Summenzeichen, Produktzeichen, Binomialkoeffizient) erweitert. Zum Großteil werden diese Thematiken für andere Themengebiete im Vorkurs benötigt oder werden nicht an jeder Schule und in jedem Bundesland unterrichtet, sodass mögliche Differenzen zwischen den Studierenden ausgeglichen werden können, die für das Verständnis der Vorkursinhalte erforderlich sind. Der Vorkurs hat sich nicht zur primären Aufgabe gemacht, alle Studierenden auf einen Stand hinsichtlich ihres schulischen Wissens zu bringen, sondern vielmehr den Übergang von der Schule zur Universität zu erleichtern. Dabei steht der Erwerb von hochschulmathematischen Fähigkeiten und Fertigkeiten im Fokus. Dadurch sollen die Studierenden in den ersten Wochen im Studium etwas entlastet werden. Hierzu gehört ein erstes Schulen in Beweistechniken, die ausführliche Thematisierung der Mengenlehre und Quantorenlogik, das Konzept von Abbildungen und das Knobeln an Problemlöseaufgaben.

Dazu soll vorerst das Bild von Mathematik als Rechen- und Formeldisziplin (Rach et. al. 2014) in eine andere Richtung gelenkt werden. Das Bild von Mathematik ist stark durch die Schule geprägt. Erstsemester verstehen Mathematik häufig zunächst als Rechendisziplin, in der sie mit Formeln, Zahlen und Verfahren jonglieren. Dieses Bild steht im Gegensatz zum axiomatischen Aufbau der Hochschulmathematik, der bereits im ersten Semester Grundlage für die mathematischen Arbeitsmethoden bildet. Die logische

Denkweise und die Formalität werden mithilfe der Aussagenlogik, Knobelaufgaben, der Mengenlehre und der Quantorenlogik vorgestellt. Die Studierenden sammeln erste Erfahrungen mit Beweistechniken und wenden ihr Wissen in der Linearen Algebra, der Integralrechnung und dem Themengebiet der Folgen und Grenzwerte an. Zudem werden die Studierenden von bekannten Funktionen ausgehend zu der allgemeinen Definition von Abbildungen unter Einschluss des Konzepts des Definitionsbereichs und der Wertemenge als Teil der Definition herangeführt. Das knüpft an schulisches Wissen der Studierenden an, geht aber auch darüber hinaus.

Studierende stolpern in ihren Anfängen häufig über die formale Disziplin der Mathematik (Rach et. al. 2014). Die Symbolsprache mit Quantoren und Mengen ist aus der Schule nicht bekannt und daher fremd. Durch Vorwegnahme dieser Aspekte im Vorkurs können Studierende erste Erfahrungen sammeln und mit der formalen Sprache vertrauter werden. Das Ziel ist ein besseres Verständnis der formalen Ausdrücke, das Grundlage für das Mathematikstudium ist. Dahinter stand ursprünglich die eigene Erfahrung der Lehrpersonen, dass ihnen selbst das Beweisen und die formale Sprache zu Beginn des Studiums sehr schwer fielen. Der Vorkurs sollte diese Themen bereits behandeln, damit einige Inhalte während des Studium bereits bekannt sind. Von diesem ersten Kontakt mit Themen aus Erst- und Zweitsemesterveranstaltungen wird sich erhofft, dass die Erstsemester vor allem entlastet werden. Die Intention der Vorkursorganisatorinnen und/oder -organisatoren ist es, einige Grundlagen für fachliche Veranstaltungen zu legen und als schwer eingestufte Thematiken im Vorkurs heruntergebrochen zu behandeln. Es wird davon ausgegangen, dass dadurch die Studierenden der Vorlesung besser folgen und sich darin stärker auf Unbekanntes konzentrieren können. Vermutlich können sie den Fokus auf inhaltliches Verständnis und Verknüpfungen zu anderen Themen legen.

Beim Aufbau der hochschulmathematischen Kenntnisse wird insbesondere der Umgang mit der Fachsprache, die im weiteren Verlauf des Studiums von enormer Bedeutung ist, geübt. Die Studierenden sollen nicht umgangssprachliche, sondern fachlich präzise und korrekte Ausdrücke verwenden, die genau definiert wurden. Durch oben genannte Themengebiete sollen Symbole (z. B. Quantoren, Aussagen-Junktoren, Mengenoperationen, Abbildungsvorschriften) und fachliche Ausdrücke der behandelten Themen in den Wortschatz der Studienanfängerinnen und Studienanfänger aufgenommen werden. Dies ermöglicht vermutlich in den ersten Vorlesungen eine stärkere Konzentration auf die inhaltlichen Aspekte und deren Zusammenhänge. Außerdem wird eine erste Einsicht in die späteren Themen des ersten Semesters gegeben, z. B. Folgen und Grenzwerte oder Grundlagen der Linearen Algebra, um exemplarische Einblicke in die Hochschulmathematik zu gewähren. Darüber hinaus sollen die Studierenden erste Erfahrungen in mathematischen Arbeitsweisen sammeln. Durch die tägliche Bearbeitung von Aufgaben werden die Studierenden in unterschiedlichen Kompetenzen geschult. Die Studienanfängerinnen und Studienanfänger sollen an mathematische Arbeitsweisen herangeführt werden: Beweise formal zu führen, in Knobelaufgaben Problemlösestrategien anzuwenden und dabei sauber, schlüssig und vollständig zu arbeiten. Eine heuristische Strategie, die häufig angewendet wird, ist das Vorwärtsarbeiten (Bruder & Collet, 2011). Dies zeigt sich besonders im Themenblock mathematischer Beweise. Hier wird in der Vermittlung ein spezieller Fokus auf das schrittweise Arbeiten von der Voraussetzung mit den in ihr festgelegten Bedingungen zum Ziel, also dem Gelangen zu der Behauptung, gelegt.

Außerdem wird Mathematik als eine Wissenschaft dargestellt, die einem immer gültigen Denkmuster folgt (Rach et. al. 2014). Bereits am ersten Tag wird die Aussagenlogik erarbeitet, die die Basis bildet. Den Studierenden wird erläutert, dass es logische Regeln und Muster gibt, an denen man sich beim mathematischen Arbeiten orientieren kann. Das Beweisen wird in drei Einheiten gelehrt. Dabei wird insbesondere auf das Schließen eingegangen, das immer deduktiv ist. Es soll herausgestellt werden, dass Sätze nicht einfach als gültig angenommen werden können, sondern jede Aussage bewiesen werden muss. Darüber hinaus soll die Wichtigkeit von detailgetreuen Definitionen illustriert werden.

Das Verständnis von Mathematik als Disziplin, in der Verfahren und Schemata der Schlüssel zur Lösung sind (Rach et. al. 2014), soll deutlich überarbeitet werden. Die Studierenden sollen sich vielmehr damit befassen, warum Aussagen gelten und selbst auf Lösungswege kommen. Schwerpunktmäßig geht es um die Suche nach individuellen Wegen, nach Strategien, um Ausprobieren und um Handlungsspielräume innerhalb der mathematischen Welt. Mathematik wird als ein Gebiet vorgestellt, in dem sich Studierende selbst zurechtfinden können und auch mehrere Lösungswege zum Ziel führen können. Die Studienanfängerinnen und Studienanfänger sollen sich mit eigenen Ideen ausprobieren dürfen. Im Gegensatz zum Studium wird im Vorkurs keine Bewertung der Lösung vorgenommen. Das bedeutet, dass Studierende immer mündliches Feedback – insbesondere Hinweise auf Mängel und Verbesserungsmöglichkeiten – bekommen, aber keine Benotung erhalten. Das Feedback wird bei der Vorstellung von Lösungswegen oder im Gespräch der Tutorinnen und Tutoren mit den Gruppen gegeben. Die Studierenden können sich ungestört und ohne Angst vor einer negativen Bewertung von Fehlern ausprobieren und aus eigenen Fehlern lernen.

Des Weiteren soll der saubere mathematische Aufschrieb geübt werden. Es ist häufig zu beobachten, dass viele Erstsemester zwar auf die richtige Lösung kommen, diese aber nicht strukturiert zu Papier bringen können. Sie müssen während ihres Studiums aber gewissen formalen Standards der Mathematik entsprechen, wie zum Beispiel der Dokumentation einer Kette aus deduktiven Schlussfolgerungen (Rach et. al. 2014). Da die Studierenden zu jedem Thema einen Aufgabenzettel zur Verfügung gestellt bekommen, sammeln sie erste Erfahrungen darin, später ihre Übungszettel in Kleingruppen zu bearbeiten. Dazu gehört auch die Selbstorganisation, die ein eigenständiges Wiederholen und Festigen der Inhalte durch die Erstellung und Nutzung von Vorlesungsnotizen beinhaltet. Dass der Vorkurs von Studierenden organisiert wird, bietet hier ein erhebliches Potenzial: Hilfen für die anfängliche Vorgehensweise und Erfahrungsberichte über die eigenen ersten Schritte sind für die Erstsemester vermutlich besonders wertvoll. Sie geben einen realistischen Einblick in das, was die Erstsemester erwartet.

So können die Studienanfängerinnen und Studienanfänger sich besser auf ihren Studienstart einstellen und wissen, welche Herausforderungen auf sie zukommen. Darüber hinaus wird erhofft, dass das Wissen um andere Studierende mit Schwierigkeiten zu Studienbeginn beruhigend für die Erstsemester ist. Die Tatsache, dass die Tutorinnen und Tutoren nicht nur für Fachliches zu Rate gezogen werden, sondern auch als Ansprechpartner und -partnerinnen darüber hinaus zur Verfügung stehen, hat sich mit der Zeit stärker ausgeprägt. An der Universität in Münster gibt es eine ähnliche Situation (Paravicini, 2014): In einem Mentoringprogramm stehen Studierende des meist fünften Semesters Erstsemestern für fachmathematische Unterstützung zur Verfügung. Dennoch werden auch sie in Fragen zum Organisatorischen oder zu Tipps für das Lernen konsultiert. Die positiven Rückmeldungen der Studierenden nach Beendigung des Mentor*innenprogramms sind wissenschaftlich schwer auszuwerten, sprechen aber für einen Erfolg des Programms.

Ziel der Vorlesungen und Übungen ist es keinesfalls, dass am Ende jede und jeder alle Inhalte umfassend verstanden hat. Vielmehr sollen die Studierenden einen Einblick in den Alltag an der Universität erhalten und sich mit elementaren Themen schon einmal beschäftigt haben. Es ist zu erwarten, dass es ihnen in den Vorlesungen im Semester leichter fällt, die Inhalte zu verstehen.

Der Vorkurs soll Schwierigkeiten mit dem hohen Abstraktionsgrad, den Übungszetteln und der Geschwindigkeit der Vorlesungen im Studium entschärfen. Die Vorlesungen werden in einem höheren Tempo als in der Schule, aber langsamer als Vorlesungen während des Studiums gehalten. An das Lerntempo im Studium soll in einem Umfeld, in dem Scheitern durch einen fehlenden Leistungsdruck nicht schlimm ist, gewöhnt werden.

Ein besonderer Fokus liegt auf der Förderung sozialer Kontakte. Die Studierenden werden für die Bearbeitung von Übungsaufgaben per Zufallsprinzip in Übungsgruppen eingeteilt. Innerhalb dieser Gruppen werden Kleingruppen gebildet und die Studierenden zum Zusammenarbeiten ermutigt. Ob die Zusammensetzung der Kleingruppen von den Erstsemestern zu Beginn selbst bestimmt oder immer wieder verändert wird, bleibt jedem Tutor*innenpaar selbst überlassen. Der Austausch steht im Vorkurs besonders im Vordergrund. Die Relevanz von Lerngruppen während des Studiums insbesondere hinsichtlich der gegenseitigen Unterstützung wird im Vorkurs immer wieder betont. Gerade zu Beginn, wenn vieles schwer verständlich erscheint, sind Lerngruppen außerordentlich wertvoll, denn soziale Zugehörigkeit wirkt sich positiv auf die intrinsische Motivation aus (Ryan & Deci, 2000). Das Gemeinschaftsgefühl wird gestärkt und die Studierenden können sich auf fachlicher Ebene gegenseitig helfen. Sie werden dazu angeregt, neue soziale Kontakte zu knüpfen und sich in Gruppen zu integrieren, denn eine gute Lerngruppe hilft zusätzlich dabei, Hürden im Studium zu überwinden. Weil der Vorkurs hauptsächlich aus Präsenzzeiten besteht, haben die Studierenden in den Mittagspausen auch die Möglichkeit, sich abseits der Mathematik kennenzulernen. Sie können private Kontakte knüpfen und erste Freundschaften schließen, die für die Motivation im Mathematikstudium von immenser Bedeutung sind (Ryan & Deci, 2000).

Manchmal werden Dozierende, die die anschließenden Erstsemesterveranstaltungen betreuen, zu Vorlesungen eingeladen, deren Inhalte auch in ihren Modulen thematisiert werden. Dadurch wird die Relevanz der Themen des Vorkurses für das Studium unterstrichen. Darüber hinaus wird durch kurze Bezüge oder Verweise auf die Vorlesungen immer wieder klar gemacht, dass die thematisierten Inhalte im Studium von Nutzen sein werden. Diese Verweise auf die Module werden z. B. getätigt, wenn der Beweis des im Vorkurs genutzten Satzes für die einstündige Vorlesung zu zeitintensiv wäre oder bei Beweisen, die deutlich mehr Vorwissen benötigen würden.

Da die Dozierenden nur zur kurzen Vorstellung eingeladen werden, können die Studierenden noch keinen Kontakt zu den Dozierenden knüpfen. Sie lernen sie erst in der Orientierungswoche und im Studium ausreichend kennen. Dennoch bekommen die Studierenden ein Gesicht von ihren Lehrenden und können sich zuerst auf die Integration in die Studierendenschaft konzentrieren.

9.4   Auswahl der Inhalte

Wie bereits erwähnt, konzentriert sich der Oldenburger Vorkurs auf die Hochschulmathematik. In dem Ablaufplan des Vorkurses (Tab. 9.1 und Tab. 9.2) sind alle Themen aufgeführt, die behandelt werden.

In den ersten drei Tagen werden Grundlagen geschaffen, die in den darauffolgenden Themen verwendet werden. Auf dem schulischen Wissen wird im Vorkurs aufgebaut, teilweise wird es aufgefrischt. Um eventuell vergessenes Wissen zu wiederholen und die Teilnehmenden bei ihrem vorhandenen schulischen Wissen abzuholen, gibt es nach der Einführung in die Disziplin der Mathematik und der Logik am zweiten Tag einen Block mit ausgewählten schulischen Themen, die wiederholt werden. Die oft gegebene zeitliche Nähe zum Schulabschluss ist einer der Gründe, weshalb sich der Oldenburger Vorkurs auf hochschulmathematische Inhalte konzentriert. Da hauptsächlich hochschulmathematische Themen, die für alle neu sind, besprochen werden, gibt es keine unüberbrückbaren Differenzen während des Vorkurses bezüglich der mathematischen Kenntnisse. Für jene Studierende, die ihr Schulwissen auffrischen wollen, wird der Onlinekurs von OMB + (Bach & Krieg, o. J.) empfohlen.

Die Studierenden erhalten in der ersten Einheit eine Einführung in die Mathematik als Disziplin, die Gesetzen der Logik folgt und in der Probleme gelöst werden. Im Zuge dessen werden Problemlöseaufgaben bearbeitet, die die Erstsemester schon aus der Schulzeit kennen (KMK, 2012). Die Studierenden lernen Herangehensweisen an Probleme kennen, um sie lösen zu können. Diese Sequenz soll dazu motivieren, bereits Bekanntes nochmals zu beleuchten, neu zu definieren und tiefgründiger zu betrachten. Außerdem wird hier erstmals eine systematische Herangehensweise an mathematische Probleme, die nicht nach Verfahren zu lösen sind, geübt. Anschließend werden in der Aussagenlogik Aussagen, Argumente und Schlüssigkeit definiert. Die Aussagen werden formalisiert und die Schlüssigkeit von Argumenten in Wahrheitswerttafeln unter-

Tab. 9.1 Ablaufplan der ersten vier Vorkurstage

Zeit	Tag 1	Tag 2	Tag 3	Tag 4
09^{00}–10^{00}	**Was ist Mathematik?**	**Schulmathematik I**	**Quantorenlogik**	**Beweistechniken I**
10^{00}–12^{00}	Übung	Übung	Übung	Übung
12^{00}–13^{00}	*Mittagspause*			
13^{00}–14^{00}	**Aussagenlogik**	**Mengenlehre**	**Zahlbereiche**	**Beweistechniken II**
14^{00}–16^{00}	Übung	Übung	Übung	Übung

Tab. 9.2 Ablaufplan der letzten vier Vorkurstage

Zeit	Tag 5	Tag 6	Tag 7	Tag 8
09^{00}–10^{00}	**Vollständige Induktion**	**Schulmathematik II**	**Lineare Algebra**	**Folgen & Grenzwerte**
10^{00}–12^{00}	Übung	Übung	Übung	Übung
12^{00}–13^{00}	*Mittagspause*			
13^{00}–14^{00}	**Von Funktionen und Abbildungen I**	**Von Funktionen und Abbildungen II**	**Integralrechnung**	**Revisionsquiz**
14^{00}–16^{00}	Übung	Übung	Übung	

sucht. Die Studierenden sollen mit der Struktur der mathematischen Aussagen, die für Beweise gebraucht werden, vertraut gemacht werden. Der Schulmathematik-I-Vortrag befasst sich mit dem Summen- und Produktzeichen, Termen und Gleichungen sowie der Lösung von linearen und quadratischen Gleichungen mit einer Variablen, während der zweite Schulmathematikvortrag den Fokus auf das Bilden von Ableitungen und Ableitungsregeln sowie den Binomialkoeffizienten legt. Diese Inhalte werden in den Beweisen, wie z. B. das Summen- und Produktzeichen bei vollständiger Induktion, oder bei der Integralrechnung benötigt und sollen daher aufgefrischt werden. In der Mengenlehre werden nach der Definition einer Menge nach Cantor unterschiedliche Schreibweisen von Mengen behandelt, um anschließend auf Mächtigkeit, Mengenrelationen, Mengenoperationen sowie die Potenzmenge und das Kartesische Produkt einzugehen. Mit den Kenntnissen um die Mengenlehre ist es schließlich möglich, mit Quantoren zu arbeiten. Im Abschnitt „Quantorenlogik" werden der Allquantor, der Existenzquantor, die Negation von Aussagen mithilfe der Quantoren sowie die Verwendung mehrerer Quantoren in einer Aussage thematisiert. Die Negation von Aussagen mithilfe von Quantoren wird schließlich in das sprachliche Beispiel zurückübersetzt und es wird auf den unmöglichen dritten Fall eingegangen. Hiermit werden die Inhalte der Aussagenlogik verwendet und erweitert. Die aus der Schule bekannten Zahlbereiche natürliche, ganze, rationale, irrationale und reelle Zahlen und die zugehörigen Mengenbeziehungen werden knapp wiederholt, bevor die komplexen Zahlen mit Rechenoperationen vorgestellt werden. Dazu gehört ebenfalls die komplexe Konjugation sowie die Darstellung in der Gauß'schen Zahlenebene. Mit der Wiederholung der Zahlbereiche und der Neueinführung von komplexen Zahlen ergeben sich erste Sätze, die die Erstsemester selbst beweisen.

Vor diesem Hintergrund wird auf Beweistechniken eingegangen. Im ersten Block hierzu wird die Beweisführung durch deduktive Schlüsse motiviert und anschließend die Funktion von Sätzen und Definitionen in der Mathematik erläutert. Nach Beleuchtung der Struktur von durchzuführenden Beweisen (Voraussetzung – Behauptung – Beweis) wird anhand von Beispielen aus der elementaren Zahlentheorie das direkte Beweisen geübt. Die Beweise sind überwiegend mit Kenntnissen der Mengenlehre und Kenntnissen zu Teilbarkeitseigenschaften zu führen. Außerdem werden Fallunterscheidungen und das Zeigen von Mengengleichheiten thematisiert. Die zweite Einheit zu Beweistechniken stellt den Beweis durch Kontraposition und den Beweis durch Widerspruch vor. Zahlentheoretische Sätze werden von den Studierenden bewiesen, um sie in diesen Beweistechniken zu schulen. Dafür benötigen sie ihre Vorkenntnisse zur Aussagenlogik, zur Mengenlehre und zu Quantoren. Abschließend wird die vollständige Induktion in einem gesonderten Block behandelt. Die zu beweisenden Sätze beziehen sich meist auf Summen oder Produkte, sodass die Inhalte aus dem Schulmathematik-I-Vortrag benötigt werden.

Im folgenden Teil des Vorkurses wird auf Funktionen, wie sie aus der Schule bekannt sind, eingegangen. Dabei werden Definitionsbereich und Wertebereich definiert und auf Wohldefiniertheit sowie das Zeichnen von Funktionsgraphen eingegangen. Vor diesem Hintergrund werden Abbildungen definiert, die nicht mehr zwischen Intervallen, sondern zwischen beliebigen Mengen abbilden, wofür die Mengenlehre gebraucht wird. Im Zuge dessen werden Bild und Urbild definiert und die Komposition, Injektivität, Surjektivität und Bijektivität betrachtet. Dafür brauchen die Studierenden ihre Kenntnisse aus dem Block zu Quantoren, um die Definitionen verstehen zu können. Im zweiten Vortrag zu Funktionen und Abbildungen geht es um Umkehrabbildungen und exemplarische Funktionen wie lineare und quadratische Funktionen, die Exponentialfunktion sowie den natürlichen Logarithmus. Die Studierenden sollen in der Übung nun nicht mehr ausschließlich rechnen, sondern ihre Beweiskompetenzen schulen. Dazu gehört z. B. das Beweisen der Rechenregeln des natürlichen Logarithmus. Außerdem sollen die Aufgaben in dem Schema Voraussetzung – Behauptung – Beweis notiert werden, um die Strukturen der Beweisführung zu verinnerlichen.

Für die Grundlagen der Linearen Algebra werden Vektoren im $\mathbb{R}^2$ erst als 2-Tupel und im direkten Anschluss als Pfeilklassen definiert, der Unterschied zu Punkten herausgestellt sowie die Vektoraddition und Skalarmultiplikation eingeführt. Im Anschluss daran werden lineare Abbildungen und Matrizen (im $\mathbb{R}^{2\times2}$) besprochen, sodass Kenntnisse zu Abbildungen von Nöten sind. Matrizen werden addiert, multipliziert und invertiert. Mit der Inversen werden lineare Gleichungssysteme gelöst, die eine eindeutige Lösung haben. Dadurch wird auf die Schulmathematik, in der lineare Gleichungen mit einer oder mehreren Variablen gelöst wurden, zurückgegriffen und bestehende Kenntnisse aus der Schule und dem schulmathematischen Inhalt des zweiten Vorkurstages (Lineare Gleichungen) sollen erweitert werden.

Die Inhalte zu Funktionen und Abbildungen spielen in den Vorträgen zur Integralrechnung eine große Rolle. In der Integralrechnung werden zuerst Integrale als zu berechnende Flächen vorgestellt, die sich mit elementargeometrischen Kenntnissen bestimmen lassen. Anschließend wird die Integralrechnung mithilfe von Stammfunktionen und dem Hauptsatz vorgestellt, die aus der Schule bekannt ist. Die Linearität und Partielle Integration werden besprochen. Der letzte Vortrag zu Folgen und Grenzwerten definiert zuerst Folgen sowie die Eigenschaften der Monotonie und Beschränktheit. Zentral ist in diesem Vortrag die Folgenkonvergenz mit der ε-Definition, bei der die Deutung von Quantoren eine Rolle spielt. Die Studierenden bestimmen zusätzlich mithilfe dieser Definition algebraisch Grenzwerte von Folgen.

9.5   Didaktische Elemente

In der Regel werden die Themen in den Vorträgen durch eine Motivation eingeleitet, um die Relevanz der Inhalte herauszustellen. Bei den Vorlesungen genießen die Vortragenden einen gewissen Grad an Freiheit. Sie sollen sich an den vorgegebenen Skripten orientieren, um alle relevanten inhaltlichen Aspekte ansprechen zu können. Wie sie die Thematik didaktisch aufbereiten, bleibt ihnen überlassen. Damit die Vorträge gut laufen, sollen die Vortragenden etwa zwei Wochen vor dem Vorkurs einen Probevortrag vor dem Organisationsteam sowie interessierten Tutorinnen und Tutoren halten und mündliches Feedback dazu entgegennehmen. Das dient der inhaltlichen und didaktischen Kontrolle der Vorträge.

Alle Vorträge werden mit der anschließenden Übung abgerundet, in der gemischte Aufgaben zu den Themen bearbeitet werden. Damit sollen die Studierenden die Möglichkeit erhalten, zumindest einen kleinen Überblick über die Thematik zu bekommen. Wie bereits erwähnt sind die Übungen Präsenzzeiten. In jeder Übung wird ein neues Arbeitsblatt in Papierform zur Verfügung gestellt, welches durchschnittlich fünf bis sieben Aufgaben enthält.

Die Übungsaufgaben haben sich im Laufe der Jahre entwickelt. Mit Beginn des Vorkurses, also vor knapp 20 Jahren, wurden Aufgaben von Studierenden selbst erstellt. Es wurde darauf geachtet, dass sie zum Thema passten. Da die Aufgaben entsprechend lange schon existieren, ist es nahezu unmöglich, die Motive der Verfassenden zu rekonstruieren. Die Aufgaben wurden im Laufe der Jahre durch Erfahrungen beim Lösen weiterentwickelt und werden auch heute noch in der weiterentwickelten Form verwendet. Die Aufgaben sind nach Themenbereichen sortiert und werden weiterhin genutzt, da sie aus Sicht der Organisierenden einen guten Überblick über die Themenfelder bieten. Alternativ hätte in der fachdidaktischen und fachlichen Literatur nach geeigneten Aufgaben gesucht werden können, um daraus den Aufgabenkatalog zu erstellen.

Übungsaufgaben, die nicht bearbeitet werden konnten, können – falls von den Studierenden gewünscht – zur Nachbereitung gelöst werden. Die Übungszettel sind nicht darauf ausgelegt, von allen Erstsemestern vollständig bearbeitet zu werden. Sie stellen eher Aufgabensammlungen dar, mit denen auch besonders schnell Lernende gefordert werden können. Die Aufgaben sind abgestuft: Besonders wichtige oder schwere Arbeitsaufträge sind markiert. Dies ergab sich nach einigen Jahren, in denen einige Lernende mit den Aufgaben unterfordert waren und vor Ende der Übungen alle Aufgaben gelöst hatten. Da die Aufgabensammlungen wuchsen, wurden für langsamer Arbeitende die relevantesten Aufgaben mit einem Kreuz markiert, damit von ihnen alle wichtigen Aspekte zu den Themen bearbeitet werden konnten. Hinzu kam, dass sie sich somit nicht an für sie zu schweren oder aufwändigen Aufgaben aufhielten.

An dieser Stelle wird eine Binnendifferenzierung angeboten. Besonders schnelle Studierende können an den Sonderaufgaben mit erhöhtem Schwierigkeitsgrad arbeiten, langsamer Arbeitende werden bei der Aufgabenauswahl angeleitet.

Die Aufgaben, die von den Studierenden während der Übung bearbeitet wurden, werden besprochen und verglichen. An der Tafel werden Lösungen gemeinsam erarbeitet oder durch einzelne Erstsemester vorgestellt. Jede und jeder überprüft für sich ihre und seine eigenen Ergebnisse.

Wichtige Aufgabe zur Mengenlehre ($\times$ Aufgabe 5: Formalisieren)

Schreibe folgende Mengen formal auf:

a) Alle ganzen Zahlen, die durch drei teilbar sind. | *Lösung:* $M_1 = \{x \in \mathbb{Z} \mid 3 \mid x\}$
b) Alle Teilmengen von $\mathbb{R}$, die die Zahl 42 enthalten. | *Lösung:* $M_2 = \{A \subseteq \mathbb{R} \mid 42 \in A\}$
c) Alle reellen Lösungen der Gleichung $x^5 - \pi x^2 + 1 = 0$. | *Lösung:* $M_3 = \{x \in \mathbb{R} \mid x^5 - \pi x^2 + 1 = 0\}$ ◀

Diese Aufgabe in der Mengenlehre wird als wichtig erachtet. Nachdem die Studierenden mit bereits gegebenen Mengen gearbeitet haben und die Herausforderung darin bestand, die darin enthaltenen Elemente anzugeben, sollen sie hier rückwärts arbeiten. Sie sollen mit gegebenen Elementen, an die Bedingungen geknüpft sind, Mengen, die diese beschreiben, angeben.

Schwere Aufgabe zu Abbildungen (! Aufgabe 7: Funktionen und Abbildungen I)

Beweise für eine Abbildung $f : M \to N$, wobei M, N nichtleere Mengen, die folgenden Aussagen über das Urbild und das Bild von f:

a) Seien $M_1, M_2 \subseteq M$ nicht-leere Mengen. Dann gilt: $f(M_1 \cup M_2) = f(M_1) \cup f(M_2)$.

b) Seien $\quad M_1, M_2 \subseteq N \quad$ nicht-leere $\quad$ Mengen. $\quad$ Dann $\quad$ gilt::
$f^{-1}(M_1 \cup M_2) = f^{-1}(M_1) \cup f^{-1}(M_2).$ ◄

Diese mit einem Ausrufezeichen markierte anspruchsvolle Aufgabe erfordert nicht nur den sicheren Umgang mit Abbildungen, Urbildern und Bildern, sondern auch Kompetenzen im Umgang mit der Mengenlehre. Außerdem sollen hier formale Beweise geführt werden, die Mengengleichheiten zeigen. Damit teilt sich der Beweis jeweils in zwei Teile auf, in denen die beiden Mengeninklusionen gezeigt werden müssen. Hinzu kommt der hohe Abstraktionsgrad der Aufgabe.

Der Vorlesungsstoff wird frontal unterrichtet, wobei auch kognitiv aktivierende Fragen an die Zuhörenden gestellt werden und die Möglichkeit für Rückfragen seitens der Lernenden besteht. Dies dient der Eingewöhnung in den Universitätsalltag und bringt eine kompakte Bereitstellung der Wissensinhalte und ihrer Verknüpfungen zustande.

Damit stehen die Vorlesungen im Kontrast zu den Übungen. Der Vorkurs zeichnet sich durch den Mix aus Frontal- und individualisiertem Unterricht aus, ähnlich wie die Module im ersten Semester. Damit soll der Übergang zwischen Schule und Universität erleichtert werden. Durch den Wechsel der Lernelemente und die Einführung in noch unbekannte fachmathematische Inhalte – wie beispielsweise die Quantorenlogik – sollen sich die Studierenden eingewöhnen können. Auch wenn der Wechsel zwischen den Vorlesungen und Übungen im Vorkurs schneller als während des Semesters erfolgt, können die Studierenden dennoch beginnen, sich an die deutlich längeren Einheiten des Frontalunterrichts und des eigenständigen und individuellen Arbeitens eingewöhnen zu können.

Innerhalb der Übungen finden zum Großteil Gruppenarbeiten statt. Diese Gruppenarbeiten laufen parallel. An Gruppentischen sitzen etwa vier bis sechs Studierende und bearbeiten gemeinsam, wenn nicht anders gewünscht, die Aufgabenzettel. Sozialer Austausch und Kommunikation sind förderlich für das Mathematiklernen (Fonseca & Chi, 2011). Die interaktive Kategorie der Tätigkeiten zum Lernen von Mathematik kann sich positiv auf dieses auswirken. Dazu gehören gegenseitige Erklärungen und Darstellungen von eigenen Lösungswegen, das Zustimmen und Ablehnen dieser Lösungswege und deren Diskussion sowie das gegenseitige Beantworten von Fragen. Daher wird der mathematische Austausch zwischen den Studierenden im Oldenburger Vorkurs gefördert. Die Tutorien werden nach der Hälfte des Vorkurses neu gemischt. Dadurch haben die Erstsemester die Möglichkeit, neue Kontakte zu knüpfen und in neuen Gruppen mathematisch zu arbeiten.

Außerdem wird mit Peer Learning gearbeitet, denn die Studierenden helfen sich durch Erklärungen und Diskussion von Aufgaben und Vorlesungsinhalten gegenseitig. Peer Learning hat einen positiven Effekt, denn die involvierten Parteien besitzen den gleichen Status (Keppell et. al. 2006). Alle Gruppenmitglieder sind Erstsemester und begegnen sich daher auf Augenhöhe. Da kein Machtgefälle vorhanden und die Teilnahme am Vorkurs freiwillig ist, können die Studierenden sich ungezwungen gegenseitig unterstützen und die Tutorinnen und Tutoren um Hilfe bitten. Das hat den Vorteil, dass die Hemmschwelle geringer ist, Fehler zu machen und auch die Helfenden profitieren, indem sie bei Unterstützung, Erklärungen und Diskussionen Wissen wiederholen, hinterfragen, vertiefen und verknüpfen.

Die Lehrmaterialien bestehen aus Skripten, den Übungsaufgaben und ihren Lösungen. Diese Lösungen mit Lösungswegen werden den Tutorinnen und Tutoren zur Verfügung gestellt. Alle Lehrmaterialien wurden von Studierenden erstellt. Das bietet einen großen Vorteil: Sie sind mit den Wünschen und den Nöten der Studierenden vertrauter (Püschl, 2019). Das liegt daran, dass sie sich erst vor wenigen Jahren in derselben Situation befanden. Erläuterungen fachlicher Inhalte können basierend auf eigenen Erfahrungen auf die Situation der Erstsemester abgestimmt werden. In dem Material kann dadurch von Studierenden auf ehemals eigene Fehlvorstellungen oder Schwierigkeiten mit Thematiken eingegangen werden. Ein Beispiel ist, dass Vektoren nicht mit Punkten gleichzusetzen sind. In dem Skript zu den Grundlagen der Linearen Algebra wird auf die Unterschiede eingegangen und wie mithilfe von Vektoren Punkte im zweidimensionalen Raum bestimmt werden können. Die Verfasserinnen und Verfasser können noch von ihren eigenen Anfängen gut nachempfinden, wo es Schwierigkeiten geben könnte. Darüber hinaus werden zu jedem Vortrag und zu jedem Übungszettel sowohl von den Studierenden als auch von allen Tutorinnen und Tutoren Feedback gegeben. Außerdem werden mögliche Fehlerquellen in den Skripten, Aufgaben und Lösungen weitergeleitet. Auf Basis dieses Feedbacks bauen die Organisatorinnen und/oder Organisatoren die Anmerkungen ein. Durch die jährliche Überarbeitung kommen immer neue Ideen zum Vorschein, die auf Verständnisprobleme eingehen und die Thematiken den Studierenden zugänglicher machen können. Dazu gehören auch kreative Veranschaulichungen, wobei hier beispielhaft eine skizziert werden soll:

Die Mengenlehre wird mithilfe von transparenten Tüten und bunten Kugeln veranschaulicht. Es wird u. a. darauf eingegangen, dass die leere Menge nicht „Nichts" ist (eine Tüte ist nicht „Nichts") sowie die irrelevante Reihenfolge der Elemente einer Menge (eine Tüte mit einer roten, einer blauen und einer grünen Kugel enthält, gleich wie die Kugeln in der Tüte liegen, eine rote, eine blaue und eine grüne Kugel).

Innerhalb der Vorlesungen, die das Hauptmedium zur reinen Wissensvermittlung darstellen, ist es schwer, auf einzelne Teilnehmende ausführlich einzugehen. Selbstverständlich besteht jederzeit die Möglichkeit, Fragen zu stellen und darauf eine Antwort zu erhalten. Für ausführliche Erläuterungen und Wiederholungen sind jedoch die Übungen gedacht. Während der Übungen können Fragestellungen individuell aufgegriffen und Vorlesungsinhalte wiederholt oder vertieft werden. Es steht mehr Zeit zur Verfügung, um Inhalte zu diskutieren und wiederholt auf weitere konkretere Nachfragen einzugehen. Hier haben die Studierenden auch die Möglichkeit, sich mit den Übungsleitenden allein oder zu zweit länger über eine Aufgabe oder ein (Teil-) Thema auszutauschen und Unsicherheiten oder Fragen zu klären. Durch die Betreuungssituation von zwei Tutoren und/oder Tutorinnen wird den Erstsemestern durch die Möglichkeit eines intensiveren Austauschs eine noch individuellere Förderung ermöglicht (Püschl, 2019). Außerdem können die Studierenden in kleineren Gruppen aktiver mitarbeiten.

Eine äußere Differenzierung findet in der zweiten Woche statt, in der die Fachbachelorstudierenden von den anderen Erstsemestern getrennt werden, um ihre Kommilitonen und Kommilitoninnen besser kennenzulernen. Diese Differenzierung hat demnach soziale Gründe.

Am letzten Tag des Vorkurses findet in der Nachmittagseinheit ein Revisionsquiz statt. In diesem Test können die Studierenden in Kleingruppen Fragen beantworten und am Ende etwas gewinnen. Dafür werden zwei Übungsgruppen zusammengelegt und die Studierenden in Teams á drei oder vier Personen aufgeteilt. Richtige Antworten bringen Punkte für das Team und das Gewinnerteam gewinnt schlussendlich einen Preis. Spielerisch können die Erstsemester ihre Ergebnisse überprüfen, diskutieren und Lücken schließen. Die Ergebnisse wurden bisher nicht schriftlich festgehalten, sodass sie an dieser Stelle leider nicht angeführt werden können.

Anschließend an das Revisionsquiz am letzten Tag geht es abends als gemeinschaftliches Event auf einen Jahrmarkt. Somit können die Erstsemester sich auch in privater Atmosphäre kennenlernen, ein wenig Abstand zur Uni nehmen und einen Teil der Stadt erkunden.

9.6 Rahmenbedingungen

Die Teilnahme am Vorkurs ist freiwillig. Zwei Monate vor Beginn des Vorkurses, also im August, bekommen die Erstsemester Post von der Fachschaft. In dem Brief werden sie zum Vorkurs eingeladen und bekommen Informationen über das Programm für die Anfängerveranstaltungen. Außerdem erfahren sie, wo sie sich anmelden können und erhalten einen Lageplan vom Campus. Mit dem Brief werden die Studierenden von ihren zukünftigen Kommilitoninnen und Kommilitonen willkommen geheißen. Er ist nicht mit jenem Schreiben gleichzusetzen, das die Immatrikulationsbescheinigung etc. enthält und von der Universität an alle Studierenden versendet wird. Außerdem findet sich auf der Homepage des Fachschaftsrates und des Instituts für Mathematik eine Beschreibung des Vorkurses, die zur Teilnahme ermutigt und genauere Informationen enthält. Studierenden entstehen keine formalen Nachteile, wenn sie sich gegen eine Teilnahme entscheiden.

Die Teilnehmenden sollen sich verbindlich über ein Google-Formular anmelden. An- und Abmeldungen sind bis eine Woche vor Beginn des Vorkurses möglich. Nach Ablauf der Anmeldefrist erhalten die Studierenden eine E-Mail mit allen nötigen Informationen. Dazu gehört eine Auflistung der Daten und Themen, ein Tagesablauf (Uhrzeiten der Vorlesungen, Übungen und der Pause), ein Plan für die Anfahrt mit Auto, Bus oder Fahrrad, ein Campusplan mit markierten Fahrrad- und Autostellplätzen, dem Hörsaal und Wegmöglichkeiten dorthin zu gelangen, Informationen zur Mensa, eine Liste benötigter Materialien (Taschenrechner sind explizit nicht gewünscht), ein Link zu einer Facebookveranstaltung zum Austausch und zum Bilden von Fahrgemeinschaften sowie eine Vorankündigung einer gemeinsamen Unternehmung. Die E-Mail wird von den Organisatorinnen und/oder den Organisatoren verschickt.

Es ist auch möglich, sich nach der offiziellen Anmeldephase anzumelden. Wer spontan per Mail oder über die Social-Media-Kanäle eine Teilnahme anfragt, kann trotzdem den Vorkurs besuchen, sofern noch Plätze frei sind.

Die Plätze sind auf 200 Teilnehmende begrenzt, da aufgrund der festgelegten Anzahl an Tutorinnen und Tutoren nur begrenzte Kapazitäten vorhanden sind. Die ersten 200 Anmeldungen werden angenommen. Bisher wurden die Kapazitäten aber noch nie vollständig ausgeschöpft.

Die Vorlesungen finden in einem Hörsaal mit 300 Plätzen, drei Beamern, einem Overheadprojektor und neun Tafeln statt. Die Übungsräume sind mit 20 bis 100 Sitzplätzen, ein bis zwei Tafeln und meist mit einem Beamer ausgestattet. Daher sind einige Räume voll besetzt mit Teilnehmenden, während andere nur zum Teil genutzt werden. Jeder Übungsraum wird mit etwa 16 bis 20 Erstsemestern und zwei Lehrpersonen besetzt.

Alle Räume liegen in einem Gebäude auf dem Campus für Medizin, Naturwissenschaften und Mathematik. Die kurzen Wege erleichtern den Ablauf des Vorkurses und sorgen für eine bessere Vernetzung. Ansprechpartner und -partnerinnen sind in unmittelbarer Nähe, ein Raumwechsel kostet wenig Zeit (weniger als drei Minuten) und die Studierenden können sich in den Räumlichkeiten, in denen sie einen Teil ihres Studiums verbringen werden, eingewöhnen. Zwei der Organisatorinnen und/oder Organisatoren machen während der meisten Übungen einen Rundgang, um im Bilde über das Gelingen des Vorkurses zu sein und gegebenenfalls Probleme zu klären. Die restliche Zeit während der Übungen verbringen sie im Fachschaftsraum oder als Vertretung in einem Tutorium. Im Fachschaftsraum werden organisatorische Aufgaben erledigt. Außerdem gibt es damit eine zentrale Anlaufstelle, falls es Probleme oder Fragen geben sollte.

In dem Hörsaal sind die Stühle festmontiert, wodurch alle in Reihen sitzen. Die Übungsräume bieten mehr Flexibilität. In allen Übungsräumen besteht die Möglichkeit Gruppentische zusammenzustellen. Dies ist auch explizit gewünscht und wird dementsprechend umgesetzt, um die Kommunikation unter den Teilnehmerinnen und Teilnehmern zu erleichtern. Außerdem besteht genug Platz, dass die Tutorinnen und Tutoren zu jedem Tisch gelangen können, um den Studierenden behilflich zu sein.

Die Unterstützung des Organisationsteams vom Fachschaftsrat ist enorm. Die umfangreiche Arbeit der Organisierenden wird sehr wertgeschätzt und auf die Organisatorinnen und Organisatoren wird viel Rücksicht genommen, was die Verteilung anderer Aufgaben angeht. Außerdem achten alle Mitglieder darauf, dass keine anderen Veranstaltungen mit dem Vorkurs kollidieren oder seine Durchführung behindern, wie z. B. die Besetzung des Fachschaftsraumes, der benötigt wird.

Der Vorkurs wird finanziell durch eine Aufwandsentschädigung der ehrenamtlichen Arbeit der Organisierenden sowie der Tutorinnen und Tutoren unterstützt. Die finanziellen Mittel für den Vorkurs werden von dem Institut bereitgestellt. Sie müssen jährlich neu beantragt werden.

In einem Antrag für den Institutsrat werden die Kosten genau aufgeschlüsselt. Für 15 Tutorinnen und Tutoren sowie drei Organisatorinnen und/oder Organisatoren werden jeweils 300 € Aufwandsentschädigung, also gesamt 5400 €, einkalkuliert. Dazu kommen die 15 mit 50 € vergüteten Vorträge. Das ergibt zusammen 750 €. Die Skriptpflege wird mit 50 € insgesamt entschädigt. Damit belaufen sich die Personalkosten auf 6200 € (netto) und 8600 € (brutto inklusive Weihnachtsgeld).

Dazu fallen Sachkosten an. Diese belaufen sich auf 300 € für die Erstsemester-briefe zur Einladung und 650 € für den Druck von Aufgaben und Lösungen sowie die Finanzierung der Preise für das Revisionsquiz. Das ergibt eine Gesamtsumme von 9550 €. Da der Antrag vom Fachschaftsrat gestellt wird, entscheidet dieser vorerst über die Aufstellung von Mitarbeitenden und Finanzen. Jedoch hat das Institut die Möglich-keit, den Antrag abzulehnen oder zu ändern. Meist wird sich an den Vorjahren orientiert, sodass das Budget eher unflexibel ist. Der Vorkurs wird aus Formel-Plus-Hochschul-paktmitteln und Studienstartmitteln sowie Haushaltsmitteln finanziert. Die Studierenden können kostenlos am Programm teilnehmen.

9.7   Genese des Vorkurses in Oldenburg und aktuelle Entwicklungen

Die Organisation des Vorkurses geht auf eine knapp zwanzigjährige Tradition zurück: Der Vorkurs in Oldenburg wird allein durch Studierende organisiert und durchgeführt.

Anfang bis Mitte der 2000er wurde der Mathematikvorkurs in Oldenburg ins Leben gerufen. Er wurde von dem Fachschaftsrat gemeinschaftlich organisiert und sollte jene Themen behandeln, die in den Vorlesungen vorausgesetzt, aber nicht zwingend in der Schule besprochen wurden sowie solche, die Erstsemestern grundsätzlich Schwierig-keiten bereiteten. Ein Curriculum wurde grob abgesprochen, bezüglich der einzel-nen Inhalte hatten die Vortragenden volle Freiheit. Wer einen spezifischen Inhalt im Vorkurs thematisieren wollte, konnte das in eigener Verantwortung tun. Der oder dem Interessierten wurde ein entsprechender Vortrag zugewiesen. Der Vortrag und die Auf-gaben wurden von dieser Person vorbereitet. Dieser Vortrag wurde schließlich jedes Jahr von derselben Person gehalten, sodass die eigene Handschrift in den Unterlagen hinter-lassen werden konnte. Die Ziele des Vorkurses und der Vorlesungen waren nicht klar definiert. Jede und jeder Vortragende verfolgte seine persönliche Motivation, was in dem Vortrag und den Aufgaben gelehrt werden sollte, welche Schwerpunkte gesetzt und wie sie didaktisch aufbereitet wurden. Insgesamt sollte im Vorkurs repräsentiert werden, dass ein Mathematikstudium Spaß bereitet.

Es wurden alle Bewerberinnen und Bewerber eingestellt, da sich die Suche nach Ehrenamtlichen, die mehrere Tage unentgeltlich arbeiteten, als schwierig gestaltete und alle Interessierten für die Tutorien benötigt wurden. Meist kamen diese aus dem Fach-schaftsrat. Am Vorkurs nahmen etwa 80–100 Erstsemester teil. Es wurde keine Werbung gemacht und der soziale Aspekt stand ebenfalls im Hintergrund. Außerdem wurde nicht zwischen Studierenden im Fachbachelor und Zwei-Fächer-Bachelor unterschieden, weil zu diesem Zeitpunkt noch alle Erstsemester die gleichen Vorlesungen besuchten und sich die Unterschiede in der Modulbelegung erst in späteren Semestern herauskristallisierten.

2013 hat der Oldenburger Vorkurs eine Wendung erfahren, weil die Fachschaft wünschte, dass mehr Inhalte thematisiert werden. Grund dafür war, dass aus Sicht der Studierenden die Thematisierung weiterer Inhalte aus den Erstsemesterveranstaltungen hilfreich sein könnte. Bis zu diesem Zeitpunkt arbeiteten die Tutorinnen und Tutoren ehrenamtlich ohne Aufwandsentschädigung und der Vorkurs dauerte nur eine Woche. Mit der steigenden Anzahl an Inhalten wurde der Vorkurs auf zwei Wochen ausgeweitet und die Tutorinnen und Tutoren sollten für ihre zweiwöchige Arbeit eine Aufwandsentschädigung erhalten. Darüber hinaus wurde er inhaltlich überarbeitet. Ziel war u. a. bis zu diesem Zeitpunkt gewesen, Schulmathematik zu wiederholen und alle Teilnehmenden auf einen Stand zu bringen. Nun sollte es mehr darum gehen, den Übergang zwischen Universität und Schule zu erleichtern. Das resultierte aus persönlichen Erfahrungen der Tutorinnen, Tutoren und Organisierenden, denen diese Form des Vorkurses noch besser als Unterstützungsmaßnahme erschien. Dazu wurden die hochschulmathematischen Inhalte in den Vordergrund gerückt und mehr Zeit für die Vermittlung eingeplant. In dieser Zeit sind die meisten digitalisierten Skripte entstanden, die in überarbeiteter Form auch heute noch verwendet werden. Die Tutorinnen und Tutoren sollten mit einer Summe von 200 € für ihre Arbeit entschädigt werden. Im Jahr 2019 wurde dann die Aufwandsentschädigung auf 300 € angehoben, weil das Tutor*innenteam für seinen Einsatz noch mehr wertgeschätzt werden sollte. Die Aufwandsentschädigung ist unabhängig von der Erfahrung oder einem Bachelorabschluss. Darüber hinaus hat der Vorkurs 2019 eine ausgeprägte inhaltliche Überarbeitung erfahren, indem einige Inhalte gekürzt und dem Beweisen mehr Zeit eingeräumt wurde.

Studierende haben im Vergleich mit wissenschaftlichen Mitarbeitenden oder Professorinnen und Professoren eine geringere fachliche Expertise. Dass Studierende die Themenauswahl getroffen haben, hat aber auch einen besonderen Vorteil: Sie können sich noch allzu gut an ihre eigenen Studienanfänge erinnern (Püschl, 2019). Sie wissen noch, welches Vorwissen aus dem Vorkurs ihnen in den ersten Vorlesungen geholfen hat und welche Inhalte nötig waren bzw. nötig gewesen wären, um den Stoff im Semester besser verstehen zu können.

Die Lehrpersonen bewerben sich selbst für die Maßnahme und folgen damit einer intrinsischen Motivation. Da die Tutorinnen und Tutoren ehrenamtlich arbeiten und lediglich eine Aufwandsentschädigung von 300 € erhalten, melden sich dafür auch nur jene, die Spaß am Lehren haben, Erfahrungen sammeln wollen oder denen das Projekt aus persönlichen Gründen am Herzen liegt. Durch die ehrenamtliche Arbeit kann davon ausgegangen werden, dass die Tutorinnen und Tutoren sich durch Engagement und Freude an ihrer Arbeit auszeichnen. Darin liegt ein weiterer Vorteil: Die Organisierenden, Tutorinnen und Tutoren sind motiviert in ihrer Arbeit, weil sie nicht fremdbestimmt verpflichtet wurden. Die Organisierenden gehören zum Fachschaftsrat. Sie melden sich entweder freiwillig ein Jahr vor Beginn der Maßnahme oder werden angefragt, ob sie die Organisation übernehmen könnten. Dabei sind Zuverlässigkeit, fachliche Kompetenz, zeitliche Kapazitäten und Engagement wünschenswerte Eigenschaften, die die Organisatorinnen und Organisatoren mitbringen sollten. Über die

Eignung der Organisierenden entscheiden der Fachschaftsrat und das Organisationsteam des letzten Jahres.

Der Vorkurs wird jedes Jahr weiterentwickelt. Jedes Organisationsteam bringt eigene Ideen ein und überarbeitet die Arbeitsmaterialien. Durch jährlich neue Tutorinnen und Tutoren kommen weitere Ideen in den Vorkurs. Das bietet die Chance, ihn weiterzuentwickeln und zu verbessern, denn die Materialien werden mit neuen Ideen überarbeitet. Damit sind auch neue Visionen zur Vermittlung der Inhalte gemeint, wie z. B. bildliche Vorstellungen. Nachdem die Tutorinnen und Tutoren neue Vorschläge und Wünsche geäußert haben, werden diese nach dem Vorkurs durch das Organisationsteam in Skripte, Aufgaben und Lösungen eingepflegt, sodass sie für das kommende Jahr zur Verfügung stehen. Stellt sich heraus, dass sich diese Ideen nicht bewähren, so werden sie von dem aktuellen Organisationsteam wieder entfernt. Dieses Ausprobieren in den Skripten und Aufgaben birgt demnach Chancen, gute Ideen aufzunehmen. Auf der anderen Seite können Vorschläge, die sich im Nachhinein als nicht hilfreich erweisen, verwirren oder den Lernprozess in anderer Form stören. Das kann für die entsprechenden Jahrgänge der Erstsemester, die damit lernen sollen, hinderlich sein.

Das Tutor*innenteam, das aus erfahrenen Studierenden besteht, hat es sich u. a. zur Aufgabe gemacht, die Angst vor dem Studieneinstieg zu nehmen oder zumindest zu dämpfen. Durch ein intensives Arbeiten an den Themen und die Möglichkeit, in Übungen offen gebliebene Fragen klären zu können, wird eine emotionale Entlastung der Studierenden erwartet. Das Erzählen der Tutorinnen und Tutoren von gewissen eigenen Schwierigkeiten in den ersten Studientagen soll das Gefühl vermitteln, dass die Studienanfängerinnen und Studienanfänger als Erstsemester mit ihren Sorgen zu Beginn nicht allein sind und das Studium trotzdem schaffen können. Das Gemeinschaftsgefühl wird gestärkt und die Erstsemester in die Studierendenschaft integriert.

In den Übungen werden neben fachlichen Themen ebenfalls Studienanforderungen angesprochen. Die Studienanfängerinnen und Studienanfänger sollen durch die Leitung der Tutorien durch Studierende einen authentischen Einblick in das, was sie erwartet, bekommen. Erfahrungsberichte und Tipps der Tutorinnen und Tutoren geben einen Überblick über fachliche Anforderungen und Schwierigkeiten sowie den Umgang mit diesen, die den Erstsemestern in ihrem Studium begegnen werden (Püschl, 2019). Außerdem wird dadurch auch ein Kontakt zum Tutor*innenteam gefördert, der nicht nur auf fachlicher Basis beruht.

Darüber hinaus befindet sich die Beziehung zwischen Erstsemestern und Tutorinnen und Tutoren auf Augenhöhe. Das ermöglicht ein angenehmes Lernklima. Die Erstsemester trauen sich stärker Fragen zu stellen und sind nicht eingeschüchtert (Püschl, 2019). Das hat die Ursache, dass die Studierenden die Erstsemester nicht bewerten und es daher weniger unbehaglich ist, sich unwissend oder unerfahren bezüglich fachlicher Inhalte zu zeigen. Die Erstsemester können direkt in die Studierendenschaft integriert werden und erhalten Kontakt zu Studierenden höheren Semesters, die ihnen auch nach dem Vorkurs noch als Ansprechpartner und -partnerinnen zur Verfügung stehen. Es ist zu vermuten, dass dies den Erstsemestern ein besseres Einfinden in ihr Studierendenleben ermöglicht.

9.8   Fazit und Ausblick

Der achttägige Oldenburger Präsenz-Vorkurs wird durch drei Studierende organisiert und durchgeführt. Dabei stehen ihnen 15 weitere Studierende als Übungsgruppenleitende und Vortragende zur Seite. Die Übungen können durch heterogene Tutor*innenpaare geleitet werden und auch durch die wechselnden Vortragenden nehmen die Studierenden an einem abwechslungsreichen Programm teil. Alle Studierenden arbeiten ehrenamtlich gegen eine Aufwandsentschädigung. Sie zeichnen sich durch ihr Engagement und Motivation aus. Dass bei dem Vorkurs nur Studierende zusammenarbeiten, hat den Vorteil, dass die Kommunikation schnell und unkompliziert ist.

Schwerpunktmäßig konzentriert sich der Vorkurs auf Kenntnisse und Fertigkeiten, die über das Schulwissen hinaus gehen, um auf die Hochschulmathematik vorzubereiten. Dazu gehört insbesondere das Näherbringen der formalen Sprache und der Einblick in Inhalte der Erstsemestermodule. Darüber hinaus geben die Studierenden eine Einsicht in ihr eigenes Studium und ihre Erfahrungen vom Beginn des Studiums. Dies soll die Erstsemester entlasten. Der jährliche Wechsel der Organisatorinnen und der Organisatoren, der Vortragenden und der Übungsgruppenleitenden ermöglicht das Hervorbringen immer neue Ideen, Inhalte kreativ zu vermitteln.

Die Förderung sozialer Kontakte und die Integration in die Studierendenschaft stellen einen wichtigen Schwerpunkt dar. Ein angenehmes Lernklima, in dem sich alle Beteiligten des Vorkurses auf Augenhöhe begegnen, bildet ein zentrales Element des Vorkurses. Die Studierenden versuchen den Erstsemestern mit einer sozialen Sensibilität zu begegnen, um auf ihre individuellen Bedürfnisse einzugehen.

Der Oldenburger Mathematikvorkurs bietet aber auch weiteres Entwicklungspotenzial. So könnte das bisherige praxisnahe Konzept um eine zeitgemäße fachdidaktische Perspektive ergänzt werden. Mit diesem didaktischen Konzept könnten die Tutorinnen und Tutoren vor Beginn des Vorkurses geschult werden, um ihre eigenen Kompetenzen zu verbessern und den Lehrstandard anzugleichen. Außerdem könnte ein Konzept erarbeitet werden, das eine fachliche Prüfung der Tutorinnen und Tutoren ermöglicht. So wäre das Organisationsteam nicht nur auf Erfahrungen und eigene Einschätzungen angewiesen, sondern könnte Objektivität und Transparenz bei eigenen Personalentscheidungen weiter verbessern.

Der Kontakt zu Dozierenden des regulären Studiums während des Vorkurses ist erst vor kurzer Zeit eingeführt worden und hat sich noch nicht im gewünschten Umfang etabliert. An dieser Stelle ist wünschenswert, dass sich dies zu einer neuen Tradition entwickelt, um dem fehlenden Kontakt zu den Dozierenden im Vorkurs entgegenzuwirken. Ergänzend wären weitere Konzepte, um die Beziehung zwischen Studierenden und Dozierenden während des Vorkurses zu stärken, eine Bereicherung für den Oldenburger Vorkurs.

Darüber hinaus wird aktuell an einer jährlichen Evaluation des Vorkurses gearbeitet, um verlässliche Rückmeldungen der Studierenden zu erhalten und den Vorkurs noch besser weiterentwickeln zu können. Diese Evaluation könnte offene Fragen zur Belast-barkeit der Vermutungen über den Lernerfolg im Oldenburger Vorkurs beantworten. Interessant wäre sicherlich auch eine Dokumentation der Ergebnisse aus dem Revisions-quiz, um den Lernerfolg durch den Vorkurs besser beurteilen zu können.

Insgesamt haben sich unter großem Engagement aller Beteiligten über die Jahre sehr familiäre Strukturen im Oldenburger Vorkurs entwickelt. Innerhalb dieser Strukturen und den hohen Erfahrungswerten der Tutorinnen und Tutoren sowie Organisierenden werden neben den fachlichen Förderungen insbesondere die sozialen Herausforderungen der Erstsemester in den Mittelpunkt gerückt. Nicht zuletzt deshalb genießt der Oldenburger Vorkurs jedes Jahr eine große Beliebtheit bei den Erstsemestern.

Danksagung   Mein Dank geht an den Fachschaftsrat Mathematik und Elementarmathematik der Carl von Ossietzky Universität Oldenburg, der jedes Jahr mit diesem Programm ehrenamtlich mit herausragendem Engagement eine Einstiegshilfe für die Erstsemester ermöglicht.

Literatur

Bach, V. & Krieg, A. (Hrsg.) (o. J.). *OMB+ Online Mathematikkurs Brückenkurs Plus*. https://www.ombplus.de/ombplus/link/Start. Zugegriffen: 20. Juli 2020.

Bruder, R., & Collet, C. (2011). *Problemlösen lernen im Mathematikunterricht*. Cornelsen.

Fonseca, B. A. & Chi, M. T. (2011). Instruction based on self-explanation. In R. E. Mayer & P. A. Alexander (Hrsg.), *Handbook of research on learning and instruction* (S. 296–321). Routledge. https://doi.org/10.4324/9780203839089.ch15

Keppel, M., Au, E., Ma, A., & Chan, C. (2006). Peer learning and learning-oriented assessment in technology-enhanced environments. *Assessment & Evaluation in Higher Education, 31*(4), 453–464. https://doi.org/10.1080/02602930600679159

KMK. (2012). Bildungsstandards im Fach Mathematik für die Allgemeine Hochschulreife (Beschluss der Kultusministerkonferenz vom 18.10.2012). https://www.kmk.org/fileadmin/veroeffentlichungen_beschluesse/2012/2012_10_18-Bildungsstandards-Mathe-Abi.pdf.

Paravicini, W. (2014). Fünftsemester als Mentoren für Erstsemester. Ein Kaskaden-Mentoring-Ansatz. In I. Bausch, R. Biehler, R. Bruder, P. R. Fischer, R. Hochmuth, W. Koepf, S. Schreiber & T. Wassong (Hrsg.), *Mathematische Vor- und Brückenkurse. Konzepte, Probleme und Perspektiven* (S. 389–397). Springer Spektrum. https://doi.org/10.1007/978-3-658-03065-0_26

Püschl, J. (2019). *Kriterien guter Mathematikübungen. Potentiale und Grenzen in der Aus- und Weiterbildung studentischer Tutorinnen und Tutoren*. Springer. https://doi.org/10.1007/978-3-658-25803-0.

Rach, S., Heinze, A., & Ufer, S. (2014). Welche mathematischen Anforderungen erwarten Studierende im ersten Semester des Mathematikstudiums? *Journal für Mathematik-Didaktik, 35*(3/4), 205–228. https://doi.org/10.1007/s13138-014-0064-7

Ryan, R. M., & Deci, E. L. (2000). Self-determination theory and the facilitation of intrinsic motivation, social development, and well-being. *American Psychologist, 55*(1), 68–78. https://doi.org/10.1037/0003-066x.55.1.68

Wiederholung von Schulmathematik oder Antizipation von Studieninhalten? – Adressatenspezifische Ausgestaltung mathematischer Vorkurse am Beispiel der Paderborner Vorkursvarianten

10

Yael Fleischmann und Leander Kempen

Zusammenfassung

Ein Diskussionspunkt in Zusammenhang mit der Gestaltung mathematischer Vorkurse ist deren fachinhaltliche Ausrichtung. Während in der (politischen) Kontroverse um die Übergangsproblematik schwerpunktmäßig die mangelhaften Fachkenntnisse der Studienanfänger und Studienanfängerinnen in Bezug auf die Mittelstufenmathematik im Fokus stehen, weisen verschiedene Kurskonzepte ganz bewusst auch propädeutische Ausrichtungen (in Bezug auf Inhalte, Notationen, Methoden etc.) auf, um den zukünftigen Studierenden das Zurechtkommen mit den explizit neuen Fachinhalten in der Studieneingangsphase zu erleichtern. Im Rahmen der Paderborner Vorkurse versuchen wir neben einer inhaltlichen Fokussierung bereits durch die Angebote verschiedener Kursvarianten (Vorlesung mit Übung bzw. Online-Lernen mit punktuellen Lernzentren) den Bedürfnissen der Teilnehmenden zu entsprechen. In diesem Beitrag wird beschrieben, wie im Kontext der Paderborner Vorkursszenarien der Aspekt der Fachausrichtung durch expliziten Bezug auf die studiengangsspezifischen Adressatenkreise am Beispiel zweier Vorkursvarianten umgesetzt wird.

Y. Fleischmann (✉)
Norwegian University of Science and Technology, Trondheim, Norwegen
E-Mail: yael.fleischmann@ntnu.no

L. Kempen
TU Dortmund University, Dortmund, Nordrhein-Westfalen, Deutschland
E-Mail: leander.kempen@tu-dortmund.de

© Der/die Autor(en), exklusiv lizenziert an Springer-Verlag GmbH, DE, ein Teil von
Springer Nature 2022
R. Hochmuth et al. (Hrsg.), *Unterstützungsmaßnahmen in mathematikbezogenen Studiengängen,* Konzepte und Studien zur Hochschuldidaktik und Lehrerbildung Mathematik, https://doi.org/10.1007/978-3-662-64833-9_10

	Vorkursvariante PP	Vorkursvariante PO
Zielgruppe	Angehende Studierende der Studiengänge Maschinenbau, Elektrotechnik, Wirtschaftsingenieurwesen mit den Schwerpunkten Maschinenbau oder Elektrotechnik, Chemie, Chemieingenieurwesen, Computer Engineering, Wirtschaftsinformatik	Alle angehenden Studierende eines mathematikhaltigen Studiengangs, denen eine Teilnahme an einem Präsenzkurs nicht sinnvoll erscheint oder nicht möglich ist
Format	Blended Learning mit Schwerpunkt auf Präsenz	Blended Learning mit Schwerpunkt auf E-Learning
Ungefähre Teilnehmendenanzahl	Ca. 120–200	Ca. 200
Dauer	4 Wochen, davon 12 Präsenztage	4 Wochen, mit dem Angebot von 9 Präsenzveranstaltungen („Lernzentren")
Zeit pro Tag	5 Std. an den Präsenztagen, Selbstlerntage individuell	Individuell
Lernmaterial	Eigenentwicklung von Vorlesungsskript und Aufgaben, sowie Onlinematerial des studiVEMINT-Onlinekurses	VEMINT-Lernmaterial
Lehrende	Wissenschaftlicher Mitarbeiter oder Mitarbeiterin aus der Mathematikdidaktik, unterstützt durch studentische Hilfskräfte	Wissenschaftlicher Mitarbeiter oder Mitarbeiterin aus der Mathematikdidaktik, unterstützt durch studentische Hilfskräfte
Inhaltliche Ausrichtung	Überwiegend Schulmathematik, ergänzt durch einzelne Themen der Hochschulmathematik	Fast ausschließlich Schulmathematik mit punktuellen Exkursen zur Hochschulmathematik
Verpflichtend	Nein	Nein
Besonderes Merkmal	Kombination von Präsenz- und Selbstlernphasen	Kombination von Präsenz- und Selbstlernphasen

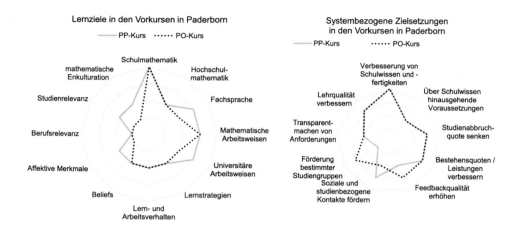

10.1   Einführung

In Vorbereitung auf den Studieneinstieg werden mittlerweile deutschlandweit sogenannte Vorkurse angeboten. Die vierwöchigen Mathematikvorkurse an der Universität Paderborn werden alljährlich unter Verwendung der VEMINT-Vorkursmaterialien (vgl. www. vemint.de) durchgeführt. Für die konkrete Durchführung in Paderborn hat sich dabei das System bewährt, neben den Präsenzvorkursen („PP-Kurs") an der Universität auch eine Online-Variante („PO-Kurs") für die Studienanfängerinnen und -anfänger anzubieten, denen eine entsprechende Präsenz an der Universität Paderborn nicht (durchgängig) möglich erscheint. Darüber hinaus werden die Präsenzkurse in drei verschiedenen Ausprägungen angeboten, die an den anvisierten Studiengängen der Teilnehmenden ausgerichtet sind[1].

Die Teilnehmenden der Vorkurse kommen, je nach Bildungsvorgeschichte und anvisiertem Studiengang, mit zum Teil sehr unterschiedlichen Anforderungen an die Universität. Bei einigen liegt das Abitur erst kurz zurück und der Vorkurs dient eher zur Wiederholung, Auffrischung und dazu, einen ersten Einblick in die universitäre Lehre zu bekommen. Im Rahmen der Vorkurse können sowohl vom Ablauf universitärer Lehrveranstaltungen als auch von dem von der Schulmathematik unterschiedlichen Charakter der Hochschulmathematik erste Eindrücke gewonnen werden. Andere Teilnehmende hatten, bedingt durch einen Studiengangswechsel oder eine beruflich erworbene Hochschulzugangsberechtigung, schon lange nicht mehr oder sogar noch nie Kontakt zu den mathematischen Inhalten, die gewöhnlich in der gymnasialen Oberstufe unterrichtet werden. Diese sehr heterogene Teilnehmerschaft stellt vielfältige Anforderungen an die inhaltliche Ausgestaltung der Vorkurse. Ziel der Vorkurse ist es, die Teilnehmenden

---

[1] Siehe https://math.uni-paderborn.de/studium/vorkurs-mathe.

auf die Mathematikveranstaltungen in ihrem zukünftigen Studiengang vorzubereiten, eventuelle Wissenslücken zu schließen und somit einigen der Schwierigkeiten, die in der Studieneingangsphase auftreten können, so früh und gut wie möglich entgegenzuwirken. Hierbei müssen die unterschiedlichen Ausgangssituationen, sowohl in Bezug auf den Kenntnisstand als auch auf die durch die Lebensumstände begründeten Rahmenbedingungen, und Studiengänge der angehenden Studierenden berücksichtigt werden.

In diesem Artikel möchten wir vergleichend darstellen, wie eine adressatenspezifische Ausrichtung von Vorkursen in Bezug auf Themenauswahl und eine Gewichtung zwischen „Wiederholung von Schulmathematik" und expliziter „Vorbereitung der Studieninhalte" erfolgen kann. Diese Darstellung soll vergleichend an der Präsenzkurs-Variante „PP" (ausgerichtet für angehende Studierende der Ingenieurwissenschaften) und dem für alle Vorkursteilnehmenden angebotenen Online-Kurs „PO" erfolgen, da sich aus den Kursszenarien jeweils unterschiedliche Möglichkeiten einer adressatenspezifischen Ausrichtung ergeben. Die hier präsentierten Maßnahmen möchten wir als Beispiele und Anregungen verstanden wissen, mathematische Vorkurse adressatenspezifisch zu durchdenken und ggf. auszurichten. Am Ende des Artikels werden Auszüge aus den entsprechenden Vorkursevaluationen dargestellt, um die Passung und den Nutzen unserer Maßnahmen aus Sicht der Teilnehmenden reflektieren zu können.

10.2   Strukturelle Merkmale

10.2.1 Die strukturellen Merkmale des PP-Kurses

Der Mathematik-Vorkurs PP an der Universität Paderborn richtet sich an angehende Studierende der Fächer Maschinenbau, Elektrotechnik, Wirtschaftsingenieurwesen mit den Schwerpunkten Maschinenbau oder Elektrotechnik, Chemie, Chemieingenieurwesen, Computer Engineering und der Wirtschaftsinformatik.[2] Die vierwöchigen Vorkurse finden jährlich im September vor dem Wintersemester statt. Die Teilnahme ist freiwillig, wird nicht bewertet und den Studierenden im nachfolgenden Studium nicht angerechnet.

Für die Studierenden ist in dieser Vorkurs-Variante eine Kombination von drei Präsenztagen (Montag, Mittwoch und Freitag) an der Universität und zwei Selbstlerntagen (Dienstag und Donnerstag) zu Hause vorgesehen (Tab. 10.1).

Das Programm der Präsenztage besteht aus einem Vorlesungs- und einem Übungsblock. Dabei findet eine dreistündige Vorlesung (einschließlich Pausen) am Vormittag

---

[2]Das „-P" im Namen kennzeichnet die Vorkurse mit hohem Präsenzanteil, im Gegensatz zu dem ebenfalls angebotenen elektronischen „PO-Kurs" mit deutlich geringerem Präsenzanteil (s. o.). Beide Vorkursvarianten werden als Kombination aus Präsenzlehre und E-Learning als Blended Learning durchgeführt.

Tab. 10.1 Allgemeine Struktur der Vorkurswochen des insgesamt vierwöchigen Präsenzkurses PP

Montag	Dienstag	Mittwoch	Donnerstag	Freitag
9:00–12:00 Vorlesung	Selbstlerntag	9:00–12:00 Vorlesung	Selbstlerntag	9:00–12:00 Vorlesung
13:00–15:00 Übungen		13:00–15:00 Übungen		13:00–15:00 Übungen

statt, in der die mathematischen Inhalte im Hörsaal durch die Lehrperson erklärt werden. Dazu ergänzend werden zweistündige Übungen am Nachmittag angeboten, in denen die angehenden Studierenden in Kleingruppen unter Anleitung einer Tutorin bzw. eines Tutors an Aufgaben zu Inhalten aus der Vorlesung am Vormittag arbeiten, Fragen stellen können und Feedback zu ihren Bearbeitungen erhalten. Die beiden wöchentlichen Selbstlerntage dienen der eigenständigen Wiederholung und Vertiefung der in den Vorlesungen und Übungen vermittelten mathematischen Inhalte.

10.2.2 Die strukturellen Merkmale des PO-Kurses[3]

Die Online-Variante der Mathematikvorkurse („PO-Kurs") ist für die Studienanfängerinnen und -anfänger konzipiert, denen eine regelmäßige Präsenz an der Universität nicht möglich erscheint. In dieser Vorkursvariante wird zunächst nicht nach Studiengängen differenziert; eine adressatenspezifische Ausrichtung ergibt sich allerdings durch die Bearbeitungsempfehlungen entsprechender Lerneinheiten (s. „Modulempfehlungen" unten) und durch das Angebot verschiedener Lernzentren[4]. Dieser Kurs ist als Blended-Learning-Szenario angelegt, allerdings mit stark erhöhtem E-Learning-Anteil. Als Präsenzveranstaltungen erfolgen rahmend eine Einführungs- und eine Abschlussveranstaltung und die bereits angeführte Lernzentren.

Zu Beginn des vierwöchigen Vorkurses findet die dreistündige Einführungsvorlesung statt, in der die Teilnehmenden zunächst mit den Zielen und organisatorischen Abläufen des Vorkurses vertraut gemacht werden. Zentral sind dabei die Vorstellung der Online-Lernmaterialien, die Erläuterungen zum richtigen Umgang mit diesen und die Betonung des selbstverantworteten und selbstständigen Lernens. Auch soll zu Beginn des Vorkurses bewusst das Kennenlernen von Teilnehmenden und Lehrpersonen ermöglicht werden.

---

[3] Die folgende Beschreibung der strukturellen Merkmale der Online-Variante des Vorkurses orientiert sich an den Darstellungen in Bausch et al. (2014b, S. 97 ff.).

[4] Unter „Lernzentren" verstehen wir in diesem Fall dreistündige Übungen in Kleingruppen, die vormittags und nachmittags angeboten werden. Dabei werden ausgewählte Themengebiete besprochen und vertiefende Aufgaben zur Übung gerechnet.

Tab. 10.2 Struktureller Ablauf der Online-Variante („PO-Kurs") des vierwöchigen Mathematik-vorkurses an der Universität Paderborn [„SL": Selbstlerntag]

Woche/Tag	Montag	Dienstag	Mittwoch	Donnerstag	Freitag
1	Einführung	SL	SL	Lernzentren	SL
2	SL	Lernzentren	SL	SL	SL
3	SL	SL	SL	Lernzentren	SL
4	SL	Lernzentren	SL	SL	Abschluss

Die Teilnehmenden der Online-Variante tragen in besonderer Weise die Ver-antwortung für ihr eigenes Lernen, da die meisten Tage des Vorkurses als Selbstlerntage konzipiert sind; ergänzend hierzu werden die oben erwähnten Lernzentren an der Universität angeboten. In der Durchführung 2019 fanden jeweils zwei Lernzentren gleichzeitig statt, wodurch die Themengebiete inhaltlich an den Anforderungen der Adressaten ausgerichtet werden konnten. Dabei wurde jeweils ein Lernzentrum gezielt für die angehenden Lehramtsstudierenden Mathematik für Grund-, Haupt-, Real- und Gesamtschule und Sonderpädagogische Förderung ausgerichtet. Die Teilnahme an den Lernzentren ist freiwillig, wird aber zuvor durch eine Umfrage zur Orientierung der Lehrenden abgefragt. Am Ende der Vorkurszeit findet eine Abschlussvorlesung statt, in der unter anderem der PO-Kurs evaluiert wird. Der strukturelle Ablauf des PO-Kurses wird in Tab. 10.2 dargestellt.

Die zentralen Lehr-/Lerninhalte bilden in dem PO-Kurs die VEMINT-Lernmaterialien, die den Teilnehmenden über die Lernplattform moodle zur Verfügung gestellt werden. Die Vorkursteilnehmenden können und müssen in ihrer Arbeit zu Hause ihren eigenen Lernprozess steuern, was sowohl die Auswahl der Inhalte, die Lernzeit und das Lerntempo betrifft. Den Teilnehmenden stehen dabei verschiedene Unterstützungs-angebote zur Verfügung, die in Abschn. 10.4.2 genauer beschrieben werden.

10.3 Merkmale der Lehrpersonen

10.3.1 Die Lehrpersonen im PP-Kurs

Während die Vorlesungen des PP-Vorkurses von einer Mitarbeiterin oder einem Mit-arbeiter aus dem Bereich der Mathematikdidaktik gehalten werden, wird die Leitung der Übungsgruppen in der Regel von studentischen Hilfskräften übernommen. In einigen Jahren übernahm zudem die Vorkursdozentin bzw. der Vorkursdozent eine der i. d. R. acht Übungsgruppen. Die studentischen Hilfskräfte werden dabei bevorzugt aus den Studiengängen eingestellt, deren Studium die Vorkursteilnehmenden selbst anstreben, und den jeweiligen Übungsgruppen zugeteilt. Die Einteilung der Übungsgruppen erfolgt entsprechend nach den jeweiligen (zukünftigen) Studiengängen der Teilnehmenden, sodass diese aus diesem Grund von unterschiedlicher Größe sein können. Dies soll neben dem Kontakt zu einem erfahreneren Studierenden in der Rolle der Übungsleiterin bzw. des Übungsleiters auch das Knüpfen von Kontakten unter den angehenden Studierenden untereinander unterstützen. In den verschiedenen Übungsgruppen kann zudem die Besprechung der Übungsaufgaben bereits so gestaltet werden, wie es für die jeweilige Zielgruppe in Bezug auf deren zukünftiges Studium, und insbesondere die mathematikhaltigen Lehrveranstaltungen desselben, sinnvoll erscheint, und entsprechende inhaltliche Schwerpunkte gesetzt werden.

10.3.2 Die Lehrpersonen im PO-Kurs

Die Organisation des gesamten PO-Kurses wird von einer Mitarbeiterin oder einem Mitarbeiter der Mathematikdidaktik übernommen. Hierunter fällt auch die Organisation der Lernzentren und die Aufbereitung entsprechender Lehr-/Lernmaterialien für diese Präsenzveranstaltungen. Die Lernzentren werden in der Regel von Studierenden durchgeführt, die für die Dauer der Vorkurse als Hilfskräfte eingestellt werden. (Wie bereits im PP-Kurs beschrieben, wird auch hier darauf geachtet, dass die Hilfskräfte den Studiengängen entstammen, die von den Teilnehmenden selbst anvisiert werden.) Hinzu kommt ein sogenannter „Online-Tutor", der den Teilnehmenden zu ausgewählten Sprechzeiten zur Verfügung steht. An den Online-Tutor können sich die Teilnehmenden sowohl mit fachlichen Fragen als auch bei technischen Problemen im Umgang mit der Lernplattform moodle oder mit den Online-Lernmaterialien wenden.

10.4 Didaktische Elemente

10.4.1 Die didaktischen Elemente des PP-Kurses

In den Vorlesungen des PP-Vorkurses kommen sowohl die traditionelleren Varianten der Stoffvermittlung, bestehend aus einem Tafelvortrag der Lehrperson, als auch innovativere, schwerpunktmäßig auf digitalen Medien basierte Elemente zum Einsatz. Zur Förderung der aktiven Mitarbeit und der methodischen Auflockerung werden seit 2016 aktivierende Phasen in die Vorlesung integriert, in denen die Teilnehmenden selbstständig Aufgaben bearbeiten und anhand eines digitalen Mediums Lösungen bzw. Antworten eingeben können. Eingesetzt wurden hierbei Audience Response Systeme (ARS), die Lernplattform moodle und das studiVEMINT-Onlinematerial (s. u.). Für die Ausgestaltung dieser aktivierenden Phasen wurden innerhalb der vergangenen Jahre unterschiedliche Konzepte erprobt und evaluiert (vgl. Kempen & Wassong, 2017; Fleischmann et al., 2019). Die Integration von PINGO erfolgte bereits seit 2016 durch den Dozenten Jörg Kortemeyer, der zu Beginn unserer Studienintervention sehr positiv von seinen Erfahrungen berichtete. Im Rahmen des Vorkurses 2016 setzte der Dozent

PINGO im Rahmen von Phasen mit ‚peer instruction' (vgl. Kempen, 2021) während der Vorlesung ein. Dabei stellte er den Studierenden zunächst Aufgaben mit direktem Bezug zum aktuellen Lernstoff, holte nach einer kurzen Bearbeitungsphase Feedback mit PINGO ein und initiierte in den meisten Fällen anschließend eine weitere Bearbeitungsphase zu derselben Aufgabe, in der die Studierenden sich gegenseitig bei der Lösung der Aufgabe und der Behebung von eventuellen Fehlern aus dem ersten Durchlauf unterstützen konnten. Solche und andere aktivierende Elemente, sowie die Nutzung digitaler Medien, wurden im Rahmen unserer Studien kontinuierlich ausgebaut und deren Effekte systematisch evaluiert.

Ein besonderer Schwerpunkt der didaktischen Umgestaltung des Konzepts des PP-Vorkurses ab 2017 lag auf der Integration von Lernmaterialien des studiVEMINT[5]-Onlinematerials. Das studiVEMINT-Material wurde, aufbauend auf dem Material aus dem VEMINT-Projekt (welches im nachfolgenden Absatz zum PO-Vorkurs genauer beschrieben wird), als eigenständiger Onlinevorkurs konzipiert und erstellt, der Lernenden zum Selbststudium zur Verfügung steht und zur Vorbereitung der mathematischen Inhalte eines Hochschul- oder Universitätsstudiums eingesetzt werden kann (Börsch et al., 2016; Mai et al., 2016; Colberg et al., 2017; Biehler et al., 2017, 2018). Auf der Webseite https://beta.orca.nrw/ wird das studiVEMINT-Lernmaterial kostenlos mit freiem Zugriff angeboten.

Die digitalen Lernmaterialien kamen in den Vorkursen in den Jahren 2017 bis 2019 sowohl in der Vorlesung als auch an den Selbstlerntagen (Näheres dazu s. u.) zum Einsatz. In der Vorlesung waren hierbei zwei unterschiedliche Varianten vertreten:

1. Einbindung von Lernmaterialien in den Vortrag der Lehrperson, z. B. anhand von per Beamer präsentierten (graphischen und/oder animierten) Visualisierungen mathematischer Sachverhalte.
2. Eigenständige Arbeit mit studiVEMINT-Lernmaterialien (z. B. Texte, Visualisierungen, Aufgaben) der Studierenden während der Vorlesung an einem eigenen digitalen Endgerät.

Der regelmäßige Einsatz von aktiven Phasen, in denen konkrete Aufgaben zum Lernstoff bearbeitet werden sollten, sollte den speziellen Anforderungen und Bedürfnissen der Zielgruppe entgegenkommen. Die Teilnehmenden des Vorkurses PP sind angehende Studierende, die ein Studienfach mit signifikantem Mathematikanteil anstreben, Mathematik aber nicht als Studien(haupt-)fach gewählt haben. Erfahrungsgemäß, aber auch belegbar durch unsere Evaluationsergebnisse im Rahmen mehrerer Begleitstudien (z. B. Gold et al., 2021; Fleischmann et al., 2021), messen sie in vielen Fällen der Bearbeitung und erfolgreichen Lösung von Aufgaben einen vergleichsweise hohen

---

[5] Projektwebseite: go.upb.de/studivemint.

Stellenwert im Verhältnis zu theoretischem Kenntniserwerb zu. Durch den Einsatz von digitalen, selbstständig zu bearbeitenden Aufgaben (z. B. aus dem studiVEMINT-Kursmaterial, aber auch wie weiter oben beschrieben mit Rückmeldung per ARS) kann eine unmittelbare Verknüpfung zwischen theoretischem Lernstoff und Aufgaben während der Vorlesung unterstützt werden. Durch diese Elemente soll auch die Motivation der Teilnehmenden erhöht werden, sich mit dem aktuellen Lernstoff zu beschäftigen. Bei der Auswahl wurde durchgehend Wert auf Aufgaben mit unterschiedlichem Schwierigkeitsniveau gelegt. Dies soll allen Lernenden persönliche Erfolgserlebnisse während der Vorlesungszeit ermöglichen, die sie in Konfrontation mit einem rein theoretischen Lernstoff sonst möglicherweise vermissen würden.

Unter den möglichen Einsatzformen für digitale Lernelemente im Kontext von Blended-Learning-Konzepten ist unsere Vorgehensweise in der Vorlesung dem Typ des sogenannten *Enrichments* zuzuordnen (Weigel, 2006; in Anlehnung an Albrecht, 2003; vgl. auch Fischer, 2014). Dabei werden Präsenzveranstaltungen in unregelmäßigen Abständen durch den Einsatz digitaler Elemente bereichert.

Weiterhin soll durch die Einbindung der aktiven Phasen bei den Teilnehmenden die Fähigkeit zum selbstregulierten Lernen gefördert werden, die zum Erwerb von Wissen an der Universität entscheidend ist (z. B. Bellhäuser & Schmitz, 2014; Nota et al., 2004). In diesem Zusammenhang wurde weiterhin eine dritte Form der Arbeit mit dem studiVEMINT-Onlinematerial in den Kurs integriert:

3. Für die Selbstlerntage wurden den Studierenden konkrete Aufträge zur selbstständigen Arbeit mit dem studiVEMINT-Onlinematerial gestellt.

Im Rahmen dieses Artikels werden wir uns im Folgenden auf die Vorlesungstage des Vorkurses konzentrieren; die Integration von Aufgaben aus dem studiVEMINT-Material in die Selbstlerntage wird an dieser Stelle nur der Vollständigkeit halber aufgeführt.

10.4.2 Die didaktischen Elemente des PO-Kurses

Ausgangspunkt des Paderborner Online-Vorkurses („PO-Kurs") ist das Online-Lernmaterial aus dem VEMINT-Projekt. Insgesamt umfasst das Lernmaterial aus VEMINT neun thematische Kapitel[6], die wiederum in thematische Lernmodule untergliedert sind. Alle Lernmodule sind in derselben Weise aufgebaut und umfassen die folgenden Wissensbereiche (sogenannte „Modulbereiche"): Übersicht, Hinführung, Erklärung, Anwendung, typische Fehler, Aufgaben, Info, Ergänzungen und Visualisierungen (Abb. 10.1).

---

[6] Die Kapitel sind: (1) Rechengesetze [darin auch Arithmetik, Ungleichungen und Mengenlehre], (2) Logik, (3) Potenzen, (4) Funktionen, (5) Höhere Funktionen, (6) Analysis, (7) Vektorrechnung, (8) Lineare Gleichungssysteme und (9) Stochastik.

Abb. 10.1 Der charakteristische modulare Aufbau eines VEMINT-Lernmoduls

Der Aufbau der Lernmodule wird für die Lernenden durch eine entsprechende Darstellung in der Kopfleiste dargestellt. Der Abschnitt, in dem sich ein Lernender oder eine
Lernende gerade befindet, ist dabei grün unterlegt; sollte für einen bestimmten Modul-
bereich kein entsprechender Inhalt verfügbar sein, wird das zugehörige Symbol aus-
gegraut. Im Folgenden werden die einzelnen Abschnitte in den VEMINT-Lernmodulen
kurz charakterisiert.

- Auf der Startseite „Übersicht" eines Lernmoduls werden die Themen und Lern-
  ziele des Moduls aufgelistet, wodurch die Modulüberschrift spezifiziert wird und die
  Lernenden bei der Auswahl der Lernmodule unterstützt werden sollen.
- In der „Hinführung" erfolgt eine Ein- bzw. Hinführung zu den Inhalten des Lern-
  moduls auf der Basis von Aufgaben und Beispielen, die einen entdeckenden bzw.
  exemplarischen Zugang zu den Themenbereichen ermöglichen sollen.
- Im Bereich „Erklärung" finden die Lernenden eine Auflistung aller Definitionen,
  Sätze und Algorithmen des Moduls. Ergänzend werden auch Beispiele, Beweise und
  Visualisierungen angeboten, um ein Verständnis der Inhalte zu unterstützen.
- In den „Anwendungen" finden die Lernenden eine Sammlung von inner- und
  außermathematischen Anwendungsbeispielen zur Thematik.
- Eine weitere Übungsmöglichkeit wird in dem Bereich „Fehler" angeboten. Hier
  sollen die Lernenden Fehler in Aussagen und Aufgabenlösungen ausfindig machen
  und korrigieren. Auf diese Weise soll auch typischen bzw. bekannten Fehlvorstellungen entgegengewirkt werden.
- Übungsaufgaben werden in dem Abschnitt „Aufgaben" aufgelistet. Eigene Lösungen
  können dabei mit angegeben Musterlösungen verglichen werden.
- Im Anschluss an diese Modulbereiche wird außerdem der optionale Bereich
  „Information" angeboten, der eine Sammlung aller Sätze und Definitionen des Lernmoduls enthält und somit als eine Art Formelsammlung genutzt werden kann.
- Im zweiten optionalen Bereich „Visualisierungen" werden alle in dem Lernmodul
  verwendeten Interaktionen und Visualisierungen zusammengestellt. Dieser Bereich ist
  auch gerade für Lehrende hilfreich, die für ihre Veranstaltung nach entsprechenden
  Materialien suchen.
- In den „Ergänzungen" werden weiterführende Perspektiven zu dem jeweiligen Fachinhalt herausgestellt.

Insgesamt liegt somit eine Vielzahl von Lernmaterialien vor, mit denen sich die Lernenden über den Zeitraum von vier Wochen intensiv auseinandersetzen sollen. Die thematische Breite der Lerninhalte ist gerade dadurch bedingt, dass die VEMINT-Lehr-/Lernmaterialien zur Vorbereitung auf alle mathematikhaltigen Studiengänge verwendet werden können. An dieser Stelle wird deutlich, dass Lernende bei der Auswahl ihrer individuellen Lerninhalte einer Unterstützung bedürfen. Dies trifft auch gerade dann zu, wenn es neben der Behebung individueller Wissenslücken aus der Schulmathematik um eine gezielte (studiengangsspezifische) Vorbereitung auf das Studium geht. Aus diesem Grund werden den Teilnehmenden sogenannte Modulempfehlungen an die Hand gegeben. In den Modulempfehlungen werden den Teilnehmenden, je nach anvisierten Studiengängen, Bearbeitungsempfehlungen ausgesprochen. In diesen Dokumenten werden alle Lerninhalte des Materials aufgelistet und anhand einer Farbcodierung einer der folgenden Kategorien zugeordnet: „unbedingt bearbeiten", „wichtig", „gut zu wissen". Darüber hinaus sind alle Lerninhalte zur Orientierung noch als „Schulstoff", „optionaler Schulstoff" und „Inhalte, die vermutlich nicht (oder nicht ausführlich) in der Schule behandelt wurden" gekennzeichnet.

Als letzte Unterstützungsmaßnahme wird den Teilnehmenden die Vorlage für einen Stundenplan zur Verfügung gestellt, der sie beim selbstregulierten Lernen unterstützen soll.

10.5 Rahmenbedingungen/Räumliche Bedingungen

Alle Kursvarianten der Paderborner Mathematikvorkurse laufen über den gleichen Zeitraum von vier Wochen und werden von einer Einführungs- und einer Abschlussvorlesung gerahmt. Im Folgenden werden die unterschiedlichen Rahmenbedingungen für den PP-Kurs und den PO-Kurs dargelegt. Allgemein ist noch zu bemerken, dass die Vorkurse in Paderborn zeitlich immer so gelegt werden, dass nach ihrem Abschluss die Teilnahme an der „Orientierungswoche" der Universität möglich ist. Diese findet in der Regel in der Woche direkt vor Vorlesungsbeginn statt. Im Rahmen der freiwilligen Orientierungswoche werden die Studierenden von Vertreterinnen und Vertretern (Studierenden und Lehrenden) ihrer eigenen Studienfächer an der Universität willkommen geheißen und mit organisatorischen und strukturellen Merkmalen ihres jeweiligen Studiengangs näher vertraut gemacht.

10.5.1 Rahmenbedingungen im PP-Kurs

Die Vorlesungen des PP-Vorkurses finden in einem der größeren Hörsäle der Universität (i. d. R. mit mindestens 200 bis 300 Plätzen) statt. Aufgrund der zunehmenden Raumauslastung der Universität wurde es in den vergangenen Jahren häufiger notwendig, auch innerhalb der vierwöchigen Vorkursdauer mehrmals den Hörsaal zu wechseln. Bei geeigneter Kommunikation (Verteilung entsprechender Infozettel, kleine Campusführung der Studierenden im Rahmen des ersten Übungsgruppentreffens, Erinnerung an Ortswechseln am Ende der vorhergehenden Vorlesung) konnten die daraus erwachsenden Schwierigkeiten für die noch ortsfremden angehenden Studierenden allerdings minimiert werden.

Die Übungsgruppen finden nach einer einstündigen Mittagspause, in der das Mittagessen in der Mensa eingenommen werden kann, in unterschiedlichen Seminarräumen statt. Die Einteilung der Übungsgruppen wird zentral am ersten Vorlesungstag bekannt gegeben; die Teilnehmenden werden an diesem Tag einmalig von ihren jeweiligen Tutorinnen und Tutoren nach der Mittagspause im Vorlesungshörsaal abgeholt und zu den jeweiligen Übungsräumen begleitet. Auch dies trägt dazu bei, den angehenden Studierenden die Orientierung an der Universität zu erleichtern und den Ablauf am ersten Übungstag reibungslos zu gestalten.

10.5.2 Rahmenbedingungen im PO-Kurs

Da die Teilnehmenden des PO-Kurses die meiste Zeit von zu Hause aus arbeiten, ergibt sich durch diese Kursvariante nur eine geringe Raumbelastung für die Universität. Für die Einführung- und die Abschlussvorlesung wird ein Hörsaal benötigt, der knapp 200 Studierende fassen kann. (Auch wenn diese beiden Präsenzveranstaltungen den Teilnehmenden als nominelle Pflicht genannt werden, liegt der Anteil der Teilnehmenden bei diesen beiden Vorlesungen bei unter 50 %.) Für die insgesamt acht Lernzentren werden jeweils Seminarräume belegt, die bis zu 30 Personen fassen. Bei diesen Veranstaltungen variiert die Anzahl der Teilnehmenden stark.

10.6 Die komplexen Zahlen als Beispiel der inhaltlichen Adressatenspezifität

Bei vielen Teilnehmenden der Vorkurse liegt der Schulunterricht in Mathematik schon länger zurück, etwa bedingt durch einen Studiengangswechsel, durch eine dem Studium vorhergehende Berufsausbildung und/oder es wurde eine Studienqualifikation ohne Abitur erreicht. (Im PP-Vorkurs 2018 gaben beispielsweise gut 40 % der befragten Teilnehmenden an, ihren Schulabschluss bereits im Jahr 2017 oder früher erworben zu haben.) Daher ist es zunächst in einem entsprechenden Vorkurs sinnvoll, bei den mathematischen Grundlagen zu beginnen und den restlichen Kurs darauf aufzubauen. Davon profitieren in vielen Fällen auch die Studienanfängerinnen und -anfänger, die unmittelbar nach dem Schulabschluss ein Studium aufnehmen, da der Stoff der Mittel- und Unterstufe aufgefrischt wird.

Das Themengebiet der „komplexen Zahlen" ergibt sich dabei nicht als Aspekt einer Wiederholung oder Auffrischung. Es wurde dennoch in das Curriculum sowohl des

PP- als auch des PO-Kurses aufgenommen, worauf im Folgenden gesondert näher eingegangen wird.

10.6.1 Die Behandlung der komplexen Zahlen im PP-Kurs

Entsprechend der obigen Vorbemerkungen wurden 2019 im PP-Vorkurs die folgenden Themengebiete behandelt (pro Themengebiet eine Vorlesung und eine Übung): (1) Zahlen und Zahlbereiche ($\mathbb{N}, \mathbb{Z}, \mathbb{Q}, \mathbb{R}$), (2) Grundlagen der Universitätsmathematik (mathematische Symbolik, Summenzeichen u. a.), (3) Polynome (lineare und quadratische Funktionen, Polynome höheren Grades), (4) Trigonometrie (Bogenmaß, Sinus und Cosinus), (5) Potenzen, Wurzeln und Logarithmen, (6) Einstieg Analysis und Folgen, (7) Differentialrechnung, (8) Integration und Integrationsmethoden, (9) Komplexe Zahlen, (10) Analytische Geometrie und (11) Matrizen und Determinanten.

Das Themengebiet der „komplexen Zahlen" nimmt eine besondere Rolle im Curriculum des PP-Vorkurses ein. Zunächst bietet dieses Thema die Möglichkeit, ein für die meisten Teilnehmenden neues Wissensgebiet zu behandeln und in diesem Rahmen auf spezifische Merkmale der Universitätsmathematik einzugehen, wie zum Beispiel die Erarbeitung neuer Themengebiete nach dem Schema „Definition, Satz, Beweis". Zum anderen ist dieses Thema in mehreren der Studiengänge, die die Zielgruppe dieser Vorkursvariante bilden, besonders relevant, insbesondere im Studiengang Computer Engineering und in der Elektrotechnik sowie allen Studiengängen, die diese Fächer als Teilbereiche oder Serviceveranstaltungen beinhalten. Diese Studierenden, die den Großteil der Teilnehmerschaft im PP-Vorkurs ausmachen, können somit bereits auf ihre Studieninhalte vorbereitet werden, was sie zu Beginn ihres Studiums entlasten soll. Die erneute Begegnung mit komplexen Zahlen im Studium wird somit im weniger mit Leistungsdruck verbundenen Vorkurs vorbereitet und eine mögliche Hemmung im Umgang mit dem neuen Thema idealerweise bereits im Vorfeld reduziert. Weitere Themenfelder, die bewusst propädeutisch behandelt werden, sind etwa Matrizen und Determinanten. Gleichzeitig handelt es sich hierbei um Themen, mit denen ein Teil der Vorkursteilnehmenden bereits mehr oder weniger vertieft in Kontakt gekommen ist, während sie für andere zum Teil komplett neu sind. So können ein Wissensausgleich sowie eine Auffrischung vorhandenen Wissens stattfinden.

10.6.2 Die Behandlung der komplexen Zahlen im PO-Kurs

Da sich auch im PO-Kurs angehende Ingenieure und weitere Teilnehmende befinden, die bereits in den ersten Semestern mit der Thematik der komplexen Zahlen konfrontiert werden, ergeben sich für den PO-Kurs zunächst entsprechende Begründungen (s. o.) für den Einbezug dieser Thematik. Auf der Basis der verwendeten Modulempfehlungen wird diese Thematik insbesondere in Vorbereitung auf die folgenden Studiengänge empfohlen: Bachelor Mathematik, Lehramt Gymnasium/Gesamtschule/Berufskolleg, Ingenieurwissenschaften, Elektrotechnik und Maschinenbau.

Während in der Präsenzvariante PP des Vorkurses die Inhalte zu den komplexen Zahlen mithilfe einer Tafelanschrift im Rahmen von Vorlesung und Übung erarbeitet wurden, wurde den Teilnehmenden des Online-Vorkurses ein entsprechendes Lernmodul aus dem MINT-Kolleg Baden-Württemberg[7] zur eigenständigen Erarbeitung (auf Basis der Modulempfehlungen) zur Verfügung gestellt. Zusätzlich wurde ein Lernzentrum zu dieser Thematik angeboten.

10.7 Exemplarische Darstellung von Arbeitsmaterialien zu komplexen Zahlen

In diesem Abschnitt möchten wir exemplarisch skizzieren, wie der Fachinhalt der komplexen Zahlen im Rahmen des PP-Vorkurses und des PO-Kurses adressatenspezifisch und propädeutisch behandelt wurde. Die genaue Ausgestaltung unterscheidet sich in beiden Vorkursvarianten nicht nur aus organisatorischen Gründen, sondern auch aufgrund der unterschiedlichen Relevanz des Themas für verschiedene Zielgruppen. So haben die Teilnehmerinnen und Teilnehmer der PO-Kursvariante die Wahl, ob sie sich näher mit einem Thema beschäftigen und das entsprechende Lernzentrum besuchen, oder sich auf andere Themengebiete konzentrieren möchten. Auch die historische Perspektive wird in der PO-Kursvariante in Hinblick auf die Ausbildung angehender Lehrerinnen und Lehrer ausführlicher thematisiert als im PP-Kurs, in dem eher das Rechnen mit komplexen Zahlen im Fokus steht.

10.7.1 Exemplarische Arbeitsmaterialien aus dem PP-Kurs

Im Rahmen des PP-Kurses wurde dem Fachinhalt „komplexe Zahlen" eine Vorlesung und eine Übung gewidmet. In der Vorlesung wurde über die Frage nach einer Lösung der Gleichung $x^2 + 1 = 0$ die Zahlbereichserweiterung motiviert. Der Definition einer komplexen Zahl (mit Real- und Imaginärteil) folgten einfache Rechenübungen mit i (wobei die Gleichung $i^2 = -1$ angewendet wird). In diesem Zusammenhang wird insbesondere herausgestellt, warum die gelegentlich anzutreffende Definition der komplexen Einheit i durch die Gleichung $i = \sqrt{-1}$ problematisch ist, und durch die daraus ableitbare Gleichung $-1 = i^2 = i \cdot i = \sqrt{-1} \cdot \sqrt{-1} = \sqrt{(-1) \cdot (-1)} = \sqrt{1} = 1$ der resultierende Widerspruch aufgezeigt. Nach der Behandlung des Betrags einer komplexen Zahl und des komplex-Konjugierten wurden in der Vorlesung Addition, Subtraktion, Multiplikation und Division in den komplexen Zahlen besprochen und

---

[7] https://www.mint-kolleg.de/

geübt. Als weiterführender Ausblick wurde der Fundamentalsatz der Algebra behandelt (allerdings nicht bewiesen) und exemplarisch an Beispielen besprochen. Es wäre sicherlich möglich gewesen, insgesamt fachlich noch etwas mehr in die Tiefe zu gehen oder auch Anwendungsbezüge herauszustellen. Für eine propädeutische Behandlung des Themenkomplexes erachten wir unsere Auswahl als eine gangbare Möglichkeit.

Die folgenden Aufgabenbeispiele entstammen der Präsenzübung, in deren Rahmen die Vorkursteilnehmenden eigenständig Übungsaufgaben bearbeiten sollen. Die Aufgabe 9.1 ist dabei deutlich als Reproduktion und Übung angelegt. In der Aufgabe 9.2 wird bereits durch die Formulierung „geschickt" ein Hinweis auf die etwas komplexeren Anforderungen (i. S. eines ersten Transfers) gegeben (etwa die sich wiederholenden Ergebnisse von i^n für $n \in \mathbb{N}$). Im Rahmen der Aufgabe 9.3 sollen sich die Vorkursteilnehmenden schließlich selbst die geometrischen Bezüge im Kontext der komplexen Zahlen in der Gaußschen Zahlenebene erarbeiten (geometrische Interpretationen des Komplex-Konjugierten einer komplexen Zahl und des Betrags und schließlich die Anbahnung der Drehstreckung, welche später im Rahmen der Polarkoordinaten aufgegriffen werden kann).

Aufgabe 9.1
Es sei $z = 3 + 4i$ und $w = 2 - i$. Bestimmen Sie die folgenden komplexen Zahlen:
a) $z + w$ b) $z \cdot w$ c) $\frac{z}{w}$ d) $\bar{z} - \bar{w}$ e) $z^2 - |z|^2$

Aufgabe 9.2
Berechnen Sie jeweils geschickt die folgenden komplexen Zahlen:
a) $z = \frac{1}{i^5}$ b) $z = i^{105} + i^{23} + i^{20} - i^{34}$ c) $z = \left(\frac{2+3i}{3-2i}\right)^4$

Aufgabe 9.3 („Komplexe Zahlen in der Zahlenebene")
a) Zeichnen Sie die Zahlen $z = 2 + i$, $w = i$ und $v = -1 - i$ sowie die jeweiligen komplex konjugierten Zahlen $\bar{z}, \bar{w}, \bar{v}$ in der Gaußschen Zahlenebene, d. h. in ein Koordinatensystem mit dem Realteil auf der x- und dem Imaginärteil auf der y-Achse.
b) Was ist der geometrische Zusammenhang zwischen z und $\bar{z}$ für eine beliebige komplexe Zahl z?
c) Markieren Sie im Koordinatensystem aus a), wo Sie $|z|$, $|w|$ und $|v|$ sehen können.
d) Zeichnen Sie ein neues Koordinatensystem und tragen Sie dort $\xi = i + 1$ und $\zeta = 1$ sowie $\xi \cdot i$ und $\zeta \cdot i$ ein. Was bewirkt die Multiplikation mit i geometrisch?

10.7.2 Exemplarische Arbeitsmaterialien aus dem PO-Kurs

Im PO-Kurs wurde das Lernzentrum zu den komplexen Zahlen gleich zu Beginn des Vorkurses abgehalten. (Zeitgleich fand für die angehenden Lehramtsstudierenden für nicht-gymnasiales Lehramt ein Lernzentrum zu mathematischen Grundlagen (Bruchrechnung, Termumformungen etc.) statt.) Zu Beginn der dreistündigen Lerneinheit wurden die komplexen Zahlen kurz aus einer historischen Perspektive thematisiert.

Anschließend wurden auch hier die Grundrechenarten in den komplexen Zahlen und entsprechende Darstellungen in der Gaußschen Zahlenebene erarbeitet. Schließlich sollten die Teilnehmenden quadratische Gleichungen (und darauf aufbauend Gleichungen vom Grad vier) in $\mathbb{C}$ lösen. Exemplarische Aufgabenauszüge werden im Folgenden angegeben:

1) Berechnen Sie: $i^2, i^3, i^4, i^5, i^6, i^7, i^8$. Was fällt Ihnen auf? Verallgemeinern und begründen Sie.
2) Es ist $z = 2 - 3i$ und $w = -4 + 2i$.
   a) Zeichnen Sie die beiden komplexen Zahlen in der Gaußschen Zahlenebene.
   b) Berechnen Sie $z + w$ und veranschaulichen Sie die Rechnung in der Zahlenebene.
   c) Berechnen Sie $z - w$ und veranschaulichen Sie die Rechnung in der Zahlenebene.
3) Berechnen Sie: a) $(4 - 6i) \cdot (-3 + 3i)$ b) $(2 + 5i) \cdot (4 - 6i)$
4) Lösen Sie folgende quadratische Gleichungen und machen Sie die Probe!
   a) $x^2 - 10x + 40 = 0$ b) $z^2 + 2z = -2$ c) $\ldots$
5) Bestimmen Sie alle $w \in \mathbb{C}$ für die gilt: a) $w^4 + 3w^2 - 10 = 0$ b) $\ldots$

10.8   Auszüge aus den Vorkursevaluationen

Unter der Perspektive der Adressatenorientierung erscheinen die folgenden Evaluationsergebnisse bedeutsam: Für den PP-Kurs stellt sich die Frage nach den Bewertungen des Umfangs der Behandlung der Themengebiete durch die Teilnehmenden („Wie bewerten die Teilnehmenden den Umfang der Behandlung der Themengebiete im PP-Vorkurs?" und „Inwiefern lässt sich hieraus eine Präferenz in Bezug auf Wiederholung der Schulmathematik bzw. Propädeutik ausmachen?"). Für den PO-Kurs interessiert der Nutzen der adressatenspezifischen Modulempfehlungen für die Teilnehmenden, um eine begründete Auswahl der Vorkurslerninhalte treffen zu können.

10.8.1 Evaluationsergebnisse aus dem PP-Vorkurs 2019

Der vorliegende Artikel adressiert die Frage, wie die Teilnehmenden die Bearbeitungsumfänge der ausgewählten Themengebiete im Vorkurs bewerten. Die der Abb. 10.2 zugrundeliegenden Daten wurden in einer schriftlichen Ausgangbefragung am letzten Vorkurstag im PP-Vorkurs 2019 bei den anwesenden Vorkursteilnehmenden erhoben.

Zunächst wird bei den Ergebnissen deutlich, dass die Vorkursteilnehmenden den Umfang aller Themengebiete im Rahmen von einer Vorlesung (drei Stunden) mit anschließender Übung (zwei Stunden) insgesamt als positiv bewerten (Anteil „angemessen">60 %). Eher zu wenig umfänglich bearbeitet wurden aus Sicht der Teilnehmenden die Inhalte „Trigonometrie" („zu wenig"+„eher zu wenig": 29 %),

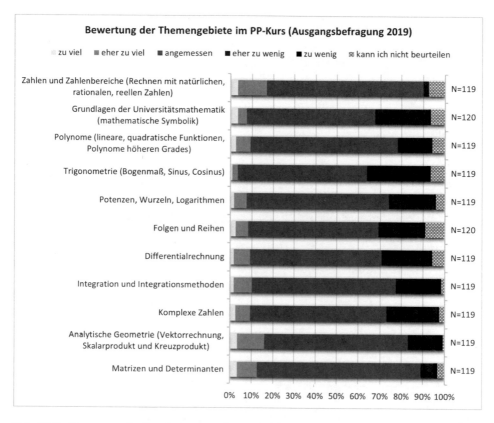

Abb. 10.2 Bewertung des Bearbeitungsumfangsänge der Themengebiete im PP-Kurs (Ausgangsbefragung 2019)

„komplexe Zahlen" („zu wenig"+„eher zu wenig": 25 %), „Grundlagen der Universitätsmathematik" („zu wenig"+„eher zu wenig": 26 %), und „Differentialrechnung" („zu wenig"+„eher zu wenig": 24 %). Ein zu großer Umfang in der Bearbeitung wurde vor allem bei den folgenden Themenbereichen geäußert: „Zahlen und Zahlbereiche" („eher zu viel"+„zu viel": 17 %) und „Analytische Geometrie" („eher zu viel"+„zu viel": 16 %). Wir möchten diese Ergebnisse als Indiz vorsichtig dahingehend deuten, dass sich die Teilnehmenden tendenziell eher eine Vorbereitung auf die Universitätsmathematik als eine Wiederholung der Schulmathematik wünschen.

10.8.2 Evaluationsergebnisse aus dem PO-Kurs 2019

In Bezug auf den PO-Kurs interessiert die Bewertung der Modulempfehlungen für den Umgang mit dem umfassenden Online-Lehrmaterial aus VEMINT. Im Rahmen der

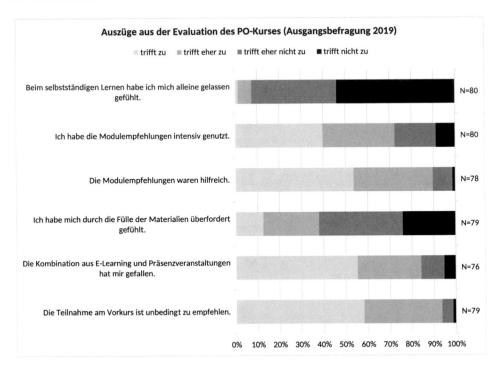

Abb. 10.3 Auszüge aus der Evaluation des PO-Kurses 2019 (Ausgangsbefragung)

Abschlussvorlesung zum PO-Vorkurs wurde durch die Teilnehmenden ein Fragebogen zur Evaluation ausgefüllt. Auszüge aus den Evaluationsergebnissen werden in Abb. 10.3 angegeben. Es zeigt sich hier, dass die Mehrheit der Vorkurteilnehmenden angaben, die Modulempfehlungen intensiv genutzt zu haben („trifft zu"+„trifft eher zu": 73 %) und diese als ‚hilfreich' bewerten („trifft zu"+„trifft eher zu": 90 %). Allerdings wurde die Fülle an Materialien von gut einem Drittel Vorkursteilnehmenden als Überforderung empfunden („trifft zu"+„trifft eher zu": 38 %). Abschließend sei noch angemerkt, dass die Vorkursteilnehmenden die Kombination aus E-Learning und Präsenzlehre mehrheitlich als positiv bewerten („trifft zu"+„trifft eher zu": 84 %) und die Vorkursteilnahme sehr deutlich weiterempfehlen würden („trifft zu"+„trifft eher zu": 94 %).

10.9 Abschließende Bemerkungen

In diesem Beitrag haben wir exemplarisch dargelegt, wie im Rahmen eines Präsenz- und eines Online-Vorkurses der Aspekt der Adressatenorienung aufgegriffen werden kann. Bei der entsprechenden Themenauswahl gilt es dabei, die Wiederholung von Schulmathematik und die Erarbeitung von „neuen" Inhalten vorbereitend für das Studium adressatenspezifisch auszutarieren. Solche Entscheidungen müssen dabei im Kontext der jeweiligen Rahmenbedingungen (Klientel, Zeit etc.) betrachtet werden. Mit unseren Ausführungen am Beispiel zweier Paderborner Vorkursvarianten möchten wir exemplarische Wege für eine entsprechende Vorkursausgestaltung aufzeigen.

Wir haben das in beiden Vorkursvarianten behandelte Themengebiet der komplexen Zahlen aufgegriffen und einige Gemeinsamkeiten und Unterschiede der Vorkursgestaltung daran illustriert. Im Rahmen einer kritischen Reflexion der vorstellten Vorgehensweise muss allerdings angemerkt werden, dass die mündlichen Rückmeldungen der Teilnehmerinnen und Teilnehmer der Vorkurse nahelegen, dass dieses Thema von vielen zunächst als schwierig angesehen wird. Auch die Relevanz für inner- wie außermathematische Anwendungen erschließt sich demzufolge den Vorkursteilnehmenden teilweise nicht direkt, sodass letztlich die Frage gestellt werden muss, ob dem Thema im Rahmen der Vorkurse mehr Zeit gewidmet werden sollte und welche bisherigen Inhalte der Vorkurscurricula dafür kürzer behandelt werden könnten. Aufgrund des in den Befragungen zum Ausdruck gekommenen Wunsches der Teilnehmerinnen und Teilnehmer, auf die Hochschulmathematik vorbereitet zu werden, sollte das Thema, sowie andere für die Teilnehmenden neue Inhalte, unseres Erachtens auch bei nur wenig zur Verfügung stehender Zeit nicht aus den Curricula der Vorkurse gestrichen werden. Gleichzeitig ist aber auch der Tatsache Rechnung zu tragen, dass für viele Teilnehmende auch diejenigen Inhalte des Vorkurses, die ausschließlich Schulstoff abbilden, bereits mit einem hohen Lernaufwand verbunden sind, da der Schulbesuch teilweise bereits lange zurückliegt. Hier stellt sich die Frage, wie den heterogenen Anforderungen der Teilnehmenden ohne ein erhöhtes Risiko der Überforderung entsprochen werden kann.

Für die Zukunft wäre es vorstellbar, die Teilnehmenden (auch in den Präsenzvarianten) durch den Einsatz digitaler Test, die der Erhebung des Wissensstandes dienen und von den Studierenden jeweils schon im Vorfeld zu Hause genutzt werden, stärker in die Auswahl ihres jeweiligen Lernstoffes einzubinden. Wenn den Studierenden z. B. Übungsaufgaben mit unterschiedlichem Schwierigkeitsniveau zur Verfügung gestellt werden, könnte so eine differenzierte Wiederholung bzw. Erarbeitung von Wissen im Rahmen der Übungsgruppen bzw. Lernzentren erfolgen. Dies erfordert allerdings einen höheren Aufwand in Planung und Vorbereitung, sowohl für die wissenschaftlichen Mitarbeiterinnen und Mitarbeiter als auch für die studentischen Hilfskräfte, die die Vorkursteilnehmerinnen und -teilnehmer betreuen. Durch das Hinzunehmen digitaler Lernmaterialien, deren Aufgaben zunehmend Möglichkeiten zur eigenen Überprüfung und Hinweise zu Fehlern enthalten, kann möglicherweise nach und nach ein größerer Pool an differenzierten Aufgaben aufgebaut und gleichzeitig die personellen Ressourcen geschont werden.

10.10 Literaturhinweise und Ansprechpartner

Informationen und Publikationen zum VEMINT-Projekt finden Sie unter: www.vemint.de
Informationen und Publikationen zum Studi-VEMINT-Projekt finden Sie unter: https://fddm.uni-paderborn.de/projekte/studivemint/allgemeines/

Einen guten Überblick über die Konzeption mathematischer Vor- und Brückenkurse und generell zu Unterstützungsmaßnahmen im Übergang Schule/Hochschule bieten die folgenden Sammelbände:

Bausch, I., Biehler, R., Bruder, R., Fischer, P. R., Hochmuth, R., Koepf, W., Schreiber, S., & Wassong, T. (Hrsg.). (2014a). *Mathematische Vor- und Brückenkurse*. Wiesbaden: Springer Spektrum. Online: https://doi.org/10.1007/978-3-658-03065-0 (15.1.2021).

Hoppenbrock, A., Biehler, R., Hochmuth, R., & Rück, H.-G. (2016). Lehren und Lernen von Mathematik in der Studieneingangsphase: Herausforderungen und Lösungsansätze. Wiesbaden: Springer Spektrum. Online: https://doi.org/10.1007/978-3-658-10261-6 (15.1.2021).

Literatur

Albrecht, R. (2003). *E-Learning in Hochschulen: Die Implementierung von E-Learning an Präsenzhochschulen aus hochschuldidaktischer Perspektive* (Dissertation). TU Braunschweig. http://www.raineralbrecht.de/app/download/824284/Dissertation_albrecht_030723.pdf.

Bausch, I., Fischer, P., & Oesterhaus, J. (2014). Facetten von Blended Learning Szenarien für das interaktive Lernmaterial VEMINT – Design und Evaluationsergebnisse an den Partneruniversitäten Kassel, Darmstadt und Paderborn. In I. Bausch, R. Biehler, R. Bruder, P. R. Fischer, R. Hochmuth, W. Koepf, S. Schreiber & T. Wassong (Hrsg.), *Mathematische Vor- und Brückenkurse* (S. 87–102). Springer Spektrum. https://doi.org/10.1007/978-3-658-03065-0_7

Bellhäuser, H., & Schmitz, B. (2014). Förderung selbstregulierten Lernens für Studierende in mathematischen Vorkursen – ein web-basiertes Training. In I. Bausch, R. Biehler, R. Bruder, P. R. Fischer, R. Hochmuth, W. Koepf, S. Schreiber, & T. Wassong (Hrsg.), *Mathematische Vor- und Brückenkurse* (S. 343–358). Springer Spektrum. https://doi.org/10.1007/978-3-658-03065-0_23

Börsch, A., Biehler, R., & Mai, T. (2016). Der Studikurs Mathematik NRW – Ein neuer Online-Mathematikvorkurs – Gestaltungsprinzipien am Beispiel linearer Gleichungssysteme. *Beiträge zum Mathematikunterricht 2016* (Band 1, S. 177–180). WTM-Verlag. https://doi.org/10.17877/DE290R-17740

Colberg, C., Mai, T., Wilms, D., & Biehler, R. (2017). Studifinder: Developing e-learning materials for the transition from secondary school to university. In R. Göller, R. Biehler, R. Hochmuth, & H.-G. Rück (Hrsg..), *Proceedings of the khdm Conference 2015: Didactics of Mathematics in Higher Education as a Scientific Discipline* (S. 466–470). Universität Kassel. https://doi.org/10.17877/DE290R-17740

Fischer, P. R. (2014). *Mathematische Vorkurse im Blended-Learning-Format*. Springer Spektrum. https://doi.org/10.1007/978-3-658-05813-5

Fleischmann, Y., Kempen, L., Mai, T., & Biehler, R. (2019). Die online Lernmaterialien von studiVEMINT: Einsatzszenarien im Blended Learning Format in mathematischen Vorkursen. In M. Klinger, A. Schüler-Meyer, & L. Wessel (Hrsg.), *Hanse-Kolloquium zur Hochschuldidaktik der Mathematik 2018: Beiträge zum gleichnamigen Symposium am 9. und 10. November 2018 an der Universität Duisburg-Essen* (S. 101–116). WTM-Verlag.

Fleischmann, Y., Biehler, R., Gold, A., Mai, T. (2021). Integration digitaler Lernmaterialien in die Präsenzlehre am Beispiel des Mathematikvorkurses für Ingenieure an der Universität Paderborn. In R. Biehler, A. Eichler, R. Hochmuth, S. Rach, & N. Schaper (Hrsg.), *Lehrinnovationen in der Hochschulmathematikpraxisrelevant – didaktisch fundiert –forschungsbasiert* (S. 321–364). Springer Spektrum. https://doi.org/10.1007/978-3-662-62854-6_15.

Gold, A., Fleischmann, Y., Mai, T., Biehler, R., & Kempen, L. (2021). Die online Lernmaterialien in studiVEMINT: Nutzerstudien und Evaluation. In R. Biehler, A. Eichler, R. Hochmuth, S. Rach, & N. Schaper (Hrsg.), *Lehrinnovationen in derHochschulmathematik: praxisrelevant – didaktisch fundiert –forschungsbasiert* (S. 365–397). Springer Spektrum. https://doi.org/10.1007/978-3-662-62854-6_16.

Kempen, L., & Wassong, T. (2017). VEMINT mobile with Apps: Der gezielte Einsatz von mobilen Endgeräten in einem Mathematik-Vorkurs unter Verwendung der multimedialen VEMINT-Materialien. In R.A.-K. Kordts-Freudinger & N. Schaper (Hrsg.), *Hochschuldidaktik im Dialog: Beiträge der Jahrestagung der Deutschen Gesellschaft für Hochschuldidaktik (dghd) 2015* (S. 13–38). W. Bertelsmann Verlag.

Kempen, L. (2021). Using peer instruction in an analysis course: a report from the field. *Teaching Mathematics and its Applications: An International Journal of the IMA, 40*(3), 234–248. https://doi.org/10.1093/teamat/hraa013.

Mai, T., Biehler, R., Börsch, A., & Colberg, C. (2016). Über die Rolle des Studikurses Mathematik in der Studifinder-Plattform und seine didaktischen Konzepte. *Beiträge zum Mathematikunterricht 2016* (Band 1, S. 645–648). WTM-Verlag. https://doi.org/10.17877/DE290R-17740

Nota, L., Soresi, S., & Zimmerman, B. J. (2004). Self-regulation and academic achievement and resilience: A longitudinal study. *International Journal of Educational Research, 41*(3), 198–215. https://doi.org/10.1016/j.ijer.2005.07.001.

Weigel, W. (2006). Grundlagen zur Organisation virtueller Lehre an Beispielen aus dem Bereich der Mathematik. *Beiträge zum Mathematikunterricht 2006* (Band 1, S. 537–540). WTM-Verlag. https://doi.org/10.17877/DE290R-17740

Der Vorkurs in Würzburg – Mathevorlesungen vor(er)leben

11

Florian Möller und Dmitri Nedrenco

Zusammenfassung

Der Mathematik-Vorkurs in Würzburg richtet sich an Studienanfängerinnen und -anfänger der Bereiche Mathematik und Informatik. Inhaltlich beschäftigt sich der Vorkurs hauptsächlich mit diesen hochschulmathematischen Grundlagen; Schulmathematik wird nicht systematisch wiederholt. Dieses Vorkurs-Konzept wurde im Rahmen des WiGeMath-Projekts evaluiert. Der Vorkurs wurde so entworfen, dass er Studienanfängerinnen und -anfängern der Mathematik ein authentisches Bild ihres Studiums liefern soll: Organisatorisch ist der Vorkurs als klassische Vorlesung mit Präsenzübung ausgestaltet. Die Wissensvermittlung lehnt sich lose an das formale Schema Definition-Satz-Beweis an. Mit der Ausgabe von Übungszetteln werden die Studierenden angehalten, mit den neuen Inhalten zu arbeiten und diese somit zu vertiefen. Hierbei werden sie von studentischen Hilfskräften unterstützt. Durch spezielle Typen von Übungsaufgaben, in denen Beweisstrukturen zu analysieren oder nicht-offensichtliche Lösungswege zu finden sind, wird den Vorkursteilnehmerinnen und -teilnehmern verdeutlicht, dass kreatives Auffinden von Lösungen und der souveräne Umgang mit der formalen Sprache der Mathematik essentielle Fähigkeiten für das unmittelbar folgende Studium sind. Wir motivieren die Studierenden im Vorkurs, sich gegenseitig kennenzulernen und gemeinsam zu arbeiten. Dies wird unter anderem durch Einbindung aktivierender Maßnahmen der Fachschaft sowie durch die Aufforderung, die Übungszettel in kleinen Gruppen gemeinsam zu bearbeiten, angestrebt.

F. Möller (✉) · D. Nedrenco
Würzburg, Bayern, Deutschland
E-mail: florian.moeller@uni-wuerzburg.de

D. Nedrenco
E-mail: dmitri.nedrenco@mathematik.uni-wuerzburg.de

© Der/die Autor(en), exklusiv lizenziert an Springer-Verlag GmbH, DE, ein Teil von Springer Nature 2022
R. Hochmuth et al. (Hrsg.), *Unterstützungsmaßnahmen in mathematikbezogenen Studiengängen*, Konzepte und Studien zur Hochschuldidaktik und Lehrerbildung Mathematik, https://doi.org/10.1007/978-3-662-64833-9_11

Zielgruppe	Studierende mit Studien- oder Nebenfach Mathematik sowie Informatikstudierende
Ungefähre Teilnehmendenzahl	120–180 pro Vorkursblock
Dauer	sieben Tage
Zeit pro Tag	vier Stunden Übung/Vorlesung, drei Stunden eigenständige Gruppenarbeit
Lernmaterial	online verfügbares Skript und Präsentationen
Lehrende	Dozierende des Instituts für Mathematik
Inhaltliche Ausrichtung	Hochschulmathematik, Vorbereitung auf den mathematischen Vorlesungsalltag
Verpflichtend	verpflichtend für Studierende der Mathematik (vertieft)
Besonderes Merkmal	Hochschulmathematik sprechen und schreiben lernen

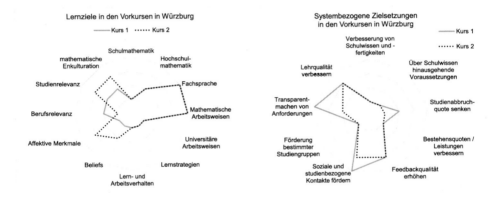

11.1 Einleitung

In diesem Kapitel beschreiben wir den Mathematik-Vorkurs an der Universität Würzburg in seiner aktuellen Umsetzung. Im zweiten Abschnitt gehen wir kurz auf die Historie des Kurses ein und klären seine Bedeutung für das Mathematikstudium in Würzburg. Wir arbeiten heraus, welche Zielsetzungen wir im Kurs verfolgen, und nehmen eine Einordnung in das WiGeMath-Rahmenmodell vor.

Wir setzen uns in Abschn. 11.3 mit der Gestaltung des Kurses als Lehrveranstaltung auseinander. Dort klären wir, welche fachmathematischen Inhalte im Kurs abgedeckt werden, welche organisatorischen Rahmenbedingungen vorgegeben und zu beachten sind und wie innerhalb dieses Rahmens der Kurs dann konkret umgesetzt wird.

In Abschn. 11.4 stellen wir einige der von uns eingesetzten Lehrmethoden und Konzepte vor, bei denen wir der Ansicht sind, dass sie bei der Umsetzung der Ziele aus Abschn. 11.2 besonders helfen.

Zuletzt teilen wir in Abschn. 11.5 einige unserer Erfahrungen aus den Vorkursen mit und geben Ausblicke, wie der Kurs künftig gestaltet werden könnte.

11.2 Vorgeschichte, Ziele, Einordnung

Zu Diplomzeiten gab es an der Universität Würzburg keine dezidierte Studieneingangsveranstaltung für Studierende der Mathematik. Das Studium begann direkt mit den Anfangsvorlesungen *Analysis 1* und *Lineare Algebra 1*. In beiden Veranstaltungen wurde in der ersten Studienwoche unabhängig voneinander, allerdings inhaltlich oft deckungsgleicher mathematischer Grundlagenstoff behandelt. Dies geschah vorlesungstypisch knapp. Dieser Studieneinstieg wurde von Studierendenseite oft als harsch und abrupt empfunden. Zudem wurde bemängelt, dass in den beiden Vorlesungen für gleiche Konzepte oft unterschiedliche Schreibweisen und Definitionen verwendet wurden.

Um diese Probleme anzugehen, wurde mit der Revision der Studiengänge im Zuge der Bachelor-Master-Reform im Wintersemester 2007/2008 ein Mathematik-Vorkurs eingeführt. Dieser richtet sich an den folgenden beiden Grundgedanken aus:

1. Der Vorkurs ersetzt aus fachmathematischer Sicht die erste Studienwoche des alten Diplomstudiengangs.
2. Zudem versucht der Vorkurs, den sozialen Übergang der neuen Studierenden von der Schule an die Hochschule zu erleichtern.

Diese beiden Überlegungen prägen den Würzburger Mathematik-Vorkurs; sie bestimmen die im Folgenden dargestellten Zielsetzungen des Kurses und auch seine Einordnung in das WiGeMath-Rahmenmodell.

Fachmathematische Zielsetzungen Wir verfolgen zwei fachmathematische Zielsetzungen, beide entspringen dem ersten Grundgedanken.

- *Studierende lernen im Kurs hochschulmathematischen Grundlagenstoff.*
  Auf den genauen Stoffumfang gehen wir in Abschn. 11.3.1 ein.
- *Studierende erhalten einen Ausblick auf Niveau, Anforderungen und Ablauf einer typischen Mathematikvorlesung.*

Diese Ziele finden sich in den Punkten 1.1.3 (wissensbezogene Lernziele: Fachsprache), 1.2.1 und 1.2.2 (handlungsbezogene Lernziele: mathematische und universitäre Arbeitsweisen), 2.1.2 (Schaffung von Kenntnis- und Fertigkeitsvoraussetzungen: über Schulwissen hinausgehende Voraussetzungen schaffen) und 2.6 (Transparentmachen der Studienanforderungen) des WiGeMath-Rahmenmodells wieder.

Didaktische Zielsetzungen Unsere Lehrerfahrung sowie Blömeke (2016, Abschn. 1.3.2) zeigen, dass ein regelmäßiges Feedback die Lehrsituation verbessert. Daher formulieren wir für den Vorkurs das dritte Ziel:
Studierende erhalten regelmäßig ein Feedback, inwiefern sie den Vorlesungsstoff verfügbar haben und anwenden können.
Dieses Ziel findet sich ebenfalls im oben zitierten Punkt 2.6 des WiGeMath-Rahmenmodells. Wir gehen in Abschn. 11.4.2 auf seine Umsetzung ein.

Soziale Zielsetzungen Ausgehend vom zweiten Grundgedanken sowie in Anlehnung an Blömeke (2016, Abschn. 1.3.2) formulieren wir als Ziel:
Studierende werden sozial in das universitäre Umfeld eingebunden.
Dieses Ziel findet sich im Punkt 2.4 (soziale und studienbezogene Kontakte fördern) des WiGeMath-Rahmenmodells und wird im Abschn. 11.4.5 beleuchtet.

11.3 Kursgestaltung

In diesem Abschnitt beschreiben wir die Lehrveranstaltung *Mathematik-Vorkurs* in Würzburg. Wir gehen dabei auf die behandelten fachmathematischen Inhalte, allgemeine universitäre Rahmenbedingungen sowie den konkreten Ablauf eines typischen Vorkurstages ein.

11.3.1 Fachliche Inhalte des Vorkurses

Wir erläutern und präzisieren zunächst, welche Kenntnisse und Fertigkeiten wir unter dem Begriff *hochschulmathematischer Grundlagenstoff* verstehen und was Studierende nach Besuch des Vorkurses erlernt haben sollen.

Logik Wir beschäftigen uns mit dem Begriff der Aussage und verwenden Junktoren zur Erzeugung weiterer Aussagen. Mit Hilfe von Wahrheitstafeln führen wir Tautologie-Beweise. Zudem behandeln wir Aussagenformen und quantisieren diese durch All- und Existenzquantoren.

Ziele dieses Themengebiets Studierende können

- aussagenlogische Formeln in deutsche Sprache übersetzen, und umgekehrt;
- Tautologie-Beweise führen;
- (insbesondere quantisierte) Aussagen formal verneinen.

Beweistechniken Wir stellen Techniken zum Beweis von Implikationen und Äquivalenzen vor und üben diese ein.

Ziele dieses Themengebiets Studierende

- kennen verschiedene Beweistechniken und können situationsabhängig entscheiden, welche dieser Techniken geeignet sind;
- wissen, wie man Aussagen widerlegt, und
- führen selbständig Beweise einfacher Aussagen.

Induktion und Rekursion Wir stellen vollständige Induktion als spezielles Beweisverfahren für über die natürlichen Zahlen quantisierte Aussageformen vor. Zudem gehen wir auf Varianten des Verfahrens ein, beispielsweise auf Induktionen über die ganzen Zahlen. Wir nutzen Rekursionen, um mathematische Ausdrücke, wie etwa das Summen- oder das Produktzeichen, zu definieren.

Ziele dieses Themengebiets Studierende

- kennen Induktionsbeweise in verschiedenen Varianten sowie typische Schemata für Induktionsbeweise.
- Sie können mit Summen- und Produktzeichen umgehen sowie Glieder rekursiv definierter Folgen ausrechnen.
- Sie führen selbstständig leichte Induktionsbeweise durch.

Mengenlehre Wir stellen die Bedeutung der Mengenlehre für die moderne Mathematik heraus und arbeiten mit ihr in naiver Weise. Nach Darstellung der klassischen Mengenoperationen verallgemeinern wir Durchschnitte und Vereinigungen auf Mengensysteme und gehen intensiv auf die Begriffe der Potenzmenge und des kartesischen Produkts ein.

Ziele dieses Themengebiets Studierende können

- elementare Aufgaben zu Mengenoperationen lösen;
- Standardkonstruktionen zur Mengenlehre ausführen;
- Mengen auf Gleichheit überprüfen.

Abbildungen Wir führen ausführlich vor, wie sich mit Hilfe von Mengenlehre, insbesondere mit Hilfe des kartesischen Produkts, der Abbildungsbegriff modellieren lässt. Wir behandeln ausführlich zugehörige Begriffe, wie etwa Bild, Urbild, Injektivität, Surjektivität und Bijektivität. Zuletzt gehen wir auf Umkehrabbildungen und Verkettungen ein.

Ziele dieses Themengebiets Studierende können

- Abbildungen auf Gleichheit überprüfen;
- in einfachen Fällen Bilder und Urbilder berechnen;
- in einfachen Fällen typische Abbildungseigenschaften überprüfen.

Um die obigen Begriffe mit Leben zu füllen und um Beispiele zu generieren, bedienen wir uns hauptsächlich schulmathematischer Aussagen der elementaren Zahlentheorie. Diese können auf leichte Weise ad hoc bereit gestellt werden.

Eine weitere Behandlung von Schulmathematik findet im Vorkurs nicht statt, dies folgt aus den fachmathematischen Zielsetzungen. Fragen zur Schulmathematik werden von Studierenden in der Vorlesung erfahrungsgemäß selten gestellt und dann von der Lehrperson knapp beantwortet. Bei Bedarf wird auch auf die Lehrbuchsammlung der Universitätsbibliothek verwiesen.

11.3.2 Allgemeine Rahmenbedingungen

Der im Vorkurs behandelte Stoff ist Voraussetzung für die nachfolgenden fachmathematischen Veranstaltungen. Daher findet der Kurs vor Beginn der Vorlesungszeit statt. Weiter ergibt sich der anvisierte Hörerinnen- und Hörerkreis der Veranstaltung: Der Vorkurs ist Pflichtveranstaltung für die Studienanfängerinnen und -anfänger des vertieften Mathematikstudiums, also für alle Studierenden der mathematischen Bachelorstudiengänge und des gymnasialen Mathematiklehramts. Empfohlen wird sein Besuch zudem den Studienanfängerinnen und -anfängern der Informatik. Um am Vorkurs teilnehmen zu können, ist im Vorfeld eine elektronische Anmeldung nötig.

In den letzten Jahren lag die Gesamtanzahl der Anmeldungen zum Kurs bei 300 bis 400 Studierenden. Aus diesem Grund wird der Vorkurs in mehreren Blöcken, typischerweise meist zwei, angeboten. Studierenden geben bei der Anmeldung an, welchen Vorkurs-Block sie besuchen werden. Jedem Vorkurs-Block wird eine feste Lehrperson zugeordnet, verschiedene Blöcke werden jedoch in der Regel von verschiedenen Personen gehalten. Die Lehrpersonen stammen zum überwiegenden Teil aus dem wissenschaftlichen Mittelbau und haben sich freiwillig für die Veranstaltung gemeldet. Das Institut achtet darauf, dass nur Personen mit viel Lehrerfahrung die Vorkurse halten. Bisher gab es nur wenig Fluktuation bei den Vorkursdozierenden; beide Autoren haben den Vorkurs bereits mehrfach durchgeführt.

Die Lehrperson wird von mehreren, meist acht, studentischen Hilfskräften (Hiwis) unterstützt. Es handelt sich hierbei um erfahrene Studierende, die bereits positiv als Tutorinnen oder Tutoren aufgefallen sind.

Um die im vorherigen Abschnitt angesprochene Notations-Problematik abzumildern, legen wir Wert darauf, dass über die verschiedenen Vorkurs-Blöcke hinweg sowie in den nachfolgenden Erstsemester-Veranstaltungen dieselbe Notation verwendet wird: Das Institut hat sich bei der Einführung der Vorkurse auf eine einheitliche Notation für grundlegende Begriffe geeinigt, die von den Vorkurs-Dozierenden benutzt wird. Die Dozierenden der Erstsemester-Veranstaltungen bekommen die Materialien aus den Vorkursen im Vorfeld zur Verfügung gestellt und werden gebeten, die Notation zu übernehmen.

In den letzten Jahren nahmen pro Block durchschnittlich 150 Studierende am Vorkurs teil. Dies ist eine übliche Größe einer Anfangsveranstaltung am Institut für Mathematik in Würzburg. Die Vorkurs-Blöcke sind so gestaltet, dass pro Tag eines der in Abschn. 11.3.1 dargestellten Themen vollständig behandelt wird. Darüber hinaus werden zwei zusätzliche Tage für organisatorische und thematische Einführung sowie für abschließende Themen und Ausblicke eingeplant. Daher umfasst ein Vorkurs-Block sieben Lehrveranstaltungstage.

Zum Studieneingangsprogramm der Universität Würzburg gehören verschiedene Erstsemester-Beratungsveranstaltungen. Um Studierenden deren Besuch zu ermöglichen, fällt an diesen Tagen der Vorkurs aus. In der Praxis dauert ein Vorkursblock daher mitunter bis zu zwei Wochen.

Als spezielle solche Veranstaltung wollen wir den MINT-Tag erwähnen, an dem die neuen Studierenden der MINT-Fächer umfassend informiert werden, beginnend mit einem Frühstück und einer anschließenden Vorstellungen der Dozentinnen und Dozenten der Erstsemester-Veranstaltungen, mit detaillierten Informationen der Studiengangberater (etwa zur Stundenplangestaltung) und abschließendem Grillen.

11.3.3 Tagesplan

Die Darstellungsform der Inhalte im Vorkurs orientiert sich stark an dem Schema *Vorlesung plus Übungsbetrieb:* Vormittags werden die Fachinhalte in Form einer Vorlesung vermittelt, nachmittags bearbeiten Studierende in Gruppen zur Vorlesung passende Übungsaufgaben, vgl. Abschn. 11.4.1. Zur Bearbeitung der Aufgaben nutzen die Studierenden, je nach Vorliebe, den Hörsaal oder das umliegende Foyer. Die Aufteilung in Gruppen nehmen die Studierenden selbständig vor, die Lehrperson weist lediglich auf die Wichtigkeit von Gruppenarbeit hin.

Tab. 11.1 Zeitplan eines Vorkurstages

9:00–10:00	Die Lösungen der Übungsaufgaben vom Vortag werden von der Lehrperson (oder auch von Hiwis) im Plenum vorgestellt und diskutiert
10:00–10:15	*Kurze Pause*
10:15–12:00	Die Vorlesung findet in Form eines Tafelvortrags oder auch als Beamerpräsentation statt. Dabei werden eingeführte Begriffe und Ideen mit vielen Beispielen belebt. Peer Instruction wird eingesetzt, vgl. Abschn. 11.4.2. In der Regel haben Studierende Zugang zu einem Skript bzw. Folien. Sie brauchen daher die Vorlesung nicht mitzuschreiben; es reicht aus, wenn sie sich bei Bedarf Notizen machen
12:00:–13:15	*Mittagspause*
13:15–14:15	Fortsetzung der Vorlesung (fällt bei einigen Dozierenden weg). Weitere Beispiele oder Inhalte werden präsentiert
14:15–17:00	Gruppenarbeit. Studierende erhalten Übungsblätter mit typischerweise vier bis fünf Aufgaben zum Tagesthema, bearbeiten diese und schreiben ihre Lösungen auf. Sie erhalten dabei Unterstützung von Hiwis. Eine Korrektur des studentischen Aufschriebs findet allerdings nicht statt

Während der Gruppenarbeitsphase werden die Studierenden aktiv von Hiwis unterstützt und zur Bearbeitung der Übungszettel motiviert: Dies umfasst einerseits das Beantworten von Fragen der Studierenden, andererseits gehen die Hiwis regelmäßig zu den einzelnen Arbeitsgruppen und erkundigen sich aktiv nach Problemen bei der Bearbeitung der Übungszettel. Häufig auftretende Probleme oder Wünsche der Studierenden melden sie an die Lehrperson.

In Tab. 11.1 wird ein typischer Vorkurstag detailliert beschrieben.

11.4 Best Practice: Lehrmethoden und Konzepte

Hier stellen wir einige der von uns in den Vorkursen umgesetzten Lehrmethoden und Konzepte vor. Mit ihrer Hilfe sollen die in Abschn. 1.2 vorgestellten Ziele erreicht werden.

11.4.1 Aufgaben zum Tagesthema

Methode *Verschieden gestufte Aufgaben zum Einüben des Stoffes werden direkt nach der Vorlesung gestellt. Dies dient zum Erreichen der fachlichen Ziele. Durch ihren unterschiedlichen Schwierigkeitsgrad können die Aufgaben den Studierenden einzuschätzen helfen, inwiefern sie das im Kurs geforderte Niveau erreichen. Das gemeinsame Bearbeiten der Aufgaben sowie die Betreuung durch die Hiwis tragen zur sozialen Eingebundenheit bei.*

Nach der Vorlesung werden Übungszettel zum Tagesthema ausgegeben. Die Übungsaufgaben darauf werden derart ausgewählt und formuliert, dass sie in der Regel mit Mitteln der Vorlesung in wenigen Zeilen und in insgesamt einer bis zwei Stunden realistisch gelöst werden können. Auf jedem Übungszettel wird sowohl mindestens eine einfache Aufgabe, in der das Kennengelernte direkt anwendbar ist, als auch mindestens eine etwas kniffligere Frage, die ein wenig Nachdenken erfordert, gestellt.

Bei der Einschätzung der Schwierigkeit von Übungsaufgaben verlassen wir uns auf unsere Lehrerfahrung: In der Regel ist zur Lösung einer *leichten* Aufgabe lediglich das Benutzen einer einfachen Definition oder das Anwenden eines in der Vorlesung vorgestellten Vorgehens ausreichend. Dagegen zeichnet sich eine *schwere* Aufgabe dadurch aus, dass zu ihrer Lösung mehrere gedankliche Schritte und das Identifizieren benötigter Resultate aus der Vorlesung erforderlich sind.

Zur Verdeutlichung des Vorgehens und des Aufgabenniveaus geben wir einige Beispiele aus dem Themengebiet der Mengenlehre an. Hier werden die leichte Aufgabe:

Bestimmen Sie die Menge $\{1, 2, 3\} \cup \{3, 4, 5\} \cup \{1, 2, 5\} \cup \{1, \{1, 7\}\}$.

sowie die nicht konzeptuell, aber technisch schwerere Aufgabe:

Für jede natürliche Zahl n seien die Mengen $L_n := \{m \in \mathbb{N} \mid \exists k \in \mathbb{N} : 2n = km\}$ *gegeben. Bestimmen Sie* $\bigcap_{p \in \mathbb{P}} L_p$.

gestellt. Die erste Aufgabe erfordert ein direktes Anwenden von Definitionen. Die zweite Aufgabe benötigt ein umfassenderes Verständnis der Zeichen und Begriffe im Zusammenhang, erfordert eine gewisse mathematische Lese- und Schreibkompetenz und zuletzt einen Mengengleichheitsbeweis.

Eine weiterführende, technisch und konzeptuell anspruchsvolle Aufgabe ist:

Zeigen Sie für zwei Mengen A und B, dass die Aussagen $A \subseteq B$, $A \cap B = A$ *und* $A \cup B = B$ *äquivalent sind.*

Diese Aufgabe braucht ein Verständnis typischer Beweismethoden und ist abstrakt gehalten. Unserer Erfahrung nach ist sie für Studierende meist nicht leicht zu bewältigen. Typischerweise erkennen Studierende nicht, mit welchen Methoden sie die Aufgabe lösen können. Oft machen sie sich die Aussage mit Venn-Diagrammen plausibel, scheitern dann aber daran, ihre Einsichten als Beweis zu formulieren.

Um diese Probleme abzumildern, stellen wir die Aufgabe oft in zwei Teilen: Zunächst sollen die Studierenden nur die Grobstruktur für den Beweis der Aufgabenstellung aufstellen, vgl. Abschn. 11.4.3. Diese Struktur wird am folgenden Tag im Rahmen der Lösung der Übungsaufgaben ausführlich diskutiert. Auf dem Übungszettel des Tages wird nun der eigentliche Beweis der Aufgabe gefordert.

Die Übungszettel sollen nicht nur vertiefend das gelernte Thema illustrieren, sondern auch aufzeigen, was die Lehrpersonen von den Studierenden erwarten. Eine Fokussierung auf Gruppenarbeit und die Betonung der Wichtigkeit des Aufschriebs deuten bereits den mathematischen universitären Alltag an.

11.4.2 Peer Instruction

Methode *Peer Instruction wird als regelmäßiges Feedback für Studierende und Lehrende eingesetzt.*

Ein zentrales Anliegen des Vorkurses ist, allen Studierenden ein zeitnahes Feedback darüber zu geben, inwiefern sie die in der Vorlesung behandelten Inhalte anwenden können und verfügbar haben. Zugleich wollen wir ein Instrument besitzen, mit dem wir verfolgen und anzeigen können, inwieweit das Vorkurspublikum den aktuellen Vorlesungsstoff aufgenommen hat. Weiter möchten wir die Studierenden aus ihrer eher passiven Rolle herausholen und sie aktiv über den Stoff reflektieren lassen.

Eine Lehrmethode, die diese Wünsche aus unserer Sicht passend umsetzt, ist Peer Instruction (vgl. Mazur, 2017). Zu dieser Methode existieren bereits einige Studien und Erfahrungsberichte: Lantz (2010) sagt in Abschn. 8, dass das unmittelbare Feedback dem Dozenten ermöglicht, zu erkennen, ob Studierende das behandelte Material verstanden haben, und möglicherweise hilft, seine Erklärungen zu verbessern. Nach Smith et al. (2009) führen die Diskussionen der Studierenden zu einem besseren Verständnis des Stoffs, sogar dann, wenn kein Studierender der Diskussionsgruppe von vornherein die richtige Antwort weiß.

Wir benutzen hierbei das von der Universität Paderborn entwickelte Software-System PINGO (PINGO), denn hierfür müssen Studierende nur über ein mobiles Endgerät, beispielsweise ein Smartphone oder ein Tablet, verfügen.[1]

Wir schildern einen typischen Einsatz des Systems; hierbei gehen wir ähnlich wie in Beutner et al. (2013) vor: Vor der Vorlesung bereitet die Lehrperson verschiedene PINGO-geeignete Fragen vor und pflegt sie ins System ein. Diese Fragen sollten von den Studierenden in kurzer Zeit (ca. zwei Minuten) im Kopf unter Verwendung des behandelten Stoffs lösbar sein. Ferner sollten sie wichtige Aspekte des Stoffs aufgreifen, nicht ganz banal sein und einen Aha-Effekt hervorrufen. Das Erstellen solcher Fragen stellt eine Herausforderung dar, denn es ist nicht leicht, gute PINGO-geeignete Fragen zu finden. Nichtgelungene Fragen können oft daran erkannt werden, dass sie uninteressant wirken oder zu technisch oder zu speziell sind. Eine aus unserer Sicht schlechte PINGO-Frage wäre etwa:

Ist die Funktion $f : \mathbb{N}^2 \to \mathbb{N}^2, (a, b) \mapsto (a + b^2 - 1, a + 2b - 1)$ *injektiv?*

---

[1] Unsere Erfahrung zeigt, dass alle Studierenden ein passendes Gerät mitführen.

Diese Frage ist zwar thematisch relevant, untersucht aber ein spezielles, nicht besonders repräsentatives Beispiel. Es braucht zudem eine Weile, um die Frage mit Stift und Papier zu beantworten. Es wäre besser, sie als Übungsaufgabe zu stellen. Als solche wurde sie auch verwendet.

Eine bessere Frage zum selben Thema wäre:

Ist die Funktion $f : \mathbb{N}^2 \to \mathbb{N}$, $(a, b) \mapsto a^2 + b$ injektiv?

Diese Aufgabe zeigt das prototypische Muster $x \mapsto x^2$ für nicht injektive Funktionen. Sie lässt sich direkt mit der Definition der Injektivität beantworten, denn die beiden Stellen $(1, 0)$ und $(-1, 0)$ werden auf Eins abgebildet. Ferner enthält die Frage eine Zusatzschwierigkeit, da die Nicht-Injektivität von f durch die Addition von b leicht verschleiert wird.

Die Güte einer PINGO-Frage hängt zudem wesentlich von der Qualität der Antwort-möglichkeiten ab. Diese sind bei uns meist als Single-Choice-Optionen wählbar, was die Auswertung erleichtert und Studierenden ermöglicht, die Frage schneller zu beantworten. In der Regel bieten wir zwischen drei und fünf Antwortmöglichkeiten an.

Die Mindestanforderungen an die Antwortmöglichkeiten sind: Es sollte nicht direkt mög-lich sein, die richtige Antwort zu erraten. Außerdem sollten Antwortmöglichkeiten einige der typischen Fehler aufgreifen. Man sagt auch, die Antwortmöglichkeiten sollen *gute Dis-traktoren* sein (vgl. Mazur 2017, S. 28). Bei Suche und Einschätzung der Distraktoren ver-trauen wir auf unsere Erfahrung mit bei Studierenden häufig auftretenden Problemen. Das Auffinden guter Distraktoren ist schwer und zeitaufwendig.

Wir bemühen uns, die Antwortmöglichkeiten „humorvoll" zu gestalten. Zwar ist Humor sehr subjektiv und hier kann viel falsch gemacht werden, doch bisher haben wir sehr gute Erfahrungen damit gemacht, manche PINGO-Fragen augenzwinkernd zu gestalten. Ein aus unserer Sicht schönes Beispiel für eine solche Frage ist

Welche der nachstehenden Aussagen ist richtig? mit Antwortmöglichkeiten (Single-Choice):

- $\varnothing \in \varnothing$
- $\varnothing \in \{1, 2, 7\}$
- $\varnothing \in \{\varnothing\}$
- *Keine der drei obigen Aussagen.*
- *Was ist dieses $\varnothing$ überhaupt?*

Das Humorvolle kann auch als Ausweichmöglichkeit fungieren, etwa: *Ja; Nein; Vielleicht.* Oder: *Injektiv; nicht injektiv; ich weiß nicht, was „injektiv" bedeutet.* Damit können Stu-dierende, die eventuell keine Antwort wissen, diese Ausweichantwort wählen und somit die Statistik nicht durch Raten verfälschen.

Wir geben weitere Beispiele für gute und weniger gelungene Fragen an. Ein schönes Beispiel aus der Analysis-Vorlesung, das leicht unterhaltsam das Stimmungsbild abfragt:

Testen Sie Ihre Intuition: Was halten Sie von der Aussage, dass jede reelle Folge eine monotone Teilfolge besitzt?

- Stimme zu und kann den Beweis skizzieren.
- Stimme zu, weiß aber nicht, wie das geht.
- Stimme nicht zu, ich habe ein Gegenbeispiel.
- Stimme nicht zu, die Aussage sieht nicht richtig aus.
- Meine Intuition sagt mir gar nichts.

Ein Beispiel für eine gute Frage mit den schlechten Antwortmöglichkeiten „ja" bzw. „nein" wäre:

Lässt sich aus der Funktion $f : \mathbb{R} \to \mathbb{R}, x \mapsto x^2$ eine injektive Funktion gewinnen?

Die Antwortmöglichkeiten machen die Methode nicht deutlich, mit der Injektivität erreicht werden kann. Die Frage bleibt nebulös, Studierende lernen aus ihr nichts.

Eine PINGO-Runde läuft angelehnt an Beutner et al. (2013) und Mazur (2017) wie folgt ab:

1. Studierende wählen sich mittels eigener mobiler Endgeräte in das PINGO-System ein.
2. Die Lehrperson aktiviert die Frage für zwei bis drei Minuten; Studierende sehen die verbleibende Zeit. Während dieser Zeit bearbeiten Studierende ohne Absprachen mit Sitznachbarinnen oder -nachbarn die Frage und wählen eine (Single-Choice) oder mehrere (Multiple-Choice) Antworten.
3. Nach Ablauf der Zeit erhält die Lehrperson, nicht aber die Studierenden, die Antwortstatistik. Falls die PINGO-Frage von ca. 80 % der Studierenden richtig beantwortet wurde, wird sie im Plenum diskutiert und die Antwortstatistik aufgedeckt.
   Andernfalls startet die Lehrperson direkt eine weitere Runde mit derselben Frage und fordert die Studierenden auf, benachbarte Kommilitoninnen und Kommilitonen von ihrer Antwort zu überzeugen und dann erneut abzustimmen.
4. Im Anschluss zeigt die Lehrperson die Antwortstatistik, die sich unserer Erfahrung nach meist verbessert hat (vgl. aber auch Smith et al. 2009), und diskutiert die PINGO-Frage ausführlich im Plenum. Eine Individualdiagnostik, also das Auseinandersetzen mit den individuellen Begründungen für die ausgewählten Antworten, findet nicht statt, allerdings wird auf Fragen der Studierenden ausführlich eingegangen.

Insgesamt rechnen wir bei einer PINGO-Runde mit etwa zehn Minuten Zeitbedarf. Unsere Erfahrung zeigt deutlich, dass sich das gesetzte Ziel, Studierende zu aktivieren und aktiv über aktuelle Themen nachdenken zu lassen, durch gelungene PINGO-Fragen erreichen lässt: Studierende äußern sowohl in Umfragen als auch im Einzelgespräch positive Meinungen zu dem skizzierten Vorgehen. Die Statistiken zeigen, dass nahezu alle anwesenden Studentinnen und Studenten regelmäßig an den PINGO-Umfragen teilnehmen und auch dadurch den Einsatz der Methode rechtfertigen.

11.4.3 Strukturanalyse von und Hilfestellungen bei Beweisen

Methode *Formulierung und Aufbau von Beweisen werden analysiert, für verschiedene Beweistechniken werden Grobstrukturen bereitgestellt. Dies dient zum Erreichen des ersten fachmathematischen Ziels.*

Nach Epp (2003, S. 886) haben viele Mathematikstudierenden mit mathematischem Beweisen Schwierigkeiten. Diese betreffen sowohl das Auffinden logischer Schlussketten als auch deren präzise Niederschrift. Wir setzen im Vorkurs drei Methoden ein, um diese beiden Probleme anzugehen:

- Wir analysieren die Formulierungen mathematischer Sätze und arbeiten deren Funktionen heraus. Studierende lernen auf diese Weise, zu erkennen, ob im Satz eine Implikation oder eine Äquivalenz behauptet wird und welche Teile des Satzes Voraussetzungen formulieren.
  Dies ist eine vereinfachte und nicht systematische Variante des *unpacking* von Selden & Selden (1995).
- Wir beschreiben die *Grobstruktur* einzelner Beweismethoden. Dies versetzt Studierende in die Lage, nach Auswahl einer geeigneten Beweismethode den Anfang und das Ende des Beweises formulieren zu können. Weiter schafft die Grobstruktur Klarheit darüber, welche Teile der zu beweisenden Aussage als gegeben vorausgesetzt und dann für Schlussweisen benutzt werden können. In der Literatur kennt man diese Methode als *proof framework*. Dies wird in Selden et al. (2018) ausführlich diskutiert. Wir setzen diese Methode allerdings weniger formalistisch ein.
- Wir gehen auf den *rekursiven Aspekt* beim Führen von Beweisen ein. Hierunter verstehen wir das sukzessive Ersetzen mathematischer Begriffe durch ihre Definitionen, und zwar so lange, bis logische Schlüsse möglich oder Sätze aus der Vorlesung anwendbar sind. Dies macht Studierende mit einer typischen Arbeits- und Denktechnik der Mathematik vertraut und unterstützt sie darin, logische Schlussketten aufzubauen.
  Dieser Vorgehensweise taucht auch in Selden et al. (2018) auf, wenn auf S. 8 von *second-level proof frameworks* gesprochen wird. Leron zerlegt Beweise in mehrere *modules* (Leron, 1983, S. 175). Dies ähnelt unserem rekursiven Aspekt bei der Beweisführung. Wir verfolgen seine Methode im Vorkurs allerdings nicht, da sie unserer Ansicht nach zu umfangreiche, schwer lesbare Darstellungen produziert.

Analyse von Formulierungen in mathematischen Sätzen Bereits bei der Beschäftigung mit Aussagenlogik lassen wir Studierende zwischen Alltagssprache und mathematischer Symbolschreibweise hin- und herübersetzen. Dies führen wir nun fort, wobei wir unser Augenmerk auf Implikations- und Äquivalenzaussagen legen. Wir untersuchen, welche Teile in mathematischen Formulierungen ein allgemeines Setting, die wir dann als *Generalvoraussetzung* bezeichnen, beinhalten und welche die eigentliche Implikations- bzw. Äquivalenzaussage darstellen. In mehreren Aufgaben üben Studierende diesen Analyseprozess ein. Wir geben ein Beispiel für eine solche Aufgabe:

> *Seien A, B, C, D nicht-leere Mengen mit $B \subseteq C$. Ferner seien $f : A \to B$ und $g : C \to D$ Funktionen. Dann ist $g \circ f$ bijektiv, wenn f und g bijektiv sind.*

Studierende haben meist keine Probleme damit, die Generalvoraussetzung, die in den ersten beiden Sätzen formuliert wird, zu identifizieren und die Formulierung einer Implikation im dritten Satz zu erkennen. Oft werden jedoch in der Implikation Voraussetzung und Folgerung vertauscht.

Grobstrukturen von Beweismethoden Für Implikationsaussagen besprechen wir im Vorkurs die Beweismethoden *direkter Beweis, Beweis per Kontraposition* und *Beweis per Widerspruch*. Für jede der obigen Beweismethoden stellen wir eine Grobstruktur bereit. In dieser listen wir auf, welche Aussagen im Beweis verwendet werden können und mit welchen Formulierungen der Beweis begonnen und beendet werden kann. Zudem stellen wir Übungsaufgaben, die gezielt den Umgang mit diesen Grobstrukturen üben. Ein Beispiel für eine solche Aufgabe ist

> *Sie wollen per Kontraposition zeigen: Ist $n > 1$, so ist n prim oder Produkt von Primzahlen.*
> Wie könnten Sie den Beweis starten? Was dürfen Sie im Beweis verwenden? Was müssen Sie zeigen, um den Beweis zu beenden?

In der Aufgabe wird bewusst nicht nach dem Beweis der Aussage gefragt, sondern es werden beweisvorbereitende Tätigkeiten verlangt: Studierende werden dazu angehalten, über die Struktur und den Aufbau eines möglichen Beweises der Aussage nachzudenken. Den Beweis der Aussage fordern wir typischerweise auf dem Übungszettel des folgenden Tages, nachdem mögliche Beweisstrukturen im Plenum diskutiert wurden.

Der rekursive Aspekt beim Führen von Beweisen Durch die beiden oben skizzierten Methoden können Studierende in vielen Fällen zumindest Beweisbeginn und -ende formulieren. Oft ergeben sich jedoch Probleme darin, wie die logischen Schlussketten im Beweis aufzubauen sind. Als allgemeine Hilfestellung geben wir den Studierenden im Vorkurs folgendes Schema an die Hand, das in seinen Schritten 3 und 4 eine der wesentlichen Arbeitsmethoden der Mathematik subsumiert:

1. Schritt Untersuchen Sie, welcher Typ von Aussage zu beweisen ist. Wählen Sie dann eine geeignete Beweistechnik.
2. Schritt Stellen Sie die Grobstruktur des Beweises auf.
3. Schritt Ersetzen Sie definierte Begriffe durch die ursprünglichen Ausdrücke. Wenden Sie passende Sätze aus der Vorlesung an.
4. Schritt Seien Sie kreativ und beenden Sie den Beweis. Falls dies nicht klappt, gehen Sie zurück zu Schritt 3.

Im Kurs arbeiten wir dieses Schema ausführlich an mehreren Beispielen ab und zeigen den Studierenden so einen Weg auf, wie sie die am Beginn des Mathematikstudiums oft vorkommenden einfachen und „mechanischen" Beweise systematisch finden und aufschreiben können. Beispiele für solche Beweise sind Nachweise von Mengengleichheiten sowie Überprüfungen von (Vektorraum-)Axiomen.

11.4.4 Knobelaufgaben und mathematische Standardschlussweisen

Methode *Mathematische Standardschlussweisen werden mit Hilfe spezieller Aufgaben vorgestellt und eingeübt. Dies dient zur Umsetzung der fachmathematischen Ziele.*

Unsere Behandlung von Implikations- und Äquivalenzbeweisen aus Abschn. 11.4.3 führt auf ein eher technisches, algorithmisches Schema. Wir verdeutlichen, dass dieses Vorgehen bei Beweisen nützlich ist, bei der Beschäftigung mit komplizierterer Mathematik alleine jedoch selten zum Erfolg führt. Hier nimmt das kreative Moment in der Beweisführung einen deutlich größeren Raum ein; Beweise erfordern mitunter Beharrlichkeit beim intensiven Grübeln über das gestellte Problem und das Auffinden von für die Problemstellung nicht-typischer Schlussweisen.

Auch diesen Aspekt der Mathematik wollen wir im Vorkurs andeuten. Hierzu greifen wir auf Aufgaben aus Mathematikwettbewerben zurück, die wir als Knobelaufgaben auf den Übungszetteln stellen. Wir wählen die Aufgaben so aus, dass sie bei Verwendung mathematischer Standardschlussweisen wie *Schubfachprinzip, Suchen von Invarianten* oder *doppeltem Abzählen* schnelle und elegante Lösungen zulassen. Diese Schlussweisen treten im Mathematikstudium an vielen Stellen auf und können von den Studierenden daher auch zukünftig mit Gewinn verwendet werden. Bei der Suche nach solchen Aufgaben bedienen wir uns der Aufgabensammlungen von Landes- und Bundesmathematikwettbewerben.

Bei der Besprechung der Knobelaufgaben am folgenden Tag gehen wir intensiv auf die benutzte Standardschlussweise ein und stellen auf dem Übungszettel dieses Tages eine weitere Knobelaufgabe, bei der die besprochene Standardschlussweise erneut zur Lösung verwendet werden kann.

Wir zeigen eine aus unserer Sicht für die Technik des Suchens von Invarianten geeignete Knobelaufgabe, die zur mathematischen Folklore gehört:

Vor Ihnen liegen ein Schachbrett sowie Dominosteine. Jeder der Steine überdeckt genau zwei horizontal oder vertikal benachbarte Felder des Bretts. Zwei schwarze Felder des Bretts werden entfernt.
Können Sie die übrigen Felder mit den Dominosteinen überdecken?

Bei der Bearbeitung der Aufgabe erkennen Studierende in der Regel schnell, dass das konkrete Angeben einer Überdeckung sehr arbeitsintensiv und wahrscheinlich nicht zielführend ist. Allerdings fällt irgendwann auf, dass beim Platzieren eines Dominosteins zwei Felder verschiedener Farben überdeckt werden. Die Differenz aus der Anzahl der nicht-abgedeckten weißen und der nicht-abgedeckten schwarzen Felder verändert sich durch Platzierung von Dominosteinen also nicht, sondern ist eine Invariante. Da zu Beginn zwei schwarze Felder entfernt wurden, beträgt diese Differenz stets Zwei. Es ist daher nicht möglich, das gegebene Schachbrett zu überdecken.

Dieses Beispiel zeigt, wie die eine kurze und verständliche Lösung eines mathematischen Problems durch einen Perspektivwechsel aufgefunden werden kann.

11.4.5 Einbindung der Studierenden in das universitäre Umfeld

Methode *Die Fachschaft wird als Ansprechparter vorgestellt. Hiwis motivieren und helfen bei der Bearbeitung von Übungszetteln. Dies dient der Umsetzung des sozialen Ziels.*

Wir weisen Studierende darauf hin, dass die Bearbeitung von Übungszetteln aufwendig ist und daher in Gruppen stattfinden sollte. Passend dazu setzen wir Hiwis ein, die Studierende zur Gruppenbildung anregen. Die hierfür benötigten Räumlichkeiten stellen wir bereit. Die Hiwis stehen auch für Fragen der Studierenden zur Verfügung. Wir betonen, dass das Arbeiten in Gruppen einen erheblichen Mehrwert für das kommende Studium darstellen kann.

Auf diese Weise ermöglichen wir es den neuen Studierenden, bereits am Anfang ihres Studiums untereinander und mit erfahreneren Studierenden in Kontakt zu treten. Wir machen klar, dass Studierende sich auch jederzeit an die Fachschaft wenden können. Auch so ist der Kontakt in höhere Semester möglich.

Die Fachschaft wird direkt zu Beginn des Vorkurses vorgestellt. Sie führt eine Campustour durch, bei der Studierende mit den wichtigsten universitären Einrichtungen vertraut gemacht werden und sich dabei kennenlernen können. Außerdem organisiert sie einen Kneipenabend, der in einer lockeren Atmosphäre dem weiteren Kennenlernen der Studierenden zuträglich ist.

11.5 Vorkurs-Erfahrungen und Ausblicke

Am Ende der Vorkurse wird eine institutsinterne Umfrage durchgeführt. Sie erhebt allerdings nicht den Anspruch wissenschaftlich zitierbar zu sein und enthält viele Freitext-Antwortmöglichkeiten. Es ist daher schwierig, aus diesen Umfragen statistisch relevante Aussagen zu gewinnen. Jedoch lassen die Freitextantworten gewisse Rückschlüsse auf den Kurs zu:

An der Frage *Was fanden Sie an diesem Vorkurs besonders gut?* kann abgelesen werden, dass die Atmosphäre im Kurs und die bereitgestellten Materialien wie beispielsweise das Skript von einem Großteil der am Kurs teilnehmenden Studierenden als sehr positiv bewertet werden. Auch der Einsatz von PINGO wird positiv aufgenommen. Oft wird die Tatsache, dass die wichtigsten mathematischen Grundlagen in einem kompakten Kurs vor der Vorlesungszeit bereitgestellt werden, gelobt. Dies deckt sich auch mit unseren Rückmeldungen aus privater Kommunikation mit Studierenden während und vor allem nach dem Vorkurs.

Die Frage *Hätten Sie gerne noch anderen Stoff durchgenommen? Ja, und zwar:* wird eher selten beantwortet; unter den Antworten halten sich Wünsche nach weiterem hochschulmathematischen Stoff und Wiederholung von Schulstoff die Waage. Wir interpretieren dieses Ergebnis so, dass eine Mehrheit der Studierenden mit der Stoffauswahl im Kurs zufrieden ist, das Vorkurspublikum aber teils inhomogen bezüglich seiner fachlichen Voraussetzungen und seines mathematischen Interesses ist. Die Rückmeldungen der Hiwis bestätigen dies: Leistungsniveau und Motivation in den verschiedenen Kleingruppen variieren zum Teil erheblich. Ein ähnliches Bild beobachten wir in der Vorlesung.

Momentan wird daher am Institut diskutiert, ob man den bisher einheitlichen Vorkurs in mehrere studiengangspezifische Vorkurse aufteilt, um die Kurse zu verkleinern und so gezielter auf die Bedürfnisse der einzelnen Hörerinnen- und Hörergruppen eingehen zu können.

Unsere persönliche Beobachtung ist, dass während des Vorkurses die Zahl der teilnehmenden Studierenden nahezu konstant bleibt. Hiwis berichten, dass ein Großteil der Studierenden aktiv am Übungsbetrieb teilnimmt und bereitwillig in Gruppen zusammenarbeitet.

Insgesamt sehen wir den Würzburger Mathematik-Vorkurs als gelungen an. Nach unserer Einschätzung erreicht er in seiner aktuellen Umsetzung die gesetzten Ziele. Diese Einschätzung sollte in Zukunft aber in sorgfältigen Auswertungen untermauert werden.

Literatur

Beutner, M., Zoyke, A., Kundisch, D., Herrmann, P., Whittaker, M., Neumann, J., Magenheim, J., & Reinhardt, W. (2013). *PINGO in der Lehre, Didaktische Handreichung zu Einsatzmöglichkeiten.* Universität Paderborn.

Blömeke S. (2016). *Der Übergang von der Schule in die Hochschule: Empirische Erkenntnisse zu mathematikbezogenen Studiengängen.* In Hoppenbrock & R. Biehler et al. (Hrsg.), *Lehren und Lernen von Mathematik in der Studieneingangsphase. Konzepte und Studien zur Hochschuldidaktik und Lehrerbildung Mathematik* (S. 3–13). Springer Spektrum. https://doi.org/10.1007/978-3-658-10261-6_1.

Epp, S. (2003). The role of logic in teaching proof. *The American Mathematical Monthly, 110*(10), 886–899. https://doi.org/10.1080/00029890.2003.11920029.

Lantz, M. E. (2010). The use of clickers in the classroom: Teaching innovation or merely an amusing novelty? *Computers in Human Behavior, 26*(4), 556–561. https://doi.org/10.1016/j.chb.2010.02.014.

Leron, U. (1983). Structuring mathematical proofs. *The American Mathematical Monthly, 90*(3), 174–185. https://doi.org/10.1080/00029890.1983.11971184.

Kurz, G., Harten, U., (Hrsg.), Mazur, E. (2017). *Peer Instruction.* Springer Spektrum. https://doi.org/10.1007/978-3-662-54377-1_2.

PINGO. Universität Paderborn. https://pingo.coactum.de.

Selden, J., & Selden, A. (1995). Unpacking the logic of mathematical statements. *Educational Studies in Mathematics, 29*, 123–151.

Selden, A., Selden, J., & Benkhalti, A. (2018). Proof Frameworks-A Way to Get Started. *Primus, 28*(1), 31–45. https://doi.org/10.1080/10511970.2017.1355858.

Smith, M. K., Wood, W. B., Adams, W. K., Wieman, C., Knight, J. K., Guild, N., & Su, T. T. (2009). Why peer discussion improves student performance on in-class concept questions. *Science, 323*(5910), 122–124. https://doi.org/10.1126/science.1165919.

Vorkurse und ihre Wirkungen im Übergang Schule – Hochschule

12

Elisa Lankeit und Rolf Biehler

Zusammenfassung

Dieses Kapitel stellt umfassend Methoden, Instrumente und Ergebnisse aus dem WiGeMath-Projekt zur Evaluation und Wirkungen von Vorkursen im Übergang von der Schule zur Hochschule vor. Dabei werden Determinanten der Teilnahme an Vorkursen, Vorkurserwartungen und Vorkursziele und kurz- und mittelfristige Wirkungen von Vorkursen auf mathematische Kenntnisse und Kompetenzen sowie affektive Merkmale und Arbeitsweisen untersucht. Die Stichprobe setzt sich aus elf verschiedenen Vorkursen an sieben deutschen Universitäten zusammen, die sich an Studierende der Mathematik (Bachelor oder gymnasiales Lehramt) oder der Ingenieurswissenschaften richten. Enthalten sind sowohl Präsenz- als auch Online-kurse.

E. Lankeit (✉)
Paderborn, Nordrhein-Westfalen, Deutschland
E-Mail: elankeit@math.upb.de

R. Biehler
Paderborn, Nordrhein-Westfalen, Deutschland
E-Mail: biehler@math.upb.de

© Der/die Autor(en), exklusiv lizenziert an Springer-Verlag GmbH, DE, ein Teil von Springer Nature 2022

R. Hochmuth et al. (Hrsg.), *Unterstützungsmaßnahmen in mathematikbezogenen Studiengängen,* Konzepte und Studien zur Hochschuldidaktik und Lehrerbildung Mathematik, https://doi.org/10.1007/978-3-662-64833-9_12

12.1 Einleitung

In diesem Kapitel stellen wir Ergebnisse, Instrumente und Methoden zur Untersuchung von Vorkursen im Übergang von der Schule zur Hochschule vor, und zwar hinsichtlich ihrer Bewertung durch Studierende sowie hinsichtlich ihrer kognitiven und affektiven Wirkungen auf Studierende. Wir haben verschiedene Teilstudien durchgeführt, die im Folgenden nacheinander mit den jeweiligen Instrumenten und Ergebnissen sowie ihren unterschiedlichen theoretischen Verankerungen vorgestellt werden.[1]

Die Studien basieren auf den Kooperationen mit den Vorkursverantwortlichen der Partneruniversitäten des WiGeMath-Projekts. Im gesamten Prozess erfolgte eine enge Abstimmung und ein intensiver Austausch mit diesen beteiligten Partner*innen, insbesondere bei der Entwicklung von Erhebungsinstrumenten und der Durchführung der Erhebungen. Die Vorkurse, die an den Erhebungen beteiligt waren, richteten sich an Mathematikstudierende und Mathematiklehramtsstudierende, Ingenieursstudierende oder gemischte Gruppen. Vertreten waren auch verschiedene Blended-Learning-Szenarien sowie Onlineangebote mit tutorieller Begleitung.

Die einbezogenen Vorkurse verfolgten unterschiedliche Ziele und Lehr-Lern-Methoden. Die theoretisch fundierten Analysen der Vorkurse anhand des WiGeMath-Rahmenmodells (s. Kap. 2 und 4) ermöglichen jedoch eine systematische Beschreibung der Ziele und Lehr-Lern-Arrangements dieser Unterstützungsmaßnahmen in der Studieneingangsphase. Eine Zielsetzung dieses Prozesses bestand unter anderem darin, eine Grundlage für die Auswahl und Entwicklung von Erhebungsinstrumenten zu schaffen, die auch über die beteiligten Vorkurse hinaus nutzbar sein sollten. Die daraus entstandenen und in diesem Kapitel vorgestellten Ergebnisse sind nicht nur für die untersuchten Vorkurse relevant. In diesem Kapitel wird – im Vergleich zu den meisten Publikationen – erstmals eine Vielzahl von Vorkursen vergleichend mit denselben Instrumenten untersucht. Ansonsten gibt es mehrere Literaturreviews zur Vorkursevaluationen z. B. in jüngster Zeit von Austerschmidt et al. (2021), Bernd et al. (2021) und Tieben (2019). Unsere Studien geben somit einerseits einen Einblick in die Vielfalt derzeitiger Vorkurse sowie ihrer Wirkungen und andererseits zeigen sie die Nützlichkeit der entwickelten Instrumentarien für die einordnende und vergleichende Analyse von Vorkursen auf, um auch auf diese Weise zum Transfer der Instrumente in weiteren empirischen Studien zu Vorkursen beizutragen.

Die Fragestellungen und Instrumente wurden partizipativ und adaptiv entwickelt. Auch das Rahmenmodell (s. Kap. 2) wurde zusammen mit den Partneruniversitäten erarbeitet. Aspekte, die als relevant für Vorkurse angesehen wurden, wurden darin eingearbeitet und mit Aspekten anderer Unterstützungsmaßnahmen im Übergang

---

[1] Einige Passagen in diesem Kapitel sind wörtlich aus dem nicht in Buchform publizierten Abschlussbericht des WiGeMath-Projekts (Hochmuth et al., 2018) übernommen worden, ohne dies als Zitat kenntlich zu machen.

abgeglichen, so dass mit dem Rahmenmodell und dessen theoretischen Hintergründen nun auch eine gute Grundlage für die vorkursspezifischen Forschungen gegeben war.

Bei der Untersuchung der Wirkungen von Vorkursen wird zwischen kurzfristigen Wirkungen und nachhaltigen Wirkungen unterschieden. Kurzfristige Wirkungen beziehen sich auf Messzeitpunkte unmittelbar nach Abschluss des Vorkurses vor dem Studienstart, während Fragen nach nachhaltiger, also mittel- und langfristiger Wirkung sich dafür interessieren, ob auch noch während oder zum Ende des ersten Semesters oder gar noch später Wirkungen nachgewiesen werden können.

Bei den Wirkungen wird zwischen subjektiven Einschätzungen und Einstellungen, z. B. Studienzufriedenheit oder Grad der empfundenen Studienvorbereitung, und objektiven Maßen wie Leistungsmessungen oder erfolgtem Studienabbruch unterschieden. Ein Grundproblem besteht darin, wie überhaupt die „Wirkung" von Vorkursen gemessen werden kann. Veränderungen während der Vorkurszeit lassen sich nicht unbedingt allein auf den Besuch der Vorkurse zurückführen, da es für die Studierenden eine Zeit des Übergangs ist, in der man sich auf das Studium vorbereitet. Ein Vergleichsgruppendesign kann praktisch nicht realisiert werden, da die Nicht-Vorkursteilnehmenden nicht erreichbar sind.

Hinsichtlich der Beurteilung der nachhaltigen Wirkungen besteht die Schwierigkeit, dass man nicht einfach Vorkursteilnehmende und -nichtteilnehmende vergleichen kann, da es Selektionseffekte geben wird und die Teilnahme an Vorkursen im Allgemeinen freiwillig ist. Beispielsweise könnte es sein, dass sich eher die engagierteren und leistungsstärkeren Studierenden auch in den Vorkurs einschreiben und zukünftige Gruppenunterschiede zumindest teilweise auf diese anderen Faktoren zurückzuführen sind.

Eine weitere Frage stellt sich, an welchen affektiven und kognitiven Merkmalen man Wirkungen von Vorkursen festmachen möchte. Vorkurse unterscheiden sich hinsichtlich ihrer Zielsetzungen (vgl. Kap. 4). Evaluationen aus Sicht der Veranstalter fokussieren in der Regel auf die Erreichung der selbstgesetzten Ziele. Von einer Außenperspektive her können auch andere Merkmale noch relevant sein. Vorkurse können ferner weitere (Neben-) Wirkungen haben, derer sich die Veranstaltenden nicht bewusst sind, die aber für die Bewertung der Vorkurse relevant sind. Über die Breite des Rahmenmodells und des darauf aufbauenden Instrumentariums liegt hier also ein Angebot an alle Vorkursdurchführenden vor, ihre eigenen Zielperspektiven zu reflektieren und ggf. zu ergänzen oder zu modifizieren.

Die im WiGeMath-Projekt zu den Vorkursen verfolgten Forschungsfragen und erzielten Ergebnisse gliedern sich in die folgenden Bereiche:

- Determinanten der Teilnahme am Vorkurs (Abschn. 12.3)
- Vorkurserwartungen und Vorkursziele (Abschn. 12.4)
- Kurzfristige Wirkungen auf affektive Variablen (Abschn. 12.5)
- Kurzfristige Wirkungen auf die mathematischen Kenntnisse und Kompetenzen (Abschn. 12.6)
- Mittelfristige Wirkungen auf affektive Variablen und Arbeitsweisen (Abschn. 12.7)
- Mittelfristige Wirkungen auf die mathematischen Kompetenzen (Abschn. 12.8)

Im Folgenden werden zunächst die Stichproben und die Untersuchungsdesigns beschrieben. Im Anschluss werden für alle Teilstudien einzeln die entsprechenden Instrumente sowie die Verbindung der erfassten Merkmale zum Rahmenmodell, Methoden zur Auswertung und Ergebnisse vorgestellt.

12.2 Datenerhebung und Untersuchungsdesign

12.2.1 Stichproben und untersuchte Vorkurse

Untersucht wurden insgesamt elf Vorkurse an sieben Universitäten. Diese richteten sich an angehende Mathematik- und Mathematiklehramtsstudierende (für gymnasiales Lehramt) (BaGym), angehende Ingenieursstudierende (Ing) oder an gemischtes Publikum (s. Tab. 12.1). Von den untersuchten Vorkursen wurden zwei in einem Onlineformat angeboten, die weiteren Vorkurse wurden in eher klassischen Präsenzveranstaltungen durchgeführt. Alle Vorkurse umfassten mindestens eine Dauer von zwei Wochen und maximal von fünf Wochen.

Die systematischen Erhebungen fanden im bzw. vor dem Wintersemester 2016/17 (in Stuttgart im bzw. vor dem Wintersemester 2017/18) statt.

Tab. 12.1 Übersicht über die evaluierten Vorkurse mit Angaben zum Standort, der Art, Dauer und Zielgruppe der Maßnahme

Standort	Art des Vorkurses	Dauer	Zielgruppe (Studiengänge)
Darmstadt (Gemischt)	Online	5 Wochen	Mathematik, Informatik, Lehramt, Ingenieure
Hannover (Ing)	Präsenz	2 Wochen	Ingenieurwissenschaften
Kassel (Ing)	Präsenz	5 Wochen	Ingenieurwissenschaften
Oldenburg (BaGym)	Präsenz	2 Wochen	Mathematik, Physik, Lehramt
Paderborn E-Kurs (Gemischt)	Online	4 Wochen	Alle Studiengänge, die Mathematik brauchen (außer Physik und Wirtschaft)
Paderborn (BaGym)	Präsenz	4 Wochen	Mathematik, Informatik, Lehramt
Stuttgart (BaGym)	Präsenz	3 Wochen	Mathematik, Lehramt, Physik, Informatik
Stuttgart (Ing)	Präsenz	3 Wochen	Ingenieurwissenschaften
Stuttgart (Rest)	Präsenz	3 Wochen	Alle anderen (Architektur, Chemie, Wirtschaft,…)
Würzburg (BaGym)	Präsenz	2 Wochen	Mathematik, Lehramt
Würzburg (BaGym)	Präsenz	2 Wochen	Mathematik, Lehramt

12.2.2 Befragungen (Ein-, Aus-, Semestermitte-Befragung)

Alle Teilnehmer*innen der Vorkurse wurden zu Beginn (t1, „Eingangsbefragung", n = 3316) und zum Ende der Vorkurse (t2, „Ausgangsbefragung", n = 1985) sowie in der Mitte des ersten Studiensemesters (t3, „Semestermittebefragung", n = 1410) mittels eines schriftlichen Fragebogens befragt.

Dabei wurden die Fragebögen mit persönlichen Codes der Teilnehmer*innen versehen, sodass die Teilnehmer*innen nachverfolgt werden können und Eingangs- und Ausgangsbefragungsbogen derselben Person einander zugeordnet werden können. Dadurch konnten auch Veränderungen in Zusammenhang mit den Vorkursen gemessen werden. Der genaue Termin für die Semestermittebefragung wurde je nach Gegebenheiten für jeden Standort individuell festgelegt. Hier wurden Studierende des ersten Semesters, sowohl Vorkursteilnehmer*innen (n = 962) als auch Studierende, die nicht am Vorkurs teilgenommen hatten (n = 387), zu verschiedenen Aspekten befragt. Der Kern des Fragebogens richtet sich an beide Gruppen, zusätzlich richtet sich ein Teil des Fragebogens nur an die Vorkursteilnehmer*innen und ein anderer Teil ausschließlich an die Nichtteilnehmer*innen.

An einigen Standorten wurden die Erhebungen teilweise mit Hilfe der Plattform Unipark online durchgeführt.

Die einzelnen Instrumente und ihre theoretische Einordnung werden in den jeweiligen Abschnitten im Hinblick auf die jeweiligen Fragestellungen erläutert.

Eine schematische Übersicht der Erhebungen ist in Abb. 12.1 zu finden.

12.2.3 Erhebungen von mathematischen Leistungen

Die Erfassung von mathematischen Leistungen in Form von Wissensvor- und -nachtests sowie durch Klausurleistungen konnten nur an einigen der Standorte erhoben werden. An den vier Standorten (Darmstadt, Hannover, Kassel, Paderborn), an denen zeitgleich

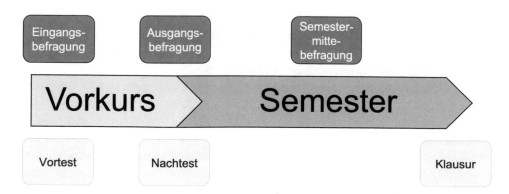

Abb. 12.1 Schematische Übersicht zu den Erhebungen in den Vorkursen

das VEMINT-Projekt durchgeführt wurde, wurde ein im VEMINT-Projekt entwickelter Test (Hochmuth et al., 2019) zur Erfassung schulmathematischer Fähigkeiten und Fertigkeiten zu Beginn und Ende des Vorkurses eingesetzt, um so Veränderungen in diesem Bereich messen zu können. An drei Standorten (Hannover, Kassel, Stuttgart) wurden darüber hinaus die Noten der Klausuren aus dem ersten Semester erhoben, um hier Vorkursteilnehmer*innen mit Nichtteilnehmer*innen vergleichen zu können. Dazu wurden die Klausuren mit Deckblättern versehen, auf denen die Studierenden ihre sechsstelligen WiGeMath-Codes eintrugen und die Dozent*innen nach der Korrektur die Punktzahlen für die Aufgaben sowie die Gesamtnote notierten (Hannover, Kassel) bzw. es erfolgte eine freiwillige Selbstauskunft über die Noten in Verknüpfung mit dem WiGeMath-Code in einem Onlineformular (Stuttgart).

12.3 Determinanten der Teilnahme am Vorkurs

Die Teilnahme an Vorkursen ist i. d. R. freiwillig und von den Partneruniversitäten wurde berichtet, dass die Teilnahmequote i. d. R. kaum 50 % einer Kohorte übersteigt. Um eine größere Reichweite und Teilnahmequote zu erzielen, ist es wesentlich, Gründe für die Nichtteilnahme besser zu verstehen, um ggf. daraus Werbemaßnahmen abzuleiten, diese anzupassen oder Konzeptionen der bestehenden Vorkurse zu verändern.

Daraus ergeben sich für die WiGeMath-Untersuchung die folgenden Fragen:

- Unterscheiden sich Teilnehmer*innen und Nichtteilnehmer*innen hinsichtlich demographischer oder individueller Merkmale voneinander?
- Was hat Studierende zur Teilnahme am Vorkurs bewegt und aus welchen Quellen haben sie von den Vorkursen erfahren?
- Welche Gründe nennen diejenigen, die nicht an einem Vorkurs teilgenommen haben, für ihre Nichtteilnahme?
- Was wünschen sich Nichtteilnehmer*innen von den Vorkursen?

12.3.1 Vergleich von Teilnehmenden und Nichtteilnehmenden

Vergleicht man soziodemographische Daten der Studierenden im ersten Semester, die am Vorkurs teilgenommen haben, mit denjenigen, die nicht am Vorkurs teilgenommen haben, so ergeben sich wenig Unterschiede. Die Datengrundlage bildet hier die Semestermittebefragung, an der insgesamt n = 1410 Studierende (962 Vorkursteilnehmer*innen und 387 Nichtteilnehmer*innen sowie 61, deren Teilnahmestatus unbekannt ist) teilgenommen haben. Mit dem nicht-parametrischen Mann-Whitney-U-Test für unabhängige Stichproben (Signifikanzniveau 5 %) findet man Unterschiede weder beim Geschlecht noch beim Alter, dem Jahr des Schulabschlusses, der

Abiturdurchschnittsnote, der letzten Mathematiknote aus der Schule oder ob Grund- oder Leistungskurs in Mathematik besucht wurden.

Signifikante Unterschiede (Signifikanzniveau 5 %) zwischen Teilnehmenden und Nichtteilnehmenden bestehen nur in der Art des Schulabschlusses und dem Bundesland, in dem der Schulabschluss erlangt wurde. Diese sind jedoch einerseits praktisch von geringer Relevanz, da nur 6 % der Befragten einen anderen Schulabschluss als das Abitur abgeschlossen hatten, und andererseits ist das Bundesland, in dem der Schulabschluss erworben wurde, mit dem Hochschulstandort und ggf. auch der Art des Schulabschlusses konfundiert.

Die Frage, worin sich Teilnehmer*innen und Nichtteilnehmer*innen unterscheiden, wurde auch in anderen Studien, i. d. R. bei spezifischen Vorkursen mit kleineren Stichproben, untersucht. Unsere Ergebnisse stimmen mit den Befunden von Berndt (2018) überein, die in einer Erstsemesterbefragung zum Vorkursprogramm MINT@OVGU der Universität Magdeburg „keine (Selbst-) Selektionseffekte in Hinblick auf ausgewählte Faktoren aus den Bereichen Soziodemographie, vorhochschulische Bildung und Studienbedingungen" (Berndt, 2018, S. 258) feststellte. Die Stichprobe bildeten dabei 197 Vorkursteilnehmer*innen und 29 Nichtteilnehmer*innen. In anderen Studien wurden zum Teil andere Ergebnisse in Bezug auf die Vorkursteilnahme erzielt, es ergibt sich jedoch insgesamt kein einheitliches Bild. Austerschmidt et al. (2021) stellten studiengangsspezifische Unterschiede fest, als sie mit Hilfe einer logistischen Regression den Einfluss von Geschlecht, schulischer Mathematiknote, Abiturjahr, Einschätzung der schulischen Vorbereitung, Informiertheit über die mathematischen Studieninhalte im jeweiligen Studienfach und Einschätzung der Relevanz schulischer Mathematikinhalte für das eigene Studium auf die Teilnahme an den jeweiligen fachspezifischen Mathematikvorkursen für den jeweiligen Studiengang untersuchten: Bei Studierenden der Wirtschaftswissenschaften (n = 146) wurde ein signifikanter Einfluss ($p < 0,05$) des Geschlechts auf die Vorkursteilnahme festgestellt (mit ca. dreifacher Teilnahmewahrscheinlichkeit für Frauen), im Fach Psychologie (n = 75) zeigte die Einschätzung der schulischen Vorbereitung (bei Erhöhung der Einschätzung der schulischen Vorbereitung um einen Skalenpunkt (auf einer sechsstufigen Skala) verringert sich die Teilnahmewahrscheinlichkeit um den Faktor 0,65) und im Fach Physik (n = 34) zeigte das Abiturjahr einen statistisch signifikanten Einfluss (jeweils $p < 0,05$), wobei die Studierenden mit Schulabschluss im Jahr des Vorkurses etwa doppelt so oft am Vorkurs teilnahmen als diejenigen, deren Abschluss länger zurücklag. Für Studierende im Fach Chemie (n = 62) erwies sich keine der Größen als signifikanter Prädiktor ($p < 0,05$) für die Vorkursteilnahme.

Roegner et al. (2014) konstatierten eine nur wenig geringere Teilnahmequote (ohne Signifikanztest) am Online-Vorkursangebot OMB (62 %) unter Studierenden, die einen Leistungskurs in Mathematik belegt hatten, im Vergleich zu denjenigen ohne Leistungskurs Mathematik (67 %), unter den befragten Erstsemesterstudierenden (n = 1269) im Kurs „Lineare Algebra für Ingenieure" an der TU Berlin.

Karapanos und Pelz (2021) untersuchten Prädiktoren für die Vorkursteilnahme an einer sächsischen Fachhochschule. Die Stichprobe umfasste 87 Vorkursteilnehmer*innen und 253 Nichtteilnehmer*innen. Unter Einbezug von bildungsbiographischen Merkmalen (letzte Mathematiknote, Durchschnittsnote im Schulabschluss, Art der Hochschulzugangsberechtigung, Leistungskurs, Studiengang), soziodemographischen Merkmalen (Alter, Geschlecht) und leistungsassoziierten Persönlichkeitsmerkmalen (Leistungsmotiv, Gewissenhaftigkeit, Prokrastinationsneigung, mathematikbezogene Selbstwirksamkeitserwartung, mathematikbezogene Anstrengungsbereitschaft und mathematikbezogenes Interesse) identifizierten sie in einer logistischen Regression den Notendurchschnitt, den Studiengang, die Selbstwirksamkeitserwartung und die Furcht vor Misserfolg als statistisch signifikante ($p < 0{,}05$) Prädiktoren für die Vorkursteilnahme, wobei schlechtere Schulnoten, höhere Selbstwirksamkeitserwartung und höhere Misserfolgsängstlichkeit die Teilnahmewahrscheinlichkeit in diesem Modell erhöhten. Da das Modell jedoch nur 16 % der Varianz in der Teilnahmeentscheidung aufklärt, kommen die Autoren zu dem Schluss, dass Persönlichkeit und Leistungspotentiale bei der Teilnahmeentscheidung von nachrangiger Bedeutung seien.

Berndt und Felix (2021) verglichen bei einer Untersuchung von Studierenden in MINT-Studiengängen an den Universitäten Magdeburg, Mainz, Potsdam und Kiel ebenfalls Merkmale von Vorkursteilnehmer*innen und Nichtteilnehmer*innen. Sie zählten dabei Studierende nur dann als Teilnehmer*innen, wenn diese angaben, mindestens 75 % der veranschlagten Zeit anwesend gewesen zu sein und kamen damit auf eine Stichprobe von 666 Teilnehmer*innen und 355 Nichtteilnehmer*innen. Dabei stellten sie fest, dass unter den Vorkursteilnehmenden der Anteil an Frauen geringer war als unter den Nichtteilnehmenden (42 % der Teilnehmenden und 50 % der Nichtteilnehmenden waren weiblich), ebenso wie der Anteil derjenigen, die nicht in Deutschland geboren worden waren (3 % der Teilnehmenden, 7 % der Nichtteilnehmenden). Außerdem ordneten sich in der Selbsteinschätzung des schulischen Leistungsstands prozentual mehr Vorkursteilnehmer*innen als „sehr gut" oder „gut" ein als bei den Nichtteilnehmer*innen (75 % der Teilnehmenden, 67 % der Nichtteilnehmenden). Bei weiteren Merkmalen wie der Art der Hochschulzugangsberechtigung, den „Big Five"-Persönlichkeitsmerkmalen (Neurotizismus, Extraversion, Offenheit, Verträglichkeit und Gewissenhaftigkeit), der Selbstwirksamkeitserwartung, der Nutzung weiterer Unterstützungsangebote und der Lernmotivation konnten sie keine Unterschiede finden, p-Werte wurden hierbei allerdings nicht berichtet.

Büchele und Voßkamp (2021) untersuchten die Determinanten für die Teilnahme am Mathematikvorkurs für wirtschaftswissenschaftliche Studiengänge an der Universität Kassel anhand einer Stichprobe von 3200 Studierenden aus mehreren Jahren seit 2012. Dabei wurden verschiedene sozioökonomische, soziale und bildungsbiographische Variablen sowie pädagogisch-psychologische Skalen betrachtet (vgl. Laging & Voßkamp, 2017).

Einen statistisch signifikanten Einfluss ($p < 0{,}05$) auf die Vorkursteilnahme stellten sie dabei für das Geschlecht (ca. 1,5-mal so hohe Teilnahmewahrscheinlichkeit für Frauen) und den Schulabschluss (ca. 1,2-mal so hohe Teilnahmewahrscheinlichkeit bei Abitur) fest. Darüber hinaus erhöhten ein länger zurückliegender Schulabschluss, bessere

Abschlussnoten, höhere Mathematikängstlichkeit, eine höhere Einschätzung des Nutzens von Mathematik und ein niedrigeres mathematisches Selbstkonzept die Teilnahmewahrscheinlichkeit am Vorkurs.

Insgesamt ergibt sich kein einheitliches Bild. Ob das Geschlecht einen Einfluss für die Vorkursteilnahme hat, scheint studiengangsspezifisch zu sein. Auch, ob Studierende mit besseren oder schlechteren schulischen Leistungen eher am Vorkurs teilnehmen, ist aus der Literatur nicht eindeutig zu beantworten. In unseren Daten zeigten sich dabei keine Unterschiede.

12.3.2 Informationsquellen, die für Studierende für die Entscheidung über die Vorkursteilnahme relevant sind

Die Vorkursteilnehmenden wurden gefragt, welche Informationsquellen inklusive persönlicher Empfehlungen relevant bei der Teilnahmeentscheidung waren, indem verschiedene mögliche Quellen vorgegeben wurden und die Studierenden jeweils angaben, ob dies sie zur Teilnahme bewegt habe (Antwortmöglichkeit: ja oder nein). Die Ergebnisse hierzu aus der Eingangsbefragung über alle Standorte hinweg sind in Abb. 12.2 zu finden. An der Eingangsbefragung nahmen insgesamt 3316 angehende Studierende teil, allerdings wurden die Fragen zu den Beweggründen jeweils nicht von allen beantwortet, sodass für die einzelnen Items je 2720 bis 2990 Antworten vorliegen.

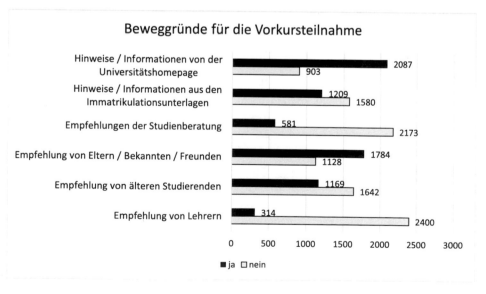

Abb. 12.2 Beweggründe bzw. Informationsquellen für die Vorkursteilnahme über alle Standorte hinweg

Die Information, woher die Studierenden vom Vorkurs erfahren haben, erwies sich insbesondere als standortspezifische Rückmeldung an die Partner*innen als sehr wertvoll, um festzustellen, ob die angedachten Kanäle funktionieren, um Schülerinnen und Schülern die Wichtigkeit und die Ziele der Vorkurse nahezubringen. Die am häufigsten genannten Quellen waren Hinweise oder Informationen von der Universitätshomepage sowie die Empfehlung von Eltern, Bekannten oder Freunden. Wenn man nach einem Verbesserungspotential sucht, das die Universitäten beeinflussen können, ist die Nutzung von Immatrikulationsunterlagen und die Studienberatung zu nennen. Überaus erstaunlich ist die sehr geringe Empfehlung durch Lehrkräfte. Hier könnten Universitäten regionale Schulen ansprechen und auf das Angebot aufmerksam machen.

Darüber hinaus konnten die Studierenden in einem offenen Item „Sonstiges" angeben. Die 150 Antworten darauf lassen sich in zwei Gruppen einteilen: zum einen weitere Informationsquellen (z. B. E-Mails von der Universität, Informationsstände oder Informationstage, Informationen von der Fachschaft, Beratungsgespräche), und zum anderen die persönliche Motivation (z. B. Mathematikkenntnisse aufgrund einer Pause auffrischen zu wollen, Unsicherheit, der Wunsch, Leute kennenzulernen).

12.3.3 Gründe für die Nichtteilnahme

Diejenigen, die nicht am Vorkurs teilgenommen hatten, wurden in der Mitte des Semesters befragt. Dabei wurden natürlich nur diejenigen erfasst, die ihr Studium zu diesem Zeitpunkt noch aktiv verfolgten, was eine Einschränkung darstellt. Zum einen wurden sie in der Semestermitte gefragt, ob sie vom Angebot des Vorkurses wussten. Diese Frage beantworteten 380 der 387 Studierenden, die nicht an einem Vorkurs teilgenommen hatten. Davon gaben 17 % an, nichts vom Vorkurs gewusst zu haben. 83 % der Nichtteilnehmer*innen wussten also vom Vorkursangebot, haben aber trotzdem nicht teilgenommen. Somit scheint kein großes Informationsdefizit vorgelegen zu haben, sondern vielmehr scheinen Studierenden eine bewusste Entscheidung gegen die Teilnahme getroffen zu haben. Aufschluss darüber ergab die Befragung der nichtteilnehmenden Studierenden zu deren Gründen: Dafür wurden sieben mögliche Gründe vorformuliert, für die die Studierenden jeweils angeben sollten, ob diese für sie einen Grund darstellten, nicht am Vorkurs teilzunehmen, darüber hinaus gab es die Option „Sonstiges" mit einem offenen Textfeld. Mehrfachnennungen waren dabei möglich. Die Antworten sind in Tab. 12.2 gegliedert nach den Studiengangsgruppen „BaGym" und „Ing" zu finden. Für die gemischten Onlinekurse lagen zu wenig Daten von Nichtteilnehmer*innen vor, sodass diese hier nicht berichtet werden. Der Bericht erfolgt für die Studiengangsgruppen getrennt, weil aufgrund verschiedener Rahmenbedingungen unterschiedliches Antwortverhalten (z. B. im Hinblick auf Praktika) erwartet und bestätigt werden konnte.

Der in beiden Gruppen am häufigsten genannte Grund für die Nichtteilnahme war die Einschätzung der eigenen Mathematikfähigkeiten als gut genug. Sehr häufig wurde

Tab. 12.2 Gründe für die Nichtteilnahme am Vorkurs

Grund	Anteil der Studierenden, für die dies ein Grund für die Nichtteilnahme war	
	BaGym (n = 124)	Ing (n = 223)
Ich dachte, meine mathematischen Fähigkeiten wären gut genug	31 %	43 %
Ich hatte keine Wohnung in Uni-Nähe	23 %	35 %
Es hätte zu viel Zeit beansprucht, den Vorkurs zu besuchen	23 %	30 %
Ich musste vor dem Studium noch arbeiten	15 %	36 %
Ich war im Urlaub	17 %	27 %
Mir wurde gesagt, dass ich nicht am Vorkurs teilzunehmen brauche	15 %	22 %
Ich habe ein Praktikum absolviert	7 %	26 %

auch genannt, dass man keine Wohnung in der Nähe der Universität hatte oder es zu viel Zeit in Anspruch genommen hätte, den Vorkurs zu besuchen. Unter den Ingenieursstudierenden gab es einen deutlich höheren Anteil an Studierenden, die vor Beginn des Studiums noch arbeiten mussten oder ein Praktikum absolvierten, als bei den BaGym-Studierenden.

Auch wenn die Erhebung deutlich nach dem Vorkurs stattfand, gehen wir davon aus, dass die Studierenden sich in der Mitte des Semesters noch daran erinnern konnten, welche Gründe dazu geführt hatten, dass sie keinen Vorkurs besuchten.

In einer weiteren Frage gaben von den Nichtteilnehmer*innen 236 (65 %) an, dass sie einen Vorkurs zur Vorbereitung auf ein Studium grundsätzlich für sinnvoll halten, während 125 Studierende (35 %) angaben, einen Vorkurs nicht für sinnvoll zu halten. Davon gaben 32 Studierende Begründungen dafür an, warum sie einen Vorkurs grundsätzlich nicht für sinnvoll halten. Am häufigsten (achtmal) wurde dabei genannt, dass alles Relevante im regulären Semester behandelt werde oder behandelt werden sollte. Sechs Studierende gaben an, dass der Stoff aus der Schule bekannt sei und somit ein Vorkurs zumindest für diejenigen, deren Abitur noch nicht lang zurückliegt, nicht nötig sei. Je viermal wurde außerdem genannt, dass die Vorkursinhalte wenig relevant für die Veranstaltungen im ersten Semester seien und dass der Studieneinstieg auch ohne einen Vorkurs problemlos möglich sei.

Die große Mehrheit der Studierenden, die nicht an einem Vorkurs teilgenommen hatte, hielt also einen Vorkurs durchaus für sinnvoll. Auch die angegebenen Gründe, warum sie nicht teilgenommen hatten, waren bei den meisten organisatorischer Natur, wie fehlende Möglichkeiten zur Universität zu kommen oder fehlende Zeit beispielsweise aufgrund von Praktika. Für Vorkursveranstalter*innen könnte dies ein Hinweis darauf sein, dass zeitlich flexible Onlineangebote hilfreich sein könnten, um mehr Studierende zu erreichen. Der am häufigsten genannte Grund, warum kein Vorkurs besucht wurde, war jedoch die Einschätzung der eigenen Mathematikkenntnisse als gut genug. Ob diese Einschätzung richtig war, können wir nicht einordnen. Für eine fundierte Selbsteinschätzung könnten Online-Selbsttests empfohlen werden. Für Vorkursveranstalter*innen, die vor allem andere Ziele als die Wiederholung von schulmathematischen Inhalten verfolgen, könnte dies ein Hinweis sein, vor dem Vorkurs sehr deutlich zu machen, was die Ziele des Vorkurses sind und für wen der Besuch sich lohnt.

Wie generalisierbar diese Erkenntnisse bei anderen Studienfächern ist, lässt sich nicht sagen. Voßkamp und Laging (2014) beispielsweise stellten demgegenüber für einen Mathematikvorkurs für Studierende der Wirtschaftswissenschaften fest, dass dort der wichtigste Grund für die Nichtteilnahme „zeitliche oder räumliche Gründe" waren, während die Einschätzung der eigenen Mathematikfähigkeiten als gut genug von weniger als 10 % als Grund angegeben wurde. Ähnlich wie in unseren Ergebnissen wurde dort auch von ca. 15 % der Studierenden angegeben, nichts vom Vorkurs gewusst zu haben.

Ein ähnliches Bild zeigt sich in der Untersuchung von Karapanos und Pelz (2021), die Studierende in der Informatik und in naturwissenschaftlich-technischen Studiengängen nach Gründen für die Nichtteilnahme an einem zweiwöchigen Mathematikvorkurs an einer sächsischen Fachhochschule fragten. Die am häufigsten genannten Gründe waren Zeitmangel (43 %) und die fehlende Unterkunft am Studienort (38 %), gefolgt von mangelndem Interesse (19 %) und den Kursgebühren in Höhe von 50 EUR (17 %), wohingegen nur 13 % ausreichende Mathematikkenntnisse als Grund für die Nichtteilnahme angaben.

12.3.4 Wünsche von Teilnehmer*innen und Nichtteilnehmer*innen an einen Vorkurs

Die Studierenden, die nicht an einem Vorkurs teilgenommen hatten, wurden in der Semestermitte außerdem in einem offenen Item nach ihren Wünschen für einen Vorkurs gefragt: „Was würden Sie sich von einem Vorkurs wünschen, der Sie auf Ihr Studium vorbereiten soll?" Auf dieses offene Item gaben 527 Studierende eine Antwort. Von diesen Antworten stammten 243 von Studierenden, die keinen Vorkurs besucht hatten, und 284 von Vorkursteilnehmer*innen, obwohl diese Frage eigentlich nicht an letztere gerichtet war. An der Semestermittebefragung hatten insgesamt 1410 Studierende, davon 962 Vorkursteilnehmer*innen und 387 Nichtteilnehmer*innen teilgenommen. Da die Wünsche der Studienanfänger*innen insgesamt interessant sind, wurden die Antworten der Vorkursteilnehmer*innen nicht aus der Auswertung ausgeschlossen. Die Antworten auf dieses offene Item wurden im Sinne der Qualitativen Inhaltsanalyse induktiv kategorisiert, wobei manche Antworten mehreren Kategorien zugeordnet wurden. Besonders häufig (126-mal) wurde die Wiederholung schulmathematischer Themen genannt, nächsthäufig (87-mal) Themen aus dem Studium. Es gaben 56 Studierende an, sich die Vermittlung von „Grundlagen" für das Studium zu wünschen, hierbei ist nicht klar, ob sich das auf die Wiederholung von Schulmathematik bezieht, auf die ersten Inhalte im Studium oder auch Strategien für das Studium miteinbezieht. Der am nächsthäufigsten genannte Wunsch war ein Einblick in die Hochschulmathematik (50-mal), gefolgt von Lernstrategien (34 Nennungen), Beweisen (25 Nennungen) und mathematischer Sprache. Darüber hinaus wünschten sich 23 Studierende, dass in einem Vorkurs „die Lücke zwischen Schule und Uni" geschlossen werde, und 21 Studierende gaben jeweils an, dass mathematische Arbeitsweisen gefördert werden und schul-mathematische Themen vertieft behandelt werden sollten. Weitere Wünsche wurden jeweils seltener als zwanzigmal genannt und werden hier nicht im Einzelnen aufgeführt.

Es zeigt sich, dass die Wünsche an Vorkurse vielfältig sind und sich mit den Ziel-setzungen, die im Rahmenmodell formuliert sind, decken. Den Projektbeteiligten wurden die Wünsche der Studierenden ihrer speziellen Zielgruppe (am jeweiligen Standort und aus dem jeweiligen Studiengang) zurückgemeldet und konnten so dazu dienen, die eigenen Zielsetzungen mit den Wünschen der Studierenden abzugleichen. Insgesamt zeigt dieses heterogene Bild, dass ein Angebot verschiedener Mathematikvorkurse an einem Standort sehr sinnvoll sein kann und dass in jedem Fall deutlich bekannt gemacht werden sollte, was die Studierenden in den jeweiligen Vorkursen erwartet.

12.3.5 Fazit

Insgesamt ist festzustellen, dass die meisten Studierenden Vorkurse grundsätzlich für sinnvoll halten. Wünsche von Studierenden an Vorkurse sind vielfältig und lassen sich durch die Zielsetzungen im WiGeMath-Rahmenmodell (welches ja mit Dozierenden und Organisator*innen, aber nicht mit Studierenden zusammen erarbeitet wurde) abdecken.

Die meisten, aber nicht alle Studierenden wussten von der Existenz des Vorkurses an ihrem Standort. Der häufigste Grund für Nichtteilnahme war somit nicht die fehlende Information über deren Existenz, sondern organisatorische Gründe oder die Ein-schätzung der eigenen Mathematikfähigkeiten als gut genug. Als Informationsquellen dienten häufig Informationen von der Universitätshomepage oder die Empfehlung von Bekannten, allerdings nicht von Lehrer*innen.

Es konnten in der Gesamtgruppe keine grundlegenden Unterschiede zwischen den Vorkursteilnehmer*innen und Nichtteilnehmer*innen in Hinblick auf soziodemo-graphische Daten festgestellt werden, auch nicht in Hinblick auf Mathematiknoten oder den Abiturdurchschnitt.

12.4   Vorkurserwartungen und Vorkursziele

Das Rahmenmodell enthält mögliche Zielsetzungen von Unterstützungsmaßnahmen. Wir haben die Komponenten ausgewählt, die für Vorkurse relevant sind, bzw. diese für Vorkurse konkretisiert und zu deren Erfassung Instrumente entwickelt. Mit den Erhebungen in den kooperierenden Vorkursen wurden im Projekt Ziele auf drei Ebenen verfolgt:

1. Erproben und Pilotieren des Instrumentariums, auch im Hinblick auf Verwendung durch andere als die Partner-Universitäten
2. Nutzung für die differenzierte und breite Evaluation der Vorkurse der Partneruniversitäten mit dem Ziel, Evaluationsergebnisse an den jeweiligen Partner zurückzumelden
3. Nutzung für eine Gesamtevaluation aller beteiligten Vorkurse, um Schwächen und Stärken dieses Maßnahmetyps und ggf. eine Typisierung herauszuarbeiten, auch wenn die Stichprobe der untersuchten Vorkurse nicht als repräsentativ für Deutschland angesehen werden kann

Wir waren ferner daran interessiert, mit welchen Erwartungen Studierende in die Vorkurse kommen und wie weit diese Erwartungen durch den Vorkurs erfüllt werden. Nicht alle Facetten des Rahmenmodells können als für Studienanfänger*innen verständliche Erwartungen formuliert werden, deshalb wurden die Facetten aufgeteilt auf zwei Instrumentensets:

1. Facetten zu Erwartungen an Vorkurse und deren Erfüllung (Eingangs- und Ausgangsbefragung): Instrument: *Vorkurserwartungen*
2. Facetten zur Zielerreichung der Vorkurse (nur Ausgangsbefragung) Instrument: *Vorkurszielerfüllung*

Die Zielerreichung wurde dabei nicht nur mit unserem im WiGeMath-Projekt entwickelten Instrument zur Vorkurszielerfüllung erhoben, sondern darüber hinaus mit dem Ansatz der Bielefelder Lernzielorientierten Evaluation (Frank & Kaduk, 2017) mit standortspezifischen Fragen, die explizit auf die jeweiligen Ziele der Dozierenden abgestimmt waren, erhoben.

   Zusätzlich wurde ein weiteres Instrumentenset (Instrument: *Vorkurslehrveranstaltungsevaluation*) zusammengestellt, welches die Qualität der Vorkurse als Lehrveranstaltungen zu erfassen gestattet. Diese wurden auf der Basis der Lehrevaluationsforschung entwickelt und nicht aus dem Rahmenmodell abgeleitet.

   Die Instrumente und Ergebnisse dieser vier Teilstudien werden in den folgenden Abschnitten vorgestellt. Dabei werden die Instrumente vor allem aus dem Rahmenmodell abgeleitet und kein expliziter Theoriebezug hergestellt. Entsprechende Theorien sind in die Erarbeitung des Rahmenmodells (vgl. Kap. 2) eingeflossen.

12.4.1 Erwartungen an Vorkurse

Die Erwartungen, die Studierende an Vorkurse haben, zu kennen, ist wesentlich dafür, auf diese eingehen zu können. Gehen die Erwartungen von Studierenden und die Realität weit auseinander, kann dies zu Unzufriedenheit sowohl auf Seiten der Lehrenden als auch der Lernenden führen. Eine Anpassung kann dann entweder durch eine Veränderung des Vorkurses oder durch eine transparentere Darstellung des Vorkurses und seiner Ziele im Informationsmaterial (beispielsweise auf der Universitätshomepage) erfolgen.

Berndt (2018) stellte als wichtigsten Grund für die Vorkursteilnahme an der Universität Magdeburg den Wunsch, mathematische Kenntnisse aufzufrischen, fest, gefolgt von den Erwartungen, leichter ins Studium zu finden, den eigenen mathematischen Kenntnisstand zu überprüfen und soziale Kontakte zu knüpfen. Dabei konnten in ihrer Erhebung die Studierenden ihre selbst gesetzten Ziele oftmals nicht erreichen.

Die Erwartungen an Mathematikvorkurse an verschiedenen Universitäten für verschiedene Studiengangsgruppen und Kursarten wurden im WiGeMath-Projekt mit einem aus dem Rahmenmodell entwickelten Instrumentarium erhoben und hier berichtet.

12.4.1.1 Das Instrument Vorkurserwartungen

Aus den Zielsetzungen von Vorkursen, die im Rahmenmodell formuliert sind, wurden mögliche Erwartungen der Studierenden an die Vorkurse abgeleitet. Die Items, mit denen Erwartungen an Vorkurse abgefragt wurden, wurden auf der Grundlage des Rahmenmodells, in dessen Erstellung die vorkursspezifischen Interessen der Partner*innen eingeflossen waren, entwickelt. Diese beziehen sich auf wissensbezogene Lernziele des Rahmenmodells – Schulmathematik und Hochschulmathematik – und handlungsbezogene Lernziele sowie auf die als systembezogenen Zielsetzungen formulierten Ziele „Transparentmachen der Studienanforderungen" und „Soziale und studienbezogene Kontakte fördern". Für die weiteren Analysen wurden die Items mit Hilfe von explorativer Faktorenanalyse und anschließenden inhaltlichen Bewertungen zu Skalen zusammengefasst. Dies erfolgte mit Hilfe der Methode der virtuellen Fälle, bei der zunächst für die Faktorenanalyse die Daten aus der Eingangs- und Ausgangsbefragung so behandelt wurden, als stammten sie aus derselben Befragung, aber von verschiedenen Personen, auch wenn die Itemformulierungen nicht vollständig übereinstimmten. Auf diese Weise werden Skalen gebildet, in denen Eingangs- und Ausgangsbefragung gleichermaßen berücksichtigt werden. Die interne Konsistenz der so gebildeten Skalen wurde für Eingangs- und Ausgangsbefragung getrennt überprüft. Die folgende Tab. 12.3 gibt einen Überblick über die verwendeten Skalen zur Erfassung der Erwartungen, mit den psychometrischen Kennwerten der Eingangs- und Ausgangsbefragung (t1/t2). Da die Reliabilität der Skalen zufriedenstellend war, wurden keine Veränderungen an den Items vorgenommen. Bei einzelnen Skalen ist die Reliabilität in der Eingangs- oder Ausgangsbefragung nicht optimal, was aber in Kauf genommen wurde, da die Kennwerte für die jeweils andere Befragung sehr gut waren und die Skalenbildung über die Methode der virtuellen Fälle gewisse Kompromisse bedeutet. Da die Reliabilität über 0,6 liegt, halten wir es für gerechtfertigt, damit weiterzuarbeiten.

Tab. 12.3 Skalen zu den Erwartungen an Vorkurse, auf Basis des Rahmenmodells entwickelt

Skala (Zuordnung zum Rahmenmodell) (Anzahl der Items)	Beispielitem	Cronbachs Alpha (t1/t2)
Schulmathematik aufarbeiten (*Wissensbezogenes Lernziel: Schulmathematisches Wissen und Fähigkeiten*) (5)	Ich erwarte, dass mir Gelegenheit gegeben wird, meine etwaigen schulmathematischen Wissensdefizite aufzuarbeiten	0,792/0,773
Neue mathematische Themen lernen (*Wissensbezogenes Lernziel: Hochschulisches Mathematikwissen und –fähigkeiten*) (2)	Ich erwarte, dass ich neue mathematische Inhalte kennen lerne	0,654/0,814
Einblick in Hochschulmathematik und hochschulmathematische Lehre (*Systembezogene Zielsetzung: Transparentmachen von Studienanforderungen*) (8)	Ich erwarte, dass ich einen Einblick in den Ablauf der Mathematikveranstaltungen an der Universität erhalte	0,861/0,882
Metastrategien für das Studium erlernen (*Handlungsbezogene Lernziele: Mathematische und universitäre Arbeitsweisen*) (5)	Ich erwarte, dass ich lerne, wie ich meinen Studienalltag selbst organisieren kann	0,749/0,722
Erfahrung und Bewältigung von möglichen Problemen in der Studieneingangsphase (*Systembezogene Zielsetzung: Transparentmachen von Studienanforderungen*) (3)	Ich erwarte, dass sich meine Unsicherheiten in Bezug auf den Studieneinstieg verringern	0,718/0,636
Soziale und studienbezogene Kontakte zu Kommilitonen (*Systembezogene Zielsetzung: Soziale und studienbezogene Kontakte fördern*) (2)	Ich erwarte, dass ich zukünftige Mitstudierende kennen lerne	0,890/0,879
Studienbezogene Kontakte zu Lehrenden und Studierenden höherer Semester (*Systembezogene Zielsetzung: Soziale und studienbezogene Kontakte fördern*) (3)	Ich erwarte, dass ich Kontakt zu den Dozenten an der Universität habe	0,835/0,636

Zu Beginn der Vorkurse wurden diese Facetten als „Erwartungen an den Vorkurs" abgefragt, nach dem Vorkurs als Einschätzung, inwiefern dies jeweils im Vorkurs stattgefunden hatte, wofür dieselben Items in der Vergangenheitsform formuliert wurden („Im Vorkurs habe ich zukünftige Mitstudierende kennengelernt" etc.).

Es handelt sich hierbei also nicht um die Entwicklung von Einschätzungen, sondern um unterschiedliche Abfragen am Anfang und am Ende des Vorkurses. Diese können explorativ gegenübergestellt werden, es werden aber keine Effektstärken berechnet oder die Signifikanz der „Veränderungen" betrachtet, da es sich nicht um Veränderungen handelt. Insbesondere kann bei einem niedrigeren Mittelwert in der Ausgangs- als in der Eingangsbefragung nicht automatisch davon ausgegangen werden, dass die Erwartungen „nicht erfüllt" worden seien, da nicht klar ist, ob die Teilnehmenden zu beiden Zeitpunkten dasselbe Maß an die Skala angelegt haben. Stattdessen können hier nur Tendenzen abgelesen werden und es erfolgt ein Vergleich der verschiedenen Erwartungen untereinander. Die Ergebnisse werden nach Vorkurstypen gebündelt berichtet.

Zusätzlich wurde in einem offenen Item abgefragt, mit welchem persönlichen Lernziel die Studierenden in den Vorkurs gegangen seien, und auf einer vierstufigen Skala, inwieweit sie dieses erreicht hatten.

12.4.1.2 Ergebnisse Vorkurserwartungen und ihre Erfüllung

Bezüglich der Erwartungen zeigte sich, dass diese über alle Vorkurse hinweg ähnlich waren. Es ließen sich aber auch Unterschiede zwischen den verschiedenen Vorkurstypen feststellen. Besonders hohe Erwartungen zeigten die Teilnehmer*innen bezüglich sozialer Kontakte zu Kommiliton*innen und in Bezug darauf, neue mathematische Themen kennenzulernen. Die Erwartungen in Hinblick auf das Knüpfen sozialer Kontakte waren in Onlinekursen allerdings deutlich geringer ausgeprägt als in Präsenzkursen. Themen der Schulmathematik aufzuarbeiten, wird in Ing- und gemischten Kursen stärker erwartet als in BaGym-Kursen und findet dort auch mehr statt. Einblicke in Hochschulmathematik und hochschulmathematische Lehre zu erhalten, wird in allen Vorkurstypen gleich stark erwartet, in Präsenzkursen werden solche Erwartungen allerdings stärker erfüllt. Besonders geringe Erwartungen werden im Hinblick auf studienbezogene Kontakte zu Lehrenden und Studierenden höherer Semester geäußert; dies findet nach Bericht der Teilnehmer*innen auch am wenigsten statt. Abb. 12.3 zeigt die genaueren Ergebnisse in den drei verschiedenen Vorkurstypen. Die Erwartungen wurden mit Hilfe von sechsstufigen Likert-Skalen („trifft gar nicht zu" bis „trifft vollständig zu") abgefragt (s. Tab. 12.3). Dabei wurden nur die Antworten derjenigen berücksichtigt, die sowohl an der Eingangs- als auch an der Ausgangsbefragung teilgenommen hatten, was eine Einschränkung der Stichprobe bedeutet, da an der Eingangsbefragung deutlich mehr Studierende teilgenommen hatten.

Im Mittel sind die die Erwartungen in der Eingangsbefragung deutlich höher als die zugehörigen Erfahrungsberichte in den Ausgangsbefragungen, mit Ausnahme der sozialen Kontakte, was in Eingangs- und Ausgangsbefragung zumindest in den Präsenzkursen auf demselben Niveau beantwortet wird, und dem Erlernen neuer mathematischer Themen. Da aber unklar ist, ob dasselbe Maß an die Skala angelegt wurde, schließen wir hieraus nicht, dass die Erwartungen generell eher nicht erfüllt wurden. Insbesondere

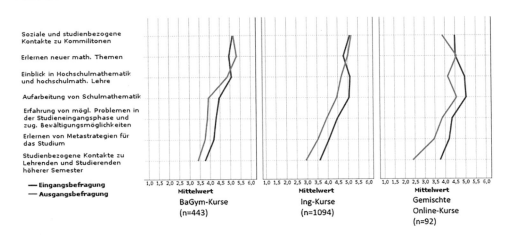

Soziale und studienbezogene
Kontakte zu Kommilitonen

Erlernen neuer math. Themen

Einblick in Hochschulmathematik
und hochschulmath. Lehre

Aufarbeitung von Schulmathematik

Erfahrung von mögl. Problemen in
der Studieneingangsphase und
zug. Bewältigungsmöglichkeiten

Erlernen von Metastrategien für
das Studium

Studienbezogene Kontakte zu
Lehrenden und Studierenden
höherer Semester

— Eingangsbefragung
— Ausgangsbefragung

Mittelwert
BaGym-Kurse
(n=443)

Mittelwert
Ing-Kurse
(n=1094)

Mittelwert
Gemischte
Online-Kurse
(n=92)

Abb. 12.3 Erwartungen und deren Erfüllung in den verschiedenen Vorkurstypen

wurde nicht explizit danach gefragt, inwiefern die Studierenden ihre Erwartungen als erfüllt bezeichnen würden.

Als persönliches Lernziel für den Vorkurs, welches als offenes Item abgefragt wurde, gaben die meisten Vorkursteilnehmer*innen an, mathematisches Wissen aufarbeiten und vertiefen zu wollen. Die am nächsthäufigsten genannten persönlichen Lernziele sind die Vorbereitung auf das Studium und der Einblick in die Hochschulmathematik und das Studium. Soziale Kontakte knüpfen zu wollen, gaben nur wenige (ca. 4 %) der Vorkursteilnehmer*innen als persönliches Lernziel an, obwohl die Erwartungen diesbezüglich hoch waren (s. o.). Eine mögliche Erklärung dafür ist, dass die Studierenden es nicht als Lernziel ansehen, soziale Kontakte zu knüpfen. Auch im WiGeMath-Rahmenmodell wurde dies nicht als Lernziel, sondern als systembezogene Zielsetzung verstanden. Eine überwiegende Mehrheit (89 %) der Vorkursteilnehmer*innen berichtet, die jeweiligen persönlichen Lernziele erreicht zu haben. Es wurden nur wenige persönliche Lernziele genannt, die nicht im Rahmenmodell verortet sind („landesspezifische Kenntnisse anpassen", „Spaß haben", „Prüfungsvorbereitung"), die sich zum Teil durch genauere Spezifizierung Kategorien im Rahmenmodell zuordnen lassen würden oder keine Lernziele im Sinne des Rahmenmodells sind.

Insgesamt sind als besonders wichtige Erwartungen von Studierenden an Vorkurse das Knüpfen sozialer Kontakte und das Lernen von Mathematik – als Aufarbeitung und Vertiefung des schulmathematischen Wissens und als Einblick in die Hochschulmathematik – zu nennen.

12.4.2 Analyse der Zielerreichung von Vorkursen auf der Basis der WiGeMath-Instrumente

Nicht alle Ziele, die durch Vorkurse erreicht werden sollen, lassen sich gut im Vorhinein als „Erwartungen" der Studierenden formulieren. Zum Teil, weil dies nicht Ziele aus

Sicht der Studierenden, sondern aus Sicht der Veranstaltenden sind, zum Teil, weil die Studierenden vor dem Vorkurs noch nichts mit bestimmten Formulierungen anfangen können. Dies betrifft insbesondere einstellungsbezogene Lernziele, wie sie im Rahmenmodell formuliert wurden. Daher wurde das Instrument „Vorkurszielerfüllung" erarbeitet und in der Ausgangsbefragung (t2) am Ende des Vorkurses eingesetzt.

12.4.2.1 Das Instrument Vorkurszielerfüllung

Inwiefern einstellungsbezogene Lernziele erreicht wurden, wurde im Hinblick auf die Berufsrelevanz und die Studienrelevanz sowie mathematische Enkulturation in der Form von Metawissen über Hochschulmathematik am Ende des Vorkurses abgefragt. Zusätzlich wurden noch Einschätzungen zum Erreichen weiterer mathematikspezifischer Ziele, die sich zu Beginn des Vorkurses schwer als Erwartungen hätten formulieren lassen, abgefragt.

Auch hierbei handelt es sich um Selbsteinschätzungen der Teilnehmenden, inwiefern sie die entsprechenden Ziele erreicht haben, und nicht alle Ziele waren explizit Ziele jedes Vorkurses. Die Items wurden auf Grundlage des Rahmenmodells formuliert und maßnahmeübergreifend (mit leichter Umformulierung) auch zur Untersuchung von Brückenvorlesungen im Projekt eingesetzt. Dabei wurden Items zu den wissensbezogenen Lernzielen (Schulmathematik und Hochschulmathematik sowie Fachsprache), zum Umgang mit fachsprachlichen Texten als handlungsbezogenes Lernziel, einstellungsbezogene Lernziele in Hinblick auf die Relevanz von Mathematik in Studium und Beruf sowie Metawissen zur Hochschulmathematik formuliert. Diese wurden für weitere Analysen mittels explorativer Faktorenanalyse und anschließender inhaltlicher Bewertung zu Skalen zusammengefasst, welche in Tab. 12.4 zu finden sind und gute Reliabilität aufweisen. Im Hinblick auf wissensbezogene Lernziele werden hier Aspekte, die bereits in den Erwartungen abgefragt wurden, erneut beleuchtet. Die Skalen zur Schulmathematik sind inhaltlich eng verwandt mit der Skala, die die Erwartungen dazu abgefragt hat, sind hier aber getrennt in „Schulmathematik vertieft beherrschen" und „Schließen von Defiziten im schulmathematischen Wissen". Die Skala zur Hochschulmathematik bzw. Fachsprache ist hier deutlich spezifischer als bei der Abfrage der Erwartungen, bei der es nur grob um „neue mathematische Themen" ging. Die hier abgefragten handlungsbezogenen und einstellungsbezogenen Lernziele wurden nicht als Erwartungen in der Eingangsbefragung erhoben.

Die soziale Eingebundenheit – eine weitere systembezogene Zielsetzung – wurde am Ende des Vorkurses noch über das Kennenlernen von Kommiliton*innen oder Studierenden höherer Semester hinaus mit Hilfe von zwei etablierten Skalen aus der Literatur erhoben (Liebendörfer et al., 2021; Rakoczy et al., 2005), die spezifischer abfragen, inwiefern die Studierenden sich als Teil einer Gruppe sehen und mit Kommiliton*innen zusammenarbeiten (s. Tab. 12.5).

12.4.2.2 Ergebnisse zu Vorkurszielerfüllung

Die nachfolgend dargestellten Ergebnisse zur Vorkurszielerfüllung basieren auf Daten der Ausgangsbefragung der Studierenden (t2, N = 1320) und sind für die Vorkurstypen

Tab. 12.4 Skalen zum Erreichen mathematikspezifischer Ziele, die nach dem Vorkurs abgefragt wurden

Skala (Anzahl der Items)	Beispielitem	Cronbachs Alpha (t2)
Wissensbezogene Lernziele		
Schulmathematik vertieft beherrschen (3)	Im Vorkurs wurden mathematische Inhalte, die ich in der Schule kennengelernt habe, fachlich präzisiert	0,809
Schließen von Defiziten im schulmathematischen Wissen (2)	Im Vorkurs wurden meine individuellen Defizite aus dem schulischen Mathematikunterricht geschlossen	0,774
Neue (hochschul)mathematische Inhalte *(Begriffe, Symbole, Rechenmethoden) (3)*	Im Vorkurs habe ich neue mathematische Begriffe kennengelernt	0,847
Handlungsbezogene Lernziele		
Umgang mit fachsprachlichen Texten (2)	Im Vorkurs habe ich gelernt mathematische Texte zu lesen	0,862
Einstellungsbezogene Lernziele		
Einschätzung der Relevanz von Schulmathematik in Studium und Beruf (3)	Im Vorkurs ist mir deutlich geworden, dass ein gutes Beherrschen der Schulmathematik für das von mir gewählte Studium eine wichtige Grundlage ist	0,746
Metawissen Hochschulmathematik (7)	Im Vorkurs habe ich gelernt, welche Rolle Beweise in der Hochschulmathematik spielen	0,864

Tab. 12.5 Skalen zur Erfassung der sozialen Eingebundenheit

Skala (Anzahl der Items)	Quelle	Cronbachs Alpha (t2)
Soziale Eingebundenheit (4)	Rakoczy et al. (2005)	0,899
Soziale Eingebundenheit/Lernen mit Kommilitonen (3)	Liebendörfer et al. (2021)	0,770

gebündelt in Tab. 12.6 zu finden. Dabei wurden 462 Teilnehmer*innen aus BaGym-Vorkursen, 738 aus Ing-Vorkursen und 120 aus Onlinekursen mit gemischter Zielgruppe berücksichtigt.

Im Bereich der wissensbezogenen Lernziele zeigt sich, dass in allen Vorkurstypen angegeben wird, dass Schulmathematik wiederholt wurde, wobei dies in den Ing- und E-Kursen nach Angaben der Studierenden stärker der Fall war. Das Schließen von Defiziten im schulmathematischen Wissen findet in den E-Kursen nach Bericht der Teilnehmer*innen am meisten und in den BaGym-Kursen am wenigsten statt. Dies deckt

Tab. 12.6 Ergebnisse zur Zielerreichung auf Basis des Rahmenmodells nach Vorkurstypen. Alle Skalen wurden mit sechsstufigen Likert-Skalen („trifft gar nicht zu" bis „trifft vollständig zu") abgefragt

Skala	BaGym M (SD)	Ing M (SD)	E-Kurse M (SD)
Wissensbezogene Lernziele			
Schulmathematik vertieft beherrschen	4,09 (1,19)	4,84 (0,94)	4,84 (0,78)
Schließen von Defiziten im schulmathematischen Wissen	3,20 (1,30)	3,99 (1,14)	4,11 (0,97)
Neue (hochschul)mathematische Inhalte *(Begriffe, Symbole, Rechenmethoden)*	5,41 (0,77)	5,10 (0,99)	4,32 (1,21)
Handlungsbezogene Lernziele			
Umgang mit fachsprachlichen Texten	3,59 (1,34)	3,36 (1,37)	3,37 (1,20)
Einstellungsbezogene Lernziele			
Einschätzung der Relevanz von Schulmathematik in Studium und Beruf	4,05 (1,20)	4,59 (1,00)	4,57 (1,05)
Metawissen Hochschulmathematik	4,85 (0,84)	4,43 (0,88)	4,11 (1,06)
Systembezogene Zielsetzungen: Soziale Kontakte fördern			
Soziale Eingebundenheit nach Rakoczy et al. (2005)	5,01 (0,91)	4,94 (1,01)	4,21 (1,44)
Soziale Eingebundenheit: Lernen mit Kommilitonen nach Liebendörfer et al. (2021)	4,52 (1,18)	4,39 (1,13)	3,76 (1,51)

sich mit dem Design der Kurse, sowohl bezüglich der inhaltlichen Ausrichtung als auch in Bezug auf das Format, das bei Onlinekursen eine stärkere Eigenauswahl der Themen und somit auch einen stärkeren Fokus auf die eigenen Defizite erlaubt. Neue mathematische Themen wurden nach Bericht der Teilnehmer*innen in allen Vorkursen erlernt, vor allem in BaGym-Kursen. Den Umgang mit fachsprachlichen Texten haben die Studierenden nach eigenen Angaben weniger stark erlernt, in den BaGym-Kursen etwas mehr als in den anderen Kurstypen, in denen der Mittelwert jeweils knapp unter der Skalenmitte der sechsstufigen Likert-Skala liegt. Das Erreichen der abgefragten einstellungsbezogenen Lernziele ist laut den Teilnehmer*innen hoch. Besonders stark in BaGym-Kursen wurde nach ihrer Einschätzung Metawissen zur Hochschulmathematik vermittelt. Das Ziel, soziale Kontakte zu fördern, kann in seinen verschiedenen Ausprägungen (s. o.) besonders in den Präsenzkursen als erreicht angesehen werden, hier sind besonders hohe Werte zu verzeichnen. Dass in den E-Kursen weniger soziale Kontakte gefördert werden, liegt in der Natur der Kurse.

12.4.3 Zielerreichung – Analyse nach Bielefelder Ansatz

Mit den WiGeMath-Instrumenten stellen wir Vorkursveranstalter*innen Evaluations-instrumente zur Verfügung, die idealerweise auch die Hauptziele beinhalten, die die Vor-kursveranstalter*innen selber formulieren, denn diese sind ja bereits in die Erstellung des Rahmenmodells eingeflossen. Wir haben im WiGeMath-Projekt aber auch adaptive Instrumente erprobt, die es den Vorkursveranstalter*innen selber ermöglichen, eigene Hauptziele zu formulieren und bei den Studierenden abzufragen.

Wir folgen dabei dem Konzept der Bielefelder Lernzielorientierten Evaluation (BiLOE, Frank & Kaduk, 2017) und untersuchen die Frage:

Welche Ziele formulieren die Vorkursverantwortlichen und inwiefern werden diese erreicht?

Der Ansatz der Bielefelder Lernzielorientierten Evaluation (BiLOE, Frank & Kaduk, 2017) ist der folgende: Die Dozent*innen formulieren selbst Lernziele, die in ihrer Ver-anstaltung erreicht werden sollen. Die Studierenden bewerten dann am Ende der Ver-anstaltung, inwiefern sie diese Ziele für sich als wichtig empfinden und inwiefern sie diese erreicht haben. Darüber hinaus können die Dozent*innen verschiedene Aktivi-täten angeben, von denen die Studierenden für die (eher) erreichten Ziele bewerten, wie hilfreich diese Aktivitäten für das Erreichen der Lernziele jeweils waren. Für die WiGeMath-Befragung am Ende des Vorkurses formulierten die Vorkursverantwortlichen für ihren eigenen Vorkurs jeweils selbst spezifische Lernziele, deren Bewertung (Wichtigkeit/Erreichen/Nutzen der Aktivitäten) als Fragenblock in den Ausgangsfrage-bogen, den die Studierenden am Ende des Vorkurses beantworteten, integriert wurde. Damit beinhaltete der Ausgangsfragebogen für jeden Standort einen standortspezi-fischen Teil. Dies ergänzt den WiGeMath-Ansatz, möglichst vergleichbare Instrumente an mehreren Standorten einzusetzen.

12.4.3.1 Ergebnisse der standortspezifischen Befragung
Von den Vorkursdozent*innen genannte Ziele

Die von den Dozent*innen formulierten Lernziele lassen sich alle in den im WiGeMath-Rahmenmodell beschriebenen Zielen wiederfinden (siehe Biehler et al., 2018 für Details und für Beziehungen zu den im Rahmenmodell genannten Zielen), sind zum Teil aber deutlich spezifischer formuliert. Beispielsweise werden konkrete Hilfsangebote benannt oder im Bereich der wissensbezogenen Lernziele konkrete Inhalte angegeben (z. B. „Ich habe das Konzept und die Notation zur naiven Mengenlehre kennengelernt."). Zum Teil wurden Ziele als Lernziele formuliert, die im WiGeMath-Rahmenmodell nicht als Lern-ziele, sondern als systembezogene Zielsetzungen aufgefasst wurden, wie beispielsweise das Knüpfen sozialer Kontakte.

Als sehr spezifische Rückmeldung für genau das, was die Dozent*innen interessiert, ist dieser Ansatz für Vorkursverantwortliche interessant. Allerdings haben nicht alle

Vorkursverantwortlichen Erfahrung mit der Formulierung von Lernzielen und waren nicht alle mit dem Rahmenmodell geschult. Bei manchen Lernzielformulierungen wird nicht erkennbar, auf welcher theoretischen Grundlage diese gewählt wurden. Man könnte die Vorteile der Adaptivität mit der Strukturierung durch das Rahmenmodell bei zukünftigen Forschungen dadurch verknüpfen, dass die verschiedenen Kategorien des Rahmenmodells als Leitfaden vorgegeben werden und für die einzelnen Facetten Beispiellernziele formuliert werden, aus denen die Vorkursverantwortlichen auswählen oder adaptieren könnten.

Zielerreichung durch die Teilnehmer*innen

Die Teilnehmenden schätzten zu den von Dozent*innen genannten Lernzielen jeweils ein, in welchem Maß sie diese im Vorkurs erreicht hatten. Dazu wurde eine vierstufige Likert-Skala genutzt („vollständig erreicht", „eher erreicht", „eher nicht erreicht", „gar nicht erreicht"). Zur Auswertung wurde eine „Erreichensquote" errechnet, indem die Antworten zu „eher erreicht" und „vollständig erreicht" zusammengefasst wurden. Dann wurde der jeweilige Prozentsatz davon in der jeweiligen Teilnehmendengruppe ermittelt. Ein Histogramm für die Quoten für das Erreichen der Lernziele ist – ohne Angabe, um welche Ziele es sich konkret handelt – in Abb. 12.4 zu finden. Bei allen außer drei der von den Dozent*innen genannten Lernziele gaben mehr als 70 % der Teilnehmenden an, diese vollständig erreicht oder eher erreicht zu haben, bei zwölf der 38 Lernziele sogar über 90 %. Standortspezifische Ergebnisse werden hier nicht berichtet, wurden den Partner*innen aber zurückgemeldet. Das einzige Lernziel, von dem weniger als 40 % der Teilnehmenden angaben, es erreicht zu haben, war „Ich habe erste studienbezogene Kontakte geknüpft" in einem der Onlinekurse. Das einzige weitere Lernziel, das weniger als 60 % der Teilnehmenden nach eigenen Angaben erreicht hatten, betrifft ein spezielles Hilfsangebot an einem der Standorte.

12.4.4 „Klassische" Evaluation der Vorkurse

Neben der Frage, welche Vorkursziele erreicht oder nicht erreicht wurden, ist auch die Zufriedenheit der Teilnehmer*innen interessant und deren Bewertung der Vorkurse als Lehrveranstaltungen in Hinblick auf verschiedene Merkmale und in Bezug auf einen Gesamteindruck. Solche Lehrveranstaltungsevaluationen finden an vielen Universitäten für allgemeine Lehrveranstaltungen statt (Großmann & Wolbring, 2016; Lang & Kersting, 2007; Rindermann, 2003) und werden häufig auch in Vorkursen – zum Teil auch in adaptierter Form – eingesetzt (z. B. Fischer, 2014). Die allgemeine Bewertung der Vorkurse als Lehrveranstaltung ist als losgelöst vom Bericht des Erreichens verschiedener Ziele zu sehen. Hier geht es um eine Rückmeldung der Teilnehmenden zur Bewertung von didaktischen Elementen sowie Merkmalen des Lehrteams.

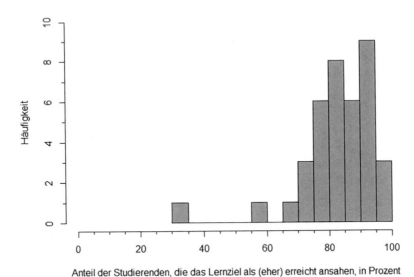

Abb. 12.4 Erreichensquoten zu den 38 Lernzielen aus den verschiedenen Vorkursen. Es wird jeweils der Prozentsatz der befragten Teilnehmer*innen des jeweiligen Vorkurses angegeben, die das Ziel als eher erreicht oder vollständig erreicht ansehen

12.4.4.1 Das Instrument Vorkursevaluation

Die Vorkursteilnehmer*innen wurden um eine Bewertung der Vorlesungen und Übungen sowie des Vorkurses insgesamt sowie in Hinblick auf bestimmte Aspekte (Vermittlung der Inhalte, Qualität der Unterlagen, Eingehen auf Fragen, Passung von Vorlesung und Übung, Lernzielexplizierung und Arbeitsatmosphäre) gebeten. Die Rückmeldungen erfolgten anhand einer fünfstufigen Likert-Skala („sehr gut" bis „sehr schlecht"). Die allgemeine Bewertung wurde dabei nicht zu einem Index zusammengefasst, sondern in den verschiedenen Einzelitems betrachtet und in der Form an die Veranstalter*innen zurückgemeldet.

12.4.4.2 Ergebnisse zur Vorkurslehrveranstaltungsevaluation

Die Evaluationsergebnisse sind im Detail vor allem für die Dozierenden der Partneruniversitäten interessant. Wir wollen aber kurz auf die Gesamtbewertung der Vorkurse im Sinne der oben beschriebenen dritten Fragestellung eingehen und nutzen dies hier als eine Gesamtevaluation aller beteiligten Vorkurse gemeinsam. Die konkreteren Bewertungen etwa der Vermittlung der Inhalte in den Vorlesungen, der Qualität der Übungszettel oder das Eingehen auf Fragen sind vor allem für die Vorkursveranstalter*innen wertvolle Rückmeldungen, die hier nicht im Detail berichtet werden sollen, weil diese ohne tiefere Kenntnis über die didaktische Gestaltung der jeweiligen

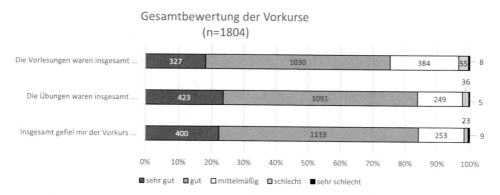

Abb. 12.5 Gesamtbewertung der Vorkurse

Vorkurse wenig aussagekräftig sind. Als Einordnungshilfe für weitere Vorkursveranstalter*innen halten wir diese gebündelte Form der Gesamtbewertungen für hilfreich.

Die Gesamtbewertung der Studierenden im Rahmen der Ausgangsbefragung (t2, n = 1985, wobei nur 1840 die Fragen zur Lehrveranstaltungsevaluation beantworteten) fiel über alle Vorkurse hinweg sehr positiv aus (s. Abb. 12.5). Über 80 % der Studierenden bewerteten den Vorkurs als gut oder sehr gut, die Übungen schnitten dabei etwas besser ab als die Vorlesungen. Hierbei ist allerdings zu beachten, dass nur diejenigen, die den Vorkurs bis zum Ende besucht haben, an der Ausgangsbefragung, in der die Bewertung des Vorkurses vorgenommen wurde, teilgenommen haben.

12.5 Kurzfristige Wirkungen auf affektive Variablen

12.5.1 Fragestellungen und Instrumente

Neben einem reinen Fokus auf die Leistung der Studierenden wurden auch andere Effekte von Vorkursen nachgewiesen. So zeigten zum Beispiel Rach et al. (2014), dass die Studierenden, die an einem Vorkurs teilgenommen hatten, realistischer einschätzen konnten, welche inhaltlichen Anforderungen im ersten Semester auf sie zukamen. Johnson und O'Keeffe (2016) wiesen nach, dass die Selbstwirksamkeitserwartung der Vorkursteilnehmerinnen und Vorkursteilnehmer von Beginn bis zum Ende des Vorkurses zunahm. Auch Fischer (2014) und Kürten (2020) konnten signifikante Zuwächse der mathematischen, aufgabenbezogenen sowie der sozialen Selbstwirksamkeitserwartung während des Mathematikvorkurses feststellen.

Diese Aspekte haben wir im Rahmenmodell unter der Facette „Affektive Merkmale" in der Kategorie „Einstellungsbezogene Lernziele" berücksichtigt und hinsichtlich folgender Konstrukte ausdifferenziert: Wir unterscheiden das Interesse an Mathematik, das mathematische Selbstkonzept, die mathematische Selbstwirksamkeitserwartung und mathematikbezogene Emotionen (Angst und Freude), welche auch in anderen Unterstützungsmaßnahmen eine Rolle spielen. Wir gehen dabei davon aus, dass diese Merkmale weitgehend stabil sind, zum Teil setzen sich Vorkurse aber auch explizit das Ziel, diese in positive Richtung beeinflussen zu wollen. In unserer Stichprobe gaben vor allem Dozierende für Vorkurse mit hochschulmathematischem Schwerpunkt an, affektive Merkmale positiv beeinflussen zu wollen. Angesichts der bekannten Stabilität vieler affektiver Merkmale sind hier aber keine starken Veränderungen zu erwarten. Es ist sogar auch denkbar, dass aufgrund der neuen, anderen Art (im Vergleich zur Schule), Mathematik zu betreiben, das mathematische Selbstkonzept eher zurückgeht und die mathematikbezogene Angst eher steigt. Möglich sind hier jeweils auch Rückgänge der Einschätzungen der eigenen Fähigkeiten durch den Vergleich mit ähnlich stark an Mathematik interessierten und begabten Kommiliton*innen.

Darüber hinaus wurde der vorkursspezifische Aspekt der Studienvorbereitung aufgegriffen und untersucht, wie sich die Einschätzung der eigenen Studienvorbereitung im Vorkurs ändert. Hier wäre zum einen denkbar, dass die Studierenden sich am Ende des Vorkurses als besser vorbereitet einschätzen, weil sie Neues gelernt, anderes wiederholt und Abläufe kennengelernt haben, zum anderen aber auch, dass sie sich selbst realistischer einschätzen und ihre eigene Einschätzung daher nach unten korrigieren. Das Rahmenmodell enthält keine Facette „Grad der gefühlten Studienvorbereitung", sondern die Studienvorbereitung umfasst mehrere Facetten des Rahmenmodells: Hier sind sowohl die fachliche Vorbereitung (wissensbezogene Lernziele) als auch Arbeitsweisen (handlungsbezogene Lernziele) und organisatorische Informationen (Transparenz von Studienanforderungen) sowie erneut der Kontakt zu Kommiliton*innen und Lehrenden (soziale Kontakte fördern) enthalten.

Bis auf die Skala zur Einschätzung der eigenen Studienvorbereitung wurden hierfür alle Skalen der Literatur entnommen und dabei zum Teil an den Hochschulkontext angepasst (s. Tab. 12.7). Alle Skalen weisen gute interne Konsistenz auf.

12.5.2 Ergebnisse

Hier werden die Vorkurse an den Standorten Darmstadt, Hannover, Oldenburg, Paderborn (Präsenz- und Onlinekurs), Stuttgart (drei Vorkurse) und Würzburg (zwei Kurse) betrachtet ($n = 1229$). Am Standort Kassel konnte im Rahmen dieser Studie die Ausgangsbefragung nicht durchgeführt werden, sodass für diesen Standort keine Veränderungen berichtet werden können. Tab. 12.8 zeigt die Ergebnisse nach Vorkurstypen zusammengefasst. Zusätzlich zu dieser Zusammenfassung sind die Spannweiten (in dem Set aller untersuchten Vorkurse) der Effektstärken in den einzelnen Vorkursen angegeben.

Insgesamt zeigt sich bei einem hohen Ausgangsniveau der untersuchten affektiven Merkmale eher eine leichte Verschlechterung der Indikatoren im Mittel. Eine teilweise von Dozierenden erwartete positive Veränderung ist ebenso wenig eingetreten, wie ein

Tab. 12.7 Skalen zu affektiven Merkmalen

Skala (Anzahl der Items)	Quelle	Cronbachs Alpha (t1/t2/t3)
Mathematische Selbstwirksamkeitserwartung (4)	Ramm et al., (2006, S. 246 ff.), angepasst an den Hochschulkontext im WiGeMath-Projekt	0,812/0,857/0,838
Mathematisches Selbstkonzept (8)	Frey, Taskinen, Schütte und PISA-Konsortium Deutschland (2009, S. 86) und Liebendörfer et al. (2021) abgewandelt von Schöne et al. (2002)	0,910/0,882/0,852
Interesse an Mathematik (9)	Liebendörfer et al. (2021), angelehnt an Schiefele et al., (1993, S. 350 f.)	0,863/0,881/0,827
Mathematikbezogene Freude (6)	Ramm et al., (2006, S. 252 ff.), angepasst an den Hochschulkontext im WiGeMath-Projekt	0,906/0,911/0,885
Mathematikbezogene Angst (3)	Biehler et al. (2018) angelehnt an Götz (2004, S. 358)	0,861/0,895/0,866
Einschätzung der eigenen Studienvorbereitung (11)	Eigenentwicklung	0,812/0,771/-

bereits im Vorkurs vorweg genommener massiver Eingangsschock. Auffällig ist vor allem der leichte Rückgang vom Interesse an Mathematik in allen Vorkurstypen sowie die leichte bis mittlere Abnahme des mathematischen Selbstkonzepts in den BaGym-Vorkursen. In den BaGym- und Ingenieursvorkursen ist zudem ein leichter Rückgang der mathematikbezogenen Freude zu verzeichnen. Eine mögliche Erklärung hierfür ist eine partielle Vorwegnahme des „Eingangsschocks", der in mathematikhaltigen Studiengängen zu Beginn des Studiums in der Regel auftritt (vgl. auch Kap. 13 zu diesen Effekten in Brückenvorlesungen), der in den Vorkursen jedoch zunächst weniger stark ausgeprägt zu sein scheint. Zu beachten ist dabei, dass fast alle Werte oberhalb der theoretischen Skalenmitte liegen und der Rückgang daher nicht überbewertet werden sollte. Darüber hinaus ist nicht klar, ob die Studierenden zu Beginn und am Ende des Vorkurses dasselbe meinten, als sie ihre mathematikbezogenen Selbsteinschätzungen abgaben, da sich das Bild von „Mathematik" innerhalb des Vorkurses gerade bei Vorkursen mit hochschulmathematischem Schwerpunkt geändert haben könnte (vgl. Ufer et al. (2017) für eine differenzierte Betrachtung von Interesse an Schul- und Hochschulmathematik).

Über die Merkmale mathematikbezogene Angst und mathematische Selbstwirksamkeitserwartung ergibt sich über die Vorkurse insgesamt kein klares Bild, hier liegen in wenigen Vorkursen Veränderungen in unterschiedlichen Richtungen vor.

Bei der Einschätzung der eigenen Studienvorbereitung zeigen sich in allen Vorkurstypen starke positive Effekte. Die Aussagen beziehen sich allerdings wieder nur auf die

Tab. 12.8 Veränderung der affektiven Merkmale zwischen Eingangs- und Ausgangsbefragung (t1/t2). (Nach Vorkurstypen BaGym (n=422), Ing (n=535) und E-Kurse mit gemischter Zielgruppe (n=95))

Skala	Vorkurstyp	M_{t1} (SD_{t1})	M_{t2} (SD_{t2})	p	d (gesamt)	Wertebereich für d (in den einzelnen Vorkursen)
Mathematische Selbstwirksamkeitserwartung (1–4)	BaGym	2,94 (0,47)	2,92 (0,51)	0,258	−0,05	[−0,19; 0,14]
	Ing	2,81 (0,50)	2,87 (0,52)	**0,003**	0,11	[−0,15; 0,18]
	E-Kurse	2,87 (0,46)	2,96 (0,52)	**0,042**	0,19	[0,05; 0,28]
Mathematisches Selbstkonzept (1–4)	BaGym	3,22 (0,50)	3,09 (0,50)	**<0,001**	−0,26	[−0,54; 0,12]
	Ing	2,89 (0,62)	2,89 (0,60)	0,564	−0,01	[−0,09; 0]
	E-Kurse	3,02 (0,53)	2,96 (0,58)	0,095	−0,10	[−0,18; −0,08]
Interesse an Mathematik (1–6)	BaGym	4,25 (0,87)	4,08 (0,89)	**<0,001**	−0,19	[−0,24; 0,02]
	Ing	3,65 (0,91)	3,48 (0,94)	**<0,001**	−0,18	[−0,25; −0,16]
	E-Kurse	3,82 (1,08)	3,69 (1,08)	**0,039**	−0,12	[−0,21; −0,09]
Mathematikbezogene Freude (1–6)	BaGym	4,08 (0,88)	3,88 (0,97)	**<0,001**	−0,21	[−0,30; −0,05]
	Ing	3,48 (0,99)	3,32 (1,02)	**<0,001**	−0,15	[−0,32; −0,12]
	E-Kurse	3,74 (1,09)	3,65 (1,17)	0,203	−0,07	[−0,11; −0,07]
Mathematikbezogene Angst (1–6)	BaGym	3,45 (1,23)	3,50 (1,24)	0,339	0,04	[−0,07; 0,23]
	Ing	3,69 (1,22)	3,56 (1,27)	**0,01**	−0,10	[−0,12; 0,05]
	E-Kurse	3,56 (1,22)	3,47 (1,22)	0,463	0,04	[−0,18; 0,12]
Einschätzung der eigenen Studienvorbereitung (1–6)	BaGym	3,46 (0,73)	3,95 (0,70)	**<0,001**	**0,68**	[0,29; 1,16]
	Ing	3,45 (0,78)	3,83 (0,75)	**<0,001**	0,49	[0,33; 0,99]
	E-Kurse	3,48 (0,70)	3,88 (0,64)	**<0,001**	**0,59**	[0,28; 0,81]

M_{t1} (SD_{t1}): Mittelwert (Standardabweichung) in der Eingangsbefragung (Anfang des Vorkurses)
M_{t2} (SD_{t2}): Mittelwert (Standardabweichung) in der Ausgangsbefragung (Ende des Vorkurses)
p: p-Wert im Wilcoxon-Test (fett markiert: p < 0,05))
d: Effektstärke Cohens d (fett markiert: mittlere und große Effekte mit |d| ≥ 0,5))

Studierenden, die an der Eingangs- und Ausgangsbefragung teilgenommen haben, was eine Selektion bedeutet: Nur diejenigen, die den Vorkurs bis zum Ende besucht haben, werden betrachtet.

12.6 Kurzfristige Wirkungen auf die mathematischen Kenntnisse und Kompetenzen

12.6.1 Fragestellungen und Instrumente

Im Hinblick auf das mathematische Wissen und die mathematische Kompetenz werden im WiGeMath-Rahmenmodell Schulmathematik und Hochschulmathematik unterschieden und die von uns untersuchten Vorkurse setzen hier unterschiedliche Schwerpunkte.

Es war im Rahmen des WiGeMath-Projektes nicht möglich, einen Test zu konstruieren, mit dem man den Zuwachs an hochschulmathematischen Kenntnissen, Kompetenzen und Metaeinsichten bestimmen konnte. Es hätte sich auch die Schwierigkeit ergeben, die zum Teil unterschiedlichen Akzente der Vorkurse der Projektpartner auf einen Nenner zu bringen.

Es sind viele unterschiedliche Instrumente im Umlauf, um schulmathematische Kenntnisse von Studienanfänger*innen zu testen (vgl. z. B. Abel & Weber, 2014; Greefrath et al., 2015; Laging & Voßkamp, 2017), zum Teil im Einsatz vor und nach den Vorkursen, zum Teil sehr eng auf die jeweils behandelten Vorkursinhalte bezogen, zum Teil allgemeiner orientiert.

Wir haben uns entschieden, mit einem Schulmathematik-Test zu arbeiten, der im VEMINT-Konsortium entwickelt wurde (Hochmuth et al., 2019, weitere Veröffentlichungen in Vorbereitung) und an den Hochschulen, die dem VEMINT-Vorkurskonzept folgen, bereits seit einigen Jahren eingesetzt und testtheoretisch optimiert wurde. Insbesondere wurden nicht nur Kalkülaspekte abgefragt – wie bei vielen dieser Tests –, sondern auch konzeptuelles Wissen. Ferner enthält der Test empirisch geprüfte parallele Items für den Vor- und Nachtest, so dass ein Wissenszuwachs ermittelt werden kann. Dabei gibt es den Vortest in den parallelen Varianten A und B, die jeweils die Hälfte der Teilnehmenden bekommen, im Nachtest sind sie dann jeweils entsprechend vertauscht. Die Tests bestehen jeweils aus 22 Aufgaben. Als empirisch parallel in den beiden Varianten erwiesen sich jedoch nur 15 Aufgaben, sodass nur diese in die Auswertung einbezogen wurden. Für jede Aufgabe gibt es einen Punkt für die richtige Lösung, Teilpunkte werden nicht vergeben, sodass insgesamt maximal 15 Punkte erreicht werden können. Die zulässige Bearbeitungszeit betrug eine Stunde.

Dieser Test wurde im Rahmen des WiGeMath-Projekts in fünf Vorkursen an vier Standorten eingesetzt, die dem VEMINT-Konsortium entstammen. Hiermit wurden die kurzfristigen Wirkungen der Vorkurse auf schulmathematische Kompetenzen untersucht.

Inwiefern diese längerfristig stabil sind und wie diese sich möglicherweise im weiteren Studienverlauf auswirken, wurde nicht untersucht.

12.6.2 Ergebnisse

Mittlerer Zuwachs der Kenntnisse
An allen betrachteten Standorten (Darmstadt, Hannover, Kassel, Paderborn) zeigt sich ein deutlicher Zuwachs der Punktzahlen bei den schulmathematischen Kenntnissen vom Eingangs- zum Ausgangstest (s. Tab. 12.9, Abb. 12.6). Die Prüfung der Unterschieden zwischen Eingangs- und Ausgangstest mit Hilfe des Wilcoxon-Tests erbrachte an allen Standorten signifikante Ergebnisse. Die Effektstärken sind in Tab. 12.9 zu finden. Es zeigen sich hier insgesamt mittlere bis starke Effekte. Die Effektstärken variieren dabei an den einzelnen Standorten in Abhängigkeit der inhaltlichen Schwerpunkte der Vorkurse. In den Kursen mit schulmathematischem Schwerpunkt (Darmstadt (E-Kurs), Kassel (Ing) und Paderborn (E-Kurs)) ist entsprechend die Zunahme an schulmathematischen Kenntnissen der Studierenden am größten. In den Kursen mit hochschulmathematischem (Paderborn (BaGym)) oder schul- und hochschulmathematischem Schwerpunkt (Hannover (Ing)) sind die Effekte geringer ausgeprägt und der Kenntniszuwachs der Studierenden in diesem Bereich sind niedriger. Diese Ergebnisse sind grundsätzlich erwartungskonform, da mit dem VEMINT-Test Kenntnisse und Fähigkeiten im Bereich der Schulmathematik erhoben werden und die weiteren, in den Kursen vermittelten Inhalte im Test nicht berücksichtigt werden. Auf der anderen Seite ist bemerkenswert, dass schulmathematische Kenntnisse in dieser Untersuchung auch in Kursen zunehmen, in denen deren Wiederholung und Aufbereitung nicht im Vordergrund stand. Eine Erklärung könnte sein, dass bestimmte Fertigkeiten mitgeübt wurden und generell verfügbares mathematisches Wissen mobilisiert wurde.

Tab. 12.9 Testergebnisse mit Effektstärken der Zunahme

Standort	n (Eingangs- und Ausgangstest)	Ergebnis Eingangstest M *(SD)*	Ergebnis Ausgangstest M *(SD)*	Effektgröße d_{Cohen}	p
Darmstadt, E-Kurs	53	8,26 *(3,73)*	11,49 *(2,53)*	1,02	<0,001
Hannover, Ing	84	5,63 *(3,21)*	7,20 *(3,31)*	0,48	<0,001
Kassel, Ing	23	4,17 *(2,42)*	7,70 *(3,07)*	1,31	0,001
Paderborn, E-Kurs	61	4,26 *(3,23)*	6,43 *(3,05)*	0,70	<0,001
Paderborn, BaGym	84	5,71 *(3,65)*	7,29 *(3,52)*	0,44	<0,001

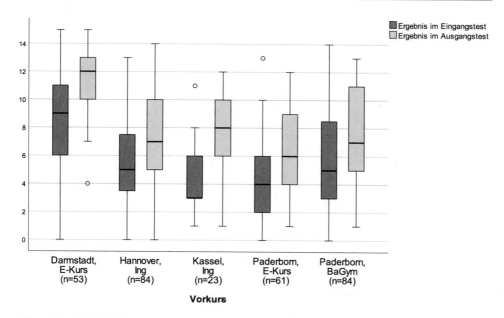

Abb. 12.6 VEMINT-Testergebnisse vor und nach dem Vorkurs, Ergebnisse zu Teilnehmenden am Vor- und Nachtest

Eingangsniveau bei den verschiedenen Vorkursen

Die Unterschiede zwischen den Standorten sind bemerkenswert. So ist der Median in Darmstadt beim Eingangstest höher als die Mediane beim Ausgangstest bei den anderen Standorten. Einflussfaktoren sind die unterschiedlichen Studiengangszusammensetzungen, aber auch spezifische Rekrutierungsprofile, z. B. ist der Anteil der Nichtabiturient*innen in Kassel in den Ingenieurstudiengängen deutlich höher als an den anderen Standorten.

Bemerkenswert ist auch die große Variabilität der Kenntnisse an allen Standorten.

Die Daten zum Eingangstest sind allerdings insofern verfälscht, als ja hier nicht eine repräsentative Stichprobe der jeweiligen Studienanfänger gezogen wurde: Es sind nur diejenigen enthalten, die auch am Ausgangstest teilgenommen haben, das ist eine doppelte Positivauswahl: erstens haben sie vermutlich den Vorkurs bis zum Ende besucht und zweitens dann auch noch am freiwilligen Abschlusstest teilgenommen.

Ein Vergleich der Eingangstestergebnisse derjenigen, die beim Ausgangstest noch dabei waren, mit denjenigen, die ausschließlich den Eingangstest bearbeitet haben, führt in verschiedenen Vorkursen zu unterschiedlichen Ergebnissen: Während in Kassel und Darmstadt mit mittleren bzw. sehr kleinem Effekt festgestellt werden kann, dass diejenigen, die auch am Abschlusstest teilnahmen, bereits im Eingangstest die besseren Ergebnisse erzielten, konnte in den beiden Paderborner Kursen kein statistisch signifikanter Unterschied (5 %-Niveau) festgestellt werden, auch wenn die Mittelwerte bei

Tab. 12.10 Vergleich der Eingangstestergebnisse: Vorkursteilnehmende, die auch am Ausgangstest teilgenommen haben, vs. Vorkursteilnehmende, die nicht am Ausgangstest teilgenommen haben

Vorkurs	„Dranbleibende"			„Abbrechende"				
	n	M	SD	n	M	SD	d	p
Darmstadt	53	8,26	3,73	180	7,14	3,53	−0,31	0,043
Hannover	84	5,63	3,21	*Keine vorliegenden Daten*				
Kassel	23	4,17	2,42	110	3,00	1,88	−0,59	0,050
Paderborn E-Kurs	61	4,26	3,23	54	3,65	3,004	−0,20	0,303
Paderborn BaGym	84	5,71	3,65	29	5,24	2,75	−0,14	0,661

den Drangebliebenen auch hier höher waren. Dabei war in den beiden Paderborner Kursen die Quote derjenigen, die an beiden Tests teilgenommen hatten, mit 53 bzw. 74 % deutlich höher als in Darmstadt und Kassel mit 23 bzw. 17 % (Tab. 12.10).

Veränderung der Variabilität der schulmathematischen Kenntnisse mit dem Vorkurs
Auffällig ist die große Variabilität der Kenntnisse an allen Standorten. So finden sich an einigen Standorten fast die gesamte Spannweite der möglichen Testergebnisse im Eingangstest wieder. Ein Blick auf Abb. 12.6 und die Standardabweichungen in Tab. 12.9 zeigt jedoch, dass die Streuung der Testergebnisse zum Ausgangstest hin nicht unbedingt abnimmt: Die Standardabweichung nimmt zwar zum Teil leicht ab, die Interquartilsabstände nehmen in drei der fünf Kurse jedoch sogar zu und nur in einem ab. Einige Vorkurse verfolgen sogar explizit das Ziel, die Heterogenität der Kenntnisse der Studienanfänger zu reduzieren. Dieses Ziel wird nicht erreicht. Das ist ein Ergebnis, das sich auch schon in ähnlicher Form bei Fischer (2014) findet. Da Fischer aber unterschiedliche Ein- und Ausgangstest verwendete, kann durch unsere Studie mit den parallelen Vor- und Nachtests eine noch präzisere Aussage gemacht werden.

Wir haben den Zusammenhang zwischen der Eingangs- und der Ausgangsleistung genauer untersucht.

In Abb. 12.7 haben wir die Ergebnisse einer linearen Regression dargestellt. Bei diesem Modell zeigt sich, dass die Eingangsleistung zu 48 % die Variabilität der Ausgangsleistung aufklärt. Als lineare Funktion ergab sich hier „Ausgangsergebnis = 3,90 + 0,69 · Eingangsergebnis". Es haben sich 16,4 % der Teilnehmenden vom Eingangs- zum Ausgangstest verschlechtert, alle anderen haben sich verbessert oder dieselbe Punktzahl erzielt.

Im Streudiagramm sehen wir aber bereits, dass es vielleicht passendere Modelle als das einfache lineare Modell gibt. Wir haben dazu (siehe Abb. 12.8) eine nicht-lineare LOESS-Regression (Glättung) vorgenommen, um keine Form der Funktion vorzu-

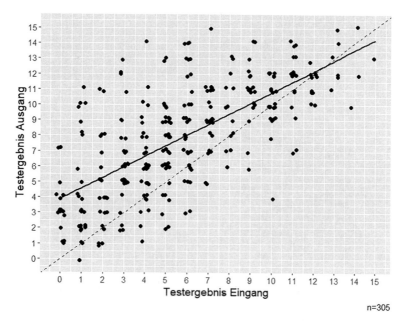

n=305

Abb. 12.7 Streudiagramm mit linearer Regressionsgeraden (durchgezogene Linie), Ausgangstestergebnis in Abhängigkeit des Eingangstestergebnisses, $R^2 = 0,48$. Die Punkte, die unterhalb der gestrichelten Linie liegen, gehören zu Studierenden, die sich vom Eingangs- zum Ausgangstest verschlechtert haben, darüber liegende haben sich verbessert

geben. Diese zeigt auf, dass ein stückweise lineares Modell gut zu passen scheint. Die LOESS-Regression (vgl. Abb. 12.8) liefert einen intervallweisen linearen Zusammenhang zwischen den Ergebnissen im Ausgangs- und Eingangstest. Bei Studierenden, die im Eingangstest schlechter (≤ 8 Punkte) abgeschnitten hatten, wird der Zusammenhang durch einen höheren Koeffizienten beschrieben, der Zuwachs flacht bei Ergebnissen größer als 8 Punkten ab, was auch als Ein gewisser Deckeneffekt interpretierbar ist.

Als funktionaler Zusammenhang ergibt sich (mit auf zwei Dezimalstellen gerundeten Koeffizienten):

$$\text{Ausgangsergebnis} = \begin{cases} 0,81 \cdot \text{Eingangsergebnis} + 3,50, \text{falls Eingangsergebnis} \leq 8, \\ 0,43 \cdot \text{Eingangsergebnis} + 6,57, \text{falls Eingangsergebnis} > 8. \end{cases}$$

Folgende Einschränkung sollte beachtet werden: Nach diesem Modell erzielen Studierende mit über 11 Punkten im Eingangstest im Ausgangstest im Durchschnitt ein schlechteres Ergebnis als im Eingangstest, allerdings liegen in diesem Bereich so wenig Daten vor, dass das Modell dafür naturgemäß weniger gut geeignet ist. Insgesamt schneiden diejenigen mit besseren Ergebnissen im Eingangstest im Ausgangstest weiterhin besser ab.

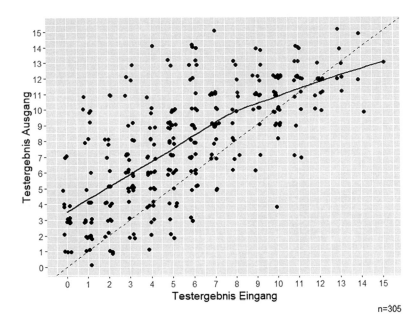

Abb. 12.8 LOESS-Regression mit Gauss-Kern zur Abhängigkeit des Testergebnisses im Ausgangstest vom Testergebnis des Eingangstests, Spanne 0,75, Pseudo-$R^2 = 0,49$. Die Punkte, die unterhalb der gestrichelten Linie liegen, gehören zu Studierenden, die sich vom Eingangs- zum Ausgangstest verschlechtert haben, darüberliegende haben sich verbessert

Da es sich bei LOESS um eine explorative, graphisch orientierte Methode zur Mustererkennung handelt, um nichtlineare Zusammenhänge in den Daten erkennen zu können, sind hier typische Prüfmaße, wie sie bei polynomialen oder ähnlichen Regressionen verwendet werden, nicht anwendbar. Zur Orientierung haben wir ein Pseudo-R^2 als $1 - \frac{\text{Residualvarianz}}{\text{Gesamtvarianz}}$ nach Lave (1970, S. 321) als Maß für die erklärte Varianz berechnet. Es ergibt sich ein Pseudo-R^2 von 0,49, was nur geringfügig besser als das obige lineare Modell ist.

Insgesamt stellen wir eine Verbesserung der schulmathematischen Kenntnisse und Kompetenzen im Vorkurs bei denjenigen, die am Ende des Vorkurses noch dabei sind, fest (ähnlich wie auch beispielsweise Abel und Weber (2014), Derr et al. (2016), Greefrath und Hoever (2016) und Krüger-Basener und Rabe (2014)). Es findet jedoch keine grundsätzliche Verringerung der Heterogenität im Laufe des Vorkurses statt. Die Varianz in der Leistung im Ausgangstest kann zu ca. 50 % durch die Leistung im Eingangstest erklärt werden. Diejenigen, die mit höherem Wissen in den Vorkurs gehen, verlassen ihn auch mit vergleichsweise höherem Wissen. Entscheidend für die Beurteilung ist aber natürlich der durchschnittliche Zuwachs der Kenntnisse, beziehungsweise die Verschiebung der Verteilungen nach oben. Wo immer man ein „Mindestniveau" setzen würde, nach dem Vorkurs hat es eine größere Anzahl von Studierenden erreicht.

Hinsichtlich der Limitationen müssen wir darauf hinweisen, dass der Test zwar nicht nur Kalkülfertigkeiten misst, sondern auch konzeptuelles Verständnis in Schulmathematik, aber nicht hochschulmathematische Kenntnisse oder schulmathematische Kenntnissen im Hinblick auf das höhere Darstellungs- und Argumentationsniveau der Hochschulmathematik.

12.7 Mittelfristige Wirkungen auf affektive Merkmale und Arbeitsweisen

12.7.1 Fragestellungen und Instrumente

Neben wissensbezogenen Lernzielen verfolgen Vorkurse weitere Zielsetzungen, die im Rahmenmodell verankert sind, beispielsweise handlungsbezogene Lernziele wie die Vermittlung mathematischer Arbeitsweisen und Lernstrategien, einstellungsbezogene Lernziele wie die Beeinflussung affektiver Merkmale und die Förderung der sozialen Eingebundenheit. Darüber hinaus soll mit Hilfe von Vorkursen oft die Lehrqualität verbessert und damit die Studienzufriedenheit gesteigert werden, die Studienabbruchneigung soll gesenkt werden. Insbesondere die letztgenannten Ziele sind dabei nicht nur unmittelbar am Ende des Vorkurses interessant, sondern sollen über den Vorkurs hinaus im Semester ihre Wirkung zeigen. In ihrem systematischen Literature Review zur Wirkung von Vorkursen identifizierten Berndt et al. (2021) keine Studie, die sich mit den längerfristigen Wirkungen von Mathematikvorkursen über fachliche Leistungen hinaus befasst.

In einer neueren Längsschnittstudie untersuchten Berndt und Felix (2021) den Einfluss von Vorkursteilnahme auf inhaltliche, soziale und organisatorische Aspekte des Studierens. Dazu befragten sie Studierende in MINT-Studiengängen an den Universitäten Magdeburg, Mainz, Potsdam und Kiel. Es gab drei Befragungszeitpunkte: zu Beginn des Studiums (September bis November), gegen Ende des ersten Studienjahrs (Mai) und gegen Ende des zweiten Studienjahrs (Mai bis Juni). Als Vorkursteilnehmer*in zählte dabei nur, wer zu mindestens 75 % der veranschlagten Zeit im Vorkurs anwesend war. Als Stichprobe ergaben sich dann 666 Vorkursteilnehmer*innen und 355 Nichtteilnehmer*innen in der ersten Befragung, von denen 192 bzw. 114 auch an der zweiten und 183 bzw. 97 auch an der dritten Befragung teilnahmen. Zur Datenauswertung nutzten sie Hybridmodelle als Kombination einer Random-Effects-Regression und der Methode der Integration von Kontextvariablen, wodurch sowohl die zeitveränderlichen als auch die zeitkonstanten Variablen berücksichtigt werden konnten und der unbeobachteten Heterogenität begegnet werden sollte. Dabei wurde die Organisationsfähigkeit („Fähigkeit, organisatorische Aufgaben aktiv und erfolgreich zu bewältigen") der Studierenden als Selbsteinschätzung in einem Einzelitem abgefragt. Inhaltliche Aspekte wurden ebenfalls als Selbsteinschätzung in einem Einzelitem erhoben, in dem die Studierenden ihren Kenntnisstand im Vergleich zu dem, was sie zum aktuellen Zeitpunkt in ihrem Studium wissen sollten, auf einer Skala von 0–100 einschätzen sollten. Soziale Aspekte wurden ebenfalls als Einzelitem mit der Frage, wie intensiv Kontakte zu Kommiliton*innen aus dem eigenen Fachbereich gepflegt würden, erhoben. Als Kontrollvariablen wurden soziodemographische und Persönlichkeitsmerkmale (Geschlecht, Geburtsland, „Big Five"-Persönlichkeitsmerkmale (Gewissenhaftigkeit, Neurotizismus, Extraversion, Offenheit, Verträglichkeit, in je zwei Items abgefragt)), vorhochschulische Bildung (Art der Hochschulzugangsberechtigung, Selbsteinschätzung des schulischen Leistungsstands) sowie Studier- und Lernhaltungen (Selbstwirksamkeitserwartung im jeweiligen Studienfach, Lernmotivation) und die Nutzung weiterer Unterstützungsangebote einbezogen. Auf einem Signifikanzniveau von 5 % zeigt die Vorkursteilnahme dabei nur auf die Organisationsfähigkeit einen statistisch signifikanten Einfluss ($0,01 < p < 0,05$), wobei der zugehörige Koeffizient mit 0,144 beträglich niedriger ausfiel als die Koeffizienten von Geschlecht (-0,162; $0,01 < p < 0,05$), Gewissenhaftigkeit (0,278; $p < 0,001$) und Selbstwirksamkeitserwartung für das eigene Studienfach (0,355; $p < 0,001$). Ein statistisch signifikanter Einfluss der Vorkursteilnahme auf die Einschätzung des eigenen Kenntnisstandes im Vergleich zu dem, was im Studium zu diesem Zeitpunkt bekannt sein sollte, oder auf die soziale Integration konnte unter Berücksichtigung der genannten Kontrollvariablen nicht festgestellt werden. Die Autorinnen geben dafür verschiedene Interpretationsmöglichkeiten an. Zum einen könnten die fehlenden Unterschiede in Hinblick auf fachliche und soziale Aspekte auf die Wirksamkeit der Vorkurse durch Nivellierung von Wissensdefiziten hindeuten, da der Vorkurs für ein Angleichen der – möglicherweise vor dem Vorkurs durchaus unterschiedlichen – Gruppen gesorgt habe (was mit den Daten jedoch nicht überprüft werden kann, da die Gruppen vor dem Vorkurs nicht untersucht wurden). Zum anderen könne dies aber auch für eine geringe Bedeutsamkeit der Vorkurse für den späteren Studienverlauf sprechen. Trotz der möglicherweise geringen Bedeutsamkeit für den späteren Studienverlauf sei jedoch die nachweisliche subjektive Erleichterung des Studieneinstiegs und die Erhöhung der Zufriedenheit zu Studienbeginn bei der Bewertung von Vorkursen zu beachten: Für die Transitionsphase spielten Vorkurse mit ihrer Orientierungsfunktion zumindest für eine Teilgruppe eine wichtige Rolle.

Um längerfristige Wirkungen des Vorkurses zu untersuchen, haben wir im WiGeMath-Projekt untersucht, inwiefern sich Vorkursteilnehmer*innen von Studierenden, die nicht an einem Vorkurs teilgenommen hatten, in der Mitte des ersten Semesters in Hinblick auf affektive Merkmale, Arbeitsweisen, soziale Eingebundenheit und Studienzufriedenheit (inklusive Abbruchneigung) unterschieden. Die entsprechenden Skalen sind in Tab. 12.11 zu finden, außerdem wurden erneut die Skalen zur sozialen Eingebundenheit (Lernen mit Kommilitonen, s. Tab. 12.5) und zu affektiven Merkmalen (vgl. Tab. 12.7) eingesetzt. Neben diesen eher weichen Größen sind auch Fragen nach Leistungsunterschieden interessant, auf die wir im nächsten Abschnitt genauer eingehen werden.

Tab. 12.11 Skalen zur Erfassung von mathematischen Arbeitsweisen und Aspekten der Studienzufriedenheit

Skala (Anzahl der Items)	Quelle	Cronbachs Alpha (t3)
Mathematische Arbeitsweisen: Elaborieren – Beweise lernen (3)	Liebendörfer et al. (2021)	0,888
Mathematische Arbeitsweisen: Elaborieren – Runterbrechen (3)	Liebendörfer et al. (2021)	0,796
Mathematische Arbeitsweisen: Elaborieren – Nutzung von Beispielen (3)	Liebendörfer et al. (2021)	0,785
Studienzufriedenheit: Studieninhalte (3)	Westermann et al., (1996, S. 20 f.)	0,861
Studienzufriedenheit: Studienbedingungen (3)	Westermann et al., (1996, S. 20 f.)	0,769
Studienzufriedenheit: Studienbelastung (3)	Westermann et al., (1996, S. 20 f.)	0,747
Abbruchneigung (3)	Westermann et al., (1996, S. 20 f.)	0,833

12.7.2 Auswertungsmethoden für den Vergleich von Teilnehmenden und Nichtteilnehmenden am Vorkurs, effektive Stichproben

Um mögliche Unterschiede tatsächlich auf den Vorkursbesuch oder Nichtbesuch zurückführen zu können, wurde mit Hilfe der statistischen Methode des Propensity Score Matchings vergleichbare Gruppen von Vorkursteilnehmer*innen und Nichtteilnehmer*innen geschaffen (Rosenbaum & Rubin, 1983). Der „Propensity Score" ist dabei die durch logistische Regression berechnete Wahrscheinlichkeit, am Vorkurs teilzunehmen, in Abhängigkeit bestimmter, ausgewählter Kovariaten. Dies ermöglicht die „Parallelisierung" der beiden Teilstichproben, die miteinander verglichen werden, im Sinne eines „quasiexperimentellen Designs". Im Gegensatz zu einer Regression gehört das Propensity Score Matching zum Design der Studie und nicht zur Auswertung; die abhängigen Variablen, die untersucht werden sollen, gehen hierbei noch nicht ein.

Der Propensity Score wurde mittels des R-Pakets MatchIt (Ho et al., 2011) auf Grundlage der Kovariaten Alter (bis zwanzig oder älter), Jahr des Schulabschlusses, Niveau des letzten Mathematikkurses (Grund- oder Leistungskurs), Geschlecht, letzte Mathematiknote und Durchschnittsnote im Schulabschluss berechnet. Diese Kovariaten wurden verwendet, da davon ausgegangen wurde, dass diese sowohl einen Einfluss auf die Entscheidung für oder gegen einen Vorkurs als auch auf die abhängigen Variablen (affektive Merkmale, Studienzufriedenheit, Lernstrategien) haben könnten. Beispielsweise wurden Unterschiede in der Nutzung von Lernstrategien zwischen den Geschlechtern nachgewiesen (Liebendörfer et al., 2020) und Abiturnoten (allgemein und fachspezifisch) sowie die Wahl des Leistungskurses konnten als Prädiktoren nicht nur für Studienerfolg, sondern auch für Studienbelastung und Abbruchneigung identifiziert werden (z. B. Blömeke, 2009) und korrelieren mit mathematischem Selbstkonzept und Selbstwirksamkeitserwartung (Gradwohl & Eichler, 2018). In BaGym-Kursen wurde darüber hinaus der Studiengang als Kovariate in das Matching aufgenommen (mit Dummy-Variablen für die Studiengangsgruppen „Mathematik Bachelor", „Lehramt Mathematik" und „Physik/Informatik"), da insbesondere zwischen Mathematikfachstudierenden und Lehramtsstudierenden Unterschiede im Studieninteresse (Rach, 2014), der Nutzung von Lernstrategien (Göller et al., 2013) sowie Abbruchneigung und Belastungserleben (Blömeke, 2009) zu erwarten waren.

Es erschien sinnvoll, sämtliche Kovariaten für die Untersuchung aller abhängigen Variablen zu nutzen, da zwar nicht für alle ein Zusammenhang aus der Literatur bekannt war, jedoch nicht ausgeschlossen werden konnte, und nach Stuart (2010) lieber zu viele als zu wenige Variablen für das Propensity Score Matching verwendet werden sollten, da dies zu geringerer Verzerrung führt.

Um die Daten nicht zu verfälschen, konnten keine Kovariaten aufgenommen werden, die durch das „Treatment", in diesem Fall also den Vorkursbesuch oder den nicht stattgefundenen Vorkursbesuch, beeinflusst worden sein könnten. Da insbesondere von den Studierenden, die nicht an einem Vorkurs teilgenommen hatten, keine Daten über deren Selbstkonzept, Interesse oder Ähnliches zu Beginn des Semesters vorlagen, konnten diese nicht für das Matching verwendet werden. Nach dem Matching der Stichproben wurden die in Stuart (2010) vorgeschlagenen diagnostischen Methoden angewandt, um die Güte des Matchings zu beurteilen. Insbesondere wurden nur Matchings von Studierenden weiterverwendet, bei denen die standardisierten Differenzen der Kovariaten im Wesentlichen kleiner wurden und die standardisierte Differenz des Propensity Scores kleiner als 0,25 war.

Anders als in medizinischen Studien üblich war hier in der Regel die Kontrollgruppe (die Gruppe der Nichtteilnehmer*innen) kleiner als die „Treatment"-Gruppe (die Gruppe der Vorkursteilnehmer*innen). Da ein 1:1-Matching durchgeführt wurde, wurden dadurch die Stichproben deutlich verkleinert, sodass am Ende nur noch Aussagen über diejenigen Teilnehmer*innen, die eine*n vergleichbare*n „Partner*in" unter den Nichtteilnehmer*innen haben, getroffen werden konnten (s. Tab. 12.12). Tab. 12.12 zeigt, dass an den verschiedenen Standorten unterschiedlich viele der Nichtteilnehmer*innen wegen des vorgegebenen Schwellwerts im Nearest-Neighbor-Verfahren ausgeschlossen wurden: Während in Hannover für alle bis auf eine Person unter denjenigen ohne Vorkursteilnahme ein passendes Match gefunden werden konnte (was nicht zuletzt an der hohen Zahl der Vorkursteilnehmer*innen in Hannover liegt), wurden in Kassel elf Nichtteilnehmer*innen aus der weiteren Auswertung ausgeschlossen. Ein genauer Vergleich der gemachten und ungematchten Datensätze ist in den Tab. 12.15–12.18 im Anhang zu finden. Damit kann auch gesehen werden, über welche Teilstichproben die jeweiligen Aussagen getätigt werden. So werden beispielsweise aus der Oldenburger Stichprobe durch das Matching unter den Vorkursteilnehmenden prozentual weniger

Tab. 12.12 Übersicht über die Größe der Datensätze vor und nach dem Propensity Score Matching. Anmerkung: TN = Vorkursteilnehmer*innen; N-TN = Vorkursnichtteilnehmer*innen

Standort	TN in der Gesamtstichprobe	N-TN in der Gesamtstichprobe	TN im gematchten Datensatz	N-TN im gematchten Datensatz
Hannover (Ing)	258	47	46	46
Kassel (Ing)	74	67	56	56
Oldenburg (BaGym)	66	28	26	26
Paderborn (BaGym)	51	34	27	27

Lehramtsstudierende und mehr Studierende, deren Schulabschluss schon ein Jahr oder mehr zurückliegt, sowie Studierende mit etwas schlechteren Mathematik- und Abschlussnoten betrachtet als in der Gesamtstichprobe der Vorkursteilnehmer*innen. Bei den Stichproben der anderen Standorte sind die Unterschiede zwischen den gematchten und ungematchten Datensätzen weniger deutlich.

Für die Frage, wie vergleichbar die Gruppen sind, ist entscheidend, wie gut die erhobenen Variablen tatsächlich die Vorkursteilnahme vorhersagen. Sind nicht alle Faktoren, die die Entscheidung für oder gegen die Teilnahme beeinflussen, erhoben worden, sind die Ergebnisse der Gruppenvergleiche eventuell noch durch weitere Drittvariablen beeinflusst. Beispielsweise wurde die Gewissenhaftigkeit oder Motivation der Studierenden nicht erhoben, sodass hier nicht davon ausgegangen werden kann, dass die Gruppen hinsichtlich dieser Merkmale vergleichbar sind. In Hinblick auf die oben benannten Größen (Studiengang, Jahr des Schulabschlusses, Niveau des letzten Mathematikkurses (Grund- oder Leistungskurs), Geschlecht, letzte Mathematiknote und Durchschnittsnote im Schulabschluss) wird jedoch Vergleichbarkeit hergestellt. Die unten dargestellten Unterschiede zwischen Teilnehmer*innen und Nichtteilnehmer*innen können somit nicht auf Unterschiede in diesen personenbezogen Merkmalen, den schulischen Leistungen oder belegten Kursen zurückgeführt werden.

Es wären noch alternative Auswertungsmethoden (wie zum Beispiel Entropy Balancing nach Hainmueller (2012) wie bei Tieben (2019)) denkbar. Inwieweit diese zu ggf. anderen Ergebnissen geführt hätten, konnte im Rahmen der Projektlaufzeit nicht geprüft werden. Das Problem weiterer beeinflussender Drittvariablen, die nicht erhoben wurden, hätte aber auch in diesen Methoden Bestand gehabt. Die Zusammenstellung der für die Vergleiche genutzten Teilstichproben wäre jedoch ggf. abweichend.

Die vergleichbaren Gruppen von Vorkursteilnehmer*innen und Nichtteilnehmer*innen wurden mit dem nichtparametrischen Mann–Whitney-U-Test für unabhängige Stichproben verglichen. Insgesamt sollte die Fragestellung untersucht werden: Für welche abhängigen Variablen lassen sich an welchen Standorten auf einem Signifikanzniveau von 5 % Unterschiede zwischen Vorkursteilnehmer*innen und Nichtteilnehmer*innen feststellen? Als abhängige Variablen wurden die Konstrukte mathematische Selbstwirksamkeitserwartung, mathematisches Selbstkonzept, Interesse an Mathematik, mathematikbezogene Angst, mathematikbezogene Freude, Studienvorbereitung zu Beginn des Semesters, soziale Eingebundenheit (Lernen mit Kommilitonen), mathematische Arbeitsweisen und Studienzufriedenheit untersucht. Da nicht an allen Standorten genügend Nichtteilnehmer*innen an der Semestermitte-befragung teilgenommen hatten (und es zum Teil gar keine Nichtteilnehmer*innen gab, da der Vorkurs verpflichtend stattfand), konnten hier nur vier der Vorkurse in die weitere Auswertung einbezogen werden. Es handelt sich dabei um zwei Vorkurse für BaGym-Studierende und zwei Vorkurse für Studierende der Ingenieurwissenschaften. Diese werden jeweils nicht nach Vorkurstypen zusammengefasst, sondern einzeln unter-sucht, da dadurch auch Spezifika der einzelnen Vorkurse deutlich werden können und eine Zusammenfassung hier zu einem weniger gut passenden Matching geführt hätte. Einschränkend sei darauf hingewiesen, dass Studierende, die in der Mitte des Semesters bereits das Studium abgebrochen hatten, durch diese Befragung nicht erreicht wurden, sodass hier lediglich Aussagen über die Studierenden, die in der Mitte des Semesters noch dabei waren, getroffen werden können. Ob Vorkursteilnahme mit einem frühen Studienabbruch in Zusammenhang steht, kann hier also nicht untersucht werden.

12.7.3 Ergebnisse des Vergleichs

Die Ergebnisse sind in Tab. 12.13 zu finden. Hier werden die Mittelwerte zu den ver-schiedenen Skalen in den vergleichbaren Gruppen von Vorkursteilnehmer*innen und Nichtteilnehmer*innen für die einzelnen Vorkurse gegenübergestellt. Der p-Wert bezieht sich auf den Mann–Whitney-U-Test. Als leicht interpretierbare Effektgröße wurde Cohens d bestimmt.

Es lassen sich keine grundlegenden Unterschiede zwischen Vorkursteilnehmer*innen und Nichtteilnehmer*innen feststellen. Insbesondere ist auf einem Signifikanzniveau von 5 % nicht festzustellen, dass Vorkursteilnehmer*innen sozial besser eingebunden seien oder sich zu Beginn des ersten Semesters besser auf ihr Studium vorbereitet fühlten. Ein Unterschied in der sozialen Eingebundenheit ($p=0{,}005$, Cohens $d=0{,}64$) zeigte sich nur im Vorkurs in Hannover. Dieser wurde von einem sozialen Rahmenprogramm mit gemeinsamen Kaffeepausen, Kneipen- und Grillabenden gerahmt und als Teil der Ein-führungsphase der Fakultät dargestellt (vgl. Kap. 5 für eine detailliertere Beschreibung der genauen Maßnahmen zur Förderung der sozialen Eingebundenheit). Im Oldenburger Vor-kurs (vgl. Kap. 9) für angehende Fachmathematik- und Mathematiklehramtsstudierende zeigten sich insofern nicht erwartete Ergebnisse, als Vorkursteilnehmer*innen eine höhere mathematikbezogene Angst ($p=0{,}038$, $d=0{,}56$), geringere Zufriedenheit mit Studien-inhalten ($p=0{,}027$, $d=-0{,}59$) und eine höhere Abbruchneigung ($p=0{,}051$, $d=0{,}47$) aufwiesen. Es ist jedoch anzunehmen, dass diese Unterschiede nicht auf den Vorkurs zurückzuführen sind. Insbesondere hat in diesem Vorkurs die mathematikbezogene Angst

Tab. 12.13 Vergleich der Vorkursteilnehmer*innen mit Nichtteilnehmer*innen in der Mitte des ersten Semesters, mit Propensity Score Matching vergleichbar gemachter Datensatz

Skala	M		p	d	M		p	d
	N-TN	TN			N-TN	TN		
Ingenieursstudierende								
	Hannover ($n = 46 + 46$)				Kassel ($n = 56 + 56$)			
Mathematische Selbstwirksamkeitserwartung	2,68	2,52	0,167	−0,29	2,65	2,79	0,309	0,21
Selbstkonzept Mathematik	2,70	2,66	0,769	−0,07	3,05	2,99	0,483	−0,17
Interesse an Mathematik	3,45	3,46	0,815	0,02	3,90	3,74	0,053	−0,38
Mathematikbezogene Angst	3,43	3,49	0,718	0,05	3,43	3,67	0,322	0,17
Mathematikbezogene Freude	3,27	3,28	0,991	0,00	3,06	3,25	0,285	0,19
Soziale Eingebundenheit: Lernen mit Kommilitonen	3,72	4,57	0,005	0,64	4,32	4,48	0,438	0,13
Zufriedenheit mit Studienbedingungen	3,30	3,28	0,735	−0,02	3,40	3,34	0,771	−0,07
Zufriedenheit mit Studienbelastung	3,06	2,94	0,444	−0,12	2,97	2,98	0,725	0,01
Zufriedenheit mit Studieninhalten	3,68	4,00	0,073	0,42	3,79	3,98	0,129	0,23
Abbruchneigung	2,01	1,81	0,425	−0,21	2,00	1,76	0,111	−0,25
Studienvorbereitung	3,48	3,48	0,950	0,00	3,72	3,80	0,547	0,09
Elaborieren – Beweise lernen	3,51	3,64	0,526	0,10	3,67	4,10	0,064	0,38
Elaborieren – Runterbrechen	4,50	4,39	0,430	−0,11	4,34	4,39	0,563	0,05
Elaborieren – Nutzung von Beispielen	4,36	4,26	0,455	−0,08	4,32	4,48	0,475	0,13
BaGym-Studierende								
	Oldenburg ($n = 26 + 26$)				Paderborn ($n = 27 + 27$)			
Mathematische Selbstwirksamkeitserwartung	2,57	2,43	0,239	−0,22	2,61	2,54	0,72	−0,12
Selbstkonzept Mathematik	2,85	2,68	0,132	−0,30	2,80	2,71	0,83	−0,16
Interesse an Mathematik	3,91	3,71	0,223	−0,27	3,98	3,85	0,94	−0,15
Mathematikbezogene Angst	3,20	3,87	0,038	0,56	3,99	4,22	0,42	0,18
Mathematikbezogene Freude	3,33	3,22	0,564	−0,13	3,39	3,22	0,62	−0,18

(Fortsetzung)

Tab. 12.13 (Fortsetzung)

Skala	M		p	d	M		p	d
	N-TN	TN			N-TN	TN		
Soziale Eingebundenheit: Lernen mit Kommilitonen	4,55	5,19	0,124	0,53	4,52	4,98	0,26	0,42
Zufriedenheit mit Studienbedingungen	3,38	3,29	0,644	−0,10	2,94	2,84	0,60	−0,09
Zufriedenheit mit Studienbelastung	2,85	2,69	0,672	−0,16	2,49	2,56	0,68	0,07
Zufriedenheit mit Studieninhalten	3,85	3,36	0,027	− 0,59	3,64	3,26	0,09	−0,38
Abbruchneigung	1,97	2,50	0,051	0,47	2,42	1,08	0,76	0,01
Studienvorbereitung	3,42	3,65	0,409	0,30	2,86	3,18	0,20	0,37
Elaborieren – Beweise lernen	4,53	4,56	0,746	0,04	4,80	4,47	0,08	−0,35
Elaborieren – Runterbrechen	4,10	4,17	0,692	0,06	4,07	4,14	0,63	0,06
Elaborieren – Nutzung von Beispielen	4,22	4,50	0,332	0,30	4,12	4,35	0,53	0,20

der Teilnehmer*innen von Beginn bis Ende des Vorkurses im Mittel leicht abgenommen. Eine Erklärung könnte sein, dass diejenigen mit einer höheren Unsicherheit bezüglich des Studienfachs eher geneigt sind, Unterstützungsangebote wie Vorkurse wahrzunehmen, diese Hypothese kann aber anhand der Daten nicht überprüft werden.

Dass wenig Unterschiede zwischen den beiden Gruppen feststellbar sind, kann auch an einem Angleichen der Gruppen aneinander liegen, da die Studierenden zum Zeitpunkt der Befragung das halbe Semester bereits miteinander verbracht haben. Darüber hinaus hatten vermutlich zum Zeitpunkt der Befragung bereits einige Studierende das Studium abgebrochen, was auch zu einem Angleichen der Gruppen aneinander führen kann.

Insgesamt müssen diese Vergleiche aufgrund der geringen Anzahl an Proband*innen vorsichtig interpretiert werden. Die Ergebnisse dieses Vergleichs können als Anhaltspunkte für zukünftige Studien genutzt werden.

12.8　Mittelfristige Wirkungen auf die mathematischen Kompetenzen

12.8.1 Fragestellungen und Instrumente

Aus Sicht der Vorkursveranstalter*innen und Institutionen ist eine Zielsetzung, die auch im Rahmenmodell verankert ist, den formalen Studienerfolg zu verbessern. Dies bezieht sich auf die objektiv messbaren Studienerfolgskriterien Klausurleistungen und Studienabbruchquote.

Die Studienabbruchquote wurde im WiGeMath-Projekt nicht erhoben. Studienabbruch wurde lediglich über die Abbruchneigung in der Mitte des Semesters (s. vorheriger Abschnitt) konzeptionalisiert. Dabei konnte, wie im vorherigen Abschnitt zu lesen ist, keine geringere Abbruchneigung bei Vorkursteilnehmenden als bei Nichtteilnehmenden festgestellt werden. An einem Standort war die Abbruchneigung der Vorkursteilnehmenden in der Stichprobe sogar höher, wozu es keine klare Erklärung gibt.

Zum formalen Studienerfolg gehören die Klausurleistungen am Ende des ersten Semesters. Hier ist die Zielsetzung insbesondere, durch das Einrichten von Vorkursen die Bestehensquote sowie die Leistungen in der Kohorte insgesamt zu verbessern. Optimal wäre hier der Vergleich von Ergebnissen einer Kohorte in einem Jahr, in dem es keinen Vorkurs gab, mit einer Kohorte aus einem Jahr, in dem ein Vorkurs angeboten wurde, bei denen alle anderen Bedingungen (Vorlesung, Klausur, …) identisch sind. Dies ist aber nicht möglich, sodass wir stattdessen wieder möglichst vergleichbare Gruppen von Vorkursteilnehmer*innen und Nichtteilnehmer*innen bilden und prüfen, inwiefern diese in den Klausuren unterschiedlich abgeschnitten haben. Unterschiede zwischen ansonsten gleichen Gruppen könnten dann auf den Vorkurs zurückgeführt werden.

12.8.2 Literaturreview zu Auswirkungen von Vorkursen auf mathematische Klausurleistungen

Unterschiede zwischen Vorkursteilnehmer*innen und Nichtteilnehmer*innen in Bezug auf den Studienerfolg sind in verschiedenen Studien untersucht worden. Alle Studien, die wir hier vorstellen, müssen mit dem Problem umgehen, dass es konfundierende Variable geben wird, die Unterschiede in den Klausuren beeinflussen könnten, die somit nicht allein auf die Vorkursteilnahme zurückgeführt werden können, z. B. durch Selektionseffekte bei der Vorkursteilnahme. Mit dieser Problematik kann statistisch unterschiedlich umgegangen werden, z. B. indem durch Matching-Verfahren vergleichbare Gruppen von Teilnehmer*innen und Nichtteilnehmer*innen hergestellt werden oder indem multivariate Regressionen gerechnet werden, bei denen relevante Variablen wie Vorwissen (z. B. gemessen durch Schulnoten) berücksichtigt werden.

Bei dem folgenden Literaturreview sind folgende Fragestellungen relevant:

- Wie wurde statistisch-methodisch mit dem Konfundierungsproblem umgegangen?
- Welche potentiell konfundierenden Variablen wurden einbezogen?
- Welche Studierendenkohorten wurden untersucht?
- Wie und womit wurde die Leistung vergleichend gemessen?
- Welche Unterschiede zwischen Teilnehmer*innen und Nichtteilnehmer*innen bezüglich ihrer Leistung wurden festgestellt?

Berndt et al. (2021) geben in ihrem Literaturreview zur Wirkung von MINT-Vorkursen an, dass in zwölf verschiedenen Artikeln mittelfristige Wirkungen von Vorkursen auf mathematische Leistungen, operationalisiert durch Klausurleistungen oder
Tests während oder am Ende des ersten Semesters, untersucht werden. Zehn davon
vergleichen Vorkursteilnehmer*innen und Nichtteilnehmer*innen, wobei neun der
Publikationen einen positiven Einfluss der Vorkursteilnahme feststellen, drei davon
jedoch nur für einzelne der untersuchten Klausuren oder Studiengänge und nicht für alle
untersuchten Teilgruppen. Sieben der von Berndt et al. (2021) genannten Artikel werden
wir in Hinblick auf die oben genannten Leitfragen genauer betrachten, die Ergebnisse
und Methoden der drei übrigen im Literaturreview von Berndt et al. aufgeführten Artikel
sind in diesen sieben Artikeln bereits enthalten. Zusätzlich werden wir mit Tieben (2019)
und Austerschmidt et al. (2021) noch auf zwei weitere Studien zu Wirkungen von Vorkursen auf Studienerfolg eingehen.

In einigen der Studien wird dabei die Vorkursteilnahme differenzierter betrachtet:
statt eines dichotomen Vergleichs von Teilnahme und Nichtteilnahme wird zum Teil das
Engagement im Vorkurs, beispielsweise gemessen an der Anzahl besuchter Termine, einbezogen.

Kürten (2020) untersucht die Wirkung eines Vorkurses an der Fachhochschule
Münster für Ingenieursstudierende auf die Klausurleistungen in den Klausuren
„Mathematik I" und „Mathematik II". Berücksichtigt werden dabei Daten von 266
Studierenden aus den Jahren 2014 und 2015. Es stellt sich in einer Regressionsana-
lyse heraus, dass Studierende, die mindestens die Hälfte der Tutorien des Mathematik-
Vorkurses besucht haben, in den Klausuren besser abschneiden als Studierende, die
weniger als die Hälfte der Tutorien besucht haben (was auch die Nichtteilnehmer*innen
einschließt), wenn die Fachbereichszugehörigkeit, die Art des Schulabschlusses, die
Schulabschlussnote, die letzte Note in Mathematik und die Punktzahl im jeweils ersten
Mathematik-Test kontrolliert werden. Im Mittel ist die Note der Studierenden mit
regelmäßiger Vorkursteilnahme (Besuch von mindestens der Hälfte der Tutorien im Vorkurs) bei gleichbleibenden übrigen Faktoren um 0,3 (also einen Notenschritt) besser.
Kürten (2020) gibt jedoch zu bedenken, dass das verwendete Modell nur ca. 44 % der
Varianz der Klausurnoten aufklären kann und somit möglicherweise weitere Einflussfaktoren unberücksichtigt lässt. Als beispielhafte Erklärungsmöglichkeit führt sie an,
dass es sein könnte, dass Studierende, die regelmäßig den Vorkurs besuchen, auch im
regulären Semester aktiver an Lehrveranstaltungen teilnehmen und dadurch in den
Klausuren besser abschneiden. Die Aktivität im Semester wurde jedoch nicht erhoben.

Tieben (2019) untersucht in einer längsschnittlichen Studie mit Hilfe von Daten aus
dem Nationalen Bildungspanel (NEPS, Blossfeld & von Maurice 2011) den Zusammenhang von Vorkursteilnahme und Studienabbruch bei Studierenden in Ingenieursstudiengängen. In die Analyse gehen Daten von 571 Studierenden verschiedener, nicht genau
spezifizierter Universitäten ein. Dabei stellt sie fest, dass an Universitäten Vorkursteilnehmer*innen eine etwas geringere Abbruchhäufigkeit als Nichtteilnehmer*innen haben.
An Universitäten beträgt der Anteil der Studierenden in Ingenieurswissenschaften, die

innerhalb von fünf Jahren nach Studienbeginn ihr Studium abbrechen, unter den Vorkursteilnehmer*innen 20,9 % und unter den Nichtteilnehmer*innen 28,3 %. Dieser Unterschied zeigt sich auch noch bei Entropy Balancing im logistischen Modell, in dem soziodemographische Merkmale (Geschlecht, Bildung und höchster Berufsstand der Eltern, vorhandener Migrationshintergrund, Art des Schulabschlusses und abgeschlossene Berufsausbildung) und die Studienvorbereitung (operationalisiert durch ein Item zur Selbsteinschätzung, eine Skala aus drei Items zur allgemeinen Studienvorbereitung, Abiturnote und letzter Mathematikhalbjahresnote) berücksichtigt werden, mit einem Unterschied von ca. 5,5 Prozentpunkten. Werden zusätzlich Skalen zum Selbstkonzept in das Modell integriert, zeigt sich noch ein Unterschied von ca. 4,8 Prozentpunkten, der jedoch statistisch nicht signifikant (Signifikanzniveau 10 %) ist. Tieben (2019) gibt an, dass die Studienabbruchquote in diesen Daten vermutlich unterschätzt wird, da unvollständige Datensätze entfernt wurden und die Non-Response-Rate unter Personen, die das Studium abgebrochen haben, höher ist.

Greefrath und Hoever (2016) untersuchen den Zusammenhang von Vorkursteilnahme und Klausurleistungen in der Veranstaltung „Höhere Mathematik 1" für einen zweiwöchigen Mathematikvorkurs für Studierende der Informatik und Elektrotechnik an der Fachhochschule Aachen anhand einer großen (n = 809), über mehrere Jahre entstandenen Stichprobe. Rein deskriptiv und ohne Absicherung durch statistische Tests geben sie an, dass Vorkursteilnehmer*innen in den Mathematikklausuren am Ende des ersten Semesters besser abschneiden als Nichtteilnehmer*innen, die im ersten Leistungstest (für Vorkursteilnehmer*innen vor dem Vorkurs, für Nichtteilnehmer*innen zu Beginn des Semesters) ähnliche Ergebnisse erzielt haben: Während unter den Studierenden mit den schlechtesten Testergebnissen Vorkursteilnehmer*innen im Mittel ca. 30 von 80 Punkten in der Klausur zur *Höheren Mathematik 1* erreichen, erreichten Nichtteilnehmer*innen mit vergleichbaren Testergebnissen in der Klausur im Mittel 20 Punkte. Unter den Studierenden mit den besten Testergebnissen (9–12 von maximal 14 Punkten) zeigt sich eine Tendenz in dieselbe Richtung, allerdings weniger deutlich: Vorkursteilnehmer*innen erreichen im Mittel 51, Nichtteilnehmer*innen im Mittel ca. 48 Punkte. Im Mittelfeld (3–6 und 6–9 Punkte im ersten Test) zeigt sich ein ähnliches Bild. Hiermit lässt sich zwar eine Tendenz ablesen, eine Kausalitätsaussage kann jedoch aufgrund nicht berücksichtigter weiterer erklärender Variablen nicht getroffen werden. Hoever und Greefrath (2018) führen diese Untersuchung fort (n = 1148 TN, 567 N-TN) und stellen statistisch signifikante Unterschiede (1 %-Niveau) in den Klausurleistungen in den Fächern *Höhere Mathematik 1* (Notenmittelwerte: 3,3 unter TN, 3,8 unter N-TN), *Grundlagen der Elektrotechnik* (nach dem ersten Semester, Notenmittelwerte: 3,3 unter TN, 3,6 unter N-TN) und *Elektrische Messtechnik* (nach dem dritten Semester, Notenmittelwerte: 3,0 unter TN, 3,5 unter N-TN) mit besseren Leistungen der Vorkursteilnehmer*innen fest, nicht aber in den Fächern *Höhere Mathematik 2, Grundlagen der Informatik* (nach dem ersten Semester) und *Theoretische Informatik* (nach dem dritten Semester). Auch hier werden keine weiteren Variablen berücksichtigt, sodass keine Kausalitätsaussagen getroffen werden können. Einen Erklärungsansatz dafür, warum sich in manchen Veranstaltungen Unterschiede zeigen und in anderen nicht, geben die Autoren nicht an. Sie schreiben jedoch, dass die Tatsache, dass nicht in allen Klausuren Unterschiede zu finden sind, der naheliegenden Hypothese, dass Vorkursteilnehmer*innen nur deshalb besser abschnitten, weil die motivierteren Studierenden am Vorkurs teilnähmen, widerspreche. Eine mögliche Erklärung könnte u. E. auch sein, dass die informatischen Fächer weniger auf die Mathematikinhalte des Vorkurses zurückgreifen.

Greefrath et al. (2016) untersuchen ebenfalls Klausurleistungen in Zusammenhang mit Vorkursteilnahme, in diesem Fall von Studierenden der Elektrotechnik (n = 261 TN, 159 N-TN) und Informatik (n = 176 TN, 197 N-TN) an der Universität Kassel, und können je nach Studiengang und Klausur auf einem Signifikanzniveau von 5 % keinen oder einen nur kleinen Effekt ($d = 0,2$ für die Analysisklausur in der Informatik, $d = 0,19$ für die Klausur in der Linearen Algebra in der Elektrotechnik) des Vorkursbesuchs messen. Hierbei werden jedoch zusätzliche Variablen nicht kontrolliert, was keine Kausalaussagen erlaubt.

Büchele (2020) untersucht kurz- und mittelfristige Effekte von Mathematikvorkursen für Studierende in den Wirtschaftswissenschaften (einem Studiengang, der im WiGeMath-Projekt nicht berücksichtigt wurde, was aber trotzdem interessante Informationen zu erwartbaren Wirkungen von Mathematikvorkursen auch für WiGeMath-Zielgruppen liefern kann). Die Stichprobe besteht aus 1236 Studierenden der Universität Kassel aus den Jahren 2012, 2014 und 2016. Der Autor vergleicht mit Hilfe eines schulmathematischen Tests (Laging & Voßkamp, 2017) die Leistungen von Vorkursteilnehmer*innen und Nichtteilnehmer*innen zu Beginn des ersten Semesters (also direkt nach dem Vorkursbesuch) und neun bis zehn Wochen nach Beginn des Semesters. Dabei stellt er auf einem Signifikanzniveau von 0,1 % einen positiven kurzfristigen Effekt des Vorkursbesuchs auf die Mathematikleistung bei Kontrolle der sozio-demographischen (Geschlecht, Wiederholung der Veranstaltung „Mathe für Wirtschaftswissenschaftler", Studiengang, Schulabschluss, Schulabschlussnote, Mathematiknote in der Schule, mathematische Selbstwirksamkeitserwartung und Zeit zwischen Schulabschluss und Studium) und pädagogisch-psychologischen Merkmale (Interesse an Mathematik, Lernzielorientierung, Kontrollstrategien, Mathematikangst, wahrgenommener Wert von Mathematik, mathematisches Selbstkonzept) fest, sofern mehr als 25 % der Vorkurstermine besucht wurden. Dabei ist der Effekt größer, je mehr Termine wahrgenommen wurden. Der mittelfristige Effekt wird nur noch für Studierende, die an mindestens 75 % der Vorkurstermine teilgenommen haben (n = 193), im Vergleich zu Studierenden, die nicht am Vorkurs teilgenommen haben (n = 198), untersucht. Hier wird der Zuwachs des schulmathematischen Wissens vom ersten zum zweiten Messzeitpunkt (also von Beginn des Semesters bis etwa zum letzten Drittel des Semesters) gemessen und mit Regressionsmodellen erklärt. Es wird auf einem Signifikanzniveau von 1 % ein starker kompensierender Effekt gemessen: Die Studierenden, die nicht am Vorkurs teilgenommen haben, erzielen zwar im Durchschnitt immer noch weniger Punkte als die Vorkursteilnehmer*innen, ihr Zuwachs ist aber größer: Unter Berücksichtigung der Anstrengung im Semester und der pädagogisch-psychologischen Merkmale können die Studierenden, die nicht am Vorkurs teilgenommen haben, um ca. 1,5 Punkte aufholen. Dass die Vorkursteilnehmer*innen weiterhin bessere Leistungen erzielen, führt der Autor auf deren höheren Einsatz im Semester durch häufigere Teilnahme an Vorlesungen und Übungen sowie Bearbeitung der Übungsaufgaben zurück. Büchele folgert daraus, dass kein signifikanter längerfristiger Effekt des Vorkurses in Hinblick auf schulmathematisches Wissen festgestellt werden kann. Er weist aber darauf hin, dass noch nicht untersucht ist, inwiefern der stärkere Einsatz im Semester mit dem Vorkursbesuch zu tun hat – denkbar wäre beispielsweise eine realistischere Selbsteinschätzung dank des Vorkurses. In der Studie wird explizit nicht untersucht, inwiefern möglicherweise ein Unterschied in der Kenntnis des „aktuellen" Stoffs der Mathematik für Wirtschaftswissenschaften vorliegt. Es erscheint nach der cognitive load theory (Sweller et al., 1998) plausibel, dass die Studierenden, die während des Semesters weniger kognitive Ressourcen einsetzen müssen, um Schulstoff „aufzuholen" oder auch schulmathematische Fehler überwinden müssen, weniger Schwierigkeiten mit den neuen Inhalten haben könnten (vgl. Renkl, 2009). Auch gibt es keinen themenspezifischen Vergleich. Insofern wäre die Schlussfolgerung, dass mathematische Vorkurse keine längerfristigen Effekte auf Mathematikleistungen allgemein haben, übereilt.

Büchele warnt vor einer Verallgemeinerung der Ergebnisse auf Mathematikvorkurse anderer Studiengänge wie Ingenieurswissenschaften und Mathematik, insbesondere mit der Begründung, dass diese in der Regel einen höheren Umfang aufweisen.

Austerschmidt et al. (2021) untersuchen, welche der Eingangsmerkmale Mathematiknote, Abiturjahr, Einschätzung der schulischen Vorbereitung und Einschätzung der Relevanz von Mathematik für ihr Studium von Studierenden der Wirtschaftswissenschaften, Psychologie und Chemie Einfluss auf die Noten in Mathematikmodulen am Ende des ersten Semesters hatten, und unterscheiden dabei auch zwischen Studierenden, die am Mathematikvorkurs teilgenommen hatten und Studierenden, die nicht am Mathematikvorkurs teilgenommen hatten. Die Studierenden wurden in ihrem dritten Semester rückblickend befragt, sodass Studierende, die das Studium in den ersten zwei Semestern abgebrochen hatten, nicht in der Stichprobe enthalten sind. Es werden mittels Propensity Score Matching unter Berücksichtigung von Mathematiknote und Abiturjahr vergleichbare Gruppen von Teilnehmer*innen und Nichtteilnehmer*innen gebildet und mit einer multiplen Regressionsanalyse der Einfluss der oben genannten potentiellen Prädiktoren auf die Modulnoten jeweils für Vorkursteilnehmer*innen und Nichtteilnehmer*innen untersucht. In den Fächern Wirtschaftswissenschaften (n = 45 TN, 45 N-TN nach Propensity Score Matching) und Chemie (n = 36 TN, 18 N-TN nach Propensity Score Matching) konnte jeweils festgestellt werden, dass in der Gruppe der Nichtteilnehmer*innen verschiedene Merkmale (Mathematiknote (β = 0,35) und Einschätzung der schulischen Vorbereitung (β = -0,37) in Wirtschaftswissenschaften, Abiturjahr (β = 0,32) in Chemie) einen statistisch signifikanten Einfluss (p-Werte werden leider nicht berichtet) auf die Modulnoten haben, in der Gruppe der Teilnehmer*innen aber nicht. Die Autorinnen interpretieren dies als positiven Effekt der

Vorkursteilnahme, weil durch den Vorkursbesuch ungünstige Eingangsvoraussetzungen ausgeglichen werden bzw. keinen Einfluss mehr auf den Studienerfolg zeigen. Bei den Psychologiestudierenden (n = 25 TN, 25 N-TN nach Propensity Score Matching) zeigte die Mathematiknote sowohl für die Teilnehmenden als auch für die Nichtteilnehmenden einen statistisch signifikanten ($\beta = 0{,}53$ für N-TN, $\beta = 0{,}70$ für TN, p-Werte werden leider nicht berichtet) Einfluss. Somit konnte zumindest für die Fächer Chemie und Wirtschaftswissenschaften die Hypothese erhärtet werden, dass die Vorkursteilnahme dafür sorgt, dass verschiedene Eingangsmerkmale keinen statistisch signifikanten Einfluss auf den Studienerfolg in Bezug auf Mathematik haben, was als Neutralisation von ungünstigen Eingangsvoraussetzungen durch Vorkursteilnahme und damit als Erfolg der Vorkurse gewertet wird. Ob Vorkursteilnehmer*innen oder Nichtteilnehmer*innen in den Klausuren insgesamt besser abschnitten, wird nicht berichtet.

Bebermeier und Austerschmidt (2018) stellen für einen Mathematikvorkurs im Fach Chemie (n = 65) mit Hilfe einer multiplen linearen Regression unter Berücksichtigung der letzten Mathematiknote in der Schule, einer rückblickenden Beurteilung der Relevanz der mathematischen Inhalte des Studienfachs zu Studienbeginn und der Vorkursteilnahme fest, dass Vorkursteilnehmer*innen bessere Modulnoten im Fach Mathematik erzielen als Nichtteilnehmer*innen ($\beta = -0{,}43$, $p < 0{,}01$). Weitere soziodemographische Daten wie Alter, Geschlecht oder Abiturdurchschnitt werden in der Regression nicht als mögliche Prädiktoren berücksichtigt. Das verwendete Modell klärt nur 22 % der Varianz in den Klausurnoten auf, was darauf hindeutet, dass einige relevante Prädiktoren nicht eingeschlossen wurden. Überraschend im Vergleich zu anderen Studien ist, dass die Vorkursteilnahme einen signifikanten Einfluss auf die Klausurleistungen zeigt, die Vorkenntnisse (operationalisiert durch Mathematiknote in der Schule) aber nicht. Da hier jedoch die Stichprobe der Nichtteilnehmer*innen mit 14 Personen (gegenüber 46 Teilnehmer*innen) sehr klein ist, ist dieser Vergleich mit großer Vorsicht zu sehen.

Reichersdorfer et al. (2014) untersuchen zwar keine Klausurleistungen, stellen aber für einen Leistungstest mit Beweisaufgaben, der in der Linearen Algebra II ca. sechs Monate nach einem Brückenkurs für BaGym-Studierende, in dem vor allem Beweise thematisiert worden waren, eingesetzt und von 60 Brückenkursteilnehmer*innen und 60 Nichtteilnehmer*innen bearbeitet wurde, mit Hilfe einer Kovarianzanalyse, allerdings nur mit der einen Kovariate Abiturnote, fest, dass Brückenkursteilnehmer*innen signifikant besser abschneiden als Nichtteilnehmer*innen ($F(1;117) = 7{,}15$; $p < 0{,}01$; part. $\eta^2 = 0{,}06$).

Insgesamt ergibt sich eine unklare und nicht generalisierbare Befundlage, was die Wirkung von Vorkursen auf die Studienleistungen im ersten Semester betrifft, sodass weitere Studien lohnenswert erscheinen. Häufig wurden konfundierende Variablen nicht angemessen kontrolliert.

Über den Einsatz von Propensity Score Matching wollten wir methodisch elaboriert dem Problem begegnen, dass nicht vergleichbare Gruppen von Vorkursteilnehmenden und Nichtteilnehmenden gegenübergestellt werden. Die dargestellten Studien geben dabei teilweise Hinweise auf zu kontrollierende konfundierende Variablen.

12.8.3 In WiGeMath untersuchte Stichproben

Aus drei Erstsemester-Mathematik-Veranstaltungen (zugehörig zu drei verschiedenen Vorkursen für Ingenieursstudiengänge, an den Standorten Hannover, Kassel und Stuttgart) wurden die Klausurnoten erhoben, sodass untersucht werden konnte, inwiefern sich die Leistungen von Vorkursteilnehmer*innen von denen der Nichtteilnehmer*innen unterscheiden.

An den drei verschiedenen Standorten gab es ganz unterschiedliche Klausurkonzepte. In Hannover wurden in der Veranstaltung „Mathematik für Ingenieure" während des Semesters vier „Kurzklausuren" geschrieben, deren Ergebnisse am Ende aufaddiert wurden. In Kassel wurden die Ergebnisse der Abschlussklausur der Veranstaltung „Höhere Mathematik 1 für Ingenieure BNUW" (wobei „BNUW" für die Studiengänge Bauingenieurwesen, Nanostrukturwissenschaft, Umwelt- und Wirtschaftsingenieurwesen steht) erhoben. In Stuttgart wurden zwei benotete „Scheinklausuren" geschrieben. Die Modulabschlussklausur wurde dann erst nach dem Ende des darauffolgenden Semesters geschrieben und von uns nicht ausgewertet. Insbesondere sind offensichtlich die Ergebnisse der verschiedenen Standorte nicht vergleichbar, da es sich zwar um ähnliche Veranstaltungen, aber völlig verschiedene Klausuren handelt.

12.8.4 Methode und Ergebnisse

Methodisch wurde wieder mit Hilfe des Propensity Score Matching vergleichbare Gruppen von Vorkursteilnehmer*innen und Nichtteilnehmer*innen in Hinblick auf die letzte Mathematiknote in der Schule, die Durchschnittsnote im Schulabschluss, das Geschlecht, das Alter, ggf. den Studiengang, den Zeitpunkt des Schulabschlusses und das Niveau des letzten Schulmathematikkurses geschaffen. Hierbei wurden mit Mathematiknote (z. B. Gradwohl & Eichler, 2018), Durchschnittsnote im Schulabschluss (z. B. Gradwohl & Eichler, 2018; Mallik & Lodewijks, 2010), Niveau des letzten Schulmathematikkurses (z. B. Greefrath et al., 2016) und Geschlecht (z. B.Greefrath et al., 2016; Mallik & Lodewijks, 2010) Kovariaten verwendet, die zum Teil als Prädiktoren für den Studienerfolg identifiziert worden waren und darüber hinaus weitere Variablen aufgenommen, deren Einfluss auf die Teilnahme am Vorkurs und auf die Klausurleistungen nicht ausgeschlossen werden konnte (Alter, Zeitpunkt des Schulabschlusses). Für den Datensatz in Stuttgart konnte aufgrund der sehr ungleichen Verteilung das Geschlecht nicht für das Matching verwendet werden, da sonst der gematchte Datensatz zu klein geworden wäre. Auch ohne die Berücksichtigung bei der Berechnung des Propensity

Scores wurde die Verteilung des Geschlechts in den beiden Gruppen im gematchten Datensatz aber ähnlicher (vgl. Tab. 12.21 im Anhang).

Zur Auswertung dieser Forschungsfrage wurde aufgrund der sehr unterschiedlichen Stichprobengrößen kein 1:1-, sondern (je nach Gruppengröße, s. Tab. 12.14) ein 1:n-Matching durchgeführt: Jedem Nichtteilnehmer bzw. jeder Nichtteilnehmerin konnten – bei geeigneter Passung – also bis zu n Vorkursteilnehmer*innen zugeordnet werden. Da als Toleranzgrenze wie üblich 0,25*Standardabweichung des Propensity Scores gesetzt wurde, enthält der gematchte Datensatz nicht zwangsläufig genau n-mal so viele Teilnehmer*innen wie Nichtteilnehmer*innen. Ein Vergleich der gematchten und ungematchten Datensätze findet in den Tab. 12.19–12.21 im Anhang statt. Im gematchten Datensatz der Ergebnisse aus Hannover sind prozentual mehr Studierende, die den Schulabschluss im Jahr des Vorkurses abgelegt hatten (vor allem unter den Nichtteilnehmenden), mehr mit Leistungskurs Mathematik (vor allem unter den Teilnehmenden), mehr Jüngere und im Schnitt bessere Mathematiknoten aus der Schule als im ungematchten Datensatz enthalten. Im Kasseler Datensatz sind im gematchten Datensatz die Studiengänge unter den Vorkursteilnehmenden deutlich ausgeglichener und sowohl Teilnehmende als auch Nichtteilnehmende weisen im gematchten Datensatz etwas bessere Abiturnoten auf. Im Stuttgarter Datensatz finden sich im gematchten Datensatz in der Gruppe der Teilnehmenden prozentual mehr Studierende mit Schulabschluss im Jahr des Vorkurses und deutlich weniger weibliche Studierende, wobei der Anteil auch im gematchten Datensatz höher ist als unter den Nichtteilnehmenden. Darüber hinaus ist die letzte Mathematiknote der Teilnehmenden im gematchten Datensatz etwas besser als im ungematchten.

Die Klausurergebnisse der vergleichbaren Gruppen wurden dann erneut mit dem nicht-parametrischen Mann–Whitney-U-Test untersucht. Die Ergebnisse dieses Vergleichs sind in Tab. 12.14 zu finden.

Auf einem Signifikanzniveau von 5 % sind die Unterschiede in den verschiedenen Klausurergebnissen zwischen den Vorkursteilnehmer*innen auf der einen und den Nichtteilnehmer*innen auf der anderen Seite jeweils nicht signifikant. Es zeigt sich auch keine eindeutige Tendenz, ob die Vorkursteilnehmer*innen oder diejenigen, die keinen Vorkurs besucht haben, in den Klausuren besser abschneiden.

Dass hier keine Unterschiede feststellbar sind, könnte als Indiz dafür gewertet werden, dass auch unter den nach obigen Kriterien „vergleichbaren" Gruppen sich die richtigen Studierenden für eine Vorkursteilnahme entschieden haben, nämlich diejenigen, die trotz vergleichbarer Abiturnoten etc. mehr Unterstützungsbedarf hatten. Da innerhalb der Vorkurse jeweils ein Leistungszuwachs gemessen werden konnte, sollte dieses Ergebnis nicht als fehlende Wirkung der Vorkurse auf die Mathematikleistung interpretiert werden.

Tab. 12.14 Klausurergebnisse von Vorkursteilnehmer*innen und Nichtteilnehmer*innen

Standort	Klausur	Matching-Verhältnis (N-TN:TN)	Anzahl TN/N-TN im gematchten Datensatz	M (SD) TN	M (SD) N-TN	p	d
Hannover	Summe über alle Kurzklausuren für Mathematik für Ingenieure (max. erreichbar: 40 Punkte)	1:8	245/35	17,6 (7,2)	17,1 (7,4)	0,595	0,07
Kassel	Mathe für BNUW (max. erreichbar: 60 Punkte)	1:2	28/19	42,77 (12,4)	41,71 (12,8)	0,753	0,08
Stuttgart	Höhere Mathematik für Ingenieure, Scheinklausur 1 (max. erreichbar: 31 Punkte)	1:2	28/20	13,57 (6,6)	16,50 (5,9)	0,177	−0,46
	Höhere Mathematik für Ingenieure, Scheinklausur 2 (max. erreichbar: 31 Punkte)	1:2	28/20	20,07 (10,18)	22,40 (8,6)	0,367	−0,24

12.9 Fazit

12.9.1 Zusammenfassung der Ergebnisse

In den verschiedenen Teilstudien zu Vorkursen im WiGeMath-Projekt konnten Erkenntnisse zu Gründen für Vorkursteilnahme bzw. Nichtteilnahme, Erwartungen an und Ziele von Vorkursen sowie deren Erfüllung ebenso wie kurz- und mittelfristige Wirkungen von Vorkursen auf affektive Merkmale und Leistungen gewonnen werden.

In Bezug auf die *Determinanten der Vorkursteilnahme* kann konstatiert werden, dass in unserer Stichprobe, erhoben an sieben deutschen Universitäten, keine wesentlichen soziodemographischen Unterschiede zwischen Vorkursteilnehmer*innen und Nichtteilnehmer*innen festgestellt werden konnte. Die am häufigsten genannten Informationsquellen für die Vorkurse waren Informationen auf der Universitätshomepage sowie die Empfehlung von Eltern, Freunden oder Bekannten. Etwa 17 %

der Nichtteilnehmer*innen gaben an, nichts vom Vorkurs gewusst zu haben, weitere Gründe für die Nichtteilnahme waren breit gestreut. Viele Studierende schätzten ihre eigenen mathematischen Fähigkeiten als gut genug ein. Hierzu wären Folgestudien, inwiefern diese Einschätzung stimmte, sowie digitale Selbsttests zur Unterstützung der Selbsteinschätzungen wünschenswert. Ein weiterer häufig genannter Grund für die Nichtteilnahme war die fehlende Wohnung in Universitätsnähe sowie unter Ingenieurs-studierenden Arbeit oder Praktika, was dafürspricht, zeitlich flexibel einsetzbare E-Learning-Angebote stärker auszubauen.

Ziele von Vorkursen wurden aus Dozent*innensicht bereits in Kap. 4 sowie – zusammen mit der konkreten, an den Zielen ausgerichteten Ausgestaltung – in den Darstellungen einzelner Vorkurse in den Kap. 5 bis 11 beleuchtet. Die von den Dozent*innen spezifisch formulierten Lernziele wurden nach Einschätzung der Vorkursteilnehmer*innen über-wiegend erreicht. Aus Sicht der Studierenden zeigt sich, dass besonders hohe Erwartungen im Bereich der sozialen Kontakte und beim Erlernen neuer mathematischer Themen vor-handen sind. Schulmathematik wurde dabei in unserer Stichprobe in Vorkursen für Ingenieursstudierende und gemischten Onlinekursen häufiger aufgearbeitet, während in BaGym-Kursen eher neue hochschulmathematische Themen sowie Metawissen zur Hoch-schulmathematik vermittelt wurde. In Onlinekursen gaben die Studierenden an, besonders stark (auch im Vergleich zu Präsenzkursen) eigene Defizite aufgearbeitet zu haben. Ihre soziale Eingebundenheit bewerten die Vorkursteilnehmer*innen am Ende des Vorkurses als hoch, in den Onlinekursen naturgemäß etwas geringer als in den Präsenzkursen. Alle Vor-kurse wurden insgesamt positiv von den Teilnehmer*innen evaluiert.

In Hinblick auf *affektive Variablen* blieben in Bezug auf kurzfristige Wirkungen sowohl eine starke Abnahme im Sinne eines Eingangsschocks als auch eine deutliche positive Beeinflussung aus. Auf einem hohen Ausgangsniveau zeigte sich ein leichter Rückgang des mathematischen Interesses in allen Kursen und des mathematischen Selbstkonzepts in BaGym-Kursen. Die Einschätzung der eigenen Studienvorbereitung nahm im Lauf des Vorkurses in allen Kursen deutlich zu.

Auf *kognitiver Ebene* wurden nur schulmathematische Kompetenzen vor und nach den Vorkursen untersucht. Es konnte dabei eine deutliche Zunahme der Kenntnisse und Kompetenzen festgestellt werden. Dabei konnte die Varianz im Ausgangstestergebnis zu ca. 50 % durch das Eingangstestergebnis erklärt werden. Die Heterogenität nahm während des Vorkurses nicht ab, aber es zeigt sich am Ende des Vorkurses ein deutlich höheres durchschnittliches Niveau der schulmathematischen Kenntnisse.

Zur Untersuchung *von mittelfristigen Wirkungen* von Vorkursen *auf affektive Merkmale und Klausurleistungen* wurden mit Hilfe der statistischen Methode des Propensity Score Matchings in Hinblick auf Alter, Jahr des Schulabschlusses, Niveau des letzten Mathematikkurses, Geschlecht, letzter Mathematiknote, Schulabschlussnote und ggf. Studiengang vergleichbare Gruppen von Teilnehmer*innen und Nichtteilnehmer*innen geschaffen. Dies führte jeweils zu starken Einschränkungen der Stichprobe. Weder in Hinblick auf affektive Merkmale oder Lernstrategien in der Mitte des Semesters noch in

Klausurleistungen zeigte sich ein klares Bild. Insbesondere zeigte sich keine bessere retrospektive Bewertung der eigenen Studienvorbereitung unter den Vorkursteilnehmer*innen. Stattdessen zeigten sich in unterschiedlichen Vorkursen verschiedene Wirkungen: Im Vorkurs für Ingenieursstudierende in Hannover waren die Vorkursteilnehmer*innen sozial stärker eingebunden als die Nichtteilnehmer*innen, was sich möglicherweise auf die spezifischen Maßnahmen zur Förderung sozialer Kontakte (vgl. Kap. 5) zurückführen lässt, während sich im Oldenburger Vorkurs noch nicht vollständig geklärte Unterschiede wie beispielsweise eine höhere Abbruchneigung unter den Teilnehmer*innen zeigten. In den Klausurleistungen konnten selbst auf einem Signifikanzniveau von 10 % keine Unterschiede zwischen Teilnehmer*innen und Nichtteilnehmer*innen im gematchten Datensatz festgestellt werden und auch keine einheitliche Tendenz.

12.9.2 Diskussion

Die Erkenntnisse zu Teilnahme, Nichtteilnahme und Erwartungen und Zielen an und von Vorkursen sprechen für die Gestaltung und Weiterentwicklung geeigneter Blended-Learning-Formate, bei denen die Potenziale von Onlinekursen durch zeitliche und räumliche Flexibilität, gute Differenzierungsmöglichkeiten und geeignete Testangebote mit sozialen Aspekten und dem Kennenlernen hochschulmathematischer Präsenzlehre kombiniert werden.

Erste Schritte in diese Richtung wurden durch die Coronapandemie – aus der Not geboren – unternommen: Für Vorkurse im Jahr 2020 wurden neue Konzepte für Onlinekurse erprobt, die verstärkt auf Multimediamaterial, digitale Vorlesungen und digitale Übungsgruppen im Videokonferenzformat in Ergänzung zu text- und aufgabenbasiertem Material setzten (vgl. z. B. Kempen & Lankeit, 2021).

Insgesamt lassen sich deutliche kurzfristige Wirkungen der Vorkurse feststellen, sowohl im Hinblick auf die subjektive Einschätzung der eigenen Studienvorbereitung als auch auf kognitiver Ebene in Bezug auf schulmathematisches Wissen und Fähigkeiten. Das Erreichen weiterer wissens- und handlungsbezogener Lernziele zum Beispiel im Bereich der Hochschulmathematik, in Bezug auf mathematische Arbeitsweisen und Metawissen zum Beispiel über die Rolle von Definitionen haben wir außerhalb von subjektiven Einschätzungen nicht gemessen. Der Fokus auf solche möglichen Wirkungen könnte in Zukunft weitere Aufschlüsse über Wirkungen von Vorkursen geben, insbesondere solchen, die das als Hauptziel verfolgen.

Langzeiteffekte sind grundsätzlich aufgrund des typischen Phänomens der Verringerung der Befragungskohorten schwierig zu untersuchen. Das war auch in unseren Studien der Fall. Um stärkere Kausalaussagen im Vergleich von Teilnehmer*innen und Nichtteilnehmer*innen treffen zu können, haben wir in unserer Studie mit Propensity Score Matching vergleichbar gemachten Gruppen von Teilnehmer*innen und Nichtteilnehmer*innen untersucht. Dabei zeigten sich wenige, standortspezifische Unterschiede zwischen den Teilnehmer*innen und Nichtteilnehmer*innen in Bezug auf affektive Merkmale und soziale Eingebundenheit, aber keine generalisierbaren Effekte. In Bezug auf die Klausurleistungen konnten keine Unterschiede nachgewiesen werden, die kausal auf den Vorkursbesuch zurückzuführen sind. Das Propensity Score Matching führte teilweise zu sehr kleinen vergleichbaren Gruppen, verschärft durch das Problem der Stichprobenverkleinerung in longitudinalen Studien. Wenn es in zukünftigen Studien gelingt, größere Vergleichsgruppen zu erhalten, würden sich hier entsprechende Untersuchungen lohnen. Es würde aus unserer Sicht keinen großen wissenschaftlichen Beitrag ausmachen, erneut Teilnehmer*innen und Nichtteilnehmer*innen ohne entsprechende Matchingverfahren zu untersuchen, wie das ja schon zahlreiche Studien gemacht haben.

Diese Ergebnisse legen nahe, dass Vorkurse dazu dienen, den Studieneinstieg zu erleichtern, als langfristige Effekte bezüglich des Wissenserwerbs zu erzielen. Vorkurse sind in der Regel erfolgreich, um schulmathematische Kenntnisse und Fähigkeiten vor Studienbeginn aufzufrischen und zu steigern, wenn auch nicht Wissensunterschiede auszugleichen. Effekte von Vorkursen sind eher am Anfang des Studiums als am Ende des ersten Semesters zu erwarten. Immerhin handelt es sich auch um verhältnismäßig kurze Interventionen im Vergleich zu einem ganzen Semester. Vorkurse werden von den Teilnehmer*innen auch im späteren Studienverlauf noch sehr positiv als Erleichterung des Studieneinstiegs bewertet. In unseren Studien konnte die Frage nicht untersucht werden, ob obligatorische Angebote im ersten Semester als Begleitung zu den üblichen Lehrveranstaltungen oder eine stärkere Umstrukturierung dieser Lehrveranstaltungen, die die Übergangsproblematik noch stärker berücksichtigen, nachweisbar stärkere Effekte erzielen könnten.

Insgesamt legen wir mit unseren Evaluationsinstrumenten und Beispielen ihrer Anwendung eine Toolbox für die Beforschung zukünftiger Vorkurse vor. Das WiGeMath-Rahmenmodell und die verschiedenen Good-Practice-Beispiele der vorangehenden Kapitel dieses Buches liefern theoretische Orientierungen und praktische Tipps für die bewusste didaktische Gestaltung und Einordnung von Vorkursen, zu deren Evaluation dann entsprechende WiGeMath-Instrumente herangezogen werden könnten.

Anhang: Vergleiche der gematchten und ungematchten Datensätze in 12.7 und 12.8

Vergleich von gematchten und ungematchten Datensätzen für 12.7: Mittelfristige Wirkungen auf affektive Merkmale und Arbeitsweisen

Tab. 12.15 Vergleich der gematchten und ungematchten Datensätze für Vorkursteilnehmende und Nichtteilnehmende in Hannover

Variable	Vorkursteilnehmende („Treatmentgruppe")			Nichtteilnehmende („Kontrollgruppe")		
	ohne Matching	mit Matching	Differenz	ohne Matching	mit Matching	Differenz
N	258	46	−212	47	46	−1
Unabhängige Variablen (für das Matching verwendet)						
Abschlussjahr: Anteil der Studierenden, deren Schulabschluss im Jahr des Vorkurses abgelegt wurde	56 %	57 %	1 %	55 %	60 %	5 %
Abschlussjahr: Anteil der Studierenden, deren Schulabschluss im Vorjahr abgelegt wurde	22 %	22 %	0 %	19 %	22 %	3 %
Anteil mit Leistungskurs Mathematik	74 %	63 %	−11 %	77 %	78 %	1 %
Alter: Anteil der Studierenden bis 20 Jahren	77 %	74 %	−3 %	76 %	83 %	7 %
Geschlecht: Anteil der weiblichen Studierenden	20 %	30 %	10 %	13 %	11 %	−2 %
Letzte Schulmathematiknote (Mittelwert)	2,12	2,14	0,02	2,35	2,22	−0,13
Durchschnitt im Schulabschluss (Mittelwert)	2,32	2,30	−0,02	2,31	2,40	0,09

(Fortsetzung)

Tab. 12.15 (Fortsetzung)

Variable	Vorkursteilnehmende („Treatment-gruppe")			Nichtteilnehmende („Kontroll-gruppe")		
	ohne Matching	mit Matching	Differenz	ohne Matching	mit Matching	Differenz
Abhängige Variablen (Mittelwerte)						
Mathematische Selbstwirksam-keitserwartung	2,68	2,52	−0,16	2,62	2,68	0,06
Selbstkonzept Mathematik	2,74	2,66	−0,08	2,67	2,70	0,03
Interesse an Mathematik	3,59	3,46	−0,13	3,47	3,45	−0,02
Mathematik-bezogene Angst	3,39	3,49	0,1	3,42	3,43	0,01
Mathematik-bezogene Freude	3,38	3,28	−0,1	3,25	3,27	0,02
Soziale Ein-gebundenheit: Lernen mit Kommilitonen	4,62	4,57	−0,05	3,56	3,72	0,16
Zufriedenheit mit Studienbe-dingungen	3,21	3,28	0,07	3,34	3,30	−0,04
Zufriedenheit mit Studien-belastung	2,97	2,94	−0,03	3,05	3,06	0,01
Zufriedenheit mit Studien-inhalten	3,84	4,00	0,16	3,58	3,68	0,1
Abbruch-neigung	1,90	1,81	−0,09	1,92	2,01	0,09
Studienvor-bereitung	3,68	3,48	−0,20	3,45	3,48	0,03
Elaborieren – Beweise lernen	3,78	3,64	−0,14	3,34	3,51	0,17
Elaborieren – Runterbrechen	4,37	4,39	0,02	4,29	4,50	0,21
Elaborieren – Nutzung von Beispielen	4,46	4,26	−0,20	4,20	4,36	0,16

Vergleich von gematchten und ungematchten Datensätzen für 12.8:

Tab. 12.16 Vergleich der gematchten und ungematchten Datensätze für Vorkursteilnehmende und Nichtteilnehmende in Kassel

Variable	Vorkursteilnehmende („Treatment-gruppe")			Nichtteilnehmende („Kontroll-gruppe")		
	ohne Matching	mit Matching	Differenz	ohne Matching	mit Matching	Differenz
N	74	56	−22	67	56	−11
Unabhängige Variablen (für das Matching verwendet)						
Abschlussjahr: Anteil der Studierenden, deren Schulab-schluss im Jahr des Vorkurses abgelegt wurde	49 %	55 %	6 %	58 %	61 %	3 %
Abschlussjahr: Anteil der Studierenden, deren Schulab-schluss im Vor-jahr abgelegt wurde	24 %	21 %	−3 %	24 %	23 %	−1 %
Anteil mit Leistungskurs Mathematik	41 %	43 %	2 %	44 %	48 %	4 %
Alter: Anteil der Studierenden bis 20 Jahren	70 %	70 %	0 %	64 %	76 %	12 %
Geschlecht: Anteil der weiblichen Studierenden	32 %	30 %	−2 %	34 %	36 %	2 %
Letzte Schul-mathematiknote (Mittelwert)	2,50	2,42	−0,08	2,13	2,31	0,18
Durchschnitt im Schulab-schluss (Mittel-wert)	2,51	2,43	−0,08	2,37	2,42	0,05

(Fortsetzung)

Tab. 12.16 (Fortsetzung)

Variable	Vorkursteilnehmende („Treatment-gruppe")			Nichtteilnehmende („Kontroll-gruppe")		
	ohne Matching	mit Matching	Differenz	ohne Matching	mit Matching	Differenz
Abhängige Variablen (Mittelwerte)						
Mathematische Selbstwirksam-keitserwartung	2,77	2,79	0,02	2,64	2,65	0,01
Selbstkonzept Mathematik	2,97	2,99	0,02	3,02	3,05	0,03
Interesse an Mathematik	3,77	3,74	−0,03	3,80	3,90	0,1
Mathematik-bezogene Angst	3,49	3,67	0,18	3,36	3,43	0,07
Mathematik-bezogene Freude	3,18	3,25	0,07	3,16	3,06	−0,10
Soziale Ein-gebundenheit: Lernen mit Kommilitonen	4,52	4,48	−0,04	4,23	4,32	0,09
Zufriedenheit mit Studienbe-dingungen	3,34	3,34	0	3,39	3,40	0,01
Zufriedenheit mit Studien-belastung	2,97	2,98	0,01	3,02	2,97	−0,05
Zufriedenheit mit Studien-inhalten	3,85	3,98	0,13	3,77	3,79	0,02
Abbruch-neigung	1,83	1,76	−0,07	1,98	2,00	0,02
Studienvor-bereitung	3,73	3,80	0,07	3,63	3,72	0,09
Elaborieren – Beweise lernen	4,03	4,10	0,07	3,77	3,67	−0,10
Elaborieren – Runterbrechen	4,39	4,39	0	4,25	4,34	0,09
Elaborieren – Nutzung von Beispielen	4,43	4,48	0,05	4,27	4,32	0,05

Tab. 12.17 Vergleich der gematchten und ungematchten Datensätze für Vorkursteilnehmende und Nichtteilnehmende in Oldenburg

Variable	Vorkursteilnehmende („Treatmentgruppe")			Nichtteilnehmende („Kontrollgruppe")		
	ohne Matching	mit Matching	Differenz	ohne Matching	mit Matching	Differenz
N	66	26	−40	28	26	−2
Unabhängige Variablen (für das Matching verwendet)						
Studiengang: Anteil der Studierenden im Fach Mathematik	30 %	35 %	5 %	36 %	39 %	3 %
Studiengang: Anteil der Lehramtstudierenden	50 %	35 %	−15 %	26 %	27 %	1 %
Studiengang: Anteil der Physik- und Informatik-studierenden	19 %	31 %	12 %	39 %	35 %	−4 %
Abschlussjahr: Anteil der Studierenden, deren Schulabschluss im Jahr des Vorkurses abgelegt wurde	69 %	46 %	−23 %	42 %	46 %	4 %
Abschlussjahr: Anteil der Studierenden, deren Schulabschluss im Vorjahr abgelegt wurde	23 %	39 %	16 %	39 %	31 %	−8 %
Anteil mit Leistungskurs Mathematik	79 %	85 %	6 %	90 %	89 %	−1 %
Alter: Anteil der Studierenden bis 20 Jahren	83 %	77 %	−6 %	68 %	73 %	5 %
Geschlecht: Anteil der weiblichen Studierenden	55 %	54 %	−1 %	42 %	42 %	0 %
Letzte Schulmathematiknote (Mittelwert)	1,58	1,86	0,28	1,98	1,87	−0,11
Durchschnitt im Schulabschluss (Mittelwert)	2,16	2,40	0,24	2,47	2,34	−0,13

(Fortsetzung)

Tab. 12.17 (Fortsetzung)

Variable	Vorkursteilnehmende („Treatment-gruppe")			Nichtteilnehmende („Kontroll-gruppe")		
	ohne Matching	mit Matching	Differenz	ohne Matching	mit Matching	Differenz
Abhängige Variablen (Mittelwerte)						
Mathematische Selbstwirksamkeits-erwartung	2,67	2,43	−0,24	2,47	2,57	0,10
Selbstkonzept Mathematik	2,88	2,68	−0,20	2,72	2,85	0,13
Interesse an Mathematik	3,96	3,71	−0,25	3,93	3,91	−0,02
Mathematikbezogene Angst	3,65	3,87	0,22	3,45	3,20	−0,25
Mathematikbezogene Freude	3,63	3,22	−0,41	3,30	3,33	0,03
Soziale Eingebunden-heit: Lernen mit Kommilitonen	5,23	5,19	−0,04	4,44	4,55	0,11
Zufriedenheit mit Studienbedingungen	3,35	3,29	−0,06	3,37	3,38	0,01
Zufriedenheit mit Studienbelastung	2,85	2,69	−0,16	2,80	2,85	0,05
Zufriedenheit mit Studieninhalten	3,65	3,36	−0,29	3,70	3,85	0,15
Abbruchneigung	2,30	2,50	0,20	2,09	1,97	−0,12
Studienvorbereitung	3,70	3,65	−0,05	3,29	3,42	0,13
Elaborieren – Beweise lernen	4,72	4,56	−0,16	4,44	4,53	0,09
Elaborieren – Runter-brechen	4,31	4,17	−0,14	4,09	4,10	0,01
Elaborieren – Nutzung von Bei-spielen	4,45	4,50	0,05	4,10	4,22	0,12

Tab. 12.18 Vergleich der gematchten und ungematchten Datensätze für Vorkursteilnehmende und Nichtteilnehmende in Paderborn

Variable	Vorkursteilnehmende („Treatment-gruppe")			Nichtteilnehmende („Kontroll-gruppe")		
	ohne Matching	mit Matching	Differenz	ohne Matching	mit Matching	Differenz
N	51	27	−24	34	27	−7
Unabhängige Variablen (für das Matching verwendet)						
Studiengang: Anteil der Studierenden im Fach Mathematik	30 %	30 %	0 %	11 %	19 %	8 %
Studiengang: Anteil der Lehramtstudierenden	57 %	56 %	−1 %	62 %	59 %	−3 %
Studiengang: Anteil der Physik- und Informatik-studierenden	13 %	15 %	2 %	27 %	22 %	−5 %
Abschlussjahr: Anteil der Studierenden, deren Schulabschluss im Jahr des Vorkurses abgelegt wurde	70 %	56 %	−14 %	42 %	56 %	14 %
Abschlussjahr: Anteil der Studierenden, deren Schulabschluss im Vorjahr abgelegt wurde	13 %	15 %	2 %	14 %	19 %	5 %
Anteil mit Leistungs-kurs Mathematik	82 %	74 %	−8 %	84 %	82 %	−2 %
Alter: Anteil der Studierenden bis 20 Jahren	80 %	74 %	−6 %	70 %	78 %	8 %
Geschlecht: Anteil der weiblichen Studierenden	46 %	48 %	2 %	33 %	41 %	8 %
Letzte Schul-mathematiknote (Mittelwert)	1,75	1,78	0,03	1,72	1,73	0,01
Durchschnitt im Schulabschluss (Mittelwert)	2,16	2,21	0,05	2,28	2,18	−0,10

(Fortsetzung)

Tab. 12.17 (Fortsetzung)

Variable	Vorkursteilnehmende („Treatment-gruppe")			Nichtteilnehmende („Kontroll-gruppe")		
	ohne Matching	mit Matching	Differenz	ohne Matching	mit Matching	Differenz
Abhängige Variablen (Mittelwerte)						
Mathematische Selbstwirksamkeits-erwartung	2,49	2,54	0,05	2,54	2,61	0,07
Selbstkonzept Mathematik	2,74	2,71	−0,03	2,81	2,80	−0,01
Interesse an Mathematik	3,97	3,85	−0,12	3,92	3,98	0,06
Mathematikbezogene Angst	4,23	4,22	−0,01	4,06	3,99	−0,07
Mathematikbezogene Freude	3,57	3,22	−0,35	3,49	3,39	−0,1
Soziale Eingebunden-heit: Lernen mit Kommilitonen	4,98	4,98	0	4,39	4,52	0,13
Zufriedenheit mit Studienbedingungen	2,90	2,84	−0,06	3,21	2,94	−0,27
Zufriedenheit mit Studienbelastung	2,54	2,56	0,02	2,79	2,49	−0,3
Zufriedenheit mit Studieninhalten	3,42	3,26	−0,16	3,77	3,64	−0,13
Abbruchneigung	2,32	1,08	−1,24	2,36	2,42	0,06
Studienvorbereitung	3,37	3,18	−0,19	3,03	2,86	−0,17
Elaborieren – Beweise lernen	4,48	4,47	−0,01	4,63	4,80	0,17
Elaborieren – Runter-brechen	4,26	4,14	−0,12	4,11	4,07	−0,04
Elaborieren – Nutzung von Bei-spielen	4,43	4,35	−0,08	4,29	4,12	−0,17

Mittelfristige Wirkungen auf Mathematikleistungen

Tab. 12.19 Vergleich der gematchten und ungematchten Datensätze zu den Leistungsdaten für Vorkursteilnehmende und Nichtteilnehmende in Hannover

Variable	Vorkursteilnehmende („Treatmentgruppe")			Nichtteilnehmende („Kontrollgruppe")		
	ohne Matching	mit Matching	Differenz	ohne Matching	mit Matching	Differenz
N	433	245	−188	55	35	−20
Unabhängige Variablen (für das Matching verwendet)						
Abschlussjahr: Anteil der Studierenden, deren Schulabschluss im Jahr des Vorkurses abgelegt wurde	59 %	65 %	6 %	51 %	66 %	15 %
Abschlussjahr: Anteil der Studierenden, deren Schulabschluss im Vorjahr abgelegt wurde	22 %	24 %	2 %	24 %	23 %	−1 %
Anteil mit Leistungskurs Mathematik	70 %	82 %	12 %	78 %	83 %	5 %
Alter: Anteil der Studierenden bis 20 Jahren	76 %	83 %	7 %	66 %	74 %	8 %
Geschlecht: Anteil der weiblichen Studierenden	23 %	25 %	2 %	17 %	20 %	3 %
Letzte Schulmathematiknote (Mittelwert)	2,17	2,04	−0,13	2,25	1,95	−0,30
Durchschnitt im Schulabschluss (Mittelwert)	2,37	2,83	0,46	2,55	2,42	−0,13

(Fortsetzung)

Tab. 12.18 (Fortsetzung)

Variable	Vorkursteilnehmende ("Treatment-gruppe")			Nichtteilnehmende ("Kontroll-gruppe")		
	ohne Matching	mit Matching	Differenz	ohne Matching	mit Matching	Differenz
Abhängige Variable (Mittelwerte)						
Gesamt-punktzahl in allen Kurz-klausuren für "Mathematik für Ingenieure" (Mittelwert)	16,16	17,62	1,46	14,18	17,14	2,96

Tab. 12.20 Vergleich der gematchten und ungematchten Datensätze zu den Leistungsdaten für Vorkursteilnehmende und Nichtteilnehmende in Kassel

Variable	Vorkursteilnehmende ("Treatment-gruppe")			Nichtteilnehmende ("Kontroll-gruppe")		
	ohne Matching	mit Matching	Differenz	ohne Matching	mit Matching	Differenz
N	65	28	−37	22	19	−3
Unabhängige Variablen (für das Matching verwendet)						
Studiengang: Anteil der Studierenden im Fach Bau-ingenieurs-wesen	32 %	29 %	−3 %	27 %	26 %	−1 %
Studiengang: Anteil der Studierenden im Fach Umweltwissen-schaften	20 %	32 %	12 %	36 %	32 %	−4 %
Studiengang: Anteil der Studierenden im Fach Wirtschafts-ingenieurwesen	14 %	32 %	18 %	27 %	32 %	5 %

(Fortsetzung)

Tab. 12.20   (Fortsetzung)

Variable	Vorkursteilnehmende („Treatment-gruppe")			Nichtteilnehmende („Kontroll-gruppe")		
	ohne Matching	mit Matching	Differenz	ohne Matching	mit Matching	Differenz
Abschlussjahr: Anteil der Studierenden, deren Schulabschluss im Jahr des Vorkurses abgelegt wurde	43 %	43 %	0 %	55 %	47 %	−8 %
Anteil mit Leistungskurs Mathematik	54 %	54 %	0 %	64 %	58 %	−6 %
Geschlecht: Anteil der weiblichen Studierenden	23 %	25 %	2 %	32 %	32 %	0 %
Letzte Schulmathematik-note (Mittelwert)	2,18	2,15	−0,03	2,15	2,08	−0,07
Durchschnitt im Schulabschluss (Mittelwert)	2,50	2,31	−0,19	2,37	2,13	−0,24
Abhängige Variable (Mittelwerte)						
Gesamt-punktzahl in der Klausur „Mathe für BNUW" (Mittelwert)	39,71	42,77	3,06	42,95	41,71	−1,24

Tab. 12.21 Vergleich der gematchten und ungematchten Datensätze zu den Leistungsdaten für Vorkursteilnehmende und Nichtteilnehmende in Stuttgart

Variable	Vorkursteilnehmende („Treatment-gruppe")			Nichtteilnehmende („Kontroll-gruppe")		
	ohne Matching	mit Matching	Differenz	ohne Matching	mit Matching	Differenz
N	37	28	−9	21	20	−1
Unabhängige Variablen (für das Matching verwendet)						
Abschlussjahr: Anteil der Studierenden, deren Schulabschluss im Jahr des Vorkurses abgelegt wurde	51 %	64 %	13 %	67 %	60 %	−7 %
Abschlussjahr: Anteil der Studierenden, deren Schulabschluss im Vorjahr abgelegt wurde	46 %	32 %	−14 %	19 %	15 %	−4 %
Anteil mit Leistungskurs Mathematik	78 %	75 %	−3 %	71 %	70 %	−1 %
Alter: Anteil der Studierenden bis 20 Jahren	87 %	82 %	−5 %	86 %	80 %	−6 %
Geschlecht: Anteil der weiblichen Studierenden *[nicht für das Matching verwendet]*	54 %	39 %	−15 %	14 %	15 %	1 %
Letzte Schulmathematiknote (Mittelwert)	1,85	1,68	−0,17	1,45	1,51	0,06
Durchschnitt im Schulabschluss (Mittelwert)	1,93	1,88	−0,05	1,71	1,76	0,05

(Fortsetzung)

Tab. 12.21   (Fortsetzung)

Variable	Vorkursteilnehmende („Treatment-gruppe")			Nichtteilnehmende („Kontroll-gruppe")		
	ohne Matching	mit Matching	Differenz	ohne Matching	mit Matching	Differenz
Abhängige Variable (Mittelwerte)						
Gesamt-punktzahl in der ersten Scheinklausur in „Höhere Mathematik für Ingenieure" (Mittelwert)	13,89	13,57	−0,32	16,57	16,50	−0,07
Gesamt-punktzahl in der zweiten Scheinklausur in „Höhere Mathematik für Ingenieure" (Mittelwert)	20,57	20,07	−0,5	24,14	22,40	−1,74

Literatur

Abel, H., & Weber, B. (2014). 28 Jahre Esslinger Modell – Studienanfänger und Mathematik. In I. Bausch, R. Biehler, R. Bruder, R. Fischer, R. Hochmuth, W. Koepf, S. Schreiber, & T. Wassong (Hrsg.), *Mathematische Vor- und Brückenkurse: Konzepte, Probleme und Perspektiven* (S. 9–19). Springer Fachmedien. https://doi.org/10.1007/978-3-658-03065-0_2.

Austerschmidt, K., Bebermeier, S., & Nussbeck, F. W. (2021). Nutzung und Effekte mathematischer Vorkurse in verschiedenen Studienfächern. *Die Hochschullehre 7*(16), 126–142.https://doi.org/10.3278/HSL2116W.

Bebermeier, S., & Austerschmidt, K. (2018). Wie werden Unterstützungsmaßnahmen in Fächern mit mathematischen Studieninhalten genutzt und was bewirken sie? In Fachgruppe Didaktik der Mathematik der Universität Paderborn (Hrsg.), *Beiträge zum Mathematikunterricht 2018* (S. 213–216). WTM.

Berndt, S. (2018). Welches Unterstützungspotential besitzen Vorkurse in der Studieneingangs-phase? Eine kritische Überprüfung der Wirkung des Vorkursprogramms „MINT@OVGU". In Fachgruppe Didaktik der Mathematik der Universität Paderborn (Hrsg.), *Beiträge zum Mathematikunterricht 2018* (S. 257–260). WTM.

Berndt, S., & Felix, A. (2021). Intendierte Wirkungen von MINT-Vorkursen im Studienverlauf. Methodische Herausforderungen der Evaluation von Unterstützungsangeboten am Beispiel einer Längsschnittstudie an vier deutschen Universitäten. *Zeitschrift für Evaluation, 2021*(1), 37–74. https://doi.org/10.31244/zfe.2021.01.03.

Berndt, S., Felix, A., & Anacker, J. (2021). Die Wirkungen von MINT-Vorkursen – ein systematischer Literaturreview. *ZfHE, 16*(1), 97–116. https://doi.org/10.3217/zfhe-16-01/06.

Biehler, R., Hänze, M., Hochmuth, R., Becher, S., Fischer, E., Püschl, J., & Schreiber, S. (2018a). *Lehrinnovation in der Studieneingangsphase „Mathematik im Lehramtsstudium" – Hochschuldidaktische Grundlagen, Implementierung und Evaluation - Gesamtabschlussbericht des BMBF-Projekts LIMA 2013 – Reprint mit Anhängen*. Khdm-Report 18–07. Universität Kassel. https://doi.org/10.17170/kobra-2018111412.

Biehler, R., Lankeit, E., Neuhaus, S., Hochmuth, R., Kuklinski, C., Leis, E., Liebendörfer, M., Schaper, N., & Schürmann, M. (2018b). Different goals for pre-university mathematical bridging courses – Comparative evaluations, instruments and selected results. In V. Durand-Guerrier, R. Hochmuth, S. Goodchild, & N. M. Hogstad (Hrsg.), *PROCEEDINGS of INDRUM 2018: Second conference of the International Network for Didactic Research in University Mathematics* (S. 467–476). University of Agder and INDRUM: Kristiansand, Norway.

Blömeke, S. (2009). Ausbildungs- und Berufserfolg im Lehramtsstudium im Vergleich zum Diplom-Studium – Zur prognostischen Validität kognitiver und psycho-motivationaler Auswahlkriterien. *Zeitschrift für Erziehungswissenschaft, 12*(1), 82–110. https://doi.org/10.1007/s11618-008-0044-0.

Blossfeld, H.-P., & von Maurice, J. (2011). Education as a lifelong process. Bildung als lebenslanger Prozess. *Zeitschrift für Erziehungswissenschaft 14*(S2), 19–34. https://doi.org/10.1007/s11618-011-0179-2.

Büchele, S. (2020). Should we trust math preparatory courses? An empirical analysis on the impact of students' participation and attendance on short- and medium-term effects. *Economic Analysis and Policy, 66*, 154–167. https://doi.org/10.1016/j.eap.2020.04.002.

Büchele, S., & Voßkamp, R. (2021). Wirkungsevaluation von mathematikpropädeutischen Maßnahmen in den Wirtschaftswissenschaften. In: *Tagungsband Perspektiven für Studierenden-Erfolg. Gelingensbedingungen, Stolpersteine und Wirkung von Maßnahmen*. Kaiserslautern: KLUEDO. https://doi.org/10.26204/KLUEDO/6418.

Derr, K., Jeremias, X. V., & Schäfer, M. (2016). Optimierung von (E-)Brückenkursen Mathematik: Beispiele von drei Hochschulen. In A. Hoppenbrock, R. Biehler, R. Hochmuth, & H.-G. Rück (Hrsg.), *Lehren und Lernen von Mathematik in der Studieneingangsphase* (S. 115–129). Springer Fachmedien. https://doi.org/10.1007/978-3-658-10261-6_8.

Fischer, P. R. (2014). *Mathematische Vorkurse im Blended-Learning-Format: Konstruktion, Implementation und wissenschaftliche Evaluation*. Springer Fachmedien. https://doi.org/10.1007/978-3-658-05813-5.

Frank, A., & Kaduk, S. (2017). Lehrveranstaltungsevaluation als Ausgangspunkt für Reflexion und Veränderung. Teaching Analysis Poll (TAP) und Bielefelder Lernzielorientierte Evaluation (BiLOE). In Arbeitskreis Evaluation und Qualitätssicherung der Berliner und Brandenburger Hochschulen und Freie Universität Berlin (Hrsg.), *QM-Systeme in Entwicklung: Change (or) Management? Tagungsband der 15. Jahrestagung des Arbeitskreises Evaluation und Qualitätssicherung der Berliner und Brandenburger Hochschulen am 2./3. März 2016* (S. 39–51).

Frey, A., Taskinen, P., Schütte, K., & PISA-Konsortium Deutschland. (2009). *PISA 2006 Skalenhandbuch. Dokumentation der Erhebungsinstrumente*. Waxmann.

Göller, R., Kortemeyer, J., Liebendörfer, M., Biehler, R., Hochmuth, R., Krämer, J., Ostsieker, L., & Schreiber, S. (2013). Instrumentenentwicklung zur Messung von Lernstrategien in mathematikhaltigen Studiengängen. In G. Greefrath (Hrsg.), *Beiträge zum Mathematikunterricht 2013* (S. 360–363). WTM.

Götz, T. (2004). *Emotionales Erleben und selbstreguliertes Lernen bei Schülern im Fach Mathematik*. Utz.

Gradwohl, J., & Eichler, A. (2018). Predictors of performance in engineering mathematics. In V. Durand-Guerrier, R. Hochmuth, S. Goodchild, & N. M. Hogstad (Hrsg.), *PROCEEDINGS of INDRUM 2018: Second conference of the International Network for Didactic Research in University Mathematics* (S. 125 – 134). University of Agder and INDRUM: Kristiansand, Norway.

Greefrath, G., & Hoever, G. (2016). Was bewirken Mathematik-Vorkurse? Eine Untersuchung zum Studienerfolg nach Vorkursteilnahme an der FH Aachen. In A. Hoppenbrock, R. Biehler, R. Hochmuth, & H.-G. Rück (Hrsg.), *Lehren und Lernen von Mathematik in der Studieneingangsphase: Herausforderungen und Lösungsansätze* (S. 517–530). Springer Fachmedien. https://doi.org/10.1007/978-3-658-10261-6_33.

Greefrath, G., Hoever, G., Kürten, R., & Neugebauer, C. (2015). Vorkurse und Mathematiktests zu Studienbeginn – Möglichkeiten und Grenzen. In J. Roth, T. Bauer, H. Koch, & S. Prediger, (Hrsg.), *Übergänge konstruktiv gestalten: Ansätze für eine zielgruppenspezifische Hochschuldidaktik Mathematik* (S. 19–32). Springer Fachmedien. https://doi.org/10.1007/978-3-658-06727-4_2.

Greefrath, G., Koepf, W., & Neugebauer, C. (2016). Is there a link between preparatory course attendance and academic success? A case study of degree programmes in electrical engineering and computer science. *International Journal of Research in Undergraduate Mathematics Education, 3*(1), 143–167. https://doi.org/10.1007/s40753-016-0047-9.

Großmann, D., & T. W. (Hrsg.). (2016). *Evaluation von Studium und Lehre. Grundlagen, methodische Herausforderungen und Lösungsansätze.* Springer Fachmedien. https://doi.org/10.1007/978-3-658-10886-1.

Hainmueller, J. (2012). Entropy balancing for causal effects: A multivariate reweighting method to produce balanced samples in observational studies. *Political Analysis, 20*(1), 25–46. https://doi.org/10.1093/pan/mpr025.

Ho, D. E., Imai, K., King, G., & Stuart, E. A. (2011). MatchIt: Nonparametric Preprocessing for Parametric Causal Inference. *Journal of Statistical Software, 42*(8), 1–28. https://doi.org/10.18637/jss.v042.i08.

Hochmuth, R., Biehler, R., Schaper, N., Kuklinski, C., Lankeit, E., Leis, E., Liebendörfer, M., & Schürmann, M. (2018). *Wirkung und Gelingensbedingungen von Unterstützungsmaßnahmen für mathmatikbezogenes Lernen in der Studieneingangsphase: Schlussbericht: Teilprojekt A der Leibniz Universität Hannover, Teilprojekte B und C der Universität Paderborn: Berichtszeitraum: 01.03.2015–31.08.2018.* TIB. https://doi.org/10.2314/KXP:1689534117.

Hochmuth, R., Schaub, M., Seifert, A., Bruder, R., & Biehler, R. (2019). The VEMINT-Test: Underlying Design Principles and Empirical Validation. In U. T. Jankvist, M. Van den Heuvel-Panhuizen, & M. Veldhuis (Hrsg.), *Proceedings of the Eleventh Congress of the European Society for Research in Mathematics Education (CERME11, February 6 – 10, 2019)* (S. 2526–2533). Utrecht: Freudenthal Group & Freudenthal Institute, Utrecht University and ERME.

Hoever, G., & Greefrath, G. (2018). Vorkenntnisse von Studienanfänger/innen, Vorkursteilnahme und Studienerfolg – Untersuchungen in Studiengängen der Elektrotechnik und der Informatik an der FH Aachen. In Fachgruppe Didaktik der Mathematik der Universität Paderborn (Hrsg.), *Beiträge zum Mathematikunterricht 2018* (S. 803–806). WTM.

Johnson, P., & O'Keeffe, L. (2016). The effect of a pre-university mathematics bridging course on adult learners' self-efficacy and retention rates in STEM subjects. *Irish Educational Studies, 35*(3), 233–248. https://doi.org/10.1080/03323315.2016.1192481.

Karapanos, M., & Pelz, R. (2021). Wer besucht Mathematikvorkurse? *Zeitschrift für Erziehungswissenschaft, 24,* 1231–1252. https://doi.org/10.1007/s11618-021-01035-2.

Kempen, L., & Lankeit, E. (2021). Analog wird digital. Die Produktion von mathematischen Vorlesungsvideos in Zeiten der Corona-Pandemie am Beispiel zweier Vorkurse. In I. Neiske, J. Osthushenrich, N. Schaper, U. Trier, & N. Vöing (Hrsg.), *Hochschule auf Abstand. Ein multiperspektivischer Zugang zur digitalen Lehre* (S. 169–185). Transcript. https://doi.org/10.14361/9783839456903-012.

Krüger-Basener, M., & Rabe, D. (2014). Mathe0 – der Einführungskurs für alle Erstsemester einer technischen Lehreinheit. In I. Bausch, R. Biehler, R. Bruder, P. Fischer, R. Hochmuth, W. Koepf, S. Schreiber, & T. Wassong (Hrsg.), *Mathematische Vor- und Brückenkurse: Konzepte, Probleme und Perspektiven* (S. 309–323). Springer Fachmedien. https://doi.org/10.1007/978-3-658-03065-0_21 .

Kürten, R. (2020). Mathematische Unterstützungsangebote für Erstsemesterstudierende. *Entwicklung und Erforschung von Vorkurs und begleitenden Maßnahmen für die Ingenieurswissenschaften.* Springer Fachmedien. https://doi.org/10.1007/978-3-658-30225-2.

Laging, A., & Voßkamp, R. (2017). Determinants of maths performance of first-year business administration and economics students. *International Journal of Research in Undergraduate Mathematics Education, 3*(1), 108–142. https://doi.org/10.1007/s40753-016-0048-8.

Lang, J. W. B., & Kersting, M. (2007). Langfristige Effekte von regelmäßigem Feedback aus studentischen Lehrveranstaltungsevaluationen. In A. Kluge & K. Schüler (Hrsg.), *Qualitätssicherung und -entwicklung an Hochschulen: Methoden und Ergebnisse* (S. 159–167). Pabst Science Publishers.

Lave, C. A. (1970). The demand for urban mass transportation. *The Review of Economics and Statistics, 52*(3), 320–323. https://doi.org/10.2307/1926301.

Liebendörfer, M., Gildehaus, L., & Göller, R. (2020). Geschlechterunterschiede beim Einsatz von Lernstrategien in Mathematikveranstaltungen. In H.-S. Siller, W. Weigel, & F. Wörler (Hrsg.), *Beiträge zum Mathematikunterricht 2020* (S. 1409–1412). WTM. https://doi.org/10.37626/ga9783959871402.0.

Liebendörfer, M., Göller, R., Biehler, R., Hochmuth, R., Kortemeyer, J., Ostsieker, L., Rode, J., & Schaper, N. (2021). LimSt – Ein Fragebogen zur Erhebung von Lernstrategien im mathematikhaltigen Studium. *Journal für Mathematik-Didaktik, 42*(1), 25–59. https://doi.org/10.1007/s13138-020-00167-y.

Mallik, G., & Lodewijks, J. (2010). Student performance in a large first year economics subject: Which variables are significant? *Economic Papers: A journal of applied economics and policy, 29*(1), 80–86. https://doi.org/10.1111/j.1759-3441.2010.00051.x.

Rach, S. (2014). *Charakteristika von Lehr-Lern-Prozessen im Mathematikstudium: Bedingungsfaktoren für den Studienerfolg im ersten Semester.* Waxmann.

Rach, S., Heinze, A., & Ufer, S. (2014). Welche mathematischen Anforderungen erwarten Studierende im ersten Semester des Mathematikstudiums? *Journal für Mathematik-Didaktik, 35*(2), 205–228. https://doi.org/10.1007/s13138-014-0064-7.

Rakoczy, K., Buff, A., & Lipowsky, F. (2005). Dokumentation der Erhebungs- und Auswertungsinstrumente zur schweizerisch-deutschen Videostudie "Unterrichtsqualität, Lernverhalten und mathematisches Verständnis", 1. Befragungsinstrumente. GFPF u. a.

Ramm, G., Prenzel, M., Baumert, J., Blum, W., Lehmann, R., Leutner, D., Neubrand, M., Pekrun, R., Rolff, H.-G., & Rost, J. (2006). *PISA 2003: Dokumentation der Erhebungsinstrumente.* Waxmann.

Reichersdorfer, E., Ufer, S., Lindmeier, A., & Reiss, K. (2014). Der Übergang von der Schule zur Universität: Theoretische Fundierung und praktische Umsetzung einer Unterstützungsmaßnahme am Beginn des Mathematikstudiums. In I. Bausch, R. Biehler, R. Bruder, P. Fischer, R. Hochmuth, W. Koepf, S. Schreiber, & T. Wassong (Hrsg.), *Konzepte und Studien zur Hochschuldidaktik und Lehrerbildung Mathematik. Mathematische Vor- und Brückenkurse: Konzepte, Probleme und Perspektiven* (S. 37–54). Springer Fachmedien. https://doi.org/10.1007/978-3-658-03065-0_4 .

Renkl, A. (2009). Wissenserwerb. In E. Wild & J. Möller (Hrsg.), *Pädagogische Psychologie* (S. 3–26). Springer Berlin Heidelberg.

Rindermann, H. (2003). Lehrevaluation an Hochschulen: Schlussfolgerungen aus Forschung und Anwendung für Hochschulunterricht und seine Evaluation. *Zeitschrift für Evaluation, 2003*(2), 233–256.

Roegner, K., Seiler, R., & Timmreck, D. (2014). Exploratives Lernen an der Schnittstelle Schule/Hochschule: Didaktische Konzepte, Erfahrungen, Perspektiven. In I. Bausch, R. Biehler, R. Bruder, P. Fischer, R. Hochmuth, W. Koepf, S. Schreiber, & T. Wassong (Hrsg.), *Mathematische Vor- und Brückenkurse. Konzepte, Probleme und Perspektiven.* (S. 181–198). Springer Fachmedien. https://doi.org/10.1007/978-3-658-03065-0_13.

Rosenbaum, P. R., & Rubin, D. B. (1983). The central role of the propensity score in observational studies for causal effects. *Biometrika, 70*(1), 41–55. https://doi.org/10.1093/biomet/70.1.41.

Schiefele, U., Krapp, A., Wild, K.-P., & Winteler, A. (1993). Der Fragebogen zum Studieninteresse (FSI). *Diagnostica, 39*(4), 335–351.

Schöne, C., Dickhäuser, O., Spinath, B., & Stiensmeier-Pelster, J. (2002). *Skalen zur Erfassung des schulischen Selbstkonzepts SESSKO.* Hogrefe.

Stuart, E. A. (2010). Matching methods for causal inference: A review and a look forward. *Statistical science: A review journal of the Institute of Mathematical Statistics, 25*(1), 1–21. https://doi.org/10.1214/09-sts313.

Sweller, J., van Merrienboer, J. J. G., & Paas, F. G. W. C. (1998). Cognitive architecture and instructional design. *Educational Psychology Review, 10*(3), 251–296. https://doi.org/10.1023/A:1022193728205.

Tieben, N. (2019). Brückenkursteilnahme und Studienabbruch in Ingenieurwissenschaftlichen Studiengängen. *Zeitschrift für Erziehungswissenschaft, 22*(5), 1175–1202. https://doi.org/10.1007/s11618-019-00906-z.

Ufer, S., Rach, S., & Kosiol, T. (2017). Interest in mathematics = interest in mathematics? What general measures of interest reflect when the object of interest changes. *ZDM Mathematics Education, 49*(3), 397–409. https://doi.org/10.1007/s11858-016-0828-2.

Voßkamp, R., & Laging, A. (2014). Teilnahmeentscheidungen und Erfolg. In I. Bausch, R. Biehler, R. Bruder, P. Fischer, R. Hochmuth, W. Koepf, S. Schreiber, & T. Wassong (Hrsg.), *Mathematische Vor- und Brückenkurse: Konzepte, Probleme und Perspektiven* (S. 67 – 83). Wiesbaden: Springer Fachmedien. https://doi.org/10.1007/978-3-658-03065-0_6.

Westermann, R., Heise, E., Spies, K., & Trautwein, U. (1996). Identifikation und Erfassung von Komponenten der Studienzufriedenheit. *Psychologie in Erziehung und Unterricht, 43*(1), 1–22.

Teil III
Brückenvorlesungen und semesterbegleitende Maßnahmen

Brückenvorlesungen und semesterbegleitende Maßnahmen

13

Christiane Büdenbender-Kuklinski, Reinhard Hochmuth, Michael Liebendörfer und Johanna Ruge

Zusammenfassung

In diesem Buchabschnitt werden die Maßnahmetypen der Brückenvorlesungen und semesterbegleitenden Maßnahmen und darauf bezogene Good-Practice-Beispiele vorgestellt. Brückenvorlesungen sind Lehrveranstaltungen, die durch Vorlesungen oder vorlesungsbegleitende Tutorien eine Brücke zwischen Schule und Hochschule, zwischen Mathematik und Anwendungsfächern oder zwischen Wissensbeständen von Studienkohorten aus verschiedenen Studiengängen schlagen sollen. Semesterbegleitende Maßnahmen wiederum sind Maßnahmen, die während des Semesters (oder auch über mehrere Semester hinweg) entweder losgelöst von speziellen

C. Büdenbender-Kuklinski (✉)
Institut für Didaktik der Mathematik und Physik, Leibniz Universität Hannover, Hannover, Niedersachsen, Deutschland
E-Mail: kuklinski@idmp.uni-hannover.de

R. Hochmuth
Institut für Didaktik der Mathematik und Physik, Leibniz Universität Hannover, Hannover, Niedersachsen, Deutschland
E-Mail: hochmuth@idmp.uni-hannover.de

M. Liebendörfer
Institut für Mathematik, Universität Paderborn, Paderborn, Nordrhein-Westfalen, Deutschland
E-Mail: michael.liebendoerfer@math.upb.de

J. Ruge
Universität Hamburg, Hamburger Zentrum für Universitäres Lehren und Lernen (HUL), Hamburg, Deutschland
E-Mail: johanna.ruge@uni-hamburg.de

367

R. Hochmuth et al. (Hrsg.), *Unterstützungsmaßnahmen in mathematikbezogenen Studiengängen,* Konzepte und Studien zur Hochschuldidaktik und Lehrerbildung Mathematik, https://doi.org/10.1007/978-3-662-64833-9_13

Lehrveranstaltungen oder an Lehrveranstaltungen angegliedert stattfinden. Der Übergang zwischen beiden Maßnahmetypen ist fließend. Das vorliegende Einführungskapitel führt in den Maßnahmetyp der Brückenvorlesungen ein. Diese legen ihren Fokus überwiegend nicht auf die Behandlung neuer mathematischer Inhalte, sondern wollen den Studierenden vor allem die neuen mathematischen Arbeitsweisen oder den Aufbau der Mathematik an der Hochschule näherbringen.

Im WiGeMath-Projekt wurden diesbezüglich vor allem mathematische Brückenvorlesungen für Lehramtsstudierende beforscht. Eine Brücke zwischen der Schule und Hochschule wird von Brückenvorlesungen in Berlin (vgl. Kap. 14), Kassel (vgl. Kap. 15) und Oldenburg (vgl. Kap. 16), die schwerpunktmäßig für das Gymnasiallehramt konzipiert wurden, geschlagen. Eine Brücke zwischen den Ingenieurswissenschaften und der Mathematik schlagen beforschte Brückenvorlesungen in Kassel und Stuttgart, wobei die Brückenvorlesung in Kassel diesen Übergang durch eine Ergänzung erleichtern soll und die Stuttgarter Lehrveranstaltungen (vgl. Kap. 18) die reine Wiederholung von Ingenieurmathematikvorlesungen für an Prüfungsanforderungen gescheiterten Studierenden ersetzt. Die in WiGeMath-Transfer neu aufgenommene höhersemestrige Veranstaltung in Ulm (vgl. Kap. 17) wiederum soll eine Brücke zwischen äußerst heterogenen, den verschiedenen Studiengängen der Studierenden geschuldeten, Kompetenzvoraussetzungen schlagen. Der Kern der Maßnahme ist hier aus der eigentlichen Vorlesung in die Tutorien ausgegliedert. In gewissem Sinne kann sie damit auch als eine semesterbegleitende Maßnahme gesehen werden. Da Brückenvorlesungen sehr verschiedene Fokusse und Ansatzpunkte haben, reichen die Ziele der verschiedenen Brückenvorlesungen etwa von einer Veränderung affektiver Merkmale bis zum besseren Verständnis von Beweisen oder der Kenntnis verschiedener Problemlösestrategien. Häufig zeichnet sich die Gestaltung von Brückenvorlesungen durch eine schulnähere Arbeitsatmosphäre aus, sei es durch kleinere Gruppen, mehr Interaktion zwischen den Lehrenden und den Studierenden oder Zeiten innerhalb der Vorlesung, in denen die Studierenden eigenständig an Problemlösungen arbeiten, die dann im Plenum besprochen werden. Aufgrund der Heterogenität der Brückenvorlesungen kann Begleitforschung nur bedingt vergleichend geschehen. Zudem wird das besondere Bedürfnis nach einer Beschreibung von Rahmenbedingungen, Zielen und Vorgehensweisen der Veranstaltungen deutlich. Das vorliegende Überblickskapitel stellt dar, wie unterschiedlich sich die Brückenthematik in verschiedenen Veranstaltungen wiederfindet, welche Gestaltungsmerkmale und Ziele mit den jeweiligen Brückenschlägen verbunden sein können und wie trotz der hohen Heterogenität mithilfe des WiGeMath-Rahmenmodells und des Konzepts der Bielefelder Lernzielorientierten Evaluation (Frank & Kaduk, 2015) solche Veranstaltungen bezüglich ihrer selbst gesetzten Ziele evaluiert werden können.

13.1 Brückenvorlesungen als hochschuldidaktische Unterstützungsmaßnahme

13.1.1 Vorstellung des Maßnahmetyps

In den letzten Jahren wurden an mehreren deutschen Hochschulen Maßnahmen getroffen, mit denen auf veränderte Eingangsvoraussetzungen und steigende Heterogenität unter den Studierenden reagiert wird. Ein typisches Format für solche Maßnahmen sind Brückenvorlesungen, ein Maßnahmetyp, der in WiGeMath beforscht wurde. Dabei verfolgen verschiedene Brückenvorlesungen teils unterschiedliche Ideen. Es bietet sich an, drei Typen von Brückenvorlesungen zu unterscheiden:

- Ein **erster Typ** von Brückenvorlesungen adressiert Lehramtsstudierende und versucht Brücken zwischen der Schule und der Hochschule zu schlagen. Dies kann einerseits geschehen durch Verknüpfungen zwischen mathematischen Inhalten beider Institutionen und andererseits dadurch, dass die Lehramtsstudierenden in einer schulnäheren Atmosphäre an mathematische Arbeitsweisen an der Universität herangeführt werden. Beides dient der Enkulturation der Studierenden in die Fachmathematik und damit auch der Vorbereitung auf ihre spätere Rolle in der Schule als Vertreter*innen der Wissenschaft Mathematik.

- In einem **zweiten Typ** von Brückenvorlesungen, der sich an Ingenieursstudierende richtet, soll wiederum eine Brücke zwischen der Schule und Hochschule insofern geschlagen werden, als dass etwa der hochschulmathematische Stoff den Studierenden in schulnäherer Atmosphäre vermittelt wird. Die schulnähere Atmosphäre soll dabei dadurch erreicht werden, dass in kleineren Gruppen unterrichtet wird, die Vorlesungszeit zur Arbeit an Übungsaufgaben genutzt wird und die Dozierenden den Studierenden dabei mit individuellen Hilfestellungen zur Seite stehen. Letzteres spielt auch eine wesentliche Rolle bei Brückenvorlesungen, die eine Wiederholung von Ingenieurmathematikvorlesungen für an Prüfungsanforderungen gescheiterten Studierenden ersetzen.

- Zudem gibt es einen **dritten Typ** an Brückenveranstaltungen, der insbesondere Brückenschläge zwischen unterschiedlichen Studiengängen ziehen soll, wobei versucht wird, den unterschiedlichen Kompetenzvoraussetzungen verschiedener Studiengänge in einer Veranstaltung Rechnung zu tragen. Dazu werden etwa die jeweils nötigen Vorkenntnisse zu behandelten Themen im Skript mit Verweisen auf hilfreiche Literatur expliziert und in jeder Vorlesung gibt es einen Ausblick, welche Vorkenntnisse für die kommende Sitzung nötig sind, damit diese, falls nötig, vor der Sitzung selbstständig angeeignet werden können. Zudem gibt es Anwendungsbezüge aus verschiedenen Themenfeldern. Dies kann teils auch aus der Vorlesung ausgelagert werden und in Tutorien und Übungen stattfinden. Insbesondere, wenn im Master Veranstaltungen von Studierenden aus verschiedenen Studiengängen besucht werden, die im Bachelor separate Veranstaltungen mit sehr unterschiedlichen Kompetenzzielen besucht haben, können solche Brückenveranstaltungen eine Unterstützung für die Studierenden darstellen.

Insgesamt wird unter dem Begriff der „Brückenvorlesungen" also eine Vielzahl verschiedenartiger Veranstaltungen gefasst. Alle wollen Studierenden Unterstützung bieten und dazu Differenzen überbrücken, aber sie haben heterogene Ideen davon, welche Unterschiede wie überbrückt werden können oder sollen. Die fokussierten Differenzen können Unterschiede zwischen Schule und Hochschule, zwischen Mathematik und Anwendungsfächern oder allgemeiner zwischen verschiedenen Bachelorstudiengängen entspringen.

13.1.2 Brückenvorlesungen in WiGeMath und WiGeMath-Transfer

Innerhalb des WiGeMath-Projekts wurden sechs verschiedene Brückenveranstaltungen beforscht. Dabei handelte es sich um vier Veranstaltungen in Kassel, Oldenburg, Würzburg und Paderborn, die Mathematik- und/oder Mathematiklehramtsstudierende ansprachen und zwei Veranstaltungen in Kassel und Stuttgart für Ingenieursstudierende. Im Rahmen von WiGeMath-Transfer wurden die Kooperationen mit den Lehramtsveranstaltungen in Oldenburg und Kassel und mit der Ingenieursveranstaltung in Stuttgart weitergeführt. Außerdem wurden eine Veranstaltung für Lehramtsstudierende in Berlin und eine Veranstaltung für Mathematik-, Wirtschaftsmathematik-, Lehramt- und CSE[1]-Studierende in Ulm als neue Partner im Projekt aufgenommen (vgl. Tab. 13.1).

Neben dem Marburger Projekt, einer semesterbegleitenden Maßnahme, werden in den folgenden Kapiteln die fünf Brückenvorlesungen aus dem WiGeMath-Transfer-Projekt näher vorgestellt (fett hervorgehoben in Tab. 13.1). Trotz ähnlicher übergeordneter Ziele stellte sich im Rahmen der Begleitforschung heraus, dass es sowohl inhaltlich als auch methodisch deutliche Unterschiede zwischen diesen Veranstaltungen gab.

---

[1] „‚Computational Science and Engineering' (CSE) ist ein Studiengang, der sich mit mathematischer Modellierung und Simulation von Frage- und Problemstellungen aus Natur- und Ingenieurwissenschaften, aber auch aus Wirtschaftswissenschaften, der Medizin und aus dem Bereich der Life Sciences beschäftigt." (https://www.uni-ulm.de/studium/studieren-an-der-uni-ulm/studiengaenge/studiengangsinfo/course/computational-science-and-engineering-bachelor/abgerufen am 16.09.2020).

Tab. 13.1 Beforschte Brückenvorlesungen und semesterbegleitende Maßnahmen

		WiGeMath	WiGeMath Transfer
Brückenvorlesungen	Ingenieursveranstaltungen	Kassel	
		Stuttgart	
			Ulm
	Veranstaltungen für Mathematik- und/oder Mathematiklehramtsstudierende	**Kassel**	
		Oldenburg	
		Würzburg	
		Paderborn	
			Berlin
Semesterbegleitende Maßnahmen		**Marburg**	

Bei allen in WiGeMath untersuchten Brückenvorlesungen handelt es sich um Unterstützungsmaßnahmen, die als reguläre Lehrveranstaltungen oder Elemente davon mit abschließenden Prüfungen und der Vergabe von Leistungspunkten für das Studium angelegt sind. In der Regel sind diese Veranstaltungen verpflichtend zu besuchen. Insbesondere unterscheiden sich Brückenvorlesungen damit grundlegend von Lernzentren oder Vorkursen, die als zusätzliche Angebote ausgelegt sind, welche von Studierenden nach Bedarf wahrgenommen werden können.

Im WiGeMath-Transfer-Projekt sollten der Austausch zwischen verschiedenen Brückenvorlesungsdozierenden gestärkt und die Diskussion über Ziele und Umsetzungsmöglichkeiten unterstützt werden. Gemeinsam sollte herausgearbeitet werden, welche Gestaltungsmerkmale die Lehrenden von Brückenvorlesungen als wirksam erlebt hatten. Die Darstellung der beteiligten Brückenvorlesungen und semesterbegleitenden Maßnahmen im Sinne von Good-Practice Beispielen in den folgenden Kapiteln soll nun den Transfer der Diskussion und der Ergebnisse zu zentralen Maßnahmemerkmalen auf nicht im Projekt beteiligte, eventuell gar erst zu etablierende, Veranstaltungen ermöglichen. Außerdem soll die Beschreibung der zur Evaluation der Brückenvorlesungen eingesetzten Instrumente verdeutlichen, wie diese sich eignen, veranstaltungsspezifische Evaluationen auch da durchzuführen, wo es gegebenenfalls noch an geeigneten Instrumenten mangelt, die die eigenen Ziele und Gestaltungsmerkmale spezifisch genug fassen. In diesem einleitenden Kapitel wird zunächst der nationale und internationale Forschungsstand dargestellt, ehe exemplarisch darauf eingegangen wird, wie Brückenvorlesungen im Rahmen von WiGeMath beforscht wurden und wie sich diese sich mittels des WiGeMath-Rahmenmodells verorten lassen.

13.2   Nationaler und internationaler Forschungsstand

Die Ergebnisse nationaler und internationaler Arbeiten verdeutlichen das hohe Potential, das Brückenvorlesungen haben können. Für den Übergang Schule-Mathematik(lehramts)-studium, belegen mehrere Arbeiten, dass Brückenvorlesungen inhaltlich und methodisch Brückenschläge leisten können, die sowohl an den aktuellen Kenntnisstand der neuen Studierenden anschließen, als auch an die Anforderungen der wissenschaftlichen Mathematik in der Form, wie sie an der Universität behandelt wird. In der Ingenieurs-mathematik werden erfolgreiche Brückenvorlesungen oder ergänzende Angebote mit Blick auf die Lernmethodik berichtet. Vorhandene Ansätze werden im Folgenden vor-gestellt. Keine Beschreibungen finden sich allerdings zu Brückenveranstaltungen, die in höheren Semestern Studierende aus verschiedenen Studiengängen zusammenführen sollen. Dies kann neben der Besonderheit des Brückenschlags auch damit erklärt werden, dass die hochschuldidaktische Forschung in der Mathematik insgesamt einen Schwer-punkt auf der Studieneingangsphase hat.

13.2.1   Die Brücke Schule-Mathematik(lehramts)studium

Traditionelle Fachvorlesungen des ersten Studienjahres, wie sie im gymnasialen Lehr-amts- und Fachstudium üblich sind, werden vermehrt kritisiert (Pritchard, 2010, 2015; Weber, 2004). Die Kritik bezieht sich sowohl auf die Auswahl der Inhalte als auch auf die Lehrmethodik, die beide deutliche Unterschiede zum Lernen an der Schule zeigen. Viele Studierende schaffen es nicht, mit diesen Unterschieden produktiv umzugehen. Zur Überbrückung der Unterschiede wurden deshalb an verschiedenen Orten weltweit Brückenvorlesungen etabliert.

In den USA gibt es zur Überbrückung des Unterschieds zwischen rechnerisch orientierter Schulmathematik und einer auf Definitionen und Beweisen gründenden wissenschaftlichen Mathematik bereits längere Zeit sogenannte transition-to-proof-Kurse, die das Beweisen teils als Hauptinhalt thematisieren, teils auch gemischt mit der Einführung von neuen Inhalten. Dabei muss nach Ansicht von Lehrenden die Heraus-stellung der Methoden in der Regel mit einer deutlichen Beschränkung des inhaltlichen Umfangs der Veranstaltung einhergehen (Savic et al., 2014). Interessanterweise zeigt die Forschung zudem, dass gewisse Beweistechniken oft spezifisch für eine mathematische Teildisziplin sind. Beispielsweise spielen in der Analysis Abschätzungen, rechnerische Techniken und die Arbeit mit verschachtelten Quantoren eine größere Rolle, als in der (Linearen) Algebra, sodass mathematische Methoden, die in Kursen mit inhaltlichem Schwerpunkt (z. B. Lineare Algebra) gelernt wurden, für typische Beweise anderer Inhaltsbereiche oft nicht ausreichen (Savic, 2017). Insofern ist anzunehmen, dass die Brücke Schule-Hochschule auf der Hochschulseite passend zu den weiteren Lehrver-anstaltungen der jeweiligen Studierenden verankert werden muss.

Neben anderen Inhalten wählen Brückenvorlesungen häufig auch andere Lehr-
methoden, die weniger frontal und lehrendenzentriert sind: Das Warwick-Analysis-
Project (Alcock & Simpson, 2002) war gedacht, um den Übergang von der
Schulmathematik zu formaler, axiomatischer Mathematik zu erleichtern. Hier wurde
z. B. der Schwerpunkt auf das kollaborative Lernen in Kleingruppen gelegt, die sich ent-
lang fein abgestimmter Fragen und Probleme in die Analysis einarbeiteten, statt fertiges
Wissen gelehrt zu bekommen. Diese aufwendige Erarbeitung führte zu sichtbar besseren
Lernergebnissen (Alcock & Simpson, 2002). Anhand einer ähnlichen Umsetzung des
Konzepts mit der Entwicklung von mathematischer Theorie entlang offener Probleme
und Kleingruppenarbeit in Malaysia konnte zudem gezeigt werden, dass nicht nur das
Fachwissen, sondern auch die mathematischen Weltbilder, die Einstellung zum Fach und
die Verständnisorientierung beim Lernen der Studierenden von einer Brückenvorlesung
profitieren konnten (Tall & Yusof, 1998). Dort zeigten sich allerdings Schwierigkeiten
dabei, dass Studierende ihre Strategien (z. B. aktives Problemlösen und wenig Auswendiglernen) und die positive Einstellung auf Anschlussveranstaltungen übertragen.

In Deutschland wurde über eine inhaltlich und vor allem lehrmethodisch neu
konzipierte Brückenveranstaltung schon in den 1970er-Jahren berichtet (Fischer et al.,
1975). Bereits damals wurde die auf die Ausweitung der Studienquote zurückgeführte
zunehmende Heterogenität in der Studierendenschaft als Anlass für Veränderungen
beschrieben. Die Brücke von der Schulmathematik zur Hochschulmathematik sollte
insbesondere bezüglich der Fachsprache, dem Beweisen und der axiomatischen Herangehensweise geschlagen werden. In jüngster Zeit finden sich vermehrt Ansätze, die
den Fokus auf mathematische Arbeitsweisen oder das Explizieren von Unterschieden
zwischen Schul- und Hochschulmathematik setzen. Sie sind oft insbesondere für Lehramtsstudierende konzipiert und betreffen nicht nur die in diesem Band vorgestellten
Projekte (z. B. Biehler et al., 2020; Hilgert et al., 2015; Ruge et al., 2019).

Die Forschungslage zeigt allerdings, dass sich diese Form der Brückenvorlesungen
in Deutschland in der Vergangenheit kaum nachhaltig etablieren konnte. Beispielsweise
waren die Veranstaltungen in Tübingen (Fischer et al., 1975) schon nach wenigen Jahren
wieder verschwunden, obwohl sie von den Initiatoren als sehr erfolgreich bewertet und
mit einem Landeslehrpreis ausgezeichnet wurden. Der Transfer an andere Institutionen
und auch die dauerhafte Einrichtung an der eigenen Hochschule scheinen auf spezifische
Hindernisse zu stoßen. Daher stellt sich die Frage nach Transferhindernissen, sowohl
bezüglich des Transfers zu anderen Hochschulen als auch des Transfers zu anderen
Lehrenden derselben Hochschule.

In den letzten Jahren wurde die Studienquote eines Jahrgangs nochmals erheblich gesteigert, insofern könnte sich der Bedarf nach einer fachlichen Brücke gesteigert
haben. Zudem hat beispielsweise mancherorts die Modularisierung der Studiengänge
infolge der Bologna-Reform verdeutlicht, dass im Gymnasiallehramt der traditionelle
Beginn mit parallelen Vorlesungen zur Linearen Algebra 1 und Analysis 1 mehr als die
Hälfte der angenommenen Arbeitszeit des ersten Semesters einnimmt und daher nicht
kompatibel mit Studienstrukturen ist, in denen im ersten Semester zwei Lehramts-

fächer im selben Ausmaß studiert werden sollen. Insofern könnten veränderte Studien-strukturen infolge der Bologna-Reform die Einführung spezifischer Veranstaltungen für das Gymnasiallehramt begünstigt haben, die oft als Brückenvorlesungen konzipiert werden. Jedenfalls finden sich an deutschen Hochschulen vermehrt alternative Studien-modelle für das Gymnasiallehramt, die Brückenvorlesungen (manchmal, aber nicht immer gemeinsam mit Fachstudierenden) im ersten Semester beinhalten (Gildehaus et al., 2021). Zudem ist die Übergangsproblematik im Fokus einer lebhaften Debatte von Lehrenden an Schulen und Hochschulen und Innovationen werden durch die Politik unterstützt, wie man etwa am Qualitätspakt Lehre und den Nachfolgeprogrammen sieht.

13.2.2 Die Brücke Schule-Ingenieursstudium

Einige Innovationsansätze in der Ingenieursmathematik fokussieren die Lehr- und Lern-Methoden, die sich zwischen der Schule und der Hochschule deutlich unterscheiden. Besonders an Universitäten bedienen einführende Veranstaltungen in die Ingenieurs-mathematik oft sehr große, teils vierstellige Zahlen an Studierenden, die folglich sehr selbständig mit den Anforderungen und Inhalten umgehen müssen. Diesbezügliche Unterstützung kann durch Maßnahmen gegeben werden, die helfen, die Tätigkeiten für das Studium in der Arbeitsplanung für eine Woche feiner zu strukturieren und durch eine engere Betreuung die Verbindlichkeit solcher Planungen erhöhen (Dehling et al., 2014).

In den USA wurden im Bereich Calculus positive Erfahrungen mit veränderten Lehrmethoden berichtet, bei denen Elemente großer Vorlesungen mit dem Lernen in Kleingruppen kombiniert wurden (Radzimski et al., 2019). Dadurch konnten z. B. die Eigenaktivität der Studierenden und die Interaktion mit den Lehrenden deutlich erhöht werden, was letztlich zu verbesserter Fachleistung und besseren Einstellungen zum Fach führte.

Im Vergleich zu Lehrveranstaltungen für Mathematikstudierende erscheinen die Prüfungsanforderungen in Mathematikveranstaltungen für Studierende der Ingenieur-wissenschaften deutlich rechenlastiger (Berggvist, 2007), was von den Studierenden durchaus auch so wahrgenommen wird (Engelbrecht et al., 2009). Ein sicheres und ver-ständiges Bearbeiten komplexer prozeduraler Aufgaben, in denen elementare Wissens-elemente vielfältig zu verknüpfen sind, erfordert jedoch durchaus auch konzeptuelles Wissen (Peters & Hochmuth, 2021). Die im Kap. 18 vorgestellte Brückenveranstaltung verfolgt vor diesem Hintergrund das Ziel, Studierende effektiver als in regulären Ver-anstaltungen bei der Sicherung und Vernetzung von elementarer Rechentechnik zu unter-stützen.

In der Ingenieursmathematik ist für manche Studierende darüber hinaus problematisch, dass sie in den ersten Semestern Mathematik lernen sollen, die sie kaum mit deren Anwendungen in den Hauptfachveranstaltungen verbinden können. Das kann insbesondere Fragen nach dem Sinn der zu lernenden Mathematik aufwerfen und einen Motivationsverlust begründen. In den letzten Jahren haben sich daher vermehrt Projekte mit der frühen Verzahnung von mathematischen Grundlagen und praktischen Problemen aus dem angestrebten Berufsfeld beschäftigt. Die Ansätze sind dabei unterschiedlich.

Eine Möglichkeit ist, in Mathematikvorlesungen anwendungsnahe Aufgaben zu integrieren (Wolf, 2017). Solche Aufgaben werden von Studierenden sehr positiv aufgenommen und können auch in Veranstaltungen mit sehr vielen Studierenden implementiert werden. Für kleinere Gruppen wurden in diesem Zusammenhang erfolgreich Lernlabore eingesetzt, in denen mathematische Grundlagen nach ihrer Einführung in der Vorlesung in Experimenten sofort zur Anwendung kommen (Weyers & Gundlach, 2017). In ähnlicher Weise wurden im Projekt MP^2 der Ruhr-Universität Bochum Anwendungen zunächst in der Hochschule thematisiert und dann in der Praxis im Rahmen von Exkursionen erlebt (Dehling et al., 2014; Rooch et al., 2014). Alternativ gab es Ansätze, die eine Exkursion an den Anfang stellen (Michaelsen & Link, 2015). Bei all diesen Ansätzen zeigen sich eine hohe Begeisterung der Studierenden sowie eine höhere wahrgenommene Relevanz mathematischer Grundlagen.

Generell ist eine präzise Konzeptualisierung der Verwendung der Mathematik in den Ingenieurwissenschaften Inhalt aktueller Forschungsbemühungen (für einen aktuellen Überblick siehe Pepin, Biehler & Gueudet, 2021). In diesen Verwendungen spielen sowohl rechnerische Fertigkeiten, die im Kontext der Ingenieurwissenschaften teilweise neue und andersgeartete Begründungen erfahren, eine wichtige Rolle (Hochmuth & Peters, 2021a), darüber hinaus aber auch sehr spezifische Überlegungen, die sich etwa vor dem Hintergrund historisch-epistemologischer Einsichten zum Zusammenhang von Mathematik und empirischen Wissenschaften erschließen lassen (Hochmuth & Peters, 2021b). Auf der Grundlage solcher Erkenntnisse können über das bisher Etablierte hinaus fachlich begründete Lehrinnovationen für die Ingenieursmathematik entwickelt werden.

13.3 Beforschung von Brückenvorlesungen im Rahmen des Projekts WiGeMath

Im Bereich der Brückenvorlesungen wurde im WiGeMath-Projekt Begleitforschung in je einer Ingenieursveranstaltung in Kassel (Studiengang Elektrotechnik und Studiengang Informatik) und Stuttgart (14 unterschiedliche Ingenieursstudiengänge) sowie in Lehramtsveranstaltungen in Kassel, Oldenburg, Paderborn und Würzburg (jeweils Lehramt für Gymnasien mit Unterrichtsfach Mathematik) durchgeführt.

13.3.1 Zielsetzung und Fragestellungen

Für diese Studien waren zwei übergeordnete Fragestellungen handlungsleitend: Im Rahmen einer Programmevaluation wurde zum einen untersucht, wie das Ausmaß und die Qualität der Umsetzung von Unterstützungsmaßnamen aus der Perspektive der beteiligten Akteure und Akteurinnen bewertet werden. Zum anderen wurde im Rahmen einer Wirkungsanalyse beforscht, welche spezifischen Wirkungen und modellbasierten Wirkungszusammenhänge sich nachweisen lassen.

Um diese übergeordneten Fragestellungen bearbeiten zu können, sollte zunächst die Frage beantwortet werden, wie sich Brückenvorlesungen bezüglich ihrer Ziele, Maßnahmen und Rahmenbedingungen beschreiben lassen. Auf die Notwendigkeit einer entsprechenden Modellierung auf Grundlage des WiGeMath Rahmenmodells wurde insbesondere in Kap. 1 eingegangen und in Kap. 2 wurde darauf eingegangen, was die entsprechende Modellierung leisten soll. Auf Grundlage der Modellierung sollte insbesondere eine geeignete Auswahl geeigneter Instrumentarien zur Programmevaluation und Wirkungsforschung getroffen werden. Die in den Befragungen eingesetzten Instrumente finden sich auch in der *Dokumentation der Erhebungsinstrumente des Projekts WiGeMath* auf die online zugegriffen werden kann[2].

13.3.2 Methodik

In einem ersten Schritt wurden die Ziele, Merkmale und Rahmenbedingungen von Brückenvorlesungen sowie Annahmen über Wirkungen und Gelingensbedingungen mithilfe von leitfadengestützten Interviews und Dokumentenanalysen rekonstruiert. Im Rahmen der Auswertung dieser Daten wurde ein Rahmenmodell zur Beschreibung von mathematikbezogenen Unterstützungsmaßnahmen in der Studieneingangsphase entwickelt (vgl. Kap. 2), welches auch im Rahmen des vorliegenden Kapitels zur Verortung der Maßnahmen dient. Anschließend wurde ein Instrumentarium aus adaptierten und neu entwickelten Items und Skalen zusammengestellt, mit dem anschließend Wirkungs- und Bedingungsanalysen durchgeführt wurden.

13.3.3 Durchführung

Die *Programmevaluationen* fanden im Wintersemester 2016/2017 in allen beforschten Brückenvorlesungen statt (vgl. Tab. 13.2).

Zunächst wurde mit den Dozent*innen jeder der oben genannten Veranstaltungen ca. einen Monat vor Semesterbeginn ein Interview geführt, in dem unter Zuhilfenahme des Rahmenmodells die Ziele der jeweiligen Veranstaltung herausgearbeitet wurden. Auf dieser Grundlage wurden standortspezifische Fragebögen erstellt, wobei zum einen an allen Standorten ein fester Kanon von Konstrukten abgefragt wurde. Zum anderen wurden an den jeweiligen Hochschulen Konstrukte in den Blick genommen und ggf. ergänzt, die eine zentrale Rolle für die spezifische Veranstaltung spielten. Beispielsweise wurde nur in der Veranstaltung in Paderborn angegeben, dass es dort Ziel der

---

[2] https://dx.doi.org/10.17170/kobra-202205176188

Tab. 13.2   Erhebungen an den verschiedenen Standorten

Zielgruppe	Ort	Evaluation		Wirkungsanalyse
		Fragebogen-erhebungen	Beobachtungen	
Ingenieure	Kassel	✓	✓	
	Stuttgart	✓	✓	✓
Mathematik/ Mathematiklehramt	Oldenburg	✓	✓	✓
	Paderborn	✓	✓	
	Kassel	✓	✓	✓
	Würzburg	✓	✓	

Brückenvorlesung sei, dass die Studierenden die Berufsrelevanz der Inhalte erkennen, und so wurde dort eine entsprechende spezifische Skala eingesetzt, die in den Fragebögen der anderen Veranstaltungen nicht auftauchte. Zwei bis vier Wochen nach Beginn des Semesters wurde die erste Erhebung durchgeführt (erster Messzeitpunkt) und eine zweite Befragung mit einem um den *BiLOE* (Bielefelder Lernzielorientierte Evaluation; Frank & Kaduk, 2015) ergänzten Fragebogen fand vier bis zwei Wochen vor Semesterende statt (zweiter Messzeitpunkt). Dieses Evaluationskonzept beinhaltet, dass Dozent*innen nach den Lernzielen für eine Veranstaltung gefragt werden und die Studierenden anschließend den Grad der Zielerreichung und der Intensität der Nutzung der angebotenen Lerngelegenheiten angeben sollen. Die Antworten aus den Fragebogenerhebungen wurden daraufhin evaluiert, inwiefern die Veranstaltungen aus Sicht der verschiedenen Akteur*innen die selbstgesetzten Ziele erreichten und welche Gestaltungsmerkmale die Studierenden bei der Lernzielerreichung als hilfreich empfanden. Bei den Ergebnissen zu Veränderungen affektiver Merkmale im Semesterverlauf wurden nur die Daten derjenigen Studierenden einbezogen, die an beiden Befragungen teilgenommen hatten. In die Auswertungen des *BiLOE* gingen alle zum zweiten Messzeitpunkt erhobenen Daten ein.

Zudem wurden im Rahmen der Programmevaluation *Beobachtungen* in den Brückenvorlesungen durchgeführt, um zu erheben, in welchem Ausmaß innovative Elemente umgesetzt wurden. Bei diesen innovativen Elementen handelte es sich beispielsweise um einen Einbezug der Studierenden bei Problemlösungen oder um das Verfolgen auch nicht zum Ziel führender Lösungswege zur Verdeutlichung nichtlinearer Lösungsprozesse. Für die Beobachtungen wurde zunächst auf Grundlage des Rahmenmodells ein Beobachtungsleitfaden erstellt, mit dessen Hilfe sich verschiedene Gestaltungsmerkmale (z. B. angesprochene Themen, genannte Schul- oder Universitätsbezüge, genutzte Medien, Interaktionsformen) dokumentieren ließen. Für jede der Veranstaltungen wurden ein bis zwei Beobachter*innen geschult, die die Veranstaltung an drei mit den Dozent*innen abgesprochenen Terminen (je einmal im November 2016, Dezember 2016 und Januar 2017) beobachteten und die Beobachtungsbögen ausfüllten. In den

Beobachtungsbögen wurde die gesamte Sitzungszeit in fünfminütige Abschnitte geteilt. Für jedes fünfminütige Beobachtungsintervall wurden Beobachtungen zu vorgegebenen Kategorien notiert. Um Vergleichswerte zu haben, wurden zudem die Analysis I und die Lineare Algebra I in Hannover als Prototypen traditioneller Vorlesungen beobachtet.

Mitunter auf Grundlage der Ergebnisse der Programmevaluation wurden zudem in zwei lehramtsbezogenen Brückenvorlesungen (Oldenburg und Kassel) und einer ingenieursbezogenen Veranstaltung (Stuttgart) Befragungen im Rahmen einer *Wirkungsanalyse* durchgeführt. Mithilfe der Evaluationsergebnisse wurden passende zu erhebende Konstrukte und mögliche zu beforschende Wirkungszusammenhänge, die Aspekte der Überlegungen der Akteur*innen bei der Gestaltung ihrer Maßnahmen reflektierten, identifiziert. Für die Ingenieursveranstaltung in Stuttgart diente eine reguläre Vorlesung zur Höheren Mathematik (HM) für Ingenieure als Vergleichsvorlesung und für die Veranstaltungen in Oldenburg und Kassel jeweils die Analysis I, die sich sowohl an Lehramts- als auch an reine Fachstudierende wendet. Die Erhebungen der Wirkungsanalyse erfolgten zu verschiedenen Zeitpunkten, größtenteils im WS 16/17, aber teils auch erst im SS 17 oder WS 17/18. Bei den Lehramtsveranstaltungen gab es je eine Befragung zu Semesterbeginn und Semesterende, bei den Ingenieursveranstaltungen gab es zusätzlich eine Zwischenbefragung. Diese Befragungen fanden als paper–pencil-Befragungen in den Vorlesungen statt. Bei der Auswertung wurden zunächst die Entwicklungen der einzelnen Konstrukte innerhalb der Standorte analysiert. Dazu wurden in den Mathematik-Lehramtsveranstaltungen nur diejenigen Studierenden einbezogen, die erstens auf Lehramt studierten und zweitens sowohl an der ersten als auch an der zweiten Befragung teilgenommen hatten. Die Konzentration auf die Kohorte der Lehramtsstudierenden geschah aufgrund großer Unterschiede zwischen Fach- und Lehramtsstudierenden, der bei einer ersten Sichtung der Daten auffiel und studiengangsübergreifende Analysen nicht sinnvoll erscheinen ließ. In den Ingenieursveranstaltungen wurden die Studierenden bei den Auswertungen berücksichtigt, die sowohl an der ersten als auch an der letzten Befragung teilgenommen hatten. Anschließend wurden die Veränderungen in den Brückenvorlesungen mittels der entsprechenden Effektgrößen mit den Veränderungen in der jeweiligen regulären Vergleichslehrveranstaltung verglichen.

Aufgrund deutlicher inhaltlicher sowie methodischer Unterschiede zwischen Veranstaltungen für einerseits Ingenieursstudierende und Fach- und Gymnasiallehramtsstudierende andererseits, die unter anderem auf die spezifische Rolle der Mathematik im jeweiligen Studium verweisen, werden Vergleiche nur zwischen Maßnahmen für dieselbe Studienrichtung vorgenommen. So stand inhaltlich in den Ingenieursveranstaltungen eher eine Wiederholung von Stoff, der aus der Schule oder vorhergehenden Veranstaltungen bekannt sein sollte, im Vordergrund, während sich die Fach- und Lehramtsveranstaltungen vor allem mit mathematischen Arbeitsweisen an der Hochschule beschäftigten. Methodisch waren die Brückenvorlesungen für Ingenieure gekennzeichnet durch einen großen Anteil an Einzelarbeitsphasen während der Sitzungen, in denen die Studierenden Übungsaufgaben bearbeiteten, während in den Lehramtsveranstaltungen Probleme im Plenum gestellt wurden, für die die Studierenden dann Zeit zum Nachdenken bekamen, ehe Lösungswege im Planum erarbeitet wurden. Daher fokussiert sich die Ergebnisbeschreibung hier stärker auf die einzelnen Maßnahmen und nicht den Maßnahmetyp als Ganzes. Insbesondere unterscheiden sich auch die einzelnen Brückenvorlesungen so stark voneinander, dass es nicht gewinnbringend erscheint, sie miteinander zu vergleichen. Stattdessen wird im Folgenden dargestellt, inwiefern die einzelnen Brückenvorlesungen ihre spezifischen Zielsetzungen umsetzen können und wie diese gegebenenfalls Studierende eher unterstützen können als traditionelle Vorlesungsformate.

13.3.4 Ausgewählte Ergebnisse zur Programmevaluation

Die Auswertung des *BiLOE* ergab, dass in allen Brückenvorlesungen die Ziele, die sich die Dozierenden gesetzt und als wichtig akzentuiert hatten, von den Studierenden größtenteils ebenfalls als wichtig erachtet wurden. Studierende schätzten dabei vor allem solche inhaltlichen Ziele als relevant ein, bei denen es um einen messbaren Lernfortschritt ging. Ziele hingegen, die ihre affektive Haltung gegenüber Inhalten betrafen, wurden als weniger wichtig beurteilt (Liebendörfer et al., 2018). Bei der Lernzielerreichung empfanden die Studierenden vor allem solche Aktivitäten als hilfreich, die eher einen schulnahen Charakter der Brückenvorlesungen betonten (Kuklinski et al.,

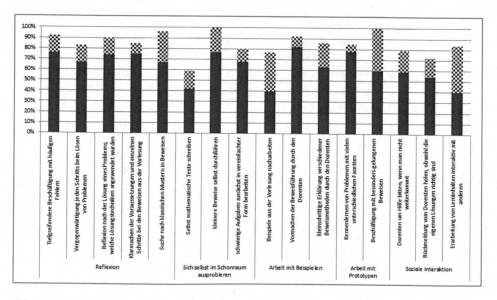

Abb. 13.1 Hilfreiche Aktivitäten bei der Lernzielerreichung: Die Auswertung betrifft alle Brückenvorlesungen. In jeder der Brückenvorlesungen lag der Anteil derjenigen Studierenden, die die Aktivität als hilfreich oder sehr hilfreich empfanden, in der Spanne zwischen dem oberen Ende des gefüllten und dem oberen Ende des schraffierten Balkensegments

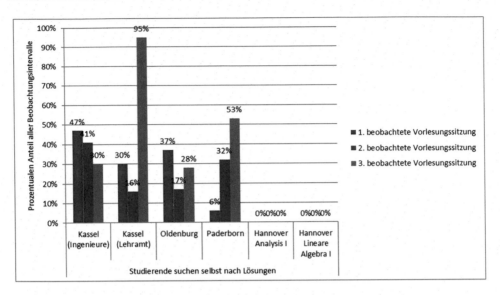

Abb. 13.2 Beobachtungsintervalle, in denen die Studierenden selbst nach Lösungen suchen: Die Abbildung zeigt den prozentualen Anteil aller fünfminütigen Beobachtungsintervalle, in denen in vier Brückenvorlesungen sowie zwei traditionellen Vorlesungen die Studierenden selbst nach Lösungen suchten

2019) (vgl. Abb. 13.1). So fanden sie es zum Beispiel zielführend, selbst leichte Beweise zu führen, wenn sie dabei Hilfestellung bekamen.

Die Auswertung der *Beobachtungen* ergab, dass in den Brückenvorlesungen zwar die gleichen Medien genutzt wurden wie in traditionellen Veranstaltungen und ebenfalls viele Vorträge vonseiten der Dozierenden gehalten wurden, aber dass die Brückenvorlesungen dabei sehr viel interaktiver gestaltet waren. Beispielsweise gab es mehr Kommunikation zwischen den Dozierenden und den Studierenden und in vielen Fällen wurden die Studierenden bei der Lösungsfindung für Probleme aktiv mit einbezogen (Kuklinski et al., 2019) (vgl. Abb. 13.2).

Die veranstaltungsspezifischen Ergebnisse aus der Programmevaluation der Brückenvorlesungen sind in den jeweiligen Kapiteln zu den Maßnahmen dargestellt. Insgesamt zeigten sich bei der Auswertung der Fragebögen aus der Evaluationsforschung in den Brückenvorlesungen an allen Standorten kaum statistisch signifikante Veränderungen bezüglich der erhobenen Konstrukte bei den Studierenden zwischen dem ersten und dem zweiten Befragungszeitpunkt (auf einem Niveau von 5 %). Dass keine statistisch signifikanten Veränderungen gemessen wurden, könnte eventuell am geringen zeitlichen Abstand zwischen den Befragungen liegen. Die fehlende statistische Signifikanz könnte auch auf die teils kleinen Populationen zurückzuführen sein. Positiv hervorzuheben ist jedoch, dass sich die Ausprägung affektiver Merkmale tendenziell im Semesterverlauf nicht statistisch signifikant verschlechterte und die Studienrelevanz der Veranstaltungen vonseiten der Studierenden erkannt wurde. Wie in Abschn. 1.2.1 beschrieben wird, ist dies in traditionellen Vorlesungen oftmals nicht der Fall.

13.3.5 Ausgewählte Ergebnisse zur Wirkungsforschung

Einerseits deuteten die Ergebnisse der Evaluationsforschung darauf hin, dass Studierende der Brückenvorlesungen es wichtiger fanden, inhaltliche Ziele zu erreichen, als solche Ziele, die ihre affektive Haltung gegenüber Inhalten betrafen, und es konnte im Rahmen der Evaluationsforschung keine statistisch signifikante Verbesserung in den affektiven Merkmalen der Studierenden gemessen werden. Andererseits konnte auch keine statistisch signifikante Veränderung der affektiven Merkmale in negativer Richtung festgestellt werden. So stellte sich insbesondere die Frage, ob die Brückenvorlesungen in ihren jeweiligen Ausgestaltungen insbesondere im Vergleich mit traditionellen Lehrveranstaltungen eine positive Wirkung auf affektive Merkmale der Studierenden bewirken konnten. Tatsächlich zeigte die vergleichende Analyse der Brückenvorlesungen im Mathematiklehramtsstudium mit der traditionellen Lehrveranstaltung im Rahmen der *Wirkungsanalyse,* dass der Rückgang der Werte der Konstrukte „Wahrgenommene Berufsrelevanz" und „Kompetenzerleben" sowie der affektiven Merkmale „Mathematikbezogene Freude", „Intrinsische Motivation", „Mathematisches Selbstkonzept" und „Mathematische Selbstwirksamkeitserwartung" in der traditionellen Vorlesung erheblich stärker ausgeprägt war als in den untersuchten Brückenvorlesungen (Liebendörfer et al., 2018). Die Ergebnisse belegen also eine Brückenfunktion der Veranstaltungen, die vor allem im Bereich affektiver Variablen empirisch nachweisbar wird. Die genauen Werte der Veränderungen sind Tab. 13.3 zu entnehmen.

Für die Ingenieure, für die aufgrund der unterschiedlichen Zielsetzungen der Brückenvorlesungen für Lehramts- bzw. Ingenieursstudierende teils andere Merkmale abgefragt wurden als bei den Mathematiklehramtsstudierenden, zeigte die vergleichende Analyse der Brückenvorlesung in Stuttgart mit der regulären Lehrveranstaltung in Hannover keine großen Unterschiede zwischen den beiden Vorlesungen bezüglich der untersuchten Merkmale.

Dies ist positiv zu bewerten, wenn man bedenkt, dass die Studierenden in Stuttgart bereits eine Klausur nicht bestanden haben und man deshalb schlechtere Werte bei diesen Studierenden erwarten könnte. Lediglich bezüglich der Mittelwerte von Studieninteresse und bezüglich der Lernstrategien Üben und Auswendiglernen waren in Hannover etwas höhere Werte sichtbar als in Stuttgart. In Tab. 13.4 sind die genauen Werte angegeben.

Tab. 13.3 Vergleich der Veränderungen der affektiven Merkmale in den Brückenvorlesungen in Oldenburg und Kassel und in der traditionellen Lehrveranstaltung Analysis I in Hannover

Merkmal	Hannover (Analysis I)			Oldenburg			Kassel		
	N = 34			N = 72			N = 36		
	M1	M2	d	M1	M2	d	M1	M2	d
Kompetenz-erleben (1 bis 7)	3,89	3,36	**−0,57****	4,65	4,24	**−0,56*****	4,44	4,18	**−0,26**
Wahr-genommene Berufsrelevanz (1 bis 5)	3,42	2,76	**−0,62****	3,46	3,09	**−0,39****	3,75	3,14	**−0,58****
Mathematik-bezogene Freude (1 bis 6)	4,54	3,81	**−0,69*****	3,95	3,60	**−0,51*****	4,53	4,26	**−0,41***
Intrinsische Motivation (1 bis 5)	3,77	3,43	**−0,52****	3,83	3,54	**−0,44*****	3,83	3,70	**−0,22**
Mathematisches Selbstkonzept (1 bis 4)	3,02	2,76	**−0,50****	3,04	2,95	**−0,15**	3,04	2,82	**−0,44***
Mathematische Selbstwirksam-keitserwartung (1 bis 4)	2,41	2,22	**−0,37***	2,75	2,67	**−0,15**	2,59	2,55	**−0,07**

*** signifikant auf einem Niveau von 0,1 %, ** signifikant auf einem Niveau von 1 %, * signifikant auf einem Niveau von 5 %
M1: Mittelwert zum ersten Messzeitpunkt;
M2: Mittelwert zum zweiten Messzeitpunkt;
d: Effektgröße der Veränderung (Cohens d);
In Klammern sind die Skalenwerte angegeben („1" entspricht „stimmt gar nicht")

13.3.6 Zwischenfazit

Im Rahmen der *Programmevaluationen* wurde im WiGeMath-Projekt festgestellt, dass Brückenvorlesungen vonseiten der Studierenden sehr positiv bewertet werden (Hochmuth et al., 2018). Dies sollte anhand der in diesem Kapitel dargestellten Ergebnisse, insbesondere der Ergebnisse unter Nutzung des *BiLOE,* angedeutet werden: Die Studierenden schätzen die Ziele der Brückenvorlesungen für sich selbst größtenteils als wichtig ein und schätzen die schulnähere Atmosphäre mit mehr Interaktionen.

Die Ergebnisse der *Wirkungsanalysen* mögen zunächst kritischer erscheinen. So zeigte sich auch in den lehramtsbezogenen Brückenvorlesungen ein Rückgang affektiver Merkmale bei den Studierenden. Generell scheint bei affektiven Variablen wie dem

Tab. 13.4 Vergleich der Veränderungen der Merkmale in der antizyklischen bzw. traditionellen Vorlesung

Merkmal	Hannover N = 60			Stuttgart N = 97		
	M1	M3	d	M1	M3	d
Studieninteresse Mathematik	3,36	3,3	**0,08**	2,72	2,87	**0,18**
Mathematische Selbstwirksamkeits-erwartung	4,07	4,16	**0,09**	3,99	4,1	**0,12**
Üben	4,14	4,58	**0,54*****	4,01	4,28	**0,23****
Auswendiglernen	4,39	4,6	**0,32****	4,06	4,36	**0,32****
Vernetzen	4,32	4,4	**0,09**	4,44	4,41	**0,03**
Nutzung von Beispielen	4,22	4,23	**0,01**	4,42	4,41	**0,01**
Praxisbezüge herstellen	3,43	3,54	**0,09**	3,78	3,59	**0,16**

*** signifikant auf einem Niveau von 0,1 %, ** signifikant auf einem Niveau von 1 %, * signifikant auf einem Niveau von 5 %
M1: Mittelwert zum ersten Messzeitpunkt;
M3: Mittelwert zum letzten Messzeitpunkt;
d: Effektgröße der Veränderung (Cohens d);
Die Likert-Skalen gehen von 1 („trifft gar nicht zu") bis 6 („trifft völlig zu")

Selbstkonzept oder der Freude aber beispielsweise aufgrund der neuen Konkurrenz-situation an der Hochschule ein Rückgang schwer vermeidbar. Dies wäre mit dem Big-Fish-Little-Pond-Effekt an der Schule und dem gegenteiligen Little-Fish-Big-Pond-Effekt an der Hochschule erklärbar (Marsh, 2005). Diese Effekte beschreiben die Beeinflussung von Selbsteinschätzungen durch das jeweilige Umfeld: Gibt es nur wenige andere ähnlich leistungsstarke Bekannte, wie es in der Schule oftmals der Fall ist, so fallen die Selbsteinschätzungen ggf. besser aus als in einem Umfeld mit vielen ebenfalls leistungsstarken Bekannten, wie es an der Hochschule der Fall sein könnte.

Schon ein Rückgang motivationaler Merkmale, der weniger stark ausgeprägt ist als in traditionellen Vorlesungen, kann jedoch als Erfolg einer Maßnahme gewertet werden, denn motivationale Probleme sind oft der Grund für die frühen Studienabbrüche in mathematischen Studiengängen (Heublein et al., 2010). Ein Entgegenwirken gegen motivationale Probleme kann somit auch als Entgegenwirken gegen die hohen Abbruch- und Fachwechselquoten in der Mathematik (Heublein et al., 2014) gewertet werden.

Auch die schwindende Teilnahme an den Befragungen ist aufgrund der hohen Abbruch- und Fachwechselquoten besonders zu diskutieren. Der hohe Anteil an Studierenden, die nur an der ersten aber nicht mehr an der zweiten Befragung teilnahm, hängt möglicherweise damit zusammen, dass einige zum zweiten Befragungszeitpunkt ihr Studium bereits abgebrochen haben, sodass die Ergebnisse nicht pauschal auf alle Studierenden verallgemeinert werden können. Möglich ist, dass viele Studierende, die nicht an der zweiten Befragung teilgenommen haben, einen deutlich stärkeren Rückgang bei den motivationalen Variablen erlebt haben. Auffällig ist in diesem Zusammenhang, dass in Bezug auf die *Wirkungsanalysen* bei den beiden Brückenvorlesungen die Beteiligung bei der zweiten Befragung bei ungefähr 60 % der Beteiligung bei der ersten Befragung lag, während dieser Wert in der traditionellen Vorlesung bei nur ca. 40 % lag. Dass am Ende des Semesters in den Brückenvorlesungen noch mehr Studierende erreicht wurden, die auch zu Beginn anwesend waren, als in der traditionellen Veranstaltung, muss sicherlich noch nicht bedeuten, dass in der traditionellen Vorlesung mehr Studierende vor der zweiten Befragung ihr Studium abgebrochen haben. Es erscheint jedoch durchaus plausibel, dass eine höhere Beteiligung an den Brückenvorlesungen am Semesterende anzunehmen und ebenfalls als Erfolg zu werten ist.

Bezogen auf die Evaluationsinstrumente hat sich gezeigt, dass die Brückenvorlesungen aufgrund der Heterogenität in diesem Maßnahmetyp insbesondere davon profitieren, wenn bei ihrer Evaluation flexible Instrumente eingesetzt werden, die entsprechend der Zielsetzungen der jeweiligen Brückenvorlesung angepasst werden können. Hier hat es sich als wirksam erwiesen, basierend auf einer Beschreibung der jeweiligen Veranstaltung mithilfe des Rahmenmodells geeignete Instrumente aus dem in WiGeMath entwickelten Instrumentarium auszuwählen und diese in Kombination mit dem *BiLOE* anzuwenden.

13.3.7 Transfervorhaben

Das WiGeMath-Transfer-Projekt hat es sich im Anschluss an die im WiGeMath-Projekt gemachten Erfahrungen zum Ziel gesetzt, einerseits die bisherigen Partner bei der Verstetigung bzw. Weiterentwicklung ihrer Brückenvorlesungen weiterhin zu unterstützen und andererseits gemeinsam mit den Projektpartnern Ergebnisse von WiGeMath so aufzubereiten, dass sie fruchtbar auch für neue Brückenvorlesungsveranstalter*innen und Interessierte genutzt werden können. Dies betrifft nicht nur die Inhalte selbst, deren verständliche sowie adressatengerechte Formulierung und Präsentation, sondern auch allgemeine Schlüsse über den Maßnahmetyp und sinnvolle Vorgehensweisen bei der Etablierung und Evaluation von Brückenvorlesungen. Dabei waren im Projekt zwei Veranstaltungen aus dem WiGeMath-Projekt (Oldenburg, Stuttgart) sowie drei neue Veranstaltungen der Universitäten FU Berlin, Kassel und Ulm beteiligt. In den folgenden Kap. 14–18 werden diese Brückenvorlesungen vorgestellt und es wird aufgezeigt, welche Gestaltungsmerkmale sie besonders auszeichnen und welche Ergebnisse sich in den einzelnen Evaluationen der Maßnahmen ergaben. In den hier folgenden Absätzen soll nun noch im Sinne eines Überblicks ein Vergleich zwischen den Zielsetzungen und Merkmalen der Brückenvorlesungen aus dem WiGeMath-Transfer-Projekt gezogen werden. Diese vergleichende Darstellung der Zielsetzungen und Merkmale der Brückenvorlesungen erleichtert eine Einordnung der genannten Kapitel in den Gesamtkontext des Projektes.

13.4 Verortung und Beschreibung der in WiGeMath-Transfer beteiligten Brückenvorlesungen anhand des Rahmenmodells

Passend zu den obigen Ergebnissen sind die Brückenvorlesungen aus dem WiGeMath-Transfer-Projekt sehr unterschiedlich im WiGeMath Rahmenmodell zu verorten, insbesondere in Bezug auf ihre Zielsetzungen. Die Maßnahmenmerkmale und Rahmenbedingungen sind hingegen in der Regel homogener.

13.4.1 Zielsetzungen

Im WiGeMath-Rahmenmodell wird innerhalb der Hauptkategorie der Zielkategorien zwischen Lernzielen, systembezogenen Zielsetzungen und Zielqualitäten unterschieden (vgl. auch Kap. 2). In den folgenden Graphiken ist bezüglich verschiedener Brückenveranstaltungen für jede Facette von Lernzielen und systembezogenen Zielsetzungen die Bewertung der jeweiligen Wichtigkeit für die eigene Maßnahme dargestellt. Eingeordnet wurde, ob es sich bei der jeweiligen Facette um ein Hauptziel (4), ein wichtiges (3) oder untergeordnetes Ziel (2) der jeweiligen Brückenveranstaltung handelt oder ob dieses Ziel keine Rolle spielt (1) (siehe Abb. 13.3, 13.4 und 13.5).

Die Darstellung der Ergebnisse zu den Lernzielen erfolgt in zwei getrennten Abbildungen. Zum einen werden in der Abbildung „Wissens- und prozessbezogene Lernziele" (vgl. Abb. 13.3) Lernziele, die sich auf die Förderung von mathematischem Wissen und darauf bezogenen Fähigkeiten, und von Lern- und Arbeitsweisen beziehen, zusammengefasst. Berlin und Kassel stimmen in ihren Bewertungen dieser Lernziele überein. Zum anderen werden in der Abbildung „affektiv-motivationale Lernziele" (vgl. Abb. 13.4) Lernziele zusammengefasst, die sich auf Beliefs und affektive Merkmale sowie die empfundene Relevanz der Inhalte und mathematische Enkulturation beziehen. Die angegebenen Kategorien sind dabei als umfassende Kategorien zu interpretieren, wobei die spezifischen Ausgestaltungen von verschiedenen Veranstaltungen unterschiedlich gehandhabt wurden. Entsprechende Ausführungen, wie die einzelnen Kategorien (die Eckpunkte der Spidercharts) jeweils umgesetzt wurden, finden sich in den Kapiteln der Maßnahmen. Beispielsweise ist die Entwicklung der Fachsprache, die an allen Standorten ein Ziel darstellt, an den einzelnen Standorten verschieden zu interpretieren. Aus den Ausführungen der Maßnahmeverantwortlichen in den folgenden Kapiteln und in Gesprächen im Rahmen des Projekts wird und wurde deutlich, dass es in den Veranstaltungen in Kassel, Berlin und Oldenburg eher darum geht, Beweisführungen zu verstehen und mit Zeichen wie Quantoren umgehen zu können, während in Ulm präzise mathematische Formulierungen gemeint sind, die für die Vernetzung mathematischer Aussagen und die kritische Reflexion etwa von Voraussetzungen und Eigenschaften numerischer Verfahren notwendig sind. Auch bei der Förderung mathematischer Arbeitsweisen wird etwas Unterschiedliches verstanden: Während es in Ulm um ein Vernetzen

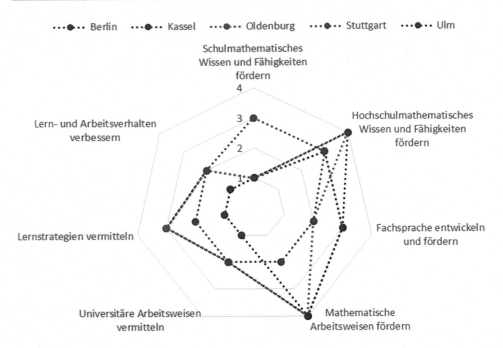

Abb. 13.3 Wissens- und prozessbezogene Lernziele: Für die grafische Darstellung dieser Bewertungen erfolgte eine numerische Zuordnung: Hauptziele (4), wichtiges Ziel (3), untergeordnetes Ziel (2) und kein Ziel (1)

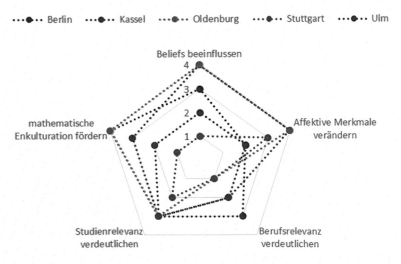

Abb. 13.4 Affektiv-motivationale Lernziele: Für die grafische Darstellung dieser Bewertungen erfolgte eine numerische Zuordnung: Hauptziele (4), wichtiges Ziel (3), untergeordnetes Ziel (2) und kein Ziel (1)

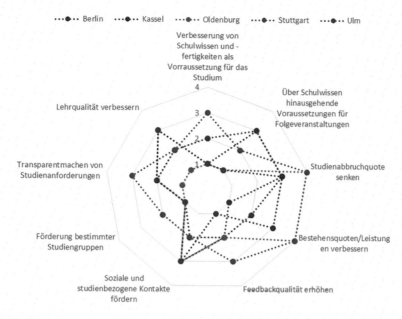

Abb. 13.5 Systembezogene Zielsetzungen: Für die grafische Darstellung dieser Bewertungen erfolgte eine numerische Zuordnung: Hauptziele (4), wichtiges Ziel (3), untergeordnetes Ziel (2) und kein Ziel (1)

und Reflektieren von mathematischen Zusammenhängen geht, ist in Kassel, Oldenburg und Berlin eher die Förderung lokaler Arbeitsweisen gemeint.

Hinsichtlich der bewerteten Lernziele (vgl. Abb. 13.3) wird von allen befragten Dozent*innen die Förderung hochschulmathematischen Wissens und hochschulmathematischer Fähigkeiten als Hauptziel oder wichtiges Ziel angegeben. Die Förderung mathematischer Arbeitsweisen wird nur von den Standorten Berlin, Kassel, Oldenburg und Ulm als ein Hauptziel angegeben. Diese vier Standorte haben ein sehr ähnliches Profil. Interessant ist, dass die Verbesserung von Lern- und Arbeitsverhalten und die Vermittlung universitärer Arbeitsweisen an diesen vier Standorten keine Hauptziele darstellen. Da diese Kategorien im Gegensatz zu der als wichtig bewerteten Kategorie der mathematischen Arbeitsweisen eher fachunabhängige Kategorien wie beispielsweise das Zeitmanagement oder die Selbstorganisation umfassen, wird in dem Vergleich der Fokussierungsintensität beider Kategorien insbesondere das Profil als Fachveranstaltung sichtbar, die ihren Schwerpunkt auf fachlichen Methoden hat. Es ist auch klar nachvollziehbar, dass der Standort Ulm keinen Fokus auf die Verbesserung von Lern- und Arbeitsverhalten, die Vermittlung von Lernstrategien und die Vermittlung universitärer Arbeitsweisen legt, da es sich hier um eine fortgeschrittene Lehrveranstaltung handelt, in der die Brücke zwischen verschiedenen Studiengängen geschlagen werden soll. Lern- und Arbeitsverhalten werden als in der Regel bereits adäquat entwickelt angenommen.

Beim Standort Stuttgart fällt auf, dass dort die Förderung mathematischer Arbeitsweisen ein untergeordnetes Ziel darstellt. Demgegenüber stellt die Förderung schulmathematischen Wissens und schulmathematischer Fähigkeiten für den Standort Stuttgart ein wichtiges Ziel dar, während es für die anderen Standorte kein Ziel der Veranstaltung ist. Es wird deutlich, dass Stuttgart einen klaren Fokus auf fachliche Inhalte legt, womit sich diese ingenieurmathematische Maßnahme an diesem Standort vor allem von den vorwiegend lehramtsorientierten Veranstaltungen in Berlin, Oldenburg und Kassel unterscheidet.

Alle befragten Dozent*innen bewerten die Lernzielkategorien „Universitäre Arbeitsweisen vermitteln" und „Lern- und Arbeitsverhalten verbessern" entweder als untergeordnetes Ziel oder als kein Ziel der jeweiligen Veranstaltung.

Auch bezüglich der affektiv-motivationalen Lernziele weisen die Standorte Berlin, Kassel und Oldenburg ein sehr ähnliches Profil auf (vgl. Abb. 13.4), wobei die Veränderung von affektiven Merkmalen in Berlin eine etwas geringere Bedeutung hat. Stattdessen ist die Veränderung affektiver Merkmale wichtig in Stuttgart, was sich dadurch erklären lassen könnte, dass dort die Frustration der Studierenden, die bereits eine Klausur nicht bestanden haben, verringert werden soll. Für Ulm stellt die Veränderung affektiver Merkmale kein wichtiges Ziel dar. Stattdessen steht hier die Verdeutlichung der Berufsrelevanz im Fokus, was damit erklärt werden kann, dass diese Veranstaltung in sehr spezifischer Weise fachlich auf in der Praxis auftretende numerische Fragestellungen ausgerichtet ist.

Die Zielsetzungen „Beliefs beeinflussen" und „mathematische Enkulturation fördern" wurden von den Standorten Berlin, Kassel und Oldenburg als ein Hauptziel oder wichtiges Ziel bewertet, während diese für die Standorte Stuttgart und Ulm ein untergeordnetes oder kein Ziel darstellten. Hier wird deutlich, dass die Beeinflussung affektiv gelagerter Merkmale eher in einführenden Lehramts- als in den Ingenieursveranstaltungen oder fortgeschrittenen Mathematikveranstaltungen fokussiert wird. Diese Merkmale zu ändern wird in den Lehramtsveranstaltungen für wichtiger erachtet als das Aufzeigen einer Studien- oder Berufsrelevanz.

An allen Standorten ist die Senkung der Studienabbruchquoten ein Hauptziel oder wichtiges Ziel und die Förderung bestimmter Studiengruppen ein untergeordnetes oder kein Ziel (vgl. Abb. 13.5). Die Studierenden sollen also an der Universität gehalten werden. Dabei ist aber nicht an allen Standorten ein explizites Ziel, dass die Leistungen verbessert werden. Die Förderung sozialer und studienbezogener Kontakte ist an keinem Standort vollkommen irrelevant.

13.4.2 Merkmale und Rahmenbedingungen

In Bezug auf die Merkmale und Rahmenbedingungen gestaltet sich der Maßnahmetyp der Brückenvorlesungen homogener als bei den Zielsetzungen. So handelt es sich bei allen in den folgenden Kapiteln vorgestellten Brückenveranstaltungen um Formate mit

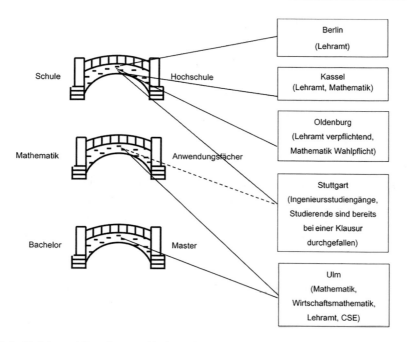

Abb. 13.6 Brückenschläge der verschiedenen Veranstaltungen

Vorlesungen und zusätzlichen Übungen, wobei sich die Anzahlen und Verteilungen der gehaltenen Semesterwochenstunden unterscheiden, wie innerhalb der folgenden Kapitel deutlich wird. Übungsaufgaben nehmen in Brückenveranstaltungen eine zentrale Rolle ein. Schon während der Vorlesungen bekommen die Studierenden Zeit zur Bearbeitung von Übungsaufgaben oder deren gemeinsamer Bearbeitung und es wird an vielen Stellen ein hoher Wert auf Interaktion zwischen den Studierenden untereinander aber auch zwischen den Studierenden und den Lehrenden gelegt. Die Studierendenkohorten verschiedener Brückenveranstaltungen sind sehr unterschiedlich zusammengesetzt. Hier ergibt sich ein direkter Zusammenhang zu den in den Veranstaltungen zu schlagenden Brücken, wie Abb. 13.6 verdeutlicht. Je ähnlicher die Studienkohorten sind, desto ähnlicher sind auch die Brückenschläge, die gezogen werden sollen, wenngleich bereits deutlich geworden sein dürfte, dass untergeordnete Zielsetzungen und wie die Brückenschläge erreicht werden sollen, sich dennoch unterscheiden.

Bei den Lehrenden der Brückenveranstaltungen handelt es sich im Allgemeinen um Lehrteams bestehend aus einer hauptamtlichen Lehrperson, die nicht zwingendermaßen eine Professur innehaben muss, und Tutorinnen und Tutoren, bei denen es sich um wissenschaftliche Mitarbeitende oder studierende Hilfskräfte handelt.

13.5 Diskussion und Ausblick

Brückenvorlesungen teilen das Anliegen, Unterschiede zu überbrücken, im Detail sind die jeweiligen Ziele und Herangehensweisen dabei sehr unterschiedlich. So erscheint das Bild der Brückenvorlesungen eher heterogen (Abschn. 13.4.1). Insbesondere bei Wirkungsanalysen der Brückenvorlesungen bedarf es einer Berücksichtigung dieser Spezifika der jeweiligen Veranstaltungen. Die verschiedenen Ziele und die unterschiedlichen Kohorten sprechen tatsächlich eher gegen übergeordnete und vergleichende Analysen, wenn aus den Forschungsergebnissen noch maßnahmebezogene Aussagen abgeleitet werden sollen. Darüber hinaus zeigt sich das Problem, dass es zwar Instrumente für affektiv-emotionale Aspekte und andere psychologische Konstrukte gibt, fachliche Aspekte aber, wenn überhaupt, im Wesentlichen nur über Klausurergebnisse operationalisiert werden können, wobei Klausuren nur einen Teil der fachbezogenen Ziele erfassen.

Im Rahmen des WiGeMath Projekts wurden neben Wirkungsanalysen deshalb insbesondere auch Evaluationen der einzelnen Maßnahmen durchgeführt. Dabei zeigte sich, dass Brückenvorlesungen von ihren jeweiligen Studierenden positiv bewertet werden (Abschn. 13.3.4). In den durchgeführten Wirkungsanalysen wiederum zeigte sich, dass sich affektive Merkmale der Studierenden weniger in negativer Richtung verändern als in traditionellen Veranstaltungen (Abschn. 13.3.5). Inwiefern aber Brückenvorlesungen insgesamt positiv zu bewerten sind, kann anhand der im WiGeMath-Projekt durchgeführten Forschung nicht abschließend und eindeutig beantwortet werden. Während sie Studierende dabei zu unterstützen scheinen, das Studium positiver zu erleben, werden in entsprechenden Veranstaltungen weniger fachliche Inhalte behandelt als in traditionellen Mathematikveranstaltungen. Da Brückenvorlesungen aufgrund der begrenzten Anzahl an Credits, die im Studium erreicht werden müssen, im Allgemeinen traditionelle Veranstaltungen ersetzen, ist damit zu rechnen, dass sie mit einer geringeren fachlichen Vorbereitung der Studierenden einhergehen.

Die positive Bewertung von Brückenvorlesungen durch die Studierenden wiederum zeigt unseres Erachtens zumindest, dass es den Verantwortlichen der Veranstaltungen gelingt, spezifisch auf die Rahmenbedingungen und die Studierendenschaft am jeweiligen Standort einzugehen. In den Diskussionen mit den WiGeMath-Partnern hat sich gezeigt, dass das Rahmenmodell die Reflexion und Kommunikation der eigenen Rahmenbedingungen und spezifischen Zielsetzungen deutlich erleichtern kann. Auch die Spiderdiagramme, die im Rahmen dieses Kapitels vorgestellt wurden, können einen Reflexions- und Diskussionsanlass mit anderen darstellen.

Die Evaluation und die darauf eventuell folgende Weiterentwicklung von Brückenvorlesungen kann auf den ersten Blick gerade aufgrund der Heterogenität der Maßnahmen schwierig erscheinen. So erfordern die heterogenen Ziele ein flexibles Evaluationsinstrument, das an die eigene Veranstaltung angepasst werden kann. Bei den Erhebungen im Rahmen des WiGeMath-Projekts (Abschn. 4.3) hat sich gezeigt, dass zunächst das

Rahmenmodell einen guten Ansatzpunkt darstellt, um geeignete Instrumente auszuwählen, anzupassen oder zu entwickeln. Darüber hinaus hat sich aber auch das Evaluationsinstrument *BiLOE,* das ein Fragemuster vorgibt, in dem die Fragen noch veranstaltungsspezifisch modifiziert werden können, bei der Evaluation von Brückenvorlesungen als fruchtbar erwiesen. Die Studierenden teilen in der Regel die Ziele der Brückenvorlesungen und semesterbegleitenden Maßnahmen, geben in hohem Grad an, die Lernziele der Brückenvorlesung erreicht zu haben und bewerten die Brückenvorlesungen insgesamt positiv. Vergleichende Wirkungsforschung verdeutlicht aber, dass die Übergangsprobleme nur abgemildert, aber nicht aufgelöst werden können. Zudem zeigt die detaillierte Verortung von Maßnahmen, dass auch identische Instrumente beim Vergleich nicht unbedingt identische Inhalte abfragen, denn was etwa unter Beweisen oder Fachsprache behandelt wird, unterscheidet sich zwischen den Veranstaltungen. Die Heterogenität der Maßnahmen scheint auf absehbare Zeit erhalten zu bleiben, sodass ausführliche Beschreibung der Maßnahmen besonders bedeutsam wirken.

Dass Brückenvorlesungen durchaus positiv von Studierenden angenommen werden (vgl. die folgenden Kapitel), steht zunächst in einem scheinbaren Gegensatz zur eingangs geschilderten Problematik, dass es in der Vergangenheit Schwierigkeiten gab, sie langfristig zu etablieren. In einigen Fällen schien die Verstetigung von Brückenvorlesungen bisher sehr vom Engagement der dahinterstehenden Dozent*innen abzuhängen. Die im WiGeMath-Projekt beforschten Brückenvorlesungen sind insofern als fortschrittlich zu bewerten, dass sie durch eine Änderung der Prüfungsordnung curricular verankert und damit langfristig etabliert worden sind. Eine Dokumentation von Merkmalen und Zielen von Brückenvorlesungen sowie ein Austausch zwischen den Verantwortlichen verschiedener Brückenvorlesungen könnten weiter dazu beitragen, dass es leichter wird, Brückenvorlesungen langfristig zu etablieren. An diesem Punkt setzte das WiGeMath-Transfer-Projekt an, in dem es das Ziel verfolgte, Forschungsergebnisse aus der ersten Projektphase so aufzubereiten, dass andere Akteur*innen von Brückenvorlesungen davon profitieren könnten. Dazu hat sich die Modellierung mit dem WiGeMath-Rahmenmodell und die graphische Darstellung mit den Spiderdiagrammen als Kommunikationsmedium als sehr hilfreich erwiesen. Im Rahmen des WiGeMath-Transfer-Projekts hat sich gezeigt, dass der Austausch und die Diskussion über die Lehrveranstaltungen und konkrete Materialien zwischen verschiedenen Akteur*innen sowohl bereits etablierter als auch noch zu etablierender Brückenvorlesungen, als sehr fruchtbar und gewinnbringend empfunden wurde. Auch die folgenden Kapitel, in denen verschiedene Brückenvorlesungen im Sinne von Good-Practice Beispielen vorgestellt werden, sollen entsprechend der Zielsetzungen des WiGeMath-Transfer-Projekts die Dokumentation von Brückenvorlesungen verbessern und die Kommunikation über Merkmale und Ziele dieser Maßnahme langfristig fördern. Sie können als Informationsmaterial über bereits bestehende Brückenvorlesungen genutzt werden und den Transfer von Ideen und Materialien fördern.

Literatur

Alcock, L., & Simpson, A. (2002). The Warwick analysis project: Practice and theory. In D. A. Holton, M. Artigue, U. Kirchgräber, J. Hillel, M. A. Niss, & A. H. Schoenfeld (Hrsg.), *The Teaching and Learning of Mathematics at University Level* (S. 99–111). Abgerufen von http://link.springer.com/chapter/10.1007/0-306-47231-7_10.

Bergqvist, E. (2007). Types of reasoning required in university exams in mathematics. *The Journal of Mathematical Behavior, 26*(4), 348–370. https://doi.org/10.1016/j.jmathb.2007.11.001.

Biehler, R., Eichler, A., Hochmuth, R., Rach, S., & Schaper, N. (2020). *Hochschuldidaktik Mathematik konkret – Beispiele für forschungsbasierte Lehrinnovationen aus dem Kompetenzzentrum Hochschuldidaktik Mathematik.* Springer.

Dehling, H., Glasmachers, E., Griese, B., Härterich, J., & Kallweit, M. (2014). MP2-Mathe/Plus/Praxis: Strategien zur Vorbeugung gegen Studienabbruch. *Zeitschrift für Hochschulentwicklung, 9*(4), 39–56.

Engelbrecht, J., Bergsten, C., & Kågesten, O. (2009). Undergraduate students' preference for procedural to conceptual solutions to mathematical problems. *International Journal of Mathematical Education in Science and Technology, 40*(7), 927–940. https://doi.org/10.1080/00207390903200968.

Fischer, H., Glück, G., & Schmid, P. (1975). *Anfängerstudium in Mathematik: Beschreibung und Evaluation eines Unterrichtsversuchs in Tübingen.* Arbeitsgemeinschaft für Hochschuldidaktik.

Frank, A., & Kaduk, S. (2015). Lehrveranstaltungsevaluation als Ausgangspunkt für Reflexion und Veränderung. Teaching Analysis Poll (TAP) und Bielefelder Lernzielorientierte Evaluation (BiLOE). *QM-Systeme in Entwicklung: Change (or) Management?, 39.*

Gildehaus, L., Göller, R., & Liebendörfer, M. (2021). Gymnasiales Lehramt Mathematik studieren – eine Übersicht zur Studienorganisation in Deutschland. *Mitteilungen der Gesellschaft für Didaktik der Mathematik, 47*(111), 27–32.

Heublein, U., Hutzsch, C., Schreiber, J., Sommer, D., & Besuch, G. (2010). *Ursachen des Studienabbruchs in Bachelor-und in herkömmlichen Studiengängen.* Abgerufen von HIS Hochschul-Informations-System GmbH. http://www.his-hf.de/pdf/pub_fh/fh-201002.pdf.

Heublein, U., Richter, J., Schmelzer, R., & Sommer, D. (2014). *Die Entwicklung der Studienabbruchquoten an den deutschen Hochschulen.* Abgerufen von http://www.dzhw.eu/pdf/pub_fh/fh-201404.pdf.

Hilgert, J., Hoffmann, M., & Panse, A. (2015). *Einführung in mathematisches Denken und Arbeiten: Tutoriell und transparent.* Springer.

Hochmuth, R., Biehler, R., Schaper, N., Kuklinski, C., Lankeit, E., Leis, E., Liebendörfer, M., & Schürmann, M. (2018). *Wirkung und Gelingensbedingungen von Unterstützungsmaßnahmen für mathematikbezogenes Lernen in der Studieneingangsphase (Abschlussbericht).* Universität Hannover. https://doi.org/10.2314/KXP:1689534117.

Hochmuth, R., & Peters, J. (2021a). On the analysis of mathematical practices in signal theory courses. *International Journal of Research in Undergraduate Mathematics Education, 1–26.* https://doi.org/10.1007/s40753-021-00138-9.

Hochmuth, R. & Peters, J. (2021b). About two epistemological related aspects in mathematical practices of empirical sciences. In Y. Chevallard, B. Barquero Farràs, M. Bosch, I. Florensa, J. Gascón, P. Nicolás, & N. Ruiz-Munzón, (Hrsg.), *Advances in the Anthropological Theory of the Didactic,* (Ch. 26). Birkhäuser.

Kuklinski, C., Liebendörfer, M., Hochmuth, R., Biehler, R., Schaper, N., Lankeit, E., Leis, E., & Schürmann, M. (2019). Features of innovative lectures that distinguish them from traditional lectures and their evaluation by attending students. In U. T. Jankvist, M. Van den Heuvel-Panhuizen, & M. Veldhuis (Hrsg.), *Proceedings of the Eleventh Congress of the European*

Society for Research in Mathematics Education (CERME11, February 6 – 10, 2019). Freudenthal Group & Freudenthal Institute, Utrecht University and ERME.

Liebendörfer, M., Kuklinski, C., & Hochmuth, R. (2018). Auswirkungen von innovativen Vorlesungen für Lehramtsstudierende in der Studieneingangsphase. In Fachgruppe Didaktik der Mathematik der Universität Paderborn (Hrsg.), *Beiträge zum Mathematikunterricht 2018* (S. 1107–1110). WTM-Verlag.

Marsh, H. W. (2005). Big-fish-little-pond effect on academic self-concept. *Zeitschrift für Pädagogische Psychologie, 19*(3), 119–129. https://doi.org/10.1024/1010-0652.19.3.119.

Michaelsen, S., & Link, F. (2015). Mathematische Exkursion – ein Beispiel für forschendes Lernen in der Ingenieurmathematik. In F. Caluori, H. Linneweber-Lammerskitten, & C. Streit (Hrsg.), *Beiträge zum Mathematikunterricht 2015* (S. 628–631). WTM.

Pepin, B., Biehler, R., & Gueudet, G. (2021). Mathematics in engineering education: A review of the recent literature with a view towards innovative practices. *International Journal of Research in Undergraduate Mathematics Education,* 1–26. https://doi.org/10.1007/s40753-021-00139-8.

Peters, J., & Hochmuth, R. (2021). Praxeologische Analysen mathematischer Praktiken in der Signaltheorie. In R. Biehler, A. Eichler, R. Hochmuth, S. Rach, & N. Schaper (Hrsg.), *Hochschuldidaktik Mathematik konkret – Beispiele für forschungsbasierte Lehrinnovationen aus dem Kompetenzzentrum Hochschuldidaktik Mathematik,* (Ch. 6). Springer.

Pritchard, D. (2010). Where learning starts? A framework for thinking about lectures in university mathematics. *International Journal of Mathematical Education in Science and Technology, 41*(5), 609–623. https://doi.org/10.1080/00207391003605254.

Pritchard, D. (2015). Lectures and transition: From bottles to bonfires? In M. Grove, T. Croft, J. Kyle, & D. Lawson (Hrsg.), *Transitions in undergraduate mathematics education* (S. 57–69). Abgerufen von https://dspace.lboro.ac.uk/dspace-jspui/handle/2134/17225.

Radzimski, V., Leung, F.-S., Sargent, P., & Prat, A. (2019). Small-scale learning in a large-scale class: A blended model for team teaching in mathematics. *PRIMUS, 0*(0), 1–18. https://doi.org/10.1080/10511970.2019.1625472.

Rooch, A., Kiss, C., & Härterich, J. (2014). Brauchen Ingenieure Mathematik? – Wie Praxisbezug die Ansichten über das Pflichtfach Mathematik verändert. In I. Bausch, R. Biehler, R. Bruder, P. R. Fischer, R. Hochmuth, W. Koepf, S. Schreiber, & T. Wassong (Hrsg.), *Mathematische Vor- und Brückenkurse: Konzepte, Probleme und Perspektiven* (S. 398–409). Springer Fachmedien. https://doi.org/10.1007/978-3-658-03065-0_27.

Ruge, J., Khellaf, S., Hochmuth, R., & Peters, J. (2019). Die Entwicklung reflektierter Handlungsfähigkeit aus subjektwissenschaftlicher Perspektive. In *Entwicklung und Förderung Reflektierter Handlungsfähigkeit im Lehrerberuf – Qualitätsoffensive Lehrerbildung in der Praxis. Leibniz Universität Hannover* (S.110–139). Logos Verlag.

Savic, M. (2017). Does content matter in an introduction-to-proof course? *Journal of Humanistic Mathematics, 7*(2), 149–160. https://doi.org/10.5642/jhummath.201702.07.

Savic, M., Moore, R. C. M. M., & Mills, M. (2014). *Mathematicians' views on transition-to-proof and advanced mathematics courses.* http://timsdataserver.goodwin.drexel.edu/RUME-2014/rume17_submission_65.pdf.

Tall, D., Yusof, Y. B., & M. (1998). Changing attitudes to university mathematics through problem solving. *Educational Studies in Mathematics, 37*(1), 67–82. https://doi.org/10.1102 3/A:1003456104875.

Weber, K. (2004). Traditional instruction in advanced mathematics courses: A case study of one professor's lectures and proofs in an introductory real analysis course. *The Journal of Mathematical Behavior, 23*(2), 115–133. https://doi.org/10.1016/j.jmathb.2004.03.001.

Weyers, S., & Gundlach, M. (2017). Mathematik anwendungsnah vermitteln im Mathematik-Labor. *Tagungsband zum 3. Symposium zur Hochschullehre in den MINT-Fächern,* 105–111.

https://www.th-nuernberg.de/fileadmin/abteilungen/sll/Dokumente/Hochschuldidaktik/MINT_Symposium/Tagungsband_MINT_Symposium_2017.pdf#page=105.

Wolf, P. (2017). *Anwendungsorientierte Aufgaben für Mathematikveranstaltungen der Ingenieur-studiengänge: Konzeptgeleitete Entwicklung und Erprobung am Beispiel des Maschinen-baustudiengangs im ersten Studienjahr.* Springer Fachmedien Wiesbaden. https://doi.org/10.1007/978-3-658-17772-0.

Mathematik entdecken (Berlin)

Christian Haase, Anina Mischau, Lena Walter und Benedikt Weygandt

> *Mathematical thinking is a good servant, but a bad master.*
> *(Geoffrey Howson)*

Zusammenfassung

An der Freien Universität Berlin wurde zum Wintersemester 2017/2018 der Einstieg ins Mathematikstudium der angehenden Sekundarstufenlehrkräfte reformiert. Neuere Ansätze und Diskurse zur Qualitätssicherung in Studium und Lehre aufnehmend, setzt dieses Projekt mit innovativen Lehr- und Lernformaten an der Schnittstelle von Schule und Hochschule an (siehe Beutelspacher et al., 2012). Insbesondere wurden die Fachvorlesungen des ersten Semesters um hochschulmathematikdidaktische Anteile ergänzt, um den Anforderungen einer zeitgemäßen und bedarfsgerechten Mathematikausbildung gerecht zu werden. Der Fokus liegt zu Studienbeginn auf dem Kennenlernen elaborierter mathematischer Denkweisen und Problemlösestrategien und der mathematischen Enkulturation angehender Lehrkräfte, ohne dass dabei fach-

C. Haase (✉) · A. Mischau · L. Walter · B. Weygandt
Institut für Mathematik, Freie Universität Berlin, Berlin, Deutschland
E-Mail: haase@math.fu-berlin.de

A. Mischau
E-Mail: amischau@zedat.fu-berlin.de

L. Walter
E-Mail: lenawalter@math.fu-berlin.de

B. Weygandt
E-Mail: weygandt@math.fu-berlin.de

R. Hochmuth et al. (Hrsg.), *Unterstützungsmaßnahmen in mathematikbezogenen Studiengängen,* Konzepte und Studien zur Hochschuldidaktik und Lehrerbildung Mathematik, https://doi.org/10.1007/978-3-662-64833-9_14

liche Inhalte vernachlässigt werden. Die Konzeption und Zielsetzungen des Projekts werden in diesem Kapitel vorgestellt.

Mathematisch denken zu lernen stellt eines der grundlegendsten und zugleich am schwierigsten zu erreichenden Ziele mathematischer Lehre dar (vgl. Stacey, 2007, S. 39). Insbesondere erreicht man dieses Ziel nicht „automatisch dadurch, daß man irgendwelche anspruchsvolle Mathematik treibt und sich auf einen Transfereffekt verläßt" (Kirsch, 1980, S. 246), es muss, dem einleitenden Zitat von Howson (1988) folgend, auch aktiv verfolgt werden.

Entsprechend wurde zum Wintersemester 2017/2018 der Einstieg ins Mathematikstudium angehender Sekundarstufenlehrkräfte an der Freien Universität Berlin reformiert. Kernstück der Reform ist die neu geschaffene Vorlesung mit dem Titel *Mathematik entdecken,* in welcher die Studierenden die für die Wissenschaft Mathematik charakteristischen Denk- und Arbeitsweisen anhand von Inhalten der Elementargeometrie und Zahlentheorie kennen- und wertschätzen lernen (vgl. Haase, 2017). Ergänzend dazu wird eine Orientierungsvorlesung *Mathematisches Panorama* angeboten, welche sich dem Wesen und der Genese der Mathematik und ihrer Anwendungen in Gesellschaft und anderen Disziplinen widmet (siehe Loos und Ziegler (2016) für Details zu deren Konzeption). Auf diese Weise wird den Studierenden der Einstieg in die fachliche Ausbildung erleichtert, mathematische Enkulturation ermöglicht und ein Grundstein für die Anforderungen späterer Mathematikveranstaltungen gelegt.

In den folgenden Abschnitten werden zunächst die Zielsetzungen und die Rahmenbedingungen dieser Brückenvorlesung vorgestellt. In Abschn. 14.7 wird detaillierter auf die Konzeption eingegangen, Abschn. 14.8 enthält ausgewählte Arbeitsmaterialien und Abschn. 14.9 die Ergebnisse der im Rahmen des WiGeMath-Transfer-Projekts durchgeführten Begleitforschung.

14.1 Zielsetzungen

Entsprechend dem WiGeMath-Rahmenmodell werden die Zielsetzungen in inhaltliche Lernziele und systembezogene Ziele unterteilt. Dabei ist diese Brückenvorlesung vom Typ her vergleichbar mit den Veranstaltungen in Kassel (Kap. 15) und Oldenburg (Kap. 16), unterscheidet sich jedoch in den Zielsetzungen des Rahmenmodells (Kap. 13).

14.1.1 Lernziele

Die Hauptziele der Brückenvorlesung *Mathematik entdecken* liegen in der **Förderung mathematischer Denk- und Arbeitsweisen** und in der **Förderung der mathematischen Enkulturation** der Lehramtsstudierenden. Während traditionelle

Mathematikvorlesungen die aktive und explizite Vermittlung mathematischer Arbeitsweisen zu kurz kommen lassen und sich dabei produktorientiert auf Sätze, Definitionen und Beweise konzentrieren (vgl. Bauer & Kuennen, 2017, S. 361), stehen bei *Mathematik entdecken* auch die Prozesse mathematischen Arbeitens im Mittelpunkt. Eine Herausforderung besteht darin, die Studierenden dazu zu bringen, über Mathematik nachdenken zu wollen und die eigene mathematische Enkulturation wertschätzen zu lernen. Fehlt Mathematiklehrkräften der persönliche Bezug zur Wissenschaft ihres Faches, so wirkt dies über ihren Unterricht auch auf die Gesellschaft (vgl. Hedtke, 2020, S. 92). Schon Toeplitz (1928, S. 4) warnte vor dem Schaden, den Lehrkräfte ohne „inneres Verhältnis zur Mathematik" anrichten können. Hingegen können fachlich hinreichend enkulturierte Lehrkräfte als Repräsentant*innen der Fachgemeinschaft auftreten und die Denkweisen des Fachs im Unterricht adressat*innengerecht zur Geltung zu bringen (vgl. Bauer & Hefendehl-Hebeker, 2019, S. 14). Dies beinhaltet auch Wissen darüber, wie in der Mathematik Probleme angegangen werden (vgl. Deiser et al., 2012, S. 262; Grieser, 2013), Mathematik selbst machen zu können anstatt diese nur zu reproduzieren (vgl. Kirsch, 1980, S. 243) und die Internalisierung entsprechender „sociomathematical norms" (vgl. Gueudet, 2008, S. 243).

Während die mathematischen Denk- und Arbeitsweisen zu einem Lehrinhalt sui generis gemacht und aktiv vermittelt werden können, ist die mathematische Enkulturation ein im Hintergrund stattfindender Prozess mit dem Ziel des erfolgreichen Hineinwachsens in die Fachgemeinschaft, welcher auch die Übernahme entsprechender Haltungen umfasst. Indes eint die beiden Hauptziele des Projekts, dass den Studierenden ihr hierdurch bedingter Kompetenzzuwachs erst retrospektiv ersichtlich wird und sie diesen folglich auch erst rückwirkend wertschätzen können.

Neben diesen beiden Hauptzielen werden mit diesem Projekt auch weitere, wichtige Lernziele verfolgt. Da die Vorlesung inhaltlich in den Bereichen Elementargeometrie und Zahlentheorie verortet ist, stellen demnach **hochschulmathematisches Wissen und entsprechende Fähigkeiten** ein Lernziel für die Studierenden dar. Da die meisten Lehramtsstudierenden ihren ersten Kontakt mit der Hochschulmathematik im Rahmen der Vorlesung *Mathematik entdecken* haben, sind als wichtige Lernziele ferner auch die **Entwicklung und Förderung mathematischer Fachsprache** und die **Vermittlung adäquater Lernstrategien** (z. B. Wochenplan, Erstellung einer Concept Map, siehe Abschn. 14.7.3) zu nennen. Die vermittelten Denk- und Arbeitsweisen sollen darüber hinaus losgelöst von den einzelnen Inhalten reflektiert werden, um die innewohnende, charakteristische Bedeutung für die Mathematik herauszustellen. Gerade auch mit Blick auf folgende Veranstaltungen erwerben die Studierenden damit eine essentielle Kompetenz und im **Verdeutlichen ihrer Relevanz für das weitere Studium** formiert sich ebenfalls ein wichtiges Lernziel. Zuletzt stellt noch die **Ausbildung eines tragfähigen mathematischen Weltbildes** durch die **Beeinflussung entsprechender Beliefs** ein wichtiges Lernziel dar. Gerade Lehrkräfte benötigen für ihre spätere Tätigkeit eine Vielfalt an Sichtweisen auf Mathematik, um ihrer Rolle als gesellschaftliche Botschafter*innen für Mathematik (vgl. Behnke, 1939, S. 9) gerecht werden zu können.

Die (für Studierende mit Erstfach Mathematik) parallel angebotene Lehrveranstaltung *Mathematisches Panorama* widmet sich u. a. den Beliefs der Studierenden.

Die übrigen Lernziele des WiGeMath-Rahmenmodells sind für das vorliegende Projekt von eher untergeordneter Bedeutung. Bei diesen handelt es sich zwar in der Regel um nicht unerwünschte Nebenprodukte, jedoch wurden sie entweder nur punktuell behandelt oder im Vergleich zu den wichtigen Zielen und Hauptzielen des Projekts nachrangig verfolgt. Zu solchen untergeordnet verfolgten Zielen zählen etwa die **Vermittlung universitärer Arbeitsweisen** oder die **Beeinflussung von Lern- und Arbeitsverhalten und affektiven Merkmalen.**

Wenngleich das Projekt am Übergang zwischen Schule und Hochschule angesiedelt ist, stellt doch die **Förderung schulmathematischen Wissens und entsprechender Fähigkeiten** kein Lernziel dar. Es wurden Anknüpfungspunkte zu Inhalten der Schulmathematik hergestellt und diese vom höheren Standpunkt aus reflektiert. Diese Schulbezüge dienen vornehmlich dazu, die **Berufsrelevanz zu verdeutlichen** und das Professionswissen der angehenden Lehrkräfte auszubilden – wozu neben dem Fachwissen auch das *Fachwissen im schulischen Kontext* (school-related content knowledge, SRCK) gehört (vgl. Dreher et al., 2018; Heinze et al., 2016; Shulman, 1986).

14.1.2 Systembezogene Zielsetzungen

Innerhalb des WiGeMath-Rahmenmodells werden neben Lernzielen auch systembezogene Zielsetzungen aufgeführt. Die Hauptziele der Brückenvorlesung entstammen beide der Ebene der Lernziele, während auf der Ebene der systembezogenen Zielsetzungen drei wichtige sowie einige untergeordnete Ziele benannt werden können.

Da die Vorlesung *Mathematik entdecken* für das erste Semester des Mathematikstudiums vorgesehen ist, werden hier auch die ersten fachlichen Grundlagen gelegt. Entsprechend ist ein wichtiges systembezogenes Ziel, **Voraussetzungen für Folgeveranstaltungen zu schaffen, die über Schulwissen hinausgehen.** Ebenso ist es aus Sicht der Lehrenden wünschenswert, dass die Studierenden durch die aktive Auseinandersetzung mit mathematischen Denk- und Arbeitsweisen ein besseres Verständnis für die Wissenschaft Mathematik und die Anforderungen des Mathematikstudiums entwickeln und somit mittelfristig auf eine **Senkung der Studienabbruchquote** hingewirkt wird.

Das dritte wichtige systembezogene Ziel besteht in der **Verbesserung der Lehrqualität.** Im Fokus stehen dabei vor allem die Aspekte Methodenvielfalt und Aktivierung von Studierenden, vergleiche etwa die „Charta guter Lehre" (vgl. Jorzig 2013) sowie die Handlungsempfehlungen zur Qualitätssicherung in Studium und Lehre der Freien Universität Berlin. Innerhalb des Ziels der Verbesserung der Lehrqualität lassen sich zwei unterschiedliche Facetten identifizieren: Zunächst bezieht sich die Verbesserung lokal auf die Lehrveranstaltung *Mathematik entdecken* am Übergang Schule–Hochschule. Zugleich ist mit dem Ziel auch die Hoffnung verbunden, dass die Vorlesung *Mathematik entdecken* am Fachbereich eine Vorbildfunktion einnehme, dass also durch

Best-Practice-Impulse auch zu einer Verbesserung der Lehrqualität anderer Mathematik-vorlesungen beigetragen wird. Innerhalb des Projekts wird zunächst die lokale Facette umgesetzt, indem bei der Konzeption und Durchführung der Veranstaltung ein interdisziplinäres Lehrteam mit hochschulmathematikdidaktischer Expertise eingesetzt wird (Abschn. 14.4). Zur zweiten Facette tragen wiederum die Beteiligten bei: Lehrende, wenn sie sich mit ihren Fachkolleg*innen austauschen und Studierende, indem sie ihre übrigen Lehrveranstaltungen nicht als gegeben hinnehmen, sondern fundierte Rück-fragen zu mathematischen Konzepten stellen oder die im ersten Semester kennen-gelernten Methoden auch in späteren Veranstaltungen einfordern.

Vier weitere systembezogene Zielsetzungen lassen sich in diesem Projekt als unter-geordnete Ziele identifizieren. Wie auch bei den Lernzielen sind darunter jene Ziele, die nur punktuell durch Maßnahmen verfolgt wurden. Hierzu gehören die **Erhöhung der Feedbackqualität,** das **Transparentmachen von Studienanforderungen** und die **Förderung sozialer studienbezogener Kontakte**: So sollte den Studierenden die Erfahrung ermöglicht werden, dass Mathematiktreiben mit einem menschlichen Gegenüber in der Regel produktiver ist als ohne. Dementsprechend wurde die Bildung fester Lerngruppen durch Kleingruppenarbeiten innerhalb der Vorlesung und ins-besondere durch das Studienprojekt (Abschn. 14.7.5) gefördert. Durch Maßnahmen wie Peer-Feedback oder das Schreiblernlabor wurde kontinuierlich individuelles Feedback gegeben, und das wöchentliche Quiz (Abschn. 14.7.1) schaffte Erwartungs-transparenz hinsichtlich der Modulklausur. Daneben zählt auch die **Verbesserung der Bestehensquote** in der Veranstaltung als untergeordnetes systembezogenes Ziel, welches zu den nicht unerwünschten Nebenwirkungen gezählt werden kann.

14.2   Strukturelle Merkmale

Die Veranstaltung ist verpflichtend für die ca. 180 Studierenden für das Lehramt der Sekundarstufen im ersten Studiensemester. Sie besteht aus einer vierstündigen Vor-lesung, einer zweistündigen Zentralübung sowie begleitenden Tutorien und findet regelmäßig im Wintersemester statt.

14.3   Didaktische Elemente

Bei der Konzeption der Veranstaltung wurde auf den Ansatz des „didaktisch-methodischen Doppeldeckers" (vgl. Wahl, 2002) zurückgegriffen. Hierzu wurden exemplarisch Lehr-/Lernformen und Methoden in die Konzeption der Lehrveranstaltung integriert, die einerseits in Ansätzen „guter Lehre" zunehmend gefordert werden und die andererseits das Methodenrepertoire der Studierenden erweitern, auch mit Blick auf deren spätere Berufspraxis. So fanden über das gesamte Semester hinweg sowohl zwischen wie auch während einzelner Präsenzveranstaltungen Wechsel zwischen

Frontalunterricht, Einzelarbeit und Formen kooperativen Lernens statt. Häufig wurde der klassische Vorlesungsstil aufgebrochen, z. B. durch kleinere Übungsaufgaben (mit Schulbezug zur Einführung eines Themas, zur Einübung oder Vertiefung von mathematischem Problemlösen, zur Vertiefung von Vorlesungsinhalten und zur Überprüfung deren Verständnis usw.). Darüber hinaus wurden über das Semester hinweg gezielt zahlreiche aktivierende Methoden eingesetzt, wie z. B. ein Gruppenpuzzle, „Peer Instruction" oder die Erstellung einer Concept Map (Abschn. 14.7.3), zwei Schreiblernlabore, ein „Self-Explanation Training" und Beweis-Puzzle (Abschn. 14.7.4) sowie das Studienprojekt (Abschn. 14.7.5).

14.4 Merkmale des Lehrteams

Die Veranstaltung (Vorlesung, Zentralübung, Tutorien) wurde von zwei Dozent*innen, einer Doktorandin und drei Tutor*innen betreut. Diese wurden von einem interdisziplinären Team konzeptionell und methodisch unterstützt. Neben der Fachmathematik waren dadurch auch die Bereiche Hochschulmathematikdidaktik und Gender Studies in der Mathematik abgedeckt. Insgesamt bestand das Team aus einem Professor, drei wissenschaftlichen Mitarbeiter*innen (eine Promovierte, zwei Doktorand*innen), sowie einer studentischen Hilfskraft und drei Tutor*innen. Das innovative Lehrformat eines interdisziplinären Team-Teachings ermöglichte sowohl in curricularer als auch in didaktisch-methodischer Hinsicht eine Verknüpfung der in „klassischen" Mathematikveranstaltungen zumeist wenig aufeinander bezogener Expertisen von Fachwissenschaft, Fachdidaktik und Ansätzen einer gender- bzw. diversitätssensiblen Lehre. Auf diese Weise gelang es, aus den unterschiedlichen fachlichen Perspektiven Synergieeffekte für die Gestaltung von Lernaktivitäten und die Vermittlung von Lerninhalten zu erzielen. Allerdings muss eingeräumt werden, dass ein solches interdisziplinäres Setting mit einem erhöhten Vorbereitungs- und Abstimmungsbedarf auf Seiten der Lehrenden einhergeht.

14.5 Nutzer*innengruppen

Die Vorlesung *Mathematik entdecken* richtet sich als erste Fachvorlesung des Lehramtsstudiengangs an alle Studienanfänger*innen des Lehramts Mathematik für Sekundarstufen und ist entsprechend im Studienverlaufsplan für das erste Semester angedacht. Der Workload der Veranstaltung liegt bei 10 Leistungspunkten (LP). Die Zielgruppe besteht aus Studierenden mit Kernfach Mathematik (90 LP Mathematik im Bachelor) und welchen mit Zweitfach Mathematik (60 LP). Die Kernfachstudierenden belegen im ersten Semester zusätzlich noch die Vorlesung *Mathematisches Panorama* im Umfang von 5 LP sowie im zweiten Semester eine an *Mathematik entdecken* anknüpfende 5 LP-Vorlesung *Mathematik entdecken II*.

14.6   Rahmenbedingungen und räumliche Bedingungen

Vorlesung und Zentralübung fanden in einem klassischen Hörsaal statt, dessen Standard-
ausstattung in Form von Tafel und Beamer in einzelnen Veranstaltungsterminen unterschiedlich genutzt wurde. Das Fassungsvermögen des Hörsaals war gerade ausreichend,
stieß jedoch je nach methodischem Element an seine Kapazitäts- und Nutzungsgrenzen.
Die feste Bestuhlung in Form von Sitzreihen eignete sich gut für Frontalphasen, Einzel-
und Partner*innenarbeit, erschwerte aber das Arbeiten in wechselnden Gruppen. Für
Gruppenarbeitsphasen während der Präsenzzeit stand zusätzlich mindestens ein Seminarraum mit flexibler Bestuhlung zur Verfügung. Damit der intendierte Wechsel zwischen
unterschiedlichen Lernformen und Methoden in den Präsenzveranstaltungen gelingt,
sind bei der Umsetzung unterschiedliche Raumbedarfe zu berücksichtigen und entsprechende Räume vorzuhalten. Die Tutorien fanden in Seminarräumen statt, was den
flexiblen Wechsel zwischen Frontalphasen an der Tafel und Arbeitsphasen in Gruppen
ermöglichte.

14.7   Individueller Schwerpunkt „Good Practice"

14.7.1 Struktur

Die mathematischen Inhalte der Veranstaltung, Geometrie und Zahlentheorie, wurden
in Blöcke aufgeteilt. Parallel zur inhaltlichen Ebene waren auch die Schwerpunkte
in Bezug auf Denk- und Arbeitsweisen in sich wiederholende Blöcke strukturiert
(siehe Abb. 14.1). Diese Struktur wurde den Studierenden, zusammen mit den angedachten Bearbeitungszeiträumen der längerfristigen Aufgaben (Abschn. 14.7.4 und
Abschn. 14.7.5), mithilfe einer graphischen Semesterübersicht transparent gemacht.

Fachmathematische Inhalte
Die inhaltliche Grundlage zu einem problemlösenden Einstieg ins Mathematikstudium
bildeten in den ersten drei Wochen elementare Probleme zur Teilbarkeit und zur ebenen
Geometrie (Abschn. 14.7.2). Im ersten Geometrieblock (vier Wochen) wurden Geraden
und Kreise im $\mathbb{R}^2$ analytisch studiert und mit Zirkel und Lineal konstruierbare Zahlen
als Unterkörper von $\mathbb{R}$ definiert. Eigenschaften wie Existenz und Eindeutigkeit von Ver-
bindungsgeraden/Schnittpunkten/Parallelen wurden auf abstrakte affine (Inzidenz-)
Ebenen verallgemeinert. Im Block Zahlentheorie (fünf Wochen) wurde der Ring $\mathbb{Z}/m\mathbb{Z}$
, der Euklidische Algorithmus, der chinesische Restsatz und die Eulersche φ-Funktion
behandelt. Im zweiten Geometrieblock (vier Wochen) wurden die in der Zahlentheorie
entdeckten Körper $\mathbb{Z}/p\mathbb{Z}$ zur Konstruktion von affinen Ebenen benutzt und abstrakte projektive Ebenen eingeführt.

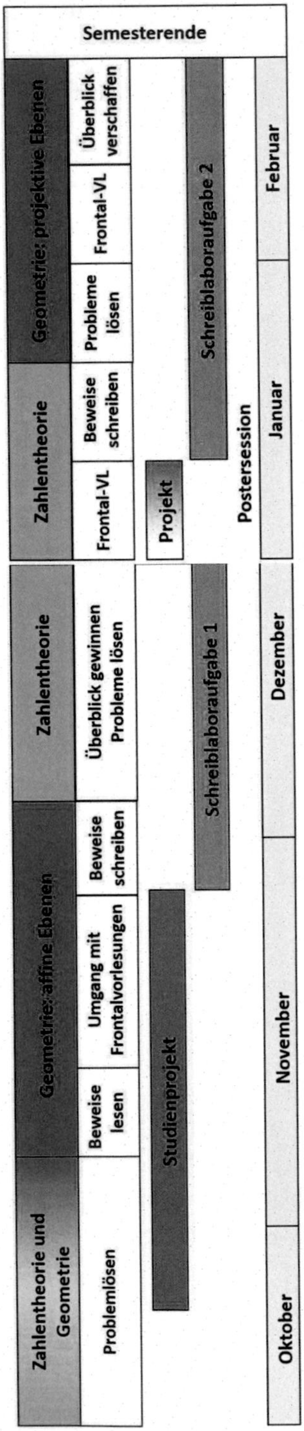

Abb. 14.1 Semesterübersicht zur Vorlesung Mathematik entdecken

Mathematische Denk- und Arbeitsweisen, Studierverhalten

Wie bereits erwähnt, bildeten mathematische Probleme und entsprechende Lösungsstrategien den ersten, circa dreiwöchigen Block (Abschn. 14.7.2). Nachdem eine Woche lang geübt wurde, Beweise zu lesen und zu verstehen (Abschn. 14.7.4), wurde der Stoff zwei Wochen lang klassisch frontal mit dem in anderen Mathematikvorlesungen üblichen Umfang und Tempo vermittelt. Am Ende jeder Sitzung wurden Hinweise zum Umgang mit der Stofffülle gegeben und diskutiert, welche konkreten Kenntnisse bei der nächsten Sitzung als bekannt vorausgesetzt werden – also nachgearbeitet werden müssen. Zu Beginn dieses Frontalblocks wurde ein Wochenplan ausgegeben, der exemplarisch darlegte, wie die Studierenden die verschiedenen Lernaktivitäten auf die Woche verteilen könnten. Der Plan sollte auch einem häufig auftretenden Missverständnis hinsichtlich der zu investierenden Zeit pro Woche entgegenwirken (siehe Abb. 14.7 in Abschn. 14.8.7).

An den Frontalblock schloss sich ein Block zum Schreiben von Beweisen an (Abschn. 14.7.4). Begleitend dazu bearbeiteten die Studierenden das erste Schreiblernlabor. Diese Abfolge, Problemlösen bis Schreiblabor, wurde im weiteren Verlauf des Semesters noch einmal mit anderen Inhalten durchlaufen.

Feedback und Beurteilung

Dass Mathematik mehr durch „selber machen" als durch den Konsum fertiger Mathematik erlernt wird, ist dann richtig, wenn es ausreichend institutionalisierte Feedbackgelegenheiten gibt. Diese zu schaffen war ein integraler Bestandteil bei der Konzeption der Veranstaltung.

Die Teilnahme an den Tutorien fand – aufgrund von Randbedingungen der Studienordnung – auf freiwilliger Basis statt. In diesen arbeiteten die Studierenden in Kleingruppen an den aktuellen Übungsaufgaben und wurden dabei durch die Tutor*innen unterstützt. Um eine solche Lernendenzentrierung in den Präsenzübungen zu ermöglichen, wurde das („klassische") Nachbesprechen der Übungsaufgaben in Form von Erklärvideos und studentischen Beispiellösungen als Onlinematerial aus der Präsenzzeit ausgelagert. Aufbauend auf dem Inhalt der klassischen, wöchentlich abzugebenden Hausaufgaben wurde in der Zentralübung jede Woche ein 15-minütiges Quiz geschrieben, welches korrigiert und bewertet wurde. Damit erhielten die Studierenden zum einen kontinuierliches Feedback zu ihrem derzeitigen Wissensstand, zum anderen konnte dadurch eine „Klausursituation im Kleinen" trainiert werden.

Bei dem zweimal im Semester durchgeführten Schreiblernlabor stand das präzise Aufschreiben mathematischer Argumente im Vordergrund (Abschn. 14.7.4). Ein mehrwöchiges Studienprojekt vereinte mehrere der gesetzten Schwerpunkte und ermöglichte eine weitere Anbindung an die Schule (Abschn. 14.7.5). Alle genannten Elemente waren verpflichtende Bestandteile des Moduls.

14.7.2 Probleme lösen

Knobeln und Probleme lösen macht Spaß und weckt Neugierde. Gute Probleme schaffen ein Begründungsbedürfnis und vermitteln den Wert einer präzisen Begriffsbildung. Problemlösekompetenz zu fördern, war deshalb ein wiederkehrendes Thema der gesamten Veranstaltung.

In Kleingruppen oder interaktiv im Plenum unter Verwendung des Audience Response Tools ARSNova lösten die Studierenden in den ersten Sitzungen eher intuitiv Aufgaben aus der ebenen Geometrie und der Zahlentheorie. Diese Lösungsprozesse wurden dann in das von Grieser (2013, S. 8) neu formulierte Pólyasche Vier-Stufen-Schema (Verstehen des Problems, Untersuchung des Problems, geordnetes Aufschreiben der Lösung, Rückschau) eingeordnet. Dieses Schema wurde wiederholt als einfaches, die Gedanken und Vorgehensweisen ordnendes, Prinzip herangezogen. Zu Beginn des Zahlentheorieblocks gab es weitere Sitzungen mit dem Schwerpunkt Problemlösen, um den bis dahin weiterentwickelten Werkzeugkasten (vgl. Grieser, 2013, S. 22–23 und Anhang A) in Erinnerung zu behalten. Unsere zuvor gemachten Erfahrungen hatten gezeigt, dass Studienanfänger*innen Problemlöse-Übungen sonst als abgeschlossene (und damit zu vergessende) Einheit betrachten, die keinen Einfluss auf andere Studieninhalte hat.

Im Anschluss galt es, die Bedeutung des Problemlösens für den schulischen Mathematikunterricht sichtbar zu machen. Hierfür untersuchten die Studierenden den Berliner Rahmenlehrplan hinsichtlich der Kompetenzerwartungen zum Bereich Problemlösen in den Bildungsstandards Mathematik (vgl. KMK 2004, S. 8), wobei wir uns auch mit Heurismen als unabdingbarem Werkzeugkasten auseinandersetzten (vgl. z. B. Kuzle & Bruder, 2016; Grieser, 2013, Anhang A). Ein darauf aufbauendes zentrales Anliegen war, dass die Studierenden die Verknüpfung zwischen den von Pólya definierten Schritten mit denen des Erlernens des Problemlösens von Schüler*innen (vgl. z. B. Bruder, 2003) verstehen und nachvollziehen können. Konkret wurde dies anhand einer in der Präsenzzeit gestellten Beispielaufgabe „Hausnummer" (Abschn. 14.8.1, vgl. Brefeld, 2015, S. 86) verdeutlicht, welche die Studierenden in Zweiergruppen bearbeiteten und deren Reflexion anschließend im Plenum erfolgte. Dabei stand auch der Austausch über unterschiedliche Lösungsstrategien, Herangehensweisen („einfach mal anfangen"), Argumentationsmuster, nützliche Strukturierungsmittel und heuristische Methoden im Mittelpunkt.

14.7.3 Begriffsnetzwerk

Der in Mathematikvorlesungen und -skripten vorherrschende Dreiklang „Definition – Satz – Beweis" wurde stückweise unter die Lupe genommen. Zu Beginn des Semesters setzten sich die Studierenden zunächst aktiv mit dem Konzept der Definition auseinander. Dies ist bereits anhand von Begriffen möglich, die den Studierenden seit der Mittelstufe vertraut sind.

In einer ersten Übung während der Vorlesung erkundeten sie Vierecke im Rahmen eines Gruppenpuzzles (Abschn. 14.8) Die Expert*innengruppen klassifizierten in einer ersten Arbeitsphase ausgewählte Vierecke und ordneten sie gegebenen Überbegriffen zu. Darauf aufbauend sollten die beiden Klassen *Quadrat* und *Parallelogramm* anhand einer der vier Eigenschaften Symmetrie (Punkt- und Achsensymmetrie), Winkel, Seiten (Seitenlänge/Parallelität) bzw. Diagonalen beschrieben und von den anderen Klassen abgegrenzt werden. In einer zweiten Arbeitsphase erarbeiteten die Studierenden dann in ihren Stammgruppen darauf aufbauend jeweils eine präzise Definition und hielten ihre Ergebnisse auf einem Plakat fest (Abschn. 14.8). In der letzten Phase wurde auf Basis der Plakate die Gleichwertigkeit dieser Definitionen im Plenum diskutiert. Hierbei stellten die Studierenden zunächst fest, dass man sich frei auf eine der Definitionen festlegen und eine äquivalente dann in Form eines mathematischen Satzes als Konsequenz formulieren kann. Dabei ist es für die Gültigkeit austauschbar, welche der Definitionen man als Grundlage wählt. Dennoch versuchten die Studierenden anschließend Kriterien für eine „gute Definition" herauszuarbeiten. Auch im weiteren Verlauf des Semesters wurde die Rolle von Definitionen immer wieder explizit thematisiert. Ziel war es zum einen, die Notwendigkeit einer präzisen Definition für sauberes Argumentieren zu erkennen, zum anderen aber auch die Freiheit wertzuschätzen, die man beim Definieren eines neuen Begriffes hat.

Um die mathematische Aussage eines Satzes zu verstehen, wurde untersucht, auf welche Objekte dieser Satz zutrifft und wie sich die Aussage ändert, wenn Voraussetzungen weggelassen, abgeschwächt oder verändert werden (vgl. Bauer, 2018). Ein Aufgabenformat, welches hierzu beitragen sollte, beschäftigte sich mit der Suche nach Beispielen und Nichtbeispielen: Hier sollten die Studierenden mathematische Objekte finden, welche bestimmte Eigenschaften besitzen und bei denen zugleich andere Eigenschaften nicht zutreffen (Abschn. 14.8). So reflektierten die Studierenden über die Standardbeispiele hinaus die behandelten Definitionen und Sätze. Dieses Aufgabenformat war Bestandteil der Präsenzphasen, wurde aber auch in Form von Übungs- und Quizaufgaben wiederholt trainiert und fand sich darauf aufbauend als Aufgabenstellung im Rahmen der Abschlussklausur wieder.

Über das Verständnis der einzelnen Begriffe hinaus stand das Erkennen von Zusammenhängen im Fokus. Dafür wurde in der Präsenzveranstaltung wiederholt die Methode der Peer Instruction (vgl. Bauer, 2019; Mazur, 2017) genutzt (Abschn. 14.8). So erhielten die Studierenden zum einen zusätzliches Feedback über ihren eigenen Wissensstand und schulten zum anderen das mathematische Argumentieren und Kommunizieren im Austausch mit ihren Kommiliton*innen.

Neben diesem punktuellen Aufzeigen von Zusammenhängen gab es jeweils noch eine zusammenfassende Einheit nach Abschluss eines inhaltlichen Themenblocks. Die Studierenden sammelten im Rahmen einer Hausaufgabe zunächst wichtige Definitionen, Beispiele und Sätze und setzten diese anschließend in Form einer Concept Map miteinander in Beziehung (siehe Abb. 14.2). In der Präsenzveranstaltung wurden diese Zusammenhänge dann im Plenum diskutiert. Ziel war es hier, sich einen Überblick

Abb. 14.2 Von Studierenden erstellte Concept Map

über den behandelten Inhalt zu verschaffen und dabei insbesondere die Resultate nicht nur als für sich alleinstehende Sätze zu betrachten, sondern zu verstehen, wie und an welcher Stelle sich diese in den Gesamtkontext einfügen. Unverzichtbar war dafür auch die intensive Auseinandersetzung mit den Beweisen der Resultate, um Implikationen zu erkennen und die verwendeten Begriffe in ein Begriffsnetzwerk einzuordnen. Die fertig gestellten, individuellen Concept Maps durften in der abschließenden Klausur als Hilfsmittel verwendet werden.

14.7.4 Beweise lesen und schreiben

Die Stichworte „mathematisches Argumentieren und Kommunizieren" finden sich als prozessbezogene mathematische Kompetenzen in der blumigen Begleitprosa eines jeden Rahmenlehrplans. Diese Kompetenzen selbst zu erwerben, gehörte zu den Hauptzielen der Veranstaltung – schließlich stellt dies eine notwendige Voraussetzung für die Gestaltung entsprechenden Unterrichts dar.

Die Studierenden wurden innerhalb der Präsenzveranstaltung durch den Einsatz verschiedener Methoden und Aufgabenformate schrittweise dabei unterstützt (Abschn. 14.7.1). Der Prozess von der ersten vagen Beweisidee bis hin zum präzisen und korrekten Aufschreiben des vollständigen Beweises wurde zusätzlich explizit im Rahmen des Schreiblernlabors geübt. Hierfür setzten sich die Studierenden zwei Mal im Semester mit jeweils einer Übungsaufgabe intensiv auseinander. Diese konnte nach der Korrektur mehrfach überarbeitet werden, bis der Beweis fehlerfrei aufgeschrieben war.

Nach einführenden Übungen zur Aussagenlogik als Hilfsmittel zum Verstehen von Sätzen, Definitionen und Aufgaben wurde die Sprache der Mathematik semesterbegleitend immer wieder thematisiert. In der Präsenzveranstaltung wurde regelmäßig vor dem eigentlichen Beweisen eines Satzes zunächst Wert darauf gelegt, die mathematische Aussage an sich zu verstehen. Dafür wurde sie in Teilaussagen zerlegt, mit Quantoren versehen und die Teile dann mit Implikationen zueinander in Beziehung gesetzt. Dieses Explizitmachen sollte verdeutlichen, dass mathematische Sprachelemente wie Quantoren als Hilfsmittel verstanden werden sollten, um einen mathematischen Sachverhalt zu präzisieren und strukturiert zu kommunizieren. Die Problematik der korrekten Verwendung von Fachsprache wurde schließlich im Quiz und in der Abschlussklausur in einem Aufgabenformat aufgegriffen, in welchem die Studierenden Fehler in gegebenen mathematischen Aussagen finden sollten. Dies konnte beispielsweise eine falsch verwendete Implikationsrichtung sein oder das Vertauschen der Reihenfolge von Quantoren.

Zu Beginn des Lesetrainings wurde mit den Studierenden ein „Self-Explanation Training" (vgl. Hodds et al., 2014) durchgeführt (Abschn. 14.8). Dieses kann als eine Art Anleitung für das Lesen von Beweisen verstanden werden, innerhalb welcher der Prozess zunächst detailliert erklärt und exemplarisch durchgespielt wird. Anschließend wurde das vorhandene Material um inhaltlich passende Übungsbeispiele ergänzt.

Ziel des nächsten zweistufigen Aufgabenformates war die aktive Auseinandersetzung mit der Struktur und Argumentationsführung eines Beweises. Dazu wurde den Studierenden eine Aussage mit zugehörigem Beweis vorgelegt, der als Lückentext gestaltet war. Ihre Aufgabe bestand darin, die fehlenden Bausteine den Lücken eindeutig zuzuordnen. Als nächster Schritt wurde ihnen ein bereits fertiger Beweis, in Schnipsel zerschnitten, präsentiert. Dieses Beweispuzzle (vgl. Hoffkamp et al., 2016) musste in die eindeutige kohärente Reihenfolge gebracht werden. Hierbei gab es zwei verschiedene Varianten desselben Beweises. Die eine Hälfte der Gruppe erhielt eine ausführliche Prosaversion, die andere Hälfte eine knappe, symbollastige Version. Nach der Sortierphase tauschten sich die Studierenden in Zweiergruppen über die Korrektheit der Reihenfolge aus und diskutierten die Vor- und Nachteile der jeweiligen Version in Hinblick auf Verständlichkeit und Lesbarkeit.

Diese beiden Aspekte waren auch Gegenstand der Übung zum Schreiben von Beweisen. Die Gruppe wurde auf zwei Räume aufgeteilt. Den Studierenden wurde dann jeweils die Beweisidee einer von zwei Aussagen erläutert. Es konnten anschließend Rückfragen zum Verständnis gestellt werden. Darauf aufbauend wurde der vollständige Beweis dann in Einzelarbeit zu Papier gebracht. Nach dem Zusammenführen der Gruppe wurde der jeweils andere Beweis dann in einer Stillarbeitsphase gelesen und kommentiert. Rückfragen waren erst in der sich anschließenden Diskussionsphase erlaubt.

14.7.5 Studienprojekt

Im Studienprojekt lösten die Studierenden semesterbegleitend in Gruppen ein anspruchsvolles mathematisches Problem und ordneten es in den Berliner Rahmenlehrplan ein. Das Projekt umfasste eine zweistufige Aufgabenstellung. Im ersten Schritt sollten die Gruppen innerhalb von vier Wochen eine fünf- bis achtseitige schriftliche Ausarbeitung ihrer Gruppenarbeit einreichen, wobei die folgenden vier Teilaspekte zu bearbeiten waren:

- Darstellung, Dokumentation und Begründung zweier Lösungsvarianten der Aufgabe,
- Einordnung der Aufgabe/Lösungswege hinsichtlich der inhaltsbezogenen Kompetenzen,
- Einordnung der Aufgabe/Lösungswege hinsichtlich der prozessbezogenen Kompetenzen,
- Beschreibung der Heurismen, die bei der jeweiligen Lösungsvariante zum Tragen kommen.

Im zweiten Schritt hatten sie nach einer Rückmeldung auf die Ausarbeitung vier Wochen Zeit, um ihre Ergebnisse zu überarbeiten und ein Poster zu erstellen.

Neben den vordergründigen Zielen, Problemlösestrategien zu üben und sich mit dem Rahmenlehrplan auseinanderzusetzen, sollte mit dem Projekt auch die Vernetzung der Studierenden untereinander gefördert werden. Dem Studienprojekt ging eine Sitzung zur

Einübung des Umgangs mit dem Berliner Rahmenlehrplan für Mathematik der Klassenstufen 1–10 voran (vgl. LISUM, 2015). Im Plenum erfolgte zunächst eine einführende Betrachtung in die Bildungsstandards, wobei insbesondere auf die inhaltlichen Leitideen, die prozessbezogenen Kompetenzen und die Anforderungsbereiche eingegangen wurde. Anschließend erhielten die Studierenden in der Präsenzveranstaltung Aufgaben der Sekundarstufe I mit skizzierten Lösungsmöglichkeiten, die sie in Gruppenarbeit selbständig in den Rahmenlehrplan einordnen sollten. Dabei haben sie jeweils die im Vordergrund stehende prozessbezogene Kompetenz sowie die entsprechende inhaltsbezogene Kompetenz inklusive der dazugehörigen Niveaustufe bestimmt und die vorgenommene Einordnung anhand des Rahmenlehrplans begründet. Diese Sitzung endete mit einem Austausch einiger exemplarischer Einordnungen und deren Begründungen; diese wurden zudem für alle gestellten Aufgaben zur Überprüfung der eigenen Arbeitsergebnisse zur Verfügung gestellt.

Für die Studienprojekte selbst wurden dann unterschiedliche Aufgaben des Bundeswettbewerbs Mathematik aus unterschiedlichen Jahren und Runden ausgewählt, deren Lösung Wissen aus dem Sekundarbereich I voraussetzt. Zudem enthielten diese Aufgaben thematische Anknüpfungspunkte an die Vorlesungsinhalte (vgl. z. B. Langmann et al., 2016, S. 133, S. 187). Jede Aufgabe wurde an fünf Projektgruppen à maximal sechs Studierende vergeben. Die weitere Gruppenarbeit fand dann selbstorganisiert und eigenverantwortlich außerhalb der Präsenzzeiten der Veranstaltung statt.

Die Poster sollten die Gruppenarbeit als Ganzes dokumentieren. Sie wurden in einer Postersession präsentiert, in der die Gruppen ihre Arbeit vorstellen, erläutern und vergleichen konnten. Zwei Poster wurden prämiert, wobei ein Preis vom Lehrteam vergeben und ein Preis per Abstimmung der Studierenden ermittelt wurde. Die Poster blieben anschließend noch zwei Wochen öffentlich zugängig und stießen am Institut auch außerhalb des Veranstaltungsrahmens auf reges Interesse. Neben dem Eigenwert der Studienprojekte hatten diese auch eine entsprechende Prüfungsrelevanz, da in der Klausur eine Aufgabe zur Rahmenlehrplaneinordnung gestellt wurde.

14.8 Vorstellung ausgewählter Arbeitsmaterialien

14.8.1 Eine Einheit zum Problemlösen

Nach einer an Schwätzer und Selter (2000) angelehnten Sitzung, in der unter anderem das systematische Enumerieren geübt und als Problemlösestrategie identifiziert wurde, haben die Studierenden die folgende Aufgabe in Gruppen bearbeitet.

Während der letzten Volkszählung sagte ein Mann, dass er drei Kinder habe. Auf die Frage ihres Alters antwortete er: „Das Produkt ihrer Alter (in Jahren) beträgt 72. Die Summe ihrer Alter ist meine Hausnummer." Die Interviewerin rannte zur Tür und schaute auf die Hausnummer. „Ich kann immer noch nicht sagen, wie alt Ihre Kinder sind!", beschwerte sie sich. Der Mann antwortete: „Oh, das ist richtig. Ich habe vergessen, Ihnen zu sagen, dass die Älteste Schokoladenpudding mag." Nun schrieb die Interviewerin das Alter der drei Kinder auf.

Welche Zahlen stehen auf dem Zettel? — Wie lautet die Hausnummer? — Begründe.

aus: The Math Forum at NCTM (Ask Dr. Math) . ◄

Zur Lösung dieses Problems muss man systematisch alle Zerlegungen der Zahl 72 in drei ganzzahlige Faktoren aufzählen. Es gibt nur zwölf Stück, aber viele schrecken davor zurück. Dann stellt man fest, dass die einzige Summe der Faktoren, die mehrmals auftritt, die 14 ist. Meist wird erst mit der kompletten Liste vor Augen gesehen, dass „Ich kann immer noch nicht sagen, wie alt Ihre Kinder sind!" eine für die Lösung wesentliche Information enthält, dass nämlich etwas *nicht eindeutig* ist. Das Problem ist mit einfachen schulmathematischen Werkzeugen zu lösen. Um den Schulbezug noch zu verdeutlichen, wurde diskutiert, welche prozessbezogenen Kompetenzen benötigt werden (Abschn. 14.7.2). Ein wesentlicher Punkt, der mit dieser Aufgabe transportiert werden sollte, war, dass man in der Mathematik manchmal einfach loslegen muss, auch wenn man noch nicht überblickt, wie man der Lösung näherkommt, oder was man mit der Schokopuddinginformation anfangen soll.

14.8.2 Eine Einheit zur Rolle von Definitionen

Nachfolgend wird die Gruppenpuzzle-Aufgabe zur Definition des Begriffs Viereck vorgestellt. In Abb. 14.4 ist ein exemplarisches Ergebnis abgebildet.

Ordnen Sie den abgebildeten Vierecken (siehe Abb. 14.3) zunächst die Bezeichnung ihrer Klasse (Quadrat, Raute, Drachen, Rechteck, gleichschenkliges Trapez, allgemeines Viereck, Parallelogramm) zu.

Definieren Sie gemeinsam jede dieser Klassen so exakt wie möglich ausschließlich anhand der Eigenschaften bezüglich des Merkmals „Symmetrie (Punkt-, Achsensymmetrie)". Am Ende der ersten Gruppenarbeitsphase sollten Sie möglichst sieben Definitionen erarbeitet haben, zumindest aber die Definition von Quadraten und Parallelogrammen.

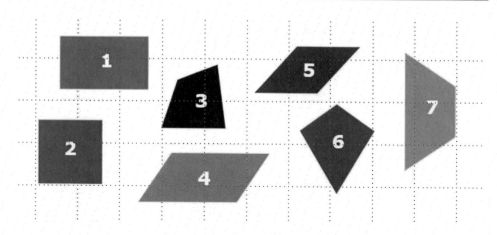

Abb. 14.3 Beispiel-Vierecke für die Definitionsübung

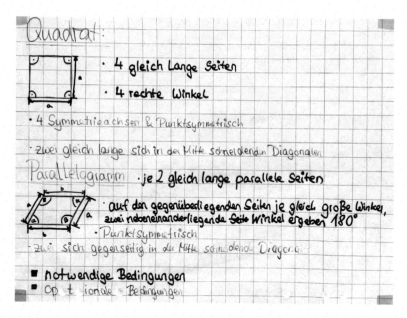

Abb. 14.4 Beispielposter zum Definitions-Gruppenpuzzle

Jede*r von Ihnen notiert sich bitte alle erarbeiteten Definitionen, um diese in die zweite Arbeitsphase mitnehmen zu können.

Fällt Ihnen bei der Betrachtung Ihrer (sieben) Definitionen etwas auf? Wenn ja, notieren Sie sich dazu ebenfalls einige Stichpunkte. Arbeitszeit: 25–30 min. ◄

Bearbeiten Sie, nachdem Sie sich nun in neuen Gruppen zusammengefunden haben, exemplarisch anhand der Klassen Quadrat und Parallelogramm folgende Aufgaben:

- Tauschen Sie sich zunächst kurz über die Eigenschaften dieser Klassen aus, die Sie aus Ihrer vorangegangenen Gruppe mitgebracht haben. Führen Sie die Eigenschaften der jeweiligen Klasse zu einem Katalog zusammen.
- Entwickeln Sie nun gemeinsam, basierend auf den Katalogen, für beide Klassen exakte Definitionen. Welche der Eigenschaften genügen, um die jeweilige Klasse zu charakterisieren und von den anderen Klassen abzugrenzen? Fällt Ihnen bei der Betrachtung Ihrer Definitionen etwas auf? Wenn ja, notieren Sie sich dazu einige Stichpunkte.
- Geben Sie für eine der beiden Klassen eine alternative exakte Definition an.
- Optional, falls Sie noch Zeit haben: Begründen Sie, warum Ihre beiden Definitionen gleichwertig sind. Was bedeutet „gleichwertig" in diesem Kontext?

Gestalten Sie zu Ihren Ergebnissen ein A4-„Poster" für das Plenum und speichern Sie es online. Arbeitszeit: 25–30 min. ◀

14.8.3 Beweise lesen und schreiben

Beweispuzzle

In Abb. 14.5 ist ein in der Vorlesung eingesetztes Beweispuzzle zu sehen (vgl. Hoffkamp et al., 2016).

Verständnis-Check

Nachfolgend stellen wir ein Beispiel eines möglichen Verständnis-Checks vor, welcher beim Lesen eines Beweises von Studierenden erarbeitet worden ist. Satz und Beweis beziehen sich auf die folgende Definition einer Geraden. Die Zeilennummern des Beweises sind mit „(Z1)" usw. bezeichnet.

Definition. Eine *Gerade* ist eine Teilmenge $g \subset \mathbb{R}^2$ der Form $g = \{(x, y) \in \mathbb{R}^2 : ax + by = c\}$, wobei a, b, c reelle Zahlen sind und a und b nicht beide 0 sein dürfen.

Satz. Zu zwei verschiedenen Punkten $P, P' \in \mathbb{R}^2$ existiert eine Gerade g mit $P \in g$ und $P' \in g$.

    Beweis.

    (Z1) Seien $P = (p, q)$ und $P' = (p', q')$ zwei verschiedene Punkte im $\mathbb{R}^2$.

Definition: Eine *Linie* ist eine Teilmenge ℓ der Ebene $\mathbb{R}^2$, sodass es zwei Punkte P und Q im $\mathbb{R}^2$ gibt, wobei Q nicht der Ursprung $(0,0)$ ist, und ℓ gleich der Menge aller Punkte der Form $P + tQ$ für reelle Zahlen t ist.

Eine *Gerade* ist eine Teilmenge g der Ebene $\mathbb{R}^2$, sodass es reelle Zahlen a, b, c gibt, wobei a und b nicht beide 0 sind, und g gleich der Menge aller Punkte (x, y) im $\mathbb{R}^2$ ist, die die Gleichung $ax + by = c$ erfüllen.

Satz: Jede Gerade ist eine Linie.

Beweis.

Seien a, b, c reelle Zahlen, sodass a und b nicht beide 0 sind, und sei $g \subset \mathbb{R}^2$ die Menge aller Punkte (x, y) im $\mathbb{R}^2$, die die Gleichung $ax + by = c$ erfüllen.

Wir nehmen an, dass a nicht 0 ist. (Der Beweis funktioniert analog, wenn b nicht 0 ist.)

Wir setzen $P = (p_1, p_2) := (c/a, 0)$
und $Q = (q_1, q_2) := (b, -a)$.

Weil a nicht 0 ist, ist auch Q nicht der Ursprung.

Betrachte die Menge $\ell \subset \mathbb{R}^2$ aller Punkte der Form $P + tQ$ für reelle Zahlen t.

Wir zeigen $g = \ell$:

Wenn (x, y) ein Punkt in ℓ ist, gibt es eine reelle Zahl t, so dass (x, y) gerade der Punkt $P + tQ$ ist.

Man rechnet nach, dass die Gleichung $ax + by = c$ erfüllt ist, also ist (x, y) ein Punkt in g.

Sei umgekehrt (x, y) ein Punkt in g.

Falls q_1 nicht 0 ist, wähle für t die Zahl $\frac{x - p_1}{q_1}$.

Falls q_2 nicht 0 ist, wähle für t die Zahl $\frac{y - p_2}{q_2}$.

Unter Verwendung von $ax + by = c$ und der Definitionen von P und Q rechnet man nach, dass (x, y) gerade der Punkt $P + tQ$ ist, also ist (x, y) ein Punkt in ℓ. $\qquad\square$

Definition: $\ell \subseteq \mathbb{R}^2$ ist eine Linie $:\Leftrightarrow$
$\exists P \in \mathbb{R}^2 : \exists Q \in \mathbb{R}^2 \setminus \{(0,0)\} : \ell = \{P + tQ : t \in \mathbb{R}\}$.

$g \subseteq \mathbb{R}^2$ ist eine Gerade $:\Leftrightarrow$
$\exists a, b, c \in \mathbb{R} : (a, b) \neq (0, 0) \ \wedge \ g = \{(x, y) \in \mathbb{R}^2 : ax + by = c\}$.

Satz: $\ell \subseteq \mathbb{R}^2$ ist eine Gerade $\Leftarrow \ell \subseteq \mathbb{R}^2$ ist eine Linie.

Beweis.

Sei $P = (p_1, p_2) \in \mathbb{R}^2$, $Q = (q_1, q_2) \in \mathbb{R}^2 \setminus \{(0,0)\}$ und $\ell = \{P + tQ : t \in \mathbb{R}\}$.

$a := -q_2, b := q_1$ und $c := -q_2 p_1 + q_1 p_2$.

$(q_1, q_2) \neq (0, 0) \Rightarrow (a, b) \neq (0, 0)$.

$\Rightarrow g := \{(x, y) \in \mathbb{R}^2 : ax + by = c\}$ ist eine Gerade.

Wir zeigen $g = \ell$:

$(x, y) \in \ell \Rightarrow \exists t \in \mathbb{R} : (x, y) = P + tQ$.

Man rechnet nach, dass $ax + by = c$.

$\Rightarrow (x, y) \in g$.

Sei umgekehrt $(x, y) \in g$.

$$t := \begin{cases} \frac{x - p_1}{q_1} & \text{falls } q_1 \neq 0 \\ \frac{y - p_2}{q_2} & \text{falls } q_2 \neq 0 \end{cases}$$

Mit $ax + by = c$ rechnet man nach, dass $(x, y) = P + tQ$.

$\Rightarrow (x, y) \in \ell$. $\qquad\square$

Abb. 14.5 Beweispuzzle

(Z2) Wir nehmen an, dass $q \neq q'$.
(Z3) Der Fall $p \neq p'$ wird analog behandelt.
(Z4) Setze $a := q - q', b := p' - p, c := p'q - pq'$.
(Z5) Dann ist $a \neq 0$
(Z6) und $g := \{(x, y) \in \mathbb{R}^2 : ax + by = c\}$ eine Gerade.
(Z7) Man rechnet nach, dass $P \in g$ und $P' \in g$. $\blacksquare \blacktriangleleft$

Nach dem Lesen des Beweises ist eine Student*in zu einem Verständnis-Check mit folgenden Selbsterklärungen gelangt.

Studentische Bearbeitung der Verständnis-Check-Aufgabe

(Z1) Wir wählen zwei beliebige Punkte $P = (p, q)$ und $P' = (p', q')$ mit $P \neq P'$ und wollen zeigen, dass es für diese beiden eine Verbindungsgerade gibt. Weil wir keine zusätzlichen Eigenschaften von P und P' verwenden (also statt konkreter Zahlen die Platzhalter p, p', q, q' nutzen), gilt die Aussage dann für alle Paare verschiedener Punkte im $\mathbb{R}^2$.

(Z2) Nach Annahme ist $P \neq P'$. Also müssen sich P und P' in mindestens einer Koordinate unterscheiden, das heißt $p \neq p'$ oder $q \neq q'$ (oder beides). Wir beweisen die beiden Fälle einzeln und starten mit $q \neq q'$.

(Z3) Dass der Beweis für $p \neq p'$ analog funktioniert, bedeutet, dass die Faulpelze nur den Beweis für $q \neq q'$ aufgeschrieben haben, und ich den Beweis für $p \neq p'$ selber übertragen muss. Darum kümmere ich mich später, wenn ich den Fall $q \neq q'$ verstanden habe.

(Z4) Wir definieren drei Zahlen $a, b, c \in \mathbb{R}$ in Abhängigkeit von p, p', q, q'. Ich habe keine Ahnung warum wir die so definieren. Aber wir wollen ja eine Gerade finden. Die Bezeichnungen a, b, c tauchen in der Definition einer Geraden auf. Das wird schon zum Ziel führen.

(Z5) Diese Aussage folgt aus der Definition von a und der Annahme, dass $q \neq q'$.

(Z6) Wir verwenden a, b und c, um eine Teilmenge des $\mathbb{R}^2$ zu definieren. Das sieht genau so aus, wie in der Definition einer Geraden. Jetzt verstehe ich auch, warum die Aussage aus (Z5) wichtig war: wir müssen überprüfen, dass unsere a, b nicht beide 0 sind.

(Z7) $P, P' \in g$ rechnet „man" nach. Ich schätze, das muss ich selber machen. Ich muss also die Koordinaten p und q in die Gleichung einsetzen und eine wahre Aussage bekommen:

$$ap + bq \overset{(Z4)}{=} (q - q')p + (p' - p)q = qp - q'p + p'q - pq = p'q - pq' \overset{(Z4)}{=} c$$

Stimmt also, der Punkt P liegt auf der Geraden g. Und für P':

$$ap' + bq' \overset{(Z4)}{=} (q - q')p' + (p' - p)q' = qp' - q'p' + p'q' - pq' = qp' - pq' \overset{(Z4)}{=} c$$

(Z8) Ach ja, und warum kann man den Beweis jetzt auf den Fall $p \neq p'$ übertragen? ◄

14.8.4 Eine Peer Instruction-Aufgabe

Als die folgende Peer Instruction-Aufgabe (vgl. Bauer, 2018) gestellt wurde, lag die Diskussion enumerativer Fragen zu endlichen affinen Ebenen – wenn jede Gerade q Punkte hat, hat die ganze Ebene q^2 Punkte und $q(q + 1)$ Geraden – schon einige Wochen zurück. Ziel der Aufgabe war es unter anderem, dieses Wissen wachzurufen und mit der gerade behandelten Erweiterung einer affinen zu einer projektiven Ebene zu verknüpfen.

Peer Instruction-Aufgabe zu projektiven Ebenen

Sei k ein endlicher Körper mit q Elementen. Bezeichne mit (E, G) die affine Ebene über k.

Weiter sei $\left(\hat{E}, \hat{G}\right)$ die projektive Ebene, die man erhält, wenn man eine unendliche Gerade hinzufügt. Welche der folgenden Aussagen ist dann korrekt?

- Die Anzahl $\left|\hat{E}\right|$ der Punkte der projektiven Ebene ist immer durch q teilbar.
- Die Anzahl $\left|\hat{E}\right|$ der Punkte der projektiven Ebene ist nie durch q teilbar.
- Die Anzahl $\left|\hat{G}\right|$ der projektiven Geraden ist manchmal durch q teilbar.
- Die Anzahl $|G|$ der affinen Geraden ist nie durch q teilbar. ◀

14.8.5 Exemplarische Quiz-Aufgaben

Aus den wöchentlichen Quiz-Aufgaben werden nachfolgend zwei Aufgaben vorgestellt.

Quiz-Aufgabe aus der Elementargeometrie

Finden Sie ein Modell (E, G), in dem die Axiome $A1$, $A2$ und P gelten, Axiom $A3$ aber verletzt ist. Dabei soll E mindestens 3 Punkte enthalten. Beschreiben Sie Ihr Modell in Mengenschreibweise und fertigen Sie zur Veranschaulichung eine Zeichnung an. ◀

Quiz-Aufgabe aus der Zahlentheorie

Erklären Sie kurz, welchem Fehlschluss die folgende Argumentation unterliegt.
3^{333} hat die Endziffer 7.
Beweis:

1. 333 hat die Endziffer 3.
2. In der Hausaufgabe haben wir gezeigt, dass die Endziffer des Produkts $a \cdot b$ zweier natürlicher Zahlen a und b nur von den Endziffern von a und b abhängt.
3. Wir wollen nun die Endziffer des Produktes $3^{333} = 3 \cdot \ldots \cdot 3$ bestimmen.
4. Wegen (1) und (2) hat 3^{333} dieselbe Endziffer wie $3^3 = 27$. Also hat 3^{333} die Endziffer 7. ◀

14.8.6 Eine Studienprojekt-Aufgabe

Studienprojekt-Aufgabe

Ein Punkt P im Inneren des Dreiecks ABC wird an den Mittelpunkten der Seiten BC, CA und AB gespiegelt; die Bildpunkte werden mit P_a, P_b bzw. P_c bezeichnet. Beweisen Sie, dass sich die Geraden AP_a, BP_b und CP_c in einem gemeinsamen Punkt schneiden! (Langmann et al., 2016, S. 284). ◀

Orientieren Sie sich bei der Erarbeitung/Umsetzung Ihres Projektes an dem in der Vorlesung behandelten Beispiel zum „Problemlösen in der Schule". Demzufolge sollte Ihr Projekt folgende Aspekte umfassen:

- Lösung(svarianten) der gestellten Aufgabe: Wir erwarten auf jeden Fall die Darstellung/Dokumentation von zwei Lösungsvarianten (obwohl die gestellten Beispiele teilweise sogar noch mehr Lösungswege zulassen) und deren Begründung.
- Anbindung an den Rahmenlehrplan Berlin: Ein Ziel des Studienprojekts ist auch, Ihren Umgang mit dem RLP Berlin weiter zu schulen bzw. zu vertiefen. Wir erwarten daher eine Einordnung sowohl hinsichtlich prozess- als auch inhaltsbezogener Kompetenzen. Wie in den Vorlesungsbeispielen auch, ist dabei wichtig: eine „Grobeinordnung", eine Detaileinordnung mit z. B. der Nennung der Niveaustufen bei inhaltsbezogenen Kompetenzen, ggf. Anforderungsniveaus und eine Beschreibung/Begründung der Einordnung.
  Zu bedenken ist: In der Regel betreffen die Aufgabenstellungen mehr als eine prozessbezogene und nicht selten auch mehr als eine inhaltsbezogene Kompetenz. Wie auch bei Ihrer späteren Unterrichtsgestaltung ist es wichtig, dass Sie auswählen, welche im Vordergrund stehen. Dies sind in den vorliegenden Beispielen maximal zwei Kompetenzbereiche! Bei beiden Einordnungen nicht vergessen (wie in RLP-Übung): Erwartet wird eine Einordnung indem Sie in Zitaten den entsprechenden Satz/die Sätze und die entsprechende Seitenzahl aus dem RLP notieren. Daran knüpft dann die Begründung (mit eigenen Worten und auf konkrete Aufgabe bezogen) an.
- Heurismen: Wie bei dem in der Vorlesung behandelten Beispiel zum „Problemlösen in der Schule" sollen Sie darlegen, welche Heurismen (Hilfsmittel, Strategien, ggf. Prinzipien) bei der Lösung zum Tragen kommen. Nicht vergessen: Diese können/müssen sich stets auf die tatsächlich vorgelegten Lösungsvarianten beziehen. ◄

Abb. 14.6 zeigt ein im Rahmen der Studienprojekte entstandenes Poster.

14.8.7 Wochen-/Lernplan

Abb. 14.7 zeigt den Vorschlag eines wöchentlichen Lernplans, der den Studierenden zur Verfügung gestellt wurde.

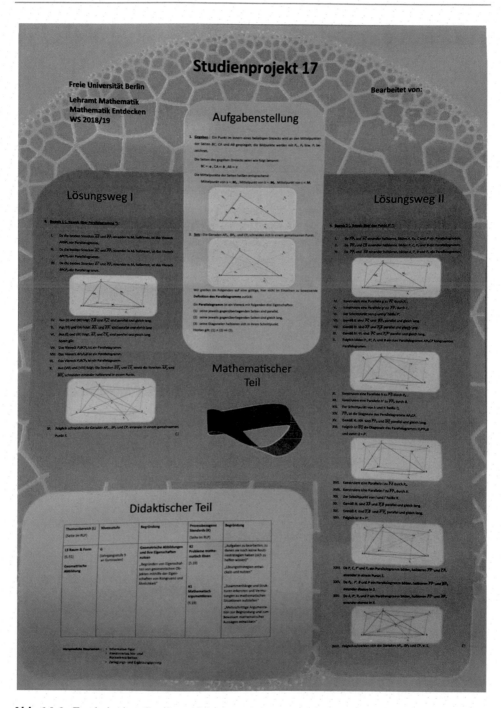

Abb. 14.6 Ergebnis einer Studienprojektgruppe

Mathematik entdecken 1
Christian Haase, Anina Mischau
Lena Walter

Beispielhafter Lernplan — ein Vorschlag

	Präsenz	Eigenarbeit	Dauer (h)
Montag	Zentralübung		1,5
		Übungszettel lesen, relevante Definitionen nachschlagen, relevante Resultate sichten, GeoGebra/Cinderella installieren	0,5
		Vorlesung Freitag/Zentralübung Montag nachbereiten*	1,0
		Lehn *Wie bearbeite ich ein Übungsblatt?* lesen	0,5
Dienstag		Lerngruppe: für die Hausaufgabe relevante Begriffe und Resultate ordnen, kleine Beispiele generieren, Lösungsideen entwickeln; Fragen für das Tutorium sammeln[†]	2,0
Mittwoch	Vorlesung		1,5
Donnerstag	Tutorium	Lösungsideen reifen aus	1,5
		Vorlesung Mittwoch nachbereiten[‡]	1,0
Freitag	Vorlesung		1,5
		Im Skript nachlesen	0,5
Samstag		Lösung Übungszettel aufschreiben	1,5
Sonntag			

$$\sum = 13{,}0$$

Anmerkungen:

* Zum Beispiel: Verständnischeck auf (Puzzle-) Beweise vom Freitag anwenden; den Satz aus HA3.1 in einzelne verknüpfte Aussagen strukturieren und mit der Struktur des Beweises abgleichen.

[†] Der Schritt „Aufgabe verstehen" sollte am Dienstag weitgehend abgeschlossen sein.

[‡] Zum Beispiel: Punkte $(6, 0)$ und $(2, 0)$ mit Zirkel und Lineal addieren und dividieren.

Abb. 14.7 Lernplan

14.9 Evaluations- und Untersuchungsergebnisse

In Kooperation mit dem WiGeMath-Team wurde die Veranstaltung im Wintersemester 2018/19 evaluiert. Der Schwerpunkt lag entsprechend der Veranstaltung auf den mathematischen Beliefs, aber auch auf motivationalen Variablen. Zudem sollte erfasst werden, inwieweit die Studierenden konzeptionell arbeiten. In die Analyse wurden dabei zum Vergleich auch Daten aus den Brückenvorlesungen in Kassel und Oldenburg einbezogen (vgl. Hochmuth et al., 2018).

Dazu wurde am Anfang der dritten Vorlesungswoche und am Ende des ersten Semesters jeweils eine schriftliche Befragung der Studierenden in der Vorlesung durchgeführt. Die Stichprobe umfasste alle anwesenden Studierenden. Dies waren zum ersten Zeitpunkt $n_1 = 159$ Studierende und zum zweiten Zeitpunkt $n_2 = 70$ Studierende. Aufgrund eines pseudonymisierten Codes konnten die Daten längsschnittlich verbunden werden, was zu $n_{1,2} = 53$ Studierenden-Paaren führte.

Eingesetzt wurden Skalen zu Prozess- und Toolboxbeliefs (Grigutsch et al., 1998), zur mathematischen Selbstwirksamkeitserwartung (Fischer, 2014) und dem mathematischen Selbstkonzept (nach Schöne et al., 2002; angepasst für Hochschulmathematik von Biehler et al., 2013); sowie zur Freude bezüglich Mathematik (aus der PISA-Studie 2003; Ramm et al., 2006). Zum zweiten Zeitpunkt wurden außerdem eine Beweisaffinität und die (positive) Einstellung zum Erlernen der Beweisaktivität abgefragt (Kempen, 2019). Beispiel-Items, Angaben zur internen Konsistenz (Cronbachs α) sowie die Mittelwerte und Standardabweichungen zu beiden Zeitpunkten finden sich in Tab. 14.1. Zudem wurden biographische Daten und der schulische Hintergrund erfasst.

Die biographischen Daten zeigen zunächst in etwa eine gleiche Verteilung von männlichen und weiblichen Studierenden (82 von 159 Studierenden waren männlich), die im Gymnasiallehramt häufig anzutreffen ist. Der schulische Hintergrund offenbart aber einen wichtigen Unterschied zu den Brückenvorlesungen in Oldenburg und Kassel: Während bei Befragungen in Oldenburg drei Viertel und in Kassel zwei Drittel der Studierenden einen Leistungskurs in Mathematik belegt hatten, waren es in Berlin nur ca. 56 %. Die in diesen Kursen erworbenen Noten waren dabei mit etwas über 11 Punkten jeweils vergleichbar, sodass die Kohorte in Berlin fachlich etwas schwächer vorbereitet scheint. Das mathematische Selbstkonzept und die Selbstwirksamkeitserwartung sind am Anfang kaum messbar geringer als in Kassel und Oldenburg und auch die Beliefs unterscheiden sich kaum. Das könnte sich schon aus dem schulischen Hintergrund erklären, da Studierende mit Leistungskurs Mathematik hier durchgängig höhere Werte haben.

Für die Betrachtung im Zeitverlauf wurde zunächst untersucht, inwieweit die Unterschiede der Mittelwerte zwischen den beiden Messzeitpunkten auf die Verkleinerung der Stichprobe zurückgeführt werden könnten. Dies scheint nicht der Fall zu sein; der größte Unterschied zwischen den Studierenden, die nur zum ersten Zeitpunkt befragt wurden, und denjenigen, die zu beiden Befragungen kamen, lag bei 0,03. Unterschiede

Tab. 14.1: Übersicht über die verwendeten Instrumente

Skala, Antwort-format	Anzahl Items	Beispielitem	Cronbachs α zu T1/T2	T1: M, (SD)	T2: M, (SD)
Prozess-Beliefs (1–4)	4	Mathematik lebt von Einfällen und neuen Ideen.	0,68/0,62	3,38 (0,47)	3,28 (0,50)
Toolbox-Beliefs (1–4)	5	Mathematik besteht aus Lernen, Erinnern und Anwenden.	0,77/0,74	2,60 (0,61)	2,64 (0,62)
Math. SWE (1–4)	4	Ich bin überzeugt, dass ich in Hausaufgaben und Prüfungen in Mathematik gute Leistungen erzielen kann.	0,81/0,85	2,60 (0,63)	2,35 (0,73)
Math. Selbst-konzept (1–4)	3	Ich bin für Mathematik … unbegabt (1) – begabt (4)	0,77/0,80	2,92 (0,52)	2,80 (0,55)
Freude (1–6)	4	Mathematik macht mir Spaß.	0,88/0,88	4,19 (1,03)	3,89 (1,07)
Positive Einstellung zum Beweisen (1–6)	4	Ich mag Beweise.	- / 0,81	-	3,59 (1,20)
Einstellung zum Erlernen der Beweis-aktivität (1–6)	4	Verschiedene Beweise zu vergleichen und zu diskutieren hilft dabei, besser zu verstehen, warum ein Sachverhalt gilt.	- / 0,63	-	4,63 (0,86)

Erhobene Variablen und Bereich der Antworten, Anzahl der Items, Beispielitem, Reliabilitäts-koeffizient α sowie Mittelwerte und Standardabweichungen zu beiden Messzeitpunkten. Höhere Werte spiegeln stets eine höhere Zustimmung wider.

der berichteten Mittelwerte bestätigen sich dementsprechend auch im längsschnittlichen Teilsample und beschreiben also eine Veränderung in den Individuen. Verbundene t-Tests zeigen, dass alle Mittelwertunterschiede außer bei den Toolbox-Beliefs statistisch signifikant sind ($p \leq .01$). Die Veränderungen laufen dabei den Intentionen der Veranstaltung entgegen; die Prozess-Beliefs, die Selbstwirksamkeitserwartung, das Selbstkonzept und die mathematikbezogene Freude gehen jeweils zurück. Im Ausmaß sind die Rückgänge aber eher gering.

Die erste beweisspezifische Skala erfragt eine positive Einstellung zum (eigenen) Beweisen. Hier zeigt sich ein mittlerer Wert bei einer hohen Streuung. Auf der Skala von 1 bis 6 erreichten Studierende einen Mittelwert der vier Items zwischen 1 und 5,75. Allein durch die Veranstaltung lässt sich also nicht in allen Studierenden eine Affinität zum Beweisen erreichen. Inwiefern das andere Veranstaltungen für Lehramtsstudierende schaffen, ist aber offen. Dieselbe Skala wurde ebenfalls in Oldenburg eingesetzt, von deren Mittelwert unterscheiden sich die hier gegebenen Daten nicht signifikant. Dagegen besteht ein signifikanter Unterschied bei der Einstellung zum Erlernen der Beweisaktivität ($p = .01$). In der hier vorgestellten Veranstaltung hatten die Studierenden gegenüber dem Wert aus Oldenburg (4,36) noch etwas stärker die Überzeugung, dass Beweisen ein Prozess ist, den man vielfältig und lehrreich durchführen kann. Beide Werte liegen deutlich oberhalb der theoretischen Mitte der Skala. Auch wenn nicht alle Studierenden Beweise persönlich mögen, scheint die Botschaft angekommen zu sein, dass Beweise vielfältig erbracht werden können und ein wichtiges Mittel der Erkenntniserweiterung sind. Für die erhobenen Merkmale zeigt sich dabei übrigens eine weitgehende Angleichung zwischen ehemaligen Leistungskurs- und Grundkurs-Schüler*innen, zumindest lässt sich kein statistisch signifikanter Unterschied mehr feststellen (stets $p > .60$).

Die Evaluation zeigt, dass viele Studierende ans Beweisen herangeführt werden konnten und klärt auch über den Verlauf der affektiven Variablen auf. Gerade beim Beweisen wird deutlich, dass solch eine Veranstaltung nicht alle Studierenden gleichermaßen erreicht. Dass das Ergebnis einer aufwendig gestalteten Veranstaltung ein leichter Rückgang von mathematikbezogener Freude und Selbstwirksamkeitserwartung ist, kann zunächst irritieren. Zur Interpretation muss man bedenken, dass der wohlbekannte Eingangsschock ins Mathematikstudium den Zauber des Anfangs fast immer schnell verfliegen lässt. Beispielsweise geht in der Studie von Rach und Heinze (2013) in einer klassischen Fachvorlesung des ersten Semesters das mathematische Selbstkonzept der Gesamtgruppe um etwa zwei Drittel einer Standardabweichung zurück, hier um weniger als ein Viertel. Die Veranstaltung führt also auch in die – unbestritten schwierige – Hochschulmathematik ein, aber auf eine Art, bei der viele Studierende das Gefühl haben, mitmachen zu können. Der bekannte Eingangsschock verringert sich somit tatsächlich. Gleichwohl waren die Rückgänge in affektiven Variablen in Kassel und Oldenburg noch etwas geringer. Dies könnte mit der fachlichen Gestaltung zusammenhängen, die in der Veranstaltung *Mathematik entdecken* in einigen Punkten etwas stärker einer traditionellen Fachveranstaltung entsprach. Ein Unterschied zu den anderen innovativen Brückenvorlesungen liegt z. B. im stärker betonten Formalismus, etwa bei der expliziten Thematisierung von Definitionen. So gesehen liefert die Veranstaltung *Mathematik entdecken* ein Konzept für eine fachnähere Brückenvorlesung, die ihre Brückenfunktion bezüglich der Arbeitsweisen auf formale Elemente ausweitet und dafür (nur) geringe Verschlechterungen bei den affektiven Variablen in Kauf nimmt.

14.10 Fazit

Neben den Erkenntnissen, die sich aus der Begleitforschung gewinnen lassen, sollen nun noch einige Denkanstöße und Ansatzpunkte für die Weiterentwicklung der Veranstaltung benannt werden, die auf gesammelten subjektiven Eindrücken beruhen. Die Veranstaltung versucht mithilfe einer Vielfalt eingesetzter Methoden und Arbeitstechniken viele Ziele auf einmal zu adressieren. Als besonders wichtig hat sich deswegen eine detaillierte und vorausschauende Planung der verzahnten Inhalte und Arbeitsabläufe herausgestellt. Dabei gibt es im Großen wie auch im Detail sicher noch viel Verbesserungspotenzial. Im Vordergrund sollte meistens das „Selbermachen" in irgendeiner Art und Weise stehen. Daran muss man die Studierenden von Anfang an gewöhnen, da bereits zu Studienbeginn eine Konsumhaltung weit verbreitet ist. Insbesondere während der interaktiven Phasen im Rahmen der Präsenzveranstaltungen und Tutorien lohnt es sich, Hilfe zur Selbsthilfe zu geben. Manchmal genügt es schon, Nachfragen zu stellen und Studierende damit darin zu bestärken, einfach mal loszulegen, eine Definition nachzuschlagen, ein Beispiel anzuschauen oder Ähnliches. Immer wieder waren die Studierenden überrascht, dass sie eigentlich selbst über die Mittel verfügen, die vorliegende Aufgabe erfolgreich zu bearbeiten. Die anschließende Phase der Ergebnissicherung in der großen Gruppe hat für die Studierenden einen hohen Stellenwert und dafür sollte genug Zeit eingeplant werden, was jedoch nicht immer gelang. Ein weiterer wichtiger Grundbaustein besteht im Etablieren zahlreicher Feedbackgelegenheiten. Leider wurden entsprechende Gelegenheiten, sich gegenseitig Feedback zu geben, von den Studierenden nicht so gut angenommen: Das Vertrauen in die eigene Kompetenz und in die der Gruppe war nicht ausreichend, um diese Rückmeldung als wertvoll anzusehen. Anzumerken ist auch, dass die Veranstaltung zwar dauerhaft im Curriculum verankert ist, durch wechselnde Lehrende aber zukünftig sicherlich Modifikationen an der Konzeption und an den entwickelten Materialien vorgenommen und so eigene und vielleicht auch neue Schwerpunkte gesetzt werden.

Rückblickend lässt sich sagen, dass die Veranstaltung gut von den Studierenden angenommen und als abwechslungsreich, wenn auch sehr arbeitsintensiv, empfunden wurde. In den Vorlesungsevaluationen wurden vor allem das didaktische Konzept, die Aktivierung zum Mitmachen und die Methodenvielfalt positiv hervorgehoben. Auffallend ist zudem, dass die klassische Sinnfrage „Wofür brauche ich das alles in der Schule?" fast vollständig aus den Vorlesungsevaluationen verschwunden ist. Rückmeldungen der Studierenden betonten stattdessen explizit die gelungene Brückenbildung zwischen Schul- und Hochschulmathematik, auch wenn sich der Mehrwert für das weitere Studium nicht allen und auch nicht sofort erschloss. Dennoch besteht an dieser Stelle Hoffnung: Im Laufe der Zeit gaben Studierende wiederholt die Rückmeldung, dass ihnen nun, in den Fachvorlesungen höherer Semester, erst bewusstgeworden sei, wie hilfreich die Veranstaltung retrospektiv für sie war. Gerade beim Lösen von Übungsaufgaben und bei der eigenen Auseinandersetzung mit den Inhalten sind einige der Techniken und Herangehensweisen für sie nun selbstverständlich, mit denen sich Kommiliton*innen ohne die Brückenvorlesung sehr schwertun. Zusammenfassend lässt sich also sagen, dass man mit dem Erleben von Kompetenz und Lernerfolg auf beiden Seiten etwas Geduld haben muss.

Literatur

Bauer, T. (2018). Peer Instruction als Instrument zur Aktivierung von Studierenden in mathematischen Übungsgruppen. *Mathematische Semesterberichte.* https://doi.org/10.1007/s00591-018-0225-8

Bauer, T. (2019). *Verständnisaufgaben zur Analysis 1 und 2.* Springer. https://doi.org/10.1007/978-3-662-59703-3

Bauer, T., & Hefendehl-Hebeker, L. (2019). *Mathematikstudium für das Lehramt an Gymnasien.* Springer Fachmedien. https://doi.org/10.1007/978-3-658-26682-0

Bauer, T., & Kuennen, E. W. (2017). Building and measuring mathematical sophistication in pre-service mathematics teachers. In R. Göller, R. Biehler, R. Hochmuth & H.-G. Rück (Hrsg.), *Didactics of mathematics in higher education as a scientific discipline. Conference Proceedings* (S. 360–364). Kassel.

Behnke, H. (1939). Das Studium an den Universitäten zur Vorbereitung für das Lehramt an den höheren Schulen. *Semesterberichte zur Pflege des Zusammenhangs von Universität und Schule aus den mathematischen Seminaren 13,* 1–12. Online verfügbar unter https://sammlungen.ulb.uni-muenster.de/hd/periodical/titleinfo/3686623. Zugegriffen: 30. Nov. 2020.

Beutelspacher, A., Danckwerts, R., Nickel, G., Spies, S., & Wickel, G. (2012). *Mathematik Neu Denken. Impulse für die Gymnasiallehrerbildung an Universitäten.* Vieweg+Teubner. https://doi.org/10.1007/978-3-8348-8250-9.

Biehler, R., Hänze, M., Hochmuth, R., Becher, S., Fischer, E., Püschl, J., & Schreiber, S. (2013). Lehrinnovation in der Studieneingangsphase „Mathematik im Lehramtsstudium" – Hochschuldidaktische Grundlagen, Implementierung und Evaluation: Gesamtabschlussbericht des BMBF-Projekts LIMA; Projekt-Zeitraum: März 2009 bis August 2012.

Brefeld, W. (2015). *Voll auf die 12. Besser durchs Leben mit Mathematik.* Rowohlt Taschenbuch.

Bruder, R. (2003). *Methoden und Techniken des Problemlösenlernens. Material im Rahmen des BLK-Programms „Sinus".* IPN.

Deiser, O., Reiss, K. & Heinze, A. (2012). Elementarmathematik vom höheren Standpunkt: Warum ist $0{,}\bar{9}=1$? In: W. Blum, R. Borromeo Ferri & K. Maaß (Hrsg.), *Mathematikunterricht im Kontext von Realität, Kultur und Lehrerprofessionalität. Festschrift für Gabriele Kaiser* (S. 249–264). Vieweg+Teubner. https://doi.org/10.1007/978-3-8348-2389-2_26.

Dreher, A., Lindmeier, A. M., Heinze, A., & Niemand, C. (2018). What kind of content knowledge do secondary mathematics teachers need? *Journal für Mathematik-Didaktik, 39*(2), 319–341. https://doi.org/10.1007/s13138-018-0127-2

Fischer, P. R. (2014). *Mathematische Vorkurse im Blended-Learning-Format.* Springer Fachmedien. https://doi.org/10.1007/978-3-658-05813-5

Grieser, D. (2013). *Mathematisches Problemlösen und Beweisen. Eine Entdeckungsreise in die Mathematik.* Springer. https://doi.org/10.1007/978-3-8348-2460-8

Grigutsch, S., Raatz, U., & Törner, G. (1998). Einstellungen gegenüber Mathematik bei Mathematiklehrern. *Journal für Mathematik-Didaktik, 19*(1), 3–45. https://doi.org/10.1007/BF03338859

Gueudet, G. (2008). Investigating the secondary–tertiary transition. *Educational Studies in Mathematics, 67*(3), 237–254. https://doi.org/10.1007/s10649-007-9100-6

Haase, C. (2017). Geometry vs Doppelte Diskontinuität? In R. Göller, R. Biehler, R. Hochmuth & H.-G. Rück (Hrsg.), *Didactics of Mathematics in Higher Education as a Scientific Discipline. Conference Proceedings* (S. 200–203). Kassel.

Hedtke, R. (2020). Wissenschaft und Weltoffenheit. Wider den Unsinn der praxisbornierten Lehrerausbildung. In C. Scheid & T. Wenzl (Hrsg.), *Wieviel Wissenschaft braucht die Lehrerbildung?* (S. 79–108). Springer VS. https://doi.org/10.1007/978-3-658-23244-3_5

Heinze, A., Dreher, A., Lindmeier, A. M., & Niemand, C. (2016). Akademisches versus schulbezogenes Fachwissen – ein differenzierteres Modell des fachspezifischen Professionswissens von angehenden Mathematiklehrkräften der Sekundarstufe. *Zeitschrift für Erziehungswissenschaft, 19*(2), 329–349. https://doi.org/10.1007/s11618-016-0674-6

Hochmuth, R., Biehler, R., Schaper, N., Kuklinski, C., Lankeit, E., Leis, E., Liebendörfer, M., & Schürmann, M. (2018). Wirkung und Gelingensbedingungen von Unterstützungsmaßnahmen für mathmatikbezogenes Lernen in der Studieneingangsphase: Schlussbericht: Teilprojekt A der Leibniz Universität Hannover, Teilprojekte B und C der Universität Paderborn: Berichtszeitraum: 01.03.2015–31.08.2018. Leibniz Universität Hannover.

Hodds, M., Alcock, L., & Inglis, M. (2014). Self-explanation training improves proof comprehension. *Journal for Research in Mathematics Education, 45*(1), 62. https://doi.org/10.5951/jresematheduc.45.1.0062. (Deutsche Übersetzung von A. Panse & L. Walter).

Hoffkamp, A., Paravicini, W., & Schnieder, J. (2016). Denk- und Arbeitsstrategien für das Lernen von Mathematik am Übergang Schule–Hochschule. In A. Hoppenbrock, R. Biehler, R. Hochmuth & H.-G. Rück (Hrsg.), *Lehren und Lernen von Mathematik in der Studieneingangsphase. Herausforderungen und Lösungsansätze* (S. 295–309). Springer Spektrum. https://doi.org/10.1007/978-3-658-10261-6_19

Howson, A. G. (1988). On the teaching of mathematics as a service subject. In A. G. Howson, J.-P. Kahane, P. Lauginie & E. de Turckheim (Hrsg.), *Mathematics as a service subject* (S. 1–19). Cambridge University Press. https://doi.org/10.1017/CBO9781139013505.002

Jorzik, B. (Hrsg.) (2013). *Charta guter Lehre. Grundsätze und Leitlinienfür eine bessere Lehrkultur.* Stifterverband für die Deutsche Wissenschaft. Essen. Online verfügbar unter https://www.stifterverband.org/charta-guter-lehre. Zugegriffen: 30. Nov. 2020.

Kempen, L. (2019). *Begründen und Beweisen im Übergang von der Schule zur Hochschule: Theoretische Begründung, Weiterentwicklung und Evaluation einer universitären Erstsemesterveranstaltung unter der Perspektive der doppelten Diskontinuität.* Springer Spektrum. https://doi.org/10.1007/978-3-658-24415-6

Kirsch, A. (1980). Zur Mathematik-Ausbildung der zukünftigen Lehrer – im Hinblick auf die Praxis des Geometrieunterrichts. In: *Journal für Mathematik-Didaktik 1*(4), 229–256. https://doi.org/10.1007/BF03338639

Kultusministerkonferenz (KMK) (Hrsg.) (2004). *Bildungsstandards im Fach Mathematik für den Mittleren Schulabschluss.* (Beschluss der Kultusministerkonferenz vom 4.12.2003). Ständige Konferenz der Kultusminister der Länder in der Bundesrepublik Deutschland. Darmstadt: Wolters Kluwer. Online verfügbar unter http://www.kmk.org/fileadmin/Dateien/veroeffentlichungen_beschluesse/2003/2003_12_04-Bildungsstandards-Mathe-Mittleren-SA.pdf. Zugegriffen: 30. Nov. 2020.

Kuzle, A., & Bruder, R. (2016). Probleme lösen lernen im Themenfeld Geometrie. *Mathematik lehren 196*(3), 2–8.

Landesinstitut für Schule und Medien Berlin-Brandenburg (LISUM). (2015). Rahmenlehrplan für die Jahrgangsstufen 1–10 der Berliner und Brandenburger Schulen. Teil C Mathematik. In Senatsverwaltung für Bildung, Jugend und Wissenschaft Berlin und Ministerium für

Bildung, Jugend und Sport des Landes Brandenburg (Hrsg.), Rahmenlehrplan. Jahrgangsstufen 1–10. Salzland Druck. Online verfügbar unter http://bildungsserver.berlin-brandenburg.de/fileadmin/bbb/unterricht/rahmenlehrplaene/Rahmenlehrplanprojekt/amtliche_Fassung/Teil_C_Mathematik_2015_11_10_WEB.pdf. Zugegriffen: 30. Nov. 2020.

Langmann, H.-H., Quaisser, E., & Specht, E. (Hrsg.) (2016). *Bundeswettbewerb Mathematik. Die schönsten Aufgaben.* Springer Spektrum. https://doi.org/10.1007/978-3-662-49540-7

Loos, A., & Ziegler, G. M. (2016). „Was ist Mathematik" lernen und lehren. *Mathematische Semesterberichte, 63*(1), 155–169. https://doi.org/10.1007/s00591-016-0167-y

Mazur, E. (2017). *Peer Instruction. Interaktive Lehre praktisch umgesetzt,* Hrsg. v. G. Kurz & U. Harten. Springer Spektrum. https://doi.org/10.1007/978-3-662-54377-1

Rach, S., & Heinze, A. (2013). Welche Studierenden sind im ersten Semester erfolgreich? *Journal für Mathematik-Didaktik, 34*(1), 121–147. https://doi.org/10.1007/s13138-012-0049-3

Ramm, G. C., Prenzel, M., Baumert, J., Blum, W., Lehmann, R., Leutner, D., Neubrand, M., Pekrun, R., Rolff, H.-G., Rost, J., & Schiefele, U. (Hrsg.). (2006). *PISA 2003: Dokumentation der Erhebungsinstrumente.* Waxmann.

Schwätzer, U., & Selter, C. (2000). Plusaufgaben mit Reihenfolgezahlen – eine Unterrichtsreihe für das 4. bis 6. Schuljahr. *Mathematische Unterrichtspraxis 21*(2), 28–37. Online verfügbar unter https://kira.dzlm.de/node/136. Zugegriffen: 30. Nov. 2020.

Schöne, C., Dickhäuser, O., Spinath, B., & Stiensmeier-Pelster, J. (2002). *Skalen zur Erfassung des schulischen Selbstkonzepts: SESSKO.* Hogrefe.

Shulman, L. S. (1986). Those who understand: knowledge growth in teaching. *Educational Researcher, 15*(2), 4–14. https://doi.org/10.2307/1175860

Stacey, K. (2007). What is mathematical thinking and why is it important? In Center for Research on International Cooperation in Educational Development (CRICED) (Hrsg.), *Progress report of the APEC project: "Collaborative Studies on Innovations for Teaching and Learning Mathematics in Different Cultures (II) –Lesson Study focusing on Mathematical Thinking–".* (S. 39–48) University of Tsukuba. Tsukuba, Japan. Online verfügbar unter http://www.criced.tsukuba.ac.jp/math/apec/apec2007/progress_report/symposium/Kaye_Stacey.pdf. Zugegriffen: 30. Nov. 2020.

The Math Forum at NCTM (Ask Dr. Math). *Ages of Three Children.* Online verfügbar unter http://mathforum.org/library/200Bdrmath/view/58492.html. Zugegriffen: 30. Nov. 2020.

Toeplitz, O. (1928). Die Spannungen zwischen den Aufgaben und Zielen der Mathematik an der Hochschule und an der höheren Schule. *Schriften des deutschen Ausschusses für den mathematischen und naturwissenschaftlichen Unterricht 11*(10), 1–16.

Wahl, D. (2002). Mit Training vom trägen Wissen zum kompetenten Handeln? *Zeitschrift für Pädagogik, 48*(2), 227–241. https://doi.org/10.25656/01:3831

Freiheit in der Lehre – endlich mal!

Maria Specovius-Neugebauer, Reinhard Hochmuth
und Johanna Ruge

Zusammenfassung

Dieser Beitrag reflektiert Möglichkeiten und Grenzen eines an der Universität Kassel eingeführten Brückenvorlesungsformats. Die Schwerpunkte der neuen Lehrveranstaltung liegen in der expliziten Thematisierung „geistiger Hürden", der Förderung des Erlernens von (universitären) mathematischen Arbeitsweisen, des mathematischen Problemlösens, der Fachsprache sowie Versuchen, Neugierde für die universitäre Mathematik zu wecken. Didaktische Entscheidungen bezüglich der Themenauswahl und gestalterischer Aspekte bei der Thematisierung „geistiger Hürden" werden dargestellt und fachdidaktisch reflektiert. Dabei wird auf vielfältige typische Problematiken von Studierenden im ersten Semester eingegangen. Die Evaluation – die in Form einer Interviewstudie mit den Tutor*innen durchgeführt wurde – fokussiert auf qualitative Aspekte der Umsetzung des angestrebten Lehrkonzeptes

M. Specovius-Neugebauer (✉)
Fachbereich Mathematik und Naturwissenschaften, Universität Kassel, Kassel, Hessen, Deutschland
E-Mail: specovi@mathematik.uni-kassel.de

R. Hochmuth
Institut für Didaktik der Mathematik und Physik, Leibniz Universität Hannover, Hannover, Niedersachsen, Deutschland
E-Mail: hochmuth@idmp.uni-hannover.de

J. Ruge
Hamburger Zentrum für Universitäres Lehren und Lernen (HUL), Universität Hamburg, Hamburg, Deutschland
E-Mail: johanna.ruge@uni-hamburg.de

© Der/die Autor(en), exklusiv lizenziert an Springer-Verlag GmbH, DE, ein Teil von Springer Nature 2022
R. Hochmuth et al. (Hrsg.), *Unterstützungsmaßnahmen in mathematikbezogenen Studiengängen,* Konzepte und Studien zur Hochschuldidaktik und Lehrerbildung Mathematik, https://doi.org/10.1007/978-3-662-64833-9_15

durch die Tutor*innen. Hierbei ging es vor allem darum, Hinweise zu erhalten, inwieweit es den Tutor*innen möglich war, innerhalb der vorgegebenen Rahmenbedingungen, die mit dieser Brückenvorlesung angestrebten Ziele umzusetzen und diesbezüglich Gelingensbedingungen zu identifizieren.

15.1 Einleitung

„Kunst und Wissenschaft, Forschung und Lehre sind frei" – so steht es im Grundgesetz. Das mögen Lehrende und Studierende an Hochschulen durchaus unterschiedlich auslegen, tatsächlich sind Lehrveranstaltungen oft durch Bedingungen eingeschränkt, die auch von Lehrenden als Zwänge empfunden werden. So sind bei den üblichen Mathematik-Anfängerveranstaltungen im ersten Studienjahr für Bachelor-Studierende und/oder Studierende des gymnasialen Lehramts die mathematischen Inhalte durch Prüfungsordnungen weitgehend festgelegt. An sich sinnvolle Absprachen mit Blick auf weiterführende Lehrveranstaltungen (teilweise aus verschiedenen Studiengängen) und das Wissen um das tradierte Inhaltsspektrum einer „Analysis I" oder „Linearen Algebra I" bauen auch auf Lehrende einen Druck auf, alle vorgesehenen Inhalte zu lehren. Daher kann es aus Perspektive der Lehrenden mit Blick auf die Modulbeschreibungen und die dort vorgegebenen Inhalte vernünftig sein, dazu überzugehen, den Stoff einfach „durchzuziehen", zumal Befürchtungen bestehen, dass methodische Experimente den Zeitdruck eher erhöhen. Auf das Phänomen weitgehend feststehender Inhalte, die innerhalb der Lehrendengemeinschaft anerkannt sind, gleichzeitig aber auch als Einschränkung für die eigene Lehrtätigkeit erlebt werden, weisen auch Bosch et. al. (Proceedings of the eleventh congress of the European society for research in mathematics education, 2019) hin. So bleibt dann in Anfängervorlesungen häufig wenig Zeit und Raum zur Ermöglichung von Erfahrungen wie etwa denen, dass zur Mathematik auch Fantasie und Kreativität, Staunen genauso wie Irrwege gehören und dass Beweisen etwas ist, wofür Zeit und Muße nötig sind. Entsprechend kann es für Studierende naheliegend sein, bei der Lösung der wöchentlichen Übungsaufgaben aus einem Gefühl der Überforderung heraus, auf als erfolgreich erfahrene Strategien aus der Schulzeit zurückzugreifen, die man z. B. alltagssprachlich unter dem Stichwort „Mustererkennung" zusammenfassen könnte. Überforderungsgefühle stellten sich im WiGeMath-Projekt als ein zentraler erklärender Faktor für eine berichtete Studienunzufriedenheit heraus (vgl. Hochmuth et al., Wirkung und Gelingensbedingungen von Unterstützungsmaßnahmen für mathematikbezogenes Lernen in der Studieneingangsphase (Abschlussbericht) 2018). So lässt sich zusammenfassend formulieren, dass die „normale" universitäre Lehrsituation aus Sicht der Lehrenden und Lernenden Handlungsweisen nahelegen, die in deren Rahmen durchaus gegebene lernförderliche Möglichkeiten universitärer Lehre ungenutzt lassen. Vor allem eine Brückenvorlesung bietet nun Lehrenden viele Möglichkeiten, andere Wege zu gehen. Wenn diese, wie etwa in dem hier beschriebenen Fall, frei von inhaltlich zu erreichenden Vorgaben (z. B. durch Kolleg*innen und/oder tradierte

Vorstellungen) sind, entlastet dies etwa von einer von außen gesetzten Zeitdisziplin. Brückenvorlesungen ermöglichen beispielsweise, mehr Zeit Irrwege zuzulassen und gelegentlich auch in der methodischen Gestaltung zu experimentieren.

Dieser Beitrag reflektiert Möglichkeiten und Grenzen eines an der Universität Kassel eingeführten Brückenvorlesungsformats (Abschn. 15.2). Schwerpunkte der Lehrveranstaltung liegen in der Thematisierung von „geistigen Hürden", der Förderung des Erlernens von (universitären) mathematischen Arbeitsweisen, dem mathematischen Problemlösen, der Fachsprache und ausgewählten Inhalten. Didaktische Entscheidungen bezüglich der Themenauswahl und gestalterischer Aspekte bei der Thematisierung „geistiger Hürden" werden reflektiert. Dabei wird vor allem auch auf typische Problematiken von Studierenden im ersten Semester eingegangen.

Dabei taucht die Erstautorin dieses Beitrags in manchen Abschnitten in zwei Rollen auf: Einmal als Mitautorin des Beitrags und zum anderen als verantwortliche Dozentin der Veranstaltung. Sie lässt auf Grundlage ihrer langjährigen Erfahrung als Praktikerin sowohl ihr Wissen über typische Lernproblematiken der Studierenden im ersten Semester als auch tradierte Umgangsweisen von Dozierenden in die Gestaltung der Brückenvorlesung einfließen. Um diese Position, aus der Reflexionen, Begründungen für didaktische Entscheidungen und Erfahrungen in der Durchführung geschildert werden, sichtbar zu machen, wird im Folgenden teilweise in die Ich-Perspektive gewechselt. Das Berichtete wird dann im Anschluss theoretisch eingeordnet und verallgemeinert (Abschn. 15.4, Abschn. 15.4.3). Hierzu wird auf die subjektwissenschaftliche Lehr-Lern-Theorie zurückgegriffen, die Kategorien anbietet, um Lehren und Lernen in institutionellen Verhältnissen zu untersuchen (siehe Holzkamp, 1987, 1995) und insbesondere erlaubt, den Umgang mit Möglichkeiten und einschränkenden Bedingungen des institutionellen Kontexts aus der Perspektive von Lehrenden und Lernenden im Sinne eines intersubjektiv nachvollziehbaren und subjektiv begründeten Handels zu rekonstruieren (Abschn. 15.3.1) (siehe Holzkamp, 1995). Mit Blick auf den subjektwissenschaftlichen Ansatz fungieren die Kategorien des in WiGeMath entwickelten Rahmenmodells, soweit sich diese nicht einfach auf empirische Fakten wie etwa Gruppengrößen beziehen, als eine Art Stichwortkatalog, der in abstrakter Form im Kontext der Studieneingangsphase mathematikhaltiger Studiengänge Lehr- bzw. Lernproblematiken adressiert. Die Kategorien geben folglich Hinweise auf möglicherweise interessante und relevante Bedingungen-Prämissen-Begründungsmuster. Diese liegen im Zentrum subjektwissenschaftlicher Theoriebildung und bilden das Ziel subjektwissenschaftlicher Rekonstruktionen. Deren vollständige Darstellung würde allerdings weit über den Rahmen dieses Beitrags hinausgehen und können deshalb nur angedeutet werden.

In diesem Beitrag werden die Handlungen und Begründungen der Lehrenden – im Kontext der Brückenvorlesung handelt es sich um die verantwortliche Dozentin und Tutor*innen – dargestellt, und wie diese innerhalb gegebener Rahmenbedingungen und deren Spielräumen versuchen, „geistige Hürden" (diese können, wie im Abschn. 15.3.1 erläutert wird, mit dem aus der subjektwissenschaftlichen Lerntheorie stammenden

Begriff „strukturelle Lernschranken" präzisiert werden) zu adressieren und Studierende
bei dem Umgang mit diesen zu unterstützen, (universitäre) mathematische Arbeitsweisen und Fachsprache zu vermitteln und Neugierde für die universitäre Mathematik
zu wecken. Die in Form einer Interviewstudie mit den Tutor*innen durchgeführte
Evaluation (Abschn. 15.6) der Brückenvorlesung richtet sich auf qualitative Aspekte der
Umsetzung des angestrebten Lehrkonzeptes durch die Tutor*innen. Hierbei ging es vor
allem darum, Hinweise zu bekommen, inwieweit es den Tutor*innen möglich war, die
angestrebten Ziele umzusetzen und diesbezüglich Gelingensbedingungen (Abschn. 15.7)
zu identifizieren.

15.2   Strukturelle Merkmale und Rahmenbedingungen

Im folgendem werden die strukturellen Merkmale und Rahmenbedingungen der
Brückenvorlesung dargestellt. Diese werden im Zusammenhang mit einer an der Universität Kassel vorgenommenen Umgestaltung der Studieneingangsphase erläutert.

15.2.1 Situation in den Anfängervorlesungen an der Universität Kassel

Vor der Reform der Studiengänge (Modularisierung der Lehramtsstudiengänge,
Umstellung auf Bachelor/Master) wurden die klassischen Lehrveranstaltungen für das
erste Studienjahr im Fach Mathematik, Analysis I, II sowie Lineare Algebra I, II, sowohl
von Studierenden der grundständigen Studiengänge in Mathematik und Physik als auch
von Studierenden für den Lehramtsstudiengang „Lehramt an Gymnasien" besucht.

Durch die unterschiedlichen Rahmenbedingungen verschiedener Studiengänge
gewann die Heterogenität der Studierenden hier noch eine zusätzliche Dimension. Ein/e
Physikstudent*in sollte idealerweise spätestens zum Ende des ersten Semesters z. B.
mit Kurvenintegralen sicher umgehen können, ein/e Lehramtsstudent*in muss auch
noch ein zweites Fach sowie das sogenannte Kernstudium berücksichtigen, in Kassel
somit Lehrveranstaltungen an deutlich auseinanderliegenden Standorten der Universität
besuchen. Die Situation verschärfte sich nach der Modularisierung der Lehramtsstudiengänge, da die Anzahl der SWS in den Fächern zugunsten des Kernstudiums und der
Fachdidaktik reduziert wurde. Dies geschah ohne die Argumente der entsprechenden
Fachwissenschaftler*innen zu beachten. Bei den verschiedenen an der Lehramtsausbildung beteiligten Personenkreisen herrschen zwar durchaus unterschiedliche Ansichten
darüber, wieviel Fachwissenschaft für angehende Lehrer*innen sinnvoll ist. Wenn aber
die Mehrheit der in der Fachausbildung Mathematik Beteiligten überzeugt davon ist,
dass schon vor der Modularisierung zu wenig Mathematik vermittelt wurde, so erhöht
das die Tendenz, in den noch vorhandenen Vorlesungen möglichst viel Stoff unterzu-
bringen.

Hinzu kommt noch folgende Besonderheit im traditionellen Aufbau eines Mathematikstudiums: Sinnvollerweise werden die Anfängerveranstaltungen in Analysis und Linearer Algebra parallel gehört, dadurch wird der Anteil des Fachs Mathematik im ersten Studienjahr im Vergleich zum zweiten Fach und zum Kernstudium überproportional hoch (18 credit points im ersten Semester). Da dies häufig nicht durch eine Reduktion der zeitlichen Anforderungen im zweiten Fach zum Studienbeginn kompensiert werden konnte, führte dies zu einer Erfahrung völliger Überforderung bei vielen Lehramtsstudierenden. Darüber hinaus wurde durch den zeitlichen Abstand zwischen den grundlegenden Fachveranstaltungen und dem Staatsexamen, in denen deren Inhalte nochmal geprüft wurden, vielfach das subjektive Empfinden verstärkt, die Mathematik an der Universität sei nicht relevant für die Schule und daher am besten gleich wieder zu vergessen.

Im Jahr 2014 wurde die Mathematikausbildung deshalb in allen betroffenen Studiengängen umgestaltet. Statt der bis dahin von allen besuchten üblichen Veranstaltung „Lineare Algebra I" gibt es nun als Brückenveranstaltung zwischen Schul- und Hochschulmathematik im ersten Semester die „Grundlagen der Mathematik" im Umfang von 2 SWS Vorlesung und 2 SWS Übung sowie „Elementare Lineare Algebra" (2 + 1 SWS).

15.2.2 Rahmenbedingungen der Brückenvorlesung

Die Lehrveranstaltung „Grundlagen der Mathematik" ist verpflichtend für Studierende der Studiengänge BSc Mathematik und des gymnasialen Lehramts Mathematik. Das Lehrteam setzt sich aus wechselnden Dozent*innen aus verschiedenen Bereichen der Fachmathematik (im aktuellen Fall eine Professorin der Analysis mit ca. 40 Jahren Lehrerfahrung), wissenschaftlichen Mitarbeiter*innen und fünf bis sechs Tutor*innen zusammen. Alle Tutor*innen des Instituts für Mathematik durchlaufen vor der Aufnahme ihrer Tätigkeit eine spezielle Schulung bei einem wissenschaftlichen Mitarbeiter, der unter anderem über eine mehrjährige Erfahrung als Lehrer am Gymnasium verfügt. In dieser Schulung, die von diesem Mitarbeiter als eine Daueraufgabe einmal jährlich für die neu beginnenden Tutor*innen durchgeführt wird, werden unter anderem Fragen adressiert wie:

- Wie werden Korrekturen (speziell bei Anfängervorlesungen) sinnvoll gestaltet?
- Was ist meine Rolle als Tutor*in beim Durchführen von Übungen?
- Wie sind Musterlösungen einzusetzen?
- Wie wird mit Abschreiben umgegangen?

Darüber hinaus besteht an der Universität Kassel auch die Möglichkeit, an zentralen Tutorenschulungen teilzunehmen. Grundsätzlich können sich Studierende ab dem dritten Fachsemester als Tutor*in bewerben. In den Lehrveranstaltungen für das erste Studienjahr, insbesondere in der hier vorgestellten Brückenveranstaltung wird allerdings nach Möglichkeit auf erfahrene Tutor*innen höherer Semester zurückgegriffen.

Die Beschränkung auf 2 SWS Vorlesung ist der oben beschriebenen notwendigen Koordination der Studiengänge Mathematik, Physik und Lehramt an Gymnasien geschuldet. Das Institut für Mathematik verfügt nicht über die notwendigen Kapazitäten, die Mathematik-Vorlesungen des ersten Studienjahres für diese Studiengänge jeweils getrennt anzubieten. Allerdings wird die zugehörige Übung mit 2 SWS (anstatt wie sonst bei zweistündigen Vorlesungen üblich mit einer SWS) angesetzt. Auf den Übungsblättern finden sich standardmäßig Präsenzaufgaben neben den üblichen Hausaufgaben, die bearbeitet, abgegeben und von den studentischen Tutoren durchgesehen und mit Korrekturanmerkungen versehen werden. Angedacht war, dass 2/3 der Übungszeit für das gemeinsame Bearbeiten von Präsenzaufgaben verwendet werden sollte. Die maximale Größe der Übungsgruppen beträgt 30 Teilnehmer*innen, im Durchschnitt nehmen an den Übungen ca. 25 Teilnehmer*innen teil.

Die Vorlesung selbst findet in einem Hörsaal mit 170 Plätzen statt. Der Hörsaal ist ausgestattet mit zwei großen Tafeln und einem Beamer, die sich nur eingeschränkt parallel benutzen lassen. Im Wintersemester 2019/2020 gab es parallel einen Moodle-Kurs, in dem Materialien wie Literaturhinweise, Übungsblätter und Folien aus der Vorlesung bereitgestellt werden. In diesen Moodle-Kurs waren 172 Studierende eingetragen, wobei sich nicht ermitteln lässt, wie viele davon tatsächlich im ersten Fachsemester waren bzw. die Veranstaltung wiederholten. Im Hörsaal selbst waren gegen Ende der Vorlesungszeit noch ca. 120 Teilnehmer*innen anwesend.

15.2.3 Eingesetzte Medien

Die räumlichen Nebenbedingungen (Hörsaal ohne Mittelgang, relativ voll) lassen didaktische Elemente wie Gruppenarbeit nur bedingt zu. Wie in den meisten Lehrveranstaltungen wird auch hier ein Mix aus Tafelanschrieb und vorbereiteten Folien verwendet, wobei letztere in diesem Fall im Voraus ins Netz gestellt wurden. Folien wurden unter anderem in folgenden Situationen präsentiert:

- zur präzisen Darstellung von Definitionen und Sätzen, da dann mehr Zeit für mündliche Erläuterungen bleibt,
- zur Vorstellung von Problemen, bei denen der zeitliche Aufwand beim Anschreiben im Verhältnis zum Erfassen der Fragestellung groß war, typische Beispiele sind hier Fragestellungen aus der Kombinatorik,
- ebenso bei Problemen, bei denen die Erarbeitung der Lösung zeitaufwändig und komplex ist, so dass es Sinn macht, zwischendurch immer mal wieder die Ausgangsfrage zu zeigen. (Beispiel: Anwendung des Schubfachprinzips im Kontext von Best-Approximationen reeller Zahlen durch Brüche).

15.3   Zielsetzungen

Die Zielsetzung der Brückenvorlesung wird im Modulhandbuch folgendermaßen beschrieben:

Studierende
… kennen wichtige Beweisverfahren der Mathematik,
   … verfügen über grundlegende Problemlösungskompetenz,
   … können mathematische Sachverhalte verstehen und formulieren,
   … besitzen die Fähigkeit, elementare mathematische Fragen zu lösen.

Es werden für diese Lehrveranstaltung keine weiteren inhaltlichen Vorgaben gemacht. Allerdings entstand in informellen Gesprächen ein Konsens unter den Lehrenden, dass bestimmte Themen, die sonst in den üblichen Anfängerveranstaltungen behandelt werden, in dieser Lehrveranstaltung angesprochen werden sollten. Hierbei handelt es sich um Begriffe und Methoden, die grundlegend für alle Lehrveranstaltungen in der Mathematik sind und daher in den Anfängerveranstaltungen häufig parallel behandelt werden, ohne ihnen jeweils viel Raum zu geben. Im Wesentlichen handelt es sich um folgende Inhalte:

- Vollständige Induktion als eine grundlegende Beweismethode
- Klärung des Funktionsbegriffs – hier insbesondere aus der Erfahrung heraus, dass viele Studierende unklare oder gar fehlerhafte Vorstellungen über Funktionen haben (Vermengung der Begriffe Funktion, Funktionsgraph, Terme etc.)
- Grundlegende Eigenschaften von Funktionen wie injektiv, surjektiv, bijektiv – diese Begriffe stellen erfahrungsgemäß eine besondere Hürde dar
- Elementare Mengenlehre, elementare Logik und Wahrheitstafeln
- (Über-)Abzählbarkeit – hier spielte vor allem das Argument eine Rolle, dass dieses Thema die meisten Studierenden fasziniert. Darüber hinaus lässt es sich leicht aus den anderen Anfängervorlesungen herauslösen und ermöglicht dann dort mehr Zeit für andere Themen.
- Rechnen mit komplexen Zahlen auf einer elementaren Ebene. In diesem Kontext ist es dann auch sinnvoll, grundlegende Strukturen der Algebra wie Gruppen, Ringe und Körper einzuführen, ohne dass in der Vorlesung weitergehende Ergebnisse bewiesen werden.

Das WiGeMath-Rahmenmodell unterteilt die Zieldimension von Unterstützungsmaßnahmen in Lernziele und systembezogene Ziele (vgl. hierzu „Kap. Rahmenmodell", in diesem Band). Die Lernzieldimensionen dieser Brückenvorlesung lassen sich wie folgt beschreiben: Mathematische Arbeitsweisen fördern; hochschulmathematische(s) Wissen/Fähigkeiten fördern; Fachsprache entwickeln und fördern; Beliefs beeinflussen/Affektive Merkmale verändern (vgl. hierzu „Kap. Rahmenmodell", „Einleitung

Brückenvorlesungen", in diesem Band). Die Lernzielkategorie „mathematische Arbeitsweisen fördern" wird hierbei als ein übergeordnetes Ziel verstanden, welches in seiner prozeduralen Dimension auch in der Modulbeschreibung genannt wird und inhaltlich durch die verantwortliche Dozentin weiter ausdifferenziert wurde. Es werden verschiedene hochschulmathematische Fähigkeiten adressiert (Beweis- und/Problemlösekompetenz), die im Zusammenhang mit den oben genannten Inhalten gesehen werden. Ebenso wird in der Modulbeschreibung der kommunikative Aspekt – die Fachsprache – explizit angesprochen. In der inhaltlichen Ausdifferenzierung klingt darüber hinaus der Aspekt an, durch beispielsweise die Erwähnung der Faszination für ein bestimmtes Thema affektive Merkmale verändern zu wollen. Auch systembezogene Zielsetzungen, wie Voraussetzungen für Folgeveranstaltungen zu schaffen, werden bei der Begründung der Inhaltsauswahl genannt.

15.3.1 Reflexion der Zielsetzung

Die Lernzieldimension adressiert nach unserem Verständnis typische Lernproblematiken. Diese treten auf, wenn es sich um wesentlich neue, den Studierenden bislang unbekannte Inhalte handelt, deren Erlernen den Studierenden erfahrungsgemäß Schwierigkeiten bereitet. Für diese Lerngegenstände ist konstitutiv, dass es eine Diskrepanz gibt zwischen dem, was die Studierenden bereits können, und den Anforderungen, die der Umgang mit den neuen mathematischen Objekten, Problemstellungen und Handlungsweisen abverlangt (vgl. Holzkamp, 1987, S. 19). Der Übergang von der Schule zur Universität ist in der Mathematik durch Diskrepanzen charakterisiert, die nur unzulänglich oder gar nicht von den Studierenden zu überbrücken sind, indem sie lediglich aus der Schule bekannte und bewährte Strategien anwenden. Es geht darum, neue Denk- und Arbeitsweisen zu erlernen, da diese für die Aneignung der neuen Inhalte erforderlich sind. Zusammenfassend lässt sich festhalten, dass die Studierenden im ersten Semester mit Lernanforderungen in doppelter Hinsicht konfrontiert werden: Das Erlernen ihnen unbekannter mathematischer Inhalte muss mit dem Erlernen neuer Lernprinzipien einhergehen, welche das Erlernen des Erstgenannten überhaupt erst ermöglichen. Die subjektwissenschaftliche Lerntheorie befasst sich u. a. mit Aspekten, die einer Umsetzung eines solchen qualitativen Lernprozesses, der neue Denk- und Arbeitsweisen miteinschließt, im Wege stehen. Diese werden mit dem Begriff Lernschranken beschrieben (vgl. Holzkamp, 1987, S. 23/24). Lernschranken bei denen Lernende an einem bestimmten Punkt im Lernprozess ins Stocken geraten, weil ihnen hierzu noch die notwendigen Lernprinzipien bzw. Denk- und Arbeitsweisen fehlen, um selbstständig weiter zu kommen, werden strukturelle Lernschranken genannt. Diese werden von dynamischen Lernschranken abgegrenzt, für die charakteristisch ist, dass der Lernprozess aufgrund affektiv-motivationaler Aspekte ins Stocken gerät: Die Fortsetzung des Lernprozesses wird hier unterbrochen, da beim Lernen Aspekte des Lerngegenstands bzw. der Lehr-Lern-Situation hervortreten, die das jeweilige Individuum davon abbringen, diesen Lerngegenstand – so wie er sich darstellt – lernen zu wollen. Es handelt sich hierbei in der Regel nicht um eine komplette Ablehnung des Lerngegenstandes. Daher ist kennzeichnend für dynamische Lernschranken, dass die/ der Lernende gleichzeitig lernen und nicht lernen will. In konkreten Lernprozessen finden sich strukturelle und dynamische Lernschranken, die in einem Zusammenhang zueinanderstehen (vgl. Holzkamp, 1987). Bei einer an formalen Definitionen orientierten Behandlung von Begriffen wie beispielsweise Stetigkeit können für Studierende Lernschranken zum einen dadurch auftreten, dass ihnen dafür notwendiges Vorwissen oder Verständnis für formalmathematisch notierte Definitionen fehlt – also bestände eine strukturelle Lernschranke – zum anderen kann hier auch ein zu enges Verständnis von Mathematik als etwas Konkret-Anwendungsbezogenem dazu führen, dass eine vertiefte und reflektierte inhaltliche Beschäftigung mit dem Stetigkeitsbegriff vermieden wird. Durch dieses würde eventuell eine Infragestellung des bisherigen Mathematikbildes einhergehen mit im gewissen Sinne krisenhaftem Erleben. Hier bestände dann eine dynamische Lernschranke. Der Fokus dieses Beitrags liegt vor allem auf strukturellen Lernschranken.

Die Überwindung struktureller Lernschranken setzt an jeweils problematisch gewordenen inhaltsbezogenen Aspekten an. Dies kann zunächst natürlich nur auf der Grundlage der sich als nicht hinreichend erweisenden Denk- und Arbeitsweisen geschehen. Die Adressierung bedarf dabei eines ersten Eruierens des (in der Regel erweiterten) Zusammenhangs, in dem sich das Problem verortet. In einer gewissen Distanzierung muss bislang Ungewohntes oder Unbekanntes ausprobiert werden. Dem Problem muss sich gewissermaßen aus einer veränderten Perspektive genähert werden. Nur so ist eine Ablösung bzw. Erweiterung von bislang bewährten Strategien möglich. Dies bedeutet aber, dass die Überwindung struktureller Lernschranken affinitive Phasen einschließt (vgl. Holzkamp, 1987). Damit sind Phasen gemeint, in denen nicht nur ausschließlich auf den zu erlernenden Gegenstand fokussiert wird, sondern auch das Bedeutungsumfeld (Objekte, Techniken, Einsatzgebiete, etc.) betrachtet werden, um sich dem Gegenstand zu nähern (vgl. Holzkamp, 1995, S. 324–337). Dies betrifft unseres Erachtens sowohl sog. Begriffslernen (vgl. Weigand 2015; Zech,1983), etwa bezüglich reeller Zahlen, Vektoren oder der Integration, wie auch die Entwicklung dafür adäquater neuer Handlungsweisen, wie etwa Beweisen. Dabei kann die Kommunikation mit Anderen (mit der Dozentin, Peers oder auch das Lesen von Lehrbüchern) diesen Prozess unterstützen. Nicht zuletzt muss die Überwindbarkeit der jeweiligen Problematik für die Studierenden auf ihrer jeweiligen Grundlage zumindest partiell antizipierbar sein, damit diese sich auf die notwendigen Lernprozesse einlassen können. Diese Prozesse bedürfen Zeit und der Entlastung von einem drängenden Bewältigungsdruck von außen (vgl. Holzkamp, 1995, S. 461–485). An dieser Stelle sei angemerkt, dass innerhalb einer Lehrveranstaltung ein im jeweiligen institutionellen Rahmen gegebener Bewältigungsdruck – durch beispielsweise die Anforderung, innerhalb eines festgelegten Zeitrahmens bestimmte Lernergebnisse nachweisen zu müssen – nicht komplett aufgelöst werden kann. Jedoch kann die Gestaltung einer Lehrveranstaltung dazu beitragen, diesen zu verringern, bzw. versuchen, keinen zusätzlichen Druck zu dem bereits bestehenden zu erzeugen.

In der vorherigen Beschreibung werden bereits Aspekte genannt, wie Studierende bei der Überwindung struktureller Lernschranken unterstützt werden können. So können zum einen durch das Lehr-Lern-Setting Kommunikationsmöglichkeiten eröffnet werden. Zum anderen ist auch die inhaltliche Dimension der Aufgabenstellungen zu berücksichtigen: Diesbezüglich geht es vor allem darum, dazu beizutragen, dass Studierende vor solche Probleme gestellt werden, deren Überwindung durch Lernen antizipierbar bleibt. Dazu sind inhaltlich-fachliche Überlegungen von Seiten der Lehrenden notwendig, um dem Lerngegenstand gemäße Voraussetzungen zu vermitteln. Somit steht eine mögliche Überwindung von strukturellen Lernschranken in Beziehung zu konkreten didaktischen Elementen, welche wiederum nicht unabhängig sind von dem allgemeinen Lehr-Lern-Arrangement. So befinden sich Lehrende in ihrer Planung in einer Doppelrolle: Diese orientieren sich nicht nur an für das Lernen förderlichen Aspekten, sondern sind auch Ansprüchen der Institution verpflichtet. Dies umfasst u. a. fachliche Aspekte, die beispielsweise in Modulbeschreibungen adressiert werden, aber auch zum Beispiel die Erwartungshaltung, dass ein Mathematik- bzw. Mathematiklehramtsstudium auf einem adäquaten Niveau innerhalb des gegebenen Zeitrahmens zu bewältigen ist. Hieraus ergeben sich vielfältige Spannungsfelder, welche in der Reflexion der didaktischen Elemente und ausgewählten Beispiele (Abschn. 15.4 und Abschn. 15.4.3) adressiert werden.

Lernschranken in Lernprozessen können schlussendlich nur von den Studierenden selbst überwunden werden. Dies verweist auf weitere Voraussetzungen und Prozesse, die etwa mit dem Begriff dynamische Lernschranken gefasst werden können. Insbesondere wäre es daher kurzschlüssig von Lehrangeboten bzw. einem bestimmten Lehrsetting direkt auf Lernergebnisse seitens der Studierenden zu schließen (vgl. Holzkamp, 1996).

Im Wesentlichen vor dem Hintergrund der diskutierten strukturellen Lernschranken werden wir in den folgenden Kapiteln didaktische Überlegungen zur Gestaltung der Lehrveranstaltung beschreiben und ausgewählte Aufgabenstellungen vorstellen. Die theoretische Einbettung anhand der subjektwissenschaftlichen Lerntheorie ermöglicht dabei die geschilderten Erwartungen und Erfahrungen zu verallgemeinern sowie Spannungsfelder herauszuarbeiten, die durch die didaktischen Elemente (Abschn. 15.4) und die Beispielaufgaben (Abschn. 15.4.3) adressiert werden.

15.4 Didaktische Elemente

In Abschn. 15.4.1 und Abschn. 15.4.2 werden didaktische Überlegungen in der Ich-Perspektive als Dozentin jeweils als längere Zitate dargestellt. In diesen Zitaten wird ein Gegenmodell zu einem – nach Erfahrung der Dozentin – gängigen Vorlesungsmodell formuliert. Die aufgegriffenen Themen lassen sich auf allgemeine Spannungsfelder, wie beispielsweise Planbarkeit vs. Offenheit der Lehrsituation, im Lehren und Lernen innerhalb des Lehrkontexts Mathematikvorlesung zurückführen. Beides wird dann im jeweiligen anschließenden Fließtext näher erläutert.

In Abschn. 15.4.3 wird kurz die als Inspirationsquelle verwendete Literatur erläutert.

15.4.1 Manuskript versus „Freistil"

Anders als in anderen Lehrveranstaltungen habe ich bei dieser Lehrveranstaltung ein ausformuliertes Manuskript nur dann benutzt, wenn die oben beschriebenen konkreten Inhalte [siehe Abschn. 15.2.3] vorgestellt wurden. Ein sorgfältig ausformuliertes Manuskript hat für die Lehrenden einige Vorteile:
- Bei einer Wiederholung der Lehrveranstaltung erspart es Zeit in der Vorbereitung.
- Unangenehme Überraschungen wie das „Steckenbleiben im Beweis" lassen sich weitgehend vermeiden, alle Probleme sind vorher gelöst.
- Die Rollen zwischen Lehrenden und Lernenden sind klar verteilt. Die Lehrende ist immer die Expertin, Fragen kommen nur wenige auf, weil die Novizen, d.h. die Studierenden, dem Stoff in aller Regel nicht so schnell folgen können, dass ihnen überhaupt Fragen einfallen.

Das „ausformulierte Manuskript" dient hier dazu, den Grad der Vorausplanung der Lehrveranstaltung zu thematisieren. Zunächst werden die vermeintlichen Vorteile des häufig von Lehrenden gewählten vorformulierten Manuskripts bedacht. Dieses verspricht eine Planbarkeit der Lehr-Lern-Situation, eine zeitliche Optimierung, die Aufrechterhaltung einer Expert*innenposition und somit Sicherheit in der Lehrsituation. Holzkamp (1992) weist für institutionelle Lehr-Lern-Situationen darauf hin, dass die Planbarkeit von Lehre, die zum Erlernen bestimmter Inhalte führen würde, in folgendem noch ausgeführten Sinne, eine Fiktion sei. Damit wird eine Sichtweise auf das Lehren kritisiert, der zufolge Lernen durch festgeschriebene Positionen von Lehrenden (welche/r Expertenwissen demonstriert) und Lernenden (die Wissen aufnehmen) quasi garantiert werden soll. Eine Skepsis, inwieweit ein ausformuliertes Manuskript der Lehr-Lern-Situation stets zuträglich ist, spiegelt sich im letzten Spiegelstrich wieder: Es werden Zweifel geäußert, inwiefern eine solche vorausgeplante Abhaltung einer Vorlesung nicht auch den Lernprozess der Studierenden behindern kann. Um tiefer in den Lerngegenstand eindringen zu können, müssen Lernende zumindest die Gelegenheit haben, (für sich) Fragen an den Gegenstand formulieren zu können (vgl. Holzkamp, 1991). Dies könnte u. a. durch ein zu schnelles Fortfahren im Stoff behindert werden.

Faulstich (2002) betont, dass ein Ablehnen der zuvor dargestellten Sichtweise nicht mit einer Aufgabe von Expertise durch die Dozierenden einhergehen muss. Deren Expertise richtet sich vielmehr auf die Gestaltung eines unterstützenden Settings – also einer eher indirekten Förderung, als einer direkten Stoffweitergabe – und damit einhergehend auf das Anbieten der eigenen Erfahrungen mit dem jeweiligen Gegenstand (Faulstich, 2002). Es gehe also in einer Vorlesung in diesem Sinne darum, dass Dozierende auch Expert*innen für Lernprinzipien – Denk- und Arbeitsweisen, um sich den jeweiligen thematischen Lerngegenstand anzueignen – sind. Dieses steht in einem

Spannungsverhältnis zu einem stringent der Fachlogik folgenden Vortrag. Innerhalb dieses Spannungsfeldes zu navigieren, stellt eine Anforderung an die Lehrenden dar.

Die Dozentin führt ihren Gedankengang aus dem obigen Zitat fort:

> Speziell beim letzten Punkt ist es fragwürdig, ob das immer als Vorteil anzusehen ist. Im Extremfall lässt sich so ein Manuskript vortragen ohne „innere Beteiligung" und ohne Kommunikation zwischen Lehrenden und Lernenden. Abgesehen davon, dass solche Vorlesungen ziemlich schnell zu einer freudlosen Angelegenheit für alle Beteiligten werden, erzeugt es nach meiner Einschätzung auch ein falsches Bild von Mathematik bei den Studierenden. Der Prozess des Problemlösens wird in aller Regel nicht vorgestellt, meist fehlt dazu bei einer vorgegebenen Stoffverteilung – siehe oben – ja auch die Zeit. Bei den perfekt auf „mathematisch" vorgetragenen Beweisen wird ebenfalls unterschlagen, dass auch Experten Vereinfachungen, Skizzen, Beispiele und einen gewissen Jargon untereinander benutzen, der sich von der perfekten mathematischen Ausdrucksweise unterscheidet und der Weg von der Beweisidee zum vollständigen Beweis auch für die Experten durchaus mühsam sein kann. Möglicherweise verstärkt dies bei den Studierenden ein Gefühl der Hilflosigkeit („ich weiß gar nicht, wo ich anfangen soll") oder damit verbunden das häufig beobachtete „Festklammern" an Algorithmen und Schemata, denn da können sie sich ja einigermaßen sicher fühlen.

Hier wird die Anforderung, die eine Mathematikvorlesung an Studierende stellt, thematisiert. Die Reflektion richtet sich auf die Auswirkungen der Lehr-Situation, auf das Erleben des Fachgegenstandes und die Rolle, die den Studierenden zugestanden wird. Es wird deutlich, dass die Sorge besteht, ein solches Vorgehen verringere die Beteiligung der Studierenden, schränke die Kommunikation ein und erzeuge kein adäquates Bild von mathematischen Arbeitsweisen, sondern begünstige eher sogar unerwünschte (als nicht adäquat empfundene) Formen des Lernens. Es wird beschrieben, wie das vorab ausgearbeitete und durchgeplante Skript das Angehen von strukturellen Lernschranken eher behindere, als dass dadurch ein unterstützendes Setting entstehe. Es wird die Befürchtung geäußert, dass folgende Aspekte zur Behinderung beitragen: Bei einem Vortrag der zu behandelnden Inhalte werden eigene Erfahrungen, um sich dem Gegenstand anzunähern (siehe Faulstich, 2002), womöglich von der/m Dozenten/in unterschlagen (Vereinfachungen, Skizzen etc.). Diese würden jedoch potentiell zum Antizipieren der Überwindbarkeit der jeweiligen Problematik beitragen. Zudem fehlt in diesem Setting eventuell auch die Zeit, überhaupt Fragen zu formulieren. Dies schränkt wiederum die Möglichkeiten ein, die Probleme durch Kommunikation zu überwinden (Abschn. 15.3.1). Dies kann dazu führen, dass die Aufgabenstellung für die Studierenden sich eher als eine Bewältigungs- als eine Lernproblematik darstellt. Aus der Perspektive der Studierenden wäre es in diesem Szenario durchaus vernünftig, zu versuchen, die Aufgabe mittels bewährter Strategien zu bewältigen (vgl. Holzkamp, 1991). Betrachtet man die Antizipierbarkeit der Überwindbarkeit der jeweiligen Lernproblematik, so tut sich für die an die Position der Lernenden gerichteten Anforderungen ein weiteres Spannungsfeld auf: Lernen bedeutet in diesem Kontext die Anwendung neuer Lernprinzipien, was mit einer Ablösung von vertrauten Prinzipien einhergeht. Andererseits

basiert die Antizipierbarkeit der selbstständigen Überwindung der jeweiligen Lernproblematik auf diesen vertrauten Prinzipien.

15.4.2 Problemlöseprozesse erlebbar machen

Mir war es in dieser Lehrveranstaltung wichtig, den Prozess des Problemlösens erleb-
bar zu machen, soweit das unter den oben beschriebenen Rahmenbedingungen (siehe
Abschn. 15.2) möglich ist. Daher habe ich diese Lehrveranstaltung so weit wie möglich im
Dialog gestaltet und Zeit zum Denken gegeben, deutlich mehr als in den anderen Lehrveranstaltungen. Ergebnisse und Überlegungen wurden dann spontan formuliert und an der
Tafel fixiert. Diese Art der Vorlesungsgestaltung beinhaltet natürlich das Risiko, dass auch
mal etwas korrigiert werden muss oder Studierende darauf hinweisen, dass etwas übersehen wurde. Die oben beschriebene Rollenverteilung verschiebt sich so, was in meinen
Augen nicht unbedingt einen Nachteil darstellt. In der Regel kristallisiert sich in einer so
großen Gruppe recht schnell ein aktiver Kern von Teilnehmer*innen heraus, die bereitwillig
Antworten und Kommentare geben. Die schweigende Mehrheit habe ich dann versucht,
durch Abstimmungen, gern auch angelehnt an den „Publikumsjoker", zu aktivieren.

Als eine Lehrstrategie, dieses Spannungsfeld zu adressieren, wird auf Partizipation
der Lernenden und somit den gemeinsamen Prozess des Erarbeitens einer Problematik
gesetzt. Das zuvor geschilderte „Szenario des Festklammerns" von Studierenden an vertrauten Prinzipien soll hier, soweit möglich, vermieden werden. Die jeweiligen Aufgaben
(Lernproblematiken) sollen als bewältigbar antizipiert werden können. Hierzu wird zum
einen verstärkt auf die Kommunikationsform des Dialogs gesetzt. Zudem wird versucht, die eigenen Erfahrungen bei der Aneignung von mathematischem Wissen (Gegenständen und Techniken) zu vermitteln, indem Überlegungen (inklusive Irrwegen) geteilt
werden. Ebenso werden verschiedene Möglichkeiten der Beteiligung am Problemlöse-
prozess zugelassen, zum einen ein Einbringen in den Prozess und Teilen der eigenen
Zugangsweise (Lernen als sozialer Prozess), zum anderen werden die Hürden für eine
Beteiligung minimiert („Publikumsjoker"). Dies geht einher mit einer Veränderung
des didaktischen Vertrages (Brousseau, 1997): Die Dozentin gestaltet nicht alleine den
Fortgang der Veranstaltung (durch einen durchgeplanten Fachvortrag), sondern die
Studierenden werden ebenso als Gestalter*innen eines gemeinsamen Prozesses wahrgenommen. Dies soll ein Stück weit eine Verantwortungsübernahme der Studierenden
für den Lehr-Lernprozess begünstigen.

Ein so gefasster didaktischer Vertrag löst die zuvor benannten Spannungsfelder nicht
auf, ermöglicht es aber, diese im Dialog zu adressieren.

15.4.3 Die verwendete Literatur

Bei der Durchführung dieser Lehrveranstaltung im Wintersemester 2019/2020 wurden
im Wesentlichen die beiden Bücher von Grieser (2013) und Beutelspacher (2011)

benutzt. Beide Bücher sind nach Einschätzung der Dozentin zum Selbststudium gut geeignet:

> Das Buch von Grieser (2013) enthält eine Fülle von interessanten und anspruchsvollen Aufgaben, bei denen die Problemstellung leicht zugänglich ist. Außerdem präsentiert es eine gute Mischung aus Formulierungen, wie sie eher im Mathematik-Unterricht verwendet werden („Soll ich das jetzt allgemeinverständlich mit eigenen Worten wiedergeben oder mathematisch korrekt?") und mathematischer Fachsprache. Es wird zudem auch begründet, warum es notwendig ist, letztere zu benutzen. Umgekehrt wird im Text auch aus der Perspektive der Leser*in auf geistige Hürden eingegangen, die gerade durch die mathematisch korrekten Formulierungen entstehen. Der Prozess des Denkens und Problemlösens wird in dem Buch von Grieser – soweit das in einem Lehrbuch überhaupt möglich ist – transparent gemacht.

> Das Buch von Beutelspacher (2011) orientiert sich beim Inhalt mehr an den klassischen Anfängervorlesungen, hier geht es weniger um das Problemlösen als um den Umgang mit Begriffen, die Studienanfänger*innen erfahrungsgemäß Schwierigkeiten bereiten. Im Buch werden viele Formulierungen, die Studierende bei der Wiedergabe von Definitionen typischerweise verwenden, aufgegriffen und die Unklarheiten und möglichen Missverständnisse erläutert, die durch unpräzise Formulierungen entstehen. Durch Aufgaben und Tests soll Sicherheit durch systematisches Einüben im Umgang mit Definitionen und Grundbegriffen gewonnen werden. Oft wird in kleinen Tests nach der Richtigkeit von Behauptungen gefragt, die die Leser*innen zum genauen Hinschauen bei der Definition, logischem Argumentieren und der Konstruktion von Beispielen oder Gegenbeispielen animieren. Die Aufgaben können auch zu Diskussionen unter den Studierenden anregen. Durch die Formulierungen und die optische Darstellung hat das Buch auch einen gewissen Unterhaltungswert, ein Aspekt, der auch bei mathematischen Lehrbüchern nicht zu unterschätzen ist.

15.5 Ausgewählte Beispielaufgaben

Vorab ein Kommentar zur Auswahl der Übungsaufgaben für diese Lehrveranstaltung: Die richtige Balance zwischen „zu viel" und „nicht genug" Anspruch ist selbstverständlich wichtig für jede Lehrveranstaltung. Die Aufgaben wurden so gewählt, dass immer ein Bezug zur Vorlesung hergestellt werden konnte. Insbesondere sollte immer ein Teil der Aufgaben mit der grundsätzlich vertrauten Strategie gelöst werden können und damit ein erstes Erfolgserlebnis vermitteln: „Habe ich so etwas Ähnliches in der Vorlesung gesehen und kann das hier übertragen werden?" Im besten Fall werden Studierende hierdurch motiviert, sich auch mit schwierigen Aufgaben auseinanderzusetzen, deren Lösung im Idealfall auch einen ästhetischen Reiz und intellektuelles Vergnügen bietet.

In Abschn. 15.5.1, Abschn. 15.5.2, Abschn. 15.5.3 werden drei ausgewählte Aufgaben erläutert. Hierzu wird – vor allem wenn es um die Erfahrungen bei der Durchführung geht – teilweise wieder in die Ich-Perspektive (als Zitat gekennzeichnet) gewechselt. Die Aufgaben werden hinsichtlich der in diesen jeweils adressierten Spannungsfeldern, wie

beispielsweise Grad der Explikation der Zusammenhänge vs. die damit einhergehende
Komplexität, diskutiert.

15.5.1 Aufgabe I

Die Aktivierung von Studierenden gelang am besten durch das Vorstellen von Problemen,
im Prinzip also auch in der Vorlesung beim Lösen von Präsenzaufgaben. Dies gelang
besonders dann, wenn die Aufgabenstellung ohne ungewohnte mathematische Fachbegriffe
zu verstehen war und/oder an Schulmathematik anknüpfte.

Ein für dieses Anliegen typisches Beispiel stellen die folgenden Kombinatorikaufgaben
dar. Diese behandeln das Problem der Triomino-Steine: (Pr. 5.2 und 5.3 aus Grieser,
2013, S. 94):

Beispiel

„Ein Spiel besteht aus Spielsteinen in der Form gleichseitiger Dreiecke, auf deren
Oberseite jeweils drei verschiedene Zahlen aus der Menge $\{0,...,5\}$ stehen. Wie viele
verschiedene Spielsteine kann es höchstens geben?"

„Das Spiel Triomino hat Spielsteine wie in der vorigen Aufgabe, nur dürfen auf
den Spielsteinen Zahlen auch mehrfach vorkommen. Im Spiel kommen alle möglichen Spielsteine vor. Wie viele sind das?" ◄

Hier habe ich den Einstieg in das Problem durch die beiden folgenden Power-Point Folien
erleichtert (siehe Abb. 15.1). Typischerweise stellt die mathematische Formulierung eine
erste geistige Hürde dar, um eine Problemstellung zu durchdringen. „Was heißt das hier
an konkreten Beispielen?" ist daher eine gängige (und auch im Buch von Grieser häufig
empfohlene) Methode, sich einem Problem zu nähern. Bei diesen beiden Aufgaben ist es
besonders einfach, die Fragestellung „begreifbar" zu machen.

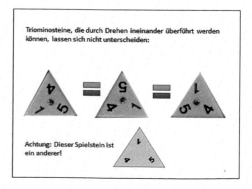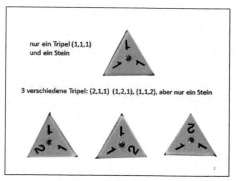

Abb. 15.1 Powerpoint Triomino

Die naheliegende mathematische Repräsentation durch Zahlentripel lässt sich durch die bildliche Darstellung „mit einem Blick" erfassen: Jeder Stein kann durch genau drei verschiedene Zahlentripel repräsentiert werden (In der ersten Aufgabe muss gleichzeitig beachtet werden, dass ein Stein gedreht werden darf, aber nicht (an den Mittelsenkrechten) gespiegelt). Bei einer Argumentation ausschließlich über Zahlentripel ist diese Erkenntnis schwieriger zu gewinnen: Bei drei gegebenen verschiedenen Zahlen gibt es $3! = 6$ verschiedene Zahlentripel aus diesen Zahlen. Sich zu überlegen, dass genau zwei verschiedene Steine dadurch repräsentiert werden, muss nun zusätzlich überlegt werden. In der bildlichen Darstellung erscheint dies (mehr oder weniger) als evident. Durch diese Hilfestellung ist das erste Problem für die meisten Studierenden schnell zu lösen. Dies soll die Studierenden ermutigen, sich auch mit der zweiten, etwas schwierigeren Situation auseinanderzusetzen.

Das zweite Problem entspricht dem realen Triomino-Spiel. Bei diesem kommen noch zwei Sorten Steine hinzu, die zusätzlich auch invariant unter Spiegelungen sind. Die erste Sorte – alle drei Zahlen sind identisch – ist sowohl auf der bildlichen Ebene als auch bei der mathematischen Repräsentation durch Tripel einfach zu behandeln. Bei der zweiten Sorte – zwei Zahlen sind identisch – ist zwar immer noch leicht einzusehen, dass jeder Stein durch drei verschiedene Tripel repräsentiert wird. Auf der Ebene der Bilder müssen sich die Studierenden aber überlegen, dass hier Achsenspiegelungen und Drehungen erlaubt sind. Man kann das Problem also darauf reduzieren, die nur einmal vorkommende Zahl immer in der oberen Ecke zu platzieren und die beiden gleichen Zahlen in den beiden unteren Ecken. Auf der Ebene der Zahlentripel müssen sie verstehen, dass es bei zwei gegebenen Zahlen nur drei Möglichkeiten für verschiedene Tripel gibt – z. B. über das Argument, dass die einzelne Zahl nur 3 verschiedene Plätze einnehmen kann. Anschließend kann dann das Problem, wie in der ersten Aufgabe, über das Abzählen dieser Tripel oder über das „Übersetzen" der bildlichen Darstellung gelöst werden. Dazu reicht es im letzten Schritt die Tripel zu betrachten, bei denen die Einzelzahl z. B. auf dem ersten Platz steht.

Bei der Behandlung dieses Problems in der Vorlesung muss, wie bei jedem Erarbeiten von Problemlösungen im Dialog, entschieden werden, wieviel Zeit man Umwegen und/oder Antworten, die nicht zielführend sind, einräumen will.

Beispielsweise habe ich bei dieser, wie auch anderen Aufgaben der Kombinatorik, häufiger beobachtet, dass versucht wurde, mit Urnen-Modellen zu argumentieren, zweifellos ein Rückgriff auf in der Schule erlernte Muster. Bei der ersten Aufgabe ist das Anwenden des Urnen-Modells „Ziehen ohne Zurücklegen (unter Beachtung der Reihenfolge)" noch möglich: die so erhaltene Zahl $6!/3!$ muss anschließend noch durch 3 geteilt werden. Bei der zweiten Aufgabe mit den realen Triomino-Steinen sind Urnenmodelle jedoch wenig zielführend. So wurde von Studierenden etwa das Argument vorgebracht, dass es sich hier um Ziehen mit Zurücklegen (unter Beachtung der Reihenfolge) handele und man anschließend wieder durch 3 dividieren müsse. Man erhalte also $6^3/3 = 72$ Steine. Es kostete dann einige Überzeugungsarbeit, den Fehler in diesem Argument deutlich zu machen. Interessanterweise argumentierte bei der Lösung dieser zweiten Aufgabe niemand auf die in Grieser (2013) vorgeschlagene Art und Weise. Stattdessen fanden die Studierenden das folgende ebenfalls richtige Argument: Die Anzahl der Steine aus Problem 5.2 (40) + Anzahl der Steine mit 2 verschiedenen Zahlen 6 · 5 + Anzahl der Steine mit drei gleichen Zahlen (6).

Gegen die vorgestellte Vorgehensweise der Präsentation der Aufgabe könnte man einwenden, dass durch die bildlichen Darstellungen die wesentlichen Hürden beim Lösen der Probleme, wie sie etwa auch in Grieser (2013) präsentiert werden, nicht nur adressiert werden, sondern gewissermaßen die Lösung auch gleich „verraten" wird. Denn das linke Bild veranschaulicht, dass jede spezifische Auswahl an Zahlen mit Blick auf die Dreiecke dreimal vorkommt. Also gibt es nur 1/3 der Kombinationen möglicher Tripel. Die rechte Darstellung weist nun direkt darauf hin, dass es in der zweiten Aufgabe bestimmte zu unterscheidende Fälle gibt: 111 kommt einmal vor, 112 (und damit alle anderen) dreimal. Sicher ist richtig, dass damit wichtige inhaltliche Hinweise gegeben werden. Erfahrungsgemäß machen aber erst diese Hinweise die Aufgaben für die Studierenden zugänglich. Und: die Hinweise müssen durch die Studierenden in einem Übersetzungsprozess erst noch nutzbar gemacht werden, was auf Anhieb in der Regel nur wenigen gelingt. So müssen unter anderem folgende Fragen beantwortet werden: „Was sagt das Bild hinsichtlich des Problems der Anzahlen? An welcher Stelle nützt mir diese Einsicht?". Diese mit den verschiedenen Darstellungen (Text – Bild – Symbole) verbundenen Übersetzungsprozesse stellen für die Studierenden selbst schon eine substantielle Hürde dar. Hinzukommt, dass an diesem Beispiel eine bestimmte Vorgehensweise verdeutlicht werden kann: Das Problem ist nur schwer direkt zu lösen. Man muss mehr dazu erfahren. Eine Möglichkeit, sich diesem zu nähern, ist, Dreiecke hinzumalen und mal durchzuprobieren, was da so auftreten kann. Dann muss man eine Vorstellung darüber gewinnen, was relevant ist und was nicht. Schließlich ist noch ein Übersetzen der Überlegung in eine Rechnung nötig. Im Übergang von der ersten zur zweiten Aufgabe ist insbesondere zu bedenken, was im Hinblick auf die bisherige Elaboration und die dabei verwendeten Darstellungsmittel nun anders ist. So stellt sich beispielsweise die Frage: „Können diese entsprechend abgewandelt werden?". Diese und ähnliche Gedanken waren auch Inhalt der konkreten Kommunikation mit den Studierenden in der Vorlesung. Die bildliche Darstellung mittels der Folien hat also nicht nur mit Blick auf die Studierenden nicht die Lösung verraten, sondern zugleich ermöglicht, wichtige Strategien beim Problemlösen anzusprechen und zu verdeutlichen.

15.5.2 Aufgabe II

Ein völlig anderes Bild ergibt sich bei der Einführung des Funktionsbegriffs und der Definitionen der zentralen Begriffe „injektiv, surjektiv, bijektiv".

Die Behandlung dieses Themas in der Grundlagenvorlesung hatte ich selbst nachdrücklich befürwortet, weil ich diese Begriffe in verschiedenen Lehrveranstaltungen als geistige Hürde bei den Studierenden wahrgenommen hatte, häufig in Kombination mit einem unklaren Funktionsbegriff. Gerade bei der Einführung dieser Begriffe lässt sich sehr gut demonstrieren, dass das Verständnis von Mathematik mit einem guten Verständnis für präzise Sprache einhergeht.

Jede Variante von Veranschaulichung durch bildliche Darstellungen führt wegen der notwendigen Vereinfachungen erfahrungsgemäß zu Fehlvorstellungen. Die Idee bei der Behandlung dieser Begriffe in der Grundlagenvorlesung ist, dass hier genügend Zeit gegeben werden kann, um die Schwierigkeiten beim Umgang mit diesen Begriffen angemessen zu adressieren. In einer üblichen Anfängervorlesung könnten die Begriffe „Funktion, injektiv, surjektiv" typischerweise folgendermaßen eingeführt werden:

Beispiel

1. Seien A, B nichtleere Mengen. Wird jedem $a \in A$ genau ein $b = f(a) \in B$ zugeordnet, so sprechen wir von einer Abbildung von A nach B. Notation: $f: A \to B$, $a \mapsto f(a)$. Die Menge A heißt Definitionsbereich, die Menge B heißt Wertebereich der Abbildung.

2. Die Abbildung $f: A \to B$ heißt injektiv, wenn aus $a_1 \neq a_2$ folgt: $f(a_1) \neq f(a_2)$. („Verschiedener Input erzeugt verschiedenen Output").

3. ... heißt surjektiv, wenn jedes $b \in B$ ein Urbild besitzt. ◄

Im Unterschied zu den oben angeführten geschilderten Problemen aus der Kombinatorik liegt hier die Schwierigkeit eher in der Begriffsbildung und der Verwendung der Begriffe in Begründungen. So wird in Beispielen der Nachweis der Injektivität für gewöhnlich über die Kontraposition der definierenden Implikation geführt.

> Der häufigste Fehler beginnt dann mit: Sei $a_1 = a_2$ ... selbst dann, wenn in der Vorlesung ausdrücklich darauf hingewiesen wurde, dass und warum dieses Argument falsch ist. Bei der Wiedergabe der Definition für surjektiv (z.B. in einer Klausur) kommen häufig Formulierungen wie „wenn jedem Bild ein Urbild zugeordnet wird". Offensichtlich werden die Unterschiede bei den Begriffen „Bildbereich, Bildmenge, Bild", die Verwendung von Aktiv und Passiv beim Verb „zuordnen" nicht hinreichend wahrgenommen. Auch die Visualisierung mit Hilfe von Pfeildiagrammen hilft da nicht unbedingt weiter. In der Grundlagenvorlesung habe ich daher diese Begriffe und ihre verschiedenen äquivalenten Charakterisierungen ausführlich diskutiert, und bewusst als erste Formulierung für die Definitionen z.B. bei der Injektivität die Formulierung: „ $f: A \to B$ ist injektiv, wenn jedes Element $b \in B$ höchstens ein Urbild hat" gewählt.

Bei den Wörtern „injektiv, surjektiv, bijektiv" handelt es sich um Fachbegriffe, denen man im realen Leben nie begegnet – die Triomino-Steine gibt es hingegen sogar gegenständlich und zu kaufen Der Nachweis der Eigenschaften in konkreten Beispielen führt nicht nur bei der Injektivität zu logischen Problemen, mit denen in jeder mathematischen Lehrveranstaltung immer ein Teil der Studierenden Schwierigkeiten hat, unabhängig vom gewählten Studiengang

Nach Vorstellung der Definition gebe ich typischerweise eine Gruppe von Beispielen vor, anhand derer ich die Begriffe diskutieren lasse, hier sind drei Beispiele zur Illustration:

Beispiel

Welche der drei Eigenschaften besitzen die folgenden Abbildungen?

1. A = Menge der Teilnehmer*innen der Veranstaltung im Hörsaal, B = Menge der Sitzplätze im Hörsaal, $f: A \rightarrow B$, jeder Teilnehmer*in wird der Sitzplatz zugeordnet
2. $f: \mathbb{R} \rightarrow \mathbb{R}, x \mapsto ax + b$
3. A = B = Menge aller Geraden durch einen Punkt P, jeder Geraden wird die orthogonale Gerade durch P zugeordnet. ◄

Mit dem ersten Beispiel versuche ich in der Regel eine bildliche Vorstellung einzusetzen. Anhand des gewählten Beispiels lässt sich außerdem in Abhängigkeit von der realen Situation auch noch einmal gut verdeutlichen, worauf es beim Funktionsbegriff ankommt, etwa durch Erweiterung: „Was ist, wenn der Hörsaal überfüllt ist?". Das zweite Beispiel ist allen aus der Schule geläufig. Bei einfachen reellen Funktionen lassen sich die Begriffe auch gut an Funktionsgraphen verdeutlichen. Das dritte Beispiel enthält schon wieder mehr geistige Hürden, weil die Objekte, mit denen hier hantiert werden muss, in anderen Kontexten selbst als Funktionen auftauchen.

Bei der Behandlung dieses Themas in der Vorlesung ist die Reaktion der Zuhörer*innen insgesamt deutlich zurückhaltender als bei der Behandlung der vorher diskutierten Aufgaben zum Triomino-Spiel. Dies gilt insbesondere für das dritte Beispiel. Ferner trifft man bei diesem Thema häufig auch auf erhebliche sprachliche Schwierigkeiten bei der korrekten Anwendung der Definitionen.

Ob und wie sich die Reihenfolge bei verschiedenen Charakterisierungen der Eigenschaften auf ein besseres Verständnis und einfachere Durchdringung dieser Begriffe auswirkt, ist für mich noch offen.

15.5.3 Aufgabe III

Das dritte Beispiel behandelt eine Aufgabe, die den Studierenden auf dem wöchentlichen Übungszettel gestellt wurde und in den Übungsgruppen besprochen wurde.

Beispiel

Das rechts abgebildete Zahlenschema heißt Pascalsches Dreieck (Abb. 15.2). An den Rändern stehen Einsen, und jeder weitere Eintrag ist die Summe der beiden diagonal darüberstehenden Einträge

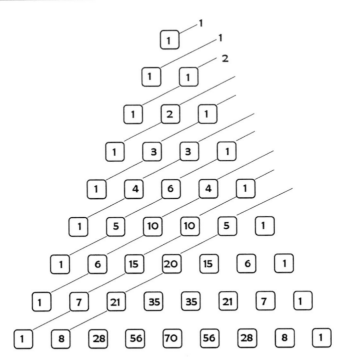

Abb. 15.2 Pascalsches Dreieck

a) Berechnen Sie die Summen der Zahlen entlang den eingezeichneten Diagonalen, bis sie eine Regelmäßigkeit erkennen. (Achtung: Bei den letzten drei Diagonalen ist das Dreieck unvollständig.)

b) Formulieren Sie eine Behauptung zu dieser Regelmäßigkeit.

c) Beweisen Sie Ihre Behauptung mittels vollständiger Induktion.

(Tipp: Es kann für die Formulierung der Behauptung und Ihren Beweis sehr hilfreich sein, eine Rekursionsgleichung darüber aufzustellen (ohne Beweis), wie sich die j-te Zahl in der i-ten Zeile des Pascalschen Dreiecks aus den Zahlen der vorhergehenden Zeile ergibt. Man kann diese j-te Zahl in der i-ten Zeile z. B. $a_{i,j}$ nennen.) ◄

Die vollständige Induktion war vorher ausführlich in der Vorlesung behandelt worden. Sie stellt ein Beweisverfahren dar, das in der Regel für Erstsemesterstudierende neu ist. Es wird meist zu Beginn regulärer Grundvorlesungen eingeführt, insbesondere in der Analysis I. Dies geschieht dann kurz, meist im Zusammenhang mit einer axiomatischen Einführung der natürlichen Zahlen, und dann auch nur in einer dazu passenden Grundvariante. Andere Varianten, etwa mit einem anderen Induktionsanfang als $n = 1$ oder anderen Induktionsschritten als von n auf $n + 1$ werden eher selten extra behandelt, da man davon ausgeht, dass die Studierenden andere Varianten selbst auf die vorgestellte

Grundvariante zurückführen können. Auch wird das Verfahren nur an wenigen Beispielen erläutert. Beides ist in der Brückenvorlesung anders gewesen. Hier wurden sowohl Varianten ausführlich behandelt als auch eine Vielzahl von Beispielen, darunter auch solche, bei denen der Induktionsschritt nicht im Wesentlichen in einer einfachen algebraischen Umformung besteht. So wurden etwa auch geometrische Beispiele behandelt.

Die gestellte Aufgabe stellte trotzdem für die Studierenden eine große Herausforderung dar. Da die Fibonacci-Zahlen aus der Vorlesung bekannt waren, bearbeiteten die meisten Studierenden den Aufgabenteil a) erfolgreich. Den Studierenden waren außerdem sowohl die den Fibonacci-Zahlen wie auch den Zahlen des Pascalschen Dreiecks zugrundeliegenden Rekursionen in allgemeiner Form bekannt, also $f_{n+1} = f_{n-1} + f_n$, sowie $a_{ij} = a_{i-1,j-1} + a_{i-1,j}$. Auf letzteres wurde auch im Tipp zur Aufgabe nochmal hingewiesen. Eine erste Herausforderung bei der Bearbeitung der Aufgabe besteht nun darin, die geometrisch angegebene diagonale Summenbildung allgemein aufzuschreiben, unter anderem, weil Doppelindizes verwendet werden müssen. Dieser Schritt ist insofern notwendig, da nur so die Aussage allgemein formuliert werden kann und damit der vollständigen Induktion zugänglich wird. Der Induktionsanfang kann direkt geprüft werden. Sehr herausfordernd ist aber dann der Induktionsschritt. Dieser beruht im Kern aus den folgenden beispielhaft dargestellten Überlegungen: Die Induktionsvoraussetzung lautet etwa: Für alle $m \leq n$ gilt $\sum_{i=1}^{m} a_{m+1-i,i} = f_m$. Damit ergibt sich dann für $m = n + 1$:

$$\sum_{i=1}^{n+1} a_{(n+1)+1-i,i} = 1 + \sum_{i=1}^{n-1} a_{n+1-i,i+1} = 1 + \sum_{i=1}^{n-1} a_{n-i,i} + a_{n-i,i+1} = \sum_{i=1}^{n-1} a_{(n-1)+1-i,i} + \sum_{i=1}^{n} a_{n+1-i,i}$$

$$= f_{n-1} + f_n = f_{n+1}.$$

Aus technischer Sicht handelt es unter anderem um Indextransformationen. Neben der technischen Herausforderung imponiert die Aufgabe hinsichtlich spezifisch hochschulmathematischer Vorgehensweisen: So ist es hier nötig, sich erst über einen erfolgreichen Weg gewiss zu werden, also eine Lösung für das Problem zu finden, und dann in einem zweiten Schritt zu überlegen, wie man die Lösung dann zielführend aufschreibt. Schulaufgaben können in der Regel straight-forward bearbeitet werden. Hinzukommt, dass es hier mehrere Umformungsschritte gibt, die sich nicht unmittelbar aus dem gewünschten Endergebnis ergeben. Erst das sich bei der Durchführung ergebende Resultat und gegebenenfalls weitere Schritte zeigen die Sinnhaftigkeit des ersten Schrittes. Dieses „Spielen" mit Formeln und mutige Probieren stellt eine wichtige mathematische Handlungsweise dar, um in der Mathematik kreativ zu sein. Ein Verharren am Ausgangsproblem und Hoffen auf eine Lösung, quasi in einem Schritt, ist in der Hochschulmathematik in der Regel wenig erfolgversprechend.

Neben der Beschäftigung mit einem neuen mathematischen Inhalt, der vollständigen Induktion, zielt die Aufgabe also in besonderer Weise auf das Explizieren hochschulmathematischer Arbeits- und Denkweisen, entsprechend der in Abschn. 15.3

beschriebenen Ziele der Grundlagenveranstaltung. Für alle drei präsentierten Beispiele gilt, dass sie in einer regulären Analysis-Lehrveranstaltung nicht in der mit Blick auf die Studierenden gebotenen Ausführlichkeit behandelt werden können. Selbst wenn vergleichbare Aufgaben gestellt würden, führt schon der Zeitdruck dazu, dass es meist (und im günstigen Fall) nur darum geht, jeweils die Lösung als solche und deren Richtigkeit nachzuvollziehen. Die skizzierten und darüber hinausgehenden Lernmöglichkeiten der Aufgaben werden dann nicht genutzt. Es kommt vielmehr zu so etwas wie einem Bewältigungslernen. Dieses weist dann all die Anzeichen auf, die in der Folge nicht selten von Lehrenden als Zeichen des Desinteresses oder fehlenden Einsatzes bzw. fehlender Begabung gedeutet werden.

15.6   Interviewstudie

Im Folgenden geht es um die Frage, wie die Zielsetzungen der Veranstaltung (siehe Abschn. 15.3) innerhalb der Tutorien verfolgt werden, bzw. inwieweit diese Zielsetzungen innerhalb der Tutorien überhaupt verfolgt werden können. Um in diese Fragestellung Einblicke zu erhalten, wurde im Wintersemester 2019/2020 eine qualitative Interviewstudie durchgeführt.

- Diese fokussierte auf die von den Tutor*innen gemachten Erfahrungen. In diesen Erfahrungen reflektieren sich verschiedene miteinander verwobene Elemente: Im Einklang mit den zuvor geschilderten didaktischen Elementen der Vorlesung sollten auch im Tutorium Präsenzaufgaben gemeinsam erarbeitet werden. Zudem sollten auch die Hausaufgaben in den Tutorien besprochen werden. Somit besteht in jeder Sitzung des Tutoriums eine doppelte Aufgabenstellung. In diesem Beitrag gehen wir auf die Fragestellung ein: „Welche Erfahrungen machen Tutor*innen bei der Umsetzung?".
- Die Tutor*innen haben nochmal andere Möglichkeiten, Einblicke in Studierendenbearbeitungen und deren Umgang mit der Veranstaltung zu erlangen. Zum einen ermöglicht eine kleinere Gruppengröße einen direkten Kontakt zu den Studierenden und durch die Korrekturen der Hausaufgaben erhalten sie zusätzliche Einblicke, was den Studierenden noch jeweils Schwierigkeiten bereitet, auch dann, wenn Studierende im Tutorium selbst keine Schwierigkeiten artikulieren sollten. In Abschn. 15.6.2.2 und Abschn. 15.6.2.3 präsentieren wir Ergebnisse zur Fragestellung: „Welche Einsichten konnten die Tutor*innen im Rahmen dieser Lehrveranstaltung in den Umgang der Studierenden mit den für diese neuen mathematischen Denk- und Arbeitsweisen gewinnen?"

Vier der fünf Tutor*innen waren selbst Studierende, zwei hatten die Veranstaltung im vorherigen Jahr belegt, ein Tutor war wissenschaftlicher Mitarbeiter.

15.6.1 Durchführung und Auswertung

Im Rahmen der Studie wurden mehrere Interviews in unterschiedlicher Zusammensetzung durchgeführt: Vor Beginn des Wintersemesters wurde die in diesem Semester verantwortliche Dozentin gemeinsam mit dem im vorherigen Jahr verantwortlichen Dozenten interviewt. Dieses Interview kann als ein Fachgespräch zwischen Professor*innen verstanden werden. In dem Interview wurden Priorisierungen im WiGeMath-Rahmenmodell und weitergehende Zielsetzungen sowie bisherige Erfahrungen bei der Durchführung der Veranstaltung thematisiert.

Zu Semesterbeginn wurden die Tutor*innen zum ersten Mal in einem Fokusgruppeninterview befragt. Die Interviewerin hatte zuvor auch an der zweiten Tutorenbesprechung teilgenommen, in deren Anschluss das Fokusgruppeninterview stattfand. Die Fragen wurden anhand des zuvor durchgeführten Interviews mit den Dozent*innen formuliert und Themen aus der Tutorenbesprechung wurden nochmals vertieft aufgegriffen. Die Tutor*innen wurden noch zweimal jeweils in einem Einzelinterview befragt: Einmal vor der Weihnachtspause und einmal nach Ende des Semesters. Hier wurden jeweils aufbauend auf dem Fokusgruppeninterview aktuelle Entwicklungen und Eindrücke der Tutor*innen thematisiert.

Die Interviews wurden thematisch kodiert (siehe Miles, Huberman, & Saldana, 2014): Der Kodierprozess baute hierbei schrittweise aufeinander auf. Zunächst wurden relevante Themen in dem Interview mit der verantwortlichen Dozentin aus diesem Jahr und dem verantwortlichen Dozenten des Vorjahres identifiziert. Diese gingen in das Fokusgruppeninterview mit den Tutor*innen ein. In einem zweiten Schritt wurden dann die für die Tutor*innen relevanten Themen identifiziert und die Codes wurden sprachlich nahe an deren selbstgewählten Formulierungen benannt. Die Einzelinterviews mit den Tutor*innen wurden auf das Fokusgruppeninterview aufbauend geplant In der Auswertung wurde von den thematischen Codes weitergehend inhaltlich angereichert und ausdifferenziert. Gegebenenfalls wurden neue hinzugefügt. Diese Themen wurden dann zueinander in Beziehung gesetzt. Hierbei diente das WiGeMath-Rahmenmodell zur Strukturierung. Thematische Codes ließen sich teilweise nicht eindeutig einer Zieldimension zuordnen, sondern erwiesen sich als passend für mehrere. Diese mehrfachen Passungen gaben Einblicke in die Beziehung der Zielsetzungen zueinander. In der folgenden Darstellung der Ergebnisse fließen diese Zusammenhänge auch in die Spezifikationen der Zielsetzungen ein.

15.6.2 Ergebnisse

Wie zuvor dargestellt, haben folgende Zielsetzungen eine hohe Priorität in dieser Lehrveranstaltung: zum einen „Mathematische Arbeitsweisen fördern", welches eng mit weiteren Zielsetzungen der Veranstaltung verknüpft ist, und zum anderen „Beliefs beeinflussen/Affektive Merkmale verändern". Daher liegt der Fokus in der folgenden Darstellung der Ergebnisse der Interviewstudie auf diesen beiden Dimensionen.

15.6.2.1 Zur Gestaltung der Tutorien im Allgemeinen

Die Routinen, die sich in den Tutorien entwickelt haben, unterscheiden sich zwischen den Tutorien. Alle Tutor*innen geben an, dass die zeitliche Aufteilung zwischen Präsenzaufgaben und Hausaufgabenbesprechung eher 1/3 Präsenzaufgaben und 2/3 Besprechung der Hausaufgaben beträgt, wenn es gut läuft ½ und ½. Angedacht war jedoch eine zeitliche Aufteilung von 2/3 für die Bearbeitung der Präsenzaufgaben und 1/3 für die Besprechung der Hausaufgaben (siehe Abschn. 15.2.2). Die Besprechung der Hausaufgaben würde schlicht mehr Zeit beanspruchen, um auf die in den Aufgabenbearbeitungen sichtbar gewordenen Schwierigkeiten eingehen zu können. Wie im Folgenden näher ausgeführt wird, scheint diese Zeit für die Thematisierung von „geistigen Hürden" genutzt zu werden.

Die Studierenden würden im Allgemeinen aktiv mitarbeiten. Die Tutor*innen haben den Eindruck, dass die Studierenden (in Gruppen) an den Präsenzaufgaben arbeiten und sich gegenseitig Fragen stellen und auch Fragen beantworten, manche könnten sogar Ideen anderer im Plenum weiterentwickeln. In den Gruppen werden gemeinsam zumindest Lösungsansätze formuliert, jedoch würden sich nicht alle Studierenden trauen, ihre Ideen und Fragen in der großen Gruppe zu äußern. Es scheint nicht vorzukommen, dass Gruppen die Aufgaben der Präsenzphase nicht annehmen. Im vorherigen Jahr hatten die Studierenden teilweise in der Präsenzphase schon Hausaufgaben für nächste Woche gemacht, diese passiv abgesessen, oder waren eher gegangen. Zum Anfang der Semester haben die Tutor*innen teilweise den Eindruck bzw. die Befürchtung gehabt, die Studierenden würden das Tutorium einfach nur absitzen, dieser Eindruck bzw. diese Befürchtung habe sich im Laufe des Semesters nicht bestätigt und Probleme, die Anwesenden zur Mitarbeit zu motivieren, hätten sich im weiteren Verlauf aufgelöst. Die Tutor*innen zeigten sich teilweise erstaunt darüber, wie gut die Mitarbeit der Studierenden funktioniere. Im Allgemeinen deuten die Schilderungen somit auf eine erfolgreiche Etablierung des angedachten didaktischen Vertrages hin.

Die Tutor*innen berichten, dass sich Lerngruppen gefunden haben und das Lernzentrum genutzt wird. Zudem werden Studierende, die in Lerngruppen arbeiten, als erfolgreicher in der Bewältigung der Anforderungen der Veranstaltung beschrieben.

15.6.2.2 Mathematische Arbeitsweisen fördern

Zur Spezifikation des Ziels „Mathematische Arbeitsweisen fördern" lässt sich festhalten, dass die Grundidee der hier dargestellten Veranstaltung ist, dass weniger Stoff *„durchgeprügelt"* wird und dafür mehr Zeit für die Thematisierung von „geistigen Hürden" bleibt. Anhand von ausgewählten Problemstellungen sollen mathematische Arbeitsweisen deutlich gemacht werden. Dies beinhaltet auf der inhaltlichen Ebene vor allem ausgewähltes „hochschulmathematisches Wissen/Fähigkeiten fördern" und „Fachsprache entwickeln und fördern", die als wichtige „Voraussetzungen für Folgeveranstaltungen" verstanden werden: Es sollen bestimmte zentrale Begriffe und Beweistechniken (siehe Abschn. 15.3) explizit vermittelt werden, welche vor allem auch in Folgeveranstaltungen relevant sind. Bei der Entwicklung der Fachsprache soll vor allem gelernt werden, mit dieser umgehen zu können; dies schließe mit ein, dass Studierende auch die Konsequenzen ungenauer Formulierungen erfahren. Zudem wird hier auch die soziale Ebene betont. Der Austausch über Mathematik sei ein wichtiger Bestandteil mathematischen Arbeitens. Ein besonderer Fokus liegt hier auf dem Dialog über mathematische Problemstellungen als Teil der mathematischen Kultur. Eine mathematische Lehrkultur, die nur an den besten 10 % ausgerichtet ist, wird explizit abgelehnt.

Die Tutor*innen benennen unterschiedliche *„geistige Hürden"*, die ihnen vor allem bei den Bearbeitungen der Hausaufgaben aufgefallen sind. In Bezug auf die verschiedenen Hürden beobachten die Tutor*innen Entwicklungen von Übungsblatt zu Übungsblatt. Diese setzen sie in Beziehung zu relevanten Aspekten des mathematischen Arbeitens. Sie nennen zwei Aspekte, die ihrer Einschätzung nach in der Zeit von Semesterbeginn bis zu Weihnachtspause recht gut erarbeitet worden sind:

1. Das selbstständige Formulieren von Beobachtungen ausgehend von Behauptungen
2. Mehrfach aufgetretene Beweistechniken würden schon ganz gut umgesetzt

Zu Punkt (1): Dieses würde vor allem mit einem Fortschritt in der Fachsprache zusammenhängen, welcher die Tutor*innen viel Zeit (in Form von Korrekturen und im Tutorium) widmen würden. Die Tutor*innen geben an, bei den Korrekturen der Hausaufgaben sehr genau auf die *„korrekte mathematische Rechtschreibung"* zu achten. Häufig auftretende Phänomene, wie beispielsweise die Verwechslung von logischen und Mengenoperatoren, falsche Positionen von Indizes, oder unsaubere Schreibweisen von Symbolen, würden von vielen Studierenden recht schnell aufgegriffen. Schwieriger sei noch ein angemessenes Verhältnis zwischen Formeln und ganzen Sätzen zu finden. Teilweise würde versucht *„jedes Argument in einer Formel auszudrücken"*, auch wenn ein einfacher Satz wesentlich verständlicher wäre, teilweise werden *„Romane geschrieben"*. Es gab Freude unter den Tutor*innen, da Fortschritte bei der Formalisierung von Ideen beobachtet werden.

Zu Punkt (2): Als Beispiel für eine gelungene Förderung von hochschulmathematischem Wissen und Fähigkeiten könnten hier Beweistechniken angeführt werden: Den Tutor*innen ist aufgefallen, dass diese nach mehrfacher Thematisierung auf den Übungsblättern *„schon recht gut sitzen würden"* (wie beispielsweise Induktionsbeweise) und Studierende teilweise erkennen würden, wenn bestimmte Ideen wieder aufgegriffen werden. Vor der Weihnachtspause bestand jedoch bei den Studierenden noch die Schwierigkeit bei der Herstellung von Beziehungen zwischen der mathematischen Formulierung eines entsprechenden Modells der Situation, der Aufgabenstellung und dem, was dann bewiesen wird. Besonders die Beispielaufgabe 3 (siehe Abschn. 15.5.3) stach hier für die Tutor*innen hervor: In der Bearbeitung der Aufgabe hätten die

Studierenden zwar „etwas bewiesen", das ihnen bekannte Induktionsbeweisschemata angewandt, jedoch konnten sie diese Beweisversuche nicht zusammenhängend mit ihren Beobachtungen formulieren, die sie beim Explorieren des Pascalschen Dreieck gemacht hätten. Solche Schwierigkeiten werden von den Tutor*innen auf unterschiedliche „geistige Hürden" zurückgeführt: Das Erkennen, dass ein Modell einer Situation aufgestellt wird bzw. aufgestellt werden muss, Probleme mit dem Formalisieren, der Versuch, „alles mit Formeln auszudrücken", „Unklarheiten darüber, was eigentlich bewiesen werden soll", Ablösung von der konkreten Situation oder auch der Versuch, „zu allgemeine Aussagen" zu treffen. Trotz auftretender Schwierigkeiten kann dieses insgesamt als ein Einlassen und Ausprobieren neuer Lernprinzipien gewertet werden.

15.6.2.3 Beliefs beeinflussen/Affektive Merkmale verändern

Das Ziel „Beliefs beeinflussen/affektive Merkmale verändern" wurde folgendermaßen spezifiziert: Idealerweise soll sich das Lernen in der Veranstaltung am Verstehen der Inhalte orientieren und dieses auch mit Freude. Es soll vermittelt werden, dass Mathematik Spaß machen kann und die Aufgaben sollen Neugier wecken. Die Studierenden sollen sich von nicht mehr adäquaten Schemata lösen, welche eventuell in der Schule eine erfolgreiche Strategie in der Bewältigung von mathematischen Aufgaben geboten haben.

Rückschlüsse aus den Interviews mit den Tutor*innen sind bezüglich dieser Dimension schwierig, es gibt jedoch einige Beobachtungen die sich auf diese Dimensionen zurückführen lassen: Einerseits wird beschrieben, dass sich manche Studierende (nach Einschätzung der Tutor*innen handelt es sich hier eher um die „Schwächeren") „noch sehr stark an Schemata festhalten" würden. Diese hätten Probleme damit, selbstständig Beweisansätze zu finden und würden sich dann an Techniken festhalten. Darüber hinaus berichtet eine Tutorin den Eindruck, dass die Studierenden vor allem bei den Aufgaben mit Realitätsbezug noch Schwierigkeiten hätten, sich „von der Schulmathematik zu lösen". Diese beiden Beobachtungen verweisen auf das zuvor geschilderte Spannungsfeld, das sich in Bezug auf die Antizipierbarkeit der Überwindung der Problematiken ergibt. Eine Erklärung für den durch die Tutorin dargestellten Zusammenhang der Schwierigkeit, sich bei Realitätsbezügen von aus der Schule vertrauten Prinzipien zu lösen, könnte sein, dass hier – von der Position der Studierenden aus betrachtet – eine Bewältigbarkeit der Aufgabenstellung mit vertrauten Prinzipien verstärkt nahegelegt ist. Im Gegensatz dazu treten bei innermathematischen Problemen häufig bereits bei dem Versuch Hürden auf, die Formulierung der Thematik nachzuvollziehen. Andererseits gibt es auch die Beobachtung, dass Vorgegebenes nicht einfach hingenommen wird (z. B. bei der Besprechung der Hausaufgaben). Studierende würden Schemata zur Diskussion stellen (ob es nicht auch anders lösbar wäre, dies wirklich der beste Weg sei etc.), dies kann als ein aktives Eruieren der Lernprinzipien verstanden werden.

Inwieweit die Aufgaben Neugierde bei den Studierenden wecken, sei für die Tutor*innen schwierig zu beurteilen. Sie selbst hätten den Eindruck, dass die Aufgaben

„*zugänglich*" seien für die Studierenden: So würden Studierende zumindest Lösungs-ideen entwickeln und aufschreiben, auch wenn diese dann nicht weiterverfolgt werden bzw. werden können. Die Tutor*innen zeigten sich teilweise (bei der Hausaufgaben-korrektur) selbst überrascht über die Menge an unterschiedlichen Lösungsansätzen in Aufgabenbearbeitungen. Teilweise berichten die Tutor*innen, dass ihnen auch Fragen gestellt werden, die eigentlich (vom Stoff her) über die Veranstaltung hinausgehen. Dies könnte man auch so deuten, dass Neugierde geweckt wurde.

15.6.2.4 Zusammenfassung und Reflexion

Die in den Interviews von den Tutor*innen geteilten Einsichten bieten Einblick in die vielfältigen „geistigen Hürden", die Studierende beim Übergang bewältigen müssen und die unter Zeitdruck sonst vielleicht eher untergehen würden. Es zeigt sich zudem, dass das Spannungsfeld zwischen Antizipierbarkeit und der gleichzeitig vom „Stoff ausgehenden" Notwendigkeit der Überwindung bisheriger Denk- und Arbeitsweisen auch durch diese Veranstaltung nicht aufgelöst werden kann. Jedoch schafft diese Ver-anstaltung Räume, dieses zu adressieren.

Um Einschätzungen zu treffen, inwiefern diese Veranstaltungskonzeption Auswirkung auf beispielsweise Überforderungsgefühle und die Studierenden(un-)zufriedenheit der Studierenden hat (siehe Abschn. 3.1), bedarf es weiterer Untersuchungen in denen auch die Studierenden miteinbezogen werden.

15.7 Fazit und Diskussion

Die in diesem Kapitel dargestellte Unterstützungsmaßnahme löst die bekannten Über-gangsproblematiken nicht auf, sondern bietet Zeit und unterbreitet zudem ein Dialog-angebot, um diese zu bearbeiten. Um inhaltlichen Hürden zu begegnen werden vor allem „geistigen Hürden", bzw. strukturellen Lernschranken, vermehrt Zeit und Auf-merksamkeit eingeräumt. Das Format der Brückenvorlesungen erlaubt es – aus Dozierendenperspektive – eher neue Spielräume zu eröffnen, „geistige Hürden" zu thematisieren, als dies in einem tradierten aufeinander aufbauenden Lehr-System, in das sich auch „reguläre" Erstsemesterveranstaltungen einordnen müssen, der Fall ist. Das Wort „Spielräume" ist hier in beiden Anteilen wörtlich zu nehmen: Hier können sich Lehrende und Lernende Zeit nehmen, um mit Gedanken und Ideen zu spielen und so eine Idee davon bekommen, was die Faszination an Mathematik ausmachen kann.

Diese Gestaltungsspielräume bewegen sich innerhalb von Spannungsfeldern. In diesem Beitrag haben wir folgende relevante Spannungsfelder herausgearbeitet:

- Die Freiheit der eigenen Lehre vs. zu erfüllende Studien- und Prüfungsanforderungen (vgl. Abschn. 15.2)
- Die Planung der Lehre vs. Offenheit für Fragen und Gedanken der Studierenden (vgl. Abschn. 15.4)

- Selbständigkeit der Studierenden einfordern und zulassen vs. die Studierenden „an die Hand nehmen" (vgl. Abschn. 15.4)
- Die Notwendigkeit der Explikation von Zusammenhängen und Vernetzungen, die gleichzeitig auf einer Metaebene relevante Denk- und Arbeitsweisen adressieren vs. Erhöhung der Komplexität des Dargestellten und die damit einhergehende Schwierigkeit für die Studierenden, Wichtiges von Unwichtigem zu unterscheiden (vgl. Abschn. 15.4.3)
- Stoffvorgaben vs. Neugierde und Explorationsbedarfe bei den Studierenden wecken (vgl. Abschn. 15.4.3)

Diese Zusammenfassung der Spannungsfelder verdeutlicht, dass sie zwar jeweils auch fachliche Entscheidungen bezüglich des Stoffs und der Aufgaben erfordern, als solche aber auch überfachlichen Charakter besitzen. Die aufgeworfenen Fragen zur Gestaltung der Lehre stehen unseres Erachtens in Bezug zu konstitutiven Antinomien des professionellen Lehrerhandelns der strukturtheoretischen Professionalisierungstheorie nach Helsper (2004). Die Antinomien wurden im Kontext von Widerspruchsverhältnissen in gesellschaftlich-institutionellen Schulorganisationen herausgearbeitet. Eine besondere Nähe zu den beschriebenen Phänomenen und den dadurch aufgeworfenen Fragen scheinen uns insbesondere die Autonomie-, Ungewissheits-, Begründungs-, Sach- und Näheantinomie aufzuweisen. Beispielsweise adressiert die Sachantinomie nach Helsper die „Spannung zwischen einer an universalistischen Maßstäben orientierten Sachdimension, etwa wissenschaftlich kodifizierten Inhalten, organisatorisch gerahmten, durch Lehrpläne oder Richtlinien gegebenen fachwissenschaftlichen Gegenständen einerseits und den alltagsweltlichen, lebensweltlichen und biographisch gefärbten „inoffiziellen Weltversionen (Rumpf, 1979) und Rahmungen von Gegenstandsbedeutungen" (S. 78). Bei der didaktischen Gestaltung geht es diesbezüglich um Fragen der Orientierung von Lehrenden an „gültigen, fachsystematischen Bezügen" und den „lebensweltlich gültigen […] Rahmungen der unterrichtlich behandelten Gegenstände" (S. 78). Dies betrifft insbesondere auch das Verhältnis zwischen Beweisen und alltäglichem Begründen. Der Zusammenhang mit diesen Antinomien zeigt zweierlei: Erstens macht er deutlich, wie weit bereits eine gewisse Verschulung universitärer Lehrverhältnisse vorliegt. Zweitens macht er aber auch deutlich, dass eine Lehr-Lerntheorie nicht umhinkommt, diese gesellschaftlich-institutionell inhärenten und nicht-hintergehbaren Spannungen in Reflektionen zu berücksichtigen, statt durch Innovationen erreichen zu wollen, diese direkt zu beseitigen.

Innerhalb der subjektwissenschaftlichen Lerntheorie werden Spannungsverhältnisse zugelassen. Es werden Begriffe, wie beispielsweise strukturelle und dynamische Lernschranken (vgl. Abschn. 15.3.1), gewählt, die eben nicht von einer Möglichkeit der Beseitigung jeglicher Schwierigkeiten und Hürden ausgehen, sondern nach Möglichkeiten fragen, wie diese in einem Lehr-Lern-Setting gemeinsam angegangen werden können. Diese Fragerichtung erlaubt es, Gelingensbedingungen für die Unterstützung von Studierenden bei der Bewältigung von typischerweise im ersten Studiensemester auftretenden strukturellen Lernschranken zu identifizieren.

Fasst man die Ergebnisse der theoretischen Betrachtung, der Reflexion der didaktischen Elemente und ausgewählten Beispiele, sowie die Ergebnisse der Interviewstudie zusammen, so lassen sich folgende Gelingensbedingungen identifizieren:

- Lehrende und Studierende sollten von Zeitdruck entlastet werden bzw. es sollte kein zusätzlicher Zeitdruck aufgebaut werden (vgl. Abschn. 15.2, Abschn. 15.3 und Abschn. 15.6)
- Es sollte weniger Druck bezüglich der Studien- und Prüfungsleistungen vorherrschen (vgl. Abschn. 15.2)
- Lehrende sollten ein Bewusstsein für die Hürden mitbringen (vgl. Abschn. 15.4 und Abschn. 15.4.3)
- Lehrende sollten Empathie für die Situation der Studierenden mitbringen (vgl. Abschn. 15.4)
- Lehrende und Studierende müssen „Mut zum Ausprobieren" haben (vgl. Abschn. 15.4,Abschn. 15.6 und Abschn. 15.6)
- Lehrende und Studierende müssen Diskursfähigkeit mitbringen bzw. erlernen (vgl. Abschn. 15.4, und Abschn. 15.5 und Abschn. 15.6)
- Lehrende müssen selbst einen umfassenden Einblick in den jeweiligen Stoff haben, um flexibel und adäquat reagieren zu können (vgl. Abschn. 15.4.3);
- Es muss eine vertrauensvolle Atmosphäre vorhanden sein (vgl. Abschn. 15.4 und Abschn. 15.6)
- Es müssen geeignete Aufgabenstellungen und geeignete Vereinfachungen gefunden werden (vgl. Abschn. 15.4.3)
- Es erfordert Kreativität, um Studierenden erste Schritte zu ermöglichen, ohne dass diese immer trivial sind (vgl. Abschn. 15.4.3)

Eine Studentin fasste ihren Eindruck über die Wirkweisen folgendermaßen zusammen:

> … es [war] echt hilfreich, dass die Zuhörerinnen und Zuhörer bei der Vorlesung der „Grundlagen der Mathematik" mit einbezogen wurden und die Dozentin auch immer darauf gewartet hat, dass Reaktionen, Anregungen oder Fragen aus der Zuhörerschaft kamen, wodurch man, denke ich, einfach aufmerksamer war und richtig mitgearbeitet hat und im Thema war.

Literatur

Beutelspacher, A. (2011). *Survival-Kit Mathematik, Mathe-Basics zum Studienbeginn.* Vieweg+Teubner Verlag. https://doi.org/10.1007/978-3-8348-9865-4.

Bosch, M., Hausberger, T., Hochmuth, R., & Winsløw, C. (2019). External didactic transposition in undergraduate mathematics. In U. T. Jankvist, M. Van den Heuvel-Panhuizen, & Veldhuis, M. (Hrsg.), *Proceedings of the eleventh congress of the European society for research in mathematics education* (S. 2442–2449). Utrecht University. http://dx.doi.org/10.1007/s40753-020-00132-7.

Brousseau, G. (1997). *Theory of didactical situations in mathematics.* Kluwer Academic Publishers. https://doi.org/10.1007/0-306-47211-2.

Faulstich, P. (2002). Lernen braucht Support - Aufgaben der Institutionen beim "Selbstbestimmten Lernen". In S. Kraft (Hrsg.), *Selbstgesteuertes Lernen.* Baltmannsweiler.

Grieser, D. (2013). *Mathematisches Problemlösen und Beweisen.* Springer Spektrum. http://dx.doi.org/10.1007/978-3-8348-2460-8.

Helsper, W. (2004). Pädagogisches Handeln in den Antinomien der Moderne. In *Einführung in Grundbegriffe und Grundfragen der Erziehungswissenschaft* (S. 15–34). VS Verlag für Sozialwissenschaften. https://doi.org/10.1007/978-3-663-09887-4_2.

Hochmuth, R., Biehler, R., Schaper, N., Kuklinski, C., Lankeit, E., Leis, E., Liebendörfer, M., & Schürmann, M. (2018). *Wirkung und Gelingensbedingungen von Unterstützungsmaßnahmen für mathematikbezogenes Lernen in der Studieneingangsphase (Abschlussbericht).* Universität Hannover. https://doi.org/10.2314/KXP:1689534117

Holzkamp, K. (1987). Lernen und Lernwiderstand. *Forum Kritische Psychologie, 20,* 5–36.

Holzkamp, K. (1991). Lehren als Lernbehinderung. *Forum Kritische Psychologie, 27,* 5–22.

Holzkamp, K. (1992). Die Fiktion administrativer Planbarkeit schulischer Lernprozesse. In K.-H. Braun, & K. Wetzel, K. (Hrsg.), *Lernwidersprüche und pädagogisches Handeln. Bericht von der 6. Internationalen Ferien-Universität Kritische Psychologie, 24. bis 29. Februar 1992 in Wien* (S. 91–113). Verlag Arbeit und Gesellschaft.

Holzkamp, K. (1995). *Lernen - Subjektwissenschaftliche Grundlegung.* Campus Verlag.

Holzkamp, K. (1996). Wider den Lehr-Lern-Kurzschluss. In P. Faulstich & J. Ludwig (2008), *Expansives Lernen, Grundlagen der Beruf-und Erwachsenenbildung,* 39, 2.

Miles, M. B., Huberman, A. M., & Saldana, J. (2014). *Qualitative data analysis. A methods sourcebook.* Sage.

Rumpf, H. (1979). „Inoffizielle Weltversionen". Über die subjektive Bedeutung von Lehrinhalten. *Zeitschrift für Pädagogik, 25* (2), 209–230.

Weigand, H. G. (2015). Begriffe in der Mathematik. In R. Bruder, L. Hefendehl-Hebeker, B. Schmidt-Thieme, & H. G. Weigand (Hrsg.), *Handbuch der Mathematikdidaktik.* Springer Spektrum.

Zech, F. (1983). *Grundkurs Mathematikdidaktik.* Beltz.

Mathematisches Problemlösen und Beweisen in Oldenburg

16

Antje Beyer, Daniel Grieser und Sunke Schlüters

Zusammenfassung

Seit 2011 bietet das Institut für Mathematik der Universität Oldenburg regelmäßig das Modul *Mathematisches Problemlösen und Beweisen* an. Es richtet sich an Studierende der Mathematik-Studiengänge im ersten Semester. Im Unterschied zu den klassischen Erstsemester-Vorlesungen liegt der Fokus auf der Aktivierung der Studierenden, unter anderem durch die systematische Thematisierung von Problemlösestrategien, und weniger auf der Vermittlung neuer Inhalte oder der Gewöhnung an Abstraktion. Eines der Hauptziele ist, dass Studierende aktiv die Erfahrung machen: „Ich kann Mathematik entdecken." In diesem Beitrag stellen wir die Zielsetzungen des Moduls, Einzelheiten der Durchführung und der Einbindung in die Studiengänge und die zugrundeliegenden didaktischen Überlegungen vor. Wir geben einen Überblick über die Inhalte des Moduls und illustrieren diese anhand konkreter Beispiele. Schließlich stellen wir Evaluationsergebnisse vor und diskutieren besondere Herausforderungen bei der Umsetzung der genannten Zielsetzungen.

A. Beyer · D. Grieser (✉) · S. Schlüters
Carl von Ossietzky Universität Oldenburg, Oldenburg, Deutschland
E-mail: daniel.grieser@uni-oldenburg.de

A. Beyer
E-mail: antje.beyer@uni-oldenburg.de

S. Schlüters
E-mail: sunke.schlueters@uni-oldenburg.de

R. Hochmuth et al. (Hrsg.), *Unterstützungsmaßnahmen in mathematikbezogenen Studiengängen*, Konzepte und Studien zur Hochschuldidaktik und Lehrerbildung Mathematik, https://doi.org/10.1007/978-3-662-64833-9_16

457

16.1 Einleitung

Mit Beginn des Mathematikstudiums stehen Studierende häufig vor der Aufgabe, selbständig Lösungswege zu finden, anstatt vorgegebenen Rechenschemata zu folgen, wie sie es aus der Schule eher gewohnt sind. Sie verstehen Mathematik selten als kreativen Prozess, dem unterschiedlichste Herangehensweisen entspringen können. Es entsteht oftmals das Gefühl, keinen Angriffspunkt zu haben und vor einer unlösbaren Aufgabe zu stehen. Auch die in traditionellen Mathematikvorlesungen auf Vorträgen der Lehrenden basierende Art der Wissensvermittlung weicht von der heutzutage in der Schule üblichen Art ab. Inspiriert durch die Ideen Pólyas (Pólya, 1966) zum problemlösenden Unterricht, versucht die Veranstaltung *Mathematisches Problemlösen und Beweisen,* diese Lücken zwischen dem Bekannten aus der Schule und den neuen Inhalten und Methoden im Studium zu überbrücken, unter anderem durch eine interaktivere Arbeitsatmosphäre und einen Fokus auf dem Erlernen neuer Methoden anstelle neuer Inhalte.

16.2 Zielsetzungen

Die Veranstaltung *Mathematisches Problemlösen und Beweisen* verfolgt folgende Lernziele:

Hochschulmathematische Denkweisen erlernen Anhand von schulnahen Inhalten sollen die Studierenden Beweismethoden und Taktiken des Problemlösens erlernen und auch auf weiterführende Hochschulinhalte vorbereitet werden. Dabei werden sie angeregt, eine problemorientierte Sicht auf die Mathematik zu entwickeln. Insbesondere sollen Lehramtsstudierende dadurch dazu befähigt werden, problemorientierten Unterricht zu geben (dazu vgl. Winter, 1989).

Selbstvertrauen steigern Die Studierenden sollen angeregt werden, eigene Ansätze auszuprobieren und eigene Strategien zu entwickeln, und dabei erfahren, dass sie selbst Mathematik gestalten können.[1]

Auch unorthodoxe Lösungen, die gegebenenfalls in Sackgassen führen, werden im gemeinsamen Bearbeitungsprozess verfolgt und so Strategien vermittelt, wie man in solchen Situationen weiterkommt.

Mathematisch sprechen lernen Um mit anderen zusammen an einem Problem zu arbeiten oder Lösungen zu kommunizieren, ist es erforderlich, eigene Gedanken und Ideen präzise formulieren zu können. Oftmals ist eine gute Intuition vorhanden, jedoch fällt es schwer,

---

[1] Vgl. die Studie (Beutelspacher *et al.*, 2016), bei der auf S. 2 gefordert wird: ‚Die Fachmathematik muss nach unserer Auffassung eine starke elementarmathematische Komponente enthalten, die nach Möglichkeit an schulmathematische Erfahrungen anknüpft und auch wissenschaftliches Arbeiten „im Kleinen" ermöglicht'

diese zu Papier zu bringen. Ziel ist es daher, diese Gedanken und Intuitionen greifbar zu machen und in der Sprache der Mathematik abzubilden.

Hiermit einher geht das Ziel, zu vermitteln, welchen Nutzen präzise Beweise bieten.

Die Schönheit der Mathematik erkennen Erfolgserlebnisse bei den Studierenden, lebensnahe Anwendungsbeispiele und die Erfahrung der Studierenden, Teile der Mathematik selbst entdecken zu können, sollen bei ihnen ein Gefühl für die Schönheit der Mathematik befördern und letztlich auch eine positive Grundeinstellung gegenüber Beweisen bewirken.

Auf diese Weise sollen den Studierenden der Übergang von der Schule zur Hochschule erleichtert, die Studienabbruchquote gesenkt und die Leistungen der Studierenden im weiteren Studium verbessert werden.

16.3 Strukturelle Merkmale und Rahmenbedingungen

Die Vorlesung *Mathematisches Problemlösen und Beweisen* wurde von Prof. Dr. Daniel Grieser erstmals im Wintersemester 2011/2012 in Oldenburg gelesen. Seither findet die Vorlesung regelmäßig in jedem Wintersemester statt. Sie ist eine Pflichtveranstaltung für Studierende der Mathematik mit dem Ziel gymnasiales Lehramt und vorgesehen zur Belegung im ersten Semester. Darüber hinaus können auch Fachbachelorstudierende der Mathematik die Veranstaltung im Wahlpflichtbereich belegen. Dies geschieht dann meist in einem höheren Semester. Auch wenn die große Mehrheit der Studierenden in der Regel im ersten Semester ist, entsteht so in der Lerngruppe ein recht hohes Maß an Heterogenität aufgrund der unterschiedlichen Vorkenntnisse.

Bei Einführung der Veranstaltung bestand das Lehrteam aus

1. Prof. Dr. Daniel Grieser in der Rolle des Dozenten,
2. Dr. Sunke Schlüters in der Rolle der Lehrassistenz sowie
3. acht erfahrenen Tutor*innen (Masterstudierende und Doktorand*innen).

Die Aufgaben der Lehrassistenz umfassen dabei organisatorische Aufgaben, wie die Erstellung der Übungszettel, sowie die unterstützende Betreuung der Tutor*innen. In wöchentlichen Besprechungen wurden im gesamten Lehrteam der Fortschritt der Vorlesung und die Ideen hinter den Aufgaben des nächsten Übungszettels besprochen.

Darüber hinaus wurde in wöchentlichen Treffen der Tutor*innen mit der Lehrassistenz mit der Korrektur der Übungszettel begonnen. So konnten ungewöhnliche Lösungen in der großen Runde diskutiert werden und konsistente Bewertungen, auch bei unerwarteten Lösungen, erreicht werden.

Diese Zusammensetzung der Rollen im Lehrteam wurde unter wechselnden Dozent*innen, teilweise auch ohne Lehrassistenz, seitdem weiter beibehalten, so auch in der Vorlesung im Wintersemester 2016/2017, welche im WiGeMath Projekt untersucht wurde.

In diesem Durchgang nahm Dr. Sunke Schlüters die Rolle des Dozenten ein. Im Wintersemester 2019/2020 wurde die Veranstaltung von Dr. Antje Beyer durchgeführt.

Die Veranstaltung besteht aus je zwei Semesterwochenstunden Vorlesung und Übung. Die Vorlesung wird in einem Hörsaal mit rund 300 Plätzen durchgeführt. Die Übungsgruppen umfassen maximal 20 Studierende und finden in kleineren Seminarräumen statt. Die Prüfung findet im Rahmen einer dreistündigen Klausur statt, die im Wintersemester 2016/2017 von etwa 130 Studierenden der bei Semesterbeginn rund 180 Studierenden abgelegt wurde.

Die Erstsemesterstudierenden belegen die Vorlesung in der Regel parallel zur Vorlesung *Analysis I,* die für alle Studierenden der Mathematik im ersten Semester Pflicht ist. In der bei WiGeMath untersuchten Veranstaltung im Wintersemester 2016/2017 war der zeitliche Ablauf wie folgt:

Montag	Besprechung der Inhalte der kommenden Vorlesung
Mittwoch	Durchführung der Vorlesung
	Gemeinsame Korrektur der Übungszettel
Donnerstag und Freitag	Durchführung der Übungen

Mittlerweile finden die Vorlesung montags, die Besprechung dienstags und die gemeinsame Korrektur mittwochs statt. Dies gibt den Tutor*innen mehr Zeit, die Vorlesung für die Übungen aufzubereiten und die Übungszettel zu korrigieren.

16.4 Didaktische Elemente und Inhalte der Veranstaltung

Wie der Titel des Moduls *Mathematisches Problemlösen und Beweisen* preisgibt, liegen die Schwerpunkte der Vorlesung auf **dem Problemlösen** und **dem Beweisen.**

Die methodische Ausrichtung der Vorlesung – im Gegensatz zur fachgebietsbezogenen Ausrichtung beispielsweise einer Analysis oder Algebra – erlaubt es, diese Schwerpunkte intensiv zu behandeln, ohne zeitlich getrieben fachliche Inhalte abhandeln zu müssen. Die Veranstaltung versteht sich dabei nicht als Fachdidaktik-Vorlesung und verfolgt die Erreichung der Zielsetzungen größtenteils implizit, wobei auf einzelne Ziele (wie etwa das Entwickeln einer problemorientierten Sicht) zwar explizit Bezug genommen wird, sie jedoch nicht tiefergehend diskutiert werden.

Gerade die Vermittlung von **Problemlösestrategien** erfordert Zeit und mehr noch als andere mathematische Inhalte ein hohes Maß an Mitdenken und -arbeiten von Seiten der Studierenden. Wie in traditionellen mathematischen Vorlesungen geschieht dies zum einen durch das Bearbeiten von Problemen in Kleinstgruppen (in der Regel ein bis zwei Studierende) im Rahmen wöchentlicher Übungszettel. Darüber hinaus zeichnet sich die gesamte Veranstaltung durch einen hohen Grad an Interaktivität aus. Kern ist das gemeinsame Bearbeiten vielfältiger mathematischer Probleme im Plenum, sowohl in der Vorlesung, als auch in den Übungen. Diese Probleme wurden so ausgewählt, dass

1. die Studierenden zu eigenständigen Entdeckungen ermuntert werden,
2. mathematische Ideen und Methoden in einem elementaren, schulnahen Kontext sichtbar werden,
3. die Probleme auch mit wenig Vorwissen greifbar sind,
4. sie ästhetisch ansprechend und spannend sind und,
5. wenn möglich, konstruktive Irritationen bei den Studierenden hervorgerufen werden, die zu einem tieferen aktiven Verständnis beitragen.

Einige Beispiele finden sich im Abschn. 16.5. Die Bearbeitung der Probleme geschieht in der Vorlesung und den Tutorien im Dialog zwischen der Lehrperson und den Studierenden (vgl. Lakatos, 1979). Zunächst stellt die Lehrperson die Problemstellung vor und veranschaulicht sie gegebenenfalls anhand von Illustrationen oder Beispielen. Nachdem eventuelle Verständnisfragen geklärt wurden, wird den Studierenden zunächst Zeit gelassen, das Problem eigenständig zu untersuchen und erste Lösungsansätze zu entwickeln. Dabei werden sie explizit dazu ermuntert, mit ihren Sitznachbarn zu diskutieren und sich Notizen zu machen.

Im Plenum werden dann Beobachtungen, Hypothesen und Ansätze gesammelt und diskutiert. Hierbei sind die Studierenden gefordert, ihre Gedanken verständlich zu formulieren und gegebenenfalls gegen Einwände aus dem Publikum zu verteidigen. Die Lehrperson moderiert diese Diskussion, sammelt Ansätze an der Tafel, kommentiert oder erläutert sie und zeigt gegebenenfalls Parallelen auf.

Anhand dieser Ansätze wird unter Einbeziehung der Studierenden, eventuell mit weiteren Phasen der Eigenarbeit, unter minimaler jedoch gezielter Führung das Problem gelöst. Dabei werden bewusst auch irreführende Ansätze verfolgt, um aufzuzeigen, dass Misserfolge das Verständnis des Problems fördern und zum Prozess des Problemlösens gehören.

Ist das Problem gelöst, wird gemeinsam Rückschau gehalten. In Zusammenarbeit mit den Studierenden werden die wichtigsten Schritte in der Lösungsfindung identifiziert und festgehalten. Für ausgewählte Probleme werden die erarbeiteten Lösungen darüber hinaus nochmals sauber ausformuliert aufgeschrieben.

In der Rückschau zu einzelnen Problemen, und später auch zusammenfassend, werden Problemlösestrategien formuliert, die zur Anwendung gekommen sind. Dies sind einerseits allgemeine Strategien, z. B. „sich die Hände schmutzig machen" (etwa das Problem für einzelne Werte untersuchen), Tabellen oder Skizzen anfertigen, Zwischenziele formulieren, rückwärts arbeiten. Im letzten Drittel des Semesters werden zunehmend speziellere und komplexere Problemlösestrategien thematisiert, z. B. das Schubfachprinzip, das Invarianzprinzip und das Extremalprinzip (für Details siehe Grieser, 2017).

Zu Beginn des Semesters steht die Aktivierung der Studierenden im Vordergrund, mit dem Ziel, ihnen die Erfahrung „Ich kann Mathematik entdecken" zu ermöglichen. Nach und nach wird zunehmend die Beweisnotwendigkeit, z. B. von beobachteten Gesetzmäßigkeiten, thematisiert, und die Einsicht in diese wird durch Probleme mit überraschenden Wendungen verstärkt. Dies wird durch einen systematischen Blick auf **Logik und Beweise** flankiert. Dabei wird immer wieder auf die Alltagslogik Bezug genommen. Ein Grundsatz ist, dass auch alltagssprachlich formulierte Beweise gültig sind. Zusätzlich wird der Blick der Studierenden durch Aufgaben, bei denen angebliche „Beweise" auf ihre Schlüssigkeit untersucht werden sollen, geschärft. Neben den allgemeinen Beweisformen (z. B. direkter und indirekter Beweis) werden typische Beweismuster thematisiert, etwa der Existenzbeweis mittels Konstruktion, Schubfach- oder Extremalprinzip.

Die Durchführung der Vorlesung richtet sich weitgehend nach (Grieser, 2017). Weitere Informationen zu den Grundideen und Zielen und zur Durchführung finden sich in (Grieser, 2015, 2016, 2012). Ein Beispiel, wie das Prinzip des Entdeckenden Lernens auch in anderen Hochschulveranstaltungen verwirklicht werden kann, findet sich in (Grieser, 2019).

16.5 Arbeitsmaterialien

In diesem Abschnitt stellen wir beispielhaft einige Aufgaben und Probleme aus der Vorlesung, den Tutorien oder von den Übungszetteln vor, wie sie an verschiedenen Zeitpunkten des Semesters gestellt werden können.

16.5.1 Baumstammaufgabe

Aufgabe

Wie lange benötigt man zum Zersägen eines 7 m langen Baumstamms in 1-Meter-Stücke, wenn jeder Schnitt eine halbe Minute dauert? ◄

Diese einfache Aufgabe (vgl. Grieser, 2017, Problem 1.1, S. 11f.) ist ein typisches Einstiegsproblem in der ersten Vorlesung des Semesters. Sie erfordert minimale mathematische Vorkenntnisse und ist sehr anschaulich. Somit ist sie sehr gut geeignet, um die Studierenden zu aktivieren. Gleichzeitig führt sie das häufig auftretende Prinzip der „Verschiebung um Eins" ein. Dieses wird von den Studierenden gerne als „Baumstammprinzip" bezeichnet.

16.5.2 Pflasterungen mit Dominosteinen

Aufgabe

Auf wie viele Arten kann man ein Rechteck der Größe $2 \times n$ mit Dominosteinen der Größe 1×2 pflastern? ◄

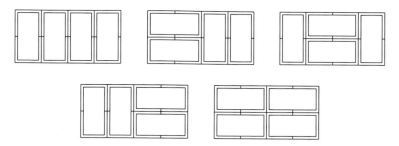

Abb. 16.1 Pflasterungen des 2 × 4 Feldes mit Dominosteinen

Dieses Problem (vgl. (Grieser, 2017, Problem 2.2, S. 38ff.); siehe Abb. 16.1) könnte in dieser Form im ersten Drittel des Semesters in einer Einheit zu Rekursionen auftreten. Es ist wieder sehr anschaulich, aber auch ästhetisch ansprechend, und erfüllt daher auch eine aktivierende Funktion. Darüber hinaus wird hier gezeigt, wie man mit Hilfe von Rekursion mathematische Probleme systematisch verstehen und lösen kann. Ein besonderes Augenmerk gilt hier dem Aufzeigen der Notwendigkeit eines Beweises. Indem man eine Tabelle mit den gesuchten Anzahlen für einige kleine Werte von n aufstellt, gelangt man schnell zu der Vermutung, dass diese die Fibonacci-Rekursion erfüllen. Dass diese Vermutung jedoch noch für allgemeines n bewiesen werden muss und allein das Aufstellen der Tabelle nicht ausreicht, ist Studierenden am Anfang ihres Studiums häufig noch nicht klar.

Dieses Problem kann leicht in der Übung durch das analoge Problem, in dem ein $3 \times n$ Rechteck mit Dominosteinen gepflastert werden soll, aufgegriffen werden. So kann eine Rekursion in den Tutorien von den Tutor*innen mit den Studierenden in einer ähnlichen Vorgehensweise wie in der Vorlesung erarbeitet werden. Als Hausaufgabe könnten die Studierenden die erarbeitete Lösung dann korrekt und übersichtlich aufschreiben und die Rekursion mit Hilfe der in der Vorlesung vorgestellten Technik auflösen.

16.5.3 Induktionsbeweis der Eulerschen Formel für ebene Graphen

Aufgabe

Sei G ein zusammenhängender ebener Graph. Bezeichne mit e, k, f die Anzahlen der Ecken, Kanten, Länder von G. Zeigen Sie mittels Induktion, dass $e - k + f = 2$ gilt. ◀

Dieses Problem (vgl. Grieser, 2017, Problem 4.1, S. 74ff.) bietet sich zur Behandlung in der Vorlesung im zweiten Drittel des Semesters zu Beginn einer Einheit über Graphentheorie an, da es etwas abstrakter ist als die zuvor beschriebenen Probleme und auch ein gewisses Vorwissen (z. B. Induktion) erfordert. Die Graphentheorie ist ein sehr passendes Thema für diese Art von Vorlesung, da sie einerseits viele interessante zugängliche Probleme liefert und andererseits erlaubt, komplexe Probleme zu modellieren und dann effizient zu lösen.

Bemerkenswert an diesem speziellen Problem ist, dass der Induktionsschritt abstrakte Argumentation erfordert statt reiner Formelmanipulation, was den meisten Studierenden zunächst schwer fällt. Dabei bieten sich verschiedene Zugänge an, etwa das Entfernen eines Landes oder einer Ecke, doch schließlich stellt sich heraus, dass nur das Entfernen einer Kante zum Ziel führt. Dieses gemeinsame Verfolgen auch von Ansätzen, die das Problem nicht lösen, zeigt den Studierenden, dass auch dies zur Mathematik dazu gehört, sie also lernen sollten, Rückschläge hinzunehmen und flexibel zu bleiben.

16.5.4 15er Schiebepuzzle

Aufgabe

Betrachten Sie ein Schiebepuzzle mit vier Spalten und vier Zeilen. Darauf liegen 15 Steine, wobei das rechte untere Feld frei bleibt. (Siehe Abb. 16.2) Ist es möglich von der linken Ausgangslage mit Hilfe legaler Züge (horizontales und vertikales Verschieben einer Zahl auf das freie Feld) zur Konfiguration rechts zu gelangen? ◄

Dieses Problem ist unter anderem deswegen sehr ansprechend, weil das Schiebepuzzle vielen aus der Kindheit bekannt ist. Trotzdem ist dieses Problem eines der fortgeschrittensten in dieser Veranstaltung. Es bietet sich zur Bearbeitung im letzten Drittel der Veranstaltung an, da die Lösung ein gewisses Vorwissen erfordert. Diese Aufgabe könnte zur Bearbeitung in den Tutorien oder zu Hause auf dem Übungszettel vorkommen, wenn in der Vorlesung zuvor das Invarianzprinzip und Permutationen, insbesondere die Signatur einer Permutation, eingeführt wurden. Vorbereitend kann in der Vorlesung das 8er Puzzle (vgl. (Grieser, 2017, Problem 11.7, S. 261f.)) bearbeitet werden. Das 15er Puzzle ist noch etwas schwieriger und erfordert einen gewissen Transfer der in der Vorlesung gesehenen Ideen.

Abb. 16.2 15er Schiebepuzzle (links Ausgangszustand mit den beiden, in dieser Position, legalen Zügen; rechts Zielzustand mit den Steinen 14 und 15 vertauscht)

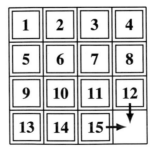
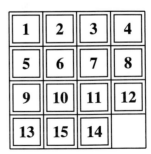

16.6 Evaluations- und Untersuchungsergebnisse

Die Veranstaltung *Mathematisches Problemlösen und Beweisen* (kurz MPB) wurde im Wintersemester 2016/17 im Rahmen des Projekts WiGeMath evaluiert und beforscht. Dabei wurden zwei verschiedene Untersuchungen parallel durchgeführt: Einerseits gab es im Rahmen einer Wirkungsforschung (I) zwei Studierendenbefragungen in der Vorlesung. Andererseits wurden Evaluationen (II) durchgeführt, die einerseits dazu dienten, zu überprüfen, welche Merkmale charakteristisch für die Gestaltung der Brückenvorlesung waren und andererseits, inwiefern die Studierenden der Meinung waren, dass die vom Dozenten (in diesem Semester Dr. Sunke Schlüters) für die Veranstaltung konzipierten Ziele erreicht wurden.

Im Rahmen der Wirkungsforschung (I) wurde in der zweiten und in der vorletzten Vorlesungswoche je ein Fragebogen an die in der Vorlesung anwesenden Studierenden ausgeteilt, den diese freiwillig und anonym ausfüllten. Um die vom Projektteam erarbeiteten Wirkungshypothesen zur MPB in Oldenburg zu überprüfen, wurde ein analoger Fragebogen im Wintersemester 2017/2018 in einer regulären Analysis I Veranstaltung eingesetzt und die Ergebnisse wurden verglichen.

An diesen Befragungen nahmen in der MPB im ersten Durchlauf 163 Studierende teil und im zweiten Durchlauf 103. An beiden Befragungen nahmen 76 Studierende teil, davon 72 Lehramtsstudierende. In der als Vergleichsveranstaltung fungierenden traditionellen Vorlesung *Analysis I* an der Leibniz Universität Hannover nahmen am ersten Befragungsteil in Hannover 331 Studierende teil und am zweiten 130. An beiden Befragungen nahmen 98 Studierende teil, davon 34 Lehramtsstudierende.

Da der Hauptfokus der Untersuchung Lehramtsstudierende betrifft, wurde aufgrund der großen Unterschiede zwischen den Lehramts- und Fachstudierenden innerhalb der Vorlesung *Analysis I* in Hannover die letzte Stichprobe (bestehend aus 34 Lehramtsstudierenden) als Vergleichsgruppe für die Wirkungsanalyse gewählt.

Im Rahmen der Evaluation (II) der MPB wurden drei Beobachtungen in der Vorlesung durchgeführt. Dazu wurden an der Universität Oldenburg zwei studentische Hilfskräfte engagiert, die je einmal im November 2016, Dezember 2016 und Januar 2017 an einem Termin die Vorlesung besuchten und unabhängig voneinander eine vom WiGeMath-Team entwickelte Beobachtungstabelle ausfüllten. Im Umgang mit der Tabelle wurden sie zuvor mithilfe einer Videosequenz geschult. Eine der Kategorien, die in den Beobachtungstabellen aufgeführt war, betraf die Interaktionsformen, wobei die Vorlesung in fünfminütige Abschnitte aufgeteilt wurde und alle Interaktionsformen angekreuzt werden sollten, die in den jeweiligen fünf Minuten auftraten. Falls der Dozent einen Vortrag hielt und dabei abgewandt war von den Studierenden, so wurde ein Kreuz gesetzt bei „Dozentenvortrag mit Gesicht zur Tafel". Blickte er während des Vortrags ins Publikum, so wurde „Dozentenvortrag mit Gesicht zum Publikum" angekreuzt. Bei jeglicher Art von Fragen, die der Dozent an die Studierenden richtete, wurde ein Kreuz bei „Dozent stellt Fragen" gesetzt. Nur wenn er daraufhin auch eine Antwort von Studierenden erhielt, wurde zusätzlich „Studenten antworten" angekreuzt. Zudem konnte es vorkommen, dass eine Student*in eine Frage stellte, die vom Dozenten

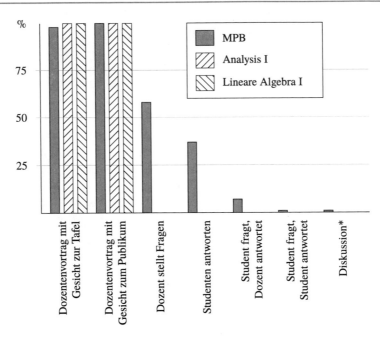

Abb. 16.3 Mittelwert über alle Beobachtungen: prozentualer Anteil aller fünfminütigen Abschnitte, in denen die Interaktionsform beobachtet wurde

beantwortet wurde („Student fragt, Dozent antwortet") oder von einem Kommilitonen („Student fragt, Student antwortet"). „Diskussion" wurde nur bei Plenumsdiskussionen kodiert. Um die Ergebnisse der Beobachtungen im Vergleich zu regulären Veranstaltungen interpretieren zu können, wurden analoge Beobachtungen an je zwei Terminen in einer Linearen Algebra I und einer Analysis I Vorlesung in Hannover durchgeführt. In den Beobachtungen der MPB wurde festgestellt, dass die Anzahl der Teilnehmenden von der ersten zur dritten Beobachtung nur leicht zurückgeht (143, 140, 127). Die Interaktionsformen in der MPB unterschieden sich teils stark von denjenigen in regulären Veranstaltungen. Zwar gab es auch in der MPB viele Zeitabschnitte, in denen der Dozent mit Blick zur Tafel oder an die Studierenden gerichtet sprach, doch es wurden auch viele Fragen gestellt und die Studierenden wurden aktiv mit eingebunden (vgl. Abb. 16.3).

Trotz der höheren Eingebundenheit der Studierenden wurde im Rahmen der Wirkungsforschung (vgl. Tab. 16.1) festgestellt, dass das Autonomieerleben der Studierenden in der MPB leicht abnahm, wohingegen in der traditionellen Vergleichsveranstaltung bei diesem Merkmal keine signifikante Veränderung festgestellt wurde. Auch die identifizierte Regulationsform der Motivation und das mathematikbezogene Studieninteresse der Studierenden nahmen in der MPB ab, wobei beide Mittelwerte auf einem deutlich höheren Niveau blieben als in der traditionellen Veranstaltung. In der Analysis I wiederum stieg die introjizierte Motivation, welche sich in der MPB nicht signifikant veränderte. In beiden Veranstaltungen

Tab. 16.1 Mittelwerte, Effektgrößen und Signifikanzen von verbundenen t-Tests bezüglich der dargestellten Merkmale

Skala	Vorlesung	Itemanzahl	Mittelwert 1	Mittelwert 2	Effektgröße	Signifikanz
Autonomieerleben	MPB	6	4,85	4,58	-0,25	0,041
	Analysis I	6	4,64	4,67	0,02	0,901
Math. Studieninteresse	MPB	9	4,22	3,94	-0,4	0,001
	Analysis I	6	3,95	3,73	-0,3	0,093
Math. Freude	MPB	6	3,95	3,6	-0,51	<0,001
	Analysis I	4	4,54	3,81	-0,69	<0,001
Math. Selbstkonzept	MPB	3	3,04	2,95	-0,15	0,198
	Analysis I	3	3,02	2,76	-0,5	0,007
Math. Selbstwirksamkeitserwartung	MPB	4	2,75	2,67	-0,15	0,226
	Analysis I	4	2,41	2,22	-0,37	0,037
Intrinsische Motivation	MPB	5	3,83	3,54	-0,44	<0,001
	Analysis I	5	3,77	3,43	-0,52	0,004
Identifizierte Regulation	MPB	4	4,06	3,84	-0,29	0,017
	Analysis I	4	3,44	3,58	0,14	0,436
Introjizierte Regulation	MPB	4	2,05	2,19	0,18	0,136
	Analysis I	4	2,22	2,71	0,56	0,003

sank die intrinsische Motivation, wobei der Unterschied zwischen der ersten und zweiten Befragung in der Analysis I stärker ausgeprägt war als in der MPB. Gleiches galt für die mathematikbezogene Freude. Beim mathematischen Selbstkonzept und bei der mathematischen Selbstwirksamkeitserwartung wurden in der Brückenvorlesung keine empirisch bedeutsamen Veränderungen festgestellt. Dabei wurde in der traditionellen Vorlesung ein deutlicher Rückgang bei diesen Merkmalen beobachtet.

Aus den dargestellten Ergebnissen lässt sich zunächst anhand der wenig sinkenden Teilnehmerzahlen aus den Beobachtungen vermuten, dass die Teilnahmebereitschaft der Studierenden an der MPB insgesamt hoch ist, was für eine gute Annahme der Vorlesung durch die Studierenden spricht. Obwohl sie sich durch den anhand der höheren Eingebundenheit der Studierenden während der Sitzungen deutlich werdenden schulnäheren Charakter der MPB als weniger autonom erleben, bleiben die Studierenden in der MPB motivierter in dem Sinne, dass ihre Motivation stärker intrinsisch reguliert bleibt als in einer traditionellen Vergleichsveranstaltung. Auch das Studieninteresse an der Mathematik wird von den veränderten Merkmalen der MPB gegenüber einer traditionellen Veranstaltung anscheinend insofern verbessert, als dass der Mittelwert trotz eines Absinkens von der ersten zur zweiten Befragung in der zweiten Befragung höher liegt als in der Analysis I. Zudem scheint die MPB dem üblicherweise im ersten Semester beobachteten Rückgang des mathematischen Selbstkonzepts und der mathematischen Selbstwirksamkeitserwartung entgegenwirken zu können und die Studierenden verlieren in dieser Vorlesung weniger stark die Freude an Mathematik als in der regulären Vergleichsveranstaltung.

16.7   Besondere Herausforderungen bei der Umsetzung

Eine der größten Herausforderungen, vor die die Lehrpersonen der Veranstaltung gestellt werden, ist die Bewertung von Übungszetteln und anderen Prüfungsleistungen. Der Ansatz, die Studierenden auf eine mathematische Entdeckungsreise zu führen, führt oftmals zu unorthodoxen Lösungsansätzen und vage ausformulierten Ideen, die es fair und konsistent zu bewerten gilt. Im Vergleich zu traditionellen Vorlesungen sind die Lehrpersonen auch stärker gefordert, während der Vorlesung spontan und angemessen auf die Beiträge der Studierenden einzugehen. Zudem ist die Prüfungsform einer Klausur kaum den Zielen und Ideen der Veranstaltung angemessen, scheint jedoch angesichts der Teilnehmerzahlen die einzig praktikable Lösung zu sein.

Die graduelle Steigerung des Schwierigkeitsgrades (vergleiche hierzu Abschn. 16.5) scheint leider bei einigen Studierenden – insbesondere Fachbachelorstudierenden, die die Veranstaltung oftmals im dritten oder fünften Semester besuchen und sich daher zunächst oft unterfordert fühlen – dazu zu führen, die Veranstaltung und ihr eigentlich nötiges Engagement zu unterschätzen.

Immer wieder zu beobachten ist, dass es vielen Studierenden schwer fällt, zu entscheiden, wann ein Argument „genau genug" ist. Um hierfür ein Gefühl zu vermitteln, wurde im Wintersemester 2018/2019 der Versuch einer Peer-Review-Aufgabe unternommen. Hierbei wurden die Studierenden in zwei Gruppen geteilt. Jede Gruppe sollte zunächst eine von zwei Übungsaufgaben bearbeiten. Diese Aufgaben zum Thema „Modulare Arithmetik" wurden so ausgewählt, dass sie einen ähnlichen Schwierigkeitsgrad und eine ähnliche Struktur aufwiesen. Von zwei Kopien der Lösungen wurde eine von den Tutor*innen korrigiert und die andere der jeweils anderen Studierendengruppe ausgeteilt. Diese sollte dann die Lösungen ihrer Kommiliton*innen, ohne sie zu bewerten, korrigieren und ihre Anmerkungen ebenfalls abgeben. Hierbei war zu beobachten, dass nur wenige Studierende sich intensiv mit der jeweils anderen Aufgabe auseinandergesetzt haben. Teils wurden auch vage Argumente kommentarlos abgehakt und einige Kommentare wirkten willkürlich. Als möglicher Grund für diesen Misserfolg kommt in Frage, dass Kommiliton*innen nicht vorgeführt werden sollten. Eine wiederholte Durchführung dieser Methode zu verschiedenen Zeitpunkten im

Semester könnte dem entgegenwirken und die Studierenden an diesen – potenziell erfolgversprechenden Ansatz – gewöhnen.

Nicht zuletzt ist zu bemerken, dass die äußeren Rahmenbedingungen großen Einfluss
auf das Gelingen der Veranstaltung haben. Im Wintersemester 2017/2018 wurde die Vorlesung montags von 16 bis 18 Uhr gehalten. Hier war deutlich weniger Beteiligung in den
interaktiven Phasen zu beobachten – die Studierenden wirkten unkonzentriert und müde.

16.8 Fazit und Ausblick

Rückblickend auf neun Jahre *Mathematisches Problemlösen und Beweisen* in Oldenburg
lässt sich sagen, dass die Veranstaltung erfolgreich im Lehrplan verankert ist. Ein univer-
selles Rezept für das Gelingen einer solchen Vorlesung wird es vermutlich niemals geben –
jede Lehrperson muss eigene Erfahrungen sammeln und bereit sein, Modifikationen vorzu-
nehmen.

Insgesamt lässt sich sagen, dass sich die Veranstaltung positiv auswirkt. Obwohl ein
leichter Rückgang in der mathematikbezogenen Freude, dem mathematischen Studieninteresse und anderen Merkmalen zu beobachten ist, zeigt der Vergleich zu traditionellen
Veranstaltungen den Erfolg der Veranstaltung (siehe Abschn. 16.6). Rückmeldungen von
Studierenden, sie hätten ihr Studium ohne diese Veranstaltung abgebrochen, untermauern
diesen Eindruck.

Positiv wird auch die Intention, das Publikum zu aktivieren, wahrgenommen. Dies wird
insbesondere durch ein breites Spektrum von Schwierigkeitsgraden der behandelten Probleme erreicht. So beginnt die Vorlesung mit sehr einfachen Problemstellungen wie beispielsweise der in Abschn. 16.5.1 und gipfelt mit Problemen wie dem in Abschn. 16.5.4.
Anekdotisch sei bemerkt, dass einige Studierende noch in höheren Semestern auf das „Baumstammprinzip" (vgl. Abschn. 16.5.1) verweisen, wenn eine Verschiebung um Eins auftritt.

Die Problemstellungen, die in der Vorlesung behandelt werden, wirken auf die Studierenden des Öfteren wenig „mathematisch" und treten in dieser Form eher selten in der
Schule auf. Die Relevanz der Inhalte wird ihnen meist erst später bewusst, etwa wenn
ihnen das Extremalprinzip an vielen Stellen im Mathematikstudium begegnet. Leider wird
aber noch zu selten in anderen Veranstaltungen explizit Bezug auf diese Grundprinzipien
genommen. Angeregt durch Rückmeldungen der erfahrenen Tutor*innen aus dem Wintersemester 2011/2012 wurde das Seminar „Wie Mathematik entsteht: Höhere Mathematik aus
problemlösender Sicht" konzipiert und im Sommersemester 2017 erstmals von Dr. Sunke
Schlüters durchgeführt. Dieses Seminar richtet sich an Lehramtsstudierende zu Beginn ihres
Masterstudiums. Es setzt sich insbesondere zum Ziel, die behandelten Problemlösestrategien in der „freien Wildbahn" der Mathematik wiederzufinden und zu analysieren sowie zu
diskutieren, ob und wie sie in der Schule behandelt werden können.

Literatur

Beutelspacher, A., Danckwerts, R., Nickel, G., Spiel, S. & Wickel, G. (2011). *Mathematik Neu Denken. Impulse für die Gymnasiallehrerbildung an Universitäten.* Vieweg+Teubner Verlag. https://doi.org/10.1007/978-3-8348-8250-9.

Grieser, D. (2017). *Mathematisches Problemlösen und Beweisen: Eine Entdeckungsreise in die Mathematik,* (2. Aufl.). Wiesbaden. https://doi.org/10.1007/978-3-658-14765-5.

Grieser, D. (2012). Hinweise für Lehrende: Zusatzmaterial zum Buch Mathematisches Problemlösen und Beweisen. https://link.springer.com/book/10.1007/978-3-658-14765-5. Zugegriffen: 27.09.2022.

Grieser, D. (2015). Mathematisches Problemlösen und Beweisen: Entdeckendes Lernen in der Studieneingangsphase. In J. Roth, T. Bauer, H. Koch, & S. Prediger (Hrsg.), *Übergänge konstruktiv gestalten: Ansätze für eine zielgruppenspezifische Hochschuldidaktik* (S. 87–101). Springer Spektrum. https://doi.org/10.1007/978-3-658-06727-4_6.

Grieser, D. (2016). Mathematisches Problemlösen und Beweisen: Ein neues Konzept in der Studieneingangsphase. In A. Hoppenbrock, R. Biehler, R. Hochmuth, & H.-G. Rück (Hrsg.), *Lehren und Lernen von Mathematik in der Studieneingangsphase. Herausforderungen und Lösungsansätze* (S. 661–676). Springer Spektrum. https://doi.org/10.1007/978-3-658-10261-6_41.

Grieser, D. (2019). Entdeckendes Lernen am Beispiel des Satzes über implizite Funktionen. *Der Mathematikunterricht, 65*(3), 45–53.

Lakatos, I. (1979). *Beweise und Widerlegungen: Die Logik mathematischer Entdeckungen.* Vieweg Verlag. https://doi.org/10.1007/978-3-663-00196-6.

Pólya, G. (1966). *Vom Lösen Mathematischer Aufgaben: Einsicht und Entdeckung, Lernen und Lehren.* Birkhäuser. https://doi.org/10.1007/978-3-0348-4104-7.

Winter, H. (1989). *Entdeckendes Lernen im Mathematikunterricht: Einblicke in die Ideengeschichte und ihre Bedeutung für die Pädagogik.* Vieweg+Teubner Verlag.

Laura Burr, Stefan Hain, Klaus Stolle und Karsten Urban

Zusammenfassung

Der Bologna–Prozess hat u. a. bewirkt, dass Lehrveranstaltungen von Studierenden mit vermehrt heterogenen Eingangskompetenzen besucht werden. Bei gleichen angestrebten Ausgangskompetenzen stellt dies die Lehrenden vor enorme Herausforderungen. Hinzu kommt das Spannungsfeld von forschungsorientierter Lehre und angestrebter Berufsqualifikation der Studiengänge. Schließlich haben neue Formen der Hochschulfinanzierung anhand von Erfolgsquoten zu einem Widerstreit von angestrebter Qualität der Lernergebnisse und dem Erreichen von Erfolgsquoten geführt. Diese Problematik ist in der angewandten Mathematik besonders prägnant – entsprechende Brückenvorlesungen müssen konzipiert und umgesetzt werden. In diesem Artikel präsentieren und reflektieren wir ein neues Konzept zur Durchführung von Lehrveranstaltungen und Prüfungen in Grundvorlesungen der Numerischen Mathematik an der Universität Ulm. Diese Veranstaltungen werden von Studierenden unterschiedlicher Studiengänge in verschiedenen Phasen des Studiums besucht und müssen das dadurch extrem heterogene Vorwissen überbrücken. Ziel des neuen Konzeptes ist es, einem sehr breitem Spektrum an Studierenden zentrale

L. Burr (✉) · S. Hain · K. Stolle · K. Urban
Institut für Numerische Mathematik, Universität Ulm, Ulm, Deutschland
E-mail: laura.burr@uni-ulm.de

S. Hain
E-mail: stefan.hain@alumni.uni-ulm.de

K. Stolle
E-mail: klaus.stolle@uni-ulm.de

K. Urban
E-mail: karsten.urban@uni-ulm.de

Lernziele der Numerischen Mathematik auf hohem Niveau zu vermitteln. Unser Konzept besteht aus einer Verknüpfung von Vorlesung, Groß- und Kleinübungen sowie einem Großtutorium. Darüberhinaus wurden Übungs- und Klausuraufgaben grundlegend neu konzipiert. Erste Prüfungs- und Evaluationsergebnisse liegen vor. Da eine umfassende Evaluation des Gesamtkonzeptes nicht durchgeführt werden konnte, berichten wir über unsere Erfahrungen.

17.1 Einleitung und Zielsetzung

Der Bologna–Prozess führte (neben vielen weiteren Aspekten) zu zwei wesentlichen Änderungen in der universitären Lehre: (1) Die Modularisierung ermöglicht ein deutlich diverseres Fächerspektrum. Dies wiederum bedeutet aufgrund der begrenzten Lehrkapazität, dass ein Modul u. U. für viele Studiengänge verwendet werden muss – insbesondere an kleineren Universitäten. Dies hat zur Folge, dass Studierende mit sehr heterogenen Vorkenntnissen an den Lehrveranstaltungen teilnehmen. (2) Die formulierte Zielsetzung, dass Bachelorabschlüsse berufsqualifizierend sein sollen, führt insbesondere an Universitäten zu einem Spannungsfeld von forschungsorientierter Lehre und Berufsqualifikation. Um die angestrebten Qualifikationsziele für alle Teilnehmergruppen erreichen zu können, müssen also die entsprechenden Lehrveranstaltungen hinsichtlich beider Aspekte Brückenvorlesungen sein.

Ein Ziel des Verbundprojektes *WiGeMath* war u. a. die Untersuchung von mathematikbezogenen Maßnahmen in „Vorlesungen mit Brückencharakter im Mathematikstudium". Wir beschreiben hier ein von uns entwickeltes, durchgeführtes und evaluiertes Konzept für derartige Vorlesungen der Numerischen Mathematik mit Brückencharakter im obigen Sinne (dies wird im Folgenden weiter ausgeführt). Insofern ergänzt unser Projekt die WiGeMath Projekte bzgl. des Übergangs von Schule zu Hochschule sowie der Studieneingangsphase.

Heterogene Vorkenntnisse Im Fachbereich Mathematik der Universität Ulm kamen im Zuge des Bologna–Prozesses zu den ehemaligen Diplom- bzw. Staatsexamens-Studiengängen *Mathematik, Wirtschaftsmathematik (WiMa)* und *Lehramt für Gymnasien* die Studiengänge *Mathematische Biometrie* und *Computational Science and Engineering* (CSE) hinzu, letztgenannter in Kooperation mit der Technischen Hochschule Ulm. Studierende dieser Studiengänge besuchen gemeinsam Module der angewandten Mathematik, insbesondere der Numerischen Mathematik. Die beiden Grundvorlesungen *Numerische Lineare Algebra* („Numerik 1", Wintersemester) und *Numerische Analysis* („Numerik 2", Sommersemester) werden laut Studienverlaufsplan in unterschiedlichen Phasen des Studienverlaufs besucht, vgl. Tab. 17.1. In der Regel werden die Vorlesungen als Zyklus von einem Dozenten gehalten.

Forschungsbezug vs. Anwendungsorientierung In ihrem *Leitbild Lehre*[1] hat sich die Universität Ulm, ähnlich wie viele andere Hochschulen in Deutschland, unter anderem das Ziel gesetzt, eine forschungs- und anwendungsorientierte Lehre *ohne Qualitätsverlust* anzubieten – ein hoher Anspruch. Für die Lehrenden bedeutet dies, dass die in der jeweiligen Modulbeschreibung formulierten Lernziele erreicht werden sollen, unabhängig von den unterschiedlichen Eingangs–Kompetenzen der Studierenden. Die Umsetzung dieser Zielvorgabe stellt die Lehrenden nicht selten vor große Herausforderungen, insbesondere dann, wenn Lehrpersonal aufgrund begrenzter Mittel nicht in dem für diesen hohen Anspruch ausreichendem Maße zur Verfügung steht.

Erfolgsquoten Ein weiteres Ziel der Bolgona–Reformen war die Senkung der Abbrecherquoten, insbesondere in den MINT–Fächern. Dieser Druck auf die Hochschulen wurde in letzter Zeit auch dadurch verstärkt, dass einige Bundesländer zumindest Teile der Hochschulfinanzierung an Studienerfolgszahlen geknüpft haben. So entstand ein weiteres Spannungsfeld zwischen angestrebter Qualität der Lernergebnisse und dem Erreichen politisch und finanziell motivierter Erfolgsquoten.

Multiskalenproblem Wir haben angesichts dieser vielschichtigen Herausforderungen mit dem Wintersemester 2018/2019 begonnen, ein neues didaktisches Konzept für die Grundvorlesungen der Numerischen Mathematik an der Universität Ulm zu entwicklen, umzusetzen und zu evaluieren. Dieses Konzept zielt insbesondere auf die Verknüpfung der Vorlesung mit dem Übungsbetrieb und den Prüfungen. Die Studierenden der oben erwähnten fünf Studiengänge besuchen entweder verpflichtend oder als Wahlpflicht eine oder beide Grundvorlesungen, mit teils stark heterogenen Voraussetzungen und auch in unterschiedlichen Phasen des jeweiligen Studienganges, vgl. Tab. 17.1. Deshalb bezeichnen wir dies als ein *Multiskalenproblem,* in Anlehnung an die mathematische Herkunft des Begriffes.

Lernziele Klassischerweise beinhalten Lernziele für Module im Bereich der Numerischen Mathematik sowohl theoretische (Entwicklung von numerischen Methoden samt deren mathematischer Analyse inklusive rigoroser Beweise) als auch anwendungsorientierte Kompetenzen (Umsetzung der Methoden in Algorithmen, Programmierung, Lösen realer Probleme). An diesen Lernzielen soll im Sinne der Qualitätssicherung festgehalten werden. Konkret bedeutet dies, dass neben der Entwicklung und Förderung der Fachsprache sowohl das Fachwissen als auch die mathematische (numerische) Denk- und Arbeitsweise im Hinblick auf theoretische Fragestellungen (strukturelle Mathematik) in Verbindung mit deren computergestützter Realisierung in realen (komplexen) Problemstellungen erreicht werden soll. Dies erfordert die Vermittlung von Kompetenz in problemorientiertem Denken, d. h. das Entwickeln von Sensibilität für spezielle numerische Herausforderungen, ganz im Sinne des *Leitbildes Lehre* der Universität Ulm.

---

[1] https://www.uni-ulm.de/universitaet/profil/leitbild-lehre, zuletzt aufgerufen am 02.05.2020, (Universität Ulm, 2019).

Tab. 17.1 Einbindung in den Studienverlaufsplan und Zusammenstellung der Vorkenntnisse der unterschiedlichen Studierendengruppen (P: Pflicht, WP: Wahlpflicht). Die entsprechenden Modulbeschreibungen können unter (Universität Ulm, 2022) eingesehen werden

	Math., WiMa	Math. Biom.	CSE[d]	Lehramt
Level	Bachelor	Bachelor	Bachelor	Master
(Wahl-)Pflicht	P	P (nur Num. 1)	P	WP
Semester	3, 4	3[a]	5, 4[b]	8[c]
Vorkenntnisse Theorie	Analysis 1,2 Lin. Algebra 1,2	Analysis 1,2 Lin. Algebra 1,2	Höhere Math. 1–3	Analysis 1,2 (Ba) Lin. Algebra 1 (Ba)
Vorkenntnisse Anwendung	Informatik 1,2 Prog.–Prakt.	Informatik 1 R–Praktikum	Informatik 1,2 Programmieren Prakt. Sim.–Software Mod.&Simulation 1–4	Math. Software (Ba)

[a]Studierende der Mathematischen Biometrie hören verpflichtend nur Numerik 1
[b]CSE–Studierende hören Numerik 2 vor Numerik 1, verbunden i. d. R. mit einem Dozentenwechsel aufgrund des Zyklusses
[c]Im neuen Master–Studiengang Lehramt (der das Staatsexamen ersetzt hat) ist nur noch ein mathematisches Wahlpflichtmodul vorgesehen. Die Vorkenntnisse beziehen sich auf den Bachelorstudiengang Lehramt. In der Kombination Lehramt Mathematik/Informatik sind natürlich deutlich mehr Vorkenntnisse in Informatik vorhanden
[d]Eine weitere Gruppe CSE–Studierender in den Modellvorlesungen besteht aus Masterstudienanfängern, die aufgrund eines Nicht–CSE–Bachelors vom Zulassungsausschuss die Auflage des erfolgreichen Besuches einer oder beider Modellvorlesungen erhalten haben. Dies sind oftmals Absolventen von Hochschulen für Angewandte Wissenschaften oder von Dualen Hochschulen und verfügen teilweise über deutlich geringere mathematische Vorkenntnisse

Überprüfung der Lernziele Am Ende der Lehrveranstaltung muss das Erreichen der gewünschten Lernergebnisse in geeigneter Form überprüft werden. Auch hier zeigt sich das Spannungsfeld von Theorie und Praxis. Theoretische Kompetenzen können durch schriftliche Prüfungen (Klausuren) oft gut geprüft werden. Dies gilt jedoch nicht für Lösungskompetenz für komplexe Problemstellungen mittels moderner Computer. Der Mangel an adäquaten Prüfungsformaten für solche praktischen Kompetenzen führte und führt an vielen Universitäten dazu, dass schriftliche Prüfungen im Bereich der Numerischen Mathematik überwiegend im Durchrechnen von Algorithmen anhand einfacher Beispiele bestehen. Das hatte zur Folge, dass solche schriftlichen Prüfungen äußerst rechen–lastig waren und problemorientiertes Denken durch das Prüfungssystem mäßig bis gar nicht abgedeckt wurde. Prüfungsform und Lernergebnisse waren nicht im Einklang. Dies hat uns dazu bewogen, die schriftlichen Klausuren in den Grundvorlesungen der Numerischen Mathematik grundlegend zu überarbeiten, neu zu konzipieren und besser in Einklang mit den gewünschten Lernzielen und der Struktur der Vorlesung zu bringen.

Der Rest des Artikels ist wie folgt aufgebaut: In Abschn. 17.2 werden die strukturellen Merkmale und Rahmenbedingungen der betrachteten Lehrveranstaltungen näher erläutert. In Abschn. 17.3 wird der Lehrbetrieb mit seinen zentralen didaktischen Elementen vorgestellt. Die Ergebnisse sind in Abschn. 17.4 beschrieben. Wir enden in Abschn. 17.5 mit einer Reflexion des Lehrbetriebes.

17.2 Strukturelle Merkmale und Rahmenbedingungen

Wir präsentieren hier exemplarisch unser neues Konzept für die beiden Grundvorlesungen Numerik 1 und Numerik 2 aus dem Wintersemester 2018/2019 bzw. dem Sommersemester 2019, die im weiteren Verlauf des Artikels vereinfacht als *Modellvorlesungen* bezeichnet werden. Wir haben dieses Konzept in der Zwischenzeit auch auf die Folgeveranstaltungen *Numerische Optimierung (Numerik 3)* und *Numerik Gewöhnlicher Differenzialgleichungen (Numerik 4)* (beide in der Zwischenzeit in Englisch) ausgedehnt.

Inhalte Die fachlichen Inhalte der Modellvorlesungen laut Modulbeschreibung sind in Tab. 17.2 dargestellt. Als Literatur zur Konzeption der Lehrveranstaltung wird die für diese Veranstaltungen übliche Standardliteratur herangezogen, z. B. (Deuflhard & Hohmann, 2019; Freund & Hoppe, 2007; Hanke-Bourgeois, 2009; Quarteroni et al. 2001, 2013; Stoer & Bulirsch, 2013).

Notwendige Vorkenntnisse Zum Verständnis der theoretischen Grundlagen der o. g. Inhalte sind Kompetenzen auf allen Ebenen der Bloom'schen Taxonomie notwendig. Als Beispiel sei das Newton–Verfahren für Systeme aus der Numerischen Analysis genannt. Um dessen Konvergenzverhalten (und damit die Effizienz des entstehenden Lösungsverfahrens für nichtlineare Gleichungssysteme) verstehen, analysieren und beurteilen zu können, werden Kenntnisse, Fähigkeiten und Fertigkeiten aus Analysis und Linearer Algebra benötigt wie z. B. der Satz von Taylor für Funktionen mehrerer Veränderlicher, Lösungstheorie linearer Gleichungssysteme, Konvergenz und Konvergenzgeschwindigkeit. Eine besondere

Tab. 17.2 Inhalte der Modellvorlesungen1

Numerik 1	Numerik 2
Zahlendarstellung, Kondition, Stabilität	Nichtlineare Gleichungssysteme
Direkte Verfahren für lineare Gleichungssysteme (LGS)	Interpolation
Lineare Ausgleichsprobleme	Numerische Integration
Iterative Verfahren für LGS	Splines
Eigenwertprobleme	

Herausforderung für die Studierenden in der Numerischen Mathematik liegt darin, dass hier Inhalte, die zuvor getrennt in Analysis und Linearer Algebra vermittelt wurden, verbunden werden müssen.

Um das unterschiedliche Verhalten der Methoden beurteilen zu können, ist das Verständnis der entsprechenden Konvergenzbeweise essenziell.

Die Umsetzung der zuvor konstruierten und analysierten Verfahren in Software (Implementierung) stellt einen unverzichtbaren Bestandteil von Modulen der Numerischen Mathematik dar. Dazu sollten die Studierenden in der Lage sein, einen (z. B. in der Vorlesung) gegebenen Algorithmus effizient in ein lauffähiges Programm umsetzen zu können. Dazu sind grundlegende Kenntnisse in Informatik und Programmierung notwendig.

Merkmale der Lehrpersonen Verantwortlicher Dozent für die Modellvorlesungen war Prof. Dr. Karsten Urban. Er ist seit Juli 2005 Direktor des Instituts für Numerische Mathematik an der Universität Ulm und erhielt im gleichen Jahr den großen Landeslehrpreis des Landes Baden–Württemberg. Der Übungsbetrieb wurde nach o. g. Studiengängen aufgeteilt. Der Übungsbetrieb für Studierende der Studiengänge Mathematik, WiMa und Math. Biometrie wurde von Stefan Hain durchgeführt, der nach seinem Studium des Höheren Lehramts für Gymnasien Mathematik/Chemie seine aktuelle Stelle als wissenschaftlicher Mitarbeiter am Institut für Numerische Mathematik antrat und eine Promotion im Bereich der Numerischen Mathematik begann. Von ihm stammt die wesentliche Konzeption des Übungsbetriebes. Studierende der Studiengänge CSE und Lehramt wurden separat von Klaus Stolle betreut, der nach dem Diplom in Wirtschaftsmathematik ebenfalls seine Stelle als wissenschaftlicher Mitarbeiter am Institut für Numerische Mathematik antrat und zeitweise als Studiengangs–Koordinator und Studienfachberater für CSE tätig war. Die hier aufgeführten Dozenten werden von 6–7 studentischen Hilfskräften, die allesamt Studierende der o. g. Studiengänge sein können (und waren), unterstützt.

Nutzergruppen Die unterschiedlichen Nutzergruppen ergeben sich einerseits aus den in Tab. 17.1 zusammengestellten Rahmenbedingungen der einzelnen Studiengänge und zum anderen aus der erwarteten späteren Verwendung der in den Modellvorlesungen erworbenen Kompetenzen. Wir stellen die unterschiedlichen inhaltlichen Voraussetzungen in Abb. 17.1 dar. Dabei haben wir sowohl die zuvor im Pflichtbereich zu absolvierenden Lehrveranstaltungen als auch unsere eigene Erfahrung mit Studierenden der jeweiligen Studiengänge einfließen lassen. Diese Erfahrungen sind subjektiv und nicht empirisch belegt.

Es sei erwähnt, dass diese beiden Zyklen im Studiengang Lehramt in die Phase der Umstellung von Staatsexamen auf Bachelor/Master fielen – wir hatten Studierende beider Abschlüsse in den Modellvorlesungen. Wir haben drei unterschiedliche Nutzergruppen bzgl. der Studiengänge beobachtet:

(1) *Mathematik, Wirtschaftsmathematik und Mathematische Biometrie:* Diese Studierenden sind durch die mathematischen Grundvorlesungen in Analysis und Linearer

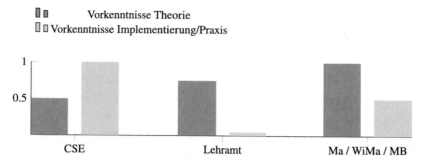

■ ■ Vorkenntnisse Theorie
▯ ▯ Vorkenntnisse Implementierung/Praxis

Abb. 17.1 Vergleich der von uns so wahrgenommenen Kenntnisstände der Studierenden. Der Kenntnisstand ist oftmals korreliert mit dem Interesse. „Ma / WiMa / MB" umfasst die Studiengänge Mathematik, Wirtschaftsmathematik und Mathematische Biometrie

Algebra bereits mit den mathematischen Strukturen und der mathematischen Beweisführung vertraut. Da diese Studiengänge sowohl die Vorlesungen in *Informatik 1–2* als auch ein Programmier–Praktikum (bei Studierenden der Mathematischen Biometrie in R) verpflichtend vorsehen, verfügen diese Studierenden über alle notwendigen Vorkenntnisse in Theorie und Programmierung.

Denjenigen Studierenden, die an einer beruflichen Tätigkeit im Bereich Banken, Versicherungen oder Technik interessiert sind, ist oftmals bewusst, dass Kompetenzen in numerischen Methoden wichtig für den späteren Beruf sind. Studierende, die eher an reiner Mathematik interessiert sind, bringen hingegen oft nur wenig Motivation für die Numerik mit.

(2) *Lehramt:* Diese Gruppe Studierender besucht i. d. R. keine Informatik–Vorlesungen und verfügt oftmals über keinerlei Programmierkenntnisse. Die theoretischen Grundlagen sind vorhanden, meistens besteht ein gewisses Interesse an struktureller Mathematik. Programmierkenntnisse oder gar Erfahrungen im Lösen realer Probleme sind kaum vorhanden. Wir beobachten besonders zu Semesterbeginn eine deutliche Überforderung bei der Bearbeitung der Programmieraufgaben, was zu Frustration führt und öfter sogar in eine Abneigung gegen die Erstellung von Computerprogrammen mündet.

Auch wenn vielen Lehramtsstudierenden bekannt ist, dass Teile des Stoffes im Lehrplan für Gymnasien enthalten sind, ist die Motivation dieser Gruppe im Schnitt eher gering („wozu brauche ich das später?").

Hinzu kommt weiterhin, dass viele Studierende des Lehramts eher eine Neigung zum anderen Fach der jeweiligen Fächerkombination haben (und nicht so sehr zur Mathematik).

(3) *CSE:* Diese lassen sich in zwei Untergruppen unterscheiden: (3.1) Bachelor–Studierende und (3.2) externe Master–Studierende, vgl. die Erläuterung zu Tab. 17.1. Studierende unter (3.1) weisen in den mathematischen Strukturen und der mathematischen Beweisführung Defizite hinsichtlich Wissen, Verständnis und Anwendung auf.

Sie sind teilweise nicht in der Lage, kleinere Beweise eigenständig zu führen, was sich darauf zurückführen läßt, dass dieser Personenkreis statt den mathematischen Grundvorlesungen die Veranstaltungen *Höhere Mathematik 1–3* besuchen, die weit weniger strukturelle Mathematik und Beweistechniken vermitteln.

Studierende unter (3.2) haben i. d. R. keinen Bachelor–Abschluss in CSE, so dass die Modellvorlesungen als Auflagen für die Zulassung zum Master CSE erteilt wurden. Diese Studierenden (z. B. Absolvent*innen von Dualen Hochschulen) haben sehr heterogene Mathematik–Vorkenntnisse, die in der Regel deutlich schlechter als die der CSE–Bachelorstudierenden sind. Sie sind oftmals hoch motiviert, da sie den Master in CSE nach dem jeweiligen Bachelorabschluss sehr bewusst gewählt haben. Oftmals handelt es sich auch um Personen mit hervorragenden Abiturnoten, die dann den Weg an eine Duale Hochschule oder eine Hochschule für Angewandte Wissenschaften aufgrund der Praxisnähe gewählt haben.

Daher lässt sich festhalten, dass CSE–Studierende mit Fragestellungen theoretischer Natur in der Numerischen Mathematik oftmals überfordert sind. Auf der anderen Seite verfügen sie sowohl über sehr gute Programmierkenntnisse als auch über Erfahrungen in der Modellierung komplexer realer Probleme und sind hier den anderen Studierenden deutlich überlegen.

Weiterhin wissen CSE–Studierende, dass sie im späteren beruflichen Umfeld mit hoher Wahrscheinlichkeit numerische Methoden *verwenden* werden. Gerade in diesem Bereich haben wir eine stark ausgeprägte intrinsische Motivation der CSE–Studierenden beobachtet, die sich jedoch sehr viel stärker auf die Anwendung und deutlich weniger auf die Theorie numerischer Verfahren bezieht.

17.3 Aufbau des Lehrbetriebes und didaktische Elemente

Wie in der Hochschulmathematik üblich, setzt sich der Lehrbetrieb aus einer Vorlesung (hier 2 SWS) und Übungen (hier 2 SWS, da die Übung Theorie und Programmierung adressieren soll) zusammen. Hinzu kommen optionale Tutorien im Umfang von 2 SWS. Der Übungsbetrieb, zu dem auch die Bearbeitung von Übungsblättern gehört, gliedert sich in eine *Großübung* (1 SWS), eine *Kleinübung* (1 SWS) und ein *Großtutorium* (2 SWS, optional), vgl. Abb. 17.2.

Wir beschreiben die Rolle und den Effekt der einzelnen Veranstaltungen. Dazu wird vereinzelt Bezug auf die Ergebnisse der Studie „Visible Learning" von John Hattie (2009, 2020) genommen, bei der eine Rangliste von verschiedenen Faktoren erstellt wurde (und ständig ergänzt/überarbeitet wird), die einen möglichen Einfluss auf den Lernerfolg eines Lernenden haben können. Jeder dieser Einflussfaktoren ist mit einer s. g. *Effektgröße* versehen, die ein Maß für den jeweiligen (positiven/negativen) Einfluss darstellt – je größer der Wert der Effektgröße, desto positiver der Einfluss des Faktors auf den Lernerfolg. Die ersten Einträge in dieser Rangliste (Version 2018) sind in Tab. 17.3 dargestellt.

Abb. 17.2 Schematischer
Aufbau der Lehrveranstaltung

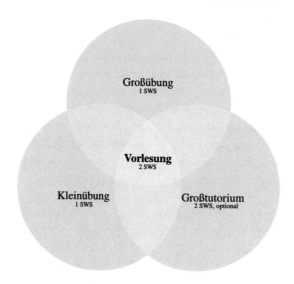

Großübung
1 SWS

Vorlesung
2 SWS

Kleinübung
1 SWS

Großtutorium
2 SWS, optional

Wir ordnen die in unserem Konzept verwendeten didaktischen Elemente in unserem Lehrbetrieb anhand der o. g. Effektgrößen ein. Diese sind in Tab. 17.3 fett geschrieben. Die anderen dort erwähnten Einflussfaktoren sind für die Modellvorlesungen entweder nicht relevant oder konnten von uns nicht beeinflusst werden.

Tab. 17.3 Rangfolge der ersten 14 Einflussfaktoren auf den Lernerfolg nach J. Hattie (2009, 2020); EG: Effektgröße. Die von uns betrachteten Einflussfaktoren sind fett gedruckt dargestellt

Nr.	EG	Einflussfaktor	Nr.	EG	Einflussfaktor
1.	1,57	Kompetenz der Lehrpersonen	8.	0,99	Conceptual change
2.	1,33	Selbsteinschätzung	9.	0,94	**Vorwissen der Lernenden**
3.	1,29	Leistungseinschätzung durch Lehrende	10.	0,93	**Integration von Vor–Wissen**
4.	1,29	Kognitive Entwicklungsstufe	11.	0,92	Kompetenz der Lernenden
5.	1,29	Reaktion auf Interventionen	12.	0,88	Micro–Teaching
6.	1,28	Piaget–Programme	13.	0,86	**Transfer–Verbindung**
7.	1,20	Jigsaw–Methode	14.	0,82	**Diskussion in der Kleingruppe**

17.3.1 Vorlesung

Die Vorlesung wird bewusst in einem klassisch–traditionellen Stil an der Tafel durchgeführt (zur Vermittlung der strukturellen Numerischen Mathematik). Zusätzlich legt der Dozent Wert darauf, die vermittelten theoretischen Methoden und Verfahren anhand seiner eigenen Erfahrung u. a. in Industrieprojekten in einen Praxiskontext zu stellen. Dies wird in Ergänzung zu einem ausgearbeiteten und zuvor zur Verfügung gestellten Manuskript in der Vorlesung vermittelt. So werden sowohl die Grundsteine als auch die Maßstäbe für die in Abschn. 17.1 genannten Lernziele bzw. Kompetenzen gelegt. Dieses Konzept hat folgende Ziele:

- Die Studierenden können selber entscheiden, ob sie in der Vorlesung mitschreiben (wozu der Dozent anregt), nur zuhören oder sich zusätzliche Notizen im verteilten Manuskript machen (was die Mehrheit der Studierenden macht).
- Die o. g. Studie (Hattie, 2009) legt nahe, dass das *Vorwissen der Lernenden* einen wesentlichen Einfluss auf den Lernerfolg hat. Das Vorlesungsmanuskript greift diese Unterschiede auf, in dem die jeweils notwendigen Vorkenntnisse klar benannt werden und ggf. mit Verweisen gekennzeichnet sind. So können die Studierenden die Vorlesungen vorbereiten, sich die fehlenden Kenntnisse aneignen und so einen größeren Mehrwert aus den Vorlesungen ziehen.
- Am Ende jeder Vorlesung gibt der Dozent einen Ausblick auf die folgende Vorlesung. Insbesondere wird auf notwendiges Vorwissen hingewiesen. Dadurch sollen die Inhalte von den Studierenden besser eingeordnet werden können und die Motivation zur Vorlesungsvorbereitung gesteigert werden.
- Das Manuskript ist auf die Darstellung der theoretischen Inhalte beschränkt. Die o. g. Erfahrungen des Dozenten hinsichtlich numerischer Methoden zur Lösung realer Probleme insbesondere aus industriellen Forschungskooperationen werden mündlich berichtet. Dies soll die Motivation zum Vorlesungsbesuch steigern sowie Implementierung und Methodenentwicklung motivieren (Einflussfaktor *Transfer–Verbindung*). So besteht dadurch die Hoffnung auf eine – in Abschn. 17.1 erwähnte – anwendungsorientierte Kompetenzförderung.

17.3.2 Übungsbetrieb

Die Vorlesung wird – wie in der Mathematik üblich – durch Übungen ergänzt. Im Fall der Numerischen Mathematik bestehen diese aus Theorie- und Programmanteilen. Es sind wöchentlich Lösungen von Übungsaufgaben abzugeben, die bepunktet werden. Ein bestimmter Anteil an Übungspunkten ist Voraussetzung zur Zulassung zur Prüfungsklausur. Die Modulnote wird durch die Klausurnote festgelegt.

Im Zentrum des Übungsbetriebes stehen die wöchentlich zu bearbeiteten Übungsblätter. Um deren Bearbeitung durch die Studierenden und den Lernerfolg insgesamt zu unterstützen, besteht der Übungsbetrieb aus verschiedenen Komponenten (Groß- bzw. Kleinübung sowie Großtutorium), die sich konzeptionell stark voneinander unterscheiden und im Folgenden beschrieben werden.

Übungsblätter Grundlage für die Erreichung der Lernziele sind speziell konstruierte Übungsblätter, die vom Umfang her überschaubar sind, einen direkten Bezug zu wesentlichen Inhalten der Vorlesung herstellen und eine zentrale Botschaft vermitteln. Uns sind dabei Zusammenhänge zwischen den in der Vorlesung vermittelten Inhalten ein besonderes Anliegen. Idealerweise sollten die Studierenden diese Zusammenhänge durch die Bearbeitung der Übungsblätter selber erkennen.

Weiterhin sollte ein Übungsblatt derart gestaltet sein, dass sich auf jedem Blatt sowohl theoretische als auch praktische Aufgaben befinden, die sich gegenseitig ergänzen und Bezug aufeinander nehmen. Ein Beispiel ist in Aufgabe 17.3.1 zu sehen. Dort wird in Teil (a) ein Beweis verlangt, der in ähnlicher Form in der Vorlesung präsentiert wurde. Oft geben wir zusätzliche Hinweise zur Lösung. Teil (b) ist eine Vorbereitung zur Umsetzung in dem Sinne, dass die dort verlangte Formel in einer Programmieraufgabe umzusetzen ist. Schließlich beinhaltet (c) die Übertragung auf ein praktisch relevantes Szenario. Dabei sollen die Studierenden insbesondere eine Bewertung vornehmen, in welchem Maße das hier behandelte Verfahren praktisch eingesetzt werden kann.

Eine weitere wichtige Verbindung ist die von Theorie und Implementierung. Die Übungsblätter sind so konzipiert, dass sich zu einem Verfahren sowohl theoretische als auch Programmieraufgaben *auf einem Blatt* befinden.

Durch diese Transfer–Verbindung (Effektgröße: 0,86) zwischen Theorie und Praxis legen wir zunächst die Grundlage für die o. g. Lernziele. Es sei angemerkt, dass die Prüfungsaufgaben die in den Übungsaufgaben vermittelten Kompetenzen aufgreifen (siehe unten).

Aufgabe 17.3.1

(a) Es sei $A \in \mathbb{R}^{n \times n}$ eine symmetrische und positiv definite Matrix. Zeigen Sie, dass das Gauß–Seidel–Verfahren zur Lösung des linearen Gleichungssystems $Ax = b$ für jeden Startvektor $x^{(0)} \in \mathbb{R}^n$ konvergiert.

(b) Geben Sie für das Gauß–Seidel–Verfahren und das Jacobi–Verfahren jeweils eine komponentenweise Darstellung der Lösung an (mit Erklärung), d. h. geben Sie jeweils eine Formel an, mit der sich der Wert $x_i^{(k+1)} \in \mathbb{R}$ für $i = 1, \dots, n$ in der $k + 1$-ten Iteration berechnen lässt.

(c) Bei der Parallelisierung versucht man Computer–Berechnungen, wie z. B. einen Iterationsschritt eines Iterations–Verfahren, auf mehrere Prozessoren so aufzuteilen, dass die einzelnen Arbeitsschritte dort gleichzeitig und möglichst unabhängig voneinander durchgeführt werden können. Durch den Vorgang der Parallelisierung ist es möglich Laufzeiten stark zu reduzieren. Dies hängt aber im Wesentlichen davon ab, ob sich eine Berechnungsroutine, in unserem Fall ein Iterations–Verfahren, gut in einzelne, möglichst unabhängige Arbeitsschritte aufteilen lässt. Diskutieren Sie anhand von Teilaufgabe (b): Welches der beiden Verfahren lässt sich besser parallelisieren?

Ziele des Übungskonzeptes und deren Umsetzung Das Ziel unseres Übungskonzeptes ist es nun, basierend auf dieser Transfer–Verbindung zwischen Theorie und Praxis, sowohl die numerische Denk- und Arbeitsweise als auch die Entwicklung der Fachsprache zu fördern. Für den Erwerb der Kompetenz des problemorientierten Denkens sind die Studierenden aufgefordert, sich selbstständig mit den Übungsaufgaben, deren Kernaussagen und deren Inhalt zu beschäftigen. Die Übungsaufgaben stehen im Zentrum von **Groß-** und **Kleinübung.** Aufgrund von Budget–Kürzungen stehen keine Hilfskräfte zur Korrektur der Aufgaben zur Verfügung, weshalb unser Konzept auf diese Sparzwänge reagieren musste. Ausführliche Musterlösungen zu den Übungsblättern werden den Studierenden nach Abschluss der Besprechung eines Übungsblattes zur Verfügung gestellt.

Bei einigen Studierenden reicht allein die Bearbeitung der speziell konstruierten Übungsblätter nicht aus, z. B. weil sie mit deren Bearbeitung in theoretischer oder praktischer Hinsicht überfordert sind. Um jedoch allen Studierenden die Möglichkeit zum Erwerb der Kompetenz durch die Transfer–Verbindungen zu ermöglichen, wird ergänzend das **Großtutorium** angeboten.

Großübung Die Großübung wird von einer wissenschaftlichen Hilfskraft im Stile des Frontalunterrichts durchgeführt und verbindet die Vorstellung der Lösungen zu den Übungsaufgaben mit einem Tutorium, in dem der Inhalt der Vorlesung nochmals aufgearbeitet wird. Entscheidend hierbei ist, dass jede Übungsaufgabe zunächst durch ein verkürztes Tutorium eingeleitet wird, in dem die benötigten Vorlesungsinhalte wiederholt und (falls möglich) insbesondere auch Querbezüge zu den vorausgehenden Kapiteln hergestellt werden, d. h., die Integration von vorausgehendem Wissen (Effektgröße: 0,93). Hierdurch wird jede Übungsaufgabe in den Vorlesungsinhalt eingebettet. Dieses soll den Studierenden dazu verhelfen, sowohl die Übungsaufgabe als auch deren wesentliche Botschaft zu verstehen und inhaltlich einzuordnen.

Kleinübung Die Kleinübung (die zeitlich vor der Großübung stattfindet) wird von einer studentischen Hilfskraft im Stile einer *Votier–Übung* in kleinen Gruppen (ca. 10 Studierenden) durchgeführt. Dies bedeutet, dass die Studierenden vor Beginn der Übung auf einer Liste ankreuzen, welche Aufgaben sie ihrer Meinung nach *sinnvoll* (nicht notwendigerweise vollständig richtig) bearbeitet haben. Entscheidend ist, dass der Lösungsweg erklärt werden kann. Die Hilfskraft wählt Studierende zufällig aus, die dann den jeweiligen Lösungsweg selbstständig an der Tafel vorstellen. Wird dies erfolgreich absolviert, so wird dies vermerkt. Zulassungsvoraussetzung zur Klausur ist dann eine zuvor festgelegte Zahl von erfolgreich erklärten Votier–Aufgaben. Durch diese Art versuchen wir, die fehlende Korrektur aufzufangen.

Mit diesem Konzept soll den Studierenden durch das Vorstellen ihrer Ansätze zu den Übungsaufgaben in einer kleinen Klassenraum–Atmosphäre die Möglichkeit gegeben werden, kritisch über die Lösungswege zu diskutieren, bei gleichzeitiger Verbesserung ihrer Fachsprache (Effektgröße: 0,82).

Großtutorium Das Großtutorium wird von mehreren studentischen Hilfskräften in Form eines Teamteaching bewusst offen gestaltet. Die Arbeitsweise ähnelt stark der Arbeitsweise eines Lernzentrums. Zentral ist, dass Studierende insbesondere im Hinblick auf die Inhalte der Vorlesung und der Übung ihre Fragen mit Hilfe von moderierten Gruppendiskussionen gegenseitig beantworten können. Durch diese Art der offenen Gestaltung soll Raum geschaffen werden, in dem wichtige Brücken zwischen den heterogenen Wissens- und Kompetenzständen geschlagen und zu den neuen Inhalten und deren vielfältigen Aspekten gebaut werden. Insbesondere darf seitens der Hilfskräfte vereinzelt eine provokante Sprache als eine Art rhetorisches Stilmittel verwendet werden, um die Bedeutung wichtiger Inhalte/Botschaften noch stärker zu unterstreichen, z. B.: „Jetzt stellen wir uns mal auf den Standpunkt, dass wir so *stumpfsinnig* sind und zum Lösen des linearen Ausgleichsproblems die Normalengleichung heranziehen anstatt von der QR–Zerlegung Gebrauch zu machen. Was könnte beim Lösen (zumindest numerisch) passieren?"

Prüfungen Aufgrund der Anzahl Studierender wird die Modulprüfung als schriftliche Klausur durchgeführt. Wurden in der Vergangenheit wie oben erwähnt, in erster Linie Wissen, kleinere Beweise und Algorithmen anhand von Berechnungsschritten per Hand abgefragt, so haben wir die Klausuren ebenfalls neu konzipiert.

Aufgabe 17.3.2
Die Fragen dürfen in knapper Form und, sofern nicht ausdrücklich verlangt, ohne Rechnung beantwortet werden!

(a) Gegeben seien die Funktionen $f, g : \mathbb{R} \to \mathbb{R}$ mit $f(x) := e^{x-1} - 1$ und $g(x) := (e^{x-1} - 1)^2$. Unter Verwendung des Startwertes $x^{(0)} = 1{,}2$ liefert das Newton–Verfahren angewandt auf die Funktionen f und g jeweils den folgenden Fehlerverlauf (semilogarithmiert):

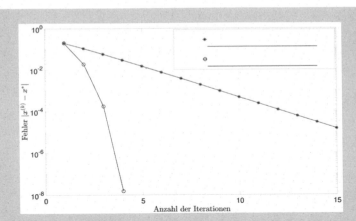

Ordnen Sie den beiden Fehlerkurven die Begriffe ‚Funktion f' und ‚Funktion g'
zu und begründen Sie Ihre Zuordnung, indem Sie mindestens eine der beiden
Fehlerkurven interpretieren.

(b) Zu einer unbekannten Funktion f seien für $i = 0, \ldots, 4$ die folgenden Daten
gegeben:

$$\begin{array}{c||c|c|c|c|c}
x_i & -2 & -1 & 0 & 1 & 2 \\
\hline
f(x_i) & -8 & -1 & 0 & 1 & 8
\end{array}$$

Notieren Sie das Interpolationspolynom vom Grad kleiner oder gleich 4, welches
die Daten (x_i, f_i), $0 \le i \le 4$, interpoliert. Begründen Sie kurz.

(c) Zu einer unbekannten Funktion f und einem Gitter $\mathcal{T} := \{x_0, \ldots, x_3\}$ seien die
folgenden Daten gegeben: $\quad\begin{array}{c||c|c|c|c}
x_i & 1 & 2 & 3 & 4 \\
\hline
f(x_i) & 1 & 0 & -1 & -4
\end{array}$

   (i) Geben Sie die Koeffizienten des Interpolationspolynoms vom Grad kleiner oder
   gleich 3, welches die Daten (x_i, f_i), $0 \le i \le 3$, interpoliert, in der Darstellung
   der Lagrange–Basis an.

   (ii) Geben Sie die Koeffizienten des die Daten (x_i, f_i), $0 \le i \le 3$, interpolierenden
   linearen Splines $s_{\text{lin}} \in \mathcal{S}^2(\mathcal{T})$ in der Darstellung der B–Spline–Basis an.

(d) Zur Lösung einer nichtlinearen Gleichung mittels Fixpunktiteration seien zwei
hinreichend glatte Fixpunktfunktionen Φ_1 und Φ_2 gegeben. Für den Graphen der

abgeleiteten Fixpunktfunktion ergibt sich betragsmäßig jeweils folgendes Bild, wobei x^* die exakte Lösung der nichtlinearen Gleichung bezeichnet:

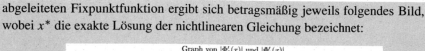

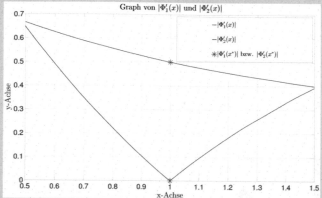

Geben Sie anhand von Abbildung 2 an, welche der beiden Fixpunktiterationen $x^{(k+1)} := \Phi_1(x^{(k)})$ bzw. $y^{(k+1)} := \Phi_2(y^{(k)})$ konvergent sind. Notieren Sie (soweit dieses mit Hilfe von Abbildung 2 möglich ist) im Falle der Konvergenz die Konvergenzordnung der jeweiligen Fixpunktieration und begründen Sie Ihre Antwort kurz.

Die Klausuren waren stets derart konstruiert, dass maximal 120 Punkte erreicht werden konnten, wobei jedoch zunächst 100 Punkte 100 % entsprachen. Dies war den Studierenden bekannt. Weiterhin haben wir – auch aufgrund universitärer Vorgaben – bei der Korrektur einen relativen Notenschlüssel verwendet, d. h. die Grenzen für das Erreichen der Noten 1.0 sowie 4.0 an den Ausfall der Klausur angepasst. Wir haben diesen Ansatz gewählt, weil wir mit der neuen Prüfungsform und den neu gestellten Aufgaben, bei denen problemorientiertes Lösen im Vordergrund steht, noch wenig Erfahrung hatten, s. d. der Zeitaufwand, der für die Bearbeitung der Klausur notwendig ist, sich nur schwer abschätzen lässt. Zum anderen wollten wir den Studierenden auch in der Prüfung bewusst eine Auswahlmöglichkeit schaffen.

17.4   Ergebnisse

Zunächst sei betont, dass es sich bei diesem Artikel (wie es der Titel ausdrückt) um einen *Erfahrungsbericht* handelt. Wir konnten keine systematische Evaluierung der Auswirkungen unseres Konzeptes auf den Lernerfolg der Studierenden vornehmen. In diesem Abschnitt beschreiben wir die Ergebnisse der Klausuren und der durchgeführten Lehrveranstaltungsevaluationen.

17.4.1 Klausurergebnisse

Wir stellen die Ergebnisse der Modellveranstaltungen für den ersten Durchgang dar.

Modul Numerik 1 Die Ergebnisse der Klausur (vgl. Abb. 17.3) waren außergewöhnlich gut, sowohl im Vergleich zu Notenschnitten vorheriger Klausuren als auch im Vergleich zu Klausuren anderer Mathematik–Module. Insbesondere war ein nicht unwesentlicher Anteil von Studierenden der Studiengänge CSE und Lehramt unter den besten 30 % zu finden, was darauf hindeutet, dass die Unterschiede der Eingangskompetenzen ausgeglichen werden konnten.

Modul Numerik 2 In der Veranstaltung Numerik 2 wurde der Lehrbetrieb im gleichen Stil wie oben beschrieben umgesetzt. Jedoch sei erwähnt, dass kaum noch Studierende des Lehramtes und der Mathematischen Biometrie an dieser Veranstaltung teilnahmen, da sie in diesen Studiengängen nicht verpflichtend ist, s. o.

Die Ergebnisse der Klausur (vgl. Abb. 17.4) waren im Vergleich zu den Klausurergebnissen der Veranstaltung Numerik 1 deutlich schlechter (vgl. § 17.5), jedoch im Rahmen der sonst üblichen Klausurergebnisse. Dennoch ließ sich auch hier feststellen, dass Studierende der Studiengänge CSE und Lehramt im Vergleich zu den übrigen Studierenden im guten Mittelfeld lagen.

17.4.2 Lehrveranstaltungsevaluationen

Im Rahmen der Lehrveranstaltungsevaluationen wurden sowohl Vorlesung als auch Übungen evaluiert. Die Globalwerte für die Modellvorlesungen im Wintersemester 2018/2019 (oben) bzw. Sommersemester 2019 (unten) sind in Abb. 17.5 dargestellt.

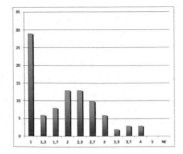

Note	Punkte
1.0	120 – 95.0
1.3	94.5 – 90.0
1.7	89.5 – 85.0
2.0	84.5 – 80.0
2.3	79.5 – 75.0
2.7	74.5 – 70.0
3.0	69.5 – 65.0
3.3	64.5 – 60.0
3.7	59.5 – 55.0
4.0	54.5 – 50.0
5.0	49.5 – 0

Abb. 17.3 Ergebnisse der ersten Klausur zur Veranstaltung Numerik 1 samt relativem Notenschlüssel

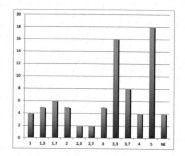

Note	Punkte
1.0	120 – 85.5
1.3	85.0 – 81.0
1.7	80.5 – 76.5
2.0	76.0 – 72.0
2.3	71.5 – 67.5
2.7	67.0 – 63.0
3.0	62.5 – 58.5
3.3	58.0 – 54.0
3.7	53.5 – 49.5
4.0	49.0 – 45.0
5.0	44.5 – 0

Abb. 17.4 Ergebnisse der ersten Klausur zur Veranstaltung Numerik 2 samt relativem Notenschlüssel

Globalwerte Numerische Lineare Algebra, Wintersemester 2018/19

Organisation der Vorlesung	ungünstig (-) ... günstig (+)	mw=4,5 s=0,9
Klarheit der Stoffvermittlung	ungünstig (-) ... günstig (+)	mw=4,1 s=1,1
Lehrverhalten des Dozenten	ungünstig (-) ... günstig (+)	mw=4,5 s=0,9
Lernzuwachs	ungünstig (-) ... günstig (+)	mw=4,3 s=1
Interessenförderung	ungünstig (-) ... günstig (+)	mw=4,4 s=1,2
Gesamtbeurteilung	ungünstig (-) ... günstig (+)	mw=4,5 s=1,1

Globalwerte Numerische Analysis, Sommersemester 2019

Organisation der Vorlesung	ungünstig (-) ... günstig (+)	mw.=4,9 dev.=0,8
Klarheit der Stiffvermittlung	ungünstig (-) ... günstig (+)	mw.=4,6 dev.=1
Lehrverhalten des Dozenten	ungünstig (-) ... günstig (+)	mw.=4,9 dev.=0,9
Lernzuwachs	ungünstig (-) ... günstig (+)	mw.=4,5 dev.=1
Interessenförderung	ungünstig (-) ... günstig (+)	mw.=4,5 dev.=1,1
Gesamtbeurteilung	ungünstig (-) ... günstig (+)	mw.=4,9 dev.=1,1

Abb. 17.5 Auszug aus den Lehrveranstaltungsevaluationen zu Numerik 1 im Wintersemester 2018/2019 (oben) und Numerik 2 im Sommersemester 2019 (unten). Der rote vertikale Strich stellt den Mittelwert dar (mw in der Legende), der horizontale schwarze Balken die Standardabweichung (s bzw. dev).

Abb. 17.5 zeigt, dass alle Globalwerte von Numerik 1 zu Numerik 2 leicht gestiegen sind, obwohl die Ergebnisse für eine Pflichtveranstaltung schon in Numerik 1 sehr gut waren. In den Detailfragen sind ähnliche Tendenzen festzustellen.

Die Workload–Erhebungen ergaben einen Rückgang der durchschnittlichen wöchentlichen Arbeitszeit von 4,8 h pro Woche auf 4,1 h pro Woche, vgl. Tab. 17.4.

Tab. 17.4 Workload-Erhebungen der Modellvorlesungen.

Std/Woche	0	0–1	1–2	2–3	3–4	4–5	5–6	6–7	7–8	>8	Durchschnitt
Numerik 1	5,8	3,8	13,5	13,5	13,5	9,6	13,5	5,8	5,8	15,4	4,8
Numerik 2	3,4	17,2	17,2	0	24,1	10,3	6,9	0	13,8	6,9	4,1

17.4.3 Persönliche Beobachtungen

Wir führen einige Beobachtungen der Dozenten und Hilfskräfte an.

Obwohl die Studierenden in der Veranstaltung Numerik 1 erstmalig mit dem neuen Lehrbetrieb konfrontiert wurden, haben sie die bereitgestellten Angebote trotz anfänglicher Skepsis dankend angenommen. Auffällig und überraschend war, dass die Großtutorien hauptsächlich von Studierenden des Studienganges CSE besucht wurden. Obwohl wir in der Veranstaltung Numerik 2 insgesamt spürbar weniger Beteiligung seitens der Studierenden in den Großtutorien wahrgenommen haben, hat sich der Trend in dem Sinne bestätigt, dass die Großtutorien hauptsächlich von Studierenden der Studiengänge CSE und Lehramt (in letzterem nur wenige Teilnehmer*innen) wahrgenommen wurden.

Wir hatten insbesondere in Numerik 1 den Eindruck, dass die Motivation und auch das Interesse der Studierenden deutlich gesteigert werden konnte. Dies hat sich auch daran gezeigt, dass die Teilnehmerzahlen der Folgeveranstaltungen Numerik 3 und Numerik 4 sowie auch die Anzahl der anschließenden Bachelorarbeiten im Vergleich zu den Vorjahren deutlich gesteigert werden konnten.

17.5   Fazit, Reflexion des Lehrbetriebes und Ausblick

Unsere Beurteilung und Reflexion basieren auf den o. g. Evaluationsergebnissen der Lehrveranstaltungen (und deren Interpretationen durch uns), den Klausurergebnissen (die vom Notenschlüssel abhängen) und auf unseren Erfahrungen, die natürlich subjektiv geprägt sind. Eine systematische Auswertung konnte nicht vorgenommen werden.

Fazit Wie bereits erwähnt, verfügen wir bislang nur über Erfahrungen mit dem neuen Konzept aus einem Vorlesungszyklus in Numerischer Mathematik (im Wintersemester 2019/2020 haben wir es in der weiterführenden Veranstaltung Numerik 3 eingesetzt, im derzeit laufenden Sommersemester 2020 in Numerik 4, letztere online aufgrund der Corona–Krise). Es liegen uns nur in sehr begrenztem Maße Daten zur Bewertung des Konzeptes vor. Wir können also keine fundierte und empirisch belegbare Bewertung vornehmen.

Dennoch konnten wir beobachten, dass die Motivation der Studierenden deutlich gesteigert wurde. Die Klausurergebnisse legen nahe, dass das hier vorgestellte Lehrkonzept insbesondere für Studierende der Studiengänge CSE geeignet ist, denen es aufgrund der fehlenden mathematischen Grundvorlesungen schwerer fällt, mathematische Zusammenhänge zu erkennen. Hinsichtlich der Studierenden des Lehramtes haben wir bislang nicht feststellen können, dass deren Motivation für das Programmieren auf breiter Front gesteigert worden wäre.

Wir haben keine vollends schlüssige Erklärung für den deutlich schlechteren Ausfall der Klausur zur Numerik 2. Einige mögliche Ursachen führen wir auf:

- Die gesunkene wöchentliche Arbeitszeit der Studierenden, s. o.
- Besondere Anstrengungen der Studierenden bei der Klausur zur Numerik 1, da den Studierenden vorher deutlich kommuniziert wurde, dass die Klausur anders gestellt werden wird als in den Vorjahren und daher eine Vorbereitung mit „Alt–Klausuren" nicht zielführend sein wird.
- Der außergewöhnlich gute Ausfall der Klausur zur Numerik 1, die Klausur zur Numerik 2 reiht sich eher in die Ergebnisse der sonstigen Klausuren ein.
- Eine andere Zusammensetzung der Studierenden: weniger Studierende des Lehramtes, kaum noch Studierende der Mathematischen Biometrie und auch ein anderer Jahrgang von CSE–Studierenden, da diese laut Studienplan Numerik 2 vor Numerik 1 hören, s. o.

Bezüglich des Zeitaufwandes für die Lehrenden lässt sich feststellen, dass sowohl ein traditionelles Lehrkonzept als auch eine traditionell gestellte Klausur mit deutlich geringerem Zeitaufwand für die Lehrenden verbunden ist. Wir sind auch davon überzeugt, dass die Persönlichkeiten der Lehrenden und deren Beziehung zu den Lernenden einen nicht zu unterschätzenden Einfluss auf den Lernerfolg der Studierenden haben (Effektgröße 1,57).

Ausblick Unser persönliches Fazit fällt positiv aus. Wir haben einen deutlichen Motivationszuwachs der Studierenden beobachten können. Dies motiviert uns, das vorgestellte Konzept weiter zu entwickeln und auch Möglichkeiten einer empirischen Wirkungsanalyse zu schaffen. Wir wollen das Konzept in folgenden Punkten weiterentwickeln:

- Ausdehnung auf fortgeschrittene Vorlesungen in Numerischer Mathematik.
- Erarbeitung eines neuartigen Prüfungskonzeptes in Ergänzung zur schriftlichen Klausur mit dem Ziel, die Lernziele hinsichtlich Implementierung und Anwendung numerischer Verfahren besser prüfen zu können. Wir haben hier bereits erste Ideen umsetzen und auch evaluieren können, allerdings stößt die flächendeckende Umsetzung momentan noch an datenschutzrechtliche Grenzen.
- Einen besonderen Fokus wollen wir dabei auf Zukunftsthemen in der Numerischen Mathematik legen. Es ist damit zu rechnen, dass Themen des Maschinellen Lernens, der Künstlichen Intelligenz oder der extrem großen Datenmengen (Big Data) auch Einzug in die Ausbildung von Studierenden der Numerischen Mathematik halten werden. Lehr-, Übungs- und Prüfungskonzepte erfordern hier sicher neuartige Ansätze.

Literatur

Deuflhard, P., & Hohmann, A. (2019). *Numerische Mathematik 1: Eine algorithmisch orientierte Einführung*. De Gruyter. https://doi.org/10.1515/9783110614329

Freund, R., & Hoppe, R. (2007). *Stoer/Bulirsch: Numerische Mathematik 1*. Springer.

Hanke-Bourgeois, M. (2009). *Grundlagen der Numerischen Mathematik und des Wissenschaftlichen Rechnens*. Vieweg + Teubner. https://doi.org/10.1007/978-3-8348-9309-3

Hattie, J. (2009). *Visible learning: A synthesis of over 800 meta-analyses relating to achievement*. Routledge. https://doi.org/10.4324/978-0-2038-8733-2

Hattie, J. (2020). *Visible learning – Visualisierung*. https://visible-learning.org/hattie-ranking-influences-effect-sizes-learning-achievement. Zugegriffen: 18. Nov. 2020.

Quarteroni, A., Tobiska, L., Sacco, R., & Saleri, F. (2001). *Numerische Mathematik 1*. Springer.

Quarteroni, A., Tobiska, L., Sacco, R., & Saleri, F. (2013). *Numerische Mathematik 2*. Springer.

Stoer, J., & Bulirsch, R. (2013). *Numerische Mathematik 2: Eine Einführung*. Springer.

Universität Ulm. (2019). *Leitbild Lehre*. https://www.uni-ulm.de/universitaet/profil/leitbild-lehre. Zugegriffen: 18. Nov. 2020.

Universität Ulm. (2022). Modulhandbücher – Semesterauswahl. https://campusonline.uni-ulm.de/qislsf/rds?state=change&type=1&moduleParameter=modulhandbuecherMenue&nextdir=change&next=menu.vm&subdir=applications&xml=menu&purge=y&database=n&navigationPosition=modules%2CModulhandbuecher&breadcrumb=mod_handbuecher_UL&topitem=modules&subitem=Modulhandbuecher. Zugegriffen: 13. Mai 2022.

Höhere Mathematik für Ingenieure in Kleingruppen

18

Markus Lilli, Reinhard Hochmuth
und Christiane Büdenbender-Kuklinski

Zusammenfassung

Am MINT-Kolleg Stuttgart wird jedes Semester die Veranstaltung „Antizyklische Höhere Mathematik" (MINT-HM) für Ingenieursstudierende angeboten, die im vorherigen Semester die Klausur der regulären HM 1 oder 2 nicht bestanden haben. Ein zentrales Ziel der Antizyklischen HM ist es, die Studienabbruchquote zu minimieren, indem die Studierenden gezielt auf eine Scheinklausur und die folgende Modulprüfung vorbereitet werden. Unter der Leitung von mindestens sieben Dozent*innen wird der Inhalt der jeweiligen Vorlesung noch einmal in kleineren Gruppen von maximal 30 Studierenden wiederholt, wobei besonderer Wert auf Lernkontrollen und Feedback während der Vorlesungszeit gelegt wird. Darüber hinaus wird mittels aktivierender Lehrmethoden angestrebt, die Motivation der Studierenden zu steigern. Im Wintersemester 2017/18 wurden in den Veranstaltungen der antizyklischen HM2 zwei Studierendenbefragungen durchgeführt und die Ergebnisse mit einer regulären

M. Lilli (✉)
MINT-Kolleg Baden-Württemberg, Stuttgart, Baden-Württemberg, Deutschland
E-Mail: markus.lilli@mint-kolleg.de

R. Hochmuth
Institut für Didaktik der Mathematik, Leibniz Universität Hannover, Hannover, Niedersachsen, Deutschland
E-Mail: hochmuth@idmp.uni-hannover.de

C. Büdenbender-Kuklinski
Institut für Didaktik der Mathematik und Physik, Leibniz Universität Hannover, Hannover, Niedersachsen, Deutschland
E-Mail: kuklinski@idmp.uni-hannover.de

R. Hochmuth et al. (Hrsg.), *Unterstützungsmaßnahmen in mathematikbezogenen Studiengängen,* Konzepte und Studien zur Hochschuldidaktik und Lehrerbildung Mathematik, https://doi.org/10.1007/978-3-662-64833-9_18

HM-Veranstaltung in Hannover verglichen. Die Ergebnisse zeigen für Hannover erwartungsgemäß höhere Mittelwerte beim Studieninteresse, beim Lernen durch Üben und Auswendiglernen. Für die Stuttgarter Kohorte legen die Ergebnisse insbesondere eine Steigerung der Motivation und Änderungen im Lernverhalten nahe.

18.1 Einleitung

Seit dem Sommersemester 2012 bietet das MINT-Kolleg Stuttgart in enger Zusammenarbeit mit dem Lehrexportzentrum Mathematik (LExMath) der Universität Stuttgart unter professoraler Leitung antizyklische Kurse „Höhere Mathematik für Ingenieure" an (nachfolgend als MINT-HM bezeichnet). Dabei wird in MINT-HM1 und MINT-HM2 unterschieden, welche ihrerseits zum nachträglichen Erwerb von Übungsscheinen zu den Vorlesungen Höhere Mathematik 1 und Höhere Mathematik 2 für Ingenieurstudiengänge dienen. Beide Teile der MINT-HM richten sich an Ingenieursstudierende, die die Scheinkriterien zur regulären HM im vorherigen Semester nicht bestanden haben. Da sich die Zielsetzungen und Rahmenbedingungen von MINT-HM1 und MINT-HM2 nicht unterscheiden, wird im Beitrag in der Regel von MINT-HM gesprochen, womit dann beide Teile gemeint sind.

Die reguläre HM1 wird in jedem Wintersemester angeboten und die reguläre HM2 in jedem Sommersemester. Die MINT-HM wiederum verläuft genau entgegengesetzt: Die MINT-HM2 findet im Wintersemester statt, um diejenigen Studierenden zu unterstützen, die im Sommersemester davor die Klausur zur regulären HM2 nicht bestanden haben. Analog findet die MINT-HM1 jedes Sommersemester statt. Die Studierenden sollen in kleineren Gruppen mit intensiverer Betreuung auf die jeweilige von ihnen nicht bestandene Klausur vorbereitet werden.

Der Inhalt der vom MINT-Kolleg angebotenen Lehrveranstaltungen orientiert sich im Wesentlichen an den von LExMath entwickelten Vorlesungen HM 1/2, für die ein ausgearbeitetes Skript erhältlich ist. Dieses deckt die üblichen Themen der Linearen Algebra (komplexe Zahlen, Vektorräume, lineare Gleichungssysteme, lineare Abbildungen, Eigenwerttheorie, Quadriken) und Analysis (Folgen, Reihen, Stetigkeit und Differenzierbarkeit im ein- und mehrdimensionalen, Bestimmung von Extrema mit und ohne Nebenbedingung, Integration, Kurvenintegrale) ab. Wie üblich sind die HM-Vorlesungen deutlich weniger beweislastig als die vergleichbaren Grundvorlesungen Analysis und Lineare Algebra im Mathematikstudium.

In diesem Beitrag werden zunächst die Zielsetzungen, Merkmale und Rahmenbedingungen der MINT-HM angelehnt an die WiGeMath-Taxonomie beschrieben. Im Anschluss wird detailliert dargestellt, wie die MINT-HM Studierende spezifisch darin unterstützt, den Schein zur regulären HM zu erwerben und dabei insbesondere auf deren individuellen Bedürfnisse bei der erneuten Vorbereitung auf eine von ihnen vorgängig nicht bestandenen Klausur eingeht. Im Zuge dessen wird auch eine Brücke zwischen Schule und Hochschule geschlagen. Eine Brücke zwischen Mathematik und Anwendung zu schlagen ist kein explizites Ziel der MINT-HM. Am Ende des Kapitels werden Evaluationsergebnisse zur MINT-HM sowohl aus eigenen Evaluationen wie auch aus dem WiGeMath Projekt dargestellt.

18.2 Zielsetzungen

Die Veranstaltungsziele werden im Folgenden getrennt nach inhaltlichen Lernzielen und systembezogenen Zielsetzungen gemäß der Unterteilung im WiGeMath-Rahmenmodell (Kap. 2) beschrieben.

18.2.1 Inhaltliche und affektiv-motivationale Lernziele

Die Hauptziele der MINT-HM bestehen darin, hochschulmathematisches Wissen zu vermitteln und die Fachsprache zu fördern. Schulmathematisches Wissen wird gefördert, wo es nötig scheint, stellt aber kein vorrangiges Lernziel dar. Auf Lernstrategien wird nicht explizit eingegangen. Bekanntermaßen sind bei Studierenden in Service-Kursen neben epistemologischen und kognitiven auch affektiv-emotionale, soziologische, kulturelle und didaktische Hindernisse (Howson et al., 1988) zu beobachten. Ergebnisse von Parsons et al. (2009) lassen insbesondere vermuten, dass Studierende der Ingenieurwissenschaften mit besseren mathematischen Voraussetzungen auch mehr Selbstvertrauen zeigen. Darüber hinaus konnten Cribbs et al. (2016) die These stützen, dass mathematisches Interesse und Anerkennung in der Mathematik einen positiven Einfluss auf die Persistenz in den Ingenieurwissenschaften haben. Diese Ergebnisse legen zum einen nahe, dass eine erfolgreiche inhaltlich-fachliche Unterstützung der Studierenden auch positive affektiv-motivationale Wirkung entfaltet und auch dies den Studierenden in der Folge besser ermöglicht, das Studium erfolgreich fortzusetzen. Während handlungsbezogene Lernziele wie mathematische Arbeitsweisen oder Lernstrategien mit der Veranstaltung nicht explizit verfolgt werden, werden auch deshalb einstellungsbezogene Lernziele durchaus verfolgt. Insbesondere sollen die mathematische Selbstwirksamkeitserwartung der Studierenden gesteigert und deren häufig negative Einstellung zur Mathematik, resultierend unter anderem aus mindestens einem vorangegangenen Misserfolg in einer Mathematikklausur, verbessert werden. Um dies zu erreichen, werden oftmals die sonst starren Strukturen einer Vorlesung aufgeweicht und es wird versucht, mit Hilfe von aktivierenden Lehrmethoden die Motivation der Studierenden zu steigern.

18.2.2 Systembezogene Zielsetzungen

Am Ende eines jeden Semesters haben die Studierenden die Möglichkeit, eine Scheinklausur in der MINT-HM zu schreiben, die eine Prüfungsvorleistung zur Modulprüfung

HM 1/2 darstellt. Das zentrale systembezogene Ziel der MINT-HM liegt darin, die Studienabbruchquote dadurch zu minimieren, dass die Studierenden gezielt auf diese Scheinklausur und die Modulprüfung vorbereitet werden. Somit soll der formale Studienerfolg verbessert werden.

Besonderer Wert wird im Hinblick darauf auch auf die Erhöhung der Feedbackqualität gelegt. Es gibt beispielsweise Lernkontrollen mit Feedback während der Vorlesungszeit.: So entwickeln Dozent*innen für ihre Lerngruppen Zwischentests und erheben mit diesen die jeweiligen Wissensstände.

18.3 Merkmale der MINT-HM

18.3.1 Strukturelle Merkmale

Die MINT-HM besteht aus 6 SWS Vorlesung und 2 SWS Übung. Dabei findet die MINT-HM 1 jedes Sommersemester und die MINT-HM 2 jedes Wintersemester statt. Die Erhöhung von 4 SWS Vorlesung, wie es in der regulären HM der Fall ist, auf 6 SWS gibt den Dozierenden die Möglichkeit, bei Bedarf gezielt auf mathematische Fertigkeiten einzugehen, die eigentlich aus der Schule bereits bekannt sein müssten (Bruchrechnen, Gleichung nach einer Variablen auflösen, Potenz- und Logarithmusrechengesetze). Langjährige Erfahrung hat deutlich gezeigt, dass zentrale Schwierigkeiten der Studierenden bei der Aneignung hochschulmathematischen Wissens aus mangelnden Rechenfertigkeiten aus der Schule resultieren.

Organisatorisch schwierig erweist sich die Terminierung der Vorlesung, einhergehend damit, dass die MINT-HM von Studierenden vieler unterschiedlicher Ingenieurstudiengänge gehört wird und eine Anwesenheitspflicht besteht. Es ist also darauf zu achten, dass die Vorlesung in Zeitfenstern stattfindet, in denen die Studierenden keine anderen Veranstaltungen haben. Praktisch lässt sich so etwas nur bewerkstelligen, indem für die einzelnen Ingenieursstudiengänge spezielle Zeiten gefunden werden. Der Vorteil dieser aufwändigen Erstellung der Stundenpläne, welche im Wesentlichen für jeden Ingenieurstudiengang einzeln erstellt werden müssen, ist, dass sich in den jeweiligen MINT-HM-Veranstaltungen häufig Studierende desselben Studiengangs finden, was in den meisten Fällen die Bildung von Lerngruppen erleichtert.

18.3.2 Didaktische Elemente

Eine Lernzielexplizierung ist in der MINT-HM nicht unbedingt nötig. Die Studierenden können freiwillig wählen, an dieser teilzunehmen und tun dies gerade, um bei der Vorbereitung auf ihren Zweitversuch in der Prüfung der regulären HM unterstützt zu werden. Das Lernziel, die entsprechenden hochschulmathematischen Themen ausreichend zu beherrschen und so die Klausur bestehen zu können, sollte ihnen demnach bewusst sein, wenn sie an der Veranstaltung teilnehmen.

Wie bereits erwähnt, richtet sich die Veranstaltung ausschließlich an Studierende, die bereits mindestens einmal an den Scheinkriterien der regulären HM gescheitert sind. Das heißt zum einen, dass die Mathematik bei den Studierenden eher negativ belegt ist und zum anderen, dass die Dozierenden hauptsächlich mit Studierenden zu tun haben, die mathematische Schwächen aufweisen und die im Verhältnis zu ihren Kommiliton*innen als schwächer einzustufen sind. Diese Konstellation bedingt eine andere Vorgehensweise als es in einer regulären Vorlesung der Fall ist. Erfahrungsgemäß genügt es bei dieser Klientel nicht, wie sonst in Mathematikvorlesungen üblich, hauptsächlich abstrakte Sätze und Definitionen zu präsentieren. Aufgrund der erhöhten Semesterwochen-zahl lassen sich in der Vorlesung viel mehr (Rechen-)Beispiele integrieren, die den Studierenden die Bearbeitung der Hausübung erleichtern sollen und die den Zusammen-hang zwischen dem Abstrakten und Konkreten aufzeigen sollen. Innerhalb der Vorlesung werden sehr viele Beispiele präsentiert bzw. die Studierenden werden ermutigt, die Bei-spiele selbst oder in kleinen Arbeitsgruppen eigenständig zu lösen. Die MINT-HM ist demnach weniger eine klassische Frontalvorlesung, sondern wechselt ab zwischen klassischer Wissensvermittlung, Präsentation von Beispielen, bei denen Dozierende die mathematisch korrekte Vorgehensweise und Darstellung erläutern und Präsenzübungs-anteilen, in denen aktivierende Lehrmethoden zum Tragen kommen. Hinzu kommen Zwischentests, die einerseits den Studierenden Feedback geben und andererseits die Lehrenden auf spezifische Bedarfe aufmerksam machen, auf die sie dann entweder vor der ganzen Klasse oder gegebenenfalls auch individuell eingehen.

Im Gegensatz dazu ist die reguläre Veranstaltung HM viel abstrakter, mit mehr Beweisen und weniger Beispielaufgaben versehen. Das bedeutet, sie orientiert sich in ihrer Struktur eher an einer klassischen Mathematikvorlesung. Die MINT-HM versucht anwendungsbezogener zu sein, zumindest im Hinblick auf die Hausübungsaufgaben. Es ist an dieser Stelle wichtig zu betonen, dass in der Komplexität der Klausur- und Haus-übungen zwischen der regulären HM und der MINT-HM keinerlei Unterschied besteht. Die Anforderungen an die Studierenden sind demnach die gleichen. Das unterschiedliche Vorgehen der Vorlesungen stellt gerade einen spezifischen Schwerpunkt dieser Vorlesung dar und wird in Abschn. 18.5.2 genauer erläutert. Dort wird auch auf weitere Besonder-heiten der MINT-HM hinsichtlich digitaler Übungsaufgaben und einem sog. offenen Lernraum eingegangen.

18.3.3 Merkmale der Lehrpersonen

Gelesen werden die Kurse der MINT-HM von 7 bis 12 Dozent*innen des MINT-Kollegs. Die Dozent*innen der Vorlesungen weisen durchgehend einen Mathematik-oder theoretischen Physikhintergrund auf und sind mindestens promoviert, gelegentlich sogar habilitiert. Einige besitzen schulische Lehrerfahrungen. Sie nehmen regelmäßig an hochschuldidaktischen Fortbildungen teil, etwa zu Themen wie Motivation, Feedback oder aktivierenden Lehrformen. Die Lehrverpflichtung ist relativ hoch und liegt bei 20

SWS bei voller Stelle. Seit April 2021 befinden sich alle Dozent*innen auf Dauerstellen. Zu diesem Zeitpunkt werden Landesmittel für 12 vollzeitäquivalente Stellen bereitgestellt.

Die Übungen werden von studentischen Tutor*innen, die aus verschiedenen Studienabschnitten und Studiengängen kommen, betreut und von einer/m Angestellten von LExMath koordiniert. Zur Koordination der MINT-HM findet ein wöchentliches Treffen aller Dozent*innen mit der Assistenzkraft statt, die die Übungen koordiniert. Diese Treffen stellen sicher, dass der Zeitplan aller Dozent*innen zu dem in dieser Woche geplanten Inhalt des Übungsblatts passt. Ferner findet ein intensiver Austausch über die Übungsaufgaben statt, die den Dozent*innen bereits einige Tage zuvor von der Assistenzkraft mitgeteilt werden. In den Besprechungen wird unter anderem auch darüber berichtet, wie Studierende mit den Übungsaufgaben zurechtkamen. Dies kann dann von den Lehrenden in den Vorlesungen aufgegriffen werden. Umgekehrt machen die Lehrenden vor dem Hintergrund ihrer Lehrerfahrungen auch Vorschläge für geeignete Aufgaben. Insgesamt werden so die Besprechungen von Beteiligten als sehr fruchtbar eingeschätzt.

18.4 Rahmenbedingungen

18.4.1 Charakteristika der Studierendenkohorte

Jedes Semester nehmen zwischen 200 und 500 Studierende das Angebot der MINT-HM an. Da die reguläre HM1 für das erste und die reguläre HM2 für das zweite Fachsemester veranschlagt sind, befinden sich die Studierenden, die an der MINT-HM teilnehmen, größtenteils im zweiten bzw. dritten Fachsemester. Diese Studierenden werden in 8 bis 15 Kurse aufgeteilt. Kleingruppen von maximal 30 Studierenden (im Vergleich dazu sitzen in der regulären HM 450 bis 600 Studierende) ermöglichen den Dozierenden, sehr zielgerichtet auf die Belange der Studierenden einzugehen. Die Anzahl der Kurse orientiert sich an der Anzahl der Studierenden. Wie viele Studierende erwartet werden, hängt im Wesentlichen von der Bestehensquote der regulären HM Vorlesung statt. Erfahrungsgemäß nehmen etwa 2/3 der Studierenden, die die Scheinkriterien in der regulären Vorlesung des vorangegangenen Semesters nicht erfüllt haben, an der MINT-HM teil. Insofern ist die Planung der Anzahl der Kurse, auch wenn die Anzahl der Teilnehmenden stark schwankt, einfach zu prognostizieren.

Wie oben bereits erwähnt, besitzen Studierende, die an der MINT-HM teilnehmen, tendenziell eher schlechte mathematische Leistungsvoraussetzungen. Da sie die Klausur zur regulären HM nicht bestanden haben, ist auch anzunehmen, dass ihre Einstellung zur Mathematik eher negativ geprägt ist und ihre mathematische Selbstwirksamkeitserwartung eher gering ausfällt.

18.4.2 Genese der Maßnahme

Die MINT-HM wurde zum Sommersemester 2012 eingeführt. Das Ziel war von Anfang an, mathematisch weniger starken Studierenden eine bessere bzw. ihren Voraussetzungen gemäß adäquatere Betreuung zuteilwerden zu lassen und damit die Studienabbruchquote zu senken. Da das wesentliche Ziel der Vorlesung das Bestehen der Scheinklausur ist, wurde diese Vorlesung von Anfang an von den Studierenden gut angenommen. So wurde bereits im Sommersemester 2012 mit fünf Vorlesungen der MINT-HM1 begonnen, die insgesamt von ca. 120 Studierenden besucht wurden. Im weiteren Verlauf stieg unter den Studierenden der Bekanntheitsgrad der Vorlesung erheblich, so dass die Teilnehmerzahl wuchs.

Ein wesentliches Problem bei der Implementierung war, dass zum damaligen Zeitpunkt *alle* Stellen des MINT-Kollegs befristet waren. Mittlerweile sind viele Stellen entfristet. Jedoch steht immer wieder in Frage, ob derart personalintensive Vorlesungen in diesem Format weitergeführt werden können oder ob eventuell die Gesamtteilnehmerzahl gedeckelt werden muss, die Anzahl der Studierenden je Vorlesung erhöht werden muss oder ob Zulassungskriterien für Studierende eingeführt werden müssen.

18.4.3 Einbettung der Maßnahme

Die MINT-HM richtet sich an Studierende, die die Scheinklausur der regulären HM nicht bestanden haben. Studierende, die die Scheinklausur der HM1 nicht bestanden haben, können also auf freiwilliger Basis die MINT-HM1 besuchen und dort den Schein für die HM1 erwerben, analoges gilt für die HM2. Sowohl der Schein der HM1 als auch derjenige der HM2 sind Voraussetzung dafür, dass an der abschließenden Modulprüfung teilgenommen werden darf. Dabei schreiben die Studierenden, die die MINT-HM besuchen und die beiden Scheinklausuren bestanden haben, dann dieselbe Modulprüfung wie die Besucher*innen der regulären HM.

18.4.4 Finanzierung

Die vorgestellte Brückenvorlesung ist aufgrund der Tatsache, dass eine Vorlesung mit 200–400 Teilnehmenden auf Kleingruppen aufgeteilt wird, natürlich personal- und damit auch kostenintensiv. Die Finanzierung des MINT Kollegs ist aus dem Programm „Studienmodelle individueller Geschwindigkeit" des Ministeriums für Wissenschaft, Forschung und Kunst Baden-Württemberg (MWK) hervorgegangen und wurde im Rahmen dieses Programms (2011–2015) gefördert. Zurzeit (Stand 2020) erhält das MINT-Kolleg eine Förderung im Rahmen des Landesprogramms „Strukturmodelle in der Studieneingangsphase".

Darüber hinaus erhielt das MINT-Kolleg vom Bundesministerium für Bildung und Forschung (BMBF) im Förderzeitraum 10/2011 bis 09/2016 im Programm „Qualitätspakt Lehre" eine Förderung und wurde auch in die Anschlussförderphase von 10/2016 bis 12/2020 aufgenommen.

18.5 Individueller Schwerpunkt „Good Practice"

18.5.1 Erwerb des Scheins der regulären HM unter besonderen Bedingungen

Die Möglichkeit, die Teilnehmenden der MINT-HM gegeben wird, dass sie nach Besuch dieser antizyklischen Veranstaltung den Übungsschein der HM1 bzw. HM2 erwerben können und demnach nicht ein ganzes Semester bis zur nächsten regulären Veranstaltung warten müssen, stellt einen spezifischen Schwerpunkt der MINT-HM als Brückenvorlesung dar. Die Scheinkriterien sind dabei

I. 80 % Anwesenheit in den Vorlesungen des MINT-Kollegs und den Übungen,
II. 50 % der Hausübungen zufriedenstellend bearbeitet,
III. Bestehen der Scheinklausur.

Das erste Kriterium wird von Dozent*innen des MINT-Kollegs überwacht bzw. von Tutor*innen, die die Übungen betreuen. Dieses Kriterium ist das einzige der drei Kriterien, das in der regulären HM nicht auftritt. Damit stellt es eine zusätzliche „Hürde" oder zumindest einen erhöhten Zeitaufwand im Vergleich zur regulären HM dar.

Die Erfüllung der Kriterien II und III werden in sehr enger Kooperation mit LExMath sichergestellt. Das erfolgt insbesondere dadurch, dass die Übungen und vor allem die abschließende Klausur nicht von Dozent*innen des MINT-Kollegs erstellt werden, sondern von Mitarbeiter*innen von LExMath unter Aufsicht der professoralen Leitung. Das heißt, dass das MINT-Kolleg nur die Vermittlung des Inhalts übernimmt, aber nicht verantwortlich für den Prüfungsinhalt ist. An dieser Stelle muss betont werden, dass die in der Prüfung gestellten Aufgaben den Dozent*innen des MINT-Kollegs auch nicht bekannt sind. Diese (vermutlich relativ seltene) Aufgabentrennung hat natürlich Vor- und Nachteile. Die Dozent*innen können sich ausschließlich an den von der Assistenzkraft gestellten Übungsaufgaben und einem vorhandenen Skript orientieren, welche Aufgabentypen und welche Komplexität die Studierenden letztlich in der Prüfung erwarten. Das hat zur Folge, dass die Vorlesung nicht als direkte Vorbereitung auf die Klausur verstanden werden kann. Insbesondere wird dadurch ein „teaching to the test" vermieden. Vielmehr versucht die Vorlesung einen Gesamtüberblick über den Inhalt der Analysis und Linearen Algebra zu geben mit dem Fokus, die Übungsaufgaben erfolgreich zu bearbeiten.

- Als Nachteil dieser Trennung ist darin zu sehen, dass die Dozent*innen der MINT-HM keine eigenen curricularen Schwerpunkte in ihren Vorlesungen setzen können. Das heißt, es kann auf kein Thema mit besonderer Sorgfalt eingegangen werden. Die Dozent*innen des MINT-Kollegs können keinen besonderen Fokus auf bestimmte Themen setzen, die sie als wichtig für Ingenieurstudierende erachten und genauso wenig können bestimmte Aufgabengebiete zielgerichtet abgefragt werden, die nach Meinung der Dozent*innen des MINT-Kollegs einen hohen Stellenwert haben.

- Ein Vorteil dieser strikten Trennung von Dozent*innen und Prüfung besteht in der Tatsache, dass die Dozent*innen nicht als Prüfer wahrgenommen werden, die die Studierenden eventuell „zur Exmatrikulation zwingen". Die Folge davon ist, dass die MINT-HM deutlich niederschwelliger und persönlicher ist als die reguläre HM. Erfahrungsgemäß gestehen Studierende in einem solchen Umfeld eher ihre Schwächen ein und ermöglichen so den Dozent*innen, auf individuelle Probleme einzugehen. Dass die Studierenden die Lehrenden in erster Linie als Person wahrnehmen, die ihnen helfen möchte, die Prüfung zu bestehen, trägt zu einer guten Arbeitsatmosphäre innerhalb der Lehrveranstaltungen bei.

- Ein großer Vorteil aus Sicht der Dozierenden besteht darüber hinaus darin, dass die Beantwortung von (vielleicht) klausurrelevanten Fragen im Vorfeld der Klausur komplett unvoreingenommen erfolgt. Würden die Dozierenden die Klausuraufgaben kennen, könnte es etwa sein, dass sie bestimmte Fragen vorsichtiger beantworten, um nicht vorab vollständige Lösungen zu verraten.

Insgesamt wird die Trennung von Vorlesung und Prüfung von den Dozent*innen des MINT-Kollegs als wenig störend empfunden, da das *gemeinsame* Arbeiten mit den Studierenden an mathematischen Aufgabenstellungen davon erheblich profitiert und der Lernerfolg so deutlich erhöht werden kann.

18.5.2 Vertiefung der Inhalte der regulären HM und Eingehen auf besondere Bedürfnisse der Studierenden

Hauptziel der MINT-HM ist es zunächst, die Studierenden fit für Scheinklausur zu machen. Gute Rechenfähigkeiten sind dazu unbedingt erforderlich. Allerdings sind solche allein nicht ausreichend, um die anschließende Modulprüfung zu bestehen. Deren Aufgaben sind zwar ebenfalls rechenlastig aber wesentlich komplexer und erfordern das selbständige Abarbeiten mehrschrittiger Prozeduren, wie z. B. ein Anwenden des Schmidtschen Orthogonalisierungsverfahrens oder auch die Transformation einer Matrix in deren Normalform. Hinzu kommen auch Beweisaufgaben. Insbesondere gibt es regelmäßig eine Aufgabe zur vollständigen Induktion, bei der das Beweisschema durchgeführt werden muss und dabei die Durchführung des zentralen Induktionsschritts erhöhte Anforderungen stellt. Insgesamt scheinen die Aufgaben in den Scheinklausuren über die Jahre etwas einfacher geworden zu sein, so dass ein größerer Anteil der

Studierenden diese beim ersten Versuch bestehen. Die Prüfungsanforderungen sind aber im Wesentlichen gleichgeblieben, was leicht höhere Durchfallquoten zur Folge hatte, insbesondere aber ein Sinken der erreichten Durchschnittsnoten.

Die Prüfungsanforderungen, wie sie sich in den Aufgaben der Modulprüfung manifestieren, fokussieren also vor allem auf prozedurales mathematisches Wissen, trotz der Bedeutung der konzeptuellen Mathematik für das Hauptfach, hier insbesondere das verständige Modellieren im ingenieurwissenschaftlichen Kontext. Die Dominanz prozeduraler Aufgaben entspricht dem, was auch international etwa von Bergqvist (2007) oder Engelbrecht, Bergsten und Køagesten (2009) beobachtet wurde. Allerdings dient im Hochschulbereich konzeptuelles mathematisches Wissen auch der Festigung prozeduralen Wissens und erweist sich insbesondere im Kontext von Aufgaben, in denen prozedurale Wissenselemente komplex zu verknüpfen sind, als hilfreich. Bevor Wissenselemente aber etwa in verschachtelten Aufgabenanforderungen verknüpft werden können, müssen diese hinreichen zuverlässig angeeignet werden können. Erst auf dieser Grundlage können dann auch komplexere Aufgaben angegangen werden, wobei zu erwarten ist, dass im Zuge der Besprechung und des Übens dieser Aufgaben auch konzeptuelles Wissen gelernt wird, zumindest insoweit dieses für ein sicheres und verständiges Bearbeiten der vernetzten prozeduralen Schritte hilfreich ist. Die dominante Rolle prozeduralen mathematischen Wissens in den Prüfungsanforderungen in den Ingenieurwissenschaften wird von den Studierenden anscheinend auch wahrgenommen (vgl.u. a. Engelbrecht et al., 2012; Aspinwall & Miller, 1997; Zerr, 2009).

Bezüglich der auf Rechentechniken bzw. prozeduralem mathematischen Wissen fokussierten Lehre der MINT-HM lassen sich daraus folgende Schlüsse ziehen: Da ein sicheres Umgehen mit prozeduralen Wissenselementen sowohl Grundlage für das Bearbeiten komplexerer Aufgaben wie auch für die Aneignung gewisser damit zusammenhängender konzeptueller Wissenselemente sind, die vor allem auch hilfreich für das Bearbeiten der schwierigeren Aufgaben der Prüfungsklausuren ist, ist der gewählte Fokus gut und sinnvoll gewählt. Da die Vorlesung der MINT-HM darauf stärker fokussiert als die reguläre HM-Vorlesung, die ja stärker auf konzeptuelles und abstraktes mathematisches Wissen orientiert ist, erhöht dies naheliegender Weise die Motivation und Zufriedenheit der Studierenden mit den MINT-HM Vorlesungen. Die konzeptuellen Ansprüche der HM sind für sie ja eher weniger nachvollziehbar und darüber hinaus weniger nützlich für komplexe Aufgaben, da sie nur unzureichend über prozedurales Basiswissen verfügen. Außerdem ist davon auszugehen, dass auch diesen Studierenden der prozedurale Fokus der Prüfungsanforderungen bewusst ist, so dass ihnen auch diesbezüglich ein „Mismatch" zwischen gelehrtem und geprüftem Wissen auffällt.

An einem Beispiel soll nun verdeutlicht werden, wie die MINT-HM die Studierenden stärker bei der Sicherung und Vernetzung von Basiswissen in der Bearbeitung komplexerer Aufgaben unterstützt und ihnen damit wichtige Inhalte anders näherzubringen versucht als die reguläre HM. In der regulären HM werden ähnlich einer Mathematikvorlesung die komplexen Zahlen eingeführt in Koordinatendarstellung ($z = a + bi$) und in Polarkoordinatendarstellung. Thematisiert werden ebenfalls die

Rechenregeln (Addition, Multiplikation, Division von komplexen Zahlen sowie Potenz-rechnen und Radizieren in Polarkoordinatendarstellung). Aufgrund dessen, dass nur 4 SWS für diese Vorlesung vorgesehen sind, kann in der regulären HM kaum auf ver-tiefende Beispiele eingegangen werden, die hinführend sind auf die Aufgabenstellungen, die die Studierenden in der Übung und den Klausuren erwarten. Beispiele solcher Auf-gaben sind die folgenden:

Beispiel

1. Skizzieren Sie in der Gaußschen Zahlenebene die Menge der komplexen Zahlen z, für die gilt Realteil (1/z) ist größer 1. ◄

Beispiel

2. Sei f: $C \to C$: $z \to (1+i)z$ und sei M der Kreis um 1 mit Radius $\sqrt{2}$. Skizzieren Sie f(M). ◄

Beispiel

3. Zeigen Sie: Die Abbildung f: $C \to C$: $z \mapsto z^2$ ist surjektiv. ◄

Erfahrungsgemäß sind sehr gute Studierende durchaus in der Lage, diese Aufgaben zu lösen. Studierende aber, die in der Mathematik größere Probleme haben, schaffen es im Allgemeinen nicht, derartige Aufgaben eigenständig nur mit Hilfe der Rechenregeln zu lösen. Genau auf diese Hürde zielt die MINT-HM ab. Das Ziel ist es, diese Aufgaben-typen bereits in der Vorlesung vorzubereiten und so die Studierenden zu ermutigen, ähn-liche Aufgaben selbst zu lösen. Der Mehraufwand an Beispielen in den Vorlesungen und insbesondere das sehr zeitaufwändige eigenständige Durchrechnen der Studierenden von Beispielen *während* der Vorlesungszeit werden durch die 6 SWS ermöglicht.

Das Ziel der MINT-HM ist also nicht nur, den Studierenden die (abstrakten) Definitionen und Sätze der Mathematik zu vermitteln, sondern ihnen auch zu präsentieren, wie diese in konkreten Aufgabenstellungen anzuwenden sind. Mit anderen Worten: Der Mehrwert konzeptueller Wissenselemente bei der Vernetzung prozeduraler Wissenselemente bei der Bearbeitung komplexer Aufgaben wird explizit herausgestellt und gelehrt. Die Hoffnung ist, die Studierenden dadurch zu befähigen und zu motivieren, die Übungsaufgaben eigenständig zu lösen, was sie dann am Ende des Semesters befähigen sollte, die Klausur zu bestehen.

Da die Schwierigkeiten teilweise sehr spezifisch und individuell sind, hat es sich als sehr hilfreich erwiesen, wenn neben einem Dozenten oder einer Dozentin zusätzlich ein Tutor oder eine Tutorin in den Vorlesungen eingesetzt wird. Diese Form des Team-teachings erhöht die Möglichkeiten, auf spezifische individuelle Schwierigkeiten einzu-gehen und zielgerichtetes individuelles Feedback zu geben. Teamteaching konnte bisher aber nur vereinzelt realisiert werden. Zwar haben die Studierenden der MINT-HM auch die Möglichkeit, für individuelles Feedback den offenen Lernraum (Kap. 23) zu nutzen.

Dieses Angebot wird von diesen aber nur sehr selten genutzt. Vor dem Hintergrund der beschriebenen Bedarfe erscheint dies angesichts des eher unstrukturierten Lehrangebots des offen Lernraums verständlich. Ebenso verständlich erscheint, dass andererseits regelmäßige Nutzer aus der regulären HM teilweise „steile Lernkurven" zeigen. Für solche Fortschritte scheinen die MINT-HM Studierenden nicht die notwendigen oder hilfreichen Wissensvoraussetzungen zu besitzen.

Das Einüben und Sichern der Basisprozeduren wird darüber hinaus im Rahmen der MINT-HM durch fortlaufend weiterentwickelte Onlineübungen unterstützt, in denen im Wesentlichen Rechenaufgaben mit Zahlenergebnissen gestellt werden. Das erfolgreiche Bearbeiten der Onlineübungen ist eine Zulassungsvoraussetzung für die Klausuren. Die in den Onlineübungen gegebene Möglichkeit, jedem Studierenden randomisiert verschiedene Aufgaben zu stellen, hat den zusätzlichen Effekt, dass es Abschreiben zumindest deutlich erschwert. Die Aufgaben der Onlineübungen stellen insbesondere eine gute Vorbereitung auf die Scheinklausuren dar. Wie in diesen werden auch in den Onlineübungen nur die Rechenergebnisse gefordert, so dass nur hinsichtlich richtig und falsch unterschieden wird. Rechenwege und deren Qualität werden dabei nicht berücksichtigt. Neben weiteren reinen Rechenaufgaben werden auch im Rahmen der Möglichkeiten von Moodle unter anderem Zuordnungsaufgaben gestellt, etwa: Welche der folgenden Matrizen sind konjugiert, invertierbar usw. Die Onlineübungen zielen also vor allem auf gutes und sicheres Rechnen, daneben aber auch auf ein gewisses Verständnis von Begriffen.

18.5.3 Brückenfunktion Schule-Hochschule

Im Folgenden soll nun kurz beschrieben werden, inwiefern es sich bei der MINT-HM um eine Brückenveranstaltung handelt, insbesondere inwieweit der Übergang Schule-Hochschule eine Rolle spielt oder in anderen Worten, inwieweit mit dieser Lehrveranstaltung die Lücke zwischen Schule und Hochschule adressiert wird. Wie bereits erwähnt, fehlt in der regulären HM die Zeit, mangelnde Mathematikkenntnisse aus der Schule hochschulgerecht aufzubereiten. In der MINT-HM wird versucht, innerhalb der Vorlesung Rechentechniken wie Bruchrechnen und Anwendung von Potenzrechengesetzen zu vertiefen. Dies geschieht nun nicht im Rahmen eigener Unterrichtseinheiten, sondern wird integriert in vorlesungsrelevante Aufgabenstellungen wie z. B. lineare Gleichungssysteme oder Potenzreihen. Dabei wird ganz konkret auf die Bedürfnisse der Studierenden eingegangen, was nur durch die kleinen Gruppengrößen möglich wird und durch die zwei zusätzlichen SWS. So kann es auch in ausgewählten Fällen legitim sein, einen mathematisch nicht hundertprozentig korrekten Satz anzuschreiben, der den Studierenden aber zugänglicher ist als die exakte aber in vielen Fällen sehr technische Formulierung. Situativ können so Wissenslücken etwa bezüglich Potenzrechengesetzen wiederholt angesprochen werden.

Ein anderer Aspekt ist, dass sich sowohl die Gruppengröße wie die Art der Vorlesung offensichtlich stärker an dem in der Schule üblichen orientiert als an den großen universitären HM-Vorlesungen. Manche Studierende benötigen einfach mehr Zeit, um sich an die neue Veranstaltungsformen zu gewöhnen und damit zurecht zu kommen. Hinzu kommt natürlich die ebenfalls stärker an der Schule orientierte Kalkülorientierung der Vorlesungen und die damit verknüpfte größere Übereinstimmung von Vorlesungs-inhalten und Scheinanforderungen, wie sie oben beschrieben wurde. Im Gegensatz zum Schulunterricht besteht zwischen der Orientierung der regulären HM-Vorlesung an konzeptuellem Wissen und den an prozeduralen Wissenselementen orientierten Auf-gabenanforderungen eine relativ große Differenz, die von Studierenden auch als solche wahrgenommen wird. Ebenfalls wie im schulischen Mathematikunterricht besteht in der MINT-HM die Möglichkeit für die Studierenden vielfältige Fragen zu stellen. Im Falle eines engagierten oder gar erfolgreichen Bearbeitens von Aufgaben in der Vorlesung werden Studierende auch gelobt, gegebenenfalls aber auch angefeuert. So verstehen sich zumindest ein Teil der Lehrenden durchaus auch als eine Art Coach und Lernbegleiter. Entsprechende persönliche Beziehungen zwischen Studierenden und Lehrenden können sich in der regulären HM natürlich nur ausnahmsweise entwickeln, sind in der Schule aber durchaus häufiger anzutreffen, und erweisen sich für die hier betrachtete Gruppe der Studierenden in der Regel als hilfreich für die Entwicklung von Spaß und ein Gefühl sozialer Integration. Mehr Möglichkeiten subjektiven Kompetenzerleben und des Erlebens sozialer Eingebundenheit stellen bekanntermaßen zwei zentrale Facetten der sog. „Basic Needs" dar, die im Sinne der „self-determination theory" nach Deci und Ryan (2008) als Voraussetzung für die Entwicklung von Interesse gelten. Umgekehrt zeigen etwa Untersuchungen von Harris und Pampaka (2016), dass die durch den Zeit-druck und die großen Teilnehmerzahlen mitbedingte „Pädagogik" in Service-Ver-anstaltungen tendenziell negative Dispositionen von Studierenden verstärken.

18.6 Abgrenzung zur Brücke zwischen Mathematik und Anwendung

Obwohl die MINT-HM als Brückenvorlesung innerhalb der Ingenieurswissen-schaften angesiedelt ist, schlägt sie keine Brücke zwischen Mathematik und konkreten Anwendungsbeispielen aus den Ingenieurwissenschaften. Erfahrungsgemäß sind die leistungsschwächeren Studierenden, wie oben bereits beschrieben, nachvollziehbarer-weise weniger interessiert an für sie später relevanten Problemstellungen, sondern eher an Aufgaben, die sie zeitnah betreffen. Dass der Bogen zwischen Ingenieurs-wissenschaften und Mathematik nicht gespannt wird und den Studierenden damit die Bedeutung der Mathematik nicht klar wird, kann durchaus als Problem der Veranstaltung angesehen werden. So haben etwa Faulkner et al. (2019) Dozierende der Ingenieur-wissenschaften nach mathematischen Fähigkeiten gefragt, von denen sie hoffen, dass sie von den Studierenden im Rahmen der Mathematikserviceveranstaltungen entwickelt werden. Um diese Anforderungen zu konzeptualisieren, verwenden sie den Begriff der „mathematischen Reife" (p. 100). „Mathematische Reife" umfasst neben Modellierungskompetenzen, die Fähigkeiten, symbolische Ausdrücke und Grafiken zu manipulieren sowie Rechenwerkzeuge sinnvoll zu nutzen. Nach Einschätzung der Dozierenden der Ingenieurwissenschaften stimmen die tatsächlichen Fähigkeiten der Studierenden nicht mit diesen Erwartungen überein. Es ist nicht davon auszugehen, dass die Einschätzung bezüglich der Absolventen der MINT-HM wesentlich anders ausfiele.

Eine Aufgabe, die ansatzweise versucht, Modellierungsaspekte aufzugreifen, ist zum Beispiel die folgende:

Beispiel

Ein Tunnel in Form eines parabolischen Zylinders überspannt eine (unendlich lange) Straße. Die Tunnelwand ist gegeben durch den Schnitt von $\left\{(x,y,z) \in \mathbb{R}^3 \mid z \geq 0\right\}$ mit $Q = \left\{(x,y,z) \in \mathbb{R}^3 \mid 4x^2 + 16y^2 - 16xy + 10z = 30\right\}$.

a) In welche Richtung verläuft die Straße? (Das heißt, geben Sie einen Vektor an, der parallel zur Straße verläuft).
b) Wie hoch ist der Tunnel?
c) Wie breit ist der Tunnel? ◄

Natürlich handelt es sich hier im Wesentlichen um eine eingekleidete Aufgabe. Aufgabentypen dieser Art sind eher selten, auch weil bereits diese erfahrungsgemäß den Studierenden sehr schwerfallen. Insbesondere mathematisch schwächere Studierende haben größte Probleme, das (mathematische) Wissen aus der Vorlesung in andere Gebiete zu transferieren. Aus diesem Grund scheint es auch aus Sicht der MINT-HM vernünftig, solche leicht anwendungsbezogenen Aufgaben eher in andere Vorlesungen (z. B. Technische Mechanik) und auch in höhere Semester (z. B. Regelungstechnik) zu verschieben. Nachteil ist, wie oben beschrieben, dass viele Studierende die Bedeutung der Mathematik für die Ingenieurwissenschaften in den ersten Semestern inhaltlich nicht nachvollziehen und auch die Querverbindung zu anderen Vorlesungen selbst nicht herstellen können. Ein Bespiel ist hier die Basistransformation bzw. Hauptachsentransformation, die in der HM1 genauso thematisiert wird wie in der Technischen Mechanik 1. Die in den Vorlesungen verwendeten Notationen und die Herangehensweisen sind aber so unterschiedlich, dass Zusammenhänge von vielen Studierenden nicht erkannt werden.

18.7   Evaluationsergebnisse

18.7.1 Eigene Evaluationsergebnisse

Wie bereits beschrieben wurde, schreiben die Studierenden, die die MINT-HM besucht haben, nach Bestehen beider Scheinklausuren (HM 1 und HM 2) dieselbe Modulprüfung wie die Besucher*innen der regulären HM. Ein Vergleich der beiden Populationen macht deutlich, dass in den meisten Prüfungen der Prozentsatz der Bestehenden aus beiden Vorlesungen nur wenig differiert, der Notenschnitt der Besucher*innen der regulären HM im Allgemeinen aber deutlich besser ist als der der MINT-HM. Dies überrascht insofern nicht, da sich die MINT-HM nur aus Studierenden rekrutiert, die mindestens einmal eine Scheinklausur nicht bestanden haben. Der MINT-HM-Kurs ermöglicht vielen Studierenden ein Bestehen der Scheinklausur und damit die Zulassung zur Modulprüfungsklausur. Wie oben beschrieben ist diese anspruchsvoller, denn ein substantieller Anteil der Aufgaben erfordert auch konzeptuelles Wissen, teilweise sogar Beweiskompetenzen. Diese höheren Anforderungen erfüllen die MINT-HM-Studierenden offensichtlich nicht in gleichem Maße, wie der Durchschnitt der regulären HM-Studierenden. Andererseits legen die Daten aber auch nahe, dass gewissermaßen die richtigen, nämlich fachlich schwächeren, Studierenden die MINT-HM-Kurse besuchen. Dabei ist die Tatsache, dass die Bestehensquote der beiden Populationen recht ähnlich ausfällt, aus Sicht des MINT-Kollegs natürlich sehr zufriedenstellend. Beispielhaft sind die Bestehenszahlen für die letzte Modulprüfung nach Ende des Sommersemesters 2019 Abb. 18.1 zu entnehmen.

Bei dieser Klausur haben 68 % der Teilnehmenden der MINT-HM bestanden und 80 % der Studierenden, die ausschließlich die reguläre HM besucht haben. Letztere haben erfahrungsgemäß die vorausgegangenen Scheinklausuren im ersten Durchlauf bestanden. Der Notendurchschnitt der MINT-HM Teilnehmenden beträgt 3,85, der Notendurchschnitt der restlichen Population 3,38. Auffallend ist aber der deutlich größere Unterschied im Anteil der Noten 1,0 bis 2,3. Nur 14 Studierende der MINT-HM erreichen diese Noten, während von den Studierenden, die nicht die MINT-HM besucht haben, 199 in diesem Bereich abschneiden. Letztere Zahlen belegen noch einmal deutlich, dass die MINT-HM hauptsächlich von mathematisch schwächeren Studierenden besucht wird. Die Zahlen zeigen aber auch, dass der Besuch der MINT-HM diesen Studierenden eine reelle Chance bietet, letztlich die (entscheidende) Modulprüfung erfolgreich zu absolvieren.

Seit Einführung der MINT-HM im Sommersemester 2012 haben bis nach dem Sommersemester 2019 insgesamt 2454 Studierende innerhalb dieser Vorlesungen einen Schein in HM1 oder HM2 erhalten. Davon haben 1777 Studierende ebenfalls die abschließende Modulprüfung bestanden. Dies entspricht einer Quote von 72,4 %. Dies ist als sehr gut zu bewerten, vor allem wenn man bedenkt, dass etliche der 2454 Studierenden wegen eines noch fehlenden HM2 Scheins die Modulprüfung nach dem Sommersemester 2019 noch nicht schreiben durften bzw. Studierende noch die Möglichkeit haben, die Modulprüfung im Zweit- bzw. Drittversuch zu bestehen.

Da in vielen Fällen durch das Nichtbestehen der HM Modulprüfung der Studienabbruch von Studierenden der Ingenieurwissenschaften hervorgerufen wird, kann davon ausgegangen werden, dass die MINT-HM die Studienabbrecherquote bei Ingenieuren verringert. Die Unterstützung der Studierenden in Kleingruppen ist dabei sicherlich ein wesentliches Element der Maßnahme. Bisher erhobene globale Daten über den Ver-

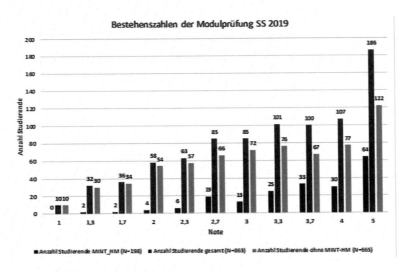

Abb. 18.1 Notenverteilung bei der Modulprüfung

lauf der Gesamtkohorten sind hinsichtlich langfristiger Effekte der Maßnahme leider wenig aussagekräftig, insbesondere auch da es starke Hinweise dafür gibt, dass sich die Studierendenkohorten jahrgangsmäßig substantiell unterscheiden und dadurch Vergleiche zwischen Kohorten mit und ohne MINT-HM nicht möglich sind.

18.7.2 Evaluationsergebnisse von WiGeMath

18.7.2.1 Erhebungsmethoden und Durchführung

Im Wintersemester 2016/17 und im Wintersemester 2017/18 wurde die MINT- HM2 im Rahmen von WiGeMath evaluiert und beforscht. Dabei wurden zwei verschiedene Untersuchungen durchgeführt: Einerseits gab es 2016/17 Evaluationen (I), die dazu dienten, zu überprüfen, inwiefern die Studierenden der Meinung sind, dass die von den Dozent*innen für die Veranstaltung konzipierten Ziele erreicht wurden und zu überprüfen, wie die Maßnahme gestaltet wurde. Andererseits wurden 2017/18 im Rahmen einer Wirkungsforschung (II) zwei Studierendenbefragungen durchgeführt und die Ergebnisse mit einer regulären Veranstaltung verglichen.

Im Rahmen der Evaluation (I) wurde in der viertletzten Vorlesungswoche mit den Studierenden eine Befragung nach dem Schema der „Bielefelder Lernzielorientierten Evaluation" (BiLOE) (Artigue et al., 2021; Frank & Kaduk, 2017)) durchgeführt. Dieses Evaluationskonzept beinhaltet, dass Dozent*innen nach den Lernzielen für eine Veranstaltung gefragt werden und die Teilnehmer*innen anschließend nach dem Grad der Zielerreichung und der Intensität der Nutzung der angebotenen Lerngelegenheiten gefragt werden. Die im BiLOE abgefragten Lernziele wurden von den Dozenten der MINT-HM im Wintersemester 2016/17 erfragt. An dieser Befragung nahmen 56 Studierende teil.

Außerdem wurden im Rahmen der Evaluation drei Beobachtungen in der Veranstaltung durchgeführt. Dazu wurden weitere Dozierende des MINT-Kollegs engagiert, die je einmal im November 2016, Dezember 2016 und Januar 2017 an einem Termin die evaluierte Veranstaltung besuchten und unabhängig voneinander eine vom WiGeMath-Team entwickelte Beobachtungstabelle ausfüllten. Im Umgang mit der Tabelle wurden sie zuvor mithilfe einer Videosequenz geschult.

Im Rahmen der Wirkungsforschung (II) wurde im Wintersemester 2017/18 in der vierten, zehnten und in der letzten Woche je ein Fragebogen an die in der Vorlesung anwesenden Studierenden ausgeteilt, den diese freiwillig und anonym ausfüllten. Um die vom Projektteam erarbeiteten Wirkungshypothesen zur MINT-HM 2 in Stuttgart zu überprüfen, wurde der gleiche Fragebogen im Sommersemester 2017 in einer regulären HM2 Veranstaltung für Ingenieure in Hannover eingesetzt und die Ergebnisse wurden verglichen. Es handelt sich bei dieser Vorlesung um eine reguläre Vorlesung, an der ca. 200 Studierende pro Semester teilnehmen, die in verschiedenen Ingenieursstudiengängen eingeschrieben sind. Die Vorlesung umfasst 4 SWS und wird durch eine zweistündige Übung pro Semesterwoche ergänzt.

An den Befragungen im Rahmen der Wirkungsforschung nahmen in Stuttgart 256 Studierende an der ersten Befragung teil, 204 an der zweiten und 147 an der dritten. Davon nahmen 97 Studierende an der ersten und an der dritten Befragung teil. In der regulären Vergleichsvorlesung nahmen an der ersten Befragung 178 Studierende teil, an der zweiten 130 und an der dritten 93, wobei 60 Studierende sowohl an der ersten als auch an der letzten Befragung teilnahmen. Bei den Auswertungen zu Veränderungen im Laufe des Semesters wird im Folgenden jeweils die Gruppe derjenigen Studierenden berücksichtigt, die sowohl an der ersten als auch an der dritten Befragung teilnahmen.

Ebenfalls im Rahmen der Wirkungsforschung wurden in der antizyklischen MINT-HM2 in Stuttgart und in der regulären HM2 in Hannover Leistungsdaten erhoben. In Hannover waren das die Ergebnisse von drei im Laufe des Semesters durchgeführten Kurzklausuren, die auf den Fragebögen abgefragt wurden. In Stuttgart wurden die anonymisierten Scheinklausurergebnisse sowie die ebenso anonymisierten Modulprüfungsergebnisse der damit einverstandenen Befragungsteilnehmenden von den Mitarbeiter*innen des MINT-Kollegs dem WiGeMath-Projekt zur Verfügung gestellt. Insgesamt wurden in Stuttgart die Scheinklausurergebnisse von 82 Teilnehmer*innen und die Modulprüfungsergebnisse von 35 Teilnehmer*innen erhoben.

18.7.2.2 Forschungsfragen

Im Rahmen der Evaluation sollte die Forschungsfrage beantwortet werden, wie die Veranstaltung von den Studierenden rezipiert wird. Im Rahmen der Wirkungsforschung sollte beforscht werden, inwiefern sich affektive Merkmale der Studierenden im Rahmen dieser Veranstaltung anders entwickeln als in einer regulären Veranstaltung und wie sich die Leistung in dieser Veranstaltung im Vergleich zu einer regulären Veranstaltung erklären lässt.

18.7.2.3 Ergebnisse der Evaluation

Bei den Beobachtungen im Rahmen der Evaluationen (I) wurde in festgestellt, dass zu allen drei Beobachtungsterminen fast gleich viele (23, 21, 21) Studierende anwesend waren.

Im Rahmen des BiLOE waren von den Dozenten, die für die Veranstaltung zuständig waren, fünf Lernziele formuliert worden (vgl. Abb. 18.2). Es zeigte sich, dass es den Studierenden als Lernziel in der Veranstaltung am wichtigsten war, ein Verständnis für die behandelten Formeln zu bekommen und sie korrekt anwenden zu können und sich sicher im Umgang mit der Mathematik und gut auf die Klausur vorbereitet zu fühlen.

Die Teilnahme an den Sitzungen empfanden sie dabei als sehr hilfreich (vgl. Abb. 18.3).

Ergebnisse der Wirkungsforschung

Im Rahmen der Wirkungsforschung (II) zeigten sich beim Studieninteresse Mathematik in beiden Vorlesungen (Stuttgart, Hannover) keine signifikanten Veränderungen im Laufe des Semesters, wobei die Mittelwerte in der regulären Lehrveranstaltung in Hannover (N = 60) deutlich höher waren, als in der antizyklischen Veranstaltung in Stuttgart (N = 97). Bei der mathematischen Selbstwirksamkeitserwartung ergaben sich weder in Stuttgart noch in Hannover empirisch bedeutsame Veränderungen und die Mittelwerte waren an beiden Standorten ähnlich hoch. Die Mittelwerte beim Lernverhalten in der Vorlesung stiegen in beiden Vorlesungen leicht an, wobei beim Lernverhalten zwischen zwei Sitzungen keine signifikanten Unterschiede zwischen der ersten und der dritten Befragung auf dem Signifikanzniveau 5 % festgestellt wurden. Sowohl in Stuttgart als auch in Hannover stiegen das Üben und das Auswendiglernen in Laufe des Semesters deutlich an. Dabei lagen die Mittelwerte bei diesen Merkmalen in Hannover etwas höher

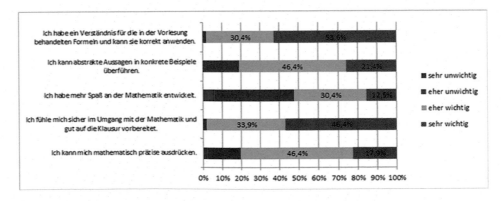

Abb. 18.2 Einschätzung der Wichtigkeit der Lernziele durch die Studierenden

als in Stuttgart. Beim Elaborieren sowie beim Konstrukt „Praxisbezüge herstellen" wurden in beiden Veranstaltungen keine empirisch bedeutsamen Veränderungen während des Semesters beobachtet (Tab. 18.1).

Für die Erklärung der Klausurleistungen durch das Lernverhalten wurde für jede Klausur eine Regression mit den unabhängigen Merkmalen „Durchschnittliche Abiturnote", „Üben" und „Auswendiglernen" und dem abhängigen Merkmal „Klausurpunkte" berechnet. Dabei ergaben sich für verschiedene Klausuren unterschiedliche Ergebnisse. Für alle drei Kurzklausuren in Hannover war die Leistung am besten durch die durchschnittliche Abiturnote zu erklären, wohingegen sowohl für die Scheinklausur als auch für die Modulprüfung in Stuttgart das Üben am wichtigsten zu sein schien. Das Auswendiglernen zeigte sich dabei nicht besonders hilfreich. Für die Scheinklausurpunkte lagen die Regressionskoeffizienten bei 1,32 für das Üben und bei -,75 beim Auswendiglernen, wobei nur der Zusammenhang zwischen dem Üben und den Scheinklausurpunkten statistisch signifikant auf einem Niveau von 5 % wurde. Für die Modulprüfung lag der Regressionskoeffizient bei 1,97 beim Üben und bei 1,17 beim Auswendiglernen, aber beide Zusammenhänge fielen nicht statistisch signifikant aus. Die Studierenden mit besseren Abiturnoten bekamen aber auch in diesen beiden Klausuren tendenziell mehr Punkte.

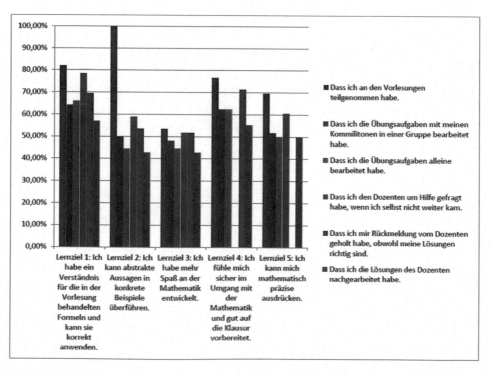

Abb. 18.3 Einschätzung der Studierenden, wie hilfreich vorgegebene Lernaktivitäten beim Erreichen der Lernziele waren

Mögliche Erklärungen der Ergebnisse

Die Tatsache, dass das Studieninteresse in Stuttgart geringer ausfiel als in Hannover, ist gut dadurch erklärbar, dass sich die antizyklische Vorlesung in Stuttgart an die Studierenden richtet, die in der entsprechenden regulären Lehrveranstaltung nicht erfolgreich waren. Trotz dieses geringeren Studieninteresses in Stuttgart nehmen die Studierenden regelmäßig an den Sitzungen teil und brechen erfahrungsgemäß selten während des Semesters die Vorlesung ab. Diese stetige Teilnahme und die geringe Abbruchsquote lassen sich zum einen natürlich mit der Anwesenheitspflicht erklären, zum anderen eventuell auch mithilfe der Ergebnisse aus dem BiLOE. Diese zeigten, dass die Studierenden die Teilnahme an den Sitzungen als hilfreich zur Erreichung von ihnen wertgeschätzten Lernziele bewerteten. Eines dieser Ziele betraf den sicheren Umgang mit der Mathematik und das Gefühl, durch die Vorlesung gut auf die Klausuren vorbereitet zu werden. Tatsächlich zeigte sich bei der mathematischen Selbstwirksamkeitserwartung der Studierenden in Stuttgart ein ähnlich hoher Mittelwert wie in Hannover, was gerade deshalb als positiv zu bewerten ist, da in Stuttgart die Studierenden bereits bei einer Klausur

Tab. 18.1 Mittelwerte, Effektgrößen und Signifikanzen von verbundenen t-Tests bezüglich der dargestellten Merkmale; alle Konstrukte wurden auf 6-stufigen Likertskalen mit 1 als geringster und 6 als höchster Ausprägung gemessen

Skala	Standort	Item-Anzahl	Mittelwert 1. Befragung	Mittelwert 3. Befragung	Effektgröße	Signifikanz (p<,05)
Studieninteresse Mathematik	Stuttgart	6	2,72	2,87	0,18	n.s
	Hannover	6	3,36	3,3	0,08	n.s
Mathematische Selbstwirksamkeitserwartung	Stuttgart	3	3,99	4,1	0,12	n.s
	Hannover	3	4,07	4,16	0,09	n.s
Lernverhalten in der Vorlesung	Stuttgart	4	4,01	4,25	0,24	0,02
	Hannover	4	4,08	4,2	0,18	n.s
Lernverhalten zwischen zwei Sitzungen	Stuttgart	4	3,11	3,19	0,08	n.s
	Hannover	4	3,325	3,2	0,17	n.s
Üben	Stuttgart	3	4,01	4,28	0,23	0,028
	Hannover	3	4,14	4,58	0,54	<0,001
Auswendiglernen	Stuttgart	4	4,06	4,36	0,32	0,003
	Hannover	4	4,39	4,6	0,32	0,017
Elaborieren	Stuttgart	4	4,44	4,41	0,03	n.s
	Hannover	4	4,32	4,4	0,09	n.s
Praxisbezüge herstellen	Stuttgart	3	3,78	3,59	0,16	n.s
	Hannover	3	3,43	3,54	0,09	n.s

durchgefallen sind. Insofern kann davon ausgegangen werden, dass das entsprechende Lernziel von vielen der Studierenden der antizyklischen MINT-HM erreicht wird.

Die Steigerung der Mittelwerte beim Üben und Auswendiglernen in Stuttgart zeigt, dass die Studierenden in dieser Veranstaltung trotz der bereits nicht bestandenen Klausur gewillt sind, Lernanstrengungen zu unternehmen. Es lässt sich vermuten, dass sie ihr Lernverhalten durch das Nichtbestehen der Klausur nicht verändert haben, denn die Studierenden der MINT-HM steigern ihren Einsatz von Lernstrategien ähnlich wie die Studierenden, die eine vergleichbare traditionelle Veranstaltung zum ersten Mal besuchen. Dass das Lernverhalten in Stuttgart eine höhere Auswirkung auf die Klausurleistung hat als die Abiturleistung, kann dahingehend als Erfolg gewertet werden, dass die Veranstaltung gerade dazu angelegt ist, Studierende mit schwächeren Voraussetzungen zu unterstützen. Das Lehrangebot wird gewissermaßen mit Blick auf die den Studierenden möglichen Lernaktivitäten und verfügbaren Wissensvoraussetzungen adäquater gestaltet, so dass sie dann den Prüfungsanforderungen besser gewachsen sind.

18.8 Fazit und Ausblick

Das Hauptziel des Brückenangebots MINT-HM besteht darin, einer größeren Gruppe von Studierenden, das Bestehen von Schein- und Prüfungsklausuren einer Höheren Mathematikveranstaltung für Ingenieurwissenschaften zu ermöglichen. Die berichteten Ergebnisse zeigen, dass dies erfolgreich gelingt. Mit dem Überwinden dieser zentralen Hürden ingenieurwissenschaftlicher Studiengänge durch eine größere Anzahl von Studierenden ist die Erwartung verbunden, dass insgesamt die Studienabbrecherquote in den ingenieurwissenschaftlichen Studiengängen gesenkt wird, das Bestehen der Mathematiklausuren es also erlaubt, auch andere Anteile des Studiums nachfolgend erfolgreich zu bewältigen. Ob auch diese Erwartung erfüllt werden kann, kann allerdings auf Basis der bis dato erhobenen Daten nicht zweifelsfrei belegt werden. Die Schwierigkeit, Langzeiteffekte von Maßnahmen auf die Studienabbruchquoten nachzuweisen, ist auch für andere Kontexte einschlägig (Tieben, 2019). Die These, dass die richtige Teilkohorte der Studierenden durch die Maßnahme angesprochen wird, kann zumindest durch die Beobachtung gestützt werden, dass die Studierenden auch nach dem erfolgreichen Besuch der MINT-HM im Vergleich zur Gesamtkohorte bei der Prüfungsklausur notenmäßig schlechter abschneiden.

Die erhobenen Daten liefern Hinweise, dass auch affektiv-motivationale Ziele erreicht werden. Die Selbstwirksamkeitserwartung nimmt zu und insgesamt zeigt ein Vergleich mit Studierenden einer Vergleichskohorte bezüglich affektiv-motivationaler Skalen keine substantiellen Unterschiede, obwohl es sich um eine fachlich gesehen schwächere Kohorte handelt. Einschränkend sollte man allerdings beachten, dass im Rahmen der MINT-HM das Bestehen der Scheinklausuren im Vordergrund steht. Diese bilden naturgemäß die institutionellen Studienziele nur eingeschränkt ab. So wichtig und richtig die Fokussierung der MINT-HM ist, so bleibt doch unklar, inwieweit sich die nun erstmal erfolgreichen Studierenden dann auch an den über die Klausuren hinausgehenden Kompetenzzielen orientieren und entsprechend weiterentwickeln.

Weitergehende Forschungsbedarfe sehen wir insbesondere bezüglich der folgenden Fragen bzw. Themen:

- Führt die Maßnahme MINT-HM zu einer nachhaltigen Reduzierung der Abbruchquoten?
- Welche langfristigen Effekte zeigt die Maßnahme mit Blick auf Studienzufriedenheit und Studienerfolg?
- Die unterschiedlichen inhaltliche Anforderungen zwischen den Aufgaben der Schein- und Prüfungsklausuren könnten durch detaillierte stoffdidaktische Analysen genauer aufgeklärt werden und auf einer solchen Basis gezielter in der MINT-HM adressiert werden, sowohl was die Vorlesungen und die Zwischentests wie auch das jeweilige Feedback angeht.
- Wie bewähren sich die erfolgreichen MINT-HM Studierenden im späteren Job als Ingenieur? Die Verknüpfung bzw. Passung von Studienergebnissen und den späteren beruflichen Anforderungen ist allerdings eine Frage, die generell weitgehend unbeantwortet ist, so wie es generell viele offene Fragen im Bereich der Servicekurse gibt und für die Ingenieurwissenschaften noch die meiste Forschung vorliegt (Artigue 2021; Hochmuth, 2020).

Abschließend sei noch bemerkt, dass eine kurzfristig realisierbare Optimierungsmöglichkeit der insgesamt sehr erfolgreichen Maßnahme MINT-HM, wie sie in unserem Beitrag beschrieben wurde, darin bestünde, das Teamteaching auszuweiten.

Literatur

Artigue, M. (2021). Mathematics education research at university level: 3Achievements and challenges. In V. Durand-Guerrier, R. Hochmuth, E. Nardi, & C. Winsløw (Hrsg.), *Research and development in University Mathematics Education* (S. 2–21). Routledge. http://dx.doi.org/10.4324/9780429346859-3.

Aspinwall, L., & Miller, L. D. (1997). Students' positive reliance on writing as a process to learn first semester calculus. *Journal of Instructional Psychology, 24*(4), 253.

Bergqvist, E. (2007). Types of reasoning required in university exams in mathematics. *The Journal of Mathematical Behavior, 26*(4), 348–370. http://dx.doi.org/10.1016/j.jmathb.2007.11.001.

Cribbs, J. D., Cass, C., Hazari, Z., Sadler, P. M., & Sonnert, G. (2016). Mathematics Identity and Student Persistence in Engineering. *International Journal of Engineering Education, 32*(1A), 163–171.

Deci, E. L., & Ryan, R. M. (2008). Self-determination theory: A macrotheory of human motivation, development, and health. *Canadian psychology/Psychologie canadienne, 49*(3), 182.

Engelbrecht, J., Bergsten, C., & Køagesten, O. (2009). Undergraduate students' preference for procedural to conceptual solutions to mathematical problems. *International Journal of Mathematical Education in Science and Technology, 40*(7), 927–940. http://dx.doi. org/10.1080/00207390903200968.

Engelbrecht, J., Bergsten, C., & Kågesten, O. (2012). Conceptual and procedural approaches to mathematics in the engineering curriculum: Student conceptions and performance. *Journal of Engineering Education, 101*(1), 138–162. http://dx.doi.org/10.1002/j.2168-9830.2012. tb00045.x.

Faulkner, B., Earl, K., & Herman, G. (2019). Mathematical maturity for engineering students. *International Journal of Research in Undergraduate Mathematics Education, 5*(1), 97–128. http://dx.doi.org/10.1007/s40753-019-00083-8.

Frank, A., & Kaduk, S. (2017). Lehrveranstaltungsevaluation als Ausgangspunkt für Reflexion und Veränderung. Teaching Analysis Poll (TAP) und Bielefelder Lernzielorientierte Evaluation (BiLOE). In Arbeitskreis Evaluation und Qualitätssicherung Berliner und Brandenburger Hochschule (Ed.), QM-Systeme in Entwicklung: Change (or) Management? 15. Jahrestagung des Arbeitskreises Evaluation und Qualitätssicherung der Berliner und Brandenburger Hochschulen (S. 39–51). FU Berlin.

Harris, D., Pampaka, M. (2016). They [the lecturers] have to get through a certain amount in an hour': First year students' problems with service mathematics lectures. *Teaching Mathematics and Its Applications* 35: 144–158. http://dx.doi.org/10.1093/teamat/hrw013.

Hochmuth, R. (2020). Service-courses in university mathematics education. *Encyclopedia of Mathematics Education*, 770–774. http://dx.doi.org/10.1007/978-3-030-15789-0_100025.

Howson, A. G., Kahane, L., Lauginie, M., & Tuckheim, M. (1988). *Mathematics as a service Subject. ICMI Studies*. Cambridge Books. http://dx.doi.org/10.1017/CBO9781139013505.

Parsons, S., Croft, T., & Harrison, M. (2009). Does students' confidence in their ability in mathematics matter? *Teaching Mathematics and its Applications, 28*(2), 53–68. http://dx.doi. org/10.1093/teamat/hrp010.

Tieben, N. (2019). Brückenkursteilnahme und Studienabbruch in Ingenieurwissenschaftlichen Studiengängen. *Zeitschrift für Erziehungswissenschaft, 22*(5), 1175–1202. http://dx.doi. org/10.1007/s11618-019-00906-z.

Zerr, R. J. (2009). Promoting students' ability to think conceptually in calculus. *Primus, 20*(1), 1–20. http://dx.doi.org/10.1080/10511970701668365.

Mini-Aufgaben in mathematischen Übungsgruppen zur Analysis: Charakteristika von Aufgaben und Abstimmungsverhalten von Studierenden

19

Thomas Bauer, Rolf Biehler und Elisa Lankeit

Zusammenfassung

Mini-Aufgaben sind kurze Aufgaben zu mathematischen Begriffen oder Sätzen, die Studierenden zusammen mit mehreren Antwortmöglichkeiten vorgelegt werden. Die Studierenden werden aufgefordert, sich Argumente für oder gegen die verschiedenen Antwortalternativen zu überlegen und sich dann in einer Abstimmung für eine Antwort zu entscheiden. Die Absicht des Einsatzes von Mini-Aufgaben liegt darin, die Studierenden zur Aktivierung ihrer auf das jeweilige Konzept bezogenen Vorstellungen anzuregen sowie eventuelle Fehlvorstellungen aufzudecken und zu bearbeiten. In dem Projekt, das diesem Beitrag zugrunde liegt, wurden Mini-Aufgaben sowohl im Rahmen von Peer Instruction eingesetzt als auch in einer stärker von der Lehrperson gesteuerten Unterrichtsform.

In diesem Beitrag untersuchen wir Bezüge zwischen den Mini-Aufgaben und dem Abstimmungsverhalten der Studierenden beispielsweise unter den folgenden Gesichtspunkten: Welche Aufgaben werden in der ersten Abstimmung besonders

T. Bauer (✉)
Marburg, Hessen, Deutschland
E-Mail: tbauer@mathematik.uni-marburg.de

R. Biehler
Paderborn, Nordrhein-Westfalen, Deutschland
E-Mail: biehler@math.upb.de

E. Lankeit
Paderborn, Nordrhein-Westfalen, Deutschland
E-Mail: elankeit@math.upb.de

© Der/die Autor(en), exklusiv lizenziert an Springer-Verlag GmbH, DE, ein Teil von Springer Nature 2022
R. Hochmuth et al. (Hrsg.), *Unterstützungsmaßnahmen in mathematikbezogenen Studiengängen,* Konzepte und Studien zur Hochschuldidaktik und Lehrerbildung Mathematik, https://doi.org/10.1007/978-3-662-64833-9_19

häufig richtig bzw. falsch beantwortet? Was zeichnet Aufgaben aus, bei denen die zweite Abstimmung ganz anders ausfällt als die erste Abstimmung? Was zeichnet Aufgaben aus, bei denen es kaum Unterschiede zwischen den beiden Abstimmungen gibt? Welche Charakteristika weisen Aufgaben auf, bei denen falsche Antworten in recht großer Anzahl auch in der zweiten Abstimmung noch bestehen bleiben?

19.1   Einleitung und Design

Dieses Kapitel beleuchtet die semesterbegleitende Maßnahme des Einsatzes von Mini-Aufgaben in Analysis-Übungen an der Universität Marburg. Mini-Aufgaben, oftmals auch ConcepTests genannt, sind kurze Aufgaben zu mathematischen Begriffen oder Sätzen, die Studierenden zusammen mit mehreren Antwortmöglichkeiten vorgelegt werden. Die Studierenden werden aufgefordert, sich Argumente für oder gegen die verschiedenen Antwortalternativen zu überlegen und sich dann in einer Abstimmung für eine Antwort zu entscheiden. Ein Beispiel für eine solche Mini-Aufgabe ist in Abb. 19.1 zu finden. Die Mini-Aufgaben wurden dabei in zwei verschiedenen Varianten eingesetzt, die im weiteren Verlauf genauer erklärt werden. Überlegungen zur Aufgabenkonstruktion sind in Bauer (2019a) ausführlich beschrieben, über die Design-Zyklen des Projekts wird in Bauer (2019b) berichtet, beides soll nicht Thema dieses Textes sein. In diesem Kapitel wird zunächst die Maßnahme auf Grundlage des Rahmenmodells ausführlich beschrieben. Der Schwerpunkt dieses Kapitels liegt dann auf dem Abstimmungsverhalten der Studierenden zu den Mini-Aufgaben in einer Variante, in der zwei Abstimmungen mit zwischenzeitlicher Diskussionsphase unter den Studierenden stattfanden. Dabei werden insbesondere einige ausgewählte Mini-Aufgaben ausführlich vorgestellt, die den Studierenden besonders schwer fielen, was wir daran festmachen, dass sie von der Mehrheit der Studierenden im ersten Versuch nicht korrekt beantwortet wurden. Bei diesen Aufgaben lässt sich ein charakteristischer Unterschied zwischen Mini-Aufgaben feststellen, bei denen es durch die Peer-Instruction-Phase eine deutliche

M6   Wir betrachten die Folge

$$\left(1, 1, 2, \frac{1}{2}, 3, \frac{1}{3}, 4, \frac{1}{4}, 5, \frac{1}{5}, \ldots\right)$$

(1) Sie ist konvergent.
(2) Sie hat genau eine konvergente Teilfolge.
(3) Sie hat unendlich viele konvergente Teilfolgen.
(4) Jede ihrer Teilfolgen ist konvergent.

Abb. 19.1 Mini-Aufgabe zum Thema Folgenkonvergenz. Mit einem Kasten umrandet ist die richtige Antwort

Veränderung im Abstimmungsverhalten gab, und solchen, bei denen das Abstimmungs-verhalten im Wesentlichen gleich blieb. Wir werden Hypothesen zur Erklärung dieser Unterschiede entwickeln.

Das Projekt, das diesem Beitrag zugrunde liegt, wurde im Rahmen der Vorlesungen „Analysis I" und „Analysis II" an der Philipps-Universität Marburg durchgeführt. In diesem Kontext wurden Mini-Aufgaben in den von studentischen Tutorinnen und Tutoren gehaltenen Präsenzübungen sowohl im Rahmen von Peer Instruction (Mazur, 1997a und 1997b) ein-gesetzt (Variante A) als auch in einer stärker von der Lehrperson gesteuerten Unterrichts-form (Variante B). In Variante A lief die Mini-Aufgaben-Phase ähnlich ab wie von Mazur vorgeschlagen: Den Studierenden wurde zunächst die Mini-Aufgabe mit vier Antwort-möglichkeiten präsentiert. Sie hatten dann zwei bis drei Minuten Zeit, um allein darüber nachzudenken und sich für eine der Antwortmöglichkeiten zu entscheiden. Anschließend stimmten sie mit Handkarten für die Antwort, die ihrer Meinung nach richtig war. Darauf folgte eine Diskussion in neu gebildeten Gruppen von zwei bis vier Personen, die möglichst nicht alle die gleiche Antwort gewählt hatten, mit dem Auftrag, die anderen von ihrer jeweils gewählten Antwort zu überzeugen oder sich überzeugen zu lassen. Den Abschluss bildete eine zweite Abstimmung mit Handkarten und die Auflösung mit kurzer Erklärung durch die Tutorin oder den Tutor. Auch in Variante B wurde den Studierenden die Mini-Aufgabe mit den zugehörigen Antwortmöglichkeiten gezeigt, woraufhin sie zwei bis drei Minuten Zeit hatten, sich einzeln (ohne Gespräche in dieser Zeit) für eine Antwortmöglichkeit zu ent-scheiden. Allerdings folgte dann keine Kleingruppendiskussion, sondern die Tutorin oder der Tutor wählte eine Person aus, die die richtige Lösung gewählt hatte, und ließ diese erklären, warum diese Antwortmöglichkeit gewählt worden war. Dies wurde durch eine ausführliche Erklärung der Tutorin oder des Tutors ergänzt, warum die jeweiligen Antwortmöglichkeiten richtig oder falsch waren. Dabei wurden auch mögliche Fehlvorstellungen, die den Dis-traktoren zugrunde lagen, thematisiert. Es wurden jeweils in der Hälfte der Übungsgruppen Variante A und in der anderen Hälfte Variante B durchgeführt. Die Teilnehmerinnen und Teil-nehmer waren den Varianten zufällig zugeordnet worden. Eine vergleichende Auswertung der Wirkungen und Studierendeneinstellungen zu den Varianten erfolgt in anderen Publikationen, z. B. in Lankeit, Bauer und Biehler (2020) und Bauer, Biehler und Lankeit (2022).

19.2   Zielsetzungen der Maßnahme

Auf der Ebene der wissensbezogenen Lernziele wird die Förderung hochschul-mathematischen Wissens, d. h. konkret von Kenntnissen und Begriffsverständnissen der Inhalte der Analysis I und II, angestrebt. Ferner wird ein verständiges Erlernen und Ver-wenden von Fachsprache beabsichtigt, was die korrekte Interpretation und Nutzung von symbolischen Ausdrücken und logischen Formulierungen einschließt. Die Studierenden sollen mit Hilfe der Mini-Aufgaben ihre auf das jeweilige Konzept bezogenen Vor-stellungen aktivieren, äußern und zur Diskussion stellen und dadurch eventuelle Fehlvor-stellungen erkennen und bearbeiten.

Im Bereich der handlungsbezogenen Lernziele wird vor allem die Förderung mathematischer Arbeitsweisen (das schließt mathematische Kommunikation ein) angestrebt. Um die Mini-Aufgaben erfolgreich zu lösen, müssen Vermutungen aufgestellt und begründet werden, häufig mit Hilfe des Heranziehens von Beispielen und Gegenbeispielen, und unklare Begriffe müssen – spätestens in der Gruppendiskussion – geklärt werden, sodass angedacht ist, dass typische mathematische Arbeitsweisen in der Mini-Aufgaben-Phase praktiziert werden. Die Studierenden sollen durch das ständige und unmittelbare Feedback die Lernstrategie des Überwachens und Bewertens des eigenen Kenntnisstands kennenlernen. Letzteres wird in der Veranstaltung aber nicht explizit als Lernstrategie thematisiert, da die Maßnahme weniger auf den Erwerb von Lernstrategien als auf die Vermittlung von Wissen sowie auf die oben genannten mathematikbezogenen Strategien ausgelegt ist. Einstellungsbezogene Zielsetzungen wurden mit dem Einsatz der Mini-Aufgaben nicht in erster Linie verfolgt.

Die Maßnahme verfolgt auch Ziele, die nicht auf der Ebene des Individuums zu verorten sind, sondern zu den systembezogenen Zielsetzungen gehören. Durch die Förderung des Verständnisses wird eine Verbesserung der Leistungen in den Modulabschlussprüfungen und damit auch eine Erhöhung der Bestehensquote angestrebt. Somit soll der formale Studienerfolg verbessert werden. Da die Studierenden nach ihrer Abstimmung jeweils schnell erfahren, ob sie richtiglagen, erhalten sie regelmäßig eine Rückmeldung zum eigenen Kenntnisstand. So wurde auch die Feedbackqualität im Vergleich zu traditionellen Veranstaltungen erhöht. Darüber hinaus sollen in Variante A soziale und studienbezogene Kontakte gefördert werden, indem die Studierenden in kleinen Gruppen über fachliche Inhalte diskutieren, was auch Anregung zur Arbeit in Lerngruppen geben soll. Insgesamt zielt die Maßnahme des Einsatzes der Mini-Aufgaben in den Analysis-Übungen also auch darauf ab, die Lehrqualität zu verbessern.

Ein weiteres Ziel der Maßnahme ist die kognitive Aktivierung der Studierenden in den Übungen generell zu steigern, was über die Mini-Aufgaben-Phase hinausgehen soll (vgl. Bauer, 2019a). Dies können wir auch den systembezogenen Maßnahmen im WiGeMath-Rahmenmodell zuordnen.

19.3 Maßnahmemerkmale

19.3.1 Strukturelle Merkmale und Rahmenbedingungen

Die Maßnahme der Mini-Aufgaben ist in die Struktur der Analysis-Veranstaltung eingebettet. Es fanden pro Woche zwei 90-minütige Analysis-Vorlesungen sowie eine 90-minütige Analysis-Übung statt. Die Maßnahme selbst wurde in den ersten 30 min jeder Übung im gesamten Semester, beginnend in der zweiten Vorlesungswoche, durchgeführt. Alle Studierenden, die die Veranstaltung besuchten, waren angehalten (aber nicht verpflichtet), auch eine Übung zu besuchen und somit an der Maßnahme teilzunehmen.

Die Studierendenkohorte in der Analysis I im Sommersemester 2018 (60 Studierende, die am Ende des Semesters an der Befragung teilnahmen) setzte sich aus Studierenden der Studiengänge Lehramt Mathematik für Gymnasien (33 %), Bachelor Mathematik (20 %), Bachelor Wirtschaftsmathematik (33 %) und Bachelor Physik (12 %) zusammen. Es waren 21 % in ihrem ersten und 51 % in ihrem zweiten Fachsemester. Auf das dritte und vierte Fachsemester entfielen 18 %. Die Prozentangaben beziehen sich jeweils auf die Teilnehmenden der Befragung am Ende des Semesters. Insgesamt nahmen 116 Studierende an den Klausuren zur Analysis I teil. In der Analysis II im Wintersemester 2018/19 (41 Studierende, die am Ende des Semesters an der Befragung teilnahmen) waren dieselben Studiengänge vertreten, wobei sich der Anteil der Lehramtsstudierenden und der Physikstudierenden im Vergleich zur Analysis I verringert (auf 24 bzw. 10 %) und der Anteil der Mathematikbachelorstudierenden auf 37 % erhöht hatte. Hier waren 17 % im zweiten, 54 % im dritten und 27 % im vierten oder fünften Fachsemester. An den Analysis-II-Klausuren nahmen insgesamt 59 Studierende teil.

Die Übungen fanden in Seminarräumen statt. Wichtig bei der Ausstattung war, dass jeweils ein Beamer vorhanden war, um die Aufgabenstellung der Mini-Aufgaben in allen Gruppen auf dieselbe Weise zeigen zu können.

Die Übungsgruppen wurden in Analysis I und II zu Beginn des Semesters jeweils von sieben bis 17 Studierenden besucht, später im Semester in der Regel von weniger als zehn Studierenden pro Übungsgruppe.

Das Lehrteam bestand aus dem Dozenten (dem ersten Autor dieses Artikels), je einem wissenschaftlichen Mitarbeiter und sechs (für Analysis I) bzw. vier (für Analysis II) studentischen Tutorinnen und Tutoren. Die acht bzw. sechs Übungen wurden von den studentischen Tutorinnen und Tutoren und dem wissenschaftlichen Mitarbeiter gehalten. Die Aufgaben und Lösungen waren zuvor vom ersten Autor entwickelt worden, ein wissenschaftlicher Mitarbeiter hatte bei der Pilotierung mitgewirkt. Den Tutorinnen und Tutoren wurden ausführliche Lösungen zur Verfügung gestellt. Die Tutorinnen und Tutoren hatten unterschiedlich viel Erfahrung: In der Analysis I gab es drei Tutorinnen und Tutoren, die hier zum ersten Mal eine Übung hielten, während die anderen bereits vier- bis achtmal Tutorien gehalten hatten. Unter den studentischen Tutorinnen und Tutoren in der Analysis II waren keine ohne Lehrerfahrung, die Anzahl der bis zu diesem Zeitpunkt gehaltenen Tutorien reichte von einem bis zu sechs. Bis auf den wissenschaftlichen Mitarbeiter hatten alle Tutorinnen und Tutoren der Analysis II im vorherigen Semester die Analysis I mitbetreut, sodass sie mit der Methode der Mini-Aufgaben bereits vertraut waren. Vor Beginn des Semesters führte der erste Autor als Dozent der Veranstaltung eine ca. 60-minütige Schulung durch, bei der den Tutorinnen und Tutoren die Methoden zum Einsatz der Mini-Aufgaben in den beiden verschiedenen Varianten gezeigt wurden. Zum einen wurden dabei die Ziele erläutert, die wir damit in der Lehrveranstaltung verfolgen. Zum anderen lernten sie durch probeweise durchgeführte Peer-Instruction-Runden die praktische Durchführung kennen. Die Tutorinnen und Tutoren haben beide Aspekte dann im jeweils ersten Tutorium mit den Teilnehmerinnen und Teilnehmern besprochen. Es gab eine wöchentliche Besprechung mit den Tutorinnen und Tutoren, in der schwerpunktmäßig die zur schriftlichen Bearbeitung gestellten Übungsaufgaben besprochen wurden. Die Besprechung wurde auch genutzt, um Rückmeldungen zu etwaigen Problemen mit den Mini-Aufgaben zu diskutieren. Die studentischen Tutorinnen und Tutoren kamen überwiegend aus dem Studiengang Mathematik (Bachelor- oder Masterstudiengang), die Studiengänge Lehramt Mathematik, Wirtschaftsmathematik und Physik waren unter den Tutorinnen und Tutoren jedoch auch vertreten. Alle Tutorinnen und Tutoren waren mindestens im vierten Bachelorsemester.

19.3.2 Didaktische Elemente

Die oben genannten Lernziele wurden den Studierenden gegenüber nicht ausführlich expliziert. Es wurde ihnen gesagt, dass die Miniaufgaben sie beim Verstehen der in der Vorlesung behandelten Begriffe und Sätze unterstützen sollen. Das wesentliche, der Maßnahme zugrunde liegende didaktische Prinzip ist das Schaffen von aktiven, konstruktiven und interaktiven Lernaktivitäten (vgl. Bauer, 2019a; Chi, 2009). Die Methode beruht auf den genutzten Sozialformen: von der kurzen, stillen Einzelarbeit (Nachdenkphase) geht es zur öffentlichen Abstimmung über Handkarten. In Variante A folgt dann die Diskussion in Kleingruppen, eine zweite Abstimmung und eine kurze Erläuterung der Lösung durch die Tutorin oder den Tutor. In Variante B wird die Phase mit der ausführlichen tutorzentrierten Besprechung der Lösung (mit Studierendenbeteiligung) abgeschlossen.

Die Mini-Aufgaben, die hier als Lehr- und Lernmaterialien fungieren, wurden vom ersten Autor entwickelt. Pro Übung werden drei Mini-Aufgaben bearbeitet. Die Lösungen werden (in Variante B ausführlicher als in Variante A) besprochen, den Studierenden aber nicht in schriftlicher Form zur Verfügung gestellt. Mittlerweile sind die Aufgaben mit kommentierten Lösungen in Buchform veröffentlicht (Bauer, 2019c), dieses Buch war zur Zeit der hier beschriebenen Durchgänge jedoch noch nicht erschienen.

Bei jeder Aufgabe handelt es sich durch die Abstimmung um eine Form der Lernkontrolle und Feedback, da die Studierenden sich jeweils selbst für eine Antwort entscheiden und wenig später erfahren, ob sie mit ihrer Wahl richtiglagen.

Grundsätzlich wäre die Methode insofern adaptiv (im Sinne des WiGeMath-Rahmenmodells) einsetzbar, als mehr oder weniger Aufgaben gestellt werden können und die Lösungen je nach Wunsch und Kenntnisstand der Teilnehmenden mehr oder weniger ausführlich besprochen werden können. Bei den hier berichteten Durchläufen wurde aufgrund der angestrebten Wirkungsforschung, deren ausführliche Ergebnisse an anderer Stelle publiziert sind (Bauer, Biehler & Lankeit 2022), allerdings auf Vergleichbarkeit zwischen den Gruppen geachtet und daher wurden gewisse Vorgaben (drei Mini-Aufgaben pro Übung, ca. zehn Minuten pro Mini-Aufgabe) eingehalten und nicht die maximalen Adaptionsmöglichkeiten genutzt. Die Mini-Aufgaben selbst könnten nicht ad-hoc in den Übungen an die Teilnehmenden angepasst werden (allenfalls können unpassende Aufgaben weggelassen werden oder die Besprechung ausführlicher oder weniger ausführlich gestaltet werden), mit genügend Vorlaufzeit wäre eine Anpassung aber durchaus möglich. Nach jedem Durchlauf wurden aufgrund der Erfahrungen mit den Mini-Aufgaben Anpassungen an Formulierungen etc. vorgenommen (vgl. Bauer, 2019b).

19.4 Ergebnisse zur Akzeptanz der Maßnahme

Am Ende des Semesters wurde in den Übungen eine Pen-and-Paper-Befragung durchgeführt. Diese erfolgte im Rahmen des WiGeMath-Projekts und zielte auf eine Bewertung des Einsatzes der Mini-Aufgaben durch die Studierenden ab. Sowohl in der Variante A mit Peer Instruction als auch in der tutorzentrierten Einsatzvariante B bewerteten die Studierenden den Einsatz der Mini-Aufgaben überwiegend positiv. Dies wurde mit im Projekt entwickelten Skalen abgefragt (s. Tab. 19.1).

Tab. 19.2 zeigt die Bewertung des empfundenen Nutzens der Mini-Aufgaben durch die Studierenden in Hinblick auf Verständnis der Inhalte und Feedback für den eigenen Kenntnisstand sowie die persönliche Einstellung gegenüber den Aufgaben. Die Zielsetzungen der Erhöhung des Verständnisses sowie der Feedbackqualität zum jeweiligen Kenntnisstand können somit zumindest aus Sicht der Studierenden als sehr gut erfüllt betrachtet werden. Unterschiede zwischen den beiden verschiedenen Varianten sind selbst auf einem Signifikanzniveau von 10 % nicht signifikant.

Tab. 19.1 Skalen zur Erhebung der Studierendeneinschätzung zu den Mini-Aufgaben

Skala	Anzahl der Items	Beispielitem	Cronbachs Alpha (Analysis I / Analysis II)
Selbsteinschätzung: Besseres Verständnis der Inhalte durch Mini-Aufgaben	3	Mit Hilfe der Miniaufgaben habe ich die Bedeutung der Definitionen und Sätze aus der Vorlesung besser verstanden als vorher	0,902 / 0,945
Selbsteinschätzung: Durch Mini-Aufgaben Bewusstsein für eigenen Kenntnisstand schaffen	4	Durch die Miniaufgaben und ihre Besprechung habe ich gemerkt, was ich wie gut verstanden habe	0,809 / 0,912
Persönliche Einstellung zu Mini-aufgaben	5	Die Miniaufgaben und ihre Besprechung haben die Übung interessanter gemacht	0,933 / 0,938

Tab. 19.2 Bewertung der Mini-Aufgaben durch die Studierenden, Analysis I und II, Teil 1. Die Likert-Skalen gehen von 1 („trifft gar nicht zu") bis 6 („trifft vollständig zu"). „Anteil Zustimmung" gibt den Anteil derjenigen an, deren Skalenwert über der theoretischen Skalenmitte (3,5) liegt

Skala	Analysis I			Analysis II		
	Gesamtgruppe (N = 58)	Variante A (N = 27)	Variante B (N = 25)	Gesamtgruppe (N = 39)	Variante A (N = 24)	Variante B (N = 15)
	M (SD) Anteil Zustimmung	M (SD) Anteil Zustimmung	M (SD) Anteil Zustimmung	M (SD) Anteil Zustimmung	M (SD) Anteil Zustimmung	M (SD) Anteil Zustimmung
Selbsteinschätzung: Besseres Verständnis der Inhalte durch Mini-Aufgaben	**4,79** (1,09) 88 %	4,86 (1,15) 89 %	4,68 (1,05) 88 %	**4,53** (1,41) 74 %	4,28 (1,49) 67 %	4,93 (1,22) 87 %
Selbsteinschätzung: Durch Mini-Aufgaben Bewusstsein für eigenen Kenntnisstand schaffen	**4,79** (0,81) 95 %	4,82 (0,88) 96 %	4,66 (0,75) 92 %	**4,45** (1,18) 74 %	4,38 (1,14) 67 %	4,57 (1,29) 87 %
Persönliche Einstellung zu Mini-aufgaben	**4,38** (1,33) 76 %	4,37 (1,30) 78 %	4,35 (1,29) 76 %	**3,78** (1,68) 67 %	3,57 (1,77) 58 %	4,12 (1,50) 80 %

Darüber hinaus bewerteten die Studierenden die konkrete Umsetzung der Miniaufgaben und wurden nach Änderungswünschen gefragt (vgl. Abb. 19.2). Dabei zeigt sich, dass sie mit der Umsetzung der Miniaufgabenphase in beiden Gruppen sehr zufrieden waren. Beide Gruppen wünschten sich weder mehr Diskussionsbeiträge noch mehr Erklärungen der Lehrperson. Es zeigen sich hierbei keine statistisch signifikanten Gruppenunterschiede, daher wird in der Darstellung nicht zwischen den beiden Einsatzvarianten differenziert, sondern nur die Gesamtgruppe portraitiert. Auch die konkrete Umsetzung in Hinblick auf Niveau und Anzahl der Mini-Aufgaben sowie die zur Verfügung stehende Zeit bewerteten die Studierenden überwiegend als angemessen (s. Abb. 19.3). Gezeigt werden hier die Ergebnisse aus der Analysis I, in der Analysis II ergibt sich insgesamt ein ähnliches Bild.

Abb. 19.2 Änderungswünsche und Bewertungen zum Einsatz der Mini-Aufgaben, Analysis I

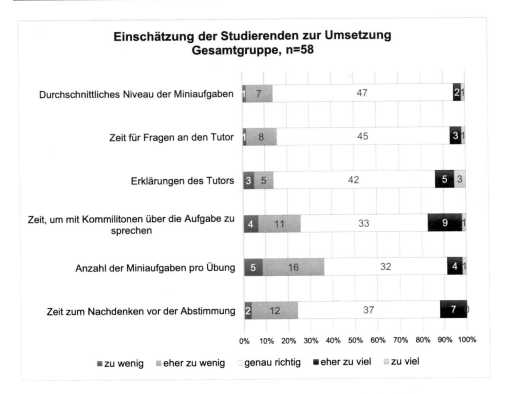

Abb. 19.3 Einschätzung der Studierenden zur konkreten Umsetzung, Analysis I

19.5   Ergebnisse zur Veränderung des Abstimmungsverhaltens in den Übungsgruppen mit Einsatz von Peer-Instruction

In manchen Publikationen (bspw. Rao & DiCarlo, 2000) wird der Erfolg von Peer Instruction daran gemessen, wie sich die Abstimmungsergebnisse von der ersten zur zweiten Abstimmung verändern. Mit Bezug auf Annahmen über active learning (Silbermann 1996) deuten beispielweise Rao und DiCarlo (2000) die Zunahme richtiger Antworten als Indiz für eine Verbesserung im Verständnis und in der Fähigkeit, verschiedene Elemente des Lernstoffs zu integrieren („enhanced the student's level of understanding and ability to synthesize and integrate material", Rao & DiCarlo, 2000, S. 55). Daher wird im Folgenden berichtet, wie sich in Variante A (der einzigen Variante mit zwei Abstimmungen pro Aufgabe) die Abstimmungsergebnisse von der ersten zur zweiten Abstimmung verändert haben. Diese Veränderung bezeichnen wir als Peer-Instruction-Effekt. In jeder Übung wurde erfasst, wie viele Studierende in der ersten und zweiten Abstimmung für welche Antwort abgestimmt hatten. Uns liegen dabei keine Daten dazu vor, welche der Studierenden wie abgestimmt haben, sodass keine

Untersuchung der Korrelation von richtigem Antwortverhalten und Semesterzugehörig-keit oder Leistungsdaten stattfinden kann. Dies ist auch nicht Ziel der folgenden Über-legungen.

Abbildung 19.4 zeigt den *Zuwachs* im Anteil richtiger Antworten von der ersten zur zweiten Abstimmung in Prozentpunkten in Abhängigkeit vom Anteil richtiger Antworten in der ersten Abstimmung für die Mini-Aufgaben in der Analysis I und II. Durch die gestrichelte graue Linie wird der unmögliche Bereich markiert, da nur maximal so viel Zuwachs stattfinden kann, dass der Anteil in der zweiten Abstimmung bei 100 % liegt. Dabei sind die Aufgaben, die in der Analysis I gestellt wurden, in schwarz und die aus der Analysis II in weiß dargestellt.

Bei fast allen Mini-Aufgaben ist von der ersten zur zweiten Abstimmung, also nach der Kleingruppendiskussion, ein Zuwachs bei den richtigen Antworten zu verzeichnen, der aber unterschiedlich stark ausfällt. Eine Abnahme der richtigen Antworten gab es nur bei einer der 72 Aufgaben. Erwünscht ist laut Crouch und Mazur (2001) eine Lösungs-rate von 35–70 % in der ersten Abstimmung, da dann ein substantieller Zuwachs an richtigen Antworten verzeichnet werden könne, mit erfahrungsgemäß größtem Zuwachs in Prozentpunkten bei einer Erstlösungsquote von etwa 50 %. Es handelt sich dabei um einen Erfahrungswert, den sie nicht genauer begründen:

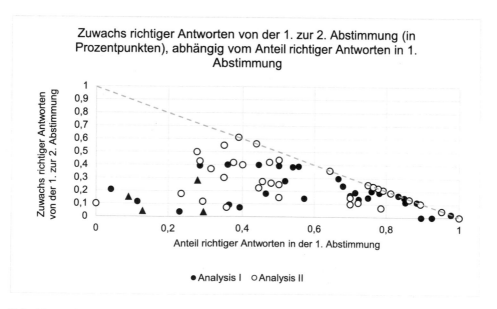

Abb. 19.4 Absoluter Zuwachs richtiger Antworten von der ersten zur zweiten Abstimmung in Prozentpunkten in Abhängigkeit vom Anteil der richtigen Antworten in der ersten Abstimmung bei den Mini-Aufgaben der Analysis I und II

„We analyzed student responses to all of the ConcepTests over an entire semester, and find that after discussion, the number of students who give the correct answer to a ConcepTest increases substantially, as long as the initial percentage of correct answers to a ConcepTest is between 35 % and 70 %. We find that the improvement is largest when the initial percentage of correct answers is around 50 %." (Crouch und Mazur 2001, S. 972)

Es ist davon auszugehen, dass der größte Zuwachs in Prozentpunkten bei Erstlösungsquoten in diesem Bereich deshalb auftritt, weil in der Gruppe insgesamt oft genug die richtige Antwort gewählt wurde, um sich durchsetzen zu können, und gleichzeitig genügend viele eine falsche Antwort gewählt haben, dass noch ein großer Zuwachs möglich ist. Unsere Graphik (Abb. 19.4) zeigt ein sehr viel differenzierteres Bild. In der Analysis I landeten in der ersten Abstimmung 14 der 36 gestellten Mini-Aufgaben in diesem gewünschten Intervall, in der Analysis II 19. Der Peer-Instruction-Effekt fiel dabei unterschiedlich stark aus. Nur bei einer Mini-Aufgabe in der Analysis I und drei Mini-Aufgaben in der Analysis II, die im gewünschten Intervall landeten, wurde der maximal mögliche Zuwachs erzielt. Bei manchen Aufgaben aus diesem Intervall konnte keine wesentliche Veränderung festgestellt werden. Lohnenswert ist hier auch ein Blick auf vier Aufgaben, bei denen jeweils 50 % der Studierenden in der ersten Abstimmung für die richtige Lösung abstimmten: Von wenig (15 Prozentpunkte) über mittelgroßen (25 Prozentpunkte) bis zu beinahe dem maximal möglichen Zuwachs (39 bzw. 44 Prozentpunkte) konnten hier bei gleicher Ausgangslage ganz unterschiedlich starke Peer-Instruction-Effekte festgestellt werden.

Bei größeren Erstlösungsquoten als empfohlen können dennoch verschiedene Effekte beobachtet werden: Im Bereich zwischen 70 und 80 % liegt der Zuwachs meist zwischen 10 und 20 Prozentpunkten. Ab Lösungsquoten von mehr als 75 % stimmten am Ende fast immer fast alle Studierenden für die richtige Antwort. Nur selten gab es in diesem Bereich keine Veränderung, wobei die Veränderungen naturgemäß weniger drastisch ausfallen können als bei niedrigeren Lösungsquoten in der ersten Abstimmung.

Aufgaben mit einer Erstlösungsquote von weniger als 35 % bezeichnen wir im Folgenden als präinstruktional schwer. Wir orientieren uns bei dieser Einteilung an den von Crouch und Mazur (2001) vorgeschlagenen Lösungsquoten. Diese Grenze ergibt sich nicht natürlicherweise aus unseren Daten. Aus den Daten ergibt sich vielmehr eine deutliche Trennung in Hinblick auf die Erstlösungsquote: Wir unterscheiden zwischen Aufgaben mit Erstlösungsquote von weniger als 15 %, die wir „präinstruktional sehr schwer" nennen, und solchen im Bereich von 15–35 % (die dann „nur" „präinstruktional schwer" sind). Die Menge der präinstruktional sehr schweren Aufgaben ist also eine Teilmenge der Menge der präinstruktional schweren Aufgaben. Vier ausgewählte solche Mini-Aufgaben (im Diagramm mit einem Dreieck gekennzeichnet) werden im Folgenden genauer untersucht, um so festzustellen, welche Charakteristika der präinstruktional schweren Aufgaben einen hohen oder weniger hohen Peer-Instruction-Effekt erwarten lassen, denn, wie am Diagramm zu sehen ist, ist dafür mitnichten nur die Erstlösungsquote entscheidend. Dabei wählen wir zwei präinstruktional sehr schwere und zwei präinstruktional schwere Aufgaben aus, wobei jeweils eine kaum Zuwachs und eine andere größeren Zuwachs aufweist. Die beiden Aufgaben mit größerem Zuwachs sind so ausgewählt, dass sich die Anzahl richtiger Antworten jeweils ungefähr verdoppelt.

Bei Aufgaben mit Lösungsquoten unter 25 % in der ersten Abstimmung konnte im Regelfall in unseren Daten kein deutlicher Peer-Instruction-Effekt festgestellt werden. Dies wird im Allgemeinen darauf zurückgeführt, dass in der Gruppe zu wenig Wissen zum entsprechenden Thema vorhanden ist, als dass substantielle Diskussionen und damit Verschiebungen zur richtigen Lösung hin verzeichnet werden könnten. Beachtenswert ist jedoch, dass bei der Aufgabe mit der geringsten Lösungsquote in der ersten Abstimmung in der Analysis I (4 %) dennoch ein beachtlicher absoluter Zuwachs von 21 Prozentpunkten stattfand. Aufgaben mit Erstlösungsquoten zwischen 25 und 35 % zeigten unterschiedlich starke Peer-Instruction-Effekte, zum Teil sogar mit einem Zuwachs von 40–50 Prozentpunkten.

19.6 Schwerpunkt: Analyse präinstruktional schwerer Aufgaben

Crouch und Mazur (2001) halten die Durchführung der Diskussionsphase nicht für fruchtbar, wenn weniger als 35 % der Teilnehmerinnen und Teilnehmer bei der ersten Abstimmung korrekt antworten, was genau unseren präinstruktional schweren Aufgaben entspricht:

> „If fewer than 35% of the students are initially correct, the ConcepTest may be ambiguous, or too few students may understand the relevant concepts to have a fruitful discussion (at least without some further guidance from the instructor)." (Crouch & Mazur, 2001, S. 974)

In Lasry, Mazur und Watkins (2008) wird als „Peer instruction process" ein Vorgehen beschrieben, bei dem die Kleingruppendiskussion nur nach einer Abstimmung mit 30–70 % korrekten Antworten durchgeführt wird. Bei weniger als 30 % richtiger Antworten ist ein nochmaliges Aufgreifen des Konzepts durch die Lehrperson vorgesehen (revisit concept), bevor im Ablauf zur ersten Abstimmung zurückgesprungen wird. In unserer Durchführung sind wir diesen Überlegungen und methodischen Vorgaben insofern nicht gefolgt, als wir nach der ersten Abstimmung stets eine Kleingruppendiskussion stattfinden haben lassen. Daher können wir die Veränderung des Abstimmungsverhaltens bei präinstruktional schweren Aufgaben untersuchen. Eine genauere Analyse ausgewählter präinstruktional schwerer Aufgaben gibt darüber hinaus Hinweise auf Charakteristika der Mini-Aufgaben, die erfolgreiche Diskussionen begünstigen.

19.6.1 Fragestellung 1: Abstimmungsergebnisse bei präinstruktional schweren Fragen

Aufgaben so zu entwerfen, dass die erste Abstimmung ein Ergebnis im genannten Intervall (35–70 % richtige Antworten) liegt, ist in der Praxis nicht einfach. Erfahrungen des ersten Autors beim Einsatz mit 12 Übungsgruppen im Sommersemester 2014 haben zudem gezeigt, dass es Aufgaben gibt, bei denen die Abstimmungsergebnisse in verschiedenen Übungsgruppen sehr verschieden ausfallen: Aufgaben, die sich in einer Gruppe als zu schwer erweisen, können in einer anderen Gruppe gut passend oder gar zu leicht sein. Es scheint daher kaum zu vermeiden zu sein, dass auch Aufgaben entwickelt werden, die sich im Nachhinein – jedenfalls in einzelnen Gruppen – als empirisch schwer erweisen. Wir halten es daher für wichtig, weiteren Aufschluss über die Charakteristika von solchen Aufgaben zu erhalten.

Da wir im vorliegenden Projekt (aus den weiter oben genannten forschungsmethodischen Gründen) der Empfehlung von Crouch und Mazur nicht gefolgt sind, die Kleingruppendiskussion bei präinstruktional schweren Aufgaben entfallen zu lassen, sondern sie in allen Gruppen bei allen Aufgaben durchgeführt wurden, liegen uns auch bei diesen Aufgaben Daten zum Abstimmungsverhalten in beiden Abstimmungen vor. Wir können daher folgende Frage bearbeiten:

(F1) Welche Arten von Abstimmungsergebnissen kommen in der zweiten Abstimmung bei präinstruktional schweren Aufgaben vor?

19.6.1.1 Ergebnisse zu Arten von Abstimmungsergebnissen in der zweiten Abstimmung bei präinstruktional schweren Aufgaben (F1)

Von den 36 Aufgaben, die in der Analysis 1 eingesetzt wurden, haben sich 8 Aufgaben als präinstruktional schwer erwiesen. Der Zuwachs, den die richtige Antwort zwischen erster und zweiter Abstimmung hatte, variiert dabei zwischen einem und 39 Prozentpunkten. Von den 36 Aufgaben, die in der Analysis 2 eingesetzt wurden, haben sich 6 Aufgaben als präinstruktional schwer erwiesen. (Zwei weitere Aufgaben lagen bei genau 35 % und könnten hier ebenfalls zugeordnet werden.) Der Zuwachs richtiger Antworten variiert hier zwischen zehn und 50 Prozentpunkten. Abb. 19.5 zeigt einen vergrößerten Ausschnitt aus Abb. 19.4 und damit den Zuwachs richtiger Antworten bei den präinstruktional schweren Aufgaben.

In Bezug auf die zweite Abstimmung lassen sich zwei deutlich getrennte Gruppen ausmachen:

- **Gruppe G1:** Bei 4 der 8 Aufgaben in der Analysis 1 und bei 2 der 6 Aufgaben in der Analysis 2 blieb der Anteil richtiger Antworten im Wesentlichen konstant oder änderte sich eher wenig (Änderung im Bereich 1 bis 11,5 Prozentpunkte).

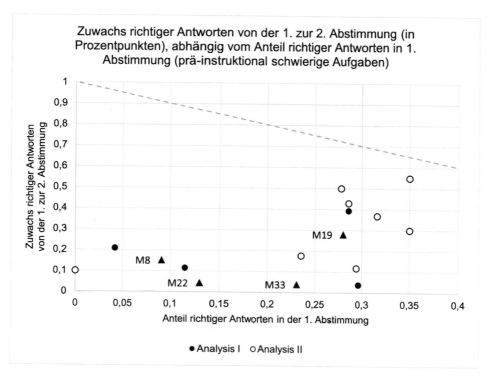

Abb. 19.5 Absoluter Zuwachs richtiger Antworten von der ersten zur zweiten Abstimmung in Prozentpunkten in Abhängigkeit vom Anteil der richtigen Antworten in der ersten Abstimmung bei den präinstruktional schweren Mini-Aufgaben der Analysis I und II

- **Gruppe G2:** Bei den übrigen 4 Aufgaben in der Analysis 1 und den übrigen 4 Aufgaben in der Analysis 2 gab es in der zweiten Abstimmung einen stärkeren oder sehr starken Zuwachs richtiger Antworten (15 bis 50 Prozentpunkte).

19.6.1.2 Diskussion

Sowohl in der Analysis 1 als auch in der Analysis 2 zeigt sich, dass es unter den präinstruktional schweren Aufgaben große Unterschiede in der Zunahme richtiger Antworten zwischen den beiden Abstimmungen gibt. Insbesondere gibt es jeweils eine Gruppe von Aufgaben, bei denen bei einem beträchtlichen Teil der Teilnehmenden zwischen den beiden Abstimmungen eine deutliche Umorientierung hin zur richtigen Antwort zu erkennen ist. Dies kann darauf hindeuten, dass – entgegen den Befunden bei Crouch und Mazur – auch bei diesen Aufgaben eine produktive Diskussion zustande kam.

19.6.2 Fragestellung 2: Unterschiedliche Charakteristika präinstruktional schwerer Aufgaben

Das Ergebnis zu (F1) zeigt, dass sich die präinstruktional schweren Aufgaben in Bezug auf die zweite Abstimmung in unterscheidbare Gruppen einteilen lassen. Dies legt eine weitergehende Frage nahe:

(F2) Lassen sich Unterschiede zwischen denjenigen präinstruktional schweren Aufgaben, bei denen die richtige Antwort in der zweiten Abstimmung einen starken Zuwachs hat (Gruppe G2), und denen, bei denen dies nicht der Fall ist (Gruppe G1), in Hinblick auf Aufgabenmerkmale feststellen?

(Die Gruppe G1 entspräche der von Crouch und Mazur formulierten Erwartung, dass keine fruchtbare Diskussion zustande kam, während die Gruppe G2 dieser Erwartung widerspricht.)

Frage (F2) zielt darauf ab, ob sich der empirisch festgestellte Unterschied zwischen den beiden Aufgabengruppen in charakteristischen Merkmalen der Aufgaben widerspiegelt und sich somit durch das Design der Aufgabe erklären lässt. Wir fragen also nach Charakteristika von präinstruktional schweren Aufgaben, die erklären könnten, warum bei manchen die Peer-Instruction-Phase Effekte hat und bei manchen nur wenig. Gemeint sind hierbei Charakteristika von Aufgaben, die sich bereits a priori erkennen erkennen lassen und somit künftig bei der Entwicklung von Aufgaben berücksichtigt werden könnten. Es wäre sinnvoll und naheliegend, die Frage zu untersuchen, ob bei den beiden Aufgabengruppen tatsächlich Unterschiede in den Gruppendiskussionen erkennbar sind, worin diese Unterschiede ggf. liegen und ob diese den unterschiedlichen Lösungszuwachs erklären. Diese weitergehende Frage kann auf der Basis unserer Daten nicht verfolgt werden. Unsere Analysen werden aber Hinweise darauf geben, in welche Richtung solche Forschungen angelegt werden müssten.

19.6.2.1 Theoretischer Hintergrund

Um Frage (F2) zu bearbeiten, streben wir an, Charakteristika der Aufgaben zu identifizieren, die sowohl die präinstruktionale Schwierigkeit als auch die unterschiedliche postinstruktionale (d. h. nach der Peer Instruction in der zweiten Abstimmung gemessene) Schwierigkeit erklären können. In der Literatur werden verschiedene Möglichkeiten diskutiert, Aufgaben- oder Lösungsschwierigkeit zu erfassen. Das Spektrum reicht dabei von detaillierten Komplexitätsprofilen wie dem von Stillman und Galbraith (2003), das auf Grundlage eines theoretischen Frameworks von Williams und Clarke (1997) entwickelt wurde, bis hin zu empirisch bestätigten, aber vergleichsweise groben Stufenmodellen wie bei Reiss et al. (2002). Während sich im Framework von Williams und Clarke die Einordnung von gegebenen Aufgaben in die fein aufgegliederten Kategorien als problematisch erwiesen hat (Stillman & Galbraith, 2003, S. 7), zeigt sich, dass das Stufenmodell von Reiss et al. für unsere Zwecke nicht fein genug ist – alle Aufgaben müssten in die oberen zwei der drei Stufen eingeordnet werden. Wir streben in unserer Analyse stattdessen einen mittleren Feinheitsgrad an, für den sich besonders die folgenden Ansätze eignen.

Müller (1995) schlägt im Kontext von Beweisanalysen ein vierstufiges Modell vor, das Art, Umfang und Verflechtung der eingesetzten Mittel klassifiziert. Das Modell lässt sich zwar in unserem Kontext nicht in direkter Weise einsetzen, da es mit Blick auf Primarstufe und Sekundarstufe I gebildet wurde, wir können aber dessen Grundidee nutzen. Hanna (2014) beschreibt ein auf Gowers (2007) zurückgehendes Konzept von „Breite" (width) eines Beweises, das auf die Anzahl an Informationen („Ideen") Bezug nimmt, die man zur Beweisführung im Kopf haben muss. Beide Ansätze beziehen sich auf das mathematische Beweisen, bei Hanna insbesondere auf die Argumentation, die den Lernenden *vorgelegt* wird. Da Peer-Instruction-Aufgaben auf Argumentation abzielen (die Richtigkeit der gewählten Antwort ist zu begründen), lassen sich diese Ansätze auch für neu zu generierende Argumentationen nutzen, indem wir unsere Aufmerksamkeit darauf richten, wie viele Schlüsselideen die Lösung einer Aufgabe erfordert und in welcher Weise diese Ideen miteinander verflochten sind. Bei der Umsetzung dieses Ansatzes nutzen wir die Methode der Task Analysis Maps von Chick (1988), die für die Aufgabenanalyse eine visuelle Repräsentation der in einer Aufgabenlösung enthaltenen Schritte und ihres Bezugs zueinander bietet. Task Analysis Maps wurden zunächst für die A-posteriori-Analyse von empirisch beobachteten Lösungen von Schülerinnen und Schülern entwickelt und später auch für die A-priori-Analyse von Aufgaben, um deren kognitiven Anspruch zu erfassen. Die Analysemethode basiert auf der SOLO-Taxonomie, die Lösungen nach ihrer Komplexität klassifiziert (siehe Stillman, 1996).

In Bezug auf die Beurteilung der Komplexität einer Aufgabe muss man sich verschiedener Einschränkungen bewusst sein: Zum einen kann eine Aufgabe mehrere verschiedenartige Lösungen haben, während sich die A-priori-Analyse auf eine modellhafte, antizipierte Lösung bezieht. Im Rahmen der Untersuchung von Aufgaben zur Peer Instruction halten wir es allerdings für vertretbar, eine naheliegende Modell-Lösung zugrunde zu legen. Dies lässt sich dadurch rechtfertigen, dass Peer-Instruction-Aufgaben bewusst auf einen bestimmten Begriff oder Satz fokussiert sind und daher per Design nicht (etwa durch Offenheit in der Aufgabenstellung) zu vielfältigen Lösungen auf verschiedenen Wegen auffordern. Eine weitere Einschränkung liegt darin, dass für die A-priori-Analyse einer Aufgabenlösung der Kontext, in dem die Aufgabe gestellt wird, eine starke Rolle spielt: Die durch bisheriges Lernen geschaffene Ausgangssituation der möglichen Bearbeiterinnen und Bearbeitern hat offenbar Einfluss auf die Beschaffenheit einer antizipierten Lösung. Diese Kontextabhängigkeit ist eine prinzipielle Einschränkung einer jeden solchen Kategorisierung (und wird etwa bei Müller ausdrücklich thematisiert). Im vorliegenden Fall halten wir diese Einschränkung für akzeptabel, da unsere Untersuchung auf eine bestimmte Lerngruppe und einen bestimmten Bearbeitungszeitpunkt bezogen ist – den Bearbeiterinnen und Bearbeitern der Aufgabe standen daher jedenfalls prinzipiell dieselben Mittel zur Verfügung (im Sinne des bereitstehenden Repertoires an Begriffen, Sätzen, Beispielen, die herangezogen werden konnten).

19.6.2.2 Ergebnisse zu unterschiedlichen Charakteristika präinstruktional schwerer Aufgaben (F2)

Wir beginnen mit der detaillierten Analyse von zwei präinstruktional schweren Aufgaben. Bei der ersten trat eine starke Zunahme richtiger Antworten auf, während es bei der zweiten wenig Veränderung gab.

Beispiel 1: Aufgabe zu Grenzwerten von Folgen

Die Anzahl richtiger Antworten steigt bei M8 (s. Abb. 19.6, 19.7) von 9 % in der ersten Abstimmung auf 24 % in der zweiten Abstimmung. Die in der ersten Abstimmung dominante, aber falsche Antwort 2 bleibt auch in der zweiten Abstimmung dominant und gewinnt sogar noch Stimmen hinzu. Insofern passt diese Situation zu den Empfehlungen von Mazur, da die richtige Lösung relativ gesehen eine Minderheitenlösung ist. Bemerkenswert ist aber, dass die richtige Antwort, die in der ersten Abstimmung die wenigsten Stimmen hatte, in der zweiten Abstimmung dennoch einen deutlichen Stimmenzugewinn erhielt. Hierfür Erklärungen zu finden, die inhaltsbezogen im Design der Aufgabe liegen, ist der Gegenstand von Frage (F2), die hier bearbeitet werden soll.

Kontext: Vorwissen, das die Studierenden aus der Vorlesung haben konnten

Die Aufgabe wurde gestellt, nachdem in der Vorlesung Analysis 1 der Konvergenzbegriff für Folgen reeller Zahlen eingeführt und erste Eigenschaften von Folgengrenzwerten behandelt worden waren: Eindeutigkeit des Grenzwerts, Grenzwerte von Summen und Produkten (hierbei auch das Beispiel $(-1)^n + (-1)^{n+1}$, das zeigt, dass die Summe zweier Folgen konvergent sein kann, obwohl die beiden Folgen divergent sind); falls (a_n) gegen a konvergiert und a ungleich Null ist, dann sind alle Folgenglieder ab einem gewissen Index N ungleich Null und die reziproke Folge $(1/a_n)_{n \geq N}$ konvergiert gegen $1/a$. Als Beispiele für Folgen waren betrachtet worden: $(1/n)$, konstante Folgen, $(-1)^n$; Folgen, die konvergente Teilfolgen haben, z. B. $\left(1, \frac{1}{2}, 1, \frac{1}{3}, 1, \frac{1}{4}, \ldots\right)$, geometrische Folgen (q^n).

M8   Jemand behauptet: Ist (a_n) eine Folge in $\mathbb{R}$ mit $a_n \neq 0$ für alle $n \in \mathbb{N}$, dann gilt:

$$\lim_{n \to \infty} \frac{a_n + \frac{1}{n}}{a_n} = \lim_{n \to \infty} \frac{a_n}{a_n} = 1 \qquad (*)$$

(1) Das ist richtig, da $\lim\limits_{n \to \infty} \frac{1}{n} = 0$ gilt.

(2) Das wäre richtig, wenn er die folgende Voraussetzung hinzugefügt hätte: $\forall n : a_n > 0$

(3) Das ist falsch, da die erste Gleichung in $(*)$ nicht immer stimmt.

(4) Das ist falsch, da der zweite Grenzwert in $(*)$ nur existiert, wenn (a_n) konvergent ist.

Abb. 19.6 Mini-Aufgabe zu Grenzwerten von Folgen

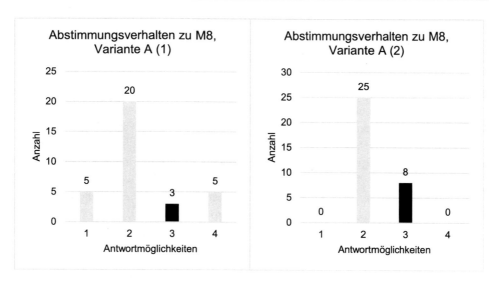

Abb. 19.7 Abstimmungsverhalten zur Mini-Aufgabe M8

Distraktoren

Distraktor (1) bezieht sich darauf, dass die Regeln für Grenzwerte von Summen und Produkten zu der Fehlvorstellung führen können, dass man generell „lim in algebraische Ausdrücke hineinziehen darf". Bei Quotienten gilt dies jedoch nicht uneingeschränkt. Die in der Vorlesung behandelten Rechenregeln (s. o.) besagen, dass es für Quotienten dann möglich ist, wenn die Nennerfolge gegen einen Wert ungleich Null konvergiert.

Distraktor (2), der in beiden Abstimmungen von der Mehrheit der Teilnehmenden gewählt wurde, nennt als zusätzliche Voraussetzung, dass a_n stets positiv ist. Eine solche zusätzliche Annahme könnte die Aussage (*) plausibler machen – entweder in unspezifischer Weise („aus einer stärkeren Voraussetzung lässt sich eine stärkere Behauptung folgern") oder in spezifischer Weise dadurch, dass aus der Voraussetzung irrtümlich geschlossen wird, dass (a_n) gegen eine Zahl ungleich Null konvergiert und daher die Regel über Reziproke (bzw. Quotienten) von Folgen anwendbar würde.

Distraktor (4) nimmt wie (1) auf die Fehlvorstellung „lim in Quotienten hineinziehen" Bezug – wer diese Vorstellung hat, könnte die Existenz des Grenzwerts $\lim(a_n/a_n)$ ablehnen, weil er ihn gleich dem Quotienten $\lim a_n / \lim a_n$ setzt – obwohl der Grenzwert unabhängig von (a_n) immer gleich 1 ist.

Mögliche Lösungen der Aufgabe

Die vermutlich direkteste Lösung der Aufgabe besteht darin, die behauptete Aussage zunächst an einem oder mehreren Beispielen von Folgen zu überprüfen, um zu sehen, ob die Aussage sich in diesen Beispielen als richtig oder falsch erweist. Die Folge $(1/n)$ stellt ein Beispiel dar, in dem die erste Gleichung der Aussage (*) nicht gilt und die damit Antwort (3) als richtig erweist. Alle Folgen (a_n), die gegen Null konvergieren und für die (na_n) nicht gegen Unendlich geht, z. B. $(1/n^2)$, $(1/n^3)$, ... sind Gegenbeispiele. Folgen wie $(1/\sqrt{n})$, ebenso wie auch Folgen, die einen Grenzwert ungleich Null haben, sind hingegen keine Gegenbeispiele, denn die Gleichungen sind für diese Folgen erfüllt.

Die Darstellung der Lösung mit Hilfe einer Task Analysis Map (Abb. 19.8) zeigt, dass die Aufgabenlösung eine einfache Struktur hat – in der Terminologie der SOLO-Taxonomie handelt es sich um eine Lösung vom Typ unistructural:

Die Symbole, die wir hier und auch weiter unten in Task Analysis Maps verwenden, haben folgende Bedeutung (vgl. Chick, 1998):

● symbolisiert ein Konzept oder einen Prozess, der als Teil des *expected domain of knowledge* den Studierenden insofern zur Verfügung steht, als es im vorangegangenen Unterricht behandelt wurde.

○ symbolisiert ein Konzept, das so nicht im Unterricht behandelt wurde, oder einen aufgabenspezifischen Prozess – das Element liegt insofern außerhalb des *expected domain*.

▲ symbolisiert eine in der Aufgabenstellung explizit gegebene Information.

■ symbolisiert ein Zwischen- oder Endergebnis der Bearbeitung.

Diskussion zu Beispiel 1

In Aufgabe M8 lässt sich die richtige Antwort (3) durch ein Beispiel begründen: Die Folge $(1/n)$ zeigt, dass die erste Gleichung in (*) nicht immer stimmt. Dies ist eine einschrittige Begründung, die eine Suchhandlung (zu einem aussagekräftigen Beispiel) beinhaltet. Dass nur 9 % der Teilnehmenden diese Antwort in der ersten Abstimmung gewählt haben, lässt sich dadurch deuten, dass die Suchhandlung Schwierigkeiten bereitet haben kann. Dies mag zunächst überraschen, da die Folge $(1/n)$ in der Analysis 1 ein Standardbeispiel für zahlreiche Phänomene darstellt und insofern prototypisch ist. Eine mögliche Erklärung könnte darin liegen, dass das Einsetzen konkreter Folgen, um die Gleichung (*) zu testen, einer bewussten Entscheidung bedarf: Es ist

Abb. 19.8 Task Analysis Map zur Mini-Aufgabe M8

die Anwendung eines Induktionsheurismus (vgl. Schreiber, 2011). Da Studierende, die eine Lehrveranstaltung der Studieneingangsphase besuchen, oft noch sehr unerfahren im Einsatz heuristischer Strategien sind, liegt die Vermutung nahe, dass die meisten Teilnehmerinnen und Teilnehmer das Einsetzen konkreter Folgen gar nicht in Betracht gezogen haben und stattdessen versuchten, die Aufgabe durch Anwenden allgemeiner Regeln zu lösen. In der Diskussion könnte diese Strategie (oder das konkrete Beispiel) allerdings von einzelnen Studierenden eingebracht worden sein. Die Erhöhung der Anzahl richtiger Antworten um 15 Prozentpunkte würde sich dann dadurch erklären, dass die Lösung – wie die Task Analysis Map zeigt – nach Einbringen des Beispiels nur noch sehr geringe Komplexität aufweist. Dass auch in der zweiten Abstimmung drei Viertel der Studierenden die Aufgabe falsch beantwortet haben, ist kein Widerspruch zu dieser Erklärung: Nur diejenigen Gruppen, in denen das Beispiel eingebracht wurde, konnten auf diesem einfachen Weg zur Lösung gelangen. Genauere Daten zum Verlauf der Diskussionen wurden im Rahmen dieser Studie nicht erhoben, wären aber sehr interessant, um dieses Phänomen genauer zu beleuchten.

Beispiel 2: Aufgabe zur Konvergenz von Funktionenreihen
Wir analysieren nun eine Aufgabe, bei der sich die Anzahl richtiger Antworten zwischen den beiden Abstimmungen kaum verändert hat (s. Abb. 19.9).

Die Anzahl richtiger Antworten zu M32 (s. Abb. 19.10) liegt erst bei 30 %, dann bei 31 %, verändert sich also zwischen den Abstimmungen kaum. Auch die anderen Antworten, insbesondere die dominante, falsche Antwort 2 verändern ihre Stimmenanteile kaum. Bei dieser Aufgabe hat die Diskussion also fast keine Veränderungen erbracht. Frage (F2), die hier bearbeitet werden soll, bezieht sich darauf, ob sich hierfür Erklärungen im Design der Aufgabe finden lassen.

M32 Wir möchten beweisen, dass die Funktionenreihe

$$\sum_{n=1}^{\infty} \frac{\cos(nx)}{n^3} \qquad (*)$$

eine differenzierbare Funktion auf $\mathbb{R}$ darstellt. Angenommen, es ist bereits gezeigt, dass die Reihe gleichmäßig konvergent ist. Welches der folgenden zusätzlichen Argument reicht aus, um den Beweis zu vervollständigen?

(1) Die Reihe $(*)$ ist punktweise konvergent.
(2) Die Reihe $(*)$ ist eine Potenzreihe.
(3) Die Reihe $\sum_{n=1}^{\infty} \frac{\sin(nx)}{n^2}$ ist gleichmäßig konvergent.
(4) Die Reihe $\sum_{n=1}^{\infty} \frac{\sin(nx)}{n^2}$ ist punktweise konvergent.

Abb. 19.9 Aufgabe zur Konvergenz von Funktionenreihen

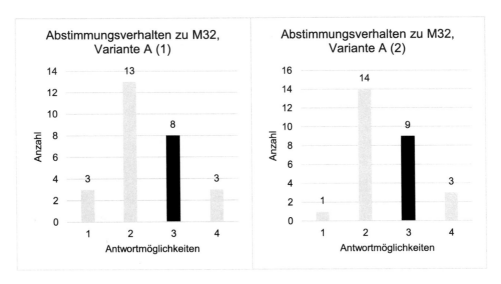

Abb. 19.10 Abstimmungsverhalten zur Mini-Aufgabe M32

Kontext: Vorwissen, das die Studierenden aus der Vorlesung haben konnten

Im Kapitel zu differenzierbaren Funktionen der Vorlesung Analysis 1 gab es einen Abschnitt zu Funktionenfolgen, Funktionenreihen und gleichmäßiger Konvergenz. Die Begriffe der punktweisen und gleichmäßigen Konvergenz waren eingeführt und anhand der Beispielfolgen (x^n), $(x^n/n!)$, (x/n) bearbeitet worden. Gleichmäßige Konvergenz wurde mit der Epsilon-N-Definition eingeführt und anschließend auch mittels der Supremumsnorm ausgedrückt. Im Anschluss daran wurden zwei zentrale Sätze bewiesen: zunächst der Satz über die Stetigkeit der Grenzfunktion einer gleichmäßig konvergenten Folge aus stetigen Funktionen. Ein Beispiel einer gleichmäßig konvergenten Folge von differenzierbaren Funktionen, deren Grenzfunktion nicht differenzierbar ist, zeigte, dass das differenzierbare Analogon zum vorigen Satz nicht gilt. Stattdessen wurde die Differenzierbarkeit der Grenzfunktion unter folgenden Voraussetzungen gezeigt: Alle Funktionen f_n sind differenzierbar, die Folge (f_n') der Ableitungen ist gleichmäßig konvergent, und es gibt einen Punkt x_0, für den die Folge $(f_n(x_0))$ konvergiert. Diese beiden zentralen Sätze wurden dann in auch ihrer Version für Funktionenreihen betrachtet. (Dies erfordert keine neuen Beweise, sondern ist nur eine Umformulierung.) Schließlich wurden Potenzreihen betrachtet (als spezielle Funktionenreihen $\sum_n f_n$, deren Glieder $f_n(x)$ von der Form $a_n x^n$ sind) und es wurde deren Differenzierbarkeit im Inneren ihres Konvergenzbereichs bewiesen.

Distraktoren

Distraktor (1) greift das Verhältnis von gleichmäßiger und punktweiser Konvergenz auf. Wer (1) zustimmt, sieht möglicherweise punktweise Konvergenz als stärkere Bedingung an, während sie in Wirklichkeit eine Konsequenz aus der vorausgesetzten gleichmäßigen Konvergenz ist. Dies ist ein Distraktor, der erwartungsgemäß keine hohe Attraktivität hatte.

Zu Antwort (2): Wenn die Reihe eine Potenzreihe wäre, dann könnte man durch Hinweis hierauf den Beweis in der Tat vervollständigen, da die Differenzierbarkeit von Potenzreihen aus der Vorlesung bereits bekannt war. Eine Möglichkeit, warum man die Reihe irrtümlich als Potenzreihe sehen könnte, ist, dass die Variable n hier in einer Potenz n^3 auftritt, während aber in Wirklichkeit die Abhängigkeit von x relevant ist. Eine argumentationstheoretische Bemerkung hierzu: Wenn in den hier verwendeten Peer-Instruction-Aufgaben nach Argumentationen gefragt ist, dann ist dies stets im Sinne des Toulminschen Argumentationsmodells zu verstehen (vgl. Bauer, 2019a, Abschn. 4.2.5): Wir interpretieren das folgendermaßen: Wer sich für Antwort (2) entscheidet, sagt damit also aus, dass die Reihe eine Potenzreihe ist *und* dass dies das Argument vervollständigt – es reicht also nicht aus, dass das Argument vervollständigt *würde,* wenn die Reihe eine Potenzreihe *wäre.* Weitere Studien müssten diese Interpretationsannahme der Argumentation der Studierenden ggf. überprüfen.

Die Bedingung in Distraktor (4) ist eine Abschwächung der richtigen Bedingung in (3): Anstelle der benötigten gleichmäßigen Konvergenz der abgeleiteten Reihe wird hier nur deren punktweise Konvergenz ausgedrückt. Eine Anmerkung hierzu: Wäre Antwort (4) richtig, dann wäre auch (3) richtig, da die gleichmäßige Konvergenz die punktweise Konvergenz impliziert. Da die Aufgaben stets nach *einer* Antwort verlangen, müssten Aufgaben, bei denen Implikationen $A \Rightarrow B$ zwischen Antworten A und B gelten, prinzipiell durch zusätzliche Formulierungen vermieden werden: An die Stelle der Antwort A müsste die Antwort „Es gilt A, aber nicht B" treten. Dass in solchen Fällen jeweils die „beste" Antwort zu wählen ist (d. h. hier die mit der schwächsten Bedingung), wurde von den Tutorinnen und Tutoren nur dann mit den Studierenden besprochen, wenn Fragen dazu aufkamen. An dieser und ähnlichen Stellen sind keine anderen Interpretationen von Studierenden in den Übungen sichtbar geworden, das geht aus der Rückmeldung der Tutorinnen und Tutoren hervor.

Mögliche Lösungen der Aufgabe

Antwort (3) lässt sich als richtig erkennen, wenn man den Satz über die Differenzierbarkeit der Grenzfunktion anwendet: Die angegebene Sinus-Reihe ist bis auf das Vorzeichen die gliedweise Ableitung der gegebenen Kosinus-Reihe. Bei der Anwendung des Satzes benötigt man darüber hinaus noch die Konvergenz der Kosinus-Reihe in einem Punkt – diese folgt aus der Voraussetzung, die sogar deren gleichmäßige Konvergenz angibt. (Insofern stellt der Abgleich der für den Satz erforderlichen Voraussetzungen mit den in der Aufgabe gegebenen Bedingungen einen Lösungsschritt dar.)

Diskussion zu Beispiel 2

In Aufgabe M32 erfordert die Begründung der richtigen Antwort zunächst eine Suchhandlung zum Satz über die Differenzierbarkeit der Grenzfunktion. Es ist dann

erforderlich, sich die (recht aufwendigen) Voraussetzungen des Satzes zu vergegen-
wärtigen, um zu erkennen, dass es die punktweise Konvergenz der abgeleiteten Reihe
ist, die den Beweis vervollständigen würde. Die in (3) angegebene Reihe ist dann (bis
auf das Vorzeichen, das die Konvergenz der Reihe nicht beeinflusst), als die abgeleitete
Reihe zu erkennen, um das Argument abzuschließen. Wie die oben gezeigte Task Analysis Map verdeutlicht, beinhaltet die Lösung mehrere aufeinander zu beziehende
Elemente, einschließlich einer Suchhandlung. In der Terminolgie der SOLO-Taxonomie
ist die Lösung vom Typ *multistructural/relational*. Hingegen lässt die von vielen Teilnehmerinnen und Teilnehmern gewählte falsche Antwort (2) eine Antwort vom Typ
unistructural zu: Wenn man fälschlich annimmt, die Reihe sei eine Potenzreihe, dann
lässt sich Antwort (2) einschrittig begründen (mit dem Satz über die Differenzierbarkeit von Funktionen, die durch Potenzreihen dargestellt sind). Ferner dürfte die für
Antwort (2) erforderliche Suchhandlung leichter auszuführen sein als bei der richtigen
Antwort, da der relevante Satz über Potenzreihen vielfach angewendet wird und daher
gedanklich leichter zugreifbar sein dürfte. Dieser Aspekt wird aus der Task Analysis Map
(Abb. 19.11) nicht direkt sichtbar, da dort zwar die Verflechtung der Elemente, aber nicht
deren individuelle Schwierigkeit erfasst ist.

Weitere Aufgaben

Analysen wie die in den vorigen beiden Beispielen lassen sich für weitere Aufgaben
mit denselben Methoden durchführen. Wir stellen exemplarisch kurz die Ergebnisse zu
zwei weiteren Beispielen vor, die die bisherigen Befunde bestätigen. Eine umfassendere

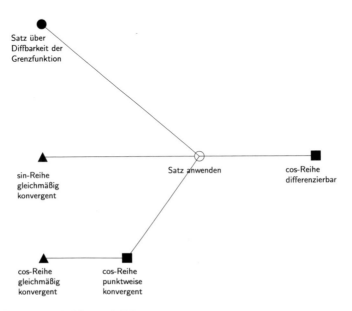

Abb. 19.11 Task Analysis Map zu M32

M19 Angenommen, wir wissen über eine Funktion $f : \mathbb{R} \to \mathbb{R}$, dass gilt

$$f\left(\tfrac{1}{n}\right) = 0 \qquad \text{für alle } n \in \mathbb{N}$$

d.h.

$$0 = f(1) = f\left(\tfrac{1}{2}\right) = f\left(\tfrac{1}{3}\right) = f\left(\tfrac{1}{4}\right) = f\left(\tfrac{1}{5}\right) = \dots$$

Was kann man daraus folgern?

(1) Es gilt $\lim\limits_{x \to 0} f(x) = 0$.
(2) Es gilt $f(0) = 0$
(3) Man kann beides folgern.
(4) Man kann keines von beiden folgern.

Abb. 19.12 Mini-Aufgabe M19

Analyse aller Aufgaben kann aus Platzgründen nicht in diesem Artikel vorgenommen werden.

Beispiel mit starker Veränderung
Der Anteil richtiger Antworten steigt bei M19 (Abb. 19.12) von 28 % auf 56 %. Sie kann einschrittig gelöst werden, indem eine Funktion konstruiert wird, die (1) und (2) nicht erfüllt (s. Abb. 19.13). Das Ergebnis der ersten Abstimmung zeigt, dass die Konstruktion einer solchen Funktion für die Studierenden offenbar nicht einfach war. In der Diskussionsphase erhielt die bei 28 % der Teilnehmerinnen und Teilnehmer vorhandene richtige Lösung die Chance, sich durchzusetzen – dies korrespondiert mit dem Analyseergebnis, dass die Lösung nach der Konstruktionshandlung wenig komplex ist (die Task Analysis Map zeigt eine Lösung vom Typ *unistructural*).

Beispiel mit wenig Veränderung
Die Anzahl richtiger Antworten liegt bei M22 (Abb. 19.14) erst bei 13 %, dann bei 17 %. Wie die Task Analysis Map (s. Abb. 19.15) zeigt, ist die Lösung ist hier vom Typ *multistructural:* Da durch die Art der Fragestellung das Argumentieren mit Ausschlussprinzipien verhindert wird, erfordert sie zwei voneinander argumentativ unabhängige

Funktion f als
Gegenbeispiel für
(1) und (2) konstruieren

(1) und (2)
sind falsch

Abb. 19.13 Task Analysis Map zur Aufgabe M19

M22   Wenn eine Funktion $f : [a, b] \to \mathbb{R}$ kein Maximum hat, dann

(1) muss sie unstetig sein

(2) muss sie unbeschränkt sein

(3) beides

(4) keines von beiden

Abb. 19.14 Mini-Aufgabe M22

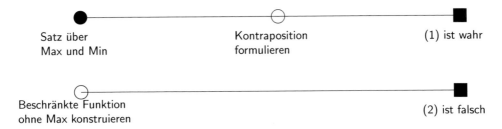

Abb. 19.15 Task Analysis Map zur Aufgabe M22

Überlegungen: zum einen den Zugriff auf einen Satz und dessen kontrapositive Verwendung, zum anderen das Auffinden einer beschränkten Funktion ohne Maximum. Unsere Deutung, dass es solche Lösungen schwerer haben, sich in der Diskussionsphase durchzusetzen, korrespondiert mit dem Befund, dass sich die Anzahl der richtigen Antworten nur wenig erhöht hat.

19.7   Fazit

In diesem Kapitel wurde die Maßnahme „Miniaufgaben in den Übungen der Analysis" vorgestellt. Es zeigt sich in den Evaluationsergebnissen, dass die Studierenden diese sehr schätzen und insbesondere angeben, dadurch ein besseres Verständnis der Inhalte zu erreichen und ein Feedback über den eigenen Kenntnisstand zu erhalten. Dabei werden die beiden beschriebenen Einsatzszenarien gleich gut bewertet, sodass wir sowohl die klassische Peer Instruction nach Mazur als auch den tutorzentrierten Einsatz für den Praxiseinsatz weiterempfehlen können. Mit der Umsetzung zeigen die Studierenden sich ebenfalls zufrieden: Drei Mini-Aufgaben in 30 min der Übung werden überwiegend als passender Umfang empfunden. Nur sehr wenige Studierende hätten anonyme Abstimmungen bevorzugt. Die Abstimmung mit Handkarten hat den Vorteil, dass die Diskussionsgruppen so zusammengesetzt werden können, dass Studierende mit unterschiedlicher Erstantwort miteinander diskutieren.

Im Einsatzszenario mit Peer Instructions wurde darüber hinaus die Veränderung des Abstimmungsverhaltens betrachtet. Unsere Untersuchung zeigt, dass – im Gegensatz zur Befürchtung von Crouch und Mazur – Kleingruppendiskussion auch bei präinstruktional schweren Aufgaben (Erstlösungsquote < 35 %) fruchtbar sein können. Wir konnten zwei Gruppen von präinstruktional schweren Aufgaben unterscheiden: In Gruppe G1 veränderte sich die Anzahl richtiger Antworten von der ersten zur zweiten Abstimmung nur wenig – hier war die Diskussion offenbar in der Tat nicht produktiv. In Aufgabengruppe G2 nahm die Anzahl richtiger Antworten hingegen deutlich zu – dies kann auf eine produktive Diskussion hindeuten. Einschränkend ist jedoch zu sagen, dass sich auch bei präinstruktional schweren Aufgaben mit deutlichem Zuwachs die richtige Antwort in der zweiten Abstimmung oft nicht durchsetzen konnte.

Durch die Analyse der Aufgaben ließ sich ein Unterschied der beiden Aufgabengruppen herausarbeiten, der sich im Design der Aufgaben finden lässt: Aufgabengruppe G2 zeichnet sich durch eine relativ geringe Lösungskomplexität in Bezug auf Umfang und Verflechtung der zur Lösung erforderlichen Konzepte und Prozesse aus; die zugehörigen Task Analysis Maps zeigen Lösungen vom Typ *unistructural*. Eine Hypothese dafür, dass in der ersten Abstimmung dennoch nur wenig richtige Antworten gegeben wurden, ist, dass ein einzelnes Element der Lösung Schwierigkeiten bereitet hat, obwohl die Verflechtung der Lösungselemente nicht komplex ist. In diesem Fall besteht die Chance, dass in den Kleingruppendiskussionen entscheidende Argumente eingebracht werden (oder in der Diskussion generiert werden), die zur richtigen Lösung führen. Solche Diskussionen können zu entscheidenden Aha-Erlebnissen führen und dadurch produktiv sein. Im Gegensatz dazu zeichnet sich die Aufgabengruppe G1 durch eine hohe Lösungskomplexität aus. Diese ist in der Task Analysis Map dadurch erkennbar, dass die Lösung vom Typ multistructural/relational ist. In diesen Fällen ist die Chance offenbar geringer, dass durch die Kleingruppendiskussion Fortschritte erzielt werden. Daher kann es bei solchen Aufgaben sinnvoll sein, der Empfehlung von Crouch und Mazur zu folgen, an die erste Abstimmung eine instruktionale Erklärung anzuschließen, die mögliche Wissenslücken oder Fehlvorstellungen in den zugrunde liegenden Konzepten angeht.

Rückblickend lässt sich dieses Ergebnis zu informellen Rückmeldungen von Tutorinnen und Tutoren in Bezug setzen, die bei der Durchführung des Projekts bestimmte Aufgaben als „schwer, aber dennoch sehr produktiv" bezeichneten. Zum damaligen Zeitpunkt war weder für die Tutorinnen und Tutoren noch für den Aufgabenentwickler ein im Design liegender Unterschied zu Aufgaben, die lediglich „schwer und unproduktiv" waren, erkennbar. Die hier durchgeführten Untersuchungen scheinen genau diesen Unterschied aufzuklären. Perspektivisch ist eine genauere Untersuchung des Zusammenhangs der Komplexität von Aufgaben zur Frage, ob sie sich als prä- und postinstruktional schwer (d. h. jeweils mit einer Lösungsquote von weniger als 35 %) oder lediglich präinstruktional schwer erweisen, angestrebt. Dazu wäre jedoch zunächst zu klären, ob eine bessere Operationalisierung der Komplexität von Aufgaben, einhergehend mit einer reliablen Einordnung der Komplexitätsgrade, realisierbar ist.

Die Analyse der Aufgaben gibt Hinweise auf relevante Aufgabenmerkmale, die die Diskussionsphase beeinflussen. Durch die ausführliche Beschreibung einzelner Aufgaben und der Distraktoren wurde die Konstruktion von Mini-Aufgaben illustriert. Weitere Mini-Aufgaben für den Einsatz in der Analysis 1 und 2 sind bei Bauer (2019c) zu finden.

Darüber hinaus entstand durch die Analysen der Aufgaben die Frage nach dem Einfluss der Formulierung der Distraktoren auf sprachlicher Ebene auf das Antwortverhalten der Studierenden, welcher in weiteren Studien untersucht werden könnte. Außerdem wäre ein Vergleich der tatsächlich stattfindenden Diskussionen mit den Argumentationsstrukturen, die in den Aufgabenanalysen eingebracht wurden, interessant. Auch hierfür sind weitere Studien notwendig.

Literatur

Bauer, T. (2019a). Peer Instruction als Instrument zur Aktivierung von Studierenden in mathematischen Übungsgruppen. *Math. Semesterberichte, 66*(2), 219–241. https://doi.org/10.1007/s00591-018-0225-8.

Bauer, T. (2019b). Design von Aufgaben für Peer Instruction zum Einsatz in Übungsgruppen zur Analysis. In M. Klinger, A. Schüler-Meyer, & L. Wessel (Hrsg.), *Hanse-Kolloquium zur Hochschuldidaktik 2018* (S. 63–74). WTM-Verlag. https://doi.org/10.37626/ga9783959870986.0.07.

Bauer, T. (2019c). *Verständnisaufgaben zur Analysis 1 und 2.* Springer Spektrum. https://doi.org/10.1007/978-3-662-59703-3.

Bauer, T., Biehler, R. & Lankeit, E. (2022). ConcepTests in Undergraduate Real Analysis: Comparing Peer Discussion and Instructional Explanation Settings. *International Journal of Research in Undergraduate Mathematics Education.* https://doi.org/10.1007/s40753-022-00167-y.

Chi, M. T. (2009). Active-constructive-interactive: A conceptual framework for differentiating learning activities. *Topics in Cognitive Science, 1*(1), 73–105. https://doi.org/10.1111/j.1756-8765.2008.01005.x.

Chick, H. L. (1988). Student responses to a polynomial problem in the light of the SOLO Taxonomy. *Australian Senior Mathematics Journal, 2*(2), 91–110.

Chick, H. L. (1998). Cognition in the formal modes: Research mathematics and the SOLO taxonomy. *Mathematics Education Research Journal, 10*(2), 4–26. https://doi.org/10.1007/bf03217340.

Crouch, C. H., & Mazur, E. (2001). Peer instruction: Ten years of experience and results. *American journal of physics, 69*(9), 970–977. https://doi.org/10.1119/1.1374249.

Gowers, W. T. (2007). Mathematics, memory and mental arithmetic. In M. Leng, A. Paseau, & M. Potter (Hrsg.), *Mathematical knowledge* (S. 33–58). Oxford University Press.

Hanna, G. (2014). The width of a proof. PNA. *Revista de Investigación en Didáctica de la Matemática, 9*(1), 29–39.

Lankeit, E., Bauer, T., & Biehler, R. (2020). Votingfragen in den Übungen zur Analysis – Wirkung verschiedener Einsatzszenarien. In H.-S. Siller, W. Weigel & J. F. Wörler (Hrsg.), *Beiträge zum Mathematikunterricht 2020* (S. 1361–1364). WTM-Verlag. https://doi.org/10.17877/DE290R-21396..

Lasry, N., Mazur, E., & Watkins, J. (2008). Peer instruction: From Harvard to the two-year college. *American journal of Physics, 76*(11), 1066–1069. https://doi.org/10.1119/1.2978182

Mazur, E. (1997a). Peer instruction: Getting students to think in class. In E. F. Redish & J. S. Rigden (Hrsg.), *The changing role of physics departments in modern universities* (S. 981–988). The American Institute of Physics. https://doi.org/10.1063/1.53199.

Mazur, E. (1997b). *Peer Instruction: A user's manual.* Prentice Hall.

Müller, H. (1995). Zur Komplexität von Beweisen im Mathematikunterricht. *Journal für Mathematik-Didaktik, 16*(1–2), 47–77. https://doi.org/10.1007/bf03340166

Rao, S. P., & DiCarlo, S. E. (2000). Peer instruction improves performance on quizzes. *Advances in physiology education, 24*(1), 51–55. https://doi.org/10.1152/advances.2000.24.1.51

Reiss, K., Hellmich, F., & Thomas, J. (2002). Individuelle und schulische Bedingungsfaktoren für Argumentationen und Beweise im Mathematikunterricht. In M. Prenzel & J. Doll (Hrsg.), *Bildungsqualität von Schule: Schulische und außerschulische Bedingungen mathematischer, naturwissenschaftlicher und überfachlicher Kompetenzen* (S. 51–64). Beltz.

Schreiber, A. (2011). *Begriffsbestimmungen: Aufsätze zur Heuristik und Logik mathematischer Begriffsbildung.* Logos Verlag.

Silberman, M. (1996). *Active learning: 101 Strategies to teach any subject.* Allyn and Bacon.

Stillman, G. (1996). Mathematical processing and cognitive demand in problem solving. *Mathematics Education Research Journal, 8*(2), 174–197. https://doi.org/10.1007/bf03217296.

Stillman, G., & Galbraith, P. (2003). Towards constructing a measure of the complexity of application tasks. In Lamon, S. J., Parker, W. A., & Houston, S. (Hrsg.), *Mathematical Modelling Mathematical modelling: A way of life-ICTMA 11* (S. 179–188). Woodhead Publishing. https://doi.org/10.1533/9780857099549.4.179

Williams, G., & Clarke, D. J. (1997). The complexity of mathematics tasks. In N. Scott & H. Hollingsworth (Hrsg.), *Mathematics: Creating the future* (S. 451–457). Australian Association of Mathematics Teachers.

Teil IV
Lernzentren

Mirko Schürmann und Niclas Schaper

Zusammenfassung

Im Rahmen des Beitrags werden die beteiligten Lernzentren des WiGeMath Projektes kurz vorgestellt und die Unterschiede werden durch eine Verortung hinsichtlich konzeptioneller Gestaltungsmerkmale, Zielsetzungen und Rahmenbedingungen benannt (z. B. Qualifikation und Schulung von Beratenden, Kapazität, Ausstattung, Öffnungszeiten und Nutzergruppen). Der Forschungsstand zu mathematischen Lernzentren als Unterstützungsmaßnahmen wird dargestellt sowie daraus abgeleitete Forschungsfragen und Fragestellungen, die im Rahmen des WiGeMath-Projekts untersucht wurden. Es folgt eine Zusammenfassung von Ergebnissen zur Programmevaluation und Wirkungsforschung von Lernzentren. Zur Untersuchung der Nutzung von Lernzentren durch Studierenden werden Anlässe, Themen, Unterstützungsbedarfe, Dauer und Häufigkeit sowie Analysen zur Bewertung von Gestaltungsmerkmalen und zu möglichen Zusammenhängen von Nutzungsverhalten und Studienleistung vorgestellt. Insgesamt zeigt sich, dass Studierende in der Studieneingangsphase Lernzentren sehr gerne nutzen und sie als hilfreiches Unterstützungsangebot bewerten. Die Beratungen und ein Großteil der Rahmenbedingung werden sehr positiv beurteilt. Bemerkenswert ist, dass anscheinend insbesondere Studierende

M. Schürmann (✉) · N. Schaper
Lehrstuhl für Arbeits- und Organisationspsychologie, Universität Paderborn, Paderborn, Nordrhein-Westfalen, Deutschland
E-Mail: mirko.schuermann@upb.de

N. Schaper
E-Mail: nschaper@mail.uni-paderborn.de

© Der/die Autor(en), exklusiv lizenziert an Springer-Verlag GmbH, DE, ein Teil von Springer Nature 2022
R. Hochmuth et al. (Hrsg.), *Unterstützungsmaßnahmen in mathematikbezogenen Studiengängen,* Konzepte und Studien zur Hochschuldidaktik und Lehrerbildung Mathematik, https://doi.org/10.1007/978-3-662-64833-9_20

mit hohen Studienbelastungen, geringer Studienzufriedenheit, schlechten Studienbedingungen sowie geringen Studienleistungen diese Angebote eher nutzen. Verbesserungspotentiale zeigen sich hauptsächlich in Wünschen der Studierenden zu
Ausweitungen der Angebote und Kapazitäten sowie zu Veränderungen der räumlichen
und technischen Ausstattungen.

20.1 Lernzentren als hochschuldidaktische Unterstützungsmaßnahme

Lernzentren können konzeptionell beschrieben werden als niedrigschwellige Unterstützungsangebote außerhalb von curricularen Veranstaltungsangeboten, in denen
wissenschaftliche oder studentische Mitarbeiter*innen Beratungen und Unterstützung
zu mathematischen Themen und Aufgabenstellungen anbieten (Hochmuth et al., 2018).
Sie bieten den Studierenden einen Ort in der Hochschule, um in ihrer frei verfügbaren
Zeit Aufgaben des Studiums erledigen zu können, vor allem für die Bearbeitung der
wöchentlichen Übungsaufgaben (Frischemeier et al., 2016). Einige Lernzentren stellen
über die Beratungen hinausgehende Angebote wie Workshop, Lernmaterialien sowie
Unterstützungen zur Prüfungsvorbereitung zur Verfügung (Haak & Bieler, 2019; Haak,
2017; Frischemeier et al., 2016; Croft, 2000).

Lernzentren in Deutschland unterscheiden sich hinsichtlich der quantitativen
Ausmaße der Angebote an Beratungsleistungen, sowie in Bezug auf räumliche Kapazitäten für Studierende, der Anzahl an beratenden Personen sowie dem zeitlichen Angebot
an Beratungsstunden pro Woche (Schürmann et al., 2021). Sie richten ihre Angebote
an Studierenden aus mathematischen oder mathematikbezogenen Studiengängen (z. B.
Ingenieurswissenschaften, Naturwissenschaften) sowie lehramtsbezogenen Studiengängen. Die Beratungen in den Lernzentren werden entweder von studentischen Mitarbeiter*innen (Tutor*innen) oder von angestellten (akademischen) Mitarbeiter*innen
(Dozent*innen) sowie im Team durchgeführt und betreut (ebd.). Als didaktische
Konzeption werden im Rahmen der Beratungen, Prinzipien der minimalen Hilfe nach
Aebli (2006) oder der gestuften Hilfe nach Zech (1998) verwendet (vgl. Frischemeier
et al., 2016; Wlassak, 2018).

20.1.1 Nationaler und internationaler Forschungsstand

Niedrigschwellige Unterstützungsangebote außerhalb von curricularen Veranstaltungsangeboten werden an einigen Hochschulen im Rahmen von mathematischen Lernzentren
angeboten und oftmals gemeinsam mit weiteren Unterstützungsmaßnahmen eingeführt
(Ahrenholtz & Ruft, 2014). Letzterer Aspekt erschwert allerdings die Evaluation von
spezifischen Wirkungen mathematischer Lernzentren, da Effekte nicht nur durch das

individuelle Nutzungsverhalten der Studierende in den Lernzentren, sondern auch durch Nutzung weiterer Unterstützungsmaßnahmen beeinflusst wird.

Insbesondere in Großbritannien, Irland, Australien und den USA wurden Zentren an Hochschulen gegründet, um Studierende beim Erlernen hochschulmathematischer Inhalte und Wissens zu unterstützen (Matthews et al., 2013). Schon in den 90er Jahren wurden insbesondere in Australien verschiedene Systeme und Maßnahmen zur Förderung von Studierenden im mathematischen Bereich eingeführt (Taylor & Morgan, 1999). Im Rahmen der Förderung und Berichterstattung zur Nutzung dieser Unterstützungssysteme fanden erste interne oder externe Evaluationen statt. Ein umfassendes Review von Matthews und Kollegen (2013) identifizierte neun empirische Studien im Zeitraum von 1994–2012. Ein weiteres Review von Lawson und Kollegen (2020) fasst Forschungsergebnisse zu den folgenden Bereichen zusammen:

- Merkmale von Nutzern und Nichtnutzern mathematischer Unterstützungsmaßnahmen,
- Rolle der Lernzentren, der Tutoren und ihrer Ausbildung,
- Verankerung der Lernzentren innerhalb der Hochschulstrukturen,
- Bewertung der Wirksamkeit von Lernzentren.

Im international Kontext der analysierten Studien konnten unter anderem positive Zusammenhänge zwischen der Nutzung von mathematics support centers (MSC)[1] und Studienleistungen nachgewiesen werden (Matthews et al., 2013). Darüber hinaus scheinen Studierende mit geringen mathematischen Leistungen (students at risk) besonders zu profitieren (Mac an Bhaird et al., 2009). Unklar bleibt dabei jedoch, inwiefern das individuelle Nutzungsverhalten und weitere psychologische Konstrukte diese Zusammenhänge hervorrufen oder beeinflussen (z. B. Studienverhalten und -interesse, Nutzung von Lernstrategien, Selbstkonzept und -wirksamkeit, etc.).

Im deutschen Kontext wurden diese Wirkungszusammenhänge bislang nicht analysiert und es liegen aktuell noch wenige Erkenntnisse über Nutzer*innen (Wlassak, 2018; Frischemeier et al., 2016), deren Nutzungsverhalten sowie über das Ausmaß und die Qualität der Umsetzung von mathematischen Lernzentren aus der Perspektive der beteiligten Akteure vor.

In einer von uns durchgeführten bundesweiten Analyse zur Verbreitung von Lernzentren an deutschen Hochschulen zeigte sich, dass Lernzentren für Mathematik an einer großen Zahl von Hochschulen bereits eine etablierte Unterstützungsmaßnahme sind und sie an weiteren Hochschulen aufgebaut oder umstrukturiert werden (Schürmann et al., 2021). Insgesamt scheinen Lernzentren im mathematischen Bereich mittlerweile eine weit verbreitete Unterstützungsmaßnahme zu sein. So wurden in der Studie 61 mathematische Lernzentren an 51 verschiedenen Hochschulen und weitere 16 Lernzentren mit einem

---

[1] MSC werden oft auch als mathematic learning centers (MLC) oder Mathematics Learning Support Centers (MLSC) bezeichnet.

mathematikdidaktischen Schwerpunkt identifiziert. Grundlage dafür war eine Analyse von 190 Universitätshomepages, um mathematische Lernzentren identifizieren und beschreiben zu können. In einem zweiten Schritt wurden bei Bedarf die Lernzentren kontaktiert, um weitere Informationen zu charakteristischen Merkmalen zu erhalten. Als weiteres Ergebnis dieser Analyse zeigte sich, dass die mathematischen Lernzentren je nach Hochschultyp, an dem diese verankert sind, variieren. Sie unterschieden sich u. a. in den Angaben zur Qualifikation und Umfang des Personals sowie den Öffnungs- und Betreuungszeiten. Je nach Schwerpunkt der Hochschulen und deren Studiengangangeboten richtet sich der Fokus der Lernzentren darüber hinaus auf verschiedene Studierendengruppen (z. B. Mathematikstudierende, Lehramtsstudierende und/oder Studierende mit Mathematik als Bestandteil des Studiums). Konzeptionell unterscheiden sich mathematische Lernzentren insbesondere in Bezug auf die Qualifikationen der Mitarbeitenden, die individuelle Beratung anbieten. So setzen 47,5 % der Lernzentren studentische Hilfskräfte als Tutor*innen für die Beratungen ein, 11,9 % beschäftigen wissenschaftliche Mitarbeiter*innen und 40,7 % nutzen Personen aus beiden Gruppen für die Beratungen (Schürmann et al., 2021).

In Deutschland gibt es mittlerweile ein neu gegründetes Netzwerk von mathematischen Lernzentren (www.lemma-netzwerk.de), welches den Austausch untereinander unterstützt und durch das WiGeMath Projekt initiiert wurde. Im internationalen Kontext bestehen solche Netzwerke bereits seit vielen Jahren, z. B. das Sigma-Netzwerk in Großbritannien (Croft et al., 2015), das Irish Mathematics Learning Support Network (Mac an Bhaird et al., 2011) oder das Scottish Maths Support Network (Ahmed et al., 2018). Das deutsche Netzwerk mathematischer Lernzentren steht mit den internationalen Partnern im regelmäßigen Austausch und bezieht diese bei den nationalen Treffen durch jeweils eine internationale „key note" mit ein.

20.1.2 Evaluation von Lernzentren im Rahmen des Projekts WiGeMath

Die Evaluationsuntersuchungen zu den mathematischen Lernzentren im Rahmen des WiGeMath Projektes wurden insgesamt an sieben Hochschulen im Zeitraum von 2016–2018 durchgeführt. Die im Rahmen dieses Beitrags vorgestellten Ergebnisse sind in Teilen dem Projektabschlussbericht entnommen worden (Hochmuth et al., 2018). Auf die Angabe von Blockzitaten aus diesem Bericht wird zu besserer Lesbarkeit in den folgenden Abschnitten verzichtet.

Die an der Untersuchung beteiligten sechs Lernzentren waren angesiedelt an den Universitäten Oldenburg, Stuttgart, Würzburg und Paderborn, die auch als Good-Practice-Beispiele in diesem Buch vorgestellt werden. Darüber hinaus wurden Studien an der TU Darmstadt und Universität Ulm durchgeführt.

20.1.2.1 Zielsetzung und Fragestellungen

Im Rahmen von WiGeMath waren zwei übergeordnete Fragestellungen handlungs-leitend für die Durchführung der Evaluationsstudien mathematischer Lernzentren. So wurde einerseits untersucht, wie *das Ausmaß und die Qualität der Umsetzung von Unterstützungsmaßnamen aus der Perspektive der beteiligten Akteure bewertet werden* (Programevaluation) und andererseits welche *spezifischen Wirkungen und modellbasierten Wirkungszusammenhänge sich nachweisen lassen* (Wirkungsanalyse).

20.1.2.2 Methodik

Im Rahmen der Evaluationserhebungen zu mathematischen Lernzentren wurden Befragungen von verschiedenen Personengruppen entweder als Paper–Pencil-Befragungen oder Onlinebefragungen realisiert. Paper–Pencil-Befragungen wurden sowohl in den Lernzentren durchgeführt (Nutzer*innenbefragung) als auch in Lehrver-anstaltungen des 2. Semesters, um sowohl Nutzer*innen als auch Nicht-Nutzer*innen von Lernzentren zu erreichen. Onlinebefragungen wurden über die Plattform Unipark realisiert, um auch Studierenden eine Teilnahme zu ermöglichen, die ggf. über Paper–Pencil-Befragungen nicht erreicht werden konnten oder wenn Präsenzbefragungen aus organisatorischen Gründen nicht möglich waren. Bei den Befragungen wurden unter den Teilnehmenden jeweils Gutscheine verlost, um einen angemessenen Anreiz zur Teilnahme zu erzeugen. Die Konzeption und Durchführung der Befragungen wurden im Rahmen geltender Datenschutzbestimmungen umgesetzt. Die Erhebungen wurden außerdem durch Datenschutzbeauftragte der Hochschulen geprüft. Die Teilnahme an allen Erhebungen erfolgte freiwillig und anonym, negative Konsequenzen für Nicht-Teil-nehmende wurden ausgeschlossen.

Insgesamt wurde ein Erhebungsplan konzipiert und umgesetzt, der im Schwerpunkt die Nutzer und Nutzerinnen der Lernzentren im Wintersemester 2016/2017 untersuchte. Weiterhin erfolgte eine umfassende Befragung aller Studierenden (auch jener, die das Angebot nicht nutzen) im Sommersemester 2017 in entsprechenden Lehrveranstaltungen sowie die Befragung von beratenden Tutor*innen oder Mitarbeiter*innen (ebenfalls SoSe17) und der Einsatz von Protokollbögen in Beratungssituationen.

20.1.2.3 Ausgewählte Ergebnisse zur Programmevaluation und Wirkungsforschung

In mehreren schriftlichen Befragungen wurden Studierende in den Lernzentren zur Nutzung und Qualität der Angebote befragt (Nutzer*innenbefragung n = 770, 6 Stand-orte). Begleitend dazu wurden an vier Standorten für die Dauer von einer Woche Protokollbögen zu den jeweils in dieser Woche durchgeführten Beratungen von den Tutor*innen ausgefüllt (Protokollbögen n = 431). Schriftliche Befragungen von Nutzer*innen und Nicht-Nutzer*innen von Lernzentren wurden ebenfalls an sechs Standorten (Studierendenbefragung n = 820) im Rahmen entsprechender Lehrver-anstaltungen der Mathematik durchgeführt. An diesen Standorten wurden zusätzlich auch wissenschaftliche und studentische Mitarbeiter*innen der Lernzentren befragt

(Mitarbeiter*innenbefragung n = 45). Die im Rahmen der Befragungen eingesetzten Skalen weisen überwiegend eine angemessene Reliabilität auf und variieren zwischen 0,76 bis 0,89. Lediglich drei Skalen erzielen niedrigere Cronbachs-Alpha-Werte. In zwei Bereichen ist dies auf die geringe Anzahl von Items zurückzuführen.

Ergebnisse der Programmevaluation

Im Rahmen der Nutzer*innenbefragungen, die in den Lernzentren durchgeführt wurden, sind Nutzungsanlässe und -gründe erfragt worden. Umfangreiche Bewertungen der Lernumgebungen und deren Ausstattung sowie Charakteristika und die Bewertung von Beratungen in den Lernzentren wurden ebenfalls erfragt. Damit wurde folgenden Frage-stellungen nachgegangen: Wodurch zeichnen sich Nutzer*innen der Lernzentren aus? Was kennzeichnet die Nutzung von Lernzentren und wie werden Merkmale und Prozesse in Lernzentren bewertet?

Es zeigt sich, dass Lernzentren gemäß der Konzeption und Zielsetzung überwiegend von Studierenden im ersten oder zweiten Fachsemester besucht werden. 53,1 % der befragten Studierenden in den Lernzentren machten entsprechende Angaben (n = 770, 6 Standorte).

In den Lernzentren erfolgt eine Nutzung durch die Studierenden, die folgenden Ziel-setzungen bzw. Anlässen entspricht: Lernzentren werden von Studierenden genutzt, um an Übungsaufgaben zu arbeiten. 86 % der befragten Studierenden stimmten diesem Anlass zu. Die Bearbeitung erfolgt dabei überwiegend in Gruppen, so dass Lernzentren auch ein Treffpunkt für Lerngruppen sind (79 % stimmten dieser Aussage zu) oder sie werden für Treffen mit Kommiliton*innen (70,0 %) genutzt. 58,5 % der Studierenden gaben an, dass sie Hilfe beim Übungszettel brauchen und sich die Lösung eines Übungs-zettels erklären lassen wollten (50,1 %).

Wie bereits erwähnt, sind die Rahmenbedingungen für die Lernzentren an den einzel-nen Standorten unterschiedlich ausgestaltet. Es gibt große Unterschiede hinsichtlich der Lage und Erreichbarkeit sowie der Größe und Ausstattung der Lernzentren. Die Nutzer*innen bewerten jedoch die Bedingungen und Lernumgebungen in den Lern-zentren insgesamt als gut bzw. sehr gut. 59 % der Studierenden machten entsprechende Angaben auf einer 6-stufigen Skala. Die Befragten gaben darüber hinaus an, dass Aus-stattung und Lernbedingungen an manchen Standorten verbesserungswürdig sind. So sind mancherorts nicht genügend Tische und Stühle vorhanden oder es wird eine bessere technische Ausstattung mit WLAN oder Steckdosen gewünscht. Hinsichtlich der Verfüg-barkeit von Lernmaterial wird insbesondere an einem Standort explizit der Zugang zu Altklausuren gewünscht.

Die Beratungsangebote in den Lernzentren werden nicht von allen Besucher*innen genutzt. Im Rahmen der Nutzer*innenbefragungen, die in den Lernzentren durchgeführt wurden, zeigte sich, dass insgesamt nur ca. 40 % der Befragten individuelle Beratungen bzw. Hilfestellungen durch Tutor*innen oder Dozent*innen an den Erhebungstagen in Anspruch genommen haben. Die anderen Befragten nahmen an dem Befragungs-tag keine Beratung in Anspruch, sondern trafen sich dort, um an Übungsaufgaben zu arbeiten (ggf. zusammen mit Kommilitonen). Die Beratungen werden insgesamt von 87 % der Studierenden als gut oder sehr gut beurteilt und die Besuche der Lernzentren werden insgesamt als hilfreich oder sehr hilfreich beurteilt (71,5 %). Diese positiven Beurteilungen spiegeln sich in einer hohen Gesamtbewertung der Zufriedenheit mit den Lernzentren wider. 80,5 % der befragten Studierenden bewerteten die Lernzentren als gut oder sehr gut.

In Abb 20.1 sind die prozentualen Häufigkeiten zur Gesamtbewertung von Lernzentren durch die Studierenden für die einzelnen Standorte aufgeführt. Trotz einiger Unterschiede zwischen den Standorten, zeigt sich insgesamt eine positive Gesamtbewertung.

Im Zusammenhang mit der Auswertung der Protokollbögen zu den Beratungen in den Lernzentren ergaben sich folgende Ergebnisse: Inhaltlich sind die Beratungen in hohem Maße an den Bedarfen der Studierenden orientiert. Im Rahmen der Auswertung zu den eingesetzten Protokollbögen ($n = 431$) zeigte sich, dass die Studierenden sich überwiegend zu Übungsblattaufgaben (67,5 %) beraten lassen, aber auch zu Klausuraufgaben und zur Prüfungsvorbereitung (23,7 %). Nur selten werden explizit Fragen zur Vorlesung gestellt (4,6 %). Als Problembereiche bzw. Gründe für die Inanspruchnahme von Beratung werden von den Beratenden überwiegend hochschulmathematisches Wissen und Fähigkeiten (63,1 %) sowie mathematische Arbeitsweisen angegeben (20,9 %). Durch die Beratenden wurden überwiegend Hilfestellungen durch Erklärungen anhand eines Beispiels (47,6 %) oder durch Erläuterung von Definitionen und Sätzen (43,7 %) gegeben. In einem Drittel aller Fälle wurden im Rahmen der Beratungen auch Verweise auf das Veranstaltungsskript oder –unterlagen (33,3 %) vorgenommen. Nur selten erfolgten Erläuterungen schulmathematischer Grundlagen (11,2 %), das Vorrechnen einer ähnlichen Aufgabe (10,2 %), Wiederholungen von Inhalten aus vergangenen Semestern (5,0 %) oder Verweise auf Literatur und Lehrbücher (4,2 %). Beratungen wurden in ca. der Hälfte der Fälle als Einzelberatungen durchgeführt (55,2 %), bei einem Viertel war die Gruppengröße der Studierenden zwischen zwei und drei Personen (24,8 %) und nur selten war die Studierendengruppe größer als drei Personen (15 %). Die Beratungen variieren darüber hinaus im zeitlichen Umfang. Überwiegend liegt die Beratungsdauer zwischen ein und sechs Minuten (60,7 %); ca. ein Drittel aller Beratungen umfasst sieben bis zwölf Minuten (29,9 %) und 9 % aller Beratungen dauern länger.

Ergebnisse der Wirkungs- und Bedingungsanalyse

Eine zentrale Zielsetzung von Lernzentren ist die Unterstützung von leistungsschwächeren Studierenden bzw. Studierenden mit entsprechenden Unterstützungsbedarfen. Es wurde daher untersucht, ob Studierende mit Unterstützungsbedarf Lernzentren häufiger nutzen und/oder mehr Zeit in Lernzentren verbringen als Studierende mit geringem Unterstützungsbedarf. Im Ergebnis zeigt sich, dass Studierende mit größerem Unterstützungsbedarf die Lernzentren häufiger nutzen, sie verbringen dort jedoch nicht mehr Zeit als andere Studierende. So korrelieren die

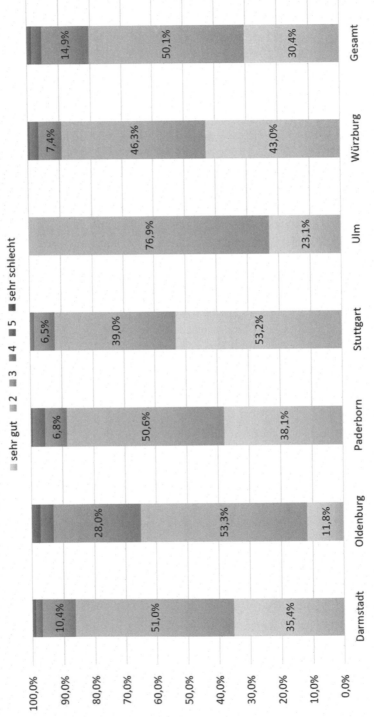

Abb. 20.1 Gesamtbeurteilung der Zufriedenheit mit den Lernzentren durch Studierende

Einschätzungen zum Umfang des Unterstützungsbedarfs mit der Einschätzung zur Nutzungshäufigkeit mit $r = 0{,}14$ zwar nicht besonders hoch, aber signifikant miteinander. Untersucht man die Zusammenhänge getrennt für die Standorte, so zeigen sich an drei Standorten entsprechende signifikante Korrelationen, an den anderen Standorten ist dieser Zusammenhang nicht signifikant. Keine signifikanten Zusammenhänge zeigen sich auch zwischen den Einschätzungen zum Umfang des Unterstützungsbedarfs mit der zeitlichen Nutzung der Lernzentren.

Weitere Aspekte zur Nutzung der Lernzentren von eher leistungsschwächeren Studierenden wurden geprüft, indem getestet wurde, ob Studierende mit unterdurchschnittlichen Modulnoten Lernzentren häufiger oder intensiver nutzen als Studierende mit besseren Noten. Hierzu wurden im Rahmen der schriftlichen Befragungen von Studierenden Angaben zu ihren letzten Modulnoten in mathematischen Modulen (z. B. Lineare Algebra I) erhoben und mit Angaben zur Nutzungshäufigkeit und -intensität verglichen. Im Ergebnis zeigen sich deskriptiv Unterschiede in der angenommen bzw. intendierten Richtung. Studierende mit schlechteren Noten (≥ 3) nutzen Lernzentren häufiger (3,84 vs. 3,67) und verbringen dort in einer Semesterwoche mehr Zeit (2,99 vs. 2,38). Diese Unterschiede sind jedoch nicht signifikant. Bei standortspezifischen Analysen zeigt sich ein signifikanter Unterschied nur an einem Standort: Studierende mit schlechteren Noten in Analysis I verbringen dort signifikant längere Zeiten im Lernzentrum als Studierende mit besseren Noten.

Untersucht man ferner die Nutzungsintensität von Studierenden etwas genauer, so konnten drei große Gruppen identifiziert werden. 46,9 % der befragten Studierenden im Sommersemester 2017 nutzten Lernzentren mindestens $1 \times$ pro Woche oder häufiger (Intensivnutzer). 24 % nutzten Lernzentren ca. $1 \times$ Monat (Gelegenheitsnutzer) und 29,1 % nutzten Lernzentren nicht oder nicht mehr. Betrachtet man die selbstberichteten Modulnoten in Bezug auf diese Unterteilung der Lernzentrumsnutzer, so zeigen sich deutliche Unterschiede im Vergleich von Intensiv- und Gelegenheitsnutzern. Die Gruppe der intensiven Nutzer*innen scheint geringere mathematische Fähigkeiten zu besitzen oder entsprechende Leistungen zu erzielen im Vergleich zur Gruppe der Gelegenheitsnutzer*innen. Die gefundenen Unterschiede sind als kleiner bis mittlerer Effekt zu interpretieren und auch nur mit einer Irrtumswahrscheinlichkeit von 10 % statistisch signifikant (Abb 20.2). Anhand dieser Ergebnisse ist zumindest eine Tendenz ersichtlich, dass leistungsschwächere Studierende Lernzentren intensiver nutzen.

*Ergebnisse Wirkungs- und Bedingungsanalyse: Vergleich von Nutzer*innen und Nicht-Nutzer*innen*

Hinsichtlich der Prüfung einer möglichen spezifischen Wirkungsweise durch die Nutzung der Lernzentren wurden Vergleiche zwischen Nutzer*innen und Nicht-Nutzer*innen angestellt. Es zeigt sich, dass diese Gruppen sich hinsichtlich des Merkmals Geschlecht unterscheiden. So sind Nutzer*innen von Lernzentren zu einem größeren Anteil weiblich (34 % vs. 20 %) als Nicht-Nutzer*innen und im Durchschnitt etwas jünger (vgl. ⦿ Tab. 20.1). Hinsichtlich der Leistungsvoraussetzungen z. B. Mathenote oder Punkte im

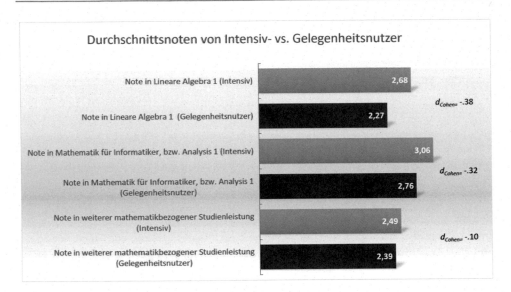

Abb. 20.2 Durchschnittliche Modulnoten von Intensiv- und Gelegenheitsnutzern mathematischer Lernzentren im Vergleich mit entsprechenden Effektstärken (Befragung von Studierenden SoSe 2017)

Tab. 20.1 Vergleich von Nutzern und Nicht-Nutzern der Lernzentren (Befragung von Studierenden SoSe 2017; n = 720)

	Nutzer*innen von Lernzentren	Nicht-Nutzer*innen
Anzahl (N in %)	468 (65 %)	252 (35 %)
Geschlecht (weiblich)	34,0 %	20,6 %
Alter (20 oder jünger)	61,5 %	67,1 %
Fachsemester (1 o. 2. Sem.)	69,4 %	71,3 %
Mathenote Abitur (M, [SD])	1,63 [0,73]	1,64 [0,61]
Mathepunkte Abitur (M, [SD])	12,13 [2,38]	12,36 [2,23]
Modulnote Lineare Algebra I (n = 279)	2,58	2,55
Modulnote Analysis I, bzw. MfI (n = 290)	2,92	2,99
Modulnote weitere Mathemodule (n = 175)	2,37	2,69

Abitur unterscheiden sich beide Gruppen nicht signifikant voneinander. Gleiches gilt für Leistungsindikatoren aus dem Studium, z. B. Modulnoten in linearer Algebra I oder Analysis I. In den Noten zu weiteren Mathemodulen zeigten sich zwar signifikante Unterschiede (p < 0,05 d_{Cohen} = 0,33), die jedoch insbesondere durch einen Standort verursacht wurden.

Um weiter Unterschiede zwischen Nutzer*innen und Nicht-Nutzer*innen von Lern-
zentren zu identifizieren, wurden verschiedene lern- und leistungsrelevante Merkmale
erfasst und im Rahmen einer 2-fakotriellen Varianzanalyse (Nutzer*innen, Standort,
Nutzer*innen X Standort) hinsichtlich möglicher Unterschiede geprüft. Neben dem Faktor
Nutzung wurde auch geprüft, ob Unterschiede zwischen den Standorten (2. Faktor) oder eine
Wechselwirkung zwischen Standort- und Nutzungseffekten bestehen (Interaktionseffekt).
Die in Tab. 20.2 dargestellten Ergebnisse zeigen Unterschiede zwischen Nutzer*innen und
Nicht-Nutzer*innen hinsichtlich der allgemeinen und mathematischen Selbstwirksam-
keitserwartungen. Nutzer*innen haben signifikant geringere Ausprägungen in den durch-
schnittlichen Skalenwerten bei diesem Merkmal. Darüber hinaus haben sie geringere
Ausprägungen in mathematischen Selbstkonzepten und höhere mathematikbezogene
Ängste. Des Weiteren unterscheiden sich Studierende an den verschiedenen Standorten in
den Skalen zur Erfassung des Selbstkonzepts, Studieninteresse, mathematikbezogener
Ängste und Freude sowie in der sozialen Eingebundenheit. Interaktionseffekte zwischen
den Faktoren zeigten sich in den Skalen Selbstkonzept Mathematik 1 sowie mathematikbezogene Ängste. Trotz der Signifikanz der Ergebnisse, sind die Unterschiede zwischen
den Gruppen und die jeweiligen Effektstärken nur gering und es zeigten sich nur geringe
Varianzaufklärungen für die Skalen (korrigiertes R-Quadrat 2–5 %). Anhand dieser Ergebnisse ist somit allenfalls eine Tendenz erkennbar, dass Nutzer*innen von Lernzentren im
Hinblick auf motivationale Aspekte des Studierens geringere Ausprägungen aufweisen. Dies
ist allerdings nicht als Wirkung des Besuchs von Lernzentren zu interpretieren, sondern eher
als möglicher Auslöser der Nutzung dieser Unterstützungsmaßnahme zu verstehen.

In weiteren Analysen zum Vergleich von Nutzer*innen und Nicht-Nutzer*innen
wurde deutlich, dass sich beide Gruppen insbesondere in Aspekten der Studienzufriedenheit (Westermann et al., 1996) voneinander unterscheiden (vgl. Tab. 20.3). Nutzer*innen
haben geringere Durchschnittswerte in der Zufriedenheit mit Studieninhalten, sie
sind in größerem Ausmaß unzufrieden mit den Studienbedingungen und geben höhere
Studienbelastungen an. Jedoch zeigt sich auch in diesen Ergebnissen einer 2-faktoriellen
Varianzanalyse (Nutzer*innen; Standort; Nutzer*innen x Standort), dass die Unterschiede zwischen den Gruppen und die jeweiligen Effektstärken nur gering sind und
nur eine geringe Varianzaufklärung für die Skalen erzielt wird (korrigiertes R-Quadrat
1,5–3,8 %). Somit kann man den Ergebnissen allenfalls eine Tendenz entnehmen, dass
Studierende, die Lernzentren nutzen, unzufriedener und belasteter im Studium sind.

20.2   Zwischenfazit

Die bisher dargestellten Ergebnisse belegen insgesamt eine positive Bewertung der
Lernzentren, der jeweiligen Rahmenbedingungen und der Qualität der Zentren all-
gemein, sowie insbesondere der Beratungsangebote. Lernzentren scheinen somit eine
Unterstützungsmaßnahme zu sein, die ggf. durch das niedrigschwellige Ausmaß an
Unterstützung und den einfachen Zugang gerne genutzt und positiv bewertet werden.

Tab. 20.2 Vergleich von Nutzer*innen und Nicht-Nutzer*innen der Lernzentren hinsichtlich lern- und leistungsrelevanter Merkmale (Befragung von Studierenden im SoSe 2017; n = 688)

Skala (Quelle) [Anzahl Items]	Mittelwerte Nutzer*innen	Mittelwerte Nicht-Nutzer*innen	Faktor Nutzung	Faktor Standort	Interaktion
Allgemeine Selbstwirksamkeitserwartung (Beierlein et al., 2012) [3]	3,41	3,59	* eta^2,01		
Mathematische Selbstwirksamkeitserwartung (Ramm et al., 2006; Baumert et al., 2009) [4]	2,68	2,77	* eta^2,01		
Selbstregulation des Lernens (Baumert et al., 2009) [5]	2,88	2,91			
Selbstkonzept Mathematik 1 (Fischer, 2014; Frey et al., 2009) [5]	2,65	2,74	* eta^2,01	* eta^2,02	* eta^2,02
Selbstkonzept Mathematik 2 (abgewandelt von Schöne et al., 2002) [3]	2,87	2,96	* eta^2,01	* eta^2,02	
Studieninteresse Mathematik (Liebendörfer et al. (2020) angelehnt an Schiefele et al. (1993)) [9]	3,95	3,78		* eta^2,03	

(Fortsetzung)

Tab. 20.2 (Fortsetzung)

Skala (Quelle) [Anzahl Items]	Mittelwerte Nutzer*innen	Mittelwerte Nicht-Nutzer*innen	Faktor Nutzung	Faktor Standort	Interaktion
mathematik-bezogene Angst (LIMA nach Götz 2004) [3]	3,30	3,12	* eta^2,02	* eta^2,04	* eta^2,02
mathematik-bezogene Freude (PISA nach Pekrun et al., 2004) [6]	3,35	3,19		* eta^2,04	
soziale Ein-gebunden-heit (Longo et al. 2014 eigene Über-setzung) [6]	4,51	4,34		* eta^2,02	

Anmerkungen: * $p < 0{,}05$; $n = 688$

Vielfach wurde von den befragten Studierenden auch eine Ausweitung der Angebote gewünscht. Die vergleichenden Analysen zwischen Nutzer*innen und Nichtnutzer*innen sowie den Nutzergruppen in Abhängigkeit der Intensität zeigen Unterschiede in lern- und leistungsrelevanten Merkmalen, in den Aspekten der Studienzufriedenheit sowie in den bisher erzielten mathematischen Leistungen im Studium. Es scheint, dass mit den Unterstützungsmaßnahmen Studierende gefördert werden, die auch einen entsprechenden Förderbedarf haben. So weisen intensive Nutzer*innen tendenziell schlechtere Mathematik Noten im Studium auf. Nutzer*innen unterscheiden sich von Nichtnutzer*innen in ihren mathematikbezogenen Überzeugungen hinsichtlich der Selbstwirksamkeit und der eigenen Fähigkeiten sowie den damit verbundenen Emotionen von Nichtnutzer*innen. Sie berichten darüber hinaus von einer geringeren Studienzufriedenheit und höheren Studienbelastungen sowie der Wahrnehmung schlechterer Studienbedingungen. Diese Ergebnisse zeigen, dass durch die Lernzentren eine Zielgruppe von Studierenden adressiert wird bzw. die Angebote durch Studierende intensiver genutzt werden, die subjektiv und objektiv entsprechende Unterstützungsbedarfe aufweisen.

Tab. 20.3 Vergleich von Nutzer*innen und Nicht-Nutzer*innen der Lernzentren hinsichtlich Studienzufriedenheit und Abbruchgedanken (Befragung von Studierenden im SoSe 2017; n = 759)

Skala (Quelle) [Anzahl Items]	Mittelwerte Nutzer*innen	Mittelwerte Nicht-Nutzer*innen	Faktor Nutzung	Faktor Standort	Interaktion
Zufriedenheit Studieninhalte (Westermann et al., 1996) [3]	3,88	4,03	* eta^2,01		
Unzufriedenheit mit Studienbedingungen (Westermann et al., 1996) [3]	2,73	2,55	* eta^2,02	* eta^2,03	
Studienbelastungen (Westermann et al., 1996) [3]	3,10	2,91	* eta^2,01	* eta^2,03	
Studienabbruchgedanken (Westermann et al., 1996) [3]	1,88	1,73		* eta^2,02	

Anmerkungen: * = p < 0,05; n = 759

20.3 Charakterisierung der projektbeteiligten Lernzentren anhand von ausgewählten Merkmalen des WiGeMath-Rahmenmodells

Im folgenden Abschnitt werden die am WiGeMath Projekt beteiligten Lernzentren, die in diesem Buch in den folgenden Kapiteln mit einem Beitrag vertreten sind, kurz im Überblick vorgestellt. Die individuellen Charakteristika der einzelnen Lernzentren sowie die Unterschiede zwischen den beteiligten Zentren werden in diesem Zusammenhang durch eine Verortung anhand des WiGeMath-Rahmenmodells (vgl. Liebendörfer et al., 2017, sowie Kap. 2 dieses Bandes) hinsichtlich Zielsetzungen, konzeptioneller Gestaltungsmerkmale und Rahmenbedingungen benannt (z. B. Qualifikation von Beratenden, Kapazität, Ausstattung, Öffnungszeiten und Nutzergruppen).

20.3.1 Merkmale und Rahmenbedingungen der beteiligten Lernzentren

Die beteiligten Lernzentren wurden im Transferprojekt anhand des WiGeMath-Rahmenmodells umfassend erfasst und beschrieben. Dies liefert u. a. eine gute Grundlage, um die Evaluationsmaßnahmen an die vorherrschenden Bedingungen der Standorte anzupassen. Im Rahmen dieses Kapitels erfolgt zunächst nur eine Beschreibung hinsichtlich weniger ausgewählter Aspekte des Rahmenmodells zu den Dimensionen ‚Merkmale' und ‚Rahmenbedingungen' (siehe Tab. 20.4). Weitere Aspekte und Details der Lernzentren sind in den jeweiligen Good-Practice-Darstellungen beschrieben.

Lernzentren zeichnen sich durch einen besonderen Ort in der Hochschule aus, die Studierende zur Bearbeitung mathematischer Themen nutzen können und an denen sie Unterstützung erhalten können. Die jeweiligen Räume oder Plätze in den Hochschulen variieren jedoch sehr stark in der bereitgestellten Kapazität, bedingt durch die Orts- oder Raumauswahl. Lernzentren die ehemalige Seminar- oder Unterrichtsräume nutzen, weisen Kapazitäten zwischen 35 bis 60 Studierende auf. In diesen Lernzentren werden teilweise mehr Räume oder angrenzende Flächen genutzt und stehen den Lernzentren meistens auch für eine ausschließliche Nutzung zur Verfügung. Lernzentren mit größeren Kapazitäten nutzen hingegen Orte in der Hochschule, die nur für bestimmte Tageszeiten als Lernzentren fungieren und zu anderen Zeiten alternativ genutzt werden (z. B. Oldenburg – Ringebene mit allgemeinen Lern- und Arbeitsplätzen oder Stuttgart – Nutzung der Mensa).

Die Beratungen in den Lernzentren werden überwiegend durch Tutor*innen angeboten, die teilweise auch in den Übungen zu Lehrveranstaltungen eingesetzt werden. Diese werden für diese Aufgabe überwiegend durch standortspezifische Schulungsmaßnahmen der Lernzentren qualifiziert. Die Qualifizierungsmaßnahmen hierzu variieren jedoch im Umfang von mehrstündigen bis mehrtägigen Schulungen. Sofern Beratungsansätze durch Mitarbeiter*innen übernommen werden, werden diese z. B. durch Lernzentrumsleiter oder –verantwortliche hinsichtlich der zu leistenden Beratungen instruiert, d. h. es erfolgen keine spezifischen Schulungen dieser Mitarbeiter*innen für diese Funktion.

Die Anzahlen an beratenden Personen, die im Durchschnitt zu Vorlesungszeiten eingesetzt werden, sind in den Lernzentren unterschiedlich und in Abhängigkeit davon auch die angebotenen Beratungszeiten pro Woche. Dies ist auf die zur Verfügung stehenden Ressourcen sowie die jeweiligen Bedarfe zurückzuführen. Letztere werden u. a. definiert durch die Anzahl und Größe der Studiengänge, an die sich die Angebote der Lernzentren richten.

Tab. 20.4 Merkmale und Rahmenbedingungen der beteiligten Lernzentren

Hochschul-standort	Kapazität (ca.)	Raumnutzung	Beratung durch	Schulung d. Berater	Anzahl Berater/W	Angebote ca. Std./W	Zielstudien-gänge
Oldenburg	100–150	Alternativ	Tutoren/SHKs und Mitarbeiter	Nein	9–10	10	Zwei-Fächer-Bachelor, Mathematik B.A
Stuttgart	200	Alternativ	Mitarbeiter/ Dozenten	Nein	6–10	12	Ingenieurs und Natur-wissen-schaften, Mathematik B.A., Informatik,
Würzburg	35	Ausschließlich	Tutoren/SHKs und Mitarbeiter	Ja	8	17	Mathematik sowie Natur-, Ingenieurs-wissen-schaften
Paderborn	60	Ausschließlich	Tutoren/SHKs	Ja	10–12	35,5	Mathematik B.A B. Ed. Lehramt GeGym, Techno-mathematik

(Fortsetzung)

Tab. 20.4 (Fortsetzung)

Hochschul-standort	Kapazität (ca.)	Raumnutzung	Beratung durch	Schulung d. Berater	Anzahl Berater/W	Angebote ca. Std./W	Zielstudien-gänge
Halle/Wittenberg	30	Ausschließlich	Tutoren/SHKs	Ja	10	24	Lehramt, Mathematik B.A
Hannover	15–20	Alternativ	Tutoren/SHKs, wiss. und externe Mit-arbeiter	Ja	7	13,5	ver-schiedene Lehramts-studien-gänge

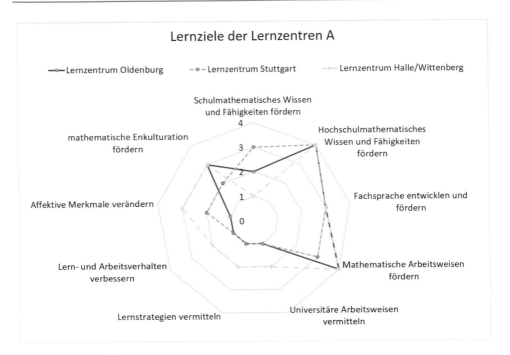

Abb. 20.3 Bewertung von Lernzielen durch die beteiligten Lernzentren A

20.3.2 Einschätzungen zu den Zielsetzungsaspekten des Rahmenmodells

Die beteiligten sechs Lernzentren wurden weiterhin gebeten, ihre Maßnahmen im Hinblick auf Zielsetzungsaspekte anhand des Rahmenmodells zu verorten und zu beschreiben. So sollte für fast jede Merkmalsfacette[2] bewertet werden, ob es sich um ein Hauptziel, ein wichtiges oder untergeordnetes Ziel des Lernzentrums handelt oder ob dieses Ziel im Lernzentrum keine Rolle spielt. Für die grafische Darstellung dieser Bewertungen in den folgenden Abbildungen erfolgte eine numerische Zuordnung: Hauptziele (4), wichtiges Ziel (3), untergeordnetes Ziel (2) und kein Ziel (1).

Hinsichtlich der in den Lernzentren verfolgten Lernziele wird von allen Befragten die Förderung hochschulmathematischen Wissens und hochschulmathematischer Fähigkeiten als Hauptziel angegeben(Abb 20.3 und Abb 20.4). Als weitere Hauptziele und wichtige Ziele wurden die Förderung mathematischer Arbeitsweisen und die Entwicklung und Förderung der Fachsprache beurteilt. Die weiteren Zielsetzungen werden

---

[2]Ausgenommen waren die Facetten: Beliefs, Berufsrelevanz, Studienrelevanz, Transparentmachen der Studienanforderungen und Lehrqualität verbessern.

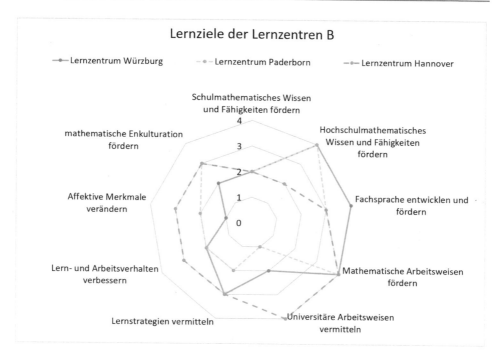

Abb. 20.4 Bewertung von Lernzielen durch die beteiligten Lernzentren B

teilweise als untergeordnetes oder als kein Ziel bewertet. Insgesamt spiegeln sich in den Einschätzungen die individuellen Schwerpunkte der Lernzentren wider, die in den jeweiligen Beiträgen in diesem Buch beschrieben sind.

Auch systembezogene Zielsetzungen werden unterschiedlich stark von den beteiligten Lernzentren verfolgt. Dies weist ebenfalls auf die einzelnen Schwerpunktsetzungen der Zentren hin (Abb 20.5 und Abb 20.6). So wird die Senkung von Studienabbruchquoten teilweise als Hauptziel sowie als untergeordnetes Ziel bewertet oder die Erhöhung von Feedbackqualität als kein bzw. untergeordnetes Ziel benannt. Als kein bzw. lediglich untergeordnetes Ziel wurden von den meisten Befragten die Förderung bestimmter Studierendengruppen und die Verbesserung von Schulwissen und Fertigkeiten als Voraussetzung für das Studium bewertet. Insgesamt wir im Hinblick auf die Zielbewertungen deutlich, dass in mathematischen Lernzentren jeweils ein relativ unterschiedliches Spektrum an Zielsetzungen in Abhängigkeit von standortspezifischen Ausrichtungen der Maßnahmen verfolgt wird.

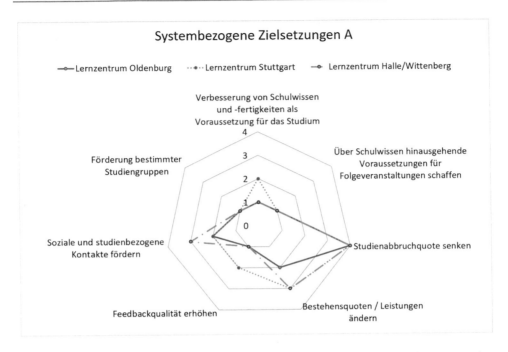

Abb. 20.5 Bewertung von systembezogenen Zielsetzungen durch die beteiligten Lernzentren A

20.4 Ausblick auf Aktivitäten zur Vernetzung der mathematischen Lernzentren

Mathematische Lernzentren stellen für Studierenden in der Studieneingangsphase in Deutschland mittlerweile ein, an vielen Hochschulen etabliertes, Unterstützungsangebot dar (Abschn. 20.1). In englischsprachigen Ländern (England, Irland und Australien) haben sich die Lernzentren in Form von regionalen oder landesübergreifenden Netzwerken zusammengeschlossen, um den Erfahrungsaustausch sowie die Evaluation und Untersuchung der Wirkungen von Lernzentren zu fördern (Abschn. 20.1.1). Vergleichbare Strukturen werden in Deutschland gerade erst aufgebaut und wurden durch das WiGeMath-Projekt mit dem Austausch zwischen denen als Partner involvierten Lernzentren initiiert. Im Rahmen der Transferphase des WiGeMath-Projektes wurde dieser Kreis durch weitere Lernzentren erweitert. Aufbauend auf der Analyse zur Verbreitung von Lernzentren in Deutschland und deren Charakteristika (Schürmann et al., 2021), wurden darüber hinaus Kontakte zu weiteren Hochschulen und deren Lernzentrumsverantwortlichen oder –mitarbeitenden hergestellt. Angesichts der Corona-Pandemie und

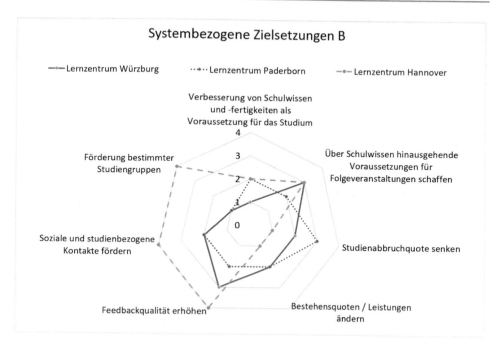

Abb. 20.6 Bewertung von systembezogenen Zielsetzungen durch die beteiligten Lernzentren B

der daraus resultierenden Konsequenzen zu Planung und Durchführung eines (anteiligen) Onlinesemester im Sommersemester 2020, standen vielen Lernzentren vor der Herausforderung ihre Unterstützungsangebote digital anbieten zu müssen. Aus dem WiGeMath-Transferprojekt wurde daher ein Informationspapier mit Möglichkeit zur digitalisieren von Lernzentrumsangeboten erstellt und an alle bekannten Lernzentren in Deutschland versendet. Die positiven Rückmeldungen dazu sowie weitere thematische Anfragen von Lernzentrumsmitarbeitenden, lassen auf ein hohes Interesse und einen großen Bedarf an einer strukturellen und informativen Vernetzung zwischen Lernzentren in Deutschland schließen. Mittlerweile hat sich daher ein Netzwerk von mathematischen Lernzentren in Deutschland entwickelt (www.lemma-netzwerk.de), welches sich in regelmäßig stattfindenden Workshops trifft, um Erfahrungen, Konzepte sowie Materialien auszutauschen. Durch die Bereitstellung weiterer Informationen per Emailverteiler sowie den Aufbau der Homepage planen wir diese Vernetzung fortzuführen und somit den Transfer bestehender Forschungsergebnisse als auch den Erfahrungsaustausch zu fördern.

Literatur

Aebli, H. (2006). *Zwölf Grundformen des Lernens: Eine Allgemeine Didaktik auf psychologischer Grundlage. Medien und Inhalte didaktischer Kommunikation, der Lernzyklus* (13. Aufl.). Klett-Cotta.

Ahmed, S., Davidson, P., Durkacz, K., Macdonald, C., Richard, M., & Walker, A. (2018). The provision of mathematics and statistics support in Scottish Higher Education Institutions (2017): A comparative study by the Scottish Mathematics Support Network. *MSOR Connections, 16,* 5–19. https://doi.org/10.21100/msor.v16i3.798.

Ahrenholtz, I., & Ruf, A. (2014). Akzeptanz und Erfolg von zusätzlichen Maßnahmen in der Studieneingangsphase in Studiengängen der Mathematik und Naturwissenschaften. In: *Das Hochschulwesen, 62*(3), 81–87.

Baumert, J., Blum, W., Brunner, M., Dubberke, T., Jordan, A., Klusmann, U. et al. (2009). *Professionswissen von Lehrkräften, kognitiv aktivierender Mathematikunterricht und die Entwicklung von mathematischer Kompetenz (COACTIV). Dokumentation der Erhebungsinstrumente.* Berlin: Max-Planck-Institut für Bildungsforschung.

Beierlein, C., Kovaleva, A., Kemper, C. J. & Rammstedt, B. (2012). *Ein Messinstrument zur Erfassung subjektiver Kompetenzerwartungen. Allgemeine Selbstwirksamkeit Kurzskala (ASKU),* https://nbn-resolving.org/urn:nbn:de:0168-ssoar-292351.

Croft, A. C. (2000). A guide to the establishment of a successful mathematics learning support centre. *International Journal of Mathematical Education in Science and Technology, 31*(3), 431–446. https://doi.org/10.1080/002073900287192.

Croft, A.C., Lawson, D.A., Hawkes, T.O., Grove, M.J., Bowers, D., & Petrie, M. (2015). ‚sigma – a network working!', *Mathematics Today, 51*(1), 36–40.

Fischer, P. R. (2014). *Mathematische Vorkurse im Blended-Learning-Format.* Wiesbaden: Springer Fachmedien Wiesbaden. http://link.springer.com/10.1007/978-3-658-05813-5.

Frey, A., Taskinen, P., Schütte, K., & PISA-Konsortium Deutschland. (2009). *PISA 2006 Skalenhandbuch. Dokumentation der Erhebungsinstrumente.* Münster: Waxmann.

Frischemeier, D., Panse, A., & Pecher, T. (2016). Schwierigkeiten von Studienanfängern bei der Bearbeitung mathematischer Übungsaufgaben - Erfahrungen aus den Mathematik-Lernzentren der Universität Paderborn. In A. Hoppenbrock, R. Biehler, R. Hochmuth, & H.-G. Rück (Hrsg.), *Lehren und Lernen von Mathematik in der Studieneingangsphase – Konzepte und Studien zur Hochschuldidaktik und Lehrerbildung Mathematik* (S. 229–241). Springer Spektrum. https://doi.org/10.1007/978-3-658-10261-6_15.

Götz, T. (2004). *Emotionales Erleben und selbstreguliertes Lernen bei Schülern im Fach Mathematik.* München: Utz.

Haak, I., & Biehler R. (2019). Die Studieneingangsphase aus Transitionsperspektive: Untersuchung des Einflusses von Lernzentren in der Studieneingangsphase. *Beiträge zum Mathematikunterricht 2019.* (S. 301-304). Münster: WTM-Verlag.

Haak, I. (2017). *Maßnahmen zur Unterstützung kognitiver und metakognitiver Prozesse in der Studieneingangsphase. Eine Design-Based-Research-Studie zum universitären Lernzentrum Physiktreff.* Logos. https://doi.org/10.5281/zenodo.571784.

Hochmuth, R., Biehler, R., Schaper, N., Kuklinski, C., Lankeit, E., Leis, E., Liebendörfer, M., & Schürmann, M. (2018). *Verbundprojekt WiGeMath: Wirkung und Gelingensbedingungen von Unterstützungsmaßnahmen für mathematikbezogenes Lernen in der Studieneingangsphase (Abschlussbericht).* Hannover: Universität Hannover. https://doi.org/10.2314/KXP:1689534117.

Lawson, D., Grove, M., & Croft, T. (2020). The evolution of mathematics support: a literature review. *International Journal of Mathematical Education in Science and Technology.* 51(8), 1224–1254, https://doi.org/10.1080/0020739X.2019.1662120.

Liebendörfer, M., Hochmuth, R., Biehler, R., Schaper, N., Kuklinski, C., Khellaf, S., Schürmann, M., & Rothe, L. (2017). A framework for goal dimensions of mathematics learning support in universities. In T. Dooley & G. Gueudet (Eds.), *Proceedings of the Tenth Congress of the European Society for Research in Mathematics Education* (CERME10, February 1–5, 2017). DCU Institute of Education & ERME.

Liebendörfer, M., Göller, R., Biehler, R., Hochmuth, R., Kortemeyer, J., Ostsieker, L., Rode, J., & Schaper, N. (2020). LimSt – Ein Fragebogen zur Erhebung von Lernstrategien im mathematikhaltigen Studium. *Journal für Mathematik-Didaktik.* https://doi.org/10.1007/s13138-020-00167-y.

Longo, Y., Gunz, A., Curtis, G. J., & Farsides, T. (2014). Measuring Need Satisfaction and Frustration in Educational and Work Contexts: The Need Satisfaction and Frustration Scale (NSFS). *Journal of Happiness Studies, 17*(1), 295–317. https://doi.org/10.1007/s10902-014-9595-3.

Mac an Bhaird, C., Morgan, T., & O'Shea, A. (2009). The impact of the mathematics support centre on the grades of first year students at the National University of Ireland Maynooth. *Teaching Mathematics and Its Applications 2009, 28,* 117–122. https://doi.org/10.1093/teamat/hrp014.

Mac an Bhaird, C., Gill, O., Jennings, K., Ní Fhloinn, E., & O'Sullivan, C. (2011). *The Irish mathematics support network: Its origins and progression.* The All Ireland Journal of Teaching and Learning in Higher Education (AISHE-J), 3(2), 51.1–51.14.

Matthews, J., Croft, T., Waller, D., & Lawson, D. (2013). Evaluation of mathematics support centres: A literature review. *Teaching Mathematics and its Applications, 32*(4), 173–190. https://doi.org/10.1093/teamat/hrt013.

Pekrun et al. (2004). 'Emotionen und Leistung im Fach Mathematik: Ziele und erste Befunde aus dem „Projekt zur Analyse der Leistungsentwicklung in Mathematik "(PALMA)'. In Jörg Doll, Manfred Prenzel (Hrsg.). *Bildungsqualität von Schule: Lehrerprofessionalisierung, Unterrichtsentwicklung und Schülerförderung als Strategien der Qualitätsverbesserung* (S. 345–363). Münster: Waxmann. http://nbn-resolving.de/urn:nbn:de:bsz:352-139039.

Ramm, G., Prenzel, M., Baumert, J., Blum, W., Lehmann, R., Leutner, D., Neubrand, M., Pekrun, R., Rolff, H.-G., & Rost, J. (2006). *PISA 2003: Dokumentation der Erhebungsinstrumente.* Münster: Waxmann. https://hdl.handle.net/11858/00-001M-0000-0025-815F-1.

Schiefele, U., Krapp, A., Wild, K. P., & Winteler, A. (1993). Der „Fragebogen zum Studieninteresse" (FSI). *Diagnostica, 39*(4), 335–351.

Schöne, C., Dickhäuser, O., Spinath, B., & Stiensmeier Pelster, J. (2002). *Skalen zur Erfassung des schulischen Selbstkonzepts: SESSKO.* Göttingen: Hogrefe.

Schürmann, M., Gildehaus, L., Liebendörfer, M., Schaper, N., Biehler, R., Hochmuth, R., Kuklinski, C., & Lankeit, E. (2021). Mathematics Support Centers in Germany - An overview. *Teaching Mathematics and its Applications: An International Journal of the IMA, 40*(2), 99–113. https://doi.org/10.1093/teamat/hraa007.

Taylor, J. A. & Morgan, M. J. (1999). Mathematics support program for commencing engineering students between 1990 and 1996: an Australian case study. *International Journal of Engineering Education, 15*(6), 486–492.

Westermann, R., Heise, E., Spies, K., & Trautwein, U. (1996). *Identifikation und Erfassung von Komponenten der Studienzufriedenheit. Psychologie in Erziehung und Unterricht, 43*(1), 1–22.

Wlassak, F. (2018). Offener Matheraum – Ein Unterstützungsangebot zum effektiveren Lernen mathematischer Arbeitstechniken. In: Fachgruppe Didaktik der Mathematik der Universität Paderborn (Hrsg.) *Beiträge zum Mathematikunterricht 2018.* (S. 2019–2022). Münster: WTM-Verlag.

Zech, F. (1998). *Grundkurs Mathematikdidaktik* (10. Aufl.). Beltz.

Mathematisches Lernzentrum der Universität Oldenburg

21

Bettina Steckhan, Niklas Müller und Mirko Schürmann

Zusammenfassung

Durch die Unterstützung von Studierenden im Lernzentrum der Carl von Ossietzky Universität Oldenburg soll ihnen sowohl die Angst vor der Hochschulmathematik genommen als auch eine Hilfestellung angeboten werden. Aus Sicht des Instituts für Mathematik wird durch die hier geleistete Hilfe zur Selbsthilfe eine Verringerung der Abbruchquoten angestrebt.

Das Oldenburger Lernzentrum zeichnet sich vor allem durch die Zusammenarbeit zwischen dem Institut für Mathematik und dem Fachschaftsrat Mathematik und Elementarmathematik aus. Für beide Parteien gibt es jeweils eine*n Verantwortliche*n für das Lernzentrum, die miteinander in Kontakt stehen und nach Betreuenden suchen. Unter Betreuende fallen die Tutor*innen sowie wissenschaftliche Mitarbeitende, die im Lernzentrum hilfesuchende Studierende bezüglich Übungsaufgaben und Vorlesungsinhalten beraten.

Das Lernzentrum fungiert als Arbeitsort für Studierende, an dem diese sich austauschen und Mathematik betreiben können. Es richtet sich hauptsächlich an

B. Steckhan
Oldenburg, Deutschland
E-Mail: bettina.steckhan@uol.de

N. Müller
Oldenburg, Deutschland
E-Mail: niklas.mueller1@uol.de

M. Schürmann
Insitut für Humanwissenschaften, Universität Paderborn, Paderborn, Deutschland
E-Mail: mirko.schuermann@upb.de

© Der/die Autor(en), exklusiv lizenziert an Springer-Verlag GmbH, DE, ein Teil von Springer Nature 2022
R. Hochmuth et al. (Hrsg.), *Unterstützungsmaßnahmen in mathematikbezogenen Studiengängen,* Konzepte und Studien zur Hochschuldidaktik und Lehrerbildung Mathematik, https://doi.org/10.1007/978-3-662-64833-9_21

Studierende des Studienfachs Mathematik. Das Lernzentrum ist jeden Tag zur selben Zeit zwei Stunden von Montag bis Freitag geöffnet und nach Möglichkeit jeweils mit zwei Betreuenden besetzt. Es befindet sich nicht in einem eigenen Raum, sondern an einem festen Ort in einem Lern- und Arbeitsbereich, an dem die Betreuenden zu den festgelegten Zeiten Hilfesuchende unterstützen. In diesem Lern- und Arbeitsbereich stehen den Studierenden zahlreiche Tische und Sitzbänke zur Verfügung, an denen sie arbeiten können.

21.1 Einführung

„Lernzentren können konzeptionell beschrieben werden als niedrigschwellige Unterstützungsangebote außerhalb von curricularen Veranstaltungsangeboten, in denen wissenschaftliche oder studentische Mitarbeitende Beratungen und Unterstützung zu mathematischen Themen und Aufgabenstellungen anbieten" (Hochmuth et al., 2018, S. 27). Durch individuelle Beratungsangebote besteht in Lernzentren die Möglichkeit, angemessen auf die Heterogenität der Studierendenschaft zu reagieren und dadurch individuellen Unterstützungsbedarfen gerecht zu werden. Insbesondere am Lernzentrum der Universität Oldenburg wird ein Angebot für Studierende aus sehr unterschiedlichen Studienbereichen bereitgestellt (Abschn. 21.3.3). In den Beratungen für die Studierenden stehen Unterstützungen zu Lern- und Übungsaufgaben aus mathematischen Lehrveranstaltungen im Vordergrund (Abschn. 21.4). Darüber hinaus können durch Lernzentren weitere Angebote bereitgestellt werden, z. B. Prüfungsvorbereitung im Rahmen von Workshops oder spezifische Beratungsangebote sowie die Bereitstellung von Lernmaterialien und nicht zuletzt auch von Lern- und Arbeitsplätzen für Einzelne oder Lerngruppen. Besonders hervorzuheben sind am Lernzentrum in Oldenburg die intensive Zusammenarbeit zwischen der Fachschaft[1] und Lehrenden (Abschn. 21.5) sowie die alternative Nutzung von Räumlichkeiten für Lernberatungen (Abschn. 21.3.1).

21.2 Zielsetzungen

Im folgenden Abschnitt werden die Zielsetzungen des Lernzentrums Oldenburg detailliert beschrieben. Die Zielbeschreibungen orientieren sich an dem Rahmenmodell (s. Kap. 2 in diesem Band) und deren Differenzierung in Lernziele (Abschn. 21.2.1) und systembezogene Zielsetzungen (Abschn. 21.2.2).

---

[1] Der Fachschaftsrat Mathematik und Elementarmathematik ist die durch eine Wahl bestimmte Vertretung aller Studierenden, die in einem dieser Studienfächer eingeschrieben sind. Alle eingeschriebenen Studierenden in diesen beiden Studienfächern bilden die Fachschaft. Umgangssprachlich wird der Fachschaftsrat auch „Fachschaft" genannt. In diesem Artikel wird der gängige Begriff „Fachschaft" verwendet, da sich auch Studierende, die nicht im Fachschaftsrat gewählt sind, für das Lernzentrum engagieren können.

21.2.1 Lernziele

Nutzer*innen des Lernzentrums benötigen für die Bearbeitung der Übungszettel Strategien für das mathematische Arbeiten. Dazu gehört das Aufstellen von Vermutungen, das Beweisen von Sätzen und Lemmata auf den Übungszetteln, das Problemlösen und das Nacharbeiten der Vorlesungsinhalte durch Besprechung konkreter Beispiele und das Wiederholen bzw. das Klären von unbekannten Begriffen aber auch von schulmathematischem Wissen und Fähigkeiten. Die Studierenden sollen ihre hochschulmathematischen Fähigkeiten und ihr Wissen während der Aufgabenbearbeitung im Lernzentrum weiter ausbauen und darüber hinaus ihren Gebrauch der mathematischen Fachsprache durch die Kommunikation über die Aufgaben und Inhalte verbessern. Außerdem ist es eine Zielsetzung, dass die Studierenden Lernstrategien wie das Bewerten von Lösungsansätzen und -wegen oder das präzise Notieren von Lösungen entwickeln. Für jegliche Schwierigkeiten hierbei stehen die Betreuenden des Lernzentrums zur Hilfestellung zur Verfügung. Die Studierenden sollen im mathematischen Arbeiten Hilfe erhalten, indem ihnen beim Auftreten von für sie nicht zu bewältigenden Hindernissen Unterstützung und Förderung angeboten wird, um weiterarbeiten zu können. Das Ziel ist keinesfalls, fertige Lösungen zu präsentieren, sondern vielmehr Denkanstöße zu geben, wobei auch dadurch Tätigkeiten für die Erarbeitung von mathematischen Inhalten und die Lösung mathematischer Probleme geschult werden sollen (Abschn. 21.4.1). Außerdem soll das Lernzentrum nicht als kontinuierliche Nachhilfe für Einzelne verstanden werden. Vielmehr werden präzise Fragen zu konkreten Sachverhalten gewünscht, um allen Hilfesuchenden gerecht werden zu können.

21.2.2 Systembezogene Zielsetzungen

Das Hauptziel des Lernzentrums besteht darin, die Studierenden während der Vorlesungszeit zu unterstützen, die Inhalte besser zu verstehen sowie Übungsaufgaben erfolgreich zu bewältigen. Dadurch sollen die Studienabbruchquoten verringert werden. Darüber hinaus besteht im Lernzentrum die Möglichkeit, Gleichgesinnte zu treffen, in Lerngruppen zu arbeiten und sich gegenseitig zu helfen sowie das Lernumfeld über das bereits Bekannte hinaus zu erweitern. Die Gruppentische (Abschn. 21.3.1) sollen die Förderung der studienbezogenen Kontakte und den Austausch über mathematische Themen unterstützen. Die Studierenden sollen in ihrer sozialen Interaktion gefördert werden, um gemeinsam zu lernen und gemeinsam nach Lösungen zu suchen. Das gegenseitige Erklären und Bewerten von Lösungsansätzen oder Vorlesungsinhalten soll das Miteinander sowie auch die mathematische Kommunikation fördern.

Die Studierenden sollen bei Bedarf persönliches und ausführliches Feedback der Betreuenden zu ihren Lösungsansätzen sowie falschen oder weniger zielführenden Ideen erhalten. Die Lehrenden und Tutor*innen der Module hingegen sehen meist nur eine fertige Lösung, die sie beurteilen können. Damit soll das Lernzentrum Studierenden die

Möglichkeit bieten, konkretes und vielseitiges Feedback zu erhalten. Ein Vorteil davon ist, dass die Fragen und Lösungsansätze der Studierenden nicht bewertet werden und sie daher angstfrei individuelles Feedback zu sämtlichen Einfällen einfordern können.

Durch die Möglichkeit, Fragen zu den Vorlesungsinhalten zu stellen, sollen Lücken geschlossen werden. Ziel ist, dass dies den Studierenden hilft, ein besseres Verständnis für die Vorlesungsinhalte zu entwickeln.

Insgesamt sollen durch die Lernzentrumsangebote die Studienmotivation und – leistungen sowie letztlich die Bestehensquoten von Prüfungen erhöht werden.

21.3 Strukturelle Merkmale und Rahmenbedingungen

Als strukturelle Merkmale des Lernzentrums und dessen Rahmenbedingungen werden im folgenden Abschnitt insbesondere die räumlichen Bedingungen, Ausstattungsmerkmale und Beratungszeiten (Abschn. 21.3.1) sowie detaillierte Informationen zu den betreuenden Personen und Studierendengruppen (Abschn. 21.3.2 und 21.3.3) gegeben.

21.3.1 Rahmenbedingungen / Räumliche Bedingungen

Es handelt sich bei dem Lernzentrum in Oldenburg um ein kostenloses Angebot, das Studierenden der Fakultät V (Mathematik und Naturwissenschaften), insbesondere aber den Studierenden der Mathematik und Elementarmathematik sowie den Studierenden der Informatik und Physik, die fachmathematische Module belegen, zur Verfügung steht. Die Finanzierung des Lernzentrum erfolgte bislang aus Mitteln der Fakultät aus den Programmen „Hochschulpakt" und „Studienqualitätsmittel (SQM)".

Die Studierenden können zu festen Zeiten das Lernzentrum besuchen und Hilfe in Anspruch nehmen. Es handelt sich um ein freiwilliges Angebot, das Studierende bei Bedarf nutzen können.

Die Maßnahme findet während der Vorlesungszeit sowie während der ersten zwei Wochen der vorlesungsfreien Zeit statt, um Fragen zu Aufgaben und Vorlesungsinhalten während der Übungszettelbearbeitungen und Klausurvorbereitungen zu beantworten. Dabei hat das Lernzentrum montags bis donnerstags von 15 bis 17 Uhr, freitags von 13 bis 15 Uhr geöffnet. Damit soll der Überschneidung mit Veranstaltungen entgegengewirkt werden, die im Regelfall um 15. 45 Uhr enden oder um 16. 15 Uhr beginnen.

Studierende müssen sich nicht anmelden, sondern können das Lernzentrum spontan besuchen. Während der Beratungszeiten sind Betreuende vor Ort und können von den Studierenden angesprochen werden.

Das Lernzentrum befindet sich in dem Hauptgebäude auf dem Campus für Mathematik und Naturwissenschaften. Dieses Gebäude hat einen sehr breiten Flur, der sich Ringebene nennt. Dort sind am Rand insgesamt 278 Arbeitsplätze an 32 Tischen aufgebaut. Sollten Studierende keinen Platz mehr an den Tischen der Ringebene finden,

Abb. 21.1 Beispielhafte Beratungssituation

können sie sich auch in der Mensa niederlassen, die außerhalb ihrer Öffnungszeiten mit 130 Plätzen an 54 Tischen zum Arbeiten zur Verfügung steht.

In einer jederzeit offen zugänglichen Nische auf der Ringebene (Abb. 21.1) befindet sich ein fest montierter Arbeitsplatz, der zu den genannten Zeiten für das Lernzentrum reserviert ist. In Abb. 21.1 ist dieser Arbeitsplatz auf einem Foto dargestellt. Damit ist das Lernzentrum zentral und in maximal fünf Minuten von Arbeitsplätzen, Hörsälen, Übungsräumen und Mensa fußläufig erreichbar.

Das Lernzentrum ist außerdem mit einem Whiteboard ausgestattet, das zum Schutz vor Diebstahl angekettet ist. Die dafür benötigten Stifte sowie einen Schwamm holen sich die Betreuenden kurz vor Beginn des Lernzentrums im Raum der Fachschaft ab. Ein gemeinsames Arbeiten mit Studierenden am Whiteboard ist daher nur am Arbeitsplatz und nicht flexibel auf der Ringebene möglich. Außerdem werden für alle Betreuenden des Lernzentrums Namensschilder zur Verfügung gestellt, die einerseits die Identifizierung der Betreuenden durch die Studierenden erleichtern soll und andererseits den Lernenden die Möglichkeit bietet, die Betreuenden direkt und mit ihren Vornamen anzusprechen, sodass ein persönlicheres Lehr-Lern-Gespräch ermöglicht und die Hemmschwelle in der Kommunikation gesenkt wird.

Durch einen Plakatständer wird auf das Angebot des Lernzentrums aufmerksam gemacht. Hier finden Interessierte Informationen über den Ablauf und den Zweck des Lernzentrums, was der Abb. 21.2 entnehmbar ist, einen Stundenplan mit den Betreuenden und Tipps zum Besuch wie z. B. das Mitbringen des Übungszettels mit der betreffenden Aufgabe sowie der Information, dass das Lernzentrum grundsätzlich keine fertigen Lösungen zu Aufgaben anbietet, sondern lediglich als Hilfestellung dienen soll (vgl. Abb. 21.4). Ein exemplarischer Stundenplan mit fiktiven Personen

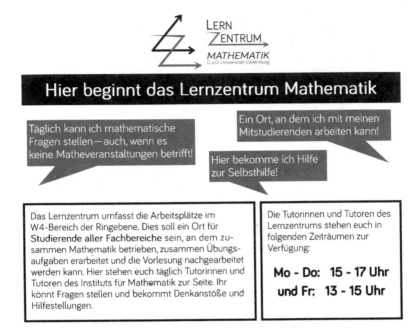

Abb. 21.2   Teil A des Informationsplakates

ist in Abb. 21.3 dargestellt. Ein eigenes Logo des Lernzentrums ist in den Farben des Instituts (orange) und der Fachschaft (blau) gehalten (vgl. Abb. 21.2), schafft dabei einen Wiedererkennungswert und dient gleichzeitig zur Abgrenzung von anderen Lernzentren an der Universität. Das Lernzentrum wird darüber hinaus auf vielen anderen Kanälen beworben: Einerseits werden Studienanfänger*innen im Vorbereitungskurs, der Orientierungswoche sowie vereinzelt in den Modulen der ersten Semester auf das bestehende Angebot hingewiesen. Andererseits wird das Lernzentrum sowohl auf der Informationsseite für Erstsemesterstudierende auf der Homepage der Fachschaft als auch im Erstsemesterinfoheft, das alle Studierenden der Studienfächer Mathematik und Elementarmathematik zu Beginn ihres Studiums erhalten, vorgestellt.

21.3.2 Merkmale der Betreuenden im Lernzentrum

Das Lernzentrum an der Universität Oldenburg ist eine Zusammenarbeit des Instituts für Mathematik und der Fachschaft Mathematik und Elementarmathematik. Auf beiden Seiten gibt es eine*n Verantwortliche*n, der/die das Lernzentrum organisiert. Die Organisierenden der Fachschaft und des Instituts sind ehrenamtlich engagiert. Durch die Entwicklung des Lernzentrums im Laufe der Jahre hat die Fachschaft mehr Verantwortung übernommen. So spricht sie potentielle studentische Hilfskräfte an, falls

Die Tutorinnen und Tutoren

Max Ganzert Studium: Promotion Nebenfach: Informatik Expertise: Lin. Algebra, Algebra I+II, Alg. Geometrie, El.+Alg. Zahlentheorie Tutor in: Algebra I	**Lena Langhaus** Studium: Zwei-Fächer-Bachelor Zweitfach: Politik/Wirtschaft Expertise: Lineare Algebra, Algebra I Tutorin in: Lineare Algebra	**Daniel Ulfert** Studium: Fach-Master Nebenfach: Physik Expertise: Analysis I-IV, Lineare Algebra, Algebra I+II Tutor in: Algebra I
Nico Duweman Studium: Promotion Nebenfach: Umweltwissenschaften Expertise: Alle Analysis Module Tutor in: Analysis IIa	**Mirco Hesse** Studium: Zwei-Fächer-Bachelor Zweitfach: Germanistik Expertise: Analysis IIa Tutor in: Analysis IIa	**Sophie Findeisen** Studium: Promotion Nebenfach: Physik Expertise: Lineare Algebra, Algebra I+II, Kryptologie Lehrassistenz in: Lineare Algebra
Eva Dobusch Studium: Fach-Master Nebenfach: Physik Expertise: Lineare Algebra, Algebra I, Algebra II Tutorin in: Algebra I	**Miriam Tammen** Studium: Fach-Bachelor Nebenfach: Informatik Expertise: Analysis I-III, Funktionentheorie Tutorin in: Analysis IIb	**Konstantin Schmidt** Studium: Fach-Master Nebenfach: Physik Expertise: Analysis

Belegungsplan SoSe 2020

Montag 15-17	Dienstag 15-17	Mittwoch 15-17	Donnerstag 15-17	Freitag 13-15
	Abgabe Algebra I	Abgabe Lin. Algebra	Abgabe Analysis II b	Abgabe Analysis IIa
Max Daniel	Lena Konstantin	Eva Miriam	Sophie Mirco	Nico

Bitte beachten: Das Lernzentrum unterstützt Studierende aller Studiengänge und aller Fachsemester. Falls jedoch das Lernzentrum mal überlastet sein sollte, werden Mathestudierende des ersten Studienjahrs bevorzugt, d.h. Fragen zu Algebra I, Lineare Algebra, Analysis II b und Analysis II a haben Vorrang. Wir bitten um Verständnis.

Abb. 21.3 Beispielhafte Darstellung eines Beratungsplans

nicht genügend Bewerbungen vorliegen, oder kümmert sich um benötigte Materialien. Der/die Verantwortliche von Seiten des Instituts, meistens ein*e Promovierende*r, koordiniert den Einsatz der promovierenden Betreuenden.

Als Betreuende für das Lernzentrum können sich Studierende aktiv bewerben oder sie werden angesprochen. Die Promovierenden, die als wissenschaftliche Mitarbeiter*innen

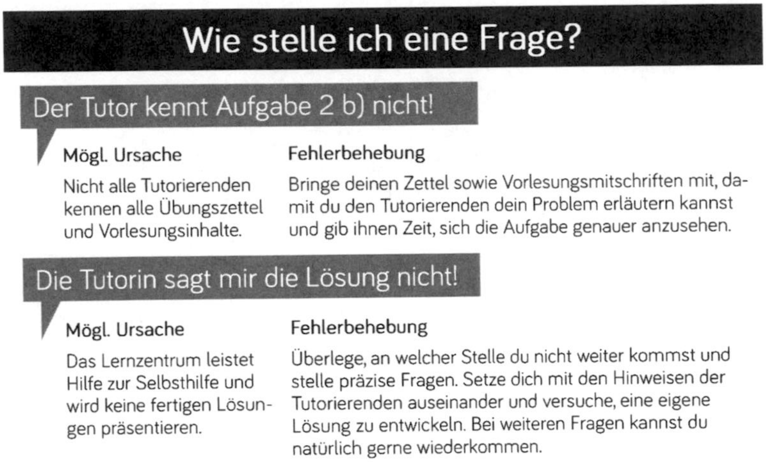

Wie stelle ich eine Frage?

Der Tutor kennt Aufgabe 2 b) nicht!

Mögl. Ursache

Nicht alle Tutorierenden kennen alle Übungszettel und Vorlesungsinhalte.

Fehlerbehebung

Bringe deinen Zettel sowie Vorlesungsmitschriften mit, damit du den Tutorierenden dein Problem erläutern kannst und gib ihnen Zeit, sich die Aufgabe genauer anzusehen.

Die Tutorin sagt mir die Lösung nicht!

Mögl. Ursache

Das Lernzentrum leistet Hilfe zur Selbsthilfe und wird keine fertigen Lösungen präsentieren.

Fehlerbehebung

Überlege, an welcher Stelle du nicht weiter kommst und stelle präzise Fragen. Setze dich mit den Hinweisen der Tutorierenden auseinander und versuche, eine eigene Lösung zu entwickeln. Bei weiteren Fragen kannst du natürlich gerne wiederkommen.

Abb. 21.4 Teil B des Informationsplakates

im Institut angestellt sind und sich im Lernzentrum engagieren wollen, können bei der/dem Koordinator*in des Instituts nach einem informellen Gespräch fragen oder werden bei den regelmäßigen Treffen der wissenschaftlichen Mitarbeitenden über die Möglichkeit, im Lernzentrum mitzuarbeiten, informiert.

Sollten zu wenige Bewerbungen vorliegen, ist es bisher durch das gezielte Ansprechen von Personen immer gelungen, alle Stellen des Lernzentrums zu besetzen. Sollte sich dies ändern, so würde eine Option darin bestehen, das Lernzentrum an einigen Tagen mit nur einer Person, die besonders erfahren sein sollte, zu besetzen. Die Eingestellten müssen bereits Tutor*innen-Erfahrung gesammelt haben, sollten fachlich kompetent sein und über Empathievermögen verfügen. Wünschenswert ist es, wenn Betreuende gleichzeitig eine Tutor*innentätigkeit in dem aktuellen Semester übernehmen. Diese können dann gezielt zu den Übungszetteln dieser Veranstaltungen beraten. Die Kompetenzen potenzieller Betreuender werden von der verantwortlichen Person der Fachschaft basierend auf den Referenzen in der Bewerbung und persönlichen Einschätzungen beurteilt.

Das Lernzentrum wird von insgesamt neun bis zehn Betreuenden betrieben. An jedem Werktag sind zwei Personen anwesend, diese bilden ein Betreuendenteam. Eine Ausnahme stellt der Freitag dar, an dem das Lernzentrum weniger genutzt wird und daher meistens nur eine betreuende Person anwesend ist.

Die Einteilung erfolgt nicht nur nach persönlichen Verfügbarkeiten. Dabei wird besondere Rücksicht darauf genommen, dass nach Möglichkeit jeweils eine Person mit einer Expertise in Analysis oder Algebra pro Tag eingeteilt ist, um für möglichst viele Fragen eine Antwort bieten zu können. Darüber hinaus soll, sofern es die Kapazitäten hergeben, täglich ein*e Promovierende*r sowie ein*e Studierende*r das Lernzentrum betreuen. Die Kombination aus Tutor*innen und Promovierenden ist vorteilhaft für die

Tab. 21.1 Studierendengruppen für die Lernzentrumsnutzung

	Elementarmathematik		Mathematik				Gesamt
	Zwei-Fächer-Bachelor	Master of Education	Fach-Bachelor	Fach-Master	Zwei-Fächer-Bachelor	Master of Education	
Winter-semester 2019/2020	453	294	153	41	519	217	1687
Sommer-semester 2020	383	260	122	38	457	184	1452

Betreuung der Studierenden. Einerseits sind die Tutor*innen den Studierenden näher und es besteht eine geringere Hemmschwelle sie anzusprechen, andererseits besitzen die Promovierenden eine ausgeprägtere fachliche Kompetenz, mit der sie das Lernzentrum bereichern. Nach Möglichkeit ist an den beiden Tagen vor der Abgabe eines Übungszettels ein*e Tutor*in des jeweiligen Moduls im Lernzentrum anwesend, da diese Personen auf Fragen zur Veranstaltung spezifischer eingehen können. Die Stundenpläne mit genauen Informationen über die Betreuenden (Namen, Studiengang, Zweit-/Nebenfach, Expertise, Tutorium im jeweiligen Semester) sind für die Studierenden auf der Homepage der Fachschaft Mathematik und Elementarmathematik sowie im Lernzentrum auf der Infotafel einsehbar. Damit besteht die Gelegenheit, eine Beratung von konkreten Betreuenden im Lernzentrum zu erhalten. Die Stundenpläne sind für ein Semester gültig. Die Betreuendenteams im Lernzentrum arbeiten unabhängig voneinander. Bei Unklarheiten und Konflikten stehen die Koordinator*innen aus der Fachschaft zur Seite.

Alle studentischen Hilfskräfte werden für zwei Stunden Präsenz im Lernzentrum für drei Arbeitsstunden entlohnt. Alle wissenschaftlichen Mitarbeitenden erhalten seit zwei Jahren eine Vertragsaufstockung von 5,5 %, vorher war ihre Arbeit ehrenamtlich.

21.3.3 Studierendengruppen

Am Institut für Mathematik studierten im Wintersemester 2019/2020 1687 Studierende (Tab. 21.1), davon 453 Studierende im Bachelor und 294 Studierende im Master Elementarmathematik (Lehramt für Grund-, Haupt-, Realschule und Förderschule) sowie 519 Studierende im Zwei-Fächer-Bachelor[2], 153 Studierende im Fach-Bachelor, 41

---

[2] Beim Zwei-Fächer-Bachelor handelt es sich um einen Studiengang, in dem zwei Hauptfächer gleichwertig studiert werden. Er dient überwiegend als Bachelorbasisqualifikation für das Lehramtsstudium, in der Regel folgt ein anschließendes Master-of-Education-Studium. Auch ein Zwei-Fächer-Bachelor ohne Lehramtsbezug ist bspw. für Tätigkeitsfelder in der betrieblichen Aus- sowie Weiterbildung oder für Lektorate denkbar.

Studierende im Fach-Master und 217 Studierende im Master of Education Mathematik. (Universität Oldenburg, 2020a).

Im darauf folgenden Sommersemester 2020 war die Gesamtanzahl mit insgesamt 1452 Studierenden etwas geringer, hier konnten 383 Studierende im Bachelor und 260 Studierende im Master Elementarmathematik (Lehramt für Grund-, Haupt-, Realschule und Förderschule) sowie 457 Studierende im Zwei-Fächer-Bachelor, 122 Studierende im Fach-Bachelor, 38 Studierende im Fach-Master und 184 Studierende im Master of Education Mathematik verzeichnet werden (Universität Oldenburg, 2020b).

Der Großteil der Nutzer*innen des Lernzentrums sind Studierende des Fach-Bachelors Mathematik und des Zwei-Fächer-Bachelors Mathematik im ersten bis vierten Semester. Vereinzelt finden sich auch Mathematikstudierende im Master of Education und Elementarmathematiker*innen unter den Besuchenden.

Es ist ein elementares Ziel des Lernzentrums, dass Mathematikstudierende Unterstützung begleitend zu ihren Vorlesungen erhalten. Dabei liegt der Fokus auf den Vorlesungen der ersten vier Bachelorsemester. Deshalb haben die Studierenden aus diesen Semestern Vorrang bei der Beratung. Auch Lernende aus anderen Mathematikvorlesungen sind willkommen. Sollten zu viele Besuchende im Lernzentrum sein, sodass die Betreuenden nicht allen gerecht werden können, werden Angehörige des Instituts für Mathematik bevorzugt behandelt, da auch Anfragen für andere Module, beispielsweise aus der Informatik, Physik oder Chemie, auftreten. Besteht dabei weiterhin ein zu großer Andrang, so haben Studierende der ersten beiden Semester Vorrang.

Unter den Nutzenden finden sich sowohl Einzelpersonen, als auch Lerngruppen. Darunter sind Personen, die nur ein einziges Beratungsgespräch benötigen sowie Lerngruppen, die das Lernzentrum mehrfach an einem Tag besuchen. Letztere erhalten jedes Mal neue Denkanstöße, mit denen sie weiterarbeiten, bis sie auf erneute Schwierigkeiten stoßen, bei denen sie Hilfe benötigen. Wenn sie in das Lernzentrum zurückkommen, bringen sie ihre Fortschritte und ihre neuen Fragen mit.

Beratungen zu Proseminaren[3] oder Abschlussarbeiten sind wie in Abschn. 21.2.1 beschrieben kein Hauptziel des Lernzentrums. Sind jedoch Kapazitäten frei, so können auch solche Beratungen stattfinden. Sollten die Promovierenden bei diesen Fragen nicht behilflich sein können, werden die Studierenden an die Dozierenden verwiesen, die diese Arbeiten betreuen.

Die Nutzung des Lernzentrums ist tagesabhängig. Dabei erscheinen montags bis donnerstags pro Tag teilweise mehrfach Angehörige aus etwa 10–18 Lerngruppen, die im Lernzentrum Hilfe benötigen. Freitags ist das Lernzentrum am schwächsten besucht, an diesem Tag nehmen etwa zwei bis sechs Gruppen Hilfe in Anspruch.

---

[3] Das Proseminar ist ein Modul, das zwischen dem dritten und sechsten Bachelorsemester von Mathematikstudierenden belegt wird. Es wird ein mathematisches Thema erarbeitet, vorgestellt und eine Ausarbeitung angefertigt.

21.4 Didaktische Elemente

Als didaktische Elemente im Rahmen des Lernzentrums werden im folgenden Teil die den Beratungen zu Grunde liegenden Prämissen (Abschn. 21.4.1) sowie dazu notwendige Qualifizierungsansätze für Betreuende (Abschn. 21.4.2) näher beschrieben. Um die in Abschn. 21.2 aufgeführten Lernziele zu erreichen, erhalten die Betreuenden beispielsweise spezielle Instruktionen, die ihnen als Hilfestellung für die angehenden Beratungsgespräche dienen sollen. Im Folgenden wird näher auf diese Instruktionen sowie auf die zur Einstellung erforderliche Schulung eingegangen.

21.4.1 Hilfe zur Selbsthilfe

Die Beratung im Lernzentrum steht unter dem großen Grundsatz, dass das Lernzentrum "Hilfe zur Selbsthilfe" leisten soll, sodass es den Beratenden strikt untersagt ist, direkte Lösungswege vorzugeben oder Lösungen von Aufgaben zu verraten. Vielmehr sollen sie die Hilfesuchenden anleiten, selbst einen geeigneten Lösungsweg zu finden. Auf diesen Umstand werden Studierende durch das in Abschn. 21.3.1 beschriebene Informationsplakat hingewiesen, dargestellt ist dieser Hinweis in Abb. 21.4.

Dadurch erlernen die Studierenden nicht bloß einen Lösungsweg für ihr akutes Problem, sondern darüber hinaus bestenfalls ein Repertoire an auf andere, ähnliche Situationen übertragbare Problemlösestrategien, die nachhaltig eine konstruktive Herangehensweise an mathematische Problemstellungen schult. Viele mathematische Probleme zeichnen sich dadurch aus, dass sie nicht durch algorithmisierte Verfahren lösbar sind, sodass der Umgang mit mathematischen Problemstellungen zu den in der Mathematik benötigten und damit im Mathematikstudium zu erlernenden Kernkompetenzen zählt. Aus diesem Grund ist es vor allem in den ersten Fachsemestern von großer Bedeutung, Studierende beim mathematischen Problemlösen zu unterstützen.

Hilfesuchende, die Fragen zu Übungsaufgaben stellen, werden daher zumeist mit Fragen der Beratenden, die die Hilfesuchenden selbst beantworten sollten, an einen möglichen Lösungsweg herangeführt. Das bietet den Vorteil, dass die Beratenden den Lösungsweg nicht vorgeben, sondern Studierende individuelle Wege beschreiten können. Darüber hinaus besteht die Möglichkeit, die Hilfesuchenden anzuregen, selbst weitere Fragen zu stellen, deren Beantwortung schließlich zur Lösung führen kann. Zusätzlich kann es hilfreich sein, die Hilfesuchenden an relevante Definitionen, Sätze oder andere Zusammenhänge zu erinnern. Auch hierbei sollten jene aber den aktiven Teil übernehmen und selbst versuchen, den entsprechenden Satz oder die Definition zu formulieren. Häufig erfolgt die Beratung der Studierenden nicht bis zur vollständigen Fertigstellung der Aufgabe, sondern nur bis zu einem bestimmten Punkt, ab dem die Studierenden die Idee der Herangehensweise verstanden haben. Die Studierenden werden dann in der Regel dazu aufgefordert, die weitere Bearbeitung der Aufgabe ohne

Beratung fortzuführen, wobei ihnen das Angebot gemacht wird, zurück ins Lernzentrum zu kommen, wenn weitere Schwierigkeiten auftreten. So kann sichergestellt werden, dass Studierende überwiegend eigenständig Lösungen erarbeiten und die bereits oben beschriebenen Problemlösekompetenzen erlernt werden. Es kann dabei sinnvoll sein, Studierende mit ähnlichen Schwierigkeiten zu vernetzen, sodass diese sich gegenseitig helfen können, wobei auch hier darauf geachtet werden sollte, sie nicht gemeinsam „hängen zu lassen".

Weil bei der Erarbeitung eines Lösungsweges häufig die Beratenden schriftliche Notizen anfertigen, äußern die Studierenden am Ende der Beratung erfahrungsgemäß den Wunsch, diese Notizen entweder mitnehmen zu dürfen, falls sie auf Papier angefertigt wurden, oder abzufotografieren, falls sie an der Tafel entstanden. Es hat sich allerdings als sinnvoll erwiesen, die Studierenden zunächst selbstständig das zuvor Verschriftlichte rekonstruieren zu lassen, weil dies im Nachhinein sowohl ein besseres Erfolgserlebnis als auch einen größeren Lerneffekt aufweist.

Weiter kommt es vor, dass Studierende keine konkreten Fragen zu Übungsaufgaben, sondern zu Vorlesungsinhalten haben. Dabei kann es den Studierenden schwerfallen, Fragen zu formulieren, weil ganze Unterkapitel nicht verstanden wurden. Die Beratenden sollten dann herausfinden, in welchen inhaltlichen Abschnitten die ersten Unklarheiten auftreten. Um diese zu beseitigen, werden verursachende Inhalte thematisiert und mit den Studierenden erarbeitet. Zusätzlich zur Betrachtung der Definitionen und Sätze kann ein aussagekräftiges Beispiel manchmal hilfreicher sein als eine allgemeingültige Erklärung. Des Weiteren können (Gegen-) Beispiele, Begriffsabgrenzungen, Gültigkeiten von Sätzen oder Erklärungen zu Voraussetzungen Fragenden weiterhelfen. Doch auch bei klar formulierten Fragen ist es wünschenswert, sich die Beantwortung falls möglich mit den Hilfesuchenden zu erarbeiten, um auch auf diesem Wege einen höheren Lerneffekt zu erzielen.

Die Beratenden sind dazu aufgefordert, sich empathisch zu zeigen und die Schwierigkeiten der Studierenden ernst zu nehmen. Dazu gehört vor allem, dass sie Fragen nicht als „dumm" und Sachverhalte nicht als „trivial" oder „offensichtlich" abtun. Auch die Gegenposition, einige Themen als besonders schwierig darzustellen, ist ebenfalls wenig förderlich und entsprechend unerwünscht. Weiter sollten die Beratenden das Studienfach der Hilfesuchenden als Grundlage für ihre Hilfestellung miteinbeziehen: Die einzelnen Inhalte werden in den unterschiedlichen Studienfächern unterschiedlich intensiv thematisiert, was deutliche Auswirkungen auf das zur Verfügung stehende Hintergrundwissen und Grundverständnis mit sich bringt.

21.4.2 Schulung/Instruktionen von Betreuenden

Wie in Abschn. 21.3.2 bereits beschrieben wird, sind alle Betreuenden des Lernzentrums qualifizierte Tutor*innen oder wissenschaftliche Mitarbeitende, die selbst zumeist qualifizierte Tutor*innen sind oder es in der Vergangenheit waren, sodass auf konkrete

Leitlinien für Betreuende im Lernzentrum

für wissenschaftliche MitarbeiterInnen und TutorInnen

Was machen Sie, wenn StudentIn X[1] mit einer **Frage zu einer Hausaufgabe zu Ihnen kommt?**

> Natürlich sollten Sie nicht die Hausaufgabe für X lösen.
> Seien Sie GeburtshelferIn, leisten Sie Hilfe zur Selbsthilfe: Sie könnten z.B. Fragen stellen, die X helfen, selbst draufzukommen, oder die X anregen, selbst weitere Fragen zu stellen, die schließlich zur Lösung führen.
> Sie könnten auch an relevante Sätze oder Begriffe erinnern (statt den Satz oder die Definition zu formulieren, sollten Sie X zunächst auffordern, dies selbst zu versuchen).

Ähnliches gilt bei **Fragen zu Seminar- oder Bachelorarbeiten.**

Natürlich könnte X auch einfach **Fragen zum Inhalt** einer Vorlesung stellen.

Oft ist es aber für X schwierig, konkrete Fragen zu formulieren, daher hören Sie wohl eher ‚*Da hab ich gar nichts verstanden*‘ oder Ähnliches.

> Fragen Sie, wo die Unklarheiten anfangen.
> Ein aussagekräftiges Beispiel hilft manchmal mehr als allgemeine Erklärungen. Oft helfen 'Nicht-Beispiele', die genaue Bedeutung von Begriffen oder Gültigkeit von Sätzen abzugrenzen bzw. den Sinn von Voraussetzungen klar zu machen.
> Doch auch bei einer **klar formulierten Frage** brauchen Sie nicht immer direkt die Antwort geben. Wenn Sie es durch geschickte Hilfestellungen schaffen, **dass X sich die Antwort selbst gibt**, so ist dies für X in der Regel die nachhaltigste Form des Lernens.

Praktisches:

> Sie sind verantwortlich für Ihren Termin, genauso wie wenn Sie ein Tutorium geben. Wenn Sie einmal nicht können, kümmern Sie sich um eine Vertretung. Wenden Sie sich dafür als erstes am besten an die TutorInnen der anderen Tage.

---

[1] X ist immer potentieller „Kunde" oder potentielle „Kundin"

Abb. 21.5 Handreichung zu Beratungssituationen

Schulungen verzichtet wird. Die Einstellung als Tutor*in am Institut für Mathematik ist mit dem Absolvieren einer mindestens halbtägigen Tutoren*innenschulung verbunden, die damit alle Betreuenden des Lernzentrums ebenfalls absolviert haben. Da es sich hierbei allerdings nur um Grundlagenvermittlung handelt und die Belegung weiterer

Schulungen nur optional angeboten wird, weisen die Betreuenden des Lernzentrums in der Regel wenige formale Qualifikationen auf. Vielmehr begründet sich die Eignung durch die bereits in Tutorien gesammelte Erfahrung.

Die im vorhergehenden Unterkapitel beschriebenen didaktischen Hinweise werden den angehenden Lernzentrumsbetreuenden in Form einer Handreichung vor dem Start des Lernzentrums zur Verfügung gestellt, sodass sie sich auf den methodischen Umgang mit hilfesuchenden Studierenden einstellen und vorbereiten können. Ein Ausschnitt dieser Handreichung ist Abb. 21.5 zu entnehmen. Sie wurde ursprünglich durch Herrn Prof. Dr. Daniel Grieser verfasst und in den vergangenen Jahren von verschiedenen Beteiligten umgeschrieben oder ergänzt. Die der Handreichung entnehmbaren und in diesem Unterkapitel beschriebenen Instruktionen beruhen aus diesem Grund vor allem auf Erfahrungswerten. Bestärken lässt sich das vorgeschlagene Vorgehen aber dennoch durch einschlägige fachdidaktische Literatur: So lassen sich in diesen Handlungsempfehlungen Prinzipien der minimalen Hilfe (Aebli, 2006) sowie der gestuften Hilfestellungen (Zech, 2002) wiederfinden. Darüber hinaus finden sich vergleichbare Empfehlungen bei Croft und Grove (2011).

21.5   Studentisches Engagement in der Lernzentrumsarbeit

Der individuelle Schwerpunkt des Lernzentrums an der Universität Oldenburg liegt in der erfolgreichen Kooperation zwischen dem Institut und dem ehrenamtlichen Engagement der Fachschaft, die sich allerdings erst über die Jahre hinweg entwickelte.

Im Wintersemester 2010/2011 kam im Institut für Mathematik durch Prof. Dr. Daniel Grieser die Idee auf, einen Ort für eine Lernplattform zu schaffen, den Studierende in einem zwanglosen Rahmen besuchen konnten. Das Institut setzte die Idee um und schuf die erste Version des Oldenburger Lernzentrums: Im hinteren Teil der Ringebene bei den Arbeitsplätzen saß zumeist eine Person, die als Ansprechpartner*in für mathematische Fragen zu Übungszetteln zur Verfügung stand. Es handelte sich dabei zunächst häufig um wissenschaftliche Mitarbeitende oder auch Dozierende. Im Laufe der ersten beiden Semester wurden jedoch vermehrt keine Dozierenden, sondern Studierende eingesetzt, weil dadurch eine niedrigere Hemmschwelle für Hilfegesuche beobachtbar war. Die studentischen Hilfskräfte wurden von Beginn an für ihre Arbeit bezahlt, die wissenschaftlichen Mitarbeitenden, nun ausschließlich Promovierende, arbeiteten auf freiwilliger Basis. Letzteres wurde etwa 2018 durch die Verwendung von finanziellen Mitteln zur Verringerung der Studienabbruchquoten geändert.

Die Zusammenarbeit zwischen Institut und Fachschaft entstand zunächst nur dadurch, dass die Fachschaft geeignete studentische Hilfskräfte anwerben sollte. Im Laufe der Jahre wurde die Anzahl der Aufgaben und damit auch die durch die Fachschaft übernommene Verantwortung bei der Organisation des Lernzentrums erhöht. Dies wurde häufig durch die jeweilige Ansprechperson der Fachschaft initiiert, die neue Ideen und

Anregungen für das Lernzentrum umsetzen wollte. Heute liegt die Organisation und Planung des Lernzentrums fast ausschließlich in studentischer Hand. So ist die Fachschaft ehrenamtlich für das Anwerben von studentischen Hilfskräften, das Erstellen und Gestalten des Stundenplanes sowie sämtlicher Materialien wie der Namensschilder, das Verwalten des Internetauftritts und das Bewerben des Lernzentrums bei Studierenden zuständig.

Als Beispiele für die oben genannte Einführung von Veränderungen seitens der Fachschaft können die Veränderungen des Lernzentrums durch das WiGeMath-Projekt im Jahr 2019 aufgeführt werden. Das Schmierpapier, das bisher für die Erstellung von Notizen und Skizzen genutzt wurde, wurde durch eine Tafel ersetzt. Damit wurde ermöglicht, dass mehrere Personen gleichzeitig beraten werden können. Außerdem wurde ein Stundenplan (vgl. Abb. 21.3) angefertigt, sodass die Besetzung des Lernzentrums transparent ist und möglichst täglich ein heterogenes Betreuendenteam anwesend ist. Ferner wird bei der Einstellung der Betreuenden stärker darauf geachtet, Personen einzustellen, die auch in den aktuellen Modulen tätig sind, um eine stärkere Kopplung zwischen Lernzentrum und Lehre zu bieten. Die Betreuenden haben darüber hinaus eigene Steckbriefe und personalisierte Namensschilder erhalten. Das Lernzentrum erhielt ein eigenes Logo (vgl. Abb. 21.2) und einen festen Platz in der Ringebene (vgl. Abb. 21.1), der die mobile Lernzentrumsfahne, die täglich den Standort der Betreuenden markierte, ablöste.

21.6 Vorstellung von Evaluations- und Untersuchungsergebnissen

Im Rahmen des Projekts WiGeMath wurden an der Universität Oldenburg im Jahr 2016 und 2017 verschiedene Untersuchungen zur Evaluation des Lernzentrums durchgeführt (vgl. Hochmuth et al., 2018). Die Untersuchungen sahen unterschiedliche inhaltliche Schwerpunkte vor und adressierten spezifische Fragestellungen in Bezug auf verschiedene Untersuchungsgruppen. Im Einzelnen wurden Nutzer*innenbefragungen in den Lernzentren im WS 2016/17 an je einem Wochentag in fünf unterschiedlichen Kalenderwochen geplant und vor Ort im Lernzentrum durchgeführt, Beratungsprotokolle in den Lernzentren (3. Kalenderwoche 2017) eingesetzt, eine schriftliche Befragung von Studierenden in mathematischen Grundlagenveranstaltungen des ersten und zweiten Studienjahres im Zeitraum der 20. Kalenderwoche 2017 durchgeführt und eine schriftliche Befragung von Betreuenden gegen Ende des Sommersemesters 2017 in den Kalenderwochen 27 bis 30 durchgeführt.

Die Ergebnisse dieser Evaluationen zeigen insgesamt, dass das Lernzentrum eine häufig genutzte und als sinnvoll erachtete Anlaufstelle für die Studierenden ist. Das Lernzentrum wurde insgesamt von 65 % der befragten Nutzer*innen (N = 286) mit einer hohen Qualität (sehr gut oder gut, auf einer 6-stufigen Skala) bewertet und die Lernzentrumsbesuche werden von 58,4 % als sehr hilfreich oder hilfreich (6-stufige Skala) bewertet. Eine positivere Bilanz zeigte sich sogar in den Befragungen der Studierenden in den Grundlagenveranstaltungen (N = 60) mit einer hohen Qualitätsbeurteilung von 80 % sowie einer (sehr) hilfreichen Beurteilung von 81,7 % der Befragten.

Bezüglich des Unterstützungsbedarfs geben etwa die Hälfte der befragten Studierenden in Oldenburg an, dass sie im Studium in hohem Ausmaß Unterstützung bei der Bearbeitung von Übungszetteln (53,1 %) und im Fach Mathematik insgesamt (50,0 %) benötigen (N = 130). Dieser wahrgenommene Bedarf ist größer als bei den befragten Studierenden an anderen Hochschulen (vgl. Hochmuth et al., 2018). Dies rechtfertigt das Lernzentrum als wichtige Maßnahme, um dem Unterstützungsbedarf von Studierenden im Bereich Mathematik gerecht zu werden. Die in den Beratungs-protokollen (N = 37) identifizierten Anlässe von Studierenden im Lernzentrum sind dabei insbesondere auf hochschulmathematisches Wissen und Fähigkeiten (75,7 %, Mehrfachnennung möglich) bezogen. Die Hilfestellung der Betreuenden in Oldenburg erfolgt insbesondere durch Erklärungen anhand von Beispielen (54,1 %) sowie durch Erläuterungen von Sätzen und Definitionen (48,6 %, Mehrfachnennung möglich).

Die Kommunikation der Angebote des Lernzentrums an die Studierenden erfolgt insbesondere durch die Vorkurse (dieser Kommunikationskanal ist in Oldenburg durch die starke Vernetzung innerhalb der Fachschaft besonders stark ausgeprägt), sowie durch die Orientierungsphase beim Start ins Studium sowie durch die Gespräche der Studierenden untereinander.

Die Gründe von Studierenden für die Nutzung des Lernzentrums sind sehr vielfältig. Analog zu den Unterstützungsbedarfen stehen die Hilfe bei Übungszetteln (48,9 %), das selbständige Lösen der Übungszettel (84,2 %) oder das Einholen von Rückmeldungen und Erklärungen dazu im Vordergrund (60,6 %). Die direkt im Lernzentrum befragten Nutzer*innen gaben außerdem an, dass sie allgemein für ihr Studium lernen und arbeiten (83 %) sowie sich mit Lerngruppen (84,2 %) und Kommiliton*innen (74,7 %) treffen möchten.

Als Gründe für die Nichtnutzung des Lernzentrums (N = 51) wurden vor allem der fehlende persönliche Bedarf (41,5 %) genannt, sowie die hohe Lautstärke im Lernzentrumsbereich (33,3 %).

Die Beratungen des Lernzentrums werden im Lernzentrum insgesamt als sehr positiv von Studierenden beurteilt. Insbesondere die fachliche Qualität der Beratungen wird von den Studierenden gelobt (79,3 % hohe Bewertung), während zur pädagogischen Qualität der Beratungen „nur" ca. die Hälfte der Studierenden eine hohe Bewertung vergibt. Die Betreuenden in Oldenburg schätzen die eigene fachliche Beratungsqualität ebenfalls als hoch ein und stimmen der Meinung der Studierenden zu, dass die pädagogische Qualität etwas geringer ausgeprägt sei.

21.7   Fazit

Das mathematische Lernzentrum an der Universität Oldenburg hat sich mittlerweile zu einer beständigen und intensiv genutzten Unterstützungsmaßnahme für Studierende in der Studieneingangsphase etabliert. Durch das ehrenamtliche Engagement von Studierenden, den Einsatz von Promovierenden und mit dem Vertrauen der Lehrenden konnte das Lernzentrum kontinuierlich weiterentwickelt werden. Insbesondere der Austausch mit weiteren Lernzentrumsverantwortlichen im Rahmen des WiGeMath-Projektes hat Einblicke in die Praktiken verschiedener Lernzentren ermöglicht. Die umfangreichen Evaluationsergebnisse haben zusätzliche Veränderungs- und Verbesserungspotentiale aufgezeigt. Wie in Abschn. 21.5 beschrieben, konnten viele Änderungen bereits umgesetzt werden. Die durchgeführten Evaluationen offenbarten Schwächen des Lernzentrums, sodass die Fachschaft andere Lernzentren zum Vorbild nahm und im März 2019 eine Umstrukturierung erfolgte. Um den Wiedererkennungswert zu steigern, wurde ein neues Logo erstellt, welches nun bei allen „offiziellen" Lernzentrumsmaterialien verwendet wird (u. a. bei dem oben bereits vorgestellten Stundenplan). Weitere Änderungen waren beispielsweise die Einführung eines festen Sitzplatzes in der Ringebene für die Betreuenden und die Beschaffung eines Whiteboards.

Bislang ungelöst ist die teilweise zu hohe Lautstärke im Beratungsbereich der Ringebene. Hier zeigt sich der Nachteil der Nutzung von allgemeinen Flächen in Hochschulen, die keine baulichen Veränderungen oder keine Einführung weiterer schallschützender Maßnahmen zulassen können. Die Alternative wäre eine Nutzung von geschützten Räumlichkeiten (z. B. Seminarräumen). Dies hätte jedoch den großen Nachteil, dass das Lernzentrum dann keine zentrale Lage in der Universität mehr hätte, was bislang als großer Vorteil angesehen wird. Es stellt sich somit grundsätzlich die Frage, in welchen Räumlichkeiten Lernzentren optimalerweise betrieben werden sollten. Vor- und Nachteile dieser Rahmenbedingungen müssen daher gut gegeneinander abgewogen werden, so dass bislang lieber eine teilweise höhere Lautstärke in Beratungssituationen akzeptiert wird.

Eine Aufgabe für die Zukunft wird die weitere Qualifizierung der Betreuenden sein, die sich durch Befragungen dieser als Bedarf ergab. Insbesondere zeigte sich dadurch die Notwendigkeit für spezifische pädagogische Schulungen zur Durchführung von Studierendenberatungen. Durch die gewonnenen Kontakte des WiGeMath-Projektes und den geförderten Austausch zwischen den Lernzentren könnten zukünftig eventuell gemeinsame pädagogische Schulungen in einem Netzwerk stattfinden.

21.8   Danksagung

Wir danken der Fachschaft Mathematik und Elementarmathematik sowie dem Institut für Mathematik der Universität Oldenburg für ihr Engagement, den Studierenden diese Unterstützungsmöglichkeit zu bieten. Dabei sei ausdrücklich Prof. Dr. Daniel Grieser erwähnt, der das Oldenburger Lernzentrum und damit ein hilfreiches Förderungsangebot für Lernende ins Leben gerufen hat. Insbesondere gilt Konstantin Meiwald und Dietrich Kuhn unser Dank, die uns bei Fragen zu diesem Artikel unterstützt haben.

Literatur

Aebli, H. (2006). *Zwölf Grundformen des Lernens: Eine Allgemeine Didaktik auf psychologischer Grundlage. Medien und Inhalte didaktischer Kommunikation, der Lernzyklus* (13. Aufl.). Klett-Cotta.

Croft, T., & Grove, M.J. (Hrsg.) (2011). Tutoring in a mathematics support centre: A guide for postgraduate students. http://www.mathcentre.ac.uk/resources/uploaded/46836-tutoring-in-msc-web.pdf. Zugegriffen: 15 Mai 2019.

Hochmuth, R., Biehler, R., Schaper, N., Kuklinski, C., Lankeit, E., Leis, E., Liebendörfer, M., & Schürmann, M. (2018). *Wirkung und Gelingensbedingungen von Unterstützungsmaßnahmen für mathematikbezogenes Lernen in der Studieneingangsphase (Abschlussbericht).* Universität Hannover. https://doi.org/10.2314/KXP:1689534117

Universität Oldenburg (2020a). *Studierende (Kopf- und Fallstatistik) nach Studiengang im WiSe 19/20.* https://uol.de/fileadmin/user_upload/referatplanung/Akademisches_Controlling/01_Studium_Lehre/02_Studierende/20192_Stud-SUE2_FSUE_EV.xlsx. Zugegriffen: 29. Aug. 2020.

Universität Oldenburg (2020b). *Studierende (Kopf- und Fallstatistik) nach Studiengang im SoSe 2020b.* https://uol.de/fileadmin/user_upload/referatplanung/Akademisches_Controlling/01_Studium_Lehre/02_Studierende/Stud-SUE1_Stud_stg_2020b1_2020b0617_EV.xlsx. Zugegriffen: 29. Aug. 2020.

Zech, F. (2002). *Grundkurs Mathematikdidaktik: Theoretische und praktische Anleitungen für das Lehren und Lernen von Mathematik.* Beltz.

Die JiM-Erklärhiwis an der Universität Würzburg

22

Jens Jordan und Simon Reinwand

Zusammenfassung

In unserem Beitrag möchten wir das JiM-Projekt der Julius-Maximilians-Universität Würzburg diskutieren, welches die vorhandenen Betreuungskonzepte in der Studieneingangsphase der MINT-Fächer, speziell für Mathematik, Physik und Informatik, abrundet und ergänzt. JiM-Erklärhiwis sind Studierende der höheren Semester mit passenden fachlichen und didaktischen Qualitäten, die Studierenden auf Augenhöhe Hilfestellungen geben und Fragen beantworten. Ziel der Erklärhiwis ist es, bekannte Anfängerprobleme zu mindern. Erklärhiwis sollen zum Beispiel helfen, Probleme zu strukturieren, Lösungswege zu finden, Methoden zur Fehlersuche selbstständig erkennen zu lernen und einzusetzen. Im Institut für Mathematik der Universität Würzburg gibt es hierzu einen eigenen Arbeitsraum, den sogenannten JiM-Arbeitsraum. Erklärhiwis sind über den Stand der Lehrveranstaltungen informiert und können ihrerseits Rückmeldungen über aufgetretene Fragen und Probleme an die Dozierenden geben. Im Lernzentrum sind im Durchschnitt sechs Tutorinnen und Tutoren beschäftigt, die wöchentlich etwa 15 Beratungsstunden anbieten. Die Sprechzeiten sind auf den Stundenplan der Studierenden in den ersten Fachsemestern abgestimmt und finden an einem zentralen Ort, dem JiM-Arbeitsraum

J. Jordan (✉) · S. Reinwand
Institut für Mathematik, Universität Würzburg, Reichenberg, Deutschland
E-mail: jordan@mathematik.uni-wuerzburg.de

S. Reinwand
E-mail: simon.reinwand@uni-wuerzburg.de

R. Hochmuth et al. (Hrsg.), *Unterstützungsmaßnahmen in mathematikbezogenen Studiengängen*, Konzepte und Studien zur Hochschuldidaktik und Lehrerbildung Mathematik, https://doi.org/10.1007/978-3-662-64833-9_22

statt. Das JiM-Projekt gibt es seit 2012. In diesem Artikel berichten wir über unsere Erfahrungen mit dem JiM-Programm. Wir diskutieren die Rekrutierung und Schulung unserer JiM-Erklärhiwis und über die Akzeptanz bei den unterschiedlichen Studierendengruppen. An der Julius-Maximilians-Universität in Würzburg fanden umfangreiche Befragungen der Studierenden zum Nutzungsverhalten und zur Wirkungsanalyse statt. Diese werden vorgestellt und diskutiert.

22.1 Einleitung

Beim JiM-Projekt sind die Institute für Mathematik und für Informatik sowie die Fakultät für Physik beteiligt. In diesem Beitrag wird allerdings der Fokus auf die JiM-Erklärhiwis der Mathematik gelegt, d. h. JiM-Erklärhiwis, welche Mathematikvorlesungen für Studierende aus MINT-Fächern betreuen. JiM-Erklärhiwis sind in der Regel Studierende der höheren Semester, die sich durch besondere fachliche und didaktische Qualitäten ausgezeichnet haben. Sie geben Studierenden auf Augenhöhe Hilfestellungen und beantworten Fragen. Die JiM-Erklärhiwis ergänzen damit das bestehende Betreuungskonzept im Fachbereich Mathematik, in welchem eine individuelle Betreuung durch zu große Gruppen oder zeitliche Einschränkungen durch eng getaktete Vorlesungen und Übungen oft zu kurz kommt.

22.2 Zielsetzung

Die Julius-Maximilians-Universität (JMU) intensiviert ihre MINT-Betreuung im Projekt „JiM hilft Dir!", welches die vorhandenen Betreuungskonzepte in der Studieneingangsphase der MINT-Fächer abrundet und ergänzt. Die JiM-Maßnahmen wirken unterstützend während der Vorlesungszeit und bieten Studierenden eine zusätzliche Möglichkeit, eigenständig zu arbeiten und zu lernen, und sich bei Bedarf selbstständig Hilfestellungen zu holen. Als Ergänzung zu den regulären Übungen ist das Ziel der Erklärhiwis vielmehr, fachliche und methodische Schwierigkeiten zu mindern sowie maßgeschneiderte und individuelle Hilfestellung zu geben, die aufgrund der Gruppengrößen in den Übungen manchmal zu kurz kommt. Dies bezieht sich vorrangig auf Studierende im ersten Studienjahr und Studierende aus dem Ausland im internationalen Masterstudiengang. In den letzten Jahren kommen aber auch vermehrt Fragen zu Veranstaltungen höherer Semester.

22.3 Strukturelle Merkmale und Rahmenbedingungen

Die JiM-Erklärhiwis sind ein fester Bestandteil der Studienkultur am Institut für Mathematik. Im Folgenden wird erklärt, wie sie in das Studium, das Institut und dessen Räumlichkeiten integriert sind.

22.3.1 Einbettung in andere Maßnahmen

Das JiM-Erklärhiwi Programm besteht seit 2012 und ist inzwischen fest etabliert. Es ist neben den MINT-Vorkursen, dem semesterbegleitenden Propädeutikum sowie dem regulären Übungsbetrieb Teil eines verzahnten Programms zur Verbesserung des Studieneinstiegs in den MINT-Fächern an der Universität Würzburg. Weitere Informationen zu den MINT-Vorkursen sind im Kapitel „Best-Practice, Universität Würzburg", hier in diesem Buch zu finden. Das Propädeutikum ist eine zusätzliche für alle verpflichtende Erstsemesterveranstaltung mit dem Ziel, das Argumentieren und Formulieren in der Mathematik einzuüben. Daneben werden allgemeine Themen meist aus den Bereichen Analysis und Lineare Algebra im Plenum besprochen oder mathematikgeschichtliche Aspekte behandelt. In den vorlesungsbegleitenden Übungen werden Hausaufgaben besprochen und spezielle Themen der Vorlesungen vertieft und diskutiert. Für individuelle Fragen, die losgelöst vom betrachteten Stoffhintergrund auftauchen, bleibt dort definitionsgemäß weniger Zeit. Und genau hier setzen die JiM-Erklärhiwis an. Studierende haben die Möglichkeit, in vertrauter Atmosphäre ohne Leistungsdruck Fragen jeglicher Art zu stellen, die sich auf die eigenen Hausaufgaben, auf Verständnisprobleme bei der Arbeit mit den Vorlesungsunterlagen, auf Prüfungsvorbereitungen oder auch auf die Organisation des Studiums im Allgemeinen beziehen können.

Die Hilfskräfte für die Vorkurse und die Übungen zu den typischen Erstsemesterveranstaltungen Analysis I und Lineare Algebra I werden zentral vom Lehrkoordinator des Institutes, in Abstimmung mit den betreffenden Dozierenden und Assistierenden, eingestellt und geschult. Die JiM-Erklärhiwis werden dagegen von einem Doktoranden in Abstimmung mit dem Lehrkoordinator ausgesucht. In der Regel sind Hilfskräfte in mehreren der besagten Veranstaltungen gleichzeitig tätig.

22.3.2 Allgemeine Merkmale des Lehrpersonals

Das Lehrteam für die JiM-Erklärhiwis der Mathematik besteht vorrangig aus studentischen Hilfskräften in höheren Semestern sowie einigen wissenschaftlichen Mitarbeiterinnen und Mitarbeitern. Bereits während des Bachelor-Studiums fallen manche Studierende durch besonderes Interesse, besonders tiefgehende Fragen oder auch durch besonderes Engagement den Mitstudierenden gegenüber positiv auf. Dieser Eindruck verstärkt sich oft durch hervorstechende fachliche Leistungen in Prüfungen und eine außerordentlich gute Mitarbeit im regulären Übungsbetrieb. Studierende, die sich auf diese Weise hervortun, sind besonders gut geeignete Kandidatinnen und Kandidaten, und werden dementsprechend gezielt für den Posten eines JiM-Erklärhiwis ausgesucht. In der Regel hat eine oder ein JiM-Erklärhiwi darüber hinaus schon vorher als Korrektorin oder Korrektor bzw. als Übungsleiterin oder Übungsleiter mitgearbeitet oder sich anderweitig in der Lehre für das mathematische Institut verdient gemacht. Insbesondere haben also JiM-Erklärhiwis alle notwendigen und üblichen Schulungen erfolgreich absolviert, die für eine erfolgreiche und qualitativ hochwertige

Lehre unabdingbar sind. Im Detail sind das eine zweistündige Korrektorinnen- und Korrektorenschulung und eine zehnstündige Tutorinnen- und Tutorenschulung. Diese Schulungen werden vom Institut durch den Lehrkoordinator und den Studiengangkoordinator organisiert und durchgeführt; sie sind am mathematischen Institut in Würzburg verpflichtend.

Da von JiM-Erklärhiwis neben einer hervorragenden fachlichen Eignung auch besondere didaktische Fähigkeiten sowie ein großes Maß an Empathie erwartet wird, werden alle JiM-Erklärhiwis zu Beginn eines jeden Semesters mit den Eigenheiten dieses Postens vertraut gemacht.

Seit dem Sommersemester 2018 werden die JiM-Erklärhiwis von einem Doktoranden eingewiesen und betreut, welcher selber seit dem Wintersemester 2013 erst als Student, jetzt als wissenschaftlicher Mitarbeiter und damit insgesamt als dienstältester aktiver Erklärhiwi JiM-Sprechstunden anbietet. Neben der Einweisung gibt es ein Merkblatt, auf dem alle wichtigen Aspekte der JiM-Tätigkeit vermerkt sind. So werden darauf zum Beispiel Tipps gegeben, die den Einstieg in ein Gespräch erleichtern, Warnungen ausgesprochen, dass JiMs *nicht* zum puren Hausaufgabenlösen da sind, oder Erfahrungen früherer JiMs zusammengefasst. Das Merkblatt dient also als kleine Erinnerungsstütze und Anleitung. Es enthält darüber hinaus Leitfragen, die einen Dialogeinstieg erleichtern und uns später eine bessere Evaluation ermöglichen. Mehr zu den didaktischen Elementen der JiMs findet sich im Abschn. 22.4, und zu den Evaluationen in Abschn. 22.6.

Da JiM-Erklärhiwis aus dem Kreise derjenigen Studierenden ausgesucht werden, die zum einen überzeugende Studienleistungen vorzuweisen haben und zum anderen Engagement in der Lehre zeigen, ist es letztlich nicht verwunderlich, dass sich viele der JiM-Erklärhiwis später für eine Promotion entscheiden. Vom Wintersemester 2013/2014 bis zum Wintersemester 2019/2020 waren insgesamt 40 Studierende und drei wissenschaftliche Mitarbeiter als JiM-Erklärhiwis eingestellt. Bis zum Wintersemester 2019/2020 hatten von den 40 Studierenden 29 einen erfolgreichen Masterabschluss und zwei Studierende ein Staatsexamen erfolgreich absolviert. Von den 29 Absolventinnen und Absolventen mit Masterabschluss haben sich 15 für eine Promotion in Mathematik bzw. Physik entschieden.

22.3.3 Nutzergruppen

Die JiM-Erklärhiwis sollen Studierenden der MINT-Fächer im ersten Studienjahr helfen und eine Ergänzung zum regulären Übungsbetrieb darstellen. Das sind Studierende der mathematischen Bachelor-Studiengänge Mathematik, Computational Mathematics, Wirtschaftsmathematik und mathematische Physik, Studierende im Lehramt für Grund-, Mittel- und Realschulen sowie Gymnasium, Studierende aus dem Ausland des internationalen Masterstudiengangs Mathematik, sowie Studierende anderer MINT-Fächer. Letztere finden sich in den Studiengängen Physik, Nanostrukturtechnik, Informatik, technische Informatik, Luft- und Raumfahrtinformatik, Funktionswerkstoffe und Games-Engineering.

22.3.4 Organisatorische Rahmenbedingungen

Die JiM-Erklärhiwis sind im studentischen Arbeitsraum der Mathematik ansprechbar. Es handelt sich um einen Seminarraum mit Tafel, in dem neben Gruppentischen und Stühlen auch zwei Sofas stehen. Der Arbeitsraum bietet Arbeitsplätze für ca. 30 Personen und liegt im Bibliotheks- und Seminarzentrum, einem Gebäudekomplex, in dem sich auch ein großer Hörsaal, die Teilbibliothek Mathematik, acht Übungsräume und der Computerpool der Mathematik befinden. Dort findet auch der größte Teil des regulären Übungsbetriebs statt. Dieser Arbeitsraum ist immer offen und montags bis freitags gut besucht. In der Regel treffen sich hier Studierende der Mathematik zum gemeinsamen Lernen und Bearbeiten der Übungsaufgaben. Damit die Erklärhiwis auch direkt als solche identifiziert werden können, trägt jede bzw. jeder JiM ein Namensschild, das sie bzw. er am Ende der Sprechstunde in einem dafür vorgesehenen Schrank deponieren kann. Nur die Erklärhiwis haben Zugriff zu dem Schrank, in dem sie auch persönliche Gegenstände oder Notizen aufbewahren können.

Die JiM-Erklärhiwis sind zu fest vorgegebenen Zeiten im studentischen Arbeitsraum. Die Sprechzeiten sind auf den Stundenplan der Studierenden in den ersten Fachsemestern so abgestimmt, dass es möglichst wenig Überschneidungen mit den typischen Vorlesungen und Übungen des ersten Studienjahres gibt. Ziel dieser Abstimmung ist, möglichst vielen Studierenden den Zugang zu den Erklärhiwis zu ermöglichen.

Da die regulären Veranstaltungen an der Uni Würzburg (abzüglich der akademischen Viertelstunde) immer zu geraden Stundenzahlen beginnen (d. h. um 8 Uhr, 10 Uhr, 12 Uhr usw.), starten die JiM-Sprechstunden, die ebenfalls eine Doppelstunde wöchentlich umfassen, meist zu ungeraden Stunden (d. h. um 9 Uhr, 11 Uhr, 13 Uhr usw.), also genau zeitversetzt. Dies ermöglicht Studierenden, die etwa aus einer Übung kommen und im Anschluss Zeit haben, danach eine JiM-Sprechstunde zu besuchen, sofern zu diesem Zeitpunkt eine angeboten wird. Natürlich berücksichtigen wir bei der Planung der Sprechzeiten die persönlichen Stundenpläne der JiMs, die in der Regel selbst noch studieren.

22.3.5 Vernetzung mit dem Übungsbetrieb

Die Sprechzeiten hängen in Form großer Poster in allen Gebäuden aus, in denen mathematische Veranstaltungen stattfinden; insbesondere sind diese Aushänge im studentischen Arbeitsraum zu finden. Auf den Aushängen wird auch noch einmal stichpunktartig zusammengefasst, was die JiM-Erklärhiwis leisten, und was nicht. Jede und jeder Erklärhiwi wird dort mit Namen und einem Portrait vorgestellt.

Die Aushänge dienen gleichzeitig als Werbemaßnahme, um auf das JiM-Angebot das ganze Semester über hinzuweisen und dafür zu sensibilisieren. Des Weiteren sind die Zeiten auf einer öffentlichen Homepage (Webpräsenz der JiM-Erklärhiwis, 2022) zusammengefasst, und die betreffenden Studierenden werden per E-Mail am Semesteranfang informiert. Sämtliche Dozierende der entsprechenden Veranstaltungen sind ebenfalls angehalten, zu

Beginn und auch während des Semesters immer wieder in den Vorlesungen auf das JiM-Angebot hinzuweisen. Gleiches gilt für alle Assistierenden, Übungsleiterinnen und Übungsleiter, die in den Übungen und auch auf den Hausaufgabenblättern Werbung für die JiMs machen. Schließlich wird auch in den WueCampus-Kursräumen der meisten Veranstaltungen auf die JiMs hingewiesen.

Die WueCampus-Kursräume sind für jede Veranstaltung individuell angelegte virtuelle Kursräume auf der an der Universität Würzburg genutzten Online-Plattform WueCampus 2. Dort werden sämtliche Materialien für die zu diesem Kurs eingeschriebenen Studierenden zugänglich gemacht. Studierende finden dort also Informationen zum Ablauf der Veranstaltung, Hinweise zu Prüfungen, Feedback der Korrektorinnen und Korrektoren, Aufgabenstellungen zu den Hausaufgaben samt Lösungen sowie Skripte oder andere Materialien, die für die Vor- und Nachbereitung der Veranstaltung nützlich sind.

Die JiM-Erklärhiwis werden zum Semesteranfang zu allen relevanten Vorlesungen eingeschrieben, haben also jederzeit Zugriff auf die Kursmaterialien. Sie wissen daher, welche Hausaufgaben gestellt und welche Themengebiete in ihrer nächsten Sprechstunde besonders intensiv nachgefragt werden. Damit wird gewährleistet, dass jede und jeder JiM gut auf die kommende Sprechstunde vorbereitet ist und kompetente Hilfe leisten kann.

Umgekehrt erwarten wir von den Erklärhiwis Feedback. Gibt es zum Beispiel Themen, die von den Studierenden im laufenden Semester als besonders schwierig oder undurchsichtig wahrgenommen werden, können die Erklärhiwis dies an die Dozierenden weitergeben, sodass in den Übungen oder den Vorlesungen direkt und gezielt darauf eingegangen werden kann. Im Vergleich zu gewöhnlichen Vorlesungsumfragen, die erst am Ende des Semesters ausgewertet werden, kommt dieses Feedback sofort und unmittelbar denjenigen zugute, die es geben, nämlich den Studierenden.

22.3.6 Finanzierung

Die Organisation des Projektes wurde durch schon bestehende wissenschaftliche Mitarbeiterinnen und Mitarbeiter bzw. Ratsmitglieder der beteiligten Institute bewerkstelligt. Die Finanzierung der JiM-Erklärhiwis wurde in den ersten zwei Jahren mit Geldern aus dem Projekt „Erfolgreicher MINT-Abschluss an bayerischen Hochschulen", ein Förderprogramm der bayerischen Landesregierung, bewältigt (2012–2015). Danach wurden die Hilfskräfte aus Mitteln der entsprechenden Institute weiter finanziert. Seit dem Wintersemester 2016 werden die JiM-Erklärhiwis der Mathematik über das KOMPASS Tutoren- und Mentorenprogramm als Teilprojekt des „Qualitätspakts Lehre" (Fördernummer 01PL11019) an der JMU finanziert.

22.4   Didaktische Elemente

Ziel der Erklärhiwis ist es, die Studierenden bei bekannten Anfängerproblemen, etwa dem Strukturieren von Aufgaben, dem Finden von Lösungswegen, oder dem Kennenlernen von Methoden zur Fehlersuche, zu unterstützen. Die Erklärhiwis sollen dabei nicht einfach nur Lösungen präsentieren, sondern Hilfe zur Selbsthilfe bieten. Wir beschreiben in diesem Abschnitt, welche Arbeit die JiMs genau leisten, und wie sich ihre Arbeit abgrenzt. Dazu beleuchten wir typische Anfängerprobleme im Umgang mit der von Erstsemesterstudierenden als „neu" oder „anders" empfundenen universitären Mathematik und machen auf einige Fehlerwartungen aufmerksam.

22.4.1 Die Aufgaben der JiMs

Die JiM-Erklärhiwis sollen es den Studierenden im ersten Studienjahr erleichtern, sich sowohl die Themen als auch die nötige Arbeitsweise für ihr Studium anzueignen. Der wichtigste Grundsatz dabei ist das Motto „Hilfe zur Selbsthilfe": Auf keinen Fall sollen die JiMs den Studierenden ihre Übungsaufgaben lösen. Die Hauptaufgabe der JiMs ist viel mehr, den Studierenden beizubringen, wie sie ihr Problem selbst lösen und ihre Fragen selbst beantworten können.

Die häufigsten Fragen, die den Erklärhiwis gestellt werden, beziehen sich auf die aktuellen Hausaufgaben. Es ist wichtig, den Studierenden zu vermitteln, dass bei der einzelnen Hausaufgabe bestimmte mathematische oder methodische Aspekte gelernt oder trainiert werden sollen. Es geht dabei vorwiegend um fachliche Fragen, die dazu führen sollen, dass bestimmte Inhalte und Themen der Vorlesung verinnerlicht werden. Aber auch die Herangehensweise, das Erkennen und Aufdröseln einzelner Teilprobleme ist von Bedeutung, wie schließlich auch das korrekte mathematische Formulieren und Argumentieren. Die Erklärhiwis sind aufgrund ihrer Erfahrung als Studierende, als Tutorinnen und Tutoren sowie als Korrektorinnen und Korrektoren geschult, genau diese Aspekte im Vorfeld zu erkennen und die Studierenden mit gezielten Fragen anzuleiten, den Kern des Problems selbst zu erfassen. Hierbei dürfen Studierende auch gerne für einige Zeit auf einem ungünstigen Lösungsversuch gehalten werden, bis sie erkennen, dass ihre Idee nicht funktionieren kann. Oftmals sind es genau diese Fehlversuche, an deren Ende eine große Erkenntnis steht: Nicht nur, *dass* dieser Lösungsweg nicht funktionieren kann, sondern auch *warum*. Erst, wer das Warum erkannt hat, kann sich daran machen, den Lösungsversuch so umzustellen, dass genau diese Warums nicht wiederholt werden. Besonders hilfreich ist diese Strategie bei so genannten „Beweisen oder widerlegen Sie"-Aufgaben. Ein fehlgeleiteter Lösungsversuch führt am Ende oft schnell zu einem Gegenbeispiel und damit zur Lösung der Aufgabe.

22.4.2 Mit dem Gegebenen lernen

Häufig werden von Erstsemestern Aufgaben als „nicht verstanden" charakterisiert, obwohl unbekannte Begriffe, die in der Aufgabenstellung auftauchen, nicht einmal im Skript nachgeschlagen wurden. Erklärhiwis müssen also noch weit vor der eigentlichen Lösungsfindung ansetzen und den Studierenden Methoden und Denkweisen beibringen, die sie mit der Arbeit mit vorgegebenen Lernmaterialien wie Vorlesungsskripte oder Aufzeichnungen aus Übungen vertraut machen. Es obliegt natürlich jedem Studierenden, sich hinreichend auf die Sprechstunde und die Bearbeitung der Hausaufgaben vorzubereiten; erfahrungsgemäß wird das aber nicht gemacht, sondern die Erklärhiwi-Zeiten auch zum Lernen und zur Begriffsbildung genutzt.

Sind die ersten Begriffe im Skript gefunden, können sie mit den Erklärhiwis diskutiert werden. Die JiMs sind angehalten, gezielt Verständnisfragen zu stellen, um die Studierenden genauer über die zu verstehenden Begriffe nachdenken zu lassen oder Fehlvorstellungen zu verhindern. Häufig trauen sich Studierende nicht, ihre oft richtigen Gedanken zu äußern, oder sie haben Schwierigkeiten, sie korrekt zu formulieren. Hier hilft ständiges Ermutigen, was auch dadurch geschehen kann, dass JiMs erzählen, wie es ihnen selbst im ersten Studienjahr ergangen ist.

Wenn die „Vokabeln" geklärt sind, ist das nächste Ziel, die Aufgabenstellung zu verstehen. Es hilft auch hier, schriftlich festzuhalten, was bekannt ist und was erzielt werden soll. Auch hier können die JiMs helfen: Geht es etwa darum, eine Aussage mithilfe einer abstrakten Definition zu beweisen, so hilft es oft, die Voraussetzungen, das Ziel und die Definition unter einander aufzuschreiben. Oft werden so Zusammenhänge oder Ähnlichkeiten besser erkannt. Diese grundlegende Technik anzuwenden fällt Studierenden oft schwer, hat sich aber als äußerst dienlich erwiesen. Die Erklärhiwis können zeigen, dass vieles schneller einsichtig wird, wenn es sichtbar gemacht wird. Gleiches gilt für Skizzen zu Funktionsgraphen, Mengen, oder geometrischen Erklärungen abstrakter Vorgänge. Genauso verhält es sich mit Aufgabenstellungen, die in ähnlicher Form bereits im Skript, etwa in Form von Beispielen oder Bemerkungen, behandelt wurden. Erklärhiwis können Hinweise geben, die auf solche Ähnlichkeiten aufmerksam machen, um dem Fragestellenden zu signalisieren, dass die für die Lösung des Problems notwendige Methodik bereits vorgeführt wurde. Das alles funktioniert natürlich nur, wenn JiM und Fragestellende gemeinsam ins Skript schauen.

Stellt sich heraus, dass bewiesene Sätze aus der Vorlesung angewendet werden sollen, so müssen deren Voraussetzungen geprüft werden. Oft ist die Aufgabenstellung aber so formuliert, dass die in den Sätzen genannten Objekte erst gefunden werden müssen oder die Aufgabe erst umformuliert werden muss, um das im Satz gegebene Setting herzustellen. Erklärhiwis können hier zunächst beobachten und einschreiten, wenn zum Beispiel nicht bemerkt wird, dass eine Voraussetzung verletzt ist. Daraus entspinnen sich oft kleine Diskussionen, die besonders fruchtbar sind: Von den JiMs gegebene Gegenbeispiele sorgen dafür, die Notwendigkeit aller Voraussetzungen zu begreifen. Manchmal reicht es aber auch schon, rhetorisch in die Runde zurückzufragen: „Stimmt der Satz wirklich noch, wenn wir diese Voraussetzung weglassen?" Oft werden abstrakte Sachverhalte auch besser verstanden, wenn nur ein Spezialfall des Satzes vom Erklärhiwi diskutiert wird. Den Studierenden wird so beigebracht, nicht immer alles im größten Abstraktionsgrad lernen zu müssen, und dass statt eines n-dimensionalen auch ein zwei- oder eindimensionaler Fall für ein erstes Verständnis ausreicht. Erklärhiwis können also eine Brücke schlagen zwischen der neuen, unbekannten abstrakten und der altbekannten anschaulichen und vertrauten Welt.

Dabei darf aber nie vergessen werden, dass die Anschauung oft trügt. Gerade Begriffe wie Stetigkeit oder Differenzierbarkeit sind aus der Schule wohlbekannt, aber meistens sehr unpräzise und lückenhaft diskutiert worden. Ein häufiger Anfängerfehler besteht darin, sich in der Argumentation ausschließlich auf diese bekannte Anschauung zu stützen und die abstrakte Definition aus der Vorlesung vollständig auszuklammern. Hier können die JiMs besonders durch Hinweise auf merkwürdige oder pathologische Beispiele sensibilisieren. Eine Funktion „ohne Absetzen des Stiftes" zeichnen zu können ist eben nicht äquivalent zur Stetigkeit. Umgekehrt können bekannte Anschauungen auch gut durch die JiMs ergänzt werden: In einem Punkt differenzierbar zu sein bedeutet für eine Funktion, dort in gewissem Sinne „glatt" zu sein; ihr Graph hat also dort keinen Knick.

Sich zu sehr auf Schulwissen zu verlassen, äußerst sich auch in den allseits (un)beliebten Aufgaben zur Körperaxiomatik. Jedem ist die Ungleichung $0 < 1$ wohlbekannt; sie zu beweisen stellt jedoch für Studierende oft eine schwierige und scheinbar unsinnige Herausforderung dar. Die JiMs können an dieser Stelle klarmachen, welches eigentliche Lernziel hinter dieser Art von Aufgabe steckt: „Vergiss alles, was Du gelernt hast, und nutze nur das, was Du bekommst".

Zusammengefasst besteht eine der Hauptaufgaben der JiM-Erklärhiwis also darin, die Studierenden anzuleiten, mit ihren Unterlagen zu arbeiten. Im Laufe des ersten Semesters stellt sich dann oft auf recht beeindruckende und motivierende Weise ein Aha-Effekt ein: Die Erkenntnis, dass die Hausaufgaben nicht nur überhaupt etwas mit der Vorlesung zu tun haben, sondern auch, dass zu deren Lösung nur Methoden der Vorlesung genutzt werden dürfen, die andererseits dafür aber auch ausreichend sind.

22.4.3 Ein Argument zu Papier bringen

Ist der Kern der Aufgabe verstanden und das Problem im Kopf gelöst, stellt sich die Frage, wie diese Lösungsideen im mathematischen Sinne formalisiert werden können. Studienanfängerinnen und -anfänger wissen oft nicht, welche Details einer Argumentation aufgeschrieben werden müssen und welche als bekannt vorausgesetzt werden dürfen. Hier hilft ein Dialog mit den JiMs oft weiter, die solche Dinge aufgrund ihrer Erfahrung besser beurteilen und den Studierenden klarmachen können, wieso dieses und jenes Argument nicht trivial ist und ausgeführt werden muss. Auch hilft wieder ein Blick ins Skript oder in die Korrektur bereits bearbeiteter Übungsaufgaben, oder (sofern vorhanden) in ausformulierte Musterlösungen, um sich einen Eindruck davon zu machen, was verlangt wird. Die Erklärhiwis können dahingehend sensibilisierend wirken, dass mathematische Texte letztlich auch Prosatexte sind, und dass ein bloßes Aneinanderreihen von Formeln nicht das Ziel ist.

Besonders schwer fällt es Erstsemesterstudierenden, einen eigenen Formalismus zu finden. Müssen zum Beispiel Hilfsfunktionen oder Mengen definiert oder eigene Variablen eingeführt werden, wissen sie meist nicht, wie genau das geschieht, oder sind mit den üblichen Formalismen nicht vertraut. Erklärhiwis können hier im Dialog anhand von Beispielen aufzeigen, wie gewisse Notationen gewählt werden sollten, was der üblichen Konvention entspricht, und welche Freiheit man bei der Wahl der eigenen Notation hat. Das hilft, übliche Variablenkollisionen zu verhindern, die immer dann auftreten, wenn verschiedene Objekte mit dem gleichen Symbol bezeichnet werden.

Neben der klassischen Frage, wie man eine konkrete Aufgabe löst, haben Studierende aber oft auch die schlichte Bitte, über eine bereits gefundene und ausformulierte Lösung zu schauen. Häufig stellen sich dann aber grobe Mängel im mathematischen Argument, im Formalismus, in der Notation oder der Reihenfolge der gefundenen Argumente heraus. Nicht selten werden Aufgaben gar nicht gelöst, sondern nur umformuliert, es werden die falschen Implikationen bewiesen oder Voraussetzungen stillschweigend hinzugefügt oder entfernt, oder Sonderfälle übersehen. Die JiMs müssen sich dann zunächst über die Aufgabe selbst klar werden und sich auf die vorgelegte Lösung einlassen, auch wenn diese zunächst unnötig technisch, vage oder kompliziert erscheint. Keinesfalls sollten JiMs versuchen, ihre eigenen Lösungen durchzusetzen und die vorgelegten für minderwertig erklären. Es ist ratsam, sich ungenaue oder auch falsche Argumente von der Verfasserin oder dem Verfasser erklären zu lassen. Oft merken diese dann selbst, dass etwas fehlt oder von einem Außenstehenden gar nicht verstanden werden kann, spätestens dann, wenn Mitstudierende unterstützend eingreifen müssen. Studierende gehen oft auch über scheinbar triviale Sachverhalte stillschweigend hinweg, weil sie die Notwendigkeit eines formalen Arguments nicht erkennen. Manchmal sind es aber gerade diese Stellen, die den Kern der Aufgabe und das Lernziel selbst ausmachen. JiMs erkennen das, geben entsprechend Hinweise und tragen so zu einer mathematischen Sensibilisierung bei.

Formalismusfehler werden häufig dadurch verursacht, dass Buchstaben und Symbole oder Bezeichnungen für gewisse Objekte eingeführt und benutzt, aber nirgends definiert werden. Beim Prüfen einer Lösung sollten JiMs daher immer mit dem wachsamen und skeptischen Auge einer strengen Korrektorin oder eines strengen Korrektors lesen und sofort auf solche Fehler aufmerksam machen. Gerade zu Beginn des Studiums ist die Korrektur besonders kritisch angelegt, weil in dieser Anfangsphase solche Fehler auch besonders zahlreich auftreten. Ein als fehlend angestrichener Äquivalenzpfeil erscheint Studierenden manchmal mehr als Schikane denn sinnvoll; JiMs können hier auf das damit verbundene Logikproblem aufmerksam machen, was häufig bei Termumformungen auftritt und in der Schule (und meist auch in der Vorlesung) selten ausführlich diskutiert wird.

Gerade in längeren abstrakten Argumentationsketten ist die Reihenfolge der Argumente oft nicht klar oder widersinnig. Voneinander abhängige Variable werden nicht als solche erkannt oder erst gar nicht definiert und fallen einfach vom Himmel. JiMs sollten hier anhand einfacher Beispiele klarmachen, wieso etwa ein $\varepsilon > 0$ vor einem davon abhängenden $\delta > 0$ gewählt werden muss, und welche Freiheitsgrade bei der Wahl der Variablen bestehen.

22.4.4 Gespräche führen und moderieren

Gerade im ersten Semester verspüren Studierende eine große Distanz zwischen sich und dem Unipersonal. Die JiMs sind deshalb besonders geschult und empathisch und können Dialoge oft mit gewissen Eisbrecherfragen beginnen, die nach dem Studienfach, der ehemaligen Schule, dem Unterschied zwischen Schul- und Unimathematik, gewissen Interessensgebieten oder einfach nach der Gesamtzufriedenheit fragen. Auch für Erklärhiwis, die neu in ihrem Posten sind, empfehlen sich diese Strategien, um selbst einen sichereren Umgang mit den Studierenden zu trainieren. JiMs sollen sich also nicht nur durch ihre Namensschilder bemerkbar machen, sondern auch durch ein aktives Ansprechen, ohne dabei aufdringlich zu wirken. Manchmal wollen Studierende einfach in Ruhe arbeiten oder haben noch keine Fragen; wenn sie das so äußern, ist das auch zu akzeptieren. Keinesfalls sollten JiMs passiv in einer Ecke darauf warten, angesprochen zu werden.

Des Weiteren ist es selbstverständlich, dass JiMs stets einen freundlichen und höflichen Umgang mit den Studierenden pflegen müssen, auch wenn manche Studierende unsympathisch wirken oder ihre (falsche) Idee durchsetzen wollen. Jede und jeder Studierende ist unbedingt gleich zu behandeln. Hier hilft sachliches Argumentieren und ein dezentes Hinweisen auf noch nicht bedachte Blickwinkel oder Beispiele. In seltenen Fällen begegnen die JiMs jedoch auch Studierenden, die ausschließlich schnelle Lösungen ergattern möchten. In solchen Fällen darf und sollte mit Nachdruck darauf aufmerksam gemacht werden, dass die JiMs ausschließlich Hilfe zur Selbsthilfe anbieten. Erfahrungsgemäß ist die große Mehrheit der Fragenden jedoch sehr bemüht und interessiert und zeigt entsprechend Dankbarkeit.

Da sich Studierende oft in Gruppen zusammen finden, erklären JiMs meistens mehreren Zuhörenden gleichzeitig. Oft kristallisiert sich eine Studentin oder ein Student als besonders dialogfreudig und verständig heraus; JiMs dürfen an dieser Stelle nicht vergessen, die anderen der Gruppe immer wieder in den Dialog miteinzubeziehen. Dies kann durch vermehrtes Nachfragen geschehen, oder auch dadurch, dass man die Person, der man gerade etwas erklärt hat, selbst in die Rolle eines JiMs schlüpfen lässt. Die bzw. der Studierende kann sich so unter Beobachtung des „echten" JiMs selbst prüfen, ob das eben Gelernte tatsächlich verstanden wurde, und ob es so gut verstanden wurde, dass man es gut weitergeben kann. Wird etwas falsch erklärt, sollte eine Intervention nur kurz angedeutet werden, um den anderen in der Gruppe zu signalisieren, dass erhöhte Vorsicht geboten ist. Erst wenn der Fehler nach einer kurzen Reflexionsphase nicht erkannt wird, kann konkreter darauf hingewiesen werden, zum Beispiel in Form von Beispielen oder einem Hinweis auf zuvor diskutierte Fälle.

Da JiMs mehrere Gruppen gleichzeitig betreuen, kommt es bei großem Andrang oft zu einem Zeitproblem. Hier sollten Fragen nach Dringlichkeit sortiert und den Studierenden klargemacht werden, in welcher Reihenfolge sie beraten werden. Sie haben so die Möglichkeit, die Wartezeit sinnvoll zu nutzen. Auch ist darauf zu achten, einer Gruppe nicht zu viel Zeit zu schenken, oder andererseits einer Gruppe zu starke Tipps zu geben, die unmittelbar zur Lösung führen, nur um Zeit zu sparen. Im Vordergrund muss immer das Verständnis und die Hilfe zur Selbsthilfe stehen.

Schließlich sind JiMs nicht allwissend. Es ist daher nie eine Schande, wenn auch eine bzw. ein Erklärhiwi eine Frage nicht beantworten kann oder sich bei einer Antwort unsicher ist. Ehrlichkeit währt auch hier am längsten und macht die JiMs nahbarer. Sie sind daher angehalten, zu ihren Schwächen zu stehen, ihre Unsicherheit zu kommunizieren und so aufzuzeigen, wie man mit Wissenslücken umgeht. Oft gelingt es, diese im Dialog mit den Fragestellerinnen und Fragestellern zu schließen und gemeinsam eine Lösung zu erarbeiten. Auch sollen JiMs über ihre eigenen Erfahrungen mit den Widrigkeiten eines Mathestudiums berichten und den Studierenden klarmachen, dass sie mit ihren Sorgen nicht alleine sind. Studierende neigen dazu, aus Verständnisproblemen eigene Unfähigkeiten oder Unzulänglichkeiten abzuleiten, aus denen sich häufig große Selbstzweifel und Ängste entwickeln. Auch hier können Erklärhiwis mit eigenen Erfahrungen beruhigend wirken und erzählen, wie sie selbst mit solchen Ängsten umgegangen sind, oder wo man sich Hilfe holen kann.

22.5   Besonderheiten am Lernzentrum Würzburg

In diesem Kapitel wollen wir zwei Besonderheiten des Würzburger Lehrzentrums der Mathematik beleuchten. Zum einen die JiM-Figur, welche sich vom Logo zur kulturellen Gestalt am Institut verselbstständigt hat. Zum anderen wird beschrieben, wie unterschiedliche und spezielle JiM-Erklärhiwis den verschiedenen Ansprüchen der einzelnen Nutzerinnen und Nutzern gerecht werden.

22.5.1 JiM als Label

Das Acronym JiM steht ursprünglich für Julius-Maximilians-Universität intensiviert ihre MINT-Betreuung. Um den Namen JiM bei Studierenden, Dozierenden und auch für eventuelle Anträge einprägsamer zu machen, wurde JiM als Cowboy für männliche und als Cowgirl für weibliche JiMs illustriert, siehe Abb. 22.1.

Die Comics wurden von einem Hobbyzeichner und Mitarbeiter des mathematischen Institutes erstellt, der das Projekt seit dem immer wieder mit zeichnerischen Beiträgen – sowohl für das Institut wie auch für die Studierendenschaft – unterstützt. JiM-Erklärhiwis sind während der Sprechstunden an einem Namensschild zu erkennen, auf dem auch diese Symbole angebracht sind. Die Studierenden wissen, dass sie die Person mit dem JiM-Namensschild jederzeit ansprechen können.

Abb. 22.1 Das JiM-Logo, abgebildet auf jedem Aushang zum JiM Projekt. Die JiM-Erklärhiwis sind am Namensschild mit JiM-Logo zu erkennen. Die weiblichen JiM-Erklärhiwis haben eine weibliche JiM-Version auf Ihrem Namensschild

Um sich von der Flut der vielen Aushänge an der Universität abzuheben, tritt die Figur JiM nicht nur an den üblichen Aushängen und Internetauftritten (Webpräsenz der JiM-Erklärhiwis, 2022) zum JiM-Projekt auf. Durch die Zusammenarbeit mit der Fachschaft der Fakultät für Mathematik und Informatik ist es möglich, die Figur JiM auch an den sozialen Veranstaltungen rund um das Studium in Erscheinung treten zu lassen. Die Studierendenschaft der Fakultät organisiert zum Beispiel regelmäßig ein Sommerfest und eine Weihnachtsfeier. Dazu werden jedes Mal neue Poster als Einladung entworfen, bei denen oft auch ein JiM zu sehen ist, siehe Abb. 22.2. Des Weiteren trat JiM in der Fachschaftszeitung Asinus in Erscheinung.

Außerdem gab es bis Wintersemester 2018 einen Flyer zum JiM-Projekt, auf dem unter anderem ein Comic mit JiM abgebildet war (siehe Abb. 22.3). Dieses Comic war auch im

Finde fünf Fehler!

Abb. 22.2 Ausschnitt aus einer Einladung zum Sommerfest der Fachschaft Mathematik aus dem Jahr 2018. Tatsächlich gibt es sogar sechs Fehler. Einer der zu suchenden Fehler ist der Name John auf JiMs Hut. Das Finden der anderen fünf Fehler überlassen wir den Leserinnen und Lesern

Abb. 22.3 Das JiM-Comic zum Thema vollständige Induktion war bis Wintersemester 2018 insbesondere auf den Flyern zum JiM-Projekt abgebildet. Tatsächlich wird im Comic angedeutet, wie eine vollständige Induktion funktioniert. Vielmehr noch wird aber dargestellt, was ein JiM leisten soll, nämlich den Studierenden Hilfe zur Selbsthilfe geben. Dieses Comic war auch im Zwischenbericht zum Förderprojekt „Erfolgreicher MINT-Abschluss an bayerischen Hochschulen", der ersten Finanzierung des Projektes, zu sehen

Zwischenbericht zum Förderprojekt „Erfolgreicher MINT-Abschluss an bayerischen Hochschulen", der ersten Finanzierung des Projektes, abgebildet.

22.5.2 Spezielle und internationale JiMs

Im Wintersemester werden gewöhnlich acht und im Sommersemester sieben JiM-Erklärhiwis eingestellt. Darunter gibt es jedes Semester drei spezielle JiM-Erklärhiwis.

Zum einen gibt es eine bzw. einen JiM-Erklärhiwi der Mathematik, welcher für Fragen der Studierenden der Fächer Physik, Nanostrukturtechnik, Luft- und Raumfahrtinformatik und Funktionswerkstoffe bereitsteht. Diese Studiengänge haben eine gemeinsame zweisemestrige Vorlesung zur Mathematik, die vom Institut für Mathematik angeboten wird. In der Regel ist die bzw. der entsprechende JiM-Erklärhiwi bereits als Übungsleiterin oder Übungsleiter in der Betreuung der entsprechenden Vorlesung eingebunden. Die JiM-Sprechzeiten finden nicht im studentischen Arbeitsraum der Mathematik, sondern in einem ähnlichen Arbeitsraum in der Fakultät der Physik statt.

Des Weiteren gibt es eine bzw. einen JiM-Erklärhiwi, welcher speziell für die Studierenden im Lehramt für Grund-, Mittel- und Realschulen bereitsteht. In der Regel werden hier Hilfskräfte eingesetzt, die selber im Lehramt für Grund-, Mittel- und Realschule studieren bzw. studiert haben. Die Studierenden dieser Studiengänge können für die meist dringlicheren Probleme in den Schlüsselveranstaltungen Lineare Algebra und Analysis auch zu jedem anderen Erklärhiwi gehen.

Seit dem Wintersemester 2015/2016 gibt es an der Universität Würzburg einen internationalen Master-Studiengang in Mathematik. Es handelt sich hierbei um einen englischsprachigen Studiengang, der in Inhalt und Niveau dem zum deutschsprachigen Mathematik-Masterstudiengang äquivalent ist. Dementsprechend werden die im europäischen Raum üblichen Grundlagen des Bachelor-Studienganges Mathematik vorausgesetzt. Leider hat sich herauskristallisiert, dass viele der zu uns kommenden Masterstudierenden doch deutlich andere Voraussetzungen mitbringen als erwartet. In der Regel benötigen die internationalen Masterstudierenden mindestens ein Semester länger zum Abschluss ihres Studiums als ihre Mitstudierenden.

Das Institut für Mathematik hat daher begonnen, Strukturen aufzubauen, welche den Einstieg in den internationalen Master erleichtern sollen. Eine dieser Maßnahmen ist es, einen speziellen JiM-Erklärhiwi für die Studierenden des internationalen Masters einzuteilen. Fachlich muss die entsprechende Person in der Lage sein, Fragen im Masterbereich zu diskutieren und Hilfestellungen auf Englisch zu geben. Hier setzt das Institut bisher keine Studierenden, sondern einen international erfahrenen Assistenten ein. Seit dem Wintersemester 2020 gibt es zusätzlich das sogenannte „Welcome and Preparation"-Programm für die Studierenden des internationalen Masterstudienganges. Dieses beinhaltet einen Kompaktkurs in der Woche vor dem eigentlichen Semesterstart. Hier werden neben organisatorischen und technischen Hilfestellungen auch fachliche Themen angesprochen. Die Idee ist, hierbei nicht den bei uns typischen Stoff der Bachelorstudiengänge zu wiederholen, sondern eher einige Themen zu fokussieren und an diesen die hier typischen Arbeitsweisen, wie etwa das Üben und Diskutieren in Gruppen, vorzustellen; insbesondere gibt es ausreichend Übungseinheiten. Bei diesen stehen den Studierenden Hilfskräfte zur Seite, welche auch in den kommenden vier Wochen als Ansprechpartner dienen. Idealerweise sind diese Hilfskräfte auch JiM-Erklärhiwis. In jedem Fall ist auch der internationale JiM in diesem Kompaktkurs mit eingebunden. So soll sichergestellt werden, dass die neuen Studierenden des internationalen Masters diesen und die damit verbundenen Hilfsmöglichkeiten gleich zu Beginn ihres Studiums kennen und nutzen lernen.

22.6 Evaluations- und Untersuchungsergebnisse

Im Folgenden wollen wir nun zwei Evaluationsauswertungen vorstellen, welche die Effekte des JiM-Projektes sowie auch die Entwicklung der JiM-Erklärhiwis selber beschreiben. Zum einen werden an der Julius-Maximilians-Universität Würzburg regelmäßig alle regulären Vorlesungen evaluiert. Am Institut für Mathematik wird diese Evaluation zur Semestermitte mittels Papierfragebögen während der entsprechenden Vorlesungen durchgeführt. Bei diesen werden auch Fragen zur Nutzung und zum Nutzen des JiM-Projektes gestellt. Die Fragebögen werden dann an einer zentralen Auswertungsstelle digital erfasst, statistisch ausgewertet und aufbereitet. Die Ergebnisse werden den Dozierenden anschließend über die entsprechenden Sekretariate zugesandt. In Abschn. 22.6.1 fassen wir die Auswertungen der Erstsemesterveranstaltungen in Mathematik der Semester SS17 und WS1718 zusammen.

Speziell von den Erklärhiwis erwarten wir seit 2019 Kurzberichte, in denen sie Leitfragen beantworten, die ihnen zu Beginn ihrer Tätigkeit genannt werden. Die Erklärhiwis sind angehalten, sich und die Studierenden während ihrer Arbeit kritisch und objektiv zu beobachten und ihre Beobachtungen am Ende des Semesters schriftlich zusammenzufassen. Diese Berichte werden gesichtet, thematisch gegliedert und sortiert; eventuelle Anzahlwerte (z. B. zu Teilnehmenden- oder Frageanzahlen) werden arithmetisch gemittelt, Prozentwerte aus den Absolutanzahlen errechnet, sofern ebensolche von den Erklärhiwis rückgemeldet werden. In Abschn. 22.6.2 formulieren wir die angesprochenen Leitfragen und fassen die Antworten der Erklärhiwis zusammen. Insgesamt wurden 15 Berichte über zwei Semester ausgewertet.

22.6.1 Evaluationen des Institutes

Vom Sommersemester 2017 bis einschließlich Wintersemester 2018 haben insgesamt 3687 Studierende (bei Mehrfachteilnahme mehrfach gezählt) Beratung bei den JiM-Erklärhiwis gesucht. Etwa drei Viertel davon studieren in mathematischen Bachelorstudiengängen oder Mathematik für das Lehramt an Gymnasien und hatten Fragen zu Analysis und linearen

Algebra. In 34 % der Fälle wurde Hilfe bei der Lösungsfindung zu einer Übungsaufgabe gesucht, bei knapp 20 % ging es um das Verstehen einer Übungsaufgabe. Vorlesungsinhalte wurden in knapp 19 % der Gespräche erklärt, es folgen Fragen zu Arbeitstechniken (15 %) und der Darstellung der Lösung einer Aufgabe (13 %). In den Vorlesungsumfragen gaben insgesamt 47,5 % der Studierenden an, die JiM-Erklärhiwis zu nutzen, 20 % sogar mehr als fünf Mal im Semester. Am häufigsten wurden die JiM-Erklärhiwis von Studierenden der Vorlesung Lineare Algebra 1 besucht. Studierende des Grund-, Mittel- und Realschullehramts nutzen die JiM-Erklärhiwis tendenziell weniger. Diejenigen Studierenden, welche die JiM-Erklärhiwis genutzt haben, gaben ihnen im Durchschnitt die Wertung 3,94 auf einer Skala von 1 (sehr schlecht) bis 5 (sehr gut). Studierende des Lehramts an Grund-, Mittel- und Realschulen bewerteten sie mit 3,52 etwas schlechter, vor allem im zweiten Studienjahr, also zu den Vorlesungen zu Grundlagen der Analysis. Besonders gute Noten bekamen sie von Teilnehmerinnen und Teilnehmern der Vorlesungen Analysis 2 (Note 4,11) und Lineare Algebra 2 (Note 4,03).

22.6.2 Kurzberichte der JiM-Erklärhiwis

Seit dem Sommersemester 2019 werden von allen JiM-Erklärhiwis kurze Berichte am Ende eines jeden Semesters eingefordert. Bestimmte Leitfragen, die zu Beginn der Semester gestellt werden, sollen helfen, bereits während des Semesters Material für den Bericht zu sammeln. Wir fassen in diesem Abschnitt die Berichte der letzten beiden Semester zusammen. Bei aller Erfahrung und Objektivität geben wir aber zu bedenken, dass es sich bei diesen Berichten und deren von uns erstellten Auswertung um die persönlichen Eindrücke unserer Erklärhiwis handelt.

Wie viele Studierende nahmen pro Sprechstunde das JiM-Ange-bot wahr? Im Durchschnitt kamen etwa 15–25 Studierende in die JiM-Sprechstunde, die sich meist in Gruppen organisierten. Die Anzahl wuchs zu Beginn des Semesters rasch an, blieb dann weitestgehend konstant und ebbte kurz vor Semesterende rapide ab. Im Wintersemester kamen etwas mehr Studierende als im Sommersemester. Sprechstunden, die nahe vor einem Abgabedatum eines Übungsblatts lagen, waren besonders gut besucht.

Aus den Inhalten welcher Fachsemester wurden die meisten Fragen gestellt? Aus den Bachelor-Studiengängen kamen im Wintersemester die meisten Fragen von Erstsemesterstudierenden, im Sommersemester von Zweitsemesterstudierenden. Studierende, die nicht in diese Kategorie fallen, stellten auch Fragen aus höheren Semestern oder Fragen zu Vorlesungen anderer MINT-Fächer.

Welche Studiengänge hatten die Fragenden gewählt? Es waren Studierende aller für das JiM-Projekt ausgelegten Fachrichtungen vertreten. Die Mehrheit (ca. 70 %) der Fragenden kam aus den Bachelor-Studiengängen Mathematik und dem Lehramtsstudiengang für Gymnasien. Daneben (ca. 27 %) gab es einige Studierendengruppen, die nichtvertiefte Lehramtsstudiengänge gewählt hatten. Sehr selten (in ca. 3 % der Fälle) kamen Fragen von Studierenden, die Mathematik als Grundlagenfach in sonst mathematikfremderen Studiengängen haben, wie etwa den Bachelor-Studiengängen der Informatik. Diese Studierende haben aber mit den JiMs der Informatik eigene Ansprechpartner.

Aus welchen Fachbereichen wurden Fragen gestellt? Je nach Vorlesungsangebot bezogen sich die Fragen meist auf Inhalte der Analysis I und II, selten der Vertiefung Analysis. Daneben gab es häufig Fragen zur Linearen Algebra I und II. Selten kamen Fragen zu den Vorlesungen Einführung in die Zahlentheorie, Einführung in die Stochastik, Einführung in die Funktionentheorie, Gewöhnliche Differentialgleichungen und Numerische Mathematik I. Sehr selten gab es Fragen zur Algebra, zur Einführung in die Funktionalanalysis oder zur Diskreten Mathematik.

Darüber hinaus kamen häufig Fragen zu den Vorlesungen der nichtvertieften Lehramtsstudiengänge, nämlich zur Analysis in einer Variable, Elementargeometrie, Elementaren Zahlentheorie oder Stochastik. Besonders selten gab es Fragen zur Mathematik für Ingenieure und zur Mathematik für Informatiker.

Mit welchen Anforderungen hatten die Studierenden besonders Schwierigkeiten? Es fiel den Studierenden schwer, richtig mit Vorlesungsmaterialien umzugehen, was sich im Laufe des Semesters aber deutlich verbesserte. Eher hinderlich als nützlich war Schulwissen, das oft nicht mit den Vorlesungsinhalten vereint werden konnte. Einige Studierende hatten grundlegende Verständnisprobleme, weil sie sich nicht hinreichend intensiv mit Vorlesungsaufzeichnungen beschäftigten. Ein Wiederholen mithilfe der Erklärhiwis konnte diesen Missstand nicht dauerhaft ausmerzen, weil die Bereitschaft zum selbstständigen Arbeiten fehlte. Methoden, die eine Woche zuvor noch als verstanden abgehakt wurden, konnten dann später nicht auf andere Aufgaben übertragen werden.

Ein Leistungsunterschied zwischen Studierenden unterschiedlicher Studiengänge lässt sich deutlich erkennen. Während Studierende der Bachelor-Studiengänge oft mit kleinen Tipps und Hinweisen selbstständig weiterarbeiten konnten, musste bei Studierenden des Lehramts häufig mehr Betreuungsarbeit geleistet werden. Dies machte ein häufigeres Nachfragen oder Tippgeben erforderlich. Eine ähnliche Bilanz lässt sich auch im Hinblick auf die Arbeit mit Skripten feststellen: Bachelor-Studierende kannten sich besser im Skript aus als Lehramtsstudierende und waren eher bereit, sich damit zu beschäftigen.

Insgesamt sind Aufgaben zur Analysis im Vergleich zu Aufgaben der Linearen Algebra von den Studierenden als schwieriger wahrgenommen worden. Im Bereich Lineare Algebra wurden vorrangig zu Beginn des Semesters die Begriffe „Linearkombinationen", „Erzeugendensystem" und „direkte Summe" als besonders schwierig empfunden.

Den Studierenden des nichtvertieften Lehramts fiel es oft schwer, ihre Ergebnisse mathematisch zu formulieren und aufzuschreiben. Außerdem hatten sie oft die Ergebnisse durch

Probieren erhalten und sahen das als ausreichend an. Es war ihnen nicht klar, welcher Grad mathematischer Exaktheit verlangt war.

Mit welchen Anforderungen hatten die Erklärhiwis besonders Schwierigkeiten? Problematisch waren starke Leistungsunterschiede innerhalb der Arbeitsgruppen. Während einige Studierende schnell mit Tipps und Hinweisen umzugehen wussten, konnten andere derselben Gruppe nicht folgen und brauchten eine intensivere Betreuung. Eine gute Moderation der Gruppe wurde als herausfordernd empfunden.

Einige Studierende des Lehramts sind durch mangelnden Arbeitseifer aufgefallen: Erklärhiwis hatten hier Mühe zu motivieren und die Notwendigkeit klarzumachen, dass ein Studienerfolg nur mit Eigeninitiative möglich ist. Den Studierenden fiel es schwer, von Beispielen auf allgemeinere Gesetzmäßigkeiten zu schließen und diese dann mathematisch formulieren zu können. Die Unkenntnis der Unterrichtsmaterialien wurde bei dieser Studierendengruppe als besonders intensiv wahrgenommen, was zur Folge hatte, dass über das Semester hinweg Lernerfolge nur spärlich mitzuerleben waren. Dies verbesserte sich aber im Laufe des Semesters. Einige Aufgaben speziell aus der Analysis II sind als besonders schwierig empfunden worden und haben einen JiM an gewisse Grenzen gebracht.

Ein JiM hatte aufgrund großen Andrangs etwas Zeitprobleme, konnte aber durch geeignete Moderationsmaßnahmen gut damit umgehen.

Welche positiven Entwicklungen waren zu beobachten? Insgesamt positiv aufgefallen sind Studierende der Vertiefung Analysis, die gut selbstständig arbeiten konnten und mit nur kleinen Hilfestellungen gut vorankamen. Sie haben sich durch eine große Skriptsicherheit ausgezeichnet.

Anfängliche Schwierigkeiten im Umgang mit formalistischen Problemen waren nach etwa vier bis fünf Wochen weitestgehend vollständig ausgeräumt. Studierende, die anfangs eher lustlos und wenig aktiv schienen, konnten sich größtenteils sammeln und haben erkannt, dass man mit einer gewissen Portion Eigeninitiative und Engagement auch vorankommt.

Mehr als die Hälfte der Stundentengruppen konnten für die meisten Aufgaben selber Lösungsansätze entwickeln. Für die schwierigeren Aufgaben reichten einige wenige Hinweise aus. In der Gruppe fand sich stets eine Teilnehmerin oder ein Teilnehmer, die bzw. der in der Lage war, den restlichen Mitgliedern alles in eigenen Worten zu erklären, was oft eine fruchtbare Diskussion entfachte.

22.7   Zusammenfassung

Die JiM-Erklärhiwis des mathematischen Instituts der Universität Würzburg sind in der Regel Studierende der höheren Semester. Sie geben Studierenden zu festen Sprechzeiten Hilfestellungen und beantworten Fragen. Das JiM-Projekt ergänzt damit vorhandenen Betreuungskonzepte, wirkt unterstützend während der Vorlesungszeit und bietet Studierenden die Möglichkeit, betreut eigenständig zu arbeiten. Studierenden wird dabei gezielt und individuell geholfen, fachliche und methodische Schwierigkeiten beim Lösen von Aufgaben oder dem Selbststudium von Vorlesungsinhalten zu überwinden. Das Projekt hilft vorrangig Studierenden im ersten Studienjahr und Studierenden aus dem Ausland.

JiMs helfen Studierenden bei Hausaufgaben und trainieren mit ihnen den Umgang mit Lernmaterialien. Sie unterstützen beim Verfassen mathematisch sauberer Argumente und machen auf Stolpersteine und Lücken aufmerksam; fertige Lösungen werden grundsätzlich nicht gegeben.

Gezielte Fragen helfen den Studierenden, an unbeachtete Aspekte zu denken und neue Denkanstöße anzuregen. JiMs helfen außerdem, abstrakte Inhalte zu veranschaulichen und Visualisierungstechniken zu entwickeln. Studierende können eigene Lösungen von den JiMs auf Vollständigkeit, Konsistenz und korrekten Formalismus prüfen lassen.

In Gruppengesprächen moderieren JiMs: Sie spielen Fragen an die Gruppe zurück, binden ruhigere Zuhörende ins Gespräch ein oder überlassen die Erklärrolle den Studierenden, um zu sehen, ob die zuvor besprochenen Inhalte tatsächlich verstanden wurden. In emotional schwierigeren Momenten können JiMs durch eigene Erfahrungsberichte Mut machen und neue Motivation spenden.

Die Erklärhiwis sind durch ihre fachlichen wie didaktischen Leistungen während ihres Studiums positiv aufgefallen und werden gezielt für den JiM-Posten ausgesucht. Sie haben bereits Erfahrung in der Lehre durch Korrektur- oder Lehrtätigkeiten gesammelt und die dafür erforderlichen Schulungen absolviert. Als zusätzliche Qualifikation gibt es eine Einführung sowie ein Merkblatt mit Leitfragen, die besonders neuen JiMs helfen sollen, einen guten Einstieg in ihre Arbeit zu finden.

Die Sprechstunden finden an einem gesonderten Arbeitsraum in der Nähe der übrigen Übungs- und Seminarräume statt. Die zeitversetzte Sprechstundenplanung erlaubt es Studierenden, auch zwischen Veranstaltungen die Hilfe der JiMs in Anspruch zu nehmen.

Das gesamte JiM-Projekt wird mit Bildern, Plakaten und einer Website beworben. Außerdem wird über die Uni-eigene Online-Plattform WueCampus in den meisten relevanten Veranstaltungen auf das Projekt hingewiesen. Gleichzeitig dient die Plattform zum Materialaustausch zwischen Kursbetreuung und JiMs, damit diese sich auf ihre Sprechstunden vorbereiten können.

Das Label „JiM" hat sich zu einer festen Symbolik etabliert. Zur besseren Identifizierung tragen die JiMs Namensschilder, auf denen die Figur JiM zu sehen ist. Diese erscheint auch regelmäßig in Aushängen der Fachschaft, wie etwa auf Einladungen zum jährlichen Sommerfest, siehe Abb. 22.4.

Geplant ist außerdem, JiM in der kommenden Ausgabe der bereits genannten Zeitschrift Asinus als Autor auftreten zu lassen.

Unsere Erfahrung hat gezeigt, dass die JiM-Sprechstunden von Studierenden gut angenommen werden und diese dem Angebot auch in höheren Semestern oft treu bleiben. Die Auswertung der Erfahrungsberichte und Evaluationen lassen grundsätzliche Schwierigkeiten beim Studium der Mathematik erkennen: Das Verstehen und Veranschaulichen abstrakter Inhalte, das Ausnutzen von vorgegebenem Lernmaterial, das saubere Argumentieren und

Abb. 22.4 Ausschnitt aus einer Einladung zum Sommerfest der Fachschaft Mathematik aus dem Jahr 2019: Abgebildet sind (von links nach rechts) Paul Erdős, Katja Mönius, Bertrand Russell, James Clerk Maxwell, JiM, Gottfried Wilhelm Leibniz, Diana Sieper, Augustin-Louis Cauchy und Pierre-Simon Laplace. Die sechs bekannten Mathematiker traten vorher schon graphisch in einem Kolloquiumsvortrag auf und feiern hier mit JiM und der Fachschaftsprecherin des Instituts

der Umgang mit Formalismus. Dem positiven Feedback der Studierenden nach zu urteilen helfen die JiMs gut beim Überwinden dieser Schwierigkeiten. Umgekehrt empfinden die JiMs selbst ihre Aufgaben manchmal als herausfordernd: Unterschiedliche Leistungen innerhalb der Gruppe, mangelnder Arbeitseifer oder fehlende Grundkenntnisse erschweren das Vorankommen. Geduld, Empathie und Erfahrung helfen daher enorm bei der Arbeit, die von den JiMs insgesamt als sehr angenehm und lehrreich wahrgenommen wird.

Wir glauben, dass das Projekt Studierenden nicht nur den Studieneinstieg, sondern auch den weiteren Studienverlauf erleichtert. Es weckt Motivation und Interesse an den abstrakten Inhalten, schürt mathematische Diskussionen und ist auch für die JiMs selbst äußerst bereichernd. Daher halten wir das JiM-Projekt für eine hervorragende Ergänzung der üblichen Betreuungskonzepte.

Für weitere Unterstützungsmaßnahmen für mathematikbezogenes Lernen und Lehren verweisen wir auf den Abschlussbericht (Hochmuth et al., 2018), dessen Teil dieser Beitrag ist.

Literatur

Hochmuth, R., Biehler, R., Schaper, N., Kuklinski, C., Lankeit, E., Leis, E., Liebendörfer, M., & Schürmann, M. (2018). *Wirkung und Gelingensbedingungen von Unterstützungsmaßnahmen für mathematikbezogenes Lernen in der Studieneingangsphase (Abschlussbericht)*. Universität Hannover. https://doi.org/10.2314/KXP:1689534117.

Webpräsenz der JiM-Erklärhiwis. (2022). www.uni-wuerzburg.de/studium/jim.

mint-oLe: Ein offener Lernraum an der Universität Stuttgart

Domnic Merkt

Zusammenfassung

Der mint-oLe ist ein offener Lernraum an der Universität Stuttgart für alle Studierenden von MINT-Fächern in der Studieneingangsphase. Die Besonderheiten des mint-oLe, wie die fast ausschließliche Beratung durch Dozent*innen des MINT-Kollegs, die große Anzahl von täglichen Nutzer*innen, das zum Großteil ingenieurswissenschaftliche Klientel, die zentrale Lage in der Mensa und die starke Einbindung an die weiteren Angebote des MINT-Kollegs, werden in diesem Kapitel ausführlich diskutiert, mit Evaluierungsdaten unterlegt und erläutert. Neben Evaluierungs- und Befragungsergebnissen werden wir die Rahmenbedingung, die unserer Meinung nach notwendigen Voraussetzungen und die konzeptionellen Bedingungen für einen Lernraum in dieser Größenordnung am Beispiel des mint-oLe vorstellen. Hierbei fließen neben den WiGeMath-Ergebnissen auch die durch das WiGeMath-Projekt angestoßenen weiteren Untersuchungen und Befragungen des mint-oLe ein.

23.1 Einleitung

An der Universität Stuttgart werden jedes Wintersemester ca. 2800 Bachelor of Sciences Studienanfänger immatrikuliert (Stand WiSe 2019) mit einer starken Ausrichtung auf den ingenieurswissenschaftlichen Bereich. Gerade Studierenden dieser Fachrichtungen fällt insbesondere die in den ersten Semestern geforderte, teilweise abstrakte Mathematik schwer und trägt mit einem großen Anteil zu den Studienabbrüchen in den ersten Semestern bei.

D. Merkt (✉)
MINT-Kolleg Stuttgart, Stuttgart, Deutschland
E-mail: merkt@mint-kolleg.de

© Der/die Autor(en), exklusiv lizenziert an Springer-Verlag GmbH, DE, ein Teil von Springer Nature 2022
R. Hochmuth et al. (Hrsg.), *Unterstützungsmaßnahmen in mathematikbezogenen Studiengängen*, Konzepte und Studien zur Hochschuldidaktik und Lehrerbildung Mathematik, https://doi.org/10.1007/978-3-662-64833-9_23

Das MINT-Kolleg der Universität Stuttgart bietet deshalb seit einigen Jahren einen offenen Lernraum (mint-oLe) für alle Studierenden zu allen MINT-Fächern in der Studieneingangsphase an. Als inspirierendes Vorbild für den mint-oLe diente der offenen Matheraum (oMa) an der PH Ludwigsburg (Zimmermann, 2012). Es wurde ein sehr an der Praxis orientierter, geprägt von den in der Lehre tätigen Dozent*innen des MINT-Kollegs, Lernraum eröffnet. Theoretische Überlegungen zu pädagogischen, didaktischen Maßnahmen und zu Lernerfolgskonzepten waren bei der Schaffung des mint-oLe eher sekundärer Natur, wie dies durchaus typisch ist, siehe z. B. (Lawson et al., 2019).

Der mint-oLe hat sich nun im Laufe der Jahre zu einem etablierten, gern und intensiv von Studierenden genutzten Lernraum entwickelt. Dieser Eindruck kann auch mit Evaluierungsdaten untermauert werden, wobei hier festzuhalten ist, dass eine objektive Messung des Erfolgs eines Lernraums schwierig ist. Weitreichende Literaturübersichtsartikel hierzu liefern (Lawson et al., 2019) und (Matthews et al., 2013).

Im mint-oLe werden fast alle MINT-Fächer in der Studieneingangsphase abgedeckt. Neben Mathematik, die den Hauptteil darstellt, können Studierende auch mit Fragen zur Physik, Technischen Mechanik, Informatik, Elektrotechnik, Thermodynamik, etc. beraten werden. Die Beratung im mint-oLe erfolgt fast ausschließlich durch Dozent*innen des MINT-Kollegs (keine Tutorinnen oder Tutoren), die auch in anderen Kursveranstaltungen des MINT-Kollegs tätig sind. Studierende der Ingenieurswissenschaften sind die Hauptnutzergruppe des mint-oLe. Hierbei liegen die Fragenschwerpunkte auf Problemen zur Höheren Mathematik I und II, aber auch zur Technischen Mechanik 1 und 2. Der mint-oLe ist zentral in der Mensa der Universität Stuttgart angesiedelt. Tägliche Öffnungszeiten (außer Freitags), Unabhängigkeit von einzelnen Lehrstühlen, sowie die fast ausschließliche Beratung durch Dozent*innen ermöglichen eine kontinuierliche und qualitativ hochwertige Beratung der Nutzer*innen des mint-oLe. Der mint-oLe stellt darüberhinaus ein sehr niederschwelliges Angebot für die Studierenden dar, da die beratenden Dozent*innen des MINT-Kollegs im Allgemeinen nicht in die curriculare Lehre involviert sind.

Durch die weiteren vielfältigen Kursangebote des MINT-Kollegs, insbesondere die studienbegleitenden Kurse zur Höheren Mathematik I und II für Ingenieure mit bis zu 500 Teilnehmer*innen (und im kleineren Rahmen auch zur Technischen Mechanik 1 und 2 und der Theoretischen Informatik 1 und 2), sind den Dozent*innen im mint-oLe die Problemen und Schwierigkeiten der Studierenden aus dem Studienalltag geläufig. Unter den Studierenden ist im Gegenzug der mint-oLe als Anlaufpunkt für Fragen bekannt und durchaus beliebt.

23.2 Zielsetzung

Auf der Webseite www.mint-kolleg.de ist die offizielle Aufgabenbeschreibung des MINT-Kollegs zu finden. Eine wesentliche Aufgabe des MINT-Kollegs ist die Unterstützung von MINT-Studierenden in der Studieneingangsphase, um den Übergang von der Schule an die

Hochschule zu erleichtern, eine fachliche Grundlage für ein erfolgreiches MINT-Studium bereitzustellen und damit ganz allgemein Studienabbrüche und Studienüberforderungen zu reduzieren. Der offenen Lernraum des MINT-Kollegs als zentrale Einrichtung an der Universität Stuttgart, mint-oLe, ist ein Baustein dieses Konzepts.

Ursprünglich wurde der mint-oLe eingerichtet, um

1. Teilnehmer*innen an Kursen des MINT-Kollegs eine weitere Beratungsmöglichkeit,
2. allen Studienanfängern ein niedrigschwelliges Angebot für ihre Fragen anzubieten,
3. Studierenden den Übergang von Schul- zu Hochschulwissen zu erleichtern und
4. Studierende durch Gespräche/Beratungen zur Verwendung von Fachbegriffen zu motivieren und damit an mathematische und technische Arbeitsweisen heranzuführen.

Neben diesen Zielen, die allgemein als Entwicklung des Hochschulwissens und Anwendung von mathematische Arbeitsweisen umschrieben werden können, haben sich über die Jahre des Praxisbetriebs des mint-oLe weitere Aufgabenbereiche herauskristallisiert:

5. Der Hauptteil der Beratungen liegt in der Höheren Mathematik für Ingenieure und hierbei insbesondere bei Fragen zur aktuellen Vorlesung/Übung (also nicht als zusätzliche Beratung zu den aktuellen Kursen des mint-Kollegs).
6. Der mint-oLe ist ein zusätzlicher Lerntreffpunkt für Studierende in der Studieneingangsphase.
7. Studienberatung bei fachlichen Problemen von Studierenden.

23.3   Strukturelle Merkmale und Rahmenbedingungen

Die Besonderheiten des mint-oLe liegen zum einen auf einer fast ausschließlichen Beratung durch Dozent*innen des MINT-Kollegs. Zum anderen sind die Mensa als Räumlichkeit für den mint-oLe und die 100 % Finanzierung durch das MINT-Kolleg zu nennen. In den folgenden Abschnitten werden diese Gegebenheiten näher erläutert.

23.3.1 Lehrpersonal

Im mint-oLe sind fast ausschließlich Dozent*innen des MINT-Kollegs beratend aktiv. Daraus ergeben sich die folgenden Besonderheiten für den Lernraum:

1. Motivation der Berater*innen:
   Da die Aufgabenstellung des MINT-Kollegs klar in der Lehre in der Studieneingangsphase verortet ist, kann davon ausgegangen werden, dass alle Berater*innen motiviert und mit den fachlichen Problemen der Nutzer*innen des mint-oLe vertraut sind.

2. Qualifikation der Berater*innen:
   90 % der Dozent*innen des MINT-Kolleg haben als minimalen Hochschulabschluß eine
   Promotion in Naturwissenschaften oder einem technischen Fach. Einige Dozent*innen,
   die auch beratend tätig sind, sind ausgebildete Lehrer.
3. Vertrautheit der Berater*innen mit den fachlichen Problemen der Studierenden:
   Alle beratenden Dozent*innen geben Kurse für MINT-Studierenden in der Studieneingangsphase. Somit sind die typischen Probleme von Studienanfänger*innen den Berater*innen schon aus ihrer täglichen Lehrtätigkeit bekannt.
4. Niederschwelliges Angebot:
   Die beratenden Dozent*innen sind nicht in den regulären curricularen Veranstaltungspro-
   zess involviert. Insbesondere führen diese keine Leistungsbewertung von Studierenden,
   in Form von Noten, etc., durch. Dadurch ist der mint-oLe ein niedrigschwelliges Angebot
   für die Studierenden.
5. Kontinuität der Angebots im mint-oLe:
   Durch die Größe des MINT-Kollegs an der Universität Stuttgart (ca. 20 Dozent*innen
   nach Stand Januar 2020) sind (krankheitsbedingte) Ausfälle von Berater*innen für die
   Nutzer*innen des mint-oLe weder personell noch fachlich sichtbar. Im mint-oLe kann
   also eine kontinuierliche, qualitativ hochwertige Beratung angeboten werden.

Auch aufgrund der Evaluationsergebnisse des WiGeMath-Projekts und dem Austausch mit
anderen Lernzentren werden im mint-oLe mittlerweile auch vereinzelt studentische Hilfskräfte eingesetzt. Diese wurden nicht von uns geschult, sind aber kurz vor ihrem Abschluss
und hoch motiviert.

23.3.2 Nutzergruppen

Prinzipiell bietet das MINT-Kolleg Unterstützung für alle Studierenden von MINT-Fächer
in der Studieneingangsphase. Dies spiegelt sich auch im Konzept des mint-oLe wider. Auch
hier sind alle Studierenden mit Fragen zu MINT-Fächern in der Studieneingangsphase willkommen.

Die Ausrichtung der Universität Stuttgart auf den ingenieurswissenschaftlichen Bereich
und der hohe mathematische Anteil in den curricularen Studiengangsverläufen in den
Anfangssemestern führt dazu, dass Mathematik und mathematische Problemstellungen den
Hauptteil der Probleme der Nutzer*innen im mint-oLe ausmachen.

Die Nutzergruppen und deren Fragestellungen können zusammengefasst werden zu:

1. Hauptnutzer*innen sind Studierende der Ingenieurswissenschaften im 1. oder 2. Semester.

2. Die Geschlechterverteilung ist typisch für technische Fächer an der Universität Stuttgart (25 % weiblich, 75 % männlich). Das Alter der Nutzer*innen ist, Studienanfängern entsprechend, zwischen 18 und 20 Jahre.

3. Hauptsächlich werden Anfragen zur Höheren Mathematik I und II für Ingenieure gestellt (ca. 80 % aller Anfragen).

4. Weitere Anfragen zu ingenieurswissenschaftliche Fächer, wie Technische Mechanik, Elektrotechnik, Thermodynamik, Physik treten während des ganzen Semester auf.

5. Fast alle Anfragen beziehen sich auf aktuelle Übungs- bzw. Prüfungsaufgaben.

6. Fragen zur reinen Mathematik, theoretischen Physik und Informatik werden eher weniger und nur bei Anwesenheit der entsprechenden Berater*innen gestellt.

Es hat sich gerade bei ingenieursmathematischen Beratungen gezeigt, dass die größten Defizite der Nutzer*innen im Hochschulwissen, einer angemessenen Fachsprache sowie in mathematischen Argumentationsketten liegen. Sind die Nutzer*innen aber regelmäßig aktiv über ein oder zwei Semester im mint-oLe, ist im Allgemeinen eine deutliche positive Entwicklung sichtbar.

23.3.3 Räumliche Bedingungen

Über die Jahre ist der mint-oLe „vom Seminarraum" mittlerweile zu einer beachtlichen Größe angewachsen. Die Räumlichkeiten sind durch die folgenden Punkte gegeben:

1. Der mint-oLe ist im Restaurant der Mensa am Standort Vaihingen angesiedelt und liegt damit äußerst zentral auf dem Campus. Das Restaurant steht während der Öffnungszeiten des mint-oLe ausschließlich den Nutzer*innen des Lernraums zur Verfügung.

2. Im mint-oLe stehen bis zu 220 Arbeitsplätze zur Verfügung. Diese sind im Regelfall lange Tischreihen mit bis zu 30 Sitzplätzen.

3. Die Studierenden können bei Beratungsbedarf per Handzeichen auf sich aufmerksam machen. Eine Beraterin oder ein Berater kommt dann umgehend auf den Studierenden zu.

4. Der mint-oLe ist von Montag bis Donnerstag während der Vorlesungszeit von 15:00–18:00 geöffnet.

5. Aufgrund der Räumlichkeit „Mensa" ist keine Ausstattung in Form von Lehr- und Lernmaterialien vorhanden. Es stehen verschiebbare Trennwände zur Verfügung, um eine räumliche Abtrennung von den festen Installationen der Mensa (Kasse, etc.) zu gewährleisten.

23.4   Didaktische Merkmale

Das didaktische Konzept kann unter der Philosophie „Hilfe zum selbständigen Arbeiten"
zusammengefasst werden. Dieses wurde aufgrund des zunehmenden Zulaufs in der Lernraum von den Dozenten*innen des MINT-Kollegs im Dezember 2016 ausformuliert.

*Der offene Lernraum oLe ist ein studentischer Lernraum für alle MINT-Fächer in der Stu-
dieneingangsphase. Studierende können dort in Gruppen zusammenarbeiten oder auch alleine
lernen. Die anwesenden MINT-Dozenten leisten bei Bedarf Hilfestellung zum selbstständigen
Arbeiten in MINT-Fächern. Die Umsetzung zur Hilfe zum selbstständigen Arbeiten soll durch
die folgenden Punkte realisiert werden:*

1. *Die Studierenden sollen durch die Diskussion mit den Dozenten zum selbstständigen Weiterarbeiten und Nachdenken motiviert werden.*
2. *Vorlesungseinheiten werden nicht wiederholt. Falls Studierende Themen nicht verstanden haben, werden Sie dazu angehalten die Grundlagen selbstständig zu erarbeiten und
   nur zu unverstandenen Teilpunkten Fragen zu stellen. Dazu können Dozenten Tipps zum
   selbstständigen Lernen geben (Literatur, Fokussierung auf bestimmte Betrachtungsweisen,
   Einordnen in den Gesamtkontext, etc.).*
3. *Es werden nur Fragen zu konkreten Rechenschritten beantwortet. Lösungen von Studierenden werden nicht nachgerechnet oder überprüft. Die Studierenden sollen dazu geführt
   werden ihre Schwierigkeiten zu erkennen und präzise zu formulieren.*
4. *Fragen über die Darstellungsform von Ergebnissen oder Rechnungen können nur sehr
   allgemein beantwortet werden (z. B. Rechenschritte nachvollziehbar niederschreiben, etc).
   Zu Detailfragen wird an die entsprechenden Fachbereiche verwiesen.*
5. *Von Seiten der Dozenten sollen den Studierenden ihre Schwächen aufgezeigt und Vorschläge zur Reduzierung dieser gegeben werden. D. h. liegt ein Mangel an sicherer Rechentechnik vor, ist ein Problem durch konzeptionelles Unverständnis oder durch Unvermögen
   des Sichtweisenwechsels gegeben, etc? Hilfestellungen können z. B. durch Rechenübungen, Beispiele, die zum Perspektivwechsel führen müssen, Verallgemeinerung etc. erreicht
   werden.*
6. *Dozenten sollen den Studierenden die Notwendigkeit von grundlegendem Wissen und
   die Umsetzung zur Lösung in MINT-Fächern nahebringen. D. h. sichere und routinierte
   Rechentechnik entwickeln, korrekter Umgang mit Fachbegriffen, Grundlagen instantan
   abrufen können („auswendig lernen"), etc.*
7. *Es wird auf die Problematiken der Studierenden individuell eingegangen. D. h. es sollen
   keine Fragen abgeschmettert werden mit z. B. „Das müssen Sie wissen", „Fragen Sie ihre
   Kommilitonen", „Das habe ich schon Gruppe X erklärt", etc. Die Dozenten müssen dazu
   den Entwicklungsstand des Studierenden klar erkennen.*

Die sprunghafte Zunahme von Besucher*innen des mint-oLe, aufgrund der neuen Räumlichkeit Mensa und der Ausweitung des offiziell ausgewiesenen Beratungsangebot auf weitere
MINT-Fächer, erforderte ein für alle Berater*innen klar formuliertes Konzept, um zum einen
den Studierenden die bestmögliche Hilfestellung zu bieten und zum anderen eine Konflikt-
vermeidung mit den offiziellen Vorlesungsangeboten, zu denen die Nutzer*innen Beratung

suchen, zu erreichen. Das didaktische Konzept wurde dann umgehend von den im mint-oLe tätigen Dozent*innen des MINT-Kollegs formuliert.

Ergänzt wird dieses Konzept durch regelmäßige informelle Diskussionen der Berater*innen des mint-oLe untereinander, welche zu tagesaktuellen Problemen direkt nach Schließung des mint-oLe oder in den wöchentlichen Teamsitzungen des MINT-Kollegs stattfinden. Hier wird in Zukunft sicherlich noch eine Anpassung an die sich bis heute entwickelten Gegebenheiten stattfinden.

23.5 Individueller Schwerpunkt

In diesem Abschnitt werden die Spezifika des mint-oLe kurz dargestellt. Hierbei sind zum einen die Einbettung des mint-oLe in weitere Angeboten des MINT-Kollegs sowie die typische große Nutzergruppe (Ingenieure) zu nennen.

23.5.1 Einbindung in MINT-Kolleg

Der mint-oLe steht als ein Baustein für die Unterstützung von Studierenden in der Studieneingangsphase. Das MINT-Kolleg ist mit ca. 50 Mitarbeiter*innen an zwei Standorten eine sehr große Einrichtung und bietet neben dem mint-oLe noch sehr viele weitere Angebote auch für die typische Nutzergruppe des mint-oLe an.

Die wichtigsten Verzahnungen des mint-oLe mit den weiteren Angeboten des MINT-Kollegs sind:

1. Antizyklische Kurse zur Höheren Mathematik 1 und 2 für Ingenieure: Studierenden können hierbei im Folgesemester auf das curriculare Semester einen Schein erwerben. Die Teilnehmerzahlen reichen hier von 200 bis 500 Teilnehmer pro Semester.
2. Technische Mechanik 1 und 2: Hier besuchen zwischen 40 und 100 Studierende pro Semester die angebotenen Kurse. Es können aber keine Scheine erworben werden. Die Studierenden nutzen hier das Angebot des mint-Kollegs hauptsächlich zur Vorlesungswiederholung und Prüfungsvorbereitung.
3. Vorkurse zu Mathematik, Physik, Informatik und Chemie im Herbst vor Studienbeginn: Insbesondere sind in den Mathematikvorkursen mehr als 40 % der späteren potentiellen Nutzer*innen vertreten und kommen somit schon vor dem offiziellem Studienbeginn mit Berater*innen des mint-oLe in Kontakt.

Die Dozent*innen sind in mehreren Angeboten auch fachlich überschneidend tätig. Durch wöchentliche Team- und Kursbesprechungen ist damit ein sehr intensiver Austausch über verschiedene Perspektiven von fachlichen Problemen der Studierenden sowie pädagogische und didaktische Maßnahmen gegeben.

23.5.2 Evaluations- und Untersuchungsergebnisse

In diesem Abschnitt werden sehr kurz weitere Ergebnisse von erfassten Daten und Evaluierungen vorgestellt, die nicht im Rahmen des WiGeMath-Projekts durchgeführt wurden oder über dieses Hinausgehen. Der verwendete Beratungsbogen und der Fragebogen für die Studierenden wurde nach dem Muster der im WiGeMath-Projekt durchgeführten Befragungen erstellt.

23.5.2.1 Erfassung der Anwesenheitszahlen

Es wurde über sechs Semester jeweils die maximale Anzahl von Anwesenden pro Tag im mint-oLe erfasst. Die Berater*innen zählten hierzu jeden Tag mehrmals die Anzahl der im mint-oLe Anwesenden, der erhaltene Maximalwert wurde dann als Tageswert genommen. In Abb. 23.1 ist der Verlauf der Anwesenden über ein Semester, jeweils getrennt für Winter- (links) und Sommersemester (rechts), dargestellt. Die Wochen sind grau schattiert voneinander abgegrenzt. Im Wintersemester ist noch die Vorlesungsunterbrechung aufgrund des Jahreswechsel in der Wochenschattierung sichtbar. Das Nutzungsverhalten des mint-oLe ist im Sommersemester eher gleichmäßig, im Wintersemester ist ein Peak in der 6. Woche der Vorlesungszeit erkennbar (der mint-oLe startet immer eine Woche nach offiziellem Vorlesungsbeginn). Wir vermuten, dass dies eine typische Erstsemesterreaktion auf die erhöhten Anforderungen im Studium ist. Die Nutzerzahlen des mint-oLe sind im Wintersemester (Hauptnutzer sind Studienanfänger im 1. Semester) deutlich höher als im Sommersemester. Dies wird von uns auch durch die Anzahl der eingesetzten Berater*innen (auch tageweise)

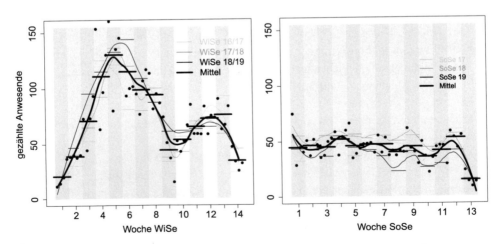

Abb. 23.1 Erfasste Maximalanzahl von Anwesenden über drei Winter- (links) bzw. Sommersemester (rechts). Die Wochenmittel sind durch horizontale Striche gekennzeichnet, jede Punkt gibt die Anwesenheit am jeweiligen Tag wieder. In schwarz sind die über drei Semester gemittelten Größen dargestellt

Tab. 23.1 Durchschnittliche Anwesenheiten, korrigierte Anwesenheiten, durchschnittliche Berater-zahl und Anzahl Studierender pro Berater*in

Semester	WiSe 16/17	SoSe 17	WiSe 17/18	SoSe 18	WiSe 18/19	SoSe 19
Mittel Anw.	71	43	72	50	80	37
Mittel Anw. korr.	99	60	100	70	112	52
Mittel Berater	4	4.25	5.375	2.625	5.875	3.875
Studierende/ Berater	25	15	19	27	20	14

berücksichtigt. Diese Art der Erfassung ist sicherlich etwas ungenau und Fluktuationen der Besucher*innen wurden damit auch nicht erfasst. Um diese Fluktuationen zu berücksichtigen, wurde noch ein mit dem Faktor 1.4 korrigierter Wert für die im Mittel Anwesenden angegeben. Dieser rein empirische Wert stellt unserer Einschätzung nach die durchschnittliche Besucheranzahl pro Tag besser dar. In Tab. 23.1 ist noch die im Mittel eingesetzte Anzahl von Berater*innen abzulesen. Wichtiger für das MINT-Kolleg ist hier die Anzahl der (korrigierten) Studierenden pro Berater. Dieser Wert schwankt zwischen 14 und 27 Studierenden pro Berater*in, was im Gesamtmittel ca. 20 Studierenden pro Berater*in ergibt. Dies ist auch die typische Kursgröße für Angebote des MINT-Kollegs (Abb. 23.2).

23.5.2.2 Befragung der Studierenden

Im Wintersemester 18/19 wurde, basierend auf dem Fragebogen der WiGeMath-Untersuchung im Wintersemester 16/17, der Fragebogen aus Abb. 23.3 in Zusammenarbeit mit der Stabsstelle für Qualitätsentwicklung der Universität Stuttgart erstellt. Die Fragebögen wurden für zwei Wochen ausgelegt. Insgesamt haben $n = 95$ Studierende die Bögen ausgefüllt. In Abb. 23.2 ist die prozentuale Verteilung der vertretenen Fachrichtungen der Studierenden während der Berfragungsperiode dargestellt. Die Ingenieursstudiengänge sind mit mehr als 80 % wieder mit Abstand die größte Gruppe. Hier wurde der Studiengang Luft- und Raumfahrttechnik noch eigenständig dargestellt, da dies der größte MINT-Studiengang an der Universität Stuttgart ist.

Die Schwankungen in den Befragungsergebnissen vom Wintersemester 16/17 zu 18/19 sind zum Einen Abgabeterminen zu curricularen Veranstaltung geschuldet (hier LRT). Zum Anderen hängt dies auch stark vom parallel laufenden Angebot des MINT-Kollegs (hier Physik für ET/Phys und Theoretische Informatik 2) und dem fachlichen Hintergrundwissen der beratenden Dozent*innen ab.

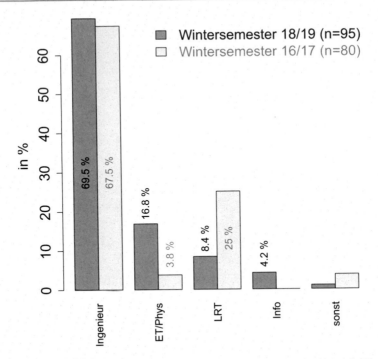

Abb. 23.2 Nutzer des mint-oLe. ET/Phys bezeichnen die Studiengänge Elektrotechnik und Physik, LRT steht für Luft- und Raumfahrttechnik und Info für Informatikstudiengänge

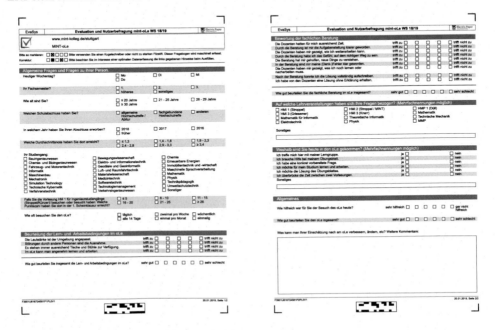

Abb. 23.3 Befragungsbögen Studierende Wintersemester 18/19

23.5.2.3 Befragung der Berater*innen

Im Rahmen des WiGeMath-Projekts wurden im Wintersemester 16/17 Beratungsbögen von den im mint-oLe aktiven Dozent*innen während einer Woche ausgefüllt. Diese Untersuchung haben wir einen auf unsere Verhältnisse angepassten Fragebogen im Wintersemester 17/18 nochmals durchgeführt. Der entsprechende Fragebogen ist in Abb. 23.5 zu finden. Im Mittel werden von einem Berater sieben Anfragen pro Stunden bearbeitet. In Abb. 23.4 sind die Ergebnisse zu Fachanfragen (links) und zur Dauer der Beratung (rechts) gezeigt (Abb. 23.5).

Anfragen zur Höheren Mathematik 1,2 und 3 für Ingenieure (HM1, HM2, HM3) sind mit 85 % die häufigsten Anfragen. Es ist ersichtlich, dass die Anfragen zur HM3 vom WiSe16/17 auf das WiSe 17/18 zugenommen haben. Eine Zunahme fand auch im Folgejahr WiSe 19/20 statt. Dies zeigt, dass die Studierenden den mint-oLe als Unterstützungsangebot angenommen haben und diesen auch in höheren Semestern nutzen.

Die Dauer der Beratung ist für die HM1 und 2 am Kürzesten. Alle nichtmathematischen und Beratungen zur reinen Mathematik erfordern einen messbar größeren Zeitaufwand. Dies liegt hauptsächlich an der im Allgemeinen komplexeren Fragestellung im Vergleich zu den ingenieursmathematischen Anfragen. Der deutlich sichtbare Sprung in den Beratungszeiten von reiner Mathematik und Physik über die beiden Befragungen ist der kleinen Anzahl von Beratungen ($n < 10$) geschuldet.

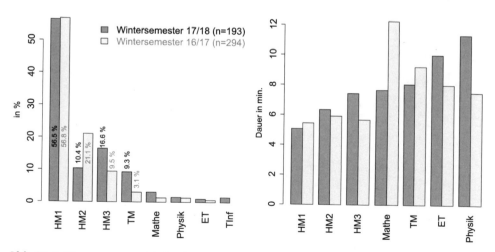

Abb. 23.4 Histogramme zu Fachanfragen (links) und Dauer der Fachanfragen (rechts), für Höhere Mathematik für Ingenieure 1,2 und 3, Technische Mechanik, reine Mathematik, Physik, Elektrotechnik und Theoretische Informatik

Beratungsbogen oLe WS 17/18   Datum: _____

Fachsemester: ☐ 1.   ☐ 2.   ☐ 3.   ☐ höheres   ☐ sonstiges

Studiengang: ☐ Bauingenieurwesen   ☐ Mathematik
                 ☐ Chemie   ☐ Mechatronik
                 ☐ Elektro- und Informationstechnik   ☐ Medizintechnik
                 ☐ Erneuerbare Energien   ☐ Physik
                 ☐ Fahrzeug- und Motorentechnik   ☐ Simulation Technology
                 ☐ Geodäsie und Geoinformatik   ☐ Softwaretechnik
                 ☐ Immobilientechnik und -wirtschaft   ☐ Technikpädagogik
                 ☐ Informatik   ☐ Technische Kybernetik
                 ☐ Luft- und Raumfahrttechnik   ☐ Technologiemanagement
                 ☐ Maschinelle Sprachverarbeitung   ☐ Umweltschutztechnik
                 ☐ Maschinenbau   ☐ Verfahrenstechnik
                 ☐ Materialwissenschaften   ☐ Verkehrsingenieurwesen

                 sonstiger _____

Wie oft besuchen die Studierenden den oLe?

☐ täglich   ☐ 2 mal pro Woche   ☐ wöchentlich   ☐ alle 14 Tage   ☐ einmal pro Monat   ☐ einmalig

Anzahl der zu beratenden Studierenden: ☐ 1   ☐ 2   ☐ 3   ☐ 4   ☐ >4

Bezug zur Lehrveranstaltung:

☐ HMI 1   ☐ HMI 3 (Eisermann)   ☐ Mathematik f. Inf.   ☐ Theo. Informatik
☐ HMI 2   ☐ HMI 3 (Knarr)   ☐ Technische Mechanik   ☐ MMP
☐ HMP   ☐ HMI 3 (Pöschel)   ☐ Elektrotechnik   ☐ Physik

    sonstige _____

Beratungsanlass: ☐ Übungsblatt   ☐ Fragen zur Vorlesung   ☐ Klausur

                 sonstiger _____

Schwierigkeiten der Studierenden:

☐ Hochschulmathematisches Wissen und Fähigkeiten   ☐ Fachsprache
☐ Mathematische Arbeitsweise   ☐ Herangehensweise an Problemstellung

    weitere _____

Vorgeschlagene Lösungsansätze:

☐ Erklärung anhand eines Beispiels   ☐ Korrektur falscher Annahmen (Vorstellung, Wissen)
☐ Vorrechnen einer ähnlichen Aufgabe   ☐ Wiederholung von Inhalten vergangener Semester
☐ Verweis auf Vorlesungsunterlagen   ☐ Erläuterung zu Beweisen, Definitionen, Herleitungen
☐ Verweis auf Literatur   ☐ Erläuterung schulmathematischer Grundlagen

    weitere _____

Dauer der Beratung: ☐ 1-3 min   ☐ 4-6 min   ☐ 7-9 min   ☐ 10-15 min   ☐ >15 min

Bemerkungen:

Abb. 23.5 Beratungsbögen Dozenten im Wintersemester 17/18

23.6   Bezug zum WiGeMath-Projekt

Der mint-oLe als Lernraum für Studierende aller MINT-Fächern wird hauptsächlich als Beratungs- und Unterstützungsangebot für Mathematik für Ingenieure im 1. und 2. Semester genutzt. Gerade in der Studieneingangsphase ist die Mathematik für diese Nutzergruppe eine größere Hürde für einen erfolgreichen Studienbeginn als die eigentlichen Kernfächer selbst.

Somit sind die Wirkungsuntersuchung und -analysen, wie sie im Rahmen des WiGeMath-Projekts durchgeführt wurden, dieser unterstützenden Maßnahme für das MINT-Kolleg von Relevanz, da damit die ursprüngliche Motivation und die Nachhaltigkeit des Unterstützungsangebots untermauert werden konnte.

Motiviert durch die ersten Evaluierungsergebnisse des WiGeMath-Projekts wurden die dort entwickelten Instrumente stärker auf unsere Bedingungen angepasst und weitergenutzt. Alle hier dargestellten Ergebnisse stammen entweder direkt aus den WiGeMath-Erhebungen oder den von angepassten Instrumente.

Weiterhin wurden auch Konsequenzen aus den Ergebnissen und Diskussionen mit den Projektpartner gezogen. So wurde der zu Beginn ausschließliche Einsatz von Dozent*innen als Berater*innen aufgrund der WiGeMath-Untersuchung etwas aufgeweicht, da sich gezeigt hat, dass auch engagierte Tutor*innen von Studierenden als kompetente Berater*innen wahrgenommen werden (und es natürlich auch sind).

23.7   Fazit/Lessons Learned/Erkenntnis

Der mint-oLe ist ein nun seit einigen Jahren erfolgreich etablierte Lernraum, der mit durchschnittlich mehr als 80 Nutzer*innen pro Tag sicherlich einer der größten Lernräume ist. Die große Anzahl von Nutzer*innen ist auf die Ausrichtung der Universität Stuttgart auf Ingenieurswissenschaften zurückzuführen. Die Einrichtung des MINT-Kollegs im Jahr 2011 hat die dazu notwendigen Ressourcen bereitgestellt, um die Studierenden in der Studieneingangsphase aktiv und motivierend zu unterstützen.

Um einen offenen Lernraum in der Größenordnung des mint-oLe erfolgreich zu etablieren sind unserer Einschätzung nach die folgenden Punkte relevant:

1. Engagement der Berater*innen: Hier ist es wesentlich, dass die Berater*innen Zeit und pädagogisches Geschick im Umgang mit den Nutzer*innen mitbringen. Viele Studierenden in der Studieneingangsphase benötigen noch einen erklärenden, persönlichen Umgang.
2. Kompetenz der Berater*innen: Fragestellungen der Nutzer*innern gehen des Öfteren schnell über das aktuelle Übungsblatt bzw. Fragestellung hinaus. Es hat sich gezeigt, dass Studierende jede weitere Hilfe positiv aufnehmen.
3. Organisatorischen und fachlichen Überblick der Berater*innen über den curricularen Studienverlauf in den Studiengängen der Nutzergruppen.

4. Die Unabhängigkeit von einem Fachbereich oder Lehrstuhl. Damit ist es dann auch möglich ein
5. regelmäßiges und kontinuierliches Angebot für die Nutzer*innen zu bieten. Dies betrachten die Nutzer*innen des mint-oLe als selbstverständlichen Normalfall.

23.7.1 Danksagung

Ich möchte an dieser Stelle all meinen Kollegen am MINT-Kolleg, die sich aktiv im mint-oLe engagiert haben, danken. Weiterhin geht mein Dank an das WiGeMath-Team und hier insbesondere an Mirko Schürmann

Das MINT-Kolleg Baden-Württemberg wird im Rahmen des Qualitätspakts Lehre mit Mitteln des Bundesministeriums für Bildung und Forschung (BMBF) gefördert (Förderkennzeichen 01PL16018A und 01PL16018B)

Das MINT-Kolleg Baden-Württemberg wird im Rahmen des Programms „Strukturmodelle individueller Geschwindigkeit" vom Ministerium für Wissenschaft, Forschung und Kunst Baden-Württemberg (MWK) gefördert.

Literatur

Lawson, D., Grove, M., & Croft, T. (2019). The evolution of mathematics support: A literature review. *International Journal of Mathematical Education in Science and Technology, 51,* 1224–1254. https://doi.org/10.1080/0020739X.2019.1662120.

Matthews, J., Croft, T., Lawson, D., & Waller, D. (2013). Evaluation of mathematics support centres: A literature review. *Teachig Mathematics and Its Applications, 32,* 173–190. https://doi.org/10.1093/teamat/hrt013.

Zimmermann, M. (2012). Der offene Matheraum als Baustein für aktives Mathematiklernen. In M. Zimmermann, C. Bescherer, & C. Spannagel (Hrsg.), *Mathematik lehren in der Hochschule - Didaktische Innovationen für Vorkurse.* Übungen und Vorlesungen. Franzbecker.

Beratung (fast) auf Augenhöhe – Das Lernzentrum Mathematik an der Universität Paderborn

24

Anja Panse und Zain Shaikh

Zusammenfassung

Die Universität Paderborn verfolgt im Rahmen des Mathematikstudiums unter anderem die Ziele, die Studienbedingungen zu optimieren, die Studierenden beim Übergang Schule- Hochschule zu unterstützen und die Abbruchquoten zu senken. Lernzentren adressieren diese Absichten. Das Lernzentrum Mathematik an der Universität Paderborn zeichnet sich durch niederschwellige Betreuungsangebote für Studierende der Mathematik und Studierende des gymnasialen Lehramts und Lehramts an Berufsschulen aus. Dabei liegt der Schwerpunkt auf veranstaltungsspezifischen Sprechzeiten für Vorlesungen der Studieneingangsphase und weiterführenden Veranstaltungen. Die Betreuung findet in einem eigens dafür vorgesehenen Raum statt und wird von studentischen Hilfskräften durchgeführt. In diesem Beitrag benennen wir ausgewählte Evolutionsergebnisse und stellen Schlüsselelemente für den Erfolg des Lernzentrums Mathematik vor. Dabei greifen wir auf Erfahrungen aus dem Aufbau eines solchen Lernzentrums und der mehrjährigen Leitung dieser Einrichtung zurück. Insbesondere liegt ein Fokus auf einer kritischen Diskussion bereits getesteter Maßnahmen.

A. Panse (✉) · Z. Shaikh
Universität Paderborn, Paderborn, Deutschland
E-mail: anja.panse@upb.de

Z. Shaikh
E-mail: zain@math.upb.de

© Der/die Autor(en), exklusiv lizenziert an Springer-Verlag GmbH, DE, ein Teil von Springer Nature 2022
R. Hochmuth et al. (Hrsg.), *Unterstützungsmaßnahmen in mathematikbezogenen Studiengängen*, Konzepte und Studien zur Hochschuldidaktik und Lehrerbildung Mathematik, https://doi.org/10.1007/978-3-662-64833-9_24

24.1   Einleitung

Das Lernzentrum Mathematik wurde 2011 auf Wunsch von Studierenden gegründet. Während der Start- und Stabilisierungsphase wurde dieses Unterstützungsangebot im Rahmen des Bund-Länder-Programms für mehr Qualität in der Lehre (kurz: „Qualitätspakt Lehre"– QPL) gefördert (siehe Riegraf et al. 2018). Das Lernzentrum Mathematik ist inzwischen ein fester Bestandteil zusätzlicher Lehrangebote für Studierende der Mathematik an der Universität Paderborn.

Studierenden fällt häufig das Betreiben von universitärer Mathematik gerade zu Beginn ihres Studiums nicht leicht. Beispielsweise treten Schwierigkeiten bei der Nachbereitung von Vorlesungen, bei der Bearbeitung der wöchentlichen Hausaufgaben und beim Halten von Seminarvorträgen auf. Das Lernzentrum adressiert solche Schwierigkeiten von Studierenden und Besonderheiten des Mathematikstudiums.

Das Studium der Mathematik erfordert viel selbstreguliertes und eigenständiges Lernen. Unter anderem müssen Studierende selbst Inhalte erarbeiten, um die Vorlesungen zu verstehen und Übungsblätter zu bearbeiten. Laut dem Modulhandbuch für das Bachelor-Studium (verfügbar unter https://math.uni-paderborn.de/informationen-zum-studium/studiengaenge/mathematik/bachelorstudiengang-mathematik/) sollen Studierende mindestens zwei Drittel ihrer Zeit für ihr Studium mit eigenständiger Arbeit ausfüllen. Die Erfahrung hat gezeigt, dass dabei Studierende Schwierigkeiten haben.

Bei diesen Schwierigkeiten soll den Studierenden Unterstützung angeboten werden und ein Lernzentrum ist dafür hervorragend geeignet. Unterstützung kann hier auf zwei Arten geschehen: indirekt durch Beobachten und Nachahmen von Kommilitonen im Lernzentrum; und direkt durch den Rat eines Betreuers. Dafür nutzt das Lernzentrum erfahrene und sachkundige studentische Hilfskräfte, die vorlesungsspezifische Sprechstunden für die Besucher*innen anbieten. Dabei arbeiten die Betreuer selbst bei den entsprechenden Veranstaltungen mit. Auf diese Art und Weise stellt das Lernzentrum auch eine transparente Verbindung zu den Vorlesungen und Übungen her.

Die studentischen Hilfskräfte sind die Seele des Lernzentrums und ihre Bedeutung kann nicht genug betont werden. Sie beeinflussen die Lernphilosophie und -atmosphäre vor Ort. Eine besondere Rolle spielt auch der Lernzentrum-Leiter. Er ist ein Bindeglied zwischen Studierenden, studentischen Hilfskräften und Dozenten.

In diesem Beitrag spiegeln wir die Erfahrungen der Lernzentrum-Leiter in den letzten Jahren beim Aufbau, der Organisation und Leitung des Lernzentrums wider. Wir beginnen dabei mit der Erörterung der Ziele des Lernzentrums. Danach werden die strukturellen und funktionalen Aspekte des Lernzentrums beschrieben. Abschließend gehen wir auf Verbesserungsvorschläge ein.

24.2   Ziele des Lernzentrums

In diesem Abschnitt werden die Ziele des Lernzentrums beschrieben. Es ist die Aufgabe des Lernzentrum-Leiters dafür zu sorgen, dass diese Ziele verfolgt werden. Routinepflichten tragen zu einem erfolgreichen Bestehen des Lernzentrums bei, andere Ziele erfordern eine gewisse Sensibilität des Lernzentrum-Leiters für die Anliegen der Studierenden. Weiterhin ist eine gute Kommunikationsbasis mit den Dozent*innen der Mathematik und den studentischen Hilfskräften nötig.

Viele der folgenden Ziele sind im Allgemeinen schwer quantitativ zu messen. Von daher könnte man sie vielleicht eher als Leitprinzipien ansehen.

Die Ziele des Lernzentrums lassen sich in zwei Kategorien unterteilen: (i) inhaltsorientierte Ziele und (ii) strategische Ziele. Zunächst werden die jeweiligen Ziele genannt. Danach wird jedes Ziel näher erläutert. Abschließend folgt eine Diskussion dieser Ziele.

24.2.1 Inhaltsorientierte Ziele

Wir beginnen nun mit den inhaltsorientierten Zielen des Lernzentrums. Diese lauten:

- Bereitstellung eines Ortes zum Lernen und Arbeiten
- Schaffung eines niederschwelligen Lehrangebots
- Sicherstellen einer entspannten Arbeitsatmosphäre mit Möglichkeit für Peer-Learning
- Förderung einer positiven Einstellung zur Mathematik
- Anbieten von vorlesungsspezifischer Hilfe für Studierende
- Unterstützung für Studierende während des gesamten Studiums

Bereitstellung eines Ortes zum Lernen und Arbeiten
Selbstverständlich gibt es in Hochschulen bereits Orte zum Lernen, wie beispielsweise eine Bibliothek. Aber das Lernzentrum ist der einzige Raum, der speziell für athematik-studierende zur Verfügung steht. Darüber hinaus zeichnet es sich dadurch aus, dass hier Studierende konkret bei ihrem Studium unterstützt werden. Dabei können sie auch vom Beobachten und Nachahmen erfahrener Kommilitonen im Lernzentrum lernen. Außerdem besteht die Möglichkeit, einzeln oder in Gruppen zu arbeiten.

Schaffung eines niederschwelligen Lehrangebots
Den Studierenden soll der Gang ins Lernzentrum leichtfallen. Eine freundliche Atmosphäre mit Betreuern, die den Besucher*innen aus Veranstaltungen bekannt sind, soll die Motivation zum Vorbeischauen und Verweilen fördern.

Sicherstellen einer entspannten Arbeitsatmosphäre mit Möglichkeit für Peer-Learning
Das Lernzentrum sollte eine sichere Lernumgebung für die Studierenden bieten. Es ist

wichtig, dass die Besucher*innen nicht das Gefühl haben, sich zu schämen, wenn sie ihre Schwierigkeiten mit mathematischen Inhalten offenbaren. Dieser Situation wird wie folgt begegnet. Nutzer*innen können die Rahmenbedingungen, unter welchen sie Mathematik betreiben wollen, selbst wählen. Beispielsweise können sie mit Kommilitonen diskutieren oder Einzelgespräche mit der studentischen Hilfskraft (SHK) vor Ort führen. Weiterhin besteht auch die Möglichkeit, allein zu arbeiten.

Außerdem haben die studentischen Hilfskräfte eine gewisse Autorität im Lernzentrum. Sie sorgen dafür, dass eine Lern- beziehungsweise Arbeitsstimmung beibehalten wird und nicht beispielsweise ein Raum für laute Gesellschaftsspiele entsteht.

Förderung einer positiven Einstellung zur Mathematik

Es soll ein positives Bild von dem Fach Mathematik zu einer entspannten Arbeitsatmosphäre beitragen. Das wird hauptsächlich von den studentischen Hilfskräften beeinflusst. Sie stehen in der Regel der Mathematik positiv gegenüber, was meist auf die Besucher*innen im Lernzentrum übertragen wird.

Anbieten von vorlesungsspezifischer Hilfe für Studierende

Das ist eines der Alleinstellungsmerkmale des Lernzentrums. Es werden veranstaltungsspezifische Sprechzeiten angeboten. Diese werden von sachkundigen und erfahrenen studentischen Hilfskräften durchgeführt, die in den jeweiligen Veranstaltungen selbst mitarbeiten. Somit haben Studierende für ihre Veranstaltungen Ansprechpartner*innen vor Ort, die in der Lage sind, entsprechende Fragen gezielt und kompetent zu beantworten. Auf diese Weise ist das Lernzentrum mit den Vorlesungen verzahnt.

Unterstützung für Studierende während des gesamten Studiums

Das Lernzentrum versteht sich als ein Ort, der Studierenden in jeder Phase ihres Studiums Unterstützung anbieten kann. Beispielsweise begegenen Studierende in höheren Semestern der Lehrform *Seminar*. Im Rahmen dieses Lehrangebots werden sie damit konfrontiert, mathematische Präsentationen vorzubereiten und Hausarbeiten zu schreiben. Auch hierbei kann Unterstützung im Lernzentrum in Anspruch genommen werden.

24.2.2 Strategische Ziele

Wir wollen nun einige strategische Ziele des Lernzentrums beschreiben. Diese werden wie folgt benannt.

- Reduktion der Abbrecherquote von Studierenden der Mathematik
- Erleichterung des Übergangs Schule-Hochschule
- Förderung einer positiven Einstellung zur Mathematik
- Verzahnung mit Lehrveranstaltungen

- Unterstützung von Studierenden für Studierende
- Werbung für das Mathematikinstitut

Reduktion der Abbrecherquote von Studierenden der Mathematik

Die Abbrecherquote der Bachelor-Studierenden in Mathematik an deutschen Universitäten lag 2012 bei 47 % (siehe Heublein et al., 2014). Diese Quote ist im Vergleich zu anderen Fächern (dort liegt sie durchschnittlich bei 33 %) relativ hoch. Ein übergeordnetes Ziel des Lernzentrums besteht darin, diese Quote zu reduzieren. Natürlich kann dies nicht auf direkte Art und Weise geschehen. Die Verfolgung der hier genannten Ziele soll Studierende darin unterstützen ihr Studium erfolgreich zu absolvieren.

Erleichterung des Übergangs Schule-Hochschule

Mit dem Beginn eines Studiums stehen Studierende neuen Herausforderungen gegenüber. Sie begegnen neuen Lehrmethoden und andersartigen mathematischen Inhalten. Zum Beispiel fällt es Studienanfängern schwer, ihren Fokus von der eher kalkülartigen Mathematik, die häufig in der Schule stattfindet zu verschieben, auf die universitäre Mathematik, in der es eher darum geht, Beweise zu verstehen und eigenständig zu erstellen. Mathematisches Denken erhält also an der Hochschule einen anderen Anstrich als in der Schule.

Weiterhin sind das Nacharbeiten von Vorlesungen, die Bearbeitung von Übungsblättern keine geläufigen Arbeitstechniken.

Diese Schwierigkeiten können im Lernzentrum adressiert werden. Gerade hier lautet das Motto *Unterstützung beim selbstregulierten Lernen*. Es geht hier eher darum, zu vermitteln, wie man Mathematik betreibt und weniger darum, fertige Musterlösungen zu verteilen.

Förderung einer positiven Einstellung zur Mathematik

Wie bereits erwähnt haben viele Studierende zu Beginn ihres Studiums Schwierigkeiten mit der Mathematik, unter anderem auch deswegen, weil Mathematik an die Hochschule einen anderen Charakter hat, als Mathematik in der Schule. Somit weiß ein Studierender zu Beginn des Studiums nicht unbedingt, was ihn erwartet. Das führt teilweise zu Frust und es kann sich ein negatives Bild von der Mathematik entwickeln. Im Lernzentrum besteht die Möglichkeit, die Andersartigkeit der Mathematik zu thematisieren und eine positivere Haltung gegenüber Mathematik zu fördern. Die studentischen Hilfskräfte spielen auch hier eine entscheidende Rolle. Sieht man, wie fast Gleichaltrige sich für dieses Fach begeistern und erhält man genau von diesen Personen Unterstützung, kann das motivierend sein und das Bild von der Mathematik verbessern.

Verzahnung mit Lehrveranstaltungen

Das Lernzentrum hat zum Ziel, die Veranstaltungen zu ergänzen. Es ist weder Ersatz noch eine eigene Veranstaltung. In keinster Weise dürfen Konflikte mit curricularen Veranstaltungen entstehen. Unter anderem ist das dadurch gesichert, dass die Betreuer*innen hauptsächlich für eine mathematische Lehrveranstaltung angestellt sind und die Arbeit im Lernzentrum eine darauf aufbauende zusätzliche Tätigkeit ist.

Unterstützung von Studierenden für Studierende

Das Lernzentrum ist ein Ort für Studierende. Es geht auf deren Anliegen und Wünsche ein. Eine gute Kommunikationsbasis zwischen Besucher*innen und Betreuer*innen vor Ort ist dafür eine Grundlage. Von daher sind die Betreuer*innen auch selbst Studierende. Neben entsprechenden fachlichen Leistungen ist die (frühere) eigene Nutzung des Lernzentrums als Lernort sehr von Vorteil. Dadurch bringen die Betreuer*innen Verständnis für die Bedürfnisse der Besucher*innen mit.

Werbung für das Mathematikinstitut

Der Erfolg des Lernzentrums kann als Marketinginstrument für potenzielle Studierende genutzt werden. Studieninteressierte können ein Lernzentrum als einen attraktiven Teil des mathematischen Instituts ansehen. Der soziale Aspekt, dort Gleichgesinnte zu treffen und die adressatengerechte Betreuung sind Angebote, die nicht an allen Hochschulen angeboten werden.

24.3 Strukturelle Merkmale

In diesem Abschnitt gehen wir auf die Strukturen im Lernzentrum ein. Zunächst beschreiben wir die Örtlichkeiten des Lernzentrums.

Des Weiteren sind die studentischen Hilfskräfte ein entscheidendes Merkmal. Sie bestimmen die Atmosphäre und beeinflussen die Philosophie im Lernzentrum; ihre Bedeutung kann nicht überbewertet werden. Auch die SHKe werden in diesem Abschnitt thematisiert.

Das Lernzentrum wird erst lebendig mit den Menschen, die es nutzen. Demzufolge beschreiben wir hier die Nutzer*innen des Lernzentrums.

Außerdem sollte ein Lernzentrum klar strukturiert sein und die oben genannten Leitlinien verfolgen. Dazu braucht es eine/n Leiter*in, der zunächst für einen reibungslosen Ablauf sorgen muss. Das beinhaltet unter anderem administrative Arbeiten sowohl während des Semesters als auch während der vorlesungsfreien Zeit. Auch auf die Rolle des Lernzentrum-Leiters wollen wir in diesem Abschnitt eingehen.

24.3.1 Der Raum

Das Lernzentrum besteht aus einem Raum mit zirka 30 Plätzen und einem angrenzenden Flur. In dem geschlossenen Raum finden die vorlesungsspezifischen Sprechstunden statt.

Die Vorteile eines günstig gelegenen und einladenden Raumes sind nicht zu unterschätzen. Einige Merkmale des Lernzentrum-Raumes sind die folgenden. Der Raum ist hell und freundlich und nahe am mathematischen Institut gelegen. Im Raum befinden sich fünf sechseckige Schreibtische, die variabel gestellt werden und etwa 30 Stühle. Weiterhin hat die jeweilige studentische Hilfskraft einen eigenen Platz in Form eines ausgewiesenen Schreibtischs. Außerdem gibt es zwei Computer, ein Smartboard, vier Whiteboards mit Markern, eine Minibibliothek, die neben den Standardwerken auch weiterführende mathematische Literatur beinhaltet und ausreichend Steckdosen.

Der Raum ist zu den Sprechzeiten der Betreuer geöffnet. Diese kann man dem Stundenplan an der Tür des Lernzentrums entnehmen.

Der Flurbereich kann jederzeit genutzt werden. Er ist mit Stühlen und Schreibtischen für weitere 50 Studenten ausgestattet. Auch hier sind Stromanschlüsse vorhanden.

24.3.2 Die Nutzer*innen

Das Lernzentrum ist für alle offen. In der Regel treffen wir hier Teilnehmer*innen von Mathematikveranstaltungen. Neue Nutzer*innen kommen in der Regel kurz nachdem das Semester begonnen hat. Die Sprechzeiten sind veranstaltungsspezifisch, das bedeutet, dass in einem Zeitslot Betreuung für genau eine mathematische Veranstaltung angeboten wird. Dennoch suchen zu solch einer Sprechzeit nicht unbedingt nur Studierende der momentan angebotenen Veranstaltung das Lernzentrum. Sowohl Anfänger als auch Studierende höherer Semester nutzen diesen Ort auch unabängig vom laufenden Angebot. Beispielsweise sitzen studentische Hilfskräfte im Lernzentrum und arbeiten an eigenen mathematischen Veranstaltungen.

24.3.3 Die studentischen Hilfskräfte

Im Lernzentrum arbeiten zwischen 10 und 13 studentische Hilfskräfte. Dies geschieht sowohl im Semester veranstaltungsbegleitend als auch in der vorlesungsfreien Zeit zur Prüfungsvorbereitung. Dabei bieten die Betreuer*innen während des Semesters 3 h pro Woche Betreuungszeit an und in den Semesterferien insgesamt 10 h.

In der Regel werden die fachlich starken Studierenden als studentische Hilfskräfte eingestellt. Sie geben Tutorien und korrigieren die Hausaufgaben der Studierenden. Von ihnen werden einige gebeten, auch im Lernzentrum für ihre Veranstaltung Betreuungszeiten anzubieten. Wie oben bereits erwähnt, ist eine Auswahl an kompetenten Betreuer*innen für das Lernzentrum essentiell. Ohne die obigen Beschreibungen zu wiederholen wollen wir erwähnen, dass die Betreuer*innen im Lernzentrum eine gewisse Loyalität gegenüber den Mathematikdozent*innen und dem Fach an sich besitzen sollten.

Ein zentrales Thema, das auch wiederholt in den oben genannten Zielen auftaucht, ist die Bedeutung der studentischen Hilfskräfte. Daher sollte die Arbeit der Betreuer*innen stets mit hoher Wertschätzung verbunden sein. Auch an dieser Stelle sollte der/die Lernzentrums-Leiter*in ein Bindeglied zwischen Institut und studentischen Hilfskräften sein.

24.3.4 Die Lernzentrum-Leiter*innen

Leiter*innen des Lernzentrums waren bisher Personen aus den Reihen der Mitarbeiter*innen. Sie haben die Aufgabe, die Ziele des Lernzentrums umzusetzen. Damit geht eine enge Verzahnung mit dem Mathematikinstitut einher. Die Leiter*innen des Lernzentrums fungieren also als Vermittler zwischen Studierenden beziehungsweise studentischen Hilfskräften und Dozent*innen. Darüber hinaus sollten die Leiter*innen des Lernzentrums in der Lage sein, einerseits selbst im Lernzentrum Betreuung anbieten zu können und andererseits eventuell auftretende Konflikte im Lernzentrum zu bewältigen. Außerdem müssen die Leiter*innen des Lernzentrums für einen reibungslosen Ablauf einige Routineaufgaben ausführen.

24.4 Didaktische Elemente

Im Laufe der Zeit fanden im Lernzentrum einige Workshops statt. Dabei lag der Fokus des Lernzentrums auf der Organisation dieser Veranstaltungen. Deswegen verzichten wir an dieser Stelle auf eine ausführliche Darstellung der Maßnahmen.

24.4.1 Tutorenschulungen

In vergangenen Semestern wurden kleinere Workshops speziell für die studentischen Hilfskräfte des Lernzentrums durchgeführt. Dabei lag ein Schwerpunkt auf der kritischen Betrachtung von Themen, wie *Das Prinzip der minimalen Hilfe* (Aebli (siehe Aebli, 1961)) oder *Gesprächsführung*. An dieser Stelle wollen wir betonen, dass wir eine adressatengerechte Diskussion dieser Inhalte als unerlässlich ansehen.

24.4.2 Der Workshop *Wie bearbeite ich ein Übungsblatt?*

Dieser Workshop verfolgte das Ziel, gerade Studienanfänger*innen den Einstieg in die Bearbeitung der wöchentlichen Hausaufgaben zu erleichtern. Da es große Unterschiede zwischen schulischen Hausaufgaben und universitären wöchentlichen Übungsaufgaben gibt, hielten wir diesen Workshop zunächst für sehr sinnvoll. Der theoretische Teil des Workshops fußte auf einem Aufsatz von Manfred Lehn. Für den praktischen Teil verwendeten wir stets ein aktuelles Übungsblatt. Weiterführende Literatur befindet sich unter (Frischemeier et al., 2013a, b, 2015).

Dieser Workshop fand viermal statt und wurde dann eingestellt. Vorteile dieses Workshops waren die ausgezeichnete Werbung für das Lernzentrum. Studierende gaben sehr positives Feedback zu diesem Workshop. Er förderte unter anderem die Bildung von Lerngruppen zu Beginn des Studiums und adressierte somit eine soziale Komponente. Allerdings muss kritisch angemerkt werden, dass ein Thema wie die Bearbeitung eines Übungsblattes in einem 3-4stündigen Workshop nur angerissen werden kann. Nach wie vor können Schwierigkeiten, wie der höhere Workload im Studium im Vergleich zur Schule oder der Schwerpunkt auf dem eigenständigen Arbeiten, nicht adressiert werden. Außerdem kann ein solcher Workshop den falschen Eindruck vermitteln, dass man in lediglich drei Stunden ein Übungsblatt lösen kann, wobei die Übungsaufgaben für eine Bearbeitungszeit von einer ganzen Woche angelegt sind. Selbstverständlich können diese Themen in solch einem Workshop angesprochen werden. Dennoch zeigte das Feedback der Studierenden, dass unerwünschte Eindrücke als take home message wahrgenommen wurden.

24.4.3 Der Workshop *Mathematik auf Englisch*

Zielgruppe dieses Workshops waren eigentlich Studierende, die Veranstaltungen in Englisch hören wollten. Der Workshop bestand aus einer Präsentation und Lese-, Schreib- und Hörübungen auf Englisch. Der *Mathematik auf Englisch*-Workshop war positiv bewertet, aber nicht sehr gefragt. Eventuell lassen sich die folgenden Gründe dafür benennen. Zum einen finden an der Universität Paderborn kaum Mathematikveranstaltungen auf Englisch statt. Somit sind die Studierenden eventuell wenig motiviert, solche Angebote zu nutzen.

Eine hohe Nachfrage nach solch einem Workshop entstand seitens wissenschaftlicher Mitarbeiter kurz vor einer internationalen Konferenz. Eventuell ist es lohnenswert über ein derartiges Angebot für Studierende höherer Semester oder Doktorand*innen nachzudenken.

24.5 Ausstrahlung auf die Lehre – Interaktion mit dem mathematischen Institut

Wie bereits mehrfach erwähnt, ist das Lernzentrum mit dem mathematischen Institut verzahnt. Dies bringt schon das Konzept der vorlesungsspezifischen Sprechstunden mit sich. Darüber hinaus wirkten die Lernzentrum-Leiter bei der Gestaltung und Durchführung sowohl von Vorlesungen als auch von Seminaren mit.

24.5.1 Einführung in mathematisches Denken und Arbeiten (EmDA)

Diese Veranstaltung richtet sich an Studierende des gymnasialen Lehramts im ersten Semester. Sie gehört zu den Pflichtveranstaltungen für angehende Lehrer*innen. Die Themen der Vorlesung sind elementar und beinhalten unter anderem Äquivalenzrelationen, den größten gemeinsamen Teiler oder die Axiome der natürlichen Zahlen. Der Schwerpunkt liegt auf mathematischen Denk- und Arbeitsweisen. Weiterführende Literatur befindet sich unter (Hilgert et al., 2013, 2014, 2015; Panse, 2018; Panse & Feudel, 2019). Der EmDA-Kurs ist sehr erfolgreich. Er unterstützt den Übergang Schule-Hochschule und zeichnet sich durch die Erprobung unterschiedlicher Lehrinnovationen wie Inverted Classroom, Just-in-Time Teaching oder Lückenskripte aus.

24.5.2 Seminare

In einem Seminar besteht einer der Schwerpunkte darin, einen längeren Vortrag vor Kommiliton*innen und entsprechenden Dozent*innen zu halten. Die Qualität der Vorträge variiert dabei sehr stark und auch an dieser Stelle sind unterstützende Maßnahmen sinnvoll. Es wurde zunächst ein Einstiegsseminar mit der Idee konzipiert, Hilfe bei der Erstellung des Vortrages im Semester anzubieten. Dieser sollte dann im Rahmen eines Blockseminars am Ende des Semesters präsentiert werden. Weiterer Bestandteil der Prüfungsleistung war die Anfertigung einer Hausarbeit. Für weitere Informationen siehe (Hilgert & Panse, 2016). Das Seminar fand zweimal statt und war nach Bekanntgabe sehr schnell überbucht. Inhaltlich konzentrierte sich das erste Seminar auf Themen zur Geschichte der Mathematik. Es war sehr erfolgreich. Das bedeutet, dass die Vorträge der Teilnehmer*innen akzeptabel bis sehr gut waren. Die Inhalte des zweiten Seminars basierten auf einem Buch (Schubert, 2009) und das Seminar war vergleichsweise weniger erfolgreich. Die Tatsache, dass im ersten Seminar die Studierenden eigens Literaturrecherche betreiben mussten, machte anscheinend an dieser Stelle den entscheidenden Unterschied.

24.6   Lessons learned

Im Laufe der Zeit wurde im Lernzentrum viel erprobt. An dieser Stelle wollen wir einige Dinge eher kritisch betrachten aber auch positive Aspekte nochmal herausstellen.

24.6.1 Der Raum

Der Unterschied der Anzahl der Nutzer*innen in den beiden oben genannten Räumen war enorm. Somit wollen wir an dieser Stelle festhalten, dass ein größerer, hellerer und komfortablerer Raum viel mehr Studierende angezogen hat, als ein kleinerer abgelegenerer Raum.

24.6.2 Ausstrahlung auf die Lehre

Dies war eine der Erfolgsgeschichten des Lernzentrums. Gerade Angebote speziell für Studierende des Lehramts stießen hier auf hohe Resonanz und äußerst positives Feedback.

24.6.3 Ein Ort von Studierenden für Studierende

Wer bietet im Lernzentrum Betreuungszeiten an? In früheren Semestern waren auch die Leiter*innen des Lernzentrums als Ansprechpartner*innen vor Ort. Allerdings erhielten sie nicht so viele Fragen wie die studentischen Hilfskräfte, spätestens als sie selbst Vorlesungen oder Seminare anboten und so die Dozentenrolle einnahmen. Schließlich wurde beschlossen, dass die Lernzentrums-Leiter keine Beratung mehr anboten. Dadurch sind es nun bis heute ausschließlich studentische Hilfskräfte, die Betreuungszeiten anbieten. Das wird nach wie vor sehr gut angenommen. Nicht zuletzt die Nähe zu den Rat suchenden Studierenden trägt zum Gelingen des Lernzentrumkonzepts bei und unterstützt die Philosophie eines geschützten Raumes, in dem man sich ohne Scham die Themen zu fragen wagt, die man eventuell vor einem/einer Dozenten*in nicht offenbaren möchte.

24.6.4 Hausordnung

Zu Beginn gab es im Lernzentrum keine offiziellen Regeln. Die studentischen Hilfskräfte saßen mit an den Tischen der Studierenden, hatten also keinen eigenen Platz. Dadurch war nicht unbedingt allen Besuchern klar, wer denn gerade Ansprechpartner*in im Lernzentrum ist. Außerdem reservierten einige Studierende den ganzen Tag über einen Stuhl für sich, auch wenn sie persönlich nicht anwesend waren, indem sie ihre Sachen im Lernzentrum hinterließen.

Um die oben genannten Punkte zu adressieren, wurden zum einen gemeinsam mit den studentischen Hilfskräften Hausregeln vereinbart. Zum Beispiel wurde das Blockieren von Sitzplätzen untersagt. Zum anderen wurde ein eigener Platz für die Betreuer*innen eingerichtet.

24.6.5 Werbung für das Lernzentrum

Das Lernzentrum wurde früher unter anderem dadurch beworben, dass die Lernzentrum-Leiter*innen selbst in die Veranstaltungen gingen und Sprechzeiten im Lernzentrum ankündigten. Es stellte sich heraus, dass ein viel effektiverer Weg für Werbung für das Lernzentrum darin besteht, dass die Dozent*innen selbst die Sprechzeiten zu ihrer Veranstaltung in der Vorlesung ankündigen. Dadurch erhält das Lernzentrum eine Zugehörigkeit zur Veranstaltung und die Verzahnung zwischen Lernzentrum und Vorlesungen wird transparent.

24.6.6 Betreuungsplan

An dieser Stelle diskutieren wir zwei Punkte: Zum einen gibt es ungünstige Zeiten für Betreuungsangebote im Lernzentrum. Zum anderen sollte die Erstellung des Betreuungsplans geschickt erfolgen.

Erfahrungsgemäß suchen sehr viel weniger Studierende montagmorgens und freitagnachmittags das Lernzentrum auf.

Früher haben die Lernzentrum-Leiter*innen die studentischen Hilfskräfte um Mitteilung ihrer bevorzugten Betreuungszeiten gebeten. Danach haben die Leiter*innen den Stundenplan erstellt. Es ergaben sich Überschneidungen und viel Aufwand und Absprache, um diese zu beheben.

Dieser Prozess wurde umgewandelt. Beim ersten Treffen mit den studentischen Hilfskräften erstellen die Leiter*innen mit den SHKen gemeinsam den Stundenplan und es finden bei Überschneidungen Absprachen vor Ort statt.

24.7 Ausblick

Das Lernzentrum ist mittlerweile ein fester Bestandteil des Mathematikinstituts und kann auf eine Erfolgsgeschichte zurückblicken. Ansätze zu Verbesserungen konzentrieren sich auf die Außendarstellung des Lernzentrums, Vernetzung mit anderen Lernzentren und QPL-Projekten und eine Vernetzung mit Unternehmen für einen gelungenen Berufseinstieg.

Bedanken möchten wir uns an dieser Stelle bei Joachim Hilgert. Seit Gründung des Lernzentrums ist er ein sehr kompetenter Ansprechpartner, der das Lernzentrum in vielen Situationen mit Rat und Tat hervorragend unterstützt. Nicht zuletzt waren gemeinsame Diskussionen auch zu diesem Beitrag sehr hilfreich.

Literatur

Aebli, H. (1961). *Grundformen des Lehrens. Ein Beitrag zur psychologischen Grundlegung der Unterrichtsmethode* (9. erw. u. umgearb. Aufl. 1976). Klett.

Frischemeier, D., Panse, A., & Pecher, T. (2013a). *Schwierigkeiten von Studienanfängern bei der Bearbeitung mathematischer Übungsaufgaben.* Beiträge zum Mathematikunterricht.

Frischemeier, D., Panse, A., & Pecher, T. (2013b). *Schwierigkeiten von Studienanfängern bei der Bearbeitung mathematischer Übungsaufgaben – Erfahrungen aus den Mathematik-Lernzentren der Universität Paderborn. Extended Abstracts zur 2. khdm-Arbeitstagung.* Universitätsbibliothek Kassel.

Frischemeier, D., Panse, A., & Pecher, T. (2015). Schwierigkeiten von Studienanfängern bei der Bearbeitung mathematischer Übungsaufgaben – Erfahrungen aus den Mathematik-Lernzentren der Universität Paderborn. In R. Biehler, R. Hochmuth, H.-G. Rück, & A. Hoppenbrock (Hrsg.), *Mathematik im Übergang von Schule zur Hochschule und im ersten Studienjahr.* Springer Spektrum.

Heublein U., Richter, J., Schmelzer, R., & Sommer, D. (2014). *Die Entwicklung der Studienabbruchquoten an den deutschen Hochschulen – Statistische Berechnungen auf der Basis des Absolventenjahrgangs 2012.* DZHW.

Hilgert, J., & Panse, A. (2016). Fit for the job – The expertise of high school teachers and how they develop relevant competences in mathematical seminars. In R. Göller, R. Biehler, R. Hochmuth, & H.-G. Rück (Hrsg.), *Didactics of mathematics in higher education as a scientific discipline – Conference proceedings* (S. 380–383). Universitätsbibliothek Kassel.

Hilgert, J., Hoffmann, M., & Panse, A. (2013). *Kann professorale Lehre tutoriell sein? Ein Modellversuch zur Einführung in mathematisches Denken und Arbeiten Tagungsband zum „Hansekolloquium zur Hochschuldidaktik der Mathematik".* WTM-Verlag.

Hilgert, J., Hoffmann, M., & Panse, A. (2014). *Handlungsbedarf in fachmathematischen Veranstaltungen? – Spezielle Maßnahmen an der Universität Paderborn.* Beiträge zum Mathematikunterricht.

Hilgert, J., Hoffmann, M., & Panse, A. (2015). *Einführung in mathematisches Denken und Arbeiten – tutoriell und transparent.* Springer. https://doi.org/10.1007/978-3-662-45512-8.

Panse, A. (2018). *Lehrinnovationen mit angehenden Gymnasiallehrern.* Beiträge zum Mathematikunterricht.

Panse, A., & Feudel, F. (2019). *„Auf einmal kann ich auch mitdenken" – Mitschreiben in Vorlesungen mit Lückenskript.* Beiträge zum Mathematikunterricht.

Riegraf, B., Meister, D., Reinhold, P., Schaper, N., & Temps, T. (Hrsg.). (2018). *Heterogenität als Chance – Bilanz und Perspektiven des Qualitätspakt Lehre-Projekts an der Universität Paderborn.* Universität Paderborn. https://www.uni-paderborn.de/fileadmin/qpl/UPB_QPL-Veroeffentlichung.pdf.

Schubert, M. (2009). *Mathematik für Informatiker.* Vieweg + Teubner. https://doi.org/10.1007/978-3-8348-9585-1.

Der Mathe-Treffpunkt am Institut für Mathematik der MLU Halle-Wittenberg

25

Mara Jakob, Inka Haak und Rebecca Waldecker

Zusammenfassung

Der Mathe-Treffpunkt ist ein Lernzentrum an der Martin-Luther-Universität Halle-Wittenberg (MLU), das von Studierenden der Mathematik, Wirtschaftsmathematik, Informatik, Bioinformatik und des Lehramts mit Unterrichtsfach Mathematik genutzt werden kann. Er besteht aus zwei abschließbaren Räumen, in denen während der Vorlesungszeit zu mindestens 20 h wöchentlich Ansprechpersonen zur Verfügung stehen. Auch außerhalb dieser Betreuungszeiten können die Räumlichkeiten als Arbeitsraum genutzt werden. Dort lösen viele Studierende ihre wöchentlichen Übungsserien und können bei Bedarf – im Wesentlichen bei Beweisaufgaben – von wissenschaftlichen Mitarbeiter*innen sowie von studentischen Tutor*innen aus höheren Semestern nach dem Prinzip der minimalen Hilfe unterstützt werden. Diese wurden im Rahmen einer Tutor*innen-Schulung (Abschn. 25.5.2) auf die speziellen Aufgaben und Herausforderungen vorbereitet. Zusätzliche Unterstützung, insbesondere bei der Klausurvorbereitung, erhalten die Studierenden bei den regelmäßig stattfindenden Mathe-Nächten (Abschn. 25.5.1) und den Workshops (Abschn. 25.5.3). Eine lokale Besonderheit ist, dass an der MLU besonders viele Studierende Mathematik in einem

M. Jakob (✉) · I. Haak · R. Waldecker
Halle (Saale), Sachsen-Anhalt, Deutschland
E-Mail: mara.jakob@mathematik.uni-halle.de

I. Haak
E-Mail: inka.haak@physik.uni-halle.de

R. Waldecker
E-Mail: rebecca.waldecker@mathematik.uni-halle.de

© Der/die Autor(en), exklusiv lizenziert an Springer-Verlag GmbH, DE, ein Teil von Springer Nature 2022
R. Hochmuth et al. (Hrsg.), *Unterstützungsmaßnahmen in mathematikbezogenen Studiengängen,* Konzepte und Studien zur Hochschuldidaktik und Lehrerbildung Mathematik, https://doi.org/10.1007/978-3-662-64833-9_25

Lehramtsstudiengang studieren und dass daher sowohl die Nutzer*innen als auch die Tutor*innen hauptsächlich angehende Lehrer*innen sind.

25.1   Einleitung

Das Lernzentrum an der Martin-Luther-Universität Halle-Wittenberg (MLU) – der Mathe-Treffpunkt – begleitet Studienanfänger*innen beim Übergang von der Schulmathematik zur Hochschulmathematik. Die Studierenden üben und festigen im Mathe-Treffpunkt hochschulmathematische Arbeitsweisen, in deren Mittelpunkt das Beweisen steht. Neben dem Beweisen gibt es weitere Aspekte, in denen sich Schul- und Hochschulmathematik stark unterscheiden (u. a. Klein, 1908; Hefendehl-Hebeker, 2016), weshalb der Studieneinstieg häufig als „Schock" empfunden wird (u. v. a. Liebendörfer, 2018). Dass der Übergang vielen Studierenden Probleme bereitet, geht auch aus internen Erhebungen mit Studierenden der MLU hervor.[1]

Langfristig hat die Implementierung des Mathe-Treffpunktes das Ziel, eine Senkung der Studienabbruchquoten zu erreichen, die wie an anderen Standorten sehr hoch sind (deutschlandweit 54 % im Bachelor Mathematik nach Heublein & Schmelzer, 2018). Zusätzlich soll auch die Studienzufriedenheit am Standort Halle sowie die Attraktivität der mathematischen Studiengänge erhöht werden.

25.2   Zielsetzungen

25.2.1 Lernziele

Wie eingangs erwähnt steht im Mittelpunkt hochschulmathematischen Arbeitens das Beweisen. Während das Beweisen im Schulunterricht eine untergeordnete und eher erklärende Funktion einnimmt, stellt dieses eine Kerntätigkeit in den Vorlesungen und Übungsserien dar (u. a. Grieser, 2016). Diese neue Aufgabe bereitet vielen Studienanfänger*innen in mathematischen Studiengängen der MLU Schwierigkeiten, wie aus einer internen Fragebogenerhebung im Rahmen eines Promotionsprojektes[2] sowie aus Gesprächen mit Studierenden hervorgeht.

---

[1] Beispielsweise erreichte das Item „Mit dem Vorgehen in der Schulmathematik kam ich besser zurecht als mit dem an der Uni" eine Zustimmung von durchschnittlich 5,0 ($\pm$1,3) auf einer Skala von 1 (trifft überhaupt nicht zu) bis 6 (trifft voll und ganz zu).

[2] Auf die offene Frage „Was bereitet Dir in Bezug auf die Mathematik-Module die größten Probleme?" antworteten 47 von 106 Studierenden, dass ihnen das Führen und Nachvollziehen von Beweisen sowie das Finden von Ansätzen und allgemein das Thema Beweisen die größten Probleme bereiten.

Im Mathe-Treffpunkt werden die Studierenden darin unterstützt, zu lernen, wie man eine Beweisidee findet, einen Beweis mathematisch sauber kommuniziert und dass man dafür in den meisten Fällen keinen genialen Einfall oder Trick braucht. Vor allem soll bei den Studienanfänger*innen die Unsicherheit beim Formulieren von Beweisen verringert werden, indem sie selbst Erfolgserlebnisse beim Beweisen erfahren. Dazu lernen die Studierenden Strategien (z. B. heuristische Strategien nach Stender, 2019, oder geteilte Erfahrungswerte) kennen, mit denen sie für als schwierig empfundene Aufgaben selbst Lösungsansätze finden können, anstatt beispielsweise im Internet nach der Lösung zu suchen (ausführlich in Abschn. 25.5.2).

Um Beweise verstehen und selbst verfassen zu können, ist es wichtig, mit den Definitionen und Sätzen der jeweiligen Vorlesung zu arbeiten. Dazu gehört auch, eigene Beispiele für mathematische Objekte oder Eigenschaften zu kreieren (Lockwood et al., 2016) und neue Begriffe von bereits bekannten abzugrenzen. Damit ist hier u. a. gemeint, dass die Studierenden Beispiele sowie Gegenbeispiele zu einer gegebenen Definition finden können. Laut Dahlberg und Housman (1997) erzielen Studierende, die eigene Beispiele kreieren können, den größeren Lerneffekt und ein vollständigeres Begriffsverständnis. Somit könnte die Förderung dieser Kompetenzen zu mehr Selbstständigkeit beim Bearbeiten der Übungsaufgaben führen. Dabei spielt auch die mathematische Fachsprache eine große Rolle, derer sich in den Vorlesungen bedient wird, und die die Studierenden wie eine Fremdsprache erlernen müssen (Grieser, 2016). Die Tutor*innen im Mathe-Treffpunkt helfen dabei, Definitionen und Sätze aus der Vorlesung zu lesen und zu verstehen. Außerdem geben sie Tipps, wie man damit umgehen kann, dass sich nicht nur in verschiedenen Teilen der Mathematik, sondern auch bei verschiedenen Dozent*innen individuelle, unterschiedliche Konventionen und Notationsvorlieben herausgebildet haben. Mit der Unterstützung durch den Mathe-Treffpunkt sollen die Studierenden schnell in die Lage versetzt werden, Definitionen und Sätze ohne fremde Hilfe zu verstehen.

Des Weiteren erfahren die Studierenden im Mathe-Treffpunkt, dass die wöchentlich zu lösenden Aufgaben nicht mit Hausaufgaben aus der Schule vergleichbar sind und es normal ist, auch mal länger über eine Lösung nachdenken zu müssen. Die Tutor*innen machen deutlich, dass die Aufgaben dazu dienen, sich mit den Vorlesungsinhalten auseinanderzusetzen und dass auch jeder Irrweg im Lösungsprozess zum besseren Verständnis beitragen kann. Hier spielt auch eine Rolle, wie hilfreich die Korrekturen der abgegebenen Lösungen sind und ob die Studierenden sich mit den Fehlern, die sie gemacht haben, auseinandersetzen. Auch dabei gibt es im Mathe-Treffpunkt Unterstützung.

25.2.2 Systembezogene Zielsetzungen

Durch den Mathe-Treffpunkt soll der für die Studienanfänger*innen oft schwierige Übergang von der Schule zur Hochschule begleitet werden mit dem Ziel, die Studienabbruchquoten,

besonders zu Beginn des Studiums, zu senken und die Zufriedenheit der Studierenden in
Bezug auf die Betreuung zu erhöhen. Durch „Hilfe zur Selbsthilfe" soll langfristig erreicht
werden, dass die Studierenden für sie geeignete Arbeitsweisen erlernen und anwenden sowie
mathematisch denken und arbeiten können. Damit ist gemeint, dass sie erstens nicht dauerhaft abhängig von intensiver Nachhilfe werden, sondern zunehmend selbst Lösungsansätze ausprobieren und ihre eigene Arbeit kritisch hinterfragen („Selbsthilfe"), und dass sie
zweitens dafür sensibilisiert werden, dass jede*r ein individuelles Maß an Erklärungen und
Beispielen braucht und dass nicht alle mit der gleichen Arbeitsweise und in der gleichen Zeit
zum Ziel kommen.

Des Weiteren werden die Studierenden durch das extracurriculare, niedrigschwellige
Angebot und die zusätzlichen Arbeitsplätze zur Zusammenarbeit ermutigt, sodass sie
viele Möglichkeiten haben, das Sprechen über Mathematik zu üben. Dieses ist vor allem
für mündliche Prüfungen und Seminarvorträge wichtig. Auch für schriftliche Prüfungen
gibt es im Mathe-Treffpunkt Unterstützung, etwa durch große Aufgabensammlungen,
Altklausuren und die Mathe-Nacht (siehe Abschn. 25.5.1).

Die Räumlichkeiten des Mathe-Treffpunkts bieten sowohl während als auch
außerhalb der Betreuungszeiten die Möglichkeit, sich mit Kommiliton*innen auszutauschen und sich auch semesterübergreifend zu vernetzen.

25.3   Strukturelle Merkmale und Rahmenbedingungen

Der Mathe-Treffpunkt an der MLU Halle besteht seit 2017 als Hochschulpaktprojekt,
initiiert vom Institut für Mathematik, und inspiriert unter anderem durch ein ähnliches
Angebot im Fach Physik. Inzwischen hat auch die Informatik das Konzept aufgegriffen. Es handelt sich beim Mathe-Treffpunkt um ein Lernzentrum, welches von den
Studierenden sowohl in der Vorlesungszeit als auch in der vorlesungsfreien Zeit zum
eigenständigen Arbeiten in einer konzentrierten Atmosphäre oder auch zum Lernen mit
Peers in festen Lerngruppen genutzt werden kann. Während der täglichen vier- bis sechs-
stündigen Betreuungszeiten stehen den Studierenden Tutor*innen als Ansprechpersonen
zur Seite.

25.3.1 Merkmale der Lehrpersonen

Zum Team des Mathe-Treffpunkts gehören im Wintersemester 2019/20 insgesamt zehn
Personen: eine wissenschaftliche Mitarbeiterin, acht wissenschaftliche Hilfskräfte und ein
freiwilliger Helfer. Die Anzahl an wissenschaftlichen Hilfskräften wird so ausgewählt,
dass zu ca. 20 Stunden in der Woche eine Betreuung durch zwei Personen möglich ist
(Abschn. 25.3.5). Die wissenschaftliche Mitarbeiterin ist sechs Stunden wöchentlich
mit der Organisation und der inhaltlichen Ausgestaltung des Mathe-Treffpunkts beauftragt. Die wissenschaftlichen Hilfskräfte verbringen drei bis sechs Stunden wöchentlich

im Mathe-Treffpunkt. Insgesamt ergeben sich dadurch bei den wissenschaftlichen Hilfskräften 34 Betreuungsstunden pro Woche. Ein promovierter Mathematiker mit viel Lehrerfahrung hilft freiwillig und ehrenamtlich jede Woche für zwei Stunden im Mathe-Treffpunkt mit und erweitert damit das Spektrum an Expertise und Erfahrung.

Gegen Ende der Vorlesungszeit erfolgt die Auswahl der wissenschaftlichen Hilfskräfte für das nächste Semester, die sich selbst als „Analysis"- oder „Lineare Algebra"-Expert*in einstufen. Somit stehen den Studienanfänger*innen kompetente Ansprechpartner*innen zu beiden Grundlagenvorlesungen zur Seite (Abschn. 25.3.5). Bei der Auswahl der Tutor*innen wird darauf geachtet, dass verschiedene Studiengänge, Persönlichkeitstypen, Gender und Altersgruppen vertreten sind. So studieren im Wintersemester 2019/20 vier der wissenschaftlichen Hilfskräfte Mathematik im Bachelor und die anderen vier auf Lehramt. Eine Tutorin studiert im dritten Fachsemester, während die restlichen bereits mindestens das fünfte Fachsemester erreicht haben. Insgesamt besteht das Team zurzeit aus fünf Frauen und fünf Männern. Nicht nur die fachliche Qualifikation wird bei der Auswahl der Hilfskräfte beachtet, sondern auch kommunikative Fähigkeiten und Persönlichkeitstypen. So ergibt sich eine Mischung mit vielen unterschiedlichen Ansprechpersonen und potenziellen Vorbildern für die Studierenden. Dass neben den rein fachlichen Kriterien auch noch andere Aspekte bei der Auswahl berücksichtigt werden können, liegt u. a. daran, dass das Interesse an der Arbeit im Mathe-Treffpunkt groß ist und daher aus zahlreichen geeigneten Studierenden ausgewählt werden kann. Einen formalen Bewerbungsprozess gibt es dabei nicht. Speziell die Lehramtsstudierenden bringen Lehr- und Nachhilfeerfahrungen sowie fachdidaktisches Wissen mit. Die Tutor*innen aus niedrigen Semestern waren im ersten Studienjahr selbst häufig als Lernende im Mathe-Treffpunkt, weshalb sie besonders motiviert sind, ihre positiven Erfahrungen mit Studienanfänger*innen zu teilen.

25.3.2 Nutzer*innen

Wie eingangs erwähnt, richtet sich das Angebot des Mathe-Treffpunkts an Studierende der Mathematik, Wirtschaftsmathematik, Informatik, Bioinformatik und des Lehramts mit Fach Mathematik. Dabei werden die unterschiedlichen Studiengänge u. a. dadurch berücksichtigt, dass auch die Tutor*innen aus verschiedenen Studiengängen kommen und es intensive Absprachen mit den Dozent*innen der Lehrveranstaltungen gibt, um auf benötigtes Vorwissen, spezielle Notationen etc. eingehen zu können. Nutzer*innenbefragungen im Rahmen einer Mathe-Nacht im Sommersemester 2019 (Abschn. 25.7) ergaben, dass neben den intendierten Zielgruppen auch Studierende mit Studienrichtung Physik und Medizinische Physik das Angebot nutzten. Von den 53 Befragten studierten 43 im ersten Studienjahr, 24 sind weiblich, 28 sind männlich und eine Person divers. Auch Erhebungen in Grundlagenvorlesungen ergaben, dass das Angebot des Mathe-Treffpunkts häufig von Studienanfänger*innen genutzt wird: Von 74 Studierenden gaben 67 Studierende an, den Mathe-Treffpunkt aufzusuchen. Das schlägt sich auch in der Altersstruktur nieder: 59 % der Befragten (Erhebung Mathe-Nacht) sind jünger als 20 Jahre, 37 % zwischen 21 und 25 Jahre alt. Der Mathe-Treffpunkt wird also von der intendierten Zielgruppe genutzt. Zudem haben fast alle Befragten Abitur, die Durchschnittsnote liegt bei $1{,}90 \pm 0{,}62$.

Weitere Analysen der Nutzer*innen finden sich in Abschn. 25.7.

25.3.3 Räumliche Bedingungen

Der Mathe-Treffpunkt besteht aus zwei Räumen, die sich gut erreichbar mitten im Institut für Mathematik befinden und klar beschildert sind. Bereits in der Einführungswoche für Studienanfänger*innen wird der Mathe-Treffpunkt in seinen Räumlichkeiten vorgestellt, damit alle Studierenden sich sofort eingeladen fühlen, ihn zu besuchen. Im größeren der beiden Räume finden circa 20 Personen Platz (Abb. 25.1), im kleineren circa zehn (Abb. 25.2). Bei großem Andrang kann noch ein nah gelegener Besprechungsraum genutzt werden, in dem Platz für etwa zwölf Personen ist. Außerdem nutzen die Studierenden auch angrenzende Flure mit Sitzmöglichkeiten. Für die Tutor*innen stellt die Arbeit bei starkem Betrieb eine große Herausforderung dar, welche zukünftig in den Tutor*innen-Schulungen (Abschn. 25.5.2) berücksichtigt werden soll.

In allen Räumen sind jeweils mehrere Tische zu verschieden großen Gruppentischen für drei bis acht Lernende zusammengestellt. Beide Räume sind mit Kreidetafeln ausgestattet, der größere verfügt außerdem über ein Whiteboard. So können die Studierenden Ideen an der Tafel bzw. dem Whiteboard entwickeln, was vor allem bei der

Abb. 25.1 Der große Raum des Mathe-Treffpunkts. (Foto: Moritz Bloch)

Abb. 25.2 Der kleine Raum des Mathe-Treffpunkts (Foto: Patrick Salfeld)

Arbeit in Gruppen die Diskussion über verschiedene Lösungswege erleichtert. Außerdem stehen Lehrbücher, Vorlesungsskripte, Altklausuren, Übungsaufgaben und Arbeitsmaterialien wie Stifte, Notizblöcke usw. zur Verfügung. Zudem verfügt der kleinere Raum über einen Computer mit Internetzugang und Drucker, was der Recherche und dem Ausdrucken von Übungsserien, Skripten etc. dient. Aufgrund der Ausstattung ist der Mathe-Treffpunkt außerhalb der Betreuungszeiten auch dazu geeignet, Seminarvorträge zu üben oder kleine Besprechungen durchzuführen. Plakate mit mathematischen Inhalten sowie ein Kalender mit allen wichtigen Terminen runden die Arbeitsatmosphäre ab. Kaffee, Tee und Süßigkeiten, finanziert mit Hilfe eines Spenden-Sparschweins oder durch gespendete Pfandflaschen, machen den Mathe-Treffpunkt zu einem Ort, der von den Studierenden gerne zum längeren Arbeiten auch außerhalb der Betreuungszeiten genutzt wird. Dieser soziale Aspekt des Mathe-Treffpunkts dient der Identifikation der Studierenden miteinander (jahrgangsübergreifend), mit dem Institut und mit dem Studium ganz allgemein.

25.3.4 Einbettung der Maßnahme

Der Mathe-Treffpunkt richtet sich vor allem an Studienanfänger*innen, die die Module „Lineare Algebra" oder „Analysis" belegen. Wenn der Andrang nicht zu groß ist, werden aber gern auch Fragen zu anderen Modulen beantwortet. Die Pflichtveranstaltungen (Vorlesungen, Übungen, Seminare) werden vom Mathe-Treffpunkt zum einen ergänzt durch den von Tutor*innen betreuten Lernraum (Abschn. 25.3.5 und 25.4), zum anderen durch Zusatzangebote wie Mathe-Nächte oder Workshops (Abschn. 25.5).

Im Vorfeld der Maßnahme wurde innerhalb des Instituts ausführlich diskutiert, welche Vor- und Nachteile das Konzept dieses Lernzentrums mit sich bringt: Werden die Studierenden dadurch selbstständiger oder unselbstständiger? Wird zu viel von den Lösungen für die Übungsaufgaben verraten? Wie wird die fachliche Kompetenz der Tutor*innen garantiert? Wird es im Mathe-Treffpunkt laut sein und wird das andere am Institut bei ihrer Arbeit stören? Was ist an Arbeitsmaterial vorhanden, wer wählt dieses aus, was bedarf der expliziten Zustimmung der Dozent*innen? Wird die Maßnahme evaluiert und wenn ja, wie und von wem? Kann das Konzept mittelfristig auch ohne Finanzierung aus Hochschulpaktmitteln funktionieren?

Einige der Fragen haben sich während des ersten Jahres geklärt oder als irrelevant herausgestellt, andere beschäftigen uns noch. Während die meisten Studierenden eher selbstständiger wirken, gehen die Tutor*innen, deren (nicht nur) fachliche Kompetenz durch die sorgfältige Auswahl gesichert werden soll (persönlicher Eindruck, sehr gute Prüfungsleistungen sowie Kommunikations- und Sozialkompetenz) verantwortlich mit ihrer Funktion um und verraten in der Regel nicht zu viel. Inzwischen findet mit den Dozent*innen der Grundlagenvorlesungen ein regelmäßiger Austausch statt und alle Maßnahmen, die sich direkt auf eines der Module beziehen, wie zum Beispiel die Mathe-Nächte zur Klausurvorbereitung (Abschn. 25.5.1), werden mit den Dozent*innen abgestimmt. Hierbei werden Inhalt und Art der Unterstützung transparent gemacht, damit beispielsweise nicht der Eindruck entsteht, dass zu viele Tipps zu den Übungsserien gegeben werden. Die Dozent*innen der Grundlagenvorlesungen im Wintersemester 19/20 unterstützen den Mathe-Treffpunkt, indem sie die Übungsserien schon vorab den Tutor*innen zur Verfügung stellen, teilweise sogar mit Lösungen. Die mittelfristige Aus- gestaltung bezüglich Personal und Ausstattung wird aktuell geplant und wird u. a. davon abhängen, ob erneut und dann dauerhaft Mittel für die Tutor*innen zur Verfügung stehen.

25.3.5 Organisatorische Merkmale

Ungefähr drei Wochen vor Beginn der Vorlesungszeit werden die Betreuungszeiten, während derer Tutor*innen vor Ort sind, festgelegt. Abhängig von der Anzahl der wissen- schaftlichen Hilfskräfte und deren Arbeitsstunden wird die wöchentliche Betreuungszeit berechnet, wobei berücksichtigt wird, dass meistens zwei Hilfskräfte im Mathe-Treff- punkt gleichzeitig vor Ort sind. Dies hat zum einen den Vorteil, dass es auch zu Stoßzeiten und in Krankheitsfällen genug Ansprechpartner*innen gibt. Zum anderen wird dadurch die fachliche Kompetenz der Beratungen erhöht: Zu Beginn des Semesters stufen sich die Tutor*innen als „Analysis"- oder als „Lineare Algebra"-Expert*in ein und während der Betreuungszeiten ist meist sowohl ein*e „Analysis"- als auch ein*e „Lineare Algebra"-Expert*in anwesend. So kann zu beiden Grundlagenvorlesungen kompetent beraten werden. Die Expert*innen informieren sich über den Vorlesungsstoff und die Übungsaufgaben der jeweiligen Module und sind an der Organisation der entsprechenden Mathe-Nacht beteiligt (Abschn. 25.5.1). Des Weiteren werden bei der Erstellung der

Tab. 25.1 Verteilung der Erstsemester-Veranstaltungen und der Betreuungszeiten im Mathe-Treffpunkt im Wintersemester 2019/20

	Montag	Dienstag	Mittwoch	Donnerstag	Freitag
08:00–10:00					Betreuung
10:00–12:00	Betreuung		Betreuung	Lin. Alg. (V)	Lin. Alg. (V)
12:00–14:00	Betreuung	Betreuung	Betreuung	Betreuung	
14:00–16:00	Analysis (V)	Analysis (V)	Ver-anstaltungen der Erziehungs-wissenschaften	Betreuung	
16:00–18:00	Betreuung	Betreuung		Betreuung	
18:00–20:00		Betreuung			

V … Vorlesung, Analysis … Analysis für Lehramtsstudiengänge, Lin. Alg. … Lineare Algebra

Betreuungszeiten die Stundenpläne der Studienanfänger*innen berücksichtigt, damit ein großer Teil der Betreuungszeiten außerhalb der Zeiten der stark besuchten Vorlesungen liegt. Außerdem wird auf die Abgabetermine der Übungsaufgaben geachtet, damit kein Verhalten befördert wird, bei dem Studierende „noch schnell die Lösung ergattern" oder sie in letzter Minute von jemandem abschreiben. Als besonders beliebt haben sich die Nachmittags- und Abendzeiten herausgestellt, vor allem im Anschluss an eine große Vorlesung. Dennoch wird einmal pro Woche eine Betreuung von 8 bis 10 Uhr morgens angeboten, um den Studierenden die Möglichkeit zu geben, während einer weniger stark besuchten Zeit individuelle Fragen und Probleme zu äußern. Im Wintersemester 2019/20 ergaben sich die in der Tab. 25.1 abzulesenden Öffnungszeiten.

Die Betreuungszeiten und alle weiteren Informationen sowie Materialien (Abschn. 25.6) sind über die universitätsinterne Plattform Stud.IP, wo sich die Studierenden für die Veranstaltung „Mathe-Treffpunkt" eintragen, und über die Homepage des Mathe-Treffpunkts (www2.mathematik.uni-halle.de/mathe-treffpunkt) abrufbar. Einer der Studenten, der selbst den Mathe-Treffpunkt viel und mit Begeisterung genutzt und als Tutor unterstützt hat, hat eine Öffnungszeiten-App programmiert, mit der die Studierenden jederzeit durch einen Klick auf ihrem Smartphone sehen, ob im Mathe-Treffpunkt gerade Tutor*innen anwesend sind. Da der Mathe-Treffpunkt auch außerhalb der Betreuungs-zeiten genutzt werden kann, sind die Öffnungszeiten nur dadurch begrenzt, dass ein*e Mit-arbeiter*in mit Schließberechtigung am Institut anwesend („im Haus") sein muss.

25.3.6 Finanzielle und personelle Bedingungen

Die Anschubfinanzierung (HSP[3]-Projekt vom 01.01.2017 bis 31.12.2020) diente zur stabilen Untersetzung des Projekts mit einer halben Stelle und zur Ausstattung des ersten Raums. Die Mittel wurden zweckgebunden beantragt, wobei der größte Teil für die

---

[3] Der Mathe-Treffpunkt wird gefördert durch den Hochschulpakt (HSP).

Tab. 25.2 Finanzierung

Beschreibung	Quelle für die Finanzierung
Grundausstattung (Literatur, Mobiliar, PC, Tafel, Whiteboard)	HSP-Projekt und Literaturmittel der Universität
Verbrauchsmittel (z. B. Stifte, Druckerpapier)	HSP-Projekt
Wissenschaftliche Mitarbeiterin (0,5 E13 für 3 Jahre)	HSP-Projekt, Stelle zur Fortsetzung ist beantragt
WHKs (Vorbereitung und Materialsammlung)	HSP-Projekt
WHKs (Laufende Betreuung)	HSP-Projekt, Frauenfördermittel für weibliche WHKs, weitere Verträge aus Berufungsmitteln (Waldecker) und einzelne Verträge finanziert vom Institut für Informatik

halbe E13-Stelle (wissenschaftliche Mitarbeiterin) vorgesehen war. Die restlichen Mittel waren für die Raumausstattung, Literatur und Büromaterial sowie für wissenschaftliche Hilfskräfte (WHK) eingeplant. Der zweite Raum war im Projekt ursprünglich nicht vorgesehen und entstand aufgrund der großen Nachfrage. Ebenfalls wegen der großen Nachfrage reichen die für die WHK-Verträge eingeplanten Mittel inzwischen längst nicht mehr aus, um eine gute Betreuungssituation zu gewährleisten, weshalb permanent weitere Finanzierungsquellen erschlossen werden. In Tab. 25.2 ist erläutert, was aktuell aus welchen Quellen finanziert wird.

Die HSP-finanzierte Phase geht dem Ende zu, weshalb ein Folgeprojekt beantragt werden soll. Der Antrag ist in Vorbereitung und bis die Mittel ausgeschrieben werden, wird ein Alternativkonzept entwickelt für den Fall, dass es keine Ausschreibung gibt oder der Antrag nicht erfolgreich ist. So könnte die Betreuung der Studierenden im Mathe-Treffpunkt beispielsweise aufgeteilt werden auf wenige wissenschaftliche Hilfskräfte und einige wissenschaftliche Mitarbeiter*innen am Institut für Mathematik. Die organisatorische Betreuung des Mathe-Treffpunkts ist hingegen bereits durch eine am Institut fest angestellte Person langfristig gewährleistet.

25.4 Didaktische Elemente

Zentrales didaktisches Element des Mathe-Treffpunkts ist das Peer Learning (nach Topping & Ehly, 1998) – schließlich ist der Mathe-Treffpunkt ein Ort des gemeinsamen Lernens – ergänzt durch Unterstützungsmaßnahmen wie Materialien (Abschn. 25.6) und Lernbegleitung durch Tutor*innen (Abschn. 25.3.5).

Unter Peer Learning wird hier nach Boud (2014) und Topping und Ehly (1998) ein wechselseitiger Lernprozess unter Lernenden gleichen Status verstanden, der durch das Teilen von Wissen, Ideen und Erfahrungen von beiderseitigem Vorteil ist. Dieses bedeutet für den Mathe-Treffpunkt insbesondere den Zusammenschluss in Lerngruppen (Metzger & Schulmeister, 2011), der im Wesentlichen dem Lösen von Übungsaufgaben dient (Göller, 2019; Liebendörfer, 2018). Mehrere Studien (nach Boud, 2014) belegen, dass Peer Learning einen positiven Einfluss auf die Motivation und das Sicherheitsgefühl hat und außerdem Wissen und Fertigkeiten fördert, da das Vorwissen der Lernenden durch den kommunikativen Austausch untereinander aktiviert wird und häufiger verschiedene Lösungsansätze ausgetestet und kritisch diskutiert werden. Dabei können kognitive Konflikte auftreten, was zu Veränderungen in der eigenen kognitiven Struktur und zu einem tieferen Verständnis führen kann (vgl. Tulodziecki et al., 2004, S. 30). Die Studierenden übernehmen somit Verantwortung für ihren eigenen Lernprozess und den ihrer Peers und lernen sich in einer Gruppe angemessen zu verhalten, womit das Peer Learning auch einen „social benefit" zur Folge haben kann (Topping & Ehly, 1998). Weiter noch ist anzunehmen, dass durch gegenseitige Regulation und Beschäftigung mit den fachlichen Inhalten (vor allem mit Übungsaufgaben) eine schrittweise Akkulturation in die Fachkultur der Mathematik vollzogen wird (Haak et al., 2020). Der Mathe-Treffpunkt bietet aufgrund seiner räumlichen und konzeptionellen Ausgestaltung eine Lernumgebung, die Peer Learning nicht nur ermöglicht, sondern auch fördert (Abschn. 25.3.3), was sich auch in den Ergebnissen der WiGeMath-Evaluation widerspiegelt (Abschn. 25.7).

Neben der Ermöglichung von Peer Learning ist die Lernbegleitung durch Tutor*innen nach dem Prinzip der minimalen Hilfe nach Zech (2002) ein zentrales didaktisches Element des Mathe-Treffpunkts. Nach Zech „sollte der Lehrer […] [bzw. der Tutor oder die Tutorin] nie mehr helfen als erforderlich. […] Gewinnt der Lehrer den Eindruck, daß ein Schüler […] nicht weiterkommt, gibt er ihm […] die seiner Einschätzung nach geringste Hilfe, die den Problemlöseprozeß vermutlich weiterbringt" (Zech, 2002, S. 315). In einer Tutor*innen-Schulung (Abschn. 25.5.2) lernen die wissenschaftlichen Hilfskräfte die fünf Stufen der Lernhilfen kennen und anwenden (Motivationshilfen, Rückmeldungshilfen, allgemein-strategische Hilfen, inhaltsorientierte strategische Hilfen, inhaltliche Hilfen). Dadurch werden die Studierenden von den Tutor*innen darin unterstützt, Verantwortung für ihren eigenen Lernprozess zu übernehmen. Im Gegensatz zu lehrveranstaltungsbegleitenden Tutorien und Workshops ist im Mathe-Treffpunkt eine noch stärkere Differenzierung möglich. Die Studierenden können eigenverantwortlich arbeiten, allein oder in Gruppen, in ihrem individuellen Tempo und mit einem Maß an Unterstützung, das für sie passend ist.

Darüber hinaus gibt es im Mathe-Treffpunkt eine Vielzahl von Lern- und Übungsmaterialien: Altklausuren, Vorlesungsskripte, Bücher, Arbeitsblätter und die Aufgaben vergangener Mathe-Nächte (Abschn. 25.6). Eine Sammlung von kommentierten Lösungen zu den Mathe-Nacht-Aufgaben ist im Aufbau (im Sinne von „worked-out examples" nach Renkl, 1997, Abschn. 25.6).

25.5   Individueller Schwerpunkt

25.5.1 Mathe-Nacht

Typisch für ein Mathematikstudium an deutschen Universitäten ist die wöchentliche Abgabe von Übungsaufgaben (vgl. Liebendörfer & Göller, 2016, S. 230). Häufig gehen die erreichten Punkte in die Bewertung des Moduls ein oder sie sind Zulassungsvoraussetzung für eine abschließende Prüfung. Die Übungsaufgaben dienen dazu, sich intensiv mit dem Vorlesungsstoff auseinanderzusetzen und mathematische Fähigkeiten zu erwerben (Lehn, 2016). Meistens hat man für die Bearbeitung eine Woche Zeit, weshalb die Übungsaufgaben häufig so angelegt sind, dass sie nicht wie Hausaufgaben in der Schule innerhalb einer kurzen Zeit lösbar sind. Vielmehr wird erwartet, dass die Studierenden zumindest über einige der Aufgaben mehrere Stunden oder Tage nachdenken, dass die Ideen „im Unterbewusstsein gären und reifen, bevor sie als Lösung ans Licht kommen" (Lehn, 2016, S. 1). Somit sind die Übungsaufgaben zu einer Vorlesung häufig schwieriger als die Aufgaben der abschließenden Klausur, für die man nur wenige Stunden Zeit hat, bzw. als typische Aufgabenstellungen in einer mündlichen Prüfung.

Daraus ergeben sich auch für die Studierenden der MLU die folgenden Probleme, die in der Arbeit mit den Studienanfänger*innen sichtbar werden: Viele von ihnen wissen nicht, wie sie sich sinnvoll auf eine anstehende Prüfung vorbereiten sollen. Das erneute Bearbeiten bereits bekannter Übungsaufgaben ist zwar hilfreich, aber allein nicht ausreichend – ebenso wenig das Durchlesen der Vorlesung. Selbst eine intensive Beschäftigung mit dem Vorlesungsstoff festigt zwar Definitionen, Beweisverfahren und Zusammenhänge, schult aber nicht zwangsläufig die rechnerischen Fähigkeiten, die in vielen mathematischen Bereichen wichtig sind. Um in einer Klausur oder mündlichen Prüfung beispielsweise nachzuweisen, dass eine Funktion stetig ist, genügt es nicht, die Definitionen und Sätze der Vorlesung verinnerlicht und verstanden zu haben, sondern man muss an zahlreichen Beispielen den Nachweis von Stetigkeit geübt haben und in der Lage sein, dieses Wissen und die Erfahrung schnell und zuverlässig abzurufen. Viele Studierende begeben sich daher im Internet oder in Büchern (z. B. in Prüfungstrainern) auf die Suche nach passenden Übungsaufgaben. Je nach Themengebiet gestaltet es sich unterschiedlich schwierig, gute Aufgaben zum Üben zu finden. Häufig sind keine oder nur sehr kurze Lösungen angegeben, sodass die Studierenden keine Rückschlüsse auf die Richtigkeit ihres Lösungsweges ziehen können. Des Weiteren verwendet jede*r Dozent*in andere Bezeichnungen und Definitionen oder hat andere Sätze in der Vorlesung bewiesen. Dies führt dazu, dass die gefundenen Übungsaufgaben häufig nicht zu den behandelten Vorlesungsinhalten passen.

Aus all diesen Gründen entstand die Mathe-Nacht, welche zweimal pro Semester zeitlich abgestimmt auf die Klausurtermine der Vorlesungen „Analysis" und „Lineare Algebra" stattfindet und vom Mathe-Treffpunkt ausgerichtet wird. Die Tutor*innen und Mitarbeiter*innen des Mathe-Treffpunkts erstellen Aufgaben zu den verschiedenen klausurrelevanten Themen, welche dann in Form einer Stationsarbeit von den Studierenden bearbeitet werden können. Während der gesamten Zeit steht ihnen das Team des Mathe-Treffpunkts für Fragen und Hilfestellungen zur Verfügung. Koffeinhaltige Getränke, Süßigkeiten und Pizza runden den Rahmen ab. Im Folgenden wird detaillierter auf die organisatorische Gestaltung der Mathe-Nacht sowie auf die Gestaltung der Aufgaben eingegangen.

Da die Studierenden im ersten und zweiten Fachsemester je eine Klausur in „Analysis" und mindestens eine Klausur in „Lineare Algebra" schreiben, gibt es pro Semester eine Mathe-Nacht zur Vorbereitung auf die „Analysis"-Klausur und eine zur Vorbereitung auf die „Lineare Algebra"-Klausur. In Absprache mit den Dozent*innen der jeweiligen Vorlesung werden die klausurrelevanten Themen ausgewählt. Anschließend erstellen die Tutor*innen sowie die Mitarbeiter*innen des Mathe-Treffpunkts Aufgaben zu den entsprechenden Themen. Meistens handelt es sich um fünf bis sieben Themen – beispielsweise waren die Themen der Analysis-Mathe-Nacht im Sommersemester 2019: „Metrische Räume", „Stetigkeit, Differenzierbarkeit und Taylor", „Lokale Extrema", „Integrale" und „Implizite Funktionen und Untermannigfaltigkeiten". Bei der Aufgabenerstellung wird darauf geachtet, möglichst alle Aspekte des Themas abzudecken und in etwa den Schwierigkeitsgrad der Klausur zu treffen. Zu jedem Thema entstehen vier bis zehn Aufgaben. Diese werden auf farbiges Papier gedruckt, wobei jedes Thema eine andere Farbe erhält. Die Mathe-Nacht findet aus Platzgründen nicht in den Räumen des Mathe-Treffpunkts statt, sondern es werden ca. fünf Seminarräume gebucht, wobei sich in jedem Raum eine oder zwei Stationen befinden. Es werden Gruppentische gebildet und die Aufgabenblätter werden auf den Tischen verteilt. Die Studierenden werden dazu angehalten, die Aufgabenblätter nicht mitzunehmen und die Aufgaben nur an der vorgesehenen Station zu lösen. So ist gewährleistet, dass jede*r Tutor*in kompetent bei den selbst erstellten Aufgaben helfen kann. Nach der Mathe-Nacht werden die Aufgaben online zur Verfügung gestellt. So können die Studierenden auch später die Aufgaben lösen und im Mathe-Treffpunkt Fragen dazu stellen, was diejenigen häufig nutzen, die aus zeitlichen Gründen nicht alle Aufgaben in der Mathe-Nacht lösen konnten.

Die Mathe-Nächte finden von 18 bis 24 Uhr in der Woche vor der Klausur an einem Wochentag im Institut für Mathematik oder in angrenzenden Gebäuden statt. Die Erfahrung zeigt, dass ein früherer Termin nicht sinnvoll ist, da die Studierenden sich dann noch nicht ausreichend mit dem Lernstoff beschäftigt haben. Es empfiehlt sich, möglichst viele Seminarräume zu nutzen, um trotz der hohen Teilnehmendenzahl eine angenehme Lautstärke zu gewährleisten. Kalte Getränke, Kaffee, Süßigkeiten und Obst werden von den Studierenden durch einen Unkostenbeitrag von einem Euro finanziert. Für die besonders Hungrigen werden auf eigene Kosten Partypizzen bestellt. Dies alles schafft eine Atmosphäre, die von den Studierenden in einer Umfrage während der Analysis Mathe-Nacht im Sommersemester 2019 besonders gelobt wird. Auf die offene Frage „Was gefällt dir gut an unseren Mathe-Nächten?" fallen mehrmals die Antwort „Atmosphäre" sowie die Antworten „Spaß" und „gute Laune". Abschließend soll auf die Ergebnisse dieser Umfrage eingegangen werden.

Tab. 25.3 Anlass des Besuches (Gesamt N = 56)

Item	Anzahl
„Ich will klausurähnliche Aufgaben erhalten."	51
„Ich will den Lernstoff üben."	51
„Ich will klausurähnliche Aufgaben sehen."	50
„Meine Lerngruppe/Freunde sind hier."	47
„Ich will mein Wissen testen."	41
„Ich möchte Hilfe von den Tutoren/Tutorinnen erhalten."	41
„Ich möchte konkrete Fragen stellen."	23
„Ich bin gerne unter Leuten/nehme gerne an gesellschaftlichen Veranstaltungen teil."	28

An der Umfrage in Form eines Fragebogens nahmen während der Analysis Mathe-Nacht im Sommersemester 2019 56 Studierende teil. Anwesend waren ca. 70 Studierende, was in etwa der durchschnittlichen Anzahl der Teilnehmer*innen an den bisherigen Mathe-Nächten entspricht. Die meisten von ihnen studieren Mathematik auf Lehramt für Gymnasien im ersten oder zweiten Fachsemester, aber auch andere Studiengänge sind vertreten (Abschn. 25.3.2). 43 von 56 Befragten sind Wiederholungstäter*innen, haben also schon mindestens eine Mathe-Nacht zuvor besucht.

Nach dem Anlass des Besuches gefragt, konnten die Studierenden mehrere von insgesamt acht Antwortmöglichkeiten auswählen. Die Ergebnisse sind in Tab. 25.3 zu sehen.

Die Aufgaben dieser Mathe-Nacht wurden insgesamt mit der Schulnote $1{,}71 \pm 0{,}65$ beurteilt. Die Studierenden empfinden die Aufgaben als sehr hilfreich, wie Tab. 25.4 zeigt.

Ebenfalls positiv wurde die fachliche Beratung durch die Tutor*innen eingeschätzt, die die Schulnote $1{,}53 \pm 0{,}62$ erhielt. Die Studierenden stimmten den Aussagen stark zu, dass ihnen „durch die Beratung die Aufgabenstellung deutlicher geworden ist" $(3{,}50 \pm 0{,}68)$, dass sie „durch die Beratung [...] die Lösung erarbeiten" $(3{,}48 \pm 0{,}71)$ konnten und dass die Tutor*innen ausreichend Zeit für sie hatten $(3{,}36 \pm 0{,}87)$. Ebenfalls sehr häufig wurde angegeben, dass „die Beratung [...] geholfen [hat], neue Dinge (Inhalte, Definitionen, Beweise) zu verstehen" $(3{,}33 \pm 0{,}72)$ und dass dadurch „klargeworden" ist, wo der eigene „(Denk-/oder Rechen-) Fehler liegt" $(3{,}32 \pm 0{,}78)$.

25.5.2 Tutor*innen-Schulung

Die wissenschaftlichen Hilfskräfte, die im Mathe-Treffpunkt arbeiten, sind mit anderen Herausforderungen konfrontiert als jene Studierende, die ein Tutorium leiten oder Übungsserien korrigieren. Daher findet einmal jährlich eine Tutor*innen-Schulung für alle im Mathe-Treffpunkt Tätigen statt, in der sie an ihre speziellen Aufgaben herangeführt werden. Diese Schulung trägt den Titel „Studierenden sinnvoll helfen im Mathe-

Tab. 25.4 Bewertung der Aufgaben (Gesamt N = 56)

Item	Mittelwert auf einer Skala von 1 (trifft gar nicht zu) bis 4 (trifft vollständig zu)	Standardabweichung
„Die Aufgaben der heutigen Mathe-Nacht sind hilfreich."	3,57	0,61
„Die Aufgaben der heutigen Mathe-Nacht sind zu leicht."	1,94	0,72
„Die Aufgaben der heutigen Mathe-Nacht sind zu schwer."	2,20	0,58
„Die Aufgaben der heutigen Mathe-Nacht helfen, den Stoff zu verstehen."	3,47	0,62
„Die Aufgaben der heutigen Mathe-Nacht sind eine gute Vorbereitung auf die Klausur."	3,47	0,54
„Die Aufgaben der heutigen Mathe-Nacht helfen, sich etwas unter der Klausur vorzustellen."	3,16	0,80

Treffpunkt", wobei die Betonung auf dem Wort *sinnvoll* liegt. Mit genügend Tipps ist es nämlich nicht schwierig, dafür zu sorgen, dass die Studienanfänger*innen eine Aufgabe richtig lösen. Schwierig ist es aber, ihnen möglichst wenig und dafür nachhaltig zu helfen und sie mit den Methoden und der Sprache der Hochschulmathematik vertraut zu machen, sodass sie sich in Zukunft bei ähnlichen Problemen selbst helfen können.

Die Schulung findet vor Beginn der Vorlesungszeit statt, dauert drei Stunden und besteht aus drei Teilen, wobei der dritte Teil den größten zeitlichen Rahmen einnimmt. Sie wird von einer wissenschaftlichen Mitarbeiterin durchgeführt, die mit der inhaltlichen und organisatorischen Gestaltung des Mathe-Treffpunkts beauftragt ist. Die drei Teile der Schulung werden im Folgenden vorgestellt.

25.5.2.1 Zur Wichtigkeit von Definitionen und eigenen Beispielen (Präsentation)

Häufig ist unter Studierenden folgendes Szenario zu beobachten: Erklären sich Kommiliton*innen gegenseitig einen Begriff, so geschieht dies meist sehr anschaulich und oft mit Hilfe eines Beispiels. Die exakte mathematische Definition rückt dabei in den Hintergrund. Ähnliches passiert in zahlreichen Erklärvideos auf YouTube. Dass dies problematisch ist, erläutern Tall und Vinner (1981) anhand der von ihnen eingeführten Begriffe Concept Image und Concept Definition. Das Concept Image bezeichnet „alle kognitiven Strukturen, die mit einem Begriff (engl. „concept") verbunden sind" (Klinger,

2019, S. 66). Dies können bildliche Darstellungen, Eindrücke, Erfahrungen, Eigenschaften, Prozesse und vieles mehr sein. Demgegenüber ist die Concept Definition eine exakte Definition des Begriffs, die von der breiten Öffentlichkeit der in der Mathematik Forschenden akzeptiert wird (vgl. Tall & Vinner, 1981, S. 152). Das Concept Image einer Studentin zum Begriff „injektiv" könnte zum Beispiel aus Merksätzen wie „Zwei verschiedene x-Werte haben nie den gleichen y-Wert", aus Beispielen und Gegenbeispielen für injektive Funktionen und aus Venn-Diagrammen bestehen. Laut Tall und Vinner (1981) müssen für das Verständnis eines Begriffes sowohl das Concept Image als auch die Concept Definition vollständig ausgeprägt sein und es muss eine dauerhafte Verbindung zwischen diesen beiden bestehen, da das Concept Image nur durch den ständigen Abgleich mit der Definition fehlerfrei sein kann. Viele Studierende neigen jedoch dazu, sich gänzlich auf ihr Concept Image zu verlassen, was dazu führt, dass Aufgaben nur auf Grundlage des Concept Images und nicht mit Hilfe der Definition bearbeitet werden. Spätestens wenn bewiesen werden soll, dass eine gegebene Funktion injektiv ist oder dass die Hintereinanderausführung zweier injektiver Abbildungen wieder injektiv ist, steht man vor einem Problem, wenn man die Aufgabe mit Venn-Diagrammen zu lösen versucht. Daher ist es notwendig, dass die Tutor*innen im Mathe-Treffpunkt deutlich machen können, wie wichtig die Definitionen der Vorlesung sind und wie man diese selbstständig verstehen kann. Die soeben beschriebenen Begriffe und Probleme werden den angehenden Tutor*innen daher in der Schulung vorgestellt. Des Weiteren lernen sie, wie stark sich das Kreieren eigener Beispiele auf das Verständnis eines Begriffes auswirkt. Dahlberg und Housman (1997) konnten in einer Studie feststellen, dass die Studierenden, die sich bei der Auseinandersetzung mit einer neuen Definition selbst Beispiele überlegten, den größten Lerneffekt und ein vollständigeres Verständnis des Begriffes erzielen konnten. Daher ist es wichtig, die Studierenden im Mathe-Treffpunkt darin zu unterstützen, eigene Beispiele zu finden, statt ihnen Beispiele vorzugeben. In der Schulung wird anhand des Begriffes der Äquivalenzrelation darüber diskutiert, wie man Studierende dazu bringen kann, eigene Beispiele zu erstellen. Als besonders hilfreich erachten die teilnehmenden Tutor*innen das folgende Vorgehen: Nachdem man die grobe Struktur der Definition erfasst hat, sollte man anschließend die Definition Wort für Wort lesen, gegebenenfalls Begriffe nachschlagen, und für jedes mathematische Objekt ein konkretes Beispiel angeben, das beim weiteren Lesen, wenn nötig, angepasst werden kann.

25.5.2.2 Einführung in das Prinzip der minimalen Hilfe (Präsentation)

Die meisten Studierenden, die den Mathe-Treffpunkt besuchen, lösen dort ihre Übungsserien. Da das Lösen der Übungsserien Teil der Studien- oder Modulvorleistung ist, ergibt sich für die wissenschaftlichen Hilfskräfte eine schwierige Situation. Sie sollen die Studierenden auf ihrem Lösungsweg begleiten, dürfen aber gleichzeitig nichts von der Lösung verraten. Um ein hohes Maß an Selbstständigkeit bei den Lernenden zu erzielen, gilt das Prinzip der minimalen Hilfe nach Zech (Abschn. 25.4). In der Schulung werden die einzelnen Stufen sowie mögliche Hilfen anhand eines Beispiels aus der Hochschulmathematik (Beweis der Gaußschen Summenformel) diskutiert.

25.5.2.3 Anwendung des Prinzips der minimalen Hilfe in typischen Problemsituationen (Rollenspiel und Diskussion)

Im dritten Teil der Schulung wird das Gelernte praktisch angewendet. Zunächst lösen die Tutor*innen in Einzelarbeit eine Aufgabe aus einem Themengebiet des ersten Semesters (Äquivalenzrelation). Dabei sollen sie sich selbst beobachten und ihre verwendeten Ideen und Strategien schriftlich festhalten. Den Begriff der heuristischen Strategien sowie einige Beispiele lernen sie erst anschließend kennen, damit sie unvoreingenommen an die Aufgabe herangehen können. Die bei sich selbst beobachteten Strategien können als Grundlage für die Arbeit im Mathe-Treffpunkt dienen, da sich daraus Hilfestellungen für Studierende ableiten lassen. In den anschließenden Rollenspielen wird auf vier verschiedene typische Problemsituationen im Mathe-Treffpunkt eingegangen. Je ein*e Schulungsteilnehmer*in spielt die Rolle der Lernbegleiterin bzw. des Lernbegleiters im Mathe-Treffpunkt, während die Schulungsleiterin eine Studentin spielt. Die anderen Schulungsteilnehmer*innen beobachten die Situation und geben anschließend Feedback. Im Rollenspiel arbeitet die Studentin an der gleichen Aufgabe, die zuvor von den Tutor*innen gelöst wurde.

In der ersten Situation des Rollenspiels kennt oder versteht die Studentin grundlegende Begriffe der Aufgabenstellung nicht (hier Äquivalenzrelation). In der zweiten Situation versteht die Studentin die Aufgabenstellung nicht, was im Rollenspiel auf einem Logikfehler beruht. In der dritten Situation versteht die Studentin zwar die Aufgabenstellung und die darin vorkommenden Begriffe, hat aber keinen Ansatz zur Lösung der Aufgabe, während sie in der letzten gespielten Situation die Aufgabenstellung versteht und auch schon einen Lösungsansatz hat, aber nicht weiterweiß. Die vorhergehenden Schulungsinhalte können nun angewendet werden, um der Studentin zu helfen. In allen vier Situationen ist für die Tutor*innen wichtig, sich zuerst einen Überblick darüber zu verschaffen, wo die Studentin steht. Darüber hinaus sollte die Studentin eine Rückmeldung über ihren bisherigen Lösungsweg erhalten und bestmöglich auf ihrem eigenen Lösungsweg unterstützt werden.

Am Ende der Schulung erfolgt eine kurze Feedbackrunde durch die Teilnehmenden, in der bisher vor allem Zustimmung zu den beschriebenen Problemfeldern geäußert wurde. Vor allem durch die Behandlung der Thematik Concept Image/Concept Definition konnten die Teilnehmenden neue Ideen mitnehmen, wie man Studierenden helfen kann, ohne zu viel zu verraten. Alle Teilnehmer*innen fühlen sich nach der Schulung gut auf die Arbeit im Mathe-Treffpunkt vorbereitet, jedoch sind sich manche unsicher, ob sie den Prinzipien auch bei großem Andrang und Zeitdruck gerecht werden können. Tutor*innen, die schon länger im Mathe-Treffpunkt arbeiten, äußern Probleme in dieser Hinsicht. In weiteren Schulungen soll insbesondere auf diesen Aspekt stärker eingegangen werden. Die Hilfskräfte sollen Methoden kennenlernen, wie sie sich trotz vieler Anfragen nicht unter Stress setzen und auf die Fragen der Studierenden in Ruhe eingehen können.

Insgesamt wurden 87,5 % der befragten Tutor*innen in Halle in einer Tutor*innen-Schulung ausgebildet, was im Vergleich zu anderen Standorten sehr hoch ist (64,4 % der Befragten in der Gesamtbefragung). Drei Viertel der Befragten gaben an, dass diese Schulung speziell auf die Tätigkeit im Lernzentrum ausgerichtet gewesen war. Zudem hatten alle der in Halle Befragten eine Einweisung durch andere Tutor*innen oder die Lernzentrumsleitung erhalten.

25.5.3 Workshop „Wie geht Beweisen?"

Das Finden und Kommunizieren von Beweisen ist eine Kerntätigkeit in der axiomatisch aufgebauten Hochschulmathematik. Für Studienanfänger*innen ist dies aber häufig eine große Herausforderung, da sie in der Schule kaum mit Beweisen in Berührung gekommen sind (vgl. Grieser, 2016, S. 663). Deshalb fand im Wintersemester 2019/20 zum ersten Mal der Workshop „Wie geht Beweisen?" statt, durchgeführt von der wissenschaftlichen Mitarbeiterin, die den Mathe-Treffpunkt betreut. Bei den während der Vorlesungszeit wöchentlich stattfindenden Treffen, die 60 bis 90 min dauerten, lernten die Studienanfänger*innen, was einen Beweis ausmacht, wie man Ideen für einen Beweis entwickeln kann und welche Beweismethoden und Tricks es gibt. Hier wurden sowohl Fachliteratur (z. B. Moore, 1994; Alcock, 2017) als auch eigene Erfahrungen herangezogen. Anhand von konkreten Beispielen, die zum aktuellen Stoff der Vorlesung „Lineare Algebra" passten, übten die Studierenden das Beweisen von Mengengleichheiten, Implikationen, Äquivalenzen und Existenzaussagen sowie das Nachweisen von Eigenschaften anhand von Definitionen, das Widerlegen von Behauptungen durch Gegenbeispiele, die vollständige Induktion und das Prinzip des Beweisens durch Widerspruch. In jeder Sitzung wurden zunächst gemeinsam an der Tafel ein Beweis und die zugrundeliegenden Überlegungen erarbeitet. Anschließend führten die Studierenden selbst Beweise mit Hilfe von Arbeitsblättern durch, die Hilfestellungen, welche sich je nach Aufgabe stark unterschieden, enthielten (Abschn. 25.6). Ein weiterer Schwerpunkt des Workshops war es, den Studierenden zu vermitteln, dass man für die meisten Beweise (zumindest im Studium) keine genialen Einfälle oder Ideen haben muss und dass sich häufig die Struktur eines Beweises aus einer Definition ergibt. So verrät beispielsweise die Definition des Begriffs „injektiv", dass man beim Nachweisen der Injektivität zunächst zwei beliebige Elemente wählen sollte, die das gleiche Bild haben, und dass man anschließend die Gleichheit dieser Elemente folgern muss.

25.6 Vorstellung von Arbeitsmaterialien

Die Aufgaben der Mathe-Nächte und einige weitere Arbeitsblätter, die sich auch zum Üben vor dem Studium eignen, sind auf der Homepage des Mathe-Treffpunkts zu finden (www2.mathematik.uni-halle.de/mathe-treffpunkt). Bei der Gestaltung der Arbeitsblätter wurden Themen ausgewählt, die für einen erfolgreichen Studienstart wichtig sind und mit denen viele

1. Sei $f : \mathbb{R}^2 \to \mathbb{R}$ gegeben durch

$$f(x,y) = \begin{cases} 0 & (x,y) = (0,0) \\ \frac{x^2+y^2}{x^2+xy+y^2} & (x,y) \neq (0,0) \end{cases}$$

a) Ist f stetig?

b) Ist f partiell differenzierbar? Wenn ja, gib die partiellen Ableitungen an!

c) Ist f differenzierbar?

Lösung:

a) Wir beginnen mit dem einfachsten Fall und überprüfen die Stetigkeit zunächst in allen Punkten $(x,y) \neq (0,0)$. Da die Funktion hier aus lauter stetigen Funktionen zusammengesetzt ist ($h_1(x,y) = x^2 + y^2$ ist stetig, $h_2(x,y) = x^2 + xy + y^2$ ist stetig), ist die Funktion in allen Punkten ungleich $(0,0)$ stetig. Dies besagen die Stetigkeitssätze. Es genügt eine kurze Feststellung:

In allen Punkten $(x,y) \neq (0,0)$ ist die Funktion nach Stetigkeitssätzen stetig, da sie hier aus stetigen Funktionen zusammengesetzt ist.

Interessant wird es an der Stelle $(0,0)$. Wenn die Funktion hier stetig wäre, müsste gelten

$$\lim_{(x,y)\to(0,0)} \frac{x^2+y^2}{x^2+xy+y^2} = 0 = f(0,0)$$

Wie können wir überprüfen, ob dies stimmt? Ein guter Trick ist es, sich dem Punkt $(0,0)$ auf bestimmten Wegen/von bestimmten Richtungen zu nähern und zu schauen, ob für diese Wege jeweils der Grenzwert gleich 0 ist. Wenn nicht, weiß man sofort, dass die Funktion nicht stetig ist. (Erinnerung: Wir befinden uns im $\mathbb{R}^2$. Wir können uns einem Punkt also nicht mehr nur von links und rechts nähern, sondern auf unendlich vielen Wegen, wie man in der Skizze erkennt.)

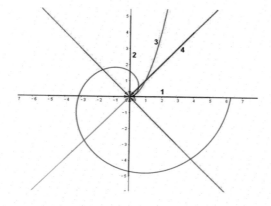

Abb. 25.3 Kommentierte Lösung einer Mathe-Nacht-Aufgabe

Unterräume

Behauptung: Die Menge $M = \{(x, y, x + y) \mid x, y \in \mathbb{R}\}$ ist ein Unterraum von $\mathbb{R}^3$.

Beweis:

Wir nutzen Definition 3.4. aus der Vorlesung:

> Definition: Eine Teilmenge $U \subset V$ heißt Untervektorraum (oder Unterraum), falls
>
> - (U0) $U \neq \emptyset$
> - (U1) Aus $u, v \in U$ folgt $u + v \in U$
> - (U2) Aus $\alpha \in K, u \in U$ folgt $\alpha u \in U$

Überprüfe zunächst die Voraussetzung der Definition ($U \subset V$). Was ist hier U und V?

In dieser Aufgabe ist das so offensichtlich, dass man es nur hinschreiben und nicht weiter begründen muss.

Es ist _____

Nun zeigen wir nacheinander U0, U1 und U2.

(U0) Laut Definition ist zu zeigen: _____

Um zu zeigen, dass eine Menge nicht leer ist, genügt es, ein konkretes Element

anzugeben, das in der Menge liegt:

Es ist _____ $\in$ _____ . Also ist _____

(U1) Laut Definition ist zu zeigen: _____

Übertrage den Satz „ Aus $u, v \in U$ folgt $u + v \in U$ " auf die gegebene Aufgabenstellung. Was ist hier U?

Abb. 25.4 Arbeitsblatt aus dem Workshop „Wie geht Beweisen?"

Studienanfänger*innen, nach eigenen Beobachtungen, Probleme haben. Die verwendete Sprache ist der Alltags- und Bildungssprache nahe, um den Übergang zur mathematischen Fachsprache zu erleichtern. Eine Sammlung von kommentierten Musterlösungen zu den Mathe-Nacht-Aufgaben befindet sich im Aufbau. Abb. 25.3 zeigt einen Ausschnitt aus einer solchen Lösung. Die grau hinterlegten Abschnitte stellen die eigentliche Musterlösung dar. Der restliche Text zeigt Überlegungen, die zum Lösen der Aufgabe notwendig sind.

Abb. 25.4 zeigt einen Ausschnitt eines Arbeitsblattes, das im Workshop „Wie geht Beweisen?" zum Einsatz kam. Die grau hinterlegten Teile stellen wieder die eigentliche Lösung dar. Durch Hinweise werden die Studienanfänger*innen an das Beweisen herangeführt.

25.7 Vorstellung von Evaluations- und Untersuchungsergebnissen

Der Mathe-Treffpunkt an der MLU Halle-Wittenberg wurde im Rahmen des WiGeMath-Forschungsprojektes ebenso wie die Standorte Darmstadt, Stuttgart, Oldenburg, Paderborn, Ulm und Würzburg mithilfe der WiGeMath-Evaluationsinstrumente untersucht. Konkret wurde im Jahr 2019 eine schriftliche Befragung von Studienanfänger*innen in der Grundlagenvorlesung „Lineare Algebra" durchgeführt ($N = 74$). Außerdem wurden auch die Tutor*innen im Wintersemester 19/20 schriftlich befragt ($N = 8$).

Im Folgenden werden zunächst Nutzer*innen ($N_N = 67$) und Nicht-Nutzer*innen ($N_{NN} = 5$)[4] des Mathe-Treffpunkts mithilfe deskriptiver Statistik miteinander verglichen, wobei zu bedenken ist, dass die geringe Anzahl an Nicht-Nutzer*innen zwar für eine sehr positive Annahme des Mathe-Treffpunkts spricht, die vorgestellten Ergebnisse sich oft aber nur auf Einzelpersonen beziehen. Aus diesem Grund werden bei auffälligen Items Intensiv- (Nutzung mindestens einmal pro Woche) und Gelegenheitsnutzer*innen (etwa einmal im Monat) miteinander verglichen.

Der Hauptanteil aller Befragten studiert Lehramt für Gymnasien mit Unterrichtsfach Mathematik (45 von 74), das Lehramt für Sekundarschulen belegen 17 Befragte. Lehramtsstudierende haben damit den größten Anteil an den Nutzer*innen, während Studierende im Bachelorstudiengang Mathematik oder Wirtschaftsmathematik mit 7 von 74 Befragten nur zu einem kleinen Teil vertreten sind. Dieses Verhältnis lässt sich im Wesentlichen auch in der Gruppe der Nutzer*innen und der Gruppe der Nicht-Nutzer*innen finden. Da in den Lehramtsstudiengängen mit Fach Mathematik der Frauenanteil seit Jahren steigt und oft höher ist als in den Bachelorstudiengängen, ist es nicht verwunderlich, dass der Frauenanteil bei den Nutzer*innen mit 51,4 % recht hoch im Vergleich zu den anderen Standorten ist (Anteil an anderen Standorten: 28,6 %). Der Treffpunkt spricht also alle Studienanfänger*innen unabhängig von Gender und Studienrichtung gleichermaßen an. Es fällt auf: Auch wenn die Erhebung in der Vorlesung „Lineare Algebra", also einer Grundlagenvorlesung, durchgeführt wurde, ist nur etwas mehr als die Hälfte der Studierenden im ersten Studienjahr. Im Vergleich zu den anderen evaluierten Lernzentren ist die Nutzungshäufigkeit höher: An der Martin-Luther-Universität nutzen 57,0 % der befragten Nutzer*innen das Lernzentrum mindestens einmal in der Woche, im Gesamtdurchschnitt über alle Standorte sind es 46,9 %.

Auffällige Unterschiede von Nutzer*innen und Nicht-Nutzer*innen gibt es in Items, die mit Zufriedenheit und Lernverhalten zusammenhängen. Während der Mittelwert der Studienzufriedenheit der Nutzer*innen auf einer Likert-Skala von „1: trifft gar nicht zu" bis „6: trifft vollständig zu"[5] den Wert $4,20 \pm 1,10$ beträgt, sind die fünf Nicht-Nutzer*innen mit $3,51 \pm 0,98$ unzufriedener. Zudem hegen Nicht-Nutzer*innen des Mathe-Treffpunkts eher Studienabbruchgedanken[6] ($4,78 \pm 0,92$) als Nutzer*innen ($4,00 \pm 0,94$).

Betrachtet man das Item „Wie häufig treffen Sie sich in einer Lerngruppe?", so fällt auf, dass von den fünf Nicht-Nutzer*innen vier angeben, sich nie mit einer Lerngruppe zu treffen. Die Nutzer*innen des Mathe-Treffpunkts lernen hingegen viel häufiger in Lerngruppen: 76 % dieser treffen sich mindestens einmal in der Woche mit ihrer Lerngruppe. Das lässt die Hypothese zu, dass Personen, die den Mathe-Treffpunkt nicht besuchen, eher als Einzelgänger*innen zu betrachten sind. Diese Hypothese

---

[4] Zwei Personen machten keine Angabe.

[5] Beispielitem: „Ich habe richtig Freude an dem, was ich studiere".

[6] Beispielitem: „Ich überlege mir häufig, das Fach zu wechseln."

wird gestützt durch den Vergleich der Skalenwerte zur sozialen Eingebundenheit[7]. Ein Kruskal–Wallis Test ergab, dass sich die Stichproben der Nutzer*innen und Nicht-Nutzer*innen signifikant, bezogen auf diese Skala, unterscheiden ($p = 0{,}013$): Nutzer*innen empfinden eine signifikant stärkere Eingebundenheit in die Gruppe der Erstsemesterstudierenden ($4{,}56 \pm 0{,}91$) als Nicht-Nutzer*innen ($3{,}13 \pm 0{,}67$). Gelegenheitsnutzer*innen (Nutzung ca. einmal im Monat) und Intensivnutzer*innen (Nutzung mindestens einmal pro Woche) unterscheiden sich diesbezüglich nicht.

Der Schwerpunkt des „Tagesgeschäfts" im Mathe-Treffpunkt ist das Lösen der Übungsserien. Dieses zeigt sich deutlich im Vergleich mit anderen Universitäten. Der Anteil der Studierenden, die sich im Lernzentrum selbstständig oder mit Unterstützung mit den Übungsserien beschäftigen wollen[8], ist doppelt bis dreimal so hoch wie in allen anderen Lernzentren: 62,3 % der Lernzentrumsbesucher*innen treffen sich im Mathe-Treffpunkt mit ihrer Lerngruppe, zumeist, um an der aktuellen Übungsserie weiterzuarbeiten (94,3 %). Wichtigstes Anliegen ist dabei das Erfragen von Unterstützung (96,2 %), wobei insgesamt nur knapp die Hälfte auch eine konkrete Frage für die Tutor*innen vorbereitet hat. Knapp ein Zehntel gibt zu, fertige Lösungen von Kommiliton*innen erhalten zu wollen. Zudem wird der Mathe-Treffpunkt von 47,2 % der befragten Nutzer*innen zur Klausurvorbereitung genutzt. Außerdem verbringen einige Studierende gern Zeit im Lernzentrum, wenn es eine längere Pause zwischen Vorlesungen gibt.

Insgesamt werden die Qualität und die Ausstattung des Mathe-Treffpunkts, auch im Vergleich mit anderen Standorten, als sehr hoch eingeschätzt. Die pädagogische und fachliche Qualität, die Beratung und die Ausstattung wurden von mindestens 75,8 % der Studierenden als hoch eingeschätzt. Als besonders positiv wird die fachliche Qualität (92,7 % hohe Bewertung) wahrgenommen. Der einzige Verbesserungsvorschlag, der mehrfach genannt wurde, ist der Wunsch nach mehr Platz und Räumlichkeiten. Die Befragung der Nicht-Nutzer*innen ergab nur wenige Kritikpunkte. Diese wurden gefragt, aus welchen Gründen sie den Mathe-Treffpunkt nicht (mehr) aufsuchen. Dabei bemängeln die Studierenden weder den Platz noch die Erreichbarkeit, sondern eher die Lautstärke. Im Freitext gaben die Studierenden sehr individuelle Antworten: genannt wurden fehlende Zeit aufgrund von Arbeit oder Pendeln (3x), kein Interesse und die Antwort „..., weil ich lieber allein Lösungen entwickeln möchte, um besser auf die Prüfung vorbereitet zu sein" (so ähnlich 2x). Ein Student war mit dem Angebot unzufrieden: „...ich nicht immer die benötigte Hilfe erhalten hatte bzw. meine Verständnisfragen manchmal anders beantwortet worden, sodass ich noch weniger verstanden hatte."

---

[7] Beispielitem: „Ich denke, dass die Kommilitonen, mit denen ich Zeit verbringe, sich wirklich für mich interessieren."

[8] Beispielitem „Ich möchte an meinem Übungszettel (weiter-)arbeiten" (Gesamt: 35,5 %, Halle: 92,7 %).

Insgesamt lässt sich sagen, dass sich der Mathe-Treffpunkt an der MLU Halle-Wittenberg in den zwei Jahren des Bestehens bereits sehr gut als extracurriculares Unterstützungsangebot am Institut für Mathematik etabliert hat. Dies zeigt sich zum einen in der sehr hohen Nutzungsquote von über 90 % von Studierenden in Anfängerveranstaltungen und zum anderen in den positiven Bewertungen durch die Studierenden. Bezüglich der Wirkungen auf die Leistungen lassen sich aus den momentanen Daten noch keine Hinweise gewinnen. Auch wenn die Nutzer*innen des Mathe-Treffpunkts zufriedener sind und weniger Studienabbruchgedanken hegen, lässt sich auf Basis der vorliegenden Daten noch nicht einschätzen, wie viel der Mathe-Treffpunkt zu dieser größeren Zufriedenheit beiträgt.

Die Befragung der Tutor*innen des Mathe-Treffpunkts ergab, dass diese mit der Qualität des Lernzentrums sehr zufrieden sind und den Nutzen für die Studierenden als sehr hoch einschätzen (100 % der Befragten gaben in beiden Bereichen eine der höchsten beiden Bewertungen auf einer sechsstufigen Skala ab). Die fachliche Qualität wird als sehr hoch bewertet (100 % gaben eine der höchsten beiden Bewertungen auf einer sechsstufigen Skala an), die pädagogische wird etwas geringer eingeschätzt (50 % gaben eine hohe und 50 % eine mittlere Bewertung ab). Die Lernbedingungen und die Ausstattung werden als sehr positiv bewertet (87,5 % hohe Bewertung, 12,5 % mittlere Bewertung). Bezüglich der Lernbedingungen und der Ausstattung äußern die Tutor*innen als Verbesserungsvorschläge mehr Räume, Plätze sowie eine größere Auswahl an Literatur und vollständigen Skripten zur Verfügung zu haben. Verbesserungspotentiale sehen die Tutor*innen bei sich, indem sie sich besser auf die Übungsaufgaben vorbereiten, um mehr Beispiele „parat zu haben" (zwei Nennungen), spontaner auf komplexe Fragen reagieren (eine Nennung), mehr Geduld haben (eine Nennung) und selbstbewusster auftreten (eine Nennung). Aufgrund dieser Ergebnisse wird überlegt, wie man die genannten Punkte in der Tutor*innen-Schulung oder in einer semesterbegleitenden Betreuung der Tutor*innen berücksichtigen kann.

25.8 Zusammenfassung und Ausblick

Der Mathe-Treffpunkt an der MLU Halle-Wittenberg verfolgt das Ziel, Studienanfänger*innen beim Übergang von der Schul- zur Hochschulmathematik zu unterstützen, indem die Mathe-Treffpunkt-Nutzer*innen hochschulmathematische Arbeitsweisen – vor allem das Beweisen – mit Unterstützung üben und festigen können (Abschn. 25.2.1). Zum Erreichen dieses Ziels dient insbesondere die Lernbegleitung nach dem Prinzip der minimalen Hilfe durch Tutor*innen (Abschn. 25.4), die in einer eigens dafür konzipierten Schulung auf die komplexe Aufgabe der Lernbegleitung vorbereitet werden (Abschn. 25.5.2). Darüber hinaus wurde ein Workshop mit dem Namen „Wie geht Beweisen?" (Abschn. 25.5.3) konzipiert. Die Evaluationsergebnisse zeigen, dass der Mathe-Treffpunkt von der Hauptzielgruppe, den Studienanfänger*innen, häufig und intensiv genutzt wird (Abschn. 25.7). Er ist somit nach zweieinhalb Jahren fester Bestandteil des

Instituts für Mathematik geworden. Die Studierenden sind mit dem Angebot des Mathe-Treffpunkts hoch zufrieden und loben insbesondere die fachliche Qualität der Beratung (Abschn. 25.7).

Auch das Ziel, den Austausch über Mathematik zu erhöhen, wurde erfüllt: Die Studierenden treffen sich im Mathe-Treffpunkt vorwiegend mit Kommiliton*innen, um kooperativ die Übungsaufgaben zu lösen. Die freundliche Atmosphäre in den Räumlichkeiten des Mathe-Treffpunkts (Abschn. 25.3.3) spiegelt sich in der hohen Bewertung der Ausstattung wider (Abschn. 25.7).

Ein weiteres Ziel des Mathe-Treffpunkts ist die Erhöhung des Studienerfolgs in Form von verringerten Abbruchquoten und erhöhter Studienzufriedenheit (Abschn. 25.2.2). Hinsichtlich der Abbruchquoten kann aufgrund der einmaligen Erhebung bislang keine Aussage getroffen werden. Auswertungen zur Zufriedenheit zeigen, dass Nutzer*innen im Vergleich zu Nicht-Nutzer*innen zufriedener sind und weniger Abbruchgedanken haben. Dabei ist allerdings limitierend anzumerken, dass aufgrund des Studiendesigns kein Kausalzusammenhang hergestellt werden kann, dass die Stichprobe der Nicht-Nutzer*innen mit $N = 5$ sehr klein ist und dass es sich bisher nur um eine einmalige Erhebung handelt (Abschn. 25.7). Um also das Ziel der Erhöhung des Studienerfolgs zu überprüfen, ist es notwendig, Erhebungen im Längsschnitt fortzuführen und die Fragebogenerhebungen zur Validierung der Zusammenhänge von Zufriedenheit und Nutzung durch qualitative Studien zu ergänzen (wie beispielsweise in Haak, 2017). Einen weiteren Aufklärungsbeitrag könnte hier die Untersuchung der Mathe-Nacht (Abschn. 25.5.1) liefern. Diese dient dem gemeinsamen, intensiven Vorbereiten auf die Klausuren, fördert durch das gemeinsame Erlebnis auch die Identifikation mit dem Studienfach und wird insgesamt von den Studierenden als sehr hilfreich und gut organisiert aufgefasst. Die Fortsetzung des Projekts wurde beantragt. Leider wurden aus dem Zukunftspakt keine Mittel für die Fortsetzung des Projekts bereitgestellt. Die zahlreichen positiven Bewertungen durch die Studierenden und die Bedeutung des Standorts MLU Halle-Wittenberg für die Lehramtsstudiengänge mit Fach Mathematik bestärken uns darin, den Mathe-Treffpunkt mit all seinen Ergänzungsangeboten dennoch weiter aufrechtzuerhalten. Bisher gelingt uns das mit einem neuen, institutsübergreifenden Organisations- und Finanzierungskonzept.

Literatur

Alcock, L. (2017).*Wie man erfolgreich Mathematik studiert.* Springer https://doi.org/10.1007/978-3-662-50385-0.

Boud, D. (2014). Introduction: Making the move to peer learning. In D. Boud, R. Cohen & J. Sampson (Hrsg.), *Peer Learning in Higher Education. Learning from and with Each Other* (S. 1–20). Taylor and Francis.

Dahlberg, R. & Housman, D. (1997). Facilitating learning events through example generation. *Educational Studies in Mathematics, 33* (3) 283–299 https://doi.org/10.1023/A:1002999415887.

Göller, R. (2019). *Selbstreguliertes Lernen im Mathematikstudium. Eine qualitative Studie zur Beschreibung und Erklärung der Lern- und Problemlösestrategien von Mathematikstudierende im ersten Studienjahr mithilfe ihrer Ziele, Beliefs und Bewertungen.* Springer Spektrum. https://doi.org/10.1007/978-3-658-28681-1.

Grieser, D. (2016). Mathematisches Problemlösen und Beweisen: Ein neues Konzept in der Studieneingangsphase. In A. Hoppenbrock, R. Biehler, R. Hochmuth & H.-G. Rück (Hrsg.), *Lehren und Lernen von Mathematik in der Studieneingangsphase. Herausforderungen und Lösungsansätze* (S. 661–675). Springer. https://doi.org/10.1007/978-3-658-10261-6.

Haak, I. (2017). *Maßnahmen zur Unterstützung kognitiver und metakognitiver Prozesse in der Studieneingangsphase - Eine Design-Based-Research-Studie zum universitären Lernzentrum Physiktreff.* Logos-Verlag. https://doi.org/10.30819/4437.

Haak, I., Gildehaus, L. & Liebendörfer, M. (2020). *Entstehung und Bedeutung von Lerngruppen in der Studieneingangsphase. Beiträge zum Mathematikunterricht 2020.*

Hefendehl-Hebeker, L. (2016). Mathematische Wissensbildung in Schule und Hochschule. In *Lehren und Lernen von Mathematik in der Studieneingangsphase* (S. 15–30). Springer Spektrum. https://doi.org/10.1007/978-3-658-10261-6.

Heublein, U., & Schmelzer, R. (2018). Die Entwicklung der Studienabbruchquoten an den deutschen Hochschulen. Berechnungen auf Basis des Absolventenjahrgangs 2016. *DZHW Projektbericht.* https://www.dzhw.eu/pdf/21/studienabbruchquoten_absolventen_2016.pdf *(Stand 05/2019).*

Klein, F. (1908). *Elementarmathematik vom höheren Standpunkte aus, Teil I. Arithmetik, Algebra, Analysis.* Springer.

Klinger, M. (2019). Grundvorstellungen versus Concept Image? Gemeinsamkeiten und Unterschiede beider Theorien am Beispiel des Funktionsbegriffs. In A. Büchter, M. Glade, R. Herold-Blasius, M. Klinger, F. Schacht & P. Scherer (Hrsg.), *Vielfältige Zugänge zum Mathematikunterricht* (S. 61–75). Springer Spektrum. https://doi.org/10.1007/978-3-658-24292-3.

Lehn, M. (2016). *Wie bearbeitet man ein Übungsblatt?* http://www.math.fu-berlin.de/altmann/LEHRE/lehn_Mainz.pdf. Zugegriffen: 30. Juni 2020.

Liebendörfer, M. (2018). *Motivationsentwicklung im Mathematikstudium* Springer Spektrum https://doi.org/10.1007/978-3-658-22507-0.

Liebendörfer, M. & Göller, R .(2016).*Abschreiben von Übungsaufgaben in traditionellen und innovativen Mathematikvorlesungen Mitteilungen der DMV* 24 , (4) 230 https://doi.org/10.1515/dmvm-2016-0084.

Lockwood, E., Ellis, A. B. & Lynch, A. G. (2016). Mathematicians' Example-Related Activity when Exploring and Proving Conjectures. *International Journal of Research in Undergraduate Mathematics Education* 2(2) 165–196 https://doi.org/10.1007/s40753-016-0025-2.

Metzger, C. & Schulmeister, R. (2011). Die tatsächliche Workload im Bachelorstudium. Eine empirische Untersuchung durch Zeitbudget-Analysen. *Der Bologna-Prozess aus Sicht der Hochschulforschung*, 68. https://www.che.de/wp-content/uploads/upload/CHE_AP_148_Bologna_Prozess_aus_Sicht_der_Hochschulforschung.pdf.

Moore, R. C. (1994). *Making the transition to formal proof Educational Studies in mathematics*, 27 (3) 249–266 https://doi.org/10.1007/BF01273731.

Stender, P. (2019) Heuristische Strategien – ein zentrales Instrument beim Betreuen von Schülerinnen und Schülern, die komplexe Modellierungsaufgaben bearbeiten. In I. Grafenhofer J. Maaß (Hrsg.), *Neue Materialien für einen realitätsbezogenen Mathematikunterricht 6. Realitätsbezüge im Mathematikunterricht.* Springer Spektrum. https://doi.org/10.1007/978-3-658-24297-8.

Tall, D. & Vinner, S. (1981). Concept Image and Concept Definition in mathematics with particular reference to limits and continuity. *Educational studies in Mathematics, 12*(2) 151–169 https://doi.org/10.1007/BF00305619.

Topping, K. J. & Ehly, S. W. (1998). Introduction to Peer-Assisted Learning. In K. J. Topping & S. W. Ehly (Hrsg.), *Peer-assisted learning.* L. Erlbaum Associates.

Tulodziecki, G., Herzig, B. & Blömeke, S. (2004). *Gestaltung von Unterricht: Eine Einführung in die Didaktik.* Klinkhardt.

Renkl, A. (1997). Learning from worked-out examples: A study on individual differences. *Cognitive Science, 21*(1) 1–29. https://doi.org/10.1207/s15516709cog2101_1.

Zech, F. (2002). *Grundkurs Mathematikdidaktik. Theoretische und praktische Anleitungen für das Lehren und Lernen von Mathematik Beltz..*

Das Lernzentrum Mathematikdidaktik der Leibniz Universität Hannover

26

My Hanh Vo Thi, Sophia Rust, Julia Schulze und Reinhard Hochmuth

Zusammenfassung

Im SoSe 2018 wurde an der Leibniz Universität Hannover (LUH) ein Lernzentrum mit mathematikdidaktischen Beratungsangeboten eröffnet, das als zentrale Anlaufstelle für Mathematik-Studierende aller lehramtsbezogenen Studiengänge dienen sollte. Das Unterstützungsangebot des Lernzentrums beinhaltete daher keine Beratung bezüglich fachmathematischer Inhalte, sondern konzentrierte sich auf Fragestellungen und Schwierigkeiten, die bei der Auseinandersetzung mit fachdidaktischen Inhalten sowie lehramtsspezifischen Aufgabenstellungen entstehen können. Um ein möglichst breites Spektrum an fachspezifischen und fächerübergreifenden Beratungsangeboten zur Verfügung stellen zu können, haben sowohl wissenschaftliche Mitarbeiter*innen und studentische Hilfskräfte als auch externe Mitarbeiter*innen des ZQS im Lernzentrum zusammengearbeitet. Das **Lernzentrum Mathematikdidaktik** hatte nicht nur zum Ziel, mit seinen Betreuungs- und Beratungsmöglichkeiten auf die

M. H. Vo Thi (✉) · R. Hochmuth
Institut für Didaktik der Mathematik und Physik, Leibniz Unversität Hannover, Hannover, Niedersachsen, Deutschland
E-Mail: vothi@idmp.uni-hannover.de

R. Hochmuth
E-Mail: hochmuth@idmp.uni-hannover.de

S. Rust
Hannover, Deutschland

J. Schulze
Gehrden, Deutschland

© Der/die Autor(en), exklusiv lizenziert an Springer-Verlag GmbH, DE, ein Teil von Springer Nature 2022
R. Hochmuth et al. (Hrsg.), *Unterstützungsmaßnahmen in mathematikbezogenen Studiengängen*, Konzepte und Studien zur Hochschuldidaktik und Lehrerbildung Mathematik, https://doi.org/10.1007/978-3-662-64833-9_26

individuellen Bedarfe der Studierenden einzugehen, sondern auch einen Arbeits- und Vernetzungsort für die Mathematik-Lehramtsstudierenden zu schaffen. Das Lernzentrum konnte von den Studierenden von April bis Dezember 2018 genutzt werden.

An der Leibniz Universität Hannover sind in den Vorlesungen, Übungen und Seminaren der Fachdidaktik Mathematik in der Regel große Studierendenzahlen zu verzeichnen. Eine der beiden Pflichtvorlesungen für Mathematikstudierende der lehramtsbezogenen Bachelorstudiengänge, die „Einführung in die Mathematikdidaktik", wird von rund 200 bis 250 Studierenden besucht. Die darauf aufbauende Vorlesung, die „Fachdidaktik der Sekundarstufe I", wird von durchschnittlich 150 Teilnehmer*innen belegt. In den Übungen und Seminaren schwankt die Anzahl der Studierenden zwischen 20 und 40 Teilnehmer*innen. Die Lehrpersonen wenden sich in ihren Veranstaltungen nicht nur an Mathematik-Lehramtsstudierende des gymnasialen Lehramts, sondern auch an Lehramtsstudierende der berufsbildenden Schulen und der Sonderpädagogik. Da die mathematikdidaktischen Veranstaltungen von Studierenden verschiedener Lehramtsstudiengänge ab dem ersten Semester besucht werden, werden die Lehrpersonen mit sehr heterogenen Lerngruppen konfrontiert, die nicht nur unterschiedliches Vorwissen aufweisen, sondern unter Umständen auch sehr unterschiedliche Interessen verfolgen. Aufgrund der personellen Situation konnte in der Vergangenheit im Rahmen der Lehrveranstaltungen aber nicht in einem zufriedenstellenden Maß auf die individuellen Lernbedürfnisse der Studierenden eingegangen werden. Um diesem Trend entgegenzuwirken und die Lehr-Lern-Situation im Bereich der Fachdidaktik Mathematik zu verbessern, wurde 2018 im Rahmen des Projekts „Lernzentrum Fachdidaktik Mathematik" ein mathematikdidaktisches Lernzentrum errichtet (siehe Abschn. 26.2.3). Das Konzept dieses Lernzentrums lehnte sich an Modelle von nationalen sowie internationalen Lernzentren für die Fachmathematik an und konzentrierte sich auf lehramtsspezifische Beratungsangebote für Mathematikstudierende. Das Konzept sowie die Ausrichtung des Lernzentrums basierten hierbei auf Auswertungen von Studien zu Lernzentren aus den letzten Jahrzehnten und die Festlegung der inhaltlichen Schwerpunkte des Konzeptes erfolgte in einem engen Austausch mit Expert*innen des Kompetenzzentrums Hochschuldidaktik Mathematik (khdm) und universitätsinternen Kooperationspartner*innen aus dem Institut für Didaktik der Mathematik und Physik sowie dem ZQS.

26.1 Zielsetzungen

Beim Lernzentrum Mathematikdidaktik an der LUH handelte es sich um ein offenes Lernangebot für Mathematik-Lehramtsstudierende, dementsprechend wurden die konkreten Lernziele für die einzelnen Studierenden erst in den Beratungsgesprächen entwickelt. Im Vorfeld der Eröffnung des Lernzentrums wurden allerdings in Zusammenarbeit mit internen und externen Kooperationspartner*innen mögliche Hürden und Problematiken, auf die die Studierenden stoßen könnten, identifiziert, sodass davon ausgehend potentielle Lernziele formuliert werden konnten. Diese sollen im Folgenden vorgestellt werden.

26.1.1 Gemeinsame Lernzielformulierung

Da die Mathematik-Lehramtsstudierenden nicht nur in Bezug auf das mathematikdidaktische Vorwissen sehr heterogen waren (siehe Abschn. 26.2.2), sondern auch unterschiedliche Leistungsanforderungen je nach Art der mathematikdidaktischen Veranstaltung erfüllen mussten, konnte davon ausgegangen werden, dass unter den Studierenden sehr unterschiedliche Hürden und Interessen vorlagen. Diese konnten aber aufgrund der strukturellen und zeitlichen Rahmenbedingungen in den mathematikdidaktischen Veranstaltungen nicht aufgegriffen und aufgefangen werden. Dementsprechend lag der Schwerpunkt des Lernzentrums in der individuellen Begleitung der Studierenden bei ihren Lernprozessen. Das Lernzentrum stand den Mathematik-Lehramtsstudierenden bei Bedarf und nach eigenem Ermessen zur Verfügung. Bei den Beratungen sollten Lernziele entlang von Lerninteressen, die mit den Studierenden gemeinsam in Gesprächen herausgearbeitet wurden, entwickelt werden (Büscher, 2019). Dies diente dazu, individuelle Schwierigkeiten anzugehen und zu überwinden sowie Wissen und Fähigkeiten auf- und auszubauen. Für die Ausformulierung der Lernziele wurde das vom Verbundprojekt WiGeMath entwickelte Rahmenmodell zur theoretischen Beschreibung von mathematikbezogenen Unterstützungsmaßnahmen verwendet (Colberg et al., 2016).

Wissensbezogene Lernziele umfassten die fachlichen Inhalte der angebotenen mathematikdidaktischen Veranstaltungen der LUH, also sämtliche Vorlesungen, Übungen und Seminare. Die Studierenden sollten im Lernzentrum die Möglichkeit erhalten, mithilfe der Mitarbeiter*innen oder auch im Austausch mit Kommiliton*innen die Inhalte dieser Veranstaltungen zu wiederholen sowie inhaltliche Wissenslücken aufzufüllen. Daneben sollte interessierten und engagierten Studierenden durch das zusätzliche Angebot auch die Möglichkeit gegeben werden, ihr in den Veranstaltungen erworbenes fachdidaktisches Wissen zu vertiefen und zu erweitern. Die Beratungen konzentrierten sich auf mathematikdidaktische Inhalte, dementsprechend gehörte die Vermittlung schulmathematischer und hochschulmathematischer Inhalte eigentlich nicht zu den Zielen des Lernzentrums. Da fachmathematisches Basiswissen und einfache Rechenfertigkeiten allerdings eine notwendige Grundlage für mathematikdidaktische Inhalte bilden, konnten fachmathematische Schwierigkeiten und Inhalte auch im Lernzentrum thematisiert werden, wenn dies für das Verständnis spezifischer mathematikdidaktischer Gegenstände förderlich war. Gleiches galt für Inhalte aus Wissenschaftsbereichen, die an die Mathematikdidaktik angrenzen, wie beispielsweise Psychologie oder Erziehungswissenschaft.

Neben den Fachinhalten spielten noch andere Aspekte eine Rolle bei der Ausformulierung der Ziele: Die Studierenden werden in den mathematikdidaktischen

Veranstaltungen mit vielen unterschiedlichen Prüfungsformen konfrontiert, darunter fallen beispielsweise das Verfassen von schriftlichen Ausarbeitungen wie Portfolios, Haus- und Abschlussarbeiten oder Praktikumsberichte sowie die Konzeption und Durchführung von Vorträgen oder Lerneinheiten. Da für die Erfüllung dieser Veranstaltungsanforderungen spezifische Fähigkeiten auf- und ausgebaut werden müssen, sollten im Lernzentrum auch **handlungsbezogene Lernziele** verfolgt werden.

Dies umfasste zum einen fächerübergreifende Fähigkeiten, die relativ unabhängig von den fachdidaktischen Inhalten vermittelt werden konnten, wie der korrekte Umgang mit wissenschaftlichen Quellen sowie das Recherchieren von Literatur oder allgemeine Lernstrategien wie beispielsweise Strategien zur Lern- und Prüfungsplanung oder zum Umgang mit Lernblockaden. Auf der anderen Seite sollten aber auch fachspezifische Fähigkeiten gefördert werden, für deren Vermittlung eine Anbindung an die Fachinhalte notwendig ist. Zum Beispiel können Strukturierungsmöglichkeiten von schriftlichen Ausarbeitungen, Vorträgen oder Lerneinheiten kaum sinnvoll von den fachlichen Inhalten isoliert diskutiert werden. Ferner gehört für die Aneignung mathematikdidaktischer Inhalte beispielsweise das Lesen von Forschungsartikeln zum festen Bestandteil mathematikdidaktischer Veranstaltungen. Allerdings ist der Umgang mit solchen Texten keineswegs einfach, da Themen häufig aus verschiedenen Forschungsperspektiven beleuchtet werden und Textaussagen interpretiert, eingeordnet und kritisch reflektiert werden müssen, um den Sinn des Textes in seiner Ganzheit zu erfassen. Die dafür notwendigen fachspezifischen Lesekompetenzen werden aber in der Regel nicht umfangreich in den mathematikdidaktischen Veranstaltungen vermittelt. Studierende, die mehr Anleitung bei der Bearbeitung von wissenschaftlichen Texten benötigen, kann dieser Umstand vor große Lernherausforderungen stellen. Um das Textverständnis dieser Studierenden zu verbessern, sollten im Rahmen der Beratungen auch mögliche Strategien für das Erfassen eines solchen Textes diskutiert und vermittelt werden.

Schließlich gehörten auch **einstellungsbezogene Lernziele** im Sinne einer universitären Enkulturation zu den Zielen des Lernzentrums. Das bedeutet, dass die Studierenden die Mathematikdidaktik als eigene Kultur mit spezifischen Normen, Werten und Arbeitsweisen kennenlernen (Prediger, 2001). Bei der Beratung zu wissenschaftlichen Arbeiten werden solche Themen unweigerlich aufgegriffen, denn es muss diskutiert werden, ob bestimmte Fragestellungen sich überhaupt als mathematikdidaktische Forschungsfragen eignen und wie man sie theoretisch und methodisch angehen kann. Der diskursive Austausch mit dem wissenschaftlichen Personal sollte dazu beitragen, dass sich die Studierenden mit unterschiedlichen mathematikdidaktischen Forschungsmethoden und Forschungsperspektiven auseinandersetzen. Hierbei sollten Einstellungen wie beispielsweise, dass „eine einzige richtige" Herangehensweise oder Methode bei wissenschaftlichen Fragestellungen existiert oder dass man für guten Unterricht nur rezeptartige Anweisungen benötigt, kritischer betrachtet werden.

26.1.2 Systembezogene Zielsetzungen

Mit dem Lernzentrum sollte ein zentraler Anlaufpunkt für Studierende der Lehramtsstudiengänge Mathematik geschaffen werden. Für diese Entscheidung bestanden verschiedene Gründe. Zum einen gab es bis zur Eröffnung des Lernzentrums keine spezifische Einrichtung für die Mathematikstudierenden verschiedener Lehramtsstudiengänge, um sich auszutauschen und zu vernetzen. Dies liegt auch daran, dass die einzelnen Institute, die für die Lehramtsstudiengänge verantwortlich sind, in der Regel unabhängig voneinander ihre Lehre organisieren und gestalten. Die Zusammenarbeit und der Austausch von Studierenden verschiedener Lehramtsstudiengänge sind somit – falls überhaupt vorhanden – häufig auf wenige Momente während des Studiums begrenzt. Dementsprechend sollte mit dem Lernzentrum auch ein Raum des gemeinsamen Arbeitens und Lernens geschaffen werden.

Im Gegensatz zu den fachmathematischen Veranstaltungen sind die Durchfallquoten bei den Prüfungen in der Mathematikdidaktik in der Regel niedrig, dementsprechend bestand nicht das Ziel, die Bestehensquoten für die einzelnen Veranstaltungen zu verbessern. Die schriftlichen Ausarbeitungen der Studierenden – also die Übungs-, Hausund Abschlussarbeiten sowie die Praktikumsberichte – entsprechen allerdings selten in einem zufriedenstellenden Maße wissenschaftlichen Gütekriterien. Da die meisten Mathematik-Studierenden während ihres Studiums eher selten umfangreiche schriftliche Arbeiten verfassen müssen, mangelt es vielen an Schreiberfahrung. Die auch aus diesem Umstand resultierenden Schwierigkeiten bei den Studierenden konnten in den vorangegangenen Semestern immer wieder beobachtet werden: Beispielsweise stellten die Strukturierung von Texten, die Darstellung von Argumenten und Positionen, die Begründung von eigenen Standpunkten und die Verwendung des Operators „Reflektieren" die Studierenden vor große Herausforderungen. Eine völlige Auslagerung dieser Problematik auf die fächerübergreifenden Hilfsangebote der LUH wäre aber nicht zielführend gewesen, da gewisse Fähigkeiten und Fertigkeiten entlang und mithilfe der fachdidaktischen Inhalte entwickelt werden müssen. Die Qualität dieser schriftlichen Ausarbeitungen sollte mithilfe der Beratungen innerhalb des Lernzentrums gesteigert werden. Erreicht werden sollte dies durch die Erhöhung der Feedbackqualität, denn innerhalb des Lernzentrums konnten die Mitarbeiter*innen den Studierenden eine individuelle und ausführliche Rückmeldung zu ihren schriftlichen Produkten geben. Die Feedbackqualität sollte auch mit der Möglichkeit, verschiedene Beratungspersonen zur Qualität der Ausarbeitung befragen zu können, erhöht werden. Ein solcher Austausch zwischen den Mitarbeiter*innen und den Studierenden diente auch der Verbesserung der Lehrqualität, denn durch die Beratungsgespräche erhielten auch die Mitarbeiter*innen des Lernzentrums implizit oder explizit eine Rückmeldung zur Qualität ihrer Lehrveranstaltungen und Aufgabenstellungen sowie zum individuellen Lernstand der Studierenden.

Auf struktureller Ebene sollte durch die Integration fachspezifischer und fächerüber-greifender Beratungsangebote ferner die Vernetzung verschiedener lehramtsrelevanter Institute gefördert werden, um eine ganzheitliche Lehre zu ermöglichen. Die Zusammen-arbeit mit den Kooperationspartner*innen aus anderen Instituten bei der Konzeption und Implementation verschiedener Lernzentrumsangebote sollte nicht nur die Qualität des Beratungsangebotes steigern, sondern auch die Sichtbarkeit der Maßnahme erhöhen.

26.2 Strukturelle Merkmale und Rahmenbedingungen

Das Lernzentrum Mathematikdidaktik besaß durch die Beteiligung der Lehrenden, die für die mathematikdidaktischen Vorlesungen, Übungen und Seminare verantwortlich waren, einen starken inhaltlichen Bezug zu den angebotenen mathematikdidaktischen Veranstaltungen der LUH. Von April bis Dezember 2018 konnten die Studierenden sowohl in der Vorlesungszeit als auch in der vorlesungsfreien Zeit das Lernzentrum nutzen. In der Vorlesungszeit war das Lernzentrum montags bis freitags jeweils für mindestens zwei Stunden geöffnet und insgesamt für 14 h pro Woche. Die Verteilung der Beratungsstunden auf alle Wochentage diente dazu, möglichst vielen unterschiedlichen Studierendengruppen den Zugang zum Lernzentrum zu ermöglichen. In der vorlesungs-freien Zeit war das Lernzentrum wegen des geringeren Bedarfs und der geringeren personellen Kapazitäten dagegen nur fünf Stunden pro Woche geöffnet. Im Folgenden sollen strukturelle Bedingungen, die die Maßnahme begünstigt oder eingeschränkt haben, dargelegt werden.

26.2.1 Merkmale des Lehrteams

Das Lernzentrumsteam bestand aus sieben wissenschaftlichen Mitarbeiter*innen, zwei studentischen Hilfskräften und fünf externen Kräften des ZQS. Pro Woche haben sechs der sieben wissenschaftlichen Mitarbeiter*innen jeweils eine Stunde für die Betreuungs-arbeit im Lernzentrum aufgewendet. Die wissenschaftliche Mitarbeiterin, die mit einem halben Stellenanteil für das Projekt zuständig war, leistete im Schnitt fünf Stunden Beratungsarbeit pro Woche. Gleiches galt für die beiden studentischen Hilfskräfte, die für das Lernzentrum eingestellt wurden. Die externen Kräfte boten pro Woche insgesamt zwei Sprechstunden im Lernzentrum an.

Während der Durchführung der Maßnahme waren zwei der sieben **wissenschaft-lichen Mitarbeiter*innen** neben ihrer Beratungstätigkeit im Lernzentrum für die Übungen der Veranstaltung „Einführung in die Mathematikdidaktik" verantwortlich. Die restlichen fünf Mitarbeiter*innen haben eigene mathematikdidaktische Seminare für Bachelorstudierende oder Masterstudierende geleitet, die unterschiedliche inhaltliche sowie methodische Schwerpunkte besaßen. Im Sommersemester 2018 waren dies bei-spielsweise folgende Seminare:

- „Mathematik aus Sicht der Lernenden",
- „Motivation im Mathematikunterricht",
- „Quantitative Forschungsmethoden in der Mathematikdidaktik",
- „Zur Bedeutung von Sprache im Mathematikunterricht" und
- „Zur Rekonstruktion von Sinn und Relevanz im Mathematikunterricht".

Diese Unterschiede hatten ihren Ursprung in den Forschungsschwerpunkten der jeweiligen Mitarbeiter*innen, dementsprechend waren im Beratungsteam sowohl Expert*innen zu verschiedenen qualitativen als auch zu quantitativen empirischen Forschungsmethoden tätig. In Bezug auf die Qualifikation und Lehrerfahrung war die Gruppe der wissenschaftlichen Mitarbeiter*innen recht heterogen: Eine Mitarbeiterin hatte bereits in der Fachmathematik promoviert, drei besaßen einen Diplomabschluss, eine Mitarbeiterin hatte ein Staatsexamen abgelegt und zwei besaßen einen Master-abschluss. Die Beteiligung des wissenschaftlichen Personals am Lernzentrum beruhte auf dem Interesse, den Studierenden individuelle Hilfestellungen für die Inhalte und Aufgaben der eigenen Lehrveranstaltungen zu geben. Dementsprechend war sowohl das Engagement als auch die Motivation unter den wissenschaftlichen Mitarbeiter*innen recht stark ausgeprägt (siehe Abschn. 26.4).

Die **studentischen Hilfskräfte** waren höhersemestrige Mathematik-Studierende des Fächerübergreifenden Bachelorstudiengangs (siehe Abschn. 26.2.2) und hatten bereits neben den mathematischen Grundlagenveranstaltungen auch alle mathematik-didaktischen Veranstaltungen des Bachelorstudiengangs absolviert. Beide Hilfskräfte wurden insbesondere mit Blick auf die Beratungstätigkeit für das Lernzentrum aus-gewählt: Sie sollten nicht nur Vorwissen bezüglich mathematikdidaktischer Inhalte besitzen, sondern auch verschiedene Prüfungsformen kennen, um flexibel auf die Bedarfe der Lernzentrumsnutzer*innen eingehen zu können. Die studentischen Hilfs-kräfte hatten im Laufe ihres Studiums nicht nur Erfahrungen mit Klausuren als Prüfungs-form gesammelt, sondern auch mit mündlichen Prüfungen, Präsentationen, Hausarbeiten und Praktikumsberichten. Daneben verfügten sie durch bereits absolvierte Schul-praktika über Lehrerfahrung. Neben der Arbeit im Lernzentrum waren sie zudem mit der Korrektur der Übungsaufgaben für die Veranstaltung „Einführung in die Mathematik-didaktik" betraut. Da das Erfahrungs- und Wissensspektrum der studentischen Hilfs-kräfte in dieser speziellen Situation ausreichend groß war, genügte es, sie im Rahmen des Projektes mittels einer kurzen Schulung (siehe Abschn. 26.3.4) in die Aufgaben des Lernzentrums einzuführen.

Die fünf **externen Kräfte** waren Mitarbeiter*innen der Zentralen Einrichtung für Qualitätsentwicklung in Studium und Lehre (ZQS). Diese zur Leibniz Uni-versität Hannover gehörende Einrichtung bietet Studierenden und Lehrpersonen in den Bereichen „Schlüsselkompetenzen", „E-Learning Service" und „Qualitätssicherung" unter anderem Beratungen und Schulungen an. Zwei externe Mitarbeiterinnen waren Teil des Teams „Schlüsselkompetenz Lernen", das Studierende aller Fachrichtungen bei Problemen der Lern- und Arbeitsorganisation unterstützt. Die anderen drei externen

Kräfte stammten aus dem Team „Schlüsselkompetenz Schreiben", die bei fächerübergreifenden Fragen zum Verfassen von Seminar-, Haus- oder Abschlussarbeiten als Ansprechpartner*innen zur Verfügung stehen. Durch ihre langjährigen Beratungstätigkeiten bei der ZQS verfügten diese externen Kräfte über viel Erfahrung im Umgang mit Lern-, Organisations- und Schreibschwierigkeiten von Studierenden und waren auch in Hinblick auf Beratung geschult. Die externen Kräfte hatten im Vorfeld der Eröffnung des Lernzentrums bei der Ausgestaltung der Beratungsangebote mitgewirkt und konnten für die späteren Beratungstätigkeiten innerhalb des Lernzentrums gewonnen werden. Ihre Beteiligung war in beiden Fällen mit der Intention verbunden, die Sichtbarkeit von fächerübergreifenden Beratungsangeboten an der Universität zu erhöhen.

26.2.2 Nutzer*innengruppen und ihre Problemlagen

Das Lernzentrum Mathematikdidaktik richtete sich in erster Linie an alle Mathematikstudierenden, die einen lehramtsbezogenen Abschluss anstrebten. Dementsprechend betraf die Maßnahme die in der folgenden Tabelle (Tab. 26.1) dargestellten Studiengänge.

An der LUH wird insbesondere während des Fächerübergreifenden Bachelorstudiums – selbst bei der Wahl eines Studiums mit schulischem Schwerpunkt – der Fokus stark auf fachmathematische Inhalte gelegt. Einer der Gründe liegt darin, dass die Studierenden durch den Aufbau des Studiums die Möglichkeit erhalten sollen, sich auch noch im späteren Verlauf des Bachelorstudiums zwischen einen schulischen oder außerschulischen Schwerpunkt entscheiden zu können. Um die möglichen Hürden bei einem Wechsel in den Fachmaster stark zu begrenzen, stimmen viele der mathematischen Module des Fächerübergreifenden Bachelorstudiengangs mit denen des Bachelorstudiengangs Mathematik überein. In der Konsequenz haben mathematikdidaktische Veranstaltungen während des Bachelorstudiums vergleichsweise wenig Bedeutung. Dies macht im Gesamtumfang von zehn Leistungspunkten gerade einmal einen Anteil von 5,6 % am Gesamtumfang der Leistungsanforderungen für den Fächerübergreifenden Bachelor mit Mathematik als Erstfach aus. In den wenigen Veranstaltungen, die für den Bachelor vorgesehen sind, werden vor allem Grundlagen zur Fachdidaktik vermittelt. Dies bedeutet wiederum, dass den Studierenden kaum Möglichkeiten gegeben werden, sich in der Tiefe mit fachdidaktischen Inhalten auseinanderzusetzen. Die Vermittlung forschungsrelevanter Arbeitstechniken und Methoden der Fachdidaktik findet vereinzelt statt, allerdings werden sie meist in mathematikdidaktischen Seminaren behandelt, die nicht verpflichtend sind. Problematisch ist die geschilderte Situation auch deshalb, weil viele Studierende, die einen schulischen Schwerpunkt gewählt haben, am Ende ihres Bachelor- oder Masterstudiums eine mathematikdidaktische Abschlussarbeit verfassen möchten. Für diese Aufgabe fehlen ihnen aufgrund der strukturellen und inhaltlichen Bedingungen allerdings sehr häufig das erforderliche Wissen und die nötigen Fähigkeiten. Die Situation für Studierende des

Tab. 26.1 Lehramtsstudiengänge

Studiengang	Erläuterungen
Fächerübergreifender Bachelor und Master Lehramt an Gymnasien	Der Studiengang umfasst zwei Fächer (Erstfach und Zweitfach) sowie den Professionalisierungsbereich, in dem übergreifende Qualifikationen wie Pädagogik, Psychologie und Schlüsselkompetenzen vermittelt werden. Den Studierenden steht es während des Studiums frei, zu entscheiden, ob sie diesen Studiengang mit einem schulischen oder außerschulischen Schwerpunkt studieren möchten. Beim schulischen Schwerpunkt kann ein Lehramtsabschluss für Gymnasien angestrebt werden, beim außerschulischen Schwerpunkt können Studierende eine andere Berufswahl treffen, indem sie nach Abschluss des Bachelors für den Master in das Erst- oder Zweitfach wechseln. Je nach Wahl können lehramtsspezifische Module im Bachelor durch fachspezifische ersetzt werden. Sofern ein schulischer Schwerpunkt gewählt wurde, kann der Masterstudiengang Lehramt an Gymnasien an das Bachelorstudium angeschlossen werden.
Bachelor Technical Education und Master Lehramt an berufsbildenden Schulen	Der Bachelorstudiengang Technical Education qualifiziert mit dem konsekutiven Masterstudiengang für das Lehramt an berufsbildenden Schulen. Der Abschluss des Bachelorstudiengangs ermöglicht eine Berufstätigkeit zum Beispiel bei Verbänden oder in Industrie- und Handelskammern.
Bachelor Sonderpädagogik und Master Lehramt Sonderpädagogik	Der Studiengang umfasst zwei Fächer (Erstfach und Zweitfach) sowie den Professionalisierungsbereich mit Veranstaltungen aus der Erziehungswissenschaft, der Soziologie und Psychologie. An das Studium kann ein schulischer Masterstudiengang, der Master Lehramt Sonderpädagogik, oder ein außerschulischer Masterstudiengang angeschlossen werden.
Master Lehramt an berufsbildenden Schulen für Ingenieure (LBS-SprintING)	Der Studiengang richtet sich an Absolvent*innen, die bereits einen Bachelorabschluss in einem ingenieurwissenschaftlich ausgerichteten Studium in den Bereichen Maschinenbau und Elektrotechnik erworben haben, um einen Wechsel in das Lehramt an berufsbildenden Schulen zu ermöglichen.

Bachelorstudiengangs Technical Education ist mit der Situation der Studierenden aus dem Fächerübergreifenden Bachelorstudiengang vergleichbar.

Für Studierende, die dem Studiengang LBS-SprintING angehören, ergibt sich wegen des Studiengangwechsels noch eine besondere Problematik: Diese Studierenden haben

im Regelfall keine mathematikdidaktischen Lehrveranstaltungen während des Bachelorstudiums besucht, können also nicht auf Vorwissen zurückgreifen und müssen das fachdidaktische Wissen im Laufe des Masterstudiums aufbauen. Den Studierenden des
Bachelorstudiengangs Sonderpädagogik hingegen werden im Studium kaum Grundlagen
in Höherer Mathematik vermittelt. Dementsprechend können bei diesen Studierenden
auch Lern- und Verständnisschwierigkeiten entstehen, wenn für die Durchdringung
fachdidaktischer Inhalte die Kenntnis ebendieser notwendig ist. Im Hinblick auf das
Aneignen mathematikdidaktischer Inhalte ergaben sich für die Studierenden der einzelnen Studiengänge aufgrund der Studienstruktur somit sehr spezifische und unterschiedliche Hürden. Bis zur Eröffnung des Lernzentrums existierte an der Leibniz Universität
Hannover allerdings keine zentrale Einrichtung, die sich dieser Problematik gezielt
annahm, sodass die Studierenden bei auftretenden Schwierigkeiten oder Wissenslücken
im Bereich Mathematikdidaktik häufig auf sich selbst gestellt waren.

26.2.3 Rahmenbedingungen/Räumliche Bedingungen

Das Lernzentrum Mathematikdidaktik gehörte zum Institut der Didaktik der Mathematik
und Physik (IDMP) der LUH, da die Projektverantwortlichen diesem Institut angehörten
und auch der inhaltliche Schwerpunkt des Lernzentrums auf die Mathematikdidaktik
gelegt wurde. Finanziert wurde die Maßnahme jedoch für ein Jahr über Studienqualitätsmittel, die von der Leibniz School of Education (LSE) bereitgestellt wurden. Die
LSE ist die Querstruktur zu den an der Lehramtsausbildung beteiligten Fakultäten. Sie
gliedert sich in die Bereiche Studium und Lehre, Forschung, Lehrerfortbildung und das
sich im Aufbau befindende Schülerforschungszentrum Leibniz4School (L4S). Die LSE
verfügt über ein eigenes Budget an Studienqualitätsmitteln, die nicht nur für die eigenen
Projekte der LSE, sondern auch für lehramtsspezifische Innovationen aus den Instituten,
Fakultäten und von Studierenden genutzt werden können. Hierunter fallen in erster Linie
Projekte, die einen fach- oder fakultätsübergreifenden Schwerpunkt aufweisen. Über
diese Mittel konnten sowohl eine halbe Stelle für eine wissenschaftliche Mitarbeiterin,
die neben ihrer Beratungstätigkeit im Lernzentrum für die Konzeption, Organisation
und Evaluation der Maßnahme zuständig war, als auch zwei studentische Hilfskräfte
finanziert werden. Das Konzept des Lernzentrums wurde Anfang 2018 entwickelt.
Zugänglich war das Lernzentrum für die Studierenden nur im Zeitraum von April bis
Dezember 2018, da es aufgrund fehlender finanzieller Mittel nicht mehr weitergeführt
werden konnte.

Für die Zwecke des Lernzentrums wurde die von den Studierenden bis zur Errichtung
des Lernzentrums nur sehr wenig genutzte Institutsbibliothek im vierten Stock des
Hauptgebäudes zu einem Arbeits- und Beratungsraum weiterentwickelt (vgl. Abb. 26.1).
Der Raum wurde für das Lernzentrum aus verschiedenen Gründen gewählt. Zum einen
ermöglichte die Größe des Raumes Arbeitsplatzgelegenheiten für 15 bis 20 Personen,
was als angemessen für die Lern- und Beratungsangebote empfunden wurde. Durch

eine variierbare Anordnung der Tische konnten parallel Beratungsgespräche, aber auch Einzel-, Partner- und Gruppenarbeitsmöglichkeiten realisiert werden. Auch wenn die Institutsbibliothek nicht in einem zentral zugänglichen Raum der Universität verortet war, so wies sie durch ihre Lage auf dem Flur der Didaktik der Mathematik und Physik den Vorteil der direkten Nähe zu den Büros des zuständigen Lehr- und Beratungspersonals auf. Dadurch konnten Berater*innen – falls erforderlich – auch kurzfristig einspringen und im Lernzentrum aushelfen. Darüber hinaus hatten sie bei Bedarf schnellen Zugriff auf ihre Arbeits- und Büromaterialien. Auf der anderen Seite wurde die Bibliothek nicht nur von den Studierenden, sondern auch vom wissenschaftlichen Personal selten genutzt, weshalb der Raum häufig leer stand. Im Gegensatz zu anderen Räumen der Universität war es hier also möglich, die Öffnungszeiten des Lernzentrums nach Belieben zu gestalten.

Daneben gab es im Lernzentrum eine Fülle an verschiedenen Materialien, die für die Beratungsgespräche oder das Lernen und Arbeiten genutzt werden konnten. Zum einen war in der Bibliothek ein breites Spektrum an mathematikdidaktischer Literatur, Schulbüchern und Fachliteratur aus den Bereichen Mathematik, Psychologie und Pädagogik vorhanden. Dieser Bestand wurde während des Projektbestehens zusätzlich um Fachliteratur erweitert, die zur Vertiefung und Erweiterung der Inhalte aus den angebotenen mathematikdidaktischen Veranstaltungen der LUH verwendet werden konnte. Darüber hinaus wurden im Rahmen des Lernzentrums auch erfolgreiche Bachelor- und Masterarbeiten sowie Praktikumsberichte gesammelt und in den Bestand der Bibliothek aufgenommen. Für die Bereitstellung dieser Arbeiten in den Räumlichkeiten des Lernzentrums mussten im Vorfeld die schriftlichen Einverständniserklärungen der Gutachter*innen sowie der Verfasser*innen eingeholt werden. Diese konnten von den

Abb. 26.1 Räumlichkeiten des Lernzentrums Mathematikdidaktik

Studierenden nicht ausgeliehen, aber während der Öffnungszeiten des Lernzentrums bei Bedarf gesichtet werden.

Vor der Eröffnung des Lernzentrums konnten die Studierenden lediglich an einem Tag der Woche in einem Zeitfenster von zwei Stunden die Literatur der Institutsbibliothek einsehen und ausleihen. Da der Katalog vor der Errichtung des Lernzentrums nicht online einsehbar war, blieb nur die Möglichkeit, den Bestand an einem Rechner in der Institutsbibliothek zu sichten. Seit der Öffnung des Lernzentrums konnten die Studierenden zumindest die Verfügbarkeit von Teilen des Literaturbestands auf der Lernzentrumswebsite einsehen, da der Bestand der Bibliothek von den Mitarbeiter*innen für das Lernzentrum nach und nach erfasst wurde. Für die optimale Nutzung des Lernzentrums als studentischer Arbeitsraum wurden die Ausleihmöglichkeiten daher auf die Öffnungszeiten des Lernzentrums ausgeweitet.

Die technische Ausstattung des Lernzentrums umfasste einen Computer, einen Beamer mit einer dazugehörigen Leinwand, eine Tafel mit Kreide, ein Whiteboard und eine Flipchart, die von den Studierenden sowie den Mitarbeiter*innen zur Visualisierung von Gedankengängen und Ideen oder zur Erprobung von Vorträgen und Lerneinheiten genutzt werden konnten. Daneben waren ausreichend Steckdosenleisten und ein drahtloser Internetzugang vorhanden, sodass die Studierenden oder Mitarbeiter*innen auch ihre eigenen Arbeitsgeräte wie Laptops oder Tablets in den Räumlichkeiten nutzen konnten. Des Weiteren verfügte das Lernzentrum über eine Klimaanlage, welche das Arbeiten unter annehmbaren Bedingungen ebenfalls in den Sommermonaten sicherstellt. Das Vorhandensein vieler Fenster machte das Lernzentrum zu einem hellen, lichtdurchfluteten Raum mit angenehmer Arbeitsatmosphäre.

26.3 Didaktische Elemente

26.3.1 Vorarbeiten und Kooperationen

Die konzeptionelle Basis für die inhaltliche und didaktische Ausgestaltung des Lernzentrums Mathematikdidaktik bildeten internationale Forschungsarbeiten zu den **Mathematics Support Centres.** Die Angebote dieser Mathematics Support Centres sind im Kern darauf ausgerichtet, Individuen und kleine Lerngruppen beim Lernen von Mathematik zu unterstützen (Croft et al., 2009; O'Sullivan et al., 2014). Für die Umsetzung wurden dabei folgende grundlegende Aspekte beachtet: "To provide one-to-one support for any member of the University with mathematics difficulties no matter how small" (Lawson et al., 2003, S. 10) und "To provide a pleasant environment where students can work, study and support each other"(ebd.).

Neben den internationalen Vorarbeiten wurden aber auch Forschungsarbeiten zu nationalen Lernzentren (Ahrenholtz & Ruf, 2014; Frischemeier et al., 2016) einbezogen, um die inhaltlichen Angebote und die Organisation des Lernzentrums Mathematikdidaktik an die Bedarfe von Studierenden einer deutschen Universität anzupassen.

Gleichzeitig musste auch eine Weiterentwicklung des didaktischen Konzeptes erfolgen, da die englischen Mathematics Support Centres und auch der Großteil der deutschen Lernzentren – im Gegensatz zum Lernzentrum Mathematikdidaktik – auf Bedarfe aus der Fachmathematik ausgerichtet sind. Für die Fokussierung der Beratungsangebote auf Problematiken, die für die Mathematikdidaktik spezifisch sind, wurde eine Kooperation mit den Leiter*innen der Mathematik-Lernzentren in Paderborn initiiert. An der Universität Paderborn existiert bereits seit 1995 das Lern- und Studienzentrum MatheTreff (Webseite: https://math.uni-paderborn.de/studium/mathe-treff/home/) für Studierende des Lehramtes Mathematik an Grund-, Haupt-, Real- und Gesamtschulen. Einer der Schwerpunkte dieses Zentrums lag in der Bereitstellung eines umfangreichen Materialangebotes aus Schul- und Fachbüchern, Lehr- und Lernmaterialien sowie technischen Geräten und Software. Dieses konnte bei Bedarf ausprobiert, erprobt und ausgeliehen werden. Diese Idee wurde auch für das Lernzentrum Mathematikdidaktik übernommen, denn es sollte den Studierenden der Lehramtsstudiengänge die Möglichkeit bieten, die Materialien für die Gestaltung von Unterrichtsstunden im Rahmen der Fachpraktika, für die Erstellung von schriftlichen Arbeiten sowie für die Vorbereitung von Präsentationen für Veranstaltungen der Mathematikdidaktik zu nutzen. Übernommen wurde auch die Idee, Sprechstunden anzubieten, die inhaltlich stärker an einzelne Veranstaltungen der Mathematikdidaktik gekoppelt sind, um für die veranstaltungsbezogenen Probleme der Studierenden gezieltere Beratungen zu ermöglichen.

Für die Erstellung des Konzeptes war aber nicht nur ein Austausch mit externen Experten aus anderen Universitäten notwendig. Da jeder Standort spezifische Bedingungen für das Studieren mit sich bringt, war es auch wichtig, mit internen Experte*innen zu kooperieren, die sich bereits intensiv mit den Lern- und Arbeitsschwierigkeiten von den Studierenden der LUH beschäftigt und verschiedenste Beratungsangebote für diese Studierenden konzipiert und erprobt hatten. Durch den Austausch mit den Mitarbeiter*innen des ZQS konnten wichtige Aspekte identifiziert werden, die in die Erstellung des Beratungsangebotes einfließen sollten.

Den Erfahrungen der Expert*innen des ZQS zufolge wurden offene Sprechstunden eher weniger von den Studierenden genutzt. In Fachbereichen wie der Informatik wurden bereits erprobte Beratungskonzepte positiv angenommen, bei denen Studierende mit verschiedenen Tutor*innen sprechen konnten, die als Expert*innen für unterschiedliche Themengebiete beratend tätig waren. Das Beratungskonzept des Lernzentrums durfte also nicht nur offene Sprechstunden umfassen, sondern musste auch Angebote bereitstellen, bei denen Studierende die Möglichkeit erhalten, mit ausgewiesenen Expert*innen über ihre Schwierigkeiten bezüglich eines spezifischen Themengebietes zu sprechen. Organisatorische Aspekte wie die Idee, die Verfügbarkeit der Berater*innen über einen Zeitplan öffentlich zu machen, der auch Informationen zur Expertise der Beratungspersonen enthält, wurden ebenfalls übernommen.

Gleichzeitig wiesen die Kooperationspartner*innen aus dem ZQS darauf hin, dass eine selbst-reflexive Haltung der Berater*innen entscheidend für eine erfolgreiche

Beratung ist. Hattie (2009) zufolge ist nicht nur die fachliche, didaktische und fach-didaktische Kompetenz des Lehrenden wichtig.

> „Erfolgreich sind [...] diejenigen Lehrenden, die ihr eigenes Handeln fortlaufend hinter-fragen und unzureichende Lernfortschritte nicht auf (anderweitig zu bearbeitende) Defizite der Lernenden attribuieren, sondern zum Anlass nehmen, nach geeigneteren eigenen Vor-gehensweisen zu suchen." (Wild & Esdar, 2014, S. 52).

Sonst könnten Hemmungen auf Seiten der Studierenden bestehen, Fragen zu äußern oder eigene Schwierigkeiten zu benennen, wenn sie bei der Beratung das Gefühl haben sollten, in einer ständigen Bewertungssituation zu stehen. Daneben hatten die Kooperationspartner*innen die Erfahrung gemacht, dass Studierende häufig nicht gewillt sind, sich selbständig mit Inhalten zu befassen, sondern stattdessen die Beratungs-personen stark beanspruchen, um konkrete und schnelle Lösungen für ihre Probleme einzufordern zu können. Um diesen Effekten entgegenzuwirken, war es somit für die Zwecke des Lernzentrums wichtig, didaktische Prinzipien (siehe Abschn. 26.3.3) in das Beratungskonzept zu integrieren, die die Studierenden schrittweise dazu befähigen sollen, selbständig mit ihren Schwierigkeiten umzugehen. Darüber hinaus wurde aber deutlich, dass auch Studierende als Beratungspersonen eingesetzt werden müssen, um vorhandene Hemmschwellen verringern zu können.

Eine weitere große Schwierigkeit für leistungsschwache Studierende war nach Ansicht der Kooperationspartner*innen, dass diese häufig kein festes Netzwerk besitzen und nicht in der Lage sind, sich selbst zu organisieren oder zu motivieren. Diese Problematik sollte vom Lernzentrum ebenfalls ein Stück weit aufgegriffen werden. Durch das Schaffen von Lerngelegenheiten, bei denen die Studierenden sich gegenseitig helfen können, sollte nicht nur die Selbständigkeit der Studierenden erhöht, sondern auch das Beratungspersonal entlastet werden.

26.3.2 Beratungskonzept und Lernangebote

Für die Betreuung der Studierenden wurde ein Konzept erarbeitet, das auf die Hetero-genität der Studierenden eingeht und verschiedene Lernmöglichkeiten schafft. Dieses Konzept sah vor, dass während der Beratungsstunden immer mindestens ein wissen-schaftlicher Mitarbeiter bzw. eine wissenschaftliche Mitarbeiterin und eine studentische Hilfskraft für die Beratung zur Verfügung standen. Da es sich um eine offene Beratung handelte, konnten die Studierenden jederzeit ohne terminliche Absprachen an die Berater*innen herantreten, um Hilfestellungen zu erhalten. Der Einsatz von ver-schiedenen Berater*innen hatte unterschiedliche Gründe. Zum einen ermöglichte dies unterschiedliche Perspektiven und Ansätze für die Beratung und zum anderen wurde dadurch gewährleistet, dass die Studierenden auch beim Beratungspersonal immer Aus-wahlmöglichkeiten besaßen. Hierbei wurde bedacht, dass es einigen Studierenden bei Schwierigkeiten gegebenenfalls leichter fällt, studentische Hilfskräfte anzusprechen, da sie im Gegensatz zu den Dozent*innen nicht in einem direkten Bewertungsverhältnis zu den Studierenden stehen und selbst noch Studierende sind, weshalb sie bezüglich der universitätsinternen Hierarchie ein näheres Verhältnis zu den Besucher*innen des Lernzentrums besitzen. Die wissenschaftlichen Mitarbeiter*innen dagegen hatten ein größeres Erfahrungsspektrum in Bezug auf fachspezifische Studierendenschwierigkeiten und konnten daher leichter Probleme identifizieren, deren Tragweite abschätzen und geeignete Vorschläge machen, um mit diesen Schwierigkeiten umzugehen. Daneben konnten durch den Einsatz verschiedener Mitarbeiter*innen sehr viele unterschiedliche Problemfelder bei der Beratung abgedeckt werden.

Bei inhaltlichen Schwierigkeiten und Fragen, die sich auf konkrete Veranstaltungen bezogen, konnten Studierende die zuständigen Dozent*innen im Lernzentrum in **spezifischen Beratungsstunden,** die sich in erster Linie an die Teilnehmer*innen der jeweiligen Veranstaltung richteten, ansprechen. Dies ermöglichte eine Beratung auf Expert*innenebene, da die Dozent*innen am besten in der Lage waren, über die Inhalte und Anforderungen ihrer eignen Veranstaltungen zu informieren. Gleichzeitig konnten sie bei tiefergehenden Fragen beispielsweise zu didaktischen Inhalten und Forschungsmethoden am besten weiterhelfen. Dementsprechend war es wichtig, dass jede beteiligte Dozentin und jeder beteiligte Dozent mindestens einmal die Woche eine Sprechstunde im Lernzentrum anbot. Die studentischen Hilfskräfte hingegen waren neben der Beratung im Lernzentrum auch mit der Korrektur der Übungszettel aus der Pflichtveranstaltung „Einführung in die Mathematikdidaktik" betraut. Durch diesen Umstand konnten sie den Studierenden in den Beratungsstunden für die Übung gezieltere und differenziertere Rückmeldungen und Hilfestellungen zu den Bearbeitungen und Fragen rund um die Übungszettel geben als Dozent*innen, die sich nicht in einem so intensiven Maße mit den Aufgabenstellungen oder Textproduktionen der Studierenden auseinandergesetzt hatten.

Neben diesen spezifischen Beratungsstunden wurden auch **offene Beratungsstunden** von den Mitarbeiter*innen angeboten, in denen es bezüglich der Beratung keine thematischen oder veranstaltungsbezogenen Einschränkungen gab. Solche Beratungsstunden konnten beispielsweise von Studierenden genutzt werden, die inhaltsbezogene Fragen zur Erstellung von Vorträgen oder zum Verfassen von wissenschaftlichen Arbeiten hatten. Darüber hinaus konnten sich die Studierenden mit den studentischen Hilfskräften über Schreib-, Lern- und Organisationsprozesse austauschen, da diese im Laufe ihres Studiums bereits wissenschaftliche Arbeiten verfasst sowie Erfahrungen mit verschiedenen Prüfungsformen gesammelt hatten und somit aus der studentischen Perspektive heraus Empfehlungen geben und Probleme diskutieren konnten.

Durch die Kooperation mit der ZQS konnte den Studierenden zusätzlich zur fachdidaktischen Beratung auch Hilfestellung bei **fächerübergreifenden Fragestellungen** angeboten werden. Zwei Kooperationspartner boten dazu jeweils eine Beratungsstunde pro Woche in den Räumlichkeiten des Lernzentrums an. Die Mitarbeiter*innen des Teams „Schlüsselkompetenz Lernen" unterstützten die Studierenden bei Problemen der Lern- und Arbeitsorganisation. Bei diesen Beratungen ging es im Wesentlichen um den

Umgang mit Lernblockaden, um Strategien zur realistischen Planung von Lern- und Prüfungsphasen sowie die Vermittlung von spezifischen Lern- und Arbeitstechniken. Die Mitarbeiter*innen des Teams „Schlüsselkompetenz Schreiben" standen hingegen bei fächerübergreifenden Fragen zum Verfassen von Seminar-, Haus- oder Abschlussarbeiten als Ansprechpartner zur Verfügung. Neben der Vermittlung wissenschaftlicher Arbeitstechniken, wie etwa des angemessenen Umgangs mit wissenschaftlichen Quellen, ging es hierbei auch um die Aneignung sowie den Einsatz von allgemeinen Lese- und Schreibstrategien zur Erarbeitung und Erstellung eines wissenschaftlichen Textes.

Durch die Kombination dieser verschiedenen Beratungsangebote konnte eine weitgehend umfassende Beratung bei komplexen Fragestellungen erreicht werden (siehe Abschn. 26.4). Die verschiedenen Angebote wurden in den Zeitplänen für das Lernzentrum auch entsprechend mit den Namen und Fachgebieten der jeweiligen Beratungspersonen gekennzeichnet, sodass die Studierenden genau wussten, welche Beratungspersonen zu welchem Zeitpunkt im Lernzentrum anzutreffen waren.

Da die Mathematik-Lehramtsstudierenden bisher keinen Arbeitsort besaßen, der spezifisch auf ihre Bedarfe ausgelegt war und ihnen die Möglichkeit bot, sich über die Grenzen der Studiengänge hinweg zu vernetzen, auszutauschen und miteinander zu arbeiten, sollte das Lernzentrum während der Öffnungszeiten auch als **Arbeitsraum für Individuen oder kleine und mittelgroße Gruppen** genutzt werden können. Dies führte insgesamt auch zu gezielten Beratungsgesprächen, da sich konkrete Schwierigkeiten häufig erst bei der intensiveren Auseinandersetzung mit den Aufgaben zeigten oder die Studierenden oft erst in dieser Situation ein Bewusstsein dafür entwickelten. Hierbei konnten die Mitarbeiter*innen also einen längeren Lernprozess begleiten und an geeigneten Stellen Hilfe anbieten, damit die Studierenden Lern- und Verständnishürden überwinden. Für die optimale Nutzung des Lernzentrums als studentischer Lern- und Arbeitsraum wurden die Einseh- und Ausleihmöglichkeiten für den gesamten Bestand der Institutsbibliothek (siehe Abschn. 26.2.3) auf die Öffnungszeiten des Lernzentrums ausgeweitet. Materialien und Literatur konnten somit für das Arbeiten allein oder in Gruppen genutzt und bei Beratungsgesprächen direkt herangezogen werden. Die Ausleihe und die damit verbundenen administrativen Tätigkeiten wurden dabei hauptsächlich von den studentischen Hilfskräften, wahrgenommen. Im Rahmen des Projekts wurde der Bestand bereits durch studentische Abschlussarbeiten, Fachpraktikumsberichte und Altklausuren erweitert. Die Möglichkeit, wissenschaftliche Arbeiten mit mathematikdidaktischen Fragestellungen einzusehen, bestand vor der Gründung des Lernzentrums nicht, obwohl Abschlussarbeiten für viele Studierende eine besondere Herausforderung darstellen. Da das Verfassen von größeren wissenschaftlichen Arbeiten in vielen Studiengängen selten im Vorfeld eingeübt wird, ist häufig eine gewisse Orientierungslosigkeit die Folge, nicht nur bei der Themenfindung, sondern auch bei der Konzeption. Um diesem Umstand ein Stück weit entgegenzuwirken, sollte das Lernzentrum interessierten Studierenden ausgewählte Abschlussarbeiten in ihren Räumlichkeiten zur Verfügung stellen, um ihnen erste Ansatzpunkte zu ermöglichen.

26.3.3 Didaktische und methodische Prinzipien

In den einzelnen Beratungsgesprächen orientierten sich die Unterstützung und das Feedback grundsätzlich an zwei Prinzipen: das **Prinzip der minimalen Hilfe** (Aebli, 1981; Zech, 1977) und das **Prinzip des Scaffolding** (Kniffka, 2010; Wessel, 2015). Der Einsatz dieser beiden Prinzipien sollte dazu führen, dass die Studierenden durch die Beratungen dazu befähigt werden, ihre Schwierigkeiten selbständig anzugehen. Es sollte verhindert werden, dass die Studierenden die Beratungsgespräche mit der Intention aufsuchen, Musterlösungen oder konkrete Handlungsanweisungen zu erhalten, die ihre Probleme vermeintlich schnell lösen können.

Das Prinzip der minimalen Hilfe sieht vor, dass die Lehrkraft die Lernenden immer nur in dem Maße hilft, wie es sachlich und situativ unbedingt erforderlich ist. Die Studierenden werden dadurch nicht mit ihren Problemen allein gelassen, gleichzeitig wird aber vermieden, auf der Seite der Ratsuchenden zu große Abhängigkeit und Passivität entstehen zu lassen. Die Lernenden sollen so lange wie möglich selbstständig arbeiten können. Erst wenn sie auf dem Weg zur Lösung nicht mehr weiterkommen, soll die Lehrkraft eingreifen. Ein sofortiger und massiver Eingriff in den Arbeitsprozess mittels enger Fragestellungen und Aufforderungen ist dabei aber nicht vorgesehen (Aebli, 2006). Dadurch würde die Lehrperson die Führung übernehmen und möglicherweise Lösungselemente liefern, die die zu betreuenden Personen durchaus selbst hätten finden können. Die Hilfe soll also erst geleistet werden, wenn sie von den Lernenden angefordert wird.

> „Mithilfe von Scaffolding sollen Schülerinnen und Schüler […] darin unterstützt werden, sich neue Inhalte, Konzepte und Fähigkeiten zu erschließen, sprachlich und fachlich. Lernende sollen also dazu gebracht werden, anspruchsvollere Aufgaben zu lösen als solche, die sie allein bewältigen können" (Kniffka, 2010, S. 1).

Dabei werden vorübergehende Lernhilfen wie Anleitungen, Denkanstöße und Materialien bereitgestellt, damit die Hilfesuchenden eine komplexe Aufgabenstellung, die ihre Fähigkeiten übersteigen, angehen können. Sobald die Studierenden allerdings in der Lage sind, eine bestimmte Teilaufgabe selbständig zu bewältigen, werden die Lernhilfen für diese Teilaufgabe nicht mehr eingesetzt – das stützende „Gerüst" bleibt also nicht bestehen, sondern wird wieder entfernt. Durch den sukzessiven Abbau der Lernhilfen sollen die Lernenden schrittweise dazu gebracht werden, komplexere Aufgaben eigenständig zu bewältigen. Nach Auffassung von McKenzie (1999) sollte ein gelungenes Scaffolding

- eine eindeutige Anleitung bereitstellen, die in einzelnen Schritten verdeutlicht, was getan werden muss, um zur Lösung der Aufgabe zu gelangen;
- den Zweck von Aufgaben offenlegen, damit die wichtigen Aspekte der Aufgabe identifiziert werden können;
- das Abweichen von der Aufgabenstellung verhindern, damit die intendierten Lernziele erreicht werden;

- die Leistungserwartungen der Lehrkraft transparent machen;
- weiterführende Informationsquellen zu einem Thema bereitstellen, damit Vorwissen aneignet werden kann, das für die Bearbeitung der Aufgabe notwendig ist, und
- nach Möglichkeit erprobt sein, damit die Lehrkraft genau einschätzen kann, wann und wie es einzusetzen ist.

Die von McKenzie aufgestellten Kriterien boten eine gewisse Orientierung für die Hilfestellungen, allerdings wurde entlang der vorab definierten Lernziele für das Lernzentrum eine entsprechende Gewichtung der Kriterien vorgenommen. So wurde bei den formulierten Hilfestellungen zum Beispiel größerer Wert darauf gelegt, implizite Erwartungen der Lehrenden transparent zu machen. In dem Sinne waren vor allem die Kriterien zwei bis vier wichtig für die Beratung. Um das selbständige Arbeiten der Studierenden nicht zu behindern, sollten allerdings keine kleinschrittigen Lösungsanweisungen gegeben werden. Dementsprechend spielte das zuerst genannte Kriterium, also eine „eindeutige Anleitung" eher eine untergeordnete Rolle für die Beratung selbst. Es war allerdings ein geeignetes Mittel für die studentischen Hilfskräfte, um sich besser auf eine Beratungssituation vorzubereiten. Die Identifikation von Teilschritten war sinnvoll, um mögliche Schwierigkeiten besser antizipieren zu können. So konnten bei auftretenden Schwierigkeiten mit Aufgabenstellungen mögliche strategische Herangehensweisen gezielter mit den Studierenden diskutiert werden.

Für die Bereitstellung von Hilfestellungen, die den beiden Prinzipen gerecht werden, war es notwendig, dass die Berater*innen das sprachliche und fachliche Potential der zu beratenden Person einschätzen können. Dies konnte im Rahmen des Lernzentrums nur gewährleistet werden, da – wie oben bereits erläutert – Möglichkeiten für eine Begleitung des Lernens und ausführliche Beratungsgespräche vorhanden waren.

26.3.4 Schulungen

Um die studentischen Hilfskräfte in die Aufgaben im Lernzentrum einzuweisen, wurden vor der Eröffnung des Lernzentrums drei kurze Schulungen durchgeführt, die zu unterschiedlichen Zeitpunkten stattfanden und inhaltlich folgendermaßen gestaltet wurden:

- die erste Schulung, die zwei Stunden umfasste: Ziele und Funktionen des Lernzentrums sowie Beratungskonzepte und didaktische Prinzipien;
- die zweite Schulung, die eine Stunde umfasste: Verwaltung der Bibliothek;
- die dritte Schulung, die eine Stunde umfasste: Datenerfassung für die Evaluation.

Um konkreter über die Aufgaben der studentischen Hilfskräfte innerhalb des Lernzentrums sprechen zu können, mussten sie in der ersten Schulung über die Eigenschaften, Ziele und Funktionen des Lernzentrums unterrichtet werden. Daneben mussten Fragen geklärt werden wie beispielsweise *Was erwarten die Studierenden von den studentischen Hilfskräften?* oder *Was erwarten die Dozent*innen von den studentischen Hilfskräften?*, um das Rollenverständnis der studentischen Hilfskräfte herauszubilden und Unsicherheiten bezüglich der Beratungen zu vermeiden. Hierbei musste verdeutlicht werden, dass die studentischen Hilfskräfte bei den Beratungen nicht gezwungen waren, alle Fragen beantworten zu können oder immer Lösungsansätze für die Probleme parat zu haben, sondern die Möglichkeit hatten, die Studierenden bei Bedarf an die Lehrenden zu verweisen. Damit die Beratungen auch zu den didaktischen Zielen des Lernzentrums passen, mussten die studentischen Hilfskräfte auch das Prinzip der minimalen Hilfe und das Prinzip des Scaffolding kennen und anwenden können. Um diese Prinzipien zu illustrieren wurden Ablaufprozesse bei Beratungen und verschiedene Beratungs-situationen durchgesprochen. Daneben wurden verschiedene Möglichkeiten zur Erstellung von Lernhilfen (Leisen, 2013) vorgestellt, sodass die studentischen Hilfskräfte auf ein Repertoire an methodischen Mitteln zurückgreifen konnten.

Für die Integration der Materialien und Bücher der Institutsbibliothek in das Lern- und Beratungsangebot des Lernzentrums mussten die studentischen Hilfskräfte zudem alle notwendigen Tätigkeiten rund um die Bibliotheksführung übernehmen. Um dieser Aufgabe gerecht werden zu können, war es notwendig, dass sie in einer weiteren Schulung nicht nur Informationen zum Bestand der Bibliothek erhielten, sondern auch die Verwaltungs- und Ausleihprozesse kennenlernten. Hierzu sollten sie sich während der Schulung auch in das Verwaltungsprogramm und das Online-Katalogsystem der Institutsbibliothek einarbeiten.

Bei der dritten Schulung ging es inhaltlich um die Evaluationsmaßnahmen innerhalb des Lernzentrums. Hierbei wurden die einzelnen Frage- und Protokollbögen vorgestellt, die im Rahmen des Lernzentrums eingesetzt werden sollten. Darüber hinaus erhielten die studentischen Hilfskräfte Hinweise zum Ausfüllen der Protokollbögen für die einzelnen Beratungssitzungen und Anweisungen zum Einsatz der Fragebögen. Um die erfassten Daten später auswerten zu können, wurden die studentischen Hilfskräfte auch in das Programm IBM SPSS Statistics eingewiesen. Dadurch konnten die Informationen aus den Protokoll- und Fragebögen direkt von den studentischen Hilfskräften übertragen werden.

26.4   Individueller Schwerpunkt „Fachdidaktische Beratung"

Die Stärke des Lernzentrums Mathematikdidaktik bestand in einem vielseitigen Beratungsangebot, das auf verschiedene Lernbedarfe der Studierenden einging. Besonders wichtig für den Erfolg der Maßnahme waren die Zusammenarbeit mit externen und internen Kooperationspartner*innen und das Ineinandergreifen der ver-schiedenen Beratungsangebote. Der Schwerpunkt des Lernzentrums lag auf einer umfassenden und gleichzeitig differenzierten fachdidaktischen Beratung. Um die Spezifik und die Stärken des Beratungsangebotes zu illustrieren, sollen im Folgenden zwei Beratungsszenarien beschrieben werden. Das erste Szenario soll dabei das

Zusammenwirken der verschiedenen Beratungsangebote beschreiben. Das zweite Szenario fokussiert die Anwendung der didaktischen Prinzipien (siehe Abschn. 26.3.3):

Ein großer Teil der Studierenden, die das Beratungsangebot nutzen, suchten das Lernzentrum für Hilfestellungen zum Verfassen ihrer Abschlussarbeit auf, da die meisten Studierenden über wenige Erfahrungen auf diesem Gebiet verfügten (siehe Abschn. 26.2.2). Um das Thema der Arbeit zu bestimmen und zu begrenzen sowie präzise Leitfragen zu erarbeiten, wurden zunächst Gespräche mit den wissenschaftlichen Mitarbeiter*innen geführt, die im Lernzentrum beratend tätig waren und aufgrund ihrer eigenen Forschungsarbeiten Expert*innen auf diesem Gebiet waren. In der Regel waren dies auch diejenigen, die die Abschlussarbeit mitbetreut haben. Im Rahmen von fachdidaktischen Arbeiten kommt es allerdings häufig vor, dass Studierende sich völlig neu in eine qualitative oder quantitative Forschungsmethodik einarbeiten müssen oder Forschungsergebnisse aus sehr unterschiedlichen wissenschaftlichen Gebieten miteinander verbinden müssen, um den theoretischen Teil ihrer Arbeit auszuarbeiten. An dieser Stelle hatten die Studierenden im Rahmen des Lernzentrums die Möglichkeit, andere wissenschaftliche Mitarbeiter*innen zu befragen, deren Forschungsschwerpunkte genau in diesen Bereichen liegen oder daran angrenzen (siehe Abschn. 26.2.1). Darüber hinaus konnten die einzelnen wissenschaftlichen Mitarbeiter*innen aufgrund ihrer Expertise bei Beratungsgesprächen Argumentationslinien, Begrifflichkeiten und Forschungsergebnisse besser bestimmen und einordnen, sodass den Studierenden bei Rezeptions- und Aufbereitungsschwierigkeiten von Fachliteratur auch eine inhaltliche Orientierung ermöglicht wurde.

Studierende, die über wenig Wissen zu wissenschaftlichen Arbeitstechniken im Allgemeinen wie beispielsweise dem richtigen Umgang mit Quellen und Zitaten oder dem Verfassen von Einleitungen, Beschreibungen, Erläuterungen und Argumenten verfügten, konnten im Rahmen des Zentrums die Berater*innen des ZQS aufsuchen, um Hilfestellungen zu erhalten. Bei diesen Beratungen konnten sie allgemeine Lern-, Lese- und Schreibtechniken sowie Strategien erlernen, die Rezeptions- und Produktionsprozesse unterstützen.

Die studentischen Hilfskräfte wiederum konnten, da sie für die Verwaltung der Bibliothek zuständig waren, bei der Literaturrecherche weiterhelfen. Gleichzeitig standen sie in Bezug auf Hierarchie und Erfahrungswelt in einem näheren Verhältnis zu den Nutzer*innen des Lernzentrums, sodass sie die Bedingungen und Schwierigkeiten, die einen solchen Schreibprozess begleiten, besser aus studentischer Perspektive abschätzen konnten. Da sie bezüglich der Abschlussarbeiten in keinem Bewertungsverhältnis zu den Studierenden standen, konnten motivationale, organisatorische, strukturelle Probleme, aber auch inhaltliche Ideen mit den studentischen Hilfskräften offener besprochen und diskutiert werden.

Das zweite Beratungsszenario konzentriert sich auf Schwierigkeiten bei der Bearbeitung von fachdidaktischen Aufgabenstellungen: So bezogen sich die Fragestellungen der Studierenden in Beratungssitzungen mit den studentischen Hilfskräften häufig auf die Inhalte der zu erbringenden Studienleistung bezüglich der Übung zur

Veranstaltung „Einführung in die Fachdidaktik Mathematik". In der Übung haben Studierende die Möglichkeit, eine selbständig geplante Unterrichtssimulation mit den dort anwesenden Teilnehmern durchzuführen. Hierbei sollen erste Erfahrungen zur Gestaltung und Durchführung von Unterricht gesammelt werden. Teil der Studienleistung ist es, nach der Durchführung eine schriftliche Reflexion zur Unterrichtssimulation zu verfassen.

„Reflektieren" stellt eine zentrale Kompetenz des späteren Lehrberufes dar, welche die Studierenden häufig noch auf- und ausbauen müssen (Wyss, 2008). Um den Unterricht selbst zu verbessern und die eigenen Kompetenzen des Unterrichtens weiterzuentwickeln, ist es auch notwendig, bereits durchgeführte Stunden differenziert zu bewerten und das eigene Handeln kritisch zu hinterfragen. Viele Studierende betrachten den Gegenstand in der Regel sehr eindimensional und oberflächlich. So wird beispielsweise das Verhalten der Lernenden und deren Reaktionen betrachtet, aber nicht das eigene Handeln einbezogen. Daneben werden oft nur einzelne didaktische Ebenen (wie die Methodik) oder einzelne Phasen (wie die Durchführung, aber nicht die Vor- oder Nachbereitung) strukturlos in der Reflexion thematisiert. Häufig werden nur Pauschalurteile über die Simulationen gefällt wie „gut" oder „schlecht", ohne konkrete Kriterien oder Prinzipien zu benennen und zu diskutieren, nach denen diese Urteile gefällt wurden.

Studierende, welche Schwierigkeiten beim Verfassen einer solchen schriftlichen Reflexion zeigten, nahmen meist das offene Beratungsangebot seitens der studentischen Hilfskräfte wahr. In einer solchen Beratung wurde im Sinne des Scaffolding-Prinzips (siehe Abschn. 26.3.3) zunächst diskutiert, was der Begriff „Reflexion" im Zusammenhang mit einer Unterrichtsstunde umfassen kann, damit die Studierenden selbst ableiten können, welche Teilaspekte und –aufgaben sich daraus ergeben können. Da die studentischen Hilfskräfte für die Korrektur der Studienleistungen zuständig waren und gleichzeitig im engen Austausch mit den Übungsleiter*innen standen, konnten auch die Ziele und der Erwartungshorizont der Aufgabe bei Bedarf transparent gemacht werden.

Konkrete „Musterlösungen" – beispielsweise in Form von gemeinsamen (Um-) Formulierungen für bestimmte Textstellen – waren in einer solchen Beratungssitzung nicht zu erwarten. Nach dem Prinzip der minimalen Hilfe sollten die Hinweise der studentischen Hilfskräfte lediglich Denkanstöße darstellen und die Studierenden dazu befähigen, über Aspekte, die sie bis dahin noch nicht kannten oder die Ihnen noch nicht in den Sinn gekommen sind, stärker nachzudenken. Die Übertragung von besprochenen Aspekten zur Reflexion auf ihre eigene Situation und die selbständige schriftliche Ausgestaltung blieb stets Aufgabe der Studierenden.

26.5 Evaluations- und Untersuchungsergebnisse

In enger Zusammenarbeit mit Mitarbeitenden des WiGeMath-Projektes, die unter anderem Wirkungen und Gelingensbedingungen von fachmathematischen Lernzentren erforschen, und in Anlehnung an die in diesem Projekt verwendeten Fragebögen

wurden zwei unterschiedliche Fragebögen zur Erhebung der Bedarfe und zur Untersuchung der Qualität des Lernzentrums konzipiert. Der erste Fragebogen sollte die
Bedarfe der Nutzer*innen des Lernzentrums sowie deren Beurteilungen zu den Unterstützungsangeboten und Beratungen festhalten. Dieser wurde von den Studierenden,
die das Lernzentrum besuchten, immer während oder am Ende ihres Besuchs ausgefüllt. Es wurde darauf geachtet, dass Studierende den Bogen nur einmal ausfüllen.
Der zweite Fragebogen konzentrierte sich auf die Bedarfe der Studierenden während
der Beratungsgespräche aus Sicht der Berater*innen. Diese Bögen wurden von den
Berater*innen immer im Anschluss an eine Beratung ausgefüllt. Es konnten im Zeitraum vom 01. April bis zum 31. Dezember 2018 insgesamt 49 Nutzer*innen-Fragebögen
sowie 34 Beratungsfragebögen erfasst und mittels deskriptiver Statistik ausgewertet
werden. Von diesen Teilnehmer*innen waren 25 weiblich, 23 männlich und eine
Person „anderes". Der Großteil der Teilnehmer*innen (61 %) befand sich im ersten
oder zweiten Fachsemester, dementsprechend waren die meisten jünger als 21 Jahre
(40,8 %) oder zwischen 21 und 25 Jahren alt (44,9 %). Eine klare Mehrheit besaß die
allgemeine Hochschulreife bzw. das Abitur (91,8 %). Der Rest hatte die Fachhochschul-
reife erworben. Die Auswertung der Fragbögen zeigte, dass das Lernzentrum unterschiedliche Studierendengruppen ansprach. So konnte festgestellt werden, dass zwar
die Studierenden des Fächerübergreifenden Bachelors mit 77,6 % den Großteil der
Besucher*innen ausmachten, doch auch Studierende des Bachelors Sonderpädagogik,
des Bachelor Technical Education, des Master Lehramt an Gymnasien sowie des
Studiengangs LBS-SprintING die Angebote des Lernzentrums beanspruchten.

Besonders positiv wirkte sich die Kombination aus Lern-, Material- und Beratungsraum auf die Nutzung der Beratungsangebote aus. Das Lernzentrum wurde anfangs eher
als Lern- und Arbeitsraum von den Studierenden genutzt. Auffällig war dabei, dass die
einzelnen Studierenden häufig aus einer Vielzahl von unterschiedlichen Gründen das
Lernzentrum besuchten. Über 55 % der Befragten gaben an, die Räumlichkeiten für
das Lernen und Arbeiten zu nutzen. In den meisten Fällen ging es dabei um die Aus-
fertigung einer Präsentation, die Bearbeitung eines schriftlichen Arbeitsauftrages oder
die Erstellung einer wissenschaftlichen Arbeit. Von den Befragten trafen sich etwa 28 %
für diesen Zweck sogar in festen Lerngruppen im Lernzentrum und ca. 30 % gaben
an, dass sie das Lernzentrum dazu verwendeten, sich mit Kommiliton*innen zu vernetzen. Zudem suchten etwa 45 % der Befragten das Lernzentrum auf, um Literatur
und Lernmaterialien einzusehen oder auszuleihen. Vor der Errichtung des Lernzentrums
wurde die Bibliothek kaum von den Studierenden genutzt. Dies spiegelt sich auch
in den Zahlen für die Ausleihe wieder: Im Jahr 2016 liehen lediglich elf verschiedene
Studierende Materialien und Bücher aus und im Jahr darauf waren es insgesamt 16.
Durch die verschiedenen Maßnahmen arbeiteten die Studierenden nicht nur regelmäßig
mit den Büchern und anderen Materialien im Lernzentrum, sondern liehen auch häufiger
Bücher und Materialien aus: Im Zeitraum von April bis Dezember 2018 wurden 35 mal
Bücher und Materialien ausgeliehen, wobei das Ausleihangebot von insgesamt 25 ver-
schiedenen Studierenden genutzt wurde.

Im Laufe der Zeit erhöhte sich auch die Inanspruchnahme von Beratungen und Hilfe-stellungen, wenn sich bei den Studierenden während des Arbeits- und Lernprozesses Schwierigkeiten ergaben. Das Vorhandensein eines umfangreichen Material- und Literaturangebotes erwies sich dabei als äußerst vorteilhaft für die Beratungsgespräche. Die Berater*innen konnten nicht nur Literaturempfehlungen aussprechen, sondern die Literatur zum Weiterarbeiten häufig direkt zur Verfügung stellen. Darüber hinaus wurde die Literatur aber auch von den Berater*innen selbst genutzt, wenn sie bei den Beratungen inhaltlich zunächst nicht weiterhelfen konnten. Insbesondere die Bachelor- und Masterarbeiten sowie die Praktikumsberichte, die im Lernzentrum gesichtet werden konnten, wurden häufig von Studierenden als Orientierungshilfe verwendet, um bei-spielsweise Anregungen für mögliche Themen für Abschlussarbeiten oder Gliederungen zu erhalten. Insgesamt wirkte das Lernzentrum durch seine vielseitige Nutzbarkeit weniger verbindlich, sodass die vergleichsweise niedrigschwelligen Beratungsangebote des Lernzentrums häufiger von den Studierenden genutzt wurden als die festen Sprech-stundentermine, die vor dem Bestehen des Lernzentrums von den wissenschaftlichen Mitarbeiter*innen angeboten wurden.

In Bezug auf die angebotenen Beratungsmöglichkeiten gaben 46,9 % der Befragten an, diese genutzt zu haben. Bei der Auswertung der Beratungsfragebögen zeigte sich, dass ein großer Teil der Studierenden Hilfestellung bei der Ausarbeitung von Präsentationen und Vorträgen (44,1 %) oder beim Verfassen wissenschaftlicher Arbeiten (44,1 %) benötigten. Die Bemühungen, den individuellen Problemen und Bedürf-nissen der Studierenden gerecht zu werden, können auch durch die durchschnitt-liche Dauer der einzelnen Beratungen verdeutlicht werden: In 70,6 % der Beratungen betrug die Beratungsdauer mehr als 13 min, in vielen Fällen dauerte die Beratung sogar nahezu 60 min. Dieser erbrachte Zeitaufwand deutet darauf hin, dass auf Seiten der Studierenden häufig größere Schwierigkeiten und Hürden vorlagen, die nicht durch ein-fache und kurze Hilfestellungen überwunden werden konnten.

Grundsätzlich konnte durch die Auswertung der Fragebögen eine sehr positive Wahr-nehmung bezüglich der Angebote des Lernzentrums festgestellt werden. Die Ausstattung des Raumes mit den beschriebenen Materialien, Computern, Tafeln, Flipcharts und Whiteboards wurde durchweg sehr positiv bewertet. Auch die Lernbedingungen wurden von fast allen Besucher*innen mit „gut" (36,7 %) oder „sehr gut" (61,2 %) bewertet. Die Beurteilung der fachlichen Beratung ist ebenfalls sehr positiv ausgefallen: 71,4 % der Studierenden, die Beratungsmöglichkeiten genutzt haben, bewerteten die fach-liche Beratung durch die Mitarbeiter*innen mit „sehr gut". Die restlichen Studierenden (28,6 %) bewerteten sie mit „gut". Der Besuch des Lernzentrums wurde in 71,4 % der Fälle als „sehr hilfreich" empfunden.

Insgesamt haben während der Bestehenszeit des Lernzentrums etwa 60 Studierende aus unterschiedlichen mathematischen Lehramtsstudiengängen die Angebote genutzt, wobei gegen Ende etwa 15 Studierende das Lernzentrum regelmäßig besucht haben. Die Auslastung hing sehr stark von den einzelnen Wochentagen und Uhrzeiten ab. An Mon- und Freitagen nutzten nur sehr wenige Studierende das Lernzentrum. Als das

Lernzentrum mehrere Wochen nach der Eröffnung an Bekanntheit dazugewonnen hatte, stießen die räumlichen und personellen Kapazitäten mittwochs und donnerstags um die Mittags- und Nachmittagszeit dagegen manchmal an ihre Grenzen. Da der Raum klein war, führte dies dazu, dass das Lernzentrum zu diesen Zeiten überfüllt war und in einigen wenigen Fällen auch Studierende aufgrund des Platzmangels abgelehnt werden mussten. In solchen Situationen war nicht mehr genug Platz vorhanden, um ungestört Beratungen durchzuführen oder in Gruppen zu arbeiten, da es gar nicht möglich war, sich räumlich von anderen abzugrenzen. Gleichzeitig führte die hohe Lautstärke dazu, dass es nur schwer möglich war, mit anderen zu kommunizieren.

26.6   Fazit

Insgesamt wurden die Angebote des Lernzentrums sehr positiv aufgenommen. Das Lernzentrum war inhaltlich nicht völlig von den Vorlesungen, Übungen und Seminaren der Mathematikdidaktik entkoppelt, konnte sich aber dennoch als eigenständige Instanz in der Studienstruktur etablieren, da die Arbeitsgestaltung dort nicht in erster Linie durch die Lehrenden bestimmt wurde wie in den angebotenen Veranstaltungen, sondern durch die Studierenden selbst. Durch dieses lerner*innenzentrierte Setting konnten die Studierenden außerhalb der Veranstaltungen in einen intensiveren Kontakt mit den Dozent*innen und den studentischen Hilfskräften treten. Das Lernzentrum bewirkte somit nicht nur einen stärkeren Austausch zwischen den Studierenden, sondern baute auch in Teilen Kommunikationsbarrieren zwischen den Studierenden und Lehrenden ab. Im Vergleich zu den Lehrveranstaltungen waren die Studierenden im Lernzentrum wesentlich stärker gewillt, über ihre Schwierigkeiten zu sprechen, Fragen zu stellen oder ihre Standpunkte zu vertreten. Trotz dieser vielen positiven Aspekte konnte das Lernzentrum aus finanziellen Gründen nicht fortgeführt werden.

Die Kooperationen mit dem ZQS wirkten sich entlastend auf die Arbeit vor und während der Durchführung des Lernzentrums aus, denn mithilfe der Kooperationspartner*innen konnten Entscheidungen zur inhaltlichen und didaktischen Ausgestaltung des Lernzentrums schneller und einfacher getroffen werden. Daneben konnten durch die Beteiligung der universitätsinternen Kooperationspartner*innen mehr Beratungsstunden angeboten werden. Ohne deren Mitarbeit im Lernzentrum wäre die Integration fächerübergreifender Lernangebote zu Lern- und Schreibstrategien nur schwer möglich gewesen.

Neben den Kooperationen stellte auch die Beteiligung der wissenschaftlichen Mitarbeiter*innen, die eigene Übungen und Seminare durchgeführt haben, einen entscheidenden Faktor für das Gelingen des Projekts dar. Durch die Beratungsstunden der wissenschaftlichen Mitarbeiter*innen war eine stärkere inhaltliche Anbindung des Beratungsangebotes an die Veranstaltungen der Mathematikdidaktik möglich. Da die wissenschaftlichen Mitarbeiter*innen nicht nur selbst die Beratungen durchführten, sondern auch in ihren Veranstaltungen über die Angebote des Lernzentrums informierten oder Teilnehmer*innen ihrer Veranstaltungen zum Lernzentrum führten, erhöhte sich die Sichtbarkeit und die Relevanz der Maßnahme für die Studierenden. Beispielsweise begleiteten die Übungsleiter*innen der Veranstaltung „Einführung in die Mathematikdidaktik" die Studierenden am Ende der ersten Übungssitzung zum Lernzentrum, damit diese die Räumlichkeiten, die Ausstattung, die Mitarbeiter*innen und die Angebote kennenlernen konnten. Entscheidend für das Gelingen der Maßnahme war also vor allem die aktive Unterstützung der Lehrenden. Dies erstreckte sich von der Werbung, über die konkrete Umsetzung der Beratungsangebote bis hin zur Evaluation der Maßnahme. In allen Bereichen waren Dozent*innen der mathematikdidaktischen Veranstaltungen involviert. Durch die starke Vernetzung zwischen dem Lernzentrum und den mathematikdidaktischen Veranstaltungen konnte zudem erreicht werden, dass die Studierenden die im Lernzentrum vermittelten Inhalte und Fähigkeiten auch als relevant für ihr Studium ansahen.

Andererseits gab es auch Aspekte, die es bei einer erneuten Durchführung der Maßnahme zu überdenken gilt. Beispielsweise müssten die räumlichen Verhältnisse geändert werden. Es müsste beachtet werden, dass gerade Studierende, die über ihre individuellen Lernschwierigkeiten sprechen möchten, einen geschützten Raum benötigen. Ein Gruppenarbeitsraum, in dem andere bei den Beratungsgesprächen zuhören können, eignet sich nicht, wenn sich Studierende öffnen sollen. Optimal wäre somit ein größerer Raum, der Gruppenarbeiten zulässt, aber auch einen (akustisch) abgetrennten Bereich besitzt, in dem individuelle Beratungsgespräche durchgeführt werden können. Eine völlige Trennung beider Angebote würde sich nicht anbieten, denn Forschungsarbeiten belegen, dass bei einem Lernraum auch die sozialen Bedingungen eine Rolle spielen. So möchten Studierende zwar durchaus allein und konzentriert für sich arbeiten, aber auch gleichzeitig unter anderen Studierenden sein, um sich nicht einsam zu fühlen (Deutsche Initiative für Netzwerkinformation e. V., 2013). Darüber hinaus wurde das Angebot vor allem von Studierenden des gymnasialen Lehramts wahrgenommen. Um auch die Studierenden anderer Lehramtsstudiengänge stärker einzubeziehen, wäre es sinnvoll, mit den Lehrenden der jeweiligen Institute zu kooperieren, um die Sichtbarkeit der Maßnahme zu erhöhen und die Angebote stärker an die Bedarfe dieser Studierenden anzupassen.

Literatur

Aebli, H. (1981). *Grundformen des Lehrens. Eine allgemeine Didaktik auf kognitionspsychologischer Grundlage* (Aufl. 12). Klett-Cotta.

Aebli, H. (2006). *Zwölf Grundformen des Lehrens. Eine Allgemeine Didaktik auf psychologischer Grundlage. Medien und Inhalte didaktischer Kommunikation, der Lernzyklus* (Aufl. 12). Klett-Cotta.

Ahrenholtz, I., & Ruf, A. (2014). Akzeptanz und Erfolg von zusätzlichen Maßnahmen in der Studieneingangsphase in Studiengängen der Mathematik und Naturwissenschaften. *Das Hochschulwesen, 62*(3), 81–87.

Büscher, C. (2019). *Verstehensgrundlagen identifizieren und Lernziele setzen – Jobs für Lehrkräfte im inklusiven Mathematikunterricht.* https://eldorado.tu-dortmund.de/bitstream/2003/38860/1/BzMU19_BUESCHER.pdf. Zugegriffen: 18. Juni 2020.

Colberg, C., Schürmann, M., Biehler, R., Hochmuth, R., Schaper, N. & Liebendörfer, M. (2016). *Verbundprojekt WiGeMath: Wirkung und Gelingensbedingungen von Unterstützungsmaßnahmen für mathematikbezogenes Lernen in der Studieneingangsphase.* https://de.kobf-qpl.de/fyls/108/download_file_inline/. Zugegriffen: 18. Juni 2020.

Croft, A. C., Harrison, M., & Robinson, C. L. (2009). Recruitment and retention of students – an integrated and holistic vision of mathematics support. *International Journal of Mathematical Education in Science and Technology, 40*(1), 109–125. https://doi.org/10.1080/00207390802542395.

Deutsche Initiative für Netzwerkinformation e.V. (2013). *Die Hochschule zum Lernraum entwickeln: Empfehlungen der DINI-Arbeitsgruppe „Lernräume".* http://www.uni-kassel.de/upress/online/OpenAccess/978-3-86219654-8.OpenAccess.pdf. Zugegriffen: 12. Juni 2020.

Frischemeier, D., Panse, A. & Pecher, T. (2016). Schwierigkeiten von Studienanfängern bei der Bearbeitung mathematischer Übungsaufgaben. In A. Hoppenbrock, R. Biehler, R. Hochmuth & HG. Rück (Hrsg.), *Lehren und Lernen von Mathematik in der Studieneingangsphase. Konzepte und Studien zur Hochschuldidaktik und Lehrerbildung Mathematik* (S. 229–241). Springer Spektrum. https://doi.org/10.1007/978-3-658-10261-6_15.

Hattie, J. (2009). *Visible learning: A synthesis of over 800 Meta-Analyses relating to achivement.* Routledge. https://doi.org/10.4324/9780203887332.

Kniffka, G. (2010). *Scaffolding.* https://www.uni-due.de/imperia/md/content/prodaz/scaffolding.pdf. Zugegriffen: 20. Jan. 2020.

Lawson, D., Croft, T. & Halpin, M. (2003). *Good Practice in the Provision of Mathematics Support Centres.* http://www.mathcentre.ac.uk/resources/guides/goodpractice2E.pdf. Zugegriffen: 20. Jan. 2020.

Leisen, J. (2013). *Handbuch Sprachförderung im Fach. Sprachsensibler Fachunterricht in der Praxis.* Klett.

McKenzie, J. (1999). *Scaffolding for success.* http://fno.org/dec99/scaffold.html. Zugegriffen: 20 Jan. 2020.

O'Sullivan, C., Mac an Bhaird, C., Fitzmaurice, O. & Ní Fhlionn, E. (2014). *An Irish mathematics Learning Support Network (IMLSN) Report on Student Evaluation of Mathematics Learning Support: Insights from a large scale multi-institutional survey.* http://mural.maynoothuniversity.ie/6890/1/CMAB_IMLSNFinalReport.pdf. Zugegriffen: 20. Jan. 2020.

Prediger, S. (2001): Mathematik als kulturelles Produkt menschlicher Denktätigkeit und ihr Bezug zum Individuum. In K. Lengnink, S. Prediger & F. Siebel (Hrsg.), *Mathematik und Mensch. Sichtweisen der Allgemeinen Mathematik, Darmstädter Schriften zur Allgemeinen Wissenschaft 2* (S. 21–36). Verlag Allgemeine Wissenschaft,.

Wessel, L. (2015). *Fach- und sprachintegrierte Förderung durch Darstellungsvernetzung und Scaffolding. Ein Entwicklungsforschungsprojekt zum Anteilbegriff.* Springer. https://doi.org/10.1007/978-3-658-07063-2.

Wild, E. & Esdar, W. (2014). *Eine heterogenitätsorientierte Lehr-/Lernkultur für Hochschule der Zukunft.* https://www.hrk-nexus.de/fileadmin/redaktion/hrk-nexus/07-Downloads/07-02-Publikationen/Fachgutachten_Heterogenitaet.pdf. Zugegriffen: 12. Juni 2020.

Wyss, C. (2008). Zur Reflexionsfähigkeit und –praxis der Lehrperson. *Bildungsforschung, 5*(2), 1–15. https://doi.org/10.25656/01:4599.

Zech, F. (1977). *Grundkurs Mathematikdidaktik. Theoretische und praktische Anleitungen für das Lehren und Lernen im Fach Mathematik.* Beltz.

Printed in the United States
by Baker & Taylor Publisher Services